统一内容定位——概念、技术与应用

邢　玲　马　强　张　琦　著

科学出版社

北　京

内容简介

本书针对互联网信息共享中语义缺失导致的语义障碍问题，提出统一内容定位技术，试图将网络信息系统中语义元素进行统一标识，目的是通过对网络信息系统内容的语义解析实现整个网络系统的协同分析、语义调度管理和安全性等问题的延续，从而达到网络融合的终极目标，即形成高效、安全、“聪明”的新型互联网络，实现“各献所知，各取所需”的信息服务环境。针对不同的应用对象，建立统一内容定位描述多层网络数据的语义架构，提出多层网络数据语义模型。针对网络信息中的网页、图像、音频、视频等多媒体资源语义解析问题，分别建立基于统一内容定位的语义描述规范，提出相应的语义解析方法。对网络信息的安全可信问题，建立基于统一内容定位的可信计算模型，探讨统一内容定位在信息安全方面的应用模式。

本书可作为高等院校通信、物联网、计算机等专业研究生和高年级本科生的参考用书，也可以作为相关科研人员和实践工作者的参考书。

图书在版编目（CIP）数据

统一内容定位：概念、技术与应用/邢玲，马强，张琦著．—北京：科学出版社，2022.9

ISBN 978-7-03-071070-3

Ⅰ．①统…　Ⅱ．①邢…　②马…　③张…　Ⅲ．①计算机网络–信息系统–研究　Ⅳ．①TP393

中国版本图书馆 CIP 数据核字（2021）第 265454 号

责任编辑：孙伯元 纪四稳 / 责任校对：崔向琳
责任印制：吴兆东 / 封面设计：蓝正设计

科学出版社 出版
北京东黄城根北街 16 号
邮政编码：100717
http://www.sciencep.com
北京凌奇印刷有限责任公司 印刷
科学出版社发行　各地新华书店经销
*
2022 年 9 月第　一　版　开本：720×1000　B5
2023 年10月第二次印刷　印张：17
字数：329 000

定价：138.00 元

（如有印装质量问题，我社负责调换）

序

互联网提供了全球性“各献所知”的信息互动环境，统一内容定位可以实现全民性“各取所需”的信息共享环境。

我做过无数次弹头时空轨迹测量，发现随着积分时间的延长，三维陀螺漂移增加，惯性测量单元很难提供长周期时空轨迹的真值。然而，多星光速时差定位有能力把长周期时间漂移一笔勾销，两者整合，造就了几乎完美的时空涌现。整合过程所用的时空关联是统一内容定位，所用的数学工具是简单的哈希映像。这是我对前半生工作的科学感悟，也是下半生进行“未来网络”工作的科学起点。相隔20年，我先后提出了如下科学假设：

（1）互联网存在增熵退化，证据是互联网物理上呈现冲突、应用上呈现扭斗。

（2）猜想“时空自洽与量子叠加是一对虚实映像”，证明工具是简单的哈希算子。

《统一内容定位——概念、技术与应用》一书总结了统一内容定位的概念和技术基础，是打开时空自洽系统大门的一把钥匙，展现了未来网络空间的多彩世界，值得一阅。

李幼平

2022年9月

前言

互联网已成为人们信息交流与知识共享的重要方式，以资源地址为中心的网络资源定位技术已经无法满足网络信息的语义描述。网络多媒体资源的语义解析给构建智慧、安全、可信的互联网带来了极大挑战，促使作者研究如何对网络多媒体信息进行语义表达与解析，研究如何有效地实现语义互联网。

统一内容定位技术是由中国工程院院士李幼平率先提出的，他带领课题组经过近二十年的科研工作对理论进行了完善。作者从 2007 年至今先后承担了多项与网络信息语义理解与解析技术相关的国家级项目。在国家“863”计划项目“多层网络数据语义分类与理解技术研究”的支持下，明确了开放、分层体系结构的互联网具有语义鸿沟问题，提出了基于统一内容定位的多层网络数据解析与融合技术。探索了基于统一内容定位的网络多媒体信息资源语义解析模型，逐步构建和完善了网页、图像、音频和视频格式的多媒体语义资源描述规范，实现了对网络信息的语义管理。利用统一内容定位技术前期研究成果，通过国家自然科学基金项目“知识驱动的归因社交网络异常事件挖掘与分析”的研究，探讨网络信息语义缺失导致的安全可信问题，提出基于统一内容定位的多模态用户数据映射模型，进一步揭示非对称网络体系架构下网络异常行为分析与可信网络服务相互影响的过程和规律。

本书以课题组相关研究成果为基础，全书共 7 章，分为三大部分。第一部分为概念篇，包括第 1、2 章，介绍统一内容定位的概念，给出多层网络数据语义解析模型，奠定网络多媒体数据语义解析技术与应用的理论基础。第二部分为技术篇，包括第 3～6 章，分别对网络信息中网页、图像、音频和视频数据进行语义解析研究，对这四类网络数据分别描述语义模型和相关的应用规范，明晰相应的语义解析方法。第三部分为应用篇，包括第 7 章，介绍统一内容定位技术在非对称网络体系结构下可信计算方面的应用，对未来研究网络信息安全、网络可信服务提供重要的参考价值。

本书的写作汇集了很多人的辛勤工作。邢玲负责全书的体系结构和章节规划，以及撰写过程中的组织和协调工作，同时参与了第 1～4 章、第 6 章的撰写；马强参与了第 5～7 章的撰写；张琦参与了第 2～4 章的撰写。本书凝聚了课题组硕士研究生王娟娟、沈静、周艳、宋章浩、付蓉、刘鹏、朱敏、李莲春、贺梅、程红、谌烜、余超、李国斌、胡金军、文斌的研究成果。赵鹏程、黄元浩、张德鑫、阚超楠、刘路路、姚景龙、赵康、王琨、吴晨阳、金继冲对本书的排版、文字校对以及图表规范等进行了大量细致的工作。全书由邢玲、马强和张琦统稿。

本书的撰写得到了国家自然科学基金项目的支持，在此表示感谢；同时感谢在本书撰写过程中，很多前辈、同事和学者对统一内容定位在网络信息语义理解应用方面的热情讨论，以及给予我们的宝贵建议；特别要感谢李幼平院士带领我们进入信息语义理解这一极具挑战但很有趣的研究领域，并以孜孜不倦的探索精神推动着研究的深入，为我们开拓了极其广阔的思维空间，在此表达对老师由衷的谢意。

限于作者水平，书中难免存在不足之处，欢迎广大读者提出宝贵意见。

目　录

第 1 章　统一内容定位技术

统一内容定位(uniform content locator，UCL)技术是由李幼平院士团队在深入研究互联网信息共享方式及其语义缺失问题的基础上提出的一种全新的信息资源内容的定位方法。与统一资源定位符(uniform resource locator，URL)不同的是，UCL 采用内容检索与查找的方法，从互联网海量信息库查询相关内容。目前互联网普遍采用的是将信息空间视为“按地址定位”的空间，即按信息链接存储源地址定位的空间，UCL 实现了在信息内容的资源定位基础上增添语义地址。

1.1　信息网络的 URL

统一资源定位符，又称网页地址，一般指统一资源定位系统，它是因特网万维网服务程序中用于指定信息位置的表示方法。URL 由 Tim Berners-Lee 所发明，最初用来作为万维网的地址，现在已经被万维网联盟编制为互联网标准 RFC 1738。互联网上的每个文件都有一个唯一的 URL，它指出文件的位置以及浏览器应该如何处理这些文件。

URL 给资源的位置提供一种抽象的识别方法，并用这种方法给资源定位。只要能够对资源定位，系统就可以对资源进行各种操作，如存取、更新、替换和查找。URL 相当于一个文件名在网络范围的扩展，因此 URL 可以视为是与因特网相连机器上的任何可访问对象的一个指针。

典型的 URL 包含了四个部分：协议、服务器名称(或 IP 地址)、路径和文件名。协议告诉浏览器如何处理 URL 所指向的文件，常用的模式有超文本传输协议(hyper text transfer protocol，HTTP)、安全套接字层上的超文本传输协议(hyper text transfer protocol over securesocket layer，HTTPS)和文件传输协议(file transfer protocol，FTP)等。服务器名称是指文件所在服务器的名称或 IP 地址，服务器名称后面有时还跟一个冒号和一个端口号，它也可以包含服务器必需的用户名称和密码。路径部分包含等级结构的路径定义，一般不同部分之间以斜杠分隔。

绝对 URL 显示文件的完整路径，而相对 URL 以包含 URL 本身的文件夹位置为参考点，描述目标文件夹的位置。如果目标文件与当前页面(即包含 URL 的页面)在同一个目录，那么这个文件的相对 URL 仅仅是文件名和扩展名。如果目标文件在当前目录的子目录中，那么它的相对 URL 是子目录名，后面是斜杠，然后是目标文件的文件名和扩展名。

1.2 UCL 定义

URL 通常只能表示信息资源的位置，无法描述信息资源的语义信息，因此带来了互联网信息资源难找、难管、失序等弊端。具体而言，互联网的主要弊端表现为：有用信息不易寻找，个性需求无法满足；网上内容难以有效治理，良莠不齐，垃圾泛滥；网络导读严重缺失，舆论导向难以落实等。尽管 Tim Berners-Lee 提出了语义网(semantic Web)概念，试图使 Web 变成能够自动理解词语、概念以及它们之间逻辑关系的智能网络，但是语义网实现起来非常困难。为此李幼平院士团队提出了 UCL 技术[1]，从互联网中内容资源难找、难管和失序等问题的根本症结入手，兼顾了内容共享应用中的三个重要角色(读者、作者和管理者)，能够有效弥补 URL 的语义缺失和管理缺失。

UCL 是网络信息资源的一种属性与内容描述结构，它的目的是解决网络信息资源的发现、查找、识别、传输、控制和主动服务等问题。

在信息空间中，每一份多媒体文件都是一个多维矢量。矢量的模(长度)是文件字段数，矢量的方向取决于对文件内容进行精细定位的一组代码，即 UCL 代码[2]。UCL 代码对文件内容的类别、主题、出处、时段、作者、关键词、分类代码等做出多维度的标引。读者的需求和文件的内容都用 UCL 矢量来表达，通过对 UCL 矢量的关联计算，在浩瀚的信息空间中按内容准确定位文件。

设 UCL 的向量表示为

$$U = (u_1, u_2, \cdots, u_i, \cdots, u_n)$$

其中，u_i 为第 i 个语义项；n 是 UCL 的分量数，一般与被描述对象、应用领域、传输方式、用户终端形式有关。

1.3 UCL 标签

《统一内容标签格式规范(GB/T 35304—2017)》已作为国家推荐标准正式发布[3]。字节(byte)是 UCL 标签的基本组成单位，一个字节由 8 位(bit)二进制数组成。UCL 标签的起始字节定义为第 0 字节,一个字节的起始位定义为第 0 位。UCL 标签或包的第 n 字节的第 m 位($0<m<7$)，也称为该 UCL 包或域的第 $8n+m$ 位。

一般地，一个 UCL 标签可分为前后两个部分：UCL 代码(UCL code)部分和 UCL 属性(UCL property)部分。UCL 代码部分包含多个 UCL 代码域，UCL 属性部分包含多个UCL属性域。UCL标签也可以根据实际应用进行灵活裁剪和扩展，但每个UCL标签应包含UCL代码部分。UCL标签的格式如图1-1所示。

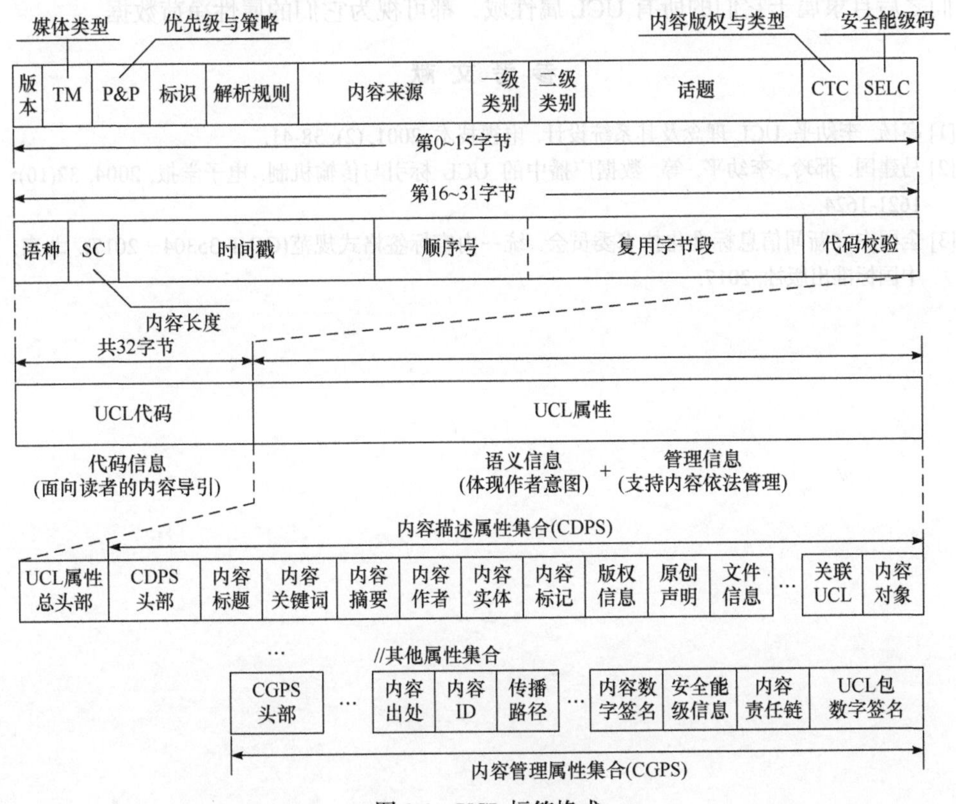

图1-1 UCL标签格式

UCL代码部分的基本长度为32字节，它们称为基本UCL代码。除基本UCL代码，UCL代码部分在需要时可以进行扩展，扩展部分的长度应为16字节的整数倍，称为扩展UCL代码。

UCL属性部分记录与内容相关的多个属性信息。每个具体属性称为一个UCL属性元素，每个UCL属性元素由UCL属性元素域定义。性质或功能相近的若干UCL属性元素构成一个UCL属性集合。每个UCL属性集合由一个UCL属性集合头部域和紧接其后的多个连续存放的UCL属性元素域组成。UCL属性部分的第一个域是UCL属性总头部域，紧接其后的是多个(最多16个)UCL属性集合。已定义的两个UCL属性集合是：内容描述属性集合和内容管理属性集合。

UCL属性总头部域、UCL属性集合头部域和UCL属性元素域统称UCL属性域。每个UCL属性域的格式描述按照〈属性类别，属性长度，属性净荷〉形式进行定义和组织(三个分量按序连续存放)。UCL属性总头部域和UCL属性集合头部域是特殊的头部描述信息域，若将它们作为一个单独的 UCL 属性域来看，则不包含属性净荷分量；但如果从 UCL 属性域之间的概念隶属关系来看，那么位于它们之后且隶属于它们的所有 UCL 属性域，都可视为它们的属性净荷数据。

参 考 文 献

[1] 高杨, 李幼平. UCL 理念及其系统设计. 电视技术, 2001, (2): 38-41.

[2] 马建国, 邢玲, 李幼平, 等. 数据广播中的 UCL 标引与传输机制. 电子学报, 2004, 32(10): 1621-1624.

[3] 全国中文新闻信息标准化技术委员会. 统一内容标签格式规范(GB/T 35304—2017). 北京: 中国标准出版社, 2017.

第2章 基于UCL的多层网络数据语义解析技术

数据挖掘的最终意义在于帮助人们更好地理解信息。数据的分类、聚类、关联规则的发现等都是为信息解析服务的。大规模的网络数据意味着数据结构具有多维性、异构性和复杂性，如何对这些数据进行有效的解析成为巨大的挑战。对于网络数据，除了常规的一些数据挖掘方法，如何利用网络的层次关系来帮助人们进行信息的解析是值得深入研究的。网络是分层次的，数据从物理层到最终的应用层，每一层都会有强度不同的语义信息。如果仅关注网络的某一层，没有综合考虑不同网络层的信息如何为数据解析提供服务，那么对这些网络数据的语义理解就可能带有片面性，无法真正从深层次反映网络信息的内涵。

2.1 多层网络数据语义描述架构

无论是开放式系统互联协议体系还是传输控制协议/网际协议(transmission control protocol/internet protocol，TCP/IP)体系，网络数据都是具有层次结构的，每一层都有许多特定内容反映网络数据的语义特性。那么如何充分获取、利用这些信息来全面反映网络数据的语义性质呢？本书提出多层语义描述方法，研究网络数据从物理层到应用层所包含的语义信息，建立多层数据语义描述框架，针对网页数据、音/视频数据完成扩展的统一内容定位(extended uniform content locator，exUCL)语义标签定义，建立exUCL标签数据库。

2.1.1 多层网络数据语义描述模型

基于数据包的网络数据在TCP/IP网络体系结构的每一层中，都存在不同强度的语义信息。建立的多层网络数据语义描述模型(multilayer semantic description model for network data，MSDM)如图2-1所示，其中定义了弱、中、强三个语义域，体现多层语义模型与TCP/IP模型的对应关系，描述各个层次数据的语义特征。

1) 弱语义域

弱语义域(weak semantic field)面向数据包进行语义描述，体现网络数据的传

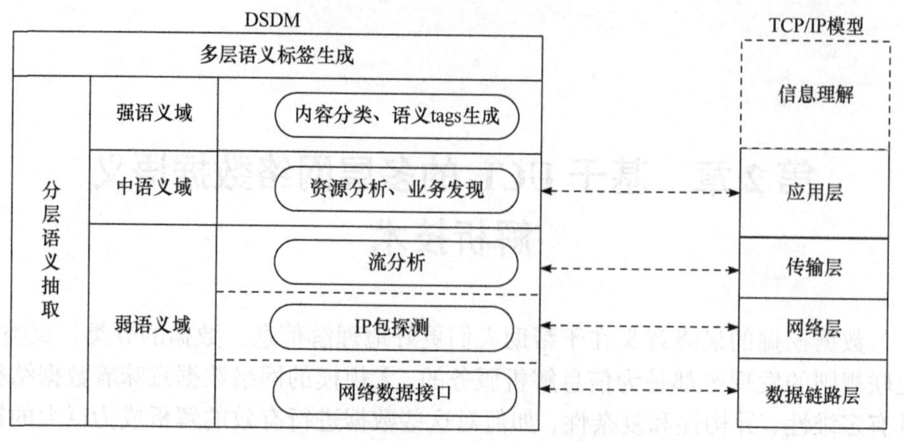

图 2-1 多层网络数据语义描述模型

输特性。对应 TCP/IP 体系结构网络层、传输层等底层数据的语义信息，如源 IP 地址、目的 IP 地址、源端口号、目的端口号等。

2) 中语义域

中语义域(generic semantic field)针对网络资源进行语义描述，对应 TCP/IP 体系结构应用层数据的语义信息，描述网络数据 URL、数据来源、文件大小等信息。

3) 强语义域

强语义域(strong semantic field)是在对网络数据内容理解的基础上进行的高层语义描述，如数据分类、标题、作者、关键字等。

不同语义域信息来源于网络不同层次结构的数据，具有不同的语义强度。利用这些信息可以提高对网络数据的解析效率。弱语义域可用于网络数据业务类型解析，主要进行 IP 地址和数据类型分类、过滤可疑 IP 地址的数据包、进行流量分析等标识；中语义域针对网络资源进行分析，了解网络资源状况、数据来源，进行流分类等标识；强语义域主要对网络数据内容进行分析，进行主题分类，信息热度、重复度等分析。

2.1.2 exUCL 语义标签及语义向量空间

exUCL 语义标签是进行网络数据分层语义抽取、跨层语义集成、不同强度语义相关性分析以及相关应用的基础。在多层网络数据语义描述模型框架下，定义 exUCL 语义标签，描述网络数据不同层次的语义内容。图 2-2 为网络数据 exUCL 语义标签基本格式。

exUCL 语义标签从弱语义域到强语义域的解析过程中，网络每一层次结构产生 exUCL 语义标签中某个域的某个字段值。生成的 exUCL 标签将采用资源描述

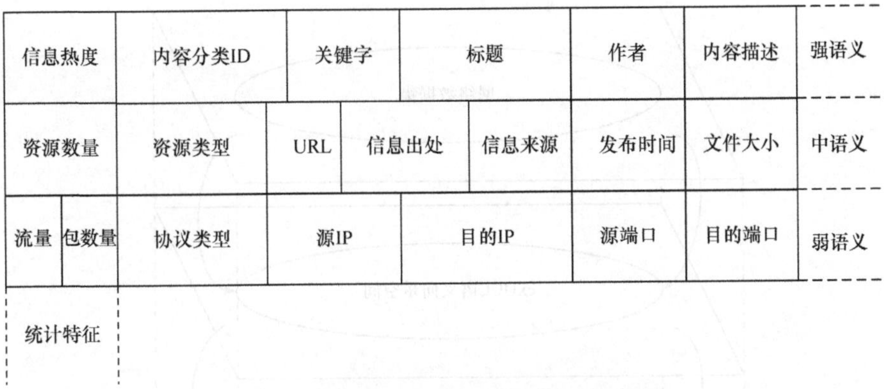

信息热度		内容分类ID	关键字	标题	作者	内容描述	强语义
资源数量		资源类型	URL　信息出处	信息来源	发布时间	文件大小	中语义
流量	包数量	协议类型	源IP	目的IP	源端口	目的端口	弱语义
统计特征							

图 2-2　网络数据 exUCL 语义标签基本格式

框架(resource description framework，RDF)形式以可扩展标记语言(extensible markup language，XML)格式存储。首先，在网络层对来自互联网的 IP 数据包进行解析，获取 IP 数据包中的源地址、目的地址、源端口号、目的端口号以及协议类型等弱语义信息，推知该数据包采用的协议类型，从协议内容中识别出相应的业务流。在数据进入应用层后，提取数据内容的主题分类、信息热度统计和与数据内容相关的语义。

一个 exUCL 语义向量由 exUCL 语义标签各字段作为分量构成，语义向量定义为 $U=(U_1,U_2,\cdots,U_n)$，n 是 U 的分量数，每个分量是不同的数据类型，全部 exUCL 语义向量构成了 exUCL 语义向量空间。由于 exUCL 语义标签的各个字段包含了整型、字符型等不同类型，exUCL 语义标签实际上就构成了典型的异构数据集。

通过对网络样本数据集进行分层语义抽取，可以对这些不同程度、不同强度的语义信息进行集成和融合，构建 exUCL 语义向量空间。网络数据将被映射为 exUCL 空间中的一个点。对 exUCL 空间中的点集进行分析后将发现数据的深层模式，如网络信息可信度、网络信息语义分类等。图 2-3 描述了网络数据到 exUCL 语义向量空间的映射关系。

2.1.3　网络数据语义标签定义

网络数据是复杂的，各种数据特点之间有共性，但也存在差异。因此，要描述其语义，首先要考虑的就是确定每一层上都需要抽取哪些信息，这些信息格式如何确定。为了更准确地描述网络数据语义，对不同类型数据采用不同的 exUCL 标签定义。本节以网页数据的 exUCL 标签为例，描述网页数据的多层语义，如表 2-1 所示。

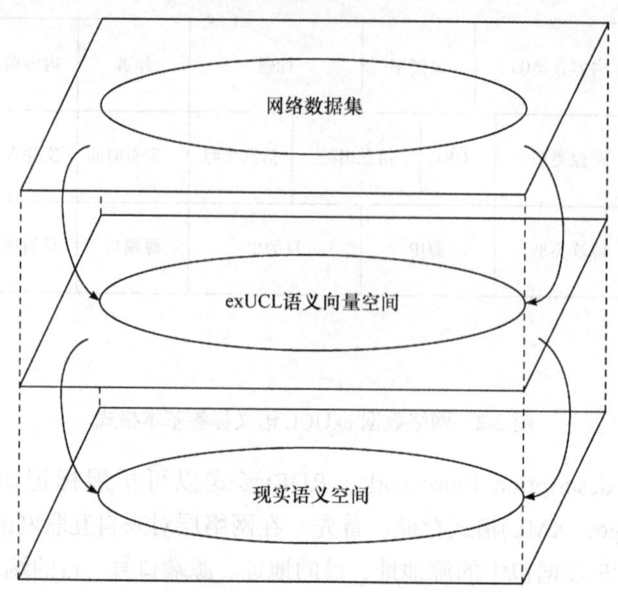

图 2-3 网络数据到 exUCL 语义向量空间的映射关系

表 2-1 网页数据语义标签

字段属性	字段名称	中文名	字段类型	字段长度	说明
弱语义域	Source ip	源 IP 地址	varchar	20 字节	—
	Destination ip	目的 IP 地址	varchar	20 字节	—
	Source port	源端口号	number	16 位	—
	Destination port	目的端口号	number	16 位	—
	Protocol type	协议类型	varchar	10 字节	应用层所用协议
	Options	扩展项	—	可变	用来定义一些任选项
中语义域	Resource type	资源类型	varchar	8 字节	资源类型(文本、图像、声音、视频、软件、数据等)
	File length	文件大小	number	16 位	文件的大小
	URL	资源定位符	varchar	100 字节	资源地址
	Website	信息来源	varchar	20 字节	信息发布网站名
	Derivation	信息出处	varchar	24 字节	信息资源的制作个人或发布组织
	Pub_Time	发布时间	time	24 字节	信息发布时间
强语义域	Class_ID	内容分类 ID	varchar	4 字节	信息分类代码
	Title	标题	varchar	50 字节	网页信息的标题

续表

字段属性	字段名称	中文名	字段类型	字段长度	说明
强语义域	Author	作者	varchar	10 字节	—
	Keywords	关键词	varchar	10 字节	信息资源主题、内容的关键字或词组
	Description	描述	varchar	不定长	网页内容说明、摘要等
统计语义	H	信息热度	number	8 位	单位时间信息被访问的次数 N 的以 10 为底的对数
	Length	流量	number	10 位	本类资源流量
	Packets	包数量	number	10 位	本类媒体所获取的数据包数量
	Resources	资源数	number	10 位	本类资源数量

2.2　网络捕包系统及协议分析

在对网络进行多层语义信息描述时，需要对网络数据包进行分析。在某校园网的网络信息中心节点处，搭建网络捕包系统及协议分析的实验平台，该平台称为网络数据的分层语义抽取实验平台。实验平台对校园网的流量数据进行分层语义抽取和分层分类，并对捕获系统进行可靠性和高效性分析。

2.2.1　中间节点网络数据包捕获系统

中间节点网络数据包捕获系统使用基于 WinPcap[1,2]的抓包技术，该技术的函数库工作在网络分析系统模块的最低层，能从网络最低层取得最完整、最真实的数据。网络数据包捕获作为一种网络通信程序，也是通过对网卡的编程来实现网络通信的。

WinPcap 的主要功能在于独立于主机协议发送和接收原始的数据包[3]。也就是说，WinPcap 不会阻塞，过滤或控制其他应用程序包的发或收，它只是监听共享网络上传送的数据报。若需要捕获到所有流经其网卡的包和帧，则必须将网卡设置为混杂模式。也就是说，可以实时监听网络中的通信，得到所需要数据包的一份拷贝，并且不影响其正常收发通信。通过在 WinPcap 开发的数据收集模块，可以在不影响当前网络负荷以及网络节点系统配置的情况下，实现网络监听和数据收集。利用 WinPcap 捕获的数据帧其实是经过传输层、网络层和数据链路层的封装而生成的以太网数据帧，因此可以对数据帧做进一步解析。中间节点网络数据包捕获流程如图 2-4 所示。

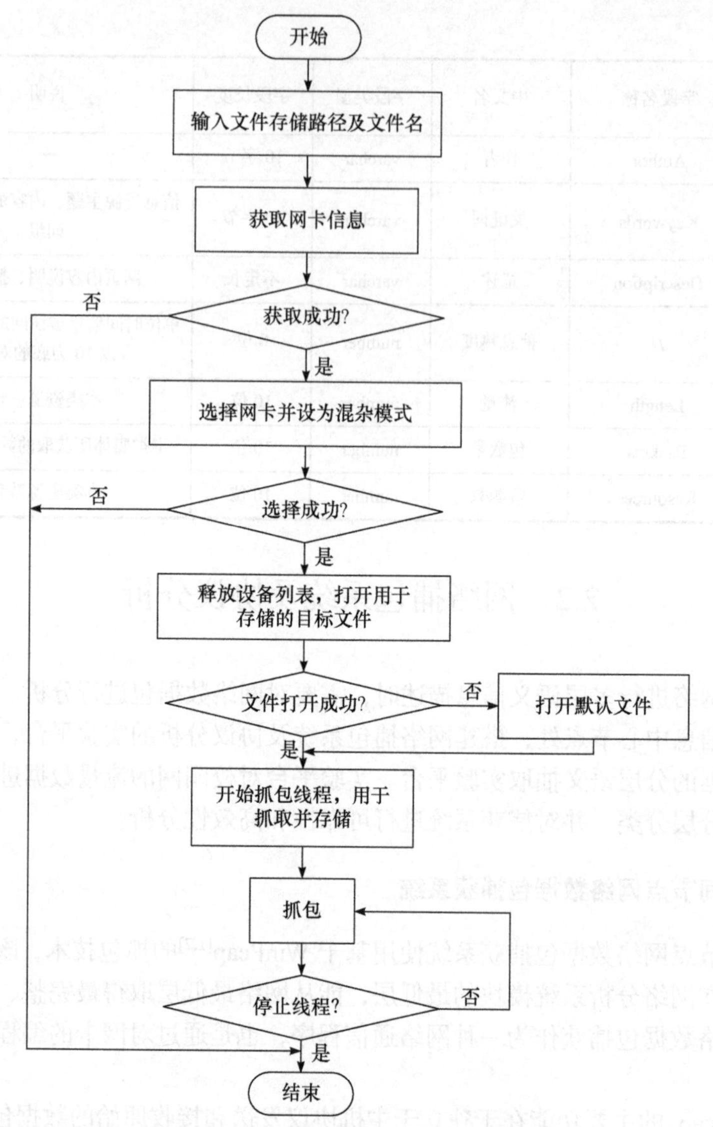

图 2-4　中间节点网络数据包捕获流程

在网络中心节点使用 WinPcap 的 pcap_loop 函数所捕获到的原始数据包具有某些特点，如图 2-5 所示。最顶端第一个字节“D4”到第二行字节“00 00”框线所标识的字节内容，是调用 pcap_loop 函数是否捕获到数据包都会返回的值，共 24 个字节。虚线所标识的字节内容是函数所加入的时间戳。实线所标识的字节内容是数据长度，前 4 个字节是捕获的数据长度，后 4 个字节是接收到的总数据长度，一般情况下两者是相等的。前 4 个字节是表示从 1970 年 1 月 1 日 0 时 0 分计时开始到现在的时间(单位为 min)，后 4 个字节用于精确到μs 所用。每捕获到一个网络数据包，用当前的时间戳减去前一个包的时间戳，得到的是本次捕获数据包所用的时间。每个帧的头部都包含该帧的长度(即该数据报的大小)，用帧的长度除以所用的时间，则是单位时间内抓到的数据的大小，也就是网速。当需要转换网络速度的单位为 KB/s 时，只需对时间戳以及帧长度的单位进行一些换算即可。但是，若每捕获到一个包，就动态更新显示一次网速，则显示的网速会变化得相当快，快到难以看清的地步，为了避免这一现象的发生，采取了取平均速度的方法。设置网速更新频率为 3s，即当捕获数据包的时间达到 3s 时计算一次网速，并动态更新显示。

```
D4 C3 B2 A1 02 00 04 00 00 00 00 00 00 00 00 00   返回数据
00 00 01 00 01 00 00 00 A7 F8 FD 47 8C D2 09 00   时间戳
6E 00 00 00 6E 00 00 00 FF FF FF FF FF FF 00 E0   数据长度
4C 75 18 48 08 00 45 00 00 60 A4 9B 00 00 80 11
13 3E C0 A8 00 64 C0 A8 00 FF 00 89 00 89 00 4C
47 91 80 61 28 10 00 01 00 00 00 00 00 01 20 44
43 45 46 44 43 45 43 44 4A 44 4A 45 47 45 44 44
42 44 43 44 43 44 44 44 45 44 48 44 4A 41 41 00
00 20 00 01 C0 0C 00 20 00 01 00 04 93 E0 00 06
00 00 C0 A8 00 64 A7 F8 FD 47 C3 A3 0B 00 3E 00   时间戳
00 00 3E 00 00 00 00 11 95 F0 0D C8 00 E0 4C 75   数据长度
18 48 08 00 45 00 00 30 A4 9C 40 00 80 06 D4 75
C0 A8 00 64 C0 A8 00 01 12 88 CE 85 37 DD CC 73
00 00 00 00 70 02 FF FF 1C 0B 00 00 02 04 05 B4
01 01 04 02 A7 F8 FD 47 25 A8 0B 00 40 00 00 00   时间戳
40 00 00 00 00 E0 4C 75 18 48 00 11 95 F0 0D C8   数据长度
08 00 45 00 00 30 00 00 40 00 40 06 B9 12 C0 A8
00 01 C0 A8 00 64 CE 85 12 88 94 B4 2D 26 37 DD
CC 74 70 12 16 D0 43 4F 00 00 02 04 05 B4 01 01
04 02 00 00 A7 F8 FD 47 75 A8 0B 00 36 00 00 00   时间戳
36 00 00 00 00 11 95 F0 0D C8 00 E0 4C 75 18 48   数据长度
08 00 45 00 00 28 A4 9D 40 00 80 06 D4 7C C0 A8
00 64 C0 A8 00 01 12 88 CE 85 37 DD CC 74 94 B4
2D 27 50 10 FF FF 86 E3 00 00 A7 F8 FD 47 BF B0
OB 00 C9 02 00 00 C9 02 00 00 00 11 95 F0 OD C8
00 EO 4C 75 18 48 08 00 45 00 02 BB A4 9E 40 00
80 06 D1 E8 C0 A8 00 64 C0 A8 00 01 12 88 CE 85
37 DC CC 74 94 B4 2D 27 50 18 FF FF 13 96 00 00
```

图 2-5　捕获到的数据包特点

数据包捕获平台应用于校园网络中心节点，进行数据包的捕获，在海量数据捕获的环境下，系统的可靠性、高效性分析尤为突出。

1) 可靠性

将网络数据的分层语义抽取实验平台所获取的数据作为分析源，用目前国内外广泛使用的 IRIS、Sniffer、Wireshark 等数据包专业获取和分析工具进行分析[4]。最后得到基本一致的捕获情况，网络数据分层语义抽取实验平台的信息可信度判断与信息质量判断的准确率可达 95%以上。

2) 高效性

设计如下实验环境以验证系统的高效性。使用一台具有管理功能的交换机，将一个端口接入网络数据包获取平台，打开该端口通信的同时，交换机端口开始计数，网络数据的分层语义抽取实验平台开始获取数据包，经过一段时间，关闭该端口的同时，交换机端口停止计数，网络数据的分层语义抽取实验平台停止获取数据包，读取交换机端口的值和获取数据包文件的大小。捕包系统高效性验证平台实验数据对比情况如表 2-2 所示。可见，实验效率的平均值为 99.76%。实验误差主要产生于交换机使用了网页形式捕获[5]，即网页刷新时间内交换机仍然处于计数状态，从而产生了误差。

表 2-2　捕包系统高效性验证平台实验数据对比

编号	交换机数据/Byte	平台实验数据/Byte	效率/%
1	326719129	325831088	99.73
2	314933107	314456075	99.85
3	693752426	691505725	99.68
4	733479255	732011380	99.80
5	1466177102	1460754475	99.63
6	1732291161	1730352166	99.89

2.2.2　基于原始数据包的网络数据业务发现

互联网上大部分业务在网络数据包各层上有所反映，但是如何充分利用业务数据在网络各层上的映射，对互联网上的业务进行跨层监测呢？下面通过实验，分层抽取通过校园网络中心的业务数据流的语义信息，对流经的业务数据进行精确、细粒度的监测。发掘业务数据的特点，有助于数据包强语义信息分析。根据通信协议及端口、数据特征等信息的分析，对网络数据包 P2P(eMule、QQLive、PPLive 等 P2P 数据)、HTTP 等进行分类。

1) 数据包分类

对大量数据进行分析后，发现目前主流的流媒体软件基本都使用 UDP 传输数据(如 PPLive、酷狗音乐、QQ 直播、QQ 音乐等)，主流的下载工具迅雷、BT、电驴、Flashget 也使用 UDP 进行传输，而且这些工具都使用了对等网络(peer-to-peer，P2P)技术。

2) 按端口分类

将 TCP 的 80 端口数据归类为 HTTP 数据，8000 端口数据归类为 QICQ(这是即时聊天软件使用的固定端口，如 QQ、MSN 等)，UDP 的 13000～14000 端口数据归类为 QQ 音/视频。然后添加了用户输入查询端口的功能，当知道了某个软件使用的端口后，就可以使用这个程序查询它传输的数据包。

举例说明，某些占据网络流量较多的网络数据特征如表 2-3 所示。

表 2-3　基于原始数据包的网络数据业务识别

业务	特征
eMule	TCP:E3|C5|D4
	UDP:E3|E4|E5
QQLive	UDP:FE、0x22、0x00
	端口号：554(0x02、0x2A)

由此可见，在数据处理时，基本思想是对抓获的数据进行两次分析。基于原始数据包的业务识别流程如图 2-6 所示。

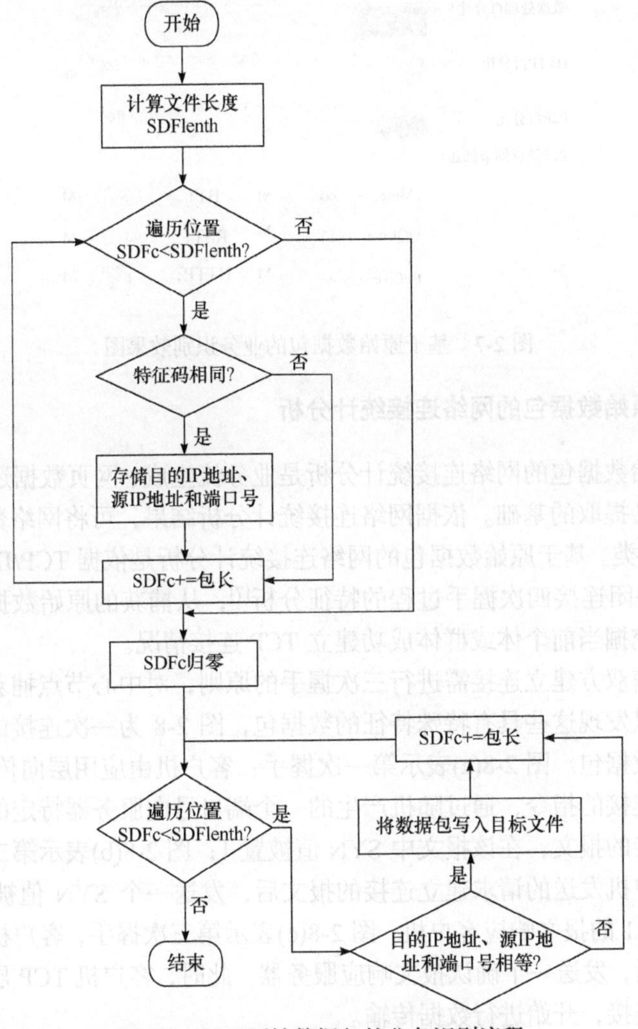

图 2-6　基于原始数据包的业务识别流程

首先，根据数据包格式遍历抓获的数据，将它们特定的位置上的数据与标识P2P、HTTP数据的特征码进行比较，当两者相等时，把对应的目的IP地址、源IP地址和端口号存储在结构体里面。对于短时间内目的IP地址、源IP地址和端口号都相同的数据包，确认为同一性质的数据包。根据以上所得到的结构体中存储的数据，再一次遍历抓获的数据，并把与结构体中存储的目的IP地址、源IP地址和端口号都相同的数据包存储到P2P、HTTP二进制文件中。

基于原始数据包的网络数据业务识别系统实时效果如图2-7所示。网络数据业务发现技术是基于大量实验及数据分析的结果，具有较高的可靠性。

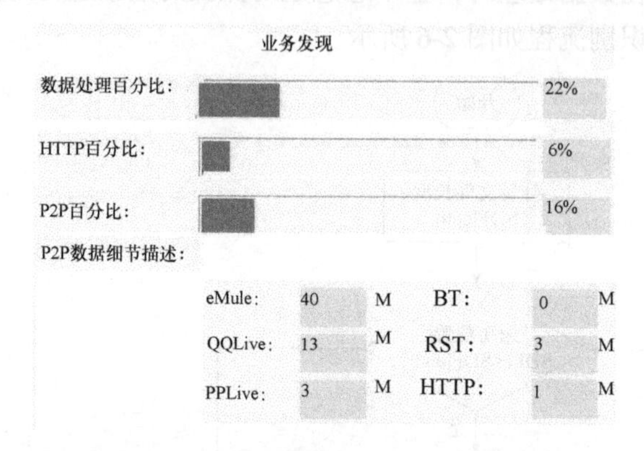

图2-7　基于原始数据包的业务识别效果图

2.2.3　基于原始数据包的网络连接统计分析

基于原始数据包的网络连接统计分析是业务流生成、网页数据还原、音/视频数据高层语义提取的基础。依据网络连接统计分析结果，可将网络数据进一步统计、划分、分类。基于原始数据包的网络连接统计分析是依据TCP/IP建立连接三次握手[6]和关闭连接四次握手过程的特征分析[7]，从捕获的原始数据包的网络层传输数据中挖掘当前个体或群体成功建立TCP连接情况。

根据通信双方建立连接需进行三次握手的原则，对中心节点捕获的数据包进行过滤，可以发现这些具有特殊特征的数据包，图2-8为一次连接的三次握手所传输的原始数据包。图2-8(a)表示第一次握手：客户机由应用层向传输层TCP发出一个建立连接的指令，通过随机产生的一个端口号向服务器特定的端口号发送请求建立连接的报文，在该报文中SYN值被置1；图2-8(b)表示第二次握手，服务器收到客户机发送的请求建立连接的报文后，发送一个SYN值被置为1和确认号ACK为1的报文响应客户机；图2-8(c)表示第三次握手，客户机收到服务器的响应报文后，发送一个确认报文响应服务器。此时，客户机TCP层通知应用层已经建立好连接，开始进行数据传输。

```
⊟ Flags: 0x02 (SYN)
   0... .... = Congestion Window Reduced (CWR): Not set
   .0.. .... = ECN-Echo: Not set
   ..0. .... = Urgent: Not set
   ...0 .... = Acknowledgment: Not set
   .... 0... = Push: Not set
   .... .0.. = Reset: Not set
   .... ..1. = Syn: Set
   .... ...0 = Fin: Not set
  Window size: 65535
⊞ Checksum: 0x865e [correct]
```

(a) 第一次握手

```
⊟ Flags: 0x12 (SYN, ACK)
   0... .... = Congestion Window Reduced (CWR): Not set
   .0.. .... = ECN-Echo: Not set
   ..0. .... = Urgent: Not set
   ...1 .... = Acknowledgment: Set
   .... 0... = Push: Not set
   .... .0.. = Reset: Not set
   .... ..1. = Syn: Set
   .... ...0 = Fin: Not set
  Window size: 5840
```

(b) 第二次握手

```
⊟ Flags: 0x10 (ACK)
   0... .... = Congestion Window Reduced (CWR): Not set
   .0.. .... = ECN-Echo: Not set
   ..0. .... = Urgent: Not set
   ...1 .... = Acknowledgment: Set
   .... 0... = Push: Not set
   .... .0.. = Reset: Not set
   .... ..0. = Syn: Not set
   .... ...0 = Fin: Not set
  Window size: 256960 (scaled)
```

(c) 第三次握手

图 2-8 三次握手的原始数据包展示图

综合分析三次握手的特征，根据第二次握手过程中 SYN 和 ACK 同时有效，即可从捕获的数据中挖掘出每次建立连接的数据。挖掘一次连接所有原始数据包方法如下：

(1) 根据三次握手的特征，确定三次握手的原始数据包；

(2) 由于此数据包一定是由服务器传给客户机，所以可以确定此次连接中服务器和客户机的对应 IP 地址和端口号；

(3) 根据服务器和客户端的 IP 地址和端口号，依次对后续原始数据包进行比对；

(4) 挖掘出属于同一次连接的原始数据包；

(5) 对挖掘出的原始数据包中关键字段 FIN 进行分析，即可统计此次连接传输的数据包总数；

(6) 对挖掘出的原始数据包重新存放，即可形成一次连接的原始数据流。

以同样的方法分析 TCP 连接关闭的四次握手，图 2-9 为一次连接关闭的四次握手所传输的原始数据包。

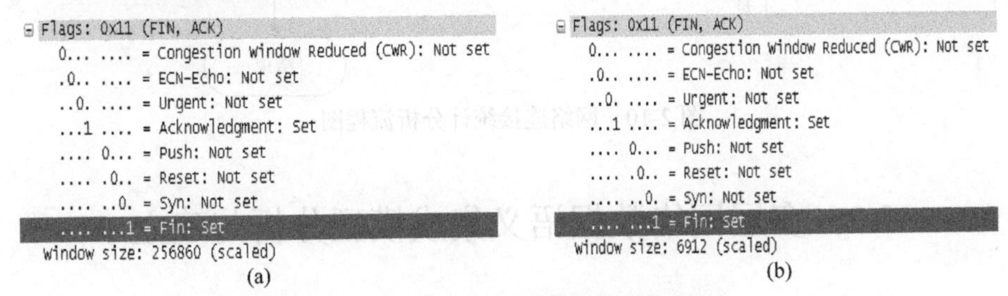

图 2-9 四次握手的原始数据包展示图

最后，采用开放数据库互联(open database connectivity，ODBC)方式连接到

MySQL 服务器并把相关数据写入数据库，供后面分析所用，根据数据库中的连接信息对群体用户(或特定用户)进行连接稳定性分析，具体流程如图 2-10 所示。

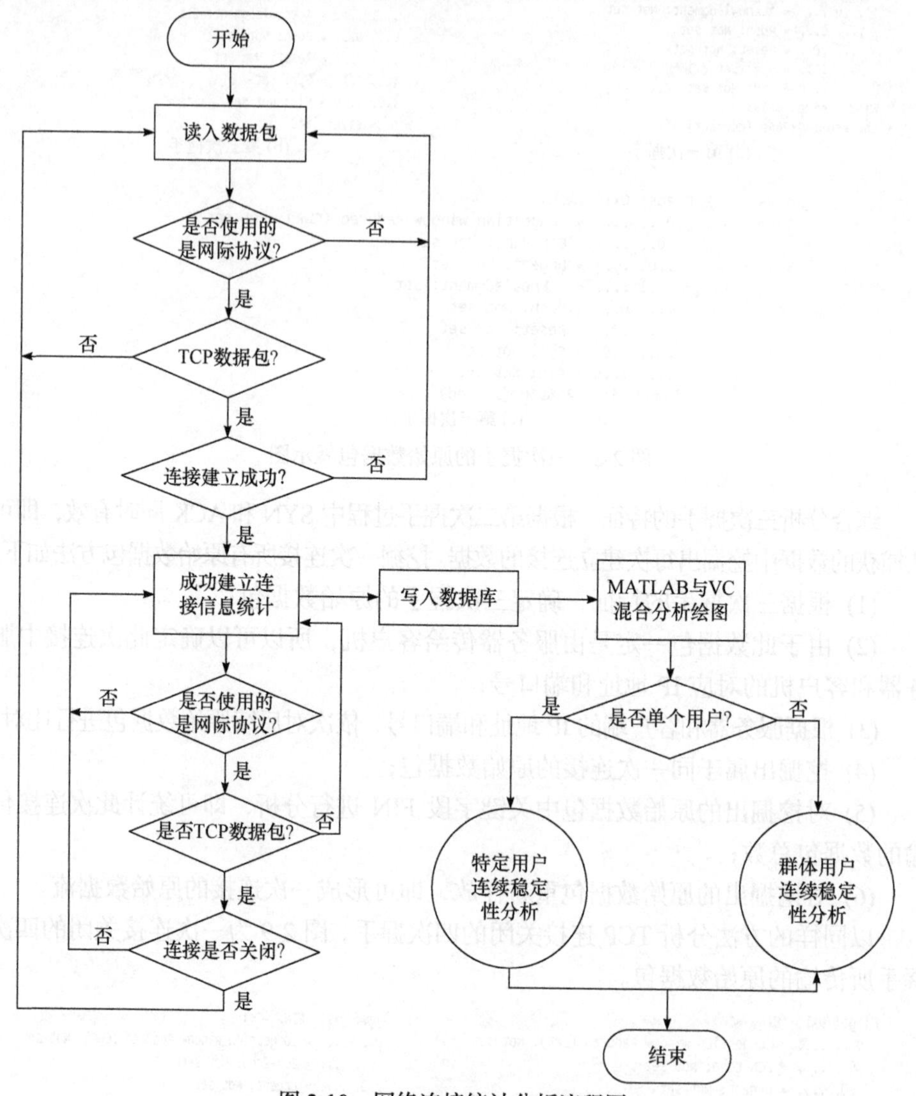

图 2-10　网络连接统计分析流程图

2.3　多层网络数据语义集成模型分析与建立

网络数据的多层语义与网络协议的分层有极多相同之处，在语义中加入了统计数据语义字段，因此针对各层语义描述的数据粒度有不同之处。例如，对于数据链路层，帧是数据链路层中的基本单位，每帧有源 MAC 地址、目标 MAC 地址等语义信息；针对网络层，IP 包是该层的基本单位，存在源 IP 地址、目标 IP 地址等可用语义字段，运用不同的语义可以有不同的语用空间，满足不同的应用目的。本节从多层网络数据语义架构概念模型出发，把概念模型转换成逻辑模型(关系模型)，并用具体的物理模型来实现语义数据的有机组织。

2.3.1　概念模型分析与建立

对于网络数据的语义集成系统，实现语义的逻辑结构需要选择一个合适的网络数据对象来进行语义描述。由于语义具有强烈的内容描述性，不同网络层各字段的语义统计热度表达的语义也不尽相同。有些统计语义没有多大的语用价值，如源 MAC 地址的个数(帧个数)基本没有语用性，同时为了各网络层的上下集成与连接，本书选用“资源”作为语义描述的基本对象，一个资源针对网页来说，可以指一个用户访问网页的超文本标记语言(hyper text markup language，HTML)代码，这个网页的强、中、弱语义都可以表示出来。本书不针对包进行语义描述，因为包接近数据而非信息，只适合网络流量分布语用研究。

图 2-11 是针对一个资源的 URL 进行标定，其语义由多层语义框架而来，包含语义框架中的各个强、中、弱语义字段，为方便语义的采集和处理，引入了语义框架中没有的一些字段，如 URL 连接上下层语义。

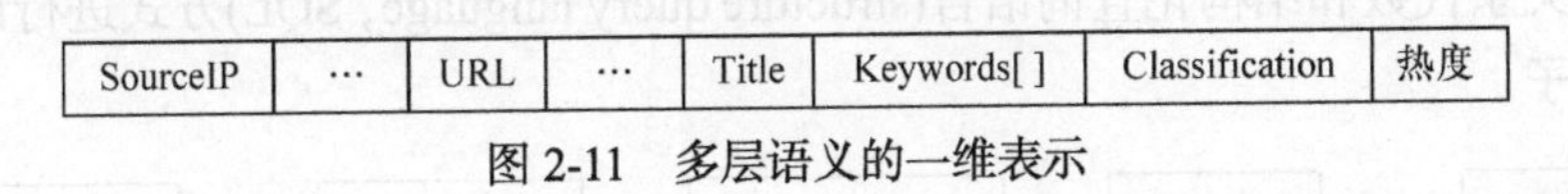

SourceIP	…	URL	…	Title	Keywords[ ]	Classification	热度

图 2-11　多层语义的一维表示

图 2-11 中一维语义表示方法在数据的处理上将出现一定的困难，因为数据不具有规范性，例如，针对同样的 URL，其“热度”语义究竟代表了什么，是这个 URL 总的访问热度、在 DestinationIP 语义下的热度，还是 SourceIP 的热度？这样“热度”语义具有多义性，背离了语义清晰化的目标和原则。同样，“热度”语义是一个统计值，也可以看成 Title 的“热度”，所以在上面的图例中，这样的模型是不能满足多维语义来处理的。

在图 2-12 中，采用实体-关系(entity-relationship，ER)模型来对一维语义表示方法进行分维扩展，来使语义清晰化，根据香农通信系统模型，可以简单地将基于资源的语义信息归入香农通信系统中的信源、信道和信宿。这样同一个 URL 可被不同的 DestinationIP 访问，当然再加上访问时间，还会进一步扩展 DestinationIP 的维度，为进一步分析个人用户的兴趣图谱等方面的语用所用。

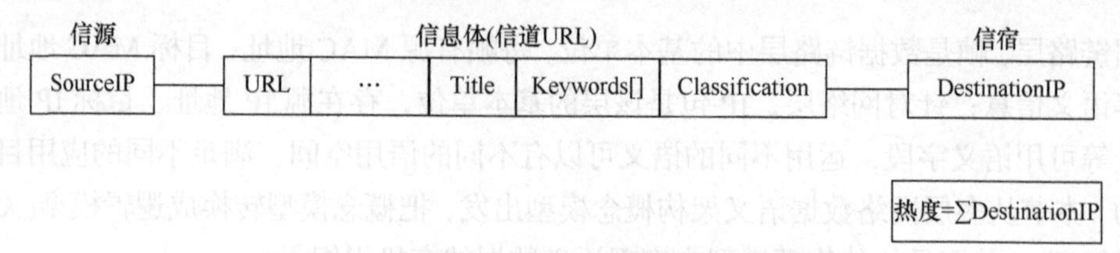

图 2-12　实体-关系模型扩展多层语义的维度

图 2-12 中，信源、信道与信宿之间不再是一维的，而是分维了，例如，一个源 IP 地址可以有多个信息体(信道 URL)，就像一个源网站也可以有很多的网页一样，每个网页由多个语义组成。同样，一个网页可以被多个用户访问，这样“热度”语义已经脱离了固定性，本身变成一个派生量，如果要看某个资源的热度，可以对 DestinationIP 求和，以知道该 URL 的访问热度，而针对 Title 分别对 DestinationIP、SourceIP 求和就可以知道某标题在各个网站上的被访问热度。

信息中的语义越强，就越容易被智能体(人类、智能机器)所理解和传递，因此针对网络中网络地址如 IP 地址等，可以用进一步的方法来进行语义强化，图 2-13 是对 IP 地址弱语义的强化示例，因此在原实体-关系模型上添加字段 Geographic 来进行表述。图 2-13 中显示了一个例子来展示某地区用户群访问“北京奥运会今日开幕”主题的热度。在这一模型下，可以发现展示该运算变得极为方便。以下是利用关系代数和结构化查询语言(structure query language，SQL)方式进行语义计算的例子。

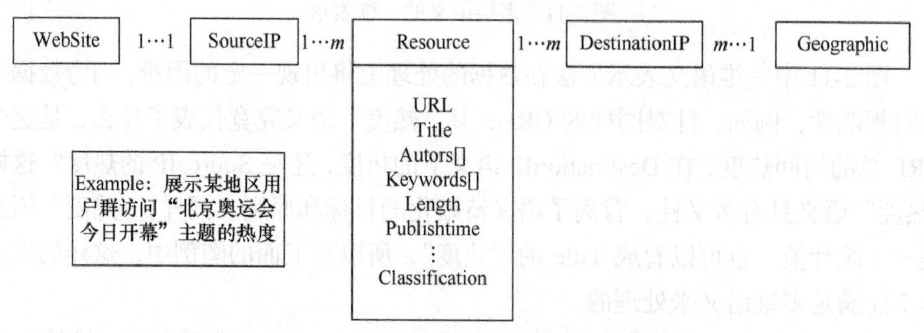

图 2-13　IP 地址弱语义的地理语义映射

(1) 关系代数表示：

∏count(DIP.IP)R.Title=‘北京奥运会今日开幕’Geo.area=‘新区’(Resource|X| DestinationIP|X| Geographical)

(2) SQL 表示：

```
SELECT count(DIP.IP)
FROM Resource R, DestinationIP DIP, Geographical Geo
WHERE R.Title=‘北京奥运会今日开幕’ AND Geo.area=‘新区’
AND DIP.resID=R.ID AND cut(DIP.IP)=Geo.IPsegment
```

但以上语义框架的实体-关系模型表达仍然不够，强语义中的分类事实上在领域本体论中是一个多层模型，因此用扩展实体-关系(extended entity-relationship, EER)模型来容纳网络断面的语义[8]。这样一个资源可以属于某种分类，该分类根据实际分析结果对应到分类树中的某个节点，随着分析的深入，将对应到分类树的下层节点，否则对应到分类树的上层节点，如图 2-14 所示。

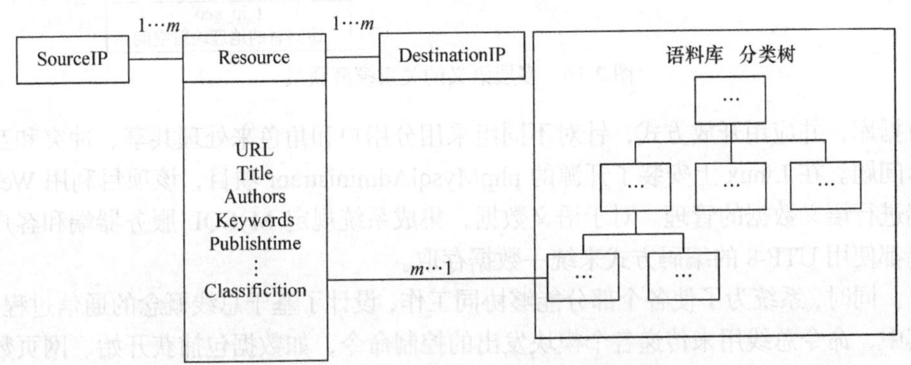

图 2-14　层状分类树的扩展实体-关系模型

2.3.2　逻辑模型建立

各语义的概念模型建立以后，把扩展实体-关系模型转变成关系模型(relation model, RM)，在此共建立 11 个关系模型，如图 2-15 所示。关系模型能更好地把语义用关系数据库进行表示，能更方便地存储抽取出来的语义数据，方便进一步的分析与利用。

图 2-15　网络数据语义信息关系模型

各关系模型之间相互联系，如图 2-16 所示，其中，t_web_res 和 t_av_res 为最主要的两个关系模型。

2.3.3　物理模型实现方式

采用 Linux+MySQL 服务器的方式来组建中心语义

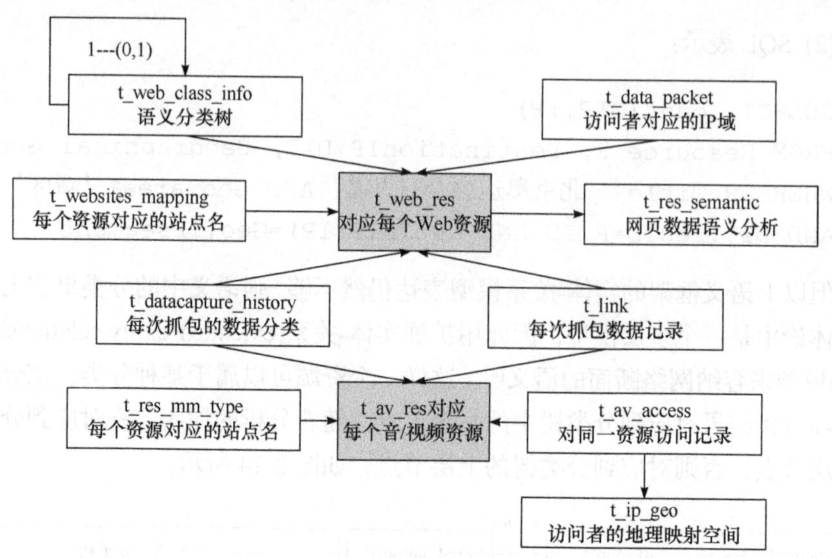

图 2-16　多层语义的关系模型联系

数据库，并应用开放方式，针对不同组采用分用户和角色来处理共享、冲突和互斥问题。在 Linux 上安装了开源的 phpMysqlAdministraor 项目，该项目利用 Web 端进行语义数据的管理。对于语义数据，集成系统规定 MySQL 服务器端和客户端都使用 UTF-8 的编码方式来统一数据存取。

同时，系统为了使各个部分能够协同工作，设计了基于总线概念的通信过程。其中，命令总线用来传递各个模块发出的控制命令，如数据包捕获开始、网页数据内容挖掘分析开始；文件共享总线用来传递各个模块的共享文件信息。若采用套接字(Socket)方法将捕获的数据包传送给网页数据挖掘部分，将非常消耗系统资源，而采用文件共享方式，网页挖掘部分可以在共享段对数据进行操作，不需要复制到本地机器进行分析，大大加快了系统的处理速度；语义标签存取总线用来管理各个模块对数据库中存放的语义标签信息，如音/视频信息分析部分可以将自己分析得到的语义标签信息通过语义标签存取总线存储在数据库中，而跨层语义集成分析部分则可以通过该总线对存储的语义标签信息进行分析、综合计算。

参 考 文 献

[1] 刘飞, 杨飞. 基于 WinPcap 的网络抓包系统. 计算机光盘软件与应用, 2012, (8): 132-133.

[2] 刘诗俊, 罗艺. 基于 WinCap 的 UDP 协议数据重发方法. 计算机与数字工程, 2009, (8): 196-199.

[3] 郭凯. 基于 WinPcap 的数据包捕获系统的设计与实现. 西安: 西安电子科技大学硕士学位论文, 2013.

[4] 张智伟. 数据包分析工具及其在网络管理中的应用. 中国传媒科技, 2019, (2): 125-127.

[5] 董静. 中文网页形式自动分类. 大连: 大连理工大学硕士学位论文, 2006.
[6] 侯东成. TCP 为什么需要三次握手. 计算机与网络, 2017, 43(9): 47.
[7] 杨小凡. TCP/IP 相关协议及其应用. 通讯世界, 2019, 26(1): 27-28.
[8] 陈振庆. 基于描述逻辑的 EER 模型检测. 计算机应用与软件, 2016, 33(8): 39-42.

第 3 章　网页信息的语义描述与解析技术

网络是分层的，从前面章节对各层协议的分析可以看出，数据从传输到最终的用户理解，经过的每一层处理都会有相应强度不同的语义信息，如数据链路层到传输层的 MAC 地址、帧类型、IP 地址、端口号等信息可以帮助我们了解数据在底层包含的一些语义信息。虽然这些都是弱语义信息，但仍非常有意义。当数据到达应用层并且逐步还原成文件时，可以解析出如协议类型、业务类型、文件大小、发布时间以及信息出处等中语义信息。当对数据在语义解析的层面进行分析时，可以用标题、关键词、内容分类、信息热度等对网络数据内容进行高层语义描述。Web 服务是互联网信息服务的重要部分。本章将网页信息的语义描述与解析技术作为讨论的重点，分别对网页的语义信息抽取、自动标引与分类、Web 信息自动采集及用户兴趣分析做详尽的阐述。

3.1　网页数据多层语义抽取

信息抽取是把文本里包含的信息进行结构化处理，使之变成表格一样的组织形式[1]。此处的文本包括自由式文本、结构化文本、半结构化文本。对自由式文本所做的信息抽取工作是从中析取有限的主要信息，如从新闻中析取时间、人物、事件等信息；结构化文本是某种数据库中的信息，或是根据事先规定的格式严格生成的文本；而半结构化文本则是介于自由式文本和结构化文本之间的数据，通常缺少语法，也没有严格的格式，如网页等。

传统的网页信息抽取方法使用包装器来抽取网页中感兴趣的数据。包装器根据一定的信息模式识别知识，从特定的信息源中抽取相关内容，并以特定形式加以表示。而本书的研究是在网络中心节点上实时截取数据包，对数据流断面进行数据内容的分析[2]。因此，需要先捕获数据包，对数据包进行粗分类，分成网页数据和音/视频数据等。然后对数据包进行逐层协议分析、解码、还原等操作，再根据第 2 章定义的语义描述标签设计数据库，在各层协议分析的基础上进行语义字段的抽取并且存储到数据库中。因此，本书研究的抽取技术强调的是多层语义的抽取，网页数据多层语义抽取的系统框图如图 3-1 所示。

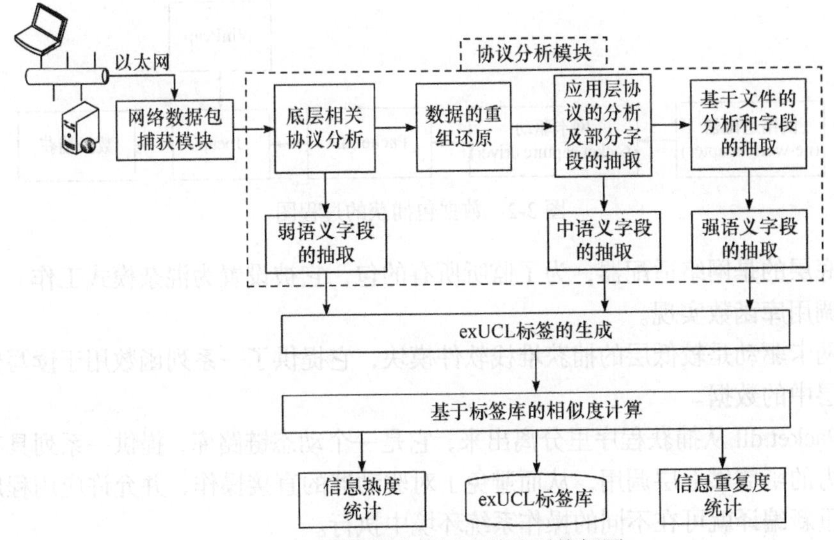

图 3-1 网页数据多层语义抽取系统框图

系统包括网络数据包捕获模块、协议分析模块、存储模块以及基于 exUCL 标签库的相似度计算和信息热度统计模块、信息重复度统计模块。在协议分析中，系统可分为在线协议分析与离线协议分析两种模式。当采用在线协议分析模式时，系统首先依据一定的过滤规则捕获数据内容为网页的数据包，然后对过滤后的数据包进行多层协议分析；当采用离线协议分析模式时，系统直接从文件中读取数据内容进行协议分析。这里的文件可以是任何符合“.cap”格式存储的数据流文件。在协议分析模块中，分析网络层以下的协议时提取出 exUCL 语义标签的弱语义域字段，然后对数据包进行还原、解码，再进行应用层协议的分析，用正则表达式将解码出来的信息进行字段匹配，从而抽取出中语义域和强语义域的字段信息。将抽取出来的所有信息分别存储在 exUCL 标签中。相似度计算模块是用来将新生成的标签与标签库中的信息进行相似度计算，根据不同的需求选择性地存储新标签入库。通过相似度计算也可以进行信息热度统计、信息重复度统计等后续的研究。

3.1.1 网络数据包捕获模块

网络数据包捕获是系统工作的基础。本节采用“Jpcap.dll”在数据链路层进行数据包捕获。Jpcap 提供了在 Windows 或 UNIX 系统上进行这种访问的 Java API(Java 应用程序接口)，它可以访问底层的网络数据。但 Jpcap 需要依赖本地库的使用，因此在 Windows 上要使用第三方库 WinPcap。

利用用于网络监听的一个函数库“Jpcap.lib”提供的函数完成抓包工作，该函数完成数据链路层的帧的抓取，抓取过程如图 3-2 所示。

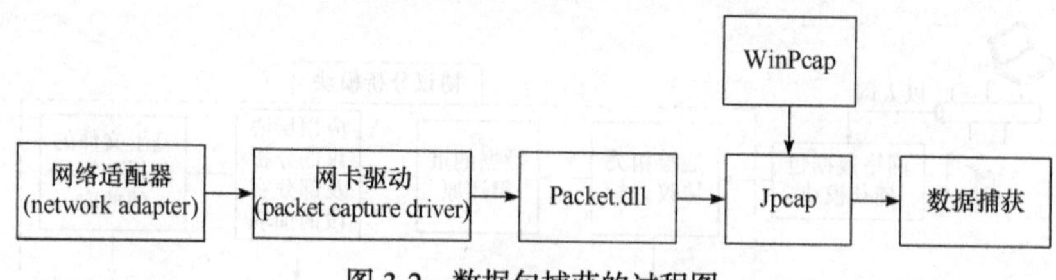

图 3-2 数据包捕获的过程图

底层的是网络适配器，为了监听所有的包，它被设置为混杂模式工作。这可通过调用库函数实现。

网卡驱动是较低层的捕获堆栈软件模块，它提供了一系列函数用于读写数据链路层中的数据。

Packet.dll 从捕获程序里分离出来，它是一个动态链路库，提供一系列具有捕获能力的函数供上层调用，从而避免了对驱动器的直接操作，并允许应用程序不经过重新编译就可在不同的操作系统环境中执行。

WinPcap 是一个第三方类库，为 Jpcap 提供基础类。

Jpcap 是一个静态库，可以被包捕获程序直接调用，它用 Packet.dll 导出的服务向上层应用程序提供强有力的捕获界面。

总之，数据包的捕获是通过 Jpcap 对网卡的监听实现的，具体的数据包捕获流程如图 3-3 所示。

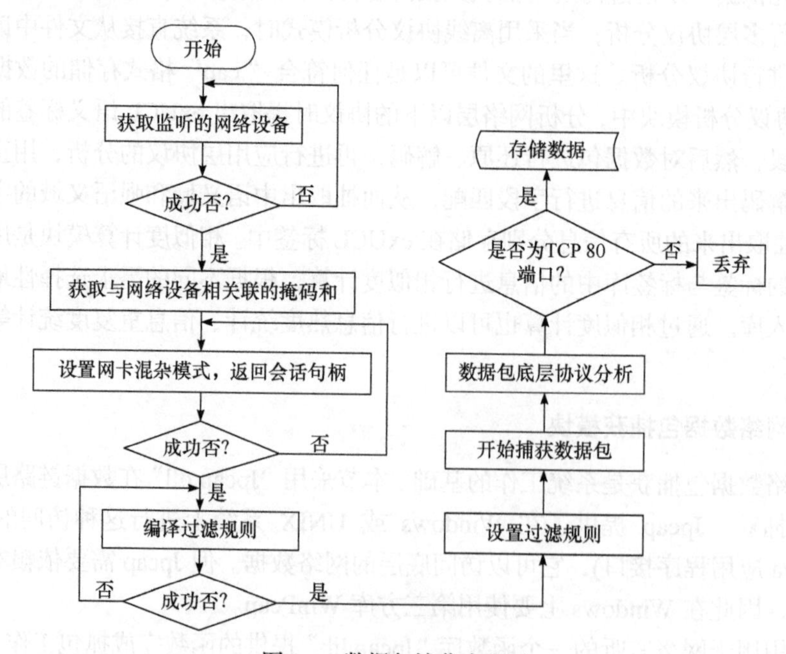

图 3-3 数据包捕获流程图

在数据包的捕获过程中，流经网络节点的数据量巨大，会有很多种类的数据包，本节只针对网页数据进行分析，所以系统通过设置过滤规则，采用判断 TCP 80 端口来滤除非网页的数据包，这样就大大提高了系统的运行效率。

3.1.2　协议分析模块

协议分析模块的主要功能是通过对各层协议的分析，提取出 exUCL 标签中弱语义域字段的信息，生成标签的弱语义域。此外，协议分析模块的另一个功能是辨别数据包的协议类型，从而对数据包进行分层数据解析。

网络数据包捕获模块处理的数据包是数据链路层的帧，而数据在网络传输中是分层依次封装的，因而协议分析模块需要从数据链路层开始进行分析，一直到应用层协议。通过协议报文格式分析和数据结构定义，可以清楚地了解 TCP/IP 族是如何实现数据封装和解析的。

每个协议分析过程的工作方式都很相似：捕获原始数据包，返回数据链路层指针，填写数据包结构的相应值，并提交给网络层协议分析函数，经过网络层协议分析函数处理后再提交给相应的传输层协议分析函数，依次按层次解析出各类数据。例如，ReadEthHeader 函数是用来分析以太网数据包的函数，根据以太网报头中的帧类型域判断报文上一层协议的类型，调用不同的处理函数。因此，将所有的协议按照网络协议分层的特点构造成一棵协议树，一个特定的协议是该树结构中的一个节点，一个数据包分析的过程就是一条从根到某个叶子的路径，如图 3-4 所示。事实上整个协议分析模块的工作流程就是一个由树根到树叶不断处理的过程。

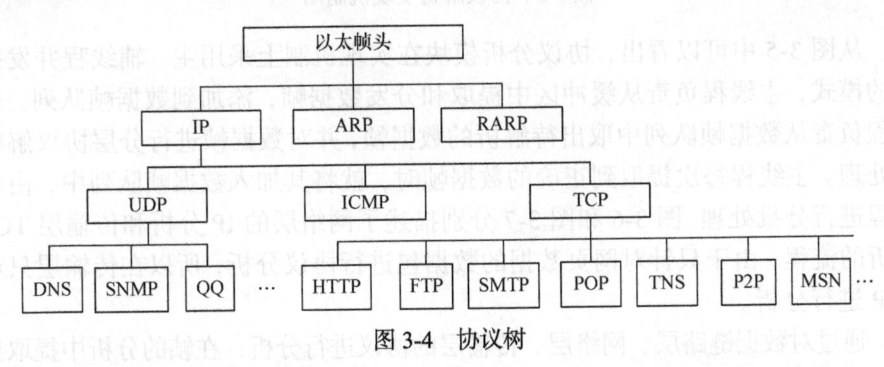

图 3-4　协议树

根据数据包封装过程可知，当一台主机向另一台主机发送数据时，首先是发送方的应用层软件将应用层数据向下传给传输层，传输层将数据封装成报文后又将之向下传给网络层，网络层将数据报向下传给数据链路层，数据链路层软件将网络层数据报封装在帧中并交给硬件发送出去。当接收方的硬件收到信号后交给数据链路层，数据链路层将信号组成帧后上传给网络层，网络层提取出数据报上传给传输层，传输层将其组装成完整的数据流和报文提交给应用层，最终完成了数据从发送方应用层到接收方应用层的传输。因此，在协议分析模块的实现中，对数据包内容也采用分层解析的形式，逐步还原数据内容。协议解析实现机制如图 3-5 所示。

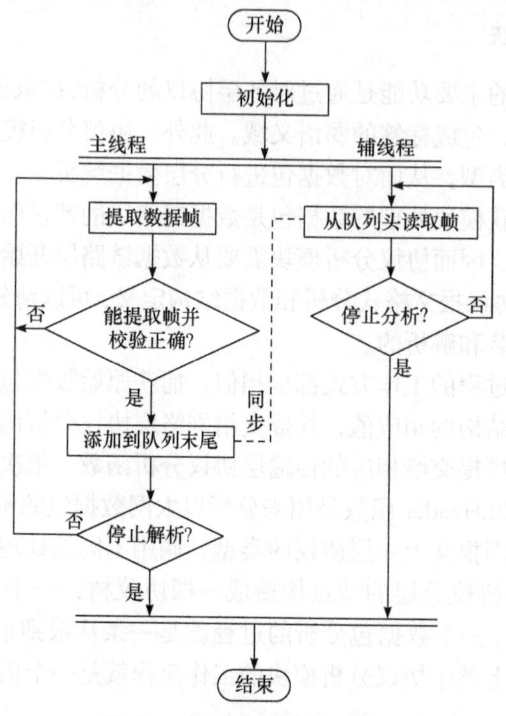

图 3-5　协议解析实现机制图

从图 3-5 中可以看出，协议分析模块在实现机制上采用主、辅线程并发执行的模式，主线程负责从缓冲区中提取和分发数据帧，添加到数据帧队列。辅线程负责从数据帧队列中取出待解析的数据帧，并对数据帧进行分层协议解析和处理。主线程每次提取到正确的数据帧时，就将其加入数据帧队列中，由辅线程进行分批处理。图 3-6 和图 3-7 分别描述了网络层的 IP 分析和传输层 TCP 分析的流程。由于只针对网页数据的数据包进行协议分析，所以在传输层只对 TCP 进行分析。

通过对数据链路层、网络层、传输层的协议进行分析，在帧的分析中提取出源 MAC 地址、目的 MAC 地址、帧类型等字段信息；在 IP 包头协议分析中提取出源 IP 地址、目的 IP 地址；在 TCP 分析中提取出源端口号和目的端口号等信息，由此弱语义字段的提取完成，并且形成了 exUCL 标签的弱语义域，把这些字段分别存入相应的数据库表中。

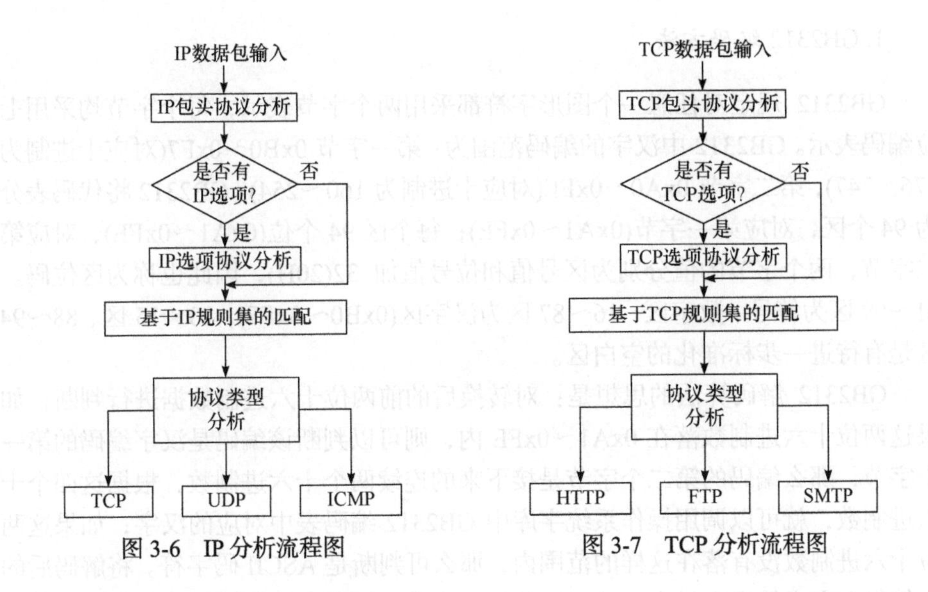

图 3-6　IP 分析流程图　　图 3-7　TCP 分析流程图

3.1.3　HTTP 数据包信息的分析与还原

通过对底层协议进行分析，生成了 exUCL 标签的弱语义域字段。接下来将对应用层的数据包进行解码还原。解码的目的是还原出数据包内容中所包含的 exUCL 语义标签中语义域字段和强语义域字段信息，从而生成相应的语义标签。在对数据包内容进行解码前，首先要了解字符编码的信息，然后根据字符编码的特征，编写解码算法进行解码。

在计算机存储时，通常的字符编码有以下几种：ASCII、GB2312、BIG5、Unicode(UTF-8)等。对于捕获的网页数据包，实际上就是许多二进制数据，为了便于存储，将它们转化为十六进制数据。首先需要找到一些有效的方法确定哪些编码用来传送文字信息，哪些用来传送图像信息，哪些用来传送声音信息，这里主要讨论传送的文字信息。对于文字信息的解码，需要根据文字的编码信息确定，主要考虑中文和英文信息的编码，对于英文信息的编码一般采用 ASCII 编码；中文信息的编码一般采用 GB2312(简体中文)、BIG5(繁体中文)、Unicode(UTF-8)。在判断数据包的数据采用哪种编码时，首先用 ASCII 码去还原要判断的信息，从中找到一些关于编码的信息，如“Content-Type”“charset”等特殊字段信息，再根据编码信息去还原信息。例如“Content-Type: text/html; charset=gb2312”，这样可以确认为文本信息，采用的是 GB2312 简体中文编码方式，将采用 GB2312 编码的解码算法对这段信息进行还原。

1. GB2312 编码方法

GB2312 规定对任意一个图形字符都采用两个字节表示，每个字节均采用七位编码表示。GB2312 中汉字的编码范围为：第一字节 0xB0～0xF7(对应十进制为 176～247)，第二字节 0xA0～0xFE(对应十进制为 160～254)。GB2312 将代码表分为 94 个区，对应第一字节(0xA1～0xFE)；每个区 94 个位(0xA1～0xFE)，对应第二字节，两个字节的值分别为区号值和位号值加 32(20H)，因此也称为区位码。01～09 区为符号、数字区，16～87 区为汉字区(0xB0～0xF7)，10～15 区、88～94 区是有待进一步标准化的空白区。

GB2312 解码算法的思想是：对转换后的前两位十六进制数据进行判断，如果这两位十六进制数落在 0xA1～0xFE 内，则可以判断该编码是汉字编码的第一个字节，那么编码的第二个字节是接下来的连续两个十六进制数，根据这四个十六进制数，就可以调用操作系统字库中 GB2312 编码表中对应的汉字；如果这两位十六进制数没有落在这样的范围内，那么可判断是 ASCII 码字符。将解码后的字符保存在字符串变量中，然后继续以上方法，把所有编码转化为相应的字符，这样捕获的数据包部分数据就可以还原为原始信息。

2. UTF-8 编码方法

最初的 Unicode 为双字节字符集，即 16 位编码，包括 65536 个字符。但这样的容量并不能满足所有需要，因此现在的 Unicode 已经扩展到四个字节，能够容纳 1112064 个字符，而这些在 16 位之后的扩展称为增补字符。

很多网站采用 UTF-8 编码规则进行编码。UTF-8 使用一至四个字节的序列对编码 Unicode 代码点进行编码。U+0000～U+007F 使用一个字节编码，U+0080～U+07FF 使用两个字节，U+0800～U+FFFF 使用三个字节，而 U+10000～U+10FFFF 使用四个字节。UTF-8 设计原理为：字节值 0x00～0x7F 始终表示代码点 U+0000～U+007F(Basic Latin 字符子集，它对应 ASCII 字符集)。这些字节值永远不会表示其他代码点，这一特性使 UTF-8 可以很方便地在软件中将特殊的含义赋予某些 ASCII 字符。

由于 UTF-8 中汉字的编码集中采用三个字节编码，所以在解码时可以根据三个字节编码规则对 UTF-8 编码进行解码。首先将十六进制数转化为二进制数，然后判断第一个字节编码，如果以“1110”字符开始，那么可以确定该字节是某一汉字编码的第一个字节的编码，再将接下来的四个连续十六进制数一起传递到 UTF-8 解码函数中，就可以在操作系统字库中找到相应的汉字字符；如果转化后的二进制第一字节不是以“1110”开始的，那么就默认采用 ASCII 编码规则将其解码为英文字符。

3. BIG5 编码方法

BIG5 编码即繁体中文编码，每个汉字由两个字节构成，第一个字节的范围为 0x81～0xFE(即 129～255)，共 127 种。第二个字节的范围不连续，分别为 0x40～0x7E(即 64～126)、0xA1～0xFE(即 161～254)，共 157 种。

在对 BIG5 进行解码时，需要对编码的第一个十六进制位进行判断，如果其范围是 8～F，第二个范围是 1～E，第三个范围是 4～7 或是 A～F，第四个范围是 0～E，则可判断该编码是汉字字符，就可以采用 BIG5 解码程序调用字库中的汉字字符；如果不满足汉字编码的范围，则将其视为 ASCII 编码字符，采用 ASCII 解码程序解码。

3.2　基于 UCL 的网页自动分类

针对网页自动分类，最普遍的方法就是将网页转换成文本，将网页分类又归结为文本自动分类问题，虽然也有的将网页的链接及标题等纳入分类判定的研究，但方法依然复杂。文本分类首先要经过人工分类训练文本集得到语料库，通过中文分词、去除虚词及高频禁用词等过程提取语料库中文本的特征词，采用特征提取算法降低特征向量维数最终形成特征向量表，最后采用文本分类算法构建分类器。通过对现有文本分类算法进行优缺点分析，本节设计两种分类器：基于网站结构的分类器(简称网站结构分类器)和基于朴素贝叶斯算法的分类器(简称朴素贝叶斯分类器)，试图通过网站本身的分类结构解决网页分类问题，而构建的朴素贝叶斯分类器用来对比这两种方法的分类效果，验证网站结构分类器的可行性及有效性。

3.2.1　基于网站结构的分类器

为了方便用户获取信息，也为了有效地管理网站，所有的网站管理者都会自觉或不自觉地对自己的网页进行分类。对几个大型门户网站的分类结构进行分析，发现网页的网址中有与分类相关的关键词汇，于是考虑使用门户网站中自身的分类结构进行网页分类，这样既可以提高分类准确率，又可以简化分类算法，如 http://news.sina.com.cn/…、http://sports.sina.com.cn/…，分析前面的网页地址，发现 news、sports 等词隐含了分类的信息，利用网站的结构分类可以解析出这样的关键词。基于网站结构的网页自动分类流程如图 3-8 所示，首先建立数据库存放门户网站的分类结构，结合 URL 的抓取，对 URL 包含的关键词进行提取，与网站结构分类特征库的特征词进行匹配而最终获得类别[3]。

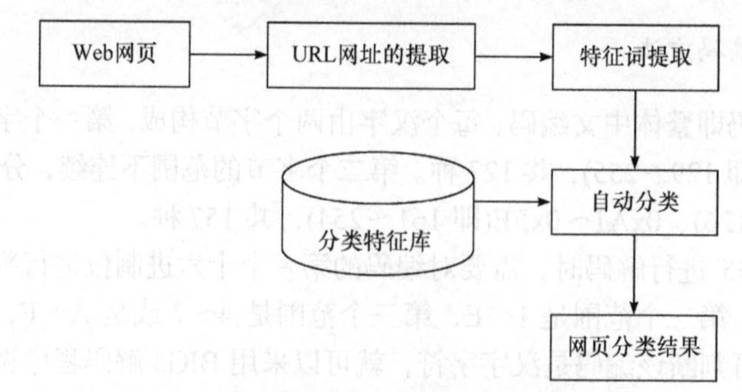

图 3-8 基于网站结构的网页自动分类流程

基于网站结构的分类算法可以很容易实现门户网站中大量网页信息的分类，并且分类快速而准确，但基于网站结构的分类也有缺陷，例如：

(1) 对象只能是有分类结构的门户网站中的网页信息；

(2) 没有对网页内容进行详细分析，容易导致分类的歧义性。

因此，网站结构分类特征库的建立和特征词的提取对分类器的构建是非常关键的，通过对具体的门户网站进行分析，依据 URL 的解析信息可得到网站的类与特征词的对应关系，例如，新浪网中，新闻、财经、娱乐、体育、教育分别对应 URL 中的 news、finance、ent、sports、edu 这些关键词汇，当然 URL 里还有很多栏目信息，如游戏对应 games，天气预报对应 weather 等。每个门户网站也都有类似的类-特征词的对应关系，因此网站结构的分类特征库很容易建立。

特征词的提取实际上就是 URL 解析的过程，其关键是获取 URL 中与分类相关的特征词，因此首先要分析 URL 的结构特点。URL 是互联网上用来描述信息资源的字符串，主要用在各种万维网(world wide web，WWW)客户程序和服务器程序上。URL 的格式由下列三部分组成：第一部分是协议(或称为服务方式)；第二部分是存有该资源的主机 IP 地址(有时也包括端口号)；第三部分是主机资源的具体地址，如目录和文件名等。第一部分和第二部分之间用“://”符号隔开，第二部分和第三部分用“/”符号隔开。第一部分和第二部分是不可缺少的，第三部分有时可以省略。例如，“http://finance.sina.com.cn/money/forex/04003686102.shtml”，第一部分为“http://”，第二部分为“finance.sina.com.cn”，第三部分为“money/forex/04003686102.shtml”。

分析结构后，对 URL 进行处理，提取与分类相关的特征词。如图 3-9 所示，先将 URL 保存到字符串 str 中，由于协议信息和网页信息的分类无关，删除 URL 中第一部分有关协议的字段，正向寻找“/”，若找到，则删除它及之前的字符串以及后面的一个字符，也就是去掉“http://”。剩下的字符串就是 URL 解析中主要的提取对象。

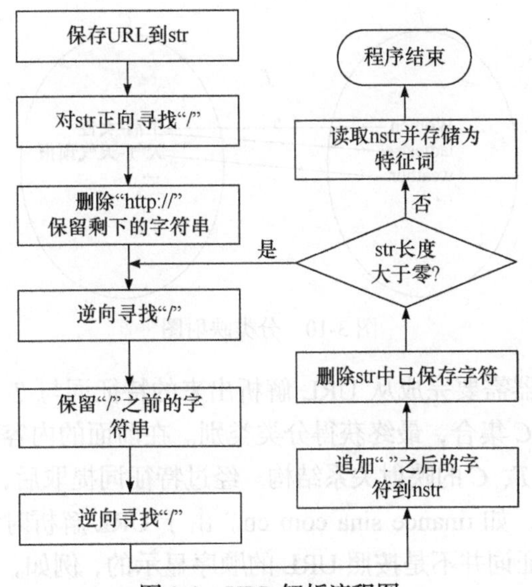

图 3-9　URL 解析流程图

URL 三个部分中对分类最有用的是第二部分，因此本节采用逆向查询字符的方法来处理剩下的字符串，采用 ReverseFind 函数寻找“/”，若找到则保存字符所在位置，然后将前面包含有效信息的字符串进行保存。例如，“http://finance.sina.com.cn/money/forex/04003686102.shtml”，经过去除“http://”后，后面的信息中对于匹配有用的信息大都在 cn 之前，所以要将 cn 后的字符串去除。

对于剩下的字符串“finance.sina.com.cn”，利用数据库中的关键词是无法匹配的，因为字符串中的词不止一个，而且还含有“.”这种标识符，所以要进行准确的匹配，还必须将字符串处理成一个个单独的词。提取其中的特征词，采用逆向方法寻找“.”，如果找到“.”，就将其后的字符串保存到 nstr 中，然后判断 URL 第二部分里的所有特征词是否全部取出，即删除 str 中已经保存到 nstr 中的特征词，然后用“CString::GetLength”函数读取 str 的长度，如果长度大于零，则特征词没有全部取出，继续逆向寻找“.”。重复上述步骤，直至读取 str 的长度不大于零，此时特征词已经全部提取出来并保存到 nstr 中。提取出来的特征词与分类特征库进行匹配分类。

网站结构分类器的功能是根据提取出来的特征词获得网页信息的类别。设置分类特征库 C 和特征词 T 两个集合，如 C={生活-女性，天气-天气预报，…}、T={Women，ladies，weather，…}。对于 C 中的任何一个元素即类别，在 T 集合中都有唯一的元素(特征词)和它对应，但是 T 中的几个元素可能对应 C 中同一个元素，如 Women、ladies 都会映射到生活-女性类中，因此，T 与 C 是多对一的映射关系，如图 3-10 所示。

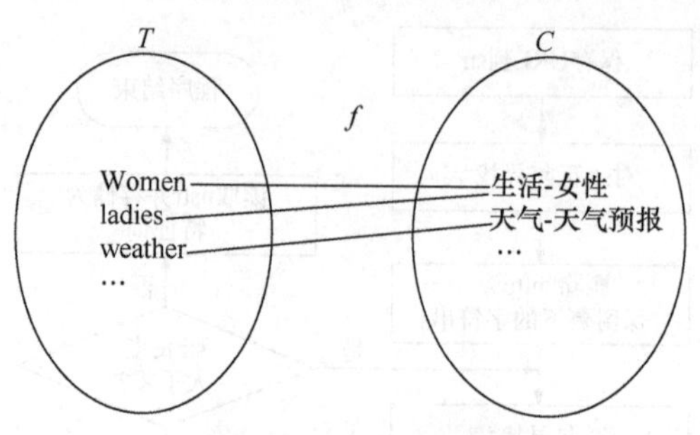

图 3-10　分类映射图

网站结构分类器需要完成从 URL 解析出来的特征词与 T 集合中的元素进行匹配，然后映射到 C 集合，最终获得分类类别。在前面的内容中已经建立了网站结构分类特征库即 T、C 的映射关系结构。经过特征词提取后，原来的 URL 转换成了单独的特征词，如 finance sina com cn。由于 URL 解析时使用了逆向寻找的方法，即找到的特征词并不是按照 URL 的顺序显示的，例如，"http://finance.sina.com.cn/money/forex/04003686102.shtml"分析后得到特征词的顺序是 cn、com、sina、finance，所以先用"CString::MakeReverse"函数将 nstr 中的字符倒置，则可以将重要的特征词优先提取匹配。

如图 3-11 所示，首先打开建立的 T、C 映射关系库：

```
m_pRecordset1.CreateInstance(__uuidof(Recordset));
m_pRecordset1->Open("SELECT * FROM classtable",theApp.
m_pConnection. GetInterfacePtr(),adOpenDynamic,adLockOptim
istic,adCmdText);
```

采用 m_pRecordset1->MoveFirst 将指向映射关系库的指针指向库的第一条信息，用 GetCollect 函数获取库中的特征词及类别字段，这时因为数据格式的不同，需要使用"_variant_t"函数对格式进行转换。然后将第一个特征词与库中的特征词进行比较，若一致则输出相应的类及栏目；若不一致，则用 m_pRecordset1->MoveNext 函数将库的指针指向下一条信息，直到库的最后一行信息。若所有库中特征词还不能匹配成功，则用 URL 中第二个特征词进行同上的匹配过程，直到匹配成功或 URL 中所有特征词匹配失败，分类结束。

经过以上网站结构分类器的处理分析，就能得到网页的类名和栏目名，即成功获取网页信息标引框架中的"分类"项，对于某些网页也可以实现三级分类。

3.2.2　基于朴素贝叶斯算法的分类器

基于朴素贝叶斯(naive Bayesian，NB)算法的分类器如图 3-12 所示，需要通过网页预处理提取网页中的正文信息，然后将正文经过文本分词、文档向量生成、特

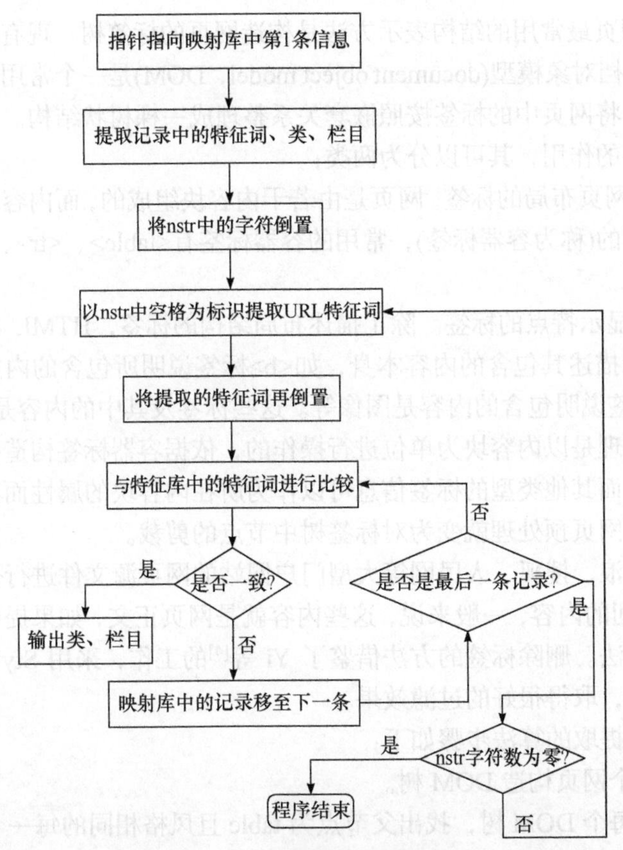

图 3-11　特征词匹配流程图

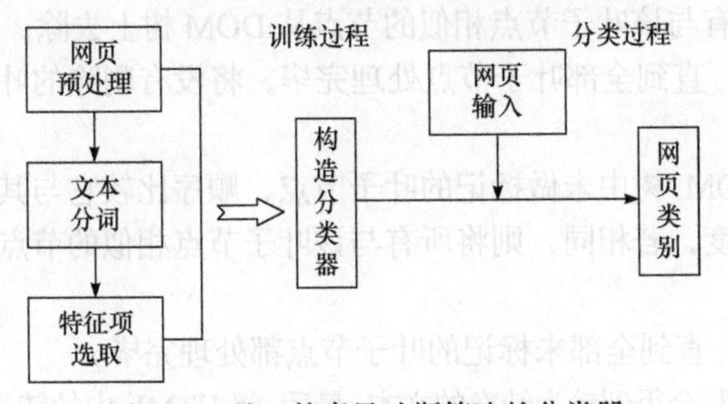

图 3-12　基于朴素贝叶斯算法的分类器

征项选取，再运用朴素贝叶斯分类算法识别网页类别。

1. 网页预处理

将从网页提取正文信息的过程称为网页预处理。网页是用 HTML 编写的文档。HTML是一种标记语言，定义了一套标签来刻画网页显示时的页面布局。因此，HTML 网页最常用的结构表示方法是构造网页的标签树。现有的标签树构造工具很多，文档对象模型(document object model，DOM)是一个常用的标签树构造工具，它可以将网页中的标签按照嵌套关系整理成一棵树状结构。

依据标签的作用，其可以分为两类：

(1) 规划网页布局的标签。网页是由若干内容块组成的，而内容块是由特定的标签进行规划的(称为容器标签)，常用的容器标签有<table>、<tr>、<td>、<p>、<div>等。

(2) 描述显示特点的标签。除了描述布局结构的标签，HTML 标准中还定义了一套标签来描述其包含的内容本身，如<b>标签说明所包含的内容要用粗体显示、<img>标签说明包含的内容是图像等。这些标签及其中的内容是可以删除的。由于网页预处理是以内容块为单位进行操作的，依据容器标签构造标签树中的节点较为合理，而其他类型的标签信息可以作为所在内容块的属性而存在。标签树构造完成后，网页预处理就变为对标签树中节点的剪裁。

通过对新浪、搜狐、人民网等大型门户网站的网页源文件进行分析，本节提取<p></p>之间的内容，一般来说，这些内容就是网页正文，如果提取不到再采取删除标签的方法。删除标签的方法借鉴了 Yi 等[4]的工作，采用 Style tree 的方法进行网页过滤，取得很好的过滤效果。

网页内容提取的算法步骤如下：

(1) 为每个网页构造 DOM 树。

(2) 遍历每个 DOM 树，找出父节点为 table 且风格相同的每一个叶子节点。

(3) 对于(2)中的每一个叶子节点，顺序比较它与其他叶子节点的相似程度，若相同，则将所有与该叶子节点相似的节点从 DOM 树上去除，否则转(4)。

(4) 重复(3)，直到全部叶子节点处理完毕，将没有删除的叶子节点做标记，转(5)。

(5) 对于 DOM 树中未做标记的叶子节点，顺序比较它与其他未做标记的叶子节点的相似程度，若相同，则将所有与该叶子节点相似的节点从 DOM 树上去除，否则转(6)。

(6) 重复(5)，直到全部未标记的叶子节点都处理完毕。

经过以上处理，会得到较为纯净的文本。最后，将 HTML 内的转义符，如“ ”、“&1t;” 等进行替换，并将叶子节点内容合并，就可以得到网页的文本文件。

2. 最大匹配法分词

本节采用最大匹配法进行分词，主要步骤如下：

(1) 文档预处理。在这个过程中，首先自定义一个停用词表，停用词主要有标点符号、数字及其他非汉字字符等特殊字符，不能与其他单字成词的单字，如“的”

“啊”“很”等，还有一些在表达文章内容上没作用的词，如“我们”“比如”等。然后对文档进行扫描，匹配停用词表，去除停用词。读取停用词采取 Readstring 函数，每次读取一个词。

(2) 打开分词词库。假定最大词长为 4，从预处理的文档中读入 4 字词，与词库进行匹配，若词库里有这样的词，则匹配成功，并将其加入临时库中，否则去掉最后一个字，继续下去，直到成功。匹配到的词用分词标识“/”隔开。分词效果如图 3-13 所示。

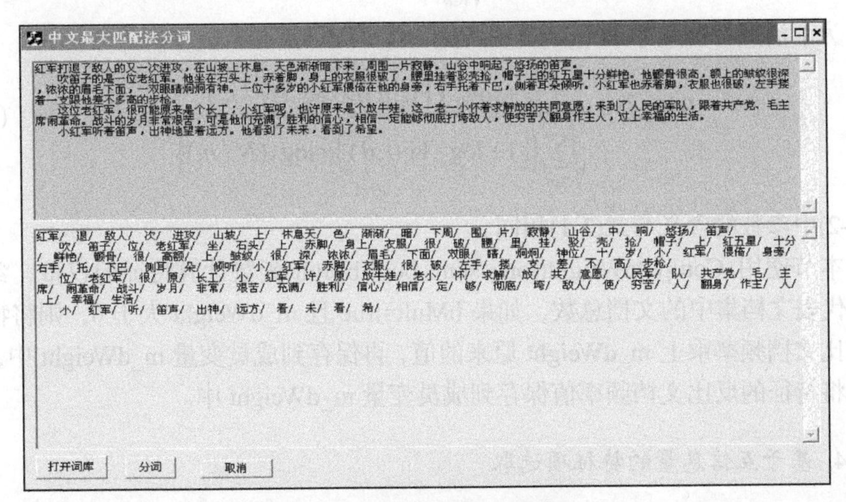

图 3-13　最大匹配法分词效果

3. 基于 TF-IDF 的文档向量生成

目前，文本表示有多种模型，本节主要介绍向量空间模型(vector space model, VSM)[5]。向量空间模型的基本思想是以向量来表示文本，如 $(w_1, w_2, \cdots, w_n)$，其中 w_i 为第 i 个特征项的权重，那么选取什么作为特征项呢，一般可以选择字、词或词组。根据实验结果，普遍认为选取词作为特征项要优于字和词组，因此要将文本表示为向量空间中的一个向量。表示成向量首先要将文本分词，由这些词作为向量的维数来表示文本，最初的向量表示完全是 0、1 形式，即如果文本中出现了该词，那么文本向量的该维为 1，否则为 0。这种方法无法体现这个词在文本中的作用程度，所以 0、1 逐渐被更精确的词频代替。词频分为绝对词频和相对词频，绝对词频就是使用词在文本中出现的频率表示文本，而相对词频则为归一化的词频。其计算方法主要运用词频-逆文档频率(term frequency-inverse document frequency，TF-IDF)公式，目前存在多种 TF-IDF 公式，在此采用了一种比较普遍的 TF-IDF 公式[6]：

$$W(t,\vec{d})=\frac{\mathrm{TF}(t,\vec{d})\times\log_2(N/n_t+0.01)}{\sqrt{\sum_{t\in\vec{d}}\left[\mathrm{TF}(t,\vec{d})\times\log_2(N/n_t+0.01)\right]^2}} \tag{3-1}$$

其中，$W(t,\vec{d})$ 为词 t 在文本 $\vec{d}$ 中的权重；$\mathrm{TF}(t,\vec{d})$ 为词 t 在文本 $\vec{d}$ 中的词频；N 为训练文本的总数；n_t 为训练文本集中出现 t 的文本数；$\log_2(N/n_t+0.01)$ 为逆文档频率函数，即 n_t 越大此值越小；$\sqrt{\sum_{t\in\vec{d}}\left[\mathrm{TF}(t,\vec{d})\times\log_2(N/n_t+0.01)\right]^2}$ 为归一化因子。为了消减特征频率 $\mathrm{TF}(t,\vec{d})$ 的影响作用，可以得到公式：

$$W(t,\vec{d})=\frac{[1+\log_2\mathrm{TF}(t,\vec{d})]\times\log_2(N/n_t)}{\sqrt{\sum_{t\in\vec{d}}\left\{\left[1+\log_2\mathrm{TF}(t,\vec{d})\right]\times\log_2(N/n_t)\right\}^2}} \tag{3-2}$$

式(3-2)中参数的含义与式(3-1)相同。

本节使用 ComputeWeight(long sum, bool bMult)函数计算特征的权重，参数 sum 代表文档集中的文档总数，如果 bMult=true 且 m_dWeight 大于 0，则将特征的反比文档频率乘上 m_dWeight 原来的值，再保存到成员变量 m_dWeight 中，否则，将特征的反比文档频率值保存到成员变量 m_dWeight 中。

4. 基于互信息量的特征项选取

构成文本的词汇数量非常大，表示文本的向量空间维数也会很大，因此需要进行维数压缩的工作。这样做的目的主要有两个：①提高程序的效率，提高运行速度；②所有词汇对文本分类的意义是不同的，为了提高分类精度，应去除那些表现力不强的词汇，筛选出针对该类的特征项集合，选取适当的筛选特征项算法，如根据词和类别的互信息量判断、根据词熵判断、根据 KL 距离判断等。

本节采用互信息量进行特征项抽取的判断标准，互信息量算法过程如下：

(1) 初始情况下，该特征项集合包含所有该类中出现的词。

(2) 对于每个词，计算词和类别的互信息量 $\log_2\left(\frac{P(W\mid C_j)}{P(W)}\right)$，其中，$P(W\mid C_j)=\frac{1+\sum_{i=1}^{|D|}N(W,d_i)}{|V|+\sum_{s=1}^{|V|}\sum_{i=1}^{|D|}N(W_s,d_i)}$，$P(W\mid C_j)$ 为 W 在 C_j 中出现的比例，$|D|$ 为该类的

训练文本数，$N(W,d_i)$ 为词 W 在 d_i 中的词频，$|V|$ 为总词数，$\sum_{s=1}^{|V|}\sum_{i=1}^{|D|}N(W_s,d_i)$ 为该类所有词的词频和。而 $P(W)$ 与上面的计算公式相同，只是计算词在所有训练文本中的比例。

(3) 对于该类中所有的词，依据上面计算的互信息量排序。

(4) 抽取一定数量的词作为特征项，具体需要抽取多少维的特征项，目前无很好的解决方法，一般采用先定初始值，然后根据实验测试和统计结果确定最佳值，一般初始值定在几千左右。

(5) 将每类中所有的训练文本，根据抽取的特征项，进行向量维数压缩，精简向量表示。

5. 朴素贝叶斯分类器的构造

本节采用 NB 算法构建分类器。该算法的基本思路是计算文本属于类别的概率，文本属于类别的概率等于文本中每个词属于类别的概率。NB 算法的一个前提假设是：在给定的文档类语境下，文档属性是相互独立的，具体算法步骤如下[7]：

(1) 计算特征词属于每个类别的概率向量，即 $(w_1,w_2,\cdots,w_n)$。其中，$w_k=P(W_k\,|\,C_j)=\dfrac{1+\sum_{i=1}^{|D|}N(W_k,d_i)}{|V|+\sum_{s=1}^{|V|}\sum_{i=1}^{|D|}N(W_s,d_i)}$，计算公式与计算互信息量的公式相同。

(2) 在新文本归类时，根据特征词分词，然后按下面的公式计算该文本 d_i 属于类 C_j 的概率：

$$P(C_j\,|\,d_i)=\frac{P(d_i\,|\,C_j)P(C_j)}{P(d_i)}=\frac{P(C_j)\prod_{k=1}^{n}P(W_k\,|\,C_j)}{\sum_{r=1}^{|C|}P(C_r)\prod_{k=1}^{n}P(W_k\,|\,C_r)} \tag{3-3}$$

其中，$P(C_j)=\dfrac{C_j\text{训练文档数}}{\text{总训练文档数}}=\dfrac{N(C_j)}{\sum_k N(C_k)}\approx\dfrac{1+N(C_j)}{|C|+\sum_{k=1}^{n}N(C_k)}$；$P(C_r)$ 为相似含义；

$P(W_k\,|\,C_j)=\dfrac{W_k\text{在}C_j\text{类别文档中出现的次数}}{\text{在}C_j\text{类所有文档中出现的词的次数}}\approx\dfrac{1+N_{kj}}{\text{不同词个数}+\sum_i N_{ij}}$；$|C|$ 为类的总数。

(3) 比较新文本属于所有类的概率，将文本分到概率最大的那个类别中。

3.3　网页信息采集系统

作为搜索引擎的基础和组成部分，网页信息采集正发挥着举足轻重的作用，并且随着应用的深化和技术的发展，它越来越多地应用于站点分析、页面有效性分析、Web 图形化、内容安全检测、用户兴趣挖掘以及个性化信息获取等多种服务和研究中[8]。

3.3.1　Web 信息采集原理及结构

主题 Web 信息采集主要是指选择性地搜索那些与预先定义好的主题相关的页面进行采集的行为，它尽可能多地采集与某个主题相关的 Web 资源，扩大该主题资源的覆盖度。粗略地说它主要是指这样一个 Web 应用程序：从一个初始 URL 集出发，通过 Web 协议访问 URL，并根据一定的网页分析算法过滤与主题无关的链接，保留与主题相关的链接并将其放入待采集的 URL 队列；然后根据一定的搜索策略从队列中选择下一步要采集的网页 URL，并重复上述过程，直到达到系统的某一条件时停止。

主题 Web 信息采集的基本思路是按照事先给出的主题，分析超链接和已经下载的网页内容，来预测下一个要采集的 URL，保证尽可能多地下载与主题相关的网页，尽可能少地下载无关网页。图 3-14 给出了传统 Web 信息采集和主题 Web 信息采集的比较，白框代表主题无关页面，黑框代表主题相关页面，虚线代表链接，箭头代表访问次序。传统 Web 信息采集按照宽度优先策略，循着每一个链接

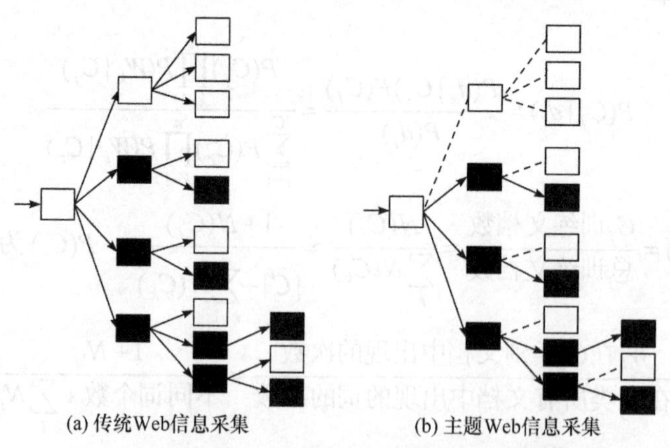

图 3-14　传统 Web 信息采集和主题 Web 信息采集对比

进行采集。而主题 Web 信息采集则先确定最有可能与主题相关的链接，忽略主题无关的页面，只采集与主题相关的页面，大大节约了采集时间，提高了采集效率。

因此，相对于传统 Web 信息采集，主题 Web 信息采集需要解决以下三个关键问题[9]：

(1) 怎样决定待采集 URL 的访问次序？许多主题 Web 信息采集是根据已下载的网页的相关度，按照一定原则，将相关度进行衰减，分配给该网页中的超链接，而后插入优先级队列中。此时的爬行次序就不是简单地以深度优先或者广度优先为序，而是按照相关度大小排序，优先访问相关度大的 URL。不同主题 Web 信息采集之间的区别之一也就在于它是如何决定 URL 的采集次序。

(2) 怎样判断一个网页是否与主题相关？对于待采集或者已经下载的网页，人们可以获取它的文本内容，因此可以采用文本挖掘技术来实现。不同 Web 信息采集之间的区别之二就是如何计算当前采集网页的主题相关度。

(3) 怎样提高主题 Web 信息采集的覆盖度？如何穿过质量不好(与主题不相关)的网页得到与用户感兴趣主题相关的网页，从而提高主题资源的覆盖度。

主题 Web 信息采集的搜索任务本质上是一个顺序决策过程，其目标是寻找一个最优的行动选择序列，使得按此序列访问 Web，获得的主题相关页的准确率最高。图 3-15 给出了一个典型的主题 Web 信息采集模型。

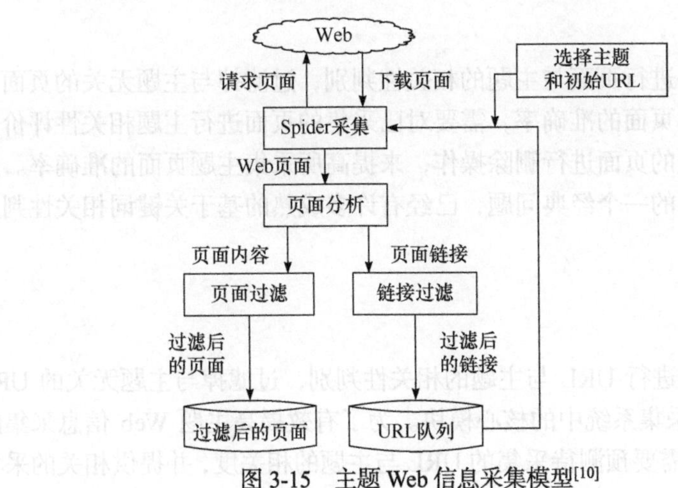

图 3-15　主题 Web 信息采集模型[10]

在该模型中，将整个系统分为五大模块：选择主题和初始 URL、Spider 采集、页面分析、页面过滤、链接过滤。

1. 选择主题和初始 URL

为了有效地进行采集，系统一般会提供一个主题分类目录和一个初始 URL

集。为了有效地确定用户主题的含义，用户要提供对主题的进一步描述，如主题文本等。初始 URL 集的选择，会影响采集的准确率，因此一般采集系统需要选择质量较高的主题 URL 作为初始种子 URL 集。

2. Spider 采集

这个部分处于系统的底层，又称“网络蜘蛛”，是系统专门与具体的 Web 打交道的部分，主要通过各种 Web 协议来自动采集互联网上 WWW 站点内有效的消息(包括文本、超链接文本、图像、声音等各种文档)。一般来说，Web 协议包括 HTTP、FTP、Gopher 以及 BBS 等，但从主流上来看，仍以 HTTP 为主。

3. 页面分析

当页面采集后，要从中提取出链接，然后在链接过滤模块中根据链接与主题的相关性判别，过滤与主题无关的链接，接受与主题相关的链接并进行下一步采集；另外，为了在页面过滤模块中进行页面与主题的相关性判定，必须提取出页面中的正文和关键词；此外，为了其他操作的需要，还要对页面内容标题、摘要、时间等进行提取。

4. 页面过滤

该部分主要是进行页面与主题的相关性判别，过滤掉与主题无关的页面。为了进一步提高采集页面的准确率，需要对已采集的页面进行主题相关性评价。通过对评价结果较低的页面进行删除操作，来提高所采集主题页面的准确率。这个问题是检索领域内的一个经典问题，已经有许多成熟的基于关键词相关性判别的算法。

5. 链接过滤

该部分主要是进行 URL 与主题的相关性判别，过滤掉与主题无关的 URL，是主题 Web 信息采集系统中的核心模块。为了有效提高主题 Web 信息采集的准确率和效率，系统需要预测待采集的 URL 与主题的相关度，并提供相关的采集策略用以指导系统的采集过程。URL 的预测值越高，采集的优先级就越高。反之，若通过一定的评价策略，发现 URL 与主题无关，则将该 URL 及其所有隐含的子链接一并去除，这个过程称为剪枝。通过剪枝，系统就无须遍历与主题不相关的页面，从而保证采集的效率。但是，剪枝的行为可能将潜在的与主题相关的页面也剪掉。因此，URL 与主题相关性判别的好坏直接影响着整个系统的采集效率及采集质量。

3.3.2 主题页面在 Web 上的分布特征

整个 Web 上的页面分布看似杂乱无章，但实际上主题页面在 Web 上分布服从一定的规律。可以将这些分布规律总结为四个特征：Hub 特征、Sibling/Linkage Locality 特征、站点主题特征和 Tunnel 特征。

1. Hub 特征

美国康奈尔大学的 J. Kleinberg 教授发现 Web 上存在大量的 Hub 页面，这种页面不但含有许多出链，并且这些链接趋向于同一个主题。也就是说，Hub 页面是指向相关主题页面的一个中心。另外，他还定义了权威页面(即 Authority 页面)的概念，即 Authority 页面是那些关于某一主题有价值的页面。如图 3-16 所示，好的 Hub 页面一般指向多个 Authority 页面，并且所指向的 Authority 页面越权威 Hub 页面的质量也越高；反过来，Hub 页面的质量越高，它所指向的每个页面也趋向于越权威。根据这个思想，还提出了 Hub/Authority (HITS)算法[11]，这个算法对于计算广泛度和概念模糊的主题效果不错，但由于算法会产生概念扩散现象，计算后的中心页面和 Authority 页面不太适合具体主题。

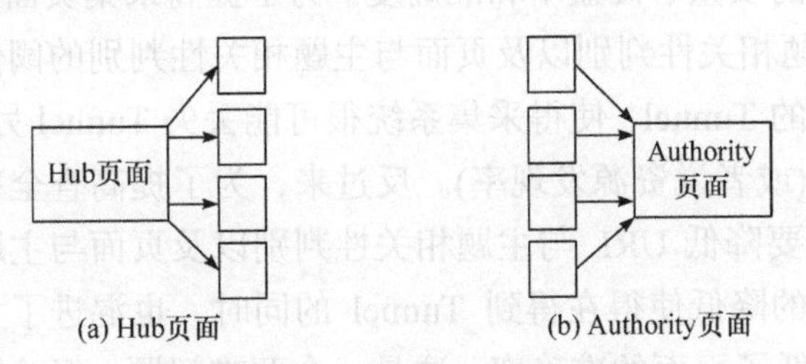

图 3-16　Hub 页面和 Authority 页面

2. Sibling/Linkage Locality 特征

在 Hub 特征的基础上，Aggarwal 等又提出了 Sibling/Linkage Locality 特征[12]。如图 3-17 所示：①Linkage Locality，是指页面趋向于拥有链接到它的页面的主题；②Sibling Locality，对于链接到某个主题的页面，它所链接到的其他页面也趋向于拥有这个主题。该特征实际上是 Hub 特征的另一种表现形式，主要是从页面的设计者设计的角度考虑的：一个页面的设计者趋向于把本页面指向于与本页面相关的其他页面。

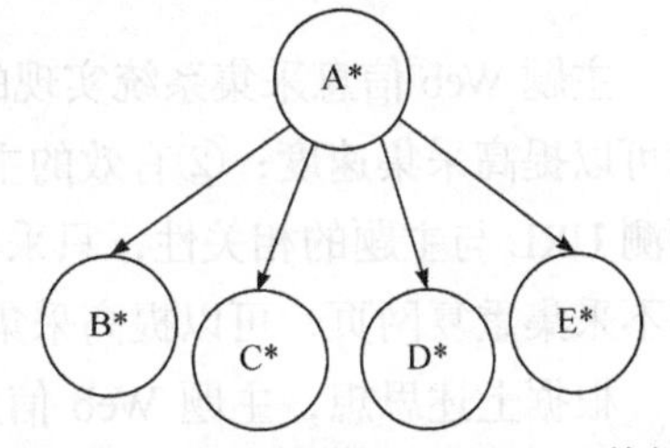

图 3-17　Sibling/Linkage Locality 特征

图 3-17 中，*代表一个主题，A、B、C、D、E 代表网页，根据 Sibling/Linkage Locality

特征可知，A、B、C、D、E 拥有同一个主题。

3. 站点主题特征

一个站点趋向于说明一个或几个主题，并且那些说明每个主题的页面较紧密地在此站点内部链接成团，而各个主题团之间却链接较少。这主要与网站的设计者的设计思路有关。每个网站在设计时都有目标，而这种目标往往就集中在一个或几个主题中。而 Web 上的浏览者往往也有一定的目的性，即一个用户趋向于浏览同一主题的页面。为了满足浏览者的这一需求，网站设计者通常将相关内容紧密地连接在一起。

4. Tunnel 特征

在 Web 中还有一种现象，即 Web 中的主题页面之间往往要经过很多无关链接才能互相到达[13]。这些无关链接就像一个长长的隧道，连接着两个主题团，因此称为“隧道现象”。在主题 Web 信息采集过程中，Tunnel 的存在极大地影响着采集的页面的质量、覆盖率和准确度。为了提高采集页面的准确率，需要提高 URL 与主题相关性判别以及页面与主题相关性判别的阈值，而阈值的提高将过滤掉大量的 Tunnel，使得采集系统很可能丢失 Tunnel 另一端的主题团，进而影响查全率(或者说资源发现率)。反过来，为了提高查全率，就要大量发现 Tunnel，进而要降低 URL 与主题相关性判别以及页面与主题相关性判别的阈值，但是阈值的降低使得在得到 Tunnel 的同时，也混进了大量其他无关页面，从而大大降低了页面的准确率。这是一个两难问题，但关键还是不能有效地区别 Tunnel 和其他大量无关页面，事实上两个主题团之间的隧道数也较少。该问题随着采集页面数量的不断增加会逐渐减轻，因为根据 Sibling/ Linkage Locality 特征，绝大多数主题团还是可以被主题 Web 信息采集系统通过其他链接途径发现的。

3.3.3 主题 Web 信息采集系统实现

主题 Web 信息采集系统实现的主要目标有：①多线程采集，即采用多线程技术可以提高采集速度；②有效的主题相关性判别，即判断页面与主题的相关性，预测 URL 与主题的相关性，只采集与主题相关的网页；③尽量不采集重复网页，即不采集重复网页，可以提高采集效率和节约存储空间。

根据上述思想，主题 Web 信息采集系统的总体结构如图 3-18 所示。系统基本上可以分为五个部分，即多线程 Spider 采集部分、页面解析部分、主题相关性判别部分、网页去重部分和UCL标引，具体如下。

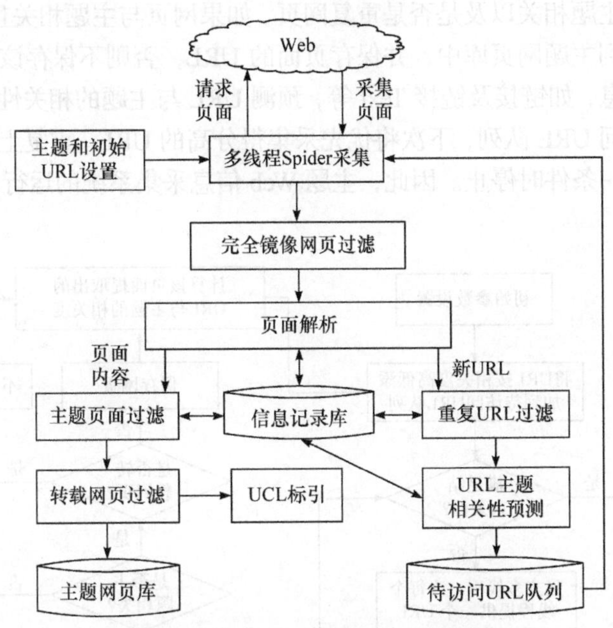

图 3-18 主题 Web 信息采集系统结构

(1) 多线程 Spider 采集部分。采用多线程技术快速地通过各种 Web 协议完成信息资源的采集。

(2) 页面解析部分。解析出新的 URL 以及链接 Text、标题、正文等页面信息，是进一步采集、判断主题相关性，网页去重和 UCL 标引的基础。

(3) 主题相关性判别部分。该部分包括两个方面的内容：①主题页面过滤，通过判断页面与主题是否相关而过滤掉与主题无关的页面；②URL 主题相关性预测，根据已获得的信息预测从网页中提取出的 URL 与主题的相关性，按照预测值的高低采集 URL。

(4) 网页去重部分。消除采集过程中遇到的重复网页，主要对象包括相同的 URL、完全镜像网页和转载网页。

(5) UCL 标引。对采集到的网页进行 UCL 自动标引，方便管理与组织信息，也可以为其他应用提供结构化的信息。

系统在启动之前，需要设置必要的初始参数，提交需要采集的主题和一个比较好的初始 URL 集，系统以这些配置信息进行基于主题的有选择性的网页采集，获取与主题相关的网页。系统启动后，将采用基于 Web 结构分析和文本内容的资源自动发现技术来扩大种子站点的数量。系统从初始 URL 集出发获取网页，提取页面所包含的链接、链接 Text、标题和正文等文本信息，并根据提取出的页面信息判断网页是否与主题相关以及是否是重复网页。如果网页与主题相关且不是重复的，那么将其保存到主题网页库中，并保存页面的 URL，否则不保存该网页。然后根据提取出的信息，如链接及链接 Text 等，预测 URL 与主题的相关性得分，按得分高低存入待访问 URL 队列，下次将优先采集得分高的 URL。重复上述过程，直到达到系统的某一条件时停止。因此，主题 Web 信息采集系统的运行流程如图 3-19 所示。

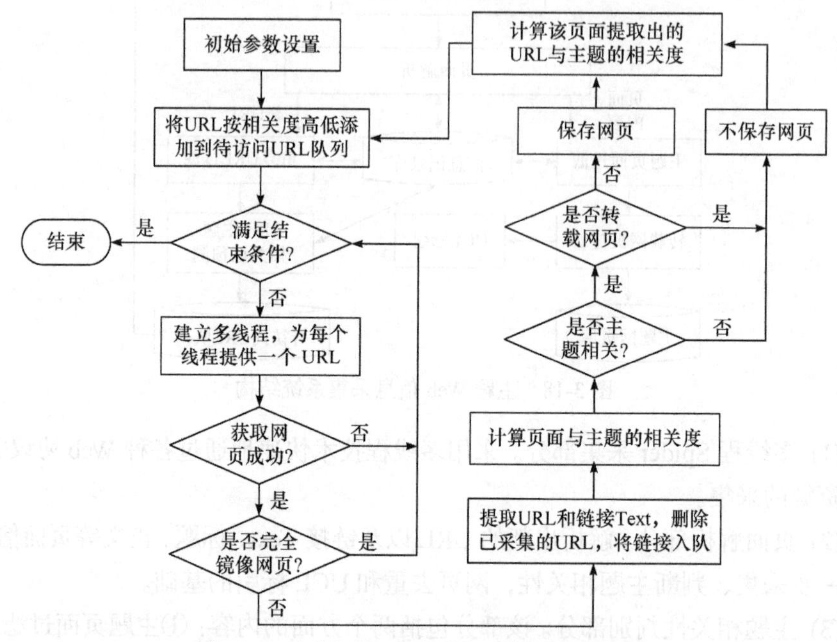

图 3-19 主题 Web 信息采集系统运行流程图

1. Spider 采集

Spider 模块是系统专门与具体的 Web 协议打交道的部分，主要通过各种 Web 协议来自动采集 WWW 站点内的有效信息。这些 Web 协议主要包括 HTTP、FTP 及 BBS 等，本系统主要针对 HTTP。为了达到理想的信息采集速度，Web 信息采集系统大多数采用了多线程并行信息采集的策略，具体并行的提取线程数目可以根据实际的提取速度和网络环境的具体情况而定。图 3-20 是 Spider 采集流程图，该部分主要包括三方面的内容：多线程技术、页面采集的实现和机器人拒绝协议。

1) 多线程技术

采集效率是 Spider 的一个重要指标，因为 Spider 处理网页的数量是成千上万

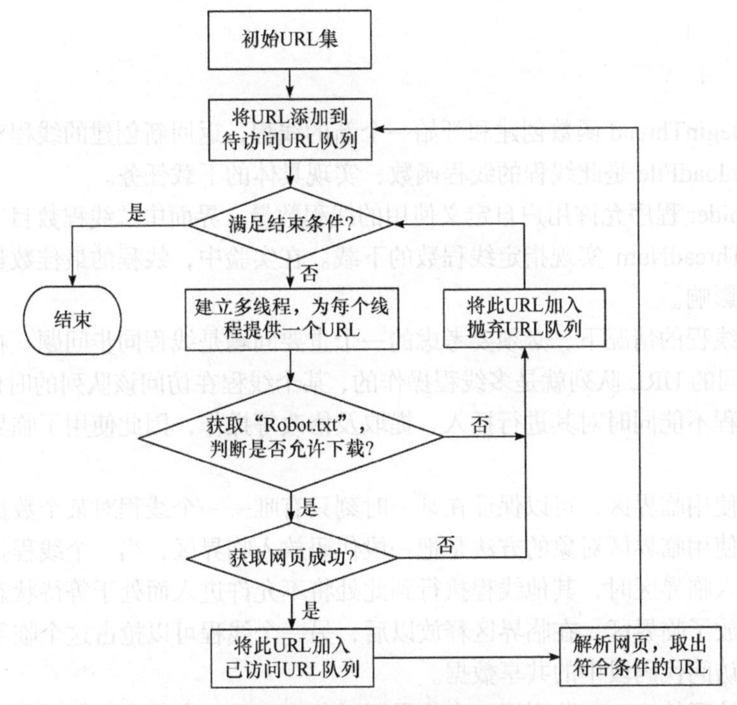

图 3-20　Spider 采集流程图

的，所以如何提高采集效率是很重要的。本系统采用多线程技术来提高采集效率。

多线程是为了使多个线程并行地完成多项任务，以提高系统的效率。多线程的优点主要有以下两点：①支持多线程的系统并发性较高，所有线程之间的执行都可以在同一时刻发生，一个线程的执行不需要等待另一个线程执行完再执行；②多线程在程序内部，它们使用同一块内存空间，线程可以很容易地共享资源。Spider 在下载多个网页时，必须向服务器发出请求然后接收这些网页信息。

多线程技术在 Spider 中的设计介绍如下：

```
while(!m_bDone && !(m_DownData.IsEmpty()
    && m_DownData.GetCurThread()==0))//判断是否满足结束条件
{
    Sleep(100);
    if(ThreadPause)  continue;
  //判断全局变量 ThreadPause，是否暂停线程
    if(m_DownData.AddThread())
    {
        AfxBeginThread(DownloadFile,this);//启动采集线程
```

```
        }
    }
```

AfxBeginThread 函数创建和开始一个新的线程，返回新创建的线程对象的指针，DownloadFile 是此线程的线程函数，实现具体的下载任务。

此 Spider 程序允许用户自定义使用的线程数量，界面中“线程数目”传递给变量 m_ThreadNum 实现指定线程数的下载。在实验中，线程的最佳数量受到许多因素的影响。

在多线程的情况下，必须要考虑的一个重要问题是线程同步问题。在本系统中，待访问的 URL 队列就是多线程操作的，某个线程在访问该队列的时候，要保证其他线程不能同时对其进行插入、提取及修改等操作，因此使用了临界区进行同步。

通过使用临界区，可以保证在某一时刻只有唯一一个线程对某个数据对象进行操作。使用临界区对象的方法是把一段代码放入临界区，当一个线程执行到此段代码进入临界区时，其他线程执行到此处将不允许进入而处于等待状态，直到该线程释放了临界区。在临界区释放以后，另一个线程可以抢占这个临界区，以后便依次访问代码段中的共享数据。

把待访问的 URL 队列用一个临界区对象来表示。由于在任何时刻只有一个线程可以拥有临界区,这样就保证了数据不会在同一时刻被一个以上的线程访问。在微软基础类库(Microsoft foundation classes，MFC)中，CCriticalSection 类封装了临界区对象，临界区使用方法介绍如下：

```
CCriticalSection criSection; //定义临界区对象
criSection.Lock(); //获得临界区对象
.........对待访问 URL 队列的操作;
criSection.Unlock(); //释放临界区对象
```

所以每个线程从待访问 URL 队列中提取链接或者是加入新链接时，首先该线程调用 Lock 函数获得临界区对象，然后该线程可以对待访问 URL 队列进行操作，当操作完毕后，就可以调用 Unlock 函数释放临界区对象，以便其他线程对待访问 URL 进行操作。

2) 页面采集的实现

页面信息获取主要是指根据一定的协议与远程的 Web 信息源服务器进行通信，将页面下载下来的过程。Web 页面资源是由页面 URL 来确定的，URL 可以分为以下三个基本部分：信息服务类型，格式为“//信息资源地址/文件路径”，其中，信息服务类型主要是指服务的协议，如 HTTP、FTP 等；信息资源地址给出提供信息服务的计算机在互联网上的域名；文件路径即文件在服务器的具体路径。

目前，Web 协议以 HTTP 为主，下面以 HTTP 为例，说明具体的页面采集过程，页面采集的主要流程如图 3-21 所示。

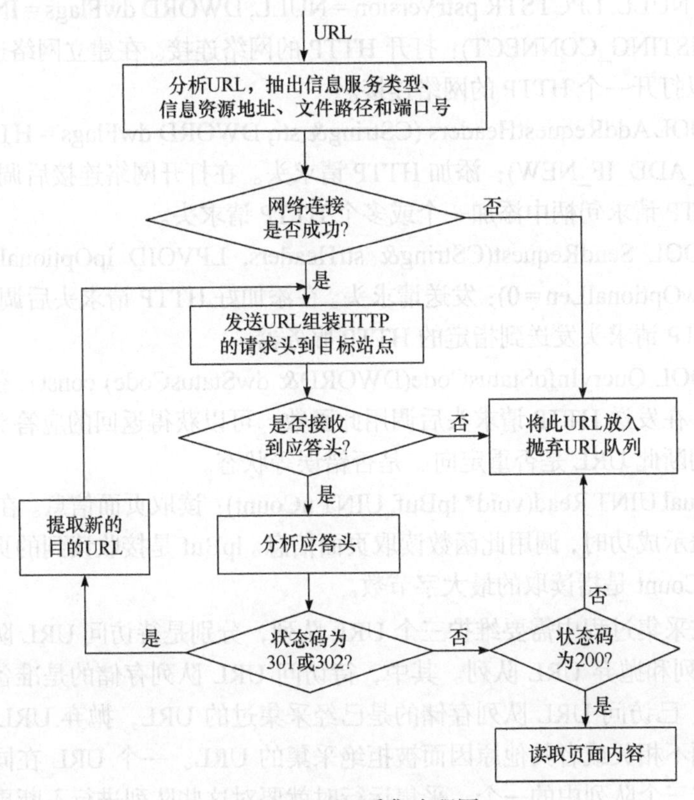

图 3-21　页面采集流程图

页面采集过程是通过 WinInet 类实现的。WinInet 是一个易用的网络编程接口，使用户可以在较高层次上建立互联网客户应用程序，简化了编程过程，它使得从 HTTP、FTP 等服务器读取信息就如同从硬盘上直接读取文件一样简单。具体在程序中调用的函数简介如下：

(1) BOOL AFXAPI AfxParseURL(LPCTSTR pstrURL, DWORD & dwServiceType, CString & strServer, CString & strObject, INTERNET_PORT& nPort)：分析 URL。在程序开始时调用此函数分析 URL，提取出此 URL 的信息服务类型、信息资源地址、文件路径和端口号。

(2) CHttpConnection* GetHttpConnection(LPCTSTR pstrServer, INTERNET_PORT nPort = INTERNET_INVALID_PORT_NUMBER, LPCTSTR pstrUserName = NULL, LPCTSTR pstrPassword = NULL)：建立网络连接。在调用了分析 URL 函

数后调用，可以建立一个针对 HTTP 的网络连接。

(3) CHttpFile* OpenRequest(LPCTSTR pstrVerb, LPCTSTR pstrObjectName, LP CTSTR pstrReferer = NULL, DWORD dwContext = 1, LPCTSTR* pstrAcceptTypes = NULL, LPCTSTR pstrVersion = NULL, DWORD dwFlags = INTERNET_FLAG_EXISTING_CONNECT)：打开 HTTP 的网络连接。在建立网络连接后调用此函数可以打开一个 HTTP 的网络连接。

(4) BOOL AddRequestHeaders (CString& str, DWORD dwFlags = HTTP_ADDREQ_FLAG_ADD_IF_NEW)：添加 HTTP 请求头。在打开网络连接后调用此函数，可以向 HTTP 请求句柄中添加一个或多个 HTTP 请求头。

(5) BOOL SendRequest(CString& strHeaders, LPVOID lpOptional = NULL, DWORD dwOptionalLen = 0)：发送请求头。在添加好 HTTP 请求头后调用此函数，可以把 HTTP 请求头发送到指定的 HTTP 服务器。

(6) BOOL QueryInfoStatusCode(DWORD& dwStatusCode) const：获得应答头的状态码。在发送 HTTP 请求头后调用此函数，可以获得返回的应答头的状态，根据状态判断此 URL 是否重定向、是否错误等状态。

(7) virtual UINT Read(void* lpBuf, UINT nCount)：读取页面信息。在判断 URL 的状态码表示成功时，调用此函数读取页面信息。lpBuf 是接收读到的页面信息的缓冲器，nCount 是指读取的最大字节数。

系统在采集过程中需要维护三个 URL 队列，分别是待访问 URL 队列、已访问 URL 队列和抛弃 URL 队列。其中，待访问 URL 队列存储的是准备给采集线程的 URL，已访问 URL 队列存储的是已经采集过的 URL，抛弃 URL 队列存储的是和主题不相关或者其他原因而被拒绝采集的 URL。一个 URL 在同一时刻只能出现在这三个队列中的一个，采集运行时就要对这些队列进行不断更新，并维护这些队列。

在本系统中，已访问 URL 队列和抛弃 URL 队列用 HashMap 容器存储，由于每个 URL 生成的散列值都是唯一的，因此利用 HashMap 的快速查找功能能够快速判断新的 URL 是否已经被采集过。待访问 URL 队列存储的是按照 URL 与主题相关度的大小排序的准备采集的 URL，特采用优先级队列。优先级队列是一个动态数组，它将待访问的 URL 按照 URL 主题相关性预测值大小排序，主题相关性最高的 URL 一定是最先采集的。一旦相应的 URL 被访问，该 URL 所指向的页面中的所有链接将被抽取出来，并且根据 URL 与主题的相关性判别算法预测它们与主题的相关性，然后将它们插到相应的位置，保证队列中的 URL 按照相关性大小排序。如果需要采集的 URL 个数超过了定义队列的最大长度 MAX，那么待访问 URL 队列只取前 MAX 个最优的 URL。

本系统所设计的待访问 URL 队列中节点的定义如下：

```
struct URL_Node{
      CString  parentURL;//URL 的父节点的 URL
      CString  savePath;//本地存储地址
      CString  anchor_text;//URL 的链接 Text
      int      outlink_num;//网页的出度
      int      depth;//URL 的深度
      float    priority;//URL 的优先级
}
```

3) 机器人拒绝协议

网络 Spider 频繁地访问各个 Web 站点，会给网络和被访问的 Web 服务器带来较大的负担，为了避免 Spider 的使用给网络和服务器带来太多的问题，防止其过多的资源消耗和减少网络带宽瓶颈产生的机会，把 Spider 系统设计为遵循网络机器人拒绝协议来进行信息采集。限制 Spider 访问 Web 站点的方法是由站点的 Web 管理员使用的网络机器人排斥标准(robots exclusion stand，RES)决定的，目前大部分 Spider 都遵守该标准。

网络机器人排斥标准[13]允许 Web 站点的管理员指出他们的站点哪些部分不应为网络机器人所访问。它的关键技术是在 Web 站点的根目录下放置一个特定格式的文件名为“robots.txt”的文件。Spider 在访问一个站点时会首先读取该文件，分析其中的内容，并按照 Web 站点管理员的规定不去访问那些文件，从而限制网络机器人的访问。

采集线程从待访问 URL 队列读入一个 URL 后，应该判断该 URL 是否在“robots.txt”禁止访问之列，以遵守网络机器人排斥标准，算法描述如下：

```
bool robots(CString url)
{
  CString strServerName;
  CString strObject;
  INTERNET_PORT nPort;
  DWORD dwServiceType;
  if(!AfxParseURL(url,dwServiceType,      strServerName,
strObject, nPort) ||dwServiceType != INTERNET_SERVICE_HTTP)
  /*分析 URL，获得此 URL 的信息服务类型、信息资源地址、文件路径和端
    口号*/
  {
      THROW(new CInternetException(dwServiceType));
```

```
    }
    string strRobots="http://"+strServerName+"robots.txt";
    //形成"robots.txt"文件的地址
    if(站点的"robots.txt"文件不存在)
        return true;
    else {
    if(URL包含于"robots.txt"文件的Disallow定义中)
        return false;
    else
        return true;
    }
}
```

2. 页面解析

本系统处理的页面以静态页面为主，因此在页面分析中主要以处理静态HTML页面为主。其中包括语法分析、标题的提取、链接与链接Text的提取以及正文的提取。

1) HTML语法分析

目前，Web上的数据以半结构化HTML形式存储为主，包括了大量的结构信息，在提取网页的主题内容时应加以利用。

在本系统中，提取页面信息时先将HTML文本以数据流的形式读入缓存，然后根据输入流中的当前字符执行相应的语义操作。在进行网页信息提取之前，先来介绍一下HTML中的几种数据。

标记：标记是出现在正文中以字符"<"开始、字符">"结尾的一个字符串。不考虑正文，单纯研究标记中所包含的语义信息是没有意义的。语法分析时在读到"<"后就创建一个标记结构，并将后续的标记名称、标记中的参数等一一填入该结构中，其中参数由多个参数名/值对组成，当遇到">"时表示标记结束。若在"<"后紧跟着字符"/"，则表明此标记是个结束标记。

标题：即网页源代码中用<title>和</title>标记的文字。它出现在浏览器接口最上方的标题栏中。标题中的内容与网页主题的关系非常密切，起着概括全篇的重要作用。

超链接：链接元素用来描述两个文档或者文档和URL之间的关系。整个WWW世界就是通过这样的超链接连起来的。Web信息采集程序正是通过超链接在网络中不断地采集提取数据。通常，一个页面上的链接所指向的页面基本和本页内容都有一定关系的。

文本：文本是所能看到的 HTML 页面上的文字部分，是页面的初始状态。

2) 页面信息的提取

标题提取：标题可以为计算页面与主题的相关性服务，也是 UCL 标引信息的一个字段，因此标题的提取很重要。标题的提取很简单，只要在读取网页源文件时找到<title>和</title>标记之间的文字即可。例如“<title>全英赛中国女单卢兰不怕独行 轻取王晨进四强_体育频道_新华网</title>”，根据以上方法可以得到标题“全英赛中国女单卢兰不怕独行 轻取王晨进四强_体育频道_新华网”。

链接与链接 Text 的提取：提取链接能保证程序继续执行，提取链接 Text 是为了进行 URL 与主题的相关性的判断，因此它们的提取是很重要的。例如，“<a href=http://sports.sina.com.cn/g/p/2020-03-03/14343509235.shtml TARGET=_blank>图文-足球俱乐部 082A 贝克汉姆的数字 99+1</a>”，就必须提取出其中的链接“http://sports.sina.com.cn/g/p/2020-03-03/14343509235.shtml”和链接 Text“图文-足球俱乐部 082A 贝克汉姆的数字 99+1”。另外，只有对 text/html 类型的页面才需要提取链接及链接 Text，具体的提取流程如下所述：

(1) 提取一个页面文件时，通过获得的 meta 信息，判断其页面类型，如果不是 text/html 页面类型，则放弃该页，重新(1)操作；否则执行(2)。

(2) 按次序读取缓存中的文件数据流，遇到标记“<a href=...>”、“<area href=…>”、“<base href=…>”、“<frame src=…>”、“<img src=…>”、“<body background=…>”、“<applet code=…>”等，记录其中的 URL 链接，并从成对的标记之间提取出链接 Text。重复上述过程直到处理完文档中所有链接标记，跳转到(5)。

(3) 将记录下来的 URL 转换成统一的格式。页面中给出的 URL 格式多种多样，有的是相对 URL，有的是绝对 URL，为了存储和处理，将所有的 URL 都转换成绝对 URL 格式。

(4) 存储 URL 链接与链接 Text，用于后面部分的 URL 与主题相关性的计算，跳转到(2)。

(5) 链接与链接 Text 提取结束。

正文的提取：在判断页面与主题的相关性以及网页去重时，准确有效地提取正文非常关键。目前，网页的类型主要有三种：主题网页、图像网页和 Hub 网页。其中主题网页是通过成段的文字描述一件或多件事物，文字是主题，因此本书主要是针对这种类型的网页提取正文。在本系统中，采集的网页大部分都是新闻这个特性，根据这个特性，采取了一种简单有效的方法来获取网页正文。

HTML 网页中的正文部分，范围在<body>和</body>标记之间，因此在提取正文时只在这两个标记之间进行。在读取文件时，当遇到开始标记(<…>)时，判断是否是超链接的标记，如<a href>等，如果是，那么遇到下一个结束标记(</...>)时，删除包括结束标记和结束标记之前的内容；如果不是，那么当读到一个结束标记时，判断其前面的内容是否是正文内容，便可以准确提取正文。判断是否是正文的依据是其中是否包含标点符号，如句号、问号、叹号。在提取正文的过程中，还需对一些转义符和特殊标记进行单独处理，如换行“<p>”、空格“ ”等。

3. URL 与主题的相关性判别

在主题 Web 信息采集中，最核心的部分就是要对已下载的网页中提取出的 URL，预测其与主题的相关性，按照优先采集高预测值的搜索策略采集网络上的信息资源。因此，为了有效提高主题 Web 信息采集的准确性和效率，如何高效和准确地预测 URL 与主题的相关性，是搜索策略中的关键。本系统采用一种同时结合链接标签数据和 Web 结构的算法来进行 URL 与主题的相关性判别。

1) URL 主题相关性判别算法的设计

(1) 基于链接标签数据的相关性判别设计。

通过对链接标签数据的深入分析，基于链接标签数据的相关性判别算法设计如下(公式中 v 表示 URL)：

$$\text{score}(v)=\beta\times\text{score}(v)+(1-\beta)\times\text{anchor\_score}(v) \tag{3-4}$$

其中，$\text{score}(v)$ 为主题相关性预测值；$\text{anchor\_score}(v)$ 为链接主题相关性预测值；β 为调整 URL 与链接 Text 对主题相关性的影响因子，在本系统中 β 设定为 0.5。

URL 主题相关性预测的值越准确，越能提高主题 Web 信息采集系统的准确性。因此，引入向量空间模型，改善链接 Text 与主题相关性值简单带来的问题，对相关性值进行细化，算法公式如下：

$$\text{anchor\_score(url)}=\text{Sim}(\text{anchor\_text},T) \tag{3-5}$$

其中，anchor_text 为链接 Text；T 为主题，通过计算向量空间模型中两向量的相似度来确定该值。

(2) 利用父页面和兄弟页面预测相关性。

通对主题页面在 Web 上的分布特征进行深入分析，发现父页面和兄弟页面对 URL 主题相关性判别起重要作用。

① 父页面信息：如果页面 m 中包含页面 n 的链接，那么页面 m 称为页面 n 的父页面。根据 Linkage Locality 特征可以得知，若父页面的内容与主题的相关性较高，那么父页面所包含的链接与主题的相关性很可能较高。

② 兄弟页面信息：兄弟页面是指位于同一父页面的链接所指向的页面。根据 Sibling Locality 特征可知，对于链接到某主题页面的页面，它所链接到的其他页面也趋向于拥有这个主题。即若某个页面有较多的关于某个主题的兄弟页面，那么该页面很可能是与该主题是相关的。

综合以上两种信息，设计的URL主题相关性判别算法如下：

$$\text{inherit\_score}(v)=\sum_{j=1,u_j\to v}^{N}\frac{M'+\theta}{M+\theta}\text{Sim}(u_j)/N \tag{3-6}$$

其中，u_j 为网页 v 的父页面；$\text{Sim}(u_j)$ 为已采集页面 u_j 的主题相关度，由向量夹角余弦公式计算；M 为页面 u_j 已采集的子页面的个数；M' 为页面 u_j 已采集的子页面中主题相关页面的个数；N 为 v 的已采集父页面的总数；θ 为归一化因子，在本系统中设为0.5。

由式(3-6)可以看出，它包含了Web超链接结构所提供的信息，表明了父页面与兄弟页面对该链接的影响，如果父页面是主题相关度很高的页面，或者此父页面包含的子页面即它的兄弟页面是主题相关度很高的页面，那么该页面也很可能是主题相关页面。在采集过程中，$\frac{M'+\theta}{M+\theta}$ 会不断变化，用来调整父页面与子页面之间的相关度关联性。

(3) 相关性合并算法。

根据基于链接标签数据的相关性判别和考虑父页面以及兄弟页面对URL主题相关性判别的影响，设计算法如下：

$$\text{rel\_pred}(v)=a\times\text{score}(v)+(1-a)\times\text{inherit\_score}(v) \tag{3-7}$$

其中，$\text{rel\_pred}(v)$ 为网页 v 与主题相关性的预测值；$\text{score}(v)$ 为根据链接标签数据得到的链接与主题的相关度，见式(3-4)；$\text{inherit\_score}(v)$ 为它获得其父页面的主题相关性的遗传值，见式(3-6)。a 的作用是调节链接标签数据和父页面对该页面的主题相关性的影响，若 a 为1，则表示该预测值只受链接标签数据的影响；若 a 为0，则表示该预测值只受父页面的影响。

由式(3-7)可知，算法中的URL主题相关性值与它的链接标签数据和父页面以及兄弟页面有关。根据HITS算法页面重要度互相加强的设计思想，引入子页面对相关性判别的反馈影响，设计了一个主题相关性互相加强的算法，如下：

$$\text{rel\_pred}(v)=\alpha\times\text{score}(v)+\gamma\times\text{inherit\_score}(v)+(1-\alpha-\gamma)\times\text{child}(v) \tag{3-8}$$

其中，$\text{child}(v)$ 为网页 v 的子页面反馈给 v 的相关度，计算公式见式(3-9)；α 为链接标签数据对URL主题相关性判别的影响因子；γ 为父页面对URL主题相关性判别的影响因子；$1-\alpha-\gamma$ 为已采集的子页面对URL主题相关性判别的影响因子。在本系统中，α 设为0.6，γ 设为0.3。

$$\text{child}(v)=\sum_{c=1,v\to m_c}^{C}\text{Sim}(m_c)/C \tag{3-9}$$

其中，m_c 为网页 v 的子页面；$\mathrm{Sim}(m_c)$ 为已采集的子页面 m_c 的主题相关度；C 为已采集子页面中与主题相关的个数。

由式(3-8)可知，URL 主题相关性包括三部分，即链接标签数据、从父页面获得的相关度和从子页面获得的反馈相关度，体现了 Hub 页面和 Authority 页面互相加强的思想。

综上所述，在 URL 与主题的相关性判别的计算过程中，综合考虑了链接标签数据、超链接结构和页面内容所提供的信息，因此是一种融合网页文字内容和 Web 结构的综合性算法。

2) URL 主题相关性判别算法的实现

主题 Web 信息采集系统在采集过程中，会得到众多的 URL，必须从众多的 URL 中选取一部分最优的 URL 进行采集，从而尽可能多地采集主题相关页面。在本系统中，对于提取的 URL 按照式(3-8)计算其与主题的相关性预测值并存入待访问 URL 队列中，使每次采集都从与主题相关性预测值最高的 URL 开始访问，预测值较低的 URL 将被推后访问或是抛弃。算法的实现过程如下。

数据结构：待访问 URL 队列(URLPQueue)、已访问 URL 队列(VisitedURL)、链接集(URLList)。

输入：初始 URL 种子集(seeds)，s 是种子 URL 集中的一个。

```
While(seeds≠∅)
AddURL(URLPQueue,s,1)  //将种子按相关度 1 加入待访问队列
While(URLPQueue≠∅)
{
    u←GetURL()  //从待访问 URL 队列中获得一个 URL
    page←Download(u)  //获得 u 指向的网页
    AddURL(VisitedURL,u)  //添加 u 到已访问 URL 队列
    URLList←Extract(u,link,anchor_text)
    //获得该页所有链接及链接 Text
    P(page)←VSM(page,T) //计算页面与主题 T 的相关度
    if(page 与主题相关)
    {
        Save(page)//保存网页
        While(URLList≠∅)
        {
        rel_pred(v)
        //预测 URL 与主题的相关度
```

```
← α × score(v) + γ × inherit_score(v) + (1 − α − γ) × child(v)
  if(rel_pred(v)≥σ)  //σ是设定的URL预测值的阈值
   AddURL(URLPQueue,v,rel_pred(v))
  //按URL与主题的相关度的高低添加到待访问URL队列
     }
 }
 else
 {
     NotSave(Page)//不保存网页
     While(URLList≠∅)
     {
     rel_pred(v)
← α × score(v) + γ × inherit _ score(v) + (1 − α − γ) × child(v)
   //预测URL与主题的相关度
   if(rel_pred(v)≥σ)  //σ是设定的URL预测值的阈值
   AddURL(URLPQueue,v,rel_pred(v))
   //按URL与主题的相关度高低添加到待访问URL队列
      }
 }
}
```

4. 网页去重

网页内容有的是完全相同，有的只是某些段落相同，还有的情况是一篇文章是另外一篇文章的一部分。这里主要针对网页内容基本相同的情况，它包括网页内容完全相同或者转载时网页内容做了细微变更两种情况。因此，本系统进行网页去重的对象为三类：①相同的URL；②不同的URL指向相同的网页，称为完全镜像网页；③内容相同但格式不同的网页，称为转载网页。根据被消除的对象和时机的不同，设计了一种网页三级去重机制：第一级为消除相同的URL；第二级为消除完全镜像网页；第三级为消除转载网页。

1) 相同URL的消除

在Web信息采集中，消除重复网页最基本的是判断该URL指向的页面是否已经被采集。为了实现快速采集，需要对即将采集的URL做出快速的判断。本系统中将已经采集过的URL存储在HashMap容器中，HashMap容器是基于Hash表的，存储和查找的速度非常快，几乎可以看成常数时间。这里采用一个经验字符串函数 strhash 作为 Hash 函数，实验表明该函数作为一阶 Hash 函数是非常理想的，因为它产生的冲突率很低，并且算法实现快速[14]。strhash 函数算法描述如下：

```
unsigned int strhash(char *str)
 {
  register unsigned int h;
  register unsigned char *p;
  for(h=0,p=(unsigned char *)str;*p;p++)
    h=31*h+*p;
   return h;
}
```

因此，这里设计的消除相同 URL 的算法实现过程如下：

(1) 将要采集的 URL 按照 strhash 函数计算其 Hash 值。

(2) 在存储已采集的 URL 的 HashMap 容器中查找该 Hash 值是否存在，若不存在，则表示此 URL 未被采集过；若存在，则表示此 URL 已经被采集过。

(3) 若此 URL 未被采集过，则采集该页面(即完成消除相同 URL)。

2) 完全镜像网页的消除

网页内容需要大量数据来保存，如果通过比较整个数据是否相同来判断是否是重复网页，就需要大量的时间，并且效率低下。因此，需要考虑把这些大量的数据建立一个标记，这样就可以通过比较这个标记来判断是否是重复网页，大大提高了系统的效率，这个标记称为网页指纹。对于完全镜像网页，因为内容和格式是完全相同的，采取了把整个网页当成一个大的文本信息生成唯一指纹的方式进行判断。生成指纹用 MD5 算法实现，将每个页面唯一指纹和该页面的 URL 存储在 HashMap 容器中，实现快速查找。

MD5(message-digest algorithm 5)信息-摘要算法，它的典型应用是对一段信息产生信息摘要，以防止被篡改[15]。

MD5 算法可以简要地叙述为：MD5 以 512 位分组来处理输入的信息，且每一分组又被划分为 16 个 32 位子分组，经过一系列处理后，算法的输出由四个 32 位分组组成，将这四个 32 位分组级联后将生成一个 128 位散列值。

MD5 算法实现的步骤如下：

(1) 对信息进行填充，使其字节长度对 512 求余的结果等于 448。因此，信息的字节长度将被扩展至 $512N+448$ 位，即 $64N+56$ 字节，N 为一个正整数。填充的方法如下，在信息的后面填充一个 1 和无数个 0，直到满足上面的条件时才停止用0对信息进行填充。然后，在这个结果后面附加一个以64位二进制表示的填充前的信息长度。经过这两步的处理，现在的信息字节长度=512N+448+64=(N+1)×512，即长度恰好是512的整数倍。这样做是为满足后面处理中对信息长度的要求。

(2) 设置四个链接变量。MD5中有四个32位称为链接变量的整数参数，它们分别为A=0x01234567，B=0x89abcdef，C=0xfedcba98，D=0x76543210。

(3) 进行算法的四轮循环运算。循环的次数是信息中512位信息分组的数目。循环时，将上面四个链接变量复制到另外四个变量中，即A到a、B到b、C到c、D到d。主循环有四轮，每轮循环都很相似。第一轮进行16次操作。每次操作对a、b、c和d中的其中三个做一次非线性函数运算，然后将所得结果加上第四个变量、文本的一个子分组和一个常数。再将所得结果向右移一个不定的数，并加上a、b、c或d中之一。最后用该结果取代a、b、c或d中之一。

以下是每次操作中用到的四个非线性函数(每轮一个)：

$$F(X,Y,Z)=(X\&Y)\,|\,((\sim X)\&Z) \tag{3-10}$$

$$G(X,Y,Z)=(X\&Z)\,|\,(Y\&(\sim Z)) \tag{3-11}$$

$$H(X,Y,Z)=X\wedge Y\wedge Z \tag{3-12}$$

$$I(X,Y,Z)=Y\wedge(X\,|\,(\sim Z)) \tag{3-13}$$

上面的公式中，“&”代表与，“|”代表或，“~”代表非，“^”代表异或。

根据上述方法对整个网页生成指纹，进行了大量的实验，实验结果如图3-22所示。

ContentHash : 表

ID	URL	ContentHash
1	http://net.cs.pku.edu.cn	bdba1a41c74903b1a2bc352a85bfe21a
2	http://net.pku.edu.cn	bdba1a41c74903b1a2bc352a85bfe21a
3	http://www.pku.cn	4453e1d52e84dc5dbf789b3dd94ab4f4
4	http://www.pku.edu.cn	4453e1d52e84dc5dbf789b3dd94ab4f4
5	http://www.swust.edu.cn	bf1c648d80509ff432892f02a8860515
6	http://www.163.com	bc07346a9c0dd274f8891dff05a2f2f1
7	http://www.ling666.com/hexian353/1652.htm	ddc9216ccf29cf9253a5aaf5e211b3f2
8	http://www.water-hy6.com/index.htm	edbe3998427670e4e0650a7724e9680f
9	http://www.shuijinghua.cn/ndetail5.asp?offset=0&id=126	f5e09d56a77f5f6238dd5feeb05975f1
10	http://www.hebmu.edu.cn/unit/jibenzhishi/z27.htm	77ba5c3b03f7b871a6feae1eaf166f54
11	http://lady.jin-yu.com.cn/news/2006-4-30/146081866.htm	9519571ee24e5c148382f42831e3c0f3
12	http://ncbuct.com/bbs/adminpost.asp?cz=6&BoardID=13&PostI	8b04dfe489123ebfeec976e94e7b1bf8
13	http://www.florance.com.tw/main/photo/index.php?index_mid	99664762256cec23daf8d4cb5ab25c03
14	http://www.thehotdogs.com/Artists_H/Hum-a-byes_Lyrics.htm	1eb95283f8e29c84100336efcfa41a2e

图3-22　Web文档的指纹信息

由图3-22所示的实验数据可以得知，虽然是不同的URL，但是经过对网页生成指纹后发现它们的指纹是完全相同的，不同的URL却指向相同的网页，如“http://net.cs.pku.edu.cn”和“http://net.pku.edu.cn”、“http://www.pku.cn”和“http://www.pku.edu.cn”。因此，通过此方法可以判断完全镜像网页，但会漏判很多内容相同而格式不同的转载网页。漏判的转载网页则通过转载网页的消除判断。另外，从一个网页中提取的URL可能已经存在待访问URL队列中了，此时通过相同URL消除方法不能消除相同的URL，但是由于是相同的URL，它们指向的页面是相同的，因此可以通过此方法消除。

3) 转载网页的消除

消除转载网页是一种基于内容的技术，在本系统中，因为采集的是同一个主题的Web信息，因此判断两个网页是否重复可以转换为判断两个网页与该主题的相关度是否相同，若相同，则认为是转载网页，就抛弃此网页。网页与主题的相关度的计算方法通过页面与主题的相关性判别算法实现。通过对新华网、搜狐网、新浪网和网易四个网站的体育类新闻做出大量的实验，结果表明该方法对网页内容完全相同或是转载时做了细微变更的转载网页判别效果较好，但是如果在转载网页中，网页制作者过多地加入了对该网页的一些说明或是转载网页与源网页只有部分内容相同，那么这种判别转载网页的效果不佳。对于本系统，根据网页与主题的相关度是否相同来判别是否是转载网页，是一个可行的方案。

参考文献

[1] 邹博伟, 钱忠, 陈站成, 等. 面向自然语言文本的否定性与不确定性信息抽取. 软件学报, 2016, 27(2): 309-328.

[2] 王娟娟. 网页数据多层语义抽取技术研究. 绵阳: 西南科技大学硕士学位论文, 2009.

[3] 沈静. 基于 UCL 的网页信息自动分类及标引技术研究. 绵阳: 西南科技大学硕士学位论文, 2008.

[4] Yi L, Liu B. Web page cleaning for Web mining through feature weighting. Proceedings of 18th International Joint Conference on ArtificialIntelligence, 2003: 43-48.

[5] 公冶小燕, 林培光, 任威隆, 等. 基于改进的 TF-IDF 算法及共现词的主题词抽取算法. 南京大学学报(自然科学版), 2017, 53(6): 1072-1080.

[6] 陆玉昌, 鲁明羽, 李凡, 等. 向量空间法中单词权重函数的分析和构造. 计算机研究与发展, 2002, 39(10): 1205-1210.

[7] 王俊华, 左万利, 闫昭. 基于朴素贝叶斯模型的单词语义相似度度量. 计算机研究与发展, 2015, 52(7): 1499-1509.

[8] 周艳. 主题 Web 信息采集系统的研究与设计. 绵阳: 西南科技大学硕士学位论文, 2008.

[9] 高婷, 白如江. 基于 OutbackCDX 的增量式 Web 信息采集研究. 山东理工大学学报(社会科学版), 2020, 36(4): 99-105.

[10] 蒲光杰. 基于 Java Web 的信息采集及调试管理系统设计与实现. 成都: 电子科技大学硕士学位论文, 2020.

[11] 袁博, 张文一, 张雪敏. 基于改进 HITS 算法的电网脆弱集合快速评估. 电力系统及其自动化学报, 2020, 32(4): 145-150.

[12] Aggarwal C, Ai-Garawi F, Yu S P. Intelligent crawling on the world wide web with arbitrary predicates. Proceedings of the 10th International Conference on World Wide Web, 2001: 96-105.

[13] Zhang S C, Liu H, Tang N, et al. Spider-Web-Inspired PM0.3 filters based on self-sustained electrostatic nanostructured networks. Advanced Materials, 2020, 32(29): 2002361.
[14] 毕敬霖. 基于离散量子游走的 Hash 函数构造研究. 北京: 北京工业大学硕士学位论文, 2019.
[15] 李瑞. 基于 FPGA 的串行通信 MD5 加密算法的研究与实现. 哈尔滨: 哈尔滨理工大学硕士学位论文, 2019.

第4章　图像信息的语义描述与解析技术

网络图像资源日益增多且网络承载的各种多元化属性需求不断增加，由此带来的复杂性使得网络图像资源难以得到有效管理，究其原因是现有的对网络图像的识别管理方法大多停留在图像的底层特征上，忽略了图像的语义信息，导致信息孤岛难以理解和相互分离。本章从网络图像的内容语义出发，提出基于云模型的网络图像语义表示方式，并构建语义向量空间，建立基于UCL的网络图像内容管理体系，从而更加高效地管理海量网络图像资源。

4.1　基于UCL的网络图像语义标识

网络图像的语义标引技术是沟通图像底层特征和高层语义信息之间的桥梁，是缩小语义鸿沟的重要手段。传统的图像标引技术一般分为基于有限集的图像标引方法和基于互联网数据集的图像标引方法两类。

1. 基于有限集的图像标引方法

在基于有限集的图像标引方法中，由Duygulu于1993年提出的基于机器翻译的图像标引算法一直占有举足轻重的地位。该方法将图像的标引过程看成一种机器翻译的过程，即首先把每幅图像经过分割划分为几个区域，再利用聚类方法将每个区域的特征进行类别的划分，并用视觉词汇组成的向量来表示，最后通过建立视觉词汇与标引词汇之间的联系实现图像的标引。

如果将每一个标引词作为一个类别，并对每一个词汇训练一个二元分类器，就将图像标引的问题转化为图像的分类问题。有很多方法如贝叶斯点估计[1]、二维多分辨率隐马尔可夫模型(2D multi-resolution hidden Markov model，2D-MHMM)[2]、支持向量机[3]等进行图像标引工作。但是由于这种方法需要训练大量的分类器，而且在训练集中需要手工标引图像区域信息，所以很难推广到类别数目较多的情况。

虽然基于有限数据集的方法可以借鉴机器学习、计算机视觉和物体识别等各种新技术，但是在实际应用中，这种方法的数据集比起互联网上的大规模数据小很多，导致训练图像的规模和标引词集合都非常有限，难以大范围推广。

2. 基于互联网数据集的图像标引方法

互联网的图像一般内嵌于某个网页当中，这些网页会包含各种文本信息，如文件名、URL、锚文本(anchor text)、ALT 标签文本以及图像周围的环绕文本等，都可以为图像内容提供语义上的一些辅助信息。

AnnoSearch[4]是最早基于互联网数据集对图像标引的工作之一，其核心思想是：对于一个待标引的图像，在一个较大的数据集中找到一幅或几幅与它相近的图像，再从这些相近的图像标引当中学习出最终的标引词。

基于搜索的图像标引算法也是一个基于互联网数据集的图像标引算法，良好地弥补了 AnnoSearch 需要提供初始关键词的局限,从数据库中找到与待标引图像视觉内容最相似的图像，然后从该图像的标引词当中学习出最后的标引词。

在基于互联网数据集的图像标引工作中，标引词的选取很大一部分都是从周围文本当中进行，导致最终标引词的噪声较大，即很多次可能与图像描述毫无语义关联。Rui 等[5]提出一种基于互联网数据集的图像标引框架，针对有噪声的文本通过基于搜索的标引词扩展，找到语义相关的标引词，再利用二分图加强的原理对标引词汇进行重新排序以获得良好的标引效果。

4.1.1　基于元数据的网络图像内容标引

本节使用元数据实现对网络图像的语义建模。元数据的定义有广义定义和狭义定义之分。元数据的广义定义是关于数据的数据(data about data)或关于数据的结构化数据。元数据的广义定义简洁而且宽泛。

元数据的狭义定义是：描述某种类型资源(或对象(object))的属性，并对这种资源进行定位和管理，同时有助于信息检索的信息。它特指在标记语言环境下，对网络信息资源进行描述的解决方案，主要支持对网络信息资源的发现、存储、管理和检索利用。

目前，教育和多媒体领域元数据标准如表 4-1 所示。

表 4-1　教育和多媒体领域元数据标准

应用领域	元数据标准
网络资源	Dublin Core、IAFA Template、RSLP
文献资料	MARC、Dublin Core
数字图像	VRA Core、MOA2、CDL、NISO/RLG
连续图像	MPEG-7、MPEG-21
视频资料	LC-Audiovisual Metadata
音频资料	SDMI-Music Brainz Metadta Initiative
教育资料	IEEE LOM、ADL/SCORM、DC-Edu、CETS

通过对上述各项标准进行分析对比可知，MOA2 元数据一般多用于艺术类图像资源的元数据描述；CDL 元数据的描述方式则过于复杂，不利于实现网络图像标引的简明扼要的目的；RLG 则较为注重反映图像的原始特征，导致适用性不强；除此之外，这些标准均未考虑网络图像的语义层面，即图像描述的具体内容，例如：本文件作者是谁，属于知识分类学科中的哪个子域；该图像能够表达作者怎样的初衷、映射出何种社会现象等。

因此，本书制定了适用于网络环境下的图像语义信息标引元数据框架，如表 4-2 所示。

表 4-2　网络图像内容标引框架

类属	元素名称	中文名	说明	举例
内容语义信息	U_{i1}: Subject	主题名	图像的主题内容	Lena Soderberg
	U_{i2}: Title	标题名	图像的标题名称	Lena
	U_{i3}: Description	描述信息	评论、描述或者注解	具备测试标准图像的所有充分条件
版权管理信息	U_{i4}: Creator	创建者	创作的个人或团体	《花花公子》杂志
	U_{i5}: Provider	提供者	图像的提供者	William K.Pratt
	U_{i6}: Date	日期	图像发布或创作日期	2020.11
	U_{i7}: Source	图像来源	Web、本地、扫描	Web
外部属性信息	U_{i8}: File Size	文件大小	所占据存储空间	65KB
	U_{i9}: Measurements	图像尺寸	宽度、高度	512×512
	U_{i10}: Type	图像类型	图像的压缩格式	JPEG

本标引框架能保证元数据的简单实用，而且具有足够的描述能力，涵盖了网络图像最重要的内容检索的内容语义信息(Title、Subject、Description)、辅助用户检索或关联检索的外部属性信息(File Size、Measurements、Type)以及确保原作权利不受侵害的版权管理信息(Creator、Provider、Date、Source)。

为了使用方便，采用通用的标准语言来表示。考虑以下原则：

(1) 该规范中基本字段能够涵盖一幅网络图像的基本语义信息；

(2) 不是所有的字段都是必需的，可以根据应用领域、传输方式、用户终端等进行选择。

4.1.2　基于 UCL 的网络图像标引

通过元数据内容标引能实现对网络图像资源的有效管理，但是图像的描述信息过长又成为另一个需要解决的问题。这里采用基于 UCL 的网络图像管理技术，将图像的 UCL 信息以数字水印的形式加入图像中。使用的图像水印是不可见水印，嵌入水印的信息量在一定范围内时，水印的不可见性可以保持在较高水平，所以可以在对图像质量要求不是特别高的时候使用。同时，该水印是鲁棒水印，所以图像的版权信息将被保护在图像中，当该水印遭受破坏到不能使用的程度时，图像也已经失去使用的意义，所以该水印可保护图像的版权信息。水印信息的提取算法非常简便易行，其时间复杂度和空间复杂度极低，所以使用此水印信息查找图像可以快速地得到想要的结果。

针对网络图像资源提出了基于图像的统一内容定位(uniform content locator based on image，UCL-I)的概念[6]，UCL-I 的结构如图 4-1 所示。UCL-I 的用途主要是管理网络图像资源，还可以用作图像的语义标签信息以水印的形式嵌入图像中。将 UCL-I 以水印形式嵌入图像中需要对语义水印信息加以丰富，以便于查找，同时还要降低水印的不可见性，提高水印的鲁棒性。本节在 UCL、UCL-I 的基础上，设定图像语义水印信息的结构如表 4-3 所示。

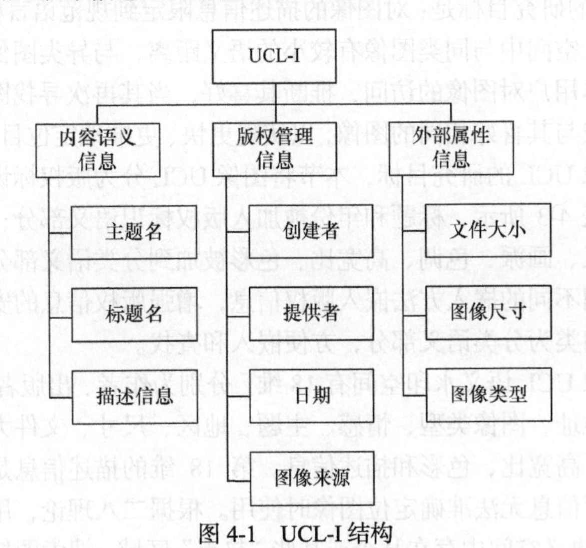

图 4-1　UCL-I 结构

表 4-3　图像的 UCL 及示例

版权标识语义		分类语义	
属性	例子	属性	例子
作者	莫奈	图像类型	油画
出版者	无	情感	平静
年份	1872	主题	日出
标题	日出·印象	地区	法国
所有者	卢浮宫	尺寸	1200×935

续表

版权标识语义		分类语义	
属性	例子	属性	例子
来源地址	图像来源 URL 地址	文件大小	2Mbit
		画派	印象派
		文件类型	JPG
		色调	淡红色
		高宽比	任意
		色彩	彩色图像
		描述信息	印象画派代表作，意境朦胧

图像 UCL 的研究目标是：对图像的描述信息限定到规范语言框架内，使每幅图像在给定语义空间中与同类图像有较小的语义距离，与异类图像有较大的语义距离。统计个体用户对图像的访问，推断其喜好，当其再次寻找图像时可在图像资源中优先查找与其喜好相同的图像，以实现更快、更准地定位目标图像的目的。

为实现图像 UCL 的研究目标，本节将图像 UCL 分为版权标识语义和分类语义两部分。如表 4-3 所示，标题和年份被加入版权标识语义部分；图像类型、情感、主题、地区、画派、色调、高宽比、色彩被加到分类语义部分。因此，可以在有需要时使用不同的嵌入方法嵌入版权信息，增强版权信息的安全性；其他所有语义信息被归类为分类语义部分，方便嵌入和查找。

这里的图像 UCL 语义水印空间有 18 维，分别为作者、出版者、年份、标题、所有者、来源地址、图像类型、情感、主题、地区、尺寸、文件大小、画派、文件类型、色调、高宽比、色彩和描述信息。第 18 维的描述信息是其他维度的补充，当其他维度信息无法准确定位图像时使用。根据二八理论，用户对图像的访问在图像 UCL 语义空间中存在某个或某些“热点”区域。搜索图像时可通过优先查找“热点”区域实现高效、准确的目的。表 4-3 的示例图像属于印象派、油画，据此可推断访问此图的用户对印象派的油画很有可能感兴趣。当此用户搜索图像 UCL 关键词“和平鸽”时，系统不会优先搜索“和平鸽”的图像，而会把毕加索的印象派油画“和平鸽”列为优先级较高的被搜索项目。

4.2　基于 UCL 的图像语义水印框架

基于 UCL 的图像语义水印算法要具备以下特点：鲁棒性高、水印嵌入量大、算法简便易行。如本节图像数字水印算法概述中所述，鲁棒性和不可见性是一对矛盾的存在，故需通过水印嵌入算法找到水印鲁棒性和不可见性的折中点。矢量量化的图像数字水印算法具有鲁棒性高、嵌入信息量大、实施方法简便易行的特点。但使用此算法嵌入数字水印时水印信息的不可见性易遭到破坏，即图像在用此算法加入水印后画质会变差，图像的保真度降低。通过对图像数字水印算法进行进一步的研究，发现人类视觉模型的引入可解决使用基于矢量量化的图像数字水印嵌入算法对图像保真度造成的影响[7]。

如图 4-2 所示，UCL 水印信息被嵌入图像并被还原为空域图像后，本节设计的水印系统采用消息认证码加密(cypher-based message authentication code，CMAC)算法将版权信息处理并加入图像。虽不能根据认证码计算版权信息，但可用版权信息计算认证码，故只需把由 CMAC 算法处理得到的验证码加入图像。CMAC 算法使用的密钥(长度为 56 位的 01 序列)通过安全的途径送到接收端。因为消息验证码定长且不能被反向破解，只有通过密钥才可以得到验证码的内容，所以用此方法可以减小嵌入量，增加嵌入信息的安全性。

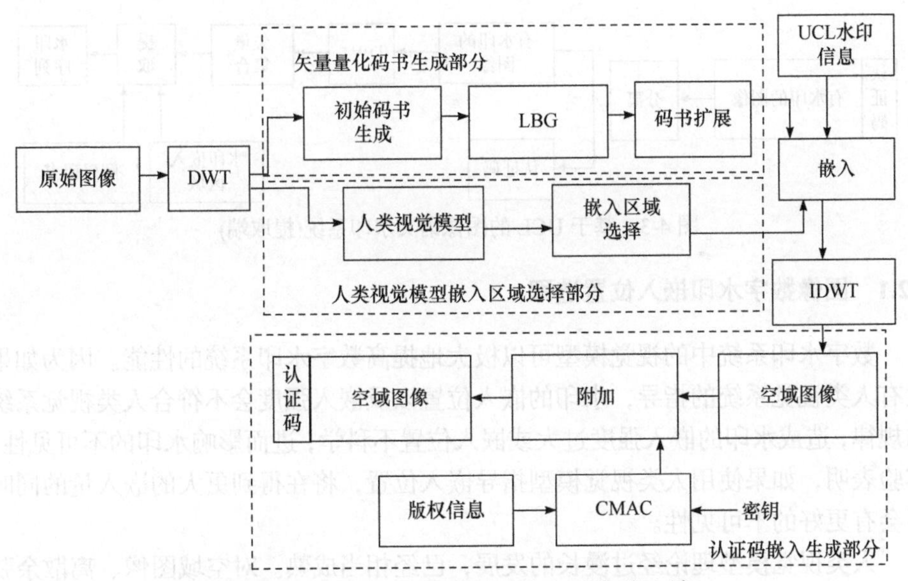

图 4-2　基于 UCL 的图像语义水印系统(嵌入端)

基于 UCL 的图像语义水印系统嵌入部分的框图如图 4-2 所示。嵌入端系统主要分为三部分：矢量量化码书生成部分、人类视觉模型嵌入区域选择部分以及认证码嵌入生成部分。嵌入端具体实施方法如下：①将原始图像采用二维离散小波变换(discrete wavelet transform，DWT)得到小波域的图像，并用此小波域的图像生成训练矢量集；根据训练矢量集生成初始码书 C'，使用 LBG(Linde-Buzo-Gray)算法处理初始码书C'生成码书C；使用提出的扩展算法将码书C扩展为参考码书C_0、C_1；在小波域图像中利用人类视觉系统(human visual system，HVS)模型选择小波域适合嵌入水印的区域，即适合被量化的矢量；利用码书C_0、C_1将水印信息(默认为 01 序列)嵌入选定的区域，即将选定的矢量使用码书C_0、C_1量化，未被量化的区域保持不变，得到嵌入水印信息的域图像；用离散小波逆变换(inverse discrete wavelet transform，IDWT)将嵌入水印的小波域图像还原为空域图像；将版权信息使用 CMAC 算法，用密钥加密，得到版权信息的消息认证码，将该认证码附加到图像文件的外部即可得到最终的图像。

基于 UCL 的图像语义水印系统提取部分的框图如图 4-3 所示，主要分为两部分，即水印提取部分和认证码提取部分。认证码提取部分即将版权信息的认证码从最终的图像文件分离，得到认证码和有水印的图像两个文件。水印提取部分步骤为：按照水印嵌入端的相同方法得到接收端参考码书C_0'、C_1'；通过小波域适合嵌入水印的区域得到载有水印的矢量；通过C_0'、C_1'和载有水印的矢量得到水印序列。

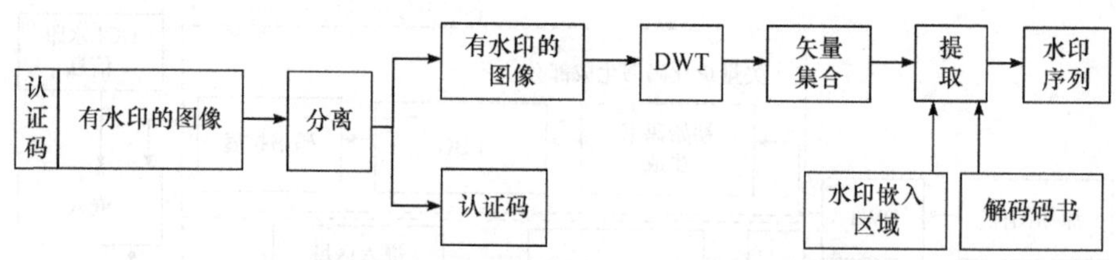

图 4-3　基于 UCL 的图像语义水印系统(提取端)

4.2.1　图像数字水印嵌入位置选取

数字水印系统中的视觉模型可以极大地提高数字水印系统的性能。因为如果没有人类视觉系统的指导，水印的嵌入位置以及嵌入强度会不符合人类视觉系统的规律，造成水印的嵌入强度过大或嵌入位置不科学，进而影响水印的不可见性。实验表明，如果使用人类视觉模型指导嵌入位置，将在得到更大的嵌入量的同时还会有更好的不可见性。

人类视觉模型理论经过漫长的发展，已经相当成熟。对空域图像、离散余弦变换(discrete cosine transform，DCT)域图像、DWT 域图像都有相应的模型计算任意一点的最小可觉差(just noticeable difference，JND)值。依靠 JND 值，可以计算出对应区域或点的嵌入强度或适合嵌入的位置。虽然发展时间很长，但是对视觉模型的研究是一门本质上属于统计性质的科学，至今视觉模型仍没有统一的标准。值得庆幸的是，尽管没有统一的标准，但是可以利用视觉模型理论的另一个功能，即评价图像的质量来判断嵌入量或嵌入位置是否合适。

当前因特网上最主流的图像格式有 BMP、JPEG、JPEG2000、GIF 等。BMP 格式图像是 Windows 中应用较多的一种图像格式，但是因其存在于空域，占用的存储空间大，所以一般不被用于网络传输。而 JPEG 格式是产生于 20 世纪的图像格式，其可以以较高的压缩率进行压缩的同时保持图像的原貌，故很适合在网络上传输，所以现在网络上最主要的图像格式都是 JPEG 格式。JPEG2000 格式则是 JPEG 格式的改进版本，在具有 JPEG 优点的同时，JPEG2000 还可以引进感兴趣区域(region of interest，ROI)的选择等很多吸引人的功能。GIF 格式的图像具有“占地小、效果好”的特点，在当今网络上随处可见。但 GIF 格式的图像最大的缺点就是只可以表现 256 色以内的图像，超过了 256 色就无能为力了。

因为研究对象是网络中的图像，而要保护的对象大多有较高的分辨率或较多的色彩，故向 JPEG 或 JPEG2000 格式的图像中嵌入水印是研究的重点。因 JPEG2000 的优秀特性，故选择 JPEG2000 作为主要的研究对象。JPEG 与 JPEG2000 最大的区别在于前者在 DCT 域压缩，后者在 DWT 域压缩。在 DCT 域嵌入水印信息容易造成“分块”的现象，即被嵌入水印的图像看起来像被打了马赛克一样。虽然可以通过使用某些方法消除分块现象，但是这将会带来嵌入量减少的缺点。为了比较空域、DCT 域和 DWT 域视觉模型计算得到水印嵌入区域的关系，本节对以上三个域中的视觉模型的代表算法进行对比实验。

1. 空域视觉模型

空域计算嵌入区域的模型选用的是文献[8]中的对图像质量的评价方法。如前所述，人类视觉系统模型对图像做出评价时需要几个基本参数。文献[9]所用到的参数是平均亮度、平均信息熵、平均对比度。对参数加权，可得空域中每个点对应的数值，数值的大小代表可以被改变的强度的大小。根据需要嵌入水印的比特数可以确定一个阈值，在此阈值以上的点被选择为嵌入点。图 4-4 为此算法计算的嵌入水印比特数值在 10000 时的嵌入点分布图。由图可知，此算法比较注重对图像边缘的提取，图像边缘的特性是比较容易受到攻击和破坏的，但是可以嵌入的信息量大，因此一般不用来当成嵌入位置。

2. DCT 域视觉模型

DCT 域水印嵌入位置的计算算法选用的是文献[10]中对 JPEG 图像压缩时用来减小量化误差的方法。此方法的发明者 A.B.Watson 对人类视觉模型的研究做出了突出的贡献。与空域中计算压缩位置的算法类似，此算法中也要用到亮度、对比度等因素。但是因为此算法的初衷是用来帮助 JPEG 图像压缩时减小优化量化误差，所以是在 DCT 域计算的。将原始图像分割成 N 个 8×8 的小块后，分别将

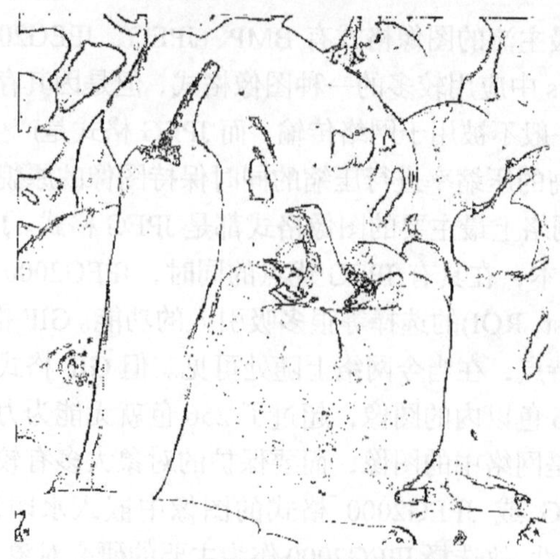

图 4-4 空域视觉模型计算结果

这 N 个小块用离散余弦变换映射到 DCT 域，再开始计算。图 4-5 为计算结果映射到空域的图像。与用空域算法得到的结果大不相同，DCT 域算法得到的嵌入位置中包括很多非图像边缘的点。

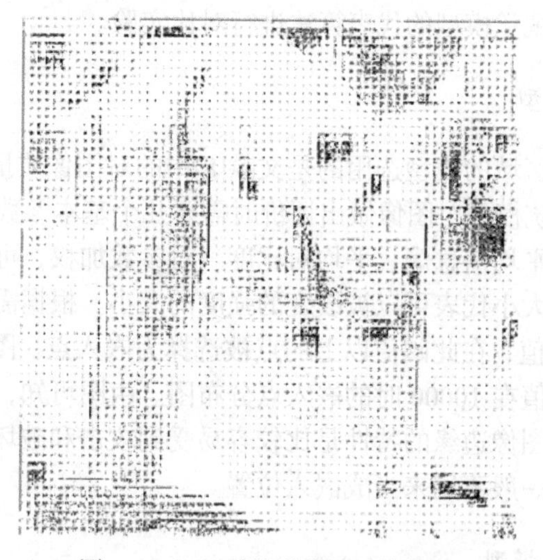

图 4-5 DCT 域视觉模型计算结果

3. DWT 域视觉模型

DWT 域水印嵌入位置的计算算法选用的是文献[11]中计算 DWT 域中每个点 JND 值的算法。不同于在 DCT 域中的每个小块内分别计算嵌入位置的算法，DWT 域的算法首先将整个图像分为小波域数据块(HH、HL、LH、LL)，然后在各个数据块对其进行分析计算。由于 DWT 域算法可以兼顾到宏观的整体图像某个区域的 JND 值和微观的每个点的 JND 值，所以计算得到的结果优于 DCT 域结果和空域结果。图 4-6 显示了 DWT 域算法得到的适合嵌入水印的区域。与前两个例子相同，图 4-6 显示的也是水印嵌入量为 10000bit 时的嵌入点。

图 4-6　DWT 域视觉模型计算结果

为了对比分析不同视觉模型应用于水印嵌入选取嵌入点时的效果，对空域、DCT 域和 DWT 域的视觉模型算法进行了对比实验分析。所选择的嵌入图像为“baboon.tif”，水印的嵌入量为 10000bit 的随机 01 序列，实验平台为 MATLAB 2010b。为了对嵌入水印的效果以及最终效果有更为直观的了解，将大小为 100 × 100 的黑白图像转化为 01 水印序列。图 4-7 为“baboon.tif”的原图和水印信息的原图。

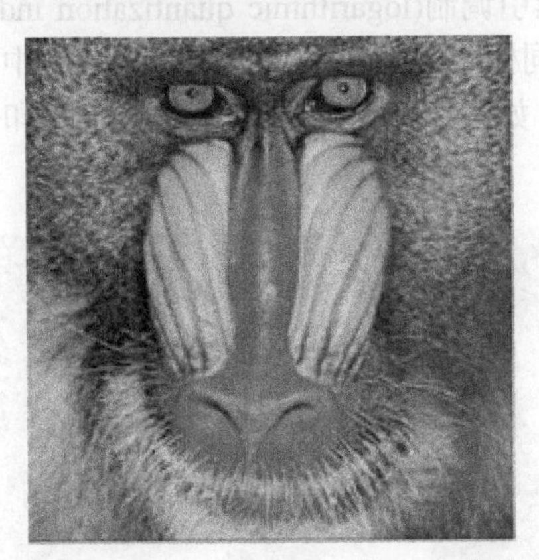

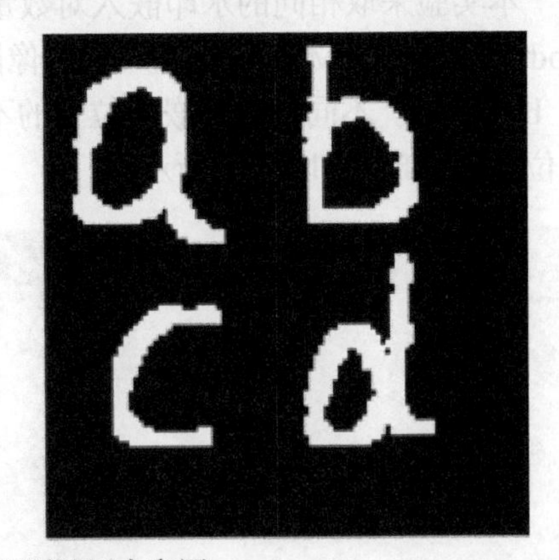

图 4-7　实验用原图和测试用水印图

被比较的三个视觉模型处于不同的域中，所以计算得到的结果不能横向比较。本节采取的实验方法是使用不同的水印嵌入算法，分别在空域、DCT 域、DWT 域得到对应域中每个点的权重，分别将各自权重组成的图像逆转化到空域，最后在空域中统一选择嵌入的位置。比较过程中水印的嵌入方法是相同的，唯一不同的是嵌入的位置。完成嵌入后比较三种嵌入方法对峰值信噪比(peak signal-to-noise ratio，PSNR)的影响。

图 4-8 是三种嵌入算法的嵌入位置换算到空域的比较图。很容易可以看出，因为 DCT 域的计算方法是在将图像分别分块后得到的，所以 DCT 域算法得到适合嵌入的位置遍布全图。很明显这是不可行的，因为如果把水印信息按照此分布嵌入图像中，将得到与随机嵌入相似的效果。此时实际上不适合嵌入水印的点也会被嵌入水印信息，所以不可行。相比之下，空域算法和 DWT 域算法是计算的全局最优值而不是局部最优值。但是由于算法不同，DWT 域算法得到的嵌入位置大致上是空域算法得到的不适合嵌入的位置。下面将验证在不可见性方面哪种算法更适合用来选择嵌入位置。

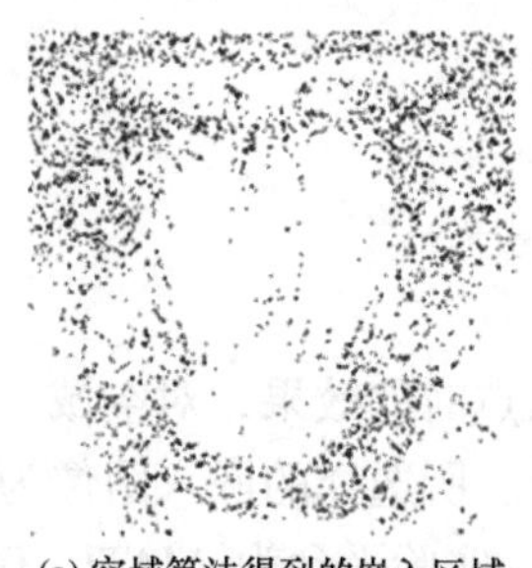

(a) 空域算法得到的嵌入区域

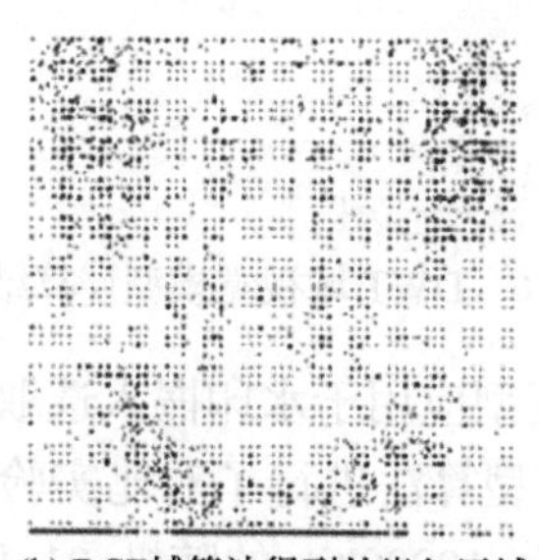

(b) DCT域算法得到的嵌入区域

(c) DWT域算法得到的嵌入区域

图 4-8　不同算法得到的嵌入位置比较

本实验采取相同的水印嵌入对数量化索引调制(logarithmic quantization index modulation，LQIM)算法对同一幅图像嵌入同样比特数目的水印信息(图 4-7 中的 a、b、c、d)。不同的只有嵌入位置的不同，如图 4-9 所示。最终得到不同水印嵌入位置的 PSNR 如表 4-4 所示。

(a) 空域算法得到的嵌入区域嵌入效果

(b) DCT域算法得到的嵌入区域嵌入效果

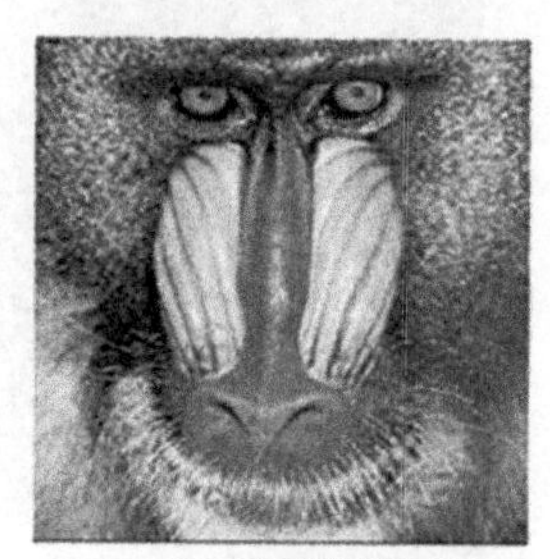

(c) DWT域算法得到的嵌入区域嵌入效果

图 4-9　水印嵌入不同位置的图像比较

表 4-4　水印嵌入不同位置所得 PSNR 比较　(单位：dB)

项目	嵌入空域算法计算所得位置	嵌入 DCT 域算法计算所得位置	嵌入 DWT 域算法计算所得位置
PSNR	46.1601	47.9187	49.1419

PSNR 是计算图像保真度的一种算法，通过计算嵌有水印图像与原图之间的区别得到。PSNR 值越大，区别图像的保真度越高，嵌有水印图像与原图像的差别越小，嵌入水印算法的不可见性越好。但是 PSNR 不是绝对准确，会对某些情况错误判断。丰明坤[12]、岳桢等[13]的研究表明，不小于 40dB 的 PSNR 说明载有水印的图像在很大概率上与原图视觉上相似。

在研究图像嵌入位置对图像水印不可见性影响的同时，还对图像水印的嵌入位置与水印鲁棒性之间的关系进行了实验及分析。图 4-10 是图 4-9 中的三幅图像经过不同幅度的幅值攻击后的效果。图 4-10 中第一行为用 LQIM 算法将带有 a～d 的水印图像嵌入空域算法得到嵌入位置后的图像分别遭受强度为 0.2、1.5、2 的幅值攻击后的图像；第二行为用 LQIM 算法将带有 a～d 的水印图像嵌入 DCT 域算法得到嵌入位置后的图像分别遭受强度为 0.2、1.5、2 的幅值攻击后的图像；第三行为用 LQIM 算法将带有 a～d 的水印图像嵌入 DWT 域算法得到嵌入位置后的图像分别遭受强度为 0.2、1.5、2 的幅值攻击后的图像。图 4-10 中 9 幅图中提取到水印信息的正确率如表 4-5 所示。

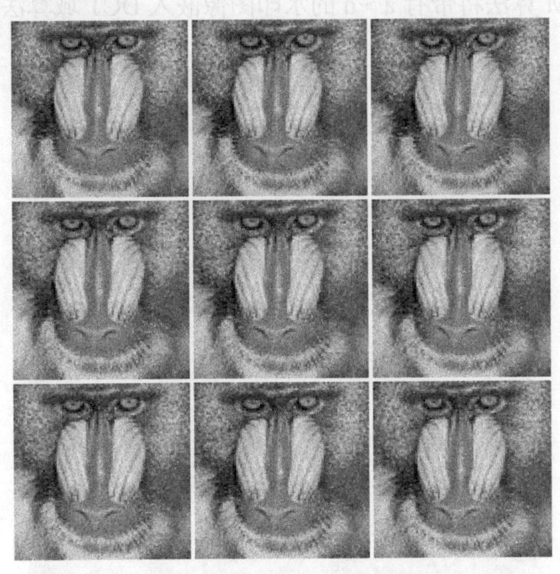

图 4-10　嵌有水印图像遭受不同程度幅值攻击比较

表 4-5 不同强度幅值攻击下水印的错误率

嵌入域	攻击强度幅值		
	0.2	1.5	2
空域	0	0	0
DCT 域	0.0724	0.0796	0.0004
DWT 域	0.0692	0.0692	0

表 4-5 中每个位置的数值表示图 4-10 中对应位置的水印图像提取出的水印信息的错误率。如第二行第三列的 0.0004 表示图 4-10 中第二行第三列提取出水印信息的错误率。

由表 4-5 可以看出：嵌入由空域计算得到的位置的水印对幅值攻击有较强的抵抗力，其错误率均为 0；嵌入由 DCT 域计算得到的位置的水印对幅值攻击有一般强度的抵抗力，虽然不及空域嵌入位置所得效果好，但依然不错；嵌入由 DWT 域计算得到的位置的水印对幅值攻击有很好的抵抗力，其错误率均低于 0.07。

在空域计算所得嵌入位置嵌入水印所得水印图像对幅值攻击有最好的抵抗力，因为空域算法得到的多为图像的边缘区域。图像边缘区域的值一般比其相邻区域大，在幅值攻击时受到的损失相对较小，所以错误率低。

图 4-11 中第一行为用 LQIM 算法将带有 a～d 的水印图像嵌入空域算法得到嵌入位置后的图像分别遭受强度为 0.002、0.01、0.07 的椒盐噪声攻击后的图像；第二行为用 LQIM 算法将带有 a～d 的水印图像嵌入 DCT 域算法得到嵌入位置后

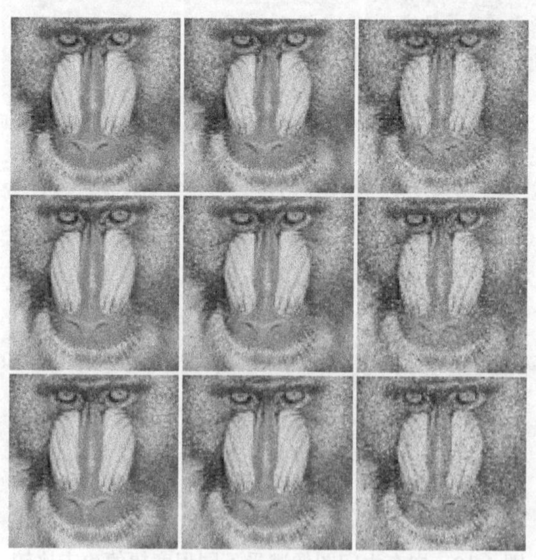

图 4-11 嵌有水印图像遭受不同程度椒盐噪声攻击比较

的图像分别遭受强度为 0.002、0.01、0.07 的椒盐噪声攻击后的图像；第三行为用 LQIM 算法将带有 a～d 的水印图像嵌入 DWT 域算法得到嵌入位置后的图像分别遭受强度为 0.002、0.01、0.07 的椒盐噪声攻击后的图像。

图 4-12(a)为由图 4-11 中第一行第三列图像提取出的水印信息；图 4-12(b)为由图 4-11 中第二行第三列图像提取出的水印信息；图 4-12(c)为由图 4-11 中第三行第三列图像提取出的水印信息。直观来看，图 4-12 表示对各种嵌入位置选取方法对椒盐噪声攻击几乎都没有抵抗力；深入分析图 4-12 可知，此三种嵌入位置选取方法对椒盐噪声攻击错误率几乎相同的原因是 LQIM 算法对椒盐噪声攻击的抵抗力较差，而椒盐噪声的攻击方式是使图像被攻击点幅值或为 0，或为 255。

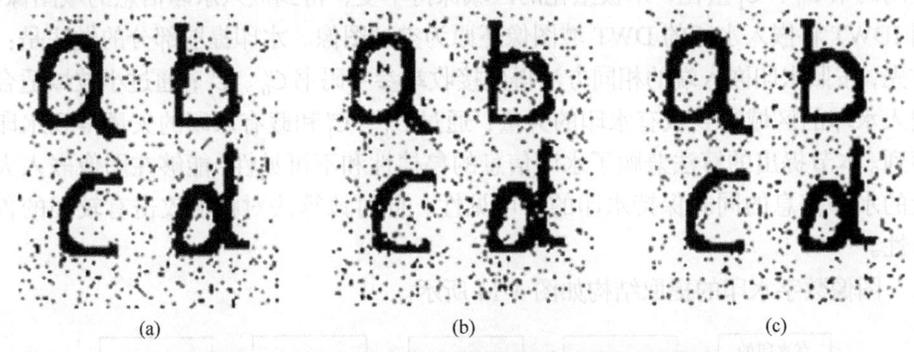

(a)　(b)　(c)

图 4-12　由图 4-11 第三列图像提取得到的水印信息

本书还对高斯白噪声攻击、旋转攻击、JPEG 压缩攻击做了类似的实验，实验结果均表明嵌入区域的选择与图像的鲁棒性没有关系。与图像鲁棒性关系最大的因素是嵌入的方式，但是水印的嵌入位置会对其不可见性影响较大。

4.2.2　基于矢量量化的图像数字水印算法

本节提出基于矢量量化的图像数字水印算法，此算法可在图像中嵌入大量水印信息的同时保持水印信息的不可见性及鲁棒性。水印信息可以是载体图像的版权信息或对载体图像的描述信息。利用载体图像中的水印信息，网络监管者可轻松地实施对图像的监管，网络用户可轻松准确地找到想要的目标图像。

1. 算法描述

图像数字水印的嵌入系统框架如图 4-13 所示。

首先将原始图像采用 DWT 得到小波域的图像，并用此小波域的图像生成训练矢量集；根据训练矢量集生成初始码书 C'，使用 LBG 算法[14]处理初始码书 C' 生成码书 C；使用本书提出的扩展算法将码书 C 扩展为参考码书 C_0、C_1；在小波域图像中利用 HVS 模型选择小波域适合嵌入水印的区域，即适合被量化的矢量；

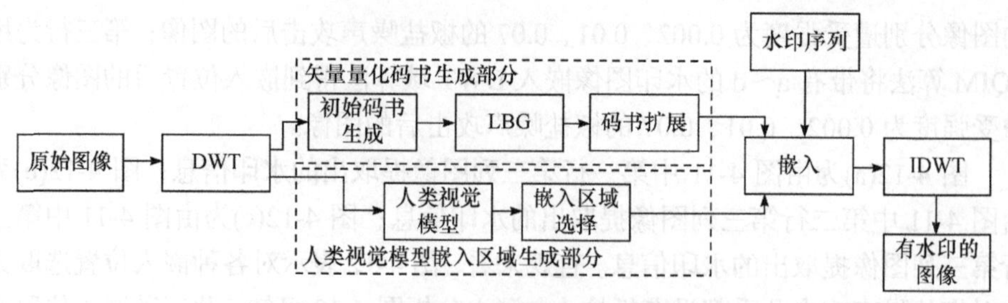

图 4-13 图像数字水印嵌入系统框架图

利用码书 C_0、C_1 将水印信息(默认为 01 序列)嵌入选定的区域，即将选定的矢量使用码书 C_0、C_1 量化，未被量化的区域保持不变，得到嵌入水印信息的域图像；用 IDWT 将嵌入水印的 DWT 域图像还原为空域图像。水印提取部分的做法是：首先，按照水印嵌入端的相同方法得到接收端参考码书 C_0'、C_1'；通过小波域适合嵌入水印的区域得到载有水印的矢量；通过 C_0'、C_1' 和载有水印的矢量得到水印序列。本节提出的算法兼顾了水印信息的鲁棒性和不可见性，能够在图像嵌入大量的水印信息的同时保持水印的不可见性，同时该算法对幅值攻击有较强的鲁棒性。

图像数字水印的提取结构如图 4-14 所示。

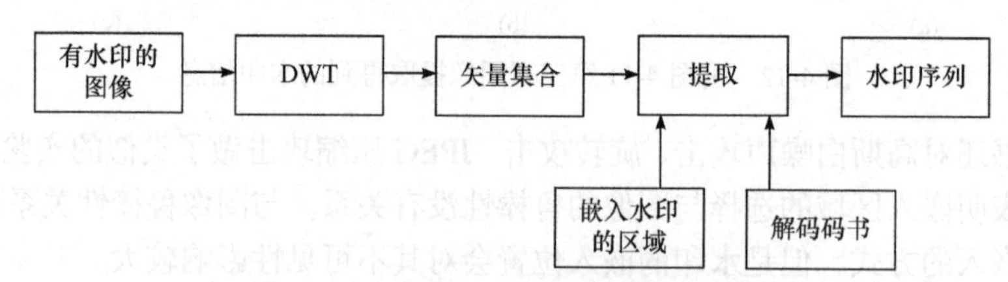

图 4-14 图像数字水印提取系统框架图

接收端接收到由发送端发出有水印图像的同时，也会接收到水印序列的嵌入位置。通过使用与发送端相同的方法得到扩展码书 C_0'、C_1' 后，接收端即可通过水印序列的嵌入位置得到被量化的向量。将载有水印信息的矢量通过与接收端的扩展码书 C_0'、C_1' 对比后即可得到水印序列。

2. 水印嵌入算法

1) 扩展码书的生成

本节提出的数字水印嵌入算法需要使用两个不同的码书量化选中的矢量，以使水印信息嵌入图像中。水印信息嵌入图像后可以被网络监管者用来监管网络流量，使用者寻找想要的图像数据。为了方便说明，采用图像 Lena(图 4-15)作为例子。图像 Lena 为一幅尺寸为 512×512 的 256 阶灰度图像。码书生成步骤如下。

图 4-15　实验用图像 Lena

将原始图像采用离散小波变换得到小波域的图像。采用的小波为 DB1 小波，经过变换后得到的图像如图 4-16 所示，各个区域所代表的成分如图 4-17 所示。其中 HL1、LH1、HH1 的尺寸为 256×256，LL2、HL2、LH2、HH2 的尺寸为 128×128。

图 4-16　经过两级小波分解的 Lena 图像

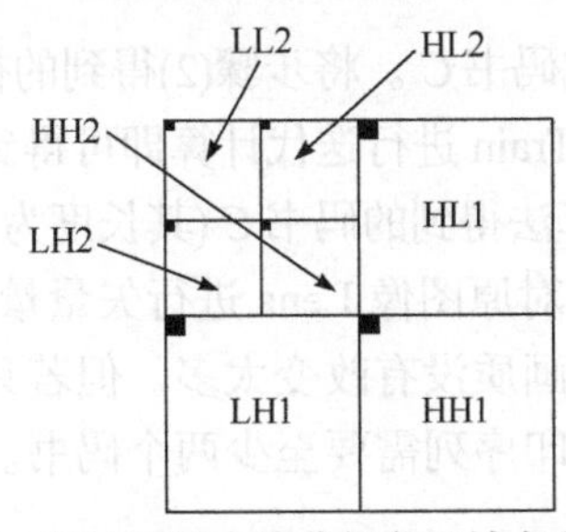

图 4-17　经过两级小波分解各区域名称示意图

(1) 采用小波域的图像生成训练矢量集 Train，因为小波区域 LL2 的每个点在另外六个小波区域中都有对应的点，所以生成的训练矢量集 Train 中矢量 x_i 是一个 16 维的向量，具体的生成训练矢量集 Train 中矢量 x_i 的方法为：取 LL2 中的一个点为 $x_i(1)$；HL2 中对应的一个点为 $x_i(2)$；LH2 中对应的一个点为 $x_i(3)$；HH2 中对应的一个点为 $x_i(4)$；HL1 中对应的四个点为 $x_i(5)$、$x_i(6)$、$x_i(7)$、$x_i(8)$；LH1 中对应的四个点为 $x_i(9)$、$x_i(10)$、$x_i(11)$、$x_i(12)$；HH1 中对应的四个点为 $x_i(13)$、$x_i(14)$、$x_i(15)$、$x_i(16)$。由此步可知，若 LL2 的尺寸为 length、width，则 Train 中 x_i 的个数为 $\text{length} \times \text{width}$，即 $0 \leqslant i \leqslant \text{length} \times \text{width} - 1$。

(2) 根据训练矢量集生成初始码书 C'。由于初始码书的好坏很大程度上可以影响 LBG 算法生成码书的效率和生成的码书的性能，初始码书的生成方法非常重要。初始码书生成的具体步骤如下。

① 设定阈值 T_0 和浮动值 α，令 $k = 0$，$n = 1$。

② 求 Train 的质心矢量 cent，$\text{cent} = 1/(\text{length} \times \text{width}) \times \sum_{i=0}^{\text{length}\times\text{width}-1} x_i$。

③ 计算 Train 中矢量 x_i 与 cent 的距离 $d_i(x_i, \text{cent})$，并找到其最大值 $d_{\max} = \left\{d_j(x_j, \text{cent}) \mid \forall i \in [0, \text{length} \times \text{width} - 1], d_j(x_j, \text{cent}) > d_i(x_j, \text{cent})\right\}$，判断：若 $d_{\max} > T_0$，则令 $Y = x_{\max}$，转入步骤④；若 $d_{\max} \leqslant T_0$，则转入⑥。

④ 在 Train 中找到所有与 Y 距离小于或等于 T_0 的矢量，构成矢量集 M_n，若 $\|M_n\| > 3$（$\|M_n\|$ 表示 M_n 中所含矢量的个数），则转入⑤；若 $\|M_n\| \leqslant 3$，则令 $k = k + 1$，$T_0 = (1 + k_a)T_0$，继续在步骤④循环。

⑤ 从矢量集 Train 中去掉 M_n 部分，得到新矢量集 Train，即 $\text{Train} = \text{Train} - M_n$，令 $n = n + 1$，$k = 0$，转入步骤②。

⑥ 分别计算小矢量集 $M_1, M_2, \cdots, M_{n-1}$ 的质心，得到矢量集 $\{y_1, y_2, \cdots, y_{n-1}\}$，再加上 cent，即构成了初始码书 $C' = \{y_1, y_2, \cdots, y_{n-1}, \text{cent}\}$，码书长度为 $N = n$。

此初始码书生成算法的复杂度仅相当于进行了一次 LBG 迭代运算，但此码书会使 LBG 算法的迭代次数大为减少，并且最终得到的码书也比初始码书为随机向量时性能更优越。

(3) 使用 LBG 算法生成码书 C。将步骤(2)得到的初始码书 C' 作为 LBG 算法的初始码书，对训练矢量集 Train 进行迭代计算即可得到码书 C。LBG 算法已是比较成熟的算法，故由 LBG 算法得到的码书 C（其长度为 N）具有较好的性能。

若用此步生成的码书 C 对原图像 Lena 进行矢量量化，则可得到较好的效果，即图像的比特数会减小但是画质没有改变太多。但若只用此码书，则无法向原始图像嵌入水印，因为嵌入水印序列需要至少两个码书。

(4) 使用扩展算法将码书C扩展为C_0、C_1。若简单地将C通过加减常数Ω的方法扩展为码书$C_{1\text{plus}} = C + \Omega$，$C_{0\text{minus}} = C - \Omega$，使用$C_{1\text{plus}}$、$C_{0\text{minus}}$将水印信息嵌入图像后，得到的水印信息将像一般的通过矢量量化嵌入图像的水印信息一样缺乏对幅值攻击的抵抗力。但本节提出的码书扩展方法得到的码书嵌入图像中的水印序列将对幅值攻击具有较好的鲁棒性。

(5) 码书C的扩展算法为本算法的关键，好的码书扩展算法可以使嵌入的水印信息鲁棒性高且不可见性好。任取码书C中的一个向量$C_i = \{C_i^1, C_i^2, \cdots, C_i^{16}\}$说明码书扩展的具体过程。如图4-18所示，将$C_i$中的元素映射到$xOy$平面中，如$C_i^1$映射到$(1, C_i^1)$。取$C_i^3$为例说明单个元素的扩展方法。如图4-19所示，设$(1, C_i^3)$与$(0,0)$连成的直线与$x$轴的夹角是$\varphi_{i3}$。则$(1, C_i^{31})$与$(0,0)$连成的直线与$x$轴的夹角为$\varphi_{i3} + \delta$；$(1, C_i^{30})$与$(0,0)$连成的直线与$x$轴的夹角为$\varphi_{i3} - \delta$。其中$\delta$为一个小的角度，$\delta$的大小会影响扩展码书的性能；$C_i^{31}$和$C_i^{30}$为$C_i^3$的扩展点。将码书$C$中每个向量的每个元素都按如上方法扩展即可得到两个码书C_0和C_1。C_0和C_1可用于通过量化矢量向图像中嵌入水印。

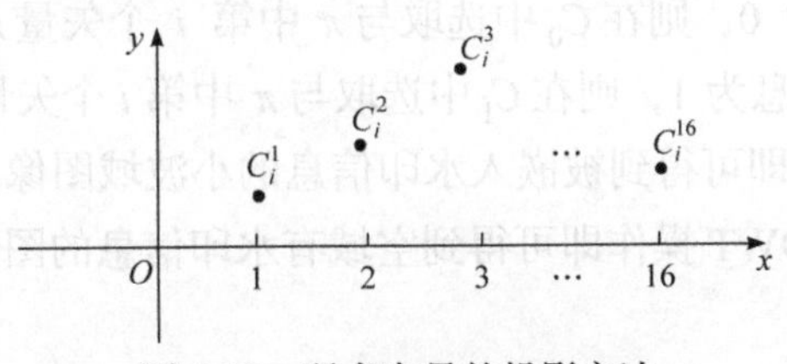

图4-18　码书向量的投影方法

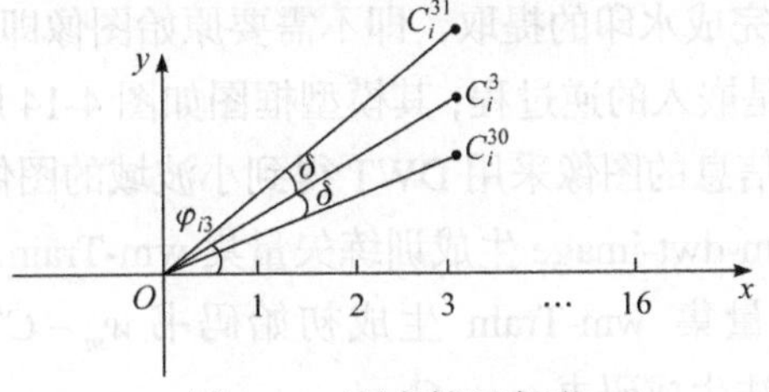

图4-19　码书扩展方法

2) 嵌入矢量集的选取

嵌入位置的选取是文献“JPEG2000 encoding with perceptual distortion control”(带有视觉失真控制的 JPEG2000 编码)中提到的视觉模型(后面将此模型称为Watson模型)实现的。利用Watson模型可计算得到小波域中每个点的JND值。某个点的JND值的意思是若在此点改变的绝对值大于JND值，则由于改变造成的对图像的影响即可被肉眼发觉。嵌入位置选取的具体方法如下。

(1) 假设 Q 为需要被嵌入的水印信息是一串 01 序列的长度。定义浮动值 β，令 $r=0$。

(2) 设在小波域 HL1 区域点 (i, j) 的 JND 值可表示为 $\mathrm{JND}_{\mathrm{HL}_1}^{i,j}$，则小波域七个区域中每个点的 JND 值都可通过 Watson 模型计算出来。

(3) 计算每个区域 JND 值的平均值，记 HL1 区域的 JND 值的平均值为 $\mathrm{ave}_{\mathrm{HL1}}$，其余的区域以此类推。

(4) 选取 Train 中每个点 JND 值都大于其所在区域平均值的向量即适合被量化的矢量，记这些符合要求的矢量构成集合 π，其中的矢量可记为 π_i，π 中向量的个数为 P。

(5) 若 $Q>P$，则令 $r=r+1$，$\mathrm{ave}_x=(1-r\beta)\mathrm{ave}_x$，转至(4)；若 $Q<P$ 且 $P-Q>P/5$，则令 $r=r+1$，$\mathrm{ave}_x=(1+r\beta)\mathrm{ave}_x$，转至(4)；若 $Q<P$ 且 $P-Q\leqslant P/5$，则转至(6)。本步骤中 ave_x 代表小波域 HL1、HH1 等区域的 JND 值的均值。

(6) 输出此时符合要求的 π。

利用前面步骤得到 C_0、C_1，即可根据 01 水印序列对 π 中的矢量进行量化。若第 i 位水印信息为 0，则在 C_0 中选取与 π 中第 i 个矢量 π_i 最接近的矢量替换 π_i；若第 i 位水印信息为 1，则在 C_1 中选取与 π 中第 i 个矢量 π_i 最接近的矢量替换 π_i。此步结束后，即可得到被嵌入水印信息的小波域图像。将被嵌入水印信息的小波域图像进行 IDWT 操作即可得到空域有水印信息的图像。

3. 水印提取算法

利用盲水印算法完成水印的提取，即不需要原始图像即可检测出数字水印信息。水印的提取过程是嵌入的逆过程，其模型框图如图 4-14 所示，提取过程如下。

(1) 将载有水印信息的图像采用 DWT 得到小波域的图像 wm-dwt-image，并用此小波域的图像 wm-dwt-image 生成训练矢量集 wm-Train。

(2) 根据训练矢量集 wm-Train 生成初始码书 w_m-C'，并用此初始码书 w_m-C' 使用 LBG 算法生成码书 w_m-C。

(3) 使用本章提出的扩展算法将码书 w_m-C 扩展为 w_m-C_0、w_m-C_1。

(4) 使用由发送端发送给接收端的适合嵌入水印向量的位置信息得到载有水印的向量集合 ϕ，ϕ 中第 i 个向量记为 ϕ_i。

(5) 将 ϕ 中的向量与 w_m-C_0、w_m-C_1 中的向量分别比较，得到水印序列。得到水印序列第 i 位的具体方法如下：

① 计算 ϕ_i 与 w_m-C_0 中最近矢量的欧几里得距离，记为 d_{i0}；

② 计算 ϕ_i 与 w_m-C_1 中最近矢量的欧几里得距离，记为 d_{i1}；

③ 若 $d_{i0} > d_{i1}$，则水印序列的第 i 位为 1，反之为 0。

4. 关键子算法分析

本算法包括载体向量的选取、初始码书的选取、嵌入位置的选取、参考码书的生成、嵌入码书的生成以及水印的提取。任何一个过程中算法的改变都会影响到最终算法的鲁棒性、不可见性以及算法的效率等问题。本部分分别对载体向量的选取、初始码书的选取即码书的生成、嵌入码书的扩展通过实验验证和理论分析，以使系统达到最优。

1) 载体向量的选取

初始向量的选取有多种方法，但是总体来说可以分为：按某种规律选取和无规律地随机选取两类。本算法的目的是将图像的信息嵌入图像中，从而使图像易于被用户检索且使网络监管者很方便地鉴别图像的真伪，这里选取两种方法以做对比。如图 4-17 所示，图像被两级小波分解为七个区域(HL1、LH1、HH1、LL2、HL2、LH2、HH2)后，可以利用每个小波区的点都与 LL2 中的每个点分别对应的特性选择嵌入水印时用到的向量。

第一种向量(假设为向量 x_i)的具体选择方法为：选取小波区域 LL2 中的点为 $x_i(1)$；HL2 中对应的一个点为 $x_i(2)$；LH2 中对应的一个点为 $x_i(3)$；HH2 中对应的一个点为 $x_i(4)$；HL1 中对应的四个点为 $x_i(5)$、$x_i(6)$、$x_i(7)$、$x_i(8)$；LH1 中对应的四个点为 $x_i(9)$、$x_i(10)$、$x_i(11)$、$x_i(12)$；HH1 中对应的四个点为 $x_i(13)$、$x_i(14)$、$x_i(15)$、$x_i(16)$。其中 HL2、LH2、HH2 中与 LL2 中第 i 个点对应的位置为 $(\text{floor}(i/128),(i\%128))$，函数 floor 的作用是取小数的整数部分，运算符%是取余运算符；HL1、LH1、HH1 中与 LL2、HL2、LH2、HH2 中与 LL2 中第 i 个点对应的位置为 $(2\times\text{floor}(i/128),2\times(i\%128))$、$(2\times\text{floor}(i/128)-1,2\times(i\%128))$、$(2\times\text{floor}(i/128),2\times(i\%128)-1)$、$(2\times\text{floor}(i/128)-1,2\times(i\%128)-1)$。

第二种向量(假设为向量 x_i)选取方法为：选取小波区域 LL1 中的点为 $x_i(1)$；HL1 中对应的一个点为 $x_i(2)$；LH1 中对应的一个点为 $x_i(3)$；HH1 中对应的一个点为 $x_i(4)$。其中 HL1、LH1、HH1 中与 LL1 中第 i 个点对应的位置为 $(\text{floor}(i/128),(i\%128))$。

第二种向量选取方法与第一种选取方法类似，第一种方法进行了两级小波分解，第二种进行了一级小波分解。第一种选取方法涉及两级小波分解的各个区域，所以如果要使用此方法得到的向量实现水印嵌入的功能，势必会对图像中被嵌入水印的不可见性产生影响，此时水印的鲁棒性较强。因为水印嵌入每个向量中包括有各个区域中的分量，每个分量承担一部分被篡改的风险，所以当水印图像被篡改时，即使一部分的分量与原来不同，得到的结果在一定阈值内还是被判定为与原水印比特相同。根据小波理论，经过小波分解后的各个分量区域中分别承载了不同的能量分量。LL 域为低频域，图像的主要能量都集中在此区域，若此区域的数据遭到篡改，则图像失真会比较严重。LH 域、HL 域和 HH 域分别为图像中横向分量、纵向分量、斜向分量为主的区域。这三个区域虽然占图像的能量不及 LL 域多，但是这三个区域中的点映射到图像中的图形的边缘部分。因此，这三个区域中的点起到使图像更有层次感、更分明的效果。如果遭到锐化图像的攻击或模糊图像的攻击，那么这三个区域的数据就会受到较大的影响。

第二种选取方法与第一种选取方法不同的地方在于第二种选取方法仅仅通过一级小波分解就选取初始向量。这种选取方法的好处除了比第一种方法更易实现，还可以极大地增强水印信息的不可见性。与此同时，水印信息的鲁棒性也被减弱。如前所述，水印向量信息此时仅被分别由四个小波区域选择的四个分量组成的向量集合所携带，所以若某个分量遭受篡改，则其损失比方法一要大。

以下几个实验为使用第二种向量的选取方法(载体向量的维度为四维)、最优码书生成算法以及最优码书扩展算法、最优码书提取算法的实验结果。图 4-20 为载有水印图像受到强度在[0.5,1.5]的幅值攻击时的错误率。若攻击的强度为 1.5，则原图像每个点的幅值会被乘以 1.5，如果某点被攻击后幅值大于 255，则令其为 255。很容易看到，只有在攻击强度为 1 附近时错误率才接近零值。如前所述，幅值攻击对载体向量有较强的影响。受幅值攻击影响最严重的当属载体向量的第一维度，同时第二、三、四维度也会受影响。

图 4-21 为载体向量的数值分别投影到 xOy 平面时的图像。例如，载体向量 x_i 的四个维度的分量分别为 $x_i(1)$ 、 $x_i(2)$ 、 $x_i(3)$ 、 $x_i(4)$ ，则这四个点分别将被映射到 $(1,x_i(1))$ 、 $(2,x_i(2))$ 、 $(3,x_i(3))$ 、 $(4,x_i(4))$ 。四个维度的均值分别为 240.4328、−0.3256、−0.3336 和−0.0043；幅值的平方和的均值分别为 6.9152×10^4 、111.1277 、130.2660 、26.7228 。当遭受强度为 1.2 的幅值攻击后，第一维度分量的改变分比例的平均值可由 $\rho=(1/65536)\sum_{i=1}^{65536}(\text{abs}(x_i(1)-x_i(1)')/x_i(1))$ 得到数值为 37%。由以上数据易知，在遭受幅值攻击后错误率的第一维数据数值变化率极大，因此水印的错误率较高。

图 4-22 为载有水印的图像遭受椒盐噪声攻击时的错误率曲线，图 4-23 为载有水印的图像遭受高斯白噪声攻击时的错误率曲线，图 4-24 为载有水印图像遭受旋转攻击时的错误率曲线，图 4-25 为载有水印图像遭受 JPEG 压缩攻击时的错误

率曲线。与遭受幅值攻击时的情况类似，水印的错误率产生的直接原因是攻击导致的载有水印的向量各个维度的分量遭到修改，根本原因是水印信息的嵌入方式导致水印被嵌入后容易受到某种攻击的影响。例如，基于量化的水印嵌入算法容易受到幅值攻击的影响。因为基于量化的水印嵌入算法依靠修改原始载体图像在空域、频域或压缩域的幅值而嵌入水印的，所以当幅值攻击作用于这种水印时会产生较高的错误率。但是基于量化的水印嵌入算法的好处是嵌入量大，而且对其他攻击(如高斯噪声攻击、旋转攻击等)有较好的鲁棒性。

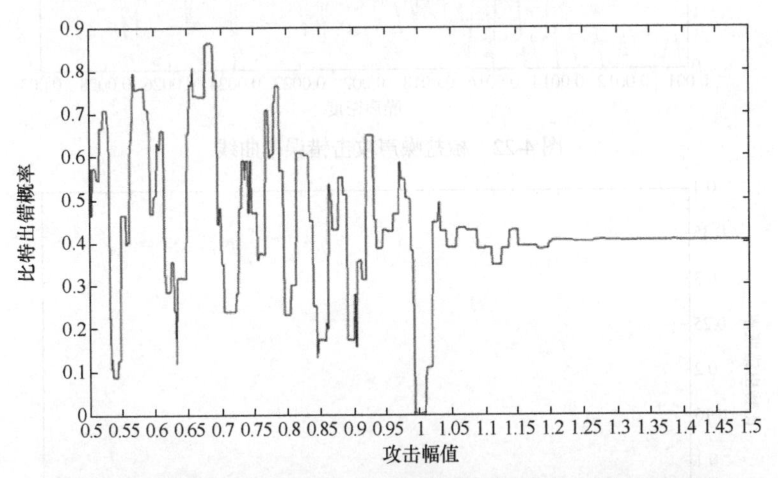

图 4-20　载体向量为四维度时水印图像遭受幅值攻击的错误率曲线

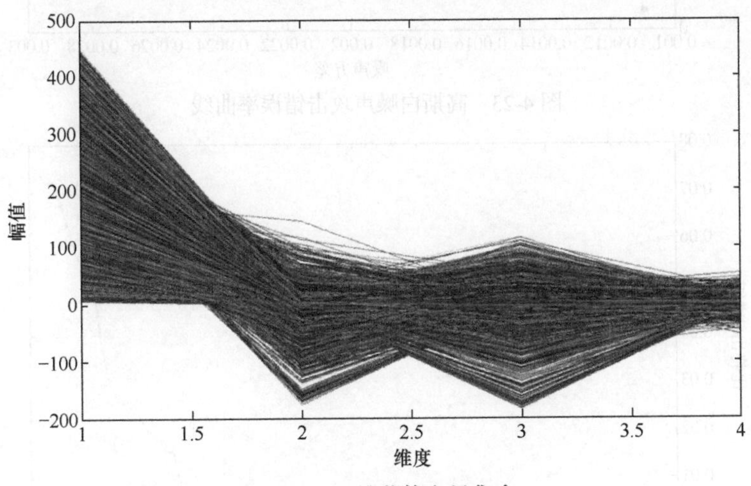

图 4-21　四维载体向量集合

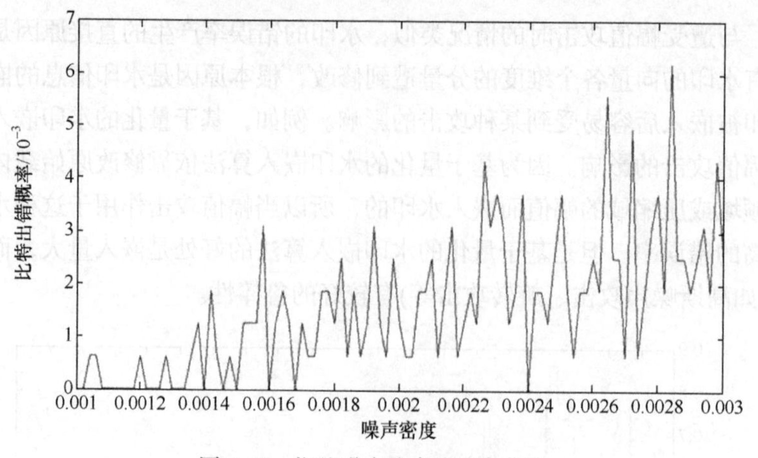

图 4-22　椒盐噪声攻击错误率曲线

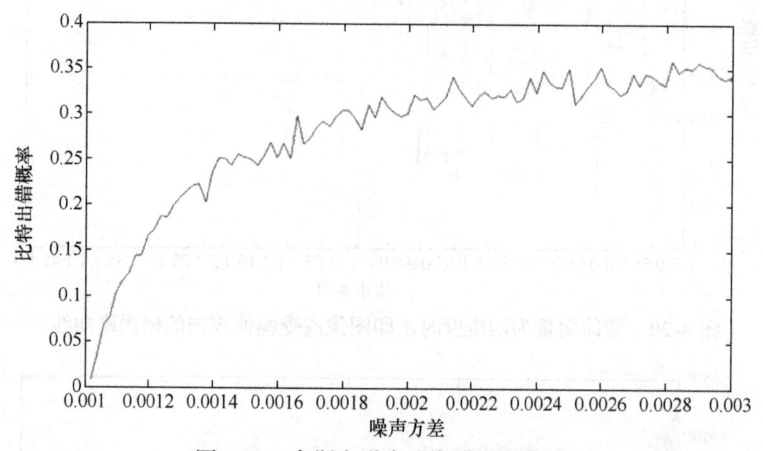

图 4-23　高斯白噪声攻击错误率曲线

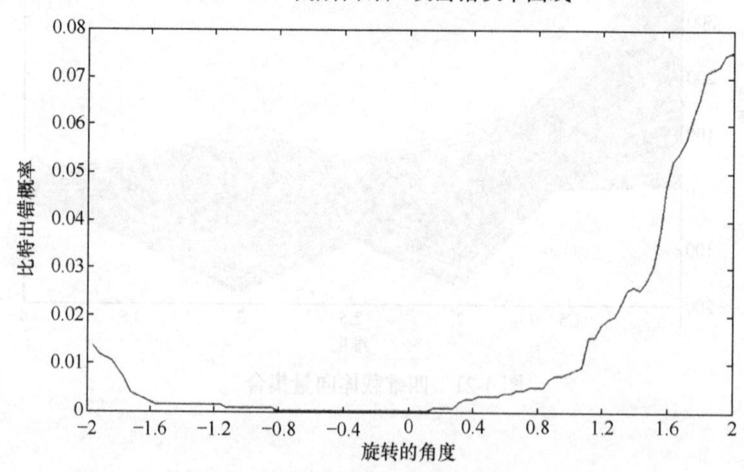

图 4-24　旋转攻击错误率曲线(旋转的角度为归一化值，下同)

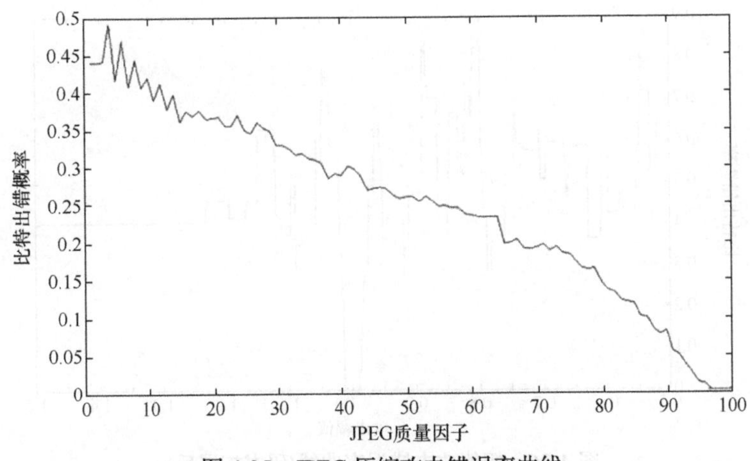

图 4-25　JPEG 压缩攻击错误率曲线

2) 初始码书选取即码书的生成

原始图像经过处理后即可得到一个矢量集合，假设此选取的集合为 Train。根据矢量量化理论，可直接将此训练集合 Train 作为输入的矢量集合，用 LBG 算法生成一个码书 C 。但是原始的 LBG 算法采用的迭代方法很大程度上依赖于初始码书的质量。假如使用随机矢量作为 LBG 算法的输入，尽管可以通过迭代得到结果，但是这个结果的生成将会消耗更多的时间而且生成结果性能较不稳定。

实验结果表明，使用随机生成的初始码书容易造成码书划分时的空腔现象，导致量化误差过大。

3) 嵌入码书的扩展

在经过将原始载体图像进行二级小波分解得到小波域图像，处理小波域图像得到 16 维训练向量集合，使用本节提出的算法得到初始码书，使用 LBG 算法处理初始码书与训练向量集合得到量化使用码书 C 后，需要使用码书扩展方法得到两个码书才可将水印序列通过量化嵌入图像中。水印信息嵌入的基本原理是使用两个不同的码书 C_0 、C_1 得到对同一个向量的两种不同表示。例如，水印信息 $\mathrm{WM}_i=1$，被选择到嵌入该水印的向量为 $x_i=(x_i^1,x_i^2,\cdots,x_i^{16})$，则嵌入水印信息的过程是：选择 C_1 (若 WM_i=0，则选择 C_0)中与 x_i 距离最接近的码书向量 C_{1j} ，然后用此向量替换原有的 x_i 即可。

比较典型的码书扩展方法为将原始的码书 C 加减某一常数以得到扩展后的码书 C_0 、C_1 。但是此方法的缺点是比本节提出的扩展方法鲁棒性差，优点是水印信息的不可见性略好于本章提出的码书扩展方法。图 4-26 为载有水印图像遭受幅值攻击时的错误率曲线，图 4-27 为载有水印图像遭受椒盐噪声攻击时的错误率曲线，图 4-28 为载有水印图像遭受高斯白噪声攻击时的错误率曲线，图 4-29 为载有水印图像遭受 JPEG 压缩攻击时的错误率曲线，图 4-30 为载有水印图像遭受旋转攻击时的错误率曲线。

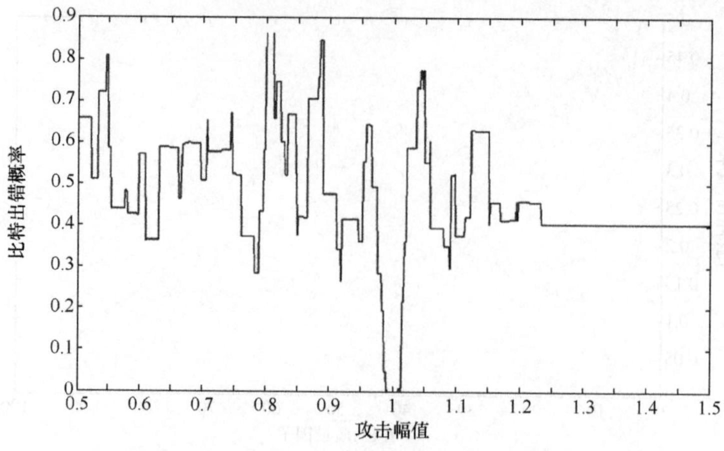

图 4-26　幅值攻击错误率曲线(码书扩展后)

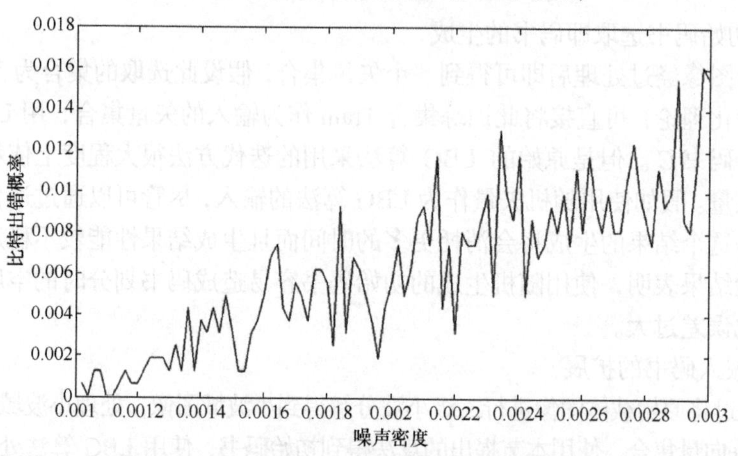

图 4-27　椒盐噪声攻击错误率曲线(码书扩展后)

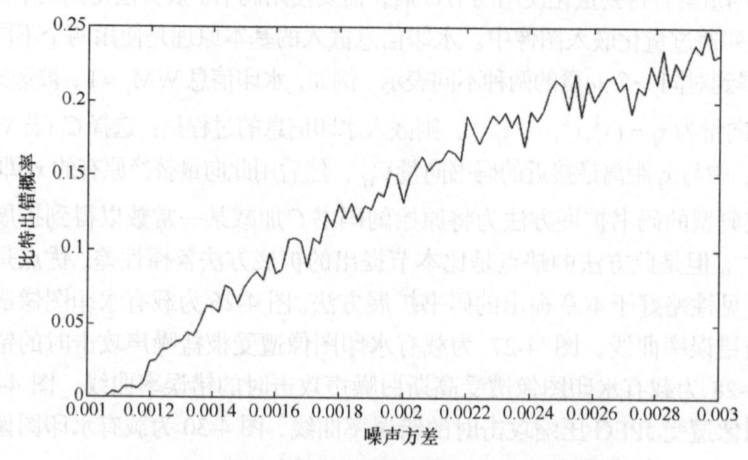

图 4-28　高斯白噪声攻击错误率曲线(码书扩展后)

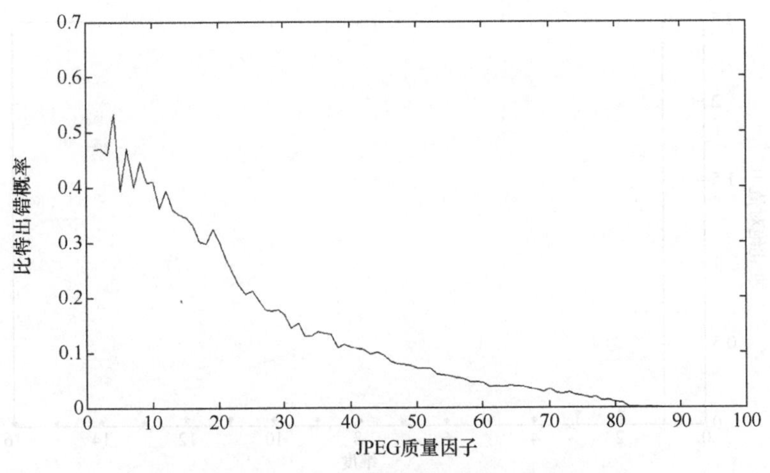

图 4-29　JPEG 压缩攻击错误率曲线(码书扩展后)

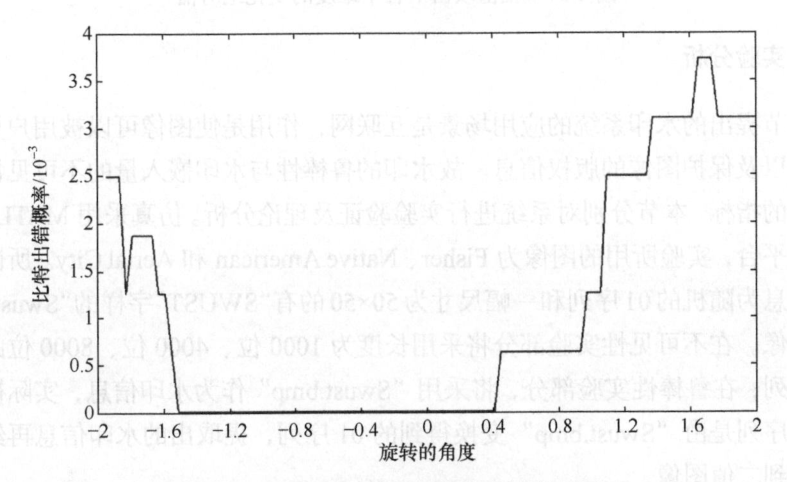

图 4-30　旋转攻击错误率曲线(码书扩展后)

如同本节前半部分所指，图 4-26 显示了此种码书扩展方法对幅值攻击的脆弱性。因为每个码书向量的各维度分量在遭受同一次幅值攻击时被修改的强度不同，而在接收端参考码书在保持不变的情况下，接收端计算载有水印向量与参考码书中向量距离时就会产生误差，解码时水印信息的错误由此产生。图 4-31 显示了当图像受到幅值为 0.6 的幅值攻击时，训练矢量集为各个维度的变化量绝对值之和。其中只有维度 1 的变化绝对值之和比例达到 10^6，而其他维度的变化比例与之相比可以忽略不计。由此实验可得到的结论是：若要令载有水印的图像遭受到幅值攻击时检测到的水印结果有较高的正确率，则必须克服幅值攻击给矢量第一维度带来的巨大变化造成的影响。

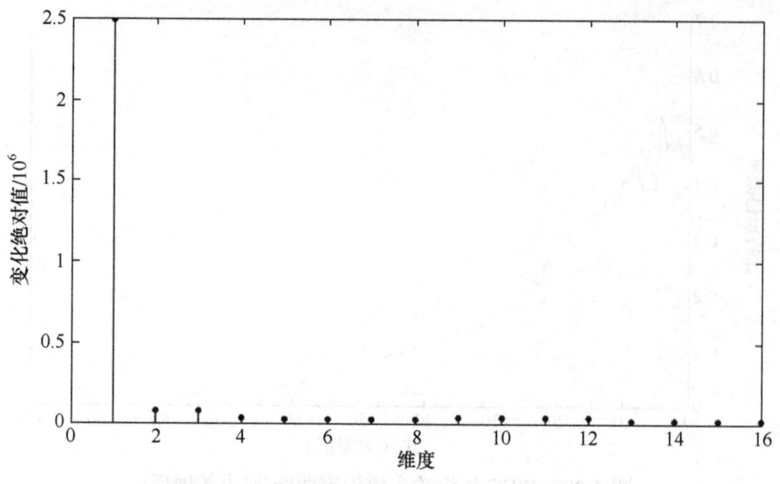

图 4-31　幅值攻击下各个维度的变化绝对值

4.2.3　实验分析

本节提出的水印系统的应用场景是互联网，作用是使图像可以被用户更准确地找到以及保护图像的版权信息。故水印的鲁棒性与水印嵌入量的不可见性是主要要求的指标。本节分别对系统进行实验验证及理论分析。仿真采用 MATLAB 作为实验平台，实验所用的图像为 Fisher、Native American 和 Aerial City。所嵌入的水印信息为随机的 01 序列和一幅尺寸为 50×50 的有“SWUST”字样的“Swust.bmp”二值图像。在不可见性实验部分将采用长度为 1000 位、4000 位、8000 位的随机水印序列；在鲁棒性实验部分，将采用“Swust.bmp”作为水印信息，实际被嵌入的水印序列是由“Swust.bmp”变换得到的 01 序列，提取出的水印信息再经过逆变换得到二值图像。

1. 不可见性分析

图 4-32 是图 Aerialcity、Fisher 和 Native American 的原图和被嵌入长度为 1000 位、4000 位、8000 位的随机水印序列时的图像与原图的对比。从左到右依次为原图、嵌入 1000 位水印、嵌入 4000 位水印和嵌入 8000 位水印时的图像。由图 4-32 可轻易看出，当嵌入量为 1000 位时，图像中的水印信息几乎不可见，嵌有水印图像与原始图像几乎不能被肉眼区分；当嵌入量达 4000 位时，图像中的水印信息略微可见，图像中图形的边缘区域略有模糊，但此时基本不影响使用；当嵌入量达 8000 位时，图像大片区域产生了模糊的现象，嵌入的水印信息已经严重影响了图像的使用。

图 4-32　嵌入不同数量水印图像与原图的对比(不可见性分析)

Windows 的文件名长度是 255 字节，即 2040 位。4000 位的 UCL 信息足以对图像进行描述，此时图像的失真还在可以接受的范围内。考虑实验用的都是 512×512 大小的图像，若使用此算法的图像略大，则嵌入量可比 4000 位更大，图像尺寸更小时，嵌入量变小。

图 4-33 为图 4-32 中 Aerialcity、Fisher、Native American 原图分别遭受 1000 位、4000 位、8000 位的随机水印序列时的 PSNR 以及 SSIM 曲线。图中的横坐标值为 1、2、3，分别对应随机水印序列长度的 1000 位、4000 位、8000 位取值，纵坐标为嵌入有水印图像与原图像相比得到的 PSNR 以及结构相似性(structural similarity,

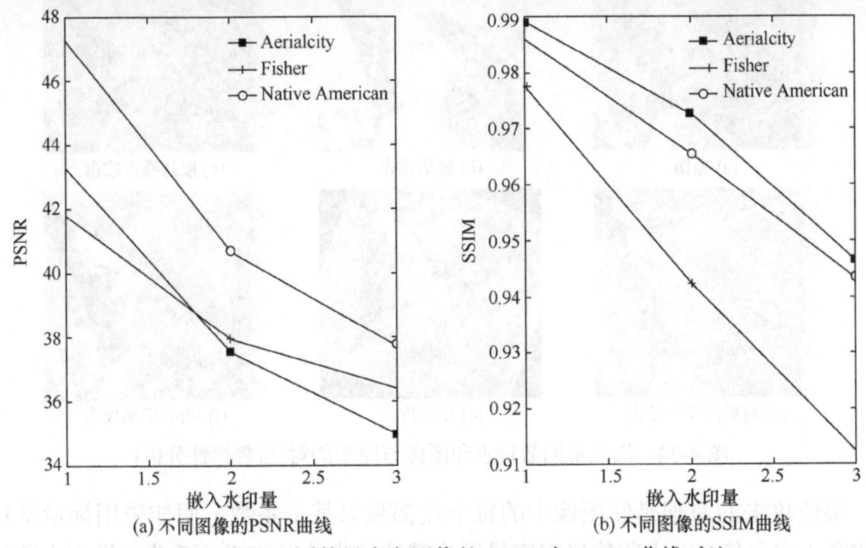

图 4-33　嵌入不同数量水印图像的 PSNR 与 SSIM 曲线对比

SSIM)值。采用 SSIM[15]测量图像保真度降低程度的原因在于，虽然 PSNR 可以在一定程度上反映水印图像的失真程度，但是无法完全反映人眼对图像的感受。SSIM 将人类视觉特性与图像质量评价相结合[16]，可以得到比 PSNR 更清晰、准确的图像失真的判断。

2. 鲁棒性分析

本节提出的水印系统须有较强的鲁棒性以保护水印信息免于正常的图像处理以及恶意攻击的损坏。本节将采用幅值攻击、椒盐噪声攻击、高斯白噪声攻击、旋转攻击以及 JPEG 压缩攻击模拟网络上图像受到攻击时，图像中水印信息受到的影响。

图 4-34 为各种攻击的示意图，图 4-35 为载有水印图像遭受幅值攻击时的错误率曲线，图 4-36 为载有水印图像遭受椒盐噪声攻击时的错误率曲线，图 4-37 为载有水印图像遭受高斯白噪声攻击时的错误率曲线，图 4-38 为载有水印图像遭受旋转攻击时的错误率曲线，图 4-39 为载有水印图像遭受 JPEG 压缩攻击时的错误率曲线。图 4-35、图 4-36、图 4-37、图 4-38、图 4-39 中与本算法对比的算法是 LQIM 和[17]量化索引调制(quantization index modulation，QIM)。LQIM 是一种通过量化在空域图像嵌入水印的算法，此算法最大的优点是将 μ 定律压缩函数用于水印嵌入，使水印信息具有对幅值攻击的抵抗力。与 LQIM 算法不同，QIM 算法是一种均匀量化算法，使用均匀量化步长将载体点量化为标准大小的值。

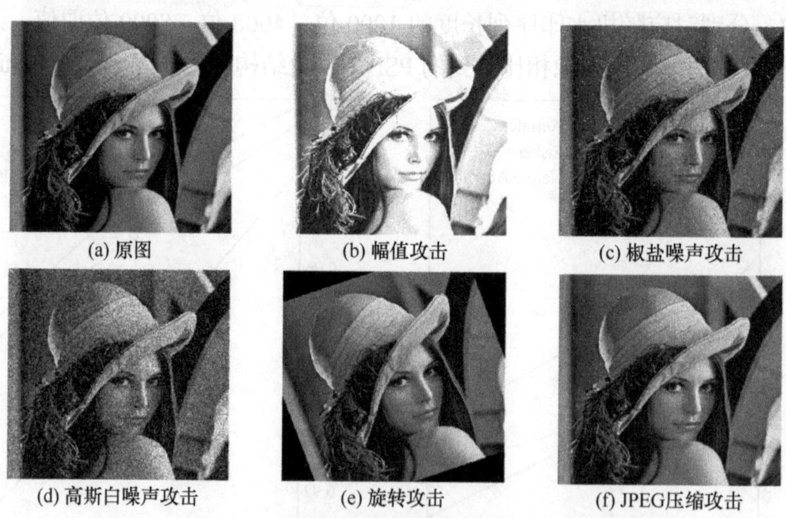

图 4-34　嵌入不同数量水印图像与原图的对比(鲁棒性分析)

幅值攻击的原理是使图像中的每个点都乘以某个系数，假如采用标量量化的形式嵌入水印信息，水印信息很容易因为载体值大小的变动而丢失，没有水印的点也可能会因为幅值变动而被错误地检测。假如采用矢量量化的形式嵌入水印信息，情况会略好，但错误率依旧很高。对于不是基于量化嵌入水印的算法，如梯度方向水印[18](gradient direction watermarking，GDWM)采用量化角度的方法嵌入水印，故不会受到幅值攻击的影响。

基于量化方式的水印嵌入算法(如 QIM、矢量量化(vector quantization，VQ))对幅值攻击均表现出较弱的抵抗力。QIM 之类的算法使用一种结构化的网格编码为水印嵌入算法提供较大的水印嵌入量。因为不同水印嵌入点的幅值不同，所以遭受量化攻击时不同位置的点幅值改变量不同。这种算法通常使用固定的量化间距嵌入水印，遭受幅值攻击后若按照统一的量化间距解码会因为量化间距被攻击改变而解码失败。

图 4-35 是本节提出的算法经过 1000 幅图像实验得到的曲线，故与其他曲线不同，比较平滑。图 4-35 的横坐标是攻击幅值，即图像中每个点被缩放的倍数，纵坐标为比特出错概率(bit error ratio，BER)。因为本节提出的水印嵌入算法使用 16 维度载体向量，对不同维度的分量采用不同的量化间距，所以对幅值攻击比一般基于矢量量化的水印嵌入方法有更强的鲁棒性。

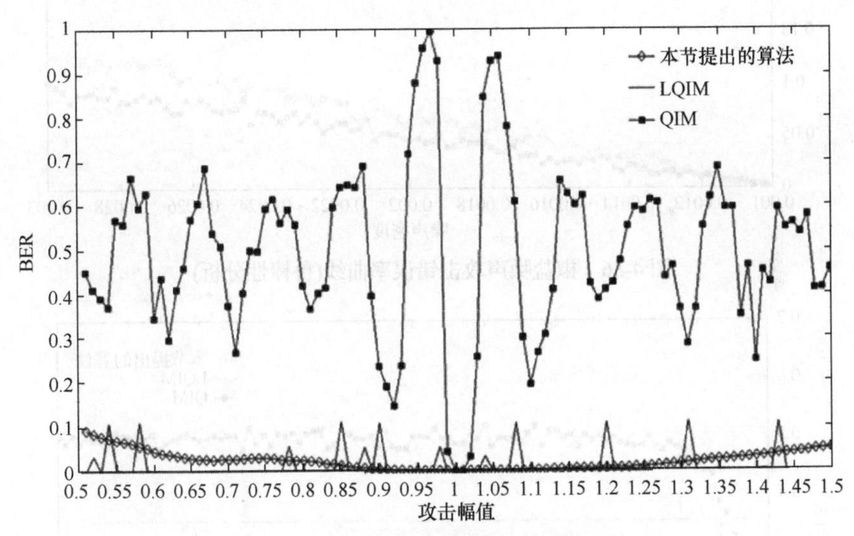

图 4-35　幅值攻击错误率曲线(鲁棒性分析)

本节所选取载体矢量第 1 维度受幅值攻击影响明显，受到幅值攻击时会对提取水印有极大影响。但本算法水印提取算法设定：水印提取时不仅要考虑水印载体矢量与参考码书中对应矢量每个维度数值的欧几里得距离，还要考虑载体矢量除去第 1 维度的另外 15 个维度所能拟合直线的角度与参考码书中矢量的角度比较。码书中向量单个点所在的维度越高(如第 15 维度)，扩展时被改变得就越多；

遭受幅值攻击时，载体向量中单个点所在的维度越高，被改变得也越多。所以本节提出的水印算法对幅值攻击有一定的鲁棒性。综上所述，本节提出的方法对幅值攻击有一定的抵抗力是理论上可行的，但效果仍不完美，故还需改进。

图 4-36 是椒盐噪声攻击错误率曲线，图 4-37 是高斯白噪声攻击错误率曲线。椒盐噪声攻击和高斯白噪声攻击的原理相似，都是通过在图像整体以一定的密度(在单位面积内加入噪声点的数目)或强度(加入噪声点的幅值)加入噪声(即使被加入噪声点的值改变)实现攻击。不同的是，椒盐噪声在图像中增加的噪声点只有两种，即白点和黑点(幅值分别为 255 和 0)；高斯白噪声加入的点总体均值为零，方差为某一正值。因为本节提出的算法通过量化小波域中载体向量实现水印嵌入，

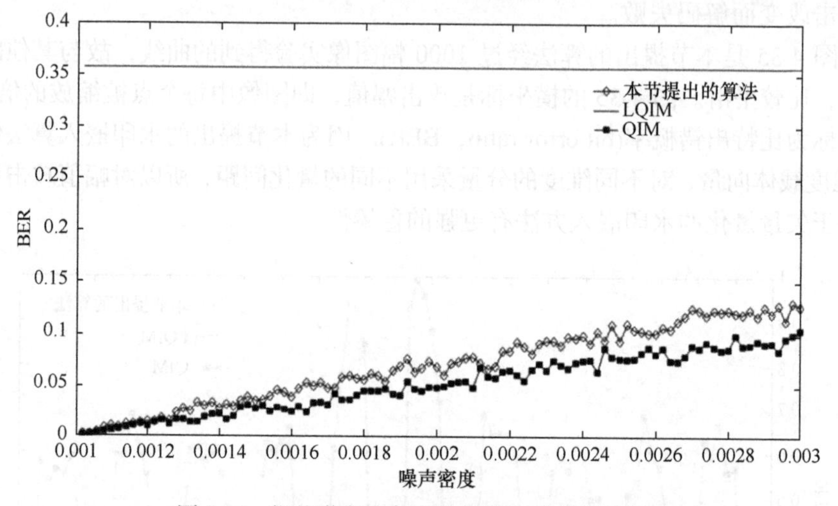

图 4-36　椒盐噪声攻击错误率曲线(鲁棒性分析)

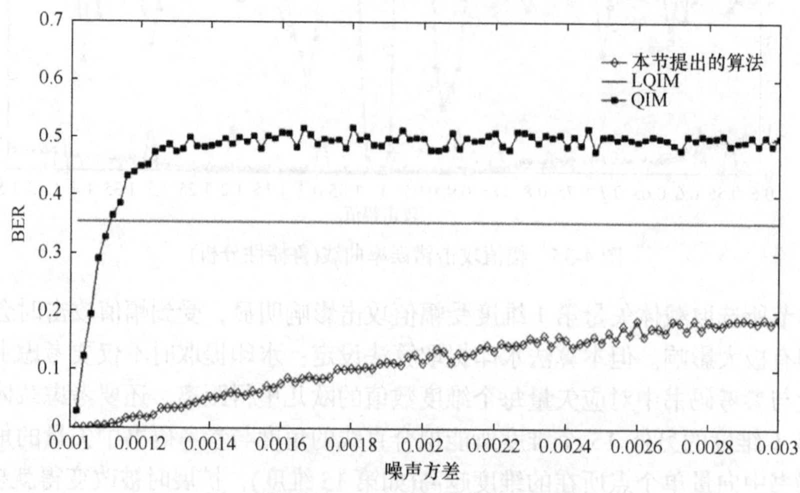

图 4-37　高斯白噪声攻击错误率曲线(鲁棒性分析)

高斯白噪声攻击与椒盐噪声攻击在小波域中对图像造成的影响类似，所以本节提出的算法对这两种攻击表现出的错误率曲线形状类似。因为 QIM 算法对高斯白噪声攻击的强度比椒盐噪声攻击的密度敏感，所以高斯白噪声对 QIM 算法有较大影响。

高斯白噪声攻击与椒盐噪声攻击的主要原理是通过向图像增加加性噪声攻击破坏水印信息。本节提出的算法载体矢量维度是 16，第 1 维度受整体幅值变化影响大，剩下 15 个维度受图像边缘改变或空间斜向分辨率的影响大。而高斯白噪声攻击与椒盐噪声攻击对空间分辨率的影响不大，所以本节提出的向量选取方式对这两种攻击有抵抗力。图 4-36 和图 4-37 中横坐标分别为噪声密度和噪声方差，纵坐标为水印信息的 BER。

图 4-38 是旋转攻击的错误率曲线，横坐标是旋转的角度，纵坐标为水印信息的 BER。旋转攻击旋转载体图像，使解码者难以正确构造水印的载体向量。虽然这种攻击可以通过在图像中加入参考点的方法加以抵抗，但是这种算法一般比较复杂，且嵌入水印数量不多。

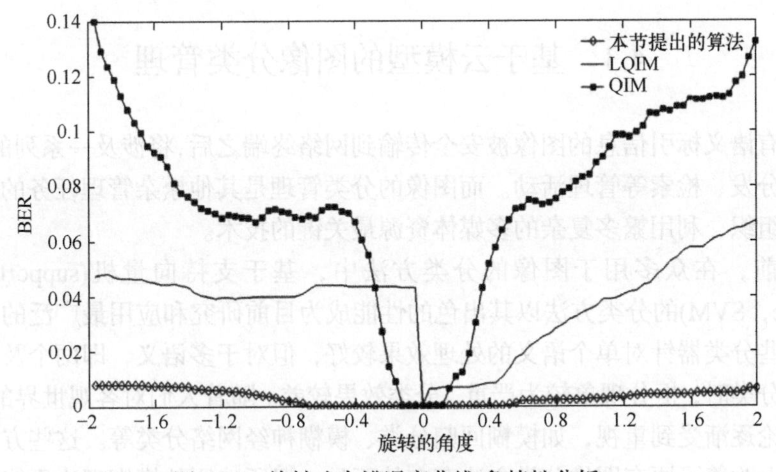

图 4-38　旋转攻击错误率曲线(鲁棒性分析)

对比图 4-38 与图 4-30 可知，本节提出的两种码书扩展方法对旋转攻击的抵抗力基本相同。因为旋转攻击并不会对载体向量的幅值造成如同幅值攻击一样的影响，所以旋转攻击对载体向量的第 1 维度幅值影响不大。但是旋转攻击的主要目标是载体向量的整体，所以旋转攻击的强度大时水印信息的 BER 是急剧上升的。

图 4-39 是 JPEG 压缩攻击的错误率曲线，横坐标是压缩的品质因子，值越大图像损失越少，纵坐标为水印信息的 BER。JPEG 压缩是互联网图像面临的主要威胁。为了便于在网上传输，图像一般会被压缩以降低占用空间大小。因为 JPEG

压缩是有损压缩，所以图像中嵌入的水印也会同时受到影响。过高的压缩率会使图像质量大幅降低，其使用性也会受到影响。

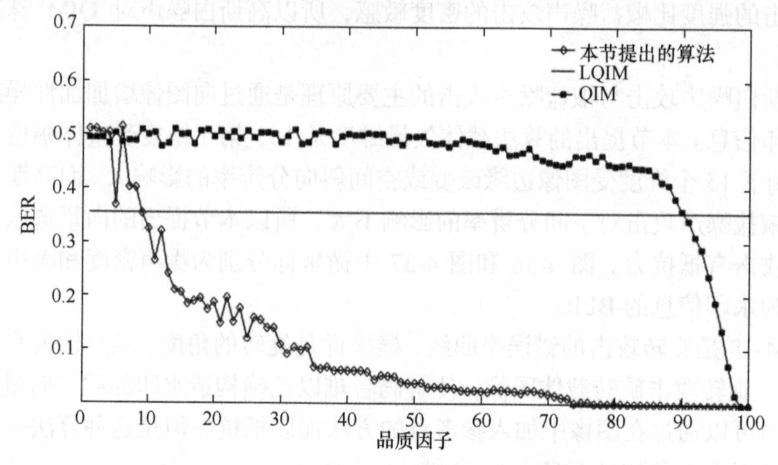

图 4-39　JPEG 压缩攻击错误率曲线(鲁棒性分析)

4.3　基于云模型的图像分类管理

带有语义标引信息的图像被安全传输到网络终端之后，将涉及一系列的分类、存储、分发、检索等管理活动。而图像的分类管理是其他繁杂管理任务的基础，是有效组织、利用繁多复杂的多媒体资源最关键的技术。

目前，在众多用于图像的分类方法中，基于支持向量机(support vector machine，SVM)的分类方法以其出色的性能成为目前研究和应用最广泛的一类方法。这些分类器针对单个语义的处理效果较好，但对于多语义，即两个及以上语义进行分类时，拒分现象较为严重，分类效果较差。随着人们对客观世界的认识，模糊理论逐渐受到重视，如模糊回归分类、模糊神经网络分类等。这些方法在一定程度上改善了原有图像分类方法存在的不足，但所选用的模糊理论不能完全表现图像语义之间的关联性。

针对当前研究所存在的语义鸿沟以及语义之间关联性较弱的问题，通过计算语义类确定度(semantic class certainty degree，SCCD)对图像语义进行分类，形成经验样本知识以有效模拟该分类的学习模型。鉴于上述提到 SVM 在分类方面的优势，本节提出基于图像语义的云模型 SVM 来模拟 SCCD 分类的经验知识，从高层语义角度出发对图像进行自动分类[19]。

4.3.1　图像语义模型

图像的语义属性是指图像所表现的主题、事件、场景以及图像中物体的名称、姿态、空间关系等语义信息。视觉特征的中文描述也可以看成图像的语义属性。图像的客观语义是指图像中的各物体的相互关系或行为和事件的发生，主观语义是和人的心理响应过程及认知过程有重要关系的语义。视觉相似并不能等价于语义相似，颜色、形状、纹理等特征带给人们最直观的视觉感受，但是并不能最准确地表达图像中物体、事件、行为等内容。对图像语义信息的抽取和描述需要人们能够有效地形成一个关于语义描述的思维方式和思想，从图像固有的底层信息开始，形成最基本的语义信息，再根据图像中的对象以及对象与对象之间的关系来形成图像语义的主要信息，在上述两类信息的基础上，通过人对知识的积累，对图像潜在信息的理解和人为意识的作用，来形成最为关键、最为重要的意念信息，最终构造出一个图像语义的描述。

1. 语义模型层次划分

一般来说，数字图像的语义是层次化的，也可以说图像的语义是有粒度的，不同层次的语义粒度不同，可以采用多层结构进行分析。

传统的图像语义模型中将语义分为六个层次，自下而上依次为特征语义、对象语义、空间关系语义、场景语义、行为语义及情感语义。特征语义是指底层视觉特征及其组合所得到的语义，如“红色方形”。对象语义是针对图像中的对象所给出的语义，如“岩石”。空间关系语义是指对象之间存在的空间关系，如“房屋门前的小河”。场景语义是整个图像所处的场景，如“沙滩”。行为语义是指图像所代表的行为或活动，如一场篮球赛中的各种行为。情感语义是图像带给人的主观感受，如让人兴奋。每一个层次都比其下一个层次包含了更高级、更抽象的语义。

本节将图像的语义分为三部分，分别为图像的内容语义信息、版权管理信息以及外部属性信息三大类语义信息，其中内容语义信息涵盖了图像的对象语义、场景语义、情感语义等；外部属性信息和版权管理信息涵盖了包括特征语义在内的标识语义。

语义层次模型及语义分层结构如图 4-40 所示。本节涉及的语义与传统语义层次不同，因此用虚线表示二者之间的包含关系。

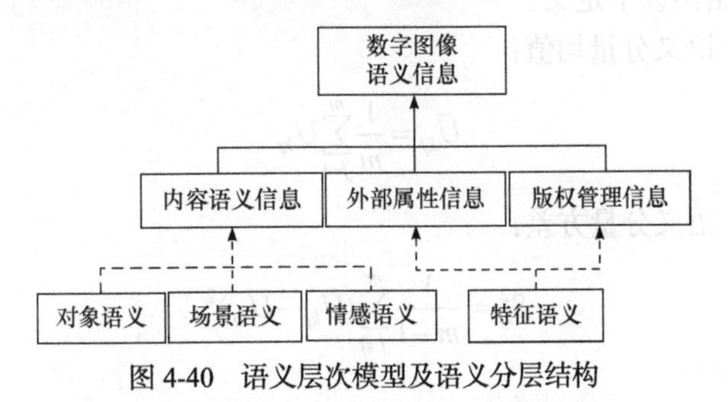

图 4-40　语义层次模型及语义分层结构

从上述模型中可以看出，对象语义、场景语义和情感语义是图像语义中十分重要的组成部分。因此，从图像的对象语义和场景语义出发进行研究是一条可行之路。UCL-I 标引重点考虑了对象和场景有关的主题、标题、描述信息等语义信息。

2. 图像语义向量空间

在图像语义空间里，每一幅图像任意一个语义都是一个向量。向量的模(长度)是语义信息的字段数。UCL-I 对图像文件的类别、主题、出处、作者等做出多维度的标引。用户的需求和图像资源的内容均可以使用 UCL-I 矢量来表达，通过对 UCL-I 矢量的相关计算，可以在浩瀚的信息空间中按内容准确定位图像资源。

设 UCL-I 的向量表示为

$$U=(U_1,U_2,U_3)=((u_1,u_2,u_3,u_4),(u_5,u_6,u_7),(u_8,u_9,u_{10})) \tag{4-1}$$

如图 4-40 所示，图像语义标引信息代码表示图像的内容语义信息、版权管理信息以及外部属性信息三大类语义信息：U={内容语义信息，版权管理信息，外部属性信息}。各部分语义信息的具体内容为：内容语义信息是图像的主题名 U_1 (人物、时间、地点、事件)、标题名和图像的描述信息等。版权管理信息 U_2 主要是图像的创建者、提供者、发布或者创作日期等；外部属性信息 U_3 主要是图像的文件大小、尺寸、压缩格式类型等。

4.3.2 云模型语义确定度分类算法

1. 基于 UCL-I 的图像语义特征表示

UCL-I 向量空间上的图像语义集合为 $U=(u_1,u_2,\cdots,u_N)$，u_k 为第 k 个语义信息内容，$k=1,2,\cdots,N$。所有的图像语义信息为 C 个类别，u_{ik} 属于类别 i，$i=1,2,\cdots,C$。其中，u_{kj} 为第 k 个语义分量，记为

$$u_{kj}=(u_{k1},u_{k2},\cdots,u_{km}) \tag{4-2}$$

在此首先给出以下定义。

定义 4-1　语义分量均值：

$$\bar{U}_{kj}=\frac{1}{m}\sum_{j=1}^{m}U_{kj} \tag{4-3}$$

定义 4-2　语义分量方差：

$$S_{kj}^2=\frac{1}{m-1}\sum_{j=1}^{m}(U_{kj}-\bar{U}_{kj})^2 \tag{4-4}$$

定义 4-3　语义分量期望：

$$\mathrm{Ex}_{kj} = \bar{U}_{kj} \tag{4-5}$$

定义 4-4　语义熵：

$$\mathrm{En}_{kj} = \sqrt{\frac{\pi}{2}} \times \frac{1}{m} \times \sum_{j=1}^{m} \left| U_{kj} - \mathrm{Ex}_{kj} \right| \tag{4-6}$$

定义 4-5　语义超熵：

$$\mathrm{He}_{kj} = \sqrt{S_{kj}^2 - \mathrm{En}_{kj}^2} \tag{4-7}$$

2. 语义类确定度分类

在语义特征空间中，每一个图像的语义信息均被一组 UCL-I 特征值所表示，通过计算特征之间的 SCCD，实现对图像语义的分类。

定义 4-6(类别)　S 的语义重心为

$$P_{kj} = \bar{U}_{kj} = \frac{1}{m} \sum_{j=1}^{m} U_{kj} \tag{4-8}$$

定义 4-7　第 k 类的语义半径：

$$R_{kj} = \max \left| U_{kj} - P_{kj} \right| \tag{4-9}$$

其中，$j = 1, 2, \cdots, m$。

定义 4-8　第 k 类各样本 $U_k (k = 1, 2, \cdots, N)$ 对本语义的确定度 $C_T(k)$：

$$C_T(k) = 1 - \left\| \frac{U_k - P_k}{R_k} \right\|, \quad k = 1, 2, \cdots, N \tag{4-10}$$

由以上基本语义特征值计算语义类确定度，即可将具有相同语义的图像被最大限度地聚集，同时具有不同语义的图像被最大限度地分开。样本与语义重心距离越近，其确定度越大；反之确定度越小，距离采用欧几里得距离。

现有方法进行分类时，基本采用待分类样本到各类语义中心的距离、期望和熵作为样本的隶属度。这样虽然便于计算，但它忽略了各类样本对该类语义重心的模糊性和不确定性，从而导致样本分类错误。图 4-41 给出一种由于使用距离作为样本隶属度而产生错误的分类情况。

图 4-41 中，两个圆表示两个类别，x_1、x_2 分别为各类别中心，x 为需重新分类的样本，d_1、d_2 为 x 到 x_1、x_2 的距离，且 $d_1 > d_2$。虽然 x 属于右类，但其与左类中心距离较小便将其划分到左类中，造成了错误分类。

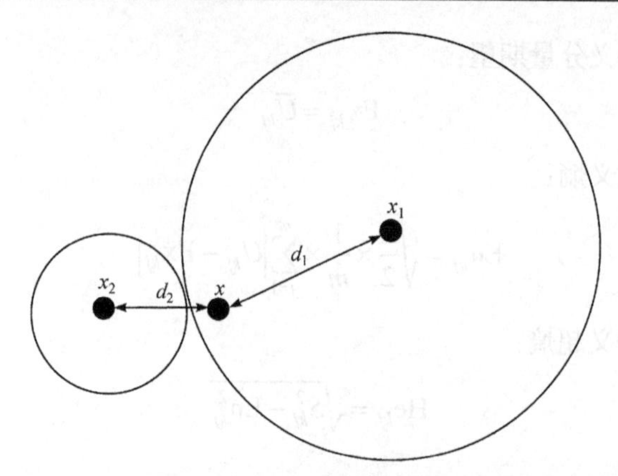

图 4-41　基于距离的样本隶属度引起的错误分类

为了解决以上问题，本节将其引入样本隶属度的计算中，称该隶属度为云隶属度。

定义 4-9　语义云隶属度，为待测样本对某个样本训练类别的隶属度，即属于该类别概率的大小，待测语义样本 u 对训练类别 k 的语义云隶属度 $S(k)$ 为

$$S(k)=1-\left\|\exp\left(-\frac{2\mathrm{En}^2(k)}{u-\mathrm{Ex}^2(k)\mathrm{He}(k)}\right)\right\|,\quad k=1,2,\cdots,N \tag{4-11}$$

其中，k 为训练样本类别数量，$\mathrm{Ex}(k)$、$\mathrm{En}(k)$、$\mathrm{He}(k)$ 分别为第 k 类的期望、熵和超熵。

根据式(4-11)计算拒分样本的语义云隶属度：

$$u_k \in w_C,\quad C=\arg\left\{\max_k(S(k))\right\} \tag{4-12}$$

其中，u_k 为拒分样本；w_C 为训练样本中的第 C 类；$S(k)$ 为 u_k 对类别 k 的语义云隶属度。

由式(4-12)得：语义类的熵越大，此语义的模糊度越大，语义云隶属度越大，待测语义样本属于此类的概率越大；超熵越大，语义云隶属度越小，越不利于待测样本与该类相似性概率的确定。语义云隶属度与训练类别的熵成正比，与超熵成反比。

云模型在熵的基础上对概念的定性描述中增加了超熵，因此更全面地描述了客观事物的不确定性。

通过分析研究用户检索的习惯发现，单个语义无法满足用户的需求，即用户在图像检索查询时，语义数量越多，拒分样本越少，分类效率越高，分类效果越

明显。因此，本节采用多语义分类方法，使用更能表达图像丰富语义的五类标引信息作为多语义，即主题名、标题名、描述信息、创建者和提供者。

4.3.3　图像语义自动分类

1. 基于语义的云模型 SVM 构造

SVM 能够保证找到的极值解是全局最优解，相对于其他学习理论，SVM 能有效避免经典学习方法中过学习、维数灾难、局部极小等问题。SVM 已经作为一个强大的新工具被应用于图像分类、函数估计、数据挖掘及非线性优化等领域。相对于其他许多传统的分类器，如参数估计、神经网络等，它不但有完善的理论支持，而且表现出优越的分类性能和良好的推广能力。

鉴于图像语义的复杂性和人类认识的模糊性，同时考虑图像语义的关联性，本节提出基于图像语义的云模型支持向量机(cloud SVM based on image semantic，CSVM-IS)的分类模型，该模型流程框图如图 4-42 所示。

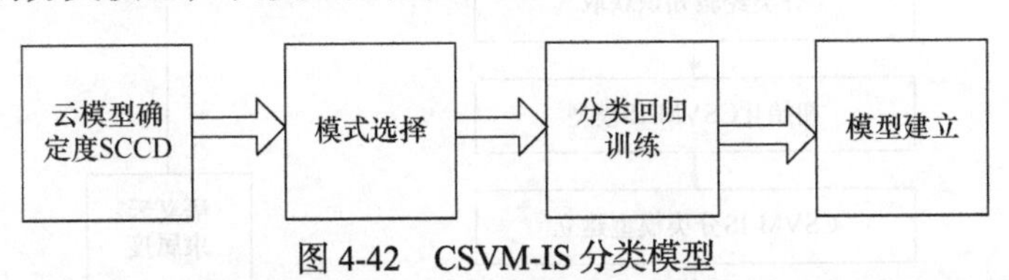

图 4-42　CSVM-IS 分类模型

图 4-42 中，云模型确定度知识获取是根据云模型分类语义信息获取的经验知识，以提高 SVM 的训练速度。模式选择是确定核函数后，通过优化算法确定 CSVM-IS 的最佳性能参数值。分类回归训练是针对样本记录，分别训练基于 CSVM-IS 的分类和回归模型，达到模拟语义分类的目的。模型建立是确定基于具体语义的 CSVM-IS 模型。

2. 基于语义的云模型 SVM 分类

为了实现图像语义的自动分类，将云模型与 SVM 相结合，提出 CSVM-IS 分类方法，该分类系统的实现流程如图 4-43 所示。

CSVM-IS 分类的主要步骤如下。

(1) 将 UCL-I 标引的语义信息用向量表示，并构建语义空间。

(2) 计算出训练样本集 S_1 中各类的中心 P_{kj}、半径 R_{kj} 及所有的训练样本对其所属类的语义确定度 $C_T(k)$，并根据确定度对图像语义进行分类，形成经验知识。

(3) 初始化 CSVM-IS 模型，将样本集分为训练集和测试集两部分，利用全部样本集训练并测试分类模型。

(4) 利用学习模型处理样本数据，完成 CSVM-IS 模型建立，并存入模型库。

(5) 使用 CSVM-IS 模型实现图像语义的自动分类，若不能，则针对该类语义重新执行 SCCD 分类以及 CSVM-IS 模型建立的过程；若能找出分类目标，则继续判断该样本是否为拒分样本，若不是则为目标类，若是则计算其对各训练类别的逆云隶属度 $S(i)$ $(i=1,2,\cdots,m)$，再返回 SCCD 分类重新进行分类处理。

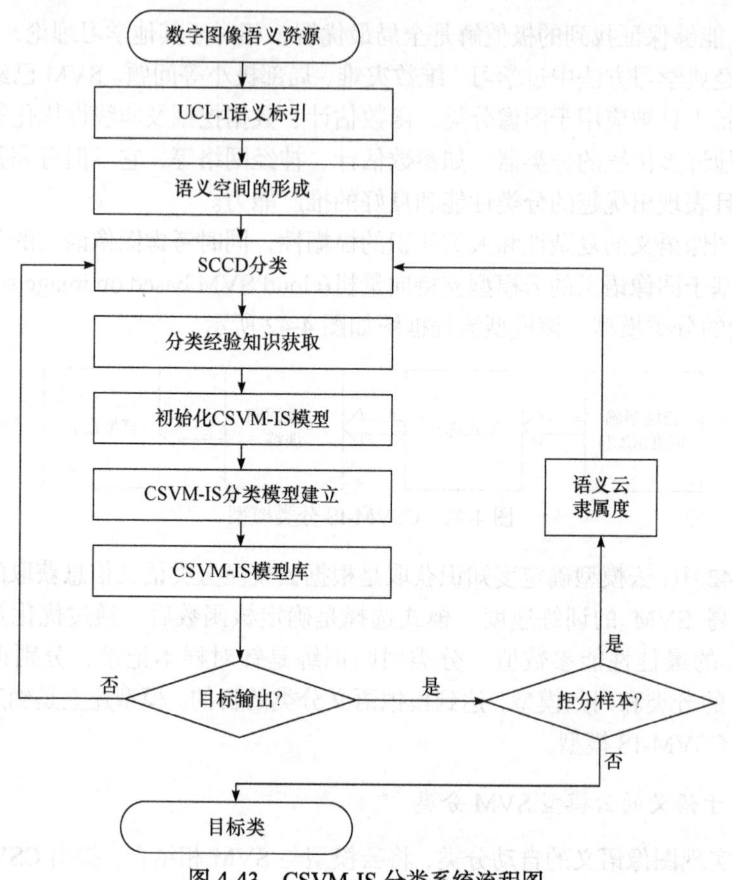

图 4-43　CSVM-IS 分类系统流程图

参 考 文 献

[1] 方杰，温忠麟. 三类多层中介效应分析方法比较. 心理科学, 2018, 41(4): 962-967.

[2] 盛家川，李玉芝. 国画的艺术目标分割及深度学习与分类. 中国图象图形学报, 2018, 23(8): 1193-1206.

[3] 汪海燕，黎建辉，杨风雷. 支持向量机理论及算法研究综述. 计算机应用研究, 2014, 31(5): 1281-1286.

[4] Wang X J, Zhang L, Jing F, et al. AnnoSearch: Image auto-annotation by search. IEEE Computer Society Conference on Computer Vision and Pattern Recognition, 2006: 1483-1490.

[5] Rui X, Li M, Li Z, et al. Bipartite graph reinforcement model for Web image annotation. Proceedings of the 15th ACM International Conference on Multimedia, 2007: 585-594.

[6] Xing L, Ma Q, Fu R, et al. A secure semantic transmission method for digital image based on UCL. Proceedings of International Conference on Measurement, Information and Control, 2012: 813-816.

[7] 刘鹏. 基于矢量量化的图像数字水印算法研究. 绵阳: 西南科技大学硕士学位论文, 2013.

[8] 毛家发, 黄艳红, 钮心忻, 等. 基于 MPUI 模型的空域图像水印容量研究. 山东大学学报(理学版), 2016, 51(9): 68-75,83.

[9] Lin C Y, Prangjarote P, Kang L W, et al. Joint fingerprinting and decryption with noise-resistant for vector quantization images. Signal Processing, 2012, 92(9): 2159-2171.

[10] 苏娜. 基于 DCT 域的数字图像水印算法的研究与应用. 成都: 电子科技大学硕士学位论文, 2016.

[11] 叶闯, 沈益青, 李豪, 等. 基于人类视觉特性(HVS)的离散小波变换(DWT)数字水印算法. 浙江大学学报(理学版), 2013, 40(2): 152-155,165.

[12] 丰明坤. 基于视觉特性的图像质量综合评价方法研究. 南京: 南京邮电大学博士学位论文, 2016.

[13] 岳桢, 李子臣, 杨义先, 等. 直方图 2Bin 多进制图像数字水印算法的研究. 电子学报, 2020, 48(3): 531-537.

[14] 刘宇, 刘伟. 基于改进小波的图像压缩算法设计与实现. 现代电子技术, 2017, 40(10): 99-102.

[15] 赵春玉, 时宏伟, 胡可鑫, 等. 基于 DCT 变换的彩色图像水印盲提取算法. 计算机工程与设计, 2015, 36(3): 597-602.

[16] 陈先意. 空域可逆图像水印技术研究. 长沙: 湖南大学博士学位论文, 2014.

[17] 曾高荣, 裘正定, 章春娥. 失真补偿量化索引调制水印的性能分析. 电子与信息学报, 2010, 32(1): 86-91.

[18] Chang C C, Lin C Y, Hsieh Y P. Data hiding for vector quantization images using mixed-base notation and dissimilar patterns without loss of fidelity. Information Sciences, 2012, 201: 70-79.

[19] 付蓉. 基于 UCL 的数字图像内容管理技术研究. 绵阳: 西南科技大学硕士学位论文, 2011.

第 5 章　音频信息的语义描述与解析技术

随着网络技术和音频技术的快速发展，音频资源日益增多，形成了一个巨大的资源库。通过 UCL 技术，对音频信息在内容语义空间进行向量标定，以提高对音频信息的语义理解能力。音频信息的语义描述是对音频数据包解析、音频内容管理以及音频数字水印技术的基础，本章首先提出音频信息的语义描述架构，对音频信息描述按照其属性进行分层；然后介绍基于多层语义的音频数据在网络数据包中的解析与重组，同时详细介绍基于张量分析方法的音频信息内容管理，以及基于语义水印的音频嵌入技术。

5.1　音频信息的语义描述架构

随着因特网的日益普及和音频压缩技术的快速发展，以音乐为主的音频信息在互联网上的交流达到前所未有的深度和广度，其发布形式也愈加丰富，人们面对着一个巨大的音乐数字化信息海洋。中国互联网络信息中心 2020 年 9 月发布的第 46 次《中国互联网络发展状况统计报告》显示[1]，2020 年网络音乐用户使用时长占比达 10.9%，网络音频已仅次于网络视频，是第二大网络应用。广大网民对网络音频资源的体验要求随生活水平的提高而不断提高。网民期望通过更简单的方法获得丰富的、多元化的、高品质的音频信息，这使得网络音频的发展也随之壮大，成为当前网络数据不可忽视的中坚力量。同时网络承载业务多元化日益显著，开放性和互动性不断提高，由此带来的复杂性使得人们难以对网络中海量的音频资源进行有效管理：音频资源所有者的知识产权不能得到很好的保护；对网络传输中的音频不能得到有效的检测和监督；用户陷入信息沼泽，很难在短时间内找到自己需要的音频资源等。

上述问题产生的原因是缺乏对音频资源内容语义的统一标识、计算与管理。为了解决音频资源的语义问题，运动图像专家组(Moving Picture Experts Group，MPEG)制定了一系列相关标准：MPEG-7 是一个与基于内容的多媒体信息检索密切相关的国际标准，旨在解决对多媒体信息描述的标准问题，它可以对音频数据多种特征进行描述[2]。虽然 MPEG-7 对音频数据的含义进行了一定程度的解释，但是它并未对音频的内容进行语义解析。同时，MPEG-7 没有从用户的角度定义语义字段，分析语义元素，因此它的应用也就受到了一定的限制。MPEG-21 多媒体框架描述的出现和发展是致力于解决大范围网络上实现透明传输和对多媒体资源不断扩展和再次利用的问题。不过，MPEG-21 只定义了多媒体的描述框架，并没有对其中涉及的信息内容进行语义描述和标引[3]。

5.1.1　音频信息语义描述的标引

传统的语义标引不是对作品内容本身进行标引，而是利用关键词来对内容标题进行标引，忽略了语义层面或概念层面的意义，不能全面反映作品携带的内容信息。因此，本节提出采用 UCL 技术从内容属性层面对音频资源进行语义理解和特征提取。这些语义信息揭示了音频资源的内容特征，便于集中同类的内容，区分不同的内容，为相关内容建立语义联系，提高音频资源的管理和利用率。

在音频制作阶段，采用 UCL 技术对音频进行规范化处理，按照预先设定的标准贴上对应的语义标签。在对音频资源进行管理的整个过程中，可以通过语义信息对音频资源的发布、检索、处理、过滤和存储进行管理；并且能改变音频信息的获取方式以实现个性化的服务，极大地节省用户用于查找信息内容的时间。在对音频资源本身的特性进行分析并充分考虑不同人群不同需求的基础上，建立一个既简单又有足够包容性与扩展性的音频语义信息标引构架[4]。该构架主要包括外部属性语义信息、版权管理语义信息、内容语义信息三部分。

(1) 外部属性语义信息：该部分语义信息主要对音频资源的外部属性进行语义描述，包括资源类型、压缩标准、文件大小等，这部分语义信息是音频资源附加信息的一些简单描述。

(2) 版权管理语义信息：该部分语义信息用于标明作品的归属问题，即版权所有人的信息，包括作品的创作者、作品、作品发布者等。通过这些信息保护版权权利人(许可用户)的利益，同时还可监督用户使用情况，查找侵权行为。

(3) 内容语义信息：该部分语义信息主要描述音频内容本身想传递给外界的主观信息，包括音色、旋律、流派、情感等，体现了一段音频的本质特征，也是用户比较感兴趣的信息，利用此信息可以满足用户个性化的需求，提供主动服务。

以上三种音频语义信息均属于音频的高层语义，即它的内容与人类思维中的概念在同一层面上，且这些属性所包含的内容已经能够全面反映音频作品所携带的信息。因此，对于给定的音频资源，通过标引相应的语义描述，可以方便、有效地对其进行实时、安全地监控与管理。

5.1.2　音频信息语义描述的表征

音频信息语义描述采用向量形式进行表征，即任何一段音频信号可由外部属性语义信息、版权管理语义信息和内容语义信息来标引，表示为

$$U = (u_1, \cdots, u_i, \cdots, u_n) \tag{5-1}$$

其中，u_i 表示某个音频语义分量；n 是向量 U 包含的音频语义分量的数量。数值 n 的取值与特定的音频应用有关，表 5-1 列出了音频信息语义描述表示的示例。属性分类 u_1～u_{11} 表示音频的外部属性语义，分类项 u_{12}～u_{18} 表示音频的版权管理语义信息，分类项 u_{19}～u_{24} 表示音频的内容语义信息。

表 5-1　音频信息语义描述表示示例

类属	属性名称	中文名	说明	举例
外部属性语义信息	u_1：Resource type	资源类型	音频资源所属的类型（音乐、广播等）	音乐
	u_2：Rating	分级	音频的可听等级，分为大众级、辅导级、限制级	大众级
	u_3：Standard	标准	音频文件的压缩标准	MP3
	u_4：File length	文件长度	音频的长度	4:15
	u_5：File size	文件大小	音频文件的大小	4.5MB
	u_6：Language	语言	音频文件语言	汉语
	u_7：Heat degree	热度	网民对歌曲的需求程度，分为高、中、低	高
	u_8：Priority	优先级	歌曲被传播的先后顺序	优先
	u_9：Theme	话题	歌曲所在的领域	音乐
	u_{10}：Area	地区	歌曲所在的地区	中国大陆
	u_{11}：Occasion	场合	歌曲应用的场合	热闹
版权管理语义信息	u_{12}：Composer	作曲者	歌曲的曲作者	张超
	u_{13}：Lyricist	作词者	歌曲的词作者	张超
	u_{14}：Singer	演唱者	演唱歌曲的歌手	凤凰传奇
	u_{15}：Publisher	出版者	负责音频资源发布的实体	孔雀唱片公司
	u_{16}：Date	日期	发布音频资源的时间或者创作者的创作日期	2009-5-27
	u_{17}：Title	标题	音频文件标题	最炫民族风
	u_{18}：Album	专辑	音频所属专辑	最炫民族风
内容语义信息	u_{19}：Timbre	音色	音频的音色	高亢
	u_{20}：Melody	旋律	音频的旋律	明快
	u_{21}：Genre	流派	音频所属流派	Pop

续表

类属	属性名称	中文名	说明	举例
内容语义信息	u_{22}：Emotion	情感	音频表达的情感或情绪	高兴
	u_{23}：Instrument	乐器	音频中所采用的乐器	笛子、古筝、电钢琴、民族鼓
	u_{24}：Description	描述	乐评人、媒体或者用户对音频的简要评论和描述	2009 年传唱度最高的歌

5.2　音频信息语义内容管理

音频内容信息系统为满足用户对音频资源服务的准确性和实时性需求，需对原始音频资源进行统一化管理。其中，准确性主要表现在音频资源监督检索和分类检索的正确率，实时性则体现在分类检索算法的实现复杂度。针对这两个需求指标，一些音频信息处理公司，如美国的 Muscle Fish 公司，通过加窗处理的方法提取原始音频资源的特征信息，并提取音调、响度和带宽等 13 个特征信息，这些特征作为音频数据资源的特征矢量。在检索过程中，使用马氏距离的方法比较提取的样本特征矢量与经验数据特征矢量的匹配程度，并给出检索结果。

对于音频信息内容的管理，目前国内外相关机构已开展研究工作。例如，文献[5]通过语义概念模型的构建，实现了经验音频特征信息的训练存储功能，并完成了音频特征到语义空间的映射。文献[6]针对两个待拼接音频片段的语义内容匹配问题，采用音阶、节奏、循环等特征构成语义向量，提出基于内容的音频片段搜索算法。在处理音频的识别方面，文献[7]基于指纹特征方法，利用音频高层语义信息和倒排索引方式，提高音频识别的召回率和正确率。文献[8]提出一种基于音频帧语义的高斯混合模型和支持向量机实现枪声的识别。文献[9]采用音频子带能量比与子带频谱质心法语义信息，实现音频鲁棒性、准确性检索。

考虑音频终端接收到类型与数量众多的音频资源，对其进行分类有助于实现音频资源的有序管理。基于音频语义向量的描述，采用张量的形式表示音频多层次的语义类别，构建相应的张量语义离散度(tensor semantic dispersion，TSD)，并采用神经网络分类思想，完成音频资源的多语义分类，提高分类精度，给用户个性化的音频资源，以满足用户不断提高的需要[10]。

5.2.1　基于张量的语义空间构造

张量是多维数组的简称，假设 A 为 N 阶张量，其大小为 $I_1 \times I_2 \times \cdots \times I_N$，则张量 $A \in R^{I_1 \times I_2 \times \cdots \times I_N}$，表明 A 的阶数为 N，其 n 模维度即可定义为 I_n，$a(i_1, i_2, \cdots, i_n)$

即 A 中的元素。通过上面定义可知标量为零阶张量，n 维向量为一阶张量，二维矩阵即为二阶张量。以下部分将给出张量基本运算的定义[11]。

定义 5-1(张量 A 模-n 积)　该积可通过矩阵 $U \in R^{I_n \times I_n}$ 得到，其定义为

$$(A \times_n U)_{i_1 i_2 \cdots j_{n-1} j_n i_{n+1} \cdots i_N} = \sum_{i_n} a_{i_1 i_2 \cdots i_N} u_{j_n i_n} \tag{5-2}$$

定义 5-2(张量内积)　维数相同的张量 A 和 B 的内积可定义为

$$\langle A, B \rangle = \sum_{i_1} \sum_{i_2} \cdots \sum_{i_N} a_{i_1 i_2 \cdots i_N} b_{i_1 i_2 \cdots i_N} \tag{5-3}$$

由式(5-3)可知，若内积为 0，则表明张量 A、B 相互正交。

定义 5-3(Frobenius 范数)　张量 A 的 Frobenius 范数可定义为

$$\|A\| = \sqrt{\langle A, A \rangle} \tag{5-4}$$

张量的秩即张量的维数，张量 A 的秩-n 可表示为 $R_n = \text{rank}_n(A)$，即由模-n 所张成空间的维数。其中，$\text{uf}(A,n)$ 或 $A^{(n)}$ 可表示张量沿模-n 的展开。设 $(\pi_1, \pi_2, \cdots, \pi_{n-1})$ 是 $\{1, 2, \cdots, n-1, n+l, \cdots, N\}$ 的维数索引，则 $A^{(n)}$ 为一矩阵，其大小为 $I_n \times \prod_{l=1}^{N-1} I_{\pi_l}$，定义如式(5-5)所示：

$$A \in R^{I_n \times \prod_{l=1}^{N-1} I_{\pi_l}} \Rightarrow_n A \in R^{I_n \times \prod_{l=1}^{N-1} I_{\pi_l}} \tag{5-5}$$

其中，$A_{i_n j}^{(n)} = A_{i_1 \cdots i_N}$，$j = 1 + \sum_{l=1}^{N-1} (i_{\pi_l} - 1) \prod_{l=1}^{N-1} I_{\pi_l}$。

定义 5-4(张量矩阵展开)　张量矩阵展开是指将一个张量中的元素重新排列，得到一个矩阵的过程，用此矩阵来表示张量。$A \in R^{I_1 \times I_2 \times \cdots \times I_N}$ 的 n 模展开矩阵表示为 $A_n \in R^{I_n \times (I_1 \cdots I_{n-1} I_{n+1} \cdots I_N)}$。

图 5-1 表示一个三阶张量的各模展开矩阵，即存在一张量 $A \in R^{3 \times 2 \times 3}$，其元素值为 $a_{111} = a_{112} = a_{211} = -a_{212} = 1$，$a_{213} = a_{311} = a_{313} = a_{121} = a_{122} = -a_{222} = 2$，$a_{223} = a_{321} = a_{323} = 3$，$a_{113} = a_{312} = a_{123} = a_{322} = 0$。则 1 模展开矩阵 $A_{(1)}$ 为

$$A_{(1)} = \begin{bmatrix} 1 & 1 & 0 & 2 & 2 & 0 \\ 1 & -1 & 2 & 2 & -2 & 3 \\ 2 & 2 & 2 & 3 & 0 & 3 \end{bmatrix}$$

定义 5-5(张量乘法)　考虑张量维数为任意的情况，在计算张量与矩阵乘法时，需确定张量中哪一维与矩阵中的某一列或行相乘。张量 $A \in R^{I_1 \times I_2 \times \cdots \times I_N}$ 和矩阵 $U \in R^{J_n \times I_n}$ 的乘法由 n 模乘积，如式(5-6)所示：

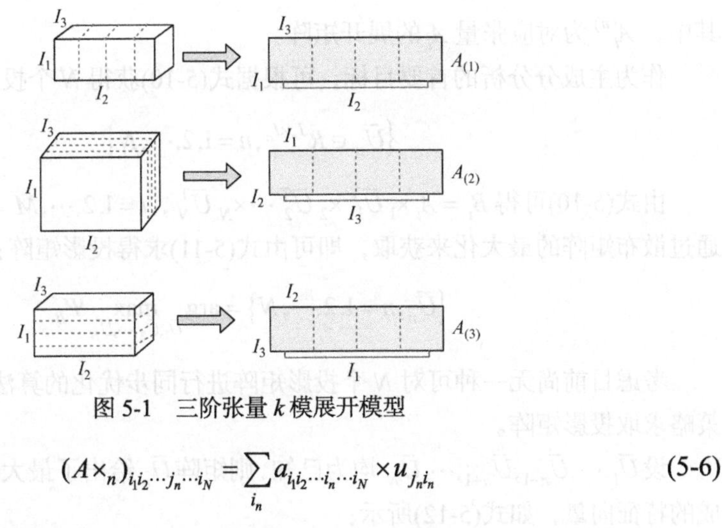

图 5-1　三阶张量 k 模展开模型

$$(A\times_n)_{i_1i_2\cdots j_n\cdots i_N}=\sum_{i_n}a_{i_1i_2\cdots i_n\cdots i_N}\times u_{j_ni_n} \tag{5-6}$$

一般 n 模张量乘法通过将张量 A 在给定的第 n 模上展开，可得一 n 模矩阵 A_n，因此 n 模乘积 $B=A\times_n U$ 可以根据矩阵乘法 $B_n=UA_n$ 得到。

给定数据点 $A_1,A_2,\cdots,A_M$，且均在张量空间 $R^{I_1\times I_2\times\cdots\times I_N}$ 上，那么张量子空间的构造过程中需找出 N 个变化矩阵 $U_i\in R^{I_i\times J_i}$，其中 $J_i<I_i$，$i=1,2,\cdots,N$，使之对应子空间中的点 $B_1,B_2,\cdots,B_M\in R^{J_1\times J_2\times\cdots\times J_N}$，可通过式(5-7)得

$$B_i=A_i\times_1 U_1^{\mathrm{T}}\times_2 U_2^{\mathrm{T}}\cdots\times_N U_N^{\mathrm{T}},\quad i=1,2,\cdots,M \tag{5-7}$$

在分析了张量基础理论的前提下，将重点考虑几种关键的张量子空间，并综合分析常用的张量子空间方法，如多重线性主成分分析、张量局部保持投影和带结构和几何信息的张量局部判别嵌入。

1. 多线性主成分分析

针对 M 个张量 $\{A_i,i=1,2,\cdots,M\}$，假设它们均在空间 $R^{I_1}\otimes R^{I_2}\otimes\cdots\otimes R^{I_N}$ 上，式(5-8)给出了张量总体散布的定义：

$$\psi_A=\sum_{i=1}^{M}\left\|A_i-\overline{A}\right\|_F^2 \tag{5-8}$$

其中，$\overline{A}$ 为张量的期望均值，可通过 $\overline{A}=(1/M)\sum_{i=1}^{M}A_i$ 计算得到，样本的张量模-n 散布矩阵可定义为

$$S_{T_A}^{(n)}=\sum_{i=1}^{M}(A_i^{(n)}-\overline{A}^{(n)})(A_i^{(n)}-\overline{A}^{(n)})^{\mathrm{T}} \tag{5-9}$$

其中，$A_i^{(n)}$ 为对应张量 A_i 的展开矩阵。

作为主成分分析的首要目标，可根据式(5-10)获得 N 个投影矩阵：

$$\left\{\bar{U}_n \in R^{J_n \times I_n}, n=1,2,\cdots,N\right\} \tag{5-10}$$

由式(5-10)可得 $B_i = A_i \times_1 \bar{U}_1^{\mathrm{T}} \times_2 \bar{U}_2^{\mathrm{T}} \cdots \times_N \bar{U}_N^{\mathrm{T}}$，$i=1,2,\cdots,M$。因此，投影矩阵可通过散布矩阵的最大化来获取，即可由式(5-11)求得投影矩阵：

$$\left\{\bar{U}_n, n=1,2,\cdots,N\right\} = \arg \max_{\bar{U}_1,\bar{U}_2,\cdots,\bar{U}_N} \Psi_B \tag{5-11}$$

考虑目前尚无一种可对 N 个投影矩阵进行同步优化的算法，需用次优的替换策略求取投影矩阵。

设 $\bar{U}_1,\cdots,\bar{U}_{n-1},\bar{U}_{n+1},\cdots,\bar{U}_N$ 均为已知，则矩阵 $\bar{U}_n$ 给出了最大的 J_n 个特征值所组成的特征向量，如式(5-12)所示：

$$\Phi^{(n)} = \sum_{i=1}^{k}(A_i^{(n)} - \bar{A}^{(n)}) \cdot \bar{U}_{\Phi^{(n)}} \cdot \bar{U}_{\Phi^{(n)}}^{\mathrm{T}} \cdot (A_i^{(n)} - \bar{A}^{(n)})^{\mathrm{T}} \tag{5-12}$$

其中，$\bar{U}_{\Phi^{(n)}} = (\bar{U}_{n+1} \otimes \bar{U}_{n+2} \otimes \cdots \otimes \bar{U}_N \otimes \bar{U}_1 \otimes \bar{U}_2 \otimes \cdots \otimes \bar{U}_{n-1})$，且维数 J_n 的大小可根据阈值 Ω 进行控制，可定义为 $\prod_{n=1}^{N} J_n \Big/ \prod_{n=1}^{N} I_n < \Omega$。

2. 张量局部保持投影

局部保持投影也称为最优线性逼近，它可直接进行低维嵌入新来的数据样本点。该投影是针对张量空间中的数据样本，采用几何拓扑的方法予以建模分析。对所给的 M 个数据点 $A_1, A_2, \cdots, A_M \in R^{I_1 \times I_2 \times \cdots \times I_N}$，通过构造一邻接图 G 来形成其局部结构，其中，距离矩阵 $S=[s_{ij}]_{M\times M}$ 的定义如式(5-13)所示：

$$s_{ij} = \begin{cases} \exp\left(-\left\|A_i - A_j\right\|_F^2 \Big/ t\right), & A_j \in O(A_i,k) \text{或} A_i \in (A_j,k) \\ 0, & \text{其他} \end{cases} \tag{5-13}$$

其中，$A_j \in O(A_i,k)$ 为样本 A_j 处于 A_i 的 k 邻域内，同样，$A_i \in (A_j,k)$ 则表明样本 A_i 处于张量 A_j 的 k 邻域内。

令 $U_n \in R^{I_n \times J_n} (n=1,2,\cdots,N)$ 为转换矩阵，可得基于邻接图 G 的投影的最优化目标如式(5-14)所示：

$$\arg\min Q(U_1,U_2,\cdots,U_N)=\sum_{i,j}\left\|A_i\times_1 U_1\ldots\times_N U_N-A_j\times_1 U_1\ldots\times_N U_N\right\|_F^2 s_{ij}$$
$$\text{s.t.}\quad \sum_i\left\|A_i\times_1 U_1\cdots\times_N U_N\right\|_F^2 d_{ii}=1 \tag{5-14}$$

其中，$d_{ii}=\sum_i s_{ij}$ 的值越大，说明 A_i 在嵌入对应空间内的 B_i 越重要。若 A_i 和 A_j 距离较小，则在嵌入该张量空间时，需尽量让它们靠近。

通过替换迭代，设 $U_1,U_2,\cdots,U_{n-1},U_{n+1},\cdots,U_n$ 已知，则

$$V_i=A_i\times_1 U_1\cdots\times_N U_N-A_j\times_1 U_1\cdots\times_N U_N \tag{5-15}$$

由 $V_i^{(n)}$ 是 V_i 的模- n 展开，可将上述最优化问题重新定义如式(5-16)所示：

$$\bar{U}_n=\arg\min_{\bar{U}_n}\operatorname{tr}\left\{U_n^{\mathrm{T}}\left(\sum_{i,j}(V_i^{(n)}-V_j^{(n)})(V_i^{(n)}-V_j^{(n)})^{\mathrm{T}}s_{ij}\right)U_n\right\}$$
$$\text{s.t.}\ \operatorname{tr}\left\{U_n^{\mathrm{T}}\left(\sum_i V_i^{(n)}V_i^{(n)}d_{ii}\right)U_n\right\}=1 \tag{5-16}$$

其中，$\bar{U}_n$ 为转换矩阵，它包括特征值分解中最小 J_n 个特征值所对应的特征向量，如式(5-17)所示：

$$\left(\sum_{i,j}(V_i^{(n)}-V_j^{(n)})(V_i^{(n)}-V_j^{(n)})^{\mathrm{T}}s_{ij}\right)u=\lambda\left(\sum_i V_i^{(n)}V_i^{(n)\mathrm{T}}d_{ii}\right) \tag{5-17}$$

3. 张量局部判别嵌入

该嵌入为带有类别信息的一种方法，该方法具有监督和降低维数的能力。考虑 M 个张量数据样本点 $A_1,A_2,\cdots,A_M\in R^{I_1\times I_2\times\cdots\times I_N}$，对应类别信息为 $y_1,y_2,\cdots,Y_M\in\{1,2,\cdots,c\}$。设样本点中同一类别的数据处于同一个子流形空间中，即 $R^{I_1\times I_2\times\cdots\times I_N}$，其主要目标为通过数据样本的类别信息及其邻域信息，来找出 N 个变换矩阵，以使得不同类张量数据样本距离更大，分离更明显。

为表示样本的类内、类间的领域关系，需构造类内、类间各样本的邻接图 G 和 G'。其中，基于热核的对应距离矩阵可表示成 $S=[s_{ij}]_{M\times M}$ 和 $S'=[s'_{ij}]_{M\times M}$，并分别定义如式(5-18)和式(5-19)所示：

$$s_{ij}=\begin{cases}\exp\left(-\left\|A_i-A_j\right\|_F^2/t\right), & A_j\in O(A_i,k)\text{ 或 }A_i\in O(A_j,k)\text{ 且 }y_i=y_j\\ 0, & \text{其他}\end{cases} \tag{5-18}$$

$$s'_{ij}=\begin{cases}\exp\left(-\left\|A_i-A_j\right\|_F^2/t\right), & A_j\in O(A_i,k)\text{ 或 }A_i\in O(A_j,k)\text{ 且 }y_i\neq y_j\\ 0, & \text{其他}\end{cases} \tag{5-19}$$

该最优化问题可按照式(5-20)的形式表示出：

$$\begin{aligned}&\arg\min Q(U_1,U_2,\cdots,U_N)=\sum_{i,j}\left\|A_i\times_1 U_1\cdots\times_N U_N-A_j\times_1 U_1\cdots\times_N U_N\right\|_F^2 s_{ij}\\&\text{s.t.}\ \sum_{i,j}\left\|A_i\times_1 U_1\cdots\times_N U_N-A_j\times_1 U_1\cdots\times_N U_N\right\|_F^2 s'_{ij}=1\end{aligned}\tag{5-20}$$

通过替换求解法，设$U_1,U_2,\cdots,U_{n-1},U_{n+1},\cdots,U_N$已求得，而$V_i$的模-$n$展开式可表示为$V_i^{(n)}$。因此，上述方法的最优化问题可重定义为

$$\begin{aligned}&\bar{U}_n=\arg\min_{\bar{U}_n}\operatorname{tr}\left\{U_n^{\mathrm{T}}\left(\sum_{i,j}s_{ij}(V_i^{(n)}-V_j^{(n)})(V_i^{(n)}-V_j^{(n)})^{\mathrm{T}}\right)U_n\right\}\\&\text{s.t.}\quad \operatorname{tr}\left\{U_n^{\mathrm{T}}\left(\sum_{i,j}s'_{ij}(V_i^{(n)}-V_j^{(n)})(V_i^{(n)}-V_j^{(n)})^{\mathrm{T}}\right)U_n\right\}=1\end{aligned}\tag{5-21}$$

转换矩阵$\bar{U}_n$是特征向量的组合，该矩阵可通过解式(5-22)的特征值方程求得J_n个最小特征值，并求出对应的特征向量构成：

$$\left(\sum_{i,j}s_{ij}(V_i^{(n)}-V_j^{(n)})(V_i^{(n)}-V_j^{(n)})^{\mathrm{T}}\right)u=\lambda\left(\sum_{i,j}s'_{ij}(V_i^{(n)}-V_j^{(n)})(V_i^{(n)}-V_j^{(n)})^{\mathrm{T}}\right)u\tag{5-22}$$

数据的张量表示形式能有效抑制过学习的问题,且能完成对样本资源的分类,因此，本节对张量基础理论和张量子空间进行了综合分析，通过张量对数据维数处理能力的利用，来支持音频语义张量空间的构造和基于张量 UCL 的离散度音频分类算法的提出。

5.2.2　基于张量语义的音频内容分类

在 n 维张量空间中二阶张量共包括 n^2 个分量，既可用一有序的 n^2 元数组来表示，也可用图 5-2(a)表示，即一个$n\times n$矩阵，并可理解成一张平面；同理，如图 5-2(b)所示：一个三阶张量共包括 n^3 个数据，即在二阶平面的张量基础上，新加入了一阶，即构成了一包含 n 个矩阵平面的空间立方体，且各个平面均为$n\times n$的矩阵。

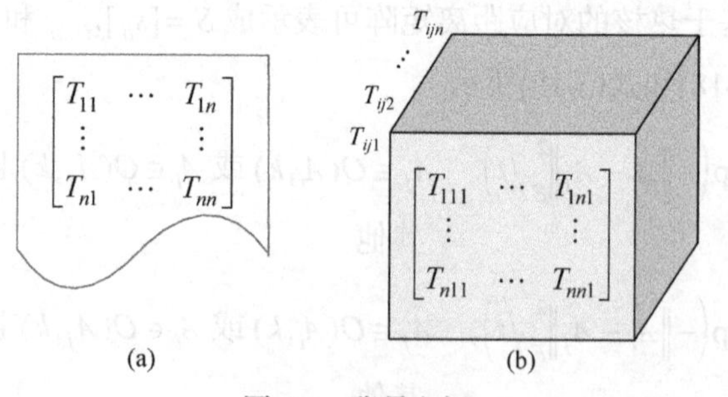

图 5-2　张量空间

定义 5-6(张量语义空间(tensor semantic space，TSS)）　由所有音频资源语义信息构成了所有张量空间中的分量。

定义 5-7(张量语义空间的语义结构)　针对由音频资源语义构成的张量语义空间，根据内容不同划分出多个子空间，且各子空间的结构是层次化的。

在语义空间Ω上，由于内容属性的不同，存在类别 g，满足映射 $g_i: A \to C$，将语义子空间 A 映射到语义子空间 C 中，即式(5-23)：

$$g_i(A) = \{c \mid c_i \in C_i : \exists a \in A;\ y_i = g_i(a)\} \tag{5-23}$$

UCL 是一种网络信息资源描述结构。采用基于张量的 UCL 信息对音频语义特征进行标引，同一类型的语义特征表达为张量的一阶，有利于各种语义的传递和融合[12,13]。利用三阶张量来表达音频的语义特征：TU={Tu_1, Tu_2, Tu_3}={外部属性语义信息，版权管理语义信息，内容语义信息}，其中外部属性语义信息主要描述音频的一些外部属性特征，包括标题、专辑名、压缩标准、歌曲长度、歌曲文件大小等；版权管理语义信息主要是用来对音频资源进行版权管理的一部分特征，包括作曲者、作词者、演唱者、出版者、出版时间等；内容语义信息主要描述音频内容本身想传递给外界的主观信息，包括音色、旋律、流派、情感及对歌曲的描述等。

采用基于张量的 UCL(tensor UCL，TUCL)对音频语义特征进行标引，形成一个三阶语义张量空间 $R^{I_1 \times I_2 \times I_3}$，其中 I_1、I_2、I_3 分别是外部属性语义特征向量、版权管理语义特征向量及内容语义特征向量的维数。在语义张量空间中，每一段音频数据均被一组特征值所表示，通过计算特征之间的 TSD，实现对音频资源的分类。

张量空间 $R^{I_1 \times I_2 \times I_3}$ 上的音频数据集合为 $X = \{X_1, X_2, \cdots, X_N\}$，$X_i$ 为一段音频的语义标引内容 $(i = 1, 2, \cdots, N)$，N 为所有数据样本的总数，所有的音频数据为 C 个类别，X_i 属于类别 $S(S = 1, 2, \cdots, C)$，属于类别 S 的样本数据总数为 N_S。将数据集合 X 映射到另一个语义空间 Y，在此空间中，具有相同语义内容的音频数据被最大限度地分开。注意到所有的数据 X_i 均为三阶张量，可根据数据分开的程度来找出三个语义正交投影矩阵 (U_1, U_2, U_3)，使其满足 $Y_i = X_i \times_1 U_1^{\mathrm{T}} \times_2 U_2^{\mathrm{T}} \times_3 U_3^{\mathrm{T}}$。

这样，空间 Y 中的数据就反映了 X 所在空间数据的语义相似度和语义关联度，同时，这个映射也具有线性特性，也就是说，对于训练集合之外的数据点 X_t，可以直接由预先训练出的语义投影矩阵来计算以得到它在语义空间 Y 中所属的类别。其中，样本 i 和类别 S 间的语义类内离散度定义为

$$\alpha_i^S = w_i^S \left\| Y_i - \overline{Y}^S \right\| \tag{5-24}$$

其中，$\overline{Y}^S = (1/N_S)\sum_S Y$ 是投影类 S 的质心；w_i^S 是第 S 类中第 i 个样本数据的权重，

表示为

$$w_i^S = \exp\left(-\left\|X_i - \overline{X}^S\right\|^2 / a\right) \tag{5-25}$$

同样，类别 S 和其他所有类别的语义类间离散度定义为

$$\beta = w^S \left\|\overline{Y}^S - \overline{Y}\right\|^2 \tag{5-26}$$

其中，$\overline{Y} = (1/N)\sum_i Y_i$ 为所有投影样本的质心；w^S 是所有类别中类别 S 的权重，表示为

$$w^S = \exp\left(\left\|\overline{X}^S - \overline{X}\right\|^2 / b\right) \tag{5-27}$$

为了使语义空间 Y 中的相同类别音频数据尽可能紧凑地结合在一起，不同类别的音频数据尽可能地被分开，观察式(5-26)和式(5-27)可以看出，X_i 和 $\overline{X}$ 之间的距离越小，则权重值 w_i^S 越大，如果语义类内离散度 α_i^S 为一常数，此时 $\left\|Y_i - \overline{Y}^S\right\|$ 则越小，因此希望语义类内离散度 α_i^S 为一个最小值，使得样本数据 Y_i 离类别 S 的中心 $\overline{Y}^S$ 更近。同理，希望语义类间语义离散度 β 为一个最大值，使得类别 S 和其他类之间的距离更大。因此，只需要求解如下公式，即可得到所需的投影矩阵。

$$\arg\max_{U_1,U_2,U_3} \beta / \alpha_i^S \tag{5-28}$$

鉴于式(5-28)同时求出三个投影矩阵很困难，本章采用迭代方法，给张量的每一个方向分别找一个投影矩阵 $U_k\,(k=1,2,3)$，在对每一个 U_k 求解时，对张量进行 k 模展开，将求解 U_k 的问题转换为矩阵广义特征值问题。对 α_i^S 和 β 进行 $k(k=1,2,3)$ 模展开，则有

$$\begin{aligned}
\alpha_i^S &= w_i^S \left\|Y_i - \overline{Y}^S\right\|^2 = w_i^S \operatorname{tr}\left[(Y_i - \overline{Y}^S)_{(k)} (Y_i - \overline{Y}^S)_{(k)}^{\mathrm{T}}\right] \\
&= w_i^S \operatorname{tr}\left[U_k^{\mathrm{T}} (Z_i - \overline{Z}^S)_{(k)} (Z_i - \overline{Z}^S)_{(k)}^{\mathrm{T}} U_k\right] \\
&= \operatorname{tr}\left\{U_k^{\mathrm{T}} \left[w_i^S (Z_i - \overline{Z}^S)_{(k)} (Z_i - \overline{Z}^S)_{(k)}^{\mathrm{T}}\right] U_k\right\}
\end{aligned} \tag{5-29}$$

$$\begin{aligned}
\beta &= w^S \left\|\overline{Y}^S - \overline{Y}\right\|^2 = w^S \operatorname{tr}(\overline{Y}^S - \overline{Y})_{(k)} (\overline{Y}^S - \overline{Y})_{(k)}^{\mathrm{T}} \\
&= w^S \operatorname{tr}\left[U_k^{\mathrm{T}} (\overline{Z}^S - \overline{Z})_{(k)} (\overline{Z}^S - \overline{Z})_{(k)}^{\mathrm{T}} U_k\right] \\
&= \operatorname{tr}\left\{U_k^{\mathrm{T}} \left[w^S (\overline{Z}^S - \overline{Z})_{(k)} (\overline{Z}^S - \overline{Z})_{(k)}^{\mathrm{T}}\right] U_k\right\}
\end{aligned} \tag{5-30}$$

其中，$Z_i = X_i \times_1 U_1^{\mathrm{T}} \cdots \times_{k-1} U_{k-1}^{\mathrm{T}} \times_{k+1} U_{k+1}^{\mathrm{T}} \cdots \times_n U_n^{\mathrm{T}}$，$(Z_i - \overline{Z}^S)_{(k)}$ 是 $(Z_i - \overline{Z}^S)$ 的 k 模展开矩阵，$\overline{Z}^S$ 是类别 S 的质心，$\overline{Z}$ 是所有样本数据的质心。

由上述展开过程可以看出，三阶张量的矩阵展开是按各阶张量进行交错采样，而不是针对某一阶的特征张量进行完全采样后再进行其他特征张量的采样，这种混合采样的主要目的是它能完成各阶特征张量信息的有效传递和融合。因此，在 k 模展开下语义类内语义离散度和语义类间语义离散度可表示为 $\alpha_i^S = \mathrm{tr}(U_k^{\mathrm{T}} S_w^{(k)} U_k)$ $\beta = \mathrm{tr}(U_k^{\mathrm{T}} S_b^{(k)} U_k)$。其中，$S_w^{(k)}$ 和 $S_b^{(k)}$ 分别为 k 模类内语义离散度和 k 模类间语义离散度，且表达形式为 $S_w^{(k)} = w_i^S (Z_i - \overline{Z}^S)_{(k)} (Z_i - \overline{Z}^S)_{(k)}^{\mathrm{T}}$，$S_b^{(k)} = w^S (\overline{Z}^S - \overline{Z})_{(k)}$ $(\overline{Z}^S - \overline{Z})_{(k)}^{\mathrm{T}}$。矩阵 $(Z_i - \overline{Z}^S)_{(k)} (Z_i - \overline{Z}^S)_{(k)}^S$ 为一个协方差矩阵，该矩阵主要描述类别 i 与样本总体间的关系，其中某一样类样本相对样本总体的分散度可定义为协方差矩阵中对角线上的函数，且该类相对总体的关联度即冗余度则可定义为非对角线上的元素。因此，每个样本根据自己在样本总体中所属的类别信息，可计算出该样本与总体的协方差矩阵的总和，这将从全局的角度上确定了该类别在总体样本中的分散度；同理可知，针对总体中的某一类别，可计算出该类内每个样本和所属类别间的协方差矩阵之和，这将从总体样本的角度来寻找类内各样本间的离散度，此时该类的特性由类内各样本的期望矩阵体现。因此，类内的样本期望矩阵和总体样本期望矩阵仅起到了媒介的作用，即类内和类间离散度均为从宏观的角度来描述类与类之间和类内样本之间的离散度。

经过上述展开过程，则式(5-28)可写为

$$\arg \max_{U_k} \beta / \alpha_i^S = \frac{\mathrm{tr}(U_k^{\mathrm{T}} S_b^{(k)} U_k)}{\mathrm{tr}(U_k^{\mathrm{T}} S_w^{(k)} U_k)}, \quad k = 1,2,3 \tag{5-31}$$

由式(5-31)可分别求出 U_k，重复这个过程直到收敛。其中对每一个 k 的求解，可采用文献[14]中解决 trace-ration 问题的算法求得。

5.2.3　基于径向基函数张量神经网络模型的音频内容自动分类

用于音频内容自动分类的基于径向基函数(radical basis function，RBF)张量神经网络(radical basis function tensor neural network，RBFTNN)模型是根据经验知识所构建的一种有效且具有学习能力的神经网络模型，它主要由三个网络层构成。其中，输入层由输入节点组成，隐藏层神经元个数由所描述的问题而定，其变换函数是径向对称且衰减的非负非线性函数；输出层是输入模式的响应。研究对象是 TUCL 表示的多语义音频信息，因此为有效解决音频自动分类问题，本节提出 RBFTNN 模型。

同 RBF 神经网络，RBFTNN 主要是根据输入层节点数和隐藏层节点数来确定，其泛化能力包括抑制过学习能力和预测能力，泛化能力的确定主要依赖于网络拓扑结构(隐藏层数、隐藏层节点数和隐节点的函数特性)和训练样本特性。其中，输入层节点过少过多都会影响 RBFTNN 的性能；隐藏层节点的多少直接决定 RBFTNN 的泛化能力、学习速度和输出性能。将离散度分类经验知识分为训练样本集和测试样本集，其中训练样本集用于训练网络，测试样本集用于评价网络的泛化能力。根据上述 RBFTNN 特点和音频资源分类问题的特征可知，用多语义 TUCL 表示的音频资源来确定 RBFTNN 的拓扑结构，以建立该结构下具有良好泛化能力的模型，通过该模型对音频语义信息进行模拟，以实现对音频资源有效的分类学习功能。

为实现多语义音频资源内容的有效管理，利用 RBFTNN 模型的构建方法，来建立有监督的 RBFTNN 自动分类模型。该模型可完成基于 TUCL 标引的音频数据自动分类，模型实现框图如图 5-3 所示。图中，离散度知识获取是根据离散度分类语义信息获取的经验知识(张量语义信息、离散度信息及对应的语义类别)。RBFTNN 拓扑结构的构建是为了选择隐藏层个数、隐藏层神经元数目，并确定网络的初始权值。RBFTNN 分类模型训练模块把具体经验知识分为训练样本集(Tr)和测试样本集(V)，并利用 Tr 训练 RBFTNN 分类模型，用 V 评价该模型的泛化能力，以充分提取语义内在的信息。通过上述步骤最终建立起对应语义类别的 RBFTNN 自动分类模型。

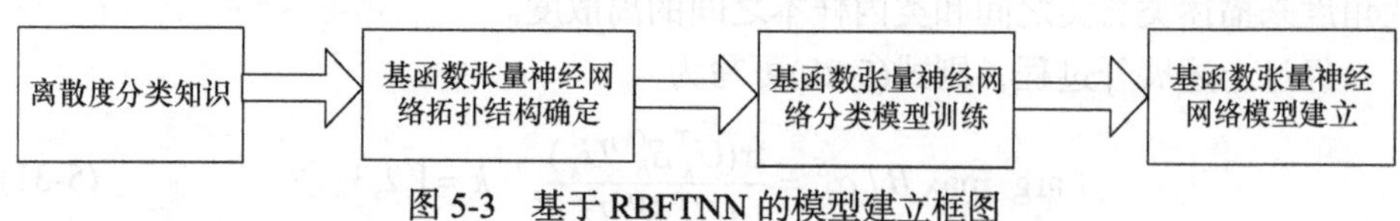

图 5-3 基于 RBFTNN 的模型建立框图

基于 TUCL 多语义表示的 RBFTNN 自动分类系统的实现流程如图 5-4 所示，主要步骤如下。

(1) 将 TUCL 所标引不同类型的音频信息用三阶张量形式表示，并构造基于张量的语义空间。

(2) 求出各类音频资源中语义的类内离散度和类间离散度，并用 TSD 进行音频资源分类以形成 TSD 经验知识。

(3) 初始化 RBFTNN 模型，其中，经验样本集分为训练样本集 Tr(60%)和测试样本集 V(40%)两部分，并确定网络拓扑结构中权值和隐藏层神经元的个数。

(4) 利用学习模型处理样本数据，完成 RBFTNN 模型建立，并存入模型库以用于对分类资源信息的智能学习。

(5) 根据建立的 RBFTNN 模型，实现资源的自动分类，若能找出分类目标，则返回目标类别；若不能找到分类目标，则针对该类新音频资源重新执行 TSD 分类以及 RBFTNN 模型建立的过程。

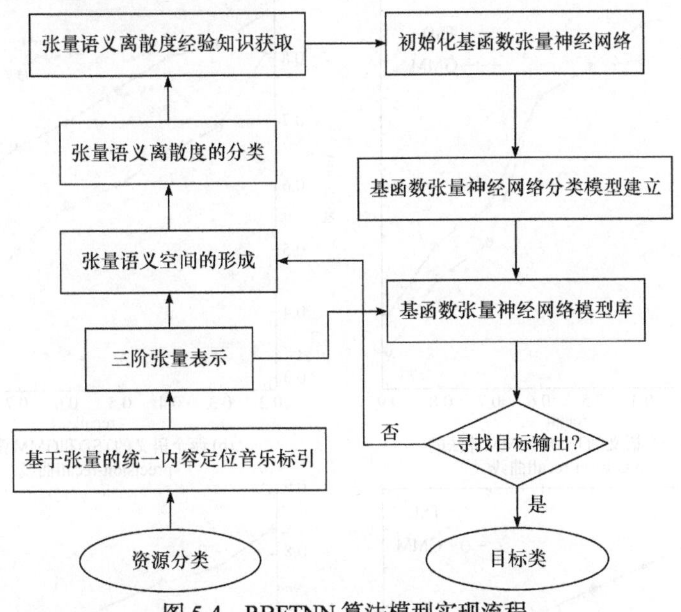

图 5-4　RBFTNN 算法模型实现流程

5.2.4　仿真结果与分析

针对分类语义信息不完整的情况，本节分别采用一个、两个、三个、四个语义词对音频资源进行分类。为了进行性能对比，选用了高斯混合模型(Gaussian mixture model，GMM)作为分类对比方案，图 5-5 分别对应四组不同语义的 TSD 算法和 GMM 算法分类性能的仿真结果。为了保证算法的推广能力，每次实验中所采用的分类类别不同，其中，图 5-5(a)～(d)中均为根据不同的召回率(recall)值，确定不同类别分类信息精确度(precision)值的仿真，即针对不同语义个数的情况，考虑它们在 recall 值相同时，不同算法所得到的对应 precision 值，且每个图均表示经过 50 次实验所得性能的平均值。

由图 5-5 可知，针对单个语义特征，随着 recall 值的增加，precision 值在不断降低，特别当 recall 值在 0.4～0.7 时，TSD 和 GMM 算法的 precision 值几乎相同，即文中算法并没有体现出更好的性能。然而，在图 5-5(b)、(c)、(d)中，TSD 算法的分类性能随语义特征个数的增加而增加，当 recall 值超过 0.2 时，与 GMM 算法相比，TSD 的 precision 值至少提高了 10%。由对三个语义的分类性能可知，当 recall 值小于 0.7 时，TSD 的 precision 值超过了 GMM 算法的 15%。当四个语义时，针对相同的 recall 值，与 GMM 算法相比，TSD 算法性能有了更进一步的改进。因此，随着语义特征个数的增加，TSD 算法的查全率和查准率

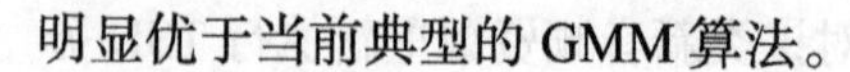
明显优于当前典型的GMM算法。

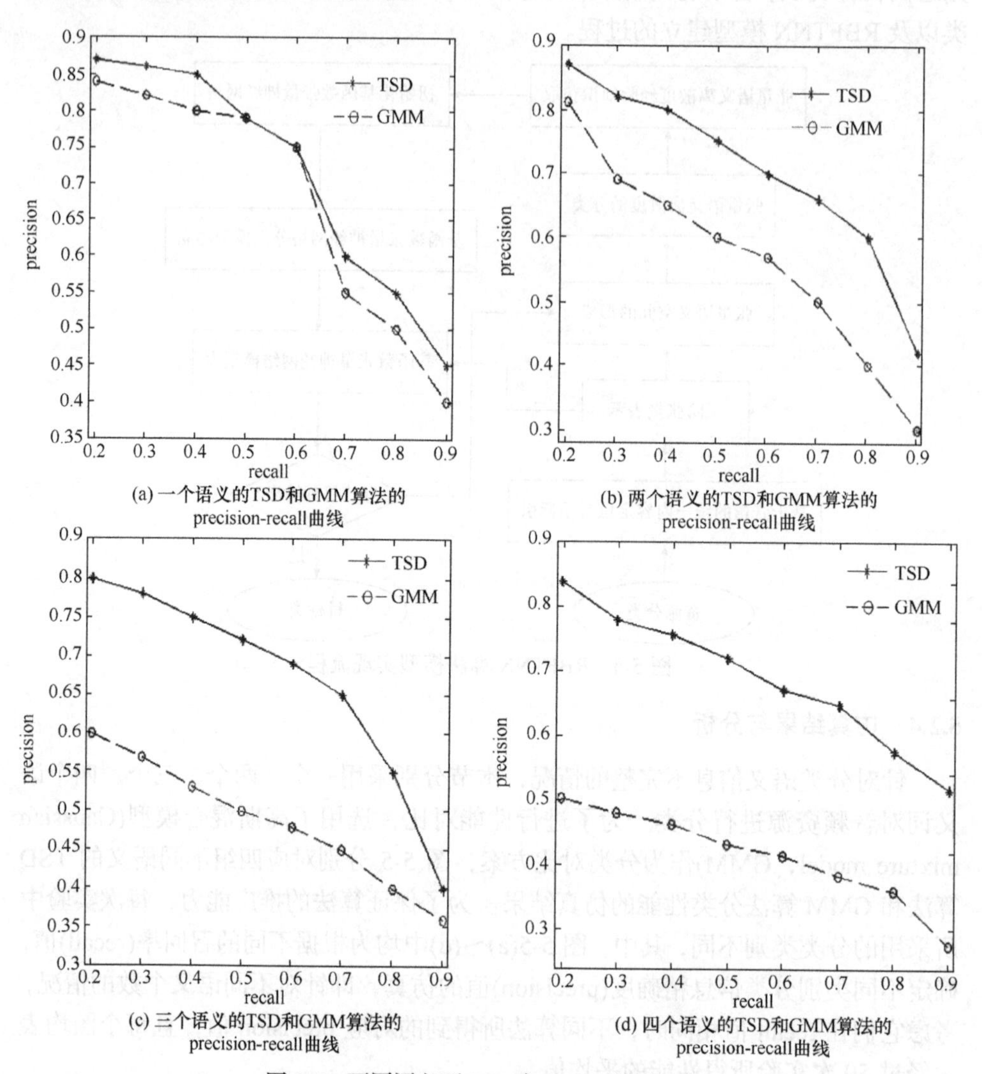

(a) 一个语义的TSD和GMM算法的precision-recall曲线

(b) 两个语义的TSD和GMM算法的precision-recall曲线

(c) 三个语义的TSD和GMM算法的precision-recall曲线

(d) 四个语义的TSD和GMM算法的precision-recall曲线

图 5-5　不同语义下 TSD 与 GMM 算法比较

由不同语义下 TSD 算法的性能可知，当用四个语义词来作为音频分类的标准时，其 precision 值和 recall 值明显优于当前典型的 GMM 算法，即表明采用四个语义特征时对音频的分类性能最佳。因此，重点考虑 TSD 算法对四个语义分类的经验知识作为 RBFTNN 训练测试的样本，来构建音频信息分类模型。考虑对其他语义个数的分类模型可按同样的方法建立，限于篇幅，该部分没有给出进一步的仿真分析。

为证明 TSD+RBFTNN 模型用于语义资源信息自动分类的有效性及其适应能

力，针对标引的 1000 首音频，用 TSD 算法对四组含不同的四个语义信息进行分类，形成了包含不同多语义经验知识的样本数据，且各类知识对应音频个数分别为 164、159、452 和 225。当对其中一类进行分类时，该类为目标类，其余音频资源为非目标类，而四组不同的四个语义如表 5-2 所示。

表 5-2　四组不同的四个语义

项目	对应四个语义
四个语义 1(FS1)	流派、情感、语言和标题
四个语义 2(FS2)	作曲者、出版者、演唱者和专辑名
四个语义 3(FS3)	压缩标准、演唱者性别、语言和文件大小
四个语义 4(FS4)	乐器、情感、专辑名和演唱者

1. 基于 precision-recall 曲线的检索方法比较

为有效建立 TSD + RBFTNN 模型，由经验知识可知初始化网络模型包括输入、输出神经元的个数为 3 和 1；网络权值可采用随机初始化的方法，并逐步更新；隐藏层神经元个数可经过训练逐步递增。样本数据的 60%作为样本集 T、40%为样本集 V，通过泛化能力评价完成模型的建立。为了证明所提出算法模型的性能，与 TSD+SVM 自动分类模型进行比较，其仿真结果如图 5-6 所示。

图 5-6 为针对不同的四个语义特征的 precision-recall 曲线。图中，横坐标表示 recall，纵坐标表示 precision；虚线和实线分别表示采用 TSD+SVM 和 TSD+RBFTNN 两种方法进行多语义分类检索的 precision-recall 曲线。

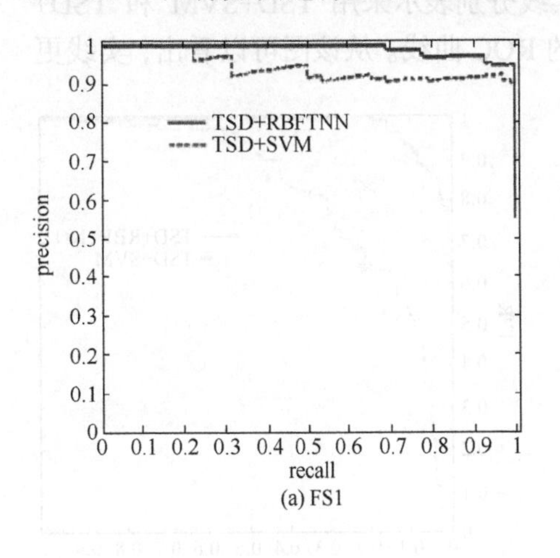

(a) FS1

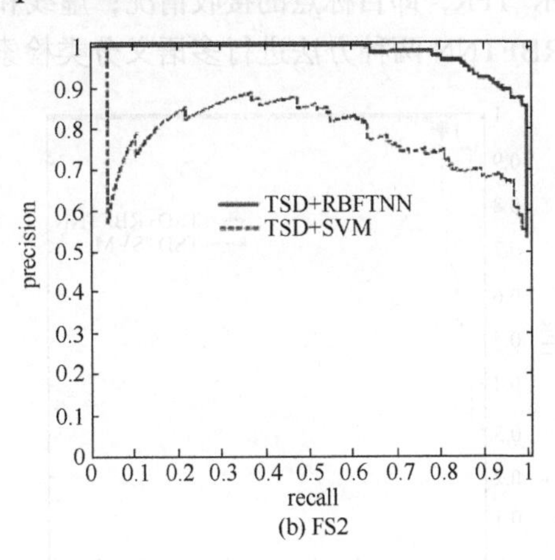

(b) FS2

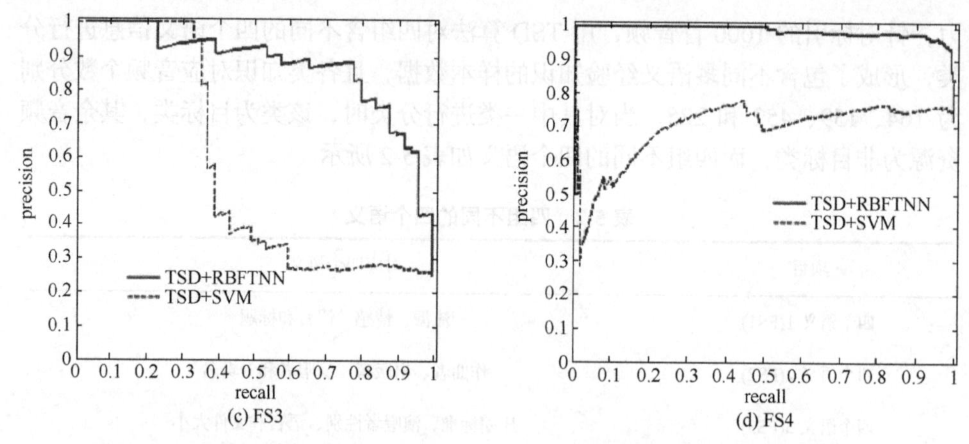

图 5-6　不同语义下 TSD+RBFTNN 和 TSD+SVM 算法的 precision-recall 曲线

在图 5-6(a)～(d)中，随着对 recall 值要求的增加，precision 值逐渐变小。由图 5-6(a)可知，当 recall 值高于 0.3 时，本节方法的 precision 值高于 TSD+SVM 的分类检索能力；由图 5-6(b)可知，当 recall 值高于 0.05 时，本节方法的分类检索能力比 TSD+SVM 的至少提高了 10%；由图 5-6(c)、(d)可知，当 recall 值处于 0.35～0.95 时，本节方法的 precision 值比 TSD+SVM 的至少高 20%。因此，当查全率相同时，TSD+RBFTNN 算法的查准率明显优于 TSD+SVM 模型算法，且具有普遍的适应性。

2. 基于 ROC 曲线的自动分类方法比较

图 5-7 中分别给出了 FS1、FS2、FS3、FS4 的接收者操作特性(receiver operating characteristic，ROC)曲线，图中横坐标表示 FPR，即异常点接收的情况；纵坐标表示 TPR，即目标点的接收情况；虚线和实线分别表示采用 TSD+SVM 和 TSD+RBFTNN 两种方法进行多语义分类检索的 ROC 曲线。从该图可以看出，实线更

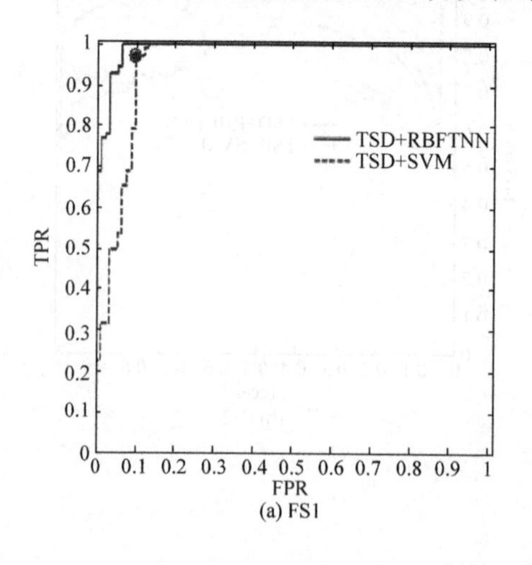

(a) FS1

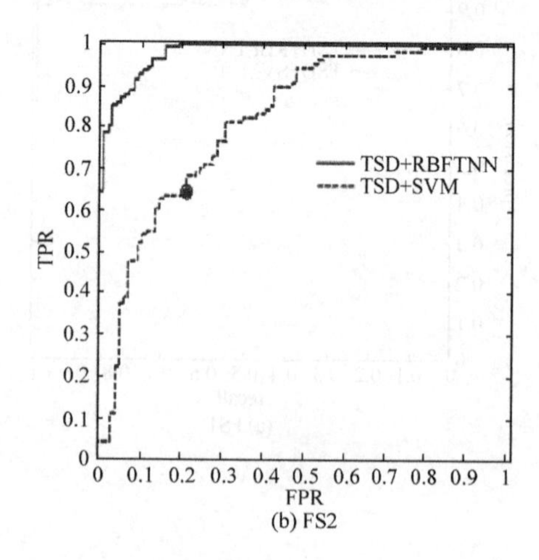

(b) FS2

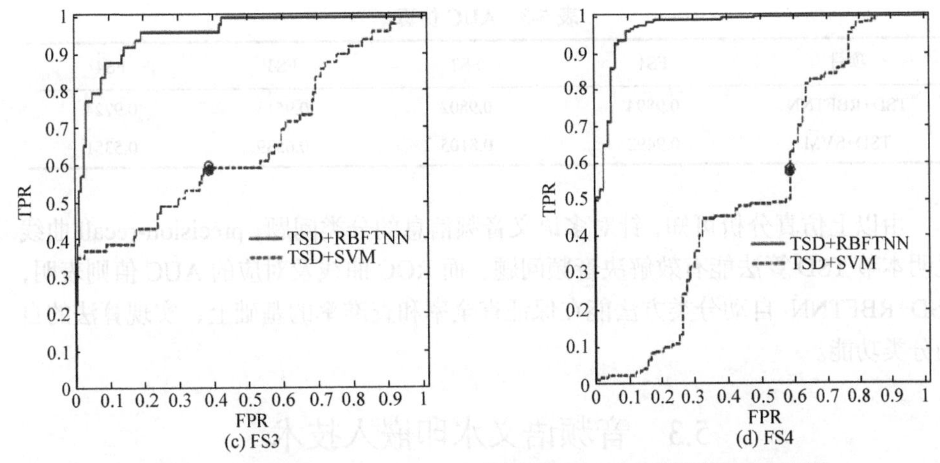

图 5-7　不同语义下 TSD+RBFTNN 和 TSD+SVM 算法的 ROC 曲线

接近单位方形的左上角，即对 TSD 分类经验知识，进行 SVM 训练得到的分类器结果在性能上远不如所提出 RBFTNN 的分类精度。

由图 5-7(a)可知，当 FPR 超过 0.3 时，两种算法模型几乎可对目标类别进行全部分类。因此，流派、情感、语言和标题这四个语义能更有效地描述音频资源特征，但 FPR 值小于 0.3 时，本节算法显示了更好的分类性能。由图 5-7(b)可知，当 FPR 值小于 0.4 时，与 TSD+SVM 分类相比，本节算法模型分类正确率至少提高了 20%。图 5-7(c)和(d)的效果尤其明显，当 FPR 值大于 0.4 时，TSD+SVM 分类准确率才能达到 50%以上，而本节方法的准确率至少为 95%。因此，针对不同的多语义分类检索问题，TSD+RBFTNN 方法具有较强的自动分类能力。

3. 不同自动分类方法的 AUC 值比较

为了更准确地进行比较，表 5-3 列出了实验中全部语义概念分别用两种方法进行分类所得到的 ROC 曲线的 AUC(ROC 曲线下与坐标轴围成的面积)值。例如，对于 FS1，TSD+RBFTNN 方法的 AUC 值为 0.9894，TSD+SVM 的 AUC 值为 0.9492；对于 FS2，TSD+RBFTNN 为 0.9802，而 TSD+ SVM 为 0.8105；对于 FS3，TSD+RBFTNN 为 0.9513，而 TSD+SVM 为 0.6539；对于 FS4，TSD+RBFTNN 为 0.9724，而 TSD+SVM 为 0.5351。因此，针对四组 AUC 值，TSD+RBFTNN 算法比基于 TSD+SVM 的 AUC 值都要高，而且 TSD+RBFTNN 算法比 TSD+ SVM 至少高 0.04，平均高出了 0.2361，这表明 TSD 与 RBFTNN 学习算法结合能够带来更好的分类和检测效果。而针对四组语义的仿真也证明了本节算法的推广应用能力。

表 5-3　AUC 仿真

项目	FS1	FS2	FS3	FS4
TSD+RBFTNN	0.9894	0.9802	0.9513	0.9724
TSD+SVM	0.9492	0.8105	0.6539	0.5351

由以上仿真分析可知，针对多语义音频信息的分类问题，precision-recall 曲线说明本节 TSD 算法能有效解决音频问题，而 ROC 曲线及对应的 AUC 值则表明，TSD+RBFTNN 自动分类方法能在保证查全率和查准率的基础上，实现算法的自动分类功能。

5.3　音频语义水印嵌入技术

在音频信号网络传输过程中，密码学能够提供安全的管理手段，因此密码学在通信领域受到极大的关注。加密方法虽被认为是实现信息安全的保证，但不能解决所有的安全问题。首先在音频传输过程中，经常会因为信息的不可理解性而受到限制；其次，针对加密后的音频信息，常会引起蓄意攻击者的关注，并存在被破解的情况，且破解后的加密文件将没有任何安全可言。因此，数字水印技术应运而生，并迅速发展，其主要目的是实现对媒体数据信息产品的版权保护。随着应用需求的不断提高、应用范围的不断扩大，数字水印技术还被应用到数字文件真伪鉴别、秘密通信和隐含标注等重要领域[15,16]。

目前，音频数字水印算法的研究主要集中在时域、频域和压缩域。时域音频水印算法是通过直接修改采样点的值来实现水印的嵌入，典型算法包括最不重要位(least significant bit，LSB)水印算法和回声隐藏(echo hiding)算法等。文献[17]提出了一种改进的 LSB 水印算法，该算法在水印嵌入位置的选择上较以往的算法更加合理，同时在水印信息的嵌入过程中修改采样点值，使得嵌入前后的样点值差值最小，提高了水印的不可感知性，但鲁棒性比较差。文献[18]采用分布式方法，通过新的 LSB 水印算法实现将水印嵌入 LSB 水印算法较高层的功能，提高了算法的鲁棒性和比特率。LSB 水印算法简单易实现，但是对某些信号处理比较敏感，抗干扰能力差、稳健性差，因此实用价值较低。

当前，频域水印算法是数字水印领域的主流算法，它通过修改频域系数的方式来实现水印的嵌入，典型算法包括离散傅里叶变换(discrete Fourier transform，DFT)、DCT、DWT 等。频域算法较时域算法具有以下几点显著优势：为确保水印信息的不可听性，频域中嵌入水印信号能量可分布于原始音频信号中时域的任何位置上；在水印编码的实现过程中，人们对音频的听觉处理特点使频域具有更强的水印结合能力。文献[19]提出了 DCT 域自适应量化算法，通过设计有效的量化规则和选择合适的量化步长，将鲁棒性水印和脆弱水印同时嵌入水印中。实验表明一种水印能抵抗防伪攻击，而另一种水印能抵抗常规信号处理。文献[20]提出了基于音频特征的多小波域水印算法，通过将音频帧进行抽样分为两个子音频帧并分别将其变换到多小波域。利用两个子音频帧在多小波域的能量来估计所嵌入水印的容量，并根据它们的能量大小关系完成水印的嵌入，在保证听觉质量的同时提高了水印的鲁棒性。

压缩域水印算法的基本原理是将水印信息嵌入压缩位流或对应索引中。该类算法的主要缺点是编码系统比较复杂，受格式化变化的限制较大。压缩处理本身已经过滤掉了很多冗余信息，所以再往里面添加水印信息的难度较大。文献[21]提出了一种基于矩阵奇异值分解的音频水印方法，利用奇异值提高水印算法的抗攻击性。文献[22]基于伪随机序列将水印信息嵌入 DCT 系数的中频段上，从而实现嵌入域在频域扩展，提高水印的嵌入量。文献[23]则对音频水印扩频方法进行了一般化处理，从理论角度研究了音频信道中可以嵌入水印的最大比特数。

结合上述三个域的水印算法，压缩域水印算法格式符合当前主流格式但是存在鲁棒性差的问题，时域水印算法实现简单但是不可听性和鲁棒性之间的矛盾得不到有效的解决。而频域水印算法在保证不可听性和鲁棒性得到有效权衡的情况下，实现起来并不复杂，本节将采用频域水印算法来实现音频语义水印的嵌入[24]。

5.3.1　音频语义水印生成过程

基于语义水印的数字音频水印嵌入系统如图 5-8 所示。首先将音频语义信息根据用途进行分类形成分类语义信息，再对它们进行调制编码，形成可靠的、不可篡改的、完整的语义水印信息。然后将原始音频信号进行分段，并通过计算各段的能量、过零率以及采样点的能量来确定水印嵌入位置。在传统量化算法的基础上，利用提出的改进的量化嵌入规则嵌入水印，使一个系数可以嵌入多个比特以增加嵌入量，同时结合心理听觉模型，自适应地选择量化系数及量化强度，在保证水印的不可听性的前提下，最大限度地嵌入语义水印信息，有效地增强了水印的鲁棒性。

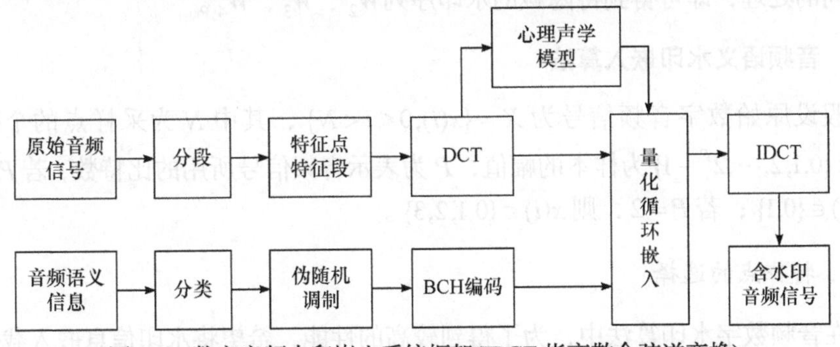

图 5-8　数字音频水印嵌入系统框架(IDCT 指离散余弦逆变换)

为了保证水印信息的唯一性、有效性和不可预测性等属性，采用伪随机调制+BCH 编码水印生成算法。首先将文本水印信息转换成二进制代码，然后将其与伪随机序列进行积运算得到初始水印序列，最后对其进行 BCH 编码得到待嵌入的水印序列，具体方案如下。

(1) 以版权标识信息为例，首先将语义文本信息根据《信息交换用汉字编码字符集 基本集》(GB 2312—1980)转换得到二进制序列：

$$A_1 = \{a_1(i), 0 < i \leqslant N_1\}, \quad a_1(i) \in \{0,1\} \tag{5-32}$$

其中，A_1 为版权标识信息；N_1 为序列的长度。

(2) 用长度为 N_1、经极化处理的伪随机序列 P_1 对 A_1 进行调制，得到要嵌入的初始水印序列 B_1：

$$P_1 = \{p_1(i), 0 < i \leqslant N_1\}, \quad p_1(i) \in \{0,1\} \tag{5-33}$$

$$B_1 = \{b_1(i) = p_1(i) \times a_1(i), 0 < i \leqslant N_1\}, \quad b_1(i) \in \{0,1\} \tag{5-34}$$

调制后的 B_1 序列具有不可预测的随机性，攻击者在不知道密钥 P_1 的情况下，很难正确检测到水印。

通常情况下，数字水印音频信号在网络传输过程中很容易遭受各种攻击和干扰，如重采样、有损压缩、低通滤波等，水印信息受到破坏。对于有意义的水印信息，仅一个比特的错误就可能导致水印的意义发生变化。因此，为了提高水印抗攻击的能力以便进一步提高水印检测的正确率，采用 BCH 纠错编码技术对初始水印信息进行编码，增加水印自恢复能力。权衡编码效率与纠错能力两者之间的关系以及算法计算量和实现的难易程度，选用了 BCH(15, 5)编码，其中，码长 $n=15$，信息位 $k=5$，可以在 15 位码元中纠错 $t=3$ 位。初始水印序列经过 BCH 编码可以得到待隐藏的水印序列 W_1：

$$W_1 = \{w_1(i), 0 < i \leqslant N_1'\}, \quad w_1(i) \in \{0,1\} \tag{5-35}$$

其中，$N_1' = N_1 + \dfrac{N_1}{n} \times (n-k)$。对分类语义信息、检索信息、个人推荐信息进行上述相同的处理，即可得到待隐藏的水印序列 W_2、W_3、W_4。

5.3.2 音频语义水印嵌入算法

假设原始数字音频信号为 $X = \{x(i), 0 \leqslant i < N\}$，其中 N 为采样点的个数，$x(i) \in \{0,1,2,\cdots,2^P - 1\}$ 为样本的幅值，P 为表示音频信号所用的比特数，若 $P=1$，则 $x(i) \in \{0,1\}$；若 $P=2$，则 $x(i) \in \{0,1,2,3\}$。

1. 特征点的选择

在音频数字水印算法中，为了得到较高的性能，希望将水印信息嵌入载体能量较强的地方，主要是因为：若载体能量较强，则嵌入的水印信息量随之增加，提高了水印检测的可靠性；音频信号的主体部分集中在高能量处。若对它的攻击强度过大，则会破坏信号的质量，这显然不是蓄意破坏者的初衷，所以把水印嵌在高能量处可在一定程度上限制对水印的恶意攻击，提高了水印的鲁棒性。这里高能量处的采样点即音频的特征点，具体指信号中能量值快速爬升到峰值的点。能量值的急速爬升反映了信号短时能量的大小，因此该点也是信号局部能量较强部分的起始点。将这样的点作为水印嵌入点符合将水印嵌入信号能量较强部分的要求。

将版权标识语义水印嵌入音频特征点中，这不仅保证了版权信息的安全性(鲁棒性)，同时还可以作为整个语义水印的同步信号。在对音频信号进行监控和提取时，检测器必须找到水印嵌入的起始位置，以便完整地提取出水印信息，因此同步码的准确度直接决定了检测器的性能。在强能量点嵌入水印很大程度上保证了信息的准确性，因此将版权标识信息嵌入音频特征点中符合信息完整性和安全性的要求。

检测特征点的步骤如下。

1) 短时能量总和的确定

分别计算每个采样点向前和向后 L 个采样点的短时能量总和 M_b 和 M_a，公式如下：

$$M_b(i)=\sum_{n=1}^{L}x^2(i-n) \tag{5-36}$$

$$M_a(i)=\sum_{n=0}^{L-1}x^2(i-n) \tag{5-37}$$

其中，$i=L+1,L+2,\cdots,N-L+1$。

2) 短时能量总和比值的确定

采样点 i 的短时能量总和的比值 $R(i)$ 即前后短时能量总和的比值，即

$$R(i)=\frac{M_a(i)}{M_b(i)} \tag{5-38}$$

3) 局部极大值的确定

对所求得的前后短时能量总和的比值 $R(i)$，当且仅当 $R(i)$ 同时满足以下四个条件：

$$R(i)>T_1,\quad M_a(i)>T_2 \tag{5-39}$$

$$R(i)>R(i-1),\quad R(i)>R(i+1) \tag{5-40}$$

称 $R(i)$ 为局部极大值。其中，T_1 为短时能量总和比值的门限值；T_2 为短时能量总和的门限值。

4) 标记特征点

将所求得的局部极大值所对应的信号采样点进行标识，这些点即检测到的特征点，作为水印嵌入的起始点。

2. 特征段的选择

根据心理声学模型可知，在高能量信号中，短时间内信号发生少量畸变也不容易被发现，并且存在较长时间的滞后掩蔽。因此，数字水印更适合嵌在能量较高和过零率较低的音频区域中，将分类语义、检索语义和个性推荐语义嵌入这些音频区域中。

检测特征区域的方法如下：

首先将音频划分成 K 段，第 t 段数据表示为

$$X(t)=\left\{x[(t-1)l+i],0<i\leqslant l\right\},\quad 1<t\leqslant K,l=N/K \tag{5-41}$$

数据段 t 的能量 $E(t)$ 和过零率 $Z(t)$ 可表示为

$$E(t)=\sum_{i=1}^{l}\left\{x[(t-1)l+i]w(n-i)\right\}^2 \tag{5-42}$$

$$Z(t)=\frac{1}{2}M\sum_{i=1}^{l}\left|\operatorname{sgn}\left\{x[(t-1)l+i]\right\}-\operatorname{sgn}\left\{x[(t-1)l+i-1]\right\}\right|w(n-i) \tag{5-43}$$

其中，$w(n-i)$ 是窗口宽度为 M 的窗函数，即

$$w(n)=\begin{cases}1, & 0\leqslant n\leqslant M-1\\ 0, & \text{其他}\end{cases} \tag{5-44}$$

$$\operatorname{sgn}[x(i)]=\begin{cases}1, & x(i)>0\\ 0, & x(i)=0\\ -1, & x(i)<0\end{cases} \tag{5-45}$$

3. 嵌入量的选择

人耳对一个较弱声音(被掩蔽音)的感知被另一个较强声音(掩蔽音)掩蔽的现象称为人耳的听觉掩蔽效应。听觉掩蔽效应是心理声学中的重要现象，它表明了人耳听觉系统频率和时间分辨力的局限性。听觉系统的掩蔽特性表明了在音频信号中添加水印信息的可行性。通过估算各频率点的掩蔽阈值来自适应控制水印嵌入的位置及强度，以减少对音频质量的冲击。

计算掩蔽阈值的具体步骤如下。

1) 功率谱计算和声压级归一化

将输入信号 $x(n)$ 归一化为 $s(n)$ 后，分成每帧 512 个样点，分别对每帧进行计

算。则功率谱密度为

$$P(k) = \mathrm{PN} + 10\lg\left|\frac{1}{N}\sum_{n=0}^{N-1} w(n)s(n)\mathrm{e}^{-\mathrm{j}\frac{2\pi}{N}kn}\right|^2, \quad 0 \leqslant k \leqslant \frac{N}{2} \tag{5-46}$$

其中，$N = 512$；$\mathrm{PN} = 90\mathrm{dB}$；$w(n)$ 为

$$w(n) = \frac{1}{2}\left[1 - \cos\left(\frac{2\pi}{N}n\right)\right], \quad 0 \leqslant n \leqslant N-1 \tag{5-47}$$

图 5-9 显示的是一帧音频信号的功率谱密度图。图中横坐标表示频带，纵坐标表示声压级。

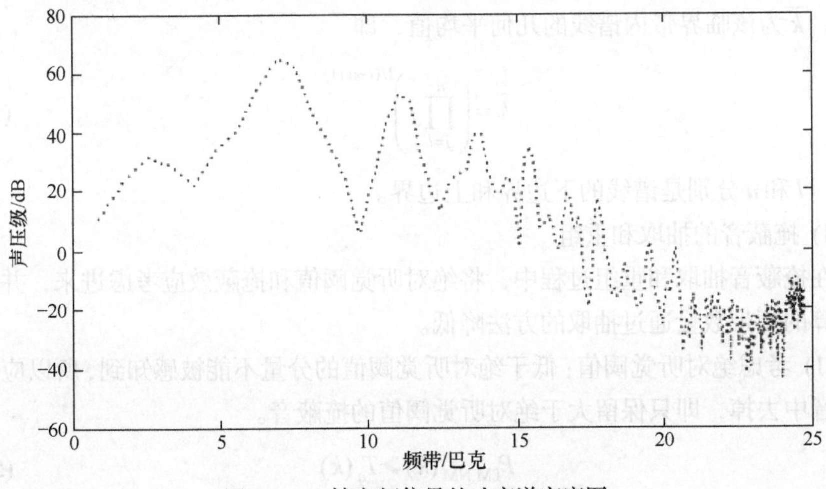

图 5-9　一帧音频信号的功率谱密度图

2) 纯音掩蔽音和噪声掩蔽音

当功率谱中某个分量的功率谱密度超过周围其他分量 7dB 时，该分量被确定为纯音分量，定义为集合 S_T。对于 S_T 中的每个纯音分量，将该纯音和前后相邻项强度相加作为掩蔽音强度，即所有纯音的集合为

$$S_T = \left\{ P(k) \left| \begin{array}{l} P(k) > P(k+1) \\ P(k) > P(k \pm \varDelta_k) + 7\mathrm{dB} \end{array} \right. \right\} \tag{5-48}$$

其中

$$\varDelta_k \in \begin{cases} 2, & 2 < k < 63 \\ [2,3], & 63 \leqslant k < 127 \\ [2,6], & 127 \leqslant k \leqslant 256 \end{cases} \tag{5-49}$$

对于每个 S_T 中纯音 $P(k)$，计算纯音掩蔽音的强度为

$$P_{\mathrm{TM}}(k)=10\lg\left[\sum_{j=-1}^{1}10^{0.1P(k+j)}\right] \tag{5-50}$$

将确定为纯音的频谱分量的前后相邻项强度相加作为纯音掩蔽音强度。

在各个临界带内，噪声掩蔽音强度为将所有不在纯音信号 $\pm\Delta_k$ 范围内的频谱分量总和，即

$$P_{\mathrm{NM}}(\bar{k})=10\lg\left[\sum_{j}10^{0.1P(j)}\right],\quad \forall P(j)\notin\left\{P_{\mathrm{TM}}(k,k\pm1,k\pm\Delta_k)\right\} \tag{5-51}$$

其中，$\bar{k}$ 为该临界带内谱线的几何平均值，即

$$\bar{k}=\left(\prod_{j=l}^{u}j\right)^{1/(l-u+1)} \tag{5-52}$$

其中，l 和 u 分别是谱线的下边界和上边界。

3) 掩蔽音的抽取和重组

在掩蔽音抽取和重组过程中，将绝对听觉阈值和掩蔽效应考虑进来，并将参与计算的频带数量通过抽取的方法降低。

(1) 考虑绝对听觉阈值：低于绝对听觉阈值的分量不能被感知到，所以应该从掩蔽音中去掉，即只保留大于绝对听觉阈值的掩蔽音。

$$P_{\mathrm{TM,NM}}(k)\geqslant T_q(k) \tag{5-53}$$

其中，T_q 为安静环境下的绝对听觉阈值：

$$T_q(f)=3.64(f/1000)^{-0.8}-6.5\mathrm{e}^{-0.6(f/1000-3.3)^2}+10^{-3}(f/1000)^4(\mathrm{dB}) \tag{5-54}$$

其中，f 为信号的频率。

(2) 考虑同时掩蔽效应：对于间隔距离小于 0.5 巴克的掩蔽音，使用强音取代弱音。

(3) 掩蔽音的频带抽取：人耳对不同频带的分辨能力不同，所以计算掩蔽阈值时需要对所有谱线的一个子集进行。对临界频带 18～22 巴克中掩蔽音以 2∶1 的比例抽取，临界频带 22～25 巴克中的掩蔽音以 4∶1 抽取。

图 5-10 显示的是一帧音频信号的纯音掩蔽音和噪声掩蔽音。图中横坐标表示临界频带，纵坐标表示信号声压级。“○”代表纯音掩蔽信号，“+”表示噪声掩蔽信号。“---”表示绝对掩蔽阈值。

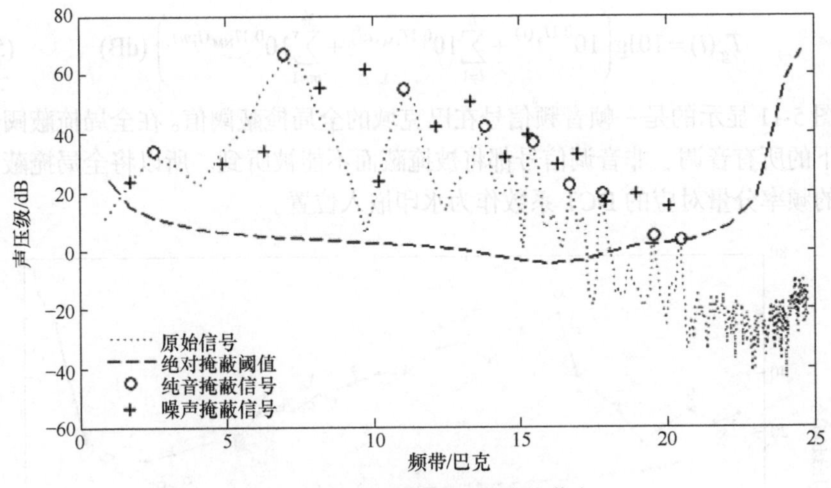

图 5-10　纯音掩蔽音和噪声掩蔽音

4) 计算单个掩蔽阈值

单个掩蔽阈值的计算主要考虑掩蔽效应在不同临界带之间的扩展，即计算频带 j 对频带 i 处的掩蔽阈值的影响。频带 j 处纯音在频带 i 处的掩蔽阈值为

$$T_{\mathrm{TM}}(i;j)=P_{\mathrm{TM}}(j)+\mathrm{SF}(i;j)-\left[0.275z(j)+6.025\right]\ \ (\mathrm{dB}) \tag{5-55}$$

其中，$P_{\mathrm{TM}}(j)$ 为频带 j 处的声压级；$z(j)$ 为频带 j 的频带值；$\mathrm{SF}(i;j)$ 为频带 j 处的频率分量的扩展效应对频带 i 处掩蔽阈值的影响。

$$z(j)=13\arctan(0.00076j)+3.5\arctan\left[\left(\frac{j}{7500}\right)^2\right]\ (\text{巴克}) \tag{5-56}$$

$$\mathrm{SF}(i;j)=\begin{cases}17\varDelta_z-0.4P_{\mathrm{TM}}(j)+11, & -3\leqslant\varDelta_z\leqslant-1\\ [0.4P_{\mathrm{TM}}(j)+6]\varDelta_z, & -1\leqslant\varDelta_z\leqslant0\\ -17\varDelta_z, & 0\leqslant\varDelta_z\leqslant1\\ [0.15P_{\mathrm{TM}}(j)-17]\varDelta_z-0.15P_{\mathrm{TM}}(j), & 1\leqslant\varDelta_z\leqslant8\end{cases} \tag{5-57}$$

其中，$\varDelta_z=z(i)-z(j)$。类似地，频带 j 处的噪声掩蔽音对频带 i 处的掩蔽阈值的贡献为

$$T_{\mathrm{NM}}(i;j)=P_{\mathrm{NM}}(j)+\mathrm{SF}(i;j)-\left[0.275z(j)+2.025\right]\ \ (\mathrm{dB}) \tag{5-58}$$

5) 计算全局掩蔽阈值

计算某个频带 i 处的全局掩蔽阈值，需要考虑所有频带的掩蔽音对频带 i 处掩蔽阈值的影响。假定各个频带在频带 i 处的效果总和是相加的，则频带 i 处的全局掩蔽阈值为

$$T_g(i) = 10\lg\left(10^{0.1T_q(i)} + \sum_{l=1}^{L} 10^{0.1T_{\mathrm{TM}}(i;l)} + \sum_{m=1}^{M} 10^{0.1T_{\mathrm{NM}}(i;m)}\right) \text{(dB)} \tag{5-59}$$

图 5-11 显示的是一帧音频信号在巴克域的全局掩蔽阈值。在全局掩蔽阈值曲线以下的所有音调、非音调信号都将被掩蔽而不能被听到。所以将全局掩蔽阈值以下的频率分量对应的 DCT 系数作为水印嵌入位置。

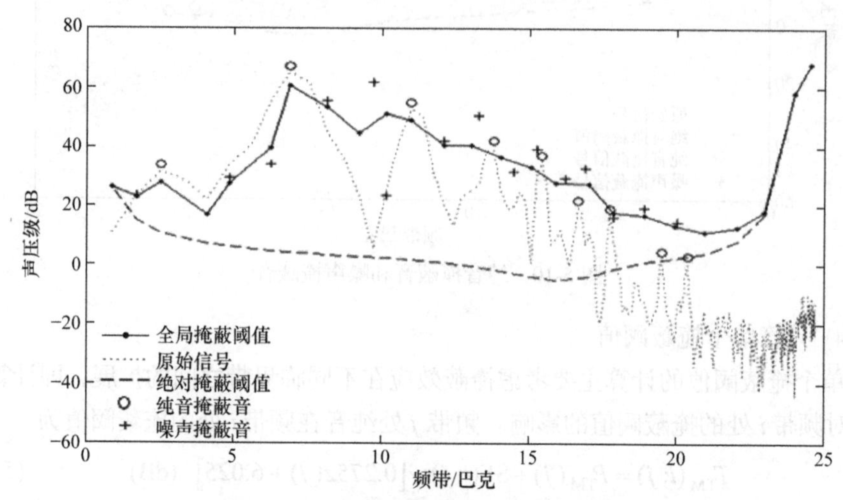

图 5-11　一帧音频信号的全局掩蔽阈值

4. 语义水印嵌入过程

数字音频数据量大，且主要应用于广播、在线分发等环境，原则上要求音频水印必须是盲检测，这通常利用量化策略来实现。但在传统的量化算法中，一个音频系数只嵌入了一个比特，水印嵌入量很小，只能满足水印信息量较小的情况。如果涉及的水印信息量大，那么用传统的量化规则，只能嵌入一遍或者无法完全嵌入。因此，这里提出新的量化规则，使一个音频系数嵌入多个比特，提高了水印嵌入量，进而增强了水印的鲁棒性。具体嵌入步骤如下。

(1) 将音频信号进行分帧。设音频载体的采样总数为 n，将它们分为 K 段，每段长度为 L，每帧信号表示为 $x_k(i)(0<i\leqslant L,\ 1\leqslant k\leqslant K)$。

(2) 计算每段音频的特征点和特征音频段。

(3) 在时域，将版权标识语义水印嵌入特征点中，嵌入规则为

$$x'(i) = \begin{cases} z(i)\times Q_1, & \mathrm{mod}(z(i),2) = W_1(i) \\ (z(i)+1)\times Q_1, & \mathrm{mod}(z(i),2) \neq W_1(i) \text{ 且 } z(i) = [x(i)/Q_1] \\ (z(i)-1)\times Q_1, & \mathrm{mod}(z(i),2) \neq W_1(i) \text{ 且 } z(i) \neq [x(i)/Q_1] \end{cases} \tag{5-60}$$

其中，Q_1 为量化步长；$W_1(i)$ 为版权标识水印；$x'(i)$ 为修改后的系数，且有 $z(i)=$

$[x(i)/Q_1+1/2]$。

(4) 对特征音频段进行离散余弦变换，即

$$X_k(u)=\mathrm{DCT}(x_k(i))=a_u\sum_{i=0}^{L-1}x_k(i)\cos\left[\frac{(2i+1)u\pi}{2L}\right] \tag{5-61}$$

其中，$0\leqslant u\leqslant L-1$，$a_u=\begin{cases}\sqrt{1/L}, & u=0\\ \sqrt{2/L}, & u=1,2,\cdots,L-1\end{cases}$。

(5) 计算每个特征音频段的频域值 $X_k(u)$ 的掩蔽门限 $\mathrm{MT}(X_k(u))$。

(6) 计算每个特征音频段频率值 $X_k(u)$ 处的音频能量 $E(X_k(u))$。

(7) 比较每个特征音频段内各个频率值处音频能量和全局掩蔽门限大小，即

$$\mathrm{DIF}_k(u)=\mathrm{MT}(X_k(u))-E(X_k(u))-\mathrm{Var}=\begin{cases}>0, & \text{根据能量差确定水印嵌入强度}\\ \leqslant 0, & \text{不嵌入}\end{cases} \tag{5-62}$$

其中，Var 为可调变量，它的取值直接影响音频的不可听性，Var 越大，不可听性越好，但水印嵌入量降低，鲁棒性降低，反之亦然。

(8) 以特征点为起始点，对其后的嵌入点对应的频域值利用改进的量化算法依次嵌入分类语义、检索语义和个性推荐语义。其基本原理是将水印嵌入位置和嵌入量用数值来表示，即量化后的系数，具体规则如下。

设频域系数为 $X_k(u)$，其全局掩蔽门限所对应的系数为 $Y_k(u)$，且 $Y_k(u)>X_k(u)-1$，则可嵌入的比特数为

$$\mathrm{Nb}_k(u)=[Y_k(u)-X_k(u)]-1 \tag{5-63}$$

为了便于编码，将嵌入量控制在 4 个比特范围内，即

$$\mathrm{Nb}_k(u)=\begin{cases}\mathrm{Nb}_k(u), & \mathrm{Nb}_k(u)\leqslant 4\\ 4, & \mathrm{Nb}_k(u)>4\end{cases} \tag{5-64}$$

则嵌入水印后的频域系数为

$$X_k^w(u)=[X_k(u)]+\mathrm{Nb}_k(u)+0.1\mathrm{Nb}_k(u)+0.001M \tag{5-65}$$

其中，M 为比特信息 1 所在的位置。假设嵌入的水印序列是 0101，则 $M=5$，表示比特信息 1 在第 1 位和第 3 位。此编码规则根据 8421 码得到，一位比特信息对应 8421 码中的一位数值，即第 1 位对应 1，第 2 位对应 2，第 3 位对应 4，第 4 位对应 8。所有位置数值相加就表示所有比特信息 1 的位置。通过 8421 码来编码可以唯一确定比特信息 1 的位置。在实际情况中，系数可能是小于 1 的小数或者负数，此时可以将其取反或者进行缩放以满足式(5-65)的要求。

(9) 若所有的水印信息嵌完之后，还有可嵌入水印的位置，则将水印信息进行

重复嵌入，直至填满所有的嵌入点位。

(10) 将所有未修改和修改后的系数进行合并重组，并进行离散余弦逆变换，得到含水印的音频信号 $x_k^w(i)$，即

$$x_k^w(i) = \mathrm{IDCT}(X_k(u)) = \sum_{u=0}^{L-1} a_u X_k^w(u) \cos\left[\frac{(2i+1)u\pi}{2L}\right] \tag{5-66}$$

水印嵌入过程如图 5-12 所示。通过将听觉感知模型与本节提出的量化规则相结合，在保证音频不可听性的前提下，最大限度地嵌入了水印信息，提高了水印算法的鲁棒性。

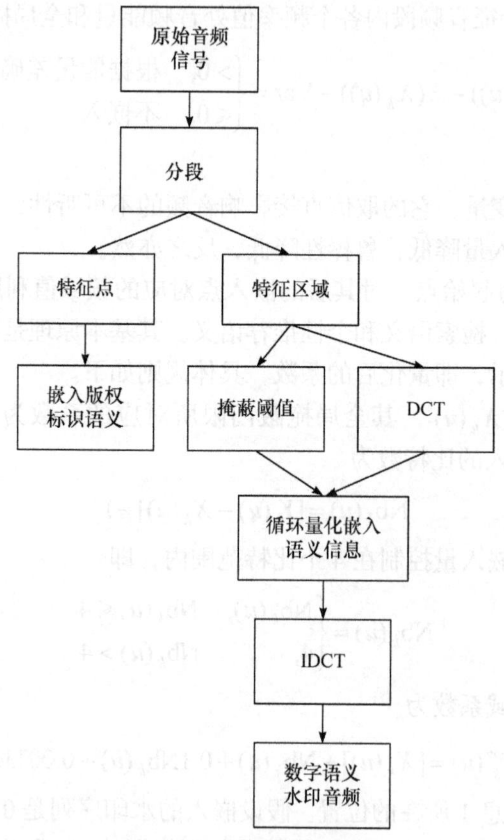

图 5-12　水印嵌入过程

5.3.3　音频语义水印提取过程

利用盲水印算法完成水印的提取，即不需要原始音频载体即可检测出数字水印信息。水印的提取过程是嵌入的逆过程，其模型框图如图 5-13 所示，具体如下。

(1) 将含水印的音频数据分为 K 段，每段长为 L，每帧信号表示为 $x_k'(i)$

$(0<i\leqslant L,1\leqslant k\leqslant K)$。

(2) 计算每段音频的特征点和特征音频段，并对特征点处进行水印提取，提取公式为

$$v^*(i)=[x'(i)/Q_2+1/2]\bmod 2,\quad 0<i\leqslant N_1 \tag{5-67}$$

其中，N_1 为水印长度。

(3) 对每个特征音频段做离散余弦变换得到含水印的频域系数 $X_k'^w(i)$，并计算各频域值的能量 $E(X_k'^w(i))$。

(4) 根据心理声学模型计算这些数据段的全局掩蔽门限 $\mathrm{MT}(X_k'^w(i))$。

(5) 以特征点为起始点，比较之后各点音频能量与全局掩蔽门限的大小，能量小于掩蔽门限的点即水印嵌入点。根据嵌入规则的逆运算将所有水印提取出来。由于存在重复水印，通过对比它们之间的差异然后进行校对，进一步提高水印的正确性。

(6) 对提取出的水印进行 BCH 解码和伪随机解调，便可得到原始水印信息。

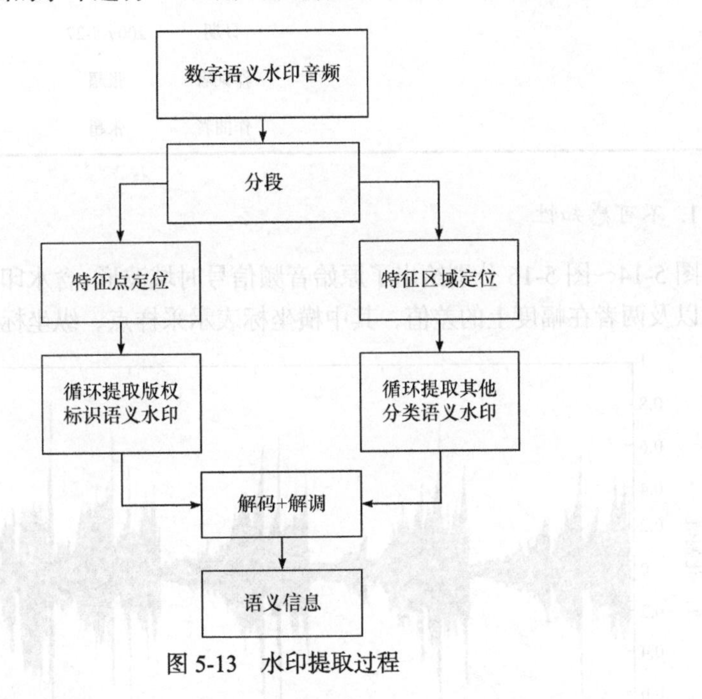

图 5-13　水印提取过程

5.3.4 仿真结果与分析

为了测试算法的性能，对音频数字水印进行了不可感知性、鲁棒性和水印嵌入量的测试。实验使用 MATLABR2008b 平台，测试音乐为凤凰传奇演唱的《最炫民族风》，其基本属性为：单声道，44.1kHz 采样频率，16 位量化的 WAV 格式

音频文件，播放时长 23.19s。水印信息长度为 8000 位，原始水印信息如表 5-4 所示，可调变量 Var 设置为 66dB。

表 5-4 原始水印信息

版权标识语义		分类语义		检索语义		个性推荐语义	
属性	内容	属性	内容	属性	内容	属性	内容
作曲者	张超	流派	流行歌曲	标题	最炫民族风	热度	非常高
作词者	张超	情感	欢快	演唱者	凤凰传奇	优先级	优先
演唱者	凤凰传奇	话题	音乐	标准	MP3	演唱者	凤凰传奇
出版者	孔雀唱片公司	地区	内地	流派	流行歌曲	流派	流行歌曲
日期	2009-5-27	场合	热闹	话题	音乐	情感	欢快
标题	最炫民族风	日期	2009-5-27	专辑	最炫民族风		
专辑	最炫民族风			地区	内地		
				日期	2009-5-27		
				作词者	张超		
				作曲者	张超		

1. 不可感知性

图 5-14～图 5-16 分别给出了原始音频信号时域波形、含水印的音频信号时域波形以及两者在幅度上的差值，其中横坐标表示采样点，纵坐标表示各个采样点

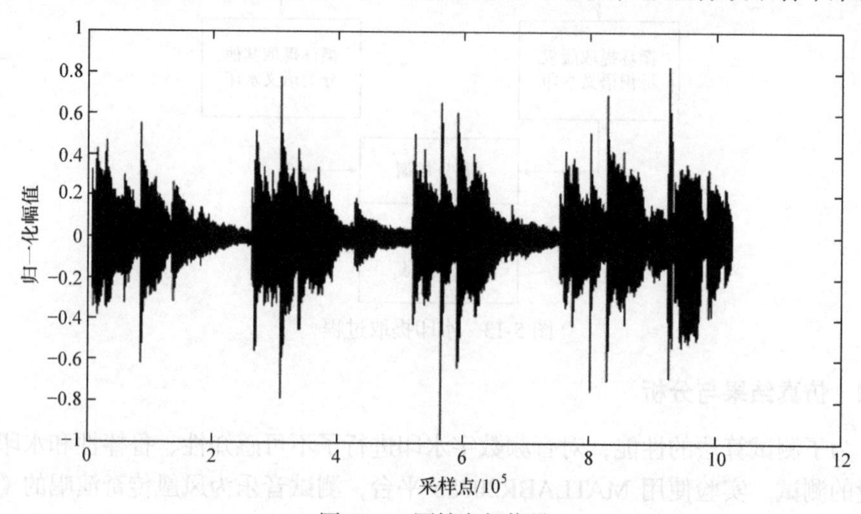

图 5-14 原始音频信号

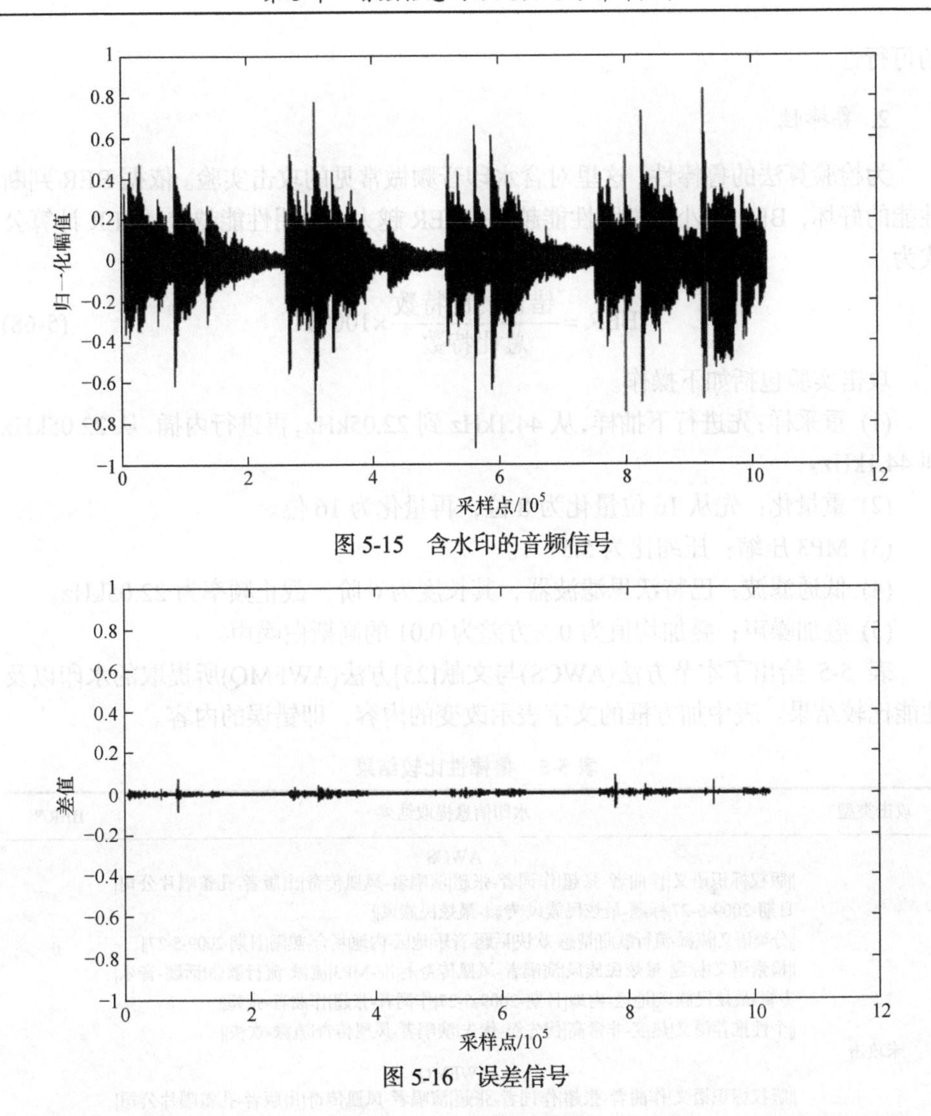

图 5-15　含水印的音频信号

图 5-16　误差信号

对应的归一化幅值。对比水印嵌入前后的时域波形，肉眼看不出两者有任何的差别，波形非常相似，具有很高的相似度。图 5-16 给出了误差图，从误差图中也可以看出，两波形的幅度值差异很小，几乎为零，从理论上也证明了它们的相似性。同时还对音频做了主观和客观测试。主观上：对 20 位无专业音乐背景的人做了平均主观意见分(mean opinion score，MOS)主观测试实验，综合得分为 4.12，说明它们听到的音频质量自然清晰流畅，从主观上说明该算法有较好的不可感知性。客观上：PSNR 值为 41.525dB，说明原始音频与含水印音频之间感知质量非常相似。

综合客观质量测评方法和主观质量测评方法可以看出，含水印的音频信号对比原始音频信号，失真度非常小，具有较高的不可感知性，进一步验证了本算法的可行性。

2. 鲁棒性

为检验算法的鲁棒性，这里对含水印音频做常见的攻击实验。依据 BER 判断性能的好坏，BER 越小，说明性能越好；BER 越大，说明性能越差。BER 计算公式为

$$\text{BER} = \frac{\text{错误的比特数}}{\text{总比特数}} \times 100\% \tag{5-68}$$

攻击实验包括如下操作。

(1) 重采样：先进行下抽样，从 44.1kHz 到 22.05kHz，再进行内插，从 22.05kHz 到 44.1kHz。

(2) 重量化：先从 16 位量化为 8 位，再量化为 16 位。

(3) MP3 压缩：压缩比为 5.5∶1。

(4) 低通滤波：巴特沃思滤波器，其长度为 6 阶，截止频率为 22.05kHz。

(5) 叠加噪声：叠加均值为 0、方差为 0.01 的高斯白噪声。

表 5-5 给出了本节方法(AWCS)与文献[25]方法(AWFMQ)所提取的水印以及性能比较结果。表中加方框的文字表示改变的内容，即错误的内容。

表 5-5　鲁棒性比较结果

<table>
<tr><th>攻击类型</th><th>水印信息提取结果</th><th>BER/%</th></tr>
<tr><td rowspan="2">未攻击</td><td>AWCS
||版权标识语义|作曲者-张超|作词者-张超|演唱者-凤凰传奇|出版者-孔雀唱片公司|日期-2009-5-27|标题-最炫民族风|专辑-最炫民族风||
||分类语义|流派-流行歌曲|情感-欢快|话题-音乐|地区-内地|场合-热闹|日期-2009-5-27||
||检索语义|标题-最炫民族风|演唱者-凤凰传奇|标准-MP3|流派-流行歌曲|话题-音乐|专辑-最炫民族风|地区-内地|日期-2009-5-27|作词者-张超|作曲者-张超||
||个性推荐语义|热度-非常高|优先级-优先|演唱者-凤凰传奇|流派-欢快||</td><td>0</td></tr>
<tr><td>AWFMQ
||版权标识语义|作曲者-张超|作词者-张超|演唱者-凤凰传奇|出版者-孔雀唱片公司|日期-2009-5-27|标题-最炫民族风|专辑-最炫民族风||
||分类语义|流派-流行歌曲|情感-欢快|话题-音乐|地区-内地|场合-热闹|日期-2009-5-27||
||检索语义|标题-最炫民族风|演唱者-凤凰传奇|标准-MP3|流派-流行歌曲|话题-音乐|专辑-最炫民族风|地区-内地|日期-2009-5-27|作词者-张超|作曲者-张超||
||个性推荐语义|热度-非常高|优先级-优先|演唱者-凤凰传奇|流派-欢快||</td><td>0</td></tr>
<tr><td>重采样</td><td>AWCS
||版权标识语义|作曲者-张超|作词者-张超|演唱者-凤凰传奇|出版者-孔雀唱片公司;日期-2009-5-27|标题-最炫民族风|专辑-最炫民族风||
||分类语义卅流派-流行歌曲|情感-你快|话题-音乐|地区-内地|场合-热闹|日期-2009-5-27||
||检索语义|标题-最炫民族风|演唱者-凤凰传奇|标准-MP3|流派-流行歌曲|话题-音乐|专辑-最炫民族风|地齐-内地|日期-2009-5-27|作词者-张超|作曲者-张超||
:个性推荐语义|热度-非常高|优先级-优先|演唱者-凤凰传奇|流派-欢快||</td><td>0.005</td></tr>
</table>

续表

<table>
<tr><th>攻击类型</th><th>水印信息提取结果</th><th>BER/%</th></tr>
<tr><td>重采样</td><td>AWFMQ
||莫权标识语义|作曲者-张超|作词者-张超|演唱者-凤凰传奇|出版者-孔雀唱片公司|
日期-2009-5-27|三题-最炫民族风|专辑-最炫民族风||
||分类语义|流派-流行哦弄情感-欢快|话题即乐|地区-内地|场合-热闹|日期-2009-5-27 以
||检索语义|标题-最炫民族风|演林者-凤凰传奇|标准-MP3|流派-流行歌曲|话题-音乐|
专辑掐卡炫民族风|地区-内地|日期-王009-5-27|作词者-张超|作曲者-张超||
||个性推荐语义|热度-非常高|优先级-优先。演唱者-凤凰传奇|流派-欢快||</td><td>0.019</td></tr>
<tr><td rowspan="2">重量化</td><td>AWCS
||版权标识语义|作曲者-张超|作词者-张超|演唱者-凤凰传奇|出版者-孔雀唱片公司|
日期-2009-5-27|标题-最炫民族风|专辑-最炫民族风||
||分类语义|流派-流行歌曲|情感-欢快|话无比音乐|地区-内地|场合-热闹|日期-2009-5-27||
||检索语义|标题-最炫民族风|演唱者-凤凰传奇|标准-MP3|流派-流行歌曲|话题-音乐|
专辑-最炫民族风|年区-内地|日期-2009-5-27|作词者-张超|作曲者-张超||
||个性推荐语义|热度-非常高|优先级-优先|演唱者-凤凰传奇|流派-欢快||</td><td>0.003</td></tr>
<tr><td>AWFMQ
||版权标识语义|作曲者-张超|作词者-张超|演唱者-凤凰传给字出版者-孔雀唱片公司|
日期-2009-5-27|标题-最炫民族风|专辑-最炫民族风||
||分类语义|流派-流行歌曲|情感-欢快|话题-音乐|地区-内地|场合-热闹|日期-2009-5-27||
||检哈语义|标题-最炫民族风|演唱者-凤凰传奇|标准-MP3|流派-流行歌曲|话题-音乐|
专辑-最炫民族风|地区-内地|日期-2009。5-27|作词者-张超|作曲者-张超||
||个性推荐语义·热度-非常高|优先级-优先|演唱者-凤凰传奇|流派-欢快||</td><td>0.003</td></tr>
<tr><td rowspan="2">MP3 压缩</td><td>AWCS
||版权标识语义|作曲者-张超|作词者-张超|演唱者哈凰传奇|出版者-孔雀唱片公司|
日期-2009-5-27|标题-最炫民族风|专辑-最炫民族风走
||分类语胡谷流派-流行歌曲|情感-欢快|话题-音乐|地区-内地|场合-热闹|日期-2009-5-27||
||检索语义|标题-最炫民族风|演唱者-凤凰传奇|标准-MP3|流派-流行歌曲|话题-音乐|
专辑通交炫民族风|地区-内地|日期-2009-5-27|作词者-张张|作曲者-张超||
||个性推荐语义|热度-非常高|优先级-优先|演唱者-凤凰传奇|流派-欢快||</td><td>0.0088</td></tr>
<tr><td>AWFMQ
||版权标识发破|作曲者-张超|作词者-张超|演唱者-凤凰传奇|出版者-孔雀唱片公司|
日期-2009-5-27|标题-最炫民族风|专辑-最炫民族风||
||分类语义|流派体次行歌曲|情感-欢快|话题-音乐|地区-内地高拆-热闹|日期-2009-5-6刚||
||检索语义|标题-最炫民族风|演唱者-凤凰传奇|标准-MP3|流派-流行歌曲|话题-音乐|
专辑-最炫；里风|地区-里地|日期-2009-5-27|作词者-张超|作曲者-张超||
||个性推荐语义|热度-非常高|优先级-优次|演唱者-凤凰传奇|流派-欢快||</td><td>0.0195</td></tr>
<tr><td>低通滤波</td><td>AWCS
||版权标识语义|作曲者-张超|作词者-张超|演唱者-凤凰传奇|出版者-孔雀唱片公系|
日期-2009-5-27|标题-最炫民族风|专辑-最炫民族风||
||分类语义|流派-流行歌曲|情感-欢快比印题-音乐|地区-内地|场合-热闹|日期-2009-5-27||
||检索语义|标户-最炫民族风|演唱者-凤凰传奇|标准-MP3|流派-流行歌曲|话题-音乐|
专辑-最炫民族风|地区-内地|日期-1909-5-27|作词者-张超|作曲者-张超即
||个性推荐语义|热度-非常高|优先级-优先|演唱者-凤凰传奇|流派-欢快||</td><td>0.0087</td></tr>
</table>

续表

攻击类型	水印信息提取结果	BER/%
低通滤波	AWFMQ ‖版权标识语义|作曲者-张超|作词者-张超|演唱者-凤凰传奇|出版者-孔雀唱片公司|日期-2009-5-27|标题-最炫民族风|专辑-最炫民族风‖ ‖分类语义|流派-流行歌曲|情偶看欢快|话题-音乐|地区-内地|场合-热闹|日期-2009-5-27‖ ‖检索语义|标题-最炫民族风|演唱者。凤凰传奇|标准2MP3|流派-流行歌曲|话题-音乐|专辑-最炫民族风|地区-内地|日期-2009-5-27|作词者-网超|作曲量-张超‖ ‖个性推荐语义|热度-非常高|优先；。优先|演唱者-凤凰传奇|流派-欢快‖	0.0117
叠加噪声	AWCS ‖版权标识语义|作曲、米张超|作词者-张超|演唱者-凤凰传奇|出版者-孔雀唱片公司|日期-2009-5-27|标题-最炫民族风分专辑-最炫民族风‖ ‖分类语义|流派-流行歌曲|情感-欢快倘呀题|音乐|地区-内地|场合-热闹|日期-2009-5-2以‖ ‖检索语义|标题-让炫民族风|演唱者-凤凰传奇|标准-|MP3|流派-流行歌曲|话题-音乐下专辑-最炫民族风|地区-玲与|日期-2009-5-27|作词者-张超|作曲者-张超‖ ‖个性推荐语义；热度-非常高|优先级-优先|演唱者-凤凰传奇|流派-欢快‖	0.0127
	AWFMQ |版权标识语义|作曲者-张超|作词者-张超|演唱者-凤凰传奇|出版者-孔雀唱片公司|日期-2009-5-27|标题-最炫民族风|专辑-最炫民族风‖ ‖分类语义|噢派-流行歌曲|情感-欢快|话题-音乐|地区-内地|场合-热闹|日期-2009-5-27‖ ‖检索语义|标题-最炫民族风|演唱排巧凤凰传奇|标准-MP3|流派-流行歌曲|话题-音乐|专辑-最炫民族风|地区-内地|日期-2039-5-27|作词者-张超|作曲者；张超‖ ‖个性推荐语义|热度-非常高|优先级-优先|演唱者-凤凰传奇|流派-欢快‖	0.0048

从表 5-5 可知：在未受攻击的情况下，两种方法都能有效提取原始水印，BER=0。当对含水印音频进行重采样、重量化、MP3 压缩以及低通滤波这几种常见的信号处理时，AWCS 算法较 AWFMQ 算法具有更低的 BER，即具有更高的鲁棒性。主要是因为，AWCS 选取的嵌入位置本身就是整个音频信号能量较大的地方，它自身就具有一定的抵抗攻击的能力。同时 AWCS 利用改进的量化规则，水印嵌入量较大，是 AWFMQ 的四倍，且采用循环嵌入方式，可以循环嵌入 5 次，也就是说，将同样的信息嵌入在不同位置，在攻击过程中，即使在某一点处水印信息被破坏无法正确提取，但是在另外的地方还有相同的信息存在，弥补了破坏的信息。所以提取出的水印具有较高的准确率。但对加噪声的处理 AWCS 效果不如 AWFMQ 好，因为向载体中加入噪声后相当于对某些系数进行了修改，AWFMQ 算法中只要被修改的系数还在某一范围内，就可以还原成原来的值。在 AWCS 中嵌入的水印直接体现在了系数的各个位上，一旦系数被修改就影响到原始水印的嵌入量和嵌入位置，算法对系数修改比较敏感，对于正确提取水印显得更加困难，所以效果不如传统算法。

选用分类语义作为水印信息的目的在于，在接收端用户可以根据提取出来的

水印信息对音频资源进行管理(即进行各种应用)，如可以根据版权标识语义信息辨别资源的真伪、根据分类语义信息将音频分类等，而这些语义信息的准确性、完整性是进行一切应用的前提。从上述鲁棒性实验结果可以看出，本节算法(AWCS)在这两个性能上取得了较好的效果，准确性和完整性都达到了较高的精度，针对其中出现的错误信息，还可以采用如下方式进行进一步恢复。①在不同的分类语义信息中，有些属性是重叠的，所以当这些重叠部分在其中一类语义信息的提取中出现错误时，可以在其他类语义信息中进行对比得到正确的信息。②当重叠部分以外的信息(唯一属性)出现错误时，只要这个属性不是全部出错，那么就可以联系其前后内容进行关联恢复，如“|优先级-优次|”，很明显可以推断出方框内的正确信息应该是“先”。但当出现“|优先级-为次|”或者“|哦以你-为次|”类似的错误时则无法正确恢复出来。③当属性划分符“|”、“-”出现错误时，也可按照②的情况进行前后内容关联恢复。综上所述，本节算法为音频资源管理提供了安全可靠的基础保障。

3. 水印嵌入量

表5-6为AWCS算法和AWFMQ算法的水印容量的对比结果。AWFMQ算法采用传统的量化算法，一个嵌入点只能嵌入1位。AWCS算法利用改进的量化嵌入规则，一个嵌入点最多可以嵌入4位。在实验中，AWCS算法和AWFMQ算法分别得到了1.18×10^4和1.32×10^4个嵌入点，但是它们的嵌入量却相差很大，分别是4.25×10^4位和1.32×10^4位，前者约是后者的四倍。由于水印信息量为8000位，所以AWFMQ算法可以完整嵌入一次水印信息，而AWCS算法则可以循环嵌入五次，大大提高了水印嵌入量，因此水印的鲁棒性也会得到相应的增加。同时，考虑这样一种情况，假如水印信息量加大或者音频信号长度变短，那么AWFMQ算法将无法完整嵌入整个水印信息，而AWCS算法则完全有这个能力承载所有的水印信息。因此，在水印嵌入量上，本节算法具有明显的优势。

表5-6　水印嵌入量比较结果

算法	嵌入点个数	嵌入量/位
AWFMQ	1.32×10^4	1.32×10^4
AWCS	1.18×10^4	4.25×10^4

参考文献

[1] 中国互联网络信息中心. 第46次《中国互联网络发展状况统计报告》(2020). 北京: 中国互联网络信息中心, 2020.

[2] Agius H, Angelides M C. Closing the content-user gap in MPEG-7: The hanging basket model.

Multimedia Systems, 2007, 13(2): 155-172.

[3] Karpouzis K, Maglogiannis I, Papaioannou E, et al. MPEG-21 digital items to support integration of heterogeneous multimedia content. Computer Communications, 2007, 30(3): 592-607.

[4] 邢玲, 马强, 朱敏. 基于神经网络的数字音频双重语义水印算法. 电子科技大学学报, 2013, 42(2): 260-266.

[5] Saari P, Fazekas G, Eerola T, et al. Genre-adaptive semantic computing and audio-based modelling for music mood annotation. IEEE Transactions on Affective Computing, 2015, 7(2): 122-135.

[6] Yao S, Niu B, Liu J. Audio identification by sampling sub-fingerprints and counting matches. IEEE Transactions on Multimedia, 2017, 19(9): 1984-1995.

[7] Sheikh I, Fohr D, Illina I, et al. Modelling semantic context of OOV words in large vocabulary continuous speech recognition. IEEE/ACM Transactions on Audio, Speech, and Language Processing, 2017, 25(3): 598-610.

[8] 罗森林, 王坤, 谢尔曼. 融合GMM及SVM的特定音频事件高精度识别方法. 北京理工大学学报, 2014, 34(7): 716-722.

[9] 孙甲松, 张菁芸, 杨毅. 基于子带频谱质心特征的高效音频指纹检索. 清华大学学报(自然科学版), 2017, (4): 382-387.

[10] 朱敏. 基于语义理解的音频内容管理机制研究. 绵阳: 西南科技大学硕士学位论文, 2011.

[11] Savvaki S, Tsagkatakis G, Panousopoulou A, et al. Matrix and tensor completion on a human activity recognition framework. IEEE Journal of Biomedical and Health Informatics, 2017, 21(6): 1554-1561.

[12] 邢玲, 贺梅, 马强. 基于张量神经网络的音频多语义分类方法. 计算机应用, 2012, 32(10): 2895-2898.

[13] Xing L, Ma Q, Zhu M. Tensor semantic model for an audio classification system. Science China Information Sciences, 2013, 56(6): 1-9.

[14] Wang H, Yan S, Xu D, et al. Trace ratio vs. ratio trace for dimensionality reduction. IEEE Conference on Computer Vision and Pattern Recognition, 2007: 1-8.

[15] Erfani Y, Pichevar R, Rouat J. Audio watermarking using spikegram and a two-dictionary approach. IEEE Transactions on Information Forensics and Security, 2016, 12(4): 840-852.

[16] Attari A A, Shirazi A A B. Robust audio watermarking algorithm based on DWT using Fibonacci numbers. Multimedia Tools and Applications, 2018, 77(19): 25607-25627.

[17] Ghobadi A, Boroujerdizadeh A, Yaribakht A H, et al. Blind audio watermarking for tamper detection based on LSB. The 15th International Conference on Advanced Communications Technology, 2013: 1077-1082.

[18] Ahmed M A, Kiah M L M, Zaidan B B, et al. A novel embedding method to increase capacity and robustness of low-bit encoding audio steganography technique using noise gate software logic algorithm. Journal of Applied Sciences, 2010, 10(1): 59-64.

[19] Lei M, Yang Y, Liu X M. Audio zero-watermark scheme based on discrete cosine transform-discrete wavelet transform-singular value decomposition. China Communications, 2016, 13(7): 117-121.

[20] Lei M, Yang Y, Liu X M, et al. Audio zero-watermark scheme based on discrete cosine transform-

discrete wavelet transform-singular value decomposition. China Communications, 2016, 13(7): 166-176.

[21] Lei B, Soon Y, Tan E L. Robust SVD-based audio watermarking scheme with differential evolution optimization. IEEE Transactions on Audio, Speech, and Language Processing, 2013, 21(11): 2368-2378.

[22] Xiang Y, Natgunanathan I, Rong Y, et al. Spread spectrum-based high embedding capacity watermarking method for audio signals. IEEE/ACM Transactions on Audio, Speech, and Language Processing, 2015, 23(12): 2228-2237.

[23] Zhang Y, Xu Z, Huang B. Channel capacity analysis of the generalized spread spectrum watermarking in audio signals. IEEE Signal Processing Letters, 2014, 22(5): 519-523.

[24] 贺梅. 基于 UCL 的音频数字水印嵌入技术研究. 绵阳: 西南科技大学硕士学位论文, 2012.

[25] 李金梅, 宋欣, 马卓赛, 等. 新的特征点强鲁棒性音频水印技术. 计算机工程与应用, 2011, 47(8): 66-69,142.

第 6 章　视频信息的内容描述与语义解析

网络多媒体流式服务的广泛应用，不仅消耗了大量的互联网带宽资源和系统资源，而且还存在着重要的安全隐患，如一些非法视频信息容易通过流媒体在互联网传播而不易被察觉。如何有效识别流媒体网络流量，并能够基于流媒体的特性实现网络多媒体资源的调度，是实现多媒体网络安全、有效服务的关键。本章从互联网流量中流媒体的特征出发，提出有效的流媒体流量识别技术。基于多层语义解析技术，实现流媒体的高效调度算法，解决流媒体造成互联网网络拥塞的问题。同时，提出基于语义的视频水印技术，包括基于场景分割的视频水印技术和基于双重水印的视频水印技术，解决视频信息的有效内容描述和语义计算问题。

6.1　基于流量特征和机器学习的视频流识别

P2P 应用和多媒体技术飞速发展，使得 P2P 流媒体应用，特别是其中的 P2P 视频流服务，逐渐成为一个深受广大互联网用户欢迎的热点业务。P2P 流媒体业务已经成为互联网用户必不可少的网络娱乐项目[1-3]。但 P2P 流媒体应用的飞速发展，带来了严重的安全问题，表现在以下几个方面：

(1) P2P 流媒体业务有别于传统的广播电视业务，它以互联网技术为平台，但互联网这种开放的环境很容易带来安全漏洞，因此掌握了 P2P 流媒体数据传输的关键技术，就很容易通过它来传播任意的节目内容。这为互联网中非法信息内容的传播提供了一种十分通畅便利的方式，由此也会带来一系列的网络内容安全隐患。

(2) 由于在 P2P 流媒体服务过程中用户节点可以随意加入与退出，攻击者可以绕开对卫星信道、网络线路的研究和攻击，只需要通过加入节点就可以插播有害内容，其攻击手段更为隐蔽，并且更为简单和方便。

(3) P2P 网络具有的复杂机制和协议组成使得其成为非法势力和组织传播网络内容的强力手段。通过采用非标准化的 P2P 协议可以加强 P2P 流媒体传输机制的自适应能力和抗攻击能力，使得网络监管部门对非法的 P2P 流媒体节目的控制力不足，对其监管、防御和打击变得十分困难。

为了解决 P2P 流媒体业务中存在的安全隐患，政府相关部门已经开始从各个方面进行管理建设，包括国家的政策法律、网络技术规范以及内容管理机制等，目的是构建一个完整的网络监管体系[4]。当前，对于 P2P 流媒体信息的安全监管主要是采用“堵杀”策略，在各区域网络节点上对网络流量进行监管和控制[5]。在大多数技术方案中，通常是将 P2P 流媒体流量作为 P2P 流进行处理，如基于深层数据包 P2P 流检测[6]、基于隐马尔可夫的 P2P 流识别技术[7]、基于分布式内容识别的 P2P 流识别[8]。由于没有单独将流媒体流量和文件共享系统的流量区别开来，无法有效并精确地识别 P2P 流媒体流量。对于上述提到的 P2P 流媒体带来的安全问题，目前还没有十分有效的措施。因此，P2P 流媒体流量识别技术的发展，使得对互联网流量实施有效监管具有重要意义。

数据挖掘是一个从海量数据中提取(或“挖掘”)出有用信息(或知识)的过程，从一出现就凭借其强大的数据处理能力和巨大的商业应用潜力受到学术界和商业界的高度重视。在 P2P 流量检测中，采用数据挖掘的理论并结合相应算法对样本数据进行观测，从中发现规律并根据规律预测新数据[9,10]。在流量检测领域，数据挖掘过程就是输入大量网络流量，分析统计流量的各种属性特征，如平均数据包大小、数据包到达的平均时间间隔等，通过使用相应的算法，最后将流量进行分类并标记输出。因此，采用数据挖掘技术对 P2P 流量进行监控的必要性有以下两点：

(1) 传统的 P2P 流量识别方法有基于端口号、基于流量特征和基于应用层签名三种，但随着 P2P 应用的不断扩展以及 P2P 技术的不断升级，这三种方法越来越不能满足 P2P 流量识别的要求。最初的端口法由于 P2P 应用软件逐渐采用随机端口和伪装端口技术而不再适用；深度检测技术不能识别报文载荷被加密处理的 P2P 流；而基于流量特征的识别方法从原理上看是对流量的事后分析，在实时性方面有所欠缺。

(2) 当前的网络结构日趋复杂，网络业务的种类和数量日趋增长，更带来了海量的网络数据。网络管理者不可能直接分析这些庞大繁杂的数据，而采用数据挖掘可以大大地减少工作量和工作难度。通过使用数据挖掘技术对网络流量进行分析，利用各种分类算法和聚类算法对流量属性进行处理，可以实现对海量网络流量的识别和控制。

网络数据的急速增长直接反映了网络行为，通过对网络流量的观测可以发现潜在的网络运行的变化情况。然而，要想从包含大量冗余信息的海量数据中提取出有用的流量属性特征并不容易，而数据挖掘正好能够从海量的数据中抽象出隐含的有用信息，把数据挖掘技术应用到流量检测中正好可以解决传统技术的弊端。通过数据挖掘可以找出各种流量的特征属性集，进而发现各流量之间隐含的相互关系，达到流量识别的目的。在此基础上对网络流量组成进行分析，可以发现潜在的网络行为，了解网络的运行状况，从而促进新业务的开发和网络结构的发展。

6.1.1 流媒体网络特征属性分析系统

分析流媒体网络流量的特征属性，可以实现对网络流量中流媒体的识别。在流量分析这一领域，共有 248 个流量属性可供研究。但要将所有属性拿来研究是不可取的，其中大部分对流量识别的意义不大。特别是在流量的实时性方面，只有很少一部分流量属性适合选用。经过筛选，采取了以下几个流量属性进行分析，这些属性都是基于流层面的，能直观地反映流量的行为特征[11]，如表 6-1 所示。

表 6-1 选取的流量特征属性

流量属性	说明
Length	一条流中数据包的总大小
Packnum	一条流中数据包的数目
Avelen	一条流中数据包的平均大小
Maxlen	一条流中的最大数据包长度
Minlen	一条流中的最小数据包长度
Duration	一条流的持续时间
TTL	数据包经过的网络跳数

以上几条流量属性主要是关于数据包长度的统计特性，以及流层面数据包的到达时间间隔的统计特性。而其中选取 TTL(time to live)值是根据来自课题组前期关于中国网络路由跳数的测量结果，在网络跳数测量实验中，测量的源点是固定不变的，而测量的目的节点分为两类[12]：一类是海量的活动主机，它是分布在全国的自由网络节点，可以理解为 P2P 网络的用户节点；另一类是网站的服务器节点，可以看成客户端/服务器(client/server，C/S)网络模型。测量结果显示，P2P 形态下的网络跳数主要分布在 13～16 跳，其峰值在 14 跳。而另一种网络应用下的跳数主要分布在 14～17 跳，其峰值在 15 跳。测量结果说明 P2P 网络流量的 TTL 与其他网络应用的 TTL 具有明显的差异，这为将 TTL 值作为流量属性之一参与 P2P 流媒体识别技术的研究提供了很好的理论依据。

1. 流量特征分析系统

流量特征分析系统以大量的网络数据包作为输入，经过各模块的分析计算，最后得到上述各流量属性的统计特征，其总体系统框架如图 6-1 所示。

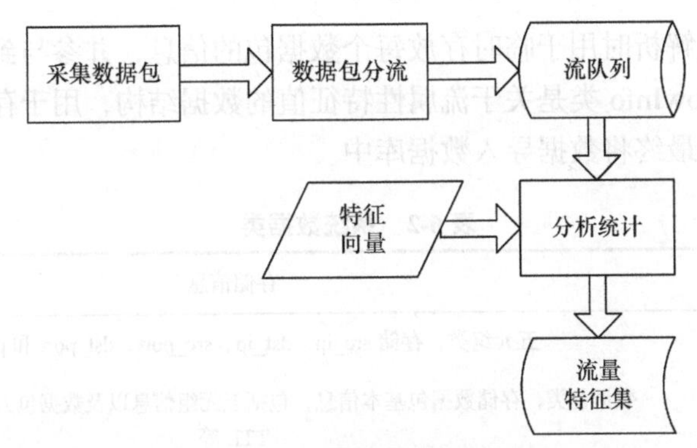

图 6-1　流量特征分析系统流程

首先，通过流量采集模块采集网络数据包。由于流量特征分析系统主要是用来分析计算各种 P2P 流媒体应用的流量特征，因此为了分析纯净的单种网络应用流量，在采集网络数据包时，需要采集单一的网络应用流量。例如，在分析 PPTV 网络流量特征时，流量采集模块应该屏蔽掉其他类型的网络数据包。通过流量采集模块抓取到海量的数据包之后，需要经过数据包分流模块的处理，将网络数据包以数据流的形式存储，以方便后续的分析和计算。然后，在特征属性计算模块，对大量的流队列进行分析处理，计算得到该网络应用流量各个流量特征属性的统计特性。

整个流量特征分析系统的设计都是基于 Java 环境，并且核心部分需要用到 Jpcap。Jpcap 是源自 Java 应用的一个开源类库，主要用于捕获、发送网络数据包。它提供以下功能：捕获原始数据包；发送各种类型的数据包；将数据包保存到本地文件，从文件中读取之前捕获的数据包；根据数据包类型自动转换成对应的 Java 类(如 Ethernet、IPv4、IPv6、ARP/RARP、TCP、UDP 和 ICMP 包)；根据指定的过滤规则过滤数据包。

流量特征分析系统的搭建主要由两个开发包组成：一个是封装了所需数据类的数据类包，用于存储这三种类型的数据结构；另一个是模块类包，该包封装了整个流量特征分析系统的所有函数模块，包括数据包的采集和解析、数据包的分流处理、特征属性值的计算和统计等。

2. 系统数据处理

流量特征分析系统的搭建用到了三个数据类，分别是 Tuples 类、PacketInfo 类和 FlowInfo 类，如表 6-2 所示。Tuples 类包含了数据包的五元组信息，在进行数据包分流工作时用于存储信息和数据匹配；PacketInfo 类封装了数据包的传输层信息，包括五元组、数据包大小、数据包到达时间、经过的路由跳数等，该数据类在进行数据包解析时用于临时存放每个数据包的信息，并参与到流层面的属性特征值计算；FlowInfo 类是关于流属性特征值的数据结构，用于存储特征属性值的计算结果，并最终将数据导入数据库中。

表 6-2 系统数据类

数据类	存储信息
Tuples	五元组类，存储 src_ip、dst_ip、src_port、dst_port 和 protocol
PacketInfo	数据包类，存储数据包基本信息，包括五元组信息以及数据包大小、获取时间、TTL 等
FlowInfo	流类，存储一条流的特征信息，即总数据包大小、数据包数目、数据包平均大小、持续时间等

由于数据量大并且分类较多，为了便于之后各 P2P 流媒体应用的流量特征属性值的统计与比较，引入了数据库并将各应用的流量特征值存入了表中。根据测量的流媒体应用的数量分成多个表名不同但数据字段和结构相同的数据表，其字段如表 6-3 所示。

表 6-3 PPTV、PPS、QQLive 字段

字段	数据类型	大小	备注
ID	bigint	20	流 ID
Packnum	int	11	数据包个数
Length	bigint	20	数据包总长度
Avelen	bigint	20	平均长度
Maxlen	bigint	20	最大长度
Minlen	bigint	20	最小长度
Duration	int	11	流持续时间
TTL	float	—	平均跳数

3. 系统模块概述

流量特征分析系统总共包括四个功能模块，分别是数据包采集模块、数据包处理模块、数据包分流模块和特征属性计算模块。

数据包采集模块：该模块用于从网络抓取待分析的数据包样本，在工作前，需关闭其他网络应用，针对特定的 P2P 流媒体系统，采集纯净的网络数据包。

数据包处理模块：对采集完毕的数据包进行预处理工作，主要提取各数据包的五元组信息，便于后续的分流工作。同时，该模块还负责将数据包的一些特征信息如数据包大小、数据包到达时间、TTL 等提取出来，并提供给特征属性计算模块进行统计。

数据包分流模块：流量特征分析系统是对 P2P 流媒体流量特征的分析，主要是基于流层面的统计计算，因此需要对采集的数据包进行分流处理。在通常的研究工作中，将 60s 内具有相同五元组信息，即源 IP 地址、目的 IP 地址、源端口号、目的端口号和 TCP/UDP 的数据包视为同一条流。在数据包分流模块，其主要工作是将具有相同五元组信息的数据包划分到同一条流中，并存入数据流队列中。

特征属性计算模块：前三个模块是数据的准备和预处理部分，特征属性计算模块的主要工作是对已经准备好的流队列进行分析处理。对每一条流进行统计，将流中的所有数据包信息进行集合并计算，得到每一条流的特征属性值，并对同一网络应用的所有流的特征属性值进行统计。

1) 数据包采集模块

本模块的主要工作是利用 Jpcap 从网卡采集大量的数据包，如图 6-2 所示。要想从网络中捕获数据包，首先需要做的就是获取本机的网络接口设备列表。Jpcap 提供了方法 JpcapCaptor.getDeviceList 来完成这个动作，通过调用该方法返回一组 NetworkInterface 对象。NetworkInterface 对象包含了对应网络接口的一些信息，如名称、描述、IP 地址、MAC 地址、数据链路层名称和描述。获取了网络接口列表之后从中选定一个网络接口进行数据包的捕获，通常使用方法 JpcapCaptor.openDevice 来打开网络接口并获得 JpcapCaptor 实例。使用 Jpcap Captor 实例来捕获数据包主要有两种方法，即回调(callback)以及逐个捕获(one-by-one)，前者用于循环捕获数据包，后者顾名思义用于逐个捕获。根据系统需求采用回调的方法，通过执行方法 jpcap.loopPacket(−1, new Tcpdump())实现数据包的循环采集。其中参数−1 表示无限地捕获数据包，new Tcpdump 是流量采集模块方法的对象。采集的数据包可以选择以队列的形式临时存放于内存中，也可以直接以 PCAP 的文件形式存储在硬盘上。

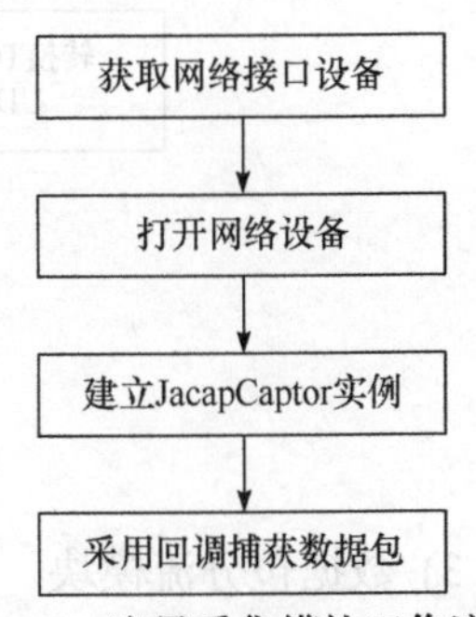

图 6-2　流量采集模块工作流程

2) 数据包处理模块

该模块的主要功能是分析处理每一个所采集的数据包，根据定义提取数据包的五元组信息以及其他数据包的信息，为下一步数据包分流以及特征属性计算做准备。如图 6-3 所示，根据 Jpcap 封装的类的层次及方法，提取五元组信息主要按照以下流程：首先将采集的数据包 Packet 转换成 IPPacket 类的对象，并根据 IPPacket 类方法获取数据包的源 IP 地址和目的 IP 地址(SrcIP，DstIP)。由于通过 Packet 类和 IPPacket 类无法获得数据包的源端口号和目的端口号，获取端口的方法封装在 IPPacket 的子类 TCPPacket 和 UDPPacket 中，因此在 IPPacket 层面需要首先确定数据包的 TCP/UDP，该过程通过执行语句 ippacket instanceof TCPPacket 或 ippacket instanceof UDPPacket 实现，将数据包从 IPPacket 对象转换到 TCPPacket 或 UDPPacket 对象后实现数据包端口号的获取。最终得到数据包的五元组信息，整个过程被封装在方法 getTuples 中。

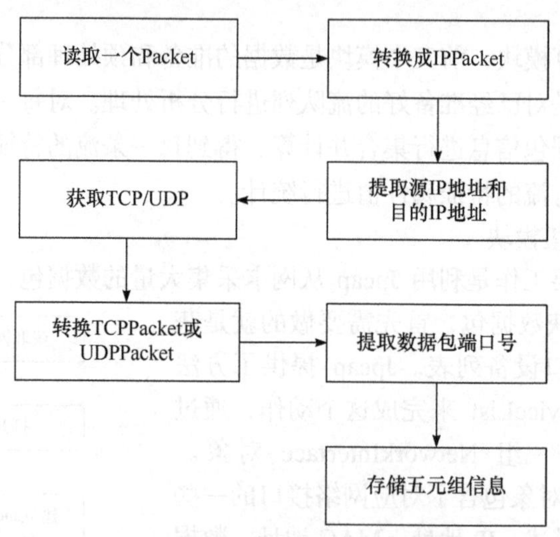

图 6-3　数据包处理模块工作流程

3) 数据包分流模块

数据包分流模块是整个流量特征分析系统的关键模块，该模块负责将所有待测数据包处理成流队列的形式，以供后续的特征计算。本模块中涉及的数据类型和 Jpacp 库方法较为复杂，数据存储的策略选择较多。为了方便快速地存储与访问每条流和每一个数据包，在该模块采用了 ArrayList 的数据类型，一条流的信息存储在 ArrayList<PacketInfo>中，包含了若干个具有相同五元组信息 Tuples 的数据包 PacketInfo。最后分流模块工作完成后，所有的数据流被集合在 ArrayList<ArrayList<PacketInfo>>中，即若干数据包组成一条流，若干条数据流最终被存储在一个矩阵列表中，存储方式如图 6-4 所示。

该模块的整个工作原理如下：首先建立一个 ArrayList <ArrayList <PacketInfo>> flowlist 并读取第一个数据包，将其 PacketInfo 填入 flowlist 的第一条流中。接下

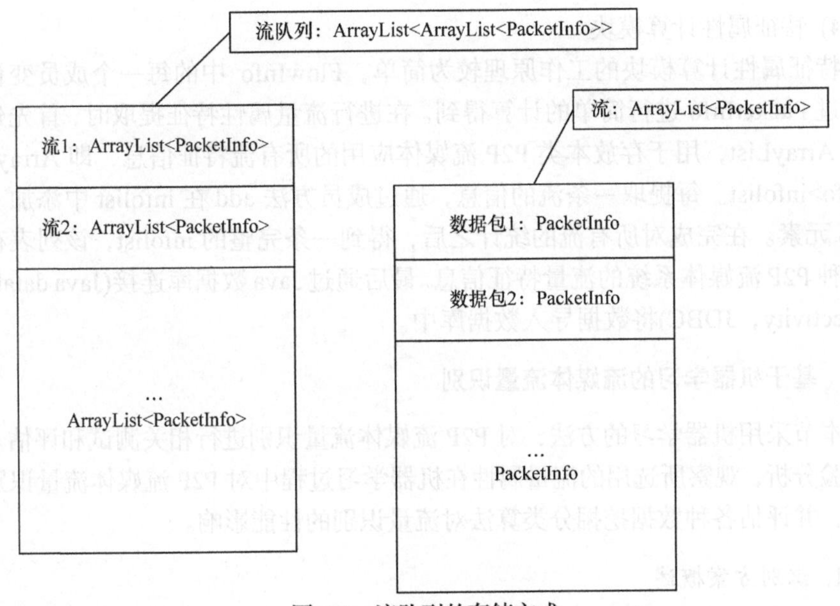

图 6-4　流队列的存储方式

来循环读取数据包，每次处理一个数据包，分析其五元组信息，将 tuples 与 flowlist 内 PacketInfo 的 tuples 进行匹配，若出现相同的五元组信息，则判定数据包属于该流，将其数据包信息添加到对应流中。若匹配完成还未找到相同五元组信息，则说明该数据包属于一条新的流，在 flowlist 末尾添加一个新的元素，存放该条流的信息，其设计流程如图 6-5 所示。

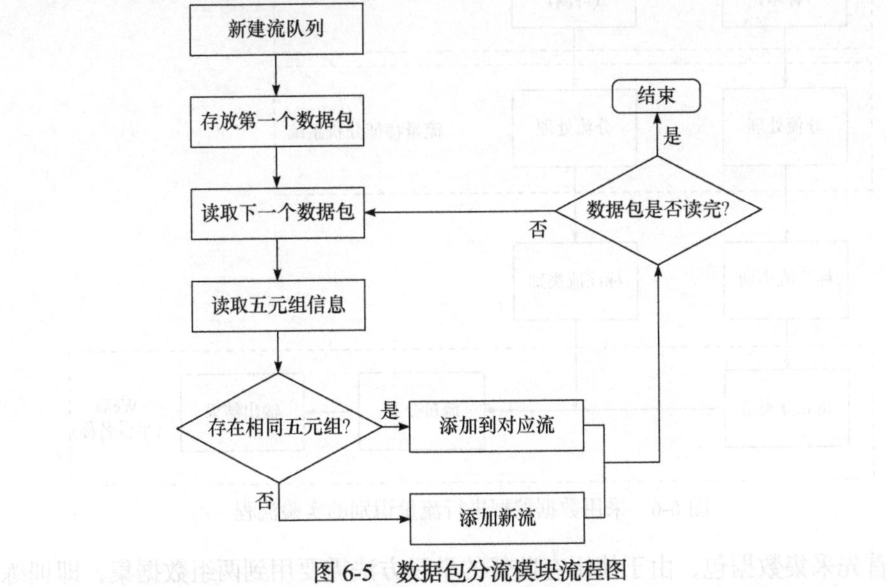

图 6-5　数据包分流模块流程图

4) 特征属性计算模块

特征属性计算模块的工作原理较为简单，FlowInfo 中的每一个成员变量均可通过 PacketInfo 进行简单的计算得到。在进行流量属性特征提取时，首先建立一个 ArrayList，用于存放本类 P2P 流媒体应用的所有流特征信息，即 ArrayList <Finfo>infolist。每提取一条流的信息，通过成员方法 add 在 infolist 中添加一条 Finfo 元素。在完成对所有流的统计之后，得到一条完整的 infolist，该列表存储了某种 P2P 流媒体系统的流量特征信息。最后通过 Java 数据库连接(Java database connectivity，JDBC)将数据导入数据库中。

6.1.2　基于机器学习的流媒体流量识别

本节采用机器学习的方法，对 P2P 流媒体流量识别进行相关测试和评估。通过实验分析，观察所选用的流量属性在机器学习过程中对 P2P 流媒体流量识别的意义，并评估各种数据挖掘分类算法对流量识别的性能影响。

1. 识别方案概述

在机器学习之前需要标注每条流(实例)具体属于何种应用的流量，之后选用具体的分类算法对样本数据进行建模，即建立分类器。在利用所建立的分类器对未知数据进行预测时，对每一个新到来的流(实例)检测其属性特征时，通过分类算法判断此实例所属的流量类别。具体的实验流程如图 6-6 所示。

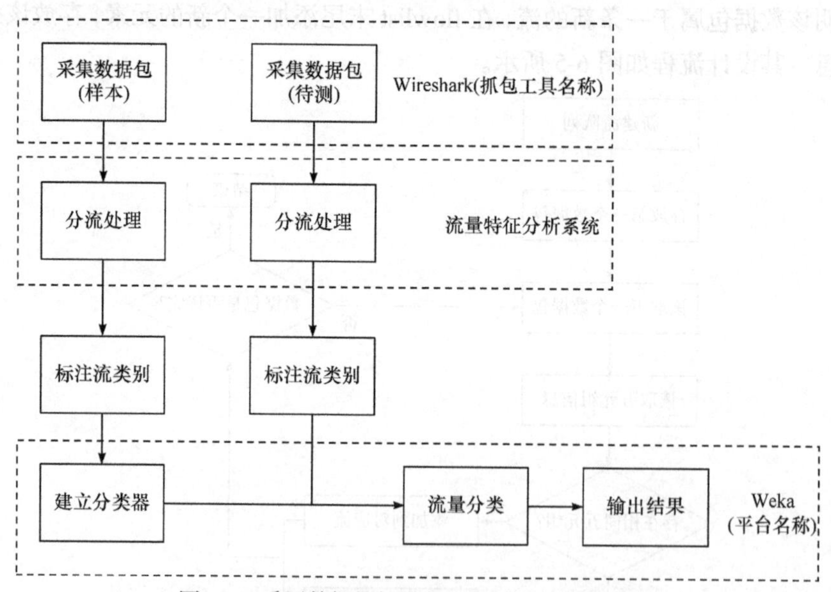

图 6-6　采用数据挖掘进行流量识别的实验流程

首先采集数据包，由于使用有监督的学习方法需要用到两组数据集，即训练样本数据集和待测数据集，训练样本的作用是建立分类器从而对待测数据进行分类。因此，在此次流量识别过程中将采集两组数据包，分别作为训练样本和测试样本。虽然流量特征分析系统也能实现采集流量的功能，但 Wireshark 作为实用性极强的专业软件，在采集网络数据包上更为方便、功能更为强大，在本实验中采用 Wireshark 作为抓包工具。

在采集到合适的训练样本数据和待测样本数据后，需要对数据包进行分流处理，这个过程可以使用流量特征分析系统的分流处理模块实现。标注流量的类别是数据挖掘过程中数据预处理的具体实现，也是有监督学习的具体体现。对样本数据进行标记的方案有很多，可以在分流处理将流队列导入数据库之后添加特定的流量类别字段，也可以在从数据库导出数据并将其预处理成 Weka 平台的数据文件即 ARRF 格式文件后进行标注。

在预处理训练样本和待测样本完成之后，无论是对训练样本进行处理建立分类器还是对待测样本进行流量识别输出分类结果，都可以通过 Weka 平台进行仿真实现。

2. 识别过程

1) 数据源

对实验所需样本数据进行采集时需要注意的是：训练样本和测试样本的选择对于流量识别的分类结果有一定的影响。如果训练样本数据和待测样本数据的采集来自同一个网络节点，那么由于网络设备以及各网络应用设置相同等原因，数据的相似度会比较大，流量识别的准确率就有可能会较高。若两类数据集的采集基于不同的网络节点，则流量识别的准确性肯定会低于同一个节点的情况。另外，训练样本数据集的大小也会影响流量识别的准确率，训练样本数据越大，所提取的流量属性特征越完整，分类算法建立的分类器的分类能力越强，由此造成流量识别的准确率也越高。

因为采用分类分析需要对样本数据进行标注，所以对采集到的所有流量，必须要事先知晓每一条流所属的流量类别，如此才能对流量识别的准确度进行验证。本测试的目的是验证所选用的流量属性通过数据挖掘分类算法对 P2P 流媒体流量识别的意义，因此所采集的样本数据应尽量为多应用的网络数据包，即包含了 HTTP、Email、FTP、P2P 文件共享、P2P 流媒体等多种协议的流量。

由于非 P2P 应用普遍具有其特定的端口号，可以采用基于端口号的识别技术将各种流量区分开来，而 P2P 流量(包括文件共享和流媒体)目前还没有直接的过滤机制，因此在本节测试的数据源采集中，采用了两种方案：

(1) 非 P2P 流量，即根据各应用的端口号设定过滤规则，通过校园网络中心进行采集混合流量。

(2) P2P 流量，即在校园网内的一台主机上单独采集。

数据源的具体采集结果如表 6-4 所示。

表 6-4　流量采集结果

采集时段	流量类型	流量大小/GB
时间段 1	WWW/Mail/FTP	3
时间段 2	Thunder	1
时间段 3	PPTV	1
时间段 4	PPStream	1
时间段 5	QQLive	1

为了便于分析对比，从所采集的流量中按不同应用提取了一定数量的流，并组合成一个 4 组样本数据。其中 1 组数据集作为训练样本，另外 3 组作为待测样本，每组数据集的流量大小并不固定。将训练样本标记为 data0，待测样本标记为 data1、data2、data3。4 组数据集的各应用比例如表 6-5 所示。

表 6-5　4 组数据集各应用所占比例

流量类型	data0	data1	data2	data3
总计	47322	72985	34214	44777
WWW	25216	29842	5756	13098
Thunder	5871	3156	1470	15146
Mail	1094	762	1621	1830
FTP	2357	1876	2318	1596
PPTV/PPStream/QQLive	12784	37349	23049	13107

2) 仿真过程

流量识别的主要过程是使用 Weka 平台实现的。Weka 是由 Java 编写的数据挖掘软件，汇集了当今最前沿的数据挖掘算法和数据预处理工具，其目的是让用户能够快速灵活地将现有的处理方法应用于新的数据集。它为数据挖掘实验的整个过程，包括准备要输入的数据、统计评估学习方案，以及可视化输入数据及学习结果，提供了广泛的支持。用户可以通过一个共用的界面操作运用所有已包含的工具组件，从而比较不同的学习算法，找出能够解决当前问题的最有效的方法。

在采集完所有的训练数据和待测数据后，使用流量特征分析系统对数据包进行分流处理，将大量单个的数据包预处理成流的形式，并通过流量特征计算模块得到所有流的属性特征值，同时为每条流添加一个属性，将各类型应用分别进行标注。接下来将所得到的流队列添加到数据库对应的表中，这些过程与流量特征分析系统的工作流程一致。

为了在 Weka 平台对数据集进行分析处理，需要将 4 组数据集对应的数据表导出并存储成 CSV 格式文件，再将 CSV 格式文件转存为 ARFF 格式文件，该文件类型是 Weka 平台专用的数据文件。接下来，基于数据挖掘的流量特征识别的仿真过程将由 Weka 平台实现。

首先，通过 Open file 选项载入训练样本 data0。如图 6-7 所示，打开训练样本后，可以观察到该样本数据的实例(流数目)和属性(流量属性)，Weka 具有强大的数据处理能力，给出了所有实例的属性统计信息，通过 Visualize 选项可以很清楚地查看各属性的统计分布以及属性与属性之间的统计关系。

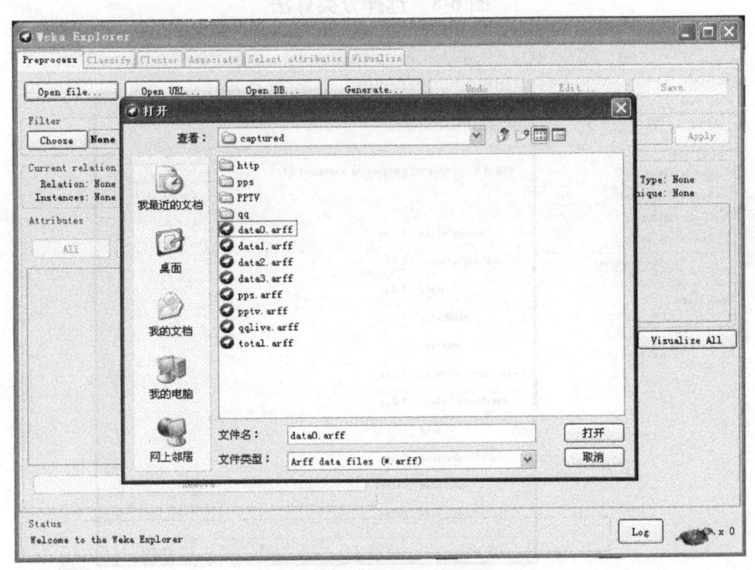

图 6-7　载入样本数据

接下来进入 Classify 选项卡选择合适的分类算法。如图 6-8 所示，Weka 平台聚合了 bayes 等大量的分类算法。同时，根据样本数据的属性和 class 的类型可以通过 Filter 自动过滤掉无法与样本数据匹配的分类算法。

选择好分类算法后，可以单击 Choose 右侧的文本框对分类算法的参数进行配置，如图 6-9 所示。参数的设置会对测试的各项性能造成影响，如算法的复杂度、分类器建模时间、预测的准确率等。在本次测试中，所有的算法参数均设为默认值。

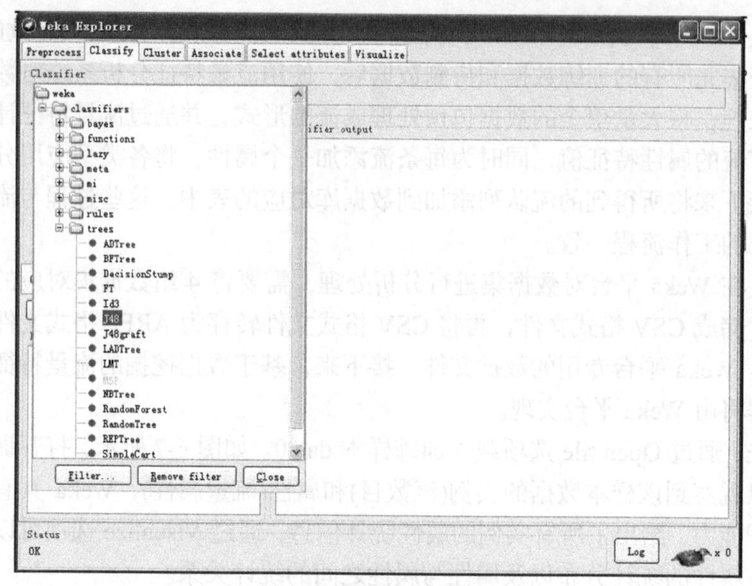

图 6-8　选择分类算法

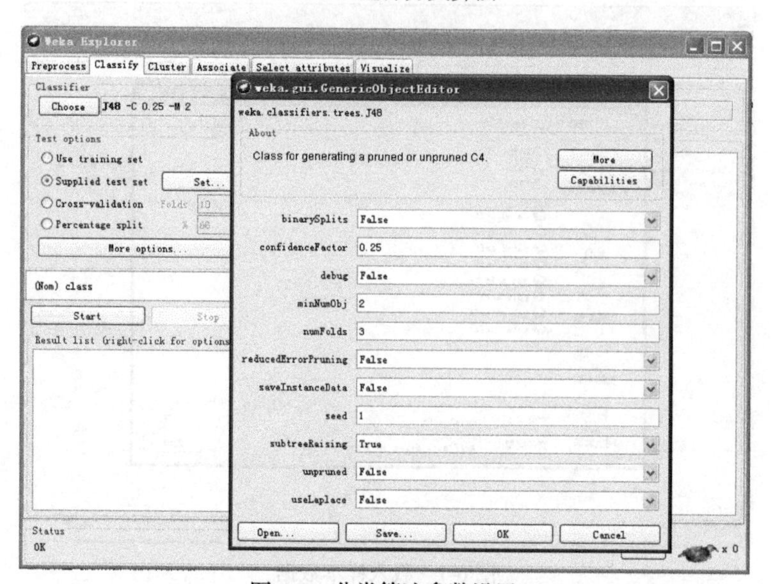

图 6-9　分类算法参数设置

接下来就可以使用所建模型，选择 Cross-validation 并将 Folds 设为 10，采用交叉验证对所建模型进行评估。之后使用所建模型对待测数据进行预测，选择 Supplied test set 指定待测样本集，如图 6-10 所示。打开所要进行预测的数据集并单击 Start，执行流量识别的最后工作。需要注意的是，对测量样本进行预测时，训练样本和待测样本的属性必须一致，因此在导入数据文件时训练样本和待测样本的属性设置应该保持不变。

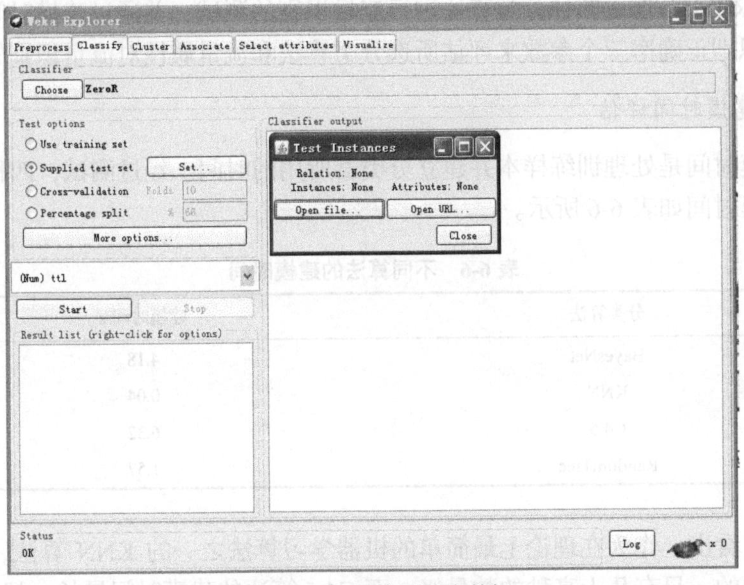

图 6-10　选择待测样本数据

在 Weka 平台下使用数据挖掘的分类算法对流量进行分类预测的基本过程如上所述。按照数据挖掘在流量识别应用上的系统流程，对数据源组成和抓取策略、数据集预处理方式进行了详细介绍，对 Weka 应用平台下如何载入训练样本、选择分类算法、建立分类模型和对待测数据进行预测进行了详细的描述，具体的测试和评估结果将会在 6.1.3 节进行介绍。

6.1.3　评估结果与分析

由于数据挖掘中的算法十分庞杂，在流量识别的应用上各种分类算法均有其各自的优劣性，选择从以下两个方面评估各类算法在流量识别应用上的性能的标准：

(1) 算法的准确性。流量识别中最重要的评价因素是该识别技术的准确性，这是一切识别方法得以投入应用的根本。而识别的准确率可以从多个角度进行分解，如将所有流量进行正确分类的比例、将 P2P 流量正确判定或将非 P2P 流误判为 P2P 流的概率、将未知流从所有流量中正确提取的比例等。

(2) 算法的计算性能。计算性能主要从算法对数据的处理效率上考虑，这是衡量一种算法优劣的重要因素，尤其是对于海量数据的流量识别，合理选择快速高效的算法极为重要。通常来说，算法运行的速度越快其计算性能越高，在评价算法运行时间上一般从以下两个方面考虑：学习时间和分类时间。学习时间即分析训练样本并建立分类器的时间；而分类时间是对待测样本进行流量分类的运行时间。

本节主要选用贝叶斯网络(BayesNet)、*K* 近邻(KNN)算法、决策树算法中的 C4.5 和 RandomTree 四种分类算法进行流量识别的测试，并通过建模时间、分类时间和识别正确率三个参数来评估所选分类算法和流量属性对流量识别的意义。

1. 建模时间评估

建模时间是处理训练样本并建立分类器所用的时间。经过测试，四种算法各自的建模时间如表 6-6 所示。

表 6-6　不同算法的建模时间

分类算法	建模时间/s
BayesNet	4.18
KNN	0.04
C4.5	6.32
RandomTree	1.57

可以看出，作为在理论上最简单的机器学习算法之一的 KNN 算法，建模时间是最短的，只有几十毫秒的数量级。而 C4.5 算法的建模时间最长，超过了 6s。另外，贝叶斯网络的建模时间也相对较长。

通常情况下，影响算法建模时间长短的因素较多，首先是与训练样本的数据量有关。样本的实例越多，训练样本越大，建模时间越长。同时，样本的属性个数也是影响建模时间的重要因素，所选的流量属性越多、越复杂，在建模上执行的算法复杂度越高。同时算法本身的参数和阈值也是影响建模时间的一个重要因素。

另外需要注意的是，算法的建模时间长短也直接影响最终的流量识别效率。由于建模时间很长的算法在进行流量识别的过程中会降低效率，因此一般在实际应用中会选择建模时间较短的算法。

2. 分类时间评估

对训练样本数据进行建模后，对 data1、data2 和 data3 这 3 组待测数据进行流量识别，不同算法对流量识别的测试时间如表 6-7 所示。

表 6-7　不同算法对流量识别的测试时间　(单位：s)

算法	data1	data2	data3
BayesNet	43.81	25.75	34.63
KNN	213.66	151.42	175.82
C4.5	31.78	24.16	25.59
RandomTree	15.24	9.65	11.38

通过数据的前后对比可以发现，算法的测试时间和建模时间的差异很大，甚至超过了两个数量级。尤其是 KNN 算法，虽然其建模时间非常短，但是在进行流量识别的过程中所消耗的计算时间却达到了百秒以上。在所选算法中测试时间最短的是 RandomTree，其次是 C4.5 和 BayesNet。算法的测试时间越长则运用效率越低，因此在实际应用中 KNN 算法是不合适的。

3. 正确率评估

在前期的网络测量研究中发现，用户节点间的路由跳数分布与用户和 Web 服务器间的跳数分布在统计特性上有所差别，因此可以推断，TTL 值作为流量的属性之一，在 P2P 流媒体流量识别中有所帮助。为了验证这样分析，在评估识别正确率时分两组进行测试。第一组选用了所提的包括 TTL 在内的所有流量属性，第二组选用了不含 TTL 值的属性子集。通过对 3 组待测数据集进行测试，其关于流量识别的正确率如表 6-8 和表 6-9 所示。

表 6-8　包含 TTL 值时的识别正确率　(单位：%)

算法	data1	data2	data3
BayesNet	92.53	93.19	94.64
KNN	91.62	89.68	92.45
C4.5	94.58	95.29	94.81
RandomTree	91.36	90.93	93.12

表 6-9　不含 TTL 值时的识别正确率　(单位：%)

算法	data1	data2	data3
BayesNet	87.46	86.25	90.01
KNN	85.78	85.64	87.47
C4.5	90.63	91.34	90.11
RandomTree	88.21	87.46	89.33

从上面的数据明显可以看到，选用了 TTL 作为流量属性之一时几乎所有的测试结果的正确率都达到了 90%以上，而不含 TTL 值的流量属性子集在流量识别过程中的正确率明显下降。由此可以看出，TTL 值作为流量的特征属性之一，其在 P2P 流中的特征规律与其他应用有所不同，因此在基于数据挖掘技术的流量识别中可以作为特征属性参与流量分类，并且具有良好的效果。

另外，为了测试各种算法对不同 P2P 流媒体流量的识别能力，将 data1、data2、data3 中的非 P2P 流媒体流量取出，组合了一组待测的流量集 data4，并与 PPTV、

PPStream 和 QQLive 这 3 种应用的流量集分别组合形成待测样本，每组 P2P 流媒体的流数目相同。通过各分类算法得到的测试结果如表 6-10 所示。

表 6-10　不同 P2P 流媒体流量的识别正确率　　(单位：%)

算法	PPTV+data4	PPStream+data4	QQLive+data4
BayesNet	93.15	93.29	92.68
KNN	92.11	91.57	92.46
C4.5	94.58	95.29	94.81
RandomTree	91.09	92.88	92.43

从测试结果来看，同种分类算法下不同结果集的识别正确率变化不大，也无明显规律。结合各测试集的正确率结果，说明在算法和流量属性的选择一定的情况下，数据源中各流量类型的组成比例对流量识别的正确率影响不大。

但需要注意的是，本节对流量识别的正确率测试结果比以往研究成果要稍微低一些，主要原因在于在以往的研究中，P2P 流媒体流量与 P2P 文件共享流量并未区分开来，通常统一视为 P2P 流进行识别。而本章的数据源中既有 P2P 流媒体流量又有 P2P 文件共享系统的流量，同作为 P2P 技术的应用，文件共享系统在某些方面的流量特征势必与 P2P 流媒体系统具有相似性，因此在进行流量识别时正确率受到影响。

6.2　多层语义解析的流媒体调度算法

网络多媒体数据消耗了大量的网络带宽和系统资源，体现出不可管控的特征。多媒体数据，特别是视频数据的多层语义理解可增强流媒体数据可管控性；流媒体调度算法可通过降低网络带宽和提高服务器效率等措施，提高整个系统服务性能。

本节在网络中心节点对流媒体数据进行由底层至高层的多层语义理解，并提出基于多层语义理解的个体资源流行度模型。结合两种传统调度算法优势，提出基于个体资源流行度模型的多语义合并调度策略。高流行度节目采用发送组播流的同时对邻近分布的补丁流进行分组合并的方式响应用户请求；低流行度节目仍选用传统周期补丁调度算法。多语义合并调度策略在提高资源可管控性的同时以一定的用户等待时间换取带宽资源、提高服务效率。

6.2.1　流媒体数据多层语义理解

验证、建立互联网对象的流行度模型通常是采用分析服务器日志的方法，数据类型大多为客户请求数以及相应的时间关系[13,14]。这些方法具有快捷方便、较为准确的优点，但往往忽略了互联网数据本身的语义信息，这些语义信息本质上可以直接用于统计、分析进而建立流行度模型。流媒体数据的流行度值可以为流媒体调度算法提供依据和基础。

基于多层语义理解的流行度模型研究思路如图 6-11 所示，首先在网络中心节点搭建数据包获取系统，直接将流经此中心节点的网络数据包分时段分地址地采集和存储；统一获取互联网数据并确保其具备弱语义信息，并根据特征将流媒体数据从互联网数据中分离出来；根据流媒体数据的独有特征，提取中语义和强语义信息，形成流媒体数据统一的多层语义向量；最后在全面、立体地理解流媒体数据的弱、中、强语义的基础上，实现流媒体数据的多层语义理解的价值应用，可以在流行度建模、音/视频数据内容管理、可信计算、可控性研究等方面展开研究，此处着重研究如何利用多层语义信息建立流媒体个体资源流行度模型[15]。

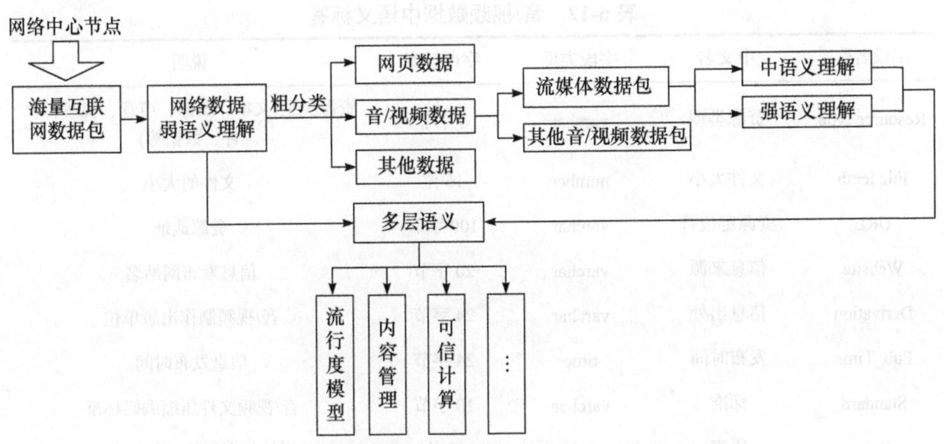

图 6-11 基于多层语义理解的流行度模型研究思路

1. 多层网络数据语义描述架构

网络数据每一层次结构中，都存在不同强度的语义信息，结合 TCP/IP 网络体系结构，以及多层网络数据语义描述模型构建情况，定义弱、中、强三个语义域，描述各个层次网络数据的语义。该内容已在第 2 章中详细介绍，在此不再赘述。

2. 音/视频数据语义标签定义

与网页数据相比，音/视频数据有其不同的特性，为此采用了不同的语义标签定义，其主要不同在中语义域，其中，网络数据信息出处定义为音/视频制作出版单位，作者定义为作品主创人员，并增加编码标准和码率字段，这对理解、还原音/视频文件，了解其对网络性能要求具有重要意义。音/视频数据弱语义标签、中语义标签和强语义标签定义分别如表 6-11、表 6-12 和表 6-13 所示。

表 6-11　音/视频数据弱语义标签

字段名称	中文名	字段类型	字段长度	说明
Soure ip	源 IP 地址	varchar	20 字节	—
Destination ip	目的 IP 地址	varchar	20 字节	—
Soure port	源端口号	number	16 位	—
Destination port	目的端口号	number	16 位	—
Protocol type	协议类型	varchar	10 字节	应用层所用协议
Options	扩展项	number	可变	用来定义一些任选项

表 6-12　音/视频数据中语义标签

字段名称	中文名	字段类型	字段长度	说明
Resource type	资源类型	varchar	8 字节	资源类型(文本、图像、声音、视频、软件、数据等)
File lenth	文件大小	number	16 位	文件的大小
URL	资源定位符	varchar	100 字节	资源地址
Website	信息来源	varchar	20 字节	信息发布网站名
Derivation	信息出处	varchar	24 字节	音/视频制作出版单位
Pub_Time	发布时间	time	24 字节	信息发布时间
Standard	标准	varchar	10 字节	音/视频文件压缩编码标准
Rate	码率	number	10 位	媒体信息压缩后数据速率

表 6-13　音/视频数据强语义标签

字段名称	中文名	字段类型	字段长度	说明
Class_ID	内容分类 ID	varchar	4 字节	信息分类代码
Title	标题	varchar	50 字节	音/视频信息的标题
Author	作者	varchar	10 字节	作品主创人员或演唱者
Keywords	关键词	varchar	10 字节	信息资源主题、内容的关键字或词组
Description	描述	varchar	不定长	音/视频内容说明、摘要等
H	信息热度	number	8 位	节目流行度
Length	流量	number	10 位	本类资源流量

续表

字段名称	中文名	字段类型	字段长度	说明
Packets	包数量	number	10 位	本类媒体所获取的数据包数量
Resources	资源数	number	10 位	本类资源数量

3. 中心节点网络数据包捕获平台

基于中心节点的网络数据包捕获实验平台，搭建地选择在被研究用户群体的网络数据必经处，如校园网络接入点、小区网络接入点、区域网络入口等，网络拓扑结构如图 6-12 所示。

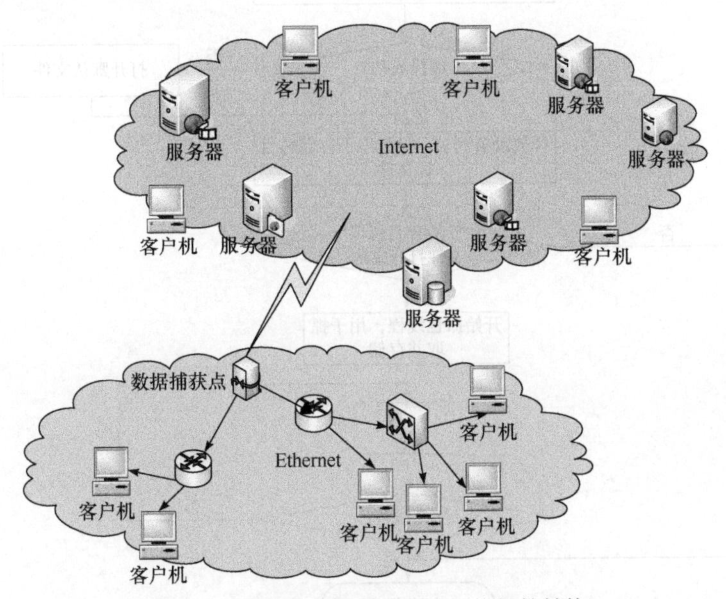

图 6-12　网络数据包捕获平台网络拓扑结构

中心节点网络数据包捕获流程如图 6-13 所示。网络数据包捕获作为一种网络通信程序，通过对网卡的编程来实现网络通信。WinPcap 提供了 Windows 平台下的网络捕获编程接口，选取 WinPcap 开发包实现抓取数据包的功能。WinPcap 抓包技术的函数库工作在网络分析系统模块的底层，能从网络底层取得最完整、最真实的数据。

4. 流媒体数据传输特性分析

流媒体数据传输主要采用两种方式：HTTP/TCP 和微软媒体服务器协议/实时流传输协议/实时传输协议(MMS/RTSP/RTP)。通过大量实验发现，两种传输方式

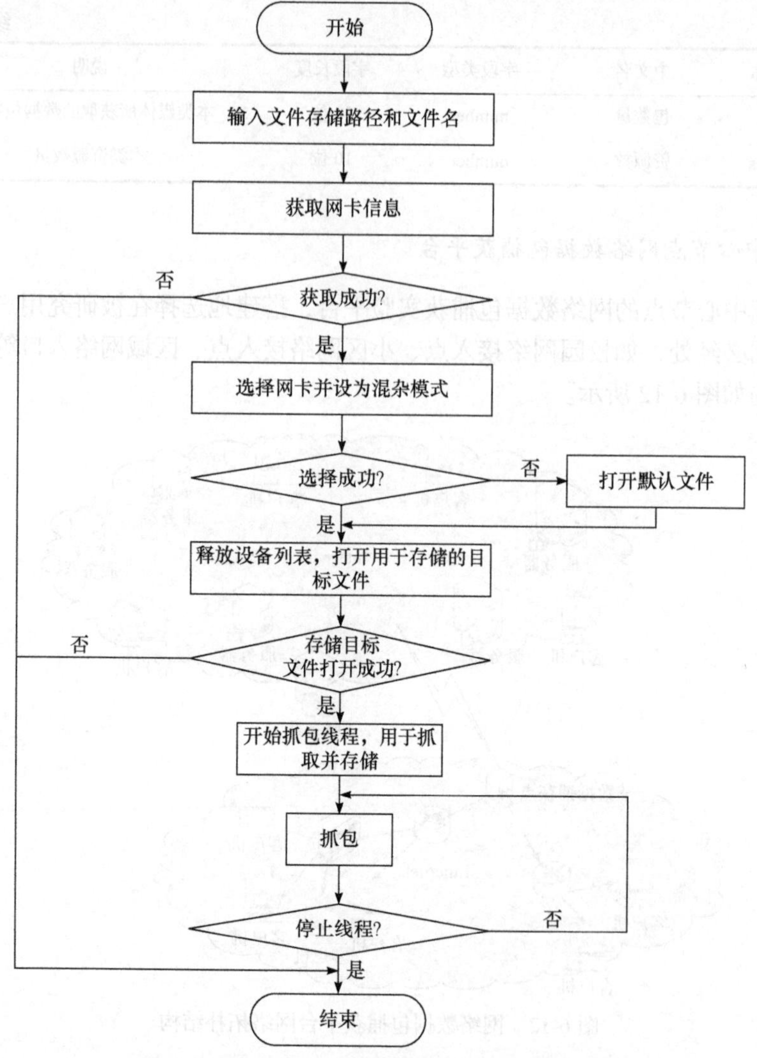

图 6-13　中心节点网络数据包捕获流程

都具有各自的传输特征，这些特征为网络数据的分流、深度语义挖掘、音/视频流量分布特性分析、流行度模型建立、群体用户行为分析提供研究基础。

1) 基于 HTTP/TCP 的音/视频数据传输

HTTP 消息由从客户端到服务器的请求和从服务器到客户端的响应组成。通过对 HTTP 的分析以及实际抓包验证，可以看到底层到应用层的信息包含：源 IP 地址、目的 IP 地址、源端口号、目的端口号。GET 请求方法中包括了媒体资源的路径(/UserFiles/File/niuzai.mp3)和主机(www.nit.net.cn)，如图 6-14 所示。

```
Hypertext Transfer Protocol
⊞ GET /UserFiles/File/niuzai.mp3 HTTP/1.1\r\n
  Accept: */*\r\n
  User-Agent: NSPlayer/9.0.0.3265 WMFSDK/9.0\r\n
  Accept-Encoding: gzip, deflate\r\n
  Host: www.nit.net.cn\r\n
  Connection: Keep-Alive\r\n
  \r\n
```

图 6-14 HTTP 客户端音/视频请求包分析

服务器回应状态码以“2”开头表示成功，因此通过字符串匹配找出响应状态码为“200”的包，可以得到的信息有媒体类型(Content-Type)、媒体大小(以字节表示，Content-Length)、访问时间(Date)，如图 6-15 所示。

```
Hypertext Transfer Protocol
⊞ HTTP/1.1 200 OK\r\n
  Pragma: No-cache\r\n
  Cache-Control: no-cache,no-store,max-age=0\r\n
  Expires: Thu, 01 Jan 1970 00:00:00 GMT\r\n
  ETag: W/"3907712-1213478418000"\r\n
  Last-Modified: Sat, 14 Jun 2008 21:20:18 GMT\r\n
  Content-Type: audio/x-mpeg\r\n
  Content-Length: 3907712\r\n
  Date: Wed, 06 Jan 2010 19:49:48 GMT\r\n
  Server: Apache-Coyote/1.1\r\n
  \r\n
```

图 6-15 HTTP 服务器音/视频响应分析

2) 基于 MMS/RTSP/RTP 的音/视频数据传输

通过抓包分析可以看到，流媒体数据在传输过程中，服务器和客户端的握手信息是通过 RTSP 来传送的，而音/视频数据则是通过 RTP 传输。与 HTTP 类似，从请求数据包中可以挖掘出媒体的统一资源标识符(uniform resource identifier，URI)地址，图 6-16 是 DESCRIBE 方法的请求信息。

```
Real Time Streaming Protocol
⊞ Request: DESCRIBE rtsp://XIKEDA-5M82S073/fupgrade.asf RTSP/1.0\r\n
  User-Agent: WMPlayer/10.0.0.380 guid/3300AD50-2C39-46C0-AE0A-8E36E023AF2B\r\n
  Accept: application/sdp\r\n
  Accept-Charset: UTF-8, *;q=0.1\r\n
  X-Accept-Authentication: Negotiate, NTLM, Digest, Basic\r\n
  Accept-Language: zh-CN, *;q=0.1\r\n
  CSeq: 1\r\n
```

图 6-16 RTSP 客户端音/视频请求包分析

通过过滤出包含字符串“RTSP/1.0 200 OK”的响应数据包，可以分析到的信息有访问时间(Date)、媒体大小(Cache-Control)等，如图 6-17 所示。

与 HTTP 不同的是，RTSP 响应包中通常包含了会话描述协议(session description protocol，SDP)，图 6-18 给出了 SDP 中的部分字段域，从中可以分析出会话名称 Session Name(s)、媒体类型(Media Description)和编码格式(rtpmap)等。

```
Response: RTSP/1.0 200 OK\r\n
Content-type: application/sdp
Vary: Accept\r\n
X-Playlist-Gen-Id: 4\r\n
X-Broadcast-Id: 0\r\n
Content-length: 4071
Date: Tue, 18 Aug 2009 13:00:07 GMT\r\n
CSeq: 1\r\n
Server: WMServer/9.1.1.3841\r\n
Supported: com.microsoft.wm.srvppair, cc
Last-Modified: Fri, 16 Feb 2007 23:39:06
Cache-Control: x-wms-content-size=51077,
```

图 6-17　RTSP 服务器音/视频响应分析

```
⊟ Session Description Protocol
    Session Description Protocol Version (v): 0
  ⊞ Owner/Creator, Session Id (o): - 2009081812!
    Session Name (s): Upgrade Your Player
⊞ Media Description, name and address (m): audio 0 RTP/AVP 96
⊞ Bandwidth Information (b): AS:18
⊞ Bandwidth Information (b): RS:0
⊞ Bandwidth Information (b): RR:0
⊞ Media Attribute (a): rtpmap:96 x-asf-pf/1000
⊞ Media Attribute (a): control:audio
⊞ Media Attribute (a): stream:2
```

图 6-18　SDP 分析

5. *流媒体数据多层语义分析*

互联网上的数据采用何种协议、何时、何地在网络中传输，相关信息都以某种形式存在或者隐藏在网络数据包中，网络数据包的多层语义理解根据网络传输的协议和本身特性，对看似杂乱无序、纷繁复杂的网络数据进行层层挖掘和分析，使得数据包所包含的语义信息得以浮现和被利用。

1) 网络数据弱语义理解

在中间节点网络数据捕获系统所获取的网络数据中分析、提取网络数据的弱语义信息，并导入数据库。弱语义信息大多通过分析网络数据包的头部信息即可直接获取，这些信息包括包的序号、源 IP 地址、目的 IP 地址、源 MAC 地址、目的 MAC 地址、源端口号、目的端口号、IP 头长度、TCP 头长度、窗口大小、传输层协议等。

获取网络数据包后，需要进行协议分析和协议还原工作。根据 OSI 的 7 层协议模型中数据是从上到下封装的，因此此处的协议分析需要从下至上进行。首先对网络层的协议识别后进行组包还原然后脱去网络层协议头，将里面的数据交给传输层分析，以此类推直到应用层。

如何将 TCP 和 UDP 数据包从源文件中提取出来是此处的一个关键点。首先，分析捕获系统提供的由原始数据包组成的源文件，组成形式如下：

源文件=前段未知数据(长度不定)

+间隔数据[B1](16 字节)+IP 数据包[A1](长度不定)

+间隔数据[B2](16 字节)+IP 数据包[A2](长度不定)

+间隔数据[B3](16 字节)+IP 数据包[A3](长度不定)

+…

+间隔数据[B(*n*−1)](16 字节)+IP 数据包[A(*n*−1)](长度不定)

+间隔数据[B*n*](16 字节)+IP 数据包[A*n*](长度不定)

图 6-19 为一个文件头被捕获的构成示意图。其中，最顶端第一个字节“D4”到第二行字节“00 00”框线所标识部分为前段未知数据，紧接着虚线标识部分为间隔数据，横线标识部分为 IP 数据包内容。

```
             0  1  2  3  4  5  6  7  8  9  a  b  c  d  e  f
00000000h: D4 C3 B2 A1 02 00 04 00 00 00 00 00 00 00 00 00 ; 前段未知数据
00000010h: FF FF 00 00 01 00 00 00 55 77 E0 48 8E 46 03 00 ; 间隔数据 B1
00000020h: 4F 00 00 00 4F 00 00 00 00 40 D0 7B 46 30 00 11 ;
00000030h: 95 F0 0D C8 08 00 45 00 00 41 00 00 40 00 32 11 ;
00000040h: 2F EA 79 0E DE A2 C0 A8 00 69 1F 40 76 E1 00 2D ; IP数据包 A1
00000050h: 2C 5E 3B 00 00 00 87 BC 3E 00 00 3B 2A C4 B4 D9 ;
00000060h: 7E 10 00 00 00 30 30 45 30 38 31 30 32 33 32 35 ;
00000070h: 45 30 56 35 34 00 00 55 77 E0 48 E2 26 09 00 4F ; 间隔数据 B2
00000080h: 00 00 00 4F 00 00 00 00 40 D0 7B 46 30 00 11 95 ;
00000090h: F0 0D C8 08 00 45 00 00 41 00 00 40 00 32 11 2F ;
000000a0h: EA 79 0D DE A2 C0 A8 00 69 1F 40 76 E1 00 2D 7F ; IP数据包 A2
000000b0h: AB 3B 00 00 00 87 4D 24 00 00 3A 3D B6 7D E5 69 ;
000000c0h: 10 00 00 00 30 30 46 46 30 31 37 34 34 42 41 43 ;
000000d0h: 33 30 4A 34 00 00 55 77 E0 48 AE B7 09 00 4F 00 ; 间隔数据 B3
000000e0h: 00 00 4F 00 00 00 00 40 D0 7B 46 30 00 11 95 F0 ;
000000f0h: 0D c8 08 00 45 00 00 41 00 00 40 00 32 11 2F EA ;
00000100h: 79 0E DE A2 C0 A8 00 69 1F 40 76 E1 00 2D 83 B0 ; IP数据包 A3
00000110h: 3B 00 00 00 87 CF 86 00 00 74 FD B7 6F E6 71 10 ;
00000120h: 00 00 00 43 39 44 39 46 32 34 34 30 30 30 30 57 ;
00000130h: 37 51 34 02 00 55 77 E0 48 33 9D 0E 00 54 00 00 ; 间隔数据 B4
00000140h: 00 54 00 00 00 00 40 D0 7B 46 30 00 11 95 F0 0D ;
00000150h: C8 08 00 45 00 00 46 94 2E 00 00 74 11 BB 50 DC ;
00000160h: BC 59 5A C0 A8 00 69 6B B7 76 E1 00 32 BF D1 32 ; IP数据包 A4
00000170h: 00 00 00 12 81 52 45 AE 34 0D 13 0D F9 4C FA 05 ;
```

图 6-19　文件头的捕获构成示意图

从原始数据包中识别出 TCP 包和 UDP 包，首先需要判断数据包一定包含有数据帧部分，进而判断数据帧中包含以太网类型字段，即判断 Ethertype 是否为 0800(IP)。紧接着判断与之间隔 9 字节的以太网类型字段，若该字段为 11，则为 UDP 包；若为 06，则为 TCP 包。

根据提取 IP 数据包的 Total Length 字段即可获取 IP 数据包的长度，而一个 IP 数据包的实际长度等于数据帧的长度和 Total Length 字段值之和。识别当前下一个数据包类型时，需首先后移当前数据包的长度，再后移 16 字节的间隔数据和 12 字节的 MAC，即可直接定位到下一个数据包的以太网类型字段，然后以相似的方法即可确定其类型。

用类似的方法也可提取基于原始数据包的网络数据弱语义信息，对无法直接提取的某些多层网络数据语义字段，可采用先提取再运算、分析的方法获取。

基于原始数据包的网络数据语义抽取在程序中采用按数据包逐个处理的方式进行，程序执行流程如图 6-20 所示。

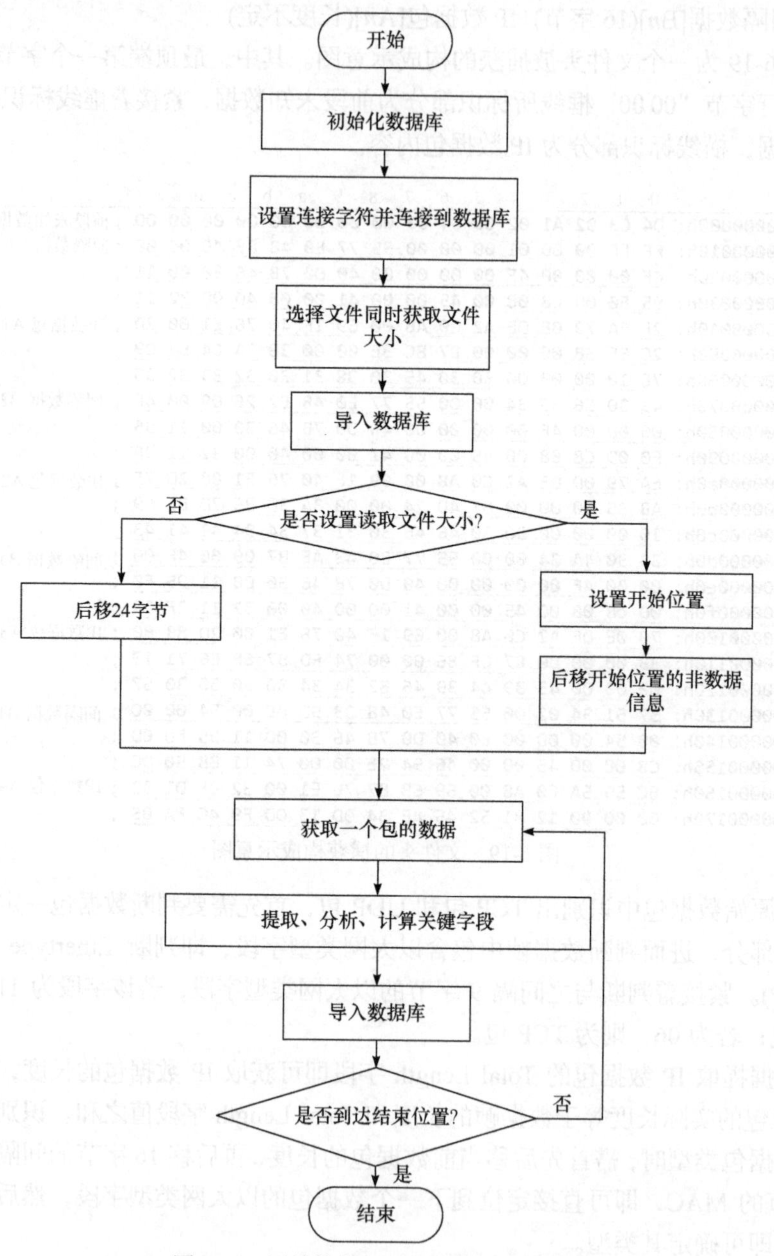

图 6-20　原始数据包语义抽取程序流程图

原始数据包语义抽取具体步骤如下：

(1) 后移由 WinCap 自动添加的非数据包内容，共 24 字节。

(2) 后移由 WinCap 自动添加的非数据包内容，共 16 字节。这部分内容记录了数据包捕获的时间和整个捕获数据包的长度。其中，抓包时间的获取可将直接提取到的时间数据转化成一个十进制整数，然后转化成时间格式的字符，最后因为中国是东八时区，所以在提取的时间基础上加上 8 小时；数据包长度用函数 memcpy(&m_ph,m_Data,16)实现。

(3) 获取 MAC 地址、IP 地址、IP 头部长度、协议类型。注意 IP 头部不固定，其对后续报文的位置有重要影响。

(4) 若为 TCP 和 UDP 类型的包，则需提取端口号。其中，TCP 的包还需要提取出 TCP 头部长度和窗口大小。

(5) 将整个原始数据包格式转化成字符串格式。

(6) 将提取、计算和分析出来的语义信息导入数据库。

(7) 读下一个原始数据包继续进行处理，直到文件末尾。

图 6-21 展示了基于原始数据包的弱语义抽取效果，弱语义分析字段包括源 IP 地址、源端口号，目的 IP 地址、目的端口号，协议类型。另外提取了数据包长度，以备强语义分析、理解使用。该系统实现了在获取的海量数据内以游标的方式任意显示 1 兆字节数据包详细结构信息。

Number	IP_S	IP_D	MAC_S	MAC_D	Port_S	Port_D	Len_ip	Len_packet	Len_tcp	Winsize	type	Data
34	121.9.204.231	192.168.0.109	00e0b0e4187b	001195f00dc8	80	4017	20	1514	20	6510	TCP	00e0b0e4187b0
35	192.168.0.109	121.9.204.231	001195f00dc8	00e0b0e4187b	4017	80	20	54	20	65535	TCP	001195f00dc800
36	121.9.204.231	192.168.0.109	00e0b0e4187b	001195f00dc8	80	4017	20	1514	20	6510	TCP	00e0b0e4187b0
37	121.9.204.231	192.168.0.109	00e0b0e4187b	001195f00dc8	80	4017	20	1514	20	6510	TCP	00e0b0e4187b0
38	192.168.0.109	121.9.204.231	001195f00dc8	00e0b0e4187b	4017	80	20	54	20	65535	TCP	001195f00dc800
39	121.9.204.231	192.168.0.109	00e0b0e4187b	001195f00dc8	80	4017	20	1514	20	6510	TCP	00e0b0e4187b0
40	192.168.0.109	121.9.204.231	001195f00dc8	00e0b0e4187b	4017	80	20	54	20	65535	TCP	001195f00dc800
41	121.9.204.231	192.168.0.109	00e0b0e4187b	001195f00dc8	80	4017	20	1514	20	6510	TCP	00e0b0e4187b0
42	121.9.204.231	192.168.0.109	00e0b0e4187b	001195f00dc8	80	4017	20	1514	20	6510	TCP	00e0b0e4187b0
43	192.168.0.109	121.9.204.231	001195f00dc8	00e0b0e4187b	4017	80	20	54	20	65535	TCP	001195f00dc800
44	121.9.204.231	192.168.0.109	00e0b0e4187b	001195f00dc8	80	4017	20	811	20	6510	TCP	00e0b0e4187b0
45	192.168.0.109	121.9.204.231	001195f00dc8	00e0b0e4187b	4017	80	20	54	20	64778	TCP	001195f00dc800
46	192.168.0.109	121.9.204.231	001195f00dc8	00e0b0e4187b	4017	80	20	54	20	64778	TCP	001195f00dc800
47	124.238.254.94	192.168.0.109	00e0b0e4187b	001195f00dc8	80	4018	20	494	20	65535	TCP	00e0b0e4187b0
48	124.238.254.94	192.168.0.109	00e0b0e4187b	001195f00dc8	80	4018	20	60	20	65535	TCP	00e0b0e4187b0
49	192.168.0.109	124.238.254.94	001195f00dc8	00e0b0e4187b	4018	80	20	54	20	65095	TCP	001195f00dc800
50	192.168.0.109	124.238.254.94	001195f00dc8	00e0b0e4187b	4018	80	20	54	20	65095	TCP	001195f00dc800

图 6-21 网络数据弱语义抽取效果

2) 流媒体数据中语义理解

互联网上大部分的业务在网络各层上均有反映，充分利用业务数据在网络各层上的映射，对互联网上的业务进行跨层的监测，能够将网络数据进行分类。采用应用层的端口和特定字符串特征，把网络数据划分为网页数据、P2P 数据、流媒体、文件传输、即时通信等，分类标准如表 6-14 所示。

表 6-14　典型应用层协议分类与特征

功能类别	典型应用层协议	特征端口号	特征字符串
P2P	Bittorrent	—	Ox13 BitTorrent protocol
Web 访问	PPStream	—	UDP 21|04|43|00
	eMule	—	TCP E3|C5|D4，UDP E3|E4|E5
	QQLive	—	UDP　FE|20
	HTTP	TCP 80	—
流媒体	RTSP	554	—
文件传输	FTP	TCP 20、21	—
邮件传输	SMTP	TCP 25	—
即时通信	POP	TCP 110	—
	OICQ、MSN	TCP 8000	—
网络管理	SNMP	UDP161、162	—

流媒体数据中语义理解包括 7 个字段：资源类型、文件大小、资源定位符号 URL、信息来源、信息出处、作者、发布时间。对于网页数据，此类信息通过网页数据还原技术恢复为文档之后再借助于 HTML 的特征和格式可以较容易获取；而对于流媒体数据，或者是音/视频数据，中语义信息的理解需对其流媒体链接会话信息数据包进行深入分析后才能获得。分析和提取途径主要依靠于 SDP 会话描述、流媒体 RTSP 的本身特性和字段。

资源类型：资源类型将网络数据分为网页数据和音/视频数据，流媒体数据包含于后者。流媒体数据的资源类型当前分为音频和视频两类，获取途径为分析流媒体传输会话信息包，如图 6-22 呈现的某流媒体 SDP 会话描述信息中的 Media Type 信息。

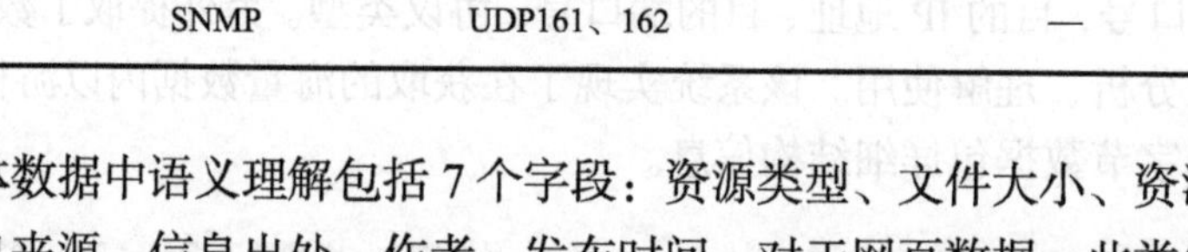

```
Media Description, name and address (m): audio 0 RTP/AVP 96
    Media Type: audio
    Media Port: 0
    Media Protocol: RTP/AVP
    Media Format: DynamicRTP-Type-96
```

图 6-22　中语义资源类型的获取

文件大小：流媒体的文件大小往往对其流行度的定论和衡量都会产生影响，一个音/视频文件的大小本身也会影响用户对其的喜爱程度。在流媒体数据包中，文件大小作为中语义信息，其获取方式与资源类型类似，效用信息隐藏于 RTSP 类型包中，如图 6-23 所示。

```
⊟ Real Time Streaming Protocol
  ⊟ Response: RTSP/1.0 200 OK\r\n
      Status: 200
    Content-type: application/sdp
    Vary: Accept\r\n
    X-Playlist-Gen-Id: 4\r\n
    X-Broadcast-Id: 0\r\n
    Content-length: 4071
    Date: Tue, 18 Aug 2009 13:00:07 GMT\r\n
    CSeq: 1\r\n
    Server: WMServer/9.1.1.3841\r\n
    Supported: com.microsoft.wm.srvppair, com.microsoft.wm.sswitch
    Last-Modified: Fri, 16 Feb 2007 23:39:06 GMT\r\n
    Cache-Control: x-wms-content-size=51077, max-age=86399, must-r
    Etag: "51077"\r\n
    \r\n
  ⊞ Session Description Protocol
```

图 6-23　中语义文件大小的获取

资源定位符号 URL：如图 6-24 所示，此语义元素是在网络中心节点用于统计来源、网站关注度，并且与网络内容紧密联系。无论是网页或是音/视频内容，尤其是对于在 C/S 传统模式下传输的网络数据，它都是必不可少的一个要素。

```
⊟ Real Time Streaming Protocol
  ⊞ Request: DESCRIBE rtsp://XIKEDA-5M82S073/fupgrade.asf RTSP/1.0\r\n
    User-Agent: WMPlayer/10.0.0.380 guid/3300AD50-2C39-46C0-AE0A-8E36E023A
    Accept: application/sdp\r\n
    Accept-Charset: UTF-8, *;q=0.1\r\n
    X-Accept-Authentication: Negotiate, NTLM, Digest, Basic\r\n
    Accept-Language: zh-CN, *;q=0.1\r\n
    CSeq: 1\r\n
    Supported: com.microsoft.wm.srvppair, com.microsoft.wm.sswitch, com.mi
    \r\n
```

图 6-24　中语义资源定位符号

信息来源：通过对资源定位符号的分离和映射可以获得信息的来源。URL 从左向右的标识符“//”和“/”之间的部分可以看成信息来源，如“sina.com.cn”映射之后的结果为“新浪网”，由此理解中语义元素信息来源。

其他中语义元素：信息出处、作者和发布时间是音/视频数据本身的特征，与互联网传输无关，采用原数据的理解方式即可。当前音频文件普遍隐含 ID3 标签，一般位于媒体文件的开头或末尾的若干个字节内，包含了关于该媒体文件的歌手、标题、专辑名称、年代、风格、发布时间等信息。其中专辑名称、歌手、发布时间作为信息出处、作者和发布时间三个中语义元素存在于多层语义中。而对于视频文件，这些中语义信息都以类似水印的形式存在于视频中，对视频数据的内容理解涉及视频特征提取、图形定位、图形识别等技术，目前对视频文件内容理解的研究很大一部分是和简单的足球场景相关的。因此，视频文件中的中语义信息还待继续深入研究和探讨。

在流媒体数据中语义分析和理解中，按其文件格式的不同构建不同的音/视频文件数据结构类，并编写相应的信息抽取函数。在主函数中，每打开一个文件，首先判断其文件格式，主要是根据文件后缀名做判断。然后对不同的格式，生成不同的数据结构进行信息提取。音频 ID3 和 AVI 格式视频标签提取如图 6-25 所示。

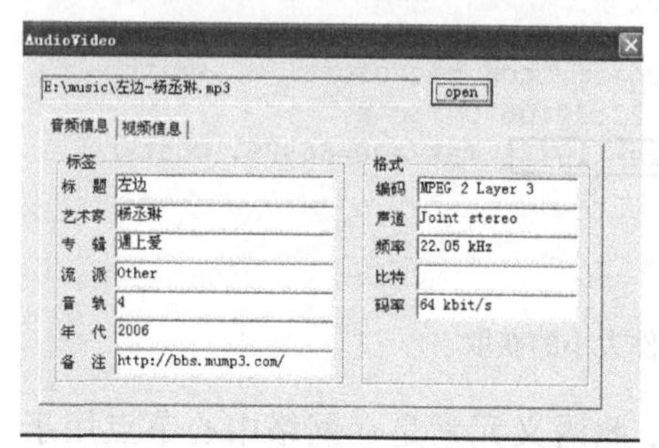

(a) 音频

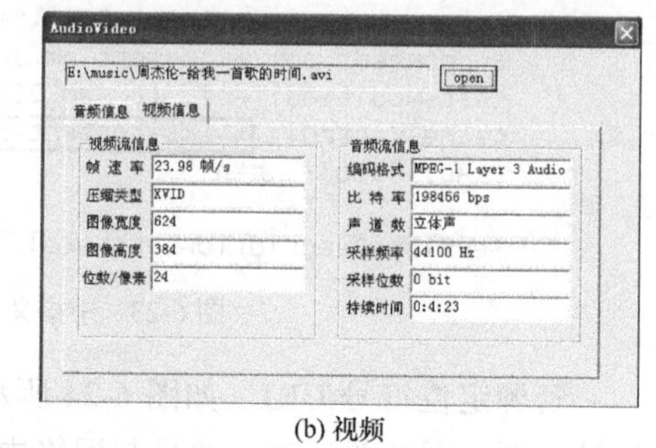

(b) 视频

图 6-25　音/视频 ID3 标签

3) 流媒体数据强语义理解

根据语义域特性和理解方法的不同，网络数据强语义域的理解分为直接理解型强语义域和统计理解型强语义域两个方面。直接理解型强语义包括内容分类、标题、关键词、描述，统计理解型强语义包括信息热度、流量、包数量和资源数。

内容分类：强语义元素内容同样分为音频和视频，音频内容分类映射为 ID3 标签所对应的流派，如图 6-25(a)所示。

标题：在每一个 RTSP 流媒体数据会话包中都有所体现，同样通过对资源定位符号的分离和映射可以获得当前流媒体传输文件标题。

关键词：对文本而言，关键词在提高搜索的效率、准确率、召回率等都有极其重要的意义。流媒体数据因其自身特性以及音/视频内容理解的现状，目前将标题、内容分类等其他相联系的语义信息作为流媒体资源的关键词。

描述：指的是一些对流媒体资源的特别说明信息。

统计理解型强语义信息通常不能直接从原始数据中分离出来，需要经过分析、统计而来，称为强语义统计理解过程。H 为信息热度，又称为个体资源流行度，表示某个资源在当前分析群体中的受喜爱程度和受需求程度；Length、Packets、Resources 均由统计而来，Length 表示某个资源的流量，通过统计同种资源包的数据部分长度而来；Packets 表示某个资源的数据包数，通过统计同种资源的数据包即可获得；Resources 表示某个资源的数量，同一资源可能来自不同的服务器、不同的网站、不同的源，通过统计同一资源的来源，可以获得此强语义信息。在弱语义中，服务器的 IP 地址(src-ip)表示来源地，用户的 IP 地址(dst-ip)表示目的地。通过获取网络数据包中的 IP 地址很容易确认用户的身份，便于归类同一会话流。不同的服务器 IP 地址和用户 IP 地址可能访问同样的网络内容，在这里根据资源名称归类同一资源数据，访问同一资源的用户称为用户组。IP_i 表示访问同一资源 i 的用户组，des-ip_{ij} 表示访问资源 i 的第 j 对用户，则 IP_i 和资源数量可以表示为

$$\text{IP}_i = \{\text{des-ip}_{ij}, j = 1,2,\cdots,N_i\} \tag{6-1}$$

$$\text{Resources}_i = N_i = \left|\text{des-ip}_{ij}\right| \tag{6-2}$$

其中，$|A|$为集合 A 中元素的个数。

6.2.2 流媒体多语义合并调度算法

1. 基于多语义的流行度模型

无论是查询请求流行度、资源共享流行度还是资源下载流行度，在网络中心节点都不可避免地存在相应数据流信息。因此，在网络中心节点所截获的网络数据流中分析和统计所建立的流行度，无论是用户采用何种形式和方式获取的，都将对数据流产生影响，因此这里的流行度称为资源流行度，它将查询请求流行度、资源共享流行度和资源下载流行度集于一体、同时体现。个体资源流行度用于反映此节点下的用户群体对资源的需求程度，流行度值越高，体现此用户群体对资源的需求程度越高，选用 χ^2 拟合校验法对个体资源流行度模型进行检验。

1) 流媒体多语义元素

根据用户点播请求频率和次数是统计资源流行度的最大影响因素，提取音/视频多层语义理解的部分多层语义元素以及部分基于数据包的筛选统计信息，如表 6-15 所示，可用于构建基于数据包统计的流行度模型。所选取的多语义元素均在一定程度上体现用户群体行为模式或资源流行程度。

表 6-15 部分所需流媒体多语义元素

列名	标识	所属层次	说明
Resource file ID	i	强语义	资源号 ID
Resource file NAME	V_i	强语义	资源名称
Source IP	SIP_{ij}	弱语义	资源对应源 IP 地址

续表

列名	标识	所属层次	说明
Destination IP	DIP_{ij}	弱语义	资源对应目的 IP 地址
Resource Length	L_i	中语义	资源总大小
Resource Popularity	H_i	强语义	资源热度、个体资源流行度
Resource Packet Length	PL_i	强语义	资源所有包长度
Resource Packet Number	N_i	强语义	资源包数量
Resource KCount	KCount_i	强语义	请求资源的 IP 地址数量
Resource PCount	PCount_i	—	资源收看相对完整次数
Resource Visiting Frequency	F_i	—	资源访问频度

用 j 表示同一资源的不同用户，k 表示同一资源的不同包的编号，用 B_{ik} 表示资源 i 的第 k 个包，KCount_i 是访问第 i 个资源的 IP 地址数量，也可以理解为基于数据包统计的该段时间内的用户请求数。PCount_i 是指第 i 个资源被完整收看的相对次数，有式(6-3)～式(6-5)成立：

$$\mathrm{PL}_i = N_i \mathrm{Length}(B_{ik}) \tag{6-3}$$

$$\mathrm{KCount}_i = \sum_j \mathrm{DIP}_{ij} \tag{6-4}$$

$$\mathrm{PCount}_i = \frac{\mathrm{PL}_i}{L_i} \tag{6-5}$$

2) 个体资源流行度测量

个体资源流行度是指某一特定的时间范围内，统计的所有流媒体资源的其中某一资源的流行度值，值的大小随时间和群体的变化而相应变化，在时间范围足够大的情况下，个体资源流行度值将趋于稳定的状态。所有流媒体资源所对应的个体资源流行度值汇总之后符合当前网络资源流行度 Zipf-Mandelbrot 模型。

根据系统对 T 时间内网络资源进行多层语义挖掘之后，在不区分来源和去向的情况下，按资源名称和资源号分类同一资源。请求资源的 IP 数量 KCount 为同一资源的不同源、目的地址数，用户需求的相对完整次数 PCount 为统计的所有本资源的包大小与单个本资源的总大小之比。则加权后的资源需求次数 Count 为

$$\mathrm{Count} = \alpha \mathrm{PCount} + \beta(\mathrm{KCount} - \mathrm{PCount}) \tag{6-6}$$

其中，$\alpha + \beta = 1$，$0 \leqslant \alpha, \beta \leqslant 1$。KCount − PCount 代表相对部分用户需求次数。

流媒体个体资源流行度(多层语义中称为信息热度 H_i)为

$$H_i = \frac{\text{Count}_i}{N} = \frac{\alpha \text{PCount}_i + \beta(\text{KCount}_i - \text{PCount}_i)}{N} \tag{6-7}$$

N 为归一化常数，为时间 T 内所有资源的需求次数。

3) 流行度模型验证

由于默认节目流行度符合 Zipf-Mandelbrot 分布函数，而 Zipf-Mandelbrot 是一个离散型的随机变量，因此可以选用 χ^2 拟合检验方法对个体流行度模型的正确性和可靠性进行验证。

χ^2 拟合检验是统计学中通过构造 χ^2 统计量来检验实际数据与理论分布符合程度的一种有效方法。χ^2 拟合检验要求先假设一个属性变量 X 有 K 个可能的取值或者 K 种取值区间，X 的概率分布由概率分布函数 $P(X=a_i)$ 所确定，目的就是要检验已观察到的一组样本与所构造的模型确定的分布是否拟合。

根据皮尔逊 χ^2 拟合检验公式：

$$\chi^2 = \sum_{i=1}^{k} \frac{(n_i - np_i)^2}{np_i} = \sum_{i=1}^{k} \frac{(\text{实际频数} - \text{理论频数})^2}{\text{理论频数}} \tag{6-8}$$

其中，把整个事件发生的时间分为 k 组，n_i 代表第 i 组频数(实际频数)，p_i 代表事件在第 i 组发生的理论概率，np_i 代表第 i 组理论频数。

要对流行度的理论计算值与实际统计值进行拟合检验，目的是检验所建的流行度模型是否具有足够的可靠性与准确性。利用皮尔逊 χ^2 检验原理和统计量的构造，建立时间 T (观察时间)与频数($\text{KCount} - \text{PCount}$)的数学关系。

众所周知，$f_i = \dfrac{n_i}{n}$ 代表第 i 组发生的理论频率，n_i 为第 N 组的频数，n 为总的频数，则

$$n_i = n \cdot f_i \tag{6-9}$$

$f_{i实}$ 为实际观察频率，$n_{i实}$ 为第 i 组实际观察频数，n 为总频数。

则有

$$n_i = n \cdot f_{i实} \tag{6-10}$$

因为样本频率分布在一定条件下可以作为概率分布的估计，所以有

$$\begin{aligned} \chi^2 &= \sum_{i=1}^{k} \frac{(n_i - np_i)^2}{np_i} = \sum_{i=1}^{k} \frac{(\text{实际频数} - \text{理论频数})^2}{\text{理论频数}} \\ &= \sum_{i=1}^{k} \frac{(nf_{i实} - nf_i)^2}{np_i} = \sum_{i=1}^{k} \frac{(nf_{i实} - nf_i)^2}{nf_i} = \sum_{i=1}^{k} \frac{(f_{i实} - f_i)^2}{f_i} n \end{aligned} \tag{6-11}$$

2. 多语义合并调度算法

1) 周期补丁调度策略

建立于补丁算法和批处理算法之上的周期补丁调度算法是本节所提出的多语义调度算法的前提和基础，本节着重分析周期补丁算法的由来。

批处理算法就是利用组播媒体流同时服务多个用户，如图 6-26 所示，在系统时间(system time)为 30s 时，某用户请求(称为请求 1)，某热门节目(假设用节目 ID 唯一标识节目，节目 ID 为 2012)，并且从节目时间(program time)的起点(即 program time=0)开始观看节目，流媒体服务器系统响应用户请求，并生成组播流(group-broadcasting streaming，GBS)。如果在系统时间为 60s 时，另一用户请求(称为请求 2)当前组播的节目，并要求从节目的 30s 开始播放，那么此时，组播流正好播放到 50s 处，系统直接通知新用户加入组播流 1，并开始提供流服务。

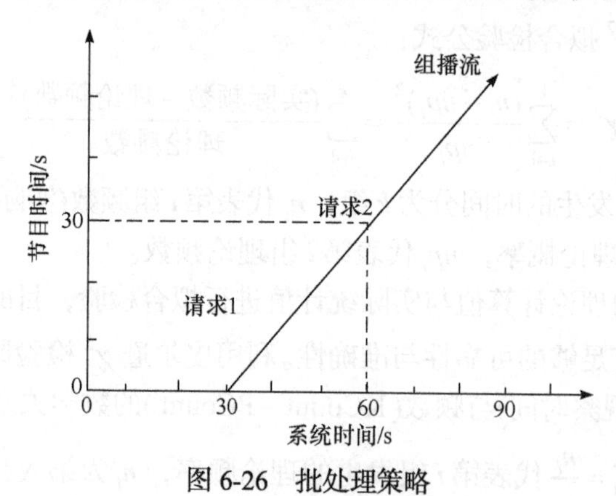

图 6-26　批处理策略

批处理算法有效利用组播流服务多个用户请求，节约了视频服务器输入/输出(input/output，I/O)和网络带宽资源。然而，在批处理算法中，用户必须在适当的时候请求适当的数据才能有效地加入组播流。例如，在图 6-27 中，用户若在系统时间为 50s 时请求第 40s 的节目内容，则需要等待 10s 才能加入组播流；用户若在系统时间为 50s 时请求第 20s 的节目内容，则加入组播流的同时丢失了 10s 的节目内容。

补丁(patching)算法采用用户端缓冲区(client buffer)和补丁流(patching stream，PS)两种策略解决用户加入组播流导致数据丢失的问题。该算法为第一个节目请求建立一个包含整个节目的共享组播流，也称为常规流，后面对此节目的请求加入该共享流，同时系统再生成一个单播补丁流补偿丢失的节目数据。当补丁窗口过大时，系统生成新的共享组播流。如图 6-27 所示，请求 1 于系统时间 20s 加入，并从节目时间 0s 开始获取节目数据。当系统时间为 50s 时请求 2 到达，并请求节

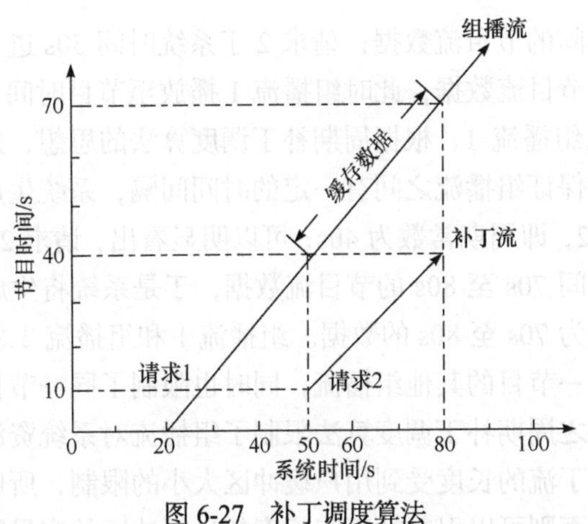

图 6-27　补丁调度算法

目时间 10s 的节目数据，此时组播流的播放时间为 30s，若用户直接加入组播流，将丢失 10～30s 之间的节目数据，补丁算法的操作如下：

(1) 在系统时间为 50s 处，用户 2 加入组播流，但不立即播放其节目数据，而是将数据暂存在用户缓冲区内。

(2) 为用户 2 生成单播补丁流，发送节目时间 10～30s 的节目数据，用户 2 直接加入单播补丁流，并持续到系统时间为 70s 处。

(3) 此时，补丁流数据结束，用户 2 正好开始收看缓存区所存储的节目时间为 30～50s 的节目数据，并同时维持组播流的接收存储状态。

补丁算法通过生成补丁流以使用户获得及时服务，同时系统最终仍然能够将用户请求并入组播流，提高了系统和网络资源的利用率。

补丁算法的系统效率高于传统动态流调度算法，但有两个缺点不容忽视：①组播流缓存在用户缓冲区，这就要求补丁流的长度不能超过缓冲区长度；②算法的效率并不是无条件提高的，在用户请求较多的情况下，补丁流的数量可能大大增加，此时补丁流通过单播方式发送给用户，本身也需要消耗系统和网络资源。

周期补丁调度算法应运而生，算法的核心思路是流媒体服务器为热度高的节目周期性地发送组播流。这个确定的时间间隔定义为周期常数(PERIOD,T_{GBS})，组播流的间隔必须是周期常数的整数倍。

图 6-28 反映了周期补丁调度算法的核心。首先，组播流 1 是系统时间为 10s 时产生的包含整个节目内容的流数据；然后，请求 1 于系统时间 40s 进入系统并请求节目时间为 0 开始的流媒体数据，此时请求 1 将并入组播流 1，而组播流数据已到达节目时间的 30s 处，于是系统将同时产生补丁流 1 用于补偿丢失的节目

时间为 0 至 30s 之间的节目流数据；请求 2 于系统时间 50s 进入系统并请求节目时间为 70s 开始的节目流数据，此时组播流 1 播放至节目时间 40s 处，新请求需等待 30s 才能并入组播流 1，根据周期补丁调度算法的思想，此时系统将产生新的组播流 2，为了保证组播流之间有一定的时间间隔，系统生成一条从节目时间 80s 开始的组播流 2，即周期常数为 40s；可以明显看出，请求 2 并入组播流 2 时，同样会损失节目时间 70s 至 80s 的节目流数据，于是系统将生成一条补丁流 2 补偿丢失的节目时间为 70s 至 80s 的数据。组播流 1 和组播流 2 之间至少间隔 40s，这一约束控制了同一节目的其他组播流，同时也限制了同一节目最多可能拥有的组播流数量，换言之周期补丁调度算法限制了组播流对系统资源的消耗。和补丁调度算法相同，补丁流的长度受到用户缓冲区大小的限制，所以周期常数不能超过缓冲区的大小，否则可以引起补丁流长度超过缓冲区的容量限度而造成节目流数据的丢失。在周期补丁调度算法中，通常取用户缓冲区大小中的最小值作为周期常数 PERIOD 的取值。

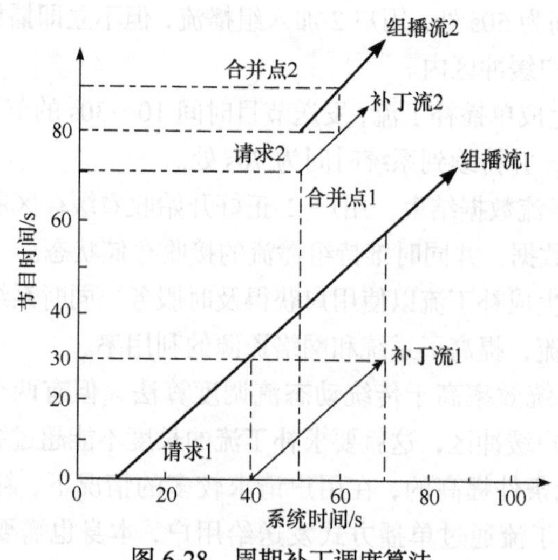

图 6-28　周期补丁调度算法

2) 语义合并调度方案

简要地说，批处理算法在接收到用户请求后，并不立即给予响应，而是等待之后将不同用户的请求绑定于一个组播流中，从而以增加用户等待时间和丢失部分资源数据为代价提高系统资源和网络资源利用率。

补丁调度算法为了弥补用户等待时间过长这一缺点，采用了给节目的第一个请求建立一个共享组播流，后面对同一节目的请求到来时立即加入该共享组播流的方式，同时系统再生成一个单播媒体流为之后加入的用户补偿不匹配部分的数据，即补丁流，虽然用户落后于当前组播流，但以补丁流和用户缓存区为代价保证了用户获取资源的完整性。共享组播流(又称常规流)，包含整个节目内容。补丁流与共享流的时间间隔称为补丁窗口，当补丁窗口过大时，往往会出现补丁流过多过长的情况，反而降低了系统和网络的资源利用率。

周期补丁调度算法的核心思想是：系统为同一节目每隔一定的时间(称为组播流周期常数，T_{GBS})生成一个组播流，使得同一个媒体节目的不同组播流之间必须有一定的间隔，避免了补丁算法为一个媒体节目生成过多组播流的缺陷。与补丁算法相比，其具有两个明显的特点：①周期补丁算法提高了用户视频计算机记录(video computerized recording，VCR)操作的服务效率，组播流之间有一定合适的时间间隔，为用户提供了更大的服务范围，也使得用户资源的共享性得到提高；②补丁算法的公平性有所增强，传统补丁算法在当系统资源接近耗尽的情况下，拒绝、丢弃用户请求的概率很大，而周期补丁算法采用周期化的组播流，在这种接近临界的状态下，对用户采用周期广播服务，增强系统的公平性能。

批处理算法以时间换取了带宽资源，但用户等待时间往往超出用户忍耐限度。周期补丁算法改进了传统补丁算法的不足，但是对补丁流的发送频度没有加以约束，随着节目流行度增加，可能造成系统中同一节目的补丁流过多。根据目前流行度服从 Zipf 的结论，仅流行度处于前 10%的节目就可以满足 72.1%用户需求，这迫使我们对这两种策略进行改进。

周期补丁算法改进了传统补丁算法的不足，对组播流周期采用周期常数加以约束，但是研究发现，周期补丁算法对补丁流的发送频度没有加以约束，随着用户点播请求和 VCR 请求的增多，可能造成系统中同一节目生成过多的补丁流。其次，组播流的发送周期并没有进行详细的研究和论述，仅仅依据缓存区大小决定组播流发送周期并不是很合理和高效的。因此，在基于多层语义理解的流媒体调度算法中，以下几个要点是多语义合并调度算法改进的重点：

(1) 周期常数 PERIOD 可以随流行度值和缓冲区大小做调整。这是对周期补丁算法的一点改进，周期补丁算法中周期常数的值 T_{GBS} 固定为缓冲区的最小值 $\text{Buf}_{\min}$，改进算法中，对不同流行度值的资源，制定不同的 PERIOD，即由式(6-12)向式(6-13)的转变：

$$T_{\text{GBS}} = \text{Buf}_{\min} \tag{6-12}$$

$$T_{\text{GBS}} = f(\text{Buf}_{\min}, H_i) \tag{6-13}$$

(2) 补丁流采用批处理的方式。在流媒体节目中，当流行度超出一定取值范围之后，会出现补丁流过多的情况，也就有可能发生补丁流流量占用大量带宽资源的情况，反而消耗更多的系统和带宽资源。对补丁流采用批处理的方式，可以大大减少补丁流流量，这类补丁流称为共享补丁流，如图 6-29 所示，组播流周期常数为 30s，共享补丁流周期为 10s。

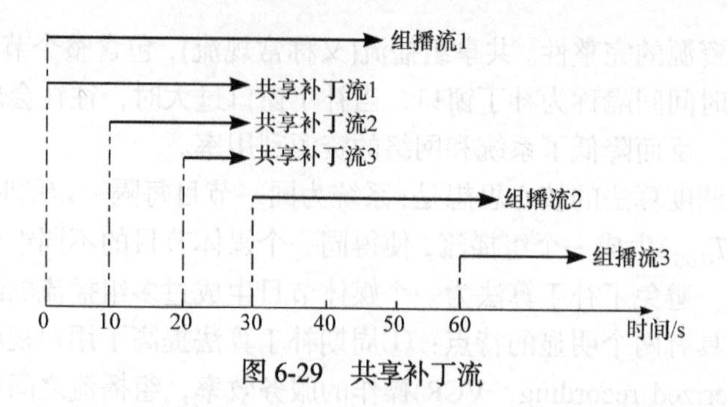

图 6-29　共享补丁流

(3) 根据节目流行度的高低不同，确定节目的用户最大容忍时间。由于补丁流采用批处理方式仍然可能造成部分用户丢失数据和等待加入节目时间较长的情况，因此为每个节目制定合适的最大容忍时间，使得补丁流数和用户等待时间达到合适的平衡状态。取值的大小不仅与节目本身相关，还与周期常数有密切的关系。

(4) 根据节目流行度的不同选用不同的算法，自适应调整。周期补丁算法和补丁算法在周期常数为零时等价，根据这一思路，改进的算法中，同样可以根据流行度的不同选用适合当前节目的算法，力求效率、使用率达到最优状态。

3) 多语义合并调度算法描述

采用忍耐时间(TOLERATE, T_{TOL}) 来描述用户在发出请求之后加入组播流(SPS)或是补丁流(PS)所需要的最长等待时间，值的设定根据用户感知度和节目总长 L_i、节目流行度 H_i 进行动态调整，取值范围为 $(0,T_{\mathrm{GBS}})$。

首先考虑图 6-30 的情况，周期常数为 40s，组播流间隔必须是周期常数的整数倍，用户请求用 Req(tim, pos)表示，tim 表示系统时间，pos 表示媒体文件节目时间位置。在第 40s 到 70s，组播流 1 和组播流 2 之间，共有 8 个对同一节目的点播请求到来，即 $\mathrm{Req}_1(40,40)$、$\mathrm{Req}_2(43,50)$、$\mathrm{Req}_3(40,60)$、$\mathrm{Req}_4(50,45)$、$\mathrm{Req}_5(50,60)$、$\mathrm{Req}_6(50,70)$、$\mathrm{Req}_7(55,70)$、$\mathrm{Req}_8(63,75)$，若采用周期补丁算法，需要在 30s 内为同一节目同一媒体段发出 8 个补丁流。如果将每个周期再分段，如图 6-30 中组播流周期为 40s，若把这 40s 分成 4 个时间段，每个时间段内的对组播流 1 和组播流 2 之间的所有请求用同一个共享补丁流满足。这样，无论这 30s 内的点播请求有多么密集，服务器只须发出 3 个共享补丁流即可替代所有用户补丁流。由此可见，补丁流 1、2 属于共享补丁流 1，即 $\mathrm{SPS}_1(40,40)$；补丁流 5、7、8 属于共享补丁流 2，即 $\mathrm{SPS}_2(40,50)$；补丁流 3、6 属于共享补丁流 3，即 $\mathrm{SPS}_3(40,60)$；补丁流 4 无需补丁，直接等待进入组播流 1。用户请求和流的关系如表 6-16 所示。对无序的补丁流加以约束，可以较明显地减少补丁流的数量，本例中用户的等待时间最多不会超过 10s。在此，存在两种由忍耐时间决定的极限情况。当 $T_{\mathrm{TOL}}=0$时，当前算法转化为周期补丁算法；当$T_{\mathrm{TOL}}=T_{\mathrm{GBS}}$时，当前算法演化为批处理算法。

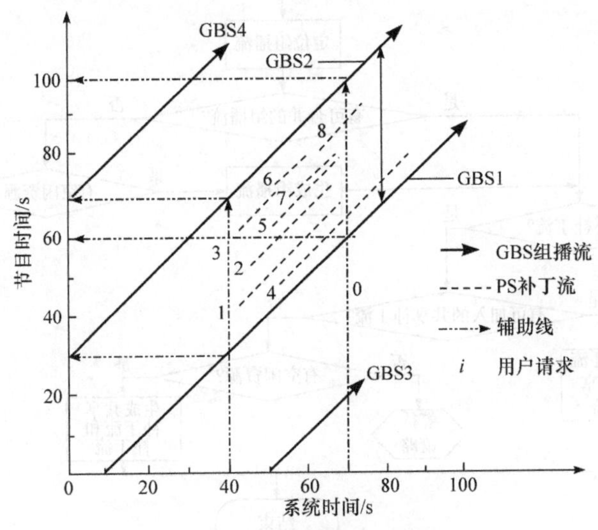

图 6-30　改进周期补丁策略

表 6-16　请求和流的关系

Req_i(tim,pos)	PS(tim,pos)	SPS(tim,pos)
Req_1(40,40)、Req_2(43,50)	PS_1、PS_2	SPS_1(40,40)
Req_5(50,60)、Req_7(55,70)、Req_8(63,75)	PS_5、PS_7、PS_8	SPS_2(40,50)
Req_3(40,60)、Req_6(50,70)	PS_3、PS_6	SPS_3(40,60)
Req_4(50,45)	PS_4	—

4) 多语义合并调度算法实现

在多语义合并调度算法中，由流行度界定值 A 将节目划分为两类，即高流行度节目和低流行度节目，并针对这两种不同热度的节目，采用不同的调度算法，区别主要在于在用户请求到达时，是否采取合并补丁流的方式处理用户请求。

改进调度算法中，节目流行度是算法选择和调整的关键要素，当流行度值超过一定阈值时，采用如图 6-31 所示的调度策略，主要是针对高热度节目资源或是突发高频爆发性资源采用的节约带宽和系统资源、缓解网络拥塞的方法。低流行度节目仍然保留传统的周期补丁调度算法。

(1) 多语义对流媒体系统的影响。

多层语义挖掘技术的研究是从大量现有网络数据中发现以前未知和具有潜在应用价值信息的一个有效途径，数据的统计分析及其分类聚类是为了更好地在海

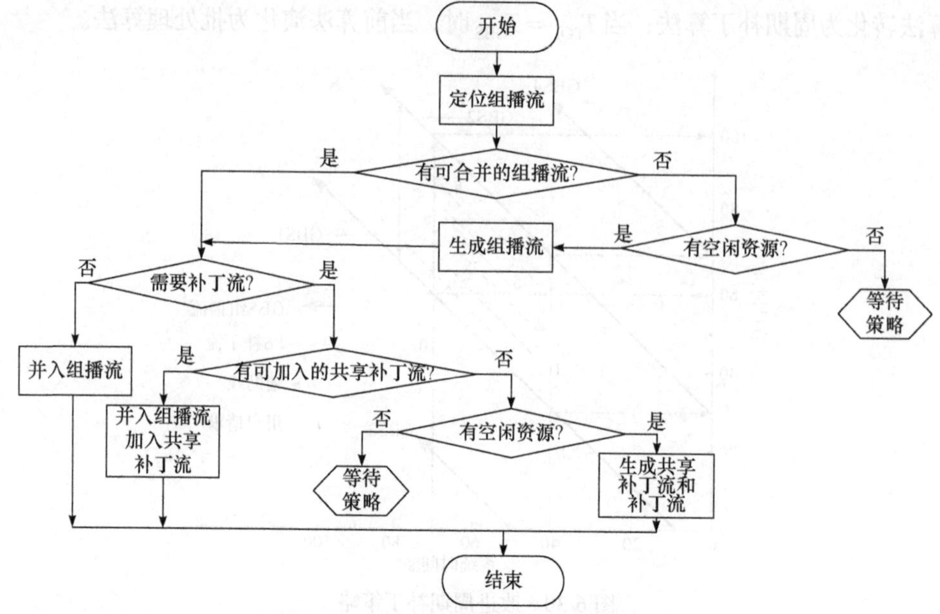

图 6-31　改进高流行度节目调度流程图

量数据中挖掘出人们感兴趣的数据，从而为人们服务。

基于中间节点建立的流媒体流行度模型，不针对某一个资源提供商进行研究，而是将一个群体所需的所有网络数据作为研究对象，对网络资源整合以及大世界中的小世界等方面的研究都奠定了研究基础。这种基于中间节点而建立起来的多语义流行度模型能够为流媒体缓存技术包括缓存策略、调度策略、替换策略对减少传输资源消耗、提高服务质量都有着重要的作用。

随着网络节点缓存技术的发展，将多层语义理解的成果应用到流媒体系统以及流媒体代理缓存中，结合内容分发网络(content delivery network，CDN)技术对流行度高的流媒体节目资源进行语义标引，减少缓存负荷的容量，能够形成一个更智能化的流媒体管理控制机制，提高网络资源的可信性、可控性、可管性，更好地利用网络资源，减少冗余。

(2) 时间类常数分析。

在多语义合并调度算法中，周期常数 T_{GBS} 的取值大小代表组播流的发送频率，其值直接影响系统的性能和带宽的利用。一定程度上，当周期常数较大时，组播流之间的间隔越大，用户请求恰好加入某一组播流的概率越小，需要生成的补丁流越多并且越长，但同一节目的组播流相对较少，在用户请求频率相同的情况下，每一条组播流的使用用户数越多，组播流的作用越大。简要地说，周期常数必须有一个适当的取值才能提高资源利用率，平衡补丁流流量和组播流发送频率之间的关系。

具体来说，周期常数与节目流行度呈幂函数关系，并同时受节目长度影响。流行度越高的节目，周期常数越小，才能响应越多用户的请求，但若太小，则会因组播流过多而适得其反。由于节目长度会直接影响用户请求的分布情况，节目长度的大小一定程度上与周期常数成正比。周期常数随节目流行度自适应调整并受到节目长度的影响，如图 6-32 和式(6-14)所示，取值范围为 $\{k_1(L_i / H_i),\mathrm{Buf}_{\min}\}$。

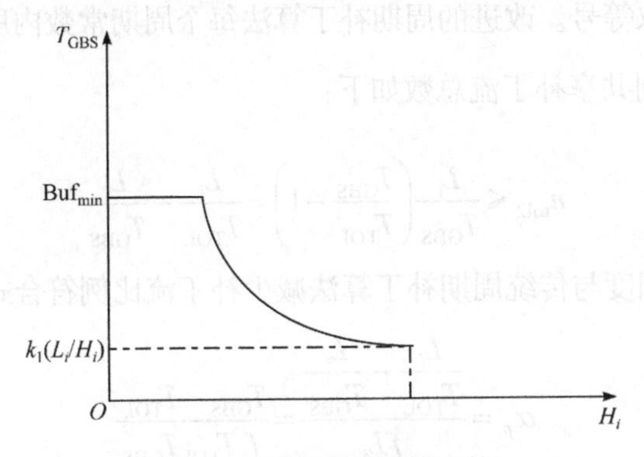

图 6-32　周期常数取值函数

$$T_{\mathrm{GBS}}=\begin{cases}k_2^{H_i}, & \text{其他}\\ \mathrm{Buf}_{\min}, & T_{\mathrm{GBS}}>\mathrm{Buf}_{\min}\\ k_1(L_i / H_i), & T_{\mathrm{GBS}}<k_1(L_i / H_i)\end{cases} \tag{6-14}$$

忍耐时间的取值与周期常数具有类似的矛盾和统一性。当节目流行度足够高时，选取与其流行度值和周期常数相联系的取值，根据忍耐时间的取值，限定共享补丁流的发送频率。在节目流行度不高的节目调度中，把忍耐时间设置为零，即仍然采用周期补丁调度算法。忍耐时间、周期常数和节目流行度之间的相应关系见式(6-15)：

$$T_{\mathrm{TOL}}=\begin{cases}(1/2)^{H_i-A}+T_{\mathrm{GBS}}/k_3+k_4, & \begin{pmatrix}H_i \geqslant A\\ k_3\in \text{integer}\\ 0<k_4<1\end{pmatrix}\\ 0, & H_i<A\end{cases} \tag{6-15}$$

根据节目当前流行度值判断是否采用多语义合并调度算法。改进算法中组播流的周期常数和忍耐时间随该节目的流行度和节目总长度自适应调整。对于流行度高的节目，周期常数不能过小，忍耐时间可以适当减小；对于流行度低的节目，周期常数不能过大，忍耐时间可以适当增大。

(3) 补丁流需求量分析。

对每个周期内的补丁流按时间段进行再分组，用批处理的方法约束补丁流的发送频率，使补丁流有序化，形成共享补丁流，弱化点播请求和用户请求频繁的影响。

t_r 时间内所需补丁流计算分析。为了进行补丁流的合并，用户请求要在服务器端延迟响应。延迟越长，可合并的补丁流数量就越多，反之亦然。假设节目请求频率为 f，周期补丁算法每个周期所需的补丁流为 $n_{\text{tol1}} \leqslant fL_i$，则在不考虑补丁流重复的情况下取等号。改进的周期补丁算法每个周期常数内所需的共享补丁流数 $n \leqslant \dfrac{T_{\text{GBS}}}{T_{\text{TOL}}}-1$，则共享补丁流总数如下：

$$n_{\text{tol2}} \leqslant \frac{L_i}{T_{\text{GBS}}}\left(\frac{T_{\text{GBS}}}{T_{\text{TOL}}}-1\right)=\frac{L_i}{T_{\text{TOL}}}-\frac{L_i}{T_{\text{GBS}}} \tag{6-16}$$

多语义合并调度与传统周期补丁算法减少补丁流比例符合式(6-17)：

$$\alpha_p=\frac{\dfrac{L_i}{T_{\text{TOL}}}-\dfrac{L_i}{T_{\text{GBS}}}}{fL_i}=\frac{T_{\text{GBS}}-T_{\text{TOL}}}{f\,T_{\text{TOL}}T_{\text{GBS}}} \tag{6-17}$$

当 $T_{\text{GBS}}-T_{\text{TOL}}<f\,T_{\text{GBS}}T_{\text{TOL}}$ 时，多语义合并调度算法体现其优势，算法的代价是用户可能最长等待时间为 T_{TOL}，根据流行度和节目总时长设置为大多数用户可以接受的范围即可。t_r 越大、f 越大，减少比例越大。假设 f=0.6 个/s，$L_i=120\text{s}$，$T_{\text{GBS}}=40\text{s}$，$T_{\text{TOL}}=3\text{s}$，则改进前后补丁流减少比例最大可达到 69.44%。

(4) 带宽占用分析。

传统周期补丁算法每个周期的最大补丁流传输量如式(6-18)所示：

$$\sum_{t=1}^{T_{\text{GBS}}} ft=\frac{1}{2}T_{\text{GBS}}(1+T_{\text{GBS}})f \tag{6-18}$$

改进的周期补丁算法每个周期的共享补丁流最小传输量如式(6-19)所示：

$$\sum_{t=1}^{\frac{T_{\text{GBS}}}{T_{\text{TOL}}}-1} T_{\text{TOL}}t=\frac{T_{\text{GBS}}^2-2T_{\text{TOL}}^2}{2T_{\text{TOL}}} \tag{6-19}$$

改进前后补丁流传输量比例如式(6-20)所示：

$$\alpha_b=\frac{T_{\text{TOL}}^2 f(1+T_{\text{GBS}})}{T_{\text{GBS}}-T_{\text{TOL}}} \tag{6-20}$$

当 $f \leqslant \dfrac{1}{T_{\text{TOL}}^2}$ 时，表示无请求，比值为 1。

假设 f =0.6 个/s，$T=60\text{s}$，$t_r=5\text{s}$，改进前后补丁流传输量比例最大可以达到 16 : 1，明显节省了骨干网络带宽，多语义合并调度算法，在最糟糕的情况下，能即时保持传统周期补丁算法的带宽利用和资源占用情况。

6.2.3　流媒体调度算法仿真研究

基于多层语义理解的流媒体调度算法实验和仿真主要涉及数据的获取、流媒体数据的多层语义理解、数据的模型建立和验证、具有特色的调度算法仿真和分析，通过一系列的实验和仿真验证调度算法的优越性。

1. 数据捕获平台实验研究

1) 网络数据捕获平台

中心节点网络数据包抽取实验平台搭建地选在某大学网络中心，获取源为网络通信数据包。该平台借助设备“网络中心 CISCO6509”的镜像功能，能够实现校内任意节点网络数据的选择性获取，并能够分析该网络节点的网络特性值，如网络速度、带宽等信息。

镜像选择为某实验楼，用户数为 267 个，实验数据均记录在系统平台中，其中部分实验记录如图 6-33 所示。实验平台服务器的配置如下：CPU Dual Core AMD 2.41GHz，内存 4GB，硬盘 80GB，操作系统 Windows Server 2003。

Task_ID	start_time	end_time	total_byte
27	2010-03-09 16:44:13	2010-03-09 16:44:51	412418606
28	2010-03-10 12:46:57	2010-03-10 12:48:04	701771519
29	2010-03-10 16:31:14	2010-03-10 16:33:14	1161050965
30	2010-03-11 13:55:04	2010-03-11 13:56:44	869880674
31	2010-03-11 14:15:04	2010-03-11 14:19:13	2037406724
32	2010-03-17 16:34:46	2010-03-17 16:37:23	1934146238
33	2010-03-17 19:31:19	2010-03-17 19:33:53	1897345560
35	2010-03-18 15:15:47	2010-03-18 15:18:23	1945753608
36	2010-03-18 15:50:11	2010-03-18 15:52:52	1901714317
37	2010-03-19 13:44:11	2010-03-19 13:46:39	1842049625
38	2010-03-20 14:23:03	2010-03-20 14:25:38	1894584462

图 6-33　数据捕获平台部分实验记录

为了验证实验平台的性能，主要选择上班时间计算平台捕获网络数据的速度，经过 50 次实验，以多次实验取平均值的方式计算出平台捕获速度，镜像的资源需求速度大约为 80MB/s，仅仅需要不到 13s 的捕获时间，就可以在此网络节点获取 1GB 的网络数据量。根据学校行政楼用户具有上、下班时间的差别和特征，分别对不同时段、不同日期进行实验。发现行政楼用户群网络流量具有以下特征：

(1) 上班时间范围内，流量较大，并主要集中于网页数据。

(2) 下班时间尤其是晚上，流量仍然很大，但主要集中在 P2P 数据，这是由于大量下载资源的用户存在。

(3) 周末流量明显减少。

另外，基于实验平台还进行了网络链接分析、数据包结构分析、数据包分类、网络数据业务识别、网页还原预处理、网页 Title 信息分类等实验和研究。

2) 实验平台性能分析

数据包获取平台应用于学校网络中心节点上进行数据包的捕获，在海量数据捕获的环境下，系统的可靠性、高效性分析尤为突出。

(1) 可靠性分析。

将网络数据的分层语义抽取实验平台所获取分析的数据作为分析源，使用 IRIS、Sniffer、Wireshark 等数据包专业获取和分析工具进行分析。最后得到相同的捕获情况，由此证明网络数据的分层语义抽取实验平台的信息可信度判断与信息质量判断的准确率可达 100%。

(2) 高效性分析。

构建高效性验证实验环境。使用一台具有管理功能的交换机，将一个端口接入网络数据包获取平台，打开该端口通信的同时，交换机端口开始计数，网络数据包获取平台开始获取数据包，经过一段时间，关闭该端口的同时，交换机端口停止计数，网络数据包获取平台停止获取数据包，读取交换机端口的值和获取数据包文件的大小。捕获数据包系统高效性验证平台实验数据对比情况如表 2-2 所示。可见，实验效率的平均值为 99.76%。分析实验误差主要产生于交换机使用网页形式捕获，即网页刷新时间内，交换机仍然处于计数状态，从而产生了误差。

2. 流媒体数据语义理解实验研究

1) 网络数据语义理解

网络数据的弱语义信息通过 IP 包头的分析，传输协议 TCP/UDP 的对比、匹配，逐包逐字节地对比后获得。实验系统弱语义理解的数据全部放入数据库文件 t_packets，如图 6-34 所示。

通过实验，分层抽取通过网络中心的业务数据流的语义信息，对流经的业务数据进行精确、细粒度的监测，发掘业务数据的特点并为分析强语义信息分析做好底层分析工作。根据通信协议及端口、数据特征等信息的分析，可以对网络数据包进行按 P2P 数据(eMule、QQLive、PPLive 等)、HTTP 数据、流媒体数据等进行分类，在不同的时间进行 5 次同样的业务识别实验，结果如图 6-35 所示。证明了当前网络 P2P 数据所占用的带宽资源和系统资源具有领先势头，以及音/视频数据的所占比例还将持续上涨，包括 P2P 流媒体在内的所有流媒体数据所占比例(表 6-17)大概占网络数据的 25%。

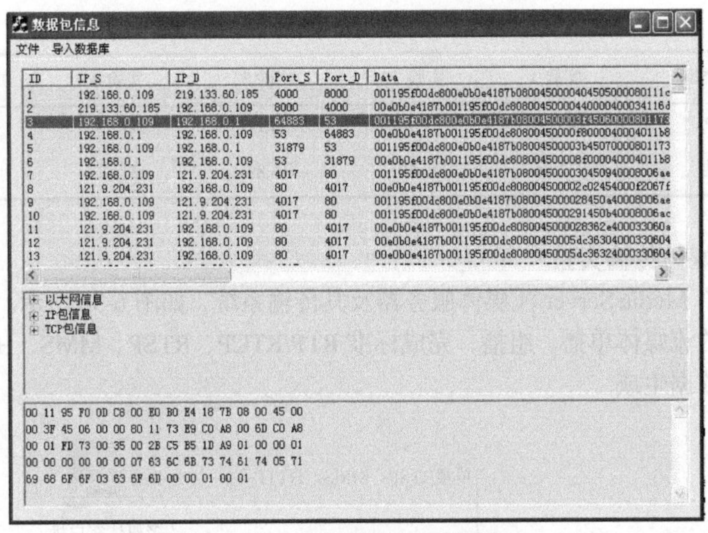

图 6-34　网络数据弱语义理解

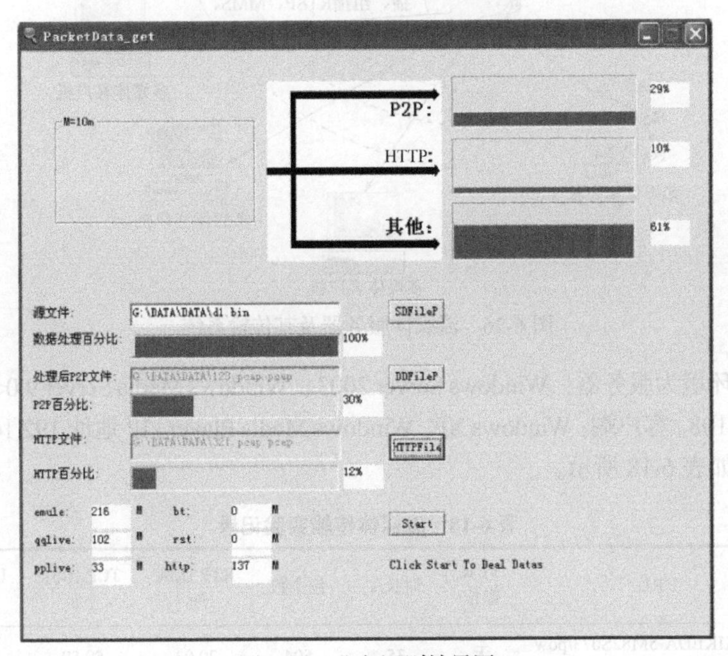

图 6-35　业务识别效果图

表 6-17　业务类型比例　(单位：%)

业务类型	实验 1	实验 2	实验 3	实验 4	实验 5
传统流媒体	3.27	5.64	4.63	7.45	3.83
网页 HTTP	18.99	16.53	20.37	21.54	19.23

续表

业务类型	实验 1	实验 2	实验 3	实验 4	实验 5
P2P	45.68	55.74	58.11	49.39	62.76
其他	32.06	22.09	16.89	21.62	14.18

2) 流媒体传输实验

搭建了 Media Server 流媒体服务器及其传输系统，如图 6-36 所示。实现局域网环境下的流媒体单播、组播，完成标准 RTP/RTCP、RTSP、MMS、HTTP 的流媒体传输数据生成。

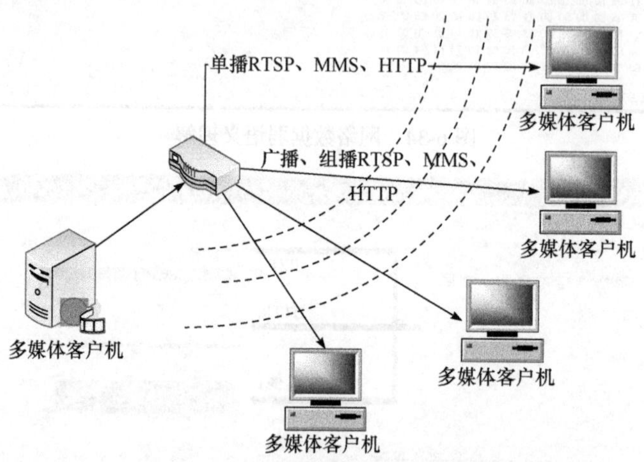

图 6-36　流媒体服务器及其传输系统

实验环境为服务器：Windows Server 2003、Windows Media Server 9.0、IP 地址 192.168.1.108。客户端：Windows XP、Windows Media Player、IP 地址 192.168.1.106。实验记录如表 6-18 所示。

表 6-18　流媒体传输实验记录

序号	URL	VCR 操作	时长/s	包个数	RTP 比例 /%	TCP 比例 /%	UDP 比例 /%
1	rtsp://XIKEDA-5M82S073/powered_by_100.wmv	无	35	504	20.03	50.59	38.69
2	rtsp://XIKEDA-5M82S073/snowboard_300.wmv	有	54	1364	66.45	81.08	15.03
3	mms://XIKEDA-5M82S073/racecar_100.wmv	有	46	856	35.86	70.79	23.36
4	rtsp://XIKEDA-5M82S073/1234/fupgrade.asf	无	55	478	8.3	42.26	46.02

通过传输实验数据分析，可以得出以下结论：

(1) 通过GET信息，判断会话是否为audio、video，若是，则获取会话的源、目的地址，根据地址分离会话流，认为这是一个音/视频的会话，进而分析、提取多层语义。

(2) 用于传输会话信息，通过识别会话标识(RTSP方法)提取相应会话信息。RTSP方法："DESCRIBE"、"SETUP"、"PLAY"、"SET_PARAMETER"、"TEARDOWN"、"PAUS"、"REDIRECT"、"ANNOUNCE"、"GET_PARAMETER"。例如，图6-37是会话标识"DESCRIBE"的数据包结构。

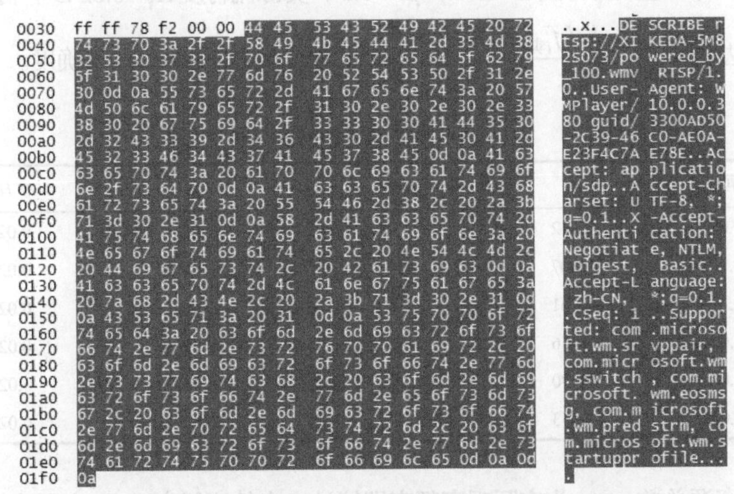

图6-37 会话标识"DESCRIBE"的数据包结构

采用文本方式，可以不用翻译，直接将数据转换为字符串即可。字段之前用"/r/n"结尾，以此作为分割线，包括以下内容。

Method：方法为"DESCRIBE"。

Request：共61字节，每个包不完全相同，包括方法和流媒体访问地址，最后是协议版本为1.0。URL格式为("rtsp:" | "rtspu:") "//" host [":" port] [abs_path]。

User-agent：用户代理，用户播放器名称。

Accept：接受。

Accept-Charset：接受的编码格式是UTF-8。

Accept-Language：接受语言为zh-zn，即中文-中国。

CSeq：每增加一次RTSP会话，此值加1。

Supported：支持srvppair.wm.microsoft.com等。

(3) 根据提取到的流媒体会话包的信息，可以获取、分析、统计出部分流媒体数据多层语义信息。

3. 调度算法仿真研究

1) 流行度模型验证实验研究

在半年的统计时间内对某高热度节目的统计结果如表 6-19 所示，其中 N 为资源需求总数，KCount_i 为某资源请求的 IP 数，PCount_i 为某资源请求的相对完整数。

可以利用公式 $H_i = \dfrac{\mathrm{Count}_i}{N} = \dfrac{\alpha \mathrm{PCount}_i + \beta(\mathrm{KCount}_i - \mathrm{PCount}_i)}{N}(\alpha + \beta = 1)$ 以及以上表格中的六组数据得到 $\alpha = 0.7$，$\beta = 0.3$，资源流行度 H_i=0.0249。再利用 χ^2 拟合检验法公式 $\chi^2 = \sum\limits_{i=1}^{k} \dfrac{(f_{i实} - f_i)^2}{f_i}$ 来判断 H_i=0.0249 的可靠性与准确度。

表 6-19　资源需求统计结果表

时间	N	KCount_i	PCount_i	H_i
2009.09	2712	137	91	0.0285
2009.10	2307	102	60	0.0237
2009.11	2661	131	59	0.0236
2010.01	2156	85	69	0.0246
2010.02	1890	97	43	0.0245
2010.03	2553	139	52	0.0245

N 为资源总数，$f_{实}$ 为实际观察频率即统计出来的流行度，$f_{理}$ 为理论频率，可以根据 $H_i = \dfrac{\mathrm{Count}_i}{N} = \dfrac{\alpha \mathrm{PCount}_i + \beta(\mathrm{KCount}_i - \mathrm{PCount}_i)}{N}(\alpha = 0.7、\beta = 0.3)$ 求得与 $f_{实}$ 相对应的 $f_{理}$，这样就可以列出表 6-20，即统计时间中的理论计算值与实际值。

表 6-20　理论计算值与实际值对比表

时间	$f_{实}$	$f_{理}$	$\lvert f_{实} - f_{理} \rvert$	$\dfrac{(f_{实} - f_{理})^2}{f_{实}} \cdot N$
2009.09	0.0285	0.0335	0.0050	2.379
2009.10	0.0237	0.0260	0.0023	0.515
2009.11	0.0236	0.0222	0.0014	0.221
2010.01	0.0246	0.0320	0.0074	4.799
2010.02	0.0245	0.0227	0.0018	0.250
2010.03	0.0245	0.0203	0.0042	1.838
—	—	—	—	10.002

当自由度 $v=k-1=6-1=5$ 时，查 χ^2 表可得 $\chi^2_{0.05}(5)=11.071$ (显著性水平 $\alpha=0.05$)，由表 6-20 可知 $\chi^2=10.002$ 。由于 $\chi^2<\chi^2_{0.05}$ ，可知理论计算值与实际值之间差别无显著变化，用公式求得的流行度 H_i=0.0249 是准确、可靠的。它的置信水平在 $1-0.05=0.95=95\%$ 以上。

2) 多语义合并调度算法仿真研究

通过构建一个视频点播流调度算法仿真实验平台，并在该仿真实验平台上对改进的周期补丁调度算法进行实验。流调度算法实验平台的功能是仿真大型流媒体点播系统中的用户操作行为，并模拟系统运行。

仿真实验平台分为服务器和客户端两个程序。客户端按泊松分布过程以指定的点播频率随机选择节目，向服务器发出节目请求；根据流媒体节目流行度数学模型，所有节目的流行度值服从 Zipf 分布；服务器收到用户节目请求后采用调度算法给用户做出响应。

用户行为仿真器可分成以下几个模块：

(1) 随机数发生器，为系统生成随机数，供其他模块使用。

(2) 泊松数据发生器，生成两个参数，即用户进入系统时间和用户 VCR 操作发生时间(用于描述用户请求的行为)。所有用户进入系统时间构成强度泊松流，假设某个用户进入系统的时间是 t_{i-1} ，其后续用户进入系统的时间为 t_i ，其时差为 T_i 。泊松数据发生器从随机数发生器获得一个(0,1)的随机数 μ 作为时差 T_i 的分布概率，可近似解得

$$T_i=-\ln(1-\mu)/\lambda \tag{6-21}$$

本仿真系统将泊松数据发生器单独编写为一个函数，每次调用该函数能产生一个符合泊松分布的随机数 T_i ，只要每次发送节目请求前等待 T_i ，即可实现按泊松规律向服务器发送节目请求流。

(3) Zipf 数据发生器。经过研究和统计得出结论，点播类型服务近似服从 Zipf 分布，即若将节目按其流行度排序为 $M_1,M_2,\cdots,M_n$ ，则各节目的点播概率为 $\partial_i=P\{X=M_i\}(i=1,2,\cdots,n)$ 并且满足：

$$\partial_i=(1/i^{1-\theta})\Big/\sum_j\frac{1}{j^{1-\theta}},\quad 0\leqslant\theta\leqslant 1 \tag{6-22}$$

(4) 用户请求的生成模块。节目请求产生模块用于按泊松分布过程，以指定的节目点播概率随机选择节目，向服务器发送节目请求，算法流程如图 6-38 所示。图中的流程图首先产生符合 Zipf 分布的各节目点播概率，然后在循环中每隔一个泊松时间间隔发送一个节目请求。

实验模拟测试参数如表 6-21 所示。

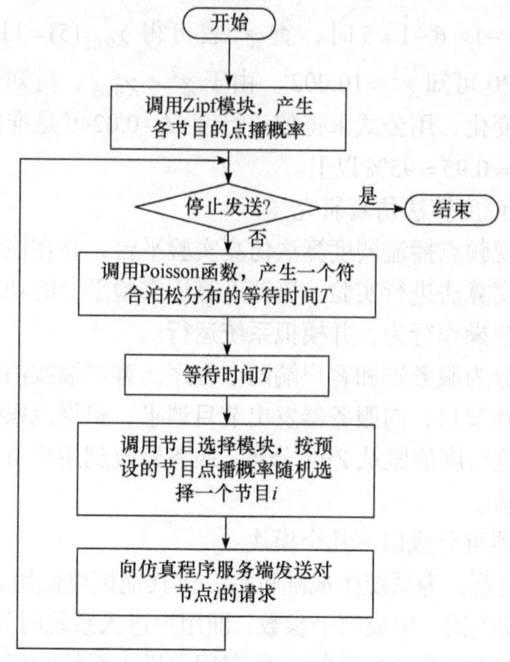

图 6-38　用户请求仿真流程图

表 6-21　实验模拟测试参数表

参数名称	参数大小
流媒体节目时长 L_i	60min
流媒体节目数量 M	100 个
用户请求到达频率 f	0～1 次/s(0～60次/min)
节目访问概率 ∂_i	服从 $\theta=0.271$ 的 Zipf 分布
共享流周期常数 T_{GBS}	60s
忍耐时间 T_{TOL}	5s

图 6-39 表示在相同的用户请求到达率的条件下，比较改进前后的周期补丁调度算法所需的补丁流数，其中，“Improved” 表示多语义合并调度算法，“Typical” 表示传统周期补丁调度算法。从图中可以看出，在用户请求频率小于 0.4 次/s 时，传统补丁算法所需的补丁流略小于多语义合并调度算法所需补丁流，这是由于传统周期补丁算法为每个需要补丁流的用户产生唯一的补丁流，而多语义合并调度算法可能在为用户产生补丁流的同时，需要生成一条共享补丁流，即一个用户请求可能生成两条补丁流。不难观察到，当用户请求频率大于 0.5 次/s 后，即用户请求频率增大到一定程度后，生成的这条补丁流可能满足更多用户的需求，进而

减少补丁流和共享补丁流的数量。多语义合并调度算法所需补丁流随用户请求到达率增大基本不变，实际值在 11 左右，即 $T/t_r - 1$，符合理论分析。

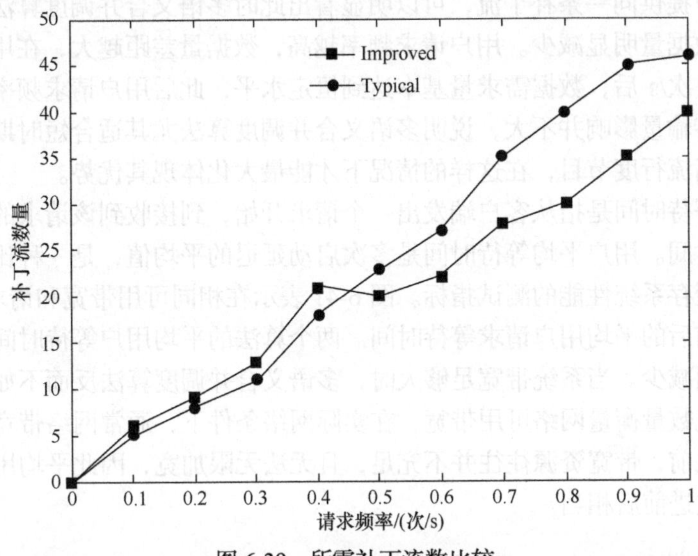

图 6-39　所需补丁流数比较

图 6-40 表示在相同节目请求频率下，改进前后平均每个周期的数据传输量。在用户请求频率小于 0.4 次/s 时，多语义合并调度算法和周期补丁调度算法所需平均数据量相当，这是因为此时组播流数量相同，而补丁流由于用户点播不太频

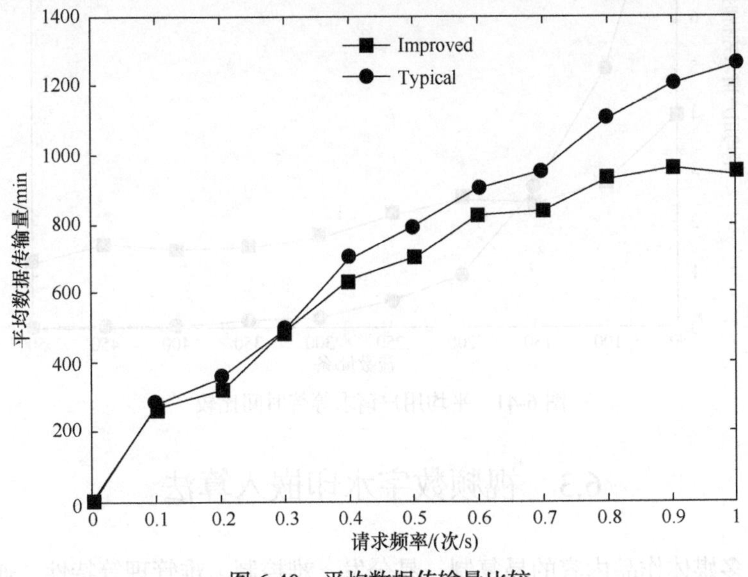

图 6-40　平均数据传输量比较

繁而造成利用率大概为 1 次/条，因此采用改进前后算法对平均数据量影响不明显。但是，当节目请求频率不断增大，超过 0.4 次/s 时，共享补丁流发挥其优势，为多个用户提供同一条补丁流，可以明显看出此时多语义合并调度算法比传统算法传输的数据量明显减少。用户请求频率越高，数据量差距越大，在用户请求频率达到 0.9 次/s 后，数据需求量基本达到恒定水平，此后用户请求频率的增加对平均数据传输量影响并不大，说明多语义合并调度算法尤其适合短时期高频爆发性节目和高流行度节目，在这样的情况下才能最大化体现其优势。

用户等待时间是指从客户端发出一个请求开始，到接收到该请求的响应为止所经历的时间。用户平均等待时间是多次启动延迟的平均值，是一种比较直观的衡量代理缓存系统性能的测试指标。图 6-41 表示在相同可用带宽和请求频率下，改进算法前后的平均用户请求等待时间。两个算法的平均用户等待时间随可用带宽的增加而减少。当系统带宽足够大时，多语义合并调度算法反而不如周期补丁算法。以流数量衡量网络可用带宽，在实际网络条件下，通常网络带宽在 100～200 条流之前，带宽资源往往并不充足，且无法无限加宽，因此平均用户请求等待时间在改进前后相当。

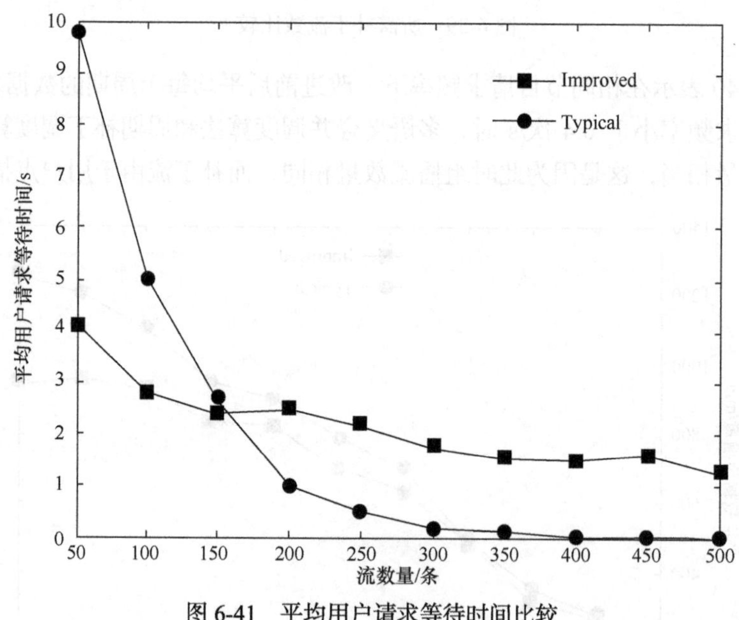

图 6-41　平均用户请求等待时间比较

6.3　视频数字水印嵌入算法

由于多媒体作品内容的易复制、易分发、难控制、难管理等特性，通过信息网络快速、随意、批量、无损地传播数字产品的现象普遍存在，这对多媒体作品的版权、内容的安全性和用户终端的查询与管理都是一个极大的挑战。

为了解决多媒体作品的版权问题，20 世纪 90 年代出现的数字水印技术，一定程度上弥补了信息密码学方案的不足，它开拓了一种新的思路以解决数字产品版权的保护。水印信息以内嵌的方式与数字产品实现一体传输与存储，因此在众多无意或恶意攻击下，水印信息仍然可以无损地实现重构[16]。本节构建基于 UCL 的视频语义模型，利用视频数字水印技术实现语义信息和载体信号的一体传输和存储。针对视频语义信息的属性和 UCL 语义模型的特点，提出基于场景分割的双重水印算法。

6.3.1 基于 UCL 的视频数字水印系统

1. 视频水印基本框架

视频数字水印是镶嵌在视频信号中的水印信息，如标识版权等语义信息。一个完整的视频数字水印系统由三部分组成：水印生成、水印嵌入和水印提取或检测。其中水印生成是针对视频序列的处理过程，包括关键字段的提取、统计分类、标引及生成语义模型等；水印嵌入是利用密钥将水印信息通过视频编码器嵌入视频载体信号的过程，从而得到含有水印的载体信号，载体信号在传输的过程中必将遭受主动或被动的攻击，在终端需要精确的水印检测或提取算法；水印检测或提取是利用相应密钥从载体信号中检测或恢复出水印信息的过程，由于载体信号受到攻击而产生一定的畸变，需要对其进行滤波、去块效应等处理。如图 6-42 所示，视频数字水印基本框架主要包括三部分：UCL 标引、水印编码和水印解码。

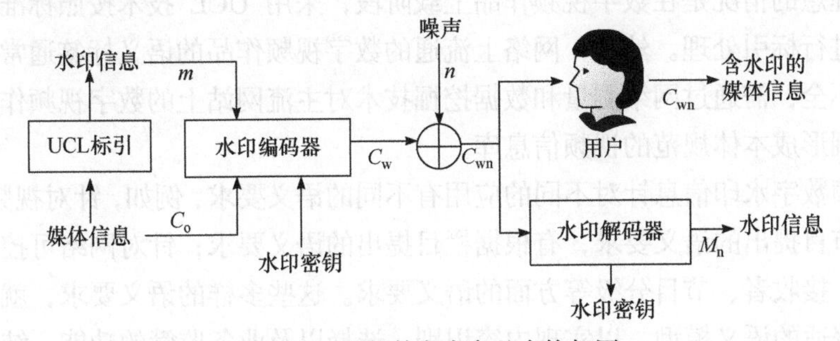

图 6-42　视频数字水印基本构架图

(1) UCL 标引是源端对原始媒体信息 C_o 进行信息处理的过程，最终由水印信息 m 根据 UCL 语义标引模型形成水印信息集 M。其中信息处理包括网络信息挖掘、控制字段提取、内容字段以及信息集的生成。

(2) 水印编码器根据对应水印密钥采用算法进行水印的嵌入处理，得到含有水印的数据集 C_w，通过信道传输。其中水印编码器主要包括两部分：媒体信息 C_o 的预处理和含有部分水印的媒体信息 C_{om} 的压缩编码。其实水印的嵌入过程在媒体信息编码的过程中一直存在，从输入端的信息预处理到输出端的压缩编码，只是不同的水印信息选择不同的嵌入点。

(3) C_w 在传输的过程中可能引入噪声，得到含噪声和数字水印的媒体对象 C_{wn}。为了提高终端水印的检测或提取精度，需要对其进行滤波、去块效应等处理。从图 6-42 中可以看出水印检测端分成了两个部分：一部分是含水印的媒体信息 C_{wn} 传到用户端，可以直接被观察者看到；另一部分是检测出水印信息 M_n，而不是仅仅判断水印信息存在与否。这样如果能恢复到原始的附加语义信息，视频语义计算框架的可计算性才能真正实现，视频管理系统才能具体化。

根据上面介绍的视频数字水印基本框架可知，在水印生成、嵌入、提取的过程中，涉及了大量的信息处理技术和算法设计实现。接下来将重点介绍视频序列的预处理技术和视频图像处理技术。

2. 视频序列预处理技术

1) 基于 UCL 语义标引

传统的标引是基于关键字对信息标题进行标引，而非其内容本身，因此这种忽略概念层面或语义层面含义的标引，很难全面对内容进行准确描述。这里采用 UCL 技术对数字视频作品在语义理解的基础上进行特征提取，以方便视频语义内容的管理与计算。

最理想的情况是在数字视频作品上载阶段，采用 UCL 技术按照标准语义模型对其进行标引处理。然而，网络上流通的数字视频作品的语义标签通常不是缺失就是不全，需通过网络测量和数据挖掘技术对主流网站上的数字视频作品进行语义挖掘形成本体规范的视频信息库。

视频数字水印信息针对不同的应用有不同的语义要求，例如，针对视频检索，有根据节目提出的语义要求，有根据栏目提出的语义要求；针对网络可控，有对发布者、接收者、节目分级等方面的语义要求。这些多样的语义要求，就要求提出相对普适的语义模型，以实现内容识别、选择以及业务监管的功能。结合语义的物理特征(如摘要等纯文本信息量大，且现对控制语义等信息鲁棒性较低)，构建基于 UCL 的视频语义模型，包括内容语义信息、控制语义信息和可选的物理属性信息。如图 6-43 所示，其中内容语义信息为纯文本信息，控制语义信息为映射编码信息，大大减少了水印信息的嵌入量[17,18]。

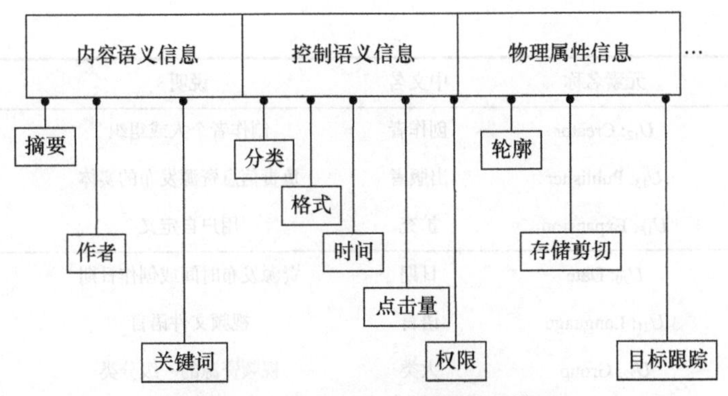

图 6-43　基于 UCL 的视频语义模型

结合《信息处理用现代汉语分词规范(GB/T 13715—1992)》、《中文新闻信息分类与代码(GB/T 20093—2013)》和《数字电视广播业务信息规范(GB/T 28161—2011)》等国家标准进行了 UCL 的信息编码，其中部分信息如表 6-22 所示。

表 6-22　UCL 信息分类部分编码表

代码	一级类别名称	二级类别名称
AA	国内要闻	时政
AB		港澳台新闻
AC		人事任免
AD		发布会
AE		党派
AF		国家元首
AZ		其他
BA	国际新闻	国际关系
BB		国际性问题
BC		国际性组织

结合 UCL 语义模型和 UCL 信息分类编码标准，可对数字视频作品进行规范化语义标引。其中，视频语义标引规范如表 6-23 所示。

表 6-23　视频语义标引规范处理表

类属	元素名称	中文名	说明	举例
内容语义信息	U_{10}: Title	标题	视频文件标题	逆战
	U_{11}:Key words	关键词	主题内容的关键词	兄弟情

续表

类属	元素名称	中文名	说明	举例
内容语义信息	U_{12}: Creator	创作者	制作者个人或组织	林超贤
	U_{13}: Publisher	出版者	负责信息资源发布的实体	英皇电影
	U_{1F}: Expansion	扩充	用户自定义	预留
控制语义信息	U_{20}: Date	日期	资源发布时间或创作日期	2012-3-2
	U_{21}: Language	语言	视频文件语言	粤语
	U_{22}: Group	大类	视频资源的一级分类	影视娱乐
	U_{23}: Subject	类别	信息资源的二级分类	动作
	U_{24}: Format	格式	资源的编码格式	RMVB
	U_{25}: Type	类型	资源的种类或形式	蓝光高清
	U_{26}: File size	文件大小	视频文件的大小	700.5MB
	U_{27}: Clickrate	点击量	资源内容的热度	457842
	U_{2F}: Expansion	扩充	用户自定义	预留
物理属性信息(可选)	U_{30}: Melody	权限	视频资源的公开程度	付费节目
	U_{31}:Copy	复制权限	付费节目的复制次数	3 次
	U_{3F}: Expansion	扩充	用户自定义	预留

由表 6-23 可知，内容语义信息、控制语义信息、物理属性信息可对任何一段视频信号进行标引，且均可表示为

$$U=(U_{10},U_{11},\cdots,U_{1F};U_{20},U_{21},\cdots,U_{2F};U_{30},U_{31},\cdots,U_{3F}) \tag{6-23}$$

其中，U_{1x} 属于内容语义信息；U_{2x} 属于控制语义信息；U_{3x} 属于可选的物理属性信息；U_{xF} 为预留扩展项。该语义信息 U 基本上全方位地详细反映了视频资源所要传达的信息，并且充分考虑了网络监控者、视频资源所有者以及普通用户的不同需求，能够在视频资源的规范化管理中发挥重要作用。

2) 扩频处理

扩频技术起源于通信系统，在一般的通信中，不同用户分别采用不同的频段或不同的时隙，彼此间的通信互不干扰。而在扩频通信中，通过一个独立的码序列用编码及调制的方法实现频带的扩展，与所传输的信号无关，在接收端可以用同样的码序列进行同步接收、解扩及恢复所传信号。在实际水印扩频系统中，信息被分布在许多数据频域系数中，每个频域系数加入了能量很小的信号，因此水印信息具有极高的不可见性，很难检测到。因此，利用扩频原理的数字水印技术具有较好的鲁棒性和安全性。

扩频系统可分为直接序列扩频、宽带线性调频扩频、调频扩频和调时扩频，其中调频扩频和直接序列扩频得到广泛使用。图 6-44 是一种按片率(cr)进行的直接序列扩频方案。

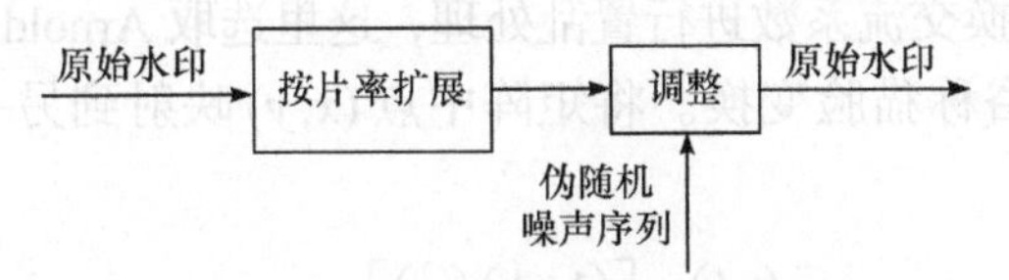

图 6-44　直接序列扩频方法示意图

设原始水印信息为 $m=\left\{m_i \in\{0,1\}, 0 \leqslant i \leqslant N-1\right\}$，其长度为 N。以 cr (通常为大于 1 的正整数)对该序列进行扩展，得到的扩展序列长度为 $N \cdot \mathrm{cr}$。目前主要有三种扩展方法：

(1) 按位扩展。扩展原理如式(6-24)所示，其中“$[\cdot]$”为取整运算。

$$s=\left\{s_j \mid s_j=m_i, i=[j / \mathrm{cr}], \quad 0 \leqslant j \leqslant N \cdot \mathrm{cr}-1\right\} \tag{6-24}$$

(2) 序列延拓。将按位扩展中的取整运算换成取模运算，如式(6-25)所示：

$$s=\left\{s_j \mid s_j=m_i, i=j \bmod (\mathrm{cr}), \quad 0 \leqslant j \leqslant N \cdot \mathrm{cr}-1\right\} \tag{6-25}$$

(3) 随机扩展。将 $N \cdot \mathrm{cr}$ 个扩展位根据密钥 K 进行划分，生成相互对立的 N 个非空子集 T_i，满足

$$T_i \neq \varnothing, \quad T_i \subset\{0,1,2, \cdots, N \cdot \mathrm{cr}-1\}, \quad 0 \leqslant i \leqslant N-1 \tag{6-26}$$

$$T_i \bigcap T_j=\varnothing, \quad \forall i \neq j, \quad 0 \leqslant i, j \leqslant N-1 \text{且} \bigcup_{i=0}^{N-1} T_i=\{0,1,2, \cdots, N \cdot \mathrm{cr}-1\} \tag{6-27}$$

当对序列 100101…采用这三种方法进行扩展时，结果如图 6-45(a)～(c)，其中 cr 为 3。

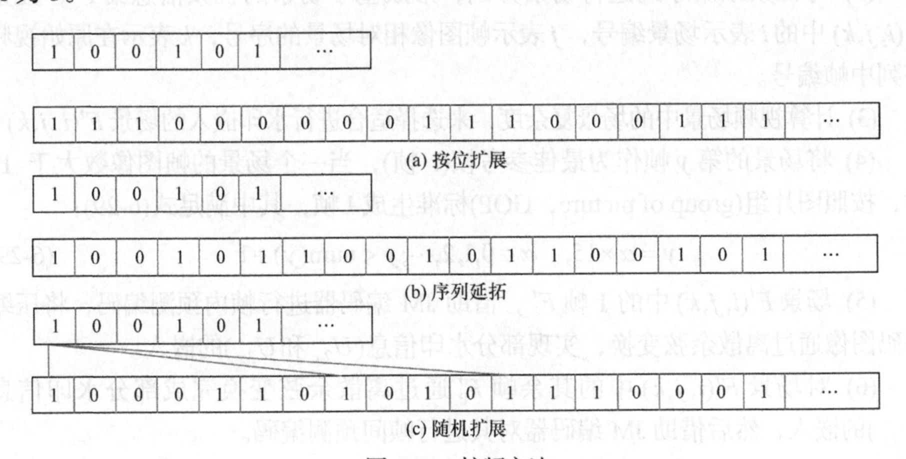

图 6-45　扩频方法

3) Arnold 变换

对图像的全部交流系数进行统计后发现近似服从高斯随机分布，但图像经过离散余弦变换后的系数矩阵分布就很有规律性。因此，为了更逼近高斯随机分布，需要对离散余弦变换交流系数进行置乱处理，这里选取 Arnold 变换。

Arnold 变换俗称猫脸变换。将矩阵中点 (x,y) 映射到另一点 (x',y') 的处理如式(6-28)所示：

$$\begin{pmatrix} x' \\ y' \end{pmatrix} = \left[\begin{pmatrix} 1 & 1 \\ 1 & 2 \end{pmatrix} \begin{pmatrix} x \\ y \end{pmatrix} \right] \bmod 1 \tag{6-28}$$

其中，mod1 为模 1 运算。式(6-28)即正二维 Arnold 变换。基于二维 Arnold 变换的数字图像置乱技术对于数字图像来说，可以看成一个函数在离散网格点的采样值，对原始数字水印图像进行 Arnold 预处理，可将图像置乱次数作为密钥，传输终端可以根据 Arnold 的变换周期进行逆变换，恢复出数字水印图像。

6.3.2　基于场景分割的双重水印算法

1. 设计思想

结合压缩域水印嵌入量小和原始域水印鲁棒性较差的弊端，本部分提出基于场景分割的双重水印算法[19]。针对主流的 H.264 编码标准，算法选择 JM10.2 作为实验仿真平台，算法的基本工作原理如图 6-46 所示：

(1) 对视频原始序列(YUV 格式文件)进行 UCL 标引并采用扩频技术生成水印信息集 U，其中 U_{1x} 属于内容语义信息，U_{2x} 是控制语义信息，U_{3x} 为可选的物理属性信息，U_{xF} 为预留扩展项，其中 $x \in 0,1,2,\cdots$。

(2) 对视频原始序列进行场景分割，形成基于场景的视频信息集 F，元素 $F(i,j,k)$ 中的 i 表示场景编号，j 表示帧图像相对场景的序号，k 表示在原始视频序列中帧编号。

(3) 计算视频场景中的场景复杂度，来选择适合进行水印嵌入的场景 $F'(i,j,k)$。

(4) 将场景的第 y 帧作为最佳参考帧(I 帧)，当一个场景的帧图像数大于 15 时，按照图片组(group of picture，GOP)标准生成 I 帧，其中满足式(6-29)：

$$y = \alpha \times 15, \quad \alpha \in 0,1,2,\cdots; y < \mathrm{num}(y)+1 \tag{6-29}$$

(5) 场景 $F'(i,j,k)$ 中的 I 帧 F'，借助 JM 编码器进行帧内预测编码，将压缩编码图像通过离散余弦变换，实现部分水印信息(U_{2x} 和 U_{3x})的嵌入。

(6) 对场景 $F'(i,j,k)$ 中的其余帧 F'_{P} 通过离散余弦变换完成部分水印信息(U_{1x})的嵌入，然后借助 JM 编码器对其进行帧间预测编码。

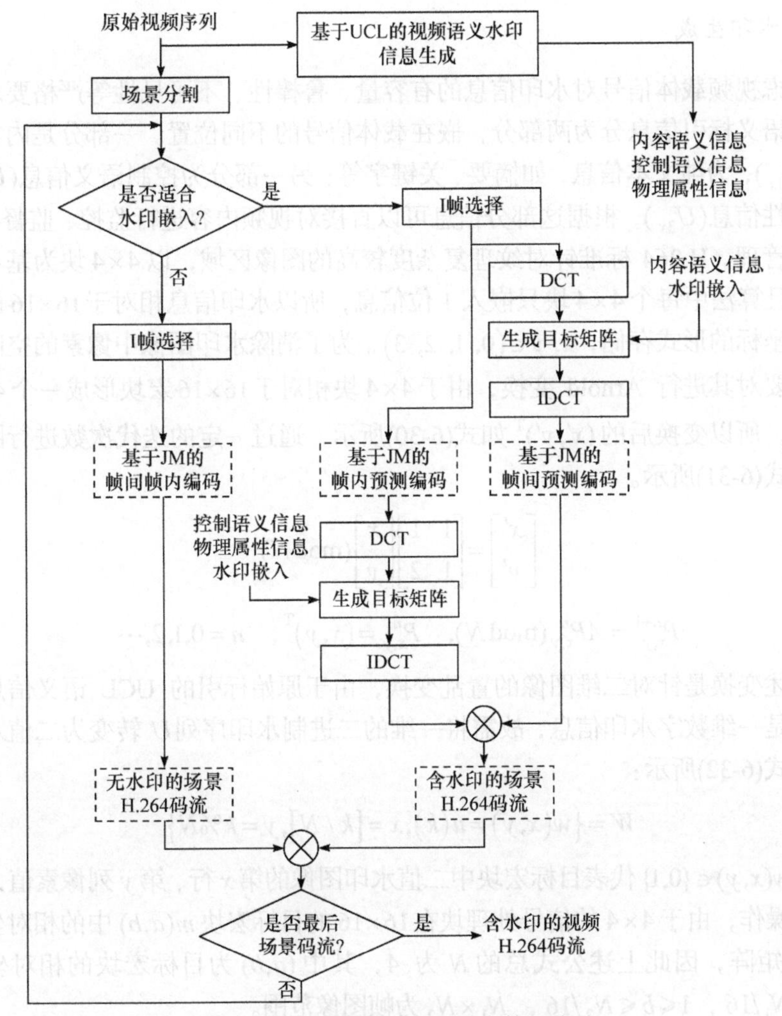

图 6-46　基于场景分割的水印算法流程

(7) 将含有水印信息的 I 帧和 B 帧、P 帧重新组合生成含水印的场景 H.264 压缩码流。

(8) 结合(4)的最佳参考帧选择算法，对(3)筛选出不适合水印嵌入的场景，借助 JM 编码器进行帧内和帧间编码，生成不含水印的压缩码流。

(9) 将(7)和(8)生成的压缩码流进行排序整合，生成基于 H.264 的视频压缩码流。

本节主要介绍语义水印生成、场景分割与选择、目标矩阵的生成、水印编码、水印的检测与提取五部分内容，其中采用场景分割算法对 JM 编码器中最优参考帧选择算法进行移植和优化。

2. 水印生成

考虑视频载体信号对水印信息的有容量、鲁棒性、不可见性等严格要求，可将视频语义标引信息分为两部分，嵌在载体信号的不同位置。一部分是内容语义信息(U_{1x})，为纯文本信息，如摘要、关键字等；另一部分为控制语义信息(U_{2x})和物理属性信息(U_{3x})，根据这部分信息可以直接对视频内容进行监控、监督、搜索和版权管理。H.264 标准针对纹理复杂度较高的图像区域，以 4×4 块为基本处理单元，且算法中每个 4×4 块只嵌入 1 位信息，所以水印信息相对于 16×16 的宏块以二维坐标的形式存储，$x, y \in (0, 1, 2, 3)$。为了消除水印图像中像素的空间相关性，需要对其进行 Arnold 变换，由于 4×4 块相对于 16×16 宏块形成一个 4×4 图像矩阵，所以变换后的 $(x', y')^{\mathrm{T}}$ 如式(6-30)所示，通过一定的迭代次数进行图像还原，如式(6-31)所示。

$$\begin{bmatrix} x' \\ y' \end{bmatrix} = \begin{bmatrix} 1 & 1 \\ 1 & 2 \end{bmatrix} \begin{bmatrix} x \\ y \end{bmatrix} (\operatorname{mod} N) \tag{6-30}$$

$$P_{x,y}^{n+1} = AP_{x,y}^{n} (\operatorname{mod} N), \quad P_{x,y}^{n} = (x, y)^{\mathrm{T}}, \quad n = 0,1,2,\cdots \tag{6-31}$$

上述变换是针对二维图像的置乱变换，由于原始标引的 UCL 语义信息经过编码后是一维数字水印信息，故需将一维的二进制水印序列 U 转变为二值水印图像，如式(6-32)所示：

$$W = \{ w(x,y) = u(k), x = [k/N], y = k\%N \} \tag{6-32}$$

其中，$w(x,y) \in \{0,1\}$ 代表目标宏块中二值水印图像的第 x 行、第 y 列像素值，“$[\cdot]$”为取整操作，由于 4×4 的信号处理块在 16×16 的目标宏块 $m(a,b)$ 中的相对坐标构成 4×4 矩阵，因此上述公式总的 N 为 4，其中 (a,b) 为目标宏块的相对坐标，$1 \leqslant a \leqslant N_1/16$，$1 \leqslant b \leqslant N_2/16$，$N_1 \times N_2$ 为帧图像范围。

3. 水印嵌入

1) 场景分割与选择

场景指一个镜头所包含的视频序列。同一个场景，不同帧之间具有很强的相关性，因此可以利用这种时域和空域的相关性对一个场景进行压缩编码。另外，针对传输过程中的主动攻击，如帧删除、帧重组、帧平均等，很难对整个场景进行完全删除或破坏的毁灭性攻击。因此，通过利用场景分割技术来增强水印信息的鲁棒性，以提高针对时间同步攻击的自适应抵抗力。

目前场景分割技术已经比较成熟，如像素比较、模板比较、直方图比较等，但它们有一些共同的弊端，如算法复杂度较高、实时性不够强等。考虑视频数字水印实时性和视频解码同步的性能需求，这里旨在提出与视频编解码相结合的场景分割算法。同一场景中帧与帧之间的相关性主要表现在空间上的相似性和时间上的相似性。其中，空间上的相似性是指邻帧图像像素值之间的相似性，时间上的相似性即邻帧间活动目标的运动剧烈程度和背景变换的快慢速度。

针对空间相似性，常用的有帧间差分法，只需比较视频序列图像中相邻图像对应像素点灰度的差别，如式(6-33)所示：

$$\mathrm{DF}(i,j,t)=\left|I(i,j,t)-I(i,j,t-1)\right| \tag{6-33}$$

$$M(i,j,t)=\begin{cases}1, & \mathrm{DF}(i,j,t)>\mathrm{Th}\\0, & \mathrm{DF}(i,j,t)\leqslant \mathrm{Th}\end{cases} \tag{6-34}$$

其中，(i,j) 为像素点的绝对坐标；t 为图像的时间，即众多视频的序列号；Th 为参考阈值；$\mathrm{DF}(i,j,t)$ 表示相邻图像间的帧差图像；$I(i,j,t)$ 为当前帧图像；$M(i,j,t)$ 表示检测出的运动图像。

使用差分图像法在环境变化较大的视频信号中可较好地检测到运动目标，但它很难检测出缓慢变化的目标。累积差分法基本原理可概括为：将第一帧图像作为参考图像，将后续的每一帧图像与其进行比较，如果超出阈值 Th 则将累积差分图的对应点加 1。累积差分图 ADP_t 为第 t 帧图像与参考图像的比较结果，如式(6-35)所示：

$$\mathrm{ADP}_0=0,\quad \mathrm{ADP}_t=\mathrm{ADP}_{t-1}+\mathrm{DP}_{1t} \tag{6-35}$$

$$\mathrm{DP}_{1t}=\begin{cases}1, & \left|I(t)-I(1)\right|>\mathrm{Th}\\0, & 其他\end{cases} \tag{6-36}$$

其中，DP_{1t} 为第 t 帧图像与第 1 帧图像的差分值；Th 为参考阈值。该算法充分利用时间序列图像的历史累积信息，以便很好地适应低对比度的含噪声的视频序列，但算法的迭代计算中具有较多的判断行为，且对整幅图像像素点的比对增加了硬件实现复杂度。由于图像的能量主要集中在变换域的直流系数(DC)上，相对离散的像素点具有更稳定的对应关系，并结合视频编解码的子块结构，本算法最终选择针对 16×16 宏块变换域直流系数做比较，如式(6-37)所示：

$$\mathrm{Var}(i)=\frac{1}{N}\sum_{n}\left(D(i,a,b)-D(i-1,a,b)\right)^2 \tag{6-37}$$

其中，$D(i,a,b)$ 为第 i 帧图像宏块 (a,b) 的直流系数；$\mathrm{Var}(i)$ 为第 i 帧图像相对于前一帧图像的直流系数改变量，其中 $N=(a+b)\times 16$。由于直流系数表示子块图像像素点的均值，所以用宏块像素均值取代宏块的整数离散余弦变换，从而进一步降低算法的复杂度。

空间相似性 $\mathrm{Var}(i)$ 越小，表示相邻两帧属于同一场景的可能性越大，但

$\mathrm{Var}(i)$值较大时，既可表示相邻两帧属于不同场景，也可表示同一场景中物体运动较为剧烈或背景变化较快，因此需要进一步计算它们的时间相似性。

$\mathrm{Var}(i)$本身也可表示当前帧变化的剧烈程度，所以通过计算这种剧烈程度的放大或缩小的倍数来表示时间相似性，如式(6-38)所示：

$$\alpha(i)=\frac{\mathrm{Var}(i)-\mathrm{Var}(i-1)}{\min\left(\mathrm{Var}(i),\mathrm{Var}(i-1)\right)} \tag{6-38}$$

从式(6-38)可以看出该式为双极性式，$\alpha(i)$小于0表示剧烈程度缩小的倍数，相反为放大倍数，$\alpha(i)$越接近0表示它们的时间相似性越高。为了降低相对静止的两帧图像对计算场景分割产生的误差，在计算$\min\left(\mathrm{Var}(i),\mathrm{Var}(i-1)\right)$时，若$\mathrm{Var}(i)<\overline{\mathrm{Var}(x)}/3$，则令$\mathrm{Var}(i)=\overline{\mathrm{Var}(x)}/3$，其中，$\overline{\mathrm{Var}(x)}$表示$x$场景中空间相似度的均值。

一个场景序列的第二帧相对于第一帧直流系数的改变量要小得多，$\mathrm{Var}(x,2)<\beta_2$，变换的剧烈程度显著下降，$a(x,2)<-\eta$，同理，下一个场景的第一帧相对于上个场景的最后一帧直流系数变化值很大，$\mathrm{Var}(x-1,1)>\beta_1$，变换的剧烈程度显著增加，$a(x-1,1)>\eta$，其中$(x,2)$为场景$x$第二帧的图像。因此，综合考虑空间相似性和时间相似性，场景分割过程的首帧和末帧的判断公式如式(6-39)和式(6-40)所示：

$$F_f=\left\{i-1\middle|\alpha(i)<-\eta\middle\|\mathrm{Var}(i)<\beta_2\right\} \tag{6-39}$$

$$F_l=\left\{i-1\middle|\alpha(i)>\eta\middle\|\mathrm{Var}(i)>\beta_1\right\} \tag{6-40}$$

其中，η为时间相似性的阈值；β_2为场景中第二帧图像的空间相似性阈值；β_1为下个场景中第一帧图像的空间相似性阈值。

根据人眼的视觉特性，为了提高水印的不可见性，选择图像纹理复杂度高和帧间变化比较剧烈的场景嵌入视频数字水印信息。将场景第二帧直流系数的梯度能量与第一帧直流系数改变量的乘积作为场景复杂度P，如式(6-41)所示：

$$P=T(i)\times\mathrm{Var}(i) \tag{6-41}$$

$$\begin{aligned}T(i)=&\frac{1}{N_1\times\left(N_2-1\right)}\sum_{N_1}\sum_{N_2}\left(D(i,a,b+1)-D(i,a,b)\right)^2\\&+\frac{1}{\left(N_1-1\right)\times N_2}\sum_{N_1}\sum_{N_2}\left(D(i,a+1,b)-D(i,a,b)\right)^2\end{aligned} \tag{6-42}$$

其中，式(6-42)为直流系数的梯度能量；$D(i,a,b)$表示第i帧图像宏块(a,b)的直流系数，即像素均值，根据P的定义，其中$i=2$，即本场景序列中的第二帧，通

过对 P 值与阈值的比较来选择适合嵌入水印的场景。

2) 目标矩阵的生成

通常基于离散余弦的水印嵌入算法，将水印信息要么嵌在直流系数，要么嵌在交流系数。表示图像亮度信息的直流系数，哪怕微小的改变都会引起人眼的察觉，从而大大降低数字水印的不可见性。结合人眼的视觉特性，在背景亮度较高、纹理复杂的区域进行水印嵌入，考虑系数矩阵高阶大部分为零，将交流系数中频系数作为水印嵌入点。另外，由于人眼对变化域的敏感性较低，水印信息不仅与帧内纹理复杂度和背景亮度有关，帧间变化剧烈程度也同样影响着水印信息的不可见性。因此，为了使水印信息更接近于噪声信号，使其具有更好的不可见性，引入场景复杂度，即综合考虑背景亮度、帧内空间复杂度、场景复杂度三要素来决定水印嵌入强度 S，形成一个目标矩阵 M。

针对式(6-41)选中的场景，首先计算图像中每个宏块的背景亮度、帧内纹理复杂度，得出宏块的局部图像复杂度 H；然后结合场景复杂度 P 得到水印嵌入强度 $S_{a,b}$，判断与阈值 S_{th} 的关系，当小于阈值时，水印的目标矩阵项 $M_{a,b}=0$，表示在此宏块不适合水印信息的嵌入，相反，$M_{a,b}=1$。在视频解码端根据密钥再次生成目标矩阵，进行视频数字水印信息的检测与提取。

局部图像复杂度 H 的客观描述，来自该宏块的灰度均值和纹理复杂度的加权组成的线性函数，如式(6-43)所示：

$$H_{a,b}=\alpha_1\sigma_{a,b}^2+\alpha_2 e_{a,b} \tag{6-43}$$

其中，$1\leqslant a\leqslant N_1/16$，$1\leqslant b\leqslant N_2/16$；视频序列为 $N_1\times N_2$ 的图像；$e_{a,b}$ 为宏块的灰度均值；$\sigma_{a,b}^2$ 为宏块 Y 分量中 $Y_{a,b}$ 的纹理复杂度；$\alpha_1,\alpha_2\in[0,1]$ 为加权因子，其中宏块的纹理复杂度如式(6-44)所示：

$$\sigma_{a,b}^2=\frac{1}{8}\sum_{(i,j)\in Y_{a,b}}\vartheta(e_{a,b})\frac{\left|Y_{a,b}(i,j)-e_{a,b}\right|}{e_{a,b}} \tag{6-44}$$

$$\vartheta(e_{a,b})=\left(\frac{1}{e_{a,b}}\right)^{\beta} \tag{6-45}$$

其中，$\vartheta(e_{a,b})$ 为加权系数，它作为修正因子来使宏块的纹理复杂度和灰度均值在同一个数量级呈线性关系，本算法仿真中取值范围为 0.5～0.8。

为了降低过多修正因子给算法带来额外的计算复杂度，将局部图像复杂度 $H_{a,b}$ 与场景复杂度 P 进行“×”操作得出水印嵌入强度，如式(6-46)所示：

$$S_{a,b}=P\times H_{a,b} \tag{6-46}$$

其中，$S_{a,b}$ 的值随 α_1、α_2 和 β 取值各异，从而生成不同的目标矩阵 M，因此可以将这三个参数作为密钥使用。

3) 水印编码

H.264将 $N_1 \times N_2$ 的图像分割成众多 16×16 的宏块 B，作为基本图像处理单元。由于目标矩阵属于纹理复杂度较高的区域，因此最终分成 4×4 的 16 个子块 B_0、B_1、B_2、…、B_{15}，它们满足如下关系：

$$B = B_0 \cup B_1 \cup B_2 \cup \cdots \cup B_{15} \tag{6-47}$$

$$B_m \cap B_n = \varnothing,\ m = 0,1,2,\cdots,15;\ n = 0,1,2,\cdots,15;\ m \neq n \tag{6-48}$$

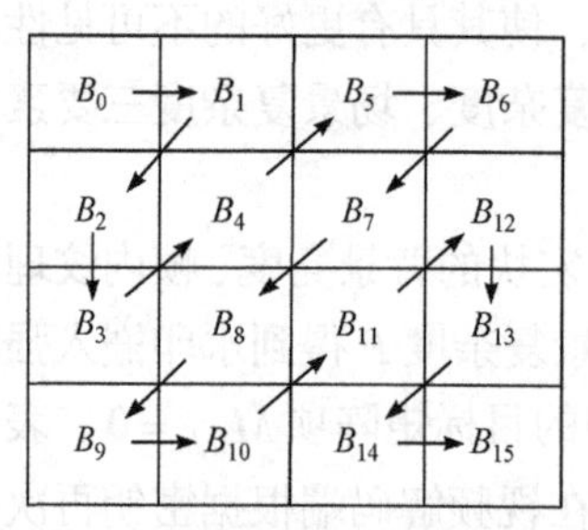

图 6-47　宏块的子块划分及编码图

其中 16 个子块的划分结果如图 6-47 所示。

为了方便 H.264 熵编码中的 Zig-Zag 扫描，宏块中 16 个 4×4 子块也按照 Zig-Zag 规则排列。水印嵌在 4×4 子块的 DCT 系数中，可以大大降低视频的"块效应"。当再细分到 2×2 子块时基本上就接近空间域水印嵌入法，算法的鲁棒性较差，因此采用在 4×4 子块的 DCT 系数进行水印信息的嵌入。

H.264 中的一个宏块包括一个 16×16 亮度分量 Y 和两个 8×8 的色差分量 Cb、Cr。由于人眼对视频的色度较敏感，故算法仅考虑亮度分量 Y 信息。首先，将视频图像的亮度分量 Y 分割成 16×16 块，则水印目标矩阵 M 的结构为 $N_1/16 \times N_2/16$，其中 $M_{a,b} \in \{0,1\}$，$1 \leqslant a \leqslant N_1/16$，$1 \leqslant b \leqslant N_2/16$，$M_{a,b} = 1$ 表示 $Y_{a,b}$ 为水印信息的载体。然后，将 $Y_{a,b}$ 块划分为 16 个 4×4 子块，对每个子块进行整数离散余弦变换，如图 6-48 所示，左上角的 DCT_0 为直流系数，表示灰度均值，剩余 15 个均为交流系数。

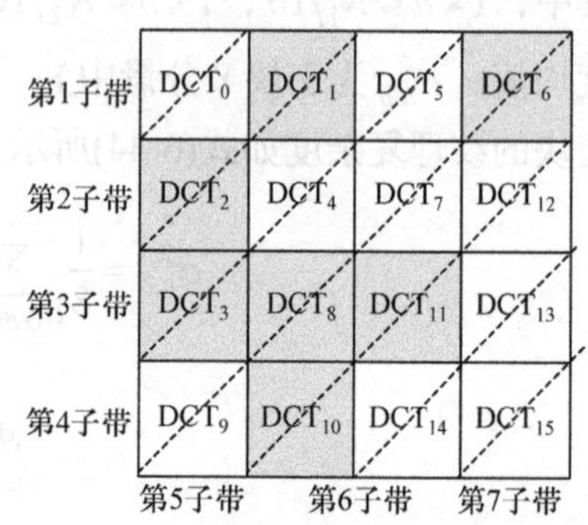

图 6-48　4×4 子块的 DCT 系数排列及能量子带分布图

经过离散余弦变换后，4×4 子块能量如图 6-48 中的第 1 子带到第 7 子带逐渐递减。其中交流高频系数(第 6、7 子带)多数为零，不适合水印的嵌入，故选择第 2 子带到第 5 子带的 12 个中频系数进行水印信息的嵌入，则嵌入规则如式(6-49)～式(6-51)所示：

$$\mathrm{DCT_{mean}} = \frac{1}{12}\sum_{i=1}^{12}\mathrm{DCT}_i \tag{6-49}$$

$$\mathrm{DCT}_{\mathrm{mean1}}=\frac{1}{6}\sum_{i=0}^{2}\left(\mathrm{DCT}_{i+3}+\mathrm{DCT}_{i+10}\right) \tag{6-50}$$

$$\mathrm{DCT}_{\mathrm{mean2}}=\frac{1}{6}\left(\sum_{i=1}^{2}\mathrm{DCT}_{i}+\sum_{i=6}^{9}\mathrm{DCT}_{i}\right) \tag{6-51}$$

其中，$\mathrm{DCT}_{\mathrm{mean}}$ 为 12 个中频系数的均值；$\mathrm{DCT}_{\mathrm{mean1}}$ 为第 3 子带和第 5 子带 6 个中频系数的均值；$\mathrm{DCT}_{\mathrm{mean2}}$ 为第 2 子带和第 4 子带 6 个中频系数均值。通过调整 12 个中频系数来改变 $\mathrm{DCT}_{\mathrm{mean}}$、$\mathrm{DCT}_{\mathrm{mean1}}$ 和 $\mathrm{DCT}_{\mathrm{mean2}}$ 三者之间的关系进行水印信息的嵌入，即水印信息的编码，如式(6-52)和式(6-53)所示：

$$\mathrm{DCT}_{\mathrm{mean1}}>\mathrm{DCT}_{\mathrm{mean}}>\mathrm{DCT}_{\mathrm{mean2}},\quad w_{x,y}=1 \tag{6-52}$$

$$\mathrm{DCT}_{\mathrm{mean2}}>\mathrm{DCT}_{\mathrm{mean}}>\mathrm{DCT}_{\mathrm{mean1}},\quad w_{x,y}=-1 \tag{6-53}$$

至此，水印信息的单步嵌入过程已经完成。由于采用基于场景的双重水印算法，故将水印信息 U 中的 U_{1x} 内容语义信息、U_{2x} 控制语义信息和 U_{3x} 可选的物理属性信息，采用相同的水印嵌入方案在不同的嵌入点进行水印嵌入操作，所以即使采用相同的水印嵌入方案，其生成目标矩阵的参数 P、α_1、α_2、β 及其阈值 S_{th} 也不相同，这些都可作为密钥。

4) 水印检测与提取

视频数字水印的检测与提取在 H.264 解码端完成，根据编码端对应的密钥生成目标矩阵 M 确定含水印的宏块位置，分别计算出 $\mathrm{DCT}_{\mathrm{mean}}$、$\mathrm{DCT}_{\mathrm{mean1}}$ 和 $\mathrm{DCT}_{\mathrm{mean2}}$ 的值，以重构水印信息，如式(6-54)所示：

$$\hat{w}_{x,y}=\begin{cases}1, & \mathrm{DCT}_{\mathrm{mean1}}>\mathrm{DCT}_{\mathrm{mean}}>\mathrm{DCT}_{\mathrm{mean2}}\\ -1, & \mathrm{DCT}_{\mathrm{mean2}}>\mathrm{DCT}_{\mathrm{mean}}>\mathrm{DCT}_{\mathrm{mean1}}\end{cases} \tag{6-54}$$

其中，$\hat{w}_{x,y}$ 表示宏块中的 4×4 子块 (x,y) 嵌入的水印信息，再经过重组就得到嵌入完整的视频数字水印信息。

6.3.3　基于 H.264 的双重水印算法

1. 设计思想

本算法方案将 UCL 信息作为鲁棒水印嵌入在 I 帧 DCT 域的中频系数中，I 帧 UCL 水印信息具有较好的鲁棒性，保证了 UCL 语义信息传输的稳健性，有利于用户终端的各种扩展应用；同时将该中频系数作为特征信息转化为脆弱水印，最后将此脆弱水印嵌入在 P 帧的运动矢量中。P 帧的运动矢量具有较好的脆弱性，可以通过该脆弱水印来验证 UCL 语义水印的完整性、可靠性，充分保证了 UCL

语义信息的安全性[20]。视频双重水印系统架构如图 6-49 所示。

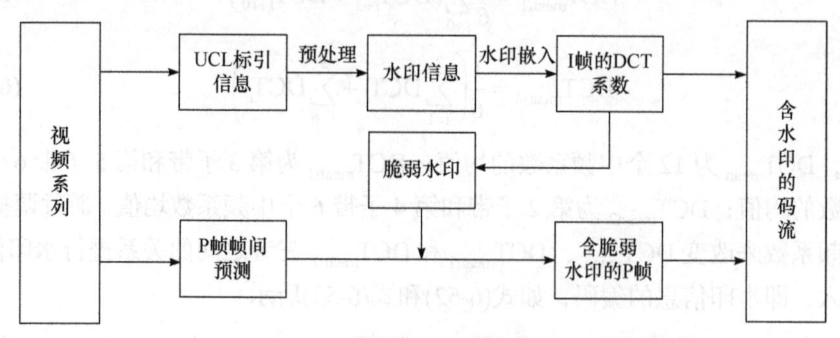

图 6-49　视频双重水印系统架构

2. 鲁棒水印的生成及预处理

根据视频 UCL 规范与 UCL 标引技术对数字多媒体视频信息进行 UCL 标引，可以得到该视频资源的 UCL 信息。由于二值图像中的所有像素都由 0、1 代替，且占用的空间极少，因此将 UCL 信息转换为二值图像，可以大大方便水印信息的嵌入与提取。

同时由于二值图像的相邻像素必然具有一定的相关性，假设数字水印的提取算法被不法分子得到，二值图像信息将很容易被攻击者得到，所以在嵌入二值图像之前应对图像信号进行预处理，使得水印信息能量分散，消除信息中相邻像素的相关性，提高数字水印的鲁棒性。在本研究方案中采用混沌加密与扩频的双重加密处理过程对原始的二值图像进行预处理，具体的预处理过程如图 6-50 所示。

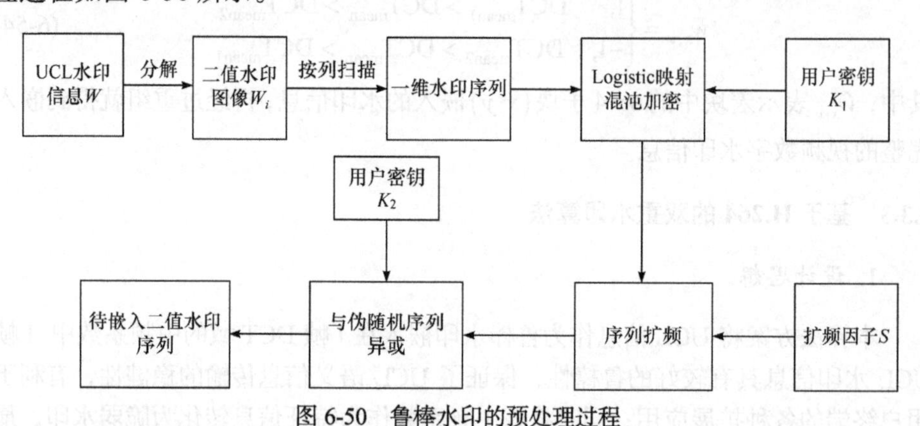

图 6-50　鲁棒水印的预处理过程

1) 水印信息加密

为了保证数字水印的安全性、鲁棒性，可以对水印信息进行混沌加密。混沌加密技术对初始条件的变换具有很强的敏感性和依赖性，混沌的加密结果会随着初始条件微小的改变而迅速发生变化。因此，数字水印信息结果经过混沌加密后，将也具有对初始条件敏感、依赖的特点，并且它具有相关性小、有较好的随机性、预测难度大等优点。

为了提高数字水印加密后具有良好的随机性、相关性及复杂性，可以采用 Logistics 映射作为序列密钥生成器，来对数字水印信息进行混沌加密。

其中 Logistic 映射可由式(6-55)表示：

$$x_{k+1} = f(x) = rx_k(1-x_k) = -r(x_k-0.5)^2 \tag{6-55}$$

其中，$1 \leqslant r \leqslant 4$，$0 < x_k < 1$。

当 $3.5699456 < r \leqslant 4$ 时，Logistics 映射呈现混沌状态。因为 $r=4$ 时，Logistic 映射输入和输出都分布在区间 (0,1) 上，因此本算法选定 $r=4$ 来产生混沌序列。将混沌序列初值 x_0 作为加密密钥 key$_1$，并设定 $x_0=0.4$。

对水印信息加密过程如下：

(1) 按列进行扫描二值子水印图像，映射一维二值序列 W_0；

(2) 为了加强置乱的效果，由混沌序列初值产生与一维二值序列 W_0 同等长度的两列一维混沌序列 S_1 和 S_2；

(3) 用这两列混沌序列的异或结果作为加密信号，根据式(6-56)，对 W_0 进行混沌加密，得到加密后一维水印序列 W_m。

$$W_m = W \oplus S_1 \oplus S_2 \tag{6-56}$$

2) 水印信息扩频

Hartung 和 Girod 等首先提出基于片率概念的直接序列扩频水印方案，即 H&G 算法。扩频技术是用伪随机序列对原始信号进行调制，将其频谱扩展后再传输，接收端利用同样的伪随机序列对此接收信号进行解扩及相关处理，恢复出原始信号。由于编码序列的带宽远远大于原始信号的带宽，即使部分信号在几个频段上丢失，其他频段仍然有足够的信息用来恢复原始信号。可见不法分子想要检测或删除一个扩频信号是很困难的，所以基于扩频的信息隐藏方法可以很好地保证数字水印的鲁棒性。

本算法首先对经过加密处理的水印序列进行直接序列扩频。为了提高数字水印的鲁棒性，本算法的扩频思想是将原始信息的 1 位冗余地分布在 S 个嵌入位置中。这里的 S 为扩频因子，具体取值可以根据视频帧尺寸和水印图像的大小来确定。加密后的二维水印序列 W_m 见式(6-57)：

$$W_m = \langle w_m(n) \mid w_m(n) \in \{0,1\}, 0 \leqslant n \leqslant M \times N - 1 \rangle \tag{6-57}$$

其中，$M \times N$ 为二值图像的大小。

对 W_m 进行扩频操作，操作后的序列见式(6-58)：

$$W_m = w_m(m) = w_m(n) \tag{6-58}$$

其中，$nS \leqslant m \leqslant (n+1)S-1$，$0 \leqslant n \leqslant M \times N - 1$。

设定密钥 K_2，利用伪随机数发生器来产生一个二值伪随机序列 P，具体见式(6-59)：

$$P = \left\langle p(m) \middle| p(m) \in \{0,1\}, 0 \leqslant m \leqslant (M \times N)S - 1 \right\rangle \tag{6-59}$$

最后将长度相同的序列 W_m 和序列 P 进行异或运算，可以得到待嵌入的水印序列 W_s，具体见式(6-60)：

$$W_s = W_m \oplus P = \left\langle w_s(m) \middle| w_s(m) \in \{0,1\}, 0 \leqslant m \leqslant (M \times N)S - 1 \right\rangle \tag{6-60}$$

伪随机序列具有类似噪声的特性，因此得到的扩频水印序列 W_s 也具有噪声特性，很难被攻击者发现、定位和处理，大大提高了水印的鲁棒性。

3. 鲁棒水印嵌入位置的选择

UCL 作为数字水印信息，它可能包含了该视频载体的内容分类、作者、版权所有者等信息。作为视频信息的接收者将会通过该信息进行扩展应用，所以不仅要保证视频水印算法在接收端要有水印信息检测的时效性，同时必须保证该 UCL 的水印信息的完整性、可靠性，保证水印信息在传输过程中可以抵抗正常的处理和一般的攻击，也就是说该水印信息必须具有较高的鲁棒性。本方案数字水印嵌入位置的选择流程如图 6-51 所示。

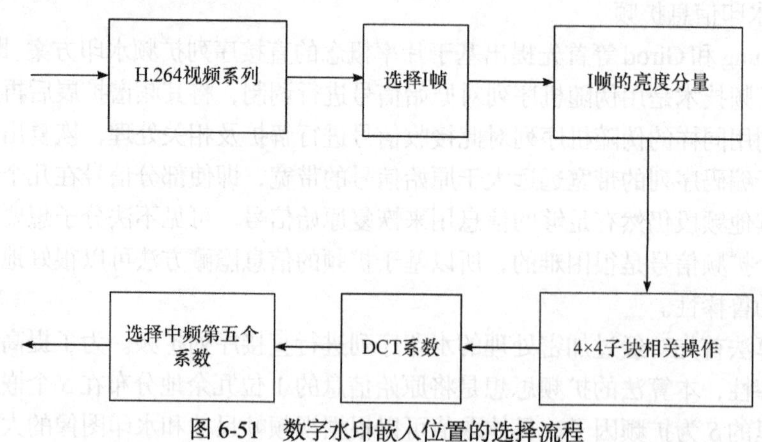

图 6-51　数字水印嵌入位置的选择流程

在本方案中选择确定视频 I 帧中的亮度块信息作为鲁棒水印的嵌入对象，因为在 H.264 的编码过程中，I、P、B 各编码帧的编码模式和数据特征各不相同，I

帧采用帧内预测编码模式，与 P 帧和 B 帧相比较为独立。因此，将数字水印嵌入 I 帧中，其受损坏的概率较小，有助于提高数字水印的鲁棒性，同时视频的处理单位是宏块，而一个宏块又可以分为一个16×16 的亮度块和两个 8×8 的色度块，根据人类视觉系统模型，人眼对视频帧中的色度信息的变化最为敏感，如果数字水印嵌入在色度信息中，很容易引起人们的察觉，影响数字水印的不可感知性。

根据人类视觉系统的纹理掩盖，人眼对平滑区域产生的变化比纹理区域产生的变化敏感，所以在变化比较小的区域嵌入水印比在变化明显的区域嵌入水印更容易对视觉产生影响。在本方案中，对于亮度像素所对应的预测残差，一般有 4×4 子块或16×16 宏块相关操作，其中 4×4 子块仅对每个 4×4 亮度子块进行独立预测，适用于变化区域比较明显的地方；16×16 宏块的操作对整个16×16 亮度块进行独立预测，使用于区域变化比较小的地方。因此，UCL 水印算法选择 4×4 子块的相关操作，并将水印嵌入在帧内 4×4 亮度块中。

H.264 标准中宏块是编码处理的基本单位，在 H.264 编码中无论采用16×16 亮度预测模式还是采用 4×4 亮度预测模式都是进行 4×4 的整数离散余弦变换。

如图 6-52 所示 H.264 编码器中离散余弦变换的处理过程，同时需要说明整数离散余弦变换的核心是 4×4 整数离散余弦变换。在基本档次中，每个 4×4 子块经过离散余弦变换和量化处理之后都会得到 16 个变换系数，这些系数经过如图 6-53 的 Zig-Zag 扫描之后，将会得到从低频到高频排列的系数。

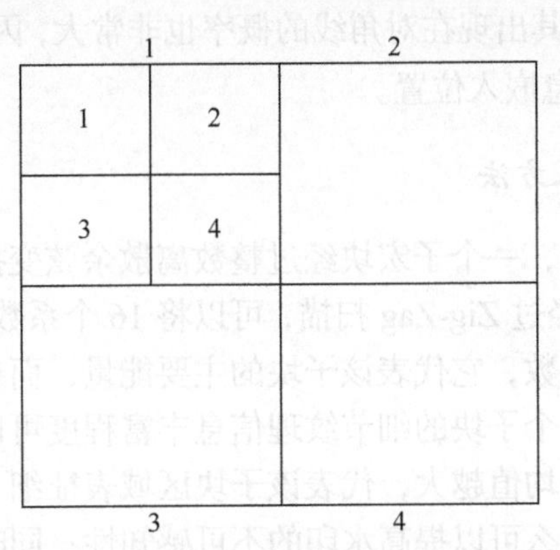

图 6-52　整数离散余弦变换的处理顺序

其中最低的系数为 DC_0 系数，也称为直流分量。AC_1 ～ AC_{15} 为交流系数分量。Zig-Zag 扫描后排在前面的系数是低频和中频系数，代表预测残差的主要能量分布，排在后面的系数为高频系数，代表预测残差块的一些纹理、细节信息主要分布。由于低频系数中代表了预测残差块的主要能量，如果将数字水印嵌入在这里，可以保证水印的鲁棒性，不法分子如果对低频系数中的数字水印进行破坏，

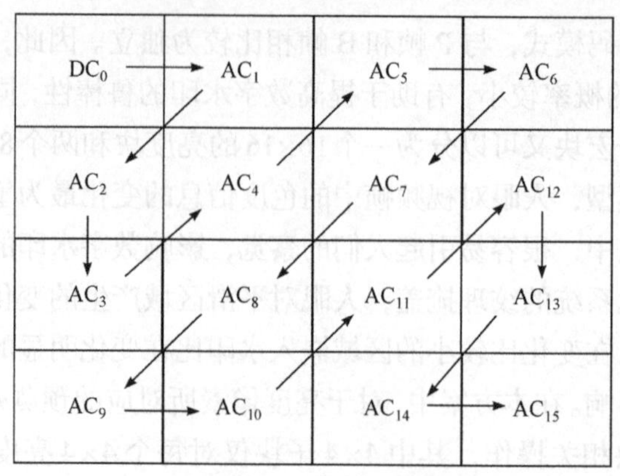

图 6-53　Zig-Zag 扫描

将会很容易破坏视频的质量，而被别人发现，同理在低频系数中嵌入数字水印信息也会很大程度影响视频的质量。因此，这里数字水印的鲁棒性是以牺牲视频的质量为代价的。相反，由于低频系数代表预测残差的纹理、细节信息，如果将数字水印嵌入在这里，其水印的鲁棒性将特别差，因为不法分子对预测残差高频信息的改变，对视频的质量变化很小。将 UCL 水印信息嵌入预测残差的中频系数中，可以实现鲁棒性和视频质量之间的平衡。

同时考虑 Zig-Zag 扫描后的第五个非零系数位于残差矩阵对角线的概率较高，将水印嵌在对角线系数上可以增加水印抗几何攻击性。而预测残差的第五个系数是中频系数，而且其出现在对角线的概率也非常大，因此 UCL 水印算法选择这里作为 UCL 水印信息嵌入位置。

4. 鲁棒水印的嵌入方法

根据前面介绍可知，一个子宏块经过整数离散余弦变换后，会得到 16 个系数，再将这 16 个系数经过 Zig-Zag 扫描，可以将 16 个系数按照低频到高频排列。左上角第一个为直流系数，它代表该子块的主要能量，而剩下的交流信号代表图像的细节信息。一般一个子块的细节纹理信息丰富程度可以用交流系数的平均值来衡量。交流系数的平均值越大，代表该子块区域表征细节的信息越多，如果在这里嵌入数字水印，那么可以提高水印的不可感知性；同时也表明该子块区域的编码码率较大，嵌入水印后对视频编码的码率影响较小。因此，交流系数的平均值大的子块适合嵌入数字水印。

一个 4×4 子块中的平均交流系数能量为

$$E_{\mathrm{AC}}=\frac{\sum_{i=1}^{15}\mathrm{AC}_i^2}{15} \tag{6-61}$$

其中，AC_i 为子块经过离散余弦变换后的系数值；i 为系数经过 Zig-Zag 扫描后的系数序号；E_{AC} 为交流系数的平方和均值。在数字水印嵌入方案中，将比较每个宏块中 16 个 4×4 子块的交流信号的平均值，将数字水印信息嵌入交流信号的平均值最大的 4×4 子块中，这样一方面提高了水印信息的不可感知性，另一方面也保证了每个宏块中都嵌有水印信息。

UCL 水印信息具体嵌入步骤如下：

(1) 利用 UCL 技术对 H.264 视频信息进行 UCL 标引，得到 UCL 信息并将该信息转化为灰度图像。

(2) 利用式(6-55)将基于 UCL 的灰度图像转化为二值图像，并将该二值图像进行混沌加密处理，得到处理后的待嵌入数字水印信息。

(3) 在空间域对视频 I 帧进行帧内预测，然后对亮度块的预测残差块进行 4×4 整数离散余弦变换。然后计算变换后的每个宏块的 4×4 子块的交流系数的平均值，其中在宏块中平均值最大的 4×4 子块将嵌入水印信息。

(4) 将(3)选中的 4×4 子宏块的一系列频率域系数，按照图 6-53 所示 Zig-Zag 扫描顺序从低频到高频排列这些系数。

(5) 若非零系数的个数大于等于 5(即 $n \geqslant 5$)，则通过改变第五个系数使其奇偶性与嵌入水印的奇偶性相同，以此来嵌入 UCL 水印信息。具体方法是将第五个非零系数 n_4 进行如下修改：

$$n_4 = \begin{cases} n_4 + \operatorname{sign}(n_4, l), & n_4\%2 \neq w\%2 \\ n_4, & n_4\%2 = w\%2 \end{cases} \tag{6-62}$$

其中，“%”为取余运算符；函数 $\operatorname{sign}(n_4, l)$ 的功能是使 l 的符号与 n_4 的符号相同，如此不会改变 4×4 亮度块非零系数的个数，以降低对编码码率的影响。

基于 UCL 的鲁棒性水印嵌入算法可以根据水印嵌入量的不同，选择不同的方案，如果该视频的 UCL 水印嵌入量较大，那么可以将交流平均值第二大的 4×4 子块嵌入水印，其嵌入方法不变，虽然这样也会影响视频编码的码率，但也是解决一些视频数字水印嵌入量较大的一种方法。

该水印嵌入方法简单，计算量小。虽然将第五个系数嵌入水印，位置比较固定，利于不法分子找到水印的位置，但是我们将在后面利用脆弱水印进行进一步的保护，所以该嵌入算法既满足处理的实时性，又保证了水印的安全性。

5. 鲁棒水印的检测与提取

本方案的提取算法不需要使用原始视频，可实现盲检测。其水印提取方法是水印嵌入的逆过程，具体步骤如下：

(1) H.264 解码器从网络提取层(network abstraction layer，NAL)中接收到压缩

的视频比特流，对该比特流进行熵解码得到I帧离散余弦变换量化残差系数。

(2) 利用式(6-61)计算一个宏块中每个4×4子块中交流信号的平均值，选择出每个宏块中平均值最大的子块，该子块即嵌有水印的子块。

(3) 将得到的4×4子块按图6-53所示Zig-Zag扫描顺序从低频到高频排列这些系数。

(4) 若非零系数的个数大于等于5(即$n \geqslant 5$)，则根据式(6-63)进行鲁棒水印序列提取。

$$w' = n_4 \bmod 2 \tag{6-63}$$

(5) 将按照混沌加密的逆过程得到的二值图像转化为具有实际意义的灰度图像。该具有实际意义的灰度图像就是该视频的UCL信息，可用于终端的各种应用。

6. 脆弱水印的生成与预处理

基于UCL的鲁棒水印，可以是多媒体视频的作者、版权所有者、内容分类、安全级别、传播权限等方面的内容。如果该水印信息被不法分子篡改并进行利用或者恶意传播，很可能影响社会的安全、稳定。因此，为了保证基于UCL的水印信息的真实性、完整性，将该UCL水印信息的二值序列改为脆弱水印，具体步骤如下：

(1) 认证码生成。首先在空间域对视频I帧进行帧内预测，再对亮度块的预测残差块进行4×4整数离散余弦变换。然后计算变换后的每个宏块的4×4子块的交流系数的平均值，其中在宏块中平均值最大的4×4子块可能嵌有基于UCL的水印信息。最后将该4×4块的DCT系数经过Zig-Zag扫描后，若非零系数的个数大于等于5，则说明该子块中嵌有水印信息，选出它的第五个非零系数，最后根据该系数的绝对值的大小生成一个三位的认证码，如表6-24所示。由于经过量化后的DCT系数的绝对值大于等于7的比例不到10%，因此取大于等于7的DCT系数对应的认证码是111。

表6-24　认证码信息对应表

所选系数	对应的认证码
0	000
1	001
2	010
3	011
4	100
5	101
6	110
≥7	111

因为每个16×16宏块中，4×4子块交流系数的平均值都不相同，所以每个16×16宏块中嵌入水印的4×4子块位置也不相同，这样可提高水印信息的安全性；其次选择带有UCL信息的DCT系数的真实值作为认证信息，可以验证UCL的完整性和真实性。

(2) 为了提高认证码的随机性、相关性、不可预见性，可以利用置换加密的方法对认证码进行加密，方法如下：

$$W = E(C_w, K_e) = (w_1, w_2, \cdots, w_n) \tag{6-64}$$

其中，$E(\cdot,\cdot)$为加密算法；C_w为加密前的脆弱水印；K_e为置换密钥；W为经过加密后得到的待嵌入水印即脆弱水印。对认证码的加密，大大提高了脆弱水印的安全性。

7. 脆弱水印的嵌入

在帧间编码中宏块的每个分割都是通过参考图像某一相同尺寸区域预测得到的，两者之间的差异用运动矢量表示，这个过程即运动估计。

在H.264的视频编码中同样使用到了运动估计，但是对运动估计的搜索精度做了有效的改进，即提高了运动估计的搜索精度。现有编码中半像素精度的运动估计应用得比较广泛，但是H.264提高了搜索精度后，它支持1/4甚至1/8像素精度的运动估计。也就是运动矢量位移的基本单位不再仅仅是半像素值，在H.264中运动矢量位移的基本单位也可以是1/4甚至1/8像素。显然，精度较高的运动矢量位移，保证了更小的帧间预测误差，降低了传输码率，即提高了压缩比。

对H.264视频编码的亮度块，采用的是1/4像素精度的运动估计，即运动搜索过程首先以整像素精度进行运动匹配，得到最佳匹配位置，再进行搜索在此整数像素位置周围的1/2像素位置，更新最佳匹配位置，最后在更新的最佳匹配位置周围的1/4像素位置进行搜索，得到最终的最佳匹配位置。在搜索过程中得到的各个预测位置的运动补偿块，通过比较各运动补偿块与当前块的残差决定最佳的预测像素位置，即得到运动矢量。

在上述搜索过程中，可以利用最小化拉格朗日函数寻找比特率和失真因素的最佳运动矢量，拉格朗日函数如式(6-65)所示：

$$\mathrm{MV_{MODE}} = \min\{\mathrm{distortion(mv)} + \lambda_p \cdot \mathrm{rate(mv - mvp)}\} \tag{6-65}$$

其中，mv为当前子块的运动矢量；mvp为利用相邻块预测的运动矢量；λ_p为拉格朗日因子，具体到这里主要是为了平衡运动估计中的比特率和失真度；distortion(mv)为当前运动补偿块与当前块的残差之间的失真度；rate(mv − mvp)为需要编码的运动矢量预测残差$\mathrm{MVD} = [d_x, d_y]$的比特数。其中$d_x$为预测残差的水平矢量，

d_y 为预测残差的垂直矢量，$\mathrm{MVD} = \mathrm{mv} - \mathrm{mvp}$。

本方案提出将脆弱水印嵌入 P 帧的运动矢量残差(motion vector difference，MVD)的水平矢量 d_x 或者垂直矢量 d_y 中。由于 $\mathrm{MVD} = \mathrm{mv} - \mathrm{mvp}$，根据脆弱水印 W，对MVD的水平或者垂直矢量的奇偶性进行修改，来实现水印的嵌入，具体过程可以参照图 6-54。

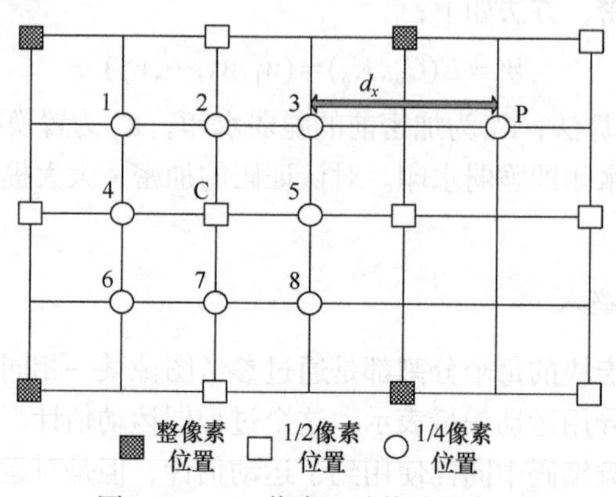

图 6-54　1/4 像素运动估计搜索图

8. 脆弱水印的检测与提取

水印提取是水印嵌入的逆过程，首先对 H.264 压缩视频流进行解码得到 P 帧的运动矢量残差，然后判断 MVD 的奇偶性。若为奇数，则提取的水印位取值为1；若为偶数，则提取的水印位取值为 0。

通过上述方法得到水印信息后，可以提取出该脆弱水印来验证 UCL 水印信息的完整性，具体步骤如图 6-55 所示。

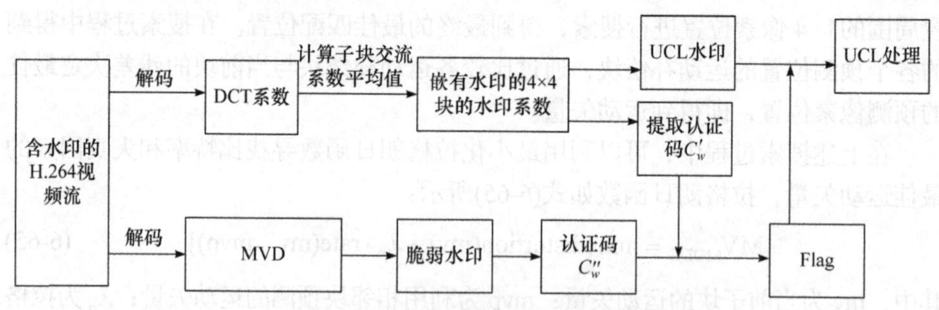

图 6-55　脆弱水印检测及认证过程

首先在解码端重新计算生成认证码信息 C'_w，从 P 帧提取水印信息 W，通过置换密钥解密后得到认证码 C''_w。其次 C'_w 与 C''_w 按位异或运算，按式(6-66)计算不为零的位所占的比例。其中 n 为总共生成认证码的比特数，x_i 为异或运算后不为零的位。根据认证精度阈值 τ 来决定认证是否通过。

$$m=\frac{1}{n}\sum_{i=0}^{n}x_i \tag{6-66}$$

6.3.4　视频水印算法性能评估

1. 基于场景分割的双重水印算法性能评估

H.264 有 JM、X264 和 T264 三大开源编码器，前者是官方的测试源码，具有较强的理论研究意义，后两者主要适用于硬件平台实现。目前，JM 版本有很多，但无论哪种 JM 版本都遵循 H.264 标准，之后的版本进行了代码模块化，增强了代码的可读性。本节选用 JM10.2 版本：首先，该版本与 JM8.6 相比较更为成熟，编码效果与 H.264 视频编解码标准更加接近；其次，编码器中各个函数的功能都可以得到与之对应的理论部分，更加便于深入研究。

1) 视频数字水印性能指标

不同角色和应用背景对数字水印有不同的性能需求，因此很难有全面水印算法评估标准。下面总结出部分主观和客观水印性能评估指标。

(1) 人眼主观评价。

人眼主观评价是指水印在载体信号中的不可见性，是对水印不可见性最直接的评估指标，但由于每个人的视觉敏感度无法统一，因此它无法给出一个准确的度量标准。在理论研究中往往采用定性的评价标准来评价水印的好坏，也就是客观评价指标，下面介绍部分客观评价指标。

(2) 均方差(mean square error，MSE)。

均方差是指通过统计过程有效地描述统计特性的指数，反映出期望值与统计值之间的差异程度，如式(6-67)所示：

$$\text{MSE}=E\{[f(x,y)-f_{\text{u}}(x,y)]^2\} \tag{6-67}$$

其中，$f(x,y)$ 为原始视频图像的像素值；$f_{\text{u}}(x,y)$ 为含水印信息的视频图像像素值。

(3) 信噪比(signal-to-noise ratio，SNR)。

信噪比是指在信号传输与处理过程中，有用信号与噪声功率的比值。它是视频处理过程中对重构视频质量评估的重要尺度，如式(6-68)所示：

$$\text{SNR}=20\lg\frac{\sigma}{\sqrt{\text{MSE}}} \tag{6-68}$$

$$\sigma^2=\frac{1}{M\times N}\sum_{x=0}^{M-1}\sum_{y=0}^{N-1}(f(x,y)-\overline{Y})^2 \tag{6-69}$$

$$\overline{Y}=\frac{1}{M\times N}\sum_{x=0}^{M-1}\sum_{y=0}^{N-1}f_{\mathrm{u}}(x,y) \tag{6-70}$$

其中，$\overline{Y}$ 为含水印的视频图像像素值的均值；$M\times N$ 为视频的像素域。

(4) 峰值信噪比(PSNR)。

信噪比可以作为重构视频图像质量的重要评判标准之一，但其计算复杂度较高。因此，在实际应用中，一般采用 PSNR 代其对视频图像质量进行评判。PSNR 表示视频载体信号嵌入水印后的视频质量变化情况，其值越高表示其透明性越好，如式(6-71)所示：

$$\mathrm{PSNR}=10\lg\left[\frac{\max_{\forall(x,y)}f^{2}(x,y)}{\mathrm{MSE}}\right] \tag{6-71}$$

其中，$\max_{\forall(x,y)}f^{2}(x,y)$ 为原始视频图像 f 上所有像素点中的最大像素值，针对 8 位灰度图像，其最大值为 255，则典型算法的 PSNR 值主要集中在 20～40dB。

(5) 归一化互相关系数(normalized cross correlation，NCC)。

NCC 用来度量重构水印和原始水印之间的相似程度，如式(6-72)所示：

$$\mathrm{NCC}=\frac{\sum_{k=0}^{N-1}W(k)W'(k)}{\sum_{k=0}^{N-1}W(k)^{2}} \tag{6-72}$$

其中，W 为原始水印信息；W' 为提取出来的水印信息；N 为水印信息的长度，通常情况下，当 $\mathrm{NCC}>0.9$ 时，认为重构水印是可识别的。

2) 仿真结果与性能分析

整个算法实验平台为 CPU Core(TM)2 Duo 2.93GHz，内存 2GB DDR3，操作系统 Windows XP，编程工具 Visual Studio_2008(VS2008)和 MATLAB R2010b。本实验在 VS2008 环境中完成对视频编解码参考模型 JM10.2 的最佳参考帧选择算法的移植与优化、原始视频序列的场景分割、水印的嵌入和含水印的 H.264 码流的解码工作，然后由 MATLABR2010b 对原始视频序列和含水印的视频序列进行数据统计，最后针对数字水印的性能指标对算法进行性能评估。实验中视频采用标准视频序列 News、Foreman 和 Akiyo，所有视频序列都是 QCIF 格式(176×144)，YUV(4:2:0)，序列长度均为 300 帧。

(1) 基于场景的视频编码。

News、Foreman 视频序列压缩码流的 PSNR 如图 6-56 所示。Foreman 视频序列被分割为三个不连续的场景，其中场景之间的间隙属于一些图像变换很剧烈的场景转换帧，如图 6-56(b)中帧数编号 152、158、173 和 231。

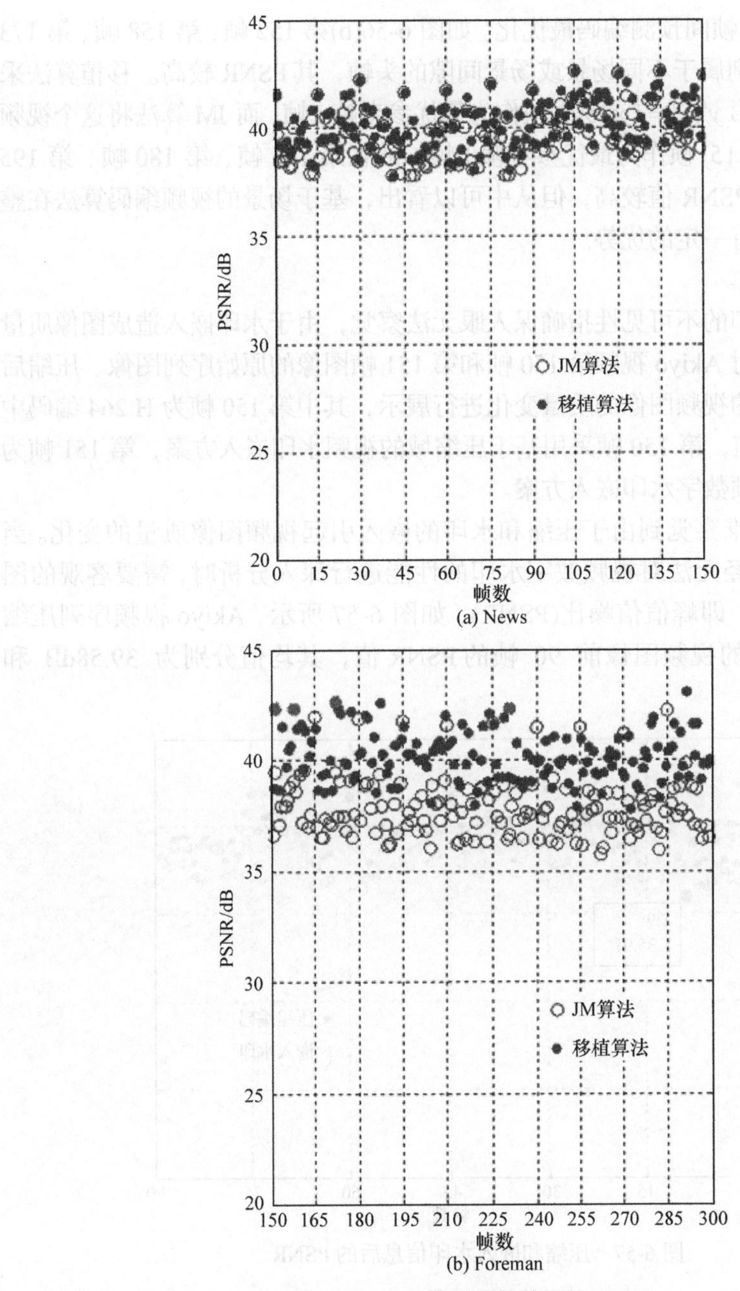

图 6-56　JM 算法移植前后的 PSNR

由图 6-56(a)可见，JM 编码器算法移植前后，News 视频图像的 PSNR 值几乎一致，而图 6-56(b)在第 150 帧之后，Foreman 视频码流的 PSNR 值在 JM 算法移植前后出现了一定的偏差，采用基于场景的最佳参考帧选择算法，将每个场景的头帧作为 I 帧，使帧间预测编码最优化。如图 6-56(b)第 152 帧、第 158 帧、第 173 帧、第 231 帧分别属于不同场景或场景间隙的头帧，其 PSNR 较高。移植算法采用同一场景内的第 $y'(y'=i'\times 15v')$ 帧作为最优参考帧 I 帧，而 JM 算法将这个视频序列的第 $y(y=i\times 15)$ 帧作为最优参考帧 I 帧，故在第 165 帧、第 180 帧、第 195 帧等 JM 算法的 PSNR 值较高，但从中可以看出，基于场景的视频编码算法在整体编码效果上具有一定的优势。

(2) 不可见性。

视频数字水印的不可见性指确保人眼无法察觉，由于水印嵌入造成图像质量的下降。实验中对 Akiyo 视频第 150 帧和第 151 帧图像的原始序列图像、压缩后的图像、含水印的视频图像的质量变化进行展示，其中第 150 帧为 H.264 编码中的最佳参考帧 I 帧，第 150 帧采用基于压缩域的视频水印嵌入方案，第 151 帧为基于原始域的视频数字水印嵌入方案。

实验结果很难察觉到由于压缩和水印的嵌入引起视频图像质量的变化。当主观不可见性已经无法对视频数字水印的性能进行深入分析时，需要客观的图像质量衡量标准，即峰值信噪比(PSNR)，如图 6-57 所示，Akiyo 视频序列压缩后和嵌入水印后的视频图像前 90 帧的 PSNR 值，其均值分别为 39.58dB 和 38.63dB。

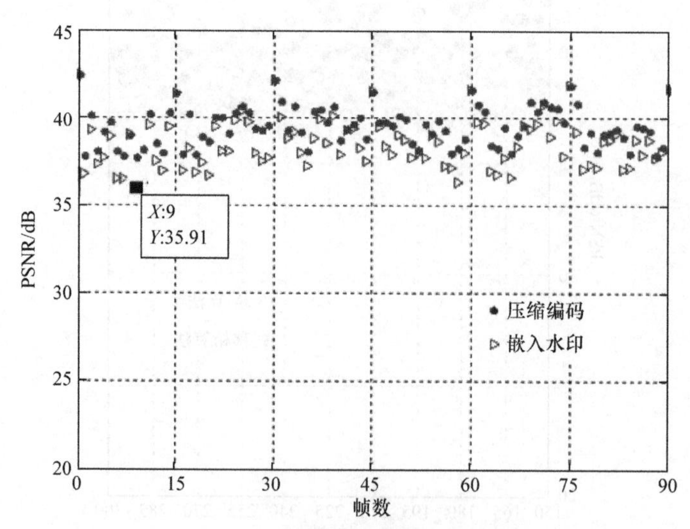

图 6-57　压缩和嵌入水印信息后的 PSNR

一般情况下，当 PSNR 值大于 30dB 以上时，人眼就难以辨别两幅图像的差别。由图 6-57 可见，Akiyo 视频原始序列压缩后和嵌入水印后第 $y(y=i\times 15)$ 帧的 PSNR 值较高，主要是由于第 y 帧在 H.264 视频编码中作为最佳参考帧，编码准确率最高。总体上两曲线非常接近，且 PSNR 最小值为 35.91dB，说明本节视频数字水印具有很强的不可见性。

(3) 未受攻击时的鲁棒性。

首先讨论未受攻击状态下的水印鲁棒性。实验中若 NCC≥9，则认为该图像内含有水印信息，同一场景内有一幅图像含有水印信息，认为该场景为水印信息的载体。实验对象为 Akiyo、News、Foreman、Sum 四个视频序列，其中 Sum 为前三者视频拼接序列。对其分别统计视频序列的场景数(SC)、含有水印信息的场景数(SC_w)、检测到水印载体场景数(DSC_w)、错误检测到的场景数(ESC_w)，如表 6-25 所示。

表 6-25　嵌入水印的场景检查

视频序列	SC	SC_w	DSC_w	ESC_w
Akiyo	1	1	1	0
News	4	4	4	0
Foreman	5	3	3	0
Sum	12	8	8	0

从表 6-25 中可看出，在未受攻击的状态下，实验中嵌入信息的场景都能准确地检查出来。由于在同一场景中嵌入相同内容，故实验中采用的水印场景检测标准 (NCC≥9) 足以重构出原水印信息。采用原始域与压缩域相结合的水印算法，为了进一步说明场景中关于内容语义水印信息的鲁棒性，以 News 视频序列为例，统计其前 90 帧(第 90 帧为第二个场景头帧)的 NCC 值，如图 6-58 所示。

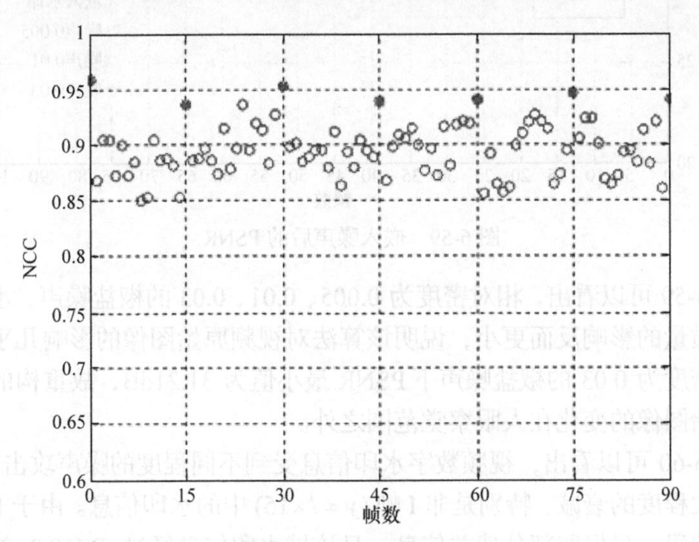

图 6-58　News 的 NCC

从图 6-58 中可知，第 $y(y=i\times15)$ 帧图像的 NCC 值要明显高于其他图像，这是由于 y 帧为编码参考帧(I 帧)，其量化后的非零 DCT 系数较多，且采用基于压缩域的水印方案避免了由于视频信息的频繁解压缩，造成水印信息丢失的问题。虽然非 I 帧域的 NCC 值相对较低，但该域采用基于原始域的水印嵌入方案大大增加了水印信息的嵌入量，且该域的纯文本水印信息(摘要、关键词等)在 NCC > 0.7 的情况下不会对语义理解造成歧义，一般情况下，NCC > 0.6 就可以重构出水印信息。

(4) 抗噪声攻击。

视频载体信号在传输和处理过程中，最常见的攻击方式就是噪声攻击，因此水印算法抗噪声能力是其性能评判的重要指标。实验同样对 Foreman 视频序列的前 90 帧图像分别加载了密度为 0.005、0.01、0.03 的椒盐噪声，计算出重构视频图像的 PSNR 值和重构水印信息的 NCC 值，其中 PSNR 值如图 6-59 所示。

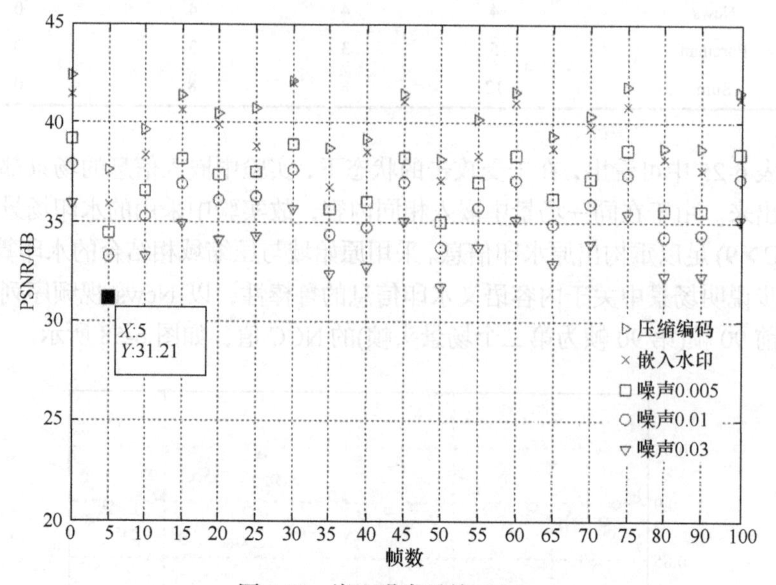

图 6-59　嵌入噪声后的 PSNR

从图 6-59 可以看出，相对密度为 0.005、0.01、0.03 的椒盐噪声，水印信息对视频图像质量的影响反而更小，说明该算法对视频原始图像的影响几乎可以忽略不计。在密度为 0.03 的椒盐噪声下 PSNR 最小值为 31.21dB，故重构的视频图像相对于原始图像的变化在人眼察觉范围之外。

从图 6-60 可以看出，视频数字水印信息受到不同程度的噪声攻击后，NCC 值出现很大程度的衰减，特别是非 I 帧 $(y\neq i\times15)$ 中的水印信息。由于非 I 帧采用帧间预测编码，只保留部分残差信息，且该域水印信息经过 JM10.2 的重压缩编码，使该域水印信息的NCC值衰减得相对比较严重。例如，在密度为0.03的椒盐噪声下，最小NCC值为第五帧(非I帧)的0.4943，但经过对数据的统计发现，在相同强度噪声攻击下该场景中非I帧的最大NCC值为0.6357，由于同一场景内嵌入相同的水印信息，即使在较高密度的噪声攻击下，仍然可以重构出不影响人们观看的水印信息。

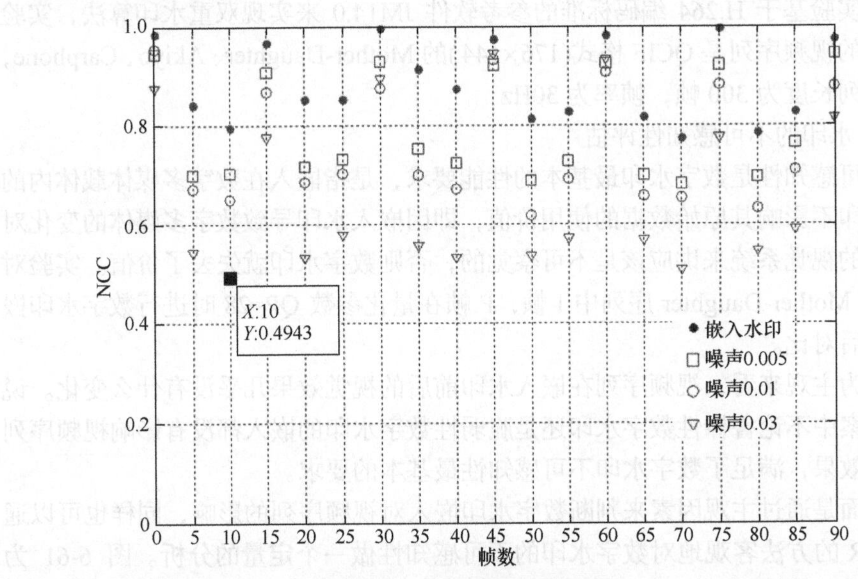

图6-60 嵌入噪声后的NCC

由此可见，对于噪声攻击，I帧的鲁棒性表现得比较令人满意，故将I帧作为控制语义信息和物理属性语义信息的载体。

(5) 其他主动攻击。

同时对Akiyo、News、Foreman三个视频分别进行重量化、中值滤波和帧删除攻击，视频数字水印受到攻击后的NCC值如表6-26所示，其结果为三段含水印的视频序列前300帧中有效NCC的均值。由于同一场景中嵌入相同的水印信息，当NCC<0.5时，视该帧水印信息为无效水印。

表6-26 水印信息鲁棒性分析(NCC)

攻击类型	Akiyo		News		Foreman	
	I帧	P帧	I帧	P帧	I帧	P帧
未受攻击	1.0	0.96	1.0	0.93	1.0	0.94
重量化(QP_{36})	0.85	0.65	0.87	0.72	0.81	0.70
中值滤波	0.89	0.72	0.91	0.79	0.89	0.69
帧删除	1.0	0.96	1.0	0.93	1.0	0.94

从表 6-26 中可以看出，I 帧中水印信息在遭受重量化、中值滤波和帧删除等攻击时，表现出较好的鲁棒性。其中帧删除攻击对水印信息没有任何影响，主要是因为帧删除攻击很难实现完全删除整个视频场景。

2. 基于 H.264 的双重水印算法性能评估

本实验基于 H.264 编码标准的参考软件 JM14.0 来实现双重水印算法，实验中使用的视频序列是 QCIF 格式(176×144)的 Mother-Daughter、Akiyo、Carphone，测试序列长度为 300 帧，帧率为 30Hz。

1) 水印的不可感知性评估

不可感知性是数字水印最基本的性能要求，是指嵌入在数字多媒体载体内的数字水印不影响其原始数据的使用价值，即因嵌入水印导致数字多媒体的变化对使用者的视觉系统来讲应该是不可察觉的，否则数字水印就失去了价值。实验对 Akiyo、Mother-Daughter 序列中 I 帧，P 帧在量化参数 QP=28 时进行数字水印嵌入的前后对比。

人为主观来看，视频序列在嵌入水印前后的视觉效果几乎没有什么变化。说明本方案中不论鲁棒性数字水印还是脆弱性数字水印的嵌入都没有影响视频序列的视觉效果，满足了数字水印不可感知性最基本的要求。

上面是通过主观因素来判断数字水印嵌入对视频序列的影响，同样也可以通过 PSNR 的方法客观地对数字水印的不可感知性做一个定量的分析。图 6-61 为 Mother-Daughter 序列在量化参数 QP = 26 时，水印嵌入前后 PSNR 的变化曲线。图 6-62 为 Mother-Daughter 序列在量化参数 QP = 28 时，水印嵌入前后 PSNR 的变化曲线。

一般来说，如果要保证数字多媒体视频图像在数字水印嵌入前后在画质上的差别人眼不可察觉，一般需要保证 PSNR 在 30dB 以上。由图可知，不论 QP = 26

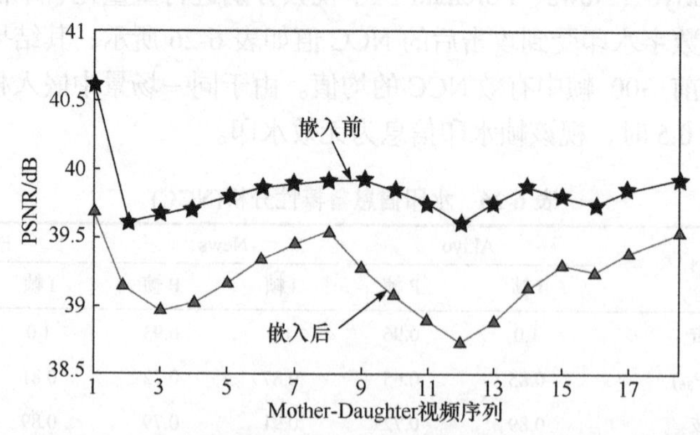

图 6-61　Mother-Daughter 序列 QP = 26 时水印嵌入前后 PSNR 的变化曲线

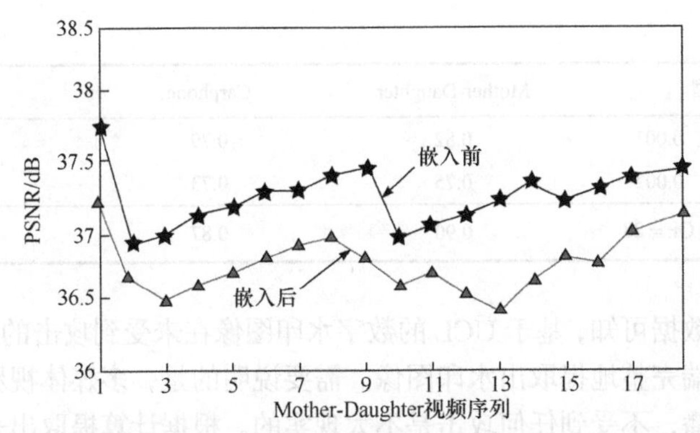

图 6-62　Mother-Daughter 序列 QP = 28 时水印嵌入前后 PSNR 的变化曲线

还是 QP = 28，嵌入后 PSNR 的值都保持在 36dB 以上，说明不论鲁棒水印，还是脆弱水印，嵌入后对视频的影响很小，满足了水印不可感知性的要求。

2) 基于 UCL 水印的鲁棒性评估

基于 UCL 的数字水印信息嵌入视频序列 I 帧亮度分量的变换系数中后，视频的使用者可以通过解码端对水印信息进行提取并进行各种扩展应用，因此对该 UCL 水印信息的鲁棒性要求要高。鲁棒性是指数字水印抵抗各种攻击具有的壮健性、稳健性。鉴于 UCL 信息在用户终端的重要性，必须保证该水印信息在视频传输过程中不会因为一般的处理或者噪声的影响而导致丢失、破坏。本实验主要通过常见的高斯噪声、椒盐噪声、二次编码攻击来检验水印的鲁棒性。这里通过比较 UCL 的水印图像在受到各种攻击后提取的水印与原始水印的 NCC 来进行客观、定量的分析。NCC 的表达式如下：

$$\mathrm{NCC}=\frac{\sum_{u}\sum_{v}(w(u,v)w'(u,v))}{\sqrt{\sum_{u}\sum_{v}\sqrt{w(u,v)^2}\sum\sum w'(u,v)^2}} \tag{6-73}$$

其中，NCC 为归一化互相关系数；w 为原始数字多媒体视频的数字水印序列；w' 为从数字多媒体视频中提取出来的数字水印序列；嵌入前与提取后的数字水印位置用 (u,v) 来表示。

表 6-27 列出了基于 UCL 的水印图像的 Mother-Daughter、Carphone 和 Akiyo 序列在受到各种攻击后提取水印与原始水印的 NCC 值。

表 6-27　水印图像在不同攻击后的 NCC 值

攻击类型		Mother-Daughter	Carphone	Akiyo
未攻击		1.00	1.00	1.00
椒盐噪声	0.001	0.95	0.91	0.92
	0.005	0.85	0.82	0.80

续表

攻击类型		Mother-Daughter	Carphone	Akiyo
高斯噪声	0.001	0.82	0.79	0.77
	0.002	0.75	0.73	0.78
二次编码	QP = 28	0.90	0.87	0.88

通过上面数据可知，基于 UCL 的数字水印图像在未受到攻击的情况下，可以在用户的解码端完整地提取出水印图像。需要说明的是，多媒体视频信息在复杂网络环境中传播，不受到任何攻击是不太现实的。根据计算提取出来的数值水印信息与原始水印信息的相似度可知，含有数字水印信息的 I 帧图像在经过高斯噪声和椒盐噪声攻击后，NCC 值比较大，仍然可以提取出较完整的水印信息。接下来利用 JM 软件在 QP = 32 下对 Mother-Daughter 序列进行二次编码攻击，发现 NCC 在 0.85 以上，说明本算法对二次编码攻击也具有很好的鲁棒性。

3) 脆弱水印的认证性评估

为了检测脆弱水印对基于 UCL 的鲁棒水印的认证性能，本算法引入攻击测试 Sim 值，即提取出来的脆弱水印与基于 UCL 鲁棒水印的特征值的相似性，Sim 具体公式如下：

$$\mathrm{Sim} = \frac{W_\mathrm{d}}{W_\mathrm{z}} \tag{6-74}$$

其中，W_d 为提取的脆弱水印；W_z 为基于 UCL 的鲁棒水印的特征值。$W_\mathrm{d} \leqslant W_\mathrm{z}$、$\mathrm{Sim} = 1$ 代表嵌入脆弱水印信息与基于 UCL 鲁棒水印的特征值完全吻合，说明 UCL 的水印没有被破坏或者篡改。Sim 值越大，说明嵌入水印信息与 UCL 水印信息特征值越相似，UCL 水印越安全；反之说明 UCL 水印遭到攻击，用户利用 UCL 信息的扩展应用将受到影响。表 6-28 为 Mother-Daughter 序列、Akiyo 序列在 QP = 28 下，不同的 Sim 值对应的 UCL 被篡改的准确率。

表 6-28　各种常见视频水印攻击测试的 Sim 值及准确率(QP=28)

攻击类型	Mother-Daughter 序列		Akiyo 序列	
	Sim 值	准确率/%	Sim 值	准确率/%
未攻击	1.0	100	1.0	100
随机噪声	0.5	78.6	0.5	79.5
	0.3	87.5	0.3	88.9
	0.1	95.2	0.1	99.5

续表

攻击类型	Mother-Daughter 序列		Akiyo 序列	
	Sim 值	准确率/%	Sim 值	准确率/%
椒盐噪声	0.5	76.4	0.5	80.6
	0.3	88.4	0.3	90.1
	0.1	97.5	0.1	98.2
中值滤波	0.5	80.1	0.5	80.4
	0.3	87.4	0.3	87.9
	0.1	96.8	0.1	99.2
高斯滤波	0.5	77.9	0.5	76.9
	0.3	86.8	0.3	86.3
	0.1	98.2	0.1	97.8

可以看出，在未受到攻击的情况时 Sim 值为 1，说明嵌入的脆弱水印信息与基于 UCL 鲁棒水印的特征值完全吻合，可以 100%保证 UCL 的水印信息没有被破坏或者篡改。同时当 Sim 值在 0.5 左右时，它的准确率在 78%左右；Sim 值在 0.3 左右，准确率在 87%左右；Sim 值在 0.1 左右，准确率在 97%左右。考虑多媒体视频在复杂的网络中传输，必然要受到各种因素的干扰，所以 97%的准确率，已经可以保证 UCL 水印信息的安全性、完整性。当然，如果 UCL 信息应用在对其准确性要求不是很高的情况下，87%的准确率也完全可以接受。所有可以把 Sim 值作为终端判断 UCL 安全性、有效性的一个标准，根据不同的应用，可以动态地调整 Sim 值的大小。

4) 水印比特率的评估

H.264 是一种低码率的编码系统，如果嵌入的水印对视频码率的影响较大，将在很大程度上影响视频的效果。为了研究本章水印算法对视频序列编码效率的影响，可以计算数字水印嵌入后的比特增加率(bit increased rate，BIR)。比特增加率的具体公式如下：

$$\mathrm{BIR}=\frac{\mathrm{watermarked\_BR}-\mathrm{original\_BR}}{\mathrm{original\_BR}}\times 100\% \tag{6-75}$$

其中，watermarked_BR 为嵌入数字水印后视频的编码速率；original_BR 为没有嵌入数字水印的原始视频的编码速率。

将本算法与文献[21]、文献[22]提出的算法进行水印嵌入前后码率变化分析，结果如表 6-29 所示。

表 6-29　双重水印嵌入前后各个视频的编码速率变化情况

QP	视频序列	original_BR /(kbit/s)	watermarked_BR /(kbit/s)	本算法 BIR/%	文献[21] BIR/%	文献[22] BIR/%
26	Mother-Daughter	684.23	684.89	0.0965	0.1054	0.1021
	Akiyo	876.58	877.05	0.0536	0.0751	0.0801
28	Mother-Daughter	756.21	756.90	0.0912	0.0988	0.0976
	Akiyo	895.78	895.95	0.0190	0.0351	0.0403

表 6-29 分别给出不同算法中 Mother-Daughter 视频序列、Akiyo 视频序列在 QP = 28 下双重水印嵌入前后视频的编码速率变化情况。从表中的数据可以看出，相对于文献[21]和文献[22]所使用的算法，本算法在水印嵌入后，码率的变化最小，并且最大的视频压缩比特增加率为 0.0965%，可以说对视频的编码速率的影响几乎是可以忽略的。

5) 算法复杂度分析

采用的整个算法实验平台为：CPU Core(TM)2 Duo CPU 2.93GHz，内存 2GB DDR3，操作系统 Windows XP，软件为 JM14.0 版本。在此平台上对双重水印算法的复杂度进行分析，复杂度评判标准为编解码时间。编解码的具体时间可以通过查看 JM14.0 软件 bin 文件中的数据配置文件获得。表 6-30 给出了本算法复杂度分析结果。

表 6-30　算法复杂度分析　(单位：ms)

帧数	直接编码	嵌入水印后编码	直接解码	嵌入水印后解码
第 1 帧	920	1200	135	171
第 10 帧	910	1187	179	225
第 20 帧	950	1120	198	210
第 30 帧	915	1196	202	235

由表 6-30 可知，由于在计算每个 4×4 子块平均交流系数能量以及中频系数转化为脆弱水印都涉及浮点数运算，因此水印嵌入后编码时间平均增加 160ms，然而编码过程对时间的要求并不高，160ms 完全在可以接受的范围内。在解码端时间平均增加 30ms，仅占编码时间的 1.5%，根据人类视觉系统暂留原理，解码时几乎察觉不出来时间的增加。从以上分析可以得到：本算法可以达到低复杂度

的设计要求，满足水印提取的实时要求。

参 考 文 献

[1] 鲁刚, 张宏莉, 叶麟. P2P 流量识别. 软件学报, 2011, 22(6): 1281-1298.

[2] 苏阳阳, 孙冬璞, 李丹丹, 等. 基于聚类和流量传播图的 P2P 流量识别方法. 计算机应用研究, 2019, 36(11): 3448-3451,3455.

[3] 陈金富, 赵慧, 常鹏, 等. P2P 应用流量的高效分类方法研究. 计算机应用与软件, 2017, 34(4): 110-117,156.

[4] Bhatia M, Rai M K. Identifying P2P traffic:A survey. Peer-to-Peer Networking and Applications, 2017, 10(5): 1182-1203.

[5] Gomes J V, Inácio P R M, Pereira M, et al. Exploring behavioral patterns through entropy in multimedia peer-to-peer traffic. The Computer Journal, 2012, 55(6): 740-755.

[6] Lotfollahi M, Siavoshani M J, Zade R S H, et al. Deep packet: A novel approach for encrypted traffic classification using deep learning. Soft Computing, 2020, 24(3): 1999-2012.

[7] Xu B, Chen M, Wei X. Hidden Markov model-based P2P flow identification: A hidden Markov model-based P2P flow identification method. IET Communications, 2012, 6(13): 2091-2098.

[8] Koz A, Lagendijk R L. Distributed content based video identification in peer-to-peer networks: Requirements and solutions. IEEE Transactions on Multimedia, 2016, 19(3): 475-491.

[9] Liu S M, Sun Z X. Active learning for P2P traffic identification. Peer-to-Peer Networking and Applications, 2015, 8(5): 733-740.

[10] Ye W, Cho K. Hybrid P2P traffic classification with heuristic rules and machine learning. Soft Computing, 2014, 18(9): 1815-1827.

[11] 谌烜. P2P 流媒体流量识别技术研究. 绵阳: 西南科技大学硕士学位论文, 2012.

[12] Chen X, Xing L, Ma Q. A distributed measurement method and analysis on internet hop counts. Proceedings of International Conference on Computer Science and Network Technology, 2011: 1732-1735.

[13] Otwani J, Agarwal A, Jagannatham A K. Optimal scalable video scheduling policies for real-time single-and multiuser wireless video networks. IEEE Transactions on Vehicular Technology, 2014, 64(6): 2424-2435.

[14] Yu C, Xing L, Ma J G, et al. Incorporated scheduling strategy for streaming media based on popularity. International Conference on Apperceiving Computing and Intelligence Analysis, 2009: 371-374.

[15] 余超. 基于多层语义理解的流媒体调度算法研究. 绵阳: 西南科技大学硕士学位论文, 2010.

[16] Asikuzzaman M, Pickering M R. An overview of digital video watermarking. IEEE Transactions on Circuits and Systems for Video Technology, 2017, 28(9): 2131-2153.

[17] 胡金军. 基于 UCL 的视频数字水印嵌入技术研究. 绵阳: 西南科技大学硕士学位论文, 2012.

[18] Ma Q, Xing L, Wu B. A semantic watermarking technique for authenticating video of H.264. International Conference on Information Technolgy and Management Innovation, Applized

Mechanics and Materials, 2013: 1197-1200.

[19] 邢玲，马强，胡金军. 基于场景分割的视频内容语义管理机制. 电子学报, 2016, 44(10): 2357-2363.

[20] 李国斌. 基于 UCL 的视频双水印算法研究. 绵阳: 西南科技大学硕士学位论文, 2012.

[21] 余小军，莫玮，范科峰，等. 一种抗 H.264 压缩的低比特率视频水印算法. 计算机工程, 2008, 34(3): 171-173.

[22] 侯发忠，邹北骥，周支元，等. 一种抗 H.264 压缩的数字视频水印新法. 科学技术与工程, 2009, 9(13): 3662-3665.

第7章 基于UCL的可信计算

随着互联网技术的快速发展，网络信息共享给人们的学习和生活带来了新的尝试和便利，同时也带来了一些问题，如网络病毒、网络钓鱼和非法信息等网络安全问题。传统的安全方法包括密码学、信息隐藏、可信计算等，它们都是基于现有开放的 Internet 架构，没有从系统上根本解决网络的信息安全问题，导致网络多媒体信息仍然面临不安全、不可信问题。因此，设计一种新型的信息安全的网络系统结构，是实现网络信息资源可信任、可管理和可控制的关键。

不同于传统的单一结构互联网，本章从非对称信息网络角度研究网络信息的可信计算问题。首先研究如何更加有效地标引信息资源，提出基于UCL的信息资源安全语义规范，并分析语义规范的属性和应用特点。然后研究基于安全语义规范的可信评估算法，提出面向可信计算的信息资源完整度计算方法。最后结合非对称信息网络特点，提出一种基于安全语义的非对称信息可信计算模型，并基于实际应用搭建实验平台，验证可信算法的有效性。

7.1 基于UCL的安全语义规范

7.1.1 UCL-S定义

采用UCL-S(UCL security)语义标签来综合表示网络信息资源的各层安全属性内容[1]。UCL-S是UCL在网络安全领域的扩展应用，是UCL标签的扩展版本，它通过第三方可信的权威机构(UCL certificate authority，UCA)授权审核发布。UCA类似于公共密钥基础设施/证书授权中心(Public Key Infrastructure/Certificate Authority，PKI/CA)中的 CA，它是网络信息资源形成的 UCL-S 的审核、授权中心，也是负责发放、管理、废除UCL-S的机构。

UCL-S通过多维多层次的向量标引了网络信息内容的安全属性，反映的是网络信息资源的安全属性内容，是新一代信息网络中数字资源的数字安全身份证。UCL-S是用户端进行可信计算的信任基，是用户端进行信息数据的完整性、来源认证、内容可信度评估等一系列可信计算的基础。一个网络数据的UCL-S由弱语义(ω_1)、中语义(ω_2)和强语义(ω_3)三个语义域组成，每个语义域包含若干字段，初步定义的符合DVB-C传输的UCL-S标签格式如图7-1所示。

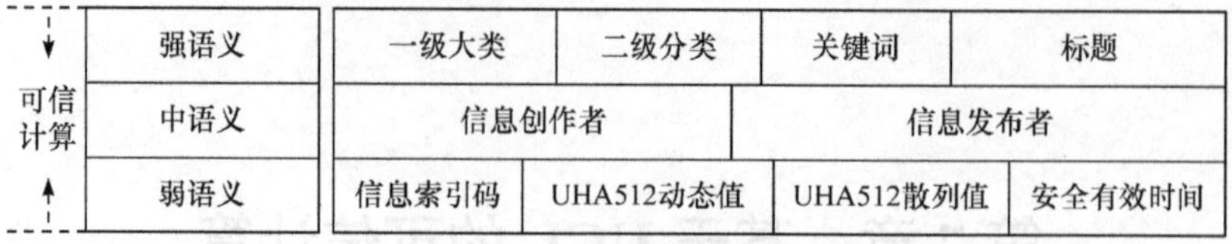

可信计算					
↓	强语义	一级大类	二级分类	关键词	标题
可信计算	中语义	信息创作者		信息发布者	
↑	弱语义	信息索引码	UHA512动态值	UHA512散列值	安全有效时间

图 7-1　UCL-S 的标签格式

由图 7-1 可以看出，UCL-S 的弱语义域包括信息索引码、UUA512 动态值和散列值，以及 UCL-S 的安全有效时间，UHA512 是基于 UCL 的信息完整性度量算法，详细介绍在 7.2 节。中语义层能够提供信息数据的可溯源认证，包含数据文件的创作者和发布者信息，便于用户对不可信来源的过滤选择。强语义域含有多级的分类信息、关键词信息和标题等安全字段。UCL-S 类似于现实生活中的居民身份证，通过对每个网络信息资源标引安全属性信息，为用户终端的可信计算提供便利。

7.1.2　UCL-S 的网页应用规范

非对称信息网络中的互联网络应用业务种类很多，如 Web 数据、图像数据、文本数据、多媒体数据等。对于不同的网络应用，UCL-S 标签可以缩减或扩展，也可以只对特定应用业务种类制定 UCL-S 标签。本节重点对信息网络中热门应用的网页数据进行标签研究，其他应用类似。

首先对网页的 UCL-S 标签进行格式分析，摘要对网页数据可信度计算具有重要的作用，应当作为新的字段添加进去，由于摘要具有较高的语义抽象，因此把添加的摘要字段放在强语义域，这样强语义域就由原来四项扩展为五项。同时在中语义域，根据网页信息的特征，其信息发布者应当修改为对应的 URL 地址。网页数据 UCL-S 标签格式如图 7-2 所示。

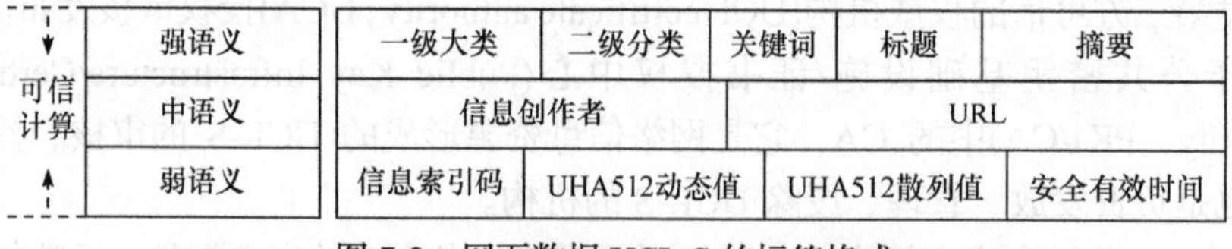

可信计算						
↓	强语义	一级大类	二级分类	关键词	标题	摘要
可信计算	中语义	信息创作者		URL		
↑	弱语义	信息索引码	UHA512动态值	UHA512散列值	安全有效时间	

图 7-2　网页数据 UCL-S 的标签格式

构建一个统一简单、有足够兼容性与拓展性的元数据规范信息标引架构对信息数据的标引、发布、嵌入、传输、提取和可信计算应用等方面都是极其必要的。网页的 UCL-S 是 UCL 标签的扩展版本应用，结合前面章节对 UCL 标签的介绍，UCL-S 的数据规范框架如表 7-1 所示。

表 7-1　UCL-S 的元数据规范

元素名称	中文名	说明	元素编码体系	字节数
U_{S1}:ID	索引码	IIC 索引	GB/T 17004—1997	16
U_{S2}:Data	日期	有效期	W3C-DTF	24
U_{S3}:D-value	动态值	动态参数值	自定义	40
U_{S4}:Mac	完整码	完整认证码	ASCII	64
U_{S5}:Creator	创作者	信息资源的作者	文本描述	实验确定
U_{S6}:Publisher	发布者	信息发布实体	URL	实验确定
U_{S7}:Group	大类	资源一级分类	行业标准	1
U_{S8}:Subject	栏目	资源二级分类	行业或自定义	1
U_{S9}: K-word	关键词	资源关键词	汉语主体词表	实验确定
U_{S10}:Title	标题	信息内容的标题	文本描述	实验确定
U_{S11}:Intro	摘要	信息内容简介	文本描述	170

UCL-S 向量表示为

$$U_S = (U_{S1}, U_{S2}, \cdots, U_{Si}, \cdots, U_{SN}) \tag{7-1}$$

其中，N 为 UCL-S 的分量数。前四个字段属于弱语义域，其主要通过相关程序算法保证信息内容完整性，对信息语义关联度较弱；U_{S1} 索引号是联系网络信息内容(internet information content，IIC)和 UCL-S 的桥梁，通过获取 IIC 上的索引码，能迅速查找出需要的 UCL-S，用 16 字节表示；U_{S2} 是 UCL-S 的有效期，目的是实现 UCL 安全语义标引证书的动态删除和更新，用 24 字节表示；U_{S3} 是完整性度量函数的动态参数值，用 40 字节表示；U_{S4} 是完整认证码，取值为 IIC 的完整度量散列值，用 64 字节表示；U_{S5} 和 U_{S6} 分别为 IIC 的创作者和发布者，属于中语义域，主要实现信息数据的可溯源认证，其字段长度需要通过实验确定。后五个字段包含有丰富的高层语义信息，能够对信息的内容语义安全性进行认证，其中 U_{S7} 为 IIC 的一级分类，用 1 字节表示，最多可以表示 256 个一级分类，如文学、体育、娱乐等；U_{S8} 为一级分类下的二级分类，用 1 字节表示，最多可以表示 256 个二级分类，如文学下面包括诗集、小说、散文等；U_{S9} 为信息内容的关键词，U_{S10} 为 IIC 的标题，为了实现较高的广播传输效率，需要对 U_{S9} 和 U_{S10} 进行字段确定实验；U_{S11} 为 IIC 的摘要信息。

7.1.3　UCL-S 网页规范长度的确定

标签中绝大多数字段都可以根据国际规范、行业规范或自定义等方法设置分量的长度。但是在来源认证和可信综合评估层中有部分字段长度的大小对可信计算准确性影响较大，若要将其定义成一个合理的字段长度，就要进行相应的实验来确定。UCL-S 中需要进行实验确定的字段有创作者、发布者、关键词和标题四个子项。

本节在新华网、新浪、央视国际、搜狐等四大网站截取了新闻、财经、健康、教育、体育、娱乐等各大类 8000 篇网页进行数据分析，其中 5000 个作为训练集，3000 个作为实验测试集。采用 VC6.0/C++进行测试实验。首先建立 UCL-S 标引数据库，然后对网页数据进行 UCL-S 的标引，并存入数据库中，最后统计对应字段的长度进行分析。本过程中涉及数据库连接和读取操作，系统采用常用的 MySQL5.0 版本，在 Windows XP 操作系统下实现。整个流程如图 7-3 所示。

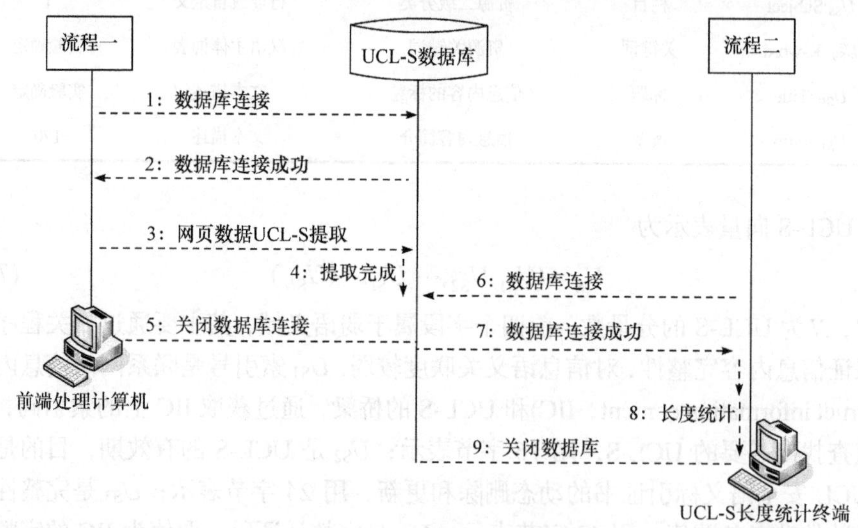

图 7-3　UCL-S 字段长度分析实验

1. 数据的建立和连接

采用 C 语言编程接口(C application programming interface，CAPI)技术连接 MySQL5.0 数据库。在 MySQL5.0 中首先建立一个 UCL 数据库，然后在此数据库中建立一个 UCL-S 数据表。CAPI 访问 MySQL 数据库需要进行编程环境下的设置，包括 MySQL 路径服务目录、debug 文件的设置和添加“link-libmysql.lib”，基本操作如下：

(1) 打开 VC6.0 开发界面下的 Tools→Options 目录，在目录中选中 Include files，添加安装的 MySQL 的 include 目录路径。

(2) 在目录中选中 Library files，添加 MySQL 的 lib 目录地址。一般情况下建议选择 debug 项。

(3) 最后在 Project→Settings 添加“link-libmysql.lib”，单击确定。

2. 创作者、发布者、关键词和标题四个子项提取

网页文件基本上都采用 HTML 语法格式，具有固定结构。HTML 文档包含源代码文件和资源文件两部分，源代码文件是对文件内容属性的描述信息，包含标题、来源、作者、发布时间等。不同信息服务提供商所提供的网页文件只是封装格式不同，都具有相应的特定数据组织格式，通过分析网站的数据模板，建立不同的解析类，再通过编程便可以实现创作者、发布者、关键词和标题子项信息的提取，UCL-S 字段长度分析实验过程如图 7-3 所示。

3. UCL-S 的字段长度实验结果分析

通过 5000 个网页训练集进行数据处理，统计相应字段在某一范围内所能完全包含提取 UCL-S 信息的网页数目，下面分别给出了创作者、发布者(URL)、关键词和标题的统计结果，分布统计曲线如图 7-4～图 7-7 所示。

覆盖率 W_v 是指对某一字节长度 L_0 下，能够完全存储的网页数目 W_0 与总的网页数目 W 比：

$$W_v = \frac{W_0}{W} \times 100\% \tag{7-2}$$

覆盖冗余度 W_r 是指在某一特定覆盖率下，能够完全存储的网页数目 W_0 的信息存储冗余度，n 表示测试网页数目，L_i 表示测试数据对应字段的实际长度值。

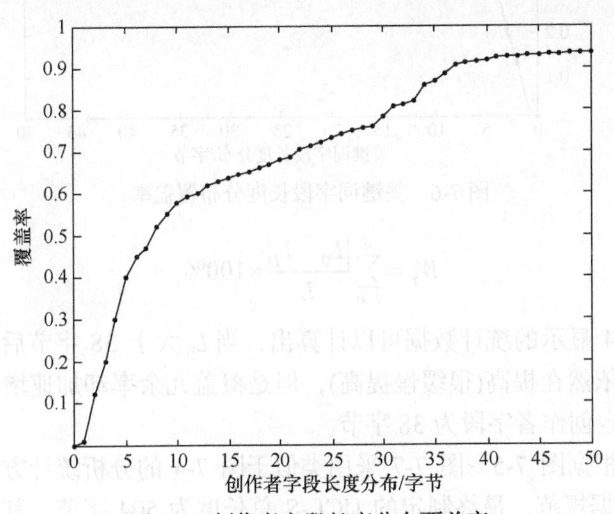

图 7-4 创作者字段长度分布覆盖率

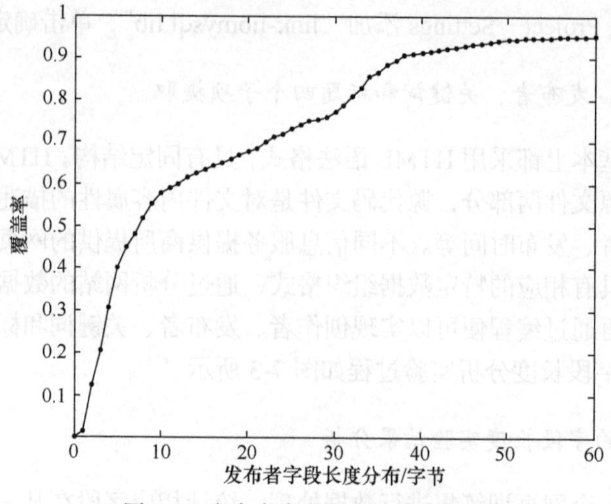

图 7-5　发布者字段长度分布覆盖率

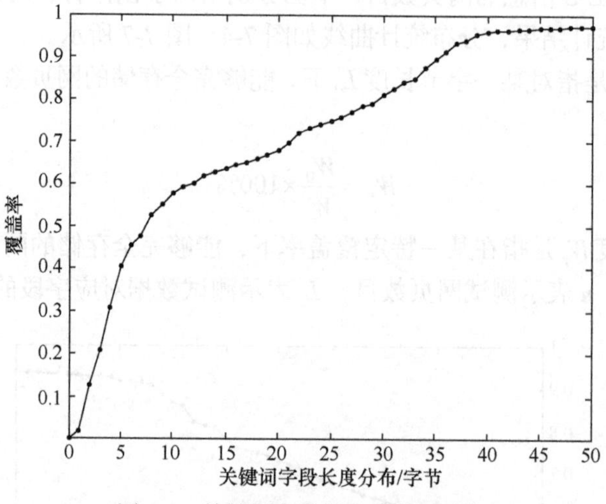

图 7-6　关键词字段长度分布覆盖率

$$W_{\mathrm{r}}=\sum_{i=0}^{n}\frac{\left|L_0-L_i\right|}{L}\times 100\% \tag{7-3}$$

通过图 7-4 显示的统计数据可以计算出，当 L_0 大于 38 字节后，虽然创作者字段的覆盖率依然在提高(很缓慢提高)，但是覆盖冗余率却加速增长，综合考虑各方面因素确定创作者字段为 38 字节。

表 7-2 为根据图 7-5～图 7-7 采用类似于图 7-4 的分析统计方法汇总得到的 UCL-S 的元数据规范，最终制定的 UCL-S 总长度为 504 字节，其中每个字段长度分别如下：索引码 16 字节，日期 24 字节，动态码(UHA512 动态值)40 字节，

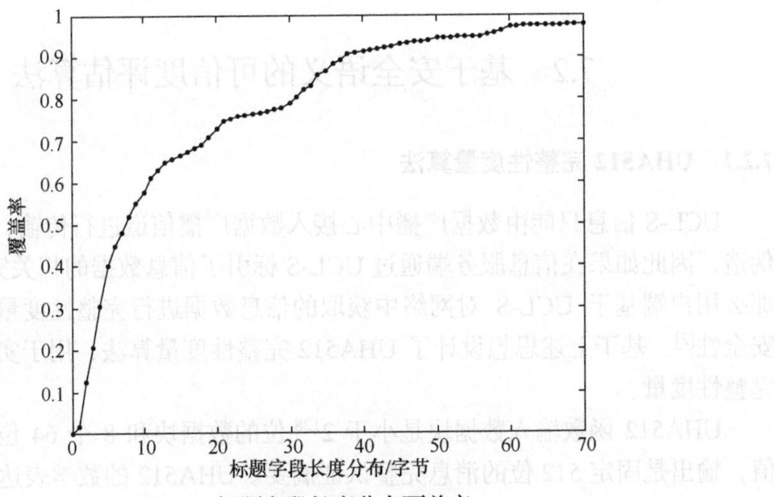

图 7-7　标题字段长度分布覆盖率

完整码(UHA512 散列值)64 字节，创作者 38 字节，发布者 50 字节，大类和子类(栏目)各 1 个字节，关键词 40 字节，标题 60 字节，摘要 170 字节。并用剩余 3000 个网页进行分析测试，测试结果合理有效。

表 7-2　UCL-S 的元数据规范

元素名称	中文名	元素编码体系	字节数
U_{S1}:ID	索引码	GB/T 17004—1997	16
U_{S2}:Data	日期	W3C-DTF	24
U_{S3}:D-value	动态值	ASCII	40
U_{S4}:Mac	完整码	ASCII	64
U_{S5}:Creator	创作者	文本描述	38
U_{S6}:Publisher	发布者	URL	50
U_{S7}:Group	大类	行业标准	1
U_{S8}:Subject	栏目	行业或自定义	1
U_{S9}: K-word	关键词	汉语主体词表	40
U_{S10}:Title	标题	文本描述	60
U_{S11}:Intro	摘要	文本描述	170

7.2　基于安全语义的可信度评估算法

7.2.1　UHA512 完整性度量算法

UCL-S 信息只能由数据广播中心接入数据广播信道进行传输，很难被篡改和伪造，因此如果在信息服务端通过 UCL-S 标引了信息数据的相关完整性度量值，那么用户端基于 UCL-S 对网络中获取的信息数据进行完整性度量就具有很好的安全性[2]。基于上述思想设计了 UHA512 完整性度量算法，用于实现信息数据的完整性度量。

UHA512 函数输入数据块是小于 2^{128} 位的数据块和 8 个 64 位的动态寄存器值，输出是固定 512 位的消息完整认证摘要。UHA512 的数学表达式如下：

$$\text{UHA512} = H(M,\varepsilon_1,\varepsilon_2,\varepsilon_3,\varepsilon_4,\varepsilon_5,\varepsilon_6,\varepsilon_7,\varepsilon_8,) \tag{7-4}$$

其中，M 为输入的不固定长度值的消息文件；$\varepsilon_i(1\leqslant i\leqslant 8)$ 是 8 个动态的寄存器值。

其算法实现包括数据预处理、长度属性添加和动态寄存器值提取、循环分组数据处理，消息摘要生成四个主要步骤。

1. 数据预处理

UHA512 数据预处理如图 7-8 所示。

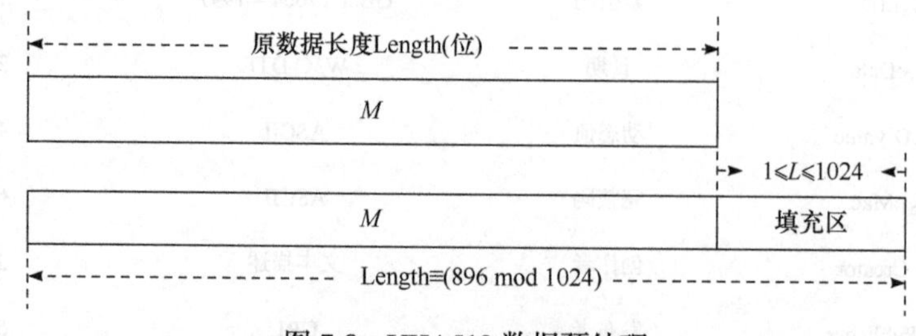

图 7-8　UHA512 数据预处理

首先对任意长度的待处理数据文件进行填充，填充的数据由一个 1 和若干个 0 组成，填充后的扩展数据满足其长度值 Length≡(896 mod 1024)，即数据的长度值与 1024 求模，余数为 896，注意即使原始数据满足长度条件也需要填充。

2. 长度属性添加和动态寄存器值提取

首先对填充好、符合 Length≡(896 mod 1024)的数据块在其后加入 128 位数据，将其看成 128 位的无符号整数，它包含填充前的数据文件长度，形成 1024 整数倍的最终扩展数据块 M'，最终形成的数据块 M' 如图 7-9 所示。然后从 UCL-S

中提取U_{S3}值，U_{S3}在语义标签中一共占 40 字节空间，其中每 5 字节表示一个具体的素数，根据按位提取获取对应的素数值$U_{S3} \to (S_1,S_2,S_3,S_4,S_5,S_6,S_7,S_8)$，并对每个值进行平方根计算，取计算结果分数的前 64 位作为 8 个动态寄存器的输入数据，获取 8 个动态寄存器值$\varepsilon_i = \text{sqrt}(S_i)(1 \leqslant i \leqslant 8)$。

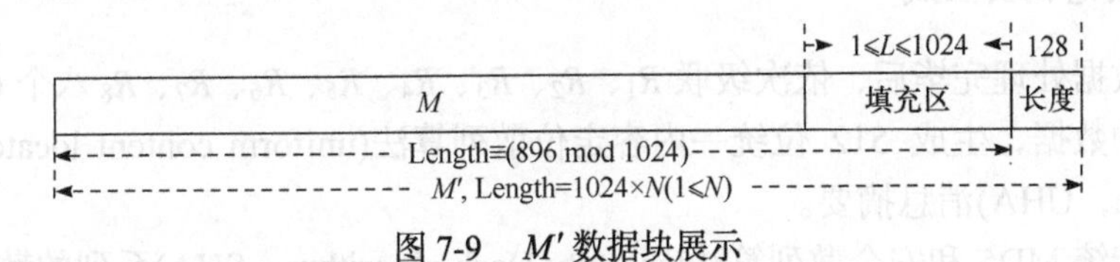

图 7-9　M' 数据块展示

3. 循环分组数据处理

以 1024 位为分组进行循环分组数据处理，由于每次 1024 分组的数据处理类似，这里以单个 1024 分组为例进行介绍，整个处理过程如图 7-10 所示，其中“+”表示 8 个模 2^{64} 的逐字加。

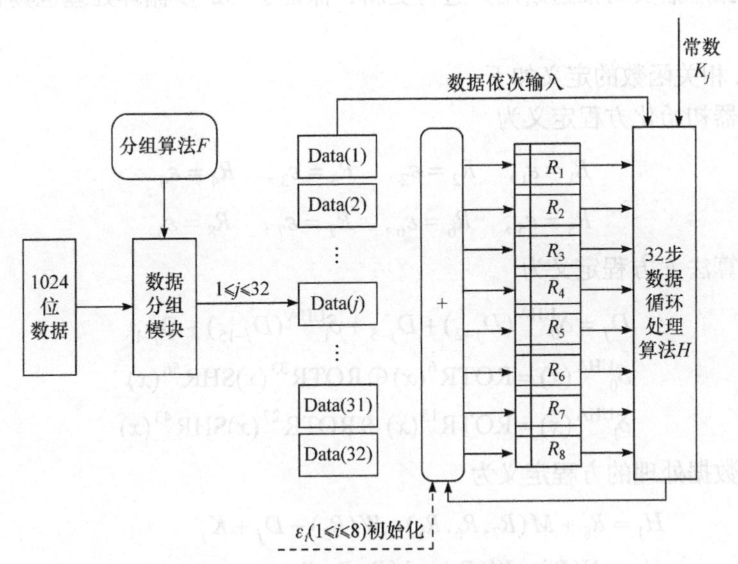

图 7-10　UHA512 的 1024 分组处理

该算法的每个 1024 数据具有 32 步循环处理过程，首先对数据进行子分组处理，前 16 个分组由 1024 位数据顺序分割而成，每个子分组为 64 位，后面 16 个子分组采用分组算法 F 获取。然后依次顺序输入 32 个 64 位的子分组数据，利用 32 步数据循环处理算法 H 进行数据处理，在每次循环中，需要加入常数K_j $(1 \leqslant j \leqslant 32)$。$K_j$由前 32 个素数取三次方根的前 64 位的小数部分组成，通过K_j能够消除输入数据内部的关联性和规则性。另外，R_1、R_2、R_3、R_4、R_5、R_6、R_7、

R_8为 8 个 64 位的寄存器，其初始化值为上一步骤的动态 $\varepsilon_i (1 \leqslant i \leqslant 8)$ ，同时在处理过程中，R_1、R_2、R_3、R_4、R_5、R_6、R_7、R_8 中的数值也不断更新，上一次的数据处理值为下一步的寄存器输入值。

4. 消息摘要生成

在数据处理完毕后，依次级联 R_1、R_2、R_3、R_4、R_5、R_6、R_7、R_8 八个 64 位寄存器中的数据，生成 512 位统一内容定位散列算法(uniform content locator Hash algorithm，UHA)消息摘要。

与传统 MD5 和安全散列算法(security Hash algorithm，SHA)系列的散列算法不同，UHA512 具有动态的参数值，$\varepsilon_i (1 \leqslant i \leqslant 8)$ ，有效提高了算法的抗攻击性能；同时 32 步的循环处理，与传统 SHA 系列算法的 80 步循环处理相比极大地降低了用户端可信度量的处理时间和成本代价。另外，结合 UCL-S 的安全有效时间标签机制，对超过一定安全时间期限的信息数据，重新选择动态值计算 UHA512，再通过数据广播实时推送给用户进行更新，保证了 32 步循环处理也具有较高的安全性。

UHA 相关函数的定义如下。

寄存器初始化方程定义为

$$\begin{aligned} &R_1 = \varepsilon_1, \quad R_2 = \varepsilon_2, \quad R_3 = \varepsilon_3, \quad R_4 = \varepsilon_4 \\ &R_5 = \varepsilon_5, \quad R_6 = \varepsilon_6, \quad R_7 = \varepsilon_7, \quad R_8 = \varepsilon_8 \end{aligned} \tag{7-5}$$

分组算法 F 方程定义为

$$\begin{aligned} &D_j = \delta_0^{\text{UHA}}(D_{j-2}) + D_{j-5} + \delta_1^{\text{UHA}}(D_{j-15}) + D_{j-16} \\ &\delta_0^{\text{UHA}}(x) = \text{ROTR}^6(x) \oplus \text{ROTR}^{33}(x)\text{SHR}^{56}(x) \\ &\delta_1^{\text{UHA}}(x) = \text{ROTR}^{15}(x) \oplus \text{ROTR}^{27}(x)\text{SHR}^{43}(x) \end{aligned} \tag{7-6}$$

每次数据处理的方程定义为

$$\begin{aligned} &H_1 = R_8 + M(R_7, R_6, R_5) + W(R_5) + D_j + K_j \\ &H_2 = N(R_1) + W(R_2) + L(R_1, R_2, R_3) \\ &M(x,y,z) = (x \ \text{AND} \ y) \oplus (\text{NOT} \ x \ \text{AND} \ z) \\ &L(x,y,z) = (x \ \text{AND} \ y) \oplus (x \ \text{AND} \ z) \oplus (y \ \text{AND} \ z) \\ &N(x) = \text{ROTR}^{19}(x) \oplus \text{ROTR}^{61}(x)\text{SHR}^6(x) \\ &W(x) = \text{ROTR}^7(x) \oplus \text{ROTR}^{21}(x)\text{ROTR}^{35}(x) \\ &R_1 = H_1 + H_2, \ R_2 = R_1, \ R_3 = R_2, \ R_4 = R_3 \\ &R_5 = R_4 + H_1, \ R_6 = R_5, \ R_7 = R_6, \ R_8 = R_7 \end{aligned} \tag{7-7}$$

其中，M 为条件函数，若 x 则 y，否则 z。L 为多数判断函数，仅当变量的多数为真时为真。ROTR^n 为对 64 位变量循环右移 n 位，SHR^n 为对 64 位变量向左移动 n 位，右边相应的比特填充 0。D_j 为 64 位的子分组处理数据块，K_j 为 64 位的常数，“+” 为模 2^{64} 加。

7.2.2 基于语义的可信评估算法

目前随着网络规模的不断扩大以及信息内容的不断丰富，网络中非法、不健康的信息内容泛滥，如何有效识别此类信息具有重要的应用价值。传统单一的基于关键词的信息内容安全计算，在一定程度上保证了信息语义的安全[3-5]，但是，由于其并没有过多考虑语法语义信息，可能导致结果的不准确[6,7]。UCL-S 包含网络内容的高层语义信息，通过提取 UCL-S 的强语义信息，可以建立基于 UCL-S 信息内容矢量，从语法语义的层次上认证信息内容的安全性。由此，设计了一种基于 UCL-S 可信计算的信息内容安全可信度计算方法，相关的定义和处理如下。

定义 7-1(词可信度(trusted word，TW)) 在常用的中文词语语料库中，某一关键词的主观统计安全度量化值，其取值范围为 0～1，值越大代表越安全可信，$\mathrm{TW} \in (0,1)$。构建了三个词库集 A、B、C，其中 A 词库中词汇在语义表达上具有较高的安全度，如“热爱祖国”“全民健身”“汶川坚持”等健康积极向上的词汇，其 $\mathrm{TW} \geqslant 0.8$。$C$ 词库的词汇为限制级词库集，表示需要管制传播的词汇，其 $\mathrm{TW} \leqslant 0.4$。$B$ 词库集中数据的 $0.4 < \mathrm{TW} < 0.8$，属于安全度中性的词库，如图 7-11 所示。

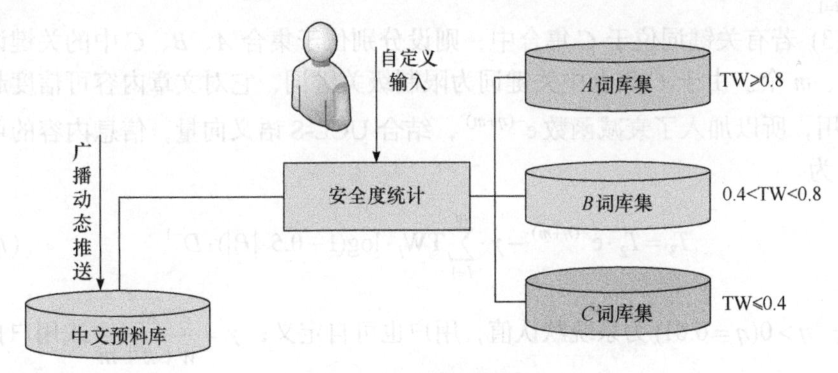

图 7-11 可信语料库

定义 7-2(UCL-S 语义向量) 对任意信息内容，在语法语义分析之后，其每一个关键词在语句层次上与各个 UCL-S 强语义标引的关联率称为 UCL-S 语义向量。假设关键词有 n 个，那么对应于第 i 个关键词，其语义向量即可表示为一

个向量 P_i:

$$P_i = (\omega_{i1}, \omega_{i2}, \omega_{i3}, \omega_{i4}), \quad 0 < \omega_{ij} < 1 \tag{7-8}$$

首先提取 UCL-S 的 U_{S9} 字段获取标引的关键词信息，设提取出 n 个关键词，分别进行 n 次词库的查询匹配，以 $I = A \cup B \cup C$ 总词库集为对象进行查询，获取返回结果。

(1) 若所有关键词均为 A 词库中的词集，则通过算术平均直接计算出信息内容 T_1 的可信度，即

$$T_1 = \frac{1}{n} \cdot \sum_{j=1}^{n} \mathrm{TW}_j, \quad 0.8 \leqslant \mathrm{TW}_j \leqslant 1 \tag{7-9}$$

(2) 若所有关键词位于 $A \cup B$ 集合中，设 A 集合包含 w 个关键词，B 集合包含 k 个关键词，则 A 集合中关键词可信度通过算术平均直接计算，B 集合中关键词可信度通过 UCL-S 语义向量加权计算。

信息内容的可信度 T_2 为

$$T_2 = \alpha \cdot \frac{1}{w} \sum_{j=1}^{w} \mathrm{TW}_j + \beta \cdot \sum_{i=1}^{k} \mathrm{TW}_i \cdot \log(1 + 0.5 \cdot |P_i|) \cdot H^{-1} \tag{7-10}$$

其中，$\alpha + \beta = 1$，$0.8 \leqslant \mathrm{TW}_j \leqslant 1$，$0.4 < \mathrm{TW}_i < 0.8$，$\alpha = \frac{w}{w+k}$，$\beta = \frac{k}{w+k}$，或用户自定义设置。$|P_i| = \sqrt{\omega_{i1}^2 + \omega_{i2}^2 + \omega_{i3}^2 + \omega_{i4}^2}$ 为每一个向量 i 的模长。H 为归一化因子，$H = \sum_{i=1}^{k} \log(1 + 0.5 \cdot |P_i|)$。

(3) 若有关键词位于 C 集合中，则设分别位于集合 A、B、C 中的关键词有 w、k、m 个。由于 C 集合中关键词为限制级关键词，它对文章内容可信度起负面作用，所以加入了衰减函数 $\mathrm{e}^{-(\eta+m)}$，结合 UCL-S 语义向量，信息内容的可信度 T_3 为

$$T_3 = T_2 \cdot \mathrm{e}^{-(\eta+m)} - \gamma \cdot \sum_{l=1}^{m} \mathrm{TW}_l \cdot \log(1 + 0.5 \cdot |P_l|) \cdot D^{-1} \tag{7-11}$$

其中，$\eta > 0 (\eta = 0.01)$ 为系统默认值，用户也可自定义；$\gamma = \frac{m}{w+k+m}$ 或用户自定义；D 为归一化因子，$D = \sum_{l=1}^{m} \log(1 + 0.5 \cdot |P_l|)$。

7.3　非对称信息网络中的可信计算模型

7.3.1　非对称信息网络结构

传统的互联网架构是一个优秀的信息交换结构，却不是一个优秀的信息共享结构。在有限的公共带宽上传输海量的共享信息，必然会面对网络传输拥堵、信息安全无法充分保障、服务质量(quality of service，QoS)下降等诸多问题。尤其是面对日益增加的图像、数字音/视频等网络共享应用和网络中大量存在的路由网关等瓶颈限制，使得信息服务质量与信息安全更难以保障。

Barabási 等美国科学家用实验统计物理学的方法发现，社会活动改变着互联网运行的数学模型，由初期的正态分布随机模型变为幂次分布无尺度(scale-free)模型[8]。他们通过对数十万个网络节点统计分析表明，在网络中 90%以上的网站链接数都很少的情况下，不到 10%的极少数网站却具有极高的链接数目，于是提出了“无尺度”概念，借以形容网络中极少数网站链接数目远远超过其他节点的现象。

关于互联网无尺度现象的原因，可以从多个方面加以解释。Barabási 等指出，互联网站点的优先连接性和网络的成长性是两个主要起因。成长性是指互联网中网民网页都急剧增加，优先连接性是指新网民总是优先选择前人经常访问的热门网站[9-11]。随着时间的增加，某些热门的网站越热，冷门的网站接受访问的机会越少。

无尺度现象告诉人们，要求所有用户享用所有信息资源，既不可能，也没有必要。可以把满足大多数用户需求的网络核心信息资源组织聚合起来，通过专用的数据信道推送给用户，以此缓解互联网数据业务承载业务网所面临的巨大压力。

非对称信息网络的体系结构如图 7-12 所示，它在互联网交互信道的基础上添

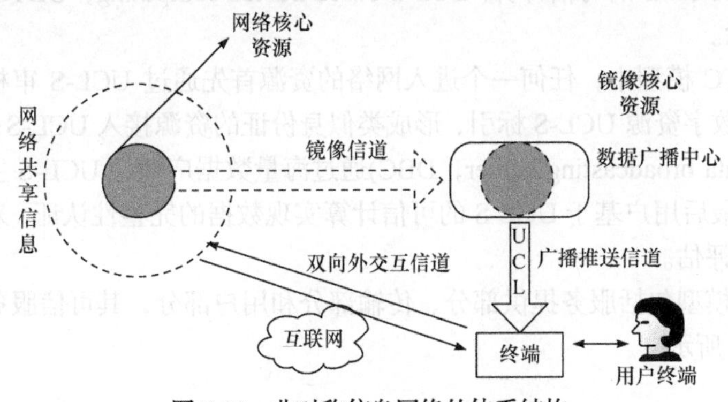

图 7-12　非对称信息网络的体系结构

加了一个辅助的数据广播信道，形成一个由互联网和数据广播信道组成的信息网络结构[12,13]。数据广播信道具有广域覆盖、结构封闭、单向播存、高速传输、安全可靠的特性，它通过数字卫星能够实现全球的无缝覆盖，广播信道相对封闭的接入中心和传输通道确保了广播信息的安全可信。

在此网络结构中，网络核心信息资源是具有广谱需求的特定信息资源，服务端实时动态地从海量的网络共享信息中依据相应的策略抽取、聚合并通过专用镜像信道将这些资源发送到数据广播中心；然后数据广播中心根据特定的轮播调度算法推送给用户终端，最后在接收点配置智能的数据接收终端，广谱地接收并过滤存储用户需求的个性化资源，形成内容丰富的本地信息库。当用户访问网络时，若请求信息已经到达本地数据库，则用户在本地数据库获取相应信息内容，否则再通过双向交互的互联网请求获取。整个服务流程包括网页信息的动态获取、信息的热度分析、核心信息的聚合、信息镜像、信息的广播标引、数据广播、网页信息内容的解析、智能获取过滤等一系列过程。

在非对称信息网络服务机制下，终端用户可以快速智能化地获取所请求的信息，用户访问信息所需的网络路由跳数，由多跳变为一跳，甚至零跳(本地存储)。在满足日益增加的用户数量及多样化网络应用需求的同时，新结构从根本上保证了网络服务质量，相对于传统单一化的互联网，由于核心的共享业务流量通过数据广播进行播存，让主流资源通过数据广播信道直达全国各地，克服了数字鸿沟；同时广播分流也使互联网传输信道变得相对轻松。另外，由于在数据广播信道中，很难进行网络扫描、网络欺骗、后门程序攻击、拒绝服务等安全攻击，因此利用非对称信息网络实现可信的网络信息服务具有明显的优势。

7.3.2　非对称信息网络中的 UBTC 模型

本节结合 UCL-S 语义标引和基于 UCL-S 的可信算法，设计一种非对称信息网络中基于 UCL-S 的可信计算(UCL-S based trusted computing，UBTC)模型，如图 7-13 所示。

在 UBTC 模型中，任何一个进入网络的资源首先通过 UCL-S 审核授权中心(UCA)进行数字资源 UCL-S 标引，形成类似身份证的资源接入 UCL-S；然后数据广播中心(data broadcasting center，DBC)通过海量数据广播把 UCL-S 主动推送给用户终端；最后用户基于 UCL-S 的可信计算实现数据的完整性认证、来源认证和内容可信度评估。

UBTC 模型包括服务提供部分、传输部分和用户部分，其可信服务的流程框图如图 7-14 所示。

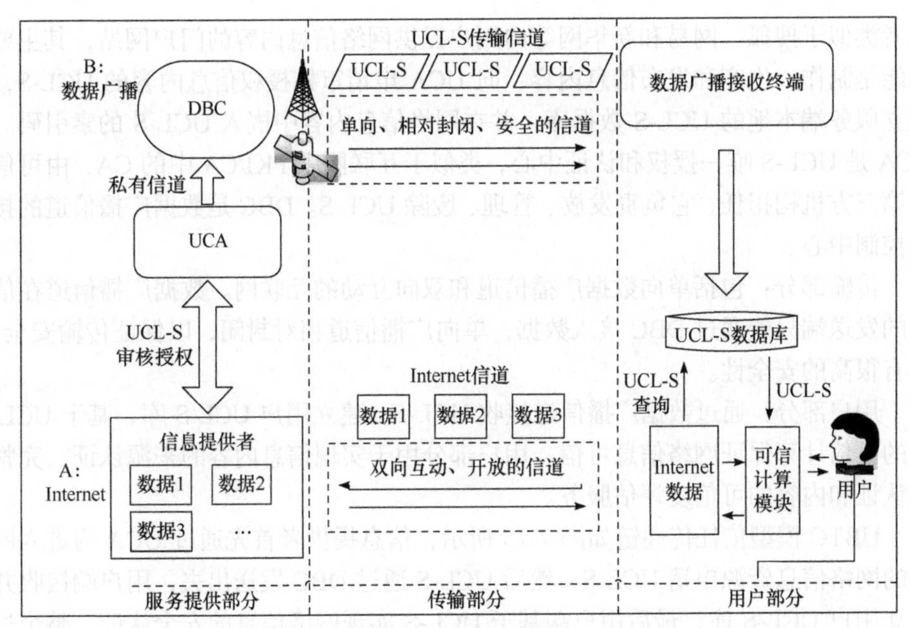

图7-13 UBTC模型

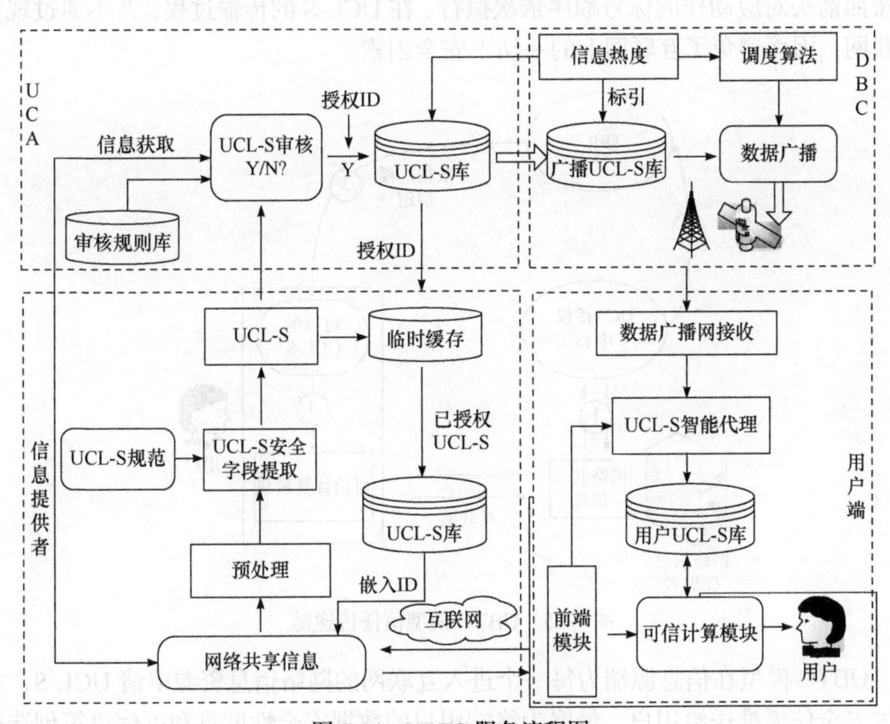

图7-14 UBTC服务流程图

服务提供部分：包括互联网信息提供者、UCA和DBC。互联网信息服务提供者类似于搜狐、网易和新华网等向用户提供网络信息内容的门户网站，其主要功能是制作、生产和发布信息内容，向 UCA 申请审核授权信息内容的 UCL-S，建立服务端本地的 UCL-S 数据库，并在网络信息内容中嵌入 UCL-S 的索引码。UCA 是 UCL-S 唯一授权和认证中心，类似于互联网中 PKI/CA 中的 CA，由可信的第三方机构担任，它负责发放、管理、废除 UCL-S。DBC 是数据广播信道的接入控制中心。

传输部分：包括单向数据广播信道和双向互动的互联网。数据广播信道在信息的发送端只能通过 DBC 接入数据，单向广播信道相对封闭，以保证传输安全，具有很高的安全性。

用户部分：通过数据广播信道接收 UCL-S，建立用户 UCL-S 库，基于 UCL-S 的可信计算保证网络信息可信。用户部分用于实现信息内容的来源认证、完整性认证和内容的可信度评估服务。

UBTC 模型信任传递链如图 7-15 所示，信息提供者首先通过 UCA 为进入网络的网络信息资源申请 UCL-S，然后 UCL-S 通过 DBC 发送出去，用户端接收并建立用户 UCL-S 库，最后用户端基于 UCL-S 实现网络信息的安全认证。整个过程按照箭头对应动作的标号顺序依次执行，在 UCL-S 的传输过程，并不通过现有互联网，因而避免了互联网上的一切不安全因素。

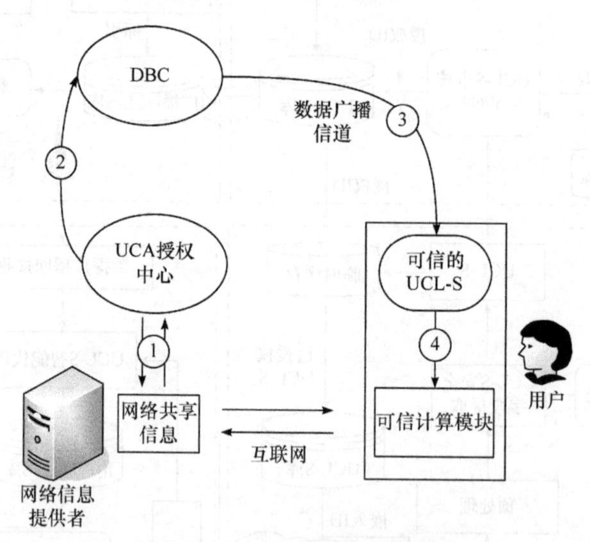

图 7-15　UBTC 模型信任传递链

UBTC 模型在信息源端为每一个进入互联网的网络信息资源申请 UCL-S，并通过安全信道推送给用户，最终为终端用户的数据安全性度量和可信决策创造极大的便利；另外，用户通过建立 UCL-S 数据库，解决了 UCL-S 周期广播和网络信息获取突发、无序的矛盾。因此可以说，UBTC 模型是一种不同于传统网络安全架构的可信服务模型。

1. UBTC 模型服务体系结构

为了便于分析 UBTC 模型的整体服务流程，依据非对称信息网络模型，结合 UCL-S 安全智能语义理解特征，构建了非对称信息网络中 UBTC 模型的四层服务体系框架，如图 7-16 所示。该框架是一个自底向上的层次结构，底层服务用于支撑上层的可信计算应用，主要包括 UCL-S 的广播中心即 DBC、UCL-S 的可信传输、基于 UCL-S 的可信计算和可信应用四层，各层主要的相关功能和技术介绍如下。

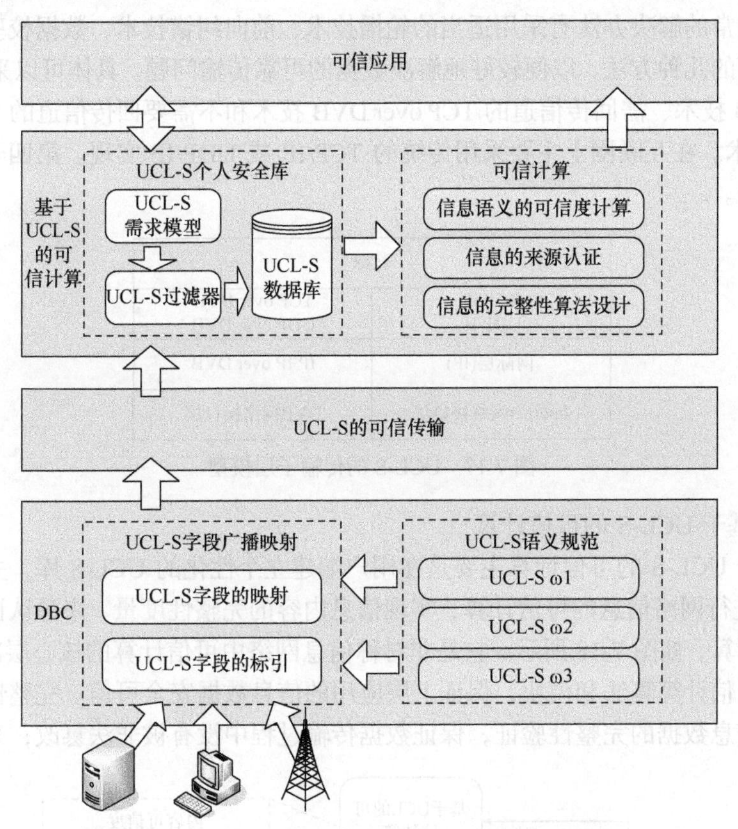

图 7-16　非对称信息网络中的可信计算层次模型

1) DBC

DBC 主要完成 UCL-S 的规范制定、UCL-S 的字段提取和映射并且实时动态地轮播 UCL-S。UCL-S 可以制定不同的语义域层次，如 UCL-S ω1(弱语义)、UCL-S ω2(中语义)、UCL-S ω3(强语义)。在不同语义层上描述信息资源的安全属性。本书主要完成对服务端信息数据的 UCL 安全语义规范 UCL-S 的制定。

2) UCL-S 的可信传输

UCL-S 的可信传输包括四个子层次结构，如图 7-17 所示，底层是网络接口层，对于不同的底层数据信道具有不同的特性；第二子层是 IP 的融合层，实现基于 TCP/IP 栈的互联网和数字视频广播(digital video broadcast，DVB)协议的数据广播网的跨层数据交互融合；其中互联网由 TCP/IP 四层模型的网络层及以下层次组成，数据广播信道采用 IP over DVB-C 实现，它对传输层提供统一的 IP 数据报格式服务。第三子层主要保证数据的差错控制等可靠传输，分为广播网和互联网两种技术解决手段。在广播网上，因为数据广播网运行于单工信道，保证数据广播的传输质量服务，不可能依靠双向信道通常采用的回传确认技术解决差错控制问题。通常的解决办法有采用适当的轮播技术、前向纠错技术、数据校验技术或综合上面的几种方法，以便较好地解决数据的可靠传输问题。具体可以采用 UDP over DVB 技术、需回传信道的 TCP over DVB 技术和不需要回传信道的 TCP over DVB 技术。在互联网上主要采用传统的 TCP/IP 或 UDP/IP 实现。第四子层为传输的数据。

数据	
TCP/IP UDP/IP	TCP over DVB UDP over DVB
网际层(IP)	IP/IP over DVB
Internet网络接口层	DVB网络接口层

图 7-17　UCL-S 的传输子层模型

3) 基于 UCL-S 的可信计算

基于 UCL-S 的可信计算主要是在用户端建立个性化的 UCL-S 库，并且基于 UCL-S 进行网络信息的可信计算，实现信息内容的完整性度量、来源认证和内容可信度计算，如图 7-18 所示。它是非对称信息网络中可信计算的核心层次，基于相应的可信计算算法和模块，保证上层应用的信息数据安全可信。完整性度量主要实现信息数据的完整性验证，保证数据传输过程中没有被非法篡改；来源认证

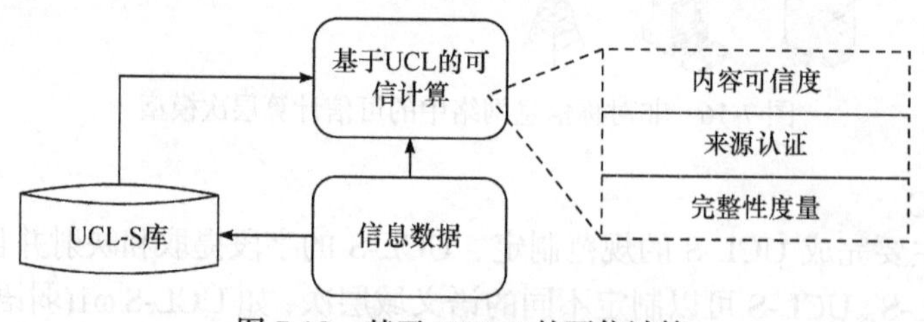

图 7-18　基于 UCL-S 的可信计算

是对信息数据来源的证明，可以实现网络信息数据的可溯源，杜绝非法信息提供者的入侵和病毒攻击；内容可信度是对数据文件的高层安全语义的综合描述，能够对信息数据的内容进行智能的可信度判断，为用户的应用决策提供方便。

4) 可信应用

可信应用层位于四层服务体系框架的最上层，提供各种非对称信息网络的各种应用服务，包括网页浏览、在线博客、流媒体服务等，用户直接与应用层进行交互。

2. UBTC 模型的服务端实现

非对称信息网络中 UBTC 模型的服务端主要包括网络信息的 UCL-S 自动标引、UCA 对 UCL-S 审核和 UCL-S 的广播嵌入。首先任何进入网络中的数据文件都需要进行 UCL-S 的标引，然后通过 UCA UCL-S 安全信道推送给用户。

1) UCL-S 的自动标引实现

UCL 安全语义可以通过人工标引和自动标引，人工标引时间成本高，不适合大规模数据处理。为了实现大规模数据的批量标引，需要研究 UCL 安全语义的自动标引技术，对应于 UCL-S 的弱、中、强三个语义层次，采用 A、B 不同的两个双线程进行语义自动标引，其中 A 线程处理弱语义的自动标引，B 线程处理中语义和强语义自动标引。UCL-S 的自动标引流程如图 7-19 所示。

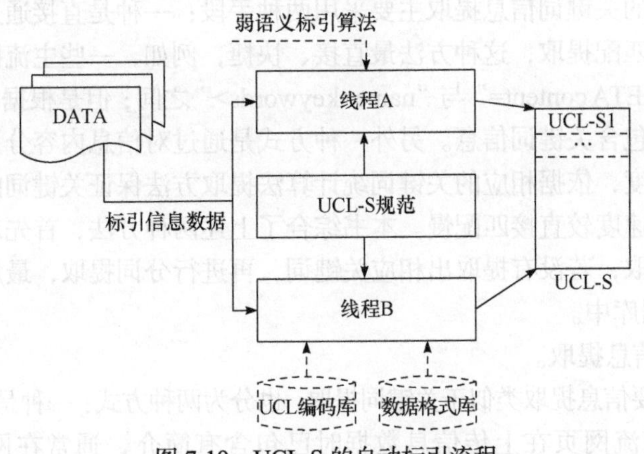

图 7-19　UCL-S 的自动标引流程

弱语义标引算法并不对信息数据的高层语义进行分析，只是根据事先预设的完整性度量程序实时生成 512 位的 UHA512 消息摘要值，只需要相应的散列函数算法程序支持。B 线程涉及中层和高层的安全语义提取，因此需要对应的 UCL-S 高层语义编码库和信息的数据格式库支持才能进行自动标引。UCL-S 语义编码库由对应 UCL-S 规范定义，数据格式需要针对数据文件进行特定分析形成。由于网页信息浏览已成为当前信息获取的主要方式，因此以目前主流的网页 HTML 文件格式的中语义域和强语义域标引的关键技术进行分析，包括标题的提取、作者信息提取、关键词提取、摘要信息提取分别介绍如下。

(1) 标题的提取。

通过对大量网页数据模板的分析，可以得出标题一般分布在<title>与</title>、<Title>与</Title>、<title>与</Title>、<Title>与</title>、<TITLE>与</title>和<TITLE>与</TITLE>之间。在具体提取过程中，首先对网页数据内容进行小写转换，然后用<title></title>进行字符查询匹配，提取网页文件中的标题信息，由于中文的网页文件信息编码格式主要存在 UTF-8 和 GB2312 两种编码形式，在进行提取时需要预先进行格式转换。标题信息被提取后，按照 UCL-S 的编码规范存入 UCL-S 标引数据库中。

(2) 作者信息提取。

在主流门户网站中，对于信息内容的作者都具有各自的原则，通过对 100 个主流网站的分析，主要有两种提取方式，一种是直接通过中文字符“来源”进行标识，另一种主要是通过<fwriter>进行标注。本书考虑了这两种方式，分别定义两个匹配字符串表示“来源”和<fwriter>，分别对网页的文件进行查询匹配，尽最大可能地提取作者信息，并把提取的信息内容存入 UCL-S 标引数据库中。

(3) 关键词提取。

文章内容的关键词信息提取主要采用两种手段：一种是直接通过已标引的关键词信息查询匹配提取，这种方法最直接、快捷，例如，一些主流网站的关键词就在字符“<META content=”与“name=keywords>”之间；但是根据统计，约 27%的网页数据不包含关键词信息。另外一种方式是通过对信息内容分词，并通过各个分词的词频度，依据相应的关键词统计算法提取方法保证关键词的百分之百提取，但是处理速度较直接匹配慢。本书综合了上述两种方法，首先对信息内容进行直接匹配提取，若没有提取出相应关键词，再进行分词提取，最后把关键词存入 UCL-S 数据库中。

(4) 摘要信息提取。

网页的摘要信息提取类似于关键词提取，也分为两种方式：一种是直接提取，有相当一部分主流网页在上传信息数据时已包含有简介，通常在网页源代码的“description”和“>”之间，通过匹配字符能直接提取摘要信息；另一种方式是通过对文章关键词进行分析，由关键词获取关键语句，通过关键语句综合得出文章的简介。

图 7-20 为网页 UCL-S 的自动提取流程，处理完毕的 UCL-S 将由信息服务者提请 UCA 审核，并由 CA 返回审核通过的授权 ID，最终实现网络数据的 ULC-S 标引。

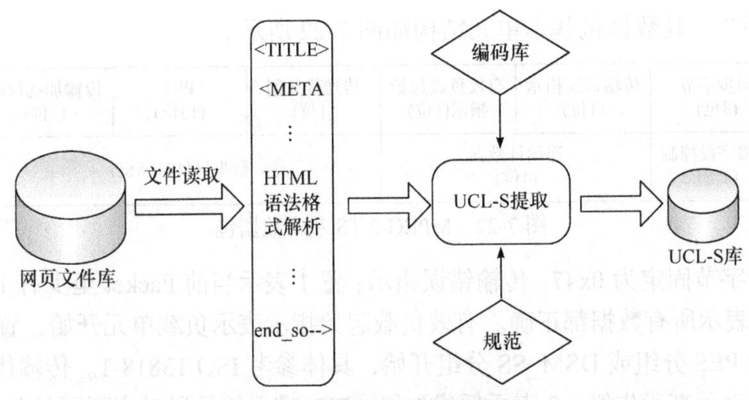

图 7-20　网页自动提取流程

2) UCA 模块实现

UCA 的主要功能包括：对已完成 UCL-S 标引的数据信息进行审核和授权；存储审核通过的 UCL-S 并且将其实时安全地发送到数据广播中。其各自的实现流程介绍如下。

UCA 对 UCL-S 的审核和授权：首先每个标引好的 UCL-S 通过双向网络信道传输给 UCA，UCA 依据 UCL-S 标引的安全语义信息进行审核。在此过程中依据弱、中、强的语义审核程序依次进行，并且需要多次信息交互。对于某些请求数量较大或者具有较高安全信誉度的信息服务提供商，UCA 可以通过授权信息服务提供商审核机制进行，最后只需把相应的数据文件和生成的 UCL-S 传输给 UCA 存档备份即可。UCA 授权审核模式如图 7-21 所示。

UCA 完成 UCL-S 的授权审核后需要动态实时地传输 UCL-S 到数据广播中心，然后由数据广播中心根据相应的广播调度算法循环推送出去，在此传输过程中 UCL-S 的传输必须安全可靠。由于在非对称信息网络中，只有唯一的一个数据广播中心，因此综合考虑成本、传输效率和安全性方面的因素，通常情况下采用专用传输信道实现。

3) UCL-S 的广播数据封装

一般情况下，IP/DVB 的数据广播在底层都是基于 MPEG-2 的传输流(transport stream，TS)完成的。DVB 系统提供了各种各样的传输 MPEG-2 TS 的方式。传统的 MPEG-2 TS 主要是面向 MPEG-2 的音频和视频方面的应用。非对称信息网络中的 UCL-S 的数据传输可以看成 DVB 传输标准对 MPEG-2 的扩展。DVB 中 MPEG-2 TS 的基本数据包长

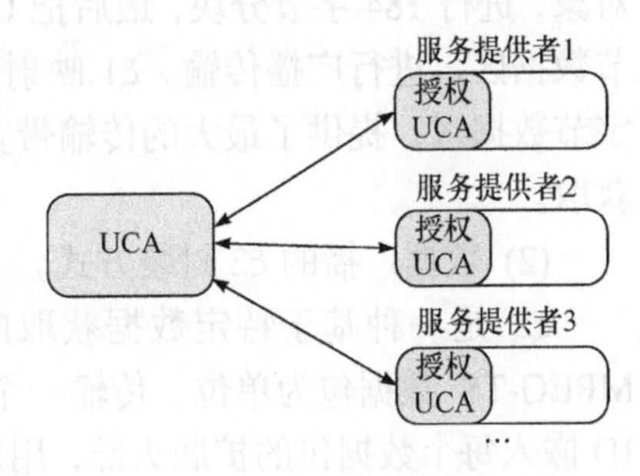

图 7-21　UCA 授权审核模式

为 188 字节，其数据包基本单元结构如图 7-22 所示。

<table>
<tr><td>同步字节
(8位)</td><td>传输错误指示
(1位)</td><td>有效负载起始
指示(1位)</td><td>传送优先级
(1位)</td><td>PID
(13位)</td><td>传输加扰控制
(2位)</td></tr>
<tr><td>调整字段控制
(2位)</td><td colspan="2">连续计数器
(4位)</td><td colspan="3">数据区(184×8位)</td></tr>
</table>

图 7-22　MPEG-2 TS 基本数据包

同步字节固定为 0x47。传输错误指示：置 1 表示当前 Packet 至少有 1 位传输错误，0 表示所有数据都正确。有效负载起始指示表示负载单元开始，置 1 时可用来指示 PES 分组或 DSM_SS 分组开始，具体参考 ISO 13818-1。传输优先级标志：置 1 表示高优先级，0 表示低优先级。PID 唯一的号码对应不同的节目标识，PID 一共有 13 位，如果以 PID 作为并行数据广播的标识，那么 DVB/MPEG 广播系统可以提供高达 8192 路 UCL-S 并行数据广播，MPEG-2 中定义的空分组 PID 值为 0x1FFF。传输加扰控制：00 表示没有加密，其他表示已被加密。调整字段控制：附加区域控制，具体参考 ISO 13818-1。连续计数器：包递增计数器，对于数据广播传输流的有效负载荷，广播连续计数的有效载荷为 16×184 字节=2944 字节。数据区域为 184 字节。

为了方便用户端的 UCL-S 获取，设计了三种 UCL-S 的数据广播嵌入方式 ξ1、ξ2、ξ3。ξ1 方式的目的是解决用户端对 UCL-S 的快速海量获取，ξ2 是为了解决用户对特定 UCL-S 的快速定位获取。ξ3 的目的是方便用户端实现智能化的个性 UCL-S 过滤下载。下面将对三种 UCL-S 的数据广播方式进行介绍。

(1) 数据广播的 ξ1 封装方式。

ξ1 映射能够提供最大的 UCL-S 数据传输带宽，可以满足用户对海量 UCL-S 的快速获取；ξ1 方式以 16 位固定长度的“FFFF”分隔字符向 MPEG-2 TS 的基本数据包嵌入 UCL-S 数据，如图 7-23 所示。其基本实现流程为：首先数据广播中心依次从 UCL-S 数据库中提取 UCL 数据，并在相邻的 UCL 数据之间添加分隔字符，组成发送数据区。然后在 DVB 数据链路层，以发送数据区所有的缓存数据为对象，进行 184 字节分块，最后把 UCL-SMPEG-2 TS 的基本分组数据包的 184 字节数据区，进行广播传输。ξ1 映射在传输过程中，充分利用了 TS 数据包的 184 字节数据区，提供了最大的传输带宽，能很好地满足用户对海量数据需求的快速获取。

(2) 数据广播的 ξ2 封装方式。

ξ2 是一种基于特定数据获取的广播数据嵌入方式，该方式以三个基本的 MPEG-TS 数据包为单位，传输一个固定的 UCL-S 数据，并且把 UCL-S 的索引 ID 嵌入每个数据包的扩展头部，用户能够通过扩展头部快速检测、过滤、下载和存储特定的 UCL-S，如图 7-24 所示。

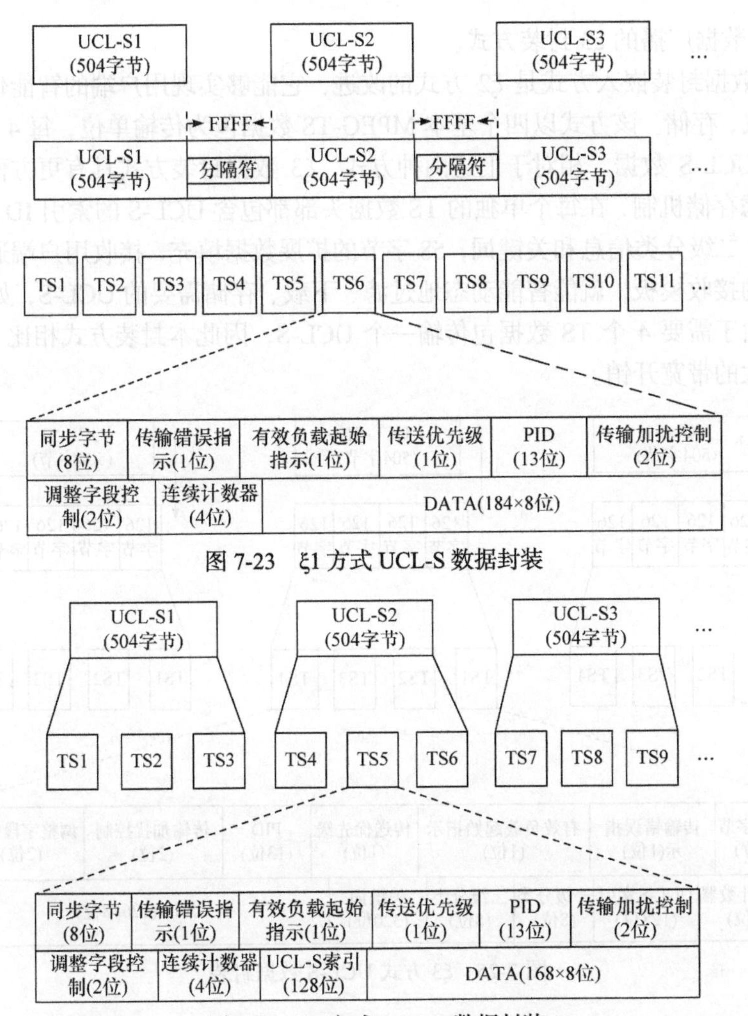

图 7-23　ξ1 方式 UCL-S 数据封装

图 7-24　ξ2 方式 UCL-S 数据封装

在图 7-24 中，每一个 UCL-S 数据大小为 504 字节，分别由三个基本 MPEG-2 TS 数据包组合封装，在每个 TS 数据包的 184 字节数据区扩展 128 位，即 16 字节作为 UCL-S 的索引 ID，同一个 UCL-S 的索引 ID 均嵌入三个 TS 数据包中。ξ2 封装流程为：广播数据中心在 UCL 数据库中提取 UCL-S 数据，首先进行数据分隔，分成三个 168 字节的数据块，然后进行 UCL-S 的索引 ID 映射，把 184 字节的 TS 数据区扩展为 16 字节的映射数据填充区和 168 字节的 UCL-S 分块数据填充区，把 UCL-S 的索引 ID 填充入映射数据填充区；最后把 UCL-S 分组数据块封装入 3 个 168 字节的数据存储区。这样每 3 个 TS 数据包能够组合生成一个唯一的 UCL-S 数据，并且在每个 TS 数据包的扩展区，包含有 UCL-S 的索引 ID 值。

(3) 数据广播的 ξ3 封装方式。

ξ3 数据封装嵌入方式是 ξ2 方式的改进，它能够实现用户端的智能代理、过滤、下载、存储。该方式以四个基本 MPEG-TS 数据包为传输单位，每 4 个 TS 传输一个 UCL-S 数据。相对于上述两种方式，ξ3 数据封装方式具有更方便快捷的广播过滤存储机制，在每个单独的 TS 数据头部都包含 UCL-S 的索引 ID、一级分类信息、二级分类信息和关键词，58 字节的扩展数据填充，接收用户端通过指定个性化的接收模板，就能智能动态地过滤、下载、存储需要的 UCL-S，如图 7-25 所示。由于需要 4 个 TS 数据包传输一个 UCL-S，因此本封装方式相比 ξ1 和 ξ2 需要较大的带宽开销。

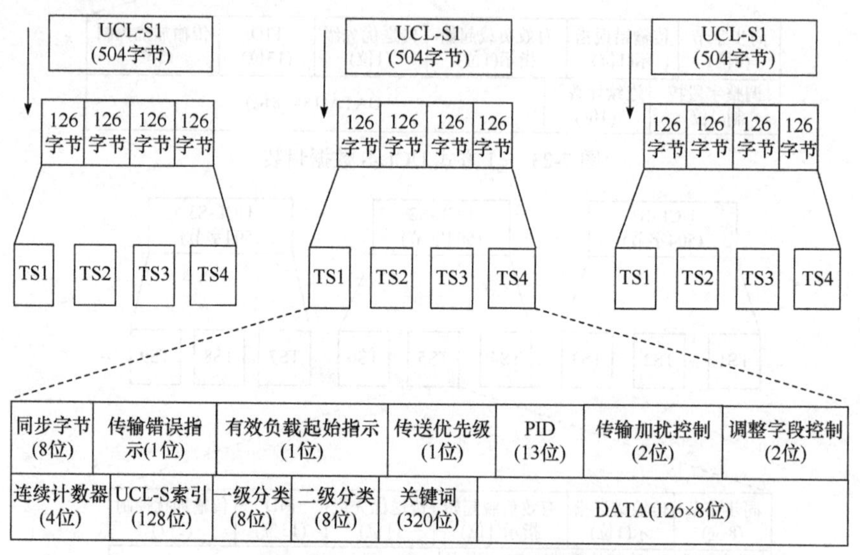

图 7-25　ξ3 方式 UCL-S 数据封装

在图 7-25 中，每一个 504 字节的 UCL-S 分片成为 4 个 4×126 字节的数据分组，在每个 TS 数据包的 184 字节数据区头部中扩展 58 字节的 UCL-S 索引、一级分类、二级分类、关键词映射区，即包含有 16 字节作为 UCL-S 的索引 ID，1 字节的一级分类，1 字节的二级分类，40 字节的关键词数据区。UCL-S 的索引 ID、一级、二级分类和关键词信息均嵌入 4 个传输的 MPEG-2 TS 数据包中。具体 ξ3 封装流程为：服务端的数据广播中心在 UCL 数据库中提取相应的 UCL-S 数据，首先进行数据的 126 字节分块，分成 4 个 4×126 字节的数据块，然后进行 UCL-S 的 TS 数据包头部映射，把 184 字节的 TS 数据区扩展为 58 字节的映射数据填充区和 126 字节的 UCL-S 分块数据填充区，把 UCL-S 的索引 ID、一级分类、二级分类和关键词分别填充入每个映射数据填充区；最后把 UCL-S 分组数据块封装入 4 个 126 字节的数据存储区。这样每 4 个 TS 数据包能够组合生成一个唯一的 UCL-

S 数据，并且在每个 TS 数据包的扩展区，包含 UCL-S 的索引 ID 值、一级分类、二级分类、关键词信息。

综上，UCL-S 的数据广播可以选择上面的一种或者多种方式的组合进行传输，实际应用过程中一般选择 2.8:3:4.2 的三路传输复用模式，以达到最佳的应用效果，即总的广播传输带宽是 10Mbit，那么数据广播的 ξ1 分配 2.8Mbit 带宽，ξ2 方式分配 3Mbit，ξ3 方式分配 4.2Mbit 带宽，图 7-26 为整体的 ξ1、ξ2、ξ3 广播传输发送流程图。

在图 7-26 中，UCL-S 传输预处理模块主要实现 UCL-S 的相应数据字段的 TS 嵌入，并形成对应的数据封装方式，发送到相应的数据缓存队列寄存器中，最后通过复用信道广播发送出去。

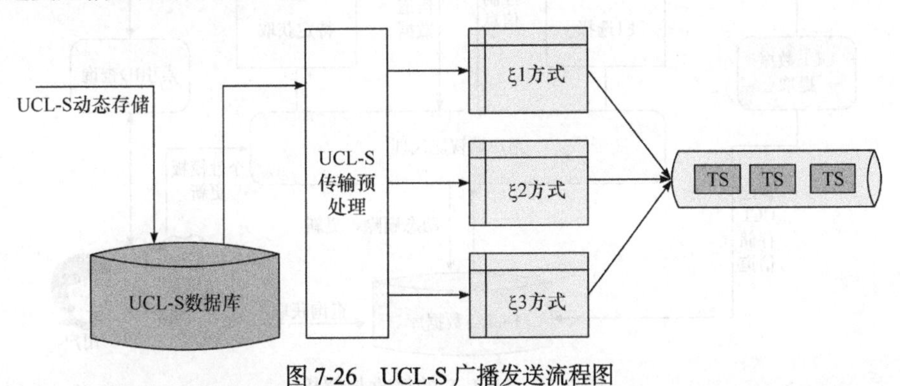

图 7-26　UCL-S 广播发送流程图

3. UBTC 模型的用户端实现

1) 用户端的接收与解析

UCL-S 的接收与发送类似，它是广播发送过程的逆过程，在通常情况下用户端默认选择 ξ1 的传输信道进行数据海量接收，当用户端的存储器容量达到上限后，将自动选择 ξ3 的传输信道进行过滤接收，并对存储器中的数据进行个性化删除管理。ξ2 方式作为用户端快速获取特定 UCL-S 的方式，在用户访问某一网络信息内容，而存储器中没有缓存相应 UCL-S 标引信息情况，接收端将主动提取信息内容的索引 ID，通过 ξ2 方式快速获取 UCL-S，并基于 UCL-S 实现可信计算。整个 UCL-S 的接收框图如图 7-27 所示。

图 7-27 中，广播数据在接收端被分流，分别提取出 ξ1、ξ2、ξ3 的传输信道，在用户端UCL-S数据库刚启动尚未存储数据或者存储数据没有达到最大容量值前，用户端智能代理将选择 ξ1 信道进行快速 UCL-S 存储，若 UCL 数据库达到最大容量后，用户端智能代理将主动切换到 ξ3 信道，并基于用于设置的个性化 UCL-S 模板，对 UCL 库中的数据进行动态删除、存储。

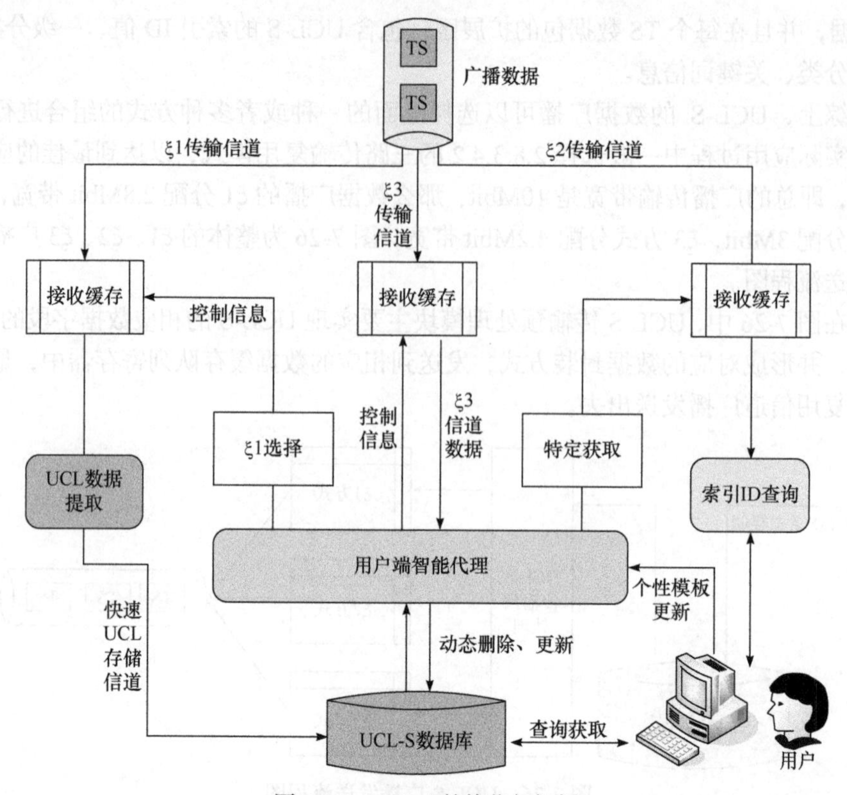

图 7-27　UCL-S 的接收与解析

用户的个性化模板能够根据用户的网络浏览日志实时更新。这样在用户端，就建立了一个本地的 UCL-S 认证信息数据库，当用户获取某一网络信息资源，需要进行可信认证时，用户提取信息资源中嵌入的索引 ID，并通过查询本地数据库返回唯一对应的 UCL-S 标引内容。由于网络信息资源丰富多样，用户的个性化存储仓库有可能因容量达到极限，没有存储相应的 UCL-S 标引内容，ξ2 信道就是为了解决这个问题设计的，用户在 ξ2 方式下，只需要提交对应的索引 ID，就能快速通过硬件的方法过滤、下载、存储需要的 UCL-S。

在整个 UCL-S 的接收过程中，首先通过 ξ1 传输信道快速建立用户端海量存储数据，然后通过 ξ3 的传输信道对用户自定义的个性化 UCL-S 进行优化存储，尽最大可能保证缓存器中存储 UCL-S 的高覆盖率，最后对个别没有存储的 UCL-S 数据选择 ξ2 方式快速获取。

2) 用户端的可信验证

非对称信息网络中基于 UCL-S 的可信计算如图 7-28 所示，用户端具有安全数据广播信道和互联网信道，数据广播信道实时动态地更新存储用户的个性化 UCL-

S，建立本地的索引 ID，查询本地数据库，获取对应的 UCL-S，并基于 UCL-S 进行可信计算。

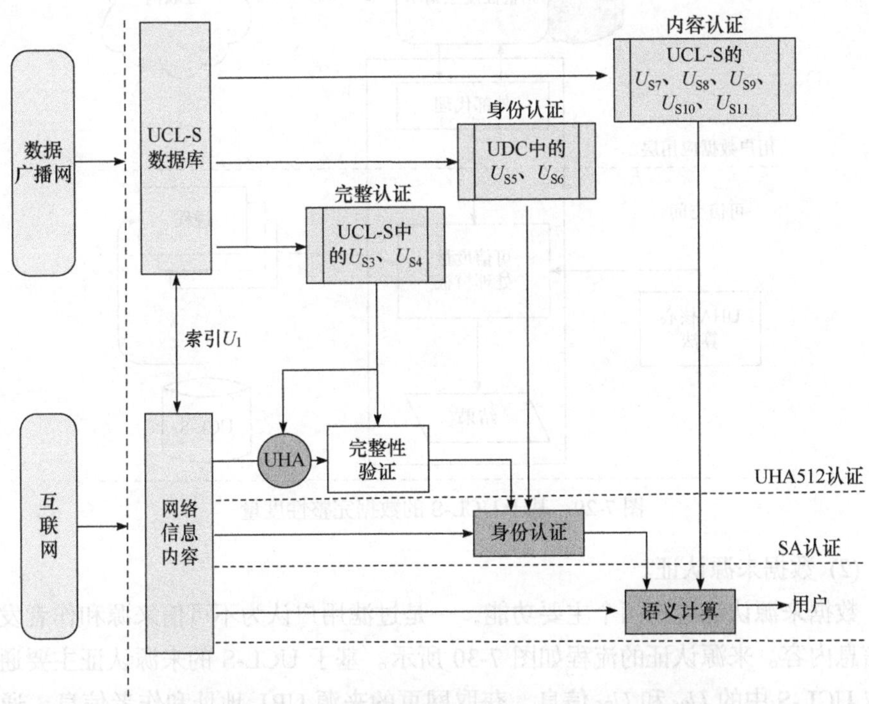

图 7-28 非对称信息网络中基于 UCL-S 的可信计算

基于 UCL-S 的可信计算一共包括三个层次，分别是对数据完整性的度量、数据来源的认证和内容语义可信度的计算。在用户端首先进行数据完整性度量，信息来源的认证和内容语义可信度的计算可以根据用户的自定义需求进行，不是必需的。

(1) 数据完整性度量。

网络数据传输的完整性是信息安全的基础，因此 UCL-S 最基本的功能就是实现网络信息数据的完整性度量，保证用户端获取的数据文件没有被非法篡改。基于 UCL-S 的数据完整性度量流程如图 7-29 所示。图中用户从互联网获取的安全未知数据，由终端的外部代理程序推送进入可信度量处理模块，可信度量处理模板位于可信空间中，可信空间的构建可以通过可信计算的可信赖平台模块(trusted platform module，TPM)实现，或者通过相应的微系统软件环境保证。可信度量模块依据 UHA512 核心算法对信息数据 F' 进行重新计算 UHA 值，即 $H' = \text{UHA}(F')$，若 H' 与 UCL-S 中的完整性度量值相同，即 $H' = H$，则信息完整性安全，否则相反。

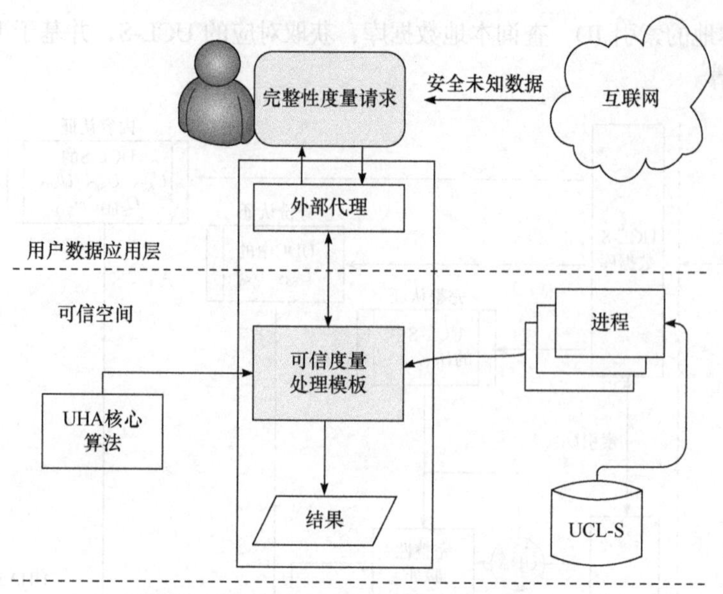

图 7-29　基于 UCL-S 的数据完整性度量

(2) 数据来源认证。

数据来源认证包括两个主要功能，一是过滤用户认为不可信来源和作者发布的信息内容。来源认证的流程如图 7-30 所示。基于 UCL-S 的来源认证主要通过提取 UCL-S 中的 U_{S5} 和 U_{S6} 信息，获取网页的来源 URL 地址和作者信息。通过

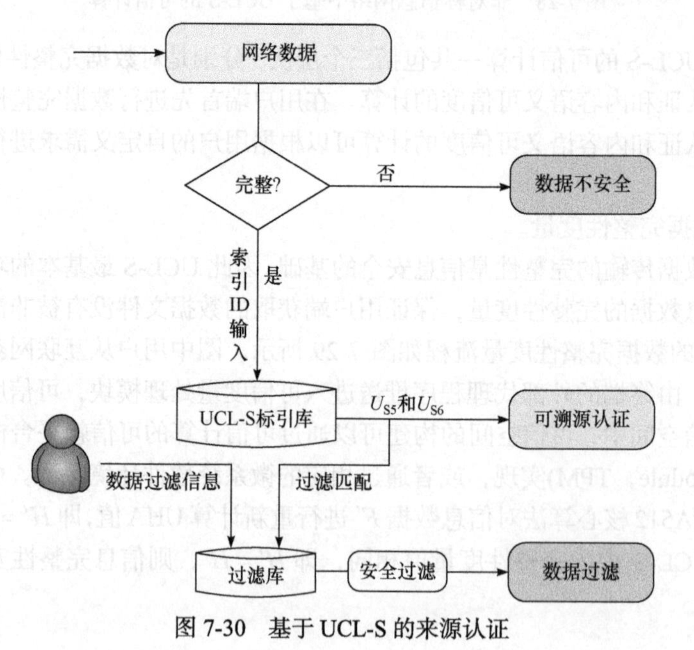

图 7-30　基于 UCL-S 的来源认证

对不可信来源地址和作者数据库的查询，对来源地址和作者进行安全过滤。二是对网页本身真实来源地址和作者的获取，实现信息数据的可溯源。

(3) 内容语义可信度的计算。

内容可信计算的主要目的是识别不安全的信息内容，在高层次语义上为用户过滤掉非法、不健康的信息内容。其主要实施过程包括三个步骤：

① 用户分词数据库的建立。在用户初次使用时将由广播端推送默认的 3 个分词数据库 A、B、C，数据库中包含每一个分词的相关可信度值信息，这些统计的可信度值会由广播数据端动态更新，另外用户也可以加入自定义的分词数据。

② 用户端获取网络信息内容。在网络数据文件中提取唯一对应的索引 ID，查询 UCL-S 数据库，把信息内容的摘要、关键词、分类等强语义信息依次读入处理缓存中。

③ 依次对提取出的 UCL-S 中关键词进行查询匹配，并根据相应公式计算出信息的可信度值，为用户的可信决策提供方便。由于用户之间存在个体认知差异，用户端智能代理将通过反馈评价系统，自动调整相关的加权参数，实现内容语义可信度计算的最优化，流程如图 7-31 所示。

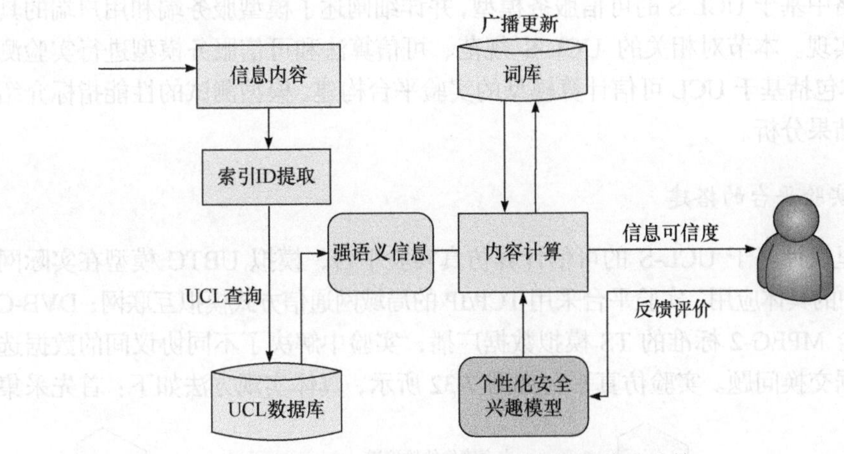

图 7-31 基于 UCL-S 的内容语义可信度计算

为了方便基于 UCL-S 可信计算的程序实现，用户端定义了对应的结构体数据，写进 UBTC 非对称网络实现平台下的客户端应用程序。UCL-S 的定义如下。每个 UCL-S 向量按照规范定义相应字节空间，调用相应的自定义函数实现数据读写处理。

```
typedef unsigned char byte;
typedef struct ucl
{
```

```
    byte UCLS_ID[16];//索引号占用16字节
byte UCLS_Data[24];//日期占用24字节
    byte UCLS_Dvalue[40];//动态码占用40字节
byte UCLS_Mac[64];//完整码占用64个字节
byte UCLS_Creator[38];//创作者占用38字节
    byte UCLS_Publisher[50];//发布者占用50字节
byte UCLS_Group,UCLS_Subject;//大类和子类各占用1字节
    byte UCLS_Keyword [40];//关键词用40字节表示
    byte UCLS_Title;//标题占用60字节
byte UCLS_Intro[170];//摘要占用170字节
} ucl ;//整个证书结构体共504字节
```

7.3.3 基于UCL-S可信计算的实验平台

前面研究了UCL安全语义标引，制定了UCL-S语义规范，设计了基于UCL-S的信息完整性度量算法和内容可信度计算算法，然后在UCL-S基础上设计非对称信息网络中基于UCL-S的可信服务模型，并详细阐述了模型服务端和用户端的具体技术实现。本节对相关的UCL-S规范、可信算法和可信服务模型进行实验测试，具体包括基于UCL可信计算模型的实验平台构建、模型测试的性能指标介绍和实验结果分析。

1. 实验平台的搭建

这里设计基于UCL-S的可信计算仿真实验平台，模拟UBTC模型在实际网络环境中的具体应用。实验平台采用TCP/IP的局域网通信方式模拟互联网；DVB-C协议符合MPEG-2标准的TS模拟数据广播；实验中解决了不同协议间的数据选择与数据交换问题。实验仿真平台如图7-32所示，具体实现方法如下：首先采集

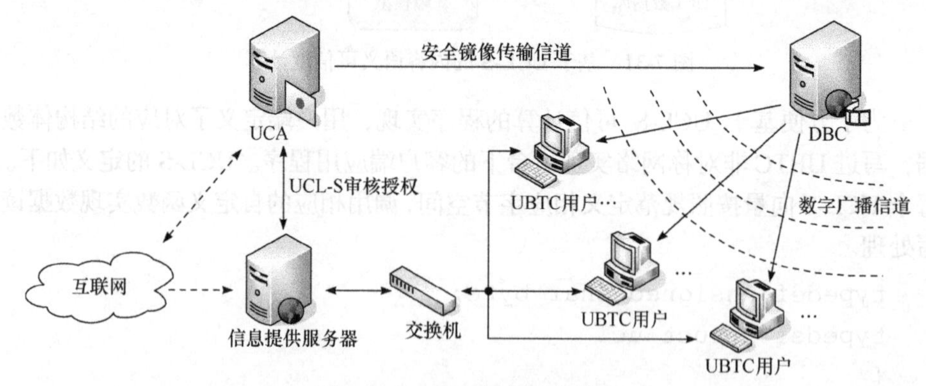

图7-32　UBTC模型实验平台

一些目前主流网站上的网页共享信息镜像到实验平台，然后对每个网页申请 UCL-S。由三个网络服务器分别作为信息提供服务器、UCA 服务器、DBC 服务器。

在实验室的硬件环境和软件环境下实现基于 UCL-S 数据广播的微型实验平台，具体软硬件情况如下所述。

硬件环境：

CPU Intel(R) Core(TM) 2 Duo CPU E7500@2.93GHz；

内存 2048MB；

硬盘 320GB。

软件环境：

操作系统 Windows XP；

开发软件 VC6.0、VC#、Java、SQL；

数据库 MySQL5.0。

其他支持：正交振幅调制(quadrature amplitude modulation，QAM)调制器、分支器和 DVB-C 数据发送接收卡等由长虹提供。

图 7-33 为 UCL-S 发送端自动标引 UCL 安全语义标签的软件运行界面。界面中提供了安全标引语义的选择栏和 UCL-S 存储数据库的相关配置信息。

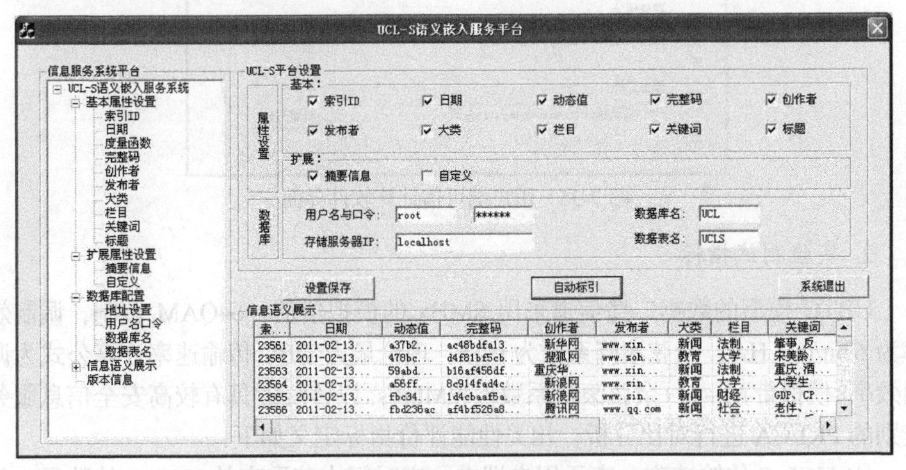

图 7-33　UCL-S 发送端自动标引软件运行界面

图 7-34 为用户端基于 UCL-S 的广播发送软件界面，图 7-35 为用户端可信计算软件界面。在整个实验平台运行过程中，首先由信息提供服务器实时从互联网中抓取数据进行 UCL-S 的动态标引，在此基础上通过双向交互信道向 UCA 申请审核每一个已标引的 UCL-S 并返回授权 ID(索引 ID)；然后信息提供服务器把对应的授权 ID 嵌入信息内容资源中，当用户通过网络交互信道获取信息内容时，能

够从数据广播中心推送建立的 UCL-S 数据库中查询到对应的 UCL-S；便于用户基于 UCL-S 对信息内容进行可信计算。

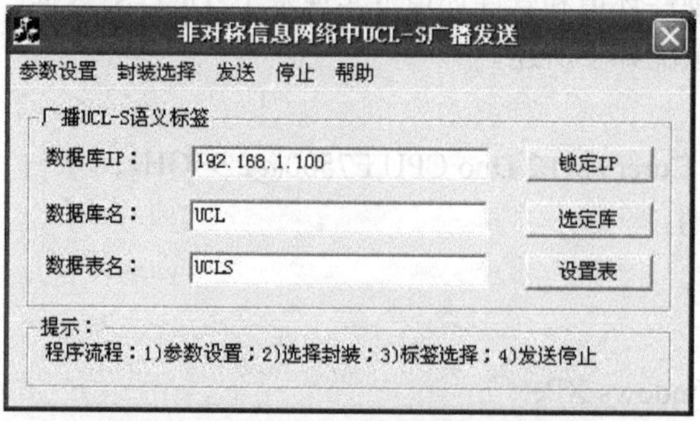

图 7-34　UCL-S 的广播发送软件界面

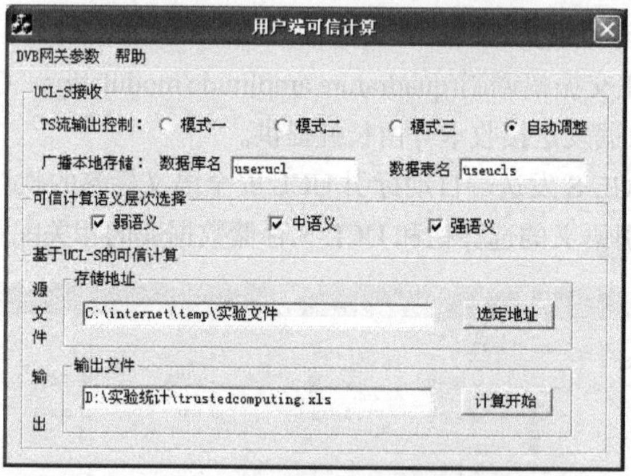

图 7-35　用户端可信计算软件界面

2. 实验测试指标

UBTC 模型的数据广播信道采用 8MHz 的模拟信道，64QAM 调制，调制效率为 6 bit/(s · Hz)，余弦滚降系数为 0.15。理论最大 DBC 传输速率计算公式为调制效率×模拟带宽 ÷ (1+余弦滚降系数)≈42Mbit/s。以传统的具有较高安全信息服务级别的 PKI/CA 进行对比分析，相关性能评价指标定义如下：

(1) UCL-S 传输速率。表示用户端在一定时间内获取有效 UCL-S 的数量，基本单位为 min，即每分钟到达用户端的 UCL-S 数量，包括 ξ1、ξ2、ξ3 三种映射下的 UCL-S 传输速率。

(2) 认证信息传输安全率。UBTC 模型下的认证信息传输安全率即信息服务端或广播中心发出 UCL-S 后，在到达用户端的过程中没有被非法篡改或攻击的 UCL-S 数目 N_{A1} 与总发送数据 N_1 之比，用 A_1 表示。在传统互联网 PKI/CA 中的认证信息传输安全率，即通过双向交互信道到达用户端的数字证书中安全可信的

数字证书数目 N_{A2} 与用户实际获取的证书数目 N_2 之比，用 A_2 表示。

$$A_i = \frac{N_{Ai}}{N_i}, \quad i = 1, 2 \tag{7-12}$$

(3) 信息完整认证准确率。表示用户端获取的信息数据中完整性度量结果的准确率，即完整性度量正确的数据文件数目 N_H 与总的进行完整性度量的数据文件 N 的百分比。信息完整认证准确率(H)分为基于 UCL-S 可信计算的完整认证准确率(H_1)和基于 PKI/CA 下的传统散列函数的完整认证准确率(H_2)。

$$H = \frac{N_H}{N} \tag{7-13}$$

(4) 信息来源认证精确度。表示用户接收的网络信息中能准确获取其最初发布实体和作者的信息内容的比例，用 S 表示，其中 S_1 为基于 UCL-S 的来源认证精确度，S_2 为在传统双向交互信道 PKI/CA 下的来源认证精确度。

(5) 信息内容的可信度。即用户对接收的网络信息内容的可信度量化值，取值区间为(0,1)，用 T 表示基于 UCL-S 的信息内容可信度量化值。

3. 实验结果分析

根据中国互联网络信息中心最新统计的数据，选取了网民经常访问的四大中文网站新浪、网易、新华网、搜狐的 24000 篇网页数据，作为实验平台信息服务提供器的源数据，为每一个网页数据向 UCA 申请 UCL-S。DBC 以 UCL-S 的 ξ1、ξ2、ξ3 三种方式进行广播实验，ξ1、ξ2、ξ3 三种方式下的 UCL-S 传输速率，其中“*”代表 ξ1 方式的 UCL-S 数据传输率，“•”代表 ξ2 方式的 UCL-S 数据传输率，“×”代表 ξ3 方式的 UCL-S 数据传输率，如图 7-36 所示。认证信息传输安全率如

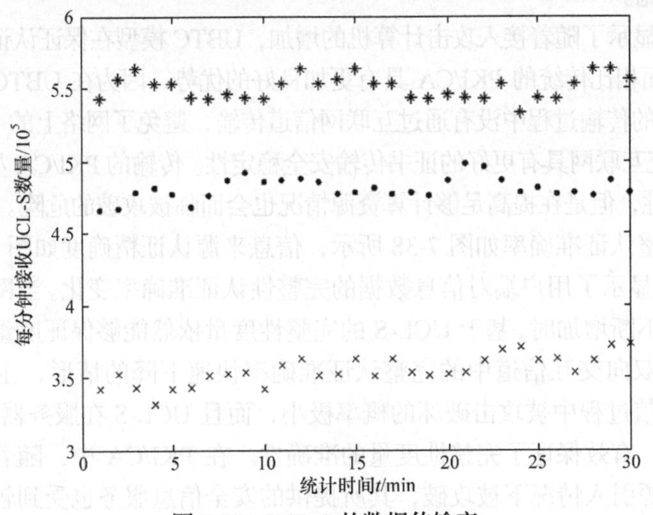

图 7-36　UCL-S 的数据传输率

图 7-37 所示，图中样本数量 n 代表接入网络中攻击计算机的数量。

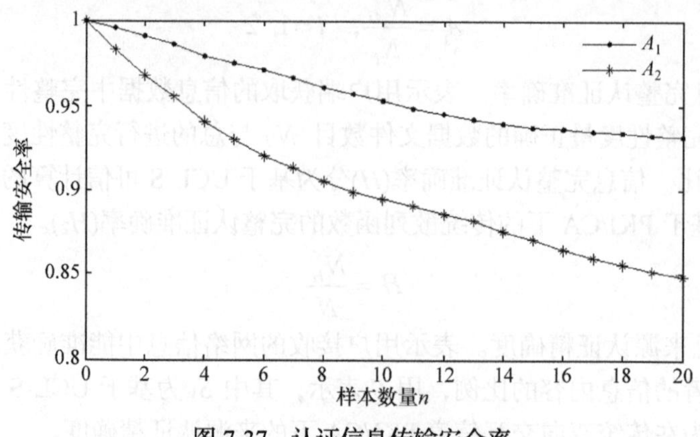

图 7-37　认证信息传输安全率

分析图 7-36 可知，ξ1 方式最大有效 UCL-S 传输速率可以达到 57 万个/min，平均可以达到 54 万个/min；ξ2 方式最大有效 UCL-S 传输速率可以达到 50 万个/min，平均可以达到 46.5 万个/min；ξ3 方式最大有效的 UCL-S 传输速率可以达到 36.8 万个/min，平均可以达到 33 万个/min；以一天 24 小时为广播周期，按平均传输速率计算三种方式下每天可以推送的 UCL-S 分别可以达到 54×60×24=77760 万/天、46.5×60×24=66960 万/天、33×60×24=47520 万/天，相当于至少 4.7 亿以上的 UCL-S 容量，因此 UBTC 模型在 UCL-S 的广播数量上能为用户提供全天候、动态、内容丰富的基于 UCL-S 的安全服务保证。相比于 PKI/CA 模型的浏览器/服务器(browser/server，B/S)模型，能够有效避免服务器用户过载和证书实时更新所需要的海量带宽。

图 7-37 显示了随着接入攻击计算机的增加，UBTC 模型在保证认证信息 UCL-S 的安全性方面相比传统的 PKI/CA 具有更加良好的优势，因为在 UBTC 模型中认证信息 UCL-S 的传输过程中没有通过互联网信道传输，避免了网络上的一切不安全因素，相比传统互联网具有更好的证书传输安全稳定性。传输的 PKI/CA 尽管具有较高的算法安全性，但是在提高足够计算资源情况也会面临被攻破的危险。

信息完整认证准确率如图 7-38 所示，信息来源认证精确度如图 7-39 所示。

图 7-38 显示了用户端对信息数据的完整性认证准确率变化。当网络中的攻击计算机数据不断增加时，基于 UCL-S 的完整性度量依然能够保证度量准确率的稳定并没出现双向交互信道中的完整认证准确率快速下降的情形，主要原因在于 UCL-S 在通信过程中被攻击破坏的概率极小，而且 UCL-S 在服务器端经过 UCA 的认证授权，有效保证了完整性度量的准确性。在 PKI/CA 中，随着数字证书在足够计算资源引入情况下被攻破，其所提供的安全信息服务也受到较大影响。

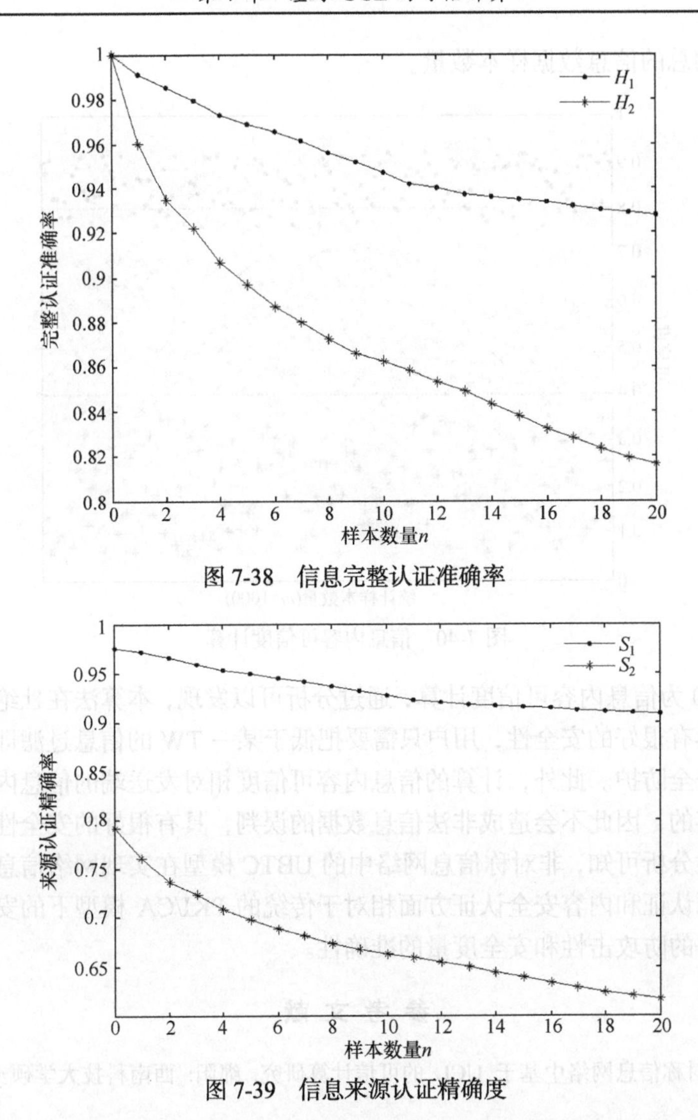

图 7-38　信息完整认证准确率

图 7-39　信息来源认证精确度

图 7-39 为信息数据的来源认证精确度，可以发现即使在没有非法攻击者的情况下，通过基于 PKI/CA 的信息内容，其来源和作者的来源认证准确率都较低，甚至不及 0.8。主要原因在于网络中信息转载、复制成本低廉，如果没有从数据进入网络开始就对数据进行来源标引，很难有效实现信息数据的可溯源；在 UBTC 模型中由于对信息创作者和发布者相关信息在 UCL-S 中已由中语义域标引，在保证 UCL-S 传输可信的基础上能够有效实现信息数据的可溯源，所以 UBTC 对信息的来源认证具有较高的准确率。

信息内容的可信度如图 7-40 所示，图中“•”为发送的 TW≥0.8 的信息内容，“×”为发送的 TW 为 0.4～0.8 的信息内容，“*”为发送的 TW<0.4 的信息内容，

m 为发送的总的信息数据样本数量。

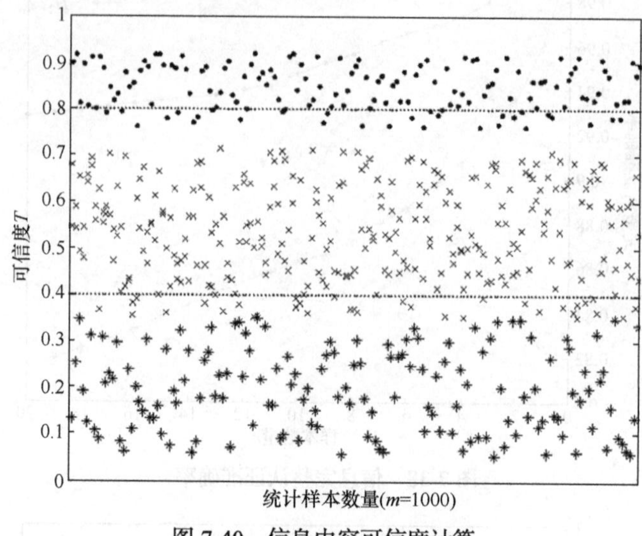

图 7-40　信息内容可信度计算

图 7-40 为信息内容可信度计算，通过分析可以发现，本算法在杜绝非法信息内容方面具有很好的安全性，用户只需要把低于某一 TW 的信息过滤即可实现很好的内容安全防护。此外，计算的信息内容可信度相对发送端的信息内容可信度是向下偏移的，因此不会造成非法信息数据的误判，具有很好的安全性。

由上述分析可知，非对称信息网络中的 UBTC 模型在实现网络信息的完整性度量、来源认证和内容安全认证方面相对于传统的 PKI/CA 模型下的安全服务机制具有更好的防攻击性和安全度量的准确性。

参考文献

[1] 文斌. 非对称信息网络中基于 UCL 的可信计算研究. 绵阳：西南科技大学硕士学位论文，2012.

[2] Xing L, Jiang L, Yang G, et al. A novel trusted computing model for network security authentication. Journal of Networks, 2014, 9(2): 339-343.

[3] Ding W, Yan Z, Deng R H. A survey on future internet security architectures. IEEE Access, 2016, 4: 4374-4393.

[4] Zhuang W, Ye Y, Chen Y, et al. Ensemble clustering for internet security applications. IEEE Transactions on Systems, Man, and Cybernetics, Part C (Applications and Reviews), 2012, 42(6): 1784-1796.

[5] Pappas C, Lee T, Reischuk R M, et al. Network transparency for better internet security. IEEE/ACM Transactions on Networking, 2019, 27(5): 2028-2042.

[6] Tourani R, Misra S, Mick T, et al. Security, privacy, and access control in information-centric

networking: A survey. IEEE Communications Surveys & Tutorials, 2017, 20(1): 566-600.

[7] Carter K M, Idika N, Streilein W W. Probabilistic threat propagation for network security. IEEE Transactions on Information Forensics and Security, 2014, 9(9): 1394-1405.

[8] Barabási A L, Bonabeau E. Scale-free networks. Scientific American, 2003, 288(5): 60-69.

[9] Bof N, Baggio G, Zampieri S. On the role of network centrality in the controllability of complex networks. IEEE Transactions on Control of Network Systems, 2016, 4(3): 643-653.

[10] Xiao W, Li M, Chen G. Small-world features of real-world networks. Journal of Communications and Networks, 2017, 19(3): 291-297.

[11] Yucel M, Muchnik L, Hershberg U. Detection of network communities with memory-biased random walk algorithms. Journal of Complex Networks, 2017, 5(1): 48-69.

[12] Ma Q, Xing L, Wu B. Authentication strategy for information resources of asymmetric information sharing network. Journal of Computational Information Systems, 2013, 9(8): 3181-3188.

[13] Xing L, Wen B, Ma J. A new network security authentication method based on UDS. Energy Procedia, 2011, (13): 4193-4198.

networking: A survey. IEEE Communications Surveys & Tutorials, 2017, 20(1): 566-600.

[7] Carter K M, Idika N, Streilein W W. Probabilistic threat propagation for network security. IEEE Transactions on Information Forensics and Security, 2014, 9(9): 1394-1405.

[8] Barabasi A L, Bonabeau E. Scale-free networks. Scientific American, 2003, 288(5): 50-59.

[9] Bof N, Baggio G, Zampieri S. On the role of network centrality in the controllability of complex networks. IEEE Transactions on Control of Network Systems, 2016, 4(3): 643-653.

[10] Xiao W, Li M, Chen G. Small-world features of real-world networks. Journal of Communications and Networks, 2017, 19(3): 291-297.

[11] Yucel M, Muchnik L, Hershberg U. Detection of network communities with memory-biased random walk algorithms. Journal of Complex Networks, 2017, 5(1): 48-69.

[12] Ma G, Xing L, Wu B. Authentication strategy for information resources of asymmetric information sharing network. Journal of Computational Information Systems, 2013, 9(8): 3181-3188.

[13] Xing L, Wen B, Ma J. A new network security authentication method based on UDS. Energy Procedia, 2011, (13): 4193-4198.

前　言

为培养光学工程、物理电子学及相关专业研究生，我们在长期从事科学研究、研究生培养以及为研究生开设“微纳光子学”课程的基础上，编著了这本《微纳光子学——从基础到应用》教科书。

本书主要介绍微纳光子学自 20 世纪末以来新发展的理论、技术和应用，如等离激元光学、光场的偏振态调控和微纳光子器件。同时，还涉及多种微纳表征技术，如高数值孔径物镜成像、近场光学显微和远场光学表征技术。

全书共 7 章：第 1 章绪论，概述微纳表征技术、光场调控技术、微纳光子学前沿领域和微纳结构光子器件；第 2~4 章分别介绍三种微纳表征技术，即高数值孔径物镜成像、近场光学显微和远场光学表征技术；第 5~7 章介绍微纳光子学前沿领域理论、技术和应用，即等离激元光学、光场的偏振态调控和微纳光子器件。为便于教学和读者自学，每一章都选编了部分习题，并给出了主要的参考文献。此外，在慕课 (MOOC) 平台，有与本书相配套的在线课程讲授。

本书由顾兵主编，顾兵编写了第 2 章、第 3 章和第 6 章，芮光浩编写了第 5 章和第 7 章，张若虎编写了第 4 章，三人共同编写了第 1 章。

本书在编写过程中，得到了上海理工大学詹其文教授，东南大学崔一平教授和王著元教授等的帮助与支持，在此表示感谢。本书的出版得到了东南大学研究生优秀教材建设基金的资助。

由于作者水平有限，不妥之处在所难免，恳请读者批评指正。

作　者

2023 年 2 月 28 日

物理量名称及符号表

λ——光波波长
k——波矢
a——圆孔的半径
N——菲涅耳数
n_0——折射率
f——透镜焦距
NA——数值孔径
$\alpha_{\max}$——物镜的最大会聚角
R——分辨率
DOF——物镜的焦深
$P(\theta)$——透镜的切趾函数
$\Phi(x, y)$——像差函数
β_0——瞳填充因子
w_0——光束半径
m——角向拓扑荷数
n——径向系数
φ_0——初始相位
ω——频率
γ——复时间相干度函数
τ——延时
τ_{C}——相干时间
l_{C}——相干长度
k_0——中心波数
$V(Z)$——可见度函数
$\widetilde{N}$——复折射率
r_{p}——平行偏振光反射系数
r_{s}——垂直偏振光反射系数
(ψ, Δ)——椭偏参量
θ_{P}——起偏器方位角
θ_{C}——补偿器方位角
θ_{A}——检偏器方位角
$\boldsymbol{R}$——旋转矩阵
E——电场
H——磁场
ζ——传播常数
c——光速
ε——介电常量
ε_0——真空介电常量
μ——磁导率
μ_0——真空磁导率
g——光栅倒格矢
p——偶极矩
C——截面
α——极化率
Q——品质因子
η——量子产率
δ——相位差
χ——椭偏角
β——椭偏率
DOP——偏振度
$\delta(r, \varphi)$——空变相位
l——轨道角动量拓扑荷
P——功率
D——方向性

目　录

第 1 章　绪　　论

微纳光子学 (micro/nano-photonics) 关注微纳尺度上光学及光子学的新现象与新技术，着重讨论在微纳尺度上的光与物质相互作用的规律，以及光的产生、传输、调制、探测等方面的应用。在过去的几十年里，纳米制备工艺的进步，促进了微纳表征技术和微纳光子学的快速发展。本章将简要介绍微纳表征技术、光场调控技术、微纳光子学前沿领域和微纳结构光子器件，最后简要概述本书各章的内容。

1.1　引　　言

微纳光子学是由光子学和纳米技术融合定义的，是一个新兴的前沿领域，为基础研究带来了挑战，也为新技术带来了机遇。微纳光子学研究在微纳尺度上光与物质的相互作用及其应用。微纳光子学已经在市场上产生了影响，这是一个多学科领域，为物理、化学、应用科学、工程和生物学以及生物医学技术创造了机会。

如图 1.1 所示，微纳光子学在概念上可分为三个部分[1]。在微纳米尺度上诱导光与物质相互作用的第一种方法是将光限制在远小于光波波长的纳米尺度上，即微纳米级辐射限制。第二种方法是将物质限制在微纳米尺度上，从而将光与物质之间的相互作用限制在微纳米级上，即物质的微纳米级限制。最后一种方法是光过程的微纳米级限制，即微纳米级光过程。我们在其中诱导光化学或光诱导相变。这种方法为光子结构和功能单元的微纳米制造提供了方法。

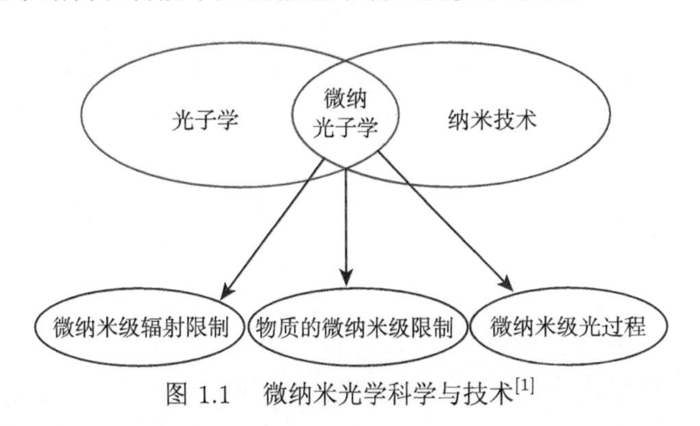

图 1.1　微纳米光学科学与技术[1]

让我们看看微纳米级的辐射限制。有许多方法可以将光限制在纳米尺寸上。

其中之一是使用近场光传播，我们将在本书的第 3 章详细讨论。一个例子是通过金属涂层和锥形光纤来压缩光，使光通过远小于光波波长的尖端开口发射。

制备用于光子学的纳米材料涉及限制物质尺寸，以及制备微纳米结构的各种方法。例如，可以利用具有独特电子和光子特性的纳米颗粒。令人欣慰的是，这些纳米颗粒已经被用于纳米光子学的各种应用，如防晒乳液中的紫外线吸收剂。纳米颗粒可以由无机或有机材料制成。纳米聚合物是单体有机结构的低聚物 (少量重复单元) 的纳米尺寸，是纳米颗粒的有机类似物。相反，聚合物是包含大量重复单元的长链结构。这些纳米聚合物表现出与尺寸相关的光学性质。金属纳米粒子表现出独特的光学响应和增强的电磁场，构成了“等离激元”区域。然后是纳米颗粒，它们将两个吸收的红外光子上转换为可见–紫外范围内的光子；相反，有一种被称为量子切割器的纳米颗粒，可以将一个被吸收的真空紫外光子下转换为可见光范围内的两个光子。纳米材料的热点领域之一是光子晶体，它代表一种周期性的介电结构，具有光波长量级的重复单元。纳米复合材料包括两种或两种以上不同材料的纳米畴，这些材料在纳米尺度上相分离。纳米复合材料中的每个纳米畴都可以赋予体介质特定的光学性质，还可以通过不同域之间的能量传输 (光通信) 来控制光能流。

纳米级光刻工艺可以用来制作微纳结构。这些微纳结构可用于形成纳米级传感器和致动器。纳米级光学存储器是纳米制造中令人兴奋的概念之一。纳米制造的一个重要特征是，光过程可以限制在定义良好的纳米区域内，从而可以在精确的几何结构和排列中制造微纳结构。

1.2　微纳表征技术概述

微纳表征技术是微纳光子学的重要组成部分，是纳米技术的核心。光学技术，如近场扫描光学显微术 (near-field scanning optical microscopy)、椭偏仪 (ellipsometer) 和微椭偏仪 (micro-ellipsometer) 等在微纳表征中发挥着重要作用。原子力显微镜 (atomic force microscope)、扫描电子显微镜 (scanning electron microscope) 和透射电子显微镜 (transmission electron microscope) 等非光学技术是对光学技术的补充。新的光学技术继续突破其表征能力的极限。将不同技术集成到一个系统中的趋势日益增加。与此同时，这些技术的结合提供了前所未有的空间分辨率、精度、信噪比、灵敏度和光谱分辨率。另外，微纳光子学的发展为许多其他领域提供了巨大机遇。

微纳表征的内容包括了材料性能、微观结构和成分的测试与表征。材料的性能是由其结构决定的。描述或鉴定材料的结构涉及它的化学成分，组成相的结构及其缺陷的组态，组成相的形貌、大小和分布，以及各组成相之间的取向关系和界面状态。所有这些特征都对材料的性能有着重要的影响。表 1.1 列出了微纳结构材料在尺寸、形貌、结构和成分等方面的表征参数。

表 1.1 材料特性与表征参数

材料特性	表征参数
尺寸	粒径、直径或宽度、长径比、膜厚等
形貌	粒子形貌、团聚度、表面形态、形状等
结构	晶体结构、表面结构、分子或原子的空间排列方式、缺陷、位错、孪晶界等
成分	主体化学组成、表面化学组成、原子种类、价态、官能团等
其他	应用特性，如分散性、流变性、表面电荷等

用于材料微观结构和化学成分分析的实验方法主要有显微法、衍射法和谱学法等。显微法主要包括近场扫描光学显微术、扫描电子显微术、表面等离激元显微术 (surface plasmon microscopy)、白光干涉术 (white light interferometry) 和散射仪 (scattero-meter) 等；衍射法主要包括 X 射线衍射 (X-ray diffraction，XRD)、电子衍射和中子衍射等；谱学法主要包括俄歇电子能谱 (Auger electron spectroscopy)、能量色散 X 射线光谱 (energy dispersive X-ray spectroscopy, EDS) 和吸收分光光度法 (absorption spectrophotometry) 等。不同的实验方法和仪器可以获得不同方面的结构和成分信息。表 1.2 列出了测量材料特性及相应的微纳表征技术。

表 1.2 材料特性与典型的微纳表征技术

材料特性	微纳表征技术
薄膜的厚度	椭偏仪、微椭偏仪
折射率	椭偏仪、微椭偏仪、表面等离激元显微术
超薄薄膜	固体浸没椭偏仪、扫描电子显微术、表面等离激元显微术
表面形貌	白光干涉仪、微椭偏仪、近场扫描光学显微术、原子力显微镜、扫描电子显微镜
圆二色性测量	椭偏仪、微椭偏仪、散射仪、扫描电子显微镜
三维结构	扫描电子显微镜、原子力显微镜、微椭偏仪
复杂形状	扫描电子显微镜、微椭偏仪、散射仪
晶体结构	X 射线衍射、扫描电子显微镜、透射电子显微镜
光谱分析	近场扫描光学显微术、椭偏仪、微椭偏仪
光学模式轮廓/内部电场	近场扫描光学显微术
有源器件的内部电学特性	原子力显微镜

每种分析方法或检测技术都是针对特定研究内容的，并有一定的适用范围和局限性。因此，在选用微纳表征技术时必须根据具体问题的研究内容和研究目的，选择合适的方法和手段来进行研究，必要时要采用多种手段进行综合分析来确定影响材料性能的各种因素。在此基础上才有可能采取相应的措施来改善材料的性能。目前微纳表征仪器设备的发展趋势是多种分析功能的组合，这使人们能在同一台仪器上进行形貌、成分和晶体结构等多种微观组织结构信息的同位分析。

1.3 光场调控技术概述

随着科学研究的深入和科学技术的发展，激光已经被广泛应用于国防、工业和医疗等领域，因此灵活地调控激光以获得更加丰富的光场成为非常紧迫的需求。光场调控一般可分为空域、时域以及时空域联合调控。

作为光的重要特性之一，偏振同时也赋予了光场的矢量属性。利用光场的矢量特性，以及其与物质相互作用的能力，人们设计出了众多的光学器件和光学系统。在过去的研究中，人们通常只考虑偏振态 (state of polarization) 在空间均匀分布的光束，例如线偏振光、椭圆偏振光以及圆偏振光。随着对激光研究的不断深入以及各种需求的驱动，这种偏振态均匀分布的光场已显现出局限性。人们对光场进行了有效的空域调制，尤其对光场偏振态的空域调控，创造了具有奇特性质的新型空间结构光场，为操纵光传播行为提供了新的思路。作为最经典的两种柱矢量光场 (cylindrical vector field)，径向偏振光 (radially polarized beam) 和角向偏振光 (azimuthally polarized beam) 早在 1972 年就被提出[2,3]。此后，人们进一步研究了柱对称的局域线偏振矢量光场在紧聚焦方面的性质，例如，远场的光学超衍射极限聚焦[4]、具有极长焦深 (depth of focus, DOF) 的纵向电场[5]、光学牢笼[6] 和光学锁链[7] 等。

随着对矢量光场研究的深入，人们不再局限于柱对称的局域线偏振矢量光场，并在柱坐标系中得到了包含线偏振、圆偏振和椭圆偏振的杂化偏振矢量光场 (hybridly polarized vector field)[8,9]。此外，庞加莱球也被广泛应用于新型矢量光场的设计，生成了全庞加莱光束 (full Poincaré beam)[10]、高阶庞加莱光束[11]、杂化阶庞加莱光束[12] 和广义庞加莱光束[13] 等。

近年来，人们逐渐意识到对光场的模式调控不应当局限于偏振态这一单个参量，其振幅和相位模式的改变同样会影响光场的空间构型[14] 和偏振态分布[15]，并具有新颖的传播特性[16] 及应用前景[17,18]。因此，光场调控的研究方向由仅实现偏振态单一参量的调控向可实现偏振、相位、振幅多模态独立调控的方向进行转变，同时也在提高调控效率方面提出了更高要求。最近人们对矢量光场的优化生成方案及矢量光场在三维空间中的结构设计、参量调控与传播特性等方面进行了系统研究，生成了多种三维多模态矢量光场，例如，无衍射贝塞尔光束 (non-diffracting Bessel beam) 的轴上偏振态和强度控制[19]，多聚焦平面的偏振态独立调控[20]，偏振和相位涡旋变化的三维轨迹焦线[21] 等。

传统的光场调控技术集中于利用光束整形或是脉冲整形技术对入射光束或入射脉冲进行调控，调控得到的光场在时间域和空间域内的分布相互独立，即光场在时空域内的分布可以写成时域脉冲与空域光束乘积的形式。随着超快激光技术以及光场调控技术的不断发展，越来越多的研究者开始关注调控生成并利用时空光场。不同于传统光场，时空光场在时空域内的分布相互耦合，这使得时空光场可以具备传统光场所不具备的新型光子学特性。例如，詹其文等[22] 利用光脉冲整形器在空间频率–频率面施加涡旋相位，实现了携带纯的光子横向轨道角动量的光场。这种时空涡旋光场在二次谐波产生过程中满足光子横向轨道角动量守恒[23]。此外，当时空光涡旋与其他光学奇点 (例如空间域内的相位奇点、空间域内的偏振态奇点) 相结合，可以产生具有任意轨道角动量指向以及可以同时携带多种光学奇点的新型时空光场[24]。这些新型时空光场在传播、聚焦条件下可以具备多物理量的复杂时空分布，极大地丰富了未来关于光子自旋–轨道角动量耦合研究的工具库。

1.4 微纳光子学前沿领域概述

微纳光子学这种关注微纳米尺度下的光学和光子学现象、效应和应用的新兴学科，结合了光子学与微纳制备和表征技术的前沿结果，不仅仅是整个光学与光子学学科发展的前沿方向，也是新型光电子产业的重要发展方向。近年来微纳光子学的蓬勃发展，衍生出众多发展良好的前沿领域。本节我们将简要介绍几种典型微纳光子学前沿领域的发展历程、研究现状和前景展望。

1.4.1 微波光子学

微波光子学 (microwave photonics) 是传统微波技术和光子学结合的产物。随着微波技术的发展，频谱资源日益紧缺，开发、拓展新的可用频段成为微波学科最前沿的研究课题。然而，随着微波频率的增加，微波传输介质的传输损耗显著增加，这导致使用频率的高频扩展受限。除传输之外，高频电磁波的产生和处理也受到电子器件速率瓶颈的限制。于是，人们开始考虑采用光子学的理论与技术解决微波领域利用传统电子学方法难以解决的问题。为了解决其中的基本理论和关键技术问题，形成了一个新兴交叉学科——微波光子学。

在微波光子学中，微波光子链路取代了传统微波链路，作为微波光子系统的基本构成单元，主要完成微波信号与光信号之间的相互转化以及传输的任务。在输入端，微波信号通过电光转换加载到光载波上，被调制的光载波经过光传输介质被传输到接收端，经过光电转换后得到微波输出信号。与传统的微波系统相比，微波光子系统具备带宽大、损耗低、质量轻以及抗电磁干扰等优势，因此可以解决“电子瓶颈”的问题，并且可以实现很多传统微波系统难以实现的功能。微波光子学的基本原理研究可以追溯到微波技术产生的初期。在 20 世纪 70 年代，新型半导体激光器、高速光调制器和探测器以及低损耗光纤的研制成功为微波光子学的发展提供了技术基础。目前，微波光子学已经受到广泛关注，在无线通信、仪器仪表以及国防诸多领域有着重要的应用前景[25]。

微波光子学的研究内容十分广泛，包括微波信号在光域的产生、传输、控制和处理等。利用光学方法产生高频微波信号可以缓解传统微波器件的压力，主要包括光外差法和光电振荡器等方法[26]。光外差法利用两个不同频率的激光信号在光探测器上拍频，从而得到差频微波信号，这一方法的关键技术是降低相位噪声，目前有光注入锁定、光锁相环等技术。光电振荡器则是由激光器、调制器、光延时线 (光纤)、光电探测器、电学放大器与滤波器等构成的微波环形谐振腔，利用其低损耗高品质因子的特性，能够获得超低相噪的微波信号。除了低相噪点频信号之外，微波任意波形信号在雷达、无线通信、软件无线电诸多领域有着广阔的应用前景，基于光学技术微波任意波形的产生有助于突破 “电子瓶颈”，适应未来宽带无线通信、雷达等对高频率、大带宽波形的应用需求[27]。在微波信号传输方面，微波光子技术将微波信号调制到光上，再通过光纤进行传输，这样的系统称为光载射频或光载无线 (radio over fiber, ROF)。与传统微波传输系统相比，光载无线系统具有诸多优势，在国防、有线电视、无线通信等领域具有许多实际应用[28]。微波光子学在微波信号的控制方面同样具有重要应用。传统相控阵雷达是采用电子移相器阵列实现微波信号的相位控制，其相移量在不同微波频段下会发生偏差，从而导致雷达波束的斜视效应，采用光学真延时技术可以实现频率无关的相位控制，从而突破瞬时带宽的限制[29]。在信号处理方面，微波光子滤波器利用光学系统实现对微波频段的滤波，不但能够处理高频微波信号，还兼具可调谐、可重构等传统电子学方法难以企及的优点[30]。在某些适合采用数字信号处理技术的场合，还可以采用光学时间拉伸技术，利用光子处理过程减慢电信号速度，从而改善电子模数转换器的性能[31]。

目前的微波光子系统仍主要由分立器件构成，因此在系统稳定性、可靠性、功耗和成本方面仍然存在问题，难以替代现有微波系统全面实现实用化。光子集成技术有助于解决上述问题，将微波光子学推向实用。不仅如此，将光束缚在微小体积之中能够增强光与物质的相互作用，从而为微波光子学的发展提供新的思路。研究人员采用多种材料系统地进行了微波光子集成研究，而近年来的大部分工作是基于三个单片集成材料平台，即磷化铟、绝缘体上硅和氮化硅。这些单一材料平台难以提供微波光子系统所需的全部性能。通过混合集成或异质集成，将不同的材料平台结合起来以充分发挥各自的优势，将是集成微波光子未来发展的重要方向[32]。

1.4.2 生物光子学

随着激光和光电子技术的进步，产生了许多基于光学的生物学研究技术和方法，对生物学的基础研究和发现有着巨大的贡献。生物光子学 (biophotonics) 是利用光子研究生命的科学，涉及生物学应用的光子技术可以分为三大类：显微成像技术、非成像测量分析技术和细胞操控技术。显微成像技术包括激光扫描共聚焦显微术 (laser scanning confocal microscopy)、双光子荧光显微术和近场光学扫描显微术。激光扫描共聚焦显微术使得深度分辨的显微成像成为现实，可以用来收集三维信息；双光子技术不仅增强了荧光显微术的能力，而且有利于在细胞内部实现空间局域化的光化学；近场显微术作为一种非成像技术，能够获得远小于光的衍射极限的纳米级分辨率。非成像测量分析技术包括流动血细胞计数术和生物工程荧光染料术，其中流动血细胞计数术已经成为标准的、临床频繁使用的分析技术。

作为信息的载体，光子在生命科学发展中表现出巨大的潜力和迅速的进展，尤其在活细胞内单分子相互作用的探测中，更是发挥了光探针无毒无害无损伤的优势。通过对动力学过程的探测，在时间分辨精度上能够达到皮秒量级；通过对荧光光谱的探测，可以得到分子结构的变化信息，并揭示化学反应的动力学过程；通过探测光子穿透生物组织时的散射光，可以得到生物组织的结构信息。随着捕获光子数目的增加，探测分辨率将得到进一步的提升，例如荧光相关光谱 (fluorescence correlation spectroscopy, FCS) 探测就利用高灵敏度微光取像的特点提高了微弱光信息处理数据的可靠性。FCS 是一种对于分子荧光物理参数瞬时细微涨落的探测及其与时间相关处理的技术。自相关分析提供了时间序列信号的自相似性，即描述了它所携带信号持续的时间。FCS 技术记录的荧光分子的涨落是由荧光分子扩散进入和逃出一个小的激发体积形成的，其中激发体积的大小由聚焦激发光的质量所决定。假设激发光是稳定的，则荧光强度的涨落被定义为信号时间平均值的偏离。探测这些偏离可以获得的化学和物理参数是局部浓度、迁移率系数、结合和分离比例常数，以及酶动力学参数。任何一种最初测量参数的改变，例如荧光亮度和迁移率的变化都可以作为一种反应被测量和显示。由于这种方法具有小于 0.5 μm 的分辨率，可在活细胞区域内进行选择性测量，对于探测受体–配体在细胞膜上的相互作用，尤其是对于局部分子动力学的观测提供了环境参数、pH 或黏度参数的探测途径，这种多用途的技术对于定量评估生物系统中小分子相互作用和动力学的研究具有巨大的吸引力。此外，与单光子 FCS 相比较，双光子激发在获得同样的信号水平时却减小了照明区的光子漂白，因此可以较长时间捕获数据。

为了获得突破衍射极限的图像分辨率，可以采用负折射率透镜、结构光照明、荧光的非线性相互作用、多种超短脉冲激光交替激发和时间分辨取样等方法。此外，利用荧光蛋白分子之间相互作用所引起的光谱特征的变化，例如荧光共振能量转移 (fluorescence resonance energy transfer, FRET) 可以实现超分辨的距离估算。自从绿色荧光蛋白及其变体出现之后，FRET 逐渐成为探测研究活细胞中蛋白分子之间相互作用的有力武器。利用光学强度成像测量、光谱测量和寿命测量，在显微术方面，从远场到近场光学显微术，从全场成像到点扫描成像都可以获得 FRET 的成像信息。例如，Ha 等利用光漂白方法获得了溶液中 FRET 的效率[33]。为了解决复杂生物系统中的分子相互作用问题，人们添加了第三个荧光图案，利用三色 FRET 实现了三维的测量和视见，并研究了 DNA 的动力学问题。例如，Lee 等利用多束超短脉冲交替激发给出了比率计量中校正因子的测量方法[34]。受益于纳秒激光器 ALEX(亚历克斯) 激发模式的设计和应用，两个同步激发的振荡器以 14.7 ns 的间隔给出两束交替激发光束来激发 FRET。利用 ALEX 可以给出供体和受体的化学计量，也可以测量其距离，并把 FRET 可用范围扩展为 0~100%，同时可以探测大分子的亮度、寡聚程度以及指示大分子配合基的相互作用度。FRET 和 FCS 是一种具有统计意义即可信度很高的高灵敏度的非侵入式技术，适用于离体和活体系统探测。对于集群分子行为的探测，由于进行了空间和时间的平均而掩盖了独立分子的个性以及环境异质性的影响，所以活细胞中单分子的探测是今后研究的主要方向。

1.4.3 二维材料纳米光子学

自 2004 年石墨烯发现以来，二维材料以其独特的性质得到广泛的关注[35]。所谓的二维材料是指由一层或几层原子组成的晶体材料家族，其总厚度从一个原子层到几十纳米不等[36]。如今已发现的层状二维纳米材料主要有以下几类: ① 以石墨烯为代表的六元环蜂窝类的二维纳米单原子层晶体；② 以过渡金属硫化物 (MoS_2、WS_2) 和金属卤化物 (PbI、MoCl) 为代表的三原子层；③ 金属氧化物 (MnO_2、MoO_3) 以及双金属氢氧化物 ($Mg_6Al_2(OH)_{16}$)。同时还有一些其他二维层状材料也被报道，例如黑磷、过渡金属碳/氮化合物 (MXenes) 以及硼烯 (borophene) 等。在二维材料的热、电、光、光电特性的研究中发现，二维材料的光学特性尤其引人注目。而二维材料独特的光学性质也使纳米光子学的许多重要器件的应用成为可能。

石墨烯是第一种被广泛研究的具有真正二维性质的材料。由于其在二维量子约束极限下的独特能带结构，这种蜂窝单层碳原子激发了纳米光子学和纳米电子学的许多有趣应用。石墨烯在纳米光子学应用中最吸引人的特征来自于其在狄拉克点附近具有线性色散的零带隙特性。由于其独特的能带结构，石墨烯通过各种类型的光与物质相互作用，在非常宽的光谱范围内对光信号具有高度敏感的响应。在太赫兹和中红外范围，石墨烯支持局域和传播等离子体。由于石墨烯具有可控制的费米能量，所以这种等离子体响应可以通过外部栅极的静电偏置来调谐，而这一特性在传统的金属基等离子体器件中是无法实现的。另外，石墨烯还可以用于构建近红外、可见光和紫外线光谱范围的光电探测器和调制器等[37]。

最近，研究领域见证了另一种二维材料家族的崛起——过渡金属硫化物 (transition metal dichalcogenides, TMDC)，如 MoS_2 和 WS_2。TMDC 层间相互作用为弱范德瓦耳斯力，而面内键为强共价键。因此，块状 TMDC 可以被剥离成类似石墨烯的几层膜，显著扩展二维材料的范围。一些二维 TMDC，如钼和钨基硫簇“硫系”化合物，在多层结构中具有间接带隙，而在单层结构中则成为直接带隙半导体[38]。它们具有相当大且可调谐的带隙 (1～2 eV)，不仅能产生强的光致发光，而且为各种光电应用打开了大门，如光电探测器、能量收集和电致发光，其操作光谱范围与基于石墨烯的器件不同。这种丰富的单分子层半导体家族可以覆盖 1.5～2.5 eV 及以上的能量范围，由于其在单分子层形式的直接带隙，从而为构建具有光产生功能的器件提供了新的机会，如发光二极管 (light emitting diode, LED)。而发光二极管广泛用于显示、照明和传感。由于像 WSe_2 这样的单层 TMDC 是直接带隙半导体，电子和空穴可以很容易地在辐射过程中相互重组以产生光子。在单层 MoS_2 中获得位于接触区域并发生在重 p 掺杂硅衬底上的电致发光场效应晶体管。最近，WS_2 单层横向二极管已通过施加多个独立栅极电压得到证实。通过调谐静电掺杂，可以定义 p-n 和 n-p 二极管，从而产生有效的明亮电致发光[39]。

少层黑磷是一种具有折叠正交晶格的新型二维材料[40]。其各向异性的面内晶格结构降低了其空间对称性，导致其具有高度各向异性的电子和光电子特性。体材料的黑磷具有 0.3 eV 的中等带隙，且带隙随层数的减少单调增大，最终达到 2 eV。因此，对于光电子应用，黑磷可以覆盖从可见光到中红外的广泛光谱。黑磷的直接带隙适中且可调，将零带隙的石墨烯与较宽带隙的 TMDC 连接起来，使黑磷成为未来电子与光电子领域有前景的材料。

原子薄的材料，如石墨烯、过渡金属硫化物和新兴的黑磷，正被开发为广泛的光电器件的基石。这些材料提供了多种选择，包括金属、半金属和半导体，具有小或大的光学间隙，允许不同的和新的应用空间，甚至超出了传统体材料提供的可能。为了充分开发它们的潜力，显然需要对它们的内、外光学行为，如激子学、光学非线性、光响应机制等有更基本的认识。此外，有关二维材料的低光吸收和短的光相互作用长度的问题需要解决。这将开辟新的研究领域，研究这些材料与传统光子元件 (包括腔、波导或等离子体纳米结构) 之间的共生关系。中红外和太赫兹石墨烯等离子体激元的潜力也正在实现，显示出非常吸引人的特性，包括极高的场约束、可调谐性和长寿命，可以作为一个平台，在量子光学领域有效地相互作用。剩下的一个挑战是将可调谐石墨烯光学响应的操作窗口从红外扩展到电磁光谱的其他区域，在那里它可以找到从光学调制、光谱光探测到传感的更大范围的应用。

为此，发展可控、稳定的石墨烯甚至其他二维材料的化学掺杂是非常可取的。除了材料本身的光学特性外，杂化异质结构的可用性也将带来有趣的光学特性，以及包括高效太阳能电池、超快光学调制器或探测器在内的扩展器件功能。在不久的将来，可能会出现二维发光器件或激光器。

1.4.4 拓扑光子学

拓扑光子学 (topological photonics) 的概念起源于凝聚态中的拓扑相和拓扑相变，通过在光学体系中引入拓扑参数来表征结构的相位信息。整数量子霍尔效应的发现极大地推动了物质的拓扑相的发展。在外部垂直强磁场的作用下，Kiltzing 等[41] 首次观测到了量子化的霍尔效应，在实验上发现二维电子气系统中的电子的霍尔电导是量子化的。随后 Thouless 等[42] 在此基础上，对无相互作用电子气的霍尔电导进行了严格的计算，利用布里渊区的陈数 (Chern number) 描述了这种量子化的霍尔电导，从而将两者关联了起来。2008 年，Haldane 和 Raghu[43] 开创性地将拓扑相的研究和光子体系结合起来，通过打破系统的时间反演对称性，将能带的狄拉克点打开，得到了非平庸的拓扑陈数。2009 年，Wang 等[44,45] 基于磁光晶体实现了拓扑非平庸的能带，在实验上观测到了免疫背向散射和拓扑缺陷的光学拓扑边界态，从而证实了此预测。至此以后，拓扑光子学正在兴起，它突破了传统基于实空间光场叠加原理和倒空间固体能带色散理论的光场调控思想，提供了一种新颖的光场调控机制以及丰富的输运和光操控性质。例如，背散射抑制且缺陷免疫的边界输运特性、自旋轨道依赖的选择传输特性、高维度的光场调控等。

近十年来，拓扑光子学的研究发展迅速，涌现出一系列新颖的物理现象，如光量子霍尔效应、光量子自旋霍尔效应、光拓扑角态和光弗洛凯 (Floquet) 拓扑绝缘体等[46]。由于受拓扑保护，光学拓扑绝缘体具有以下一些独特的性质。

(1) 光子的单向传输特性。在传统的光学结构中，光在边界处的传播通常是双向的，遇到散射体时，不可避免地存在背向散射，从而导致大量的能量消耗。而在光学拓扑绝缘体中，光是单向传输的，免疫背向散射，因此可以提升携带数据的效率。

(2) 实现光束的转弯。根据体边对应关系，光学拓扑边界态存在于不同拓扑陈数的两种材料的边界中，因此光子只能沿着两个材料的接缝处，即畴壁传播。由此，我们可以根据需要设计不同的畴壁形状，比如 Z 字形，即使在这种大角度的弯折下，光子也可以自如地传播，实现光束的急转弯。

(3) 免疫拓扑缺陷。在传统的光波导中，如果制造工艺不完美或者存在杂质，光子在传播过程中就会被散射或者吸收，从而造成能量的损耗。因此在制造光学器件时，为了减少缺陷带来的影响，我们需要基于高精度的工艺水平，也就提高了成本。而光学拓扑绝缘体在体材料内是绝缘的，即使存在大量的杂质也不会影响拓扑边界态的稳定传播。瑕疵或者缺陷并不会导致系统的拓扑陈数发生改变，因此对于受拓扑保护的边界态来说，拓扑性质并没有变化，边界态的传输也就不会受影响。这种免疫拓扑缺陷的独特性质，使得光学拓扑绝缘体具有很强的鲁棒性，可以很好地抵抗干扰的影响。

作为一种新型的物质态，光学拓扑绝缘体被寄予厚望，拓扑光子学也因此成为深入研究拓扑效应的重要平台。拓扑光子学在光通信、光场维度调控、光子集成芯片以及光量子计算等研究领域具有广阔的科学研究意义和应用潜力。例如，在光通信领域可以用来构造超稳定的光学传输系统，也可以利用拓扑边界态的鲁棒性设计高效的激光光源[47]。近年来，拓扑光子学新兴的研究领域主要有以下三种[46]：① 在光学体系中引入增益和损耗之后系统的拓扑性质研究，即非厄米拓扑光子学；② 在光学体系中引入非线性效应实现新颖的物理现象，即非线性拓扑光子学；③ 基于高阶拓扑相的高阶拓扑光子学。总的来说，目前拓扑光子学领域的丰富拓扑特性层出不穷，吸引了越来越多的研究人员的关注。

1.5 微纳结构光子器件简介

随着电子器件小型化需求的不断提升，微电子技术的发展受到限制。相对而言，微纳尺度上光学现象及微纳光电子器件的研究起步较晚，但随着光子学与微纳加工技术的发展，对微纳结构光子器件的研究逐渐兴起且受到越来越多的关注。微纳结构光子器件主要研究在微纳尺度下光与物质相互作用的规律及其在光的产生、传输、调控、探测和传感等方面的应用，在片上集成光学器件、光电集成、量子计算、新型光场构筑和极端光场研究与应用等领域取得了许多重要的研究进展。

1.5.1 光学超构表面

超构表面被视为电磁超材料的二维形式，它可以在表面处对电磁波的特性进行有效调控，从而实现自然材料难以表现的各种奇异的电磁现象。2011 年，Capasso 等首次提出超构表面的概念，利用超构表面实现对连续光波的调制，并将光波在超构表面的反射和折射规律总结为广义斯涅耳定律[48]。超构表面的紧凑性好，可集成度高，使之可以采用印刷、光刻等生产方式制备，也可直接和其他设备集成应用。

光学超构表面 (optical metasurface) 的出现为解决三维超构材料所面临的困难提供了崭新的思路。光学超构表面由介质或金属材料的亚波长平面结构阵列组成，这些亚波长结构的集体效应可以模仿传统体光学元件的行为。由于有望构造结构紧凑的高效、多功能光电系统，光学超构表面给光学领域带来了革命性的变革。通过设计其组成单元的几何形状、放置形式和排布方式，光学超构表面可以灵活地调控入射光的振幅、相位、偏振态、角动量和色散等参量[49−51]。关于超构表面的研究已跨越多个学科领域，不仅涉及光与物质相互作用的基础研究，还涉及从固态激光雷达到小型化成像和光谱设备的各种新兴应用。高性能超构表面器件已在从深紫外到太赫兹的全光谱范围内得到了实验验证，并被用于空域和时域的光波操控。

与三维超构材料相比，超构表面的二维属性更容易实现体积更紧凑、损耗更低的光学器件的制备。此外，光通过亚波长厚度的超构表面不像其在三维超构材料中那样更依赖传播效应，因此所带来的色散效应更弱。此外，超薄超构表面往往比三维的超构材料更易与现有的互补金属氧化物半导体技术兼容，因此更容易集成到现有的光电技术中。近几年，人们利用超构表面实现了许多有趣的光学现象，如异常反射和透射、平面透镜成像、光学全息显示、光自旋霍尔效应和涡旋光束等[52−55]。

从目前超构表面动态调控实现方法上来看，超构表面动态调控主要有三种方法。第一，超构表面元件本身是静态器件，对前端入射光场进行动态调制，从而使得重构后产生的光学效应发生变化。第二，利用超构表面自身结构的动态可调特性，例如使用微机电系统 (micro-electromechanical system, MEMS)、可拉伸基底、飞秒激光覆写等多种动态调控结构方案，对超构表面器件产生的光学效果进行动态调节。第三，利用超构表面结构材料本身 (折射率、介电常量、磁导率) 的动态可调特性，例如使用相变材料、化学反应、电压调控、温度调控等多种方法动态调控材料的折射率等参数，对超构表面器件产生的光学响应进行动态调节。

当前，有关超构表面的研究逐渐转向以实际应用为主的相关领域。例如，利用超构表面可实现高效的全息成像[50,56]、高数值孔径物镜[57,58]、产生和测量光的自旋和轨道角动量[59]。此外，非线性光学效应对于进一步拓展超构表面功能集成能力将起到至关重要的作用。通过调控超构功能基元的局域和全局对称性，人们能够以前所未有的自由度对光学超构表面上非线性谐波辐射和四波混频过程进行有效控制。超构表面上所引入的非线性贝里 (Berry) 几何相位和非线性突变相位，可用于非线性光束的波前整形以及全息成像中的信息复用等。

随着光学超构表面功能和性能的进一步发展，我们预计更多的应用及新物理现象会不断涌现。结合半导体中丰富的元激发物理可能会为量子电子学的研究开辟出新的研究方向。例如，基于过渡金属硫化物半导体薄膜或者其他二维材料等所制备而成的超构表面，在太赫兹光源泵浦下可借助带间跃迁和等离激元共振效应进而高效率地产生高次谐波。另外，光学超构表面也会在量子光学领域的应用获得更多关注。例如，非线性光学晶体在参量下转换过程中产生的纠缠光子对量子通信过程等起着关键作用。尽管人们可以使用各种相位匹配方案来操纵纠缠光子的偏振态，但是用于高维信息编码的光子波前整形仍然高度依赖光学空间光调制器，而目前空间光调制器的尺寸严重限制了量子芯片集成等应用。我们期望未来可能出现的集成了超构光学表面与传统量子光源的新型器件，即同时拥有操控光子偏振态和波前能力的非线性量子超构表面。

1.5.2 片上集成光学器件

作为人为设计的电磁界面，光学超表面可以控制和操纵光的许多基本特性，如振幅、相位和偏振等[51,54]。它由亚波长的光学天线阵列组成，这些天线与入射的电磁场发生共振。超表面设计中涉及的主要物理机制包括波导传输中利用附加散射或者共振结构进行相位梯度调控，通过超表面引入额外相位差实现相位匹配，将介质波导与金属天线的表面等离激元结合，利用等离激元的洛伦兹线型共振调控波导的传输模式，以及波导模式之间通过超表面进行转换。

随着工程计算、数据分析和云计算的快速发展，对超高速和节能计算的需求呈指数级增长，因此对具有超快时间响应、超低能耗的片上集成全光信号处理芯片的研究具有十分重要的意义。光子集成回路为光信息处理提供了有力的平台。然而，可靠的大规模系统集成面临较大的挑战，包括缩小器件尺寸、增加器件工作带宽、提高稳定性，以及减少器件插入损耗。片上超表面的出现结合了光子学和电子学的优点，打破了衍射极限，通过将光场压缩至亚波长尺度来研究光与物质的相互作用。因此，近几年，逐渐发展了片上超表面的设计研究工作，以操控片上光信号传输的自由度，进而实现小尺寸、宽带以及低损耗的片上集成光子计算芯片。

目前片上超表面的设计方法主要包括：① 利用有效介质理论简化超表面结构，将结构转化为折射率分布，在此基础上利用几何光学的知识完成对结构的设计；② 使用传输矩阵描述光学模式传播，将超表面结构与传输矩阵元联系，通过优化传输矩阵来优化结构，或者通过目标传输矩阵来搜寻所需要的结构尺寸；③ 使用反向设计，利用优化目标在预定参数空间中搜索最优解，之后评估最优解对应的超表面结构性能好坏。利用上述设计方法，可设计出各种片上超表面结构，实现模式分离、光场耦合、模式转换、波前调控等多种功能。例如，Xu 等利用超表面结构实现了硅波导中横磁模与横电模的高效率分束[60]；Su 等利用超表面对三个波长光实现了高透射率分束[61]；Cheben 等实现了带宽大于 100 nm 的任意偏振态光的波导耦合器[62]；Meng 等实现了任意偏振自由光场耦合器[63]；Yao 等利用超表面实现了宽带高效硅波导模式转换器[64]；Guo 等利用超表面实现了任意横电模式间模式转换器[65]；Wang 等实现了聚焦效率超过 79%的片上单波长透镜[66]；Liao 等实现了片上无色散透镜[67]；Li 等利用梯度调控实现了氮化硅波导的非对称传播[68]。

集成纳米光子器件中的应用研究主要有如下发展方向：① 时变超表面，利用时变梯度在频率上提供类似多普勒的偏移，实现非互易反射镜、无磁隔离器和超快光束控制等相关应用；② 动态可重构超表面，结合新型光学非线性材料或相变材料以大幅提升对光场的控制能力，从而实现器件功能的可重构性；③ 量子超表面，将超表面平台与量子网络系统相结合。相比于传统的光学器件，超表面具有体积小、便于集成、耦合或转换效率高、调控精确、实际测试方便诸多优势，这为下一代片上集成光子器件提供了新的构建途径，对未来现代光子技术领域的推动具有至关重要的意义。

1.5.3　人工智能超材料

人工智能本质上是一门让机器通过学习从而模拟人的决策过程和行为的学科，其技术实现从算法角度来看依赖于机器学习算法。作为增长最快的机器学习方法，深度学习在计算机中使用多层神经网络结构，并通过抽象的特征来表征各种数据，因此这种类脑结构使得其尤其适合用于处理人工智能的各种任务，并已具有可以媲美甚至超过人类专家的性能。随着通信技术的不断发展，日常所需处理的各种信息日益增多，人们越来越意识到人工智能系统的重要性。超材料对电磁波具有极其灵活的调控特性，在实现电磁信息处理的智能化方面被人们寄予了厚望。但是早期的超材料设计主要基于等效介质理论，其核心是把要实现的物理现象或功能和所需要的介质参数联系起来以构建超材料的等效介质，即在材料属性的模拟域进行设计，超材料制作完成后其电磁特性就已固定，这无疑限制了超材料和人工智能的结合。2014 年，Cui 等[69] 提出了编码超材料、数字超材料和可编程超材料的概念，将超材料基本单元的相位响应编码为数字 0 和 1，每个单元的编码状态可以通过现场可编程门阵列进行实时切换，由此实现了超材料设计从模拟域到数字域的转移，并进一步扩展出信息超材料的概念。这种数字化表征超材料的方法已经被用于灵活调控电磁波的振幅分布[70]、偏振[71] 和轨道角动量[72] 等，并实现了很多传统超材料难以实现的系统应用，例如时空编码数字系统[73]、新型无线通信系统[74] 以及智能成像系统[75] 等。这种信息超材料将人工智能引入超材料的数字化设计中，且可编程门阵列有利于电磁波的数字化智能表征和处理，因此信息超材料可以为超材料的智能化提供非常理想的平台。

长远来看，智能超材料兼具物理调控和信息调控的双重功能，可填补信息系统中模拟系统和数字系统之间的沟壑，会对通信、计算和控制等领域产生重要影响。因此，一个重要研究方向是研究人工智能超材料的大容量保密通信、低功耗高效率计算以及人机一体控制等。另外，高密度分布式智能超材料作为人类社会与自然环境的重要组成部分，将会改变信息产生、传输、接收和存储的模式，因此需要研究智能超材料的信息容量以及其与自然、社会的相互作用机理和模式。

1.5.4　光学微腔

传统光学腔由两个或多个反射镜构成，当光波在反射镜间不断反射，并在一个折返周期内产生波长整数倍光程时，便可形成共振模式。在光学领域的基础研究和工程技术应用方面，许多突破性进展均是基于光学腔取得的。例如，1960 年，

Meiman 基于法布里–珀罗腔 (Fabry-Perot cavity) 制成了第一台红宝石激光器；2015 年，人类首次实现对引力波的观测，而这也得益于法布里–珀罗腔对干涉仪灵敏度的极大改善。近年来，随着微米及纳米尺度光子结构的不断发展，出现了诸如微球腔、微环腔、光子晶体纳腔、表面等离激元纳腔。光学微腔是一种能够把光场限制在微米量级区域中的光学谐振腔。它利用在介电常量不连续的材料界面的反射、散射或衍射，将光能量限制在很小的区域内来回振荡，从而增加光子寿命，减少光场模式数目。随着薄膜制备工艺的提高，研究者们将微波理论和激光技术相结合，采用微纳加工技术在各种均匀的光学材料中制备出各种波长尺度的结构来控制光信号的传播或产生新的物理效应，从而创造出新型光子学器件。微腔型光电子器件正是基于此背景提出的。这类器件具有尺寸小、易于集成、功耗低以及品质因子高等优点，在信号的发射、处理和传感等方面表现出很大的前景，例如高性能光源、光存储器、光开关、密集波分复用系统的上下载滤波器以及生化传感器等。除此之外，由于光学微腔可以在极小的空间内产生巨大的光强，同时降低了腔内模式数目，影响腔内物质原子的自发辐射特性，从而在揭示物质世界本质的自然科学领域也有着重要应用。

依据工作介质的不同，可将光学微腔分为有源微腔和无源微腔两种。“有源”是指腔内的工作介质具有增益，这类微腔在外部光激励或者电激励时通过谐振腔的模式选择产生激光出射；“无源”指腔内工作介质无增益，这种微腔主要通过微腔的本征光学模式选择对入射光进行调制，如应用于信号处理中的滤波器、光开关或者传感器等。根据腔体对光场限制机理的不同，又可将光学微腔分为法布里–珀罗微腔、光子晶体微腔、回音壁式微腔等。对于法布里–珀罗微腔，其有源区多为量子阱材料，有源区上下两边分别由具有极高反射率的反射镜组成，光在两个反射镜中反射形成谐振。法布里–珀罗微腔的反射镜多为分布式布拉格反射器 (Bragg reflector)。对于法布里–珀罗微腔，由于其腔长短、单程增益小，所以只有法布里–珀罗腔镜面具有很高的反射率时才能形成高品质因子腔。对于半导体材料来说，由于各层材料之间的折射率相差较小，单层分布式布拉格反射器的反射率较低，所以一般需要精密生长二十对左右的分布式布拉格反射器才能达到 99% 以上的镜面有效反射率。而且，由于法布里–珀罗微腔激光器的出光方向垂直于表面，非常适合于制作高密度的二维激光器阵列。其中，具有代表性的法布里–珀罗微腔激光器是垂直腔面反射激光器。对于光子晶体微腔，光子晶体是一种具有周期性介电常量的材料，这是由于光子带隙的存在使得只有特定波长的光才能通过。当周期结构中引入缺陷形成一个微腔，光子带隙中出现相应的缺陷态能级，频率在缺陷能级的光在光子晶体中沿着缺陷传播或局域化振荡，因此可以像法布里–珀罗微腔一样控制光场的分布。由于这种腔是在周期性结构中人工引入的缺陷，它的模式体积非常小，并且通过微纳加工技术准确地控制缺陷腔的形状和谐振波长，从而在激光器、滤波器、传感器和量子信息领域得到了广泛应用。对于回音壁式微腔，光波在腔内沿环形回路形成谐振，并通过腔内高折射率介质与外部低折射率介质所构成的全反射界面来形成对光的强限制。按腔的形状，回音壁式微腔可分为环形腔和多边形腔，其中环形腔包括微球、微盘、微环和微柱等，而多边形腔则包括三角形、四边形，甚至六边形腔。

近年来，随着微纳加工技术和半导体工艺的逐渐成熟，光学微腔得到了快速发展，其具有品质因子高、谱宽窄、有效模体积小、振荡阈值低等一系列突出优势。在低阈值激光器领域中，在光学微腔中光子与腔内原子发生量子相互作用，使得原子的自发辐射概率大大提高，明显降低了微腔的振荡阈值。Takahashi 等[76]通过光子晶体线缺陷腔成功制备了低阈值拉曼硅基激光器，当泵浦功率达到几微瓦时即可产生拉曼激光输出。在滤波器领域中，Little 等[77] 提出了基于波导和微环腔的耦合系统，使用一个波导与微环耦合作为输入端，同时微环再与另一个波导耦合作为输出，从而实现通信信道中的滤波。在生物探测领域中，外界环境的扰动会导致回音壁式微腔谱线的位置变化显著，很容易被观测到，从而实现对某些特殊参数的检测。在腔量子电动力学领域中，自 1916 年爱因斯坦首次提出自发辐射概念后，很长一段时间内，人们都认为自发辐射是原子的固有性质，不可改变。实际上，自发辐射是原子与真空电磁量子涨落的相互作用过程。当原子处于尺度在波长量级的微腔中，由于腔内真空的量子起伏受到腔体边界条件的制约，原子的自发辐射特性发生改变。腔量子电动力学就是要研究微腔中原子与光场的量子相互作用过程，对量子光学的发展具有十分重要的意义。当原子体系与腔内电磁场相互作用处于弱耦合状态下时，谐振腔内的自发辐射会产生增强或抑制等效应。当两者处于强耦合状态下时，系统处在非经典的状态下，在这种状态下出现了单原子激光、光子阻塞、真空拉比劈裂以及拉比振荡等一系列量子现象。基于这些现象，新型灵敏光电子器件、纠缠操控以及可控单光子源都得到了快速发展。

可以预见的是，随着材料制备和加工工艺的改进，光学微腔将成为把不同材料体系的优势结合在一起的混杂体系的枢纽。例如，电注入的激光，单光子源和纠缠光源，基于非线性光学效应的超快光开关和调制器，腔量子电动力学的量子逻辑门和量子态制备，光机械体系的量子存储器，以及光机械作用中介的微波和光学不同频段的接口。在不久的将来，光学微腔有望从实验室走向市场，并产生可观的经济效益。

1.6 本书内容概述

综上所述，微纳光子学主要研究在微纳尺度下光与物质相互作用的规律及光的产生、传输、调控、探测和传感等方面的应用。微纳加工与集成技术的快速发展和微纳表征技术的日趋成熟，促进了微纳光子学从基础研究到诸如光电子、光通信、光信息领域的工程技术应用。

为培养光学工程、物理电子学及相关专业研究生，我们在长期从事科学研究、研究生培养以及为研究生开设“微纳光子学”课程的基础上，编著了这本《微纳光子学——从基础到应用》教科书。本书主要介绍微纳光子学自 20 世纪末以来新发展的理论、技术和应用，如等离激元光学、光场的偏振态调控和微纳光子器件。同时还涉及多种微纳表征技术，如高数值孔径物镜成像、近场光学显微和远场光学表征技术。本书各章内容简要概述如下。

第 1 章简要介绍了微纳表征技术、光场调控技术、微纳光子学前沿领域和微纳结构光子器件。

第 2 章从惠更斯–菲涅耳原理出发，将介绍基于傍轴近似下的衍射成像理论，重点学习高数值孔径物镜聚焦的德拜理论、矢量德拜理论和理查德–沃尔夫矢量衍射理论。

第 3 章介绍阿贝成像理论和近场光学成像的发展历程，然后学习几种近场光学显微术，包括固体浸没显微术、表面等离激元显微术、近场扫描光学显微术和无孔近场扫描光学显微术。

第 4 章介绍远场光学表征技术，从发展历程、工作原理、系统组成和典型应用等方面，依次介绍共聚焦显微术、白光干涉术、椭偏测量术和受激发射损耗显微术。

第 5 章首先回顾等离激元光学的基本概念和物理特性，其次学习多种相位匹配技术和激发/观测装置，最后介绍表面等离激元光学在诸多领域的应用。

第 6 章首先介绍几种光场偏振态的表示方法，其次介绍多种类型的矢量光场及实验生成技术，再次是学习矢量光场的紧聚焦特性，最后了解矢量光场的应用。

第 7 章首先介绍光学天线的概念，然后介绍微纳光子器件在增强局域光场、调控点源辐射场、检测手性物质和生成结构色等多个领域的应用。

参 考 文 献

[1] Prasad P N. Nanophotonics[M]. Hoboken: John Wiley & Sons, 2004.

[2] Pohl D. Operation of a ruby laser in the purely transverse electric mode TE_{01}[J]. Applied Physics Letters, 1972, 20(7): 266, 267.

[3] Mushiake Y, Matsumura K, Nakajima N. Generation of radially polarized optical beam mode by laser oscillation [J]. Proceedings of the IEEE, 1972, 60(9): 1107-1109.

[4] Dorn R, Quabis S, Leuchs G. Sharper focus for a radially polarized light beam[J]. Physical Review Letters, 2003, 91(23): 233901.

[5] Wang H, Shi L, Lukyanchuk B, et al. Creation of a needle of longitudinally polarized light in vacuum using binary optics[J]. Nature Photonics, 2008, 2(8): 501-505.

[6] Kozawa Y, Sato S. Focusing property of a double-ring-shaped radially polarized beam[J]. Optics Letters, 2006, 31(6): 820-822.

[7] Zhao Y, Zhan Q, Zhang Y, et al. Creation of a three-dimensional optical chain for controllable particle delivery[J]. Optics Letters, 2005, 30(8): 848-850.

[8] Wang X, Li Y, Chen J, et al. A new type of vector fields with hybrid states of polarization[J]. Optics Express, 2010, 18(10): 10786-10795.

[9] Lerman G M, Stern L, Levy U. Generation and tight focusing of hybridly polarized vector beams[J]. Optics Express, 2010, 18(26): 27650-27657.

[10] Beckley A M, Brown T G, Alonso M A. Full Poincaré beams[J]. Optics Express, 2010, 18(10): 10777-10785.

[11] Milione G, Sztul H I, Nolan D A, et al. Higher-order Poincaré sphere, stokes parameters, and the angular momentum of light[J]. Physical Review Letters, 2011, 107(5): 053601.

[12] Yi X, Liu Y, Ling X, et al. Hybrid-order Poincaré sphere [J]. Physical Review A, 2015, 91(2): 023801.

[13] Ren Z, Kong L, Li S, et al. Generalized Poincaré sphere[J]. Optics Express, 2015, 23(20): 26586-26595.

[14] Bandres M A, Gutiérrez-Vega J C. Vector Helmholtz-Gauss and vector Laplace-Gauss beams[J]. Optics Letters, 2005, 30(16): 2155-2157.

[15] Liu Z, Liu Y, Ke Y, et al. Generation of arbitrary vector vortex beams on hybrid-order Poincaré sphere[J]. Photonics Research, 2017, 5(1): 15-21.

[16] Bouchal Z, Olivík M. Non-diffractive vector Bessel beams[J]. Journal of Modern Optics, 1995, 42(8): 1555-1566.

[17] Cheng W, Haus J W, Zhan Q. Propagation of vector vortex beams through a turbulent atmosphere[J]. Optics Express, 2009, 17(20): 17829-17836.

[18] Milione G, Nguyen T A, Leach J, et al. Using the nonseparability of vector beams to encode information for optical communication[J]. Optics Letters, 2015, 40(21): 4887-4890.

[19] Cizmár T, Dholakia K. Tunable Bessel light modes: engineering the axial propagation[J]. Optics Express, 2009, 17(18): 15558-155570.

[20] Chen H, Zheng Z, Zhang B, et al. Polarization structuring of focused field through polarization-only modulation of incident beam[J]. Optics Letters, 2010, 35(16): 2825-2827.

[21] Chang C, Gao Y, Xia J, et al. Shaping of optical vector beams in three dimensions[J]. Optics Letters, 2017, 42(19): 3884-3887.

[22] Chong A, Wan C, Chen J, et al. Generation of spatiotemporal optical vortices with controllable transverse orbital angular momentum[J]. Nature Photonics, 2020, 14(6): 350-354.

[23] Gui G, Brooks N J, Kapteyn H C, et al. Second-harmonic generation and the conserva-

tion of spatiotemporal orbital angular momentum of light[J]. Nature Photonics, 2020, 15(8): 608-613.

[24] Chen J, Wan C, Chong A, et al. Experimental demonstration of cylindrical vector spatiotemporal optical vortex[J]. Nanophotonics, 2021, 10(18): 4489-4495.

[25] Capmany J, Novak D. Microwave photonics combines two worlds[J]. Nature Photonics, 2007, 1(6): 319-330.

[26] Yao J. Microwave photonics[J]. Journal of Lightwave Technology, 2009, 27(3): 314-335.

[27] Li M, Azaña J, Zhu N, et al. Recent progresses on optical arbitrary waveform generation[J]. Frontiers of Optoelectronics, 2014, 7(3): 359-375.

[28] Novak D, Waterhouse R B, Nirmalathas A, et al. Radio-over-fiber technologies for emerging wireless systems[J]. IEEE Journal of Quantum Electronics, 2015, 52(1): 1-11.

[29] Pan S, Zhang Y. Microwave photonic radars[J]. Journal of Lightwave Technology, 2020, 38(19): 5450-5484.

[30] Fandiño J S, Muñoz P, Doménech D, et al. A monolithic integrated photonic microwave filter[J]. Nature Photonics, 2017, 11(2): 124-129.

[31] Valley G C. Photonic analog-to-digital converters[J]. Optics Express, 2007, 15(5): 1955-1982.

[32] Marpaung D, Yao J, Capmany J. Integrated microwave photonics[J]. Nature Photonics, 2019, 13(2): 80-90.

[33] Ha T, Ting A Y, Liang J, et al. Single-molecule fluorescence spectroscopy of enzyme conformational dynamics and cleavage mechanism[J]. Proceedings of the National Academy of Sciences, 1999, 96(3): 893-898.

[34] Lee N K, Kapanidis A N, Wang Y, et al. Accurate FRET measurements within single diffusing biomolecules using alternating-laser excitation[J]. Biophysical Journal, 2005, 88(4): 2939-2953.

[35] Novoselov K S, Geim A K, Morozov S V, et al. Electric field effect in atomically thin carbon films[J]. Science, 2004, 306(5696): 666-669.

[36] Xia F, Wang H, Xiao D, et al. Two-dimensional material nanophotonics[J]. Nature Photonics, 2014, 8(12): 899-907.

[37] Zhao H, Guo Q, Xia F, et al. Two-dimensional materials for nanophotonics application[J]. Nanophotonics, 2015, 4(1): 128-142.

[38] Yang S, Tongay S, Yue Q, et al. High-performance few-layer Mo-doped $ReSe_2$ nanosheet photodetectors[J]. Scientific Reports, 2014, 4: 5442.

[39] Sundaram R S, Engel M, Lombardo A, et al. Electroluminescence in single layer MoS_2[J]. Nano Letters, 2013, 13(4): 1416-1421.

[40] Tran V, Soklaski R, Liang Y, et al. Layer-controlled band gap and anisotropic excitons in few-layer black phosphorus[J]. Physical Review B, 2014, 89(23): 235319.

[41] Klitzing K V, Dorda G, Pepper M. New method for high-accuracy determination of the fine-structure constant based on quantized Hall resistance[J]. Physical Review Letters, 1980, 45(6): 494-497.

[42] Thouless D J, Kohmoto M, Nightingale M P, et al. Quantized Hall conductance in a two-dimensional periodic potential[J]. Physical Review Letters, 1982, 49(6): 405-408.

[43] Haldane F D M, Raghu S. Possible realization of directional optical waveguides in photonic crystals with broken time-reversal symmetry[J]. Physical Review Letters, 2008, 100(1): 013904.

[44] Wang Z, Chong Y D, Joannopoulos J D, et al. Reflection-free one-way edge modes in a gyromagnetic photonic crystal[J]. Physical Review Letters, 2008, 100(1): 013905.

[45] Wang Z, Chong Y, Joannopoulos J D, et al. Observation of unidirectional backscattering-immune topological electromagnetic states[J]. Nature, 2009, 461(7265): 772-775.

[46] 王洪飞, 解碧野, 詹鹏, 等. 拓扑光子学研究进展 [J]. 物理学报, 2019, 68(22): 224206-224218.

[47] Dikopoltsev A, Harder T H, Lustig E, et al. Topological insulator vertical-cavity laser array[J]. Science, 2021, 373(6562): 1514-1517.

[48] Yu N, Genevet P, Kats M A, et al. Light propagation with phase discontinuities: generalized laws of reflection and refraction[J]. Science, 2011, 334(6054): 333-337.

[49] Liu L, Zhang X, Kenney M, et al. Broadband metasurfaces with simultaneous control of phase and amplitude[J]. Advanced Materials, 2014, 26(29): 5031-5036.

[50] Arbabi A, Horie Y, Bagheri M, et al. Dielectric metasurfaces for complete control of phase and polarization with subwavelength spatial resolution and high transmission[J]. Nature Nanotechnology, 2015, 10(11): 937-943.

[51] Shitrit N, Yulevich I, Maguid E, et al. Spin-optical metamaterial route to spin-controlled photonics[J]. Science, 2013, 340(6133): 724-726.

[52] Ni X, Emani N K, Kildishev A V, et al. Broadband light bending with plasmonic nanoantennas[J]. Science, 2012, 335(6067): 427.

[53] Ni X, Kildishev A V, Shalaev V M. Metasurface holograms for visible light[J]. Nature Communications, 2013, 4: 2807.

[54] Lin D, Fan P, Hasman E, et al. Dielectric gradient metasurface optical elements[J]. Science, 2014, 345(6194): 298-302.

[55] Huang Y, Chen W, Tsai W, et al. Aluminum plasmonic multicolor meta-hologram[J]. Nano Letters, 2015, 15(5): 3122-3127.

[56] Zheng G, Mühlenbernd H, Kenney M, et al. Metasurface holograms reaching 80% efficiency[J].Nature Nanotechnology, 2015, 10(4): 308-312.

[57] Aieta F, Kats M A, Genevet P, et al. Multiwavelength achromatic metasurfaces by dispersive phase compensation[J]. Science, 2015, 347(6228): 1342-1345.

[58] Khorasaninejad M, Chen W, Devlin R C, et al. Metalenses at visible wavelengths: diffraction-limited focusing and subwavelength resolution imaging[J]. Science, 2016, 352(6290): 1190-1194.

[59] Martínez A. Polarimetry enabled by nanophotonics[J]. Science, 2018, 362(6416): 750-751.

[60] Xu H, Dai D, Shi Y. Metamaterial polarization beam splitter: ultra-broadband and

ultra-compact on-chip silicon polarization beam splitter by using hetero-anisotropic metamaterials [J]. Laser & Photonics Reviews, 2019, 13(4): 1970021.

[61] Su L, Piggott A Y, Sapra N V, et al. Inverse design and demonstration of a compact on-chip narrowband three-channel wavelength demultiplexer[J]. ACS Photonics, 2018, 5(2): 301-305.

[62] Cheben P, Schmid J H, Wang S, et al. Broadband polarization independent nanophotonic coupler for silicon waveguides with ultra-high efficiency[J]. Optics Express, 2015, 23(17): 22553-22563.

[63] Meng Y, Hu F, Liu Z, et al. Chip-integrated metasurface for versatile and multi-wavelength control of light couplings with independent phase and arbitrary polarization[J]. Optics Express, 2019, 27(12): 16425-16439.

[64] Yao C, Wang Y, Zhang J, et al. Dielectric nanoaperture metasurfaces in silicon waveguides for efficient and broadband mode conversion with an ultrasmall footprint[J]. Advanced Optical Materials, 2020, 8(17): 2000529.

[65] Guo J, Ye C, Liu C, et al. Ultra-compact and ultra-broadband guided-mode exchangers on silicon[J]. Laser & Photonics Reviews, 2020, 14(7): 2000058.

[66] Wang Z, Li T, Chang L, et al. On-chip wavefront shaping with dielectric metasurface[J]. Nature Communications, 2019, 10(1): 3547.

[67] Liao K, Gan T, Hu X, et al. AI-assisted on-chip nanophotonic convolver based on silicon metasurface[J]. Nanophotonics, 2020, 9(10): 3315-3322.

[68] Li Z, Kim M H, Cheng W, et al. Controlling propagation and coupling of waveguide modes using phase-gradient metasurfaces[J]. Nature Nanotechnology, 2017, 12(7): 675-683.

[69] Cui T, Qi M, Wan X, et al. Coding metamaterials, digital metamaterials and programmable metamaterials[J]. Light: Science & Applications, 2014, 3(10): e218.

[70] Wu R, Zhang L, Bao L, et al. Digital metasurface with phase code and reflection-transmission amplitude code for flexible full-space electromagnetic manipulations[J]. Advanced Optical Materials, 2019, 7(8): 1801429.

[71] Ma Q, Shi C, Bai G, et al. Beam-diting coding metasurfaces based on polarization bit and orbital-angular-momentum-mode bit[J]. Advanced Optical Materials, 2017, 5(23): 1700548.

[72] Han J, Li L, Yi H, et al. 1-bit digital orbital angular momentum vortex beam generator based on a coding reflective metasurface[J]. Optical Materials Express, 2018, 8(11): 3470-3478.

[73] Zhang L, Chen X, Liu S, et al. Space-time-coding digital metasurfaces[J]. Nature Communications, 2018, 9(1): 4334.

[74] Zhao J, Yang X, Dai J, et al. Programmable time-domain digital-coding metasurface for non-linear harmonic manipulation and new wireless communication systems[J]. National Science Review, 2019, 6(2): 231-238.

[75] Li L, Ruan H, Liu C, et al. Machine-learning reprogrammable metasurface imager[J].

Nature Communications, 2019, 10(1): 1082.
[76] Takahashi Y, Inui Y, Chihara M, et al. A micrometre-scale Raman silicon laser with a microwatt threshold[J]. Nature, 2013, 498(7455): 470-474.
[77] Little B E, Chu S T, Haus H A, et al. Microring resonator channel dropping filters[J]. Journal of Lightwave Technology, 1997, 15(6): 998-1005.

第 2 章 高数值孔径物镜成像

透镜或透镜组合的成像性能可用几何光学和傅里叶光学来描述。该近似适用于数值孔径不大的成像透镜 (物镜)。在这种情况下，诸如切趾、退偏和像差等许多效应可以忽略。当透镜的数值孔径大于 0.7 时，这些效应变得明显，需要在成像理论中考虑切趾、退偏和像差等效应。本章将介绍高数值孔径物镜的成像理论，其中 2.1~2.7 节主要参考自文献 [1]。

2.1 背景介绍

自 1960 年激光器发明以来，光学显微术发生了巨大的变化。现代光学显微术已经成为一种多维技术；它不仅可以提供被检测样品的高分辨率空间信息，还可以提供样品的时间、光谱和其他物理特性。现代光学显微术的重要进展之一是激光扫描共聚焦显微术[2]。在共聚焦扫描显微术中，样品由衍射极限点照明，照明点的信号由一个被针孔遮住的探测器收集。在空间扫描样品时，可以在计算机中记录样品相关信息的映像。根据瑞利判据，共聚焦显微术的横向分辨率提高了 1.4 倍[2]。共聚焦显微术的主要优点是其三维成像特性。因此，现在可以对一定厚度的样品进行成像，而在传统光学显微术中，厚样品的图像会变得模糊。为了理解共聚焦显微术的成像性能，发展了透镜的三维成像理论，包括三维传递函数的概念[2]。本书的 4.2 节将介绍相关共聚焦显微术的原理和应用。

超短脉冲激光束由一系列时间宽度从几飞秒到几皮秒的光脉冲组成。将超短脉冲激光束引入到光学显微术，产生了时间分辨的光学显微术。这种新技术已被证实具有优势，因为它可以在显微镜下提供样品的动态信息 (例如寿命)。共聚焦显微术和超短脉冲激光束的结合产生了四维光学显微术。更重要的是，由于超短脉冲激光束的高峰值功率密度，可以从样品中激发非线性辐射。如果样品的非线性辐射在显微镜中成像，那么这样的图像不仅可以显示样品的超分辨结构，还可以显示新的对比机制。该技术称为非线性光学显微术，包括双光子荧光显微术，已成为生物学研究的重要工具之一。由于超短脉冲激光束的波长范围很宽，所以透镜或物镜引起的材料色散不容忽视。为了研究超短脉冲激光束对显微成像的影响，已经发展了存在色差的透镜成像理论[1,2]。

尽管共聚焦显微术相较于传统光学显微术提供了更好的分辨率，但横向和轴向分辨率都不能突破光的衍射极限。这些光学显微术分辨率有限的物理原因是，它们在远场区域工作，光的衍射效应完全决定了光分布的行为，并且只能存在光波的传播成分。事实上，当一束光照亮被检测样品时，会产生光的非传播分量和传播分量。这种光的非传播分量称为倏逝场 (evanescent field)，由小于发光波长的精细结构产生，只在几个波长的距离内传播，并迅速衰减。因此，携带大于照明波长尺度的结构变化信息的传播分量被物镜收集以形成物体的远场图像。这样的图像仅显示照明波长范围内的结构变化。然而，如果对非传播分量成像，则产生的图像可以具有不受衍射效应限制的高分辨率。这种方法称为近场扫描光学显微术[3]。本书的第 3 章将详细介绍近场光学显微术的发展历史、基本原理和技术应用。

在近场光学显微术中，一个比照明波长小得多的探针被带到样品上方可以检测到倏逝场的区域。制作小探针的方法之一是使单模光纤变尖。有关探针的制备技术将在 3.4.4 节作简要的介绍。另一种近场探测技术是基于激光捕获 (光镊)，在该技术中，尺寸小于照明波长的小颗粒被捕获在高数值孔径物镜 (high numerical aperture objective) 的焦点处。被捕获粒子产生的散射光信号携带有倏逝场被成像。粒子上俘获力的大小和分布取决于高数值孔径物镜焦点区域俘获光束的衍射图样。因此，准确了解高数值孔径物镜焦点区域的三维光场分布至关重要。

高数值孔径物镜也是获得高分辨率所必需的。由于高数值孔径物镜产生的大角度会聚，聚焦过程中的退偏、切趾和像差效应变得显著。特别是，当激光束通过高数值孔径物镜聚焦到厚介质中时，由于介质与其浸没介质之间的折射率失配，会产生很强的球差。这种球差会导致焦场区域的光分布展宽，从而显著降低共聚焦显微成像中的轴向分辨率，减小三维光学数据存储中的数据密度，并降低光镊中的捕获力。利用高数值孔径物镜的成像理论，可以很好地了解高数值孔径物镜在焦场区域的性能，并设计各种方法来补偿球差的影响。

通过调控光场的振幅、相位、偏振和相干度等，形成了近十几年来快速发展的现代光学前沿——光场调控技术及其应用。特别是实验生成了多种类型的新型矢量光场，人们研究了其紧聚焦特性，开发了其在超分辨光学成像、光学微操控和等离激元光学等众多领域的应用[4]。在高数值孔径物镜聚焦下，与入射光场相比，聚焦光场的偏振态分布将发生很大的变化。此时，标量理论已经不能准确描述矢量光场的紧聚焦特性，需要发展新的理论解决任意偏振态分布的光束的透镜成像理论。

以上提到的透镜光学成像理论的所有新发展和新应用都很重要，但经典成像理论并未完全涵盖。本章的目的是系统地介绍这些为现代光学显微术发展做出贡献的新理论，为后续章节中诸如近场光学显微、远场光学表征技术和光场的偏振态调控等微纳光子学前沿应用提供理论基础和知识储备。

2.2 衍射理论

为了了解各种光学成像系统的成像性能 (如分辨率)，有必要研究光波的衍射特性。本节将简要介绍衍射理论：根据惠更斯–菲涅耳原理 (Huygens-Fresnel principle)，2.2.1 节将对衍射问题进行定性描述；2.2.2 节将介绍傍轴近似下的衍射公式；2.2.3 节将描述并讨论与透镜光学成像相关的圆孔的菲涅耳衍射 (Fresnel diffraction)。详细的衍射理论可参见相关参考书 [1,5]。

2.2.1 惠更斯–菲涅耳原理

光的衍射是指当遇到透明或不透明的障碍物时，光偏离直线传播而进入几何阴影，并在屏幕上出现光强分布不均匀的现象。光的衍射揭示了光的波动性。在学习严格的衍射理论之前，让我们先回顾一下惠更斯–菲涅耳原理。

如图 2.1 所示，惠更斯–菲涅耳原理是，一个较后时刻的波前是由一个较前时刻的波前产生的球面子波叠加而成的。这个原理的内容表述如下：

(1) 光波波前的每个次波都可以被认为是产生球面子波的二次扰动中心；

(2) 任何其后时刻的波前位置由所有这些子波的包络给出；

(3) 子波的频率和速度与主波的相同；

(4) 任何后续点的振幅都是这些子波的叠加。

惠更斯–菲涅耳原理给出了光衍射的简单定性描述，其核心内容是球面子波的相干叠加。

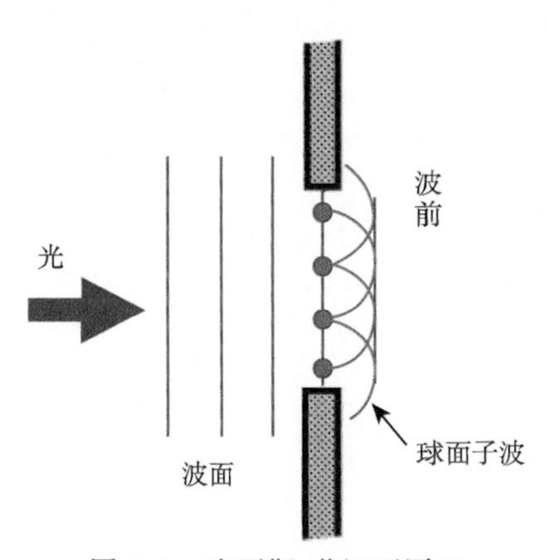

图 2.1 惠更斯–菲涅耳原理

通常，观察面上的衍射图样可以根据惠更斯–菲涅耳原理推导出来，这意味着对来自孔径 Σ 上子波贡献的积分。为此，考虑在孔内以点 P_1 为中心的小面元 $\mathrm{d}S$，

如图 2.2 所示，从 dS 到点 P_2 的球面子波的贡献是[5]

$$\mathrm{d}U(P_2) \propto U(P_1)\frac{\mathrm{e}^{\mathrm{i}kr}}{r}\mathrm{d}S \tag{2.1}$$

其中，$U(P_1)$ 是孔径内点 P_1 处的照明强度；r 是点 P_1 到点 P_2 的距离；因子 $\mathrm{e}^{\mathrm{i}kr}/r$ 表示来自点 P_1 处的球面子波，$k = 2\pi/\lambda$ 是波矢大小，这里 λ 是光波波长。

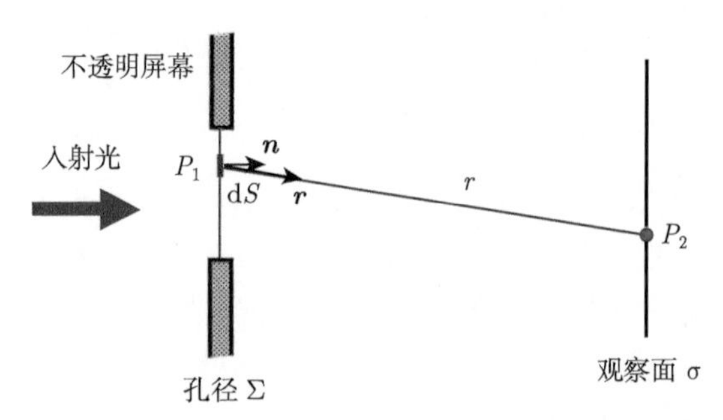

图 2.2 孔径处球面子波对点 P_2 的贡献

如果 dS 是无限小，则点 P_2 处光波的总振幅可以表示为与孔径面积有关的积分：

$$U(P_2) = C\iint_{\Sigma} U(P_1)\frac{\mathrm{e}^{\mathrm{i}kr}}{r}\mathrm{d}S \tag{2.2}$$

式中，C 是比例系数，可由能量守恒定律确定。(2.2) 式是惠更斯–菲涅耳原理的数学表达式，可用于计算在距离衍射光阑给定距离处的衍射图样。

惠更斯–菲涅耳原理提供了光衍射的定性描述，而从麦克斯韦方程组导出的波动方程可以得到有关光衍射的严格理论[5]。考虑光标量波特性，利用基尔霍夫边界条件 (Kirchhoff boundary conditions) 和相应的数学定理，(2.2) 式可以进一步表示为[6]

$$U(P_2) = \frac{1}{\mathrm{i}\lambda}\iint_{\Sigma} U(P_1)\frac{\mathrm{e}^{\mathrm{i}kr}}{r}\cos(\boldsymbol{n},\boldsymbol{r})\mathrm{d}S \tag{2.3}$$

式中，$(\boldsymbol{n},\boldsymbol{r})$ 表示面元 dS 的法线 $\boldsymbol{n}$ 与 dS 到 P 点的连线 r 之间的夹角 (图 2.2)。对这个积分有一个“准物理”的解释：它将观察点的场 $U(P_1)$ 表示为从孔径 Σ 上各点发出的次级发散球面波 $\mathrm{e}^{\mathrm{i}kr}/r$ 的叠加。P_1 点上的次波源具有以下性质：

(1) 它的复振幅与相应点上激励的复振幅 $U(P_1)$ 成正比；

(2) 它的振幅与波长 λ 成反比；

(3) 因子 $1/\mathrm{i}=\mathrm{e}^{-\mathrm{i}\pi/2}$ 表明，它的相位比入射波的相位超前 90°；

(4) 每个次波源具有一个方向形式的因子 $\cos(\boldsymbol{n},\boldsymbol{r})$。

根据惠更斯–菲涅耳原理，给定光阑的光束衍射图样取决于光阑与观察平面之间的距离。如图 2.3 所示，让我们考虑一个不透明的屏幕，它包含一个被平面波照明的小光阑。观察面上的衍射图样随孔径与观察面的距离 d 而变化。这些衍射图样可以定性地分为三种类型。

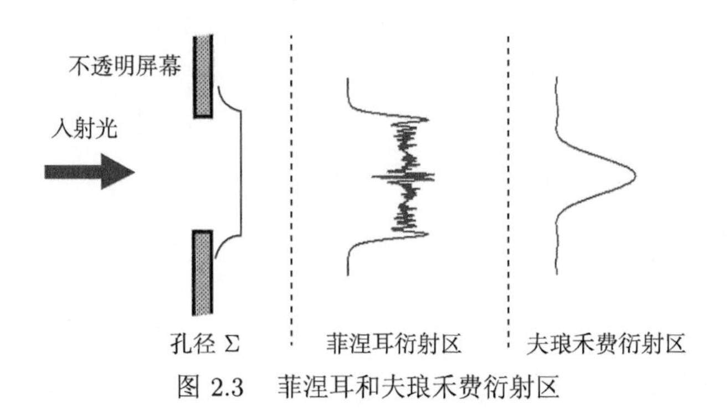

图 2.3 菲涅耳和夫琅禾费衍射区

(1) 当 d 非常小时，即观察平面非常接近光阑平面。在这种情况下，衍射图样几乎是光阑的投影，其周围有轻微的条纹。

(2) 当 d 变成中间值时。该区域衍射图样的特征包括：① 条纹变得更明显；② 衍射图样的结构随着距离 d 的增加而改变；③ 观察面上的相位变化不是线性的。该区域的衍射称为菲涅耳衍射。

(3) 当 d 非常大时，即观察面远离光阑。该区域衍射图样的特性包括：① 图样不改变结构，而只改变尺寸；② 相位改变在观察面上是线性的。我们称这个区域的衍射为夫琅禾费衍射 (Fraunhofer diffraction) 或远场衍射。实际上，可以用透镜来观察夫琅禾费衍射图样。

2.2.2 傍轴近似

在大多数衍射问题中，光波沿着靠近诸如透镜和光阑之类光学元件的光轴方向传播。在这种情况下，可以假设傍轴近似 (paraxial approximation)。

1. 菲涅耳近似

为了将惠更斯–菲涅耳原理 (即 (2.3) 式) 应用于傍轴情况，我们建立了一个如图 2.4 所示的坐标系。x_1-y_1 平面称为衍射平面，其中可以放置衍射孔或透镜。x_2-y_2 平面称为观察平面。两个平面之间的距离为 z。P_1 是衍射面上的一点，P_2 是观察点。在直角坐标系中，(2.3) 式可改写为

$$U_2(x_2,y_2)=\frac{1}{\mathrm{i}\lambda}\iint_{-\infty}^{+\infty}U_1(x_1,y_1)\frac{\mathrm{e}^{\mathrm{i}kr}}{r}\cos(\boldsymbol{n},\boldsymbol{r})\mathrm{d}x_1\mathrm{d}y_1 \tag{2.4}$$

其中，$U_1(x_1, y_1)$ 是衍射平面上点 P_1 处的光场，而 $U_2(x_2, y_2)$ 是观察平面上点 P_2 处的光场。需要强调的是，(2.4) 式中的因子 $\mathrm{e}^{\mathrm{i}kr}/r$ 表示来自衍射平面上点 P_1 处的球面子波，并在观察平面上的点 P_2 处观察到。

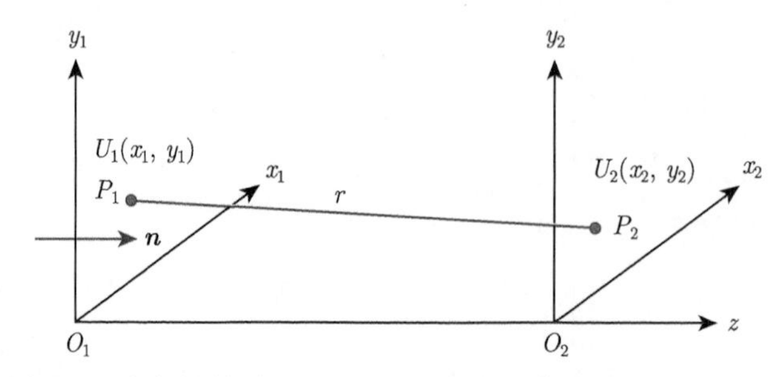

图 2.4　定义衍射平面 (x_1-y_1 平面) 和观察平面 (x_2-y_2 平面)

根据图 2.4 所示的坐标，距离 r 可以表示为

$$r^2 = z^2 + (x_2 - x_1)^2 + (y_2 - y_1)^2 = z^2 \left[1 + \frac{(x_2 - x_1)^2 + (y_2 - y_1)^2}{z^2}\right] \tag{2.5}$$

对于观测点离光轴不远的情况,我们可以近似假设 $(x_2-x_1)^2+(y_2-y_1)^2 \ll z^2$。使用 $\sqrt{1+x} \approx 1 + x/2$，(2.5) 式可以简化为

$$r \approx z \left[1 + \frac{(x_2 - x_1)^2 + (y_2 - y_1)^2}{2z^2}\right] \tag{2.6}$$

该式称为菲涅耳近似，即傍轴近似。

由于傍轴近似，观察点应靠近光轴 z。因此，近似可得 $\cos(\boldsymbol{n}, \boldsymbol{r}) \approx 1$，(2.4) 式分母中的距离 r 可近似替换为 z。最后，(2.4) 式可简化为

$$U_2(x_2, y_2) = \frac{\mathrm{e}^{\mathrm{i}kz}}{\mathrm{i}\lambda z} \times \iint_{-\infty}^{+\infty} U_1(x_1, y_1) \exp\left\{\frac{\mathrm{i}k}{2z}\left[(x_2 - x_1)^2 + (y_2 - y_1)^2\right]\right\} \mathrm{d}x_1 \mathrm{d}y_1 \tag{2.7}$$

当观察面离衍射屏不远时，可用该式计算菲涅耳衍射图样。这种情况通常发生在光学成像系统中。与 (2.7) 式相关的特征之一是衍射平面上的二次相位变化。由于这种非线性相位变化，菲涅耳衍射图样的计算变得复杂。在 2.2.3 节中，将介绍圆孔的菲涅耳衍射图样。

由于 (2.6) 式中的近似，当观察点靠近衍射平面时，(2.7) 式无法正确生成衍射图样。因此，当观察平面非常靠近衍射孔径时，(2.7) 式不能用于计算衍射图样。在这种情况下，需要采用广义菲涅耳衍射理论[7]。例如，对于半径为 a 的圆孔，需要满足 $z^3 > 25a^4/\lambda$，以便 (2.6) 式成立。换句话说，如果 $\lambda/a < 3.93 \times 10^{-4}$，要使 (2.7) 式仍然是一个很好的近似，需要取 $N = 200$。这里菲涅耳数 N 定义为

$$N = \frac{\pi a^2}{\lambda z} \tag{2.8}$$

2. 夫琅禾费近似

如果观察屏位于离衍射屏更远的位置，则 (2.6) 式可近似改写为

$$r \approx z\left(1 + \frac{x_2^2 + y_2^2}{2z^2} - \frac{x_1 x_2 + y_1 y_2}{z^2}\right) \tag{2.9}$$

这里忽略了与衍射平面坐标有关的二阶项 $(x_1^2 + y_1^2)/(2z^2)$。这种近似称为夫琅禾费近似。将 (2.4) 式分母中的距离 r 用 z 替换，$\cos(\boldsymbol{n}, \boldsymbol{r}) \approx 1$，(2.9) 式代入 (2.4) 式，可得描述夫琅禾费衍射图样的方程为

$$\begin{aligned} U_2(x_2, y_2) = &\frac{\mathrm{e}^{ikz}}{\mathrm{i}\lambda z} \exp\left(\mathrm{i}k\frac{x_2^2 + y_2^2}{2z}\right) \\ &\times \iint_{-\infty}^{+\infty} U_1(x_1, y_1) \exp\left[-\frac{\mathrm{i}k}{z}(x_1 x_2 + y_1 y_2)\right] \mathrm{d}x_1 \mathrm{d}y_1 \end{aligned} \tag{2.10}$$

显然，该表达式不包括菲涅耳衍射图样中出现的衍射平面上的非线性相位变化，并且仅当观察平面远离衍射孔径时才能观察到。从 (2.10) 式可知，在夫琅禾费近似下，衍射图样只是入射场 $U_1(x_1, y_1)$ 的傅里叶变换 (Fourier transform)[6]。在实际应用中，为了通过光阑观察夫琅禾费衍射图样，可以使用透镜将衍射图样聚焦到一个平面上，其中光场分布是光阑函数的傅里叶变换。该特性将在 2.3.2 节中演示。利用 (2.10) 式，可以求诸如矩形孔、狭缝、圆形孔、椭圆形孔、振幅型光栅、相位型光栅之类任何孔径所产生的夫琅禾费衍射图样的复场分布，感兴趣的读者可以参见相关书籍 [5,6]。

2.2.3 圆孔的菲涅耳衍射

原则上，使用 (2.7) 式可以确定一些经典孔径的菲涅耳衍射图样。由于大多数光学系统都是圆对称的，所以圆孔衍射图样具有重要的实际意义。本节将讨论圆孔的菲涅耳衍射图样。其他诸如圆盘、矩形孔、锯齿孔、环形孔、光栅之类的菲涅耳衍射图样可参见其他书籍 [1,5,6]。

现在我们来讨论半径为 a 的圆孔的菲涅耳衍射图样。衍射面上有均匀的平面波照明，则

$$U_1(r_1)=\begin{cases}1, & r_1 \leqslant a\\ 0, & r_1>a\end{cases} \tag{2.11}$$

利用笛卡儿坐标与极坐标的坐标变换关系

$$\begin{cases}x_1=r_1\cos\theta\\ y_1=r_1\sin\theta\end{cases} \tag{2.12}$$

$$\begin{cases}x_2=r_2\cos\varphi\\ y_2=r_2\sin\varphi\end{cases} \tag{2.13}$$

式中，r_1 和 θ 是 x_1-y_1 平面上的极坐标，而 r_2 和 φ 是 x_2-y_2 平面上的极坐标。

将 (2.12) 式和 (2.13) 式代入 (2.7) 式，可得

$$\begin{aligned}U_2(r_2)=&\frac{\mathrm{e}^{\mathrm{i}kz}}{\mathrm{i}\lambda z}\exp\left(\frac{\mathrm{i}kr_2^2}{2z}\right)\int_0^\infty U_1(r_1)\exp\left(\frac{\mathrm{i}kr_1^2}{2z}\right)r_1\mathrm{d}r_1\\ &\times\int_0^{2\pi}\exp\left(-\frac{\mathrm{i}kr_1r_2}{z}\cos(\varphi-\theta)\right)\mathrm{d}\theta\end{aligned} \tag{2.14}$$

上式中对 θ 的积分可以使用如下贝塞尔恒等式 (Bessel identity) 完成:

$$\int_0^{2\pi}\exp(\pm\mathrm{i}x\cos\theta)\mathrm{d}\theta=2\pi\mathrm{J}_0(x) \tag{2.15}$$

式中，$\mathrm{J}_n(\cdot)$ 是第一类 n 阶贝塞尔函数。因此，可得圆孔的菲涅耳衍射公式为

$$U_2(r_2)=\frac{2\pi}{\mathrm{i}\lambda z}\mathrm{e}^{\mathrm{i}kz}\exp\left(\frac{\mathrm{i}kr_2^2}{2z}\right)\int_0^\infty U_1(r_1)\exp\left(\frac{\mathrm{i}kr_1^2}{2z}\right)\mathrm{J}_0\left(\frac{kr_1r_2}{z}\right)r_1\mathrm{d}r_1 \tag{2.16}$$

考虑当 z 变化大时的极限情况，即观察平面远离衍射平面，有 $\exp[\mathrm{i}kr_1^2/(2z)]\approx 1$。此时，(2.16) 式可以写成如下形式:

$$E(\rho)=\int_0^\infty U(r)\mathrm{J}_0(2\pi\rho r)\,2\pi r\mathrm{d}r \tag{2.17}$$

该式称为汉克尔变换 (Hankel transform)。

将 (2.11) 式代入 (2.16) 式，并使用贝塞尔恒等式

$$\int_0^x x_0 \mathrm{J}_0(x_0)\mathrm{d}x_0 = x\mathrm{J}_1(x) \tag{2.18}$$

得平面波照明圆孔的夫琅禾费衍射图样的解析表达式为

$$U_2(r_2) = \frac{\pi a^2}{\mathrm{i}\lambda z}\mathrm{e}^{\mathrm{i}kz}\exp\left(\frac{\mathrm{i}kr_2^2}{2z}\right)\left[\frac{2\mathrm{J}_1(kar_2/z)}{kar_2/z}\right] \tag{2.19}$$

而强度分布可写成

$$I_2(r_2) = \left(\frac{\pi a^2}{\lambda z}\right)^2\left[\frac{2\mathrm{J}_1(kar_2/z)}{kar_2/z}\right]^2 \tag{2.20}$$

这个强度分布以首先导出它的艾里 (Airy) 的名字命名，叫作艾里图样 (Airy pattern)。

正如 (2.10) 式所描述的，(2.19) 式是圆孔的傅里叶变换，它是圆孔的夫琅禾费图样，可以在透镜的焦平面中观察到 (见 2.3.2 节)。

如果令 (2.16) 式中的 $r_2 = 0$，则轴上的菲涅耳衍射图样变为

$$U_2(0,z) = \frac{2\pi}{\mathrm{i}\lambda z}\mathrm{e}^{\mathrm{i}kz}\int_0^\infty U_1(r_1)\exp\left(\frac{\mathrm{i}kr_1^2}{2z}\right)r_1\mathrm{d}r_1 \tag{2.21}$$

将 (2.11) 式代入 (2.21) 式，可得平面波照明圆孔的菲涅耳衍射图样轴上的解析表达式为

$$U_2(0,z) = -2\mathrm{i}\mathrm{e}^{\mathrm{i}kz}\exp\left(\frac{\mathrm{i}ka^2}{4z}\right)\sin\left(\frac{ka^2}{4z}\right) \tag{2.22}$$

该式说明恒定振幅随着传播距离的变化发生非周期振荡。

通常，圆孔的衍射图样应该通过 (2.16) 式采用数值计算。通过引入两个归一化的径向坐标，$\rho_1 = r_1/a$ 和 $\rho_2 = r_2/a$，我们可以把圆孔的菲涅耳公式 (2.16) 改写为

$$U_2(\rho_2,z) = -2N\mathrm{i}\mathrm{e}^{\mathrm{i}kz}\mathrm{e}^{\mathrm{i}N\rho_2^2}\int_0^1 U_1(\rho_1)\mathrm{e}^{\mathrm{i}N\rho_1^2}\mathrm{J}_0(2N\rho_1\rho_2)\rho_1\mathrm{d}\rho_1 \tag{2.23}$$

式中，N 是 (2.8) 式中所定义的菲涅耳数。应该注意的是，N 是距离 z 的函数。

衍射图样的强度是 (2.23) 式的模平方。包含 z 轴的平面中的强度分布给出了不同距离处衍射图样的总体行为。图 2.5(a) 图示了在轴平面上圆孔的菲涅耳衍射图样的强度分布，其中 Z 是轴向归一化传播距离，定义为

$$Z = \frac{1}{N} = \frac{\lambda z}{\pi a^2} \tag{2.24}$$

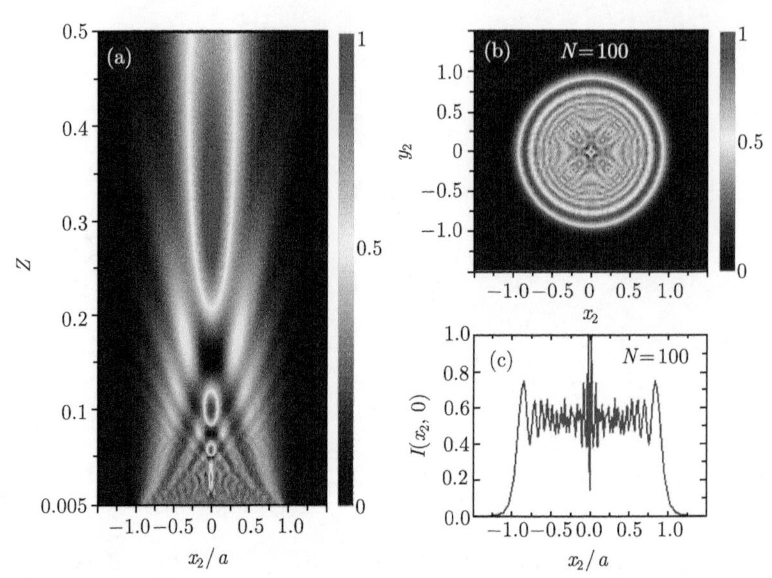

图 2.5　圆孔菲涅耳衍射图样的归一化强度分布。(a) 在轴平面上的强度分布；$N = 100$ 处的 (b) 二维强度分布和 (c) 径向强度分布

因此，由 (2.22) 式的模平方，可得轴上 (即 $\rho_2 = 0$) 的强度分布：

$$I_2(0, N) = 4\sin^2(N/2) \tag{2.25}$$

正如预期的那样，强度随菲涅耳数 N 周期性地变化，导致沿光轴出现一系列非周期性的亮点和暗点。两个相邻的亮点或暗点之间的距离随着 Z 的增大而增大。最终，衍射图样接近远场分布，称为夫琅禾费衍射图样，由 (2.20) 式中的艾里函数描述。

在给定的横向平面上，强度沿径向振荡，形成一系列同心条纹，在强度横截面上可以清楚地观察到 (图 2.5(a))，这些条纹是归一化横向坐标 ρ_2 的函数。图 2.5(b) 为当 $N = 100$ 时通过圆孔形成的沿径向的衍射图样。这些条纹是由孔径处的子波干涉引起的。如果这种调制的场分布照明透镜，其瞳函数将有效地改变，这将导致透镜焦点区域中衍射图案的改变，从而导致成像质量和对比度的改变。

2.3　透镜的衍射

在经典的透镜光学成像理论中，对透镜成像性能的讨论通常局限于薄物体，因为传统的光学显微镜提供了一个二维图像的薄样品。然而，共聚焦显微镜具有光学切片特性，可以对具有深度结构的样品进行三维成像。物镜的三维成像特性，或焦点附近的三维光场分布，在激光捕获技术中也很重要。所有这些新的发展都需要更好地理解透镜沿轴向的性能。

本节内容安排如下：2.3.1 节将推导单个透镜的透射率表达式；根据该表达式，2.3.2 节将采用 (2.7) 式的菲涅耳衍射公式来研究圆形透镜的三维衍射图样。

2.3.1 单透镜的透射率

如图 2.6 所示，当光波通过由两个球面构成的光学透镜时，入射在透镜上的光场会发生两种物理变化：第一个变化是由光程的变化引起了光场的相位变化；第二个变化是由透镜表面的菲涅耳反射和透射引起了光场的振幅变化。为了研究这两种变化，我们可以把透镜的透射率写成复函数 $t(x,y)$：

$$t(x,y)=\frac{U_2(x_2,y_2)}{U_1(x_1,y_1)} \tag{2.26}$$

其中，$U_1(x_1, y_1)$ 和 $U_2(x_2, y_2)$ 是透镜前后平面上的光场。特别地，$t(x,y)$ 可以表示为

$$t(x,y)=P(x,y)\exp[\mathrm{i}\varphi(x,y)] \tag{2.27}$$

式中，$P(x,y)$ 和 $\varphi(x,y)$ 分别是引起入射光振幅和相位变化的两个函数。函数 $P(x,y)$ 有时称为透镜的瞳函数，且仅限于透镜的光阑内。

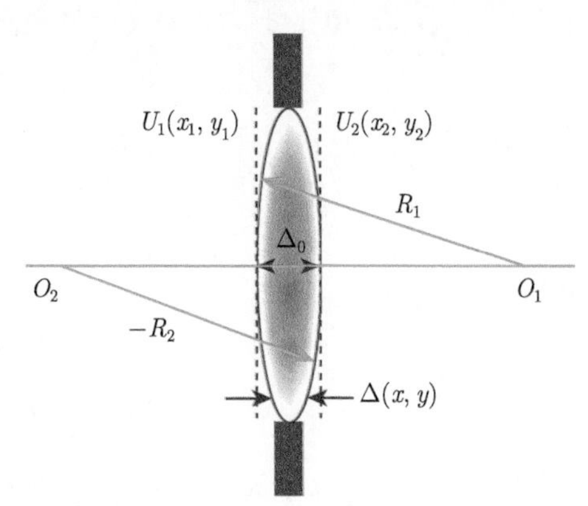

图 2.6 薄透镜由两个曲率半径为 R_1 和 $-R_2$，球心分别在 O_1 和 O_2 的球面组成

如果透镜为光学薄透镜且具有均匀的折射率 n_0，则可忽略透镜表面折射引起的光束位移，即透镜前表面和后表面上的坐标相同：$x_1=x_2=x$，$y_1=y_2=y$。参看图 2.6，令透镜的最大厚度 (在透镜的轴上) 为 Δ_0，在坐标 (x,y) 处的厚度为 $\Delta(x,y)$。那么，波在 (x,y) 点透过透镜所发生的总相位延迟可写为

$$\varphi(x,y)=kn_0\Delta(x,y)+k[\Delta_0-\Delta(x,y)] \tag{2.28}$$

其中，$kn_0\Delta(x,y)$ 是透镜引起的相位延迟，而 $k[\Delta_0-\Delta(x,y)]$ 是两个平面之间剩下的自由空间区域引起的相位延迟。透镜的作用可以等效地用一个相乘的相位变换来表示，其形式为

$$t(x,y)=P(x,y)\mathrm{e}^{\mathrm{i}k\Delta_0}\exp[\mathrm{i}k(n_0-1)\Delta(x,y)] \tag{2.29}$$

设形成透镜的前表面和后表面是分别具有曲率半径 R_1 和 $-R_2$ 的球面，其中负号表示两个表面朝向相反的方向，且透镜在光轴上的几何厚度为 Δ_0，则可以根据图 2.6 中给出的几何条件导出透镜上任意点的几何厚度 $\Delta(x,y)$。在傍轴近似下(见 2.2.2 节)，$\Delta(x,y)$ 可以表示为[6]

$$\Delta(x,y)=\Delta_0-\frac{x^2+y^2}{2}\left(\frac{1}{R_1}-\frac{1}{R_2}\right) \tag{2.30}$$

将 (2.30) 式代入 (2.29) 式，得到薄透镜变换的下述近似:

$$t(x,y)=P(x,y)\mathrm{e}^{\mathrm{i}kn_0\Delta_0}\exp\left[-\mathrm{i}k(n_0-1)\frac{x^2+y^2}{2}\left(\frac{1}{R_1}-\frac{1}{R_2}\right)\right] \tag{2.31}$$

透镜的几种物理性质 (即 n_0，R_1 和 R_2) 可以组合成一个叫作透镜焦距 f 的参数，其定义为

$$\frac{1}{f}\equiv(n_0-1)\left(\frac{1}{R_1}-\frac{1}{R_2}\right) \tag{2.32}$$

忽略常相位因子，可得一个单薄透镜透射率的表达式为

$$t(x,y)=P(x,y)\exp\left[-\frac{\mathrm{i}k}{2f}(x^2+y^2)\right] \tag{2.33}$$

可以看出，透镜引起的相位变化与 x 和 y 呈二次方关系。如果焦距 f 是正的，则平面波经透镜变成会聚的球面波。若 f 为负，则平面波经透镜变成发散的球面波。这两种情形如图 2.7 所示。因此，焦距为正的透镜称为正透镜或会聚透镜，而焦距为负的透镜称为负透镜或发散透镜。

关于球面透镜将一个入射平面波变换成一个球面波的结论，在很大程度上依赖于傍轴近似。在非傍轴条件下，即使透镜表面是理想球面，出射波前也将显示出对理想球面的偏离 (叫作像差，见 2.4.2 节)。事实上，往往把透镜表面磨成非球面形状，以减小出射波前对球面的偏离，从而“校正”透镜的像差。

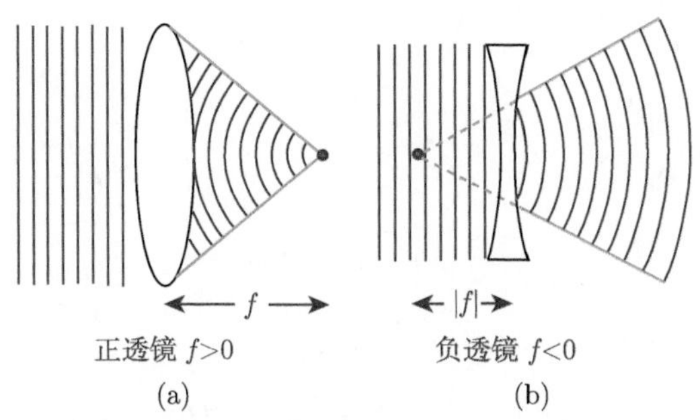

图 2.7　平面波经 (a) 正透镜和 (b) 负透镜的聚焦

对于正透镜，平面波通过透镜后，会聚到透镜后面距离 f 处的一点。这一点在几何光学中称为透镜的焦点。然而，根据光的衍射，焦点区域附近的光场分布是透镜后面波前的子波的叠加，因此光场分布在焦点区域附近。我们将用衍射公式讨论透镜焦点区域的光场分布细节。

2.3.2　圆形透镜的衍射

在这一节，我们将考虑透镜焦点区域附近的光场细节。如图 2.8 所示，首先考虑焦平面上的光场，即 $z = f$。假设振幅为 U_0 的平面波入射到透镜上。这样，透镜前平面上的场为 $U_1(x_1, y_1) = U_0$。需要注意的是，透镜是由 (2.33) 式给出的一个具有复透射率的衍射屏。因此，透镜后面的平面上的光场为

$$U_2(x_2, y_2) = U_0 P(x_2, y_2) \exp\left[-\frac{\mathrm{i}k}{2f}(x_2^2 + y_2^2)\right] \tag{2.34}$$

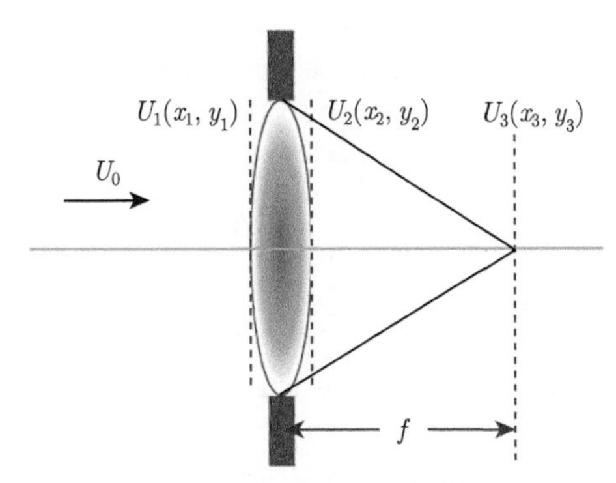

图 2.8　在焦平面上薄透镜的衍射

因此，焦平面上的场可以从 (2.7) 式中给出的菲涅耳衍射公式推导出来。将 (2.34) 式代入 (2.7) 式，我们看到，被积函数内的二次相位因子刚好抵消，可得透

镜后焦平面 (即 $z=f$) 上的场振幅 $U_3(x_3,y_3)$ 为

$$\begin{aligned}U_3(x_3,y_3)=&\frac{U_0}{\mathrm{i}\lambda f}\mathrm{e}^{\mathrm{i}kf}\exp\left[\frac{\mathrm{i}k}{2f}(x_3^2+y_3^2)\right]\\&\times\iint_{-\infty}^{\infty}P(x_2,y_2)\exp\left[-\frac{\mathrm{i}k}{f}(x_3x_2+y_3y_2)\right]\mathrm{d}x_2\mathrm{d}y_2\end{aligned}\tag{2.35}$$

该式的物理含义可以理解如下：薄透镜在焦平面上的衍射相当于瞳函数 $P(x,y)$ 在空间频率 $f_x=x_3/(\lambda f)$ 和 $f_y=y_3/(\lambda f)$ 下的二维傅里叶变换。由于 (2.35) 式中积分号前有二次相位因子出现，则输入的振幅透射比 $P(x_2,y_2)$ 与焦平面上的振幅分布之间的傅里叶变换关系是不准确的。

比较 (2.35) 式和 (2.10) 式，我们发现 (2.35) 式给出了焦平面中 $P(x_2,y_2)$ 的夫琅禾费衍射图样。换句话说，为了观察半径为 a 的圆孔的夫琅禾费衍射，可以使用半径为 a 的透镜，由此产生的焦平面衍射图样与圆孔的夫琅禾费衍射具有相同的分布。应该指出的是，尽管 (2.35) 式中的 $U_3(x_3,y_3)$ 采用了瞳函数的夫琅禾费衍射形式，但透镜引起的衍射过程是菲涅耳衍射，而不是夫琅禾费衍射。

现在我们来研究观察面处于离焦位置时薄透镜的衍射图样。如图 2.9 所示，我们假设离焦距离为 Δz。这样，观察面和透镜之间的距离为 $z=f+\Delta z$。

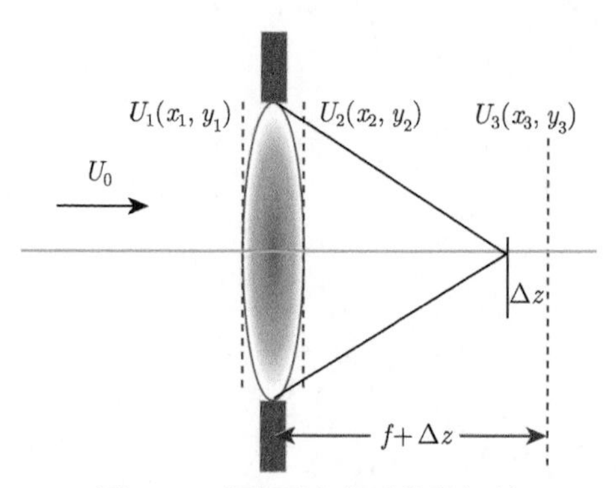

图 2.9　离焦面上薄透镜的衍射

对于均匀平面波 U_0 入射到透镜上，紧跟透镜后面的场 $U_2(x_2,y_2)$ 与 (2.34) 式相同。因此，根据菲涅耳衍射公式 (2.7)，在 $z=f+\Delta z$ 处观察平面上的场 $U_3(x_3,y_3)$ 由下式给出：

$$\begin{aligned}U_3(x_3,y_3)=&\frac{U_0}{\mathrm{i}\lambda z}\mathrm{e}^{\mathrm{i}kz}\iint_{-\infty}^{\infty}P(x_2,y_2)\exp\left[-\frac{\mathrm{i}k}{2f}(x_2^2+y_2^2)\right]\\&\times\exp\left\{\frac{\mathrm{i}k}{2z}\left[(x_3-x_2)^2+(y_3-y_2)^2\right]\right\}\mathrm{d}x_2\mathrm{d}y_2\end{aligned}\tag{2.36}$$

如 2.2.3 节所述，实用透镜通常是圆对称的。在这种情况下，它的瞳函数只是径向坐标的函数，即 $P(x,y)=P(r)$，其中 $r=(x^2+y^2)^{1/2}$。

将 (2.35) 式从笛卡儿坐标变换成极坐标，使用 (2.15) 式，可得

$$U_3(r_3)=\frac{2\pi e^{ikf}}{i\lambda f}\exp\left(\frac{i\pi r_3^2}{\lambda f}\right)\int_0^\infty P(r_2)J_0\left(\frac{2\pi r_2r_3}{\lambda f}\right)r_2dr_2 \tag{2.37}$$

式中，取 $U_0=1$，$r_2=(x_2^2+y_2^2)^{1/2}$ 和 $r_3=(x_3^2+y_3^2)^{1/2}$。

如果 $P(r)$ 是半径为 a 的均匀圆孔，则可以将其瞳函数表示为

$$P(r_2)=\begin{cases}1, & r_2\leqslant a\\ 0, & r_2>a\end{cases} \tag{2.38}$$

将 (2.38) 式代入 (2.37) 式，并使用汉克尔变换 ((2.17) 式)，可得圆形透镜后焦面上的场振幅分布为

$$U_3(r_3)=\frac{\pi a^2e^{ikf}}{i\lambda f}\exp\left(\frac{i\pi r_3^2}{\lambda f}\right)\left[\frac{2J_1(kr_3a/\lambda)}{kr_3a/\lambda}\right] \tag{2.39}$$

为了理解圆形透镜在离焦平面上的衍射图案，我们将 (2.36) 式用极坐标表示，使用 (2.15) 式，可得

$$\begin{aligned}U_3(r_3,z)=&\frac{2\pi U_0}{i\lambda z}e^{ikz}\exp\left(\frac{ik}{2z}r_3^2\right)\\&\times\int_0^\infty P(r_2)\exp\left[-\frac{ikr_2^2}{2}\left(\frac{1}{f}-\frac{1}{z}\right)\right]J_0\left(\frac{kr_2r_3}{z}\right)r_2dr_2\end{aligned} \tag{2.40}$$

为不失一般性，假设入射振幅 $U_0=1$。为简化起见，取

$$P(r_2,z)=P(r_2)\exp\left[-\frac{ikr_2^2}{2}\left(\frac{1}{f}-\frac{1}{z}\right)\right] \tag{2.41}$$

该式称为透镜的离焦瞳函数。因此，(2.40) 式可以改写为

$$U_3(r_3,z)=\frac{k}{iz}e^{ikz}\exp\left(\frac{ik}{2z}r_3^2\right)\int_0^\infty P(r_2,z)J_0\left(\frac{kr_2r_3}{z}\right)r_2dr_2 \tag{2.42}$$

对比 (2.17) 式，可知 (2.42) 式是 $P(r_2,z)$ 的汉克尔变换。因此，透镜离焦平面上的光场 $U_3(r_3)$ 由透镜的离焦瞳函数的二维傅里叶变换给出。

为了简化公式 (2.40)，我们引入了四个重要参数。

(1) 物镜的数值孔径 NA：

$$\mathrm{NA} = n_0 \sin \alpha_{\max} \approx n_0 \frac{a}{f} \tag{2.43}$$

物镜的数值孔径 NA 的意义可以从图 2.10 看出：较高的数值孔径物镜对应较大的最大会聚角 $\alpha_{\max}$。对于给定的最大会聚角 $\alpha_{\max}$，增加透镜浸没介质的折射率可以获得较高的物镜数值孔径。

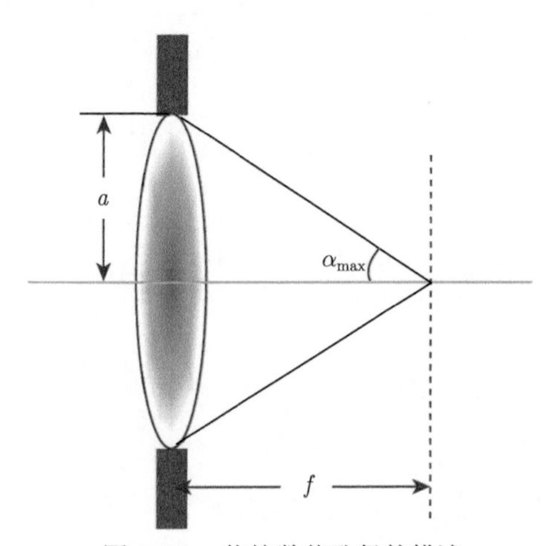

图 2.10　物镜数值孔径的描述

(2) 径向光学坐标 v：

$$v = \frac{2\pi}{\lambda}\frac{a}{z} r_3 \approx \frac{2\pi}{\lambda}\frac{a}{f} r_3 \approx \frac{2\pi}{\lambda} r_3 \sin \alpha_{\max} \tag{2.44}$$

因此，对于给定的 v 值，物镜的数值孔径越大，焦点区域的实际径向坐标值就越小。

(3) 轴向光学坐标 u：

$$u = \frac{2\pi}{\lambda} a^2 \left(\frac{1}{f} - \frac{1}{z}\right) \approx \frac{2\pi}{\lambda} \Delta z \frac{a^2}{f^2} \tag{2.45}$$

(4) 菲涅耳数 N：

$$N = \frac{\pi a^2}{\lambda z} \tag{2.46}$$

根据 (2.44) 式 ~(2.46) 式，可以将 (2.40) 式改写为

$$U_3(v,u) = -2\mathrm{i}N\mathrm{e}^{\mathrm{i}kf} \exp\left(\frac{\mathrm{i}v^2}{4N}\right) \int_0^1 P(\rho) \exp\left(-\frac{\mathrm{i}u\rho^2}{2}\right) \mathrm{J}_0(v\rho)\, \rho \mathrm{d}\rho \tag{2.47}$$

式中，$\rho = r_2/a$ 是透镜光阑处的归一化径向坐标；$P(\rho)$ 是具有归一化单位半径的瞳函数，对于均匀圆形孔径，其值为

$$P(\rho) = \begin{cases} 1, & \rho \leqslant 1 \\ 0, & \rho > 1 \end{cases} \tag{2.48}$$

因此，(2.47) 式简化为

$$U_3(v,u) = -2\mathrm{i}N\mathrm{e}^{\mathrm{i}kz}\exp\left(\frac{\mathrm{i}v^2}{4N}\right)\int_0^1 \exp\left(-\frac{\mathrm{i}u\rho^2}{2}\right)\mathrm{J}_0(v\rho)\,\rho\mathrm{d}\rho \tag{2.49}$$

该表达式给出了焦平面区域附近衍射图样的三维分布。一般来说，$U_3(v,u)$ 可以用洛默尔函数 (Lommel function) 表示，也可以用数值积分来计算[5]。

当 $u = 0$ 时，即当观察平面处于焦平面时，利用 (2.18) 式，可得

$$U_3(v,u=0) = -\mathrm{i}N\mathrm{e}^{\mathrm{i}kf}\exp\left(\frac{\mathrm{i}v^2}{4N}\right)\frac{2\mathrm{J}_1(v)}{v} \tag{2.50}$$

取 (2.50) 式的模平方，得到焦平面的强度：

$$I_3(v,u=0) = N^2\left(\frac{2\mathrm{J}_1(v)}{v}\right)^2 \tag{2.51}$$

当 $v = 0$ 时，沿轴向的场为

$$U_3(v=0,u) = -\mathrm{i}N\mathrm{e}^{\mathrm{i}kz}\exp\left(-\frac{\mathrm{i}u}{4}\right)\frac{\sin(u/4)}{u/4} \tag{2.52}$$

沿轴向的强度为

$$I_3(v=0,u) = N^2\left[\frac{\sin(u/4)}{u/4}\right]^2 \tag{2.53}$$

用 (2.51) 式和 (2.49) 式，可以分别模拟出单个圆形透镜在焦平面和过焦点包含光轴在内的轴平面上的强度分布，见图 2.11(a) 和 (b)。

单个透镜焦平面上的强度分布，如图 2.11(a) 所示，称为艾里图样。图 2.12(a) 描绘了焦平面处沿径向的强度分布，该分布由最大强度进行了归一化。大约 80% 的入射能量被限制在中心亮点上。注意，中心光斑大小与数值孔径成反比，与入射光的波长成正比。这些性质对确定图像分辨率很重要；中心光斑越小，图像分辨率越高。

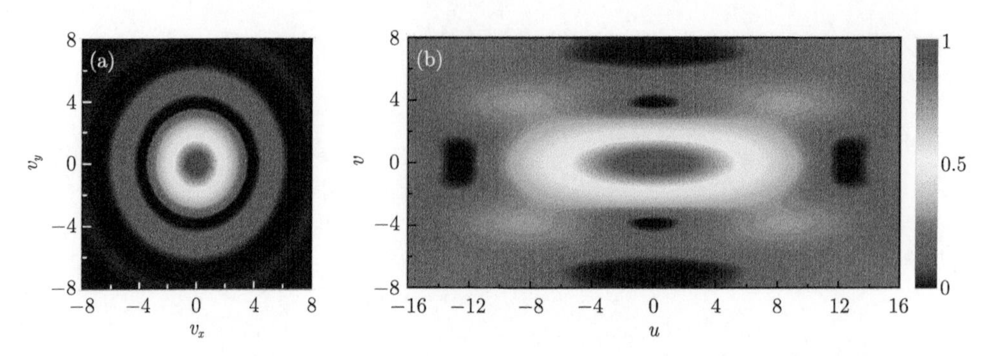

图 2.11　单个圆形透镜 (a) 在焦平面和 (b) 过焦点包含光轴在内的轴平面上的强度分布

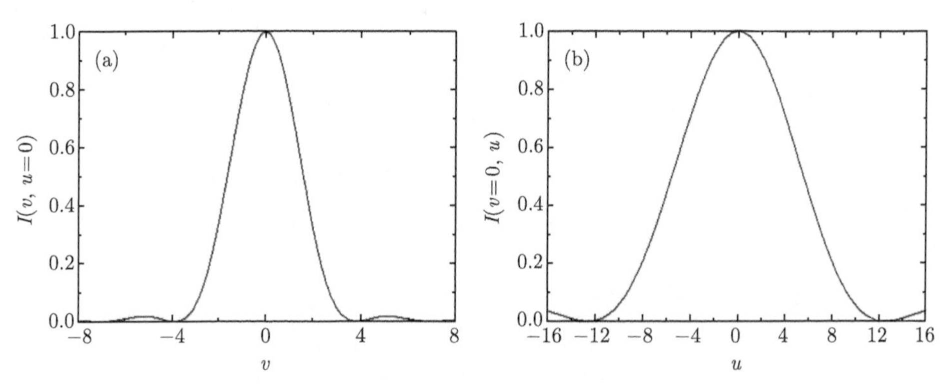

图 2.12　单个圆形透镜在焦平面处 (a) 沿着径向和 (b) 沿光轴的归一化强度分布

用 (2.53) 式描述的轴向强度，图 2.12(b) 图示了相应的结果。正如所料，在 $z = f$ 时，强度相对于焦平面是对称的。另一个特性是，衍射斑的轴向尺寸大约是横向尺寸的三倍。

2.4　高数值孔径物镜成像

在前面的学习中，我们关注的都是基于傍轴近似的衍射理论。这种傍轴近似适用于数值孔径不大的成像透镜 (物镜)。在这种情况下，诸如切趾、退偏和像差之类许多效应都可以忽略不计。当透镜的数值孔径大于 0.7 时，这些效应就变得明显，必须纳入成像理论中。

本章接下来的 5 节，主要介绍高数值孔径物镜成像理论：2.4 节学习高数值孔径物镜对成像的影响；2.5 节介绍高数值孔径物镜的德拜理论 (Debye theory)；2.6 节讨论高数值孔径物镜聚焦下入瞳函数 (pupil function) 和切趾函数 (apodization function) 的关系；2.7 节学习高数值孔径物镜聚焦均匀偏振光的矢量德拜理论；

2.8 节介绍用于紧聚焦任意偏振光的理查德–沃尔夫矢量衍射理论 (Richards-Wolf vectorial diffraction theory)。

2.4.1 描述物镜的基本参数

在学习高数值孔径物镜的成像理论之前，先简单介绍显微镜。最简单的显微镜是由两组透镜构成的，一组是焦距很短的物镜，另一组是目镜。显微镜的物镜是使物体放大成一实像，目镜的作用是使这个实像再次放大；这就是说目镜只能放大物镜已分辨的细节，而物镜未能分辨的细节，决不会通过目镜放大而变得可分辨。因此显微镜的分辨率主要取决于物镜的分辨率。

想要运用好显微镜，必须要了解显微镜的每个基本参数代表什么，下面我们简要介绍与显微镜物镜有关的基本参数，如数值孔径、分辨率、工作距离和焦深 (纵向分辨率)。

1. 数值孔径

光学系统的数值孔径是一个无量纲的数，用以衡量该系统能够收集的光的角度范围。在光学的不同领域，数值孔径的精确定义略有不同。在光学领域，数值孔径描述了透镜收光锥角的大小，如图 2.10 所示，其值定义为

$$\mathrm{NA} = n_0 \sin\alpha_{\max} \tag{2.54}$$

数值孔径是透镜和聚光镜的主要技术参数，是判断两者 (尤其对物镜而言) 性能高低 (即消位置色差的能力) 的重要标志。其数值的大小，分别标刻在物镜和聚光镜的外壳上。

2. 分辨率

分辨率定义为能清晰地分辨试样上两点间的最小距离的能力。分辨率决定了显微镜分辨试样上细节的程度。显微镜的分辨率主要取决于物镜的分辨率。如果选择直径来定义分辨率，则分辨率 R 可定义为

$$R = 1.22\frac{\lambda}{\mathrm{NA}} \tag{2.55}$$

可以看出分辨率取决于两个因素，一个是波长，另一个是数值孔径。为了获得更高的分辨率，可以做两件事：一是使用更短的波长，二是增大数值孔径。当然，为了使用更短的波长，可以使用蓝光或紫外线。但对于某些材料，不能使用紫外线。因此，人们利用高数值孔径来提高分辨率。对于一定波长的入射光，物镜的分辨率完全取决于物镜的数值孔径；数值孔径越大，分辨率就越高。

为了充分利用物镜的分辨率，使操作者看清已被物镜分辨出的组织细节，显微镜必须有适当的放大率。人眼睛能看清的组织细节对眼睛的视角应大于眼睛的极限分辨角。

3. 工作距离

物镜的工作距离是指显微镜准确聚焦后，试样表面与物镜的前端之间的距离。物镜的放大率越高，工作距离越短。因此观察调焦时需要格外细心，一般应使物镜缓慢离开实物。

4. 焦深 (纵向分辨率)

焦深是指物镜对高低不平的物体能够清晰成像的能力。当显微镜准确聚焦于某一物面时，如果位于其前面及后面的物面仍然能被观察者看清楚，则该最远亮平面之间的距离就是焦深。物镜的焦深 DOF 定义为

$$\mathrm{DOF}=\frac{\lambda}{2\mathrm{NA}^2} \tag{2.56}$$

因此，焦深 DOF 与数值孔径 NA 的平方成反比。当需要三维形貌作为逐层信息时，应该需要较小的聚焦深度，这意味着也需要较高的数值孔径。

从以上分析可以看出，数值孔径与其他技术参数有着密切的关系，它几乎决定和影响着其他各项技术参数。数值孔径与分辨率成正比，焦深与数值孔径的平方成反比，NA 值增大，工作距离就会相应地变小。为了提高光学成像的分辨率，减小聚焦深度，需要采用高数值孔径物镜成像。不同于低数值孔径物镜成像过程中的傍轴近似的衍射理论，此时需要考虑高数值孔径物镜对成像的影响并发展相应的衍射理论。

2.4.2　高数值孔径物镜的影响

在 2.3 节中，我们研究了透镜焦点附近的光场，并且作了一系列近似。其中之一是傍轴近似。对于高数值孔径物镜，这种傍轴近似不再适用。实际上，当使用高数值孔径透镜成像时，应考虑以下效应。

1. 切趾效应

让我们考虑如图 2.13 所示的一个圆形透镜的成像。假设光场在透镜孔径 Σ 上的分布是 $P(r)$，其中 r 是径向坐标。函数 $P(r)=P(x,y)$ 是 2.3.1 节所介绍的，称为透镜的瞳函数。通过透镜后，光束会聚到焦点。因此，在理想情况下，透镜后面的波前 W 是一个球面。球面上的光场分布是会聚角 θ 的函数，用 $P(\theta)$ 表示。

很显然，对于低数值孔径透镜聚焦，透镜孔径上的光场分布近似等于球面上的光场分布。也就是说，我们近似有 $P(r)=P(\theta)$。然而，当透镜的数值孔径变大时，函数 $P(r)$ 和函数 $P(\theta)$ 之间的差异不可忽略。

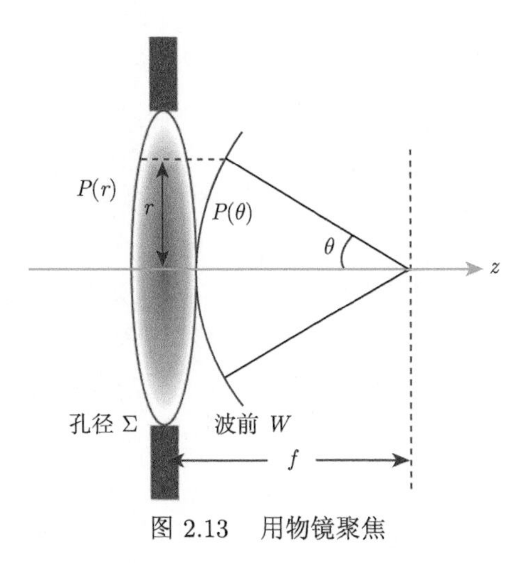

图 2.13 用物镜聚焦

函数 $P(\theta)$ 称为透镜的切趾函数。它的形式取决于许多因素，包括透镜的反射和透射系数、设计条件、放置在透镜前的空间滤波器等。在 2.6 节，将介绍一些常用的切趾函数。

2. 退偏效应

如果物镜的数值孔径很大，则线偏振光可以在透镜焦点处去偏振。换句话说，如果入射电场沿 x 方向，则在高数值孔径物镜的焦点处，y 和 z 方向的电场分量变为非零，这就是退偏效应 (depolarization effect)。在 2.7 节矢量德拜理论中将理论解释这种退偏效应。

为了直观了解这种退偏效应，这里举例说明。假设均匀的 x 偏振平面波入射，用 NA = 0.4 的消球差物镜 (满足正弦条件) 聚焦，用 (2.116) 式数值计算获得了如图 2.14 所示的焦平面上 x、y 和 z 分量的强度分布。很显然，对于 x 偏振入射平面光波，高数值孔径物镜聚焦后，焦场处三个方向的电场分量都不为零，这就是退偏效应。

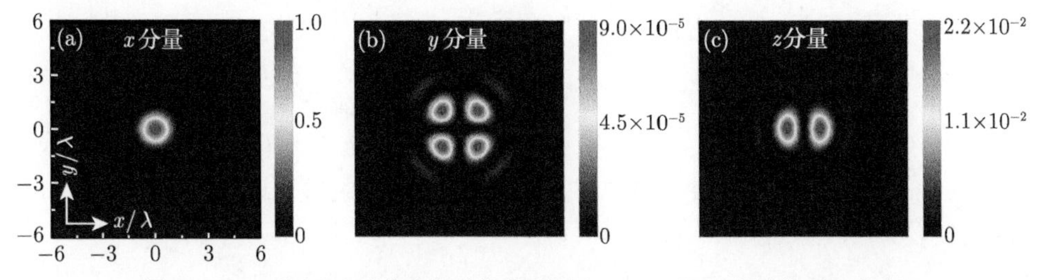

图 2.14 x 偏振平面波聚焦后的焦平面上 x、y 和 z 分量的强度分布

3. 像差

在理想的光学成像系统中，点光源物将在出射光瞳产生一个理想球面波，这个球面波向着理想的几何像点会聚。实际上，出射光瞳上的波前对理想球面总是存在各种偏离，这就是像差。像差可以由各种原因引起，从聚焦不良之类的简单缺陷，到理想的球面透镜的固有性质如球面像差。例如，当光束被高数值孔径物镜聚焦到折射率与浸没材料不同的介质中时，可能会产生像差。

如果透镜后的波前不是球面，则前面提到的函数 $P(\theta)$ 通常不是实函数，而是复函数。在这种情况下，函数 $P(\theta)$ 可分为实部和虚部两部分:

$$P(\theta)=P_0(\theta)\exp[\mathrm{i}k\varPhi(\theta)] \tag{2.57}$$

式中，$P_0(\theta)$ 和 $\varPhi(\theta)$ 分别表示光场振幅和相位，后者 $\varPhi(\theta)$ 称为成像中的像差函数。

下面简单介绍像差函数 $\varPhi$。图 2.15 是定义像差函数的几何示意图。如果系统没有像差，出射光瞳将被一个向理想像点会聚的理想球面波充满。用中心在理想像点并通过光轴与出射光瞳交点的理想球面定义一个高斯参考球面，相对于这个参考球面就能够定义像差函数了。如果向后追迹一条光线，从理想像点到出射光瞳上的 (x,y) 点，那么像差函数 $\varPhi(x,y)$ 便是这条光线从高斯参考球面传到实际波前所积累的光程误差，实际波前也被定义为通过光轴和出射光瞳的交点。这个误差可以是正的也可以是负的，取决于实际波前是高斯参考球面的左边还是右边。

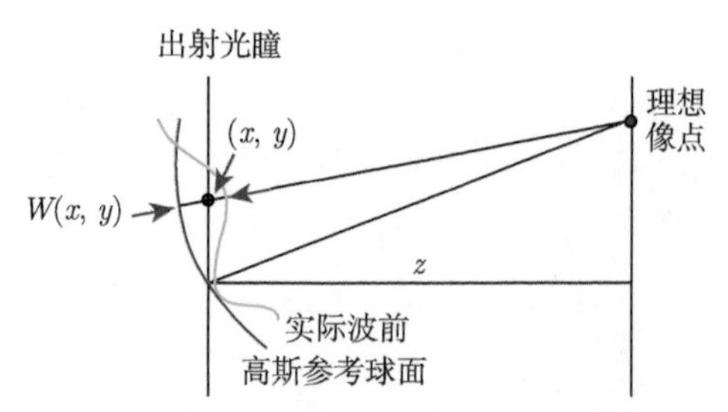

图 2.15 定义像差函数的几何示意图

通常，高数值孔径具有更加复杂的像差；物镜的孔径越大，像差函数 $\varPhi(x,y)$ 就越复杂。有关像差衍射理论的详细介绍已超出本书的范围，读者可参看文献 [1,5]。

总之，在成像系统中使用高数值孔径物镜时，在成像理论中需要考虑诸如切趾、退偏和像差等效应。

2.5 德拜理论

德拜理论给出了一个衍射积分，可用于计算高数值孔径物镜的衍射图样。本节将详细介绍这一理论。

2.5.1 德拜近似

现在我们考虑一个如图 2.16 所示的衍射孔 Σ。假设衍射孔径上的波前是一个原点在 O 点的球面 W。这种情况对应于光束折射后透镜的衍射。因此，球面 W 上的场可以表示为

$$U(P_1) = P(P_1)\frac{\mathrm{e}^{-\mathrm{i}kf}}{f} \tag{2.58}$$

其中，f 是球面的焦距，也代表球面的半径；因子 $\mathrm{e}^{-\mathrm{i}kf}/f$ 表示会聚到原点 O 的球面波。在某些条件下，球面波前上的场不是恒定的。因此，引入了一个函数 $P(P_1)$ 来表示球面波前上的场分布。

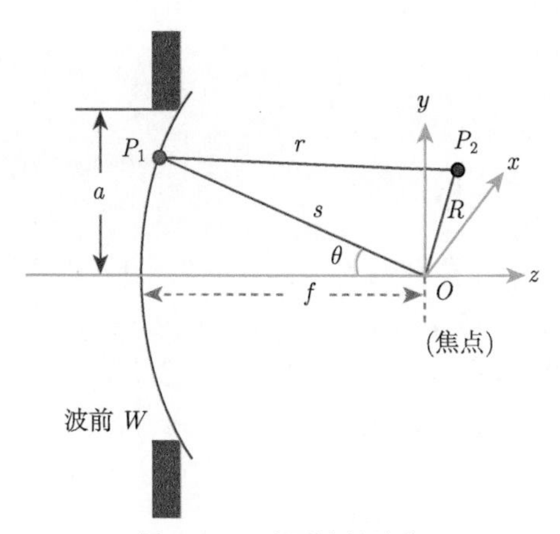

图 2.16 球面波的聚焦

将 (2.58) 式代入 (2.3) 式，可以给出原点 O 附近任意点 P_2 处的光场：

$$U(P_2) = \frac{1}{\mathrm{i}\lambda}\iint_{\Sigma} P(P_1)\frac{\exp[\mathrm{i}k(r-f)]}{fr}\cos(\boldsymbol{n},\boldsymbol{r})\mathrm{d}S \tag{2.59}$$

为了简化 (2.59) 式，如果观测点 P_2 离原点 O 不远，则可以引入以下四个近似：

(1) $r-f$ 的距离差近似表示为

$$r - f = \boldsymbol{s}\cdot\boldsymbol{R} \tag{2.60}$$

式中，$\boldsymbol{s}$ 是从球面上的点 P_1 到原点 O 的单位矢量；$\boldsymbol{R}$ 是从原点到观测点 P_2 的矢量。这种近似意味着来源于衍射孔径 Σ 上的球面子波被平面子波取代。

(2) 面积元 $\mathrm{d}S$ 近似表示为

$$\mathrm{d}S = f^2 \mathrm{d}\Omega \tag{2.61}$$

式中，$\mathrm{d}\Omega$ 是与面积 $\mathrm{d}S$ 相对应的立体角。

(3) 方向余弦近似表示为

$$\cos(\boldsymbol{n}, \boldsymbol{r}) \approx 1 \tag{2.62}$$

式中，$\boldsymbol{r}$ 是从 P_1 到 P_2 的单位矢量；$\boldsymbol{n}$ 是衍射孔径的单位法线。

(4) 在 (2.59) 式的分母中，距离 r 可相应地近似替换为 f，即

$$r \approx f \tag{2.63}$$

在以上四个近似下，可以把 (2.59) 式简化为

$$U(P_2) = \frac{1}{\mathrm{i}\lambda} \iint_{\Omega} P(P_1) \exp(\mathrm{i}k\boldsymbol{s} \cdot \boldsymbol{R}) \mathrm{d}\Omega \tag{2.64}$$

这就是所谓的德拜积分 (Debye integral)。推导这个表达式所涉及的近似称为德拜近似。

(2.64) 式中的积分是在焦点所对应的立体角 Ω 上计算的。在 (2.64) 式中，场表示为立体角内不同传播方向的平面波的叠加 (方向由填充 Ω 的矢量 $\boldsymbol{s}$ 指定)。

通过比较 (2.3) 式和 (2.64) 式，可以看出 (2.64) 式是平面波的叠加，其方向落在几何锥内，该几何锥是通过物镜焦点为几何锥顶点，孔径面为圆锥底面。应注意，(2.3) 式包括德拜积分加上几何锥外平面波的贡献。当菲涅耳数 N 约为 1 时，两个衍射表达式之间的差异变得显著。

2.5.2 圆形透镜的德拜积分

对于圆形物镜，我们引入球坐标系来表示点 P_1。球坐标系的原点位于 O 点。因此，点 P_1 的位置为

$$\begin{cases} x_1 = f \sin\theta \cos\varphi \\ y_1 = f \sin\theta \sin\varphi \\ z_1 = -f \cos\theta \end{cases} \tag{2.65}$$

式中，

$$\begin{cases} f^2 = x_1^2 + y_1^2 + z_1^2 \\ r_1^2 = x_1^2 + y_1^2 \end{cases} \tag{2.66}$$

关于点 P_2，我们引入一个原点位于 O 点的极坐标系。这样，点 P_2 的位置，即位置矢量 $\boldsymbol{R}$ 的坐标为

$$\begin{cases} x_2 = r_2 \cos\psi \\ y_2 = r_2 \sin\psi \\ z_2 \end{cases} \tag{2.67}$$

满足条件 $r_2^2 = x_2^2 + y_2^2$。

在这些条件下，因为 $r_1 = f\sin\theta$，可以使用以下变换：

$$\mathrm{d}\Omega = \sin\theta\mathrm{d}\theta\mathrm{d}\varphi \tag{2.68}$$

$$P(P_1) = P(r_1, \theta, \varphi) = P(\theta, \varphi) \tag{2.69}$$

借助于图 2.16 中定义的 x、y 和 z 方向上的三个单位矢量 $\boldsymbol{e}_x$、$\boldsymbol{e}_y$ 和 $\boldsymbol{e}_z$，单位矢量 $\boldsymbol{s}$ 可以表示为

$$\boldsymbol{s} = \sin\theta\cos\varphi\boldsymbol{e}_x + \sin\theta\sin\varphi\boldsymbol{e}_y + \cos\theta\boldsymbol{e}_z \tag{2.70}$$

因此

$$\begin{aligned} \boldsymbol{s}\cdot\boldsymbol{R} &= r_2\sin\theta\cos\varphi\cos\psi + r_2\sin\theta\sin\varphi\sin\psi + z_2\cos\theta \\ &= r_2\sin\theta\cos(\varphi-\psi) + z_2\cos\theta \end{aligned} \tag{2.71}$$

这样，从 (2.64) 式，可得透镜的德拜积分表达式为

$$U(r_2,\psi,z_2) = \frac{1}{\mathrm{i}\lambda}\iint_\Omega P(\theta,\varphi)\exp[\mathrm{i}kr_2\sin\theta\cos(\varphi-\psi) + \mathrm{i}kz_2\cos\theta]\sin\theta\mathrm{d}\theta\mathrm{d}\varphi \tag{2.72}$$

如果光线在像空间中的最大会聚角用 $\alpha_{\max}$ 表示，则 (2.72) 式中 θ 和 φ 的积分上下限分别为 $0\sim\alpha_{\max}$ 和 $0\sim2\pi$。实际上，物镜是圆对称的。结果我们得到了 $P(\theta,\varphi) = P(\theta)$。在这些条件下，(2.72) 式与变量 ψ 无关，即它是一个圆对称函数。利用 (2.15) 式，可将 (2.72) 式简化为

$$U(r_2,z_2) = \frac{2\pi}{\mathrm{i}\lambda}\int_0^{\alpha_{\max}} P(\theta)\mathrm{J}_0(kr_2\sin\theta)\exp(\mathrm{i}kz_2\cos\theta)\sin\theta\mathrm{d}\theta \tag{2.73}$$

采用与 2.3.2 节类似的方式，将径向光学坐标 v 和轴向光学坐标 u 分别定义为

$$\begin{cases} v = kr_2\sin\alpha \\ u = 4kz_2\sin^2(\alpha/2) \end{cases} \tag{2.74}$$

可将 (2.73) 式写成紧凑的形式：

$$U(v,u)=\frac{2\pi}{\mathrm{i}\lambda}\mathrm{e}^{\mathrm{i}kz_2}\int_0^{\alpha_{\max}}P(\theta)\mathrm{J}_0\left(\frac{v\sin\theta}{\sin\alpha}\right)\exp\left(-\frac{\mathrm{i}u\sin^2(\theta/2)}{2\sin^2(\alpha/2)}\right)\sin\theta\mathrm{d}\theta \quad (2.75)$$

式中，已使用 $\cos\theta=1-2\sin^2(\theta/2)$。(2.75) 式是圆孔高数值孔径物镜焦场区域衍射场的德拜积分。

2.5.3　傍轴近似

如果物镜的最大会聚角 $\alpha_{\max}$ 较小，即物镜的数值孔径不大，则可以在 (2.75) 式中采用如下近似:

$$\sin\theta\approx\theta \quad (2.76)$$

因此

$$r_1\approx f\sin\theta\approx f\theta \quad (2.77)$$

$$\mathrm{d}\theta\approx\mathrm{d}r_1/f \quad (2.78)$$

这样 (2.75) 式可以化简为

$$U(v,u)=2\frac{N}{\mathrm{i}f}\mathrm{e}^{\mathrm{i}kz_2}\int_0^1 P(\rho)\exp\left(-\frac{\mathrm{i}u\rho^2}{2}\right)\mathrm{J}_0(\rho v)\rho\mathrm{d}\rho \quad (2.79)$$

式中，$\rho=r_2/a$(其中 a 是物镜的半径)，$N=\pi a^2/(\lambda z)$ 是菲涅耳数。可以看出，切趾函数 $P(\theta)$ 简化为函数 $P(\rho)$，它依赖于 ρ，在 2.3.2 节中被称为透镜的瞳函数。将 (2.79) 式与 (2.47) 式进行比较，就会发现，如果假设 (2.47) 式中的 N 较大，则除预因子外，(2.79) 式与在菲涅耳近似下推导的公式 (2.47) 相同。(2.79) 式中的预因子 $1/f$ 源自于 (2.58) 式中照明为球面波的假设。(2.79) 式有时被称为圆形物镜衍射的经典方程，它包括三种主要近似：标量近似、德拜近似和傍轴近似。德拜衍射积分成立的条件是菲涅耳数 N 远大于 1。在某些情况下，该条件可能与傍轴近似相冲突。

高数值孔径物镜的焦场区域的强度 $I(v,u)$ 为 (2.75) 式的模平方。相应地，傍轴近似下的强度为 (2.79) 式的模平方。图 2.17 给出了 $\alpha_{\max}=75°$ 时，高数值孔径物镜焦点附近的归一化径向强度 $I(v,u=0)$ 和轴向强度 $I(v=0,u)$ 的分布。为便于比较，图 2.17 也给出了相应的傍轴近似下的结果。此处考虑的物镜遵循 $P(\theta)=\sqrt{\cos\theta}$ 的正弦条件 (见 2.6.1 节)。正如预期的那样，$I(v,u=0)$ 和 $I(v=0,u)$ 接近图 2.12 中给出的傍轴近似下圆形透镜的结果。

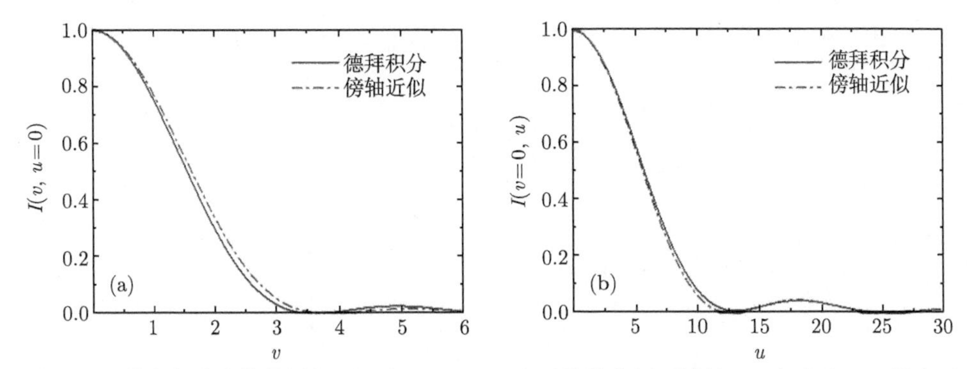

图 2.17　德拜积分和傍轴近似下，当 $\alpha_{\max} = 75°$ 时物镜焦场区域的 (a) 径向和 (b) 轴向强度分布

图 2.17 显示，当 $\alpha_{\max}$ 很小时，即当 N 远小于 1 时，(2.75) 式给出的结果接近菲涅耳近似下给出的结果。当 $N \sim 1$ 时，德拜近似不再成立，应使用 (2.3) 式。(2.3) 式和 (2.64) 式之间的一个主要区别是，(2.3) 式预测了菲涅耳数 N 较小时物镜的焦移，这导致沿 z 轴的非对称强度分布。该位移由 (2.3) 式中的系数 $\cos(\boldsymbol{n}, \boldsymbol{r})$ 产生，该系数与 z_2/f 成比例。如果因子 $\cos(\boldsymbol{n}, \boldsymbol{r})$ 保持不变，则可以推导出修正的德拜积分，该积分表示焦点向衍射孔径的偏移。在光学成像中，物镜在光波区的菲涅耳数通常远大于 1。因此，物镜的轴向强度分布相对于焦平面是对称的。

2.6 切趾函数

通常物镜的瞳函数 $P(r)$ 对于描述成像系统的性能是非常重要的。正如 2.4.2 节所述，在高数值孔径物镜聚焦下，$P(r)$ 不等于切趾函数 $P(\theta)$。$P(r)$ 给出了横截面上的光线密度，而 $P(\theta)$ 给出了会聚波前 W 上的光线密度。切趾函数依赖于成像系统中各种界面处的透射系数和插入在成像系统光路中的空间滤波器。

让我们首先考虑切趾函数与瞳函数的普遍关系。如图 2.13 所示，光线在半径为 r 处的投影满足

$$r/f = g(\theta) \tag{2.80}$$

式中，$g(\theta)$ 称为光线投影函数，给出了通过透镜平面 Σ 的光线如何投影到波前 W 上。

考虑均匀的入射光束。入射光束的振幅由 $P(r)$ 给出，$P(r)$ 对应于入射能量 $P^2(r)\delta S_0$。这里 δS_0 表示平面 Σ 上 r 处的无穷小面积元。光束被透镜折射后，出射光束的振幅用 $P(\theta)$ 表示，具有相应的出射能量 $P^2(\theta)\delta S$，其中 δS 表示波前

W 上 θ 角处的无限小面积元。根据图 2.13 中的几何关系，δS_0 和 δS 分别由下式给出：

$$\delta S_0 = 2\pi r\mathrm{d}r = 2\pi f^2 g(\theta)g'(\theta)\mathrm{d}\theta \tag{2.81}$$

$$\delta S = 2\pi r\mathrm{d}r = 2\pi f^2 \sin\theta\mathrm{d}\theta \tag{2.82}$$

这里，$g'(\theta)$ 是 $g(\theta)$ 对 θ 的导数。

根据能量守恒定律，有

$$P^2(r)\delta S_0 = P^2(\theta)\mathrm{d}S \tag{2.83}$$

将 (2.81) 式和 (2.82) 式代入 (2.83) 式，可得

$$P^2(r)2\pi f^2 g(\theta)g'(\theta)\mathrm{d}\theta = P^2(\theta)2\pi f^2 \sin\theta\mathrm{d}\theta \tag{2.84}$$

因此，可得切趾函数 $P(\theta)$ 与相应瞳函数 $P(r)$ 之间的关系式为

$$P(\theta) = P(r)\sqrt{\frac{g(\theta)g'(\theta)}{\sin\theta}} \tag{2.85}$$

这种关系式适用于任何物镜。下面将讨论四种不同设计条件下物镜的切趾函数。

2.6.1 正弦条件

现在我们介绍正弦条件 (sine condition)。在这种情况下，光线投影函数 $g(\theta)$ 为

$$g(\theta) = \sin\theta \tag{2.86}$$

对于服从正弦条件的物镜，如图 2.18(a) 所示，可得

$$r = f\sin\theta \tag{2.87}$$

(2.86) 式的意义在于，像空间中的光线与物空间中进入系统的相应光线在焦球处相遇时高度相同。根据几何光学，如图 2.19 所示，正弦条件对应于

$$n_1 Y_1 \sin\theta_1 = n_0 Y_0 \sin\theta_0 \tag{2.88}$$

这里，$n_0(n_1)$、$Y_0(Y_1)$ 和 $\theta_0(\theta_1)$ 分别是折射率、波前上的光线高度、光线在物 (像) 空间中的会聚角。(2.88) 式的几何意义是：物平面上靠近光轴的小区域可以被一系列具有任意发散角的光线清晰地成像。这种成像系统称为具有二维横向空间不变性的消球差成像系统。对于商用物镜，在设计过程中通常遵循正弦条件，因此，在物镜的视场内可以获得薄物镜的完美图像。

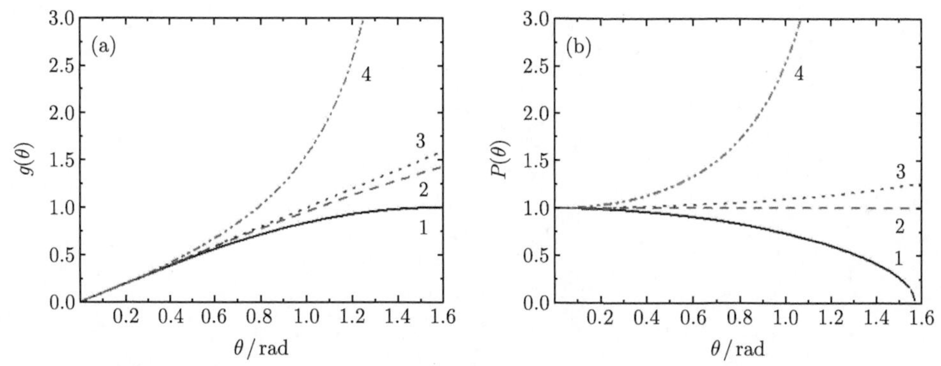

图 2.18 物镜满足正弦条件 (曲线 1)、赫歇尔条件 (曲线 2)、均匀投影条件 (曲线 3) 和亥姆霍兹条件 (曲线 4) 下的 (a) 投影函数 $g(\theta)$ 和 (b) 切趾函数 $P(\theta)$。假定瞳函数 $P(r)$ 为常数

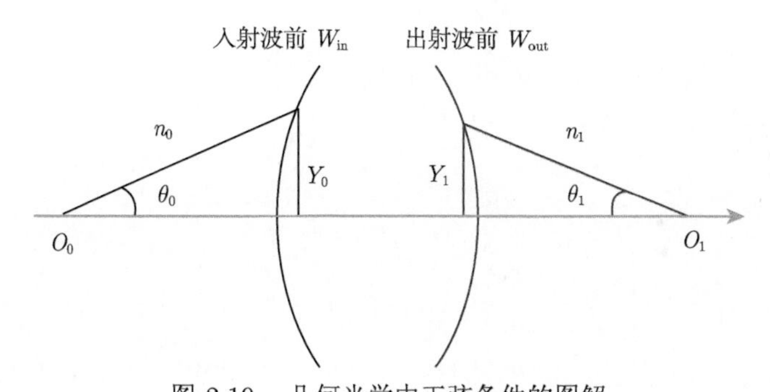

图 2.19 几何光学中正弦条件的图解

将 (2.86) 式代入 (2.85) 式，可得正弦条件下的切趾函数为

$$P(\theta) = P(r)\sqrt{\cos\theta} \tag{2.89}$$

如图 2.18(b) 所示，当 $P(r) = 1$ 时，可以看出，会聚角上的光线密度随着角 θ 的增大而减小。

根据 (2.87) 式，可得相应的折射轨迹为

$$z = -\sqrt{f^2 - r^2} \tag{2.90}$$

如图 2.20 所示，该折射轨迹是一个球体。

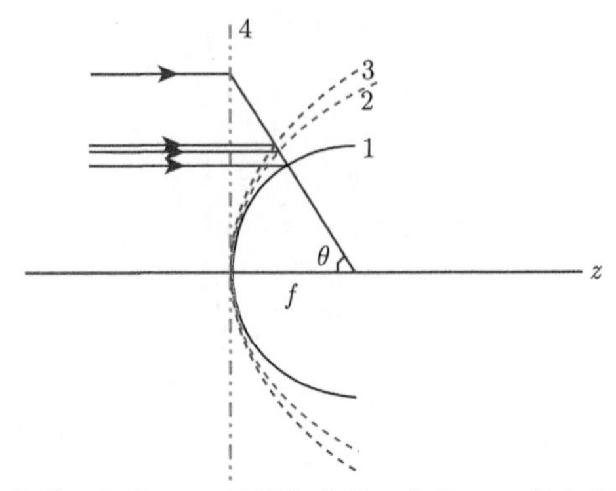

图 2.20　物镜满足正弦条件 (曲线 1)、赫歇尔条件 (曲线 2)、均匀投影条件 (曲线 3) 和亥姆霍兹条件 (曲线 4) 下的折射轨迹

2.6.2　赫歇尔条件

赫歇尔条件 (Herschel condition) 也称为均匀角条件。在这种情况下，如图 2.18(a) 所示，光线投影函数 $g(\theta)$ 为

$$g(\theta) = 2\sin(\theta/2) \tag{2.91}$$

这意味着

$$r = 2f\sin(\theta/2) \tag{2.92}$$

(2.91) 式的物理意义是波前上的光线密度是恒定的。在几何光学中，这个条件相当于

$$n_1Y_1\sin(\theta_1/2) = n_0Y_0\sin(\theta_0/2) \tag{2.93}$$

此时，在点 O_0 的轴上，物体可以通过一系列具有任何角度发散的光线进行瑞利成像。换句话说，满足轴向空间不变性。

将 (2.91) 式代入 (2.85) 式，可得遵循赫歇尔条件的物镜的切趾函数为

$$P(\theta) = P(r) \tag{2.94}$$

该式描绘了如图 2.18(b) 所示的均匀函数 $P(r)$。换句话说，光线密度在会聚角范围内是恒定的。

根据 (2.92) 式，如图 2.20 所示，在赫歇尔条件下折射轨迹可以表示为

$$z = f\frac{2\left(\dfrac{r}{2f}\right)^2 - 1}{\sqrt{1-\left(\dfrac{r}{2f}\right)^2}} \tag{2.95}$$

2.6.3 均匀投影条件

均匀投影条件也称为拉格朗日条件 (Lagrange condition)，其光线投影函数 $g(\theta)$ 为

$$g(\theta) = \theta \tag{2.96}$$

如图 2.18(a) 所示，对应于

$$r = f\theta \tag{2.97}$$

该式的物理意义：在基准面上，相等的径向距离被转换为相等的角度间隔。在几何光学中，这个条件也意味着

$$\oint n_0 s \cdot \mathrm{d}r = 0 \tag{2.98}$$

该式表明光路沿环路的积分始终为零。

将 (2.96) 式代入 (2.85) 式，可得在均匀投影条件下的切趾函数 $P(\theta)$ 为

$$P(\theta) = P(r)\sqrt{\frac{\theta}{\sin\theta}} \tag{2.99}$$

假定瞳函数 $P(r)$ 为常数时，均匀投影条件下切趾函数 $P(\theta)$ 如图 2.18(b) 所示。借助于 (2.97) 式，折射轨迹可以表示为

$$z = -r\cot\left(\frac{r}{f}\right) \tag{2.100}$$

2.6.4 亥姆霍兹条件

亥姆霍兹条件 (Helmholtz condition) 也称为切线条件，相应的光线投影函数 $g(\theta)$ 为

$$g(\theta) = \tan\theta \tag{2.101}$$

可得

$$r = f\tan\theta \tag{2.102}$$

这种情况意味着成像是完美的。换句话说，成像中没有失真，即在三维中放大因子是恒定的。就几何光学而言，亥姆霍兹条件对应于

$$n_1 Y_1 \tan(\theta_1) = n_0 Y_0 \tan(\theta_0) \tag{2.103}$$

因此，在亥姆霍兹条件下的切趾函数和折射轨迹分别为

$$P(\theta) = P(r)\left(\frac{1}{\sqrt{\cos\theta}}\right)^3 \tag{2.104}$$

$$z = f \tag{2.105}$$

式 (2.105) 描述的是一个平面 (图 2.20)。

本节我们学习了正弦条件、赫歇尔条件、均匀投影条件和亥姆霍兹条件下物镜的光线投影函数 $g(\theta)$、切趾函数 $P(\theta)$ 和折射轨迹 z。需要强调的是，如果物镜的数值孔径很小，则切趾函数 $P(\theta)$ 之间的差异可以忽略不计。

2.7　矢量德拜理论

为了理解高数值孔径物镜焦点附近的退偏效应，有必要将 2.5 节的标量德拜理论推广到矢量形式。

2.7.1　线偏振光经物镜折射后的矢量特性

在考虑电磁波的矢量属性时，应采用电磁场波动方程的矢量形式。我们先回顾一下 (2.64) 式描述的德拜积分。德拜积分表示了平面波在由光线最大会聚角确定的立体角内的叠加。假设入射平面波是线偏振的。在这种情况下，(2.64) 式中的德拜积分可以改写为

$$E(P_2) = \frac{1}{\mathrm{i}\lambda}\iint_{\Omega} E_0(P_1)\exp(\mathrm{i}k\boldsymbol{s}\cdot\boldsymbol{R})\mathrm{d}\Omega \tag{2.106}$$

式中，$E(P_2)$ 是物镜焦点区域内 P_2 点处的电场；$E_0(P_1)$ 是参考球面上 P_1 点处的电场。

使用 (2.65) 式和 (2.67) 式中相同的坐标系来表示点 P_1 和 P_2，可得

$$E(r_2,\psi,z_2) = \frac{1}{\mathrm{i}\lambda}\iint_{\Omega} E_0(\theta,\varphi)\exp[\mathrm{i}kr_2\sin\theta\cos(\varphi-\psi)]\mathrm{e}^{\mathrm{i}kz_2\cos\theta}\sin\theta\mathrm{d}\theta\mathrm{d}\varphi \tag{2.107}$$

为了导出高数值孔径物镜焦场区域电场的精确表达式,需要知道电场 $E_0(\theta,\varphi)$ 的矢量分布。在不失一般性的前提下，可以假设入射光波 $\boldsymbol{E}_\mathrm{i}$ 为沿 x 轴的线偏振光。对于圆对称系统，有

$$\boldsymbol{E}_\mathrm{i}(r) = P(r)\boldsymbol{e}_x \tag{2.108}$$

式中，$P(r)$ 是透镜孔径内的振幅分布。如图 2.21 所示，$\boldsymbol{e}_x$ 和 $\boldsymbol{e}_y$ 分别表示 x 和 y 方向上的单位矢量。

为了描述物镜折射后的电场，引入了另一对单位矢量 $\boldsymbol{\alpha}_\rho$ 和 $\boldsymbol{\alpha}_\varphi$，如图 2.21 所示，它们分别是 ρ 和 φ 方向上的单位矢量。按照图 2.21 中的几何关系，可将 (2.108) 式改写成

$$\boldsymbol{E}_\mathrm{i}(r) = P(r)\cos\varphi\boldsymbol{\alpha}_\rho - P(r)\sin\varphi\boldsymbol{\alpha}_\varphi \tag{2.109}$$

因此，入射电场沿着 $\boldsymbol{\alpha}_\rho$ 和 $\boldsymbol{\alpha}_\varphi$ 有分量。经物镜折射后，这两个矢量的方向可以根据折射后选择的坐标系来改变。

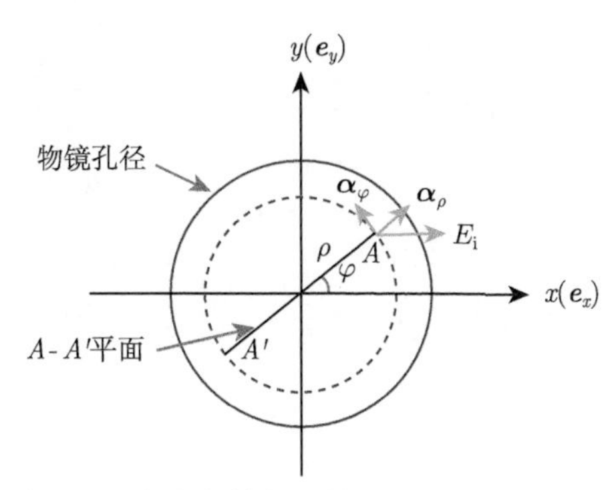

图 2.21 定义单位矢量 $\boldsymbol{e}_x$, $\boldsymbol{e}_y$, $\boldsymbol{\alpha}_\rho$ 和 $\boldsymbol{\alpha}_\varphi$

考虑在图 2.21 中用 A-A' 标记的子午面上光波的折射。图 2.22 描绘了光波在该平面上的折射。应该注意的是，经物镜折射之后，矢量 $\boldsymbol{\alpha}_\varphi$ 不改变其方向，而矢量 $\boldsymbol{\alpha}_\rho$ 将其方向改变为 $\boldsymbol{\alpha}_\theta$。根据 2.6 节的讨论，光波现在是 θ 的函数，由切趾函数 $P(\theta)$ 给出。换句话说，$P(r)$ 在折射后被转换成 $P(\theta)$。因此，(2.109) 式变为

$$\boldsymbol{E}_\mathrm{i}(\theta,\varphi)=P(\theta)\cos\varphi\boldsymbol{\alpha}_\theta-P(\theta)\sin\varphi\boldsymbol{\alpha}_\varphi \tag{2.110}$$

式中，

$$\begin{cases}\boldsymbol{\alpha}_\theta=\cos\theta\cos\varphi\boldsymbol{e}_x+\cos\theta\sin\varphi\boldsymbol{e}_y+\sin\theta\boldsymbol{e}_z\\ \boldsymbol{\alpha}_\varphi=-\sin\varphi\boldsymbol{e}_x+\cos\varphi\boldsymbol{e}_y\end{cases} \tag{2.111}$$

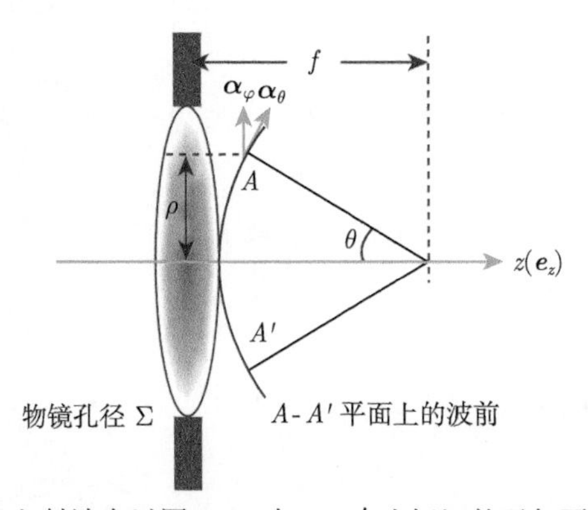

图 2.22 入射波在以图 2.21 中 A-A' 为标记的子午面上的折射

很明显，(2.110) 式是 (2.107) 式中的电场矢量，因为 (2.106) 式中的 P_1 是参考面上的任意点。将 (2.111) 式代入 (2.110) 式可得

$$\boldsymbol{E}_0(\theta,\varphi)=P(\theta)\left\{\begin{array}{l}[\cos\theta+\sin^2\varphi(1-\cos\theta)]\boldsymbol{e}_x\\ \cos\varphi\sin\varphi(\cos\theta-1)\boldsymbol{e}_y\\ \cos\varphi\sin\theta\boldsymbol{e}_z\end{array}\right\} \tag{2.112}$$

2.7.2　矢量德拜积分

为了找出物镜焦点区域的电场表达式，将 (2.112) 式代入 (2.107) 式，从而得到矢量德拜积分形式:

$$\begin{aligned}E(r_2,\psi,z_2)=&\frac{1}{\mathrm{i}\lambda}\int_0^{\alpha_{\max}}\int_0^{2\pi}P(\theta)\left\{\begin{array}{l}[\cos\theta+\sin^2\varphi(1-\cos\theta)]\boldsymbol{e}_x\\ \cos\varphi\sin\varphi(\cos\theta-1)\boldsymbol{e}_y\\ \cos\varphi\sin\theta\boldsymbol{e}_z\end{array}\right\}\\ &\times\exp[\mathrm{i}kr_2\sin\theta\cos(\varphi-\psi)]\mathrm{e}^{\mathrm{i}kz_2\cos\theta}\sin\theta\mathrm{d}\theta\mathrm{d}\varphi\end{aligned} \tag{2.113}$$

为了完成对 (2.113) 式中 φ 的积分，做如下变换:

$$\left\{\begin{array}{l}\sin^2\varphi=\dfrac{1}{2}[1-\cos(2\varphi)]\\ \sin\varphi\cos\varphi=\dfrac{1}{2}\sin(2\varphi)\end{array}\right. \tag{2.114}$$

采用以下积分恒等式:

$$\left\{\begin{array}{l}\displaystyle\int_0^{2\pi}\cos(n\varphi)\exp\left[\mathrm{i}t\cos(\varphi-\psi)\right]\mathrm{d}\varphi=2\pi\mathrm{i}^n\mathrm{J}_n(t)\cos(n\psi)\\ \displaystyle\int_0^{2\pi}\sin(n\varphi)\exp\left[\mathrm{i}t\cos(\varphi-\psi)\right]\mathrm{d}\varphi=2\pi\mathrm{i}^n\mathrm{J}_n(t)\sin(n\psi)\end{array}\right. \tag{2.115}$$

式中，n 是一个整数。最终，物镜焦点区域的电场可以表示为

$$E(r_2,\psi,z_2)=\frac{\pi}{\mathrm{i}\lambda}\left\{\left[I_0+\cos(2\psi)I_2\right]\boldsymbol{e}_x+\sin(2\psi)I_2\boldsymbol{e}_y+2\mathrm{i}\cos\psi I_1\boldsymbol{e}_z\right\} \tag{2.116}$$

这里三个变量 I_0、I_1 和 I_2 的定义如下:

$$I_0=\int_0^{\alpha_{\max}}P(\theta)\sin\theta(1+\cos\theta)\mathrm{J}_0(kr_2\sin\theta)\mathrm{e}^{\mathrm{i}kz_2\cos\theta}\mathrm{d}\theta \tag{2.117}$$

$$I_1 = \int_0^{\alpha_{\max}} P(\theta) \sin^2 \theta \mathrm{J}_1(kr_2 \sin \theta) \mathrm{e}^{\mathrm{i}kz_2 \cos \theta} \mathrm{d}\theta \tag{2.118}$$

$$I_2 = \int_0^{\alpha_{\max}} P(\theta) \sin \theta (1 - \cos \theta) \mathrm{J}_2(kr_2 \sin \theta) \mathrm{e}^{\mathrm{i}kz_2 \cos \theta} \mathrm{d}\theta \tag{2.119}$$

其中，$\mathrm{J}_0(x)$、$\mathrm{J}_1(x)$ 和 $\mathrm{J}_2(x)$ 分别是第一类的零阶、一阶和二阶贝塞尔函数。

(2.116) 式表明，即使入射光偏振沿 x 轴，高数值孔径物镜聚焦区域的衍射场在 x、y 和 z 方向上仍有三个分量 (图 2.14)。这种现象就是高数值孔径物镜的退偏效应。只有当 $\psi = \pi/2$ 时，没有退偏效应。当物镜的数值孔径很小时，退偏效应变弱或消失。即使忽略了退偏效应，x 方向的电场仍与标量近似下由 (2.75) 式给出的结果不同。然而，由于 (2.119) 式中的 I_2 远小于 (2.117) 式中的 I_0，用标量理论和矢量理论获得的在 x 方向上的衍射场相差不大。

现在讨论当物镜的最大会聚角 $\alpha_{\max}$ 较小时，(2.116) 式的极限形式。在傍轴近似下，与 $\mathrm{J}_0(x)$ 相比，有 $\mathrm{J}_1(x) \to 0$ 和 $\mathrm{J}_2(x) \to 0$。因此，如果 $\alpha_{\max}$ 很小，就有

$$I_0 = \frac{2a^2}{f^2} \mathrm{e}^{\mathrm{i}kz_2} \int_0^1 P(\rho) \mathrm{J}_0(v\rho) \exp\left(\frac{\mathrm{i}}{2}\rho^2 u\right) \rho \mathrm{d}\rho \tag{2.120}$$

$$I_1 = 0 \tag{2.121}$$

$$I_2 = 0 \tag{2.122}$$

这里使用了 (2.76) 式 ~(2.78) 式中的近似。(2.74) 式给出了 v 和 u 的定义。因此

$$E(r_2, \psi, z_2) = \frac{\pi}{\mathrm{i}\lambda} I_0 \boldsymbol{e}_x \tag{2.123}$$

这与 (2.79) 式相同。换句话说，焦场区域内光场的偏振态与入射光场的偏振态相同，即低数值孔径的物镜聚焦时不会发生退偏效应。

强度是 (2.116) 式的模平方，由下式给出：

$$I(r_2, \psi, z_2) = C\left\{|I_0|^2 + 4|I_1|^2 \cos^2 \psi + |I_2|^2 + 2\cos(2\psi)\mathrm{Re}[I_0 I_2^*]\right\} \tag{2.124}$$

其中，C 是一个规格化常数；$\mathrm{Re}[\cdot]$ 表示取其参数的实部。

图 2.23 分别给出了沿 x 轴 ($\psi = 0$) 和 y 轴 ($\psi = \pi/2$) 的两个正交方向的归一化强度分布 $I(v,u=0)$ 的截面图。将图 2.23 与图 2.17 比较，会发现矢量理论给出的 x 轴响应比傍轴近似下给出的更宽；矢量理论给出的沿 y 轴的响应比傍轴近似下的更窄。这些行为可以用如下的物镜焦点区域的强度表达式解释。

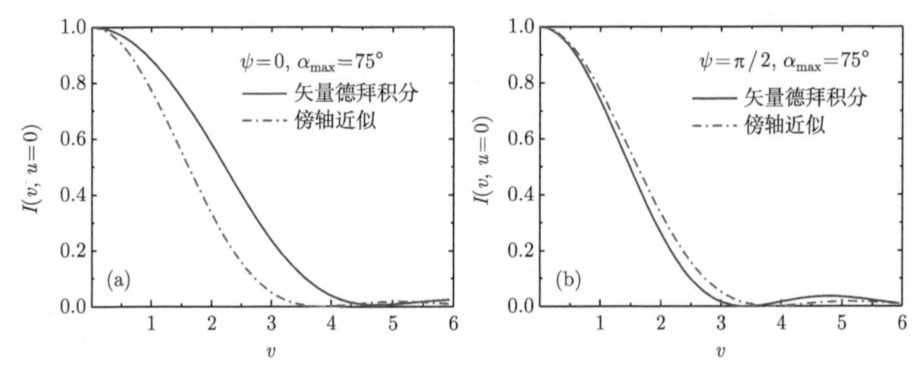

图 2.23 矢量德拜积分和傍轴近似下，当 $\alpha_{\max}=75°$ 时物镜焦场区域沿着 (a)x 轴 ($\psi=0$) 和 (b)y 轴 ($\psi=\pi/2$) 的归一化强度分布 $I(v,u=0)$ 截面图

可以注意到，当 x 远小于 1 时，零阶、一阶和二阶贝塞尔函数 $\mathrm{J}_0(x)$、$\mathrm{J}_1(x)$ 和 $\mathrm{J}_2(x)$ 满足如下关系：$\mathrm{J}_0>\mathrm{J}_1>\mathrm{J}_2$。对于 r_2 不太大时，有

$$|I_0|>|I_1|>|I_2| \tag{2.125}$$

当 $\psi=0$ 时，(2.124) 式化简为

$$I(r_2,0,z_2)=C\left\{|I_0|^2+4|I_1|^2+|I_2|^2+2\mathrm{Re}[I_0I_2^*]\right\} \tag{2.126}$$

由于 (2.125) 式中的关系，(2.126) 式中最后一项的贡献小于第二项的贡献。因此，对于给定的 r_2 值，(2.126) 式中的强度可能要大于 (2.123) 式中给出的强度，此行为如图 2.23(a) 所示。

另外，沿 y 轴方向，即当 $\psi=\pi/2$ 时，强度为

$$I(r_2,\pi/2,z_2)=C\left\{|I_0|^2+|I_2|^2-2\mathrm{Re}[I_0I_2^*]\right\} \tag{2.127}$$

由于 (2.125) 式中的关系，对于给定的 r_2 值，(2.127) 式中的强度可能要小于 (2.123) 式中给出的强度。因此，(2.127) 式中的强度响应比标量近似 ((2.75) 式) 下的光强响应要窄，如图 2.23(b) 所示。

2.8 理查德–沃尔夫矢量衍射理论

在前面的学习中，我们只考虑入瞳照明是均匀偏振的情况。现在介绍理查德–沃尔夫矢量衍射理论。该理论可以处理任意偏振态分布的光场。

在高数值孔径物镜聚焦下，与入射光场相比，聚焦光场的偏振态分布发生了很大的变化。此时，标量理论已经不能准确描述聚焦场的行为。1959 年，理查德

和沃尔夫基于德拜理论，发展了矢量衍射理论[8]。该理论可以准确地计算紧聚焦后的焦场分布。2000 年，Youngworth 和 Brown 将这一矢量衍射理论用于计算径向偏振光和角向偏振光的紧聚焦场分布，获得了成功[9]。此后，这一理论逐渐被命名为理查德–沃尔夫矢量衍射理论。该理论是目前计算高数值孔径物镜聚焦任意偏振光束中最广泛和最有效的一种计算方法。

2.8.1 理查德–沃尔夫矢量衍射公式

为什么需要理查德–沃尔夫矢量衍射理论呢？有两个原因：一是之前的聚焦理论不能处理任意偏振态分布的光场聚焦问题；二是偏振态非均匀分布的矢量光场引起了人们的极大兴趣，现在人们通过调控光场的偏振态分布获得了各种各样的焦场。特别是发现径向偏振光可以聚焦到比空间均匀偏振光更小的焦斑，这是因为产生了一个强的局域的纵向电场分量。原则上，任意光束的紧聚焦都可以用理查德–沃尔夫矢量衍射理论进行数值分析。

图 2.24 是任意光场聚焦的几何示意图。入射场可以具有任何预知的电场振幅和偏振的空间分布。假设该场在初始平面 Σ 处具有平面相位波前。这个平面是光学系统的入瞳平面。一个消球差透镜 (aplanatic lens) 在焦球 Ω(可以用来表示出射光瞳) 处产生一个会聚的球面波。光波从 Σ 处的准直源传播到衍射受限的轴向点像。单位矢量 $\boldsymbol{g}_0$ 的方向垂直于光轴，并且具有笛卡儿分量，可以用柱坐标表示为

$$\boldsymbol{g}_0 = \cos\varphi \boldsymbol{e}_x + \sin\varphi \boldsymbol{e}_y \tag{2.128}$$

其中，φ 表示相对于 x 轴的方位角。由于 $\boldsymbol{g}_0$ 表示物空间中的径向分量，角向分量可以表示为 $\boldsymbol{g}_0 \times \boldsymbol{e}_z$，其中 $\boldsymbol{e}_z$ 是沿传播方向 z 的单位矢量。因此，区域 Σ 处的电场可分解为径向分量和角向分量：

$$\boldsymbol{e}_0 = l_0(r)\left[e_r^{(0)}\boldsymbol{g}_0 + e_\varphi^{(0)}(\boldsymbol{g}_0 \times \boldsymbol{e}_z)\right] \tag{2.129}$$

其中，$l_0(r)$ 表示场的相对振幅，假设场沿径向变化，但保持关于光轴的柱对称。

根据式 (2.64) 的德拜理论，可以将焦点附近的电场表示为焦半径为 f 的球面孔径上矢量场振幅 $\boldsymbol{a}_1$ 上的衍射积分

$$\boldsymbol{E}^{(s)} = \frac{1}{\mathrm{i}\lambda}\iint_\Omega \boldsymbol{E}_\mathrm{i}(\theta,\varphi)\exp(\mathrm{i}k\boldsymbol{s}_1\cdot\boldsymbol{r})\mathrm{d}\Omega \tag{2.130}$$

式中，$\mathrm{d}\Omega = \sin\theta\mathrm{d}\theta\mathrm{d}\varphi$ 是立体角。入射场 $\boldsymbol{E}_\mathrm{i}$ 可以写在瞳平面柱坐标 (r,φ) 中，分解为径向分量和角向分量：

$$\boldsymbol{E}_\mathrm{i}(r,\varphi) = l_0P(r)\left[e_r^{(0)}\boldsymbol{g}_0 + e_\varphi^{(0)}(\boldsymbol{g}_0 \times \boldsymbol{e}_z)\right] \tag{2.131}$$

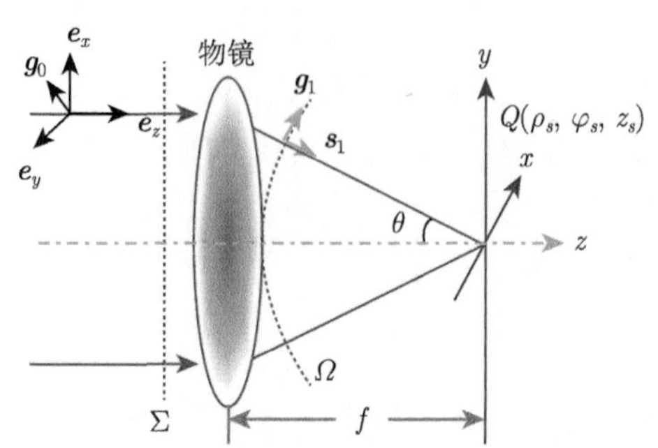

图 2.24　平面波紧聚焦示意图。物镜的焦距为 $f = a/\text{NA}$，其中 a 是物镜的半径，$\text{NA} = n_0 \sin\alpha_{\max}$ 是物镜的数值孔径，$\alpha_{\max}$ 是物镜 NA 所决定的最大张角，n_0 是像空间的折射率。$Q(\rho_s, \varphi_s, z_s)$ 是焦点区域的观察点

式中，l_0 是瞳平面的峰值场振幅；$P(r)$ 是用 l_0 归一化了的轴对称瞳平面振幅分布。

对于服从正弦条件的典型物镜，可得 $r = f\sin\theta$。详见 2.6.1 节的介绍，这种关系意味着出射光线在物空间中相应光线进入系统的同一高度与焦球相遇。相应地，(2.131) 式可以重写为

$$\boldsymbol{E}_{\mathrm{i}}(\theta,\varphi) = l_1 P(\theta)\left[e_r^{(0)}\boldsymbol{g}_1 + e_\varphi^{(0)}(\boldsymbol{g}_1 \times \boldsymbol{s}_1)\right] \tag{2.132}$$

式中，l_1 是物镜后的峰值场振幅；$P(\theta)$ 被称为瞳切趾函数 (pupil apodization function)；单位矢量 $\boldsymbol{g}_1$ 位于包含光线和光轴的平面内，并垂直于光线传播方向 $\boldsymbol{s}_1$。

考虑进入半径为 r 到 $r + \mathrm{d}r$ 的圆所包围的环内的所有光线。设 ΔS_0 为环形空间的面积，ΔS_1 为焦球面的相应面积。根据能量守恒要求，有

$$l_0^2 \Delta S_0 = l_1^2 \Delta S_1 \tag{2.133}$$

这里假设物空间的折射率和像空间的折射率一样，均为 1，并且假设系统内的由反射和吸收而产生的功率损失可以忽略不计。从图 2.24，我们发现 $\Delta S_0 = \Delta S_1 \cos\theta$，然后可得 $l_1 = l_0(\cos\theta)^{1/2}$。这样，(2.132) 式可以改写成

$$\boldsymbol{E}_{\mathrm{i}}(\theta,\varphi) = l_0 f\sqrt{\cos\theta}P(\theta)\left[e_r^{(0)}\boldsymbol{g}_1 + e_\varphi^{(0)}(\boldsymbol{g}_1 \times \boldsymbol{s}_1)\right] \tag{2.134}$$

如果 θ 表示极角，则折射后的径向单位矢量可表示为

$$\boldsymbol{g}_1 = \cos\theta\boldsymbol{g}_0 + \sin\theta\boldsymbol{e}_z = \cos\theta(\cos\varphi\boldsymbol{e}_x + \sin\varphi\boldsymbol{e}_y) + \sin\theta\boldsymbol{e}_z \tag{2.135}$$

在像空间中使用柱坐标 $\boldsymbol{r} = (\rho_s, \varphi_s, z_s)$，原点 $\rho_s = z_s = 0$ 位于近轴焦点。

对于焦点附近的观测点，我们有

$$\boldsymbol{s}_1 = \sin\theta\boldsymbol{g}_0 + \cos\theta\boldsymbol{e}_z = \sin\theta\cos\varphi\boldsymbol{e}_x + \sin\theta\sin\varphi\boldsymbol{e}_y + \cos\theta\boldsymbol{e}_z \tag{2.136}$$

$$\boldsymbol{r} = \rho_s\cos\varphi_s\boldsymbol{e}_x + \rho_s\sin\varphi_s\boldsymbol{e}_y + z_s\boldsymbol{e}_z \tag{2.137}$$

可得

$$\boldsymbol{s}_1\cdot\boldsymbol{r} = z_s\cos\theta + \rho_s\sin\theta\cos(\varphi-\varphi_s) \tag{2.138}$$

$$\boldsymbol{g}_1\times\boldsymbol{s}_1 = \begin{pmatrix} -\sin\varphi\boldsymbol{e}_x \\ \cos\varphi\boldsymbol{e}_y \\ 0\boldsymbol{e}_z \end{pmatrix} \tag{2.139}$$

将 (2.134) 式 ~(2.139) 式代入 (2.130) 式，可得在笛卡儿坐标系中焦平面附近的三维电场分量为

$$\begin{aligned}\begin{pmatrix} e_x^{(s)} \\ e_y^{(s)} \\ e_z^{(s)} \end{pmatrix} =& \frac{fl_0}{\mathrm{i}\lambda}\int_0^{\alpha_{\max}}\sin\theta\sqrt{\cos\theta}P(\theta)\mathrm{e}^{\mathrm{i}kz_s\cos\theta}\mathrm{d}\theta \\ &\times\int_0^{2\pi}\left[e_r^{(0)}\begin{pmatrix}\cos\theta\cos\varphi\boldsymbol{e}_x \\ \cos\theta\sin\varphi\boldsymbol{e}_y \\ \sin\theta\boldsymbol{e}_z\end{pmatrix}\right. \\ &\left.+e_\varphi^{(0)}\begin{pmatrix}-\sin\varphi\boldsymbol{e}_x \\ \cos\varphi\boldsymbol{e}_y \\ 0\boldsymbol{e}_z\end{pmatrix}\right]\mathrm{e}^{\mathrm{i}k\rho_s\sin\theta\cos(\varphi-\varphi_s)}\mathrm{d}\varphi\end{aligned} \tag{2.140}$$

式中，ρ_s、φ_s 和 z_s 分别是观测点在柱坐标系中的极半径、方位角和纵向位置。

可以通过以下变换构造柱坐标系中场的径向和角向分量：

$$\begin{cases} \boldsymbol{e}_\rho^{(s)} = \cos\varphi_s\boldsymbol{e}_x^{(s)} + \sin\varphi_s\boldsymbol{e}_y^{(s)} \\ \boldsymbol{e}_\varphi^{(s)} = -\sin\varphi_s\boldsymbol{e}_x^{(s)} + \cos\varphi_s\boldsymbol{e}_y^{(s)} \end{cases} \tag{2.141}$$

经过一些简单的数学运算，我们可以导出柱坐标系下的场表达式为

$$\begin{aligned}\begin{pmatrix} e_\rho^{(s)} \\ e_\varphi^{(s)} \\ e_z^{(s)} \end{pmatrix} =& \frac{fl_0}{\mathrm{i}\lambda}\int_0^{\alpha_{\max}}\sin\theta\sqrt{\cos\theta}P(\theta)\mathrm{e}^{\mathrm{i}kz_s\cos\theta}\mathrm{d}\theta \\ &\times\int_0^{2\pi}\left[e_r^{(0)}\begin{pmatrix}\cos\theta\cos(\varphi-\varphi_s)\boldsymbol{e}_\rho \\ 0\boldsymbol{e}_\varphi \\ \sin\theta\boldsymbol{e}_z\end{pmatrix}\right.\end{aligned} \tag{2.142}$$

$$+e_{\varphi}^{(0)}\left(\begin{array}{c}0\boldsymbol{e}_{\rho}\\ \cos(\varphi-\varphi_s)\boldsymbol{e}_{\varphi}\\ 0\boldsymbol{e}_z\end{array}\right)\Bigg]\mathrm{e}^{\mathrm{i}k\rho_s\sin\theta\cos(\varphi-\varphi_s)}\mathrm{d}\varphi$$

值得注意的是，极坐标下的入射场 $(e_r^{(0)}, e_{\varphi}^{(0)})$ 和笛卡儿坐标下的入射场 $(e_x^{(0)}, e_y^{(0)})$ 通过如下转换公式关联:

$$\left\{\begin{array}{l}e_r^{(0)}=\cos\varphi e_x^{(0)}+\sin\varphi e_y^{(0)}\\ e_{\varphi}^{(0)}=-\sin\varphi e_x^{(0)}+\cos\varphi e_y^{(0)}\end{array}\right. \tag{2.143}$$

将 (2.143) 式代入 (2.140) 式中，可得在笛卡儿坐标系下消球差透镜焦点区域的三维电场表达式为

$$\left(\begin{array}{c}e_x^{(s)}\\ e_y^{(s)}\\ e_z^{(s)}\end{array}\right)=\frac{fl_0}{\mathrm{i}\lambda}\int_0^{\alpha_{\max}}\int_0^{2\pi}\sin\theta\sqrt{\cos\theta}P(\theta)\mathrm{e}^{\mathrm{i}k[z_s\cos\theta+\rho_s\sin\theta\cos(\varphi-\varphi_s)]}$$
$$\times\left(\begin{array}{c}[e_x^{(0)}(\cos^2\varphi\cos\theta+\sin^2\varphi)+e_y^{(0)}\cos\varphi\sin\varphi(\cos\theta-1)]\boldsymbol{e}_x\\ [e_x^{(0)}\cos\varphi\sin\varphi(\cos\theta-1)+e_y^{(0)}(\cos^2\varphi+\sin^2\varphi\cos\theta)]\boldsymbol{e}_y\\ \sin\theta(e_x^{(0)}\cos\varphi+e_y^{(0)}\sin\varphi)\boldsymbol{e}_z\end{array}\right)\mathrm{d}\theta\mathrm{d}\varphi \tag{2.144}$$

式中与入射光电场有关的 $e_x^{(0)}(\theta,\varphi)$ 和 $e_y^{(0)}(\theta,\varphi)$ 分别是物镜孔径处沿 x 轴和 y 轴的瞳函数。

2.8.2 瞳切趾函数

原则上，可以通过使用合适的瞳滤波器来选择任何预知的瞳切趾函数 $P(\theta)$。在实际分析中，通常采用如下几种典型的瞳切趾函数。

1. 一阶贝塞尔–高斯光束 (Bessel-Gaussian beam)

$$P(\theta)=\exp\left[-\beta_0^2\left(\frac{\sin\theta}{\sin\alpha_{\max}}\right)^2\right]\mathrm{J}_1\left(2\beta_0\frac{\sin\theta}{\sin\alpha_{\max}}\right) \tag{2.145}$$

式中，瞳填充因子 β_0 是一个重要参数，其定义为入瞳半径 R 与光束半径 w_0 的比值。

2. 拉盖尔–高斯光束 (Laguerre-Gaussian beam)

$$P(\theta)=\beta_0^2\left(\frac{\sin\theta}{\sin\alpha_{\max}}\right)^2\exp\left[-\beta_0^2\left(\frac{\sin\theta}{\sin\alpha_{\max}}\right)^2\right]\mathrm{L}_q^l\left(2\beta_0^2\frac{\sin^2\theta}{\sin^2\alpha_{\max}}\right) \tag{2.146}$$

式中，$\mathrm{L}_q^l(x)$ 是缔合拉盖尔多项式 (associated Laguerre polynomial)。

3. 环形光束

$$P(\theta)=\begin{cases}1, & \arccos(\mathrm{NA}_1)\leqslant\theta\leqslant\arccos(\mathrm{NA})\\ 0, & \text{其他}\end{cases} \tag{2.147}$$

4. 高斯光束

$$P(\theta)=\exp\left(-\beta_0^2\frac{\sin^2\theta}{\sin^2\alpha_{\max}}\right) \tag{2.148}$$

5. 均匀强度照明

$$P(\theta)=\mathrm{circ}(\beta_0\sin\theta/\sin\alpha_{\max}) \tag{2.149}$$

式中，$\mathrm{circ}(x)$ 是圆域函数。

2.8.3 应用举例

利用 2.8.1 节所描述的理查德–沃尔夫矢量衍射理论，通常可以计算出高数值孔径物镜聚焦任意偏振光束的三维焦场分布。本小节举例给出紧聚焦径向偏振光和空间变化线偏振矢量光场的三维焦场表达式，并简要分析其焦场特性。有关矢量光场的焦场工程，将在 6.5 节作较详细的介绍。

1. 径向偏振光的紧聚焦场

对于径向偏振光，其输入电场为

$$\begin{cases}e_r^{(0)}=1\\ e_\varphi^{(0)}=0\end{cases} \tag{2.150}$$

将 (2.150) 式代入 (2.142) 式，可得柱坐标系中焦点附近电场矢量分量为

$$\begin{aligned}\begin{pmatrix}e_\rho^{(s)}\\ e_\varphi^{(s)}\\ e_z^{(s)}\end{pmatrix}=&\frac{fl_0}{\mathrm{i}\lambda}\int_0^{\alpha_{\max}}\sin\theta\sqrt{\cos\theta}P(\theta)\mathrm{e}^{\mathrm{i}kz_s\cos\theta}\mathrm{d}\theta\\ &\times\int_0^{2\pi}\begin{pmatrix}\cos\theta\cos(\varphi-\varphi_s)\boldsymbol{e}_\rho\\ 0\boldsymbol{e}_\varphi\\ \sin\theta\boldsymbol{e}_z\end{pmatrix}\mathrm{e}^{\mathrm{i}k\rho_s\sin\theta\cos(\varphi-\varphi_s)}\mathrm{d}\varphi\end{aligned} \tag{2.151}$$

对 φ 的积分可以使用如下贝塞尔恒等式完成:

$$\int_0^{2\pi} \cos(\varphi - \varphi_s) e^{ik\rho_s \sin\theta \cos(\varphi - \varphi_s)} d\varphi = 2\pi i J_1(k\rho_s \sin\theta) \tag{2.152}$$

$$\int_0^{2\pi} e^{ik\rho_s \sin\theta \cos(\varphi - \varphi_s)} d\varphi = 2\pi J_0(k\rho_s \sin\theta) \tag{2.153}$$

最终，可得径向偏振光的紧聚焦场为

$$\begin{pmatrix} e_\rho^{(s)} \\ e_\varphi^{(s)} \\ e_z^{(s)} \end{pmatrix} = \frac{2\pi f l_0}{\lambda} \int_0^{\alpha_{\max}} \sin\theta \sqrt{\cos\theta} P(\theta) \begin{pmatrix} \cos\theta J_1(k\rho_s \sin\theta) \boldsymbol{e}_\rho \\ 0\boldsymbol{e}_\varphi \\ -i\sin\theta J_0(k\rho_s \sin\theta) \boldsymbol{e}_z \end{pmatrix} e^{ikz_s \cos\theta} d\theta \tag{2.154}$$

从 (2.154) 式可知，紧聚焦的径向偏振光在焦场区域只有径向电场分量和纵向电场分量，没有角向电场分量。根据零阶和一阶贝塞尔函数的特点，可知纵向电场分量在光轴上有其峰值，而径向电场分量在光轴上有一个零振幅的圆环形状。有关紧聚焦径向偏振光的焦场特性将在第 6 章作详细的介绍。

取 NA $= 0.8$ 和 $\beta_0 = 1.5$，瞳切趾函数 $P(\theta)$ 采用 (2.145) 式，利用 (2.154) 式，数值模拟了紧聚焦径向偏振光的三维焦场分布。图 2.25 给出了焦平面处 (上排) 和过焦点 (下排) 的强度分布。这里的强度均被总强度的最大值进行了归一化。显然，可以看到径向强度分量是在轴强度为零的环形强度分布，具有轴对称光束

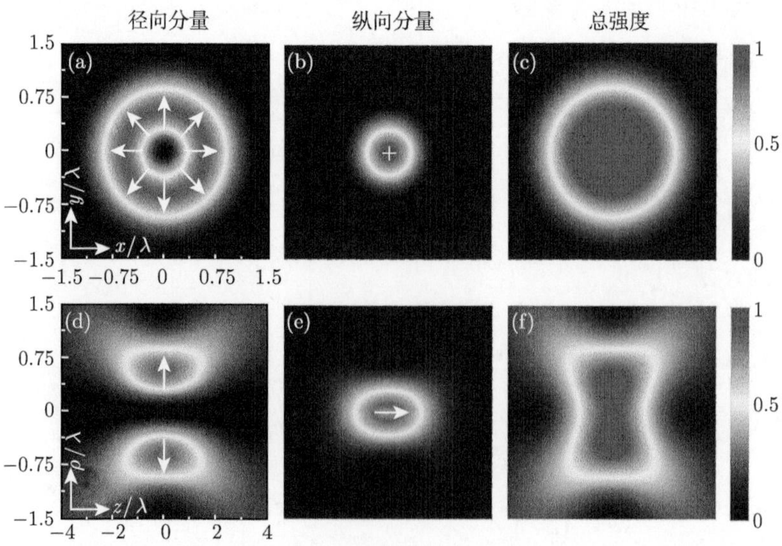

图 2.25 紧聚焦径向偏振光在焦平面 (上排) 和过焦点的纵向平面处 (下排) 的强度和偏振态分布

的特性。图 2.25(b) 和 (e) 分别给出了在焦平面处和过焦点的纵向电场强度分布。纵向电场指向箭头所示的传播轴，在传播轴上最强。紧聚焦径向偏振光，我们获得了纵向电场幅度与横向 (径向) 电场分量相当，这是传统光束紧聚焦所没法得到的。纵向电场将在 6.5.2 节详细介绍。

2. 空间变化线偏振矢量光场的紧聚焦场

对于空间变化的线偏振矢量光场，其入瞳函数可表示为

$$\begin{cases} e_x^{(0)}(\theta,\varphi) = P(\theta)\cos\left(2\pi n\beta_0 \dfrac{\sin\theta}{\sin\alpha_{\max}} + m\varphi + \varphi_0\right) \\ e_y^{(0)}(\theta,\varphi) = P(\theta)\sin\left(2\pi n\beta_0 \dfrac{\sin\theta}{\sin\alpha_{\max}} + m\varphi + \varphi_0\right) \end{cases} \tag{2.155}$$

式中，非负整数 m 是角向拓扑荷数；任意整数 n 是径向系数；φ_0 是矢量光场的初始相位。这里选取了瞳函数 $P(\theta)$ 为贝塞尔–高斯函数，见 (2.145) 式。有趣的是，当 (2.155) 式中 $n=0$ 时，这个入瞳函数描述了角向变化的矢量光场。如果 $m=0$，则 (2.155) 式简化为径向变化的矢量光场。值得注意的是，空间变化的线偏振矢量光场属于一种局域线偏振矢量光场。更重要的是，偏振态的空间分布取决于方位角 φ 和极角 θ。在 6.3.2 节，我们将介绍这三种类型的矢量光场，即角向变化的矢量光场、径向变化的矢量光场、空间变化的线偏振矢量光场。图 2.26 是这三种类型的矢量光场通过水平起偏器后的强度分布。图中第二行图示了相应的偏振态分布。

将 (2.155) 式代入 (2.144) 式并使用贝塞尔积分恒等式，可得空间变化线偏振矢量光场在聚焦区域的三维电场为[10]

$$\begin{aligned} E_x(\rho,\varphi,z) = &\frac{\mathrm{i}^{m-1} f l_0}{\lambda}\int_0^{\alpha_{\max}} \sin\theta\sqrt{\cos\theta}P(\theta)\mathrm{e}^{\mathrm{i}kz\cos\theta} \\ &\times\left\{(1-\cos\theta)\mathrm{J}_{m-2}(k\rho\sin\theta)\cos\left[(m-2)\varphi + 2\pi n\beta_0\frac{\sin\theta}{\sin\alpha_{\max}} + \varphi_0\right]\right. \\ &\left.+(1+\cos\theta)\mathrm{J}_m(k\rho\sin\theta)\cos\left(m\varphi + 2\pi n\beta_0\frac{\sin\theta}{\sin\alpha_{\max}} + \varphi_0\right)\right\}\mathrm{d}\theta \end{aligned} \tag{2.156}$$

$$\begin{aligned} E_y(\rho,\varphi,z) = &\frac{\mathrm{i}^{m-1} f l_0}{\lambda}\int_0^{\alpha_{\max}} \sin\theta\sqrt{\cos\theta}P(\theta)\mathrm{e}^{ikz\cos\theta} \\ &\times\left\{(\cos\theta-1)\mathrm{J}_{m-2}(k\rho\sin\theta)\sin\left[(m-2)\varphi + 2\pi n\beta_0\frac{\sin\theta}{\sin\alpha_{\max}} + \varphi_0\right]\right. \end{aligned}$$

$$+(1+\cos\theta)\mathrm{J}_m(k\rho\sin\theta)\sin\left(m\varphi+2\pi n\beta_0\frac{\sin\theta}{\sin\alpha_{\max}}+\varphi_0\right)\Bigg\}\mathrm{d}\theta \tag{2.157}$$

$$\begin{aligned}E_z(\rho,\varphi,z)=&\frac{2\mathrm{i}^{m+2}fl_0}{\lambda}\int_0^{\alpha_{\max}}\sin^2\theta\sqrt{\cos\theta}P(\theta)\mathrm{e}^{\mathrm{i}kz\cos\theta}\mathrm{J}_{m-1}(k\rho\sin\theta)\\&\times\cos\left[(m-1)\varphi+2\pi n\beta_0\frac{\sin\theta}{\sin\alpha_{\max}}+\varphi_0\right]\mathrm{d}\theta\end{aligned} \tag{2.158}$$

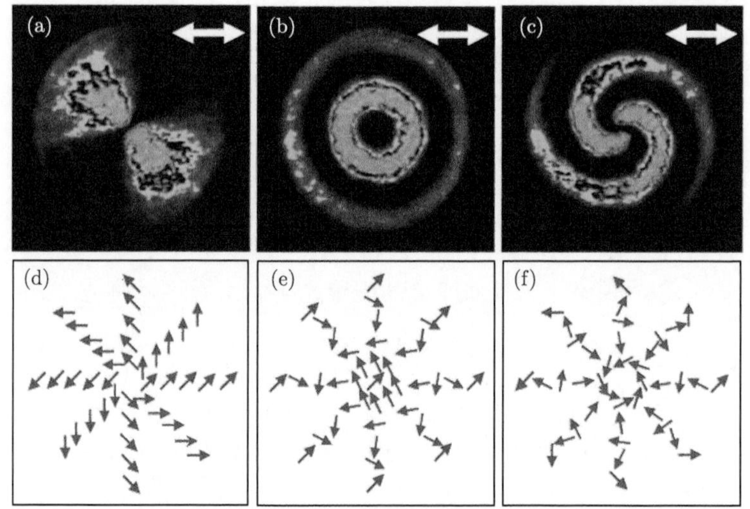

图 2.26　(第一列) 角向变化的矢量光场 ($m=1$，$n=0$，$\varphi_0=\pi/4$)、(第二列) 径向变化的矢量光场 ($m=0$，$n=1$，$\varphi_0=\pi/4$) 和 (第三列) 空间变化的线偏振矢量光场 ($m=1$，$n=1$，$\varphi_0=\pi/4$) 通过水平检偏器后的 (第一行) 强度分布和 (第二行) 偏振态分布[10]

取 NA $=0.8$ 和 $\beta_0=1.5$，利用 (2.156) 式 ~(2.158) 式，我们数值模拟了空间变化线偏振矢量光场的三维焦场分布。图 2.27 和图 2.28 分别给出了空间变化线偏振矢量光场在焦平面处和过焦点处的强度分布。

如图 2.27(a) 所示，$m=1$ 和 $n=1$ 的聚焦矢量光场在焦平面上呈现出轴对称的甜甜圈形的焦环。如图 2.27 第一列所示，当 m 增加时，聚焦光强具有螺旋结构的旋转对称环。此外，随着 m 值的增加，臂的数目增加。随着 n 值的增大，焦平面处的焦环半径增大。如果 m 和 n 的值同时增大，则臂的数目和环的半径都增大。

图 2.28 给出了不同 m 和 n 值情况下空间变化线偏振矢量光场过物镜焦点的纵向平面处的强度分布。对于 $m=1$ 和 $n=1$，紧聚焦光束具有光学气泡形状。有

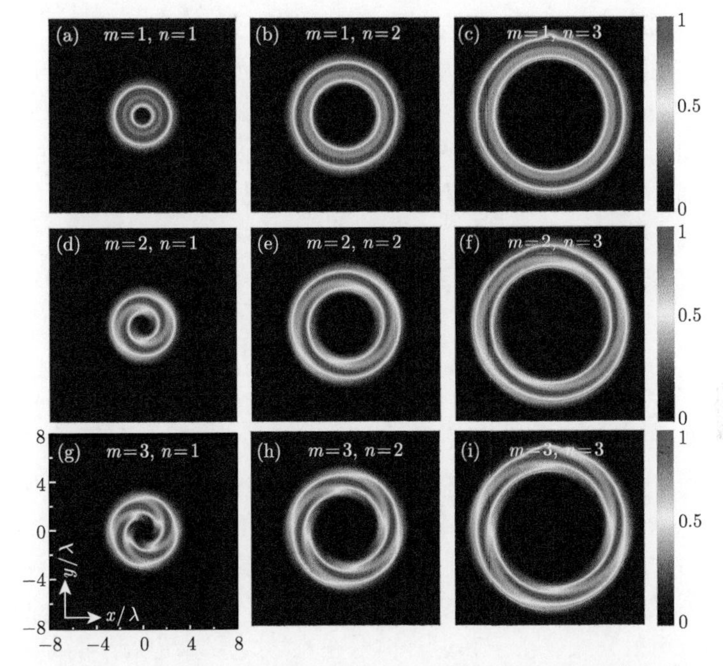

图 2.27 空间变化线偏振矢量光场在物镜焦平面处的强度分布

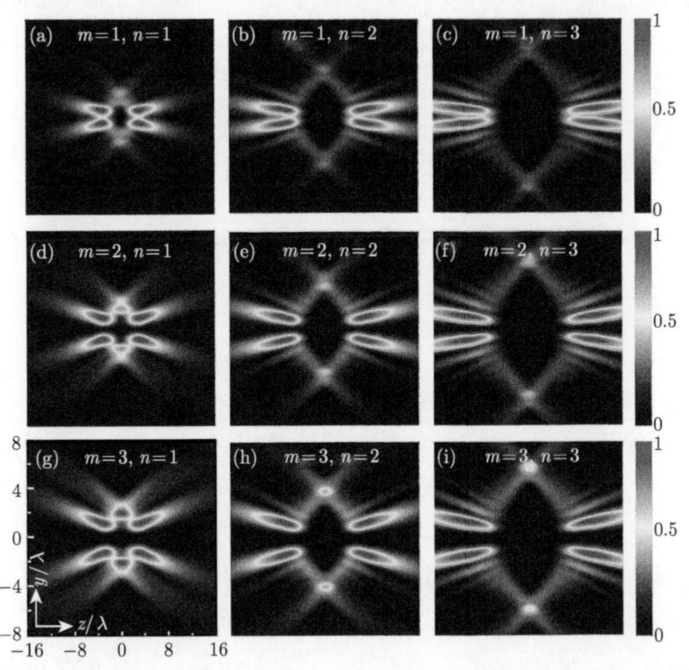

图 2.28 空间变化线偏振矢量光场过物镜焦点的纵向平面处的强度分布

趣的是，随着 m 的增大，聚焦强度呈现出如图 2.28 第一列所示的瓶状结构。此外，光瓶的半径随着 m 的增大而增大。随着 n 值的增加，如图 2.28 第一行所示，瓶状强度图样的暗区增加。此外，两个真实焦点的间隔随着 n 的增加而增加。更重要的是，通过改变径向拓扑荷数，可以很容易地获得沿光轴方向的两个焦环。

总之，通过同时操控矢量光场的角向拓扑荷数和径向系数，我们在高数值孔径物镜的焦体上演示了一个可控的三维光瓶。这些特殊的焦场在光学捕获和操纵微粒方面有重要的应用。在本书第 6 章将详细介绍矢量光场的焦场及其应用。

2.9　总结与展望

本章从惠更斯–菲涅耳原理出发，在介绍了基于傍轴近似下的衍射成像理论之后，重点学习了高数值孔径物镜聚焦的德拜理论、矢量德拜理论和理查德–沃尔夫矢量衍射理论。以下简要总结本章 2.2~2.8 节的内容。

2.2 节介绍了光的衍射理论。根据惠更斯–菲涅耳原理，对衍射现象进行了定性描述。根据观察面与衍射平面之间的相对距离，引出了傍轴近似下的菲涅耳衍射和夫琅禾费衍射公式。由于菲涅耳衍射在光学成像系统中起着重要作用和大多数光学系统是圆对称的，所以详细给出了圆孔的菲涅耳衍射理论公式，讨论了该衍射图样的三维特性。这一节给出的公式和结果对于后续章节的讨论是十分必要的。

2.3 节介绍了傍轴近似下薄透镜的三维成像理论。推导了单个薄透镜的透射率表达式，描述了透镜对入射光波的相位变换作用。重点学习了光波经过圆形透镜的衍射，给出了焦平面区域附近衍射图样的三维分布表达式，分析了焦平面和沿轴向的光强分布特性。

在学习了基于傍轴近似的衍射成像理论之后，我们重点学习了高数值孔径物镜成像理论。首先在 2.4 节简要介绍了与显微镜物镜有关的诸如数值孔径、分辨率、工作距离和焦深等基本参数，了解了在高数值孔径物镜聚焦下的切趾效应、退偏效应和像差。

针对物镜数值孔径变大时的成像特性，2.5 节详细介绍了德拜衍射理论。对于衍射孔径上球面波的聚焦，利用德拜近似，给出了德拜积分表达式。考虑到绝大多数光学系统是圆对称的这一特点，推导了圆孔高数值孔径物镜焦场区域衍射场的德拜积分表达式。采用傍轴近似，对德拜积分进行了简化，分析了德拜积分和傍轴近似下物镜焦场区域的径向和轴向强度分布的差异。

通常物镜的瞳函数对于描述成像系统的性能非常重要。为此，2.6 节讨论了高数值孔径物镜聚焦下瞳函数和切趾函数的关系，给出了物镜满足正弦条件、赫歇尔条件、均匀投影条件和亥姆霍兹条件下的投影函数、切趾函数和折射轨迹。

2.7 节介绍了高数值孔径物镜聚焦均匀偏振光的矢量德拜理论。首先分析了线偏振光经高数值孔径物镜折射后的矢量特性，给出了入射线偏振光经高数值孔径物镜聚焦后参考球面上的矢量波表达式。接着推导了入射线偏振光在高数值孔径物镜聚焦区域的三维衍射场表达式，解释了退偏效应。

针对前面介绍的聚焦理论不能处理任意偏振态分布的光场聚焦问题，2.8 节介绍了理查德–沃尔夫矢量衍射理论。基于德拜理论，推导了紧聚焦任意偏振光场在消球差透镜焦点区域的三维电场表达式。介绍了贝塞尔–高斯、拉盖尔–高斯和环形光束等几种典型的瞳切趾函数。举例给出了紧聚焦径向偏振光和空间变化线偏振矢量光场的三维焦场表达式，并简要分析了其焦场特征。理查德–沃尔夫矢量衍射理论是第 6 章中矢量光场的聚焦传播特性研究的基础。

总之，通过学习以上高数值孔径物镜成像理论，为后续章节诸如近场扫描光学显微、远场光学表征技术和光场的偏振态调控等微纳光子学前沿应用提供理论基础和知识储备。

习　题

2.1　求出圆环形孔径 (内半径为 $w_{\rm i}$，外半径为 $w_{\rm o}$) 的夫琅禾费衍射图样的强度分布的表达式。假设由一个单位振幅、垂直入射的平面波照明。

2.2　采用单位振幅的单色平面波垂直照明矩形孔径 (孔径长为 a，宽为 b)，求夫琅禾费衍射图样的强度表达式，画出由一个矩形孔径 ($a/b=2$) 产生的夫琅禾费衍射图样。

2.3　环形孔径的外径为 $2a$，内径为 $2\varepsilon a(0<\varepsilon<1)$。其透射率可以表示为

$$t(r_0)=\begin{cases}1, & \varepsilon a\leqslant r_0\leqslant a\\ 0, & \text{其他}\end{cases}$$

用单位振幅的单色平面波垂直照明孔径，求距离为 z 的观察屏上夫琅禾费衍射图样的强度分布。已知傅里叶–贝塞尔变换式为

$$F\left\{\operatorname{circ}\left(\frac{r_0}{a}\right)-\operatorname{circ}\left(\frac{r_0}{\varepsilon a}\right)\right\}=\frac{a\mathrm{J}_1(2\pi a\rho)-\varepsilon a\mathrm{J}_1(2\pi\varepsilon a\rho)}{\rho}$$

2.4　求出半径为 a 的圆盘的菲涅耳衍射图样的强度分布表达式，画出圆盘在轴平面上的菲涅耳衍射图样分布，并与圆孔的情况 (图 2.5) 进行比较和分析。假设由一个单位振幅、垂直入射的平面波照明。

2.5　采用单位振幅的单色平面波垂直照明具有如下透射率函数的孔径，求菲涅耳衍射图样在孔径轴上的强度分布：

(1) $t(x_0,y_0)=\operatorname{circ}(\sqrt{x_0^2+y_0^2})$

(2) $t(x_0,y_0)=\begin{cases}1, & a\leqslant\sqrt{x_0^2+y_0^2}\leqslant 1\\ 0, & \text{其他}\end{cases}$

2.6　用理查德–沃尔夫矢量衍射理论推导出线偏振涡旋光束的紧聚焦电场表达式，并简要讨论该焦场的性质。已知入瞳函数为 $e_x^{(0)}(\theta,\varphi)=P(\theta)\mathrm{e}^{\mathrm{i}l\varphi}e_x$，$P(\theta)$ 取 (2.145) 式，整数 l 是轨道角动量拓扑荷。

2.7 用理查德–沃尔夫矢量衍射理论推导出角向偏振光的紧聚焦电场表达式，并简要讨论该焦场的性质。

2.8 利用习题 2.7 的结论，画出角向偏振光诱导的归一化磁化场分布。已知，紧聚焦光场与磁性材料相互作用所诱导出的磁化场为 $\boldsymbol{M} = \mathrm{i}\gamma \boldsymbol{E} \times \boldsymbol{E}^*$，其中 γ 是一个与材料相关的耦合系数，$\boldsymbol{E}$ 是聚焦的电场，$\boldsymbol{E}^*$ 是共轭场。

参 考 文 献

[1] Gu M. Advanced Optical Imaging Theory[M]. Berlin Heidelberg: Springer-Verlag, 2000.

[2] Gu M. Principles of Three-dimensional Imaging in Confocal Microscopes[M]. 7th ed. Cambridge: Cambridge University Press, 1999.

[3] Dunn R C. Near-field scanning optical microscopy[J]. Chemical Reviews, 1999, 99(10): 2891-2927.

[4] Zhan Q W. Cylindrical vector beams: from mathematical concepts to applications[J]. Advances in Optics and Photonics, 2009, 1(1): 1-57.

[5] Born M, Wolf E. Principles of Optics[M]. 7th ed. Cambridge: Cambridge Univerisity Press, 1999.

[6] Goodman J W. 傅里叶光学导论 [M]. 3 版. 秦克诚，刘培森，陈家璧，译. 北京: 电子工业出版社，2011.

[7] Sheppard C J R, Hrynevych M. Diffraction by a circular aperture: a generalization of Fresnel diffraction theory[J]. Journal of the Optical Society of America A—Optics, Image Science, and Vision, 1992, 9(2): 274-281.

[8] Richards B, Wolf E. Electromagnetic diffraction in optical systems Ⅱ. Structure of the image field in an aplanatic system[J]. Proceedings of the Royal Society A—Mathematical, Physical and Engineering Sciences, 1959, 253(1274): 358-379.

[9] Youngworth K S, Brown T G. Focusing of high numerical aperture cylindrical-vector beams[J]. Optics Express, 2000, 7(2): 77-87.

[10] Gu B, Pan Y, Wu J L, et al. Tight focusing properties of spatial-variant linearly-polarized vector beams[J]. Journal of Optics (Springer), 2014, 43(1): 18-27.

第 3 章　近场光学显微

衍射效应会导致成像的失真和模糊，也就是降低了光学显微镜的横向分辨率。传统光学显微镜的横向分辨率受衍射效应的限制，只能获得波长一半的分辨率。改进这一限制的一种有效途径是通过小于衍射极限尺寸的小孔来成像。将一个亚波长尺寸的光源 (如一个纳米小孔) 放置在样品的近场区域 (距离远小于波长)，样品被照明的区域仅由光源或小孔的尺寸决定而与光源波长无关，这样探测光强信号就可以得到样品的光学图像。由于所成图像的分辨率仅由孔径的大小所决定，这样就能突破传统光学显微成像的衍射限制。这就是近场光学显微的原理。

本章我们将学习近场光学显微，主要内容如下：首先介绍阿贝成像理论和近场光学成像的发展历史，然后学习几种近场光学显微术，包括固体浸没显微术、表面等离激元显微术、近场扫描光学显微术和无孔近场扫描光学显微术。

3.1　近场光学成像概述

传统光学显微镜是以透镜为成像的核心元件，物体经过光学系统成像。然而由于其工作距离远大于探测光波波长，倏逝场不能够传输到远场，分辨率受衍射极限的限制。

3.1.1　经典成像：阿贝成像原理

1873 年，德国人阿贝 (Abbe) 在关于显微镜成像理论的论述中首次引入了频谱的概念和二次衍射成像的概念。1906 年，波特 (Porter) 用实验证实了阿贝成像理论。

阿贝成像原理的内容：物是一系列不同空间频率的集合，入射光经物平面发生夫琅禾费衍射，在透镜焦面 (频谱面) 上形成一系列衍射光斑，各衍射光斑发出的球面次波在像平面上相干叠加，形成像。

图 3.1 是按照阿贝成像原理表示的显微物镜的成像过程，其中用平行于光轴的相干光照明物平面。按照阿贝成像理论，物面如同一个衍射光栅，入射的平行光通过它时，受到衍射后形成向各个方向传播的平面波。设物镜的孔径足够大，以致可以接收由物面衍射的所有光，这些衍射光在焦平面 (频谱面) 上形成夫琅禾费衍射图样。焦平面上的每一点又可以看成是相干的次波源，由这些次波源发出的光波在像平面上叠加而形成物面的像。这个成像过程经过了两次衍射，第一次是物平面的夫琅禾费衍射，第二次则是焦平面 (频谱面) 的菲涅耳衍射，这两次衍射

的过程也就是两次傅里叶变换的过程。为了得到一个与物面完全相似的像，则要求物平面的所有频谱都参与成像，但这实际上是不可能的，因为物镜的孔径总是有限的。但只要物镜孔径足够大，以致频谱中被“丢失”的那些成分所具有的能量可以忽略不计，则像面上的光场分布基本上相似于物面分布，即像和物基本一致。有关阿贝成像原理的二次衍射即两次傅里叶变化的成像过程的推导，读者可完成本章习题 3.1。

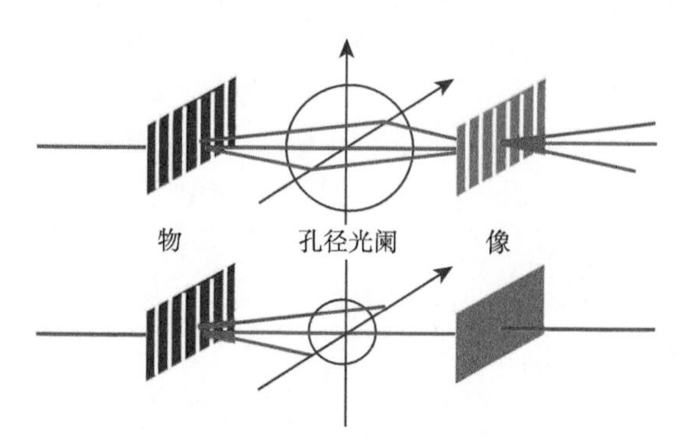

图 3.1　阿贝成像原理示意图

按照阿贝成像原理 (见习题 3.1)，如果物面的所有频谱都能参与综合成像，则像面的复振幅分布与物面基本相同 (仅差一个不影响强度分布的二次相位因子)，即得到一个与原物几何相似的放大了的像；实际上物镜口径的限制致使高频部分“丢失”，从而丢失了像面分布的细节，使成像系统的分辨本领下降，这就是阿贝成像理论对分辨本领的物理解释。当频谱有所损失或改变时，像也就不再完全相似于物。正是成像过程中这种对频谱的分解与综合的作用，而使傅里叶光学在光学信息处理中享有重要地位。

由阿贝的观点来看，如图 3.2 所示，许多成像光学仪器就是一个低通滤波器，

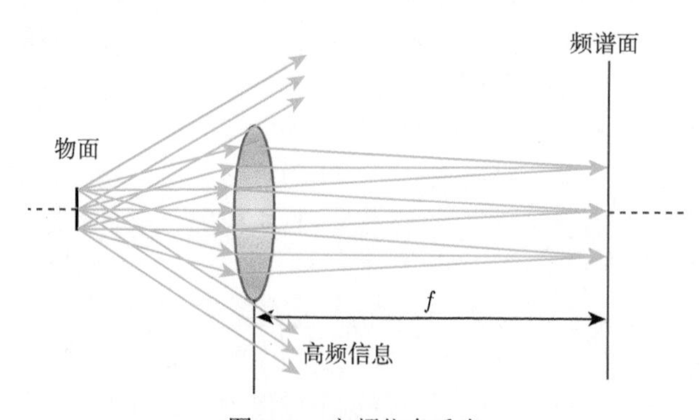

图 3.2　高频信息丢失

物平面包含从低频到高频的信息，透镜口径限制了高频信息通过，只许一定的低频信息通过。因此，丢失了高频信息的光束再合成，图像的细节变模糊；孔径越大，丢失的信息越少，图像越清晰。阿贝成像原理的意义在于：它以一种新的频谱语言来描述信息，它启发人们用改造频谱的方法来改造信息。

3.1.2 近场光学成像的原理

如图 3.3 所示，照明特征尺寸为亚波长的物体，携带物体结构的近场信号将转化成远场信息，最终被远场光学系统探测到。

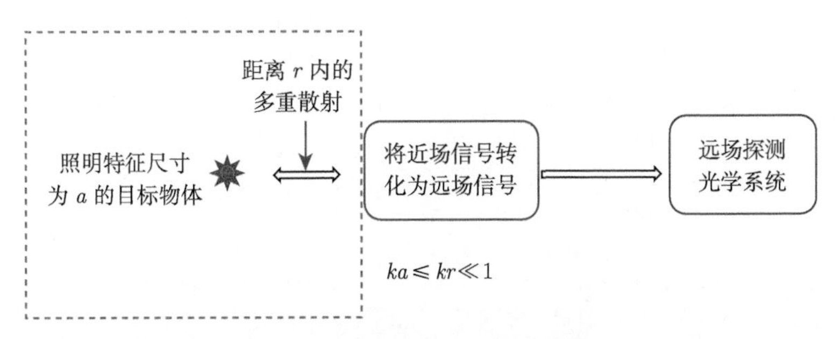

图 3.3 亚波长结构成像示意图

现在介绍牛顿的著名实验。如图 3.4 所示，一光束照射到棱镜上，光束将在棱镜内发生全反射。当第二个棱镜离第一个棱镜只有微米量级时，光束似乎被第二个棱镜捕获，阻碍了全反射，光将会进入第二个棱镜。牛顿认为，光粒子在被物质重新吸引之前，应该通过它们在表面的速度被带走。这个解释是错误的，但并非毫无意义。

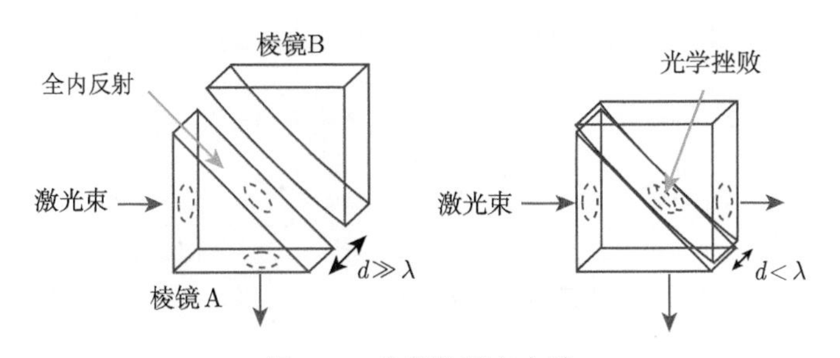

图 3.4 牛顿的著名实验

现在，我们可以用棱镜表面边界条件的连续性来解释这种现象：由于场存在于棱镜内部 (就在表面之下)，所以场必须存在于棱镜外部 (就在表面之上)。这样的场沿表面传播，必须在垂直方向消失。显然，牛顿的实验可以推广到棱镜以外的其他装置。因此，如果将合适的电介质材料浸没在倏逝场中，这个倏逝场将根据界面的连续性条件转化为传播场。这种效应就是光学或光子隧道效应 (photon tunneling effect)。它可以从麦克斯韦方程组经典地解释，而不需要借助于任何量子力学的知识。

3.1.3 近场光学成像的发展历程

现在我们来回顾一下近场光学显微成像的发展历程。表 3.1 总结出了近场光学显微术发展的不同历史阶段。比如，1928 年提出了近场光学成像的概念，1972 年用微波论证了这个想法，1984 年发明了近场扫描光学显微术。

表 3.1 近场光学显微术从概念到应用的里程碑 [1]

时间	事件
1928 年	Synge 提出了近场光学成像的概念
1972 年	Ash 和 Nicholls 第一次微波实验演示
1984 年	Lewis 等发明了近场扫描光学显微术
	Pohl 等发明了类似于听诊器结构的近场扫描光学显微术
1986 年	Ferrell 等和 Courjon 等分别发展了光子扫描隧道显微术和扫描隧道光学显微术
20 世纪 90 年代	探针–样品距离控制 (反馈系统)；光子、等离激元、荧光应用
1993 年	Betzig 用近场扫描光学显微镜检测单分子
1994 年	Novotny 和 Pohl 进行近场建模
1993～1995 年	Kawata 和 Wickramasinghe 发明了无孔近场扫描光学显微术
2002 年	Frey 等发明了基于光学天线的新一代近场扫描光学显微探针
现在	增强的近场扫描光学显微术、近场扫描光学显微术应用于生物和化学等，以及与近场扫描光学显微术的组合技术

1928 年，Synge 提出：利用小于波长的光学孔径作为光源，并在探测距离也小于光波长的条件下通过扫描样品光点强度，来实现超衍射极限分辨，如图 3.5 所示。

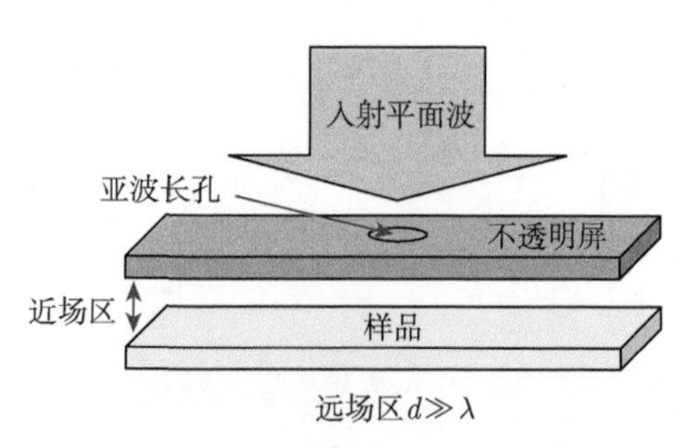

图 3.5 1928 年 Synge 通过在近场区引入具有亚波长小孔的不透明屏来实现近场扫描光学显微术

1972 年，Ash 和 Nicholls 采用如图 3.6 所示的实验，在电磁频谱的微波区域，测量了亚波长孔径扫描显微镜的近场分辨率 [2]。利用波长为 3 cm 的微波通过形成 1.5 mm 孔径的探针，在具有周期线特征的金属光栅上扫描探针。光栅中的 0.5 mm 线和 0.5 mm 间隙都易于分辨，表明亚波长分辨率约为成像波长的 1/60。

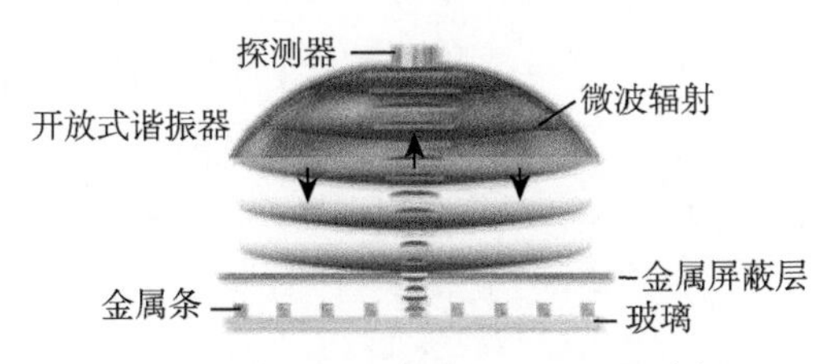

图 3.6 微波演示近场扫描成像 [2]

1984 年，Lewis 等 [3] 采用 Synge 提出的方案，使用电子束刻蚀制备了亚波长小孔。他们在金属或电介质薄片上制备了直径小于 50 nm 的小孔，论证了其超高的分辨性能。图 3.7 是该扫描光学显微术的原理示意图。首先，直径为 $\lambda/10$ 的小孔放置在物体上，并固定在支架上，支架可相对于物体进行压电移动。或者，物体相对于小孔移动。其次，一束或多束激光掠入射物体。这将在物体中产生深度约为 80 nm 的倏逝场。接下来，一个或多个激光激发的光谱现象 (例如荧光、表面增强拉曼散射、光散射等) 通过近场小孔发射到物体上。在远场中检测来自小孔对面出现的信号，并通过光学多通道分析仪分析光谱信号。然后以 $\lambda/20$ 的步长扫描小孔或物体，并在二维数字显示器上显示由倏逝场激发的 80 nm 深区域的光谱图。

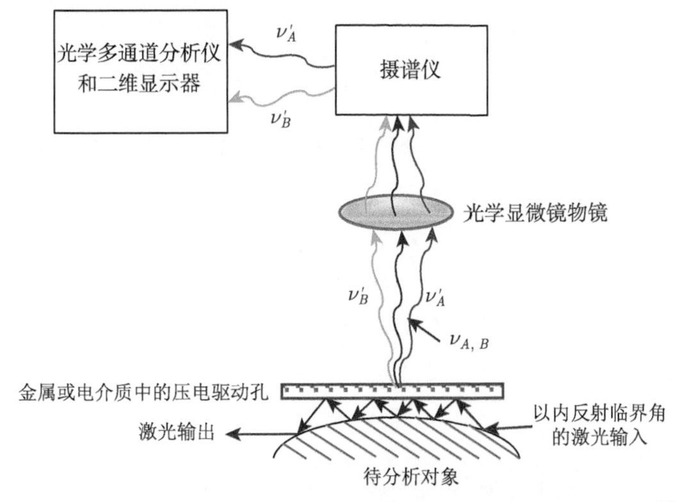

图 3.7 实现 50 nm 空间分辨率扫描光学显微术的方法示意图 [3]

与此同时，在 1984 年，Pohl 等 [4] 进一步将 Synge 的思想和医学上的听诊器结合起来，发展了类似于听诊器结构的近场扫描光学显微术，革命性地论证了光学分辨率达到 50 nm 以下，其原理见图 3.8。如图 3.8(a) 所示，石英棒安装在压电弯曲元件 (双晶片) 上，与显微镜的载玻片相对。在结构上蒸镀非常薄的金膜确保了整个区域的导电性。激光束通过抛光的下端面聚焦到石英晶体中。然而，由于顶部的金属膜仍然不透明，所以没有光线通过尖端离开晶体。如图 3.8(b) 所示，将整个组件放置在显微镜下，聚焦在测试结构的透明点上。为了在尖端的金属覆盖层上形成一个孔，通过双晶片将石英棒移向显微镜载玻片，直到它接触到金膜。在出现电接触信号后，通过双晶片的电压 V_z 略微进一步增加，向金属覆盖的石英尖端施加压力。尖端的薄膜变薄，最终透明。此时，如图 3.8(c) 所示，激光束的辐射开始透过尖端。显微镜中可以看到一个弱光点。通过监测用光电倍增管传输的光通量，来调整以这种方式创建的孔径的大小。

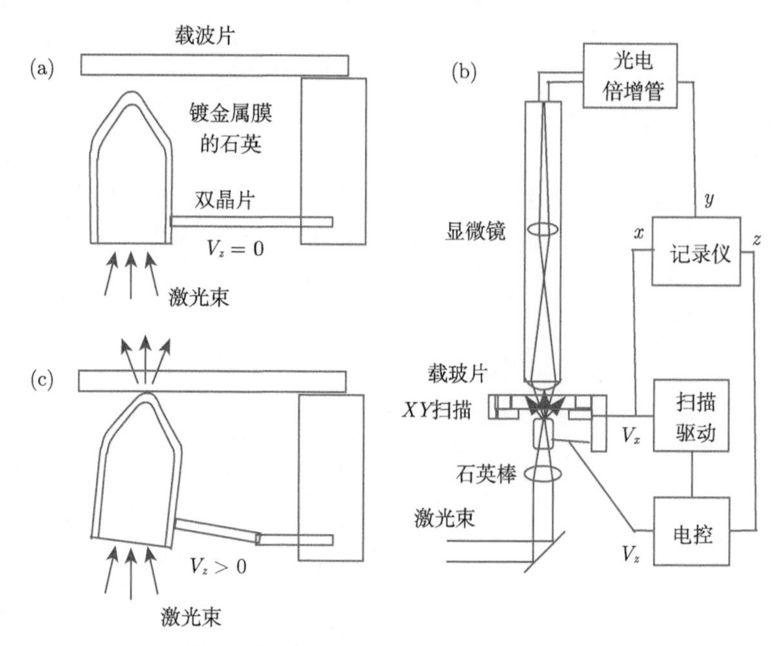

图 3.8 光学听诊器 [4]。(a) 尖端成形前的基本设置；(b) 整体光路；(c) 孔径形成

3.2 固体浸没显微术

正如在本书 2.4.1 节所介绍的 (2.55) 式，分辨率定义为 1.22λ 除以数值孔径 NA。为了得到更好的分辨率，你可以做两件事。一件是使用较短的波长，另一件是增加数值孔径。本节我们将学习利用固体浸没透镜 (solid immersion lens) 来提高光学显微镜的分辨率。

3.2.1 固体浸没透镜

在本书 2.3.2 节的学习中，我们已经知道透镜的数值孔径，NA=$n_0\sin\alpha_{\max}$。对于给定的最大会聚角$\alpha_{\max}$，增加透镜浸没介质的折射率可以获得较高的数值孔径。

类似于液体浸没显微镜，固体浸没显微镜 (solid immersion microscope) 通过在物空间填充诸如玻璃 (其折射率 n_0=1.5~2)、蓝宝石 (n_0 ~1.8) 和半导体材料 (n_0 ~3) 等高折射率材料，缩小了光波波长，进而扩展了衍射极限。可用的固体材料的折射率比液体 (n_0=1.3~1.5) 的大得多，使得固体浸没显微镜获得了更高的空间分辨率。除了高的空间分辨率，固体浸没显微镜也拥有诸如高透射效率和并行成像能力等远场成像属性，这使得其成为突出的超衍射光学成像技术。

图 3.9 给出了固体浸没透镜安装在实时扫描光学显微镜中的固体浸没显微镜 [5]。原则上该显微镜类似于液体浸没显微镜，但液体被由高折射率玻璃或其他折射率高达 n_0=3.5 的材料制成的固体浸没透镜所取代。在这种高折射率材料中，波长和分辨率降低了 $1/n_0$。在其近场操作模式下，该显微镜使用固体浸没透镜平底表面外的倏逝场在空气中进行近场成像。该显微镜也适用于在折射率与固体浸没透镜相同的固体材料内成像，分辨率比其在空气中的值提高了 $1/n_0$ 倍。该系统的其他主要优点是不需要机械扫描，光预算 (light budget) 比传统的近场光学显微镜要好得多。原则上，固体浸没透镜可以放置在普通显微镜中，并可以实现更高的分辨率。然而，最好是在实时扫描光学显微镜中使用固体浸没透镜，因为其更大范围的清晰度减少了失焦物体的眩光，并且允许两倍的横向空间频率范围。总之，图 3.9 所示的固体浸没显微镜系统的显著优点如下：改善了横向和在轴分辨率，可直接实时观察像，不需要机械扫描，可获得三维图像等。

如图 3.9 所示，固体浸没透镜是一个完美的半球体，已研磨成圆锥形，只留下直径约为 100 μm 的平点。固体浸没透镜被固定在一个 “浮动” 支架中，当其与样品接触时，该支架可以保护固体浸没透镜和样品。通过将平面精确放置在物镜的焦平面上，并将透镜置于物镜下方的中心位置，聚焦在光轴上的光线将不经折射进入透镜，并继续直接聚焦在平面上。由于会聚光束在透镜内聚焦，所以其有效波长较短，焦点处的光斑尺寸减小了 $1/n_0$。离轴聚焦的光线只会与表面法线形成小角度，不会产生强烈畸变。系统放大倍数也增加了 n_0 倍，视场减小到 w/n_0，其中 w 是没有固体浸没透镜时的视场。简单理论和光线追踪表明，对于工作距离为 2 mm 的 100×0.8 NA 物镜，可以在不显著降低图像质量的情况下，实现尺寸为 30~40 μm 的全视场。

实验上，使用 n_0=1.92 的玻璃透镜和波长 λ=436 nm 的光照明，在光刻胶中成像了 100 nm 宽的线。如图 3.10 所示，共焦显微镜的边缘响应测量显示为 360 nm 的 10%~90%响应，而使用 n_0=1.92 玻璃透镜的固体浸没显微镜具有

180 nm 的 10%～90%响应。总之，实验上实现了固体浸没显微镜在空间上能分辨出 100 nm 的线，并证明了边缘响应较共焦显微镜提高了两倍。

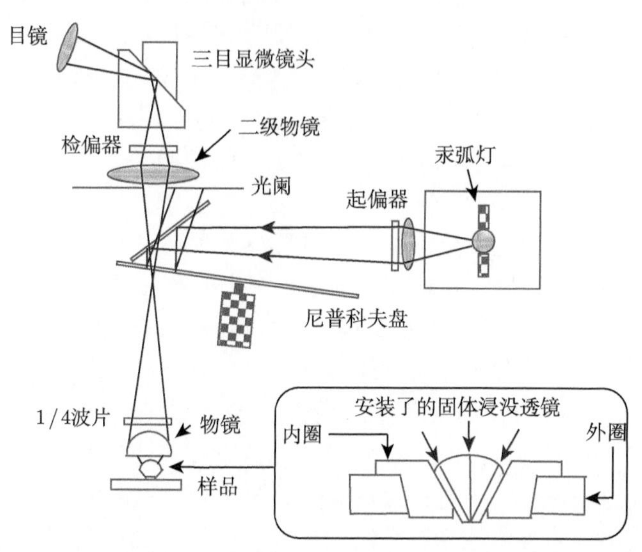

图 3.9　固体浸没透镜安装在实时扫描光学显微镜上的固体浸没显微镜 [5]

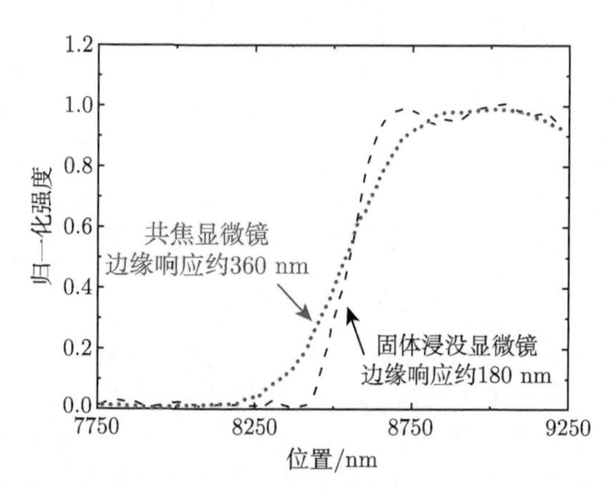

图 3.10　共焦显微镜和固体浸没显微镜 (固体浸没透镜 n_0=1.92) 的实验边缘响应。固体浸没显微镜的 10%～90%响应是共焦显微镜的一半 [5]

现在让我们了解半球形磷化镓 (GaP) 固体浸没透镜的成像特性 [6]，该固体浸没透镜对波长为 560 nm 光的折射率为 3.42。图 3.11 是实验装置示意图，由 50 倍显微镜，工作距离为 2 mm、数值孔径为 0.8 的 Leitz 显微物镜，激光线滤波器，负消色差透镜和电荷耦合器件 (charge coupled device，CCD) 相机组成。使用负透镜可以放大图像 5 倍，从而能够使用 25 μm 像素的 CCD 相机精确测量光斑的大小。半径 500 μm 的半球形 (精度小于 2 μm)GaP 固体浸没透镜安装在锥形适配器中，该适配器将其直接固定在由分子探针制成的、具有轻微的接触压力、直径 40 nm 的荧光聚苯乙烯球的载玻片顶部。在每次测量之前，无像差视场以远场物镜的光轴为中心，这是通过使用 x-y 定位台将固体浸没透镜和样品一起移动来完成的。波长为 488 nm 的氩离子激光器用于激发荧光。来自染料球的荧光被成像到 CCD 相机上并由 CCD 相机记录。使用光栅校准远场系统和固体浸没透镜的放大率。

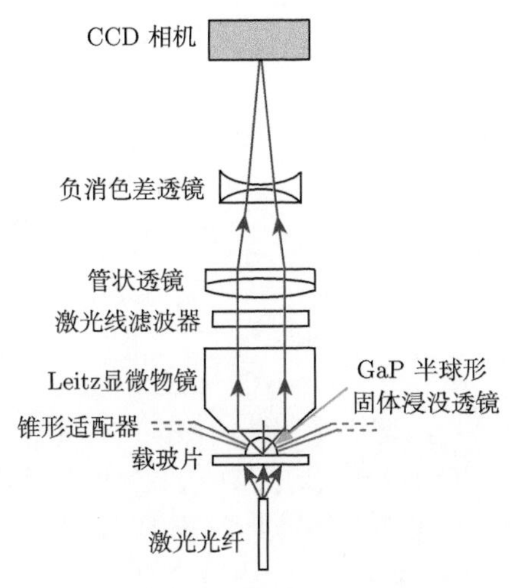

图 3.11 磷化镓固体浸没透镜显微镜装置示意图 [6]

通过这些直径为 40 nm 的荧光染料球的成像来研究固体浸没透镜的成像特性，这些荧光染料球近似于点源。图 3.12 是使用和不使用固体浸没透镜时 40 nm 直径染料球的荧光图像 [7]。图 3.12(a) 是从发射波长为 560 nm 的染料球上拍摄的远场图像。这幅图像中测量的染料球的大小受到成像系统分辨率的限制。图 3.12(b) 中显示了用 GaP 固体浸没透镜从不同视场拍摄的图像。此时图像的像素大小根据固体浸没透镜的放大率进行了缩放。根据校准，对于图 3.12(a) 所示的远场图像，1 μm 等于 17.7 像素；对于图 3.12(b) 所示的使用固体浸没透镜的图像，1 μm 等于 60.5 像素。显然，在固体浸没透镜成像中染料球显示较小，从而论证了用固体浸没透镜可以获得更高的空间分辨率。

3.2.2 数值孔径增加透镜

现在介绍一项高空间分辨率的数值孔径增加透镜 (numerical aperture increasing lens) 亚表层显微技术 [8]。该技术在不引入额外球面像差的情况下，显著增加了显微镜的数值孔径。因此，衍射极限空间分辨率的提高超过了标准亚表面显微镜的极限。

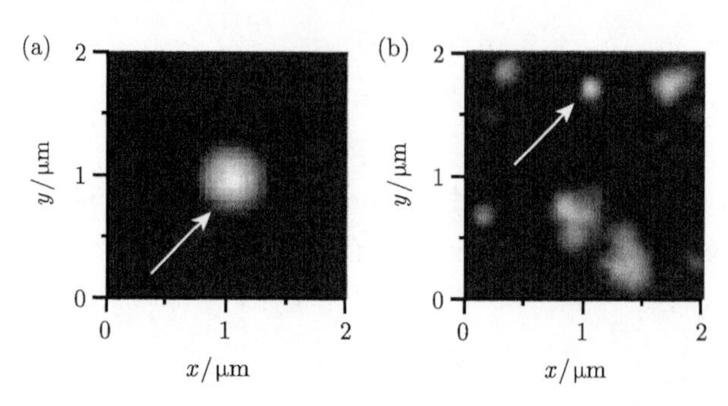

图 3.12　(a) 不使用固体浸没透镜和 (b) 使用固体浸没透镜获得的染色球图像 [7]

图 3.13 为数值孔径增加透镜的示意图。数值孔径增加透镜放置在样品表面上。理想情况下，数值孔径增加透镜的材质和样品的材质是一样的。比如为硅 (Si)，两者都经过抛光，以允许紧密接触，避免在平面界面处发生反射。数值孔径增加透镜的凸面是曲率半径为 R 的球面。光线从样品中的物空间以 X 的垂直深度穿过样品和数值孔径增加透镜。为了在不引入额外球差的情况下增加数值孔径 NA，透镜的垂直厚度选为 $D = R(1+1/n_0) - X$。在这种情况下，物空间与数值孔径增加透镜球面的消球差点重合。这满足正弦条件，产生无球差或共点成像。这种配置类似于固体浸没透镜，其中由球面定义的消球差点与透镜平面上的物空间重合。数值孔径增加透镜有效地将平面样品转换为集成的固体浸没透镜。

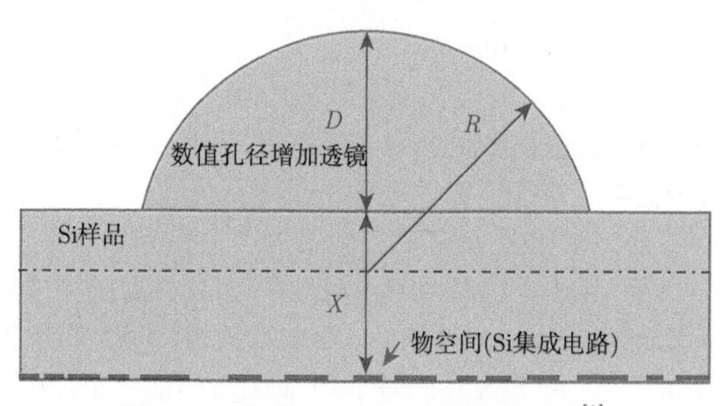

图 3.13　数值孔径增加透镜的示意图 [8]

将数值孔径增加透镜添加到标准显微镜中，会使数值孔径 NA 增加 n_0^2 倍，高达 NA = n_0。在λ_0=1 μm 的 Si 中，NA 增加了 13 倍，达到 NA = 3.6，对应于 0.14 μm 的横向空间分辨率极限。NA 增加还允许使用更小的 NA 显微镜物镜，而不牺牲数值孔径增加透镜显微镜的空间分辨率。NA = 0.3 的显微镜物镜足以实现 Si 数值孔径增加透镜显微镜的最高空间分辨率。

如图 3.14 所示，Si 集成电路的亚表层检测定性地显示了数值孔径增加透镜显著改善了空间分辨率。图 3.14(a) 是使用 100× 显微物镜 (NA = 0.5) 获得的图像。图 3.14(b) 是使用 20× 显微物镜和数值孔径增加透镜 (NA=3.3) 获得的图像。相比于图 3.14(a)，图 3.14(b) 的空间分辨率提高了约 6 倍。可以看出，使用数值孔径增加透镜技术可以清楚地辨别出其他不可见的样品特征。实验结果验证了数值孔径增加透镜可显著改善成像质量。这种技术表明，衍射限制的空间分辨率突破了标准亚表面显微镜的极限。

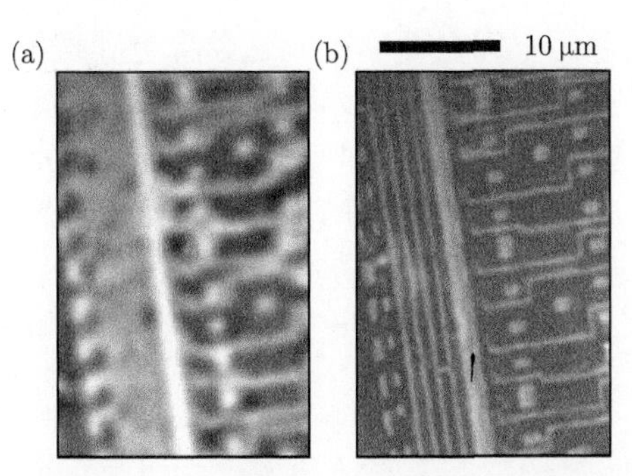

图 3.14 使用 (a)100× 显微物镜 (NA = 0.5)，以及 (b)20× 显微物镜和数值孔径增加透镜 (NA = 3.3) 获得的 Si 集成电路图像 [8]

现在介绍一种新的纳米光学方法，即将共聚焦显微术与固态浸没数值孔径增加透镜技术相结合 [9]。图 3.15 是共聚焦显微镜结合固体浸没数值孔径增加透镜

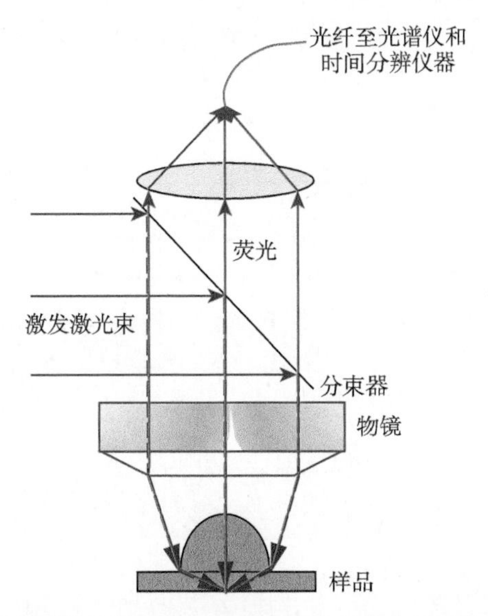

图 3.15 共聚焦显微镜结合固体浸没数值孔径增加透镜技术的原理图 [9]

技术的原理图。激发量子点，通过样品的背面收集荧光。数值孔径增加透镜和样品的基底处于最佳光学接触，以确保在大角度下的最大传输。系统的数值孔径增加了约 n_0^2=13。相应地，空间分辨率达到了 120 nm 左右。由于该系统的高数值孔径，收集效率将足够大，可以在单个点上执行时间分辨荧光实验以及泵浦–探测实验，而无须借助孔径、掩模或蚀刻台面技术。

3.2.3 微加工固体浸没透镜

传统固体浸没透镜的空间分辨率受到透镜像差和透镜–样品分离的限制。为了获得最佳分辨率，则要成像的表面必须位于固体浸没透镜的近场内，其中由全内反射光线产生的倏逝场呈指数衰减。如果透镜或样品的形貌变化导致在可见光波长下的分离大于约 100 nm，则聚焦场在空气中的指数衰减和扩散会降低透射率和分辨率。由于样品形貌和样品附近透镜表面的非平面性，很难在传统固体浸没透镜典型的 30 μm 尺寸视场上保持均匀接触。通过提高光学透明度和增加对曲率和厚度误差的容忍度，该问题的解决方案是使用微加工固体浸没透镜来扫描固体浸没显微镜。

与扫描近场光学显微镜和原子力显微镜类似，将固体浸没透镜集成到悬臂梁上的扫描固体浸没显微镜通过每次照亮一个点来连续收集图像。如图 3.16(a) 所示，固体浸没透镜焦点处形成的尖端在扫描时定位透镜和样品之间的接触。对于软样品，集成固体浸没透镜和悬臂可以使用力反馈控制与样品表面保持恒定距离。微加工提供了一种批量制造直径为微米级透镜的方法。硅具有较大的折射率和成熟的微机械加工技术基础，是一种极具吸引力的扫描固体浸没显微镜透镜材料。

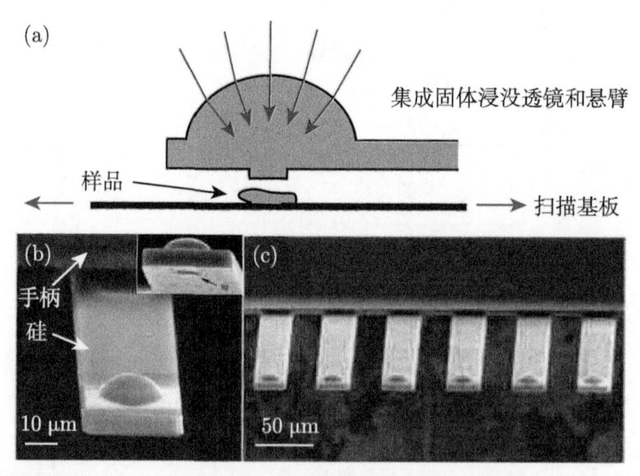

图 3.16 (a) 扫描固体浸没显微镜示意图，光线聚焦到安装在悬臂上固体浸没透镜尖端的一个点，靠近尖端扫描的样品以聚焦点的分辨率成像；(b) 用单晶硅制作的单个固体浸没透镜和悬臂和 (c) 集成透镜和悬臂的一维阵列 [10]

硅的大折射率使我们能够获得高空间分辨率显微镜。实验上，用单晶硅制作的直径为 15 μm 的单个固体浸没透镜和悬臂如图 3.16(b) 所示，集成透镜和悬臂的一维阵列如图 3.16(c) 所示 [10]。

为了在空气中实现突破衍射极限的空间分辨率，硅固体浸没透镜必须保持在样品的近场内。通过扫描固体浸没透镜尖端下方的光栅并收集透射光，在 λ= 633 nm 处展示了直径为 15 μm 的微加工硅固体浸没透镜的可见光成像。光栅是石英上 100 nm 厚的钛线，线宽为 200 nm。在图 3.17(a) 所示的显微镜图中，照明物镜与固体浸没透镜接触进行扫描。氦氖激光束由照明物镜聚焦到光栅上方的固体浸没透镜中，穿过光栅的光由收集物镜收集并用光电探测器测量。斩波器和锁定放大器用于提高信噪比。

图 3.17(b) 给出了由微加工硅固体浸没透镜解析的 200 nm 线宽光栅的二维扫描图。归一化透射率强度范围为 0.35~0.65，其中 0.5 是平均透射率。发现使用固体浸没透镜拍摄图像的空间分辨率比不使用固体浸没透镜拍摄的相同图像高 2.8 倍。通过更大的最大照明角和完美对齐，可以将分辨率最大提高 3.9 倍。硅固体浸没透镜也可以在硅透明的红外波段工作。结果表明，红外成像在 λ=9.3 μm 处的光斑大小为 $\lambda/5$，折射对比成像在 λ=10.7 μm 处的空间分辨率为 $\lambda/4$[10]。

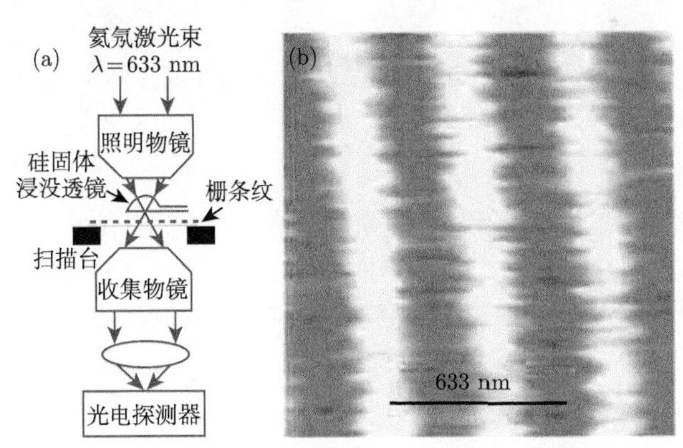

图 3.17 用微加工硅固体浸没透镜在 $\lambda = 633$ nm 波长下进行近场成像。(a) 实验装置，其中来自氦氖激光器的光通过硅固体浸没透镜用 NA = 0.8 的照明物镜聚焦到光栅上，并用 NA = 0.8 的收集物镜和光电探测器成像；(b) 用扫描的硅固体浸没透镜在传输过程中拍摄的 200 nm 线宽光栅的二维图像，证明在空气中该技术的分辨率突破衍射极限 [10]

3.2.4 固体浸没式椭偏仪

椭圆偏光法是一种非破坏性的，与样品非接触、表面灵敏的光学计量技术，广泛应用于薄膜表征。基于椭圆偏光法的椭偏仪，可以同时测量薄膜的折射率和厚度，并具有很高的精度。

图 3.18 给出了椭偏仪的基本光学物理结构。已知入射光的偏振态，偏振光在样品表面被反射，就可以测量得到反射光的偏振态，进而可以计算或拟合出材料的薄膜厚度、光学常数以及材料微结构等。简单来说，入射的线偏振光束经界面反射或透射后变成了椭圆偏振光。偏振态的变化可用复数ρ 表示为

$$\rho = \tan\psi \cdot \mathrm{e}^{\mathrm{i}\Delta} = \frac{r_{\mathrm{p}}}{r_{\mathrm{s}}} \tag{3.1}$$

式中，ψ 和 Δ 分别表示反射光 p 波与 s 波的振幅衰减比和相位差；复函数 r_{p} 和 r_{s} 分别表示 p 平面和 s 平面上的菲涅耳反射系数。r_{p} 和 r_{s} 的数学表达式可以用麦克斯韦方程在不同材料边界上的电磁辐射推导得到 (见习题 3.4)。椭偏仪的基本原理和应用将在本书 4.4 节作进一步的介绍。

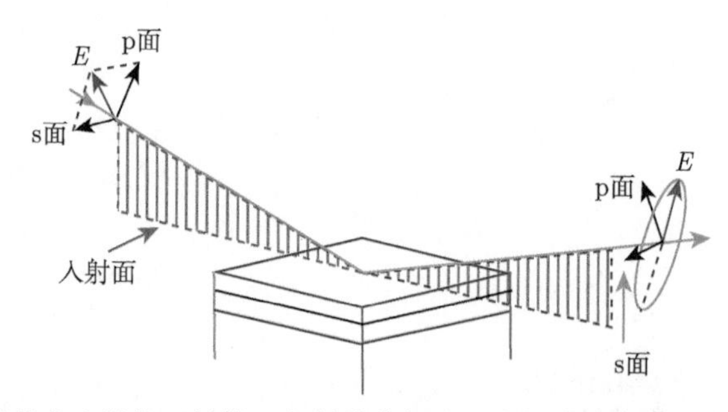

图 3.18　椭偏仪的基本光学物理结构。入射线偏振光可分解成两个垂直的 p 平面和 s 平面上的 p 波和 s 波；p 平面包含入射光和出射光，s 平面则与这个平面垂直；反射光是典型的椭圆偏振光

值得注意的是标准的椭偏仪很难测量出超薄薄膜的折射率，因为不同折射率薄膜的 (ψ,Δ) 轨迹在超薄区域太接近。如图 3.19 所示，测量ψ 时的一个小误差会显著改变测量结果，这使标准椭偏仪不适用于测量厚度小于 10 nm 薄膜的折射率。

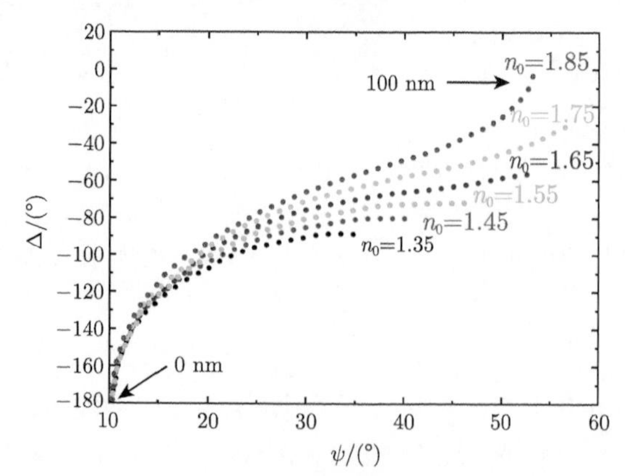

图 3.19　70° 入射角下标准椭偏仪的 (ψ,Δ) 轨迹 [11]

为了准确测量折射率，有必要沿ψ 方向分离 (ψ,Δ) 轨迹。由于金属介电常量虚部产生的吸收，对于非常薄的金属膜，ψ 值能够被很好地分离。类似地，可以使用光学隧道效应来获得电介质中所需的ψ 分辨率增强。固体浸没式隧道椭偏仪 (solid-immersion tunneling ellipsometer) 装置如图 3.20(a) 所示。偏振光光源通过高折射率材料照亮薄膜样品。这里选用氦氖激光器 (λ=632.8 nm) 作为光源，GaP(n_0 ≈3.4) 作为高折射率材料，SiO_2(n_0=1.5)/硅 (n_0=3.88+0.019i) 作为样品。样品通过非常窄的气隙与高折射率材料接触或分离。光以 70° 的角度照射固体浸没材料的底部，该角度高于 GaP 到 SiO_2 的临界角度 (26.2°) 和 GaP 到空气的临界角度 (17.1°)。在这种情况下，在 GaP 底部产生倏逝波，并在空气中呈指数衰减。如果样品放置在非常靠近该界面的位置，则倏逝波在薄膜中进一步衰减，并耦合到基板中的传播波，导致样品反射率降低。图 3.20(b) 显示了该装置在 1 nm 气隙下的 (ψ,Δ) 轨迹。这些曲线清楚地显示出ψ 分辨率增强，并且不同的折射率曲线很好地分离。此外，与金属薄膜一样，随着薄膜变厚，轨迹趋于塌陷到一个点。这表明，固体浸没隧道椭偏法最适用于超薄薄膜，不太适用于厚膜。可以利用近场和远场测量机制的互补性，在广泛的厚度值范围内获得高精度的结果。在如图 3.20(a) 所示的固体浸没装置中，当入射角低于临界角时，倏逝场消失，测量结果与标准椭偏仪的测量结果相似。当角度大于临界角度时，可以进行光子隧道

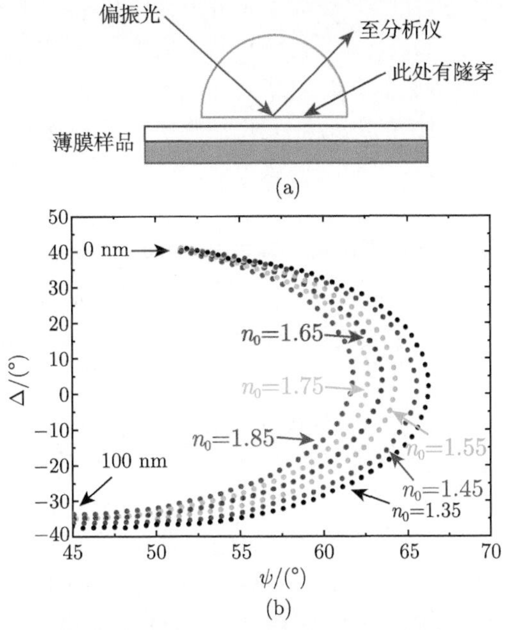

图 3.20 (a) 固体浸没式隧道椭偏仪示意图和 (b) 不同折射率对应的 (ψ,Δ) 轨迹 [11]

测量。因此，可变角度固体浸没椭偏仪应能够准确测量厚度从亚纳米到几微米的薄膜的厚度和折射率。

如果将固体浸没透镜纳入固体浸没隧道椭偏测量装置中，可以在极小的区域内进行精确的椭偏测量，并且可以通过扫描样品获得薄膜厚度和折射率变化的高质量图像。显微镜物镜将偏振平面波聚焦在半球形高折射率固体浸没透镜的底部。固体浸没透镜的球面与聚焦入射光束的波前匹配。这种固体浸没透镜为椭偏测量提供了光学隧道和更高的空间分辨率。入射光束聚焦到固体浸没透镜底面的一个非常小的点上，并从固体浸没透镜/样品界面反射回来。对于入射角高于临界角的光线，将发生光学隧道。后焦平面和前焦平面上的场通过傅里叶变换进行关联。因此，后焦平面上的每个点对应于一条与前焦平面成一定角度的光线。通过测量后焦面处的偏振，可以计算与不同入射角相关的固体浸没透镜/样品界面的椭偏信号，进而可以推断由焦点照明的横向区域的薄膜特性。由于存在大于或小于临界角的角度，该仪器能够测量厚度从亚纳米到数微米的图案化薄膜，获得 100 nm 左右的横向分辨率。

图 3.21(a) 是具有 $ZrO_2(n_0=2.17)$ 固体浸没透镜的固体浸没纳米椭偏仪 (solid immersion nano-ellipsometer) 的实验装置图。准直的线偏振激光束聚焦在固体浸没透镜的底部。耦合分束器对 (coupled beamsplitter pair) 用于消除分束器中不需要的偏振失真。物镜的瞳平面被成像到光束分析仪上。针孔用于滤除从固体浸没透镜球面散射的杂散光。使用带有小孔的金属件作为适配器来定位固体浸没透镜，并确保固体浸没透镜底部尽可能靠近样品。由于孔的尺寸较小，一些入射光被金属件遮挡。因此，照明的有效数值孔径有所降低。为了进行椭偏测量，测量了两个具有正交偏振入射状态的瞳图像。图 3.21(b) 给出了固体浸没式纳米椭偏仪的典型瞳图像。

如果入射光是 y 方向的线偏振，则在瞳平面上，沿 Oy 的点对应于 p 偏振光，沿 Ox 的点对应于相对于样品的 s 偏振光。如图 3.21(c) 所示，这两条线称为 p 线和 s 线。$\tan\psi$ 与入射角θ 的曲线关系可以根据 p 线和 s 线的强度之比来计算 [11]

$$\tan\psi = \left|\frac{r_{\mathrm{p}}(\theta)}{r_{\mathrm{s}}(\theta)}\right| = \left(\frac{I_{\mathrm{p1}}\cdot I_{\mathrm{p2}}}{I_{\mathrm{s1}}\cdot I_{\mathrm{s2}}}\right)^{1/4} \tag{3.2}$$

式中，$I_{\mathrm{s1}}(I_{\mathrm{s2}})$ 和 $I_{\mathrm{p1}}(I_{\mathrm{p2}})$ 分别是第一个 (第二个) 瞳图像中 s 线和 p 线的强度。采用具有正交入射偏振的第二个瞳图像来消除照明的不均匀性。然后，以大角度进行测量，回归程序给出薄膜的厚度和折射率以及气隙的厚度。

硅衬底上的 SiO_2 薄膜用于初步测试。通过标准椭偏仪测量该薄膜的厚度为 12.5 nm。由于如图 3.19 所述的局限性，无法通过传统的椭偏法确定薄膜的折射率。图 3.22 给出了由固体浸没纳米椭偏仪测量的 $\tan\psi$ 曲线，以及通过回归获得的曲线拟合。根据回归结果，获得的气隙为 14.4 nm，薄膜的折射率为 1.68，薄膜厚度为 13.0 nm。曲线拟合与实验厚度数据之间取得了相当好的一致性。

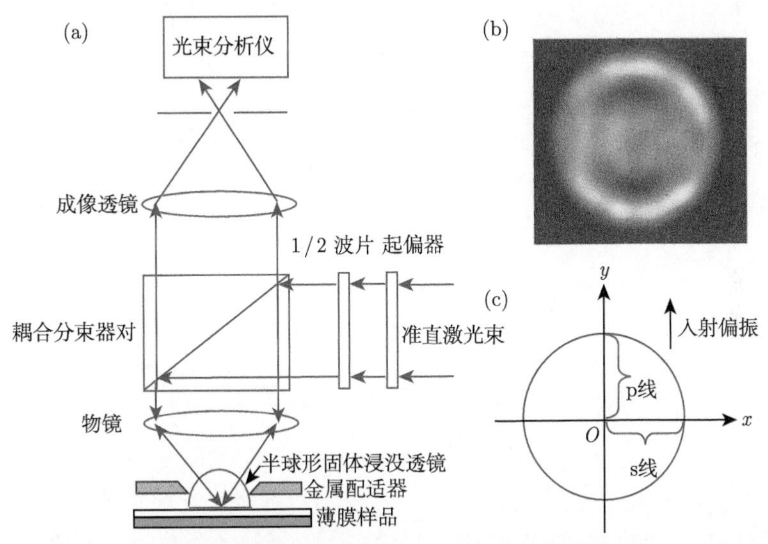

图 3.21 (a) 具有 ZrO_2 固体浸没透镜的固体浸没纳米椭偏仪的实验装置；(b) 固体浸没式纳米椭偏仪的典型瞳图像；(c) 图示的瞳坐标系 [11]

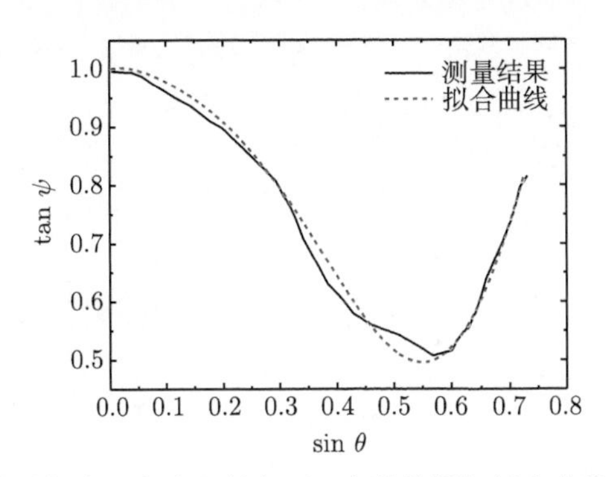

图 3.22 测量结果和曲线拟合。在大入射角下，实验数据与拟合曲线吻合良好。曲线拟合的参数是气隙为 14.4 nm，SiO_2 的厚度为 13.0 nm，SiO_2 的折射率为 1.68[11]

总之，本小节我们学习了一种固体浸没式隧道椭偏测量技术，该技术能够准确表征薄至 1 nm 的超薄薄膜。结合固体浸没透镜，我们展示了一种固体浸没式椭偏仪，该椭偏仪能够在大约 250 nm 的横向空间尺寸上表征薄膜的厚度和折射率。该技术可应用于半导体工业、光电子工业、材料科学、生物科学和其他薄膜相关行业和科学学科。

3.3　表面等离激元显微术

表面等离激元显微术是一种能够获取微观的表面等离激元共振图像的光学显微技术。它综合了表面等离激元传感器的高灵敏度和显微镜的高分辨率的优点，是研究纳米材料界面和生物细胞行为特性等的尖端工具。

3.3.1　表面等离激元概述

在本书第 5 章我们将详细学习等离激元光学。这里我们先简要了解一下表面等离激元的概念和主要性质。表面等离激元 (surface plasmon) 是金属表面的自由电子非均匀分布的一种表现。自由电子在金属表面形成正、负电荷的密度分布，在这些正、负电荷的密度分布中，就形成了一种沿金属表面传播的电磁波，称为表面等离激元波 (surface plasmon wave)。当外加电磁波与表面等离激元波的波矢相等时，外加电磁波的能量将大量地耦合到表面等离激元波，这一过程称为表面等离激元共振 (surface plasmon resonance，SPR)。表面等离激元共振存在于两种介质 (如金属与电介质) 的分界面处，可以同时沿着分界面传播。它是一种偏振的横磁波 (transverse magnetic wave，TM 波)，磁场矢量平行于两种介质的分界面，垂直于表面等离激元波的传播方向，在介质分界面达到最大值，并在两种介质中呈指数快速衰减 (称为倏逝场)。

表面等离激元共振的光激发需要倏逝波耦合。利用光激发表面等离激元波时，有两种著名的构型，如图 3.23 所示 (详细介绍参见 5.3.1 节)。一个是奥托配置 (Otto configuration)，另一个是克雷茨曼配置 (Kretschmann configuration)。一般采用以克雷茨曼配置为主的方式激发表面等离激元共振。通常在棱镜的表面需要通过真空蒸镀或磁控溅射等方法镀上一层 10~50 nm 厚的高反射率金属薄膜 (如金或银膜)。表面等离激元共振的共振位置对周围表面材料极为敏感。这种特性导致了表面等离激元共振广泛应用于表面研究、生物传感和生物成像等。

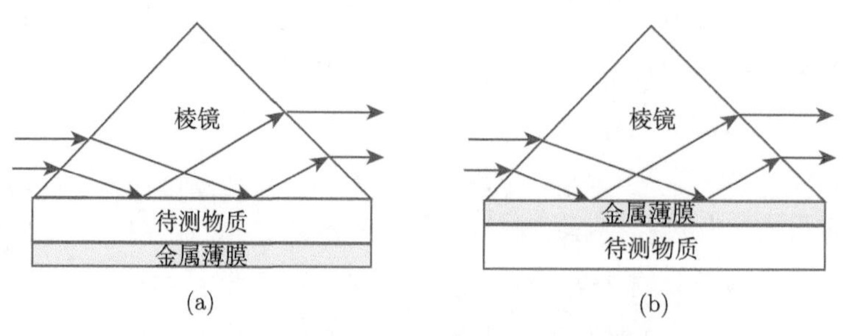

图 3.23　(a) 奥托配置和 (b) 克雷茨曼配置

等离激元波是在光频段上产生的。然而，它的有效波长远小于可见光，几乎位于 X 射线波长。因此，有时我们称等离激元波为“光频段 X 射线”。例如，图 3.24 给出了在 Ag 和电介质 GaP 界面处的表面等离激元波。在λ_0=568 nm 波长的光激发下，表面等离激元波的波长估计为λ_{sp}=53 nm，仅为激发光波长的十分之一。这种短波长等离激元波有一些有趣的应用，如超分辨率成像、光学微加工和光刻等。

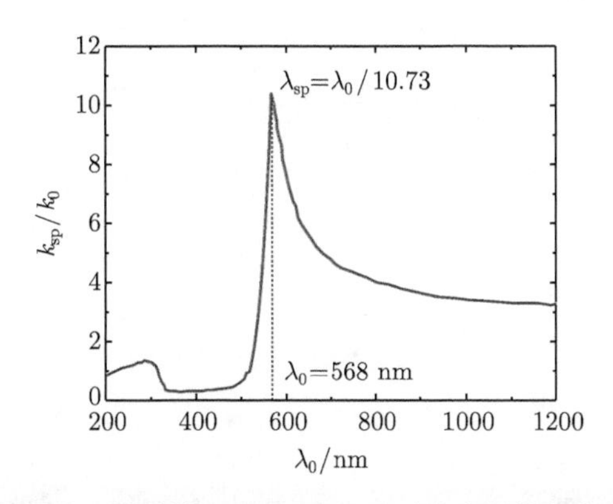

图 3.24 激发波长λ_0 依赖的 Ag 和 GaP 界面处表面等离激元波的波矢 k_{sp}

3.3.2 表面等离激元显微镜：棱镜结构

表面等离激元显微技术是利用表面等离激元场代替普通光作为光源，在不损失空间分辨率的前提下提供了优异的对比度。图 3.25 给出了棱镜型表面等离激元显微镜的光路示意图 [12]。通过克雷茨曼结构的棱镜，将激光束耦合到银镀层–空气界面，形成表面等离激元模式。当光子波矢量的平行分量与等离激元波矢量满足动量匹配条件时，等离激元波在横向非均匀界面上发生共振激发。等离激元波矢量取决于涂层的光学厚度，这导致等离激元激发的共振角与厚度有关。

由于界面的固有粗糙度，那些携带等离激元场的区域将部分强度耦合到空气一侧。散射光可以用足够放大的目镜观察。因此，这种操作模式与普通显微镜中的暗场照明具有一些共同特征。更有效的是，即使没有粗糙度，表面等离激元也会通过棱镜耦合出来 (图 3.25)。同样，这种散射光可以通过一个简单的透镜进行傅里叶反变换在真实空间，以形成界面的图像。

图 3.26 为两个不同入射角激发光束的实验结果。在这个例子中，成像结构是通过一个开槽网格的紫外线脱附产生的。图 3.26(a) 所示的强度分布是在θ=46.4° 处的裸银区激发表面等离激元时获得的。因为输入等离激元的大部分电磁场能量被耗散为热量，只有一小部分光被重新辐射到棱镜中，所以强度分布看起来比较暗。另外，薄膜涂层区域没有共振，因此所有激发的激光都被完全反射。通过将入射角更改为θ=53.6°，如图 3.26(b) 所示，可以完全反转强度分布。现在涂层区

域处于共振状态，几乎不发光，反之亦然。

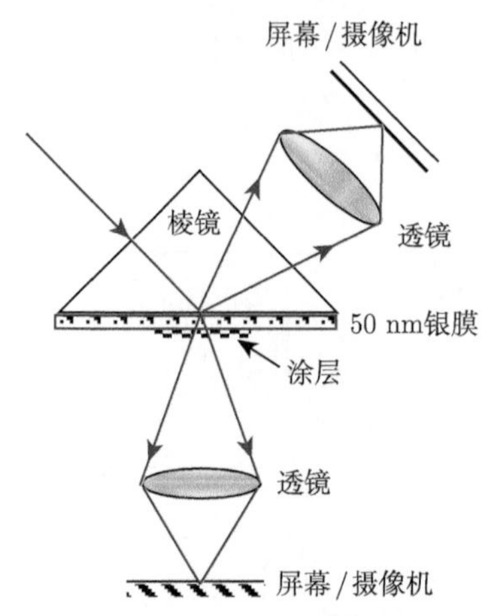

图 3.25　表面等离激元显微镜的光路示意图 [12]

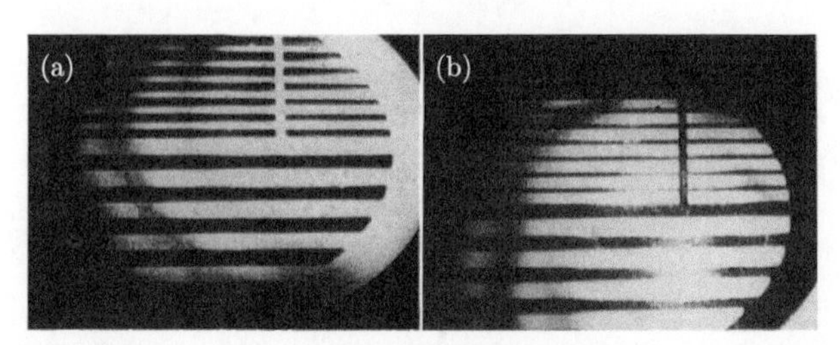

图 3.26　从棱镜侧面观察的，沉积在表面等离激元载银薄膜上的测试结构图像。这些区域处于等离激元波产生的共振区。由于大部分等离激元场能量转化为热量，所以出现了暗区；而其他区域仍然满足全内反射条件，因此出现明区。通过改变入射角度，光强分布可以逆转 [12]

3.3.3　表面等离激元显微镜：液浸式

现在我们来了解用油浸透镜激发表面等离激元的表面等离激元显微镜。Somekh 等 [13] 论证了表面等离激元的远场激发，并证明了光学分辨率是由表面等离激元波的波长决定的，而不是由传输距离决定的。该方法还有一个额外的优点，即等离激元在远离金属表面的地方被激发和检测，允许使用探针技术无法进行的原位测量。

图 3.27 给出了光从浸油透镜入射到镀有金属的盖玻片上的情况。当样品在焦平面上方时，以等离激元激发角度入射的一部分光将激发表面等离激元。这个表面等离激元将会沿着表面传播，如图 3.27(a) 中的波浪线所示。当样品散焦时，沿路径 A 和 B 传播的光之间的相位差发生变化。这些光束不会直接干涉，因为它们位于不同的位置。如果将光学系统配置为干涉仪，使得来自路径 A 和 B 的光

与公共参考光束发生干涉，则总体干涉信号的幅度将随着路径 A 和 B 之间的相位变化而振荡。该干涉信号的周期性将等于两条路径之间的相对相位改变 2π 弧度所需的散焦变化。信号中振荡的周期性 Δz 为 [13]

$$\Delta z = \frac{\lambda}{2n_0(1-\cos\theta_{\mathrm{p}})} \tag{3.3}$$

式中，λ 是真空中的光波长；n_0 是油的折射率 (假设等于盖玻片的折射率)；θ_{p} 是等离激元从油中激发的角度，当电介质沉积在金属膜上时，该角度会明显改变。

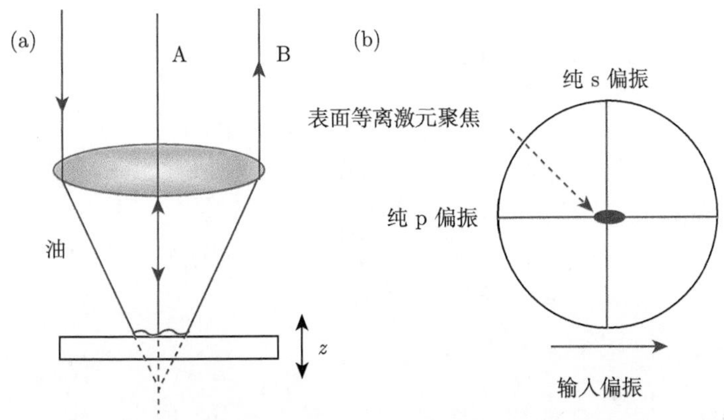

图 3.27 (a) 样品离焦时的光线路径示意图；(b) 显微镜物镜上方的光偏振，显示纯 s 和 p 偏振之间的连续变化以及表面等离激元激发的相应变化 [13]

图 3.27(b) 是物镜上方的照明。假设偏振是水平的，入射到样品上的光将沿该方向是 p 偏振，而垂直于该方向是 s 偏振。这意味着等离激元将在水平方向上被强烈激发，而在垂直方向上则完全不被激发，如图 3.27(b) 中不同厚度的线所示。表面等离激元将在显微镜的轴上聚焦，并且在水平和垂直方向上的光斑都很小 (尽管不相等)，因为照明是从光轴的两侧发生的，而不是像传统显微镜那样从一侧发生的。因此，表面等离激元显微镜与三维共聚焦显微镜中使用的 4π 显微镜类似，可称为 2π 显微镜。

图 3.28 给出了扫描外差干涉仪的示意图 [13]。油浸物镜形成干涉仪的一个臂；另一个臂是参考光束。将布拉格盒 (Bragg cell) 插入干涉仪的每个臂中以实现频率偏移，从而隔离干涉信号。使用两个布拉格盒可减少布拉格盒中杂散光反射的影响，并允许以方便的频率检测干涉信号。在实验中，反射信号的振幅和相位作为离焦 z 的函数，在锁相放大器中检测并记录在计算机中。

通过在油浸物镜下对图案样品进行机械扫描，获得了图 3.29 所示的三个图像。样品由 2 μm 宽的裸金属条纹和 6 μm 的电介质涂层金属组成。通过扫描盖玻片上的物镜获得了图 3.29 所示的图像。图 3.29 为在油浸物镜下结构化样品的表面等离激元显微图像。图 3.29(a) 是当样品接近于焦点时获得的图像，图像几乎不可辨别。图 3.29(b) 是在离焦正向位置 1.5 μm 处获得的图像，显示出明条纹 (裸金属)。而图 3.29(c) 是同一区域在离焦负位置 −1.85 μm 处的图像，显示出黑色裸金属条纹。结果表明，条纹界面的过渡截面大约为 300 nm；这个 300 nm 是衍射极限而不是传播长度极限横向分辨率。此外，图像的对比度也很好。

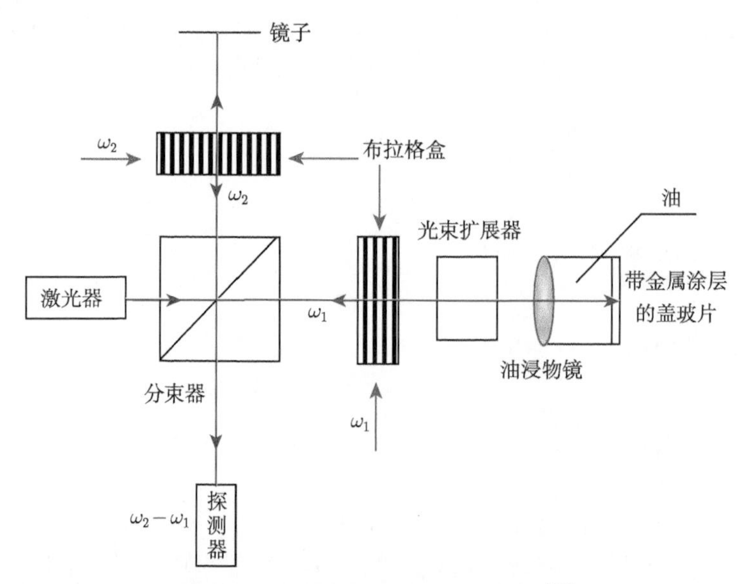

图 3.28　扫描外差干涉仪的示意图 [13]

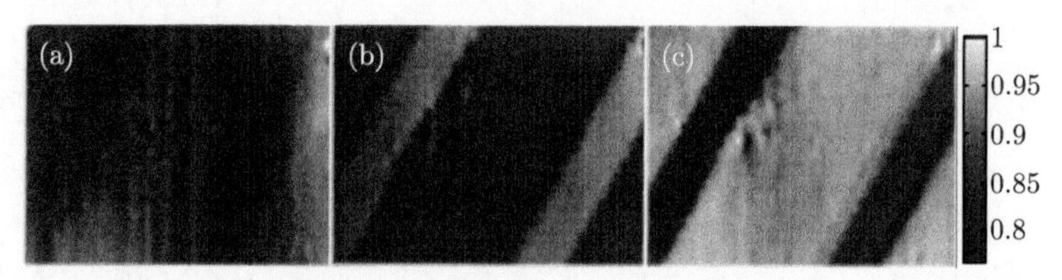

图 3.29　结构化样品的表面等离激元显微图像。(a) 在焦平面 z=0 μm 时的样品；(b) 离焦 z=1.5 μm 的同一区域；(c) 离焦 $z=-1.85$μm 的相同区域。图像尺寸为 9 μm×12 μm[13]

3.4　近场扫描光学显微术的工作原理

近场扫描光学显微术是光学显微术中突破衍射极限的一种方法。它工作在具有倏逝场的光学近场区，主要与亚波长的物体相关联。利用倏逝场可以获得高的光学分辨率。

近场扫描光学显微镜也称为扫描近场光学显微镜 (scanning near-field optical microscope)，它的发展动力来自于对超越经典光学衍射极限的空间分辨率成像技术的需求。

3.4.1 近场扫描光学显微术的基本原理

典型的近场扫描光学显微成像方案如图 3.30 所示，其中直径小于光波长的照明探针保持在样品表面的近场中。由于样品和探针之间的紧密接近或接触 (分离小于一个波长距离) 是无衍射限制分辨率的一般要求，所以绝大多数扫描探针显微镜都需要一个反馈系统，该系统精确控制探针和样品的物理分离。此外，x-y-z 扫描仪 (通常为压电式) 用于控制探针在样品上的移动。图 3.30 所示的近场扫描光学显微配置以常规方式将物镜定位在远场，用于收集图像形成光信号。

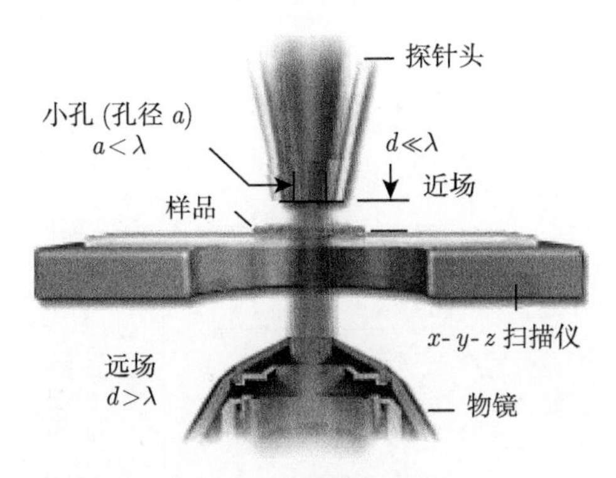

图 3.30 近场光学成像方案

3.4.2 近场扫描光学显微镜的实物图

图 3.31 是商用的近场扫描光学显微镜结构。该近场扫描光学显微镜是一个近场扫描仪器，配置一个倒置光学显微镜。该光路方便地允许近场扫描光学显微镜探头，包括探针及其定位机械，被安装在样品台位置，物镜在样品台下方。图中所示的系统包括提供照明的外部激光器、样品和探针定位的管理，以及图像采集。

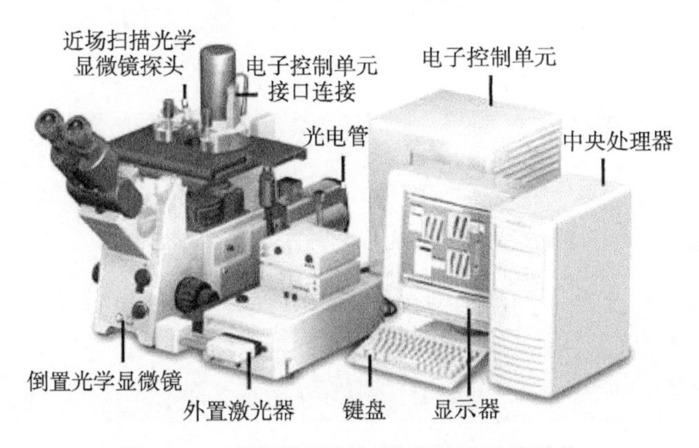

图 3.31 商用的近场扫描光学显微镜结构

3.4.3 近场扫描光学显微镜的主要功能模块

图 3.32 总结了近场扫描光学显微镜的主要功能模块，包括合适的纳米探针、反馈系统和光学相关的样品信息。探针类型和反馈系统对于给定的样品类型至关重要。众多样品可以用适当的近场扫描光学显微镜配置成像和/或光谱研究。近场扫描光学显微术的工作原理简单来说，就是一个具有亚波长尖端的探针在样品上扫描，同时在探针–样品之间保持几纳米的距离，通过探测信号获得样品的信息。

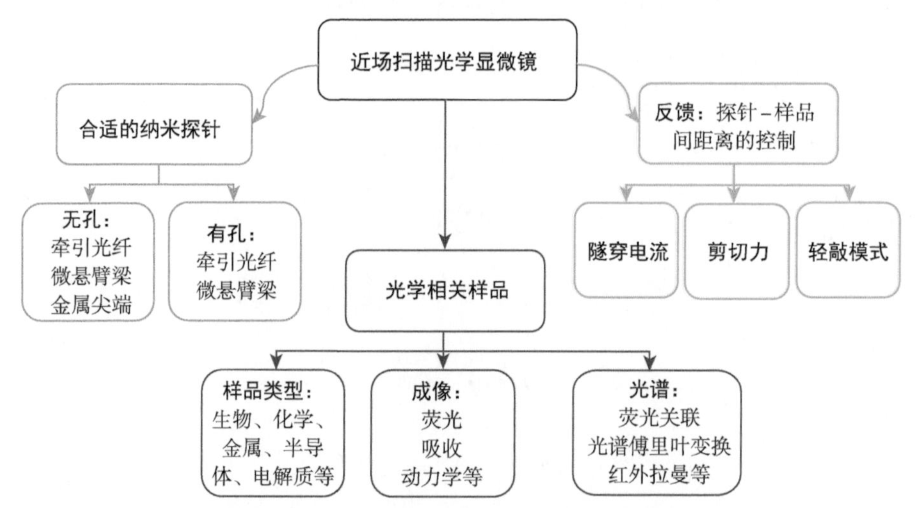

图 3.32 近场扫描光学显微镜的主要功能模块。探针类型和反馈系统对于给定的样品类型至关重要。可以使用适当的近场扫描光学显微镜配置对大量样品进行成像和/或光谱研究

3.4.4 近场扫描光学显微镜的探针

最基本的近场扫描光学显微镜探针是由拉伸的光学导电材料 (如拉伸光纤) 组成的，如图 3.33 所示。为了控制和引导光线达到几十纳米，可以在探针上沉积铝等金属。

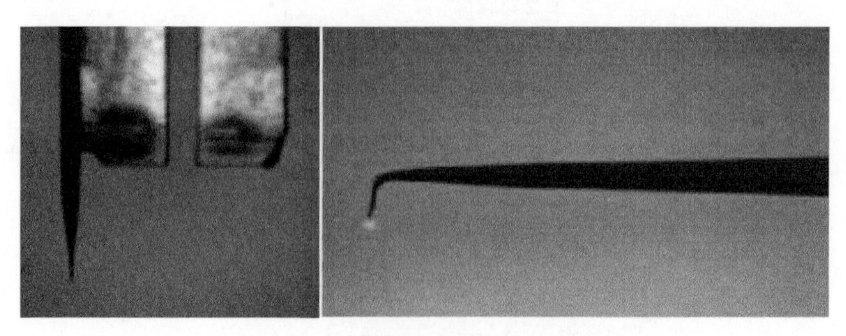

图 3.33 近场扫描光学显微镜的探针

近场扫描光学显微镜探针可分为有孔型和无孔型两大类。在这里，我们通过材料组成和制造工艺来简要描述和区分近场扫描光学显微镜的探针。

光纤：近场扫描光学显微镜最广泛支持的是拉伸光纤，它允许制作无孔径和孔径探针。从化学或机械的拉伸过程开始，光纤的顶点被缩小至几十纳米。此后，这种拉伸光纤可以直接使用，也可以通过真空沉积进行金属涂层。最后，可以使用聚焦离子束对覆盖的拉伸光纤的尖端进行研磨，以形成一个性能优良的孔径探针。对于金属涂层探针，通常使用铝涂层来产生朝向尖端顶点的良好光学引导，而对于无孔探针，则首选金 (金具有光学吸引力和惰性)。

金属尖端：与扫描隧道显微镜 (scanning tunneling microscope) 一样，利用电化学技术，金属尖端很容易以可控的方式和大面积的材料制成。它们还受益于扫描隧道显微镜探针制造的大量知识。

微悬臂梁：它们是为商用原子力显微镜开发的，近场扫描光学显微术也从中受益。它们相当便宜，可以重复大规模生产。至于光纤，它们可以设计成有孔或无孔探针。因此，它们主要用于商业化的近场扫描光学显微系统。

光纤探针和悬臂探针的组合：这些探针由用作微悬臂梁的弯曲光纤制成。尽管这些近场扫描光学显微镜探针具有一些优点，但由于弯曲造成的光学损耗较大，制造工艺复杂且不成熟，所以未广泛使用。

3.4.5 近场扫描光学显微镜的工作方案

近场扫描光学显微镜的结构清晰可见：它看起来像一个扫描隧道显微镜，其中极尖金属的针头被一个能够发射或收集光子的特定探针所取代。探针的第一个功能是其衍射光束的能力。根据开发的技术，它可以用于将收集的光子传输到远场探测器。然后，通过在物体表面上沿 x 轴和 y 轴移动探针来生成图像，该扫描通过由简单个人计算机驱动的压电陶瓷来确保。为了限制噪声，通常对激光器发出的入射光束进行时间调制。锁相放大器仅放大与激光器相同频率调制的输出信号。这一过程可以显著降低噪声。不幸的是，它减慢了检测速度。然后，收集的光子通量被引导到光电倍增管，在那里它被放大并转换为电流。图 3.34 描述了近场扫描光学显微镜的工作方案 [14]。

与扫描隧道显微镜非常相似，近场扫描光学显微镜主要由扫描和位移工作台、电子系统和纳米收集器或发射器组成。扫描系统通常是压电管，可以在合适的电压下弯曲以产生 x、y、z 三个方向的运动。扫描区域范围在几纳米到大约 100 μm 之间。纳米探测器一般为锥形光纤，其另一端连接到探测器。照明可以在采集模式①中传输，在照明模式④中传输，在采集模式②中内反射，在采集模式③中外反射，甚至在采集和照明模式中实现。电子设备由扫描驱动器的低噪声放大器组成，使我们能够探测和扫描表面，最后是距离模块控制，其作用是保持尖端和样品之间的距离不变。

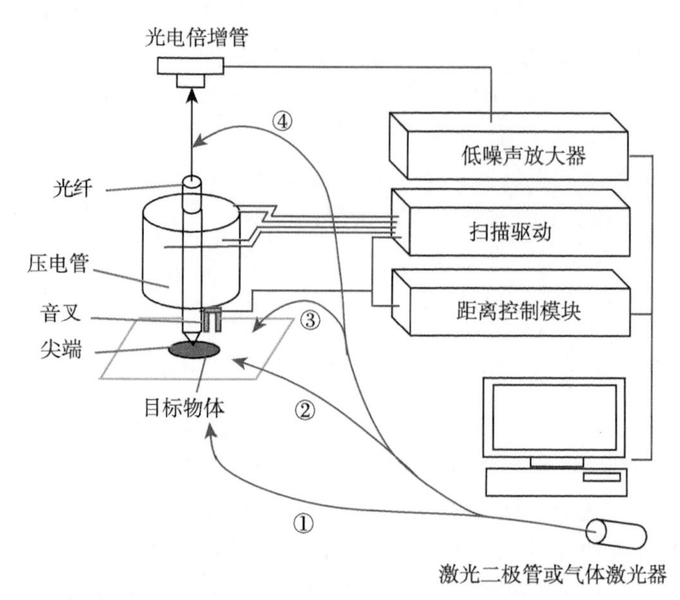

图 3.34　近场扫描光学显微镜的工作方案示意图 [14]

3.4.6　探针尖端与样品之间的距离控制

图 3.35 展示了基于倒置光学显微镜的近场扫描光学显微系统的控制和信息流程示意图。激光激发源耦合到光纤探针中用于样品照明，探针针尖的运动通过光反馈回路进行监测，光反馈回路包括聚焦于探针针尖的第二个激光器。通过附加的电子设备和系统，计算机控制探针的运动、平移阶段的运动，以及光学和形貌图像的采集和显示。

迄今为止，两个最常用的尖端定位机制是监测尖端振动振幅和非光学音叉技术。这两种技术均采用剪切力反馈法。

图 3.36(a) 给出了石英音叉配置了一个连接的光纤用于剪切力检测的示意图。压电电位从叉子上的电极获得，然后以大约 100 倍的增益放大，产生几十毫伏的信号。其后将信号送入锁相放大器，并参照振荡音叉的驱动信号。然后将锁相放大器的输出与控制回路中用户指定的参考信号进行比较，以保持探头在样品上方的反馈。

图 3.36(b) 是弯曲光纤近场扫描光学显微镜探针。这个设计包括一个改进的原子力显微镜悬臂和透明尖端，通常由氮化硅制成，并在探针尖端的底部镀上金属。最常用的用于轻敲方法的探针是传统的光纤探针，其近 90° 弯曲接近尖端孔径处。

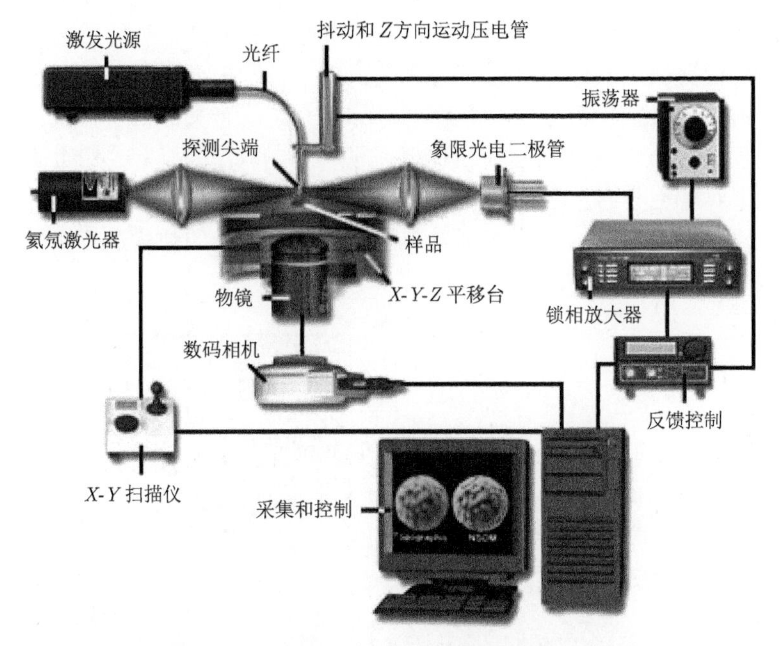

图 3.35 近场扫描光学显微镜的配置示意图

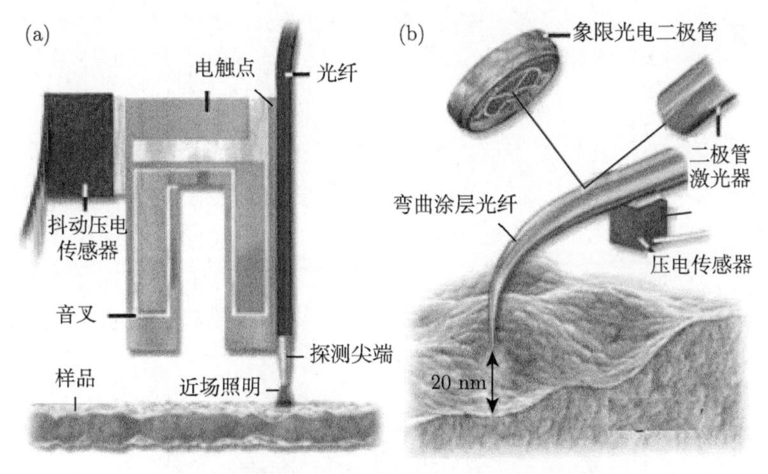

图 3.36 (a) 剪切力音叉反馈和 (b) 弯曲光纤光反馈

Tsai 和 Lu 提出了一种用于近场扫描光学显微镜的距离控制的替代方法，该方法利用机械驱动音叉的轻敲模式而不是剪切力模式 [15]。轻敲模式音叉设置的示意图如图 3.37 所示。用于机械激励的压电板为串联型双晶片。合金磁片粘在双晶片下方。音叉的一个尖头固定在铁盘上，叉子从铁盘边缘伸出。如图 3.37 插图所示，由商用拉拔器拉动并随后涂有一薄层铝的近场光纤探针通过环氧树脂附着

在音叉的下部弹齿 (与机械激励弹齿相对的弹齿) 的末端。音叉的两个电极通过低噪声电压前置放大器连接到原子力显微镜电子控制单元的内部锁相放大器。实验装置中的机械激励音叉是一个高度不对称的系统。音叉的一个尖头固定在相对刚性的铁盘上，该铁盘被黏附在机械激励源 (压电双晶片) 上的稀土磁体紧紧吸引。这种不对称性会导致音叉的两个电极在激励下产生电压差。音叉的力感应弹齿 (图 3.37 中较低的一个) 基本上由刚性固定在铁盘上的弹齿进行机械激励，并且相位滞后 180°。

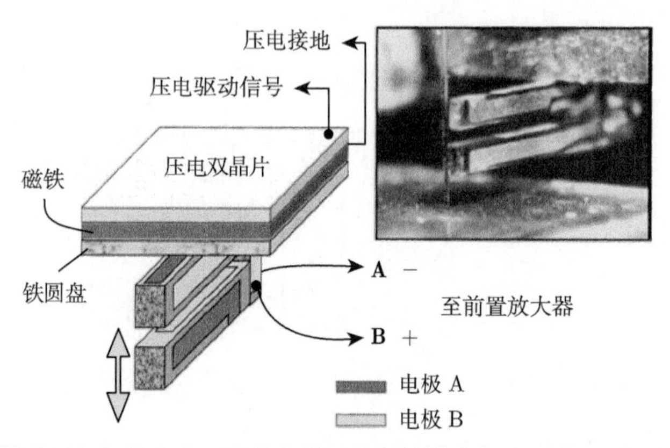

图 3.37　轻敲模式近场扫描光学显微镜中使用的轻敲模式音叉和压电双晶片的示意图结构。图中插入了一个真实的轻敲模式音叉的光学显微照片，该音叉的近场光纤探头连接在下弹齿的末端 [15]

为了证明轻敲模式音叉方法的性能明显优于剪切力模式，使用相同的光纤探针和轻敲幅度 (~22 nm)，通过轻敲模式音叉方法分别拍摄了如图 3.38(a) 和 (b) 所示的两张直径为 500 nm 的聚苯乙烯球在空气和去离子水中的原子力显微镜图像。在任何一种情况下，3 μm×3 μm 聚苯乙烯球紧密堆积层的原子力显微图像都可以清晰地分辨。结果表明，在相同条件下，这种轻敲模式配置的灵敏度至少比在剪切力模式下的灵敏度提高 4 倍 [15]。

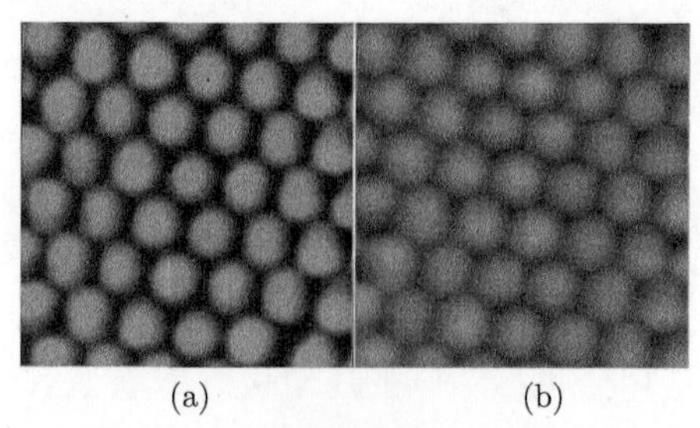

图 3.38　轻敲模式 3 μm×3 μm 原子力显微镜图像，显示在 (a) 空气和 (b) 水中聚苯乙烯球体的紧密堆积层。在两种情况下均使用相同的光纤探针、样品和轻敲幅度 (~22 nm)[15]

3.4.7　近场扫描光学显微镜的基本操作模式

在近场扫描光学显微术的发展过程中，世界各地的实验室开发了不同的配置。近场扫描光学显微术配置是基于受挫全内反射 (frustrated total internal reflection)，如图 3.39 中的受挫全内反射配置所示。在这种配置中，样品被完全反射的入射光照亮，产生倏逝场。该技术只适用于光学透明的样品。

图 3.39 列出了利用率最高的近场扫描光学显微镜配置。它们来源于构成近场扫描光学显微镜的三个确定的因素：被研究样品的类型或诱导物理效应，近场扫描光学显微镜探针的类型和相应的光路 (光照和检测)。

一般来说，探测分为两类：有“孔”探测，“尖锐的实心尖端 (无孔)”探测。它们引导光路，因为它们可作为：①在远场收集的纳米光源，也就是照明模式；②从远场照明的光的纳米收集器，即收集模式；③近场照明器和收集器，见图 3.39(a)。

此外，如图 3.39(b) 所示，样品决定了将要进行的测量可以是：透明样品中的透射，或在反射中，样品不需要任何条件。最后，实际选择合适的近场扫描光学显微镜配置的最终判据是应用领域或研究的物理效应。例如，在荧光研究中，主要采用照明模式下的有孔探测近场扫描光学显微术，而在光子学/等离激元研究中，则倾向于采用采集配置的有孔探测近场扫描光学显微术或无孔探测近场扫描光学显微术。

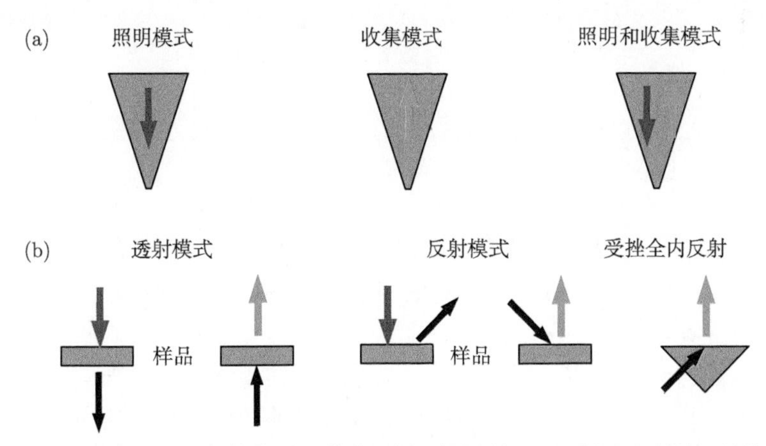

图 3.39　利用率最高的近场扫描光学显微术配置。根据所研究的样品和所涉及的物理效应选择它们的使用，定义照明模式和要使用的相应近场扫描光学显微镜探针

3.5　近场扫描光学显微术的应用

本节将介绍近场扫描光学显微术在诸如形貌测量、波导表征、测量近场光谱等方面的应用。

3.5.1 形貌测量

首先介绍近场扫描光学显微术在材料形貌测量方面的应用。我们比较一下由近场扫描光学显微术和其他方法测量得到的材料形貌。

近场扫描光学显微镜允许克服传统光学显微镜遇到的衍射极限，并提供样品的形貌和光学 (荧光) 信息，从而允许与原子力显微镜和传统光学显微镜直接相关。例如，Yuan 和 Johnston 使用原子力显微镜和近场扫描光学显微镜研究了在一定表面压力下沉积的生物单分子膜的相变过程 [16]。如图 3.40 所示，研究者将原子力显微镜获得的详细表面形貌与获得亚微米分辨率的近场扫描光学显微镜结果进行很好的比较，并且可以与单分子膜的荧光研究进行比较。

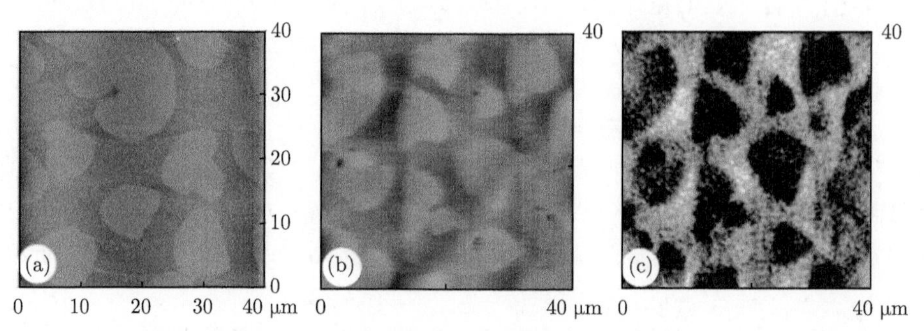

图 3.40 (a) 原子力显微镜和 (b) 近场扫描光学显微镜测量的一种生物单分子膜的形貌；(c) 近场扫描光学显微镜获得的样品的荧光 [16]

图 3.40(a) 中的原子力显微镜图像显示了由液体膨胀相包围的液体冷凝相的特征大畴，其中包含许多小的液体冷凝岛 (尺寸小于 1 μm)。两相之间的高度差约为 0.7 nm。图 3.40(b) 和 (c) 显示了在近场扫描光学显微镜上测量的同一样品的形貌和荧光图像。形貌图像与图 3.40(a) 所示相似，尽管铝涂层近场光学尖端的大尺寸导致分辨率有所降低。图 3.40(c) 所示的荧光图像表明，染料从大的液体凝聚域中排出，并定位在周围的液体膨胀相中。在液体膨胀相中观察到的不均匀性与在相同样品的原子力显微镜图像中容易检测到的小液体冷凝岛的存在一致。总之，该研究表明，荧光与原子力显微镜成像技术的结合比单独使用两种技术能更全面地描述生物样品的相变过程。

3.5.2 波导表征：模式的直接成像

基于多模干涉成像的耦合器，其中在多模区域传播模式的干涉周期性地产生输入模式的单个和多个图像，越来越多地用于集成光子电路中的光耦合和分割。与定向耦合器相比，这些耦合器具有较小的器件尺寸和较高的制造公差。光束传播方法或模式传播分析可用于计算二维多模波导中出现图像的位置。在工作波长下直接观察耦合器和波导中的多模成像将生成与设计参数进行比较的数据，并将大大增强优化这些器件的能力。例如，Campillo 等在收集模式下，利用近场扫描光学显微镜直接测量了一种铌酸锂波导中的多模干涉 [17]。

图 3.41 图示了实验装置。来自红外激光器的光被耦合到波导中。单模光纤的尖端保持在波导表面上方约 10 nm 处。在耦合到光纤尖端的波导中，导光的指数衰减倏逝尾和一小部分导光被收集。收集的光沿光纤传输，并用光电二极管进行检测。通过将光纤尖端保持在样品上方的恒定高度，使用非光学剪切力反馈和线扫描波导上方的尖端，我们可以构建一个逐点扫描的强度图像。

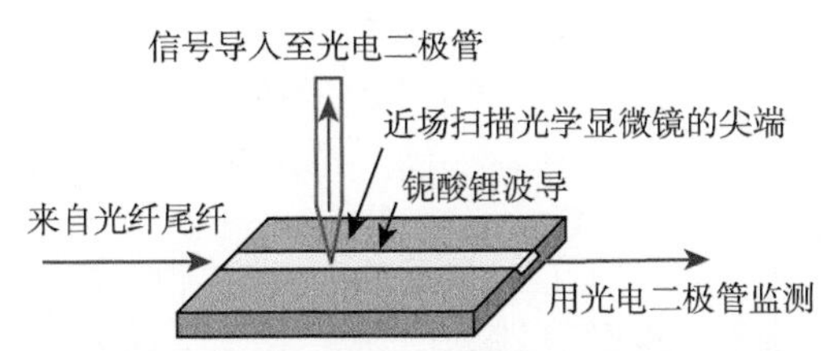

图 3.41 实验装置：红外激光器发出的光通过单模光纤尾纤射入铌酸锂波导中，一小部分光被近场扫描光学显微镜的尖端收集，并被光电二极管检测到 [17]

图 3.42 给出了在波导附近位置获得的两幅 30 μm×30 μm 近场扫描光学显微图像。我们观察到一个光强分布在具有单峰类高斯模 (图 3.42(a) 的左侧) 和对称双峰分布 (图 3.42(b) 的右侧) 之间的规则跃变。双峰分布和单峰与双峰结构之间的周期性过渡是波导中多模干涉的结果。这种干涉的产生是因为来自光纤的模式将功率发射到铌酸锂波导支持的多个模式。光纤模式 (通过拍摄其端部的近场扫描光学显微图像) 的平均场半径为 3.2 μm。该半径与基本波导模式 (其平均场半径计算为 3.5 μm) 的半径不匹配。因此，来自光纤的光激发多个波导模式，这些模式沿其长度相互干涉。总之，该工作表明，近场扫描光学显微术可用于复杂波导器件的定量表征。

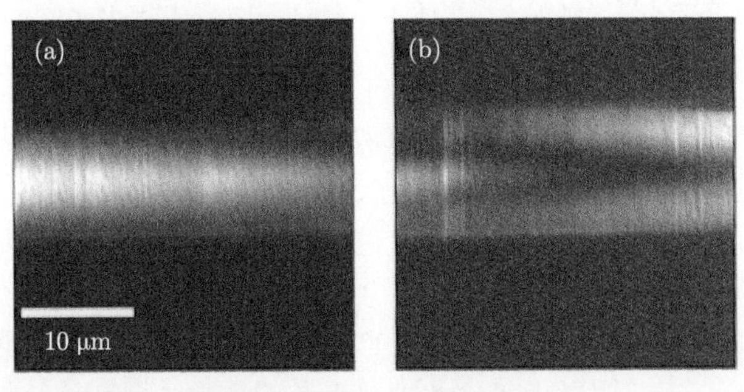

图 3.42 在铌酸锂衬底上波导图案化中传播的光的两幅近 30 μm×30 μm 强度图像。在 (a) 中，显示了以波导为中心的单个最大值；在 (b) 中，可以看到从单峰到对称双峰的过渡 [17]

3.5.3　波导表征：折射率变化的测量

现在介绍利用近场扫描光学显微术，对集成光学结构的局域折射率变化进行成像。这样的图像可以更好地理解集成光学结构的固有特性和性能。例如，Tsai 等利用轻敲模式音叉近场扫描光学显微成像来研究光波导中局域折射率的变化 [18]。

图 3.43 是近场强度梯度测量的实验装置示意图 [18]。使用倒置轻敲模式音叉近场扫描光学显微镜探测样品表面的倏逝场强度。耦合到近场操作的锥形光纤尖端的光，由光电倍增管检测，光电倍增管的信号被馈送到两个外部锁相放大器，该放大器在调制频率 ω 和 2ω 下采集信号，并提供其比率 $R = I(2\omega)/I(\omega)$。近场光纤探针的反馈控制由原子力显微镜商用电子控制单元的内部锁相放大器提供。这是一种非光学方法，具有轻敲模式、高空间分辨率、高灵敏度和良好稳定性等优点。该装置紧凑、简单、坚固、价格低廉，可用于各种环境。因此，可以轻松获得形貌和光信号的同时成像。

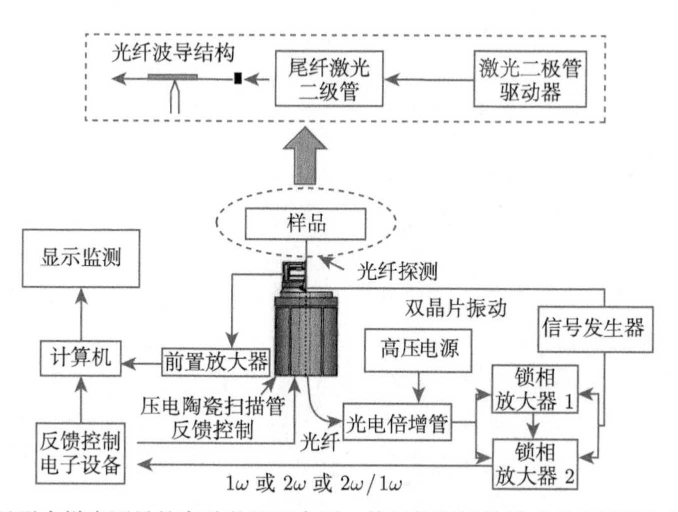

图 3.43　近场强度梯度测量的实验装置示意图。使用倒置轻敲模式音叉近场扫描光学显微镜系统和两个外部锁相放大器同时提供形貌图像和 1ω、2ω 及其比率的光信号图像。样品为侧面抛光单模阶跃折射率光纤波导 [18]

图 3.44 给出了从侧面抛光的单模阶跃折射率光纤波导样品中同时获得的原子力显微镜和近场扫描光学显微镜图像。图 3.44(a) 显示了 20 μm×20 μm 原子力显微镜图像，该图像仅是抛光平面度的测量值。图 3.44(b) 显示了用轻敲模式近场测量的在频率为 ω 下检测到此光纤上方的强度。可以看到具有良好信噪比的波导光的明显限制。图 3.44(c) 显示了在 2ω 和 1ω 下检测到的倏逝场强度之比率：$R = I(2\omega)/I(\omega)$。该图像直接包含此处感兴趣的信息，即在该结构中发现的局域折射率变化。在光波导纤芯区域内，该比率相当均匀。从整体上看，图 3.44(c) 显

示了均匀的纤芯区域，光波导边缘以外的区域平滑或均匀。图 3.44(c) 中两个区域 R 值的差异反映了纤芯和包层区域之间的折射率差异。

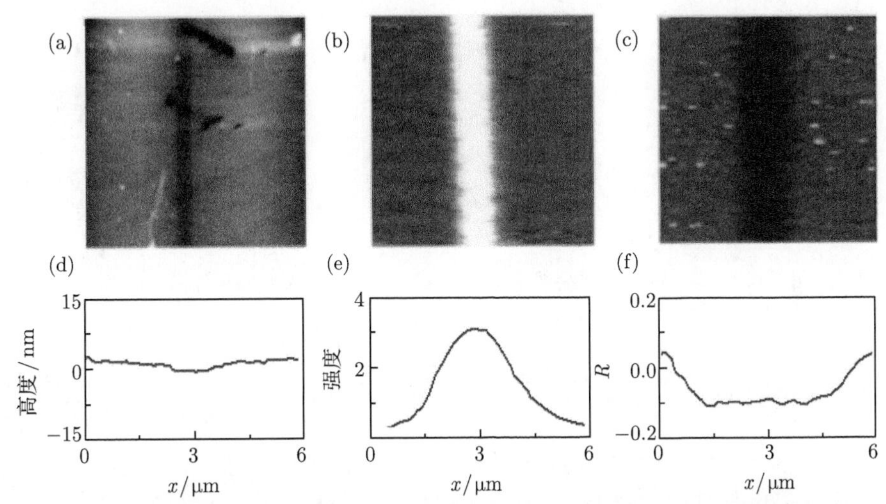

图 3.44 在侧面抛光光纤波导样品上获得的 (第一行)20 μm×20 μm 的扫描图像和 (第二行) 线扫描轮廓。(a),(d) 原子力显微镜图像显示侧面抛光光纤表面的形貌和线扫描图；(b),(e) 在 1ω 下获得的近场扫描光学显微镜图像和近场强度线扫描轮廓，清晰地观察到了光纤波导中的倏逝场强度；(c),(f) 在 2ω 和 1ω 频率下获取的光信号比率 R 的近场扫描光学显微镜图像及其线扫描轮廓，并显示折射率的对比度 [18]

总之，本小节介绍了一种利用近场技术直接成像光波导结构局域折射率的方法。实验上利用侧面抛光光纤波导进行了局域折射率变化的成像。通过提高信噪比，可以获得具有近场空间分辨率的光波导结构上折射率变化的高对比度映射。

3.5.4 测量近场光谱

由于近场扫描光学显微镜克服了衍射极限，所以有可能探测纳米区域的局域光学相互作用。此外，近场光学技术提供了更高的精度和分辨率，也使其成为纳米级光学加工和光学制造的潜在候选技术。然而，与近场光学相关的大多数兴趣都集中在线性光学效应上，非线性光学相互作用及其应用领域受到的关注则相对有限。这里介绍两种近场非线性光学显微的实例，分别是近场二次谐波产生 (second-harmonic generation) 和三次谐波产生 (third-harmonic generation)[19]。

第一个例子是近场二次谐波生成 [19]。一个收集模式的近场扫描光学显微镜被用来在 N- (4-硝基苯基)-(L)-脯氨酸 (NPP) 晶体中绘制纳米级的二次谐波。图 3.45(a) 显示了 NPP 晶体的形貌图像。图 3.45(b) 和 (c) 分别是两个正交偏振对应的近场二次谐波产生图像。沿晶体的二次谐波强度分布均匀，说明有效二次谐波极化率的横向分布是均匀的。每个晶体的分子顺序和取向都保持得很好。晶体之间二次谐波强度的差异是由晶体取向不同造成的。

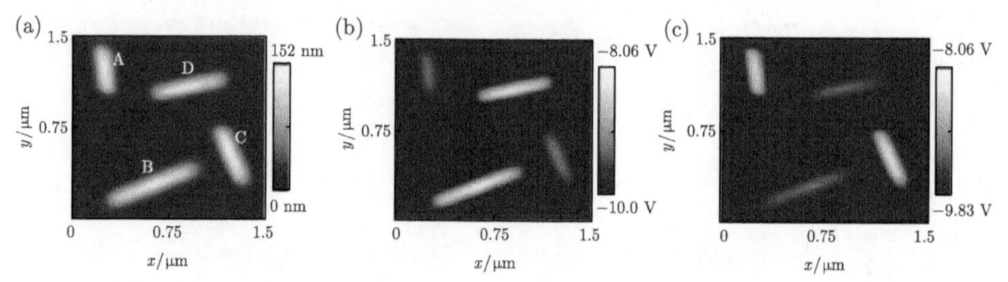

图 3.45　(a) 晶体的形貌图像；(b) 和 (c) 分别是入射偏振为 0° 和 90° 对应的近场二次谐波产生图像 [19]

第二个例子是近场双光子增强三次谐波产生 [19]。利用收集模式近场扫描光学显微镜在亚衍射极限尺度上，论证了近场显微和双光子激发三次谐波的光谱研究。在非线性有机纳米晶体上进行了近场光强相关性的测量。对 4-N，N-二乙氨基)-β-硝基苯乙烯 (DEANST) 非线性有机纳米晶体的强度依赖性和光谱依赖性进行了近场测量。图 3.46 给出了针形 DEANST 晶体的形貌图，以及相应的近场三次谐波图像和双光子激发图像。由于 DEANST 晶体的三次谐波产生是双光子共振增强的，三次谐波产生的各向异性可归因于激发态共振贡献区域内双光子吸收系数的各向异性，共振非线性极化率由其虚部决定。

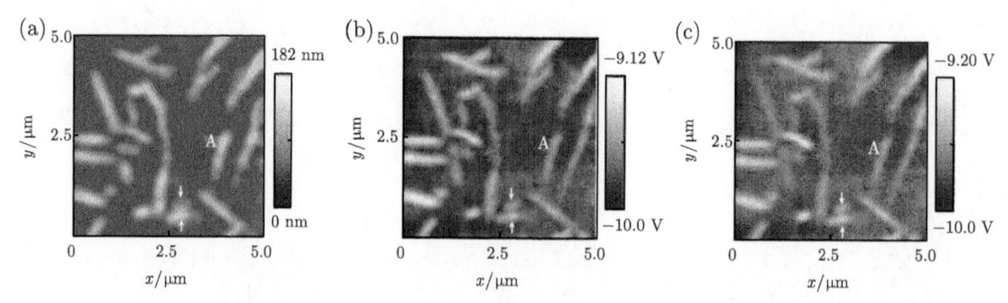

图 3.46　(a) 晶体的形貌图像，(b) 和 (c) 分别是相应的近场三次谐波产生和双光子激发图像。图中箭头表示用于分辨率测量的穿过两相邻晶体的路径 [19]

3.5.5　测量量子点的近场光致发光

要了解组分不均匀性和缺陷分布对材料光学性质的影响，近场扫描光学显微术是非常方便和有效的方法。现在介绍用近场扫描光学显微术来研究量子点的近场光致发光。例如，Jeong 等利用近场扫描光学显微术获得了 InGaN/GaN 量子阱的空间分布和光谱分辨光致发光 [20]，其目的是充分了解微结构和发光之间的关系。

实验中所用样品为 InGaN/GaN 多量子阱。为了消除 GaN 和衬底之间的晶格失配应变，在 1130 ℃ 生长 2 mm 厚的掺硅 GaN 薄膜之前，在 560 ℃ 的基底 c 面蓝宝石衬底上沉积了 25 nm 厚的 GaN 成核层。在 750 ℃(样品 A) 或 785 ℃(样品 B) 下，在掺硅 GaN 层上制备了五个周期的 $In_{0.35}Ga_{0.65}N$/GaN 量子阱结构，然后在 1130 ℃ 下生长 90 nm 厚的 GaN 帽层。样品 C 包括在 785 ℃ 下生长的 $In_{0.35}Ga_{0.65}N$/GaN 单量子阱结构。

三种样品的近场扫描光学显微带边发光图像如图 3.47 所示。样品 A 与 B 的带边发光和样品 C 的明显不同。样品 A 有微米尺寸的亮区和暗区，其强度相差一个数量级。相反，样品 B 和样品 C 的带边发光几乎均匀。结果表明，在宏观光致发光中表现出很高效率的样品具有空间不均匀的发光强度，而发射强度较低的量子阱样品在近场扫描光学显微镜成像中表现出均匀的光强分布。

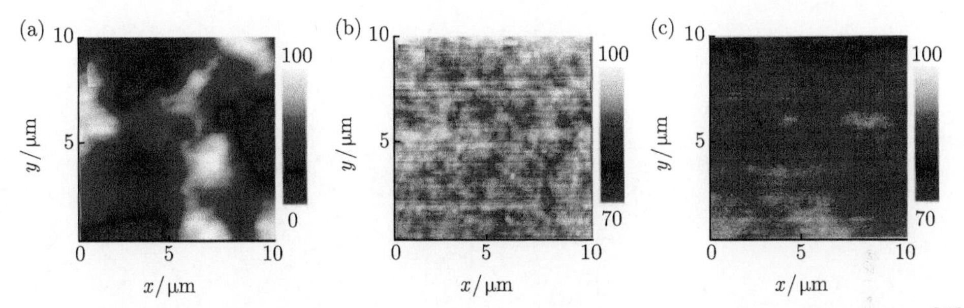

图 3.47 用近场扫描光学显微镜获得的 (a) 样品 A、(b) 样品 B 和 (c) 样品 C 的带边发光 [20]

样品 A 中亮区和暗区的光致发光光谱显示出几乎相同的峰值位置，这表明由于与 In 成分波动相关的电位空间变化，空间变化发光的起源与载流子局域化程度无关。光发射强度不均匀性的根源是缺陷或结构缺陷 (如本例中的位错) 的不均匀分布。

3.5.6 测量液晶液滴的形貌图像

聚合物分散液晶薄膜是一种新型光电材料，可用于平板显示器等。聚合物分散液晶膜通常由悬浮在聚合物基质中的微米尺寸大小的向列相液晶液滴组成，可在不透明状态 (其中液晶液滴强烈地散射光) 和透明状态之间进行电切换。光散射效率和对比度 (两种状态之间) 取决于聚合物和液晶的光学特性、详细的液晶组织 (导向器配置) 以及液滴的大小和形状。液滴内的液晶组织主要由聚合物–液晶界面相互作用和液晶–液晶相互作用控制。为了详细研究液晶组织的形貌依赖性，需要对液滴进行单独表征。

近场扫描光学显微术可以同时提供高分辨率的光学和形貌信息，以满足对液晶液滴进行单独表征的需求。自开发以来，近场扫描光学显微镜已被证明对各种材料的纳米至微米级成像具有强大的功能，偏振相关的近场扫描光学显微镜已被证明对研究局域分子组织特别有用。Mei 和 Higgins 首次将近场扫描光学显微镜应用于聚合物分散液晶薄膜中液晶液滴形状和分子组织的详细表征 [21]。具体来说，通过偏振相关的近场扫描光学显微镜研究了封装在聚乙烯醇薄膜中向列相液晶液滴的形貌。

用于液晶液滴形貌测量的近场扫描光学显微镜示意图如图 3.48 所示 [21]。对于光学成像，将激光束耦合到探针光纤的劈裂端。探针处出射的光的偏振由放置在光纤耦合器之前的 1/2 和 1/4 波片控制。在这种配置下，从使用的每个近场扫描光学显微镜探针处获得线偏振光。离开探针并穿过样品的光由油浸物镜收集。将检偏器设置为通过垂直于探针光偏振的偏振光。为了进行检测，在安装在光电倍增管前部的 200 μm 针孔上，或在硅单光子计数雪崩二极管的 150 μm 直径有源区上，生成探针孔径的图像。

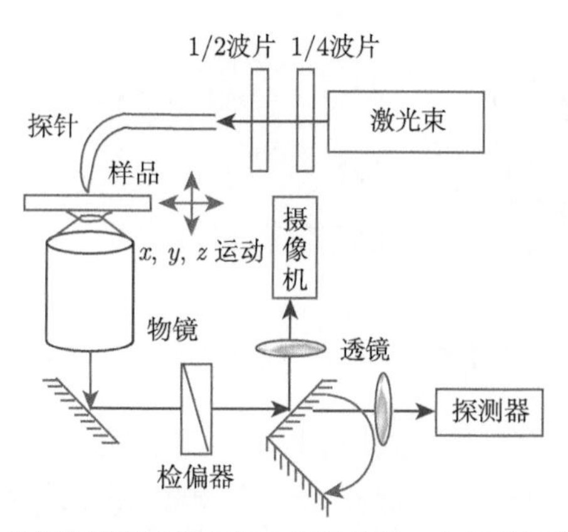

图 3.48　用于液晶液滴形貌测量的近场扫描光学显微镜。使用油浸物镜收集从近场探针出射并穿过样品的偏振光。检偏器用于选择要检测的光的偏振。样品位于压电驱动平台上，用于 x 和 y 方向的线扫描，以及将样品定位在探针的近场内 (z 运动)[21]

图 3.49 给出了三种不同液晶液滴的形貌图像。所有三个液滴看起来都近乎圆形(在薄膜平面内)，并在薄膜表面上方突出一段相当长的距离。然而，它们在拓扑结构上非常不同。图 3.49(a) 中所示的液滴可归类为扁球体，而图 3.49(b) 和 (c) 中所示的液滴具有非常不同的形状，如图 3.49 中的形貌线扫描所示。在成膜过程中的某个时候，部分液晶可能从图 3.49(b) 和 (c) 中的液滴中泄漏，聚合物外壳随后坍塌。这一过程产生了一系列非球形液滴形状。如果上壳表面塌陷到与下壳表面接触的点，同时在外围区域捕获液晶，则形成环形。或者，如果液滴表面仅轻微凹陷，则会形成盘状。对大量液滴的表征表明，这两种情况经常发生。图 3.49 所示的液滴代表了在这些薄膜中发现的液滴形状 (从球状到环形) 的连续分布。仅使用图 3.49(b) 和 (c)

数据很难将这些液滴分类为盘状或环形。这些图像表明，两者的形状都可能是环形的。进一步地，借助于这些液滴的偏振依赖的近场扫描光学显微镜图像可以鉴别盘状和环形液滴 [21]，有关证明留给读者完成 (习题 3.6)。

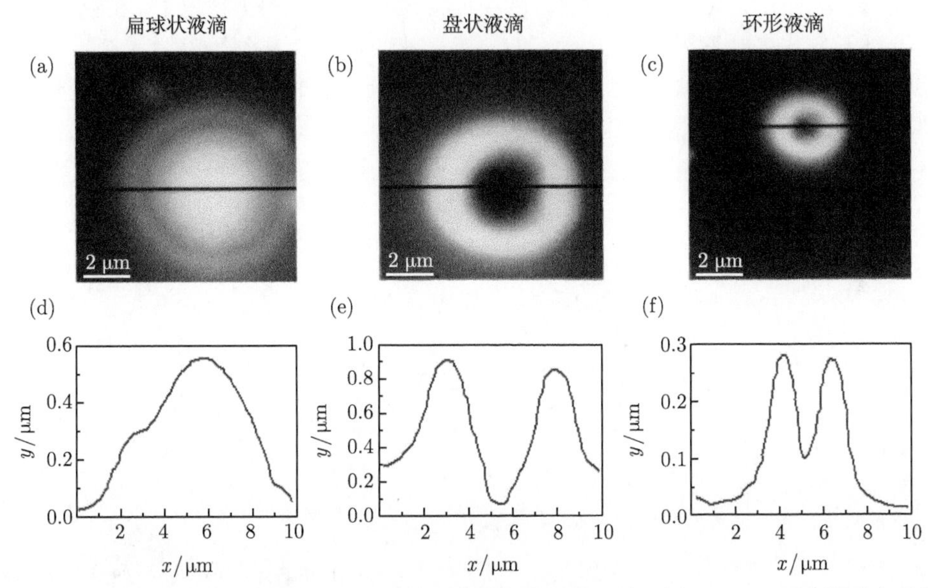

图 3.49 (a) 扁球状、(b) 盘状和 (c) 环形液滴的形貌图像，第二行 (d),(e),(f) 分别对应于叠加在第一行图像上暗线的形貌线扫描轮廓 [21]

3.5.7 激发和检测等离激元波导中的能量传输

为了在纳米尺度上控制光子器件应用中的光与材料相互作用，需要在突破光衍射极限的横向模式限制下引导电磁能量的结构。这不能通过使用传统的波导或光子晶体来实现。据预测，电磁能量可以沿着紧密分布的金属纳米颗粒链被引导到衍射极限以下，这些金属纳米颗粒将光学模式转换为非辐射表面等离激元。Maier 等 [22] 报道了在由紧密间隔的银棒组成的等离激元波导中，电磁能量从局域亚波长源输送到局域探测器，其输运距离约为 500 nm。波导利用近场扫描光学显微镜的尖端激发，用荧光纳米球探测能量输运。

为了直接探测等离激元波导中的能量传输，需要局域激发，而不是阵列中所有粒子的远场激发。为此，使用照明模式近场扫描光学显微镜的尖端作为等离激元波导中纳米粒子的局域激发源。为了激发最小阻尼模式，将来自 570 nm 波长的染料激光器 (对应于单粒子共振) 的激光耦合到多模光纤中，该多模光纤连接到用于激发的镀铝近场扫描光学显微镜尖端。图 3.50 给出了激发和能量传输探测的示意图。通过在离波导结构很近的位置放置充满荧光分子的羧基包覆聚苯乙烯纳米球，探测了等离激元波导中远离直接激发纳米颗粒的功率传输。为此，在等离激元波导样品上涂覆一层薄聚赖氨酸层，然后从水溶液中随机沉积纳米球。使用的荧光染料显示出强烈的吸收，在单个制造的银粒子的等离激元共振波长附近的 580~590 nm 处达到峰值，其发射最大值在 610 nm 处。使用带通滤波器滤除激发光，并使用雪崩光电二极管在远场处检测 610 nm 的染料发射。该方案可以通过以下方式来观察能量传输：首先，能量从照明端转移到等离激元波导；激光随后沿着纳米颗粒结构传播，并激发放置在波导顶部离激发源足够远的荧光纳米球。即使显微镜的尖端远离染料，能量传输也会导致染料发射荧光。因此与单个自由纳米球相比，附着在等离激元波导上的纳米球的荧光点的空间宽度会增加。

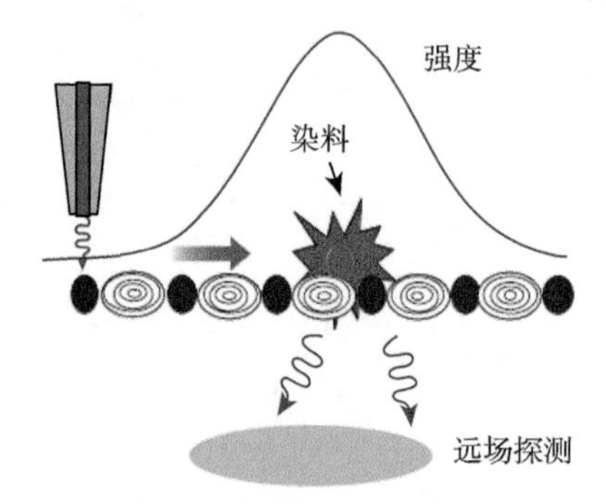

图 3.50　实验原理示意图。照明模式近场扫描光学显微镜尖端发出的光局域激发等离激元波导。波导将电磁能量传输到荧光纳米球，并在远场处收集不同尖端位置的荧光强度 [22]

图 3.51 显示了仅使用单个纳米球和等离激元波导附近包含孤立荧光纳米球区域的形貌图和用近场扫描光学显微镜扫描的荧光图。使用具有 100 nm 孔径的显微镜尖端在 570 nm 的单粒子共振波长下照明样品。扫描是在恒定间隙模式下进行的，对于孤立球体和位于等离激元波导上的球体，确保激发尖端和荧光纳米球体之间有固定的垂直距离。扫描方向垂直于等离激元波导，图像从左向右建立。图 3.51(a) 和 (b) 显示了仅由单个纳米球组成的控制区域的扫描，该扫描是在扫描等离激元波导区域之前立即进行的。单个纳米球在形貌和荧光近场扫描光学显微镜图像中都能清晰分辨。观察到不同荧光纳米球之间的强度变化，这归因于纳米球直径的微小变化；荧光斑点的伸长是由尖端伪影引起的。图 3.51(c) 和 (d) 显示了对样品区域的后续扫描，该样品区域包括图像左侧的四个等离激元波导和荧光纳米球。两个纳米球 (图中红色圆圈处) 位于等离激元波导顶部，扫描区域右侧的一个纳米球 (图中白色圆圈处) 位于距波导结构一定距离处，因此可以作进一步的控制，以确保尖端特性在扫描过程中不发生变化。如荧光图像中的红色和白色线段所示，通过平行于等离激元波导方向的显微镜数据切割，检查了图 3.51(b) 和 (d) 中几个控制纳米球和连接到图 (d) 波导的纳米球的荧光斑点宽度。

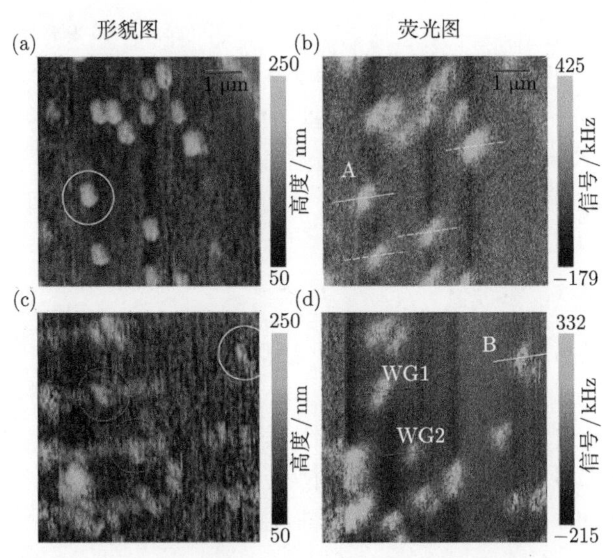

图 3.51 形貌图和用近场扫描光学显微镜扫描的荧光图，该区域由 (a), (b) 单个荧光纳米球和 (c),(d) 等离激元波导附近包含孤立荧光纳米球的区域组成。两个单个纳米球 (白色圆圈和数据切割 A 和 B) 的荧光强度可以通过沿波导轴的切线 (白线和红线) 获得, 与等离激元波导顶部纳米球 (红色圆圈，数据切割 WG1 和 WG2) 的强度分布进行比较 [22]

图 3.52 给出了通过荧光纳米球斑点 A、B、WG1 和 WG2 的四个平行切割平均后的剖面图。观察到的波导纳米球荧光宽度的展宽是由于电磁能量沿波导的

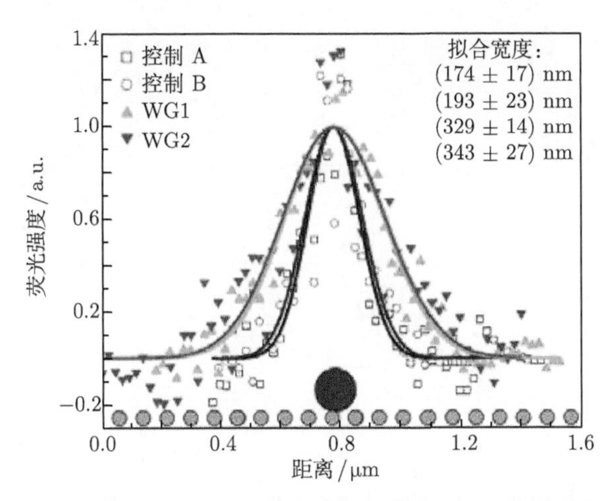

图 3.52 波导纳米球荧光宽度的展宽是电磁能量在等离激元波导中传输的证据。图中单个数据集表示隔离纳米球 (控制 A 和 B，黑色和红色数据点) 和位于等离激元波导顶部的纳米球 (WG1 和 WG2，绿色和蓝色数据点) 沿等离激元波导方向通过图 3.51 中突出显示的荧光点的四个平行切割的平均值。高斯线型拟合数据显示，位于等离激元波导上的纳米球的宽度增加 [22]

传输。在拟合误差范围内，发现垂直于波导轴方向的半高全宽相等。正如预期的那样，在这个方向上，波导纳米球间的半高全宽没有差别。

几百纳米的能量衰减长度表明，在集成光学器件中可以使用等离激元波导作为功能端结构。对粒子间耦合的进一步改进和低损耗基板的使用，应允许制造具有更大能量衰减长度的等离激元波导，从而实现在衍射极限以下操作的光引导和光聚焦元件的多种应用。

3.5.8　光的矢量场显微成像

光场本质上是矢量场，其方向和大小在亚波长尺度上变化。因此，为了获得纳米尺度设备中光的完整描述，则能够以亚波长分辨率映射出光场矢量至关重要。Lee 等 [23] 首次利用有孔近场光学显微术实验上演示了光矢量场在纳米尺度上的显微成像。这种光的矢量场显微成像使用了散射型近场显微技术，结合了完整的尖端表征。

图 3.53 给出了一个表面等离激元驻波的矢量场映射示例 [23]。如图 3.53(a)

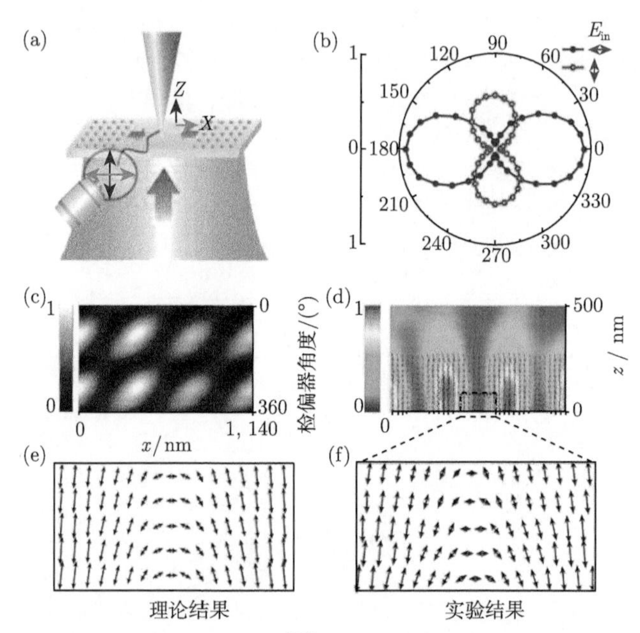

图 3.53　表面等离激元驻波的矢量场映射 [23]。(a) 实验示意图，在两个相邻的纳米孔光栅上产生反向传播的表面等离激元波，这些纳米孔光栅被穿孔成 300 nm 厚的金膜，并由 10.6 μm 长的扁平金膜隔开，阵列由激光从底部照明，沿 x 轴偏振，聚焦到约 50 μm 的光斑大小，使用孔径为 100 nm 的金属涂层商用探针映射矢量场；(b) 水平 (蓝色圆圈) 和垂直 (红色圆圈) 入射线偏振光从金属尖端散射的光的极坐标图；(c) 旋转检偏器，线扫描散射光的图像；(d) 总电场强度 (蓝色到红色色阶) 和电场矢量的 1140 nm×500 nm 区域扫描图像；(e) 以总电场强度最小值为中心的 250 nm×100 nm 区域的理论矢量图；(f) 为与 (e) 中相同区域的实验矢量图，并在 (d) 中突出显示为方框

所示，现在开始绘制平坦金表面和空气之间界面处的表面等离激元驻波。这些驻波是通过从两个相邻的纳米孔光栅发射反向传播的表面等离激元波而产生的，由扁平的金膜隔开。表面等离激元场主要沿 z 轴指向，沿 x 轴的电场较弱。此外，在金属表面上诱导的纳米颗粒的像电荷会进一步对 x 电场分量散射产生负面影响。为了在这种情况下获得良好的矢量场图像，需要有一个对场的 x 分量更敏感的尖端。当使用散射型光路时，发现有孔商用探针满足这一要求，对 x 电场分量的灵敏度约为两倍，如图 3.53(b) 所示，这可能是因为有孔探针的尖端相对平坦。

图 3.53(c) 显示了平面金属表面的线扫描图像，检偏器旋转 360°。强度最大值出现在探测器偏振角为 90° 附近，对应于沿 z 轴指向的电场矢量。图 3.53(d) 给出了 x-z 平面上 1140 nm×500 nm 扫描区域的矢量图图像，总电场强度为 $|E_x|^2+|E_z|^2$。图 3.53(e) 给出了 250 nm×100 nm 区域的理论矢量图。这与图 3.53(f) 对应于相同区域的实验结果非常吻合。在这两种情况下，电场主要沿 z 轴指向，并仅在总强度 $|E_x|^2+|E_z|^2$ 最小值附近切换到 x 方向。

总之，该工作利用有孔近场扫描光学显微术实验上演示了光矢量场在纳米尺度上的显微成像，并证明了光的矢量场映射确实适用于纳米系统，其中亚波长尺度上的空间变化场取向是一般规律，而不是例外，这对纳米光子器件的功能至关重要。

3.6 无孔近场扫描光学显微术

近场扫描光学显微术利用近场中对倏逝场的检测提供亚波长分辨能力。正如 3.4.7 节所介绍的，有两种类型的近场扫描光学显微术：一个是有孔近场扫描光学显微术，另一个就是本节将要学习的无孔近场扫描光学显微术 (apertureless near-field scanning optical microscopy)。

3.6.1 无孔近场扫描光学显微术的原理

无孔近场扫描光学显微术可以克服有孔近场扫描光学显微术低光通量的缺点。如图 3.54 所示，在无孔近场扫描光学显微术中，通常使用极尖锐的电介质、半导体或金属尖端作为瑞利散射探针。如果使用金属探针，探针尖端表面等离激元的局域激发会使局域场增强。这个强局域场可用作高空间分辨率的探测。与通常采用的纳米孔近场扫描光学显微术相比，这种无孔近场扫描光学显微术技术更为有效。此外，无孔近场扫描光学显微术的分辨率远高于有孔近场扫描光学显微术的分辨率。

无孔近场光学显微术的优点包括：①更高的分辨率；②可使用商用探针；③可同时研究样品表面的光学特性和具有完全原子力显微镜功能的样品表面非光学特

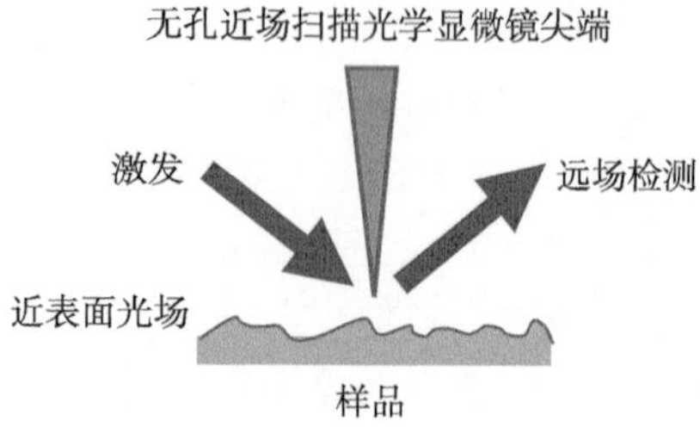

图 3.54　无孔近场扫描光学显微术的原理示意图

性。在某些情况下，扫描尖端将包含把局域近场中的信息转换为可检测的近场信号。在其他情况下，尖端作为纳米物体，在尖端–基板间集中和增强来自外部源的辐射。利用基于局域激发的无孔近场扫描光学显微术，不仅可以表征样品表面，而且可以通过产生局域光化学反应对样品表面进行修饰。

3.6.2　扫描干涉无孔显微术

扫描干涉无孔显微术 (scanning interferometric apertureless microscopy)[24]，通过将其编码为干涉仪一个臂的相位调制，可以测量由靠近样品表面的振动和扫描探针尖端引起的散射电场变化。在常规近场扫描光学显微镜中，对比度是由弱源 (或孔径) 偶极子与样品极化率相互作用产生的。与常规近场扫描光学显微镜不同，扫描干涉无孔显微术的成像形式依赖于一种根本不同的对比度机制：当两个外部驱动偶极子 (尖端和样品偶极子) 的间距被调制时，感应它们的偶极–偶极耦合。值得注意的是，扫描干涉无孔显微镜成像的分辨率约为 1 nm，几乎比其他近场扫描光学显微镜成像分辨率高出 2 个数量级。通常，近场扫描光学显微镜的分辨率是 50～100 nm。

扫描干涉无孔显微术的工作原理如图 3.55 所示。入射激光束聚焦在装有样品的透明基板的背面。在 z 方向上振动的尖端靠近聚焦点，并使用吸引模式原子力显微镜在样品表面上稳定在 1～2 nm 处。通过将返回光束 $E_{\mathrm{r}}'+E_{\mathrm{s}}$(来自基板的反射光加上尖端样品的散射光) 与参考光束 E_{r} 组合，使用干涉仪检测返回光束 $E_{\mathrm{r}}'+E_{\mathrm{s}}$。干涉仪的输出信号测量 $(E_{\mathrm{r}}'+E_{\mathrm{s}})$ 的振幅或其与 E_{r} 的相位差。输出信号表示对比度机制。

在如图 3.56 所示的实验中，通过在云母表面重复扫描原子力显微镜尖端，将折射率匹配油分散到劈开的云母上的微小液滴中。在较低一个数量级的力梯度下获取数据，同时记录原子力显微镜图像和光学图像。原子力显微镜形貌图像 (图 3.56(a)) 表示恒定力梯度轮廓，显示油滴作为云母表面上的凸起。某些区域也显示凹陷 (图 3.56(a) 的右上箭头处)；这些凹陷表明，一些油滴可能带电，因此局部降低了由静电相互作用引起的尖端上的整体力梯度。如图 3.56(b) 所示，光学图像显示油滴为增强散射中心；原子力显微镜图像中的凹陷显示为光学明亮区域，对电荷不敏感。注意，原子力显微镜图像中的特征 (图 3.56(a) 中的左上箭头处) 在光学图像中完全不存在。可以描述这种形貌特征，它产生的散射很小，并显示出与油滴截然不同的光学特性。光学解析的最小特征 (图 3.56(a) 中的右下箭头) 约为 1 nm，测量出了 10^{-4} 弧度的相位变化。

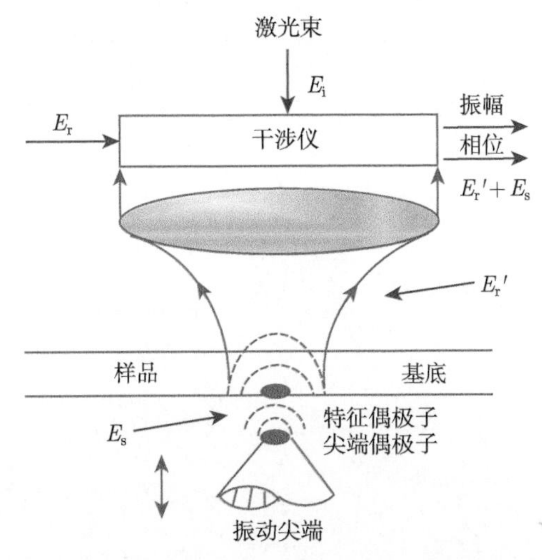

图 3.55 扫描干涉无孔显微术的原理 [24]

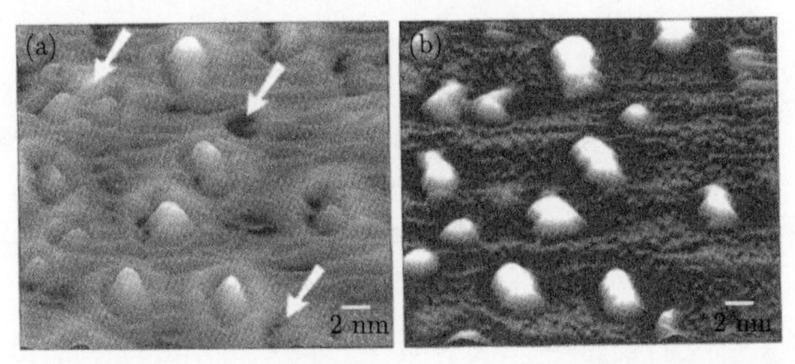

图 3.56 分散在云母上的油滴。(a) 吸引模式原子力显微镜形貌图显示图像中大多数液滴为凸起，但由于静电效应，一些液滴显示为凹陷；(b) 同时记录的光学图像显示油滴为明亮的散射区域，原子力显微镜图像中的一些特征在光学图像中不存在，而其他特征则相反 (箭头)；最小可分辨特征约为 1 nm[24]

3.6.3 扫描等离激元近场显微术

现在介绍一种在可见光波段横向分辨率达 3 nm($\lambda/200$) 的扫描等离激元近场显微术 (scanning plasmon near-field microscopy)[25]。扫描等离激元近场显微术的工作原理如下：基于扩展的表面等离激元与放置在物体表面附近的金属尖端的相互作用。这种相互作用主要可以从弹性等离激元散射和从尖端到样品的无辐射能量传递来理解。这些过程非常强烈地依赖尖端与样品之间的距离。通过线扫描样品表面的尖端，可以记录相互作用强度的纳米级样品形貌图。

在如图 3.57 所示的扫描等离激元近场显微术中，尖端在样品上方数纳米处扫描，其中机械力较小。在扫描隧道显微镜和原子力显微镜中，较大的力可能导致显著的微扰和样品损坏。与此相反，扫描等离激元近场显微术可允许基本上无微扰的显微镜方法。除了形貌外，相互作用的电磁性质还应允许获得光谱信息。因此，扫描等离激元近场显微术由于其高分辨率、低探测力和光谱能力，可为分子尺度上的化学鉴定提供一个强大的工具。

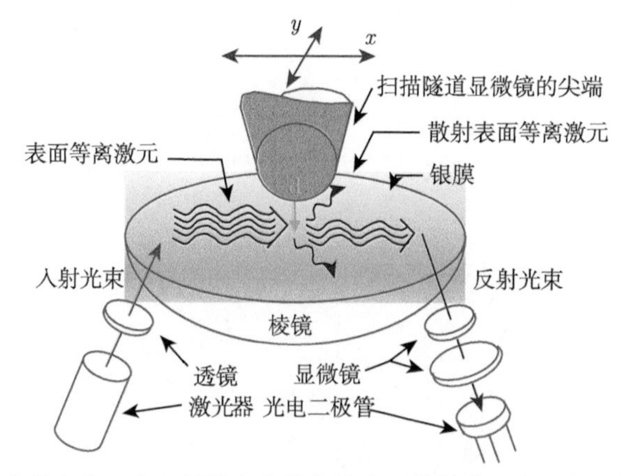

图 3.57 实验方案：由入射激光束激发的表面等离激元和非常靠近银表面的薄钨尖端相互作用 [25]

实验装置包括三个不同尺度的显微镜：扫描隧道显微镜 (使用触针作为隧道尖端)、扫描等离激元近场显微镜 (使用触针作为光学近场传感器) 和光学显微镜。因此，该装置允许在多个数量级尺度 (0.1 nm∼1 mm) 上对样品进行重叠和互补的原位表征。

在如图 3.57 所示的实验中，入射激光通过克雷茨曼配置的棱镜耦合到银–空气界面的表面等离激元模式。表面等离激元的激发被认为是反射光强度的最小值，可以理解为从银–空气与玻璃–银边界之间反射光的相消干涉。激光束的偏振方向平行于入射面，并聚焦在棱镜基底上。为了有效耦合，光束发散必须保持在表面等离激元激发半宽以下。反射光被引导到光学显微镜中，对尖端接触表面的区域进行成像。小孔预先选择表面上相关区域的反射光。将钨尖端移近银表面会略微增大反射光的强度，因为相消干涉会减少，从而获得与距离相关的信号。强度变化用光电二极管测量。

图 3.58 展示了近场显微镜的超高分辨率能力。这些图像都是拍摄自同一个区域，显示了 600 nm×600 nm 区域的银的表面形貌。图 3.58(a) 为银表面上的扫描

隧道显微图像。最显著的特征是通过将尖端轻轻压入银表面而产生的小孔。固有的表面波纹呈现“岛状结构”，其平均直径约为 20 nm。图 3.58(b) 给出了尖端–样品平均间距为 3 nm 时的扫描等离激元近场显微图像。图像中的孔与图 3.58(a) 的分辨率相当。此外，还有两个额外的特征：具有与颗粒状银表面大小相当的周期性的波纹结构和一些较大的“斑点”，可能由驻波等离激元波或长程表面不均匀性引起。图 3.58(c) 是使用相同的成像模式在 10 nm 的尖端–样品距离处记录的图像。孔洞看起来被抹掉了，波纹状结构消失了，只有较大的斑点仍然可以检测到。正如人们所期望的那样，尖端到样品间距的增加会降低分辨率。当尖端和样品之间的隧道电流保持在恒定值时，光信号记录图像如图 3.58(d) 所示。这种“扫描隧道显微术–扫描等离激元近场显微术杂化模式”中的横向分辨率不是纯光学的。然而，与纯扫描隧道显微图像相比，可以观察到沿岛状边界的对比度增强。

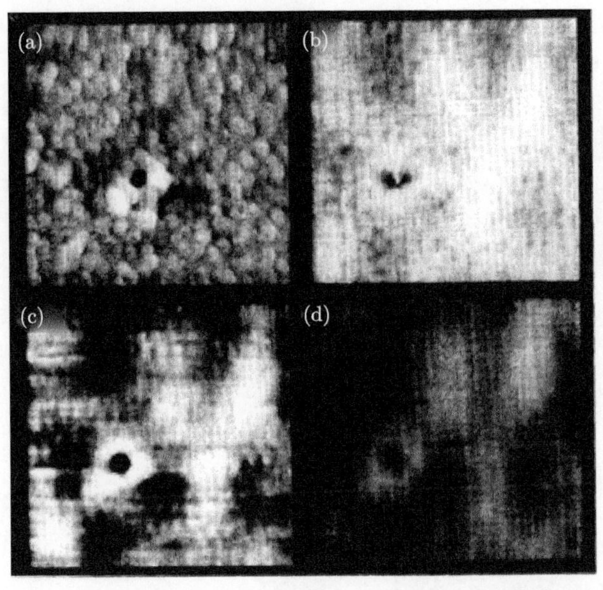

图 3.58 (a) 在银表面 600 nm×600 nm 区域拍摄的扫描隧道显微图像 (尖端–样品间距低于 1 nm)；(b) 和 (c) 是尖端–样品间距分别为 3 nm 和 10 nm 时在同一区域拍摄的扫描等离激元近场显微图像；(d) 以“扫描隧道显微术–扫描等离激元近场显微术杂化模式”记录的图像 (尖端–样品间距低于 1 nm)[25]

通过对孔的扫描隧道显微和扫描等离激元近场显微图像的定量比较，可以估计出扫描等离激元近场显微术的横向分辨率。以扫描隧道显微图像为参考，孔边缘的扫描等离激元近场显微迹线的平均偏差确定为 3 nm。

总之，扫描等离激元近场显微术是利用表面等离激元与位于其倏逝场中的尖端的相互作用提供了一种研究亚波长超分辨率样品表面的方法，其在可见光波段的横向分辨率达 3 nm。弹性等离激元散射和从尖端到样品的无辐射能量转移是导致高分辨率的主要物理过程。

3.6.4 扫描近场椭偏显微术

现在介绍扫描近场椭偏显微术 (scanning near-field ellipsometric microscopy)。Karageorgiev 等 [26] 通过将商用原子力显微镜和椭偏仪相结合，在不改变各自器件设计的情况下，创建了这种无孔光学近场扫描显微镜系统。实验结果表明，使用组合显微镜实现了约 20 nm($\lambda/32$) 的光学分辨率。此外，与传统的无孔近场扫描光学显微术不同，该扫描近场椭偏显微术提供了有关透明薄膜局域厚度的信息 (注意，使用传统原子力显微镜获得的形貌不等于薄膜厚度)。

如图 3.59 所示，实验装置由原子力显微镜和椭偏仪组成 [26]。样品是涂覆在玻璃板上的薄而透明的聚合物层。它们用折射率匹配流体固定在棱镜上。椭偏仪的双圆测角仪用于垂直布置，旋转两个光学臂，使探测光从下方照射到样品上。入射激光束穿过棱镜，并从样品表面进行全内反射。椭偏仪设置为零模式，也就是通过设置起偏器，使探测器处的光强最小化。椭偏仪的探测器连接到原子力显微镜的电子控制单元，以便同时记录光信号和形貌数据。将原子力显微镜放置在样品上，使尖端位于椭偏仪照亮的光斑上方。在测量过程中，原子力显微镜以接触模式运行。通过在倏逝场内扫描尖端，零椭圆偏振条件受到干扰。探测器记录光信号的变化，该变化与形貌同时显示为二维图像。

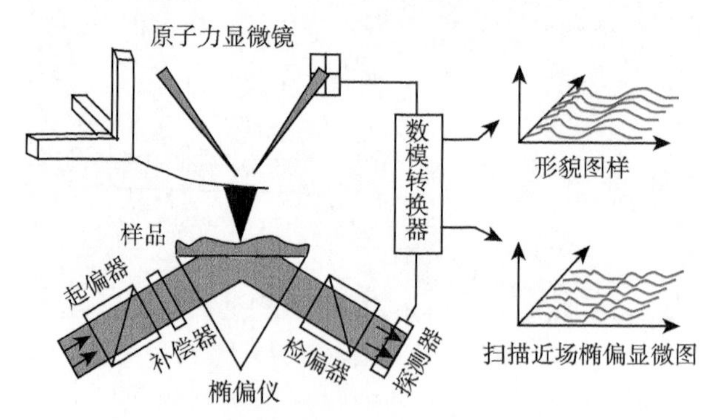

图 3.59 扫描近场椭偏显微术的实验装置图 [26]

图 3.60 提供了有关扫描近场椭偏显微术对比机制的信息。样品是热致液晶的多晶膜。在扫描近场椭偏显微图像 (图 3.60(a)) 中，圆球状微晶 (图 3.60(b)) 显示为内切轮廓。例如，右下角的微晶有一个深色边缘，然后亮轮廓和深色轮廓紧随其后，中间是两个小的亮圆。发现在微晶内，图 3.60(b) 的轮廓大致再现了图 3.60(a) 的等高线。图 3.60(c) 和 (d) 显示了两个微晶之间的边界。彼此相距约 20 nm 的物体可以在光学图像上解析 (图 3.60(d))。

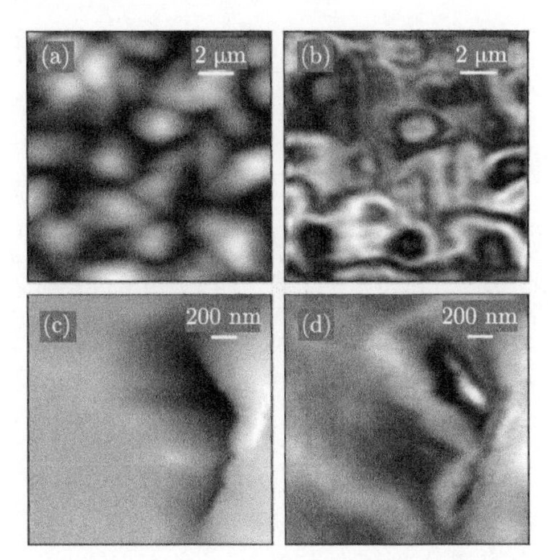

图 3.60 热致液晶多晶薄膜的 (a)，(c) 形貌图和 (b)，(d) 扫描近场椭偏显微图像 [26]

总之，通过原子力显微镜和椭偏仪组合的扫描近场椭偏显微镜，可以在约为 20 nm 的分辨率下观察到透明薄膜中的光学不均匀性。实验技术简单，它可以用来测量薄膜的局域折射率、吸收和厚度。

3.6.5 柱矢量光场：近场扫描光学显微镜的虚拟探针

柱矢量光场是麦克斯韦方程的解，在振幅和相位上都服从柱对称性，具体参见 6.3.1 节。实验上这些柱矢量光场可以用主动或被动生成技术获得。图 3.61 给出了三种典型的柱矢量光场 (即径向偏振光、角向偏振光和广义柱矢量光场) 的偏振态分布。本书第 6 章将详细介绍矢量光场的物理描述、生成技术、聚焦特性和技术应用。

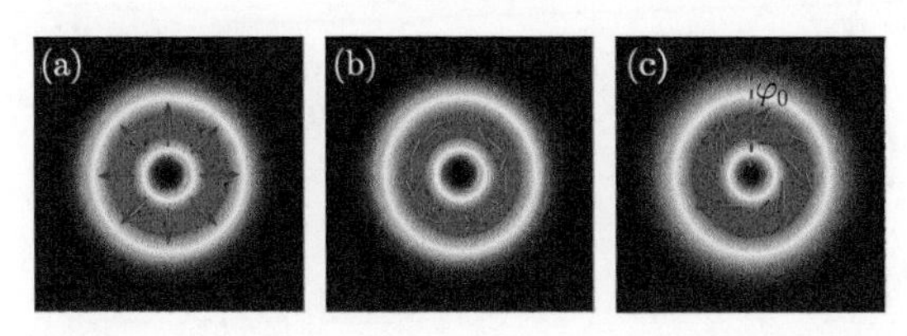

图 3.61 (a) 径向偏振光、(b) 角向偏振光和 (c) 广义柱矢量光场的偏振态分布示意图

近场显微镜的一个众所周知的缺点和局限性是集电极/发射极和样品之间的距离很近。尽管在距离控制监测方面取得了进展，但在许多情况下，由于探针断裂或接触样品表面的风险而禁止使用此类显微镜。解决方案包括在像空间由构造相长和相消干涉图样的适当组合来生成虚拟或非物质探针。这种解决方案很有价值，尽管由此产生的探针延伸永远无法与通过化学、拉伸或热锥化实现的材料探

针竞争。这种基于虚拟探针 (virtual tip) 的近场扫描光学显微镜的分辨率可达约 $\lambda/5$。

用径向偏振贝塞尔光束 (radially polarized Bessel beam) 可作为近场扫描光学显微镜的虚拟探针 [27]。理论上紧聚焦径向偏振贝塞尔光束，可获得倏逝场虚拟探针 (推导过程参见习题 3.8)。径向偏振贝塞尔光束在焦平面具有横向甜甜圈型强度分布和纵向在轴强度分布，这一特性可用于近场光学成像系统的虚拟探针。

图 3.62(a) 给出了虚拟探针的生成实验装置图 [27]。它由三个独立的部分组成。第一部分是锥形透镜，其作用是产生一个圆锥形的光片。第二部分是一个允许操作光束的玻璃板。第三部分是半球透镜，它的“边”被磨成完美的圆锥形。使用了合适的折射率匹配液体，这三部分牢固地保持在一起。由于所提出的光学系统具有很高的数值孔径，所以传输场的分布是倏逝的。光的限制是通过相干相长–相干相消的干涉机制实现的，因此部件表面的质量必须尽可能好。

图 3.62(b) 是利用虚拟探针做近场扫描光学显微成像的实验装置图 [27]。通过 x-y-z-θ 差分螺旋工作台精确调节倏逝贝塞尔场虚拟探针。收集器是一种光纤，其顶端使用众所周知的加热–拉伸技术变细。首先对锥形尖端进行金属涂层，然后通过聚焦离子束加工去除尖端的金属。本装置中未使用距离–控制反馈。扫描是在贝塞尔光束存在的区域内，靠近物镜的物体焦平面进行的。

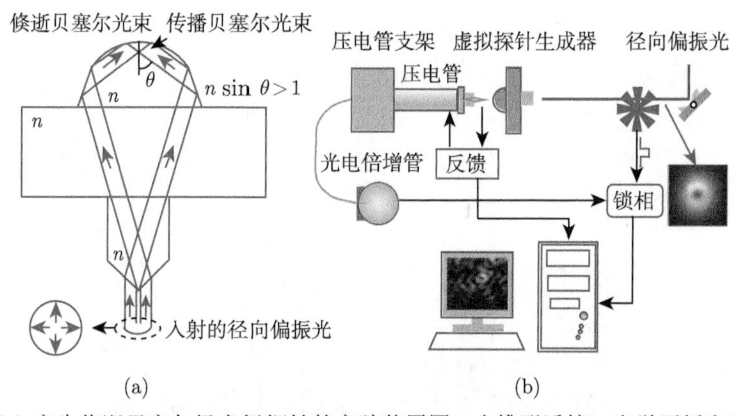

图 3.62　(a) 产生倏逝贝塞尔场虚拟探针的实验装置图，由锥形透镜、光学平板和研磨成圆锥形的半球透镜组成；(b) 利用虚拟探针做近场扫描光学显微成像的实验装置图 [27]

利用所提出的虚拟尖端生成器，图 3.63 给出了用径向偏振倏逝贝塞尔光束成像的实验和模拟结果。图 3.63(a) 是实验图像。图 3.63(b) 是虚拟探针发生器给出的贝塞尔光束特性的理论近场图像。这两个结果之间有很好的对应关系。检测到的倏逝场分布由一个小环组成，只有 E_x 和 E_y 分量被尖端收集。尽管场分布的质量较差，但实验还是论证了该理论。图 3.63(c) 是模拟倏逝贝塞尔光束的强度。

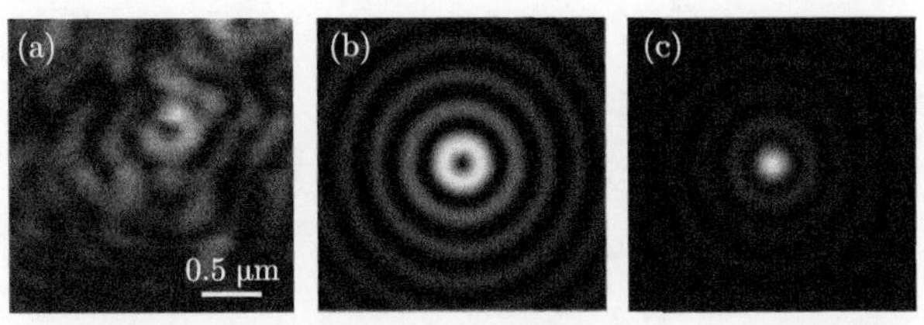

图 3.63 径向偏振倏逝贝塞尔光束成像的实验和模拟结果。定义虚拟探针的光限制不可见，因为它由场分布的 E_z 分量携带，该分量似乎由尖端本身在图像结构中退火。(a) 实验结果；(b) 模拟电介质尖端检测到的强度；(c) 模拟倏逝贝塞尔光束的强度 [27]

3.6.6 径向偏振模式的无孔近场扫描光学显微术

利用激发光纤中柱对称模式的能力，可以构建无孔近场扫描光学显微术(图 3.64)，以克服有孔近场扫描光学显微术低光通量的缺点 [28]。当径向偏振模式在光纤中传播并接近锥形尖端时，该模式将通过截止点而变成倏逝场。这将激发传播到尖端顶部的表面等离激元波。这些表面等离激元的相长干涉和由表面等离激元激发而产生的光强增强，导致尖端附近出现一个非常强的局域场。然后，这种强局域场可以用作高空间分辨率探头。与通常采用的纳米孔径近场扫描光学显微术相比，这种无孔近场扫描光学显微术效率更高，并且不需要任何精细的孔径开口技术。这种无孔近场扫描光学显微术在纳米材料表征、生物研究、纳米光子学等领域有着广泛的应用。

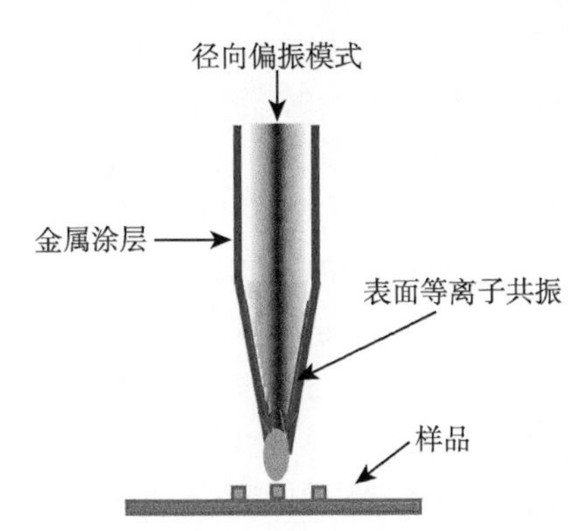

图 3.64 在光纤中使用径向偏振模式的无孔近场扫描光学显微术的示意图 [28]

3.7 总结与展望

本章我们学习了近场光学显微，首先概述了近场光学成像，然后学习了几种近场光学显微术，包括固体浸没显微术、表面等离激元显微术、近场扫描光学显微术和无孔近场扫描光学显微术。以下简要总结本章各小节的内容。

3.1 节概述了近场光学成像。介绍了阿贝成像原理，学习了近场光学成像的理论，回顾了近场光学成像的发展历程。

3.2 节介绍了利用固体浸没透镜来提高光学显微镜的分辨率。了解了固体浸没透镜、数值孔径增加透镜、微加工固体浸没透镜和固体浸没式椭偏仪的工作原理，并进行了相应的应用举例。

3.3 节学习了表面等离激元显微术。简要了解了表面等离激元的基本原理和典型特性，分别介绍了棱镜结构式和液浸式表面等离激元显微镜的原理和实验结果。

3.4 节简要介绍了近场扫描光学显微术的原理、实物图、主要功能模块、探针、工作方案、探针尖端与样品之间的距离控制，以及基本操作模式。

3.5 节介绍了近场扫描光学显微术在形貌测量、波导表征、近场光谱测量、量子点的近场光致发光、液晶液滴的形貌图像、等离激元波导中的能量传输和光的矢量场显微成像中的应用。

3.6 节介绍了无孔近场扫描光学显微术的原理，了解了扫描干涉无孔显微术、扫描等离激元近场显微术、扫描近场椭偏显微术、虚拟探针，以及径向偏振模式的无孔近场扫描光学显微术。

近场光学显微技术突破衍射极限的超高空间分辨率、无损性引发了在纳米尺度的光学微加工与现代光刻技术的发展；促进了超高密度光存储、量子器件、近场拉曼光谱、表面等离子体的研究；加速了近场光学在生物单分子检测、组织细胞探测等生命科学领域的应用。近场光学显微技术的快速发展远未结束。许多问题仍有待解决，许多细致的实验仍有待完成。

关于近场扫描光学显微镜探针制造的技术问题，仍然有很大的改进空间，特别是在探针稳定性、损伤阈值和传输系数方面。微加工近场光学探针将有助于解决这些问题，并通过提供更好定义的实验条件来提高可重复性。此外，背离简单孔径方案的新探针概念可能具有优势。

无孔近场扫描光学显微技术变得越来越重要。无孔扫描近场光学显微探针(金属化的原子力显微镜尖端) 是一种非常有效的工具，可以将外部电磁场与纳米物体周围的局域场进行匹配。尖端顶点周围局域场的振幅比用于激励的平面波中的振幅高 4~5 个数量级。反之亦然，由于同样的原因，单个分子向周围空间发射光 (发光光谱或拉曼光谱) 的效率也会提高。

近场扫描光学显微术使用的光源通常是气体激光器或二极管激光器，波长从紫外到红外不等。迄今为止的主要实验都是在可见光范围内进行的。我们既可以使用空间相干光源，也可以使用空间部分相干光源或空间非相干光源。由于从光源到样品的传播，物体上的光场必然是部分相干的。因此，我们可以预期光子在小于波长的距离上具有强相关性。除光谱学外，使用非相干光源 (如白炽灯) 的兴趣因此受到限制。值得注意的是，近场扫描光学显微成像也可以使用同步加速器产生的 X 射线或空间结构光场等。此外也可以采用超快脉冲激光。比如，时间分辨近场扫描光学显微术将纳米级光学分辨率与飞秒时间分辨率相结合。脉冲激光技术原则上提供了利用非线性光学技术的可能性，如二次谐波产生、超拉曼辐射和频率转换等。此类技术有助于避免近场扫描光学显微术中的杂散光问题，也可以提高信噪比。

将近场扫描光学显微术与其他表面刺激/操控手段相结合，可以用来开展表面界面相互作用研究 (如细胞黏附和微流控等)。将近场扫描光学显微术与电学、电化学、原子力显微镜和力学等外界刺激/操控手段相结合，会使其成为一套闭环的反馈系统，从而在细胞/纳米材料特性研究中获得更多有趣的结果。此外，近场扫描光学显微术局域解析与质谱检测的结合提供了一种有前途的新分析方法。总之，近场光学显微技术与其他技术相结合，必将促进物理学、材料学、化学和生命科学等学科领域的发展，使得近场光学显微技术在成像、记录和测控三个层面有更大的综合性飞跃。

习　题

3.1　阿贝成像原理实质上是两次衍射过程，分别对应夫琅禾费衍射和菲涅耳衍射。设物面的振幅透射率函数为 $E(x_1,y_1)$，光波波长为λ，透镜的焦距为 f，物平面和像平面到透镜的距离分别为 l 和 l'。求像面的复振幅 $E(x_2, y_2)$ 分布，并讨论像的特点。

3.2　近场扫描光学显微镜最常见的做法是使用金属涂层光纤尖端，末端带有一个纳米孔径开口。解释为什么纳米孔径近场扫描光学显微术的实际空间分辨率通常限制在 50~100 nm。

3.3　写出远场光学成像系统的空间分辨率表达式。解释如何使用固体浸没透镜来提高近场扫描光学显微镜的空间分辨率。

3.4　借鉴如图 3.18 所示的椭偏仪工作原理，利用麦克斯韦方程在材料边界上的电磁辐射，推导出 p 波和 s 波的菲涅耳反射系数 r_{p} 和 r_{s}，获得与薄膜折射率 n_0 和厚度 d 相关的复函数ρ(常用 ψ 和 Δ 表示)，复现图 3.19。

3.5　实验室有厚度从几纳米到几微米的一批电介质透明薄膜，请问用什么技术能够同时测量这些薄膜的厚度和折射率？并简述该测量技术的工作原理。

3.6　如图 3.49 所示，盘状和环形液滴的形貌相似。借助偏振依赖的近场扫描光学显微图像可以鉴别盘状和环形液滴 [21]。请简述偏振依赖的近场扫描光学显微术的原理，回答为什么该技术可以鉴别盘状和环形液滴。

3.7　简述有孔和无孔近场扫描光学显微术的工作原理。与有孔近场扫描光学显微术相比，请评论无孔近场扫描光学显微术的优势。

3.8　紧聚焦径向偏振贝塞尔光场，可获得倏逝场虚拟探针 [27]。请推导出径向偏振贝塞尔光场的紧聚焦三维焦场，讨论三维焦场强度的分布特征，以及倏逝贝塞尔场做近场光学成像虚拟探针的优势。

参考文献

[1] Lereu A L, Passian A, Dumas P. Near field optical microscopy: a brief review[J]. International Journal of Nanotechnology, 2012, 9(3-7): 488-501.

[2] Ash E A, Nicholls G. Super-resolution aperture scanning microscope[J]. Nature, 1972, 237(5357): 510-512.

[3] Lewis A, Isaacson M, Harootunian A, et al. Development of a 500 Å spatial resolution light microscope: I. light is efficiently transmitted through $\lambda/16$ diameter apertures[J]. Ultramicroscopy, 1984, 13(3): 227-231.

[4] Pohl D W, Denk W, Lanz M. Optical stethoscopy: image recording with resolution $\lambda/20$[J]. Applied Physics Letters, 1984, 44(7): 651-653.

[5] Mansfield S M, Kino G S. Solid immersion microscope[J]. Applied Physics Letters, 1990, 57(24): 2615-2616.

[6] Wu Q, Feke G D, Grober R D, et al. Realization of numerical aperture 2.0 using a gallium phosphide solid immersion lens[J]. Applied Physics Letters, 1999, 75(26): 4064-4066.

[7] Wu Q, Ghislain L P, Elings V B. Imaging with solid immersion lenses, spatial resolution, and applications[J]. Proceedings of the IEEE, 2000, 88(9): 1491-1498.

[8] Ippolito S B, Goldberg B B, Ünlü M S. High spatial resolution subsurface microscopy[J]. Applied Physics Letters, 2001, 78(26): 4071-4073.

[9] Goldberg B B, Ippolito S B, Novotny L, et al. Immersion lens microscopy of photonic nanostructures and quantum dots[J]. IEEE Journal of Selected Topics in Quantum Electronics, 2002, 8(5): 1051-1059.

[10] Fletcher D A, Crozier K B, Guarini K W, et al. Microfabricated silicon solid immersion lens[J]. Journal of Microelectromechanical Systems, 2001, 10(3): 450-459.

[11] Zhan Q, Leger J R. Near-field nano-ellipsometer for ultrathin film characterization[J]. Journal of Microscopy, 2003, 210(3): 214-219.

[12] Rothenhäusler B, Knoll W. Surface-plasmon microscopy[J]. Nature, 1988, 332(6165): 615-617.

[13] Somekh M G, Liu S G, Velinov T S, et al. Optical $V(z)$ for high-resolution 2π surface plasmon microscopy[J]. Optics Letters, 2000, 25(11): 823-825.

[14] Courjon D, Bainier C. Near field microscopy and near field optics[J]. Reports on Progress in Physics, 1994, 57(10): 989-1028.

[15] Tsai D P, Lu Y Y. Tapping-mode tuning fork force sensing for near-field scanning optical microscopy[J]. Applied Physics Letters, 1998, 73(19): 2724-2726.

[16] Yuan C, Johnson L J. Phase evolution in cholesterol/DPPC monolayers: atomic force microscopy and near field scanning optical microscopy studies[J]. Journal of Microscopy-Oxford, 2001, 205(2): 136-146.

[17] Campillo A L, Hsu J W P, Parameswaran K R, et al. Direct imaging of multimode interference in a channel waveguide[J]. Optics Letters, 2003, 28(6): 399-401.

[18] Tsai D P, Yang C W, Lo S Z, et al. Imaging local index variations in an optical waveguide using a tapping-mode near-field scanning optical microscope[J]. Applied Physics Letters, 1999, 75(8): 1039-1041.

[19] Shen Y, Prasad P N. Nanophotonics: a new multidisciplinary frontier[J]. Applied Physics B-Lasers and Optics, 2002, 74(7-8): 641-645.

[20] Jeong M S, Kim J Y, Kim Y W, et al. Spatially resolved photoluminescence in InGaN/GaN quantum wells by near-field scanning opitcal microscopy[J]. Applied Physics Letters, 2001, 79(7): 976-978.

[21] Mei E, Higgins D A. Polymer-dispersed liquid crystal films studied by near-field scanning optical microscopy[J]. Langmuir, 1998, 14(8): 1945-1950.

[22] Maier S A, Kik P G, Atwater H A, et al. Local detection of electromagnetic energy transport below the diffraction limit in metal nanoparticle plasmon waveguides[J]. Nature Materials, 2003, 2(4): 229-232.

[23] Lee K G, Kihm H W, Kihm J E, et al. Vector field microscopic imaging of light[J]. Nature Photonics, 2007, 1(1): 53-56.

[24] Zenhausern F, Martin Y, Wickramasinghe H K. Scanning interferometric apertureless microscopy: Optical imaging at 10 angstrom resolution[J]. Science, 1995, 269(5227): 1083-1085.

[25] Specht M, Pedarnig J D, Heckl W M, et al. Scanning plasmon near-field microscope[J]. Physical Review Letters, 1992, 68(4): 476-479.

[26] Karageorgiev P, Orendi H, Stiller B, et al. Scanning near-field ellipsometric microscope-imaing ellipsometry with a lateral resolution in nanometer range[J]. Applied Physics Letters, 2001, 79(11): 1730-1732.

[27] Grosjean T, Courjon D, Vanlabeke D. Bessel beams as virtual tips for near-field optics[J]. Journal of Microscope, 2003, 210(3): 319-323.

[28] Zhan Q. Cylindrical polarization symmetry for nondestructive nano-characterization[J]. Proceeding of SPIE, 2003, 5045: 85-92.

第 4 章　远场光学表征技术

近场光学探测技术能够突破衍射极限的限制，实现纳米级超高分辨率的光学测量和表征。然而，其工作原理要求在激发与收集两个系统中，至少有一个采用近场方式，即待测样品与激发探针或收集探针的距离需在一个波长范围内。这使得近场光学技术很难对样品进行三维无损检测。与此相对地，远场光学探测技术具有工作距离远、非接触及无损检测等优点，广泛应用于化学、材料学、生物学、医学以及工业检测等领域。本章将介绍共聚焦显微术、白光干涉术、椭偏测量术和受激发射损耗显微术这四种远场光学表征技术。

4.1　远场光学表征技术概述

从古至今，人们每天都在用眼睛观察周围环境中的事物，这是对宏观物质进行远场光学表征的最简单实例。为了分辨更为细微的结构，比如细胞、亚细胞结构或者各种人造微纳结构，则需要借助显微镜。最早的光学显微镜是在 17 世纪由荷兰生物学家列文虎克 (Leeuwenhoek) 制作的，他借此观察到了细胞的存在。后来，人们发现使用一些有机染料对生物组织进行处理后，在激发光的照射下会产生高亮度的荧光。利用染料分子与生物组织特定结构的结合，在显微镜下可以通过荧光观测到高反差的组织结构图像。这一荧光显微技术目前已经相当成熟，并在生物医学等领域中被广泛采用。

普通荧光显微镜只能对较薄的样品或者厚样品的表面进行二维观测。当对厚样品内部进行观测时，处于物平面之外的荧光分子也会被激发，而这些光在像平面上是弥散的，因此干扰了成像质量。为了克服这一限制，共聚焦显微术应运而生。共聚焦显微术借助特殊设计的结构，可以实现空间滤波的功能，将焦平面以外的成像信息滤除，并借助扫描的方式，获得轴向分辨率显著提高的二维图像。因此，共聚焦显微术一般又称为“激光扫描共聚焦荧光显微术”。通过调整焦平面，改变其在样品内部的轴向位置，可以获得样品不同层面的二维图像。利用软件对这些所谓的“光学切片”进行整合，可以得到三维重建图像。此外，共聚焦显微术与拉曼光谱技术相结合，即成为共聚焦拉曼显微术 (confocal Raman microscopy)，广泛应用于材料微区成分等方面的表征。本章的 4.2 节将介绍共聚焦显微术。

在很多场合，需要对样品的表面形貌或结构参数进行表征。目前存在很多成熟的方法，比如扫描电子显微术、原子力显微术等。这些方法具有很高的分辨率，但是在测量速度、测量范围、样品类型、表面损伤等方面存在诸多限制。远场光学表征方法因其非接触、无损检测的特点而独具优势。白光干涉术利用白光干涉，可对物体的表面形貌进行高精度测量；椭偏测量术 (ellipsometry) 则利用反射光偏振态的变化对结构参数和光学特性进行测量。本章将在 4.3 节和 4.4 节分别介绍白光干涉术和椭偏测量术。

由于受到衍射极限的限制，上述远场光学表征技术的分辨率都被限制在几百纳米的范围内。突破衍射极限，实现超分辨率成像往往需要采用近场光学技术。然而，通过采用某些巧妙的手段规避衍射极限，利用远场光学技术也可以获得超高的成像分辨率。本章的 4.5 节将介绍这样的一种技术——受激发射损耗显微术。

4.2 共聚焦显微术

共聚焦显微术通常指激光扫描共聚焦荧光显微术。这一技术利用处于共轭位置的照明针孔 (pinhole) 和探测针孔，选择性检测焦面内的光信号，一方面提高了图像信噪比，另一方面使三维信息采集成为可能。在细胞变化过程中的结构分析方面，特别是在活细胞离子含量变化的定量检测、完整细胞的三维结构重建等方面，共聚焦显微术拥有令传统光学显微镜和电子显微镜望尘莫及的优势。

本节将依次对共聚焦显微术的发展历程、系统组成、工作原理以及典型应用进行介绍。

4.2.1 共聚焦显微术的发展历程

共聚焦显微术的发展可以追溯到 20 世纪 50 年代。1957 年，Malwin Minsky 在他的专利中首次阐明了共聚焦显微术的基本工作原理；1967 年，Eggar 和 Petráň 第一次成功地用共聚焦显微镜产生了一个光学横断面；1970 年，Sheppard 和 Wilson 推出第一台单光束共聚焦激光扫描显微镜；1985 年，多个实验室的多篇报道显示共聚焦显微镜可以消除焦点模糊，得到清晰的图像，至此共聚焦显微术基本成熟；1987 年，BIO-RAD 公司推出了第一台商业化的共聚焦显微镜 [1]。

时至今日，共聚焦显微镜已不再是普通的光学显微镜，而是光学显微镜与激光、高灵敏度探测器、高性能计算机和数字图像处理软件相结合的新型高精度显微成像系统。

4.2.2 共聚焦显微术的工作原理

图 4.1 给出了共聚焦显微术的基本原理。光源前放置照明针孔实现点照明，经聚光镜后聚焦于样品内部某点，产生的光信号被物镜会聚，聚焦于光阑的探测针孔处，从而被探测器收集。由于照明针孔与探测针孔相对于照射点而言是共轭的，

因此被探测点即为共焦点，这就是共聚焦名称的由来。该点以外的发射光均被探测针孔阻挡，因此信噪比大大提高。

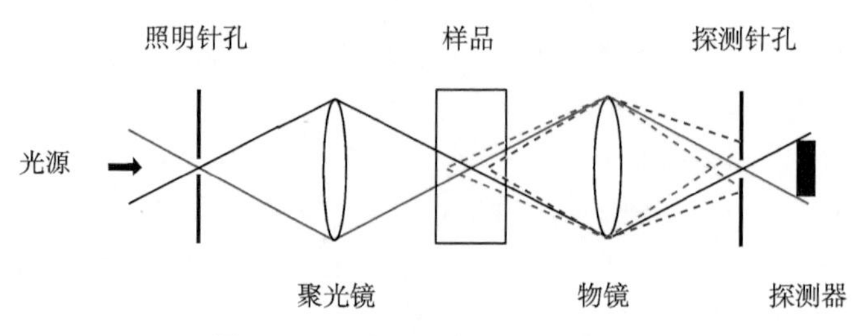

图 4.1　共聚焦显微术的基本原理

在如图 4.2 所示的实际共聚焦显微成像系统中，可以使用激光源进行点照明，此时照明针孔也可以省去。激发光经准直透镜，被二向色分束镜反射进入物镜，聚焦在样品中。焦点处产生的荧光信号被物镜收集，透过分束镜，聚焦于光阑的探测针孔处，最终到达探测器，如图中的紫色实线所示。通过对样品进行二维扫描，我们可以收集到物镜焦平面上各点的荧光信号，从而组成一幅二维图像。而通过图中的红色和蓝色虚线，我们可以看出，在焦平面上方或下方，样品产生的荧光信号被针孔光阑所遮挡，无法到达探测器。因此，共聚焦显微术是一种空间滤波技术，由此得到的二维图像具有很高的信噪比。

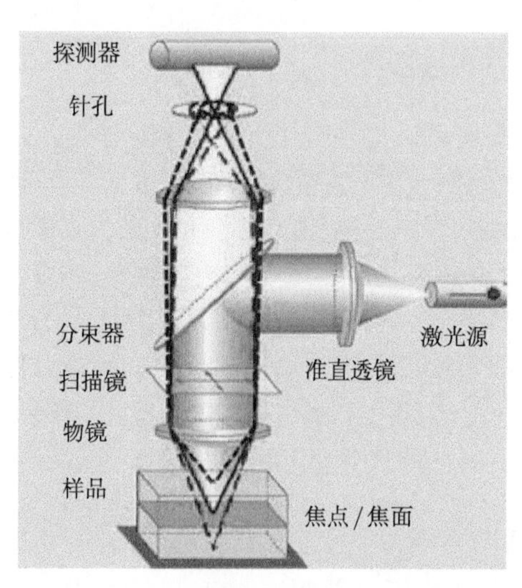

图 4.2　实际共聚焦显微成像系统的原理图

通过改变焦点轴向的位置，可以得到样品内部不同深度处的二维图像，即光学切片，从而实现对厚样品的三维信息采集。在此基础上，可以实现三维数据重构。

针孔半径的选择对成像性能至关重要。如图 4.3 所示，随着针孔半径的增加，探测器收集到的信号强度增大，而信噪比则降低。为了获得最佳的成像质量，需要综合考虑信号强度和信噪比的影响。最佳针孔半径大致与艾里斑 (Airy disk) 相当。

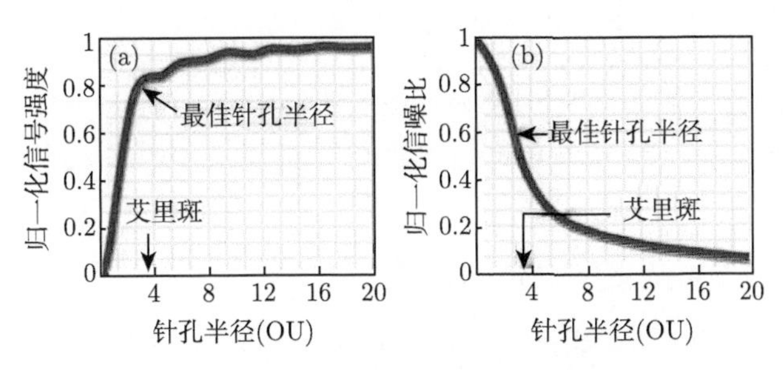

图 4.3 (a) 信号强度和 (b) 信噪比与针孔半径的关系

在此条件下，当采用点照明和点探测的成像模式时，共聚焦显微术的点扩散函数 (point spread function) 等于照明的点扩散函数乘以探测的点扩散函数，约等于宽场显微技术点扩散函数的 70%。共聚焦显微术具有比宽场成像技术更小的点扩散函数，因此能够获得更高的信噪比和分辨率。

在讨论分辨率时，通常关注的主要是横向分辨率。图 4.4 给出了典型宽场成像技术和共聚焦显微术的轴向点扩散函数。可见，与宽场显微术相比，共聚焦显微术的点扩散函数在“翼”上的强度显著降低，因此具有更高的轴向分辨率，这使其具有光学切片的能力。这是共聚焦显微术的重要特点之一。

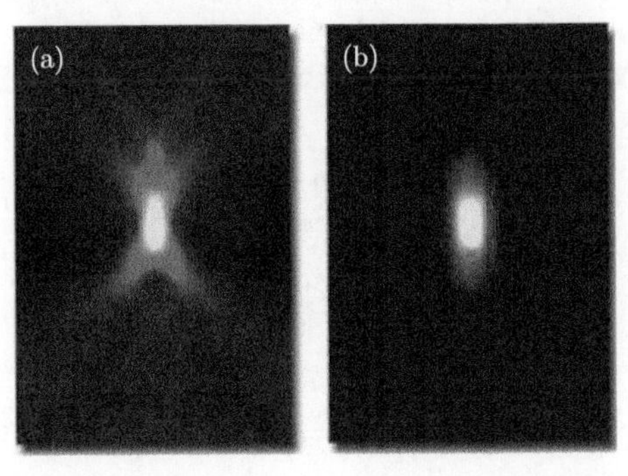

图 4.4 (a) 宽场成像技术和 (b) 共聚焦显微术的轴向点扩散函数

由于其独特的空间滤波特性，共聚焦显微术能够充分地抑制噪声、提高信噪比，具有更高的分辨率，还能够对厚样品进行 z 轴方向的光学切片。但这一技术也存在一些缺点，比如，以点扫描的方式进行图像采集时速度较慢；曝光时间长、激光功率高，导致样品容易发生光漂白 (photobleaching)。对于图像采集速度慢的问题，我们可以采取线/狭缝扫描或者转盘扫描的方式进行解决。比如，将单个针孔换成带有多个针孔的转盘，转盘高速旋转，成像从单点扫描的方式变成多点扫描，有效加快了扫描及成像速度。对于样品易漂白的问题，我们可以采用双光子荧光技术代替单光子荧光。在单光子荧光中，荧光分子吸收单个光子后发出荧光，激发光一般处于紫外或可见光波段，容易被有机分子吸收，在长曝光时间和高功率下，容易发生光漂白；在双光子荧光中，荧光分子同时吸收两个低能光子，并发出荧光，此时激发光一般位于红外波段，不会产生单光子吸收，从而有效避免了光漂白的问题。

4.2.3 共聚焦显微镜的系统组成

一个典型的共聚焦显微成像系统包括光学显微镜、光束扫描头、光源、探测器和计算机等几部分。图 4.5 是商用的共聚焦显微成像系统的实物图。

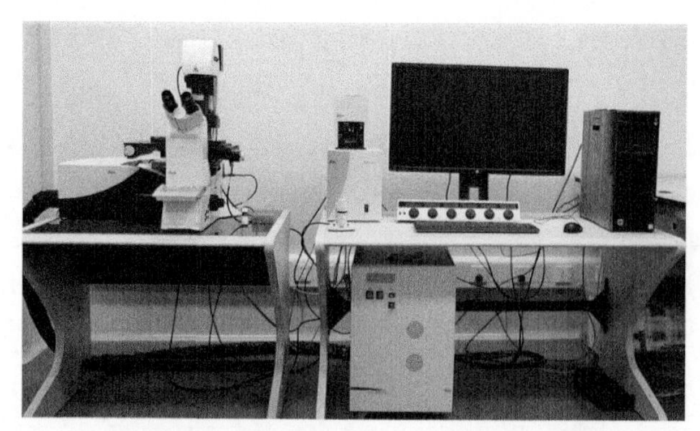

图 4.5 商用的 Leica TCS SP8 共聚焦显微成像系统的实物图

4.2.4 共聚焦显微术的典型应用

共聚焦显微术是现代生物学微观研究的重要工具，在形态学、生理学、免疫学、遗传学等分子细胞生物学领域具有广泛的应用，包括定位和定量、三维重建和动态测量等，另外本技术还可与其他技术联用。接下来我们将分别进行介绍。

1. 定位和定量

共聚焦显微术在定量免疫荧光测定方面应用广泛，如作各种肿瘤组织切片抗原表达的定量分析，监测肿瘤相关抗原表达的定位定量信息，监测药物对机体免疫功能的作用等，而采用宽场荧光成像技术是难以实现的。比如，图 4.6(a) 所示为小鼠脑海马体的厚切片，图 4.6(c) 所示为大鼠平滑肌的厚切片。我们发现，通过采用不同的荧光分子进行染色，我们可以区分出不同的结构组成。而采用宽场显微技术对相同的样品进行成像，难以体现结构细节，如图 4.6(b),(d) 所示 [2]。

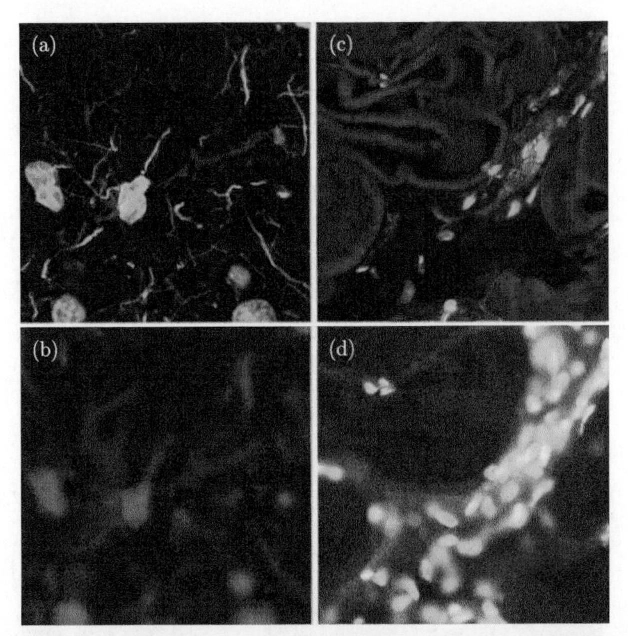

图 4.6 共聚焦 (上图) 与宽场显微术 (下图) 的成像比较。(a),(b) 小鼠脑海马体厚切片，使用胶质纤维酸性蛋白 (GFAP) 抗体 (红色)、神经丝 H(绿色)、烟酸己可碱 (蓝色) 处理；(c),(d) 大鼠平滑肌厚切片，分别对肌动蛋白 (红色)、糖蛋白 (绿色) 和细胞核 (蓝色) 进行染色 [2]

2. 三维重建

共聚焦显微术能够对细胞进行三维重建，其过程如图 4.7(a) 所示。共聚焦显微镜可以特定的步距沿轴向对细胞进行分层扫描，得到一组光学切片，然后通过计算机进行三维重建，可作单色或多色图像处理，组合成细胞真实的三维结构。这使得我们可以对细胞各个侧面的表面形态进行观察，也可以从断面观察细胞的内部结构，对细胞的长、宽、高、体积和断层面积等形态参数进行测量。图 4.7(b)

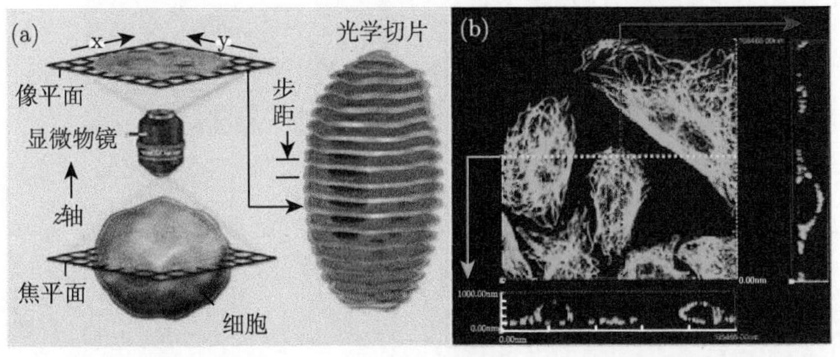

图 4.7 共聚焦显微术的三维重建。(a) 三维重建示意图；(b) 荧光标记的细胞微管，下方和右方的插图分别为沿绿色和红色虚线剖开所得的细胞断面图 [3]

所示为对微管进行了荧光标记的细胞的三维图像 [3]。借助计算机处理，我们可以对细胞的任意断面进行观察。比如，沿着绿色虚线或者红色虚线将细胞剖开，其断面分别如图 4.7(b) 中的下图和右图所示。通过这两张断面，我们可以清晰地观察到细胞微管组成的中空结构。

当前，人们正在越来越多地关注在细胞水平上用纳米技术对抗疾病。纳米技术是一种很有前景的靶向治疗手段。经过特殊设计制备的纳米粒子可以携带药物进入细胞内部。利用共聚焦显微术获得光学切片，可以判断纳米粒子是否进入了细胞。图 4.8 给出了这样的一个实例 [4]。我们首先可以看到经过染色的细胞：绿色的部分是细胞核，橙色的部分是细胞膜。此外，还有一些红色的颗粒状物体，这是经过红色荧光分子标记的纳米粒子。如果从细胞的下表面，也就是 0 μm 处开始，以 1 μm 的步长进行轴向扫描，则可以发现，红色颗粒随着高度的增加呈现先增加后减少的趋势，最大值出现在 1~3 μm。这一现象说明，大部分纳米粒子存在于细胞内部，而非附着在细胞膜的表面。

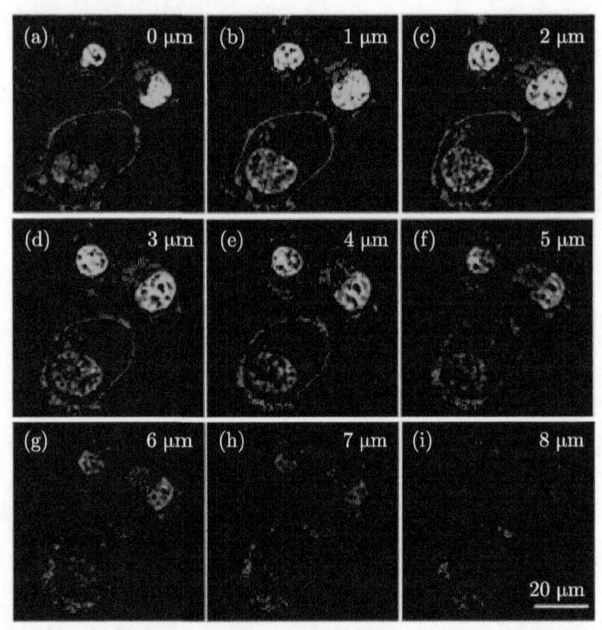

图 4.8　焦平面位于不同轴向位置处时的荧光共聚焦成像。橙色代表细胞膜，绿色代表细胞核，红色代表纳米粒子 [4]

3. 动态测量

共聚焦显微术还可以用于动态测量。比如，可以使用多种荧光探针对细胞内钙离子及其他各种离子作定量分析、对活细胞内 pH、线粒体膜电位进行测量等。

还可以借助荧光漂白恢复 (fluorescence recovery after photobleaching, FRAP) 效应，对分子扩散速率和恢复速率进行实时监测，从而反映出细胞结构和活动机制。荧光漂白恢复效应的动态过程如图 4.9(a) 所示。这一方法广泛应用于研究细胞骨架构成、核膜结构跨膜大分子迁移率、细胞间通信等领域。

我们可以利用高强度的脉冲激光，照射细胞的某一个区域，使该区域内标记的荧光分子发生不可逆的猝灭。这一区域称为荧光漂白区，如图 4.9(b) 所示。随后，由于细胞质中的脂质分子或蛋白质分子的运动，周围非漂白区中未猝灭的荧光分子不断向荧光漂白区扩散，使该区荧光强度逐渐恢复到原有水平。这就是荧光漂白恢复效应。通过低强度激光扫描探测，可以获得扩散速率，由此可以得到活细胞的动力学参数。

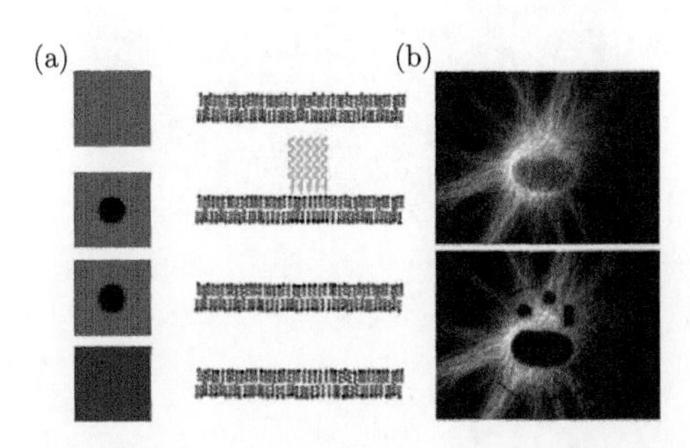

图 4.9 (a) 荧光漂白恢复效应的动态过程示意图；(b) 荧光漂白恢复前后的共聚焦显微图像

4. 与其他技术联用

共聚焦显微术还可以与其他技术联用，从而实现某些新颖的应用或者拥有某些独特的优势。比如，借助共聚焦技术我们可以把激光作为光子刀应用，来完成细胞膜瞬间打孔，线粒体、溶酶体和染色体的切割，以及神经元突起切割等显微细胞外科手术。

共聚焦显微术还可以与光镊技术联用。光镊是指利用光学梯度力形成光陷阱，产生具有传统机械镊子挟持和操纵微小物体的功能。光镊可以对目标细胞进行非接触式的捕获与操作，克服了以往单细胞操作中细胞难以固定和易产生机械损伤的弱点。广泛应用于染色体移动、细胞器移动、细胞骨架弹性测量、细胞周期和调控研究及分子动力研究等。

除利用荧光技术外，共聚焦显微术还可以与拉曼散射技术联用进行成像 [5]。拉曼散射是一种非弹性散射，拉曼光谱反映出分子特定的振动、转动能级信息，被称作物质的“指纹光谱”。与传统的共聚焦荧光显微术相比，共聚焦拉曼显微术无须荧光标记，即可对特定物质的分布进行成像。

比如，图 4.10 所示为利用共聚焦拉曼显微术对药片内的各种成分的分布进行

分析 [6]。我们可以看到，包括药物活性成分、填充剂、崩解剂和润滑剂在内的各种成分都可以被鉴别和区分出来。在这一类应用中，我们一般采用不同的特征峰对不同的物质或官能团进行成像。我们可以发现，采用共聚焦拉曼显微术，无须荧光标记，可以直接利用本征拉曼信号进行不同组分的区分。

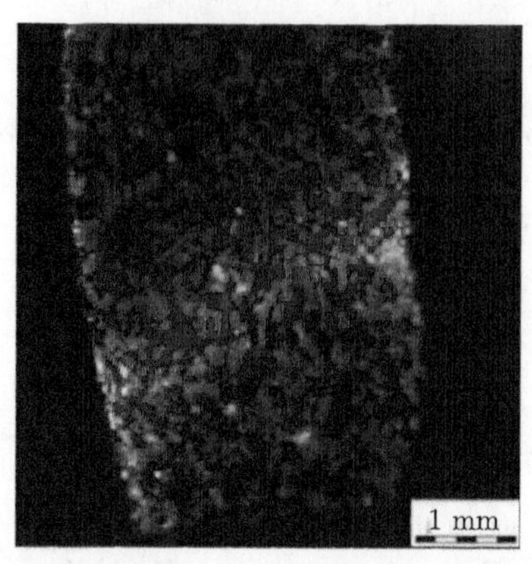

图 4.10 包含各种成分的药片的共聚焦拉曼显微图像。红色代表药物活性成分，青色代表填充剂，蓝色代表崩解剂，黄色代表润滑剂 [6]

4.3 白光干涉术

当今科技的发展对表面微观形貌的研究提出了越来越高的要求。比如，硅片表面粗糙度对集成电路的电阻、电容和成品率影响很大；磁盘表面粗糙度会影响到读出幅度、信噪比和使用寿命等特性；很多光学元件对表面质量的要求很高。而在纳米技术领域，具有特定微纳结构的表面往往具有重要的作用。因此，对物体的表面形貌进行高精度测量具有十分重要的意义。白光干涉术就是这样一种技术，它利用白光干涉原理，结合了传统显微镜和白光干涉组件，对三维结构的表面轮廓进行测量，具有非接触、高精度、高速度、抗干扰能力强、可测量绝对光程等优点。本节将依次介绍白光干涉术的发展历程、工作原理、系统组成和典型应用。

4.3.1 白光干涉术的发展历程

白光干涉术的测量是以白光干涉为基础的。人们对光学干涉现象的认识已经有很长的历史。1801 年，托马斯 · 杨 (Thomas Young) 首次演示了双缝干涉实验，从此，人们对光学波动特性的研究取得了长足的进步和丰硕的成果。1873 年，麦克斯韦 (Maxwell) 建立起电磁理论，为干涉现象奠定了理论基础 [7]。20 世纪 50~60 年代，应用型白光干涉仪开始出现。但是，它们主要采用人工操作、读数、计算、测量评定某个参数，效率很低。随着电子和计算机技术的发展，白光干涉仪开始朝智能化与自动化方向发展。1980 年，基于相移技术的白光干涉三维测量

系统被提出 [8]。1990 年，出现了用米劳 (Mirau) 干涉显微结构代替原来的林尼克 (Linnik) 干涉显微结构的白光干涉测量系统，提高了抗干扰能力，使性能更加稳定 [9]。白光干涉术发展到今天，一直是国内外高精度测量领域的研究热点，具有十分广泛的应用。

4.3.2 白光干涉术的工作原理

我们知道，激光能够发生干涉。然而，激光并非干涉现象的必要条件，早在激光被发明之前，干涉现象就已被观察到并且应用于测量了。事实上，白光也可以发生干涉。在下雨天，路边水坑里一层薄薄的油膜表面呈现彩色的图案；飞扬的肥皂泡呈现出不同的颜色等，这些日常生活中的常见现象，本质就是白光干涉。在这一节中，我们将会学习白光干涉术的基本原理。

1. 时间相干性与空间相干性

白光干涉术是利用白光干涉产生干涉条纹，从而实现表面形貌测量的。干涉条纹的产生与光场的相干性紧密相关。因此，我们首先来介绍光的相干性。光的相干性包括时间相干性 (temporal coherence) 和空间相干性 (spatial coherence)。

光的时间相干性描述了光源上同一点在不同时刻发出的光波之间的相干性，常用复时间相干度函数表征。复时间相干度函数定义为

$$\gamma(\tau)=\frac{\langle E^*(t)E(t+\tau)\rangle}{\langle E^*(t)E(t)\rangle} \tag{4.1}$$

其中，$E(t)$ 表示空间某点处的光电场；τ 代表延时。上式实际上描述了 $E(t)$ 和 $E(t+\tau)$ 之间的相关程度。式 (4.1) 的模即为时间相干度，并且满足

$$0\leqslant|\gamma(\tau)|\leqslant 1 \tag{4.2}$$

当$\tau=0$ 时，$|\gamma|=1$；当$\tau>0$ 时，$|\gamma(\tau)|$ 一般随τ 的增加而下降。$|\gamma(\tau)|$ 下降到某特定程度时所对应的延时τ_{C} 称为相干时间 (coherence time)。相干时间τ_{C} 是量度光源时间相干性的参量之一，另一个参量是相干长度 l_{C}。两者之间的关系为

$$l_{\mathrm{C}}=c\tau_{\mathrm{C}} \tag{4.3}$$

其中，c 为真空光速。相干长度实际代表了光源中原子辐射的未被扰乱的连续波列长度，相干时间则是光通过相干长度所需的时间。相干长度和相干时间越大，光源的时间相干性越好。

光源的时间相干性与光源的光谱特性紧密相关。根据维纳–欣钦定理 (Wiener-Khinchin theorem)

$$S(\omega)=\int_{-\infty}^{\infty}\gamma\exp(-\mathrm{i}2\pi\omega\tau)\mathrm{d}\tau \tag{4.4}$$

具有较窄光谱的光源具有较长的相干时间，时间相干性较好，具有较宽光谱的光源具有较短的相干时间，时间相干性较差。对于包含单一频率分量ω_0 的单色光源，其光谱可写作 $S(\omega)=I\delta(\omega-\omega_0)$，可知其相干时间$\tau_C$ 为无穷大，该光源发出的是完全相干光；对于多色宽带光源，τ_C 为大于零的有限值，该光源发出的是部分相干光。

除时间相干性以外，还存在另一种相干性——空间相干性。空间相干性描述了单色光源上不同位置在同一时刻发出的光波之间的相干性，常用复空间相干度函数表征。复空间相干度函数定义为

$$\gamma(r_1,r_2)=\frac{\langle E^*(r_1,t)E(r_2,t)\rangle}{\sqrt{I(r_1)I(r_2)}} \tag{4.5}$$

其模值即为空间相干度。与时间相干度类似地，空间相干度也满足

$$0\leqslant|\gamma(r_1,r_2)|\leqslant 1 \tag{4.6}$$

空间相干性受到光源横向尺寸的影响。点光源具有理想的空间相干性，扩展光源的空间相干性较低。

白光干涉技术采用白光光源，主要利用了低时间相干性的特点进行测量应用。因此接下来我们暂且忽略空间相干性，而主要讨论时间相干性对白光干涉的影响。

2. 单色光干涉

白光干涉仪是利用白光干涉产生干涉条纹，从而实现表面形貌测量的。为了便于比较，我们首先来回顾一下单色光干涉。

单色光具有理想的时间相干性，相干时间和相干长度为无穷大。假设样品光束和参考光束的电场分别为 E_s 和 E_r，则样品光束和参考光束的强度可以分别表示为 $I_\mathrm{s}=\left\langle|E_\mathrm{s}|^2\right\rangle$ 和 $I_\mathrm{r}=\left\langle|E_\mathrm{r}|^2\right\rangle$。两束光发生干涉，其干涉光强可以表示为

$$I(z)=I_\mathrm{s}+I_\mathrm{r}+2\sqrt{I_\mathrm{s}I_\mathrm{r}}\,|\gamma(z)|\cos(kz+\varphi) \tag{4.7}$$

其中，等式右边第一项 I_s 为样品光光强；第二项 I_r 为参考光光强；最后一项为干涉项。干涉项中的 k 为波数，z 为光程差，$\gamma(z)$ 为光程差 z 处的复相干度，其值依赖于光源的时间和空间相干性。当光源为理想单色点光源时，$|\gamma(z)|=1$。可见，在单色光干涉中，无论两束光的光程差为何值，都能够发生干涉现象，干涉光强随着光程差的增加以余弦函数呈现周期性变化，如图 4.11(a) 所示。这一周期性变化是单色光干涉的重要特点，它使得采用单色光的激光干涉仪的干涉条纹易于获得，但也使其条纹级次难以确定，将待测表面上相邻像素的可测量高度差限制在四分之一波长之内，因此只适用于光滑表面的测量。

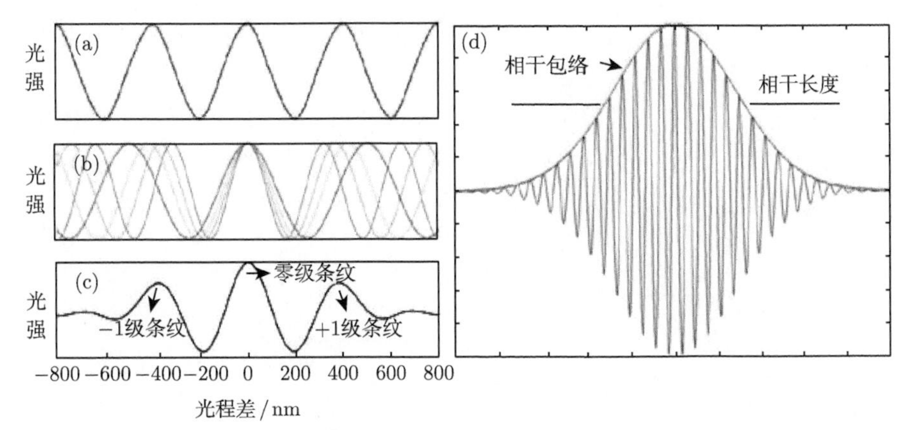

图 4.11 (a) 单色光干涉中干涉光强随光程差的变化曲线；(b) 白光中的多波长分量；(c) 白光干涉中干涉光强随光程差的变化曲线；(d) 白光干涉条纹及其相干包络 [10]

3. 白光干涉

白光是由较宽带宽内的多个光谱分量组成的，其干涉条纹是带宽内各个波长各自产生的干涉条纹的非相干叠加。干涉光强可以写作

$$I(z) = \int_{k_1}^{k_2} S(k)D(k)I(k,z)\mathrm{d}k \tag{4.8}$$

其中，$S(k)$ 是光源光谱分布函数；$D(k)$ 是探测器的光谱响应，不妨假设其值在光源带宽内恒为 1；$I(k,z)$ 是波数为 k 的光谱分量的干涉光强。白光干涉光强可进一步写为如下形式：

$$I(z) = I_0[1 + V(z)\cos(k_0 z + \varphi_0)] \tag{4.9}$$

其中，k_0 为光谱的中心波数；$V(z)$ 称作条纹的可见度函数。可见与单色光干涉相比，白光干涉的强度曲线受到可见度函数的调制。图 4.11(b) 和 (c) 更加直观地给出了这一现象的成因。当样品光和参考光的光程差为零时，各波长的零级条纹重合，随着光程差的增加，各波长的干涉条纹彼此错开，导致干涉条纹的可见度逐渐下降，直至消失。可见度函数 $V(z)$ 表现为干涉条纹的相干包络 (coherence envelope)，包络宽度即为相干长度。

图 4.11(d) 更加清晰地展示出白光干涉条纹及其相干包络。我们可以看到，条纹可见度随光程差变化而变化，可见度峰值出现在零光程差位置，随着光程差的增加，可见度减小至零。另外，数学计算表明，可见度 $V(z)$，即相干包络与光谱函数的傅里叶变换的模值成正比，光谱越宽，相干包络越窄，干涉条纹的局域化特性越明显。对于通常使用的 LED 光源，其干涉条纹的相干包络宽度约为几个

微米。白光干涉仪正是利用了宽带光源干涉条纹的局域化特性解决了激光干涉仪中的相位模糊问题，拓宽了测量范围。

采用白光干涉术对表面形貌进行测量，方法如图 4.12(a) 所示。对样品进行轴向扫描，在轴向扫描中的每一个位置，对每一个像素的光强进行记录。通过数据处理找到零光程差位置的分布，即可获得表面形貌信息。

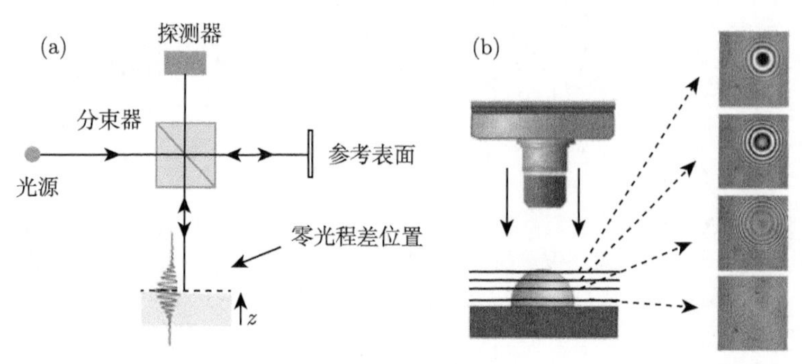

图 4.12　白光干涉术测量原理。(a) 轴向扫描示意图；(b) 不同轴向位置处的干涉条纹 [10]

比如，在图 4.12(b) 中，对一个半球形表面进行测量，在不同的轴向位置处，获得的干涉图像都是一系列同心圆。找到每个像素的零光程差出现的轴向位置，实际上就得到了样品的表面形貌。

接下来的问题是如何确定零光程差位置。当干涉仪两臂平衡时，零光程差位置对应于光强最大点，即零级条纹位置。然而，由于信号噪声等因素，对最大光强点往往难以准确定位。因此，常用提取包络峰值位置的方法确定零光程差位置。常用的算法包括数字滤波算法和移相算法 (phase-shifting algorithm) 等。数字滤波算法的基本原理是将采样数据在频域中进行数字滤波。为了满足奈奎斯特条件 (Nyquist condition)，需要以精细的步长进行轴向扫描，因此需要大量的内存和处理时间。移相算法则是对参考光束施加若干个已知的相移量，利用所记录的光强对相干包络进行计算，然后进行峰值定位，相对简单易行。

以应用较为广泛的五步移相法为例，在轴向每个位置处，对参考光束进行已知相移量的移相操作，如 $-180°$、$-90°$、$0°$、$90°$、$180°$，记录下各个光强值，代入光强表达式，可得

$$\begin{cases} I_1 = I_0[1 + V\cos(\varphi - \pi)] \\ I_2 = I_0[1 + V\cos(\varphi - \pi/2)] \\ I_3 = I_0[1 + V\cos\varphi] \\ I_4 = I_0[1 + V\cos(\varphi + \pi/2)] \\ I_5 = I_0[1 + V\cos(\varphi + \pi)] \end{cases} \tag{4.10}$$

由此可计算出各个位置的相干包络值，即

$$V^2 = \frac{1}{4\cos^4\varphi}[(I_2 - I_4)^2 - (I_1 - I_3)(I_3 - I_5)] \tag{4.11}$$

移相操作可以通过移相器实现，但对于宽带光源来说，普通机械移相器会给不同光谱分量带来不同的相移，最终导致系统误差。利用基于偏振器件的消色差移相器可以消除这一影响。

除白光干涉术外，一些其他技术也可以用于表面形貌的测量，如采用共聚焦显微镜、原子力显微镜、激光干涉仪等。采用共聚焦显微镜进行表面形貌的测量，具有观测容易、可获得深度影像信息等优点，但高度测量的精度相对较低。原子力显微镜具有测量分辨率高的优点，但测量速度很低，测量范围较小，被测物的布置也比较困难。激光干涉仪测量分辨率高，测量速度快，但受到单色光干涉的限制，临近像素的高度差受限，只适用于测量光滑表面。白光干涉术由于具有干涉条纹局域化的特点，不但分辨率较高，而且测量高度无限制，适合测量粗糙、不连续的表面，因此具有独特的优势。

4.3.3 白光干涉仪的系统组成

为了提高微小区域测量中的横向分辨率，白光干涉仪一般采用显微镜系统。将干涉仪结构引入物镜，普通显微镜就转换为干涉显微镜。如图 4.13 所示，这样的白光干涉仪一般由干涉显微物镜、压电位移机构、白光光源、CCD 探测器阵列和计算机等组成。

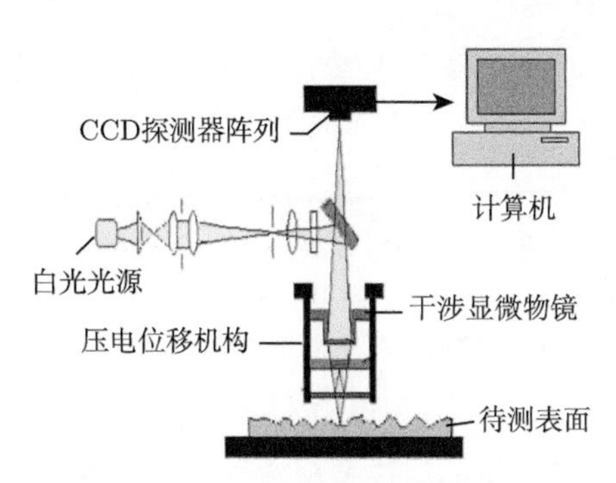

图 4.13 白光干涉仪的系统组成

我们首先来了解一下干涉仪的基本结构。图 4.14 所示为典型的迈克耳孙干涉仪 (Michelson interferometer) 结构，由光源发出的光被分束器分为 S1、S2 两个光束，经不同的光程后合束，发生双光束干涉，在探测器上显示出干涉条纹。图中的两个反射镜，一个作为参考镜，一个被样品表面取代，从而达到对样品表面进行测量的目的。

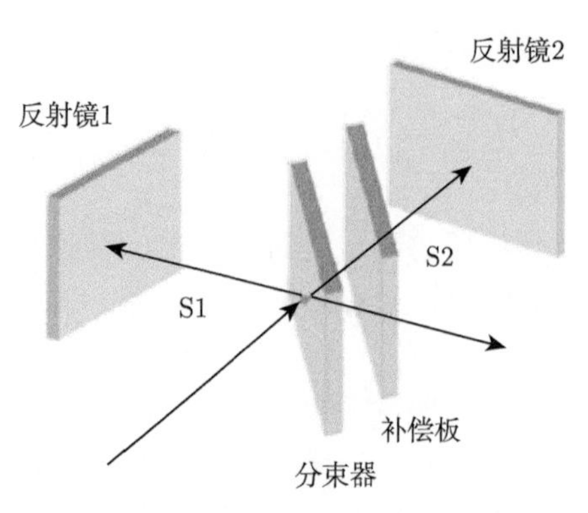

图 4.14　迈克尔孙干涉仪的结构示意图 [10]

白光光源一般选择卤素灯、超辐射发光二极管 (SLD)、发光二极管 (LED) 或者有一定光谱宽度的半导体激光器 (LD)。它们都属于宽带光源，时间相干性较低。照明方式一般选择科勒照明 (Kohler illumination)。科勒照明使整个光源所在平面成像于物镜的孔径光阑上，使照明均匀，从而提高成像对比度和空间分辨率。

白光干涉仪的干涉显微物镜一般包含三类结构，分别是迈克耳孙结构、米劳结构和林尼克结构，如图 4.15 所示 [10]。

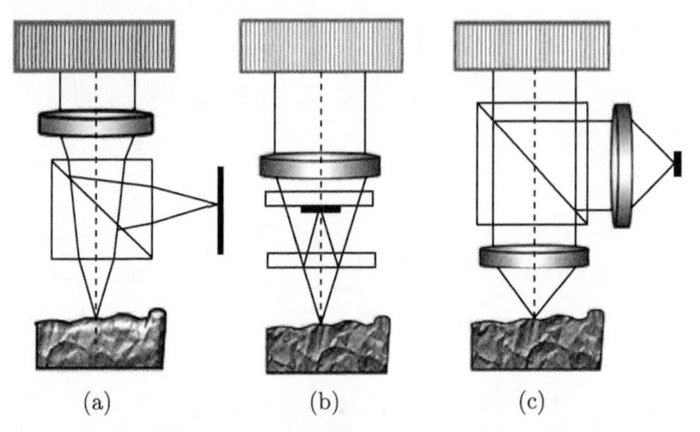

图 4.15　白光干涉仪常用的显微物镜结构示意图。(a) 迈克耳孙结构；(b) 米劳结构；(c) 林尼克结构 [10]

图 4.15(a) 所示的迈克耳孙结构是最常见的干涉显微物镜结构，其分束器位于物镜之后，因此物镜的工作距离受到限制，数值孔径通常小于 0.2，只能使用低倍物镜，横向分辨率较低，一般为 8 μm 左右，物镜的体积也较大，但是具有结构简单的优点。如图 4.15(b) 所示，米劳结构采用了两个相同的薄玻璃板来缓解迈克耳孙结构的问题。其中分光板镀有半透半反膜，用作分束器，而参考板中央存在一个较小的反射区，起到参考镜的作用，同时参考板还起到补偿板的作用。由于其样品光束和参考光束的共光路设计，米劳结构具有结构紧凑、抗干扰能力强

的优点，但米劳结构仍然存在工作距离的问题，不适用于很高倍率的物镜；另外，当用于低倍物镜时，反射区需要随之增大，此时其遮挡现象变得严重，因此难以应用。另外，偏振米劳物镜的制作比较困难。图 4.15(c) 所示为林尼克结构，这一结构采用两个物镜分别聚焦样品光束和参考光束，没有物镜倍率和工作距离的限制，可以使用高数值孔径物镜提高横向分辨率，但结构比较复杂，对两物镜的一致性提出了很高的要求，否则会导致色散不匹配等问题，使测量精度降低。在实际应用中，我们需要根据精度、使用环境等因素综合考虑适合的结构。目前成熟的商业化白光干涉仪系统一般采用迈克耳孙结构或米劳结构，而林尼克结构相对较少，主要存在于实验室研究中。图 4.16 给出了 Veeco NT 9100 型白光干涉仪实物图。

图 4.16　Veeco NT 9100 型白光干涉仪实物图

4.3.4 白光干涉术的典型应用

白光干涉术在半导体制造及封装工艺检测、3C 电子玻璃屏及其精密配件、光学加工、微纳材料及制造、汽车零部件、微机电系统器件等超精密加工行业及航空航天、国防军工等领域中具有广泛的应用。我们从其实现功能的角度，分三维表面形貌测量、厚度测量和层析成像等几个方面分别进行介绍。

1. 三维表面形貌测量

利用白光干涉术，可以对离子溅射等镀膜方法进行评估。特别是在低能情况下，由于离子束轮廓形状及相应工作电流密度等参数的不确定性增加，常规方法难以准确确定溅射产率。白光干涉术具有很高的横向分辨率和深度分辨率，能够对样品表面形貌进行准确的定量表征，如图 4.17(a)~(d) 所示 [11]。

人们日常佩戴的隐形眼镜的表面粗糙度非常重要，有研究表明，镜片表面粗糙之处容易造成生物膜的沉积和细菌的转移，从而导致细菌黏附、泪膜破裂、视力下降等问题。另外，粗糙的镜面散射很强，会影响透光性。采用 AFM 等接触式方法对隐形眼镜进行表面测量存在表面被触针破坏的风险，并且能够检测的面积很小。而白光干涉术具有对较大面积的区域进行非接触无损检测的能力。图 4.17(e) 展示了采用白光干涉术对基于海西菲康 (Hioxifilcon) 材质的隐形眼镜表面所成的像 [12]。

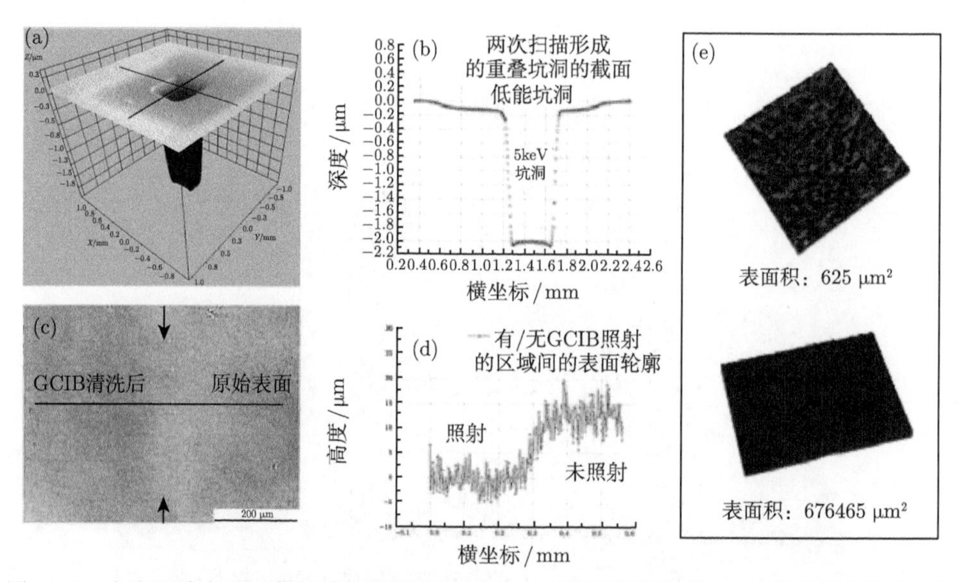

图 4.17　白光干涉术对三维表面形貌的测量。(a)~(d) 离子溅射样品：(a) 两次独立的离子束扫描形成的两个重叠坑洞的伪彩三维形貌；(b) 沿 (a) 中一条黑线测得的三维图像的截面；(c) 太阳风采集器样品经气体团簇离子束清洗后的伪彩表面形貌，箭头指示出清洗后的区域和原始表面区域的分界；(d) 白光干涉测得的表面轮廓给出了去除层的精确厚度 [11]；(e) 基于海西菲康材质的隐形眼镜在两种放大倍数下的表面形貌，两图的表面积分别为 625 μm^2 和 676465 μm^2 [12]

GCIB: 气体团簇离子束

2. 厚度测量

除表面形貌之外，白光干涉术还可以用来进行厚度的测量。对于透明厚膜的测量，方法相对简单。厚膜的两个表面上产生的反射光各自形成一套干涉条纹，如图 4.18(a) 所示。膜厚可以通过两个相干包络峰值的相对位置确定。需要注意的是，这一相对位置与材料的色散有关。色散会导致相干包络下方条纹的移动、条纹可见度降低、条纹宽度增加及周期改变等效应，给准确测量带来困难。为了降低色散的影响，可以通过降低光源带宽、选择低数值孔径的物镜等方法来实现。

对于透明薄膜的测量，情况相对复杂。当膜厚小于相干包络宽度时，两束反射光和参考光之间彼此干涉，严重影响到条纹的包络和周期，得到的条纹如图 4.18(b) 所示。此时需要进行数据分析。一般采用频域分析法，利用傅里叶变换计算光谱相位。为测量膜厚，需要对不同膜厚的光谱相位建模，并与测量值比较，从而找到最佳拟合结果。更多新的算法正在不断出现，可测量厚度已低达 100 nm。

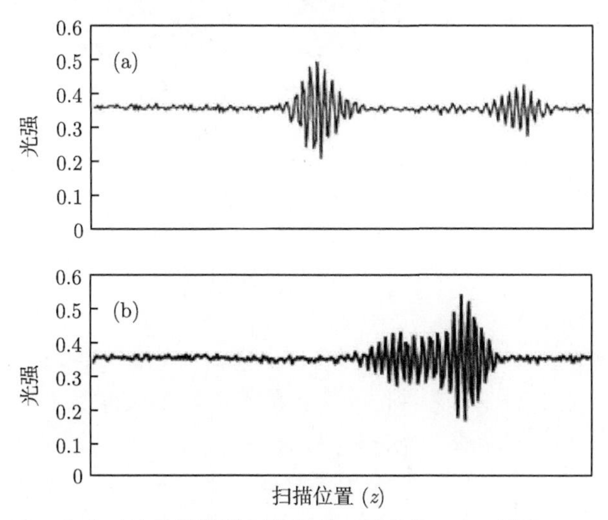

图 4.18 白光干涉仪测量膜厚获得的干涉条纹。(a) 厚膜；(b) 薄膜

3. 层析成像

白光干涉的另外一个成功应用是对生物样品进行高分辨层析成像，这就是我们所熟知的光学相干断层扫描术 (optical coherence tomography, OCT)。我们此前介绍的白光干涉仪应用，都是利用样品表面的反射光进行干涉，而样品内部的散射光极弱而忽略不计。现在考虑生物组织等弱散射介质。当白光光束照射到弱散射样品上时，在样品内部各处都将有散射光产生并回到干涉仪中。由于白光干涉具有很短的相干长度，从而只有与参考镜等光程位置处的样品散射光才能够与参考光发生干涉。通过平移参考镜，可以实现轴向扫描，从而提取出样品不同深度的信息。由此可以重构出样品的高分辨三维图像。

图 4.19 给出的是乳腺样品的图像，其中图 4.19(a) 是利用白光干涉仪对样品进行测量后重构出的样品图像，图 4.18(b) 是通过传统切片和显微镜获得的图像，图 4.19(c)~(e) 是 4.19(a) 中标记区域放大的结果。对比图 4.19(a) 和图 4.19(b) 可以发现，白光干涉法可以获得与传统切片方法相媲美的结果。白光干涉法不需要染色、切片等步骤，因此具有更高的成像速度，并且可以实现在体成像 [13]。

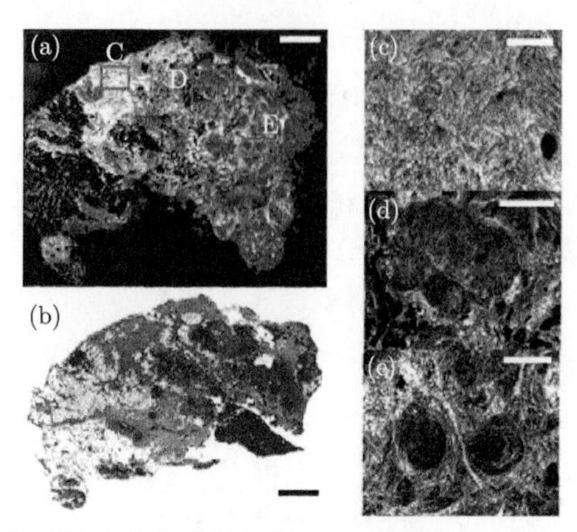

图 4.19　(a) 受导管原位癌影响的乳腺样品的 OCT 图像；(b) 同一样品的传统组织学成像；(c)～(e) 为 (a) 中标记区域的放大图像：(c) 正常纤维组织，(d) 扩大的导管，(e) 肿瘤区域中癌细胞周围的胶原组织 [13]

4.4　椭偏测量术

在包括集成电路、平板显示、LED、光伏在内的很多领域中，精确测定薄膜的厚度和光学常数是制造工艺中非常重要的环节。薄膜厚度的测量方法，包括电解法、晶振法、光学干涉法、光谱扫描法、X 射线法等，都具有一定局限性，比如具有破坏性、难以测量多层膜或膜厚测量范围窄等。椭圆偏振测量术 (椭偏测量术) 采用椭偏仪，利用光的偏振状态实现对薄膜厚度、光学常数以及材料微结构的检测，具有非接触、高精度、高速度、同时测量膜厚和光学常数、可测量多层薄膜、测量膜厚范围广等特点。目前椭偏测量术已成为半导体工业测量薄膜厚度和光学常数的标准方法。

4.4.1　椭偏测量术的发展历程

1887 年，德国物理学家德鲁德 (Drude) 首次描述了椭偏测量术的基本原理，搭建了第一台实验装置，并对 18 种金属的光学常数进行了测量 [14,15]。1945 年，Rothen 首次提出了“椭偏仪”和“椭偏测量术”的概念 [16]。早期的椭偏仪受限于光探测技术和自动化技术的限制，在测量精度、数据采集速度和应用领域方面并不突出，直到 20 世纪 70 年代，计算机技术的发展为椭偏仪的发展带来了活力。1975 年，美国贝尔实验室的 Aspnes 采用光栅单色仪研制出第一台自动化光谱型椭偏仪，从此拉开了椭偏光谱测量的帷幕 [17]。1988 年，Beaglehole 研制出成像椭偏仪，提高了椭偏仪的空间分辨率，使其具备了提供样品细节信息的能力 [18]。1996 年，Woollam 研制出广义椭偏仪，将各向异性样品也纳入了测量范围 [19]。

如今，国外椭偏仪早已实现商业化生产，如美国 Woollam 公司、法国 SOPRA

公司、日本 Horiba 公司、美国 Rudolph Research 公司等。国内各高校、科研院所及企业也相继开展了研发和生产工作 [20–22]。目前国内外学者持续专注于对椭偏仪的研究、改进和在不同领域应用的探索。椭偏仪和椭偏测量术在微电子、材料科学、物理化学和生物医学等领域中具有广泛应用。

4.4.2 椭偏测量术的工作原理

椭偏测量术是一种利用待测材料对入射光束偏振态的改变进行间接测量的方法。根据测量方式，可以分为反射式、透射式和散射式。其中应用最为广泛的是反射式测量。接下来，我们首先介绍椭偏测量术所依据的反射模型 [23]。

如图 4.20(a) 所示，根据电磁场理论，光束入射到两种介质的分界面上，将发生反射和透射现象，分别由反射系数和透射系数来描述。反射系数定义为反射光与入射光的电场强度之比。容易写出平行偏振光 (p 光) 和垂直偏振光 (s 光) 两者反射系数的表达式：

$$r_{\mathrm{p}} = \frac{E_{\mathrm{rp}}}{E_{\mathrm{ip}}} = \frac{\tilde{N}_{\mathrm{t}}\cos\theta_{\mathrm{i}} - \tilde{N}_{\mathrm{i}}\cos\theta_{\mathrm{t}}}{\tilde{N}_{\mathrm{t}}\cos\theta_{\mathrm{i}} + \tilde{N}_{\mathrm{i}}\cos\theta_{\mathrm{t}}} \tag{4.12}$$

$$r_{\mathrm{s}} = \frac{E_{\mathrm{rs}}}{E_{\mathrm{is}}} = \frac{\tilde{N}_{\mathrm{i}}\cos\theta_{\mathrm{i}} - \tilde{N}_{\mathrm{t}}\cos\theta_{\mathrm{t}}}{\tilde{N}_{\mathrm{i}}\cos\theta_{\mathrm{i}} + \tilde{N}_{\mathrm{t}}\cos\theta_{\mathrm{t}}} \tag{4.13}$$

其中，折射角θ_{t} 可由入射角θ_{i} 和两种介质的复折射率 $\tilde{N}_{\mathrm{i}}$ 和 $\tilde{N}_{\mathrm{t}}$ 写出，由此可见，反射系数与偏振态、入射角和介质的复折射率有关。

对于单层薄膜样品，我们采用三层介质模型进行分析，如图 4.20(b) 所示。根据电磁场理论，我们可以类似地写出总反射系数的表达式：

$$r_{012} = \frac{r_{01} + r_{12}\exp(-\mathrm{i}2\beta)}{1 + r_{01}r_{12}\exp(-\mathrm{i}2\beta)} \tag{4.14}$$

其中，$\beta = \dfrac{2\pi d}{\lambda}\tilde{N}_1\cos\theta_1 = \dfrac{2\pi d}{\lambda}(\tilde{N}_1^2 - \tilde{N}_0^2\sin^2\theta_0)^{1/2}$。

我们发现，反射系数与偏振态、入射角和顶层 (空气) 及底层 (衬底) 介质的复折射率有关，还与中间介质，即薄膜层的厚度和复折射率有关。对于多层薄膜，也可以采用类似方法进行分析。可见，如果已知入射光偏振态、入射角和衬底的特性，那么反射光的偏振态将由薄膜层的厚度和复折射率决定。反射光相对于入射光偏振态的变化，包含了薄膜的特征参数信息。

为了反映反射光相对于入射光的偏振态变化，我们用下式定义参数ρ：

$$\rho \equiv \tan\psi\exp(\mathrm{i}\Delta) \equiv \left(\frac{E_{\mathrm{rp}}}{E_{\mathrm{ip}}}\right)\Big/\left(\frac{E_{\mathrm{rs}}}{E_{\mathrm{is}}}\right) \tag{4.15}$$

即椭圆偏振光中平行分量和垂直分量的反射系数之比，其中 (ψ, Δ) 称作椭偏参量。椭偏参量描述了探测光偏振态的变化，其中 tanψ 代表 p 分量与 s 分量振幅的相对变化，而 Δ 代表二者的相对相位变化。椭偏参量 (ψ, Δ) 包含了薄膜特征参数的信息。椭偏仪正是通过测量椭偏参量的值，从而获得薄膜参数的，这就是椭偏测量术的基本原理。

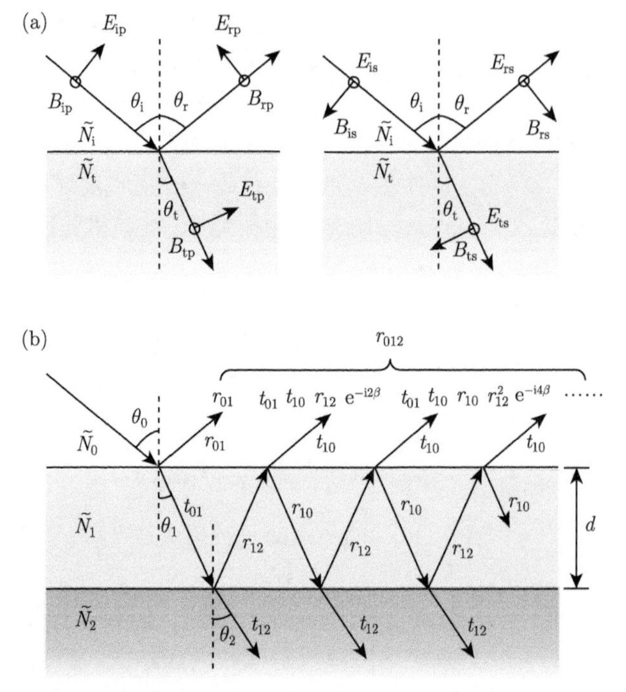

图 4.20　椭偏测量术所依据的反射模型。(a) 两层模型；(b) 三层模型 [23]

利用测量得到的椭偏参量 (ψ, Δ)，需要进行数值反演获得薄膜参数。这是一种“逆问题”求解，其求解流程如图 4.21 所示。

首先需要构建一个由薄膜结构参数和光学常数定义的光学模型。为了描述材料的光学特性，人们已建立起多种介电函数模型，如洛伦兹模型 (Lorentz model)、柯西模型 (Cauchy model)、塞耳迈耶尔模型 (Sellmeier model)、托克–洛伦兹模型 (Tauc–Lorentz model) 等。如图 4.21 所示，一般采用“假设试探解 + 正向递归拟合”的方法。首先选择待测薄膜的物理模型，根据所属材料类别，对其光学常数、厚度进行合理假设，作为初始试探解，利用薄膜光传输理论，借助最小二乘法等拟合技术，实现对所测 (ψ, Δ) 数据的拟合，并在不断的反馈优化中，获得 (n, κ, d) 的最优解。

椭偏仪具有一系列重要的特点。它能够同时测量膜厚和光学常数，灵敏度高

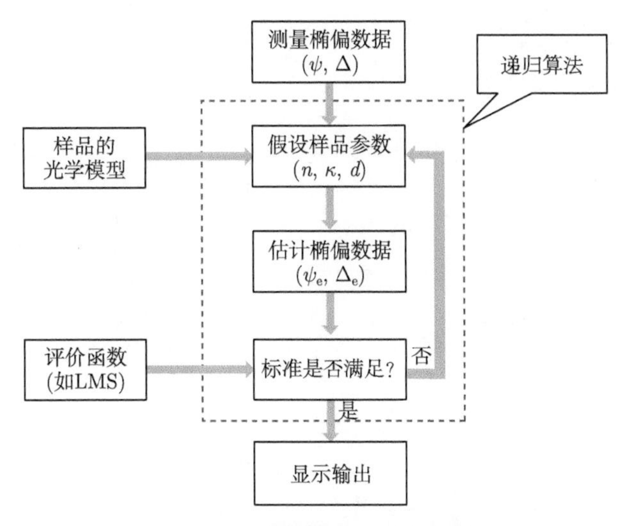

图 4.21 薄膜参数求解流程图

达约 0.1 nm，达到亚单原子层量级，能够以非接触、非破坏性的方式测量掩埋层，能够测量多层膜结构，另外，由于其高速测量的能力，可以用于在线监测和实时测量。

我们已经学习了椭偏测量术的基本原理，但不同类型的椭偏仪获取椭偏参量的方法不同。在 4.4.3 节中，我们将学习椭偏仪的分类，并以几种典型的椭偏仪为例介绍椭偏参量的获取方法。

4.4.3 椭偏仪的分类

按照测试原理的不同，椭偏仪可以分为消光式和光度式两类，其中光度式椭偏仪 (photometric ellipsometer) 又可分为旋转偏振器件型椭偏仪和相位调制型椭偏仪。下面我们从基本结构、椭偏参量的获取方法以及优缺点等方面进行各类椭偏仪的介绍。

1. 消光式椭偏仪

消光式椭偏仪 (null ellipsometer) 是最早出现的椭偏仪，它是通过旋转起偏器和检偏器，找到起偏器、补偿器和检偏器的一组方位角 $(\theta_{\mathrm{P}}, \theta_{\mathrm{C}}, \theta_{\mathrm{A}})$，使入射到探测器上的光强为零，即实现消光。由这组方位角求解出样品的椭偏参量 (ψ, Δ)。

消光式椭偏仪的结构示意图如图 4.22(a) 所示，在起偏器和样品之间加入一个补偿器，即四分之一波片，并把其快轴与 x 轴之间的夹角固定为 45°，即$\theta_{\mathrm{C}}=45°$。由于初始起偏角为 90°，所以入射光在到达样品之前为圆偏振光，而经样品反射之后，反射光的偏振态发生了变化。通过改变起偏器和检偏器的方位角，使到达检偏器之前的反射光成为线偏振光，从而可以用检偏器实现消光，此时检偏器透光轴与反射光的偏振方向垂直。

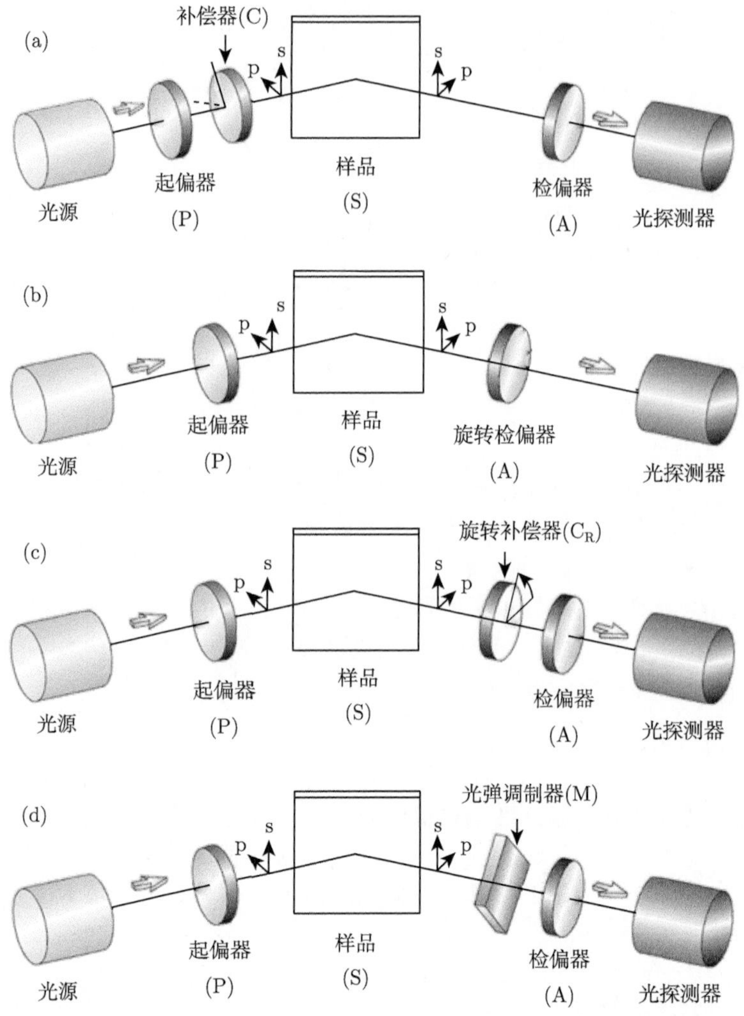

图 4.22　常见椭偏仪的结构示意图 [23]。(a) 消光式椭偏仪；(b) 旋转检偏器型椭偏仪；(c) 旋转补偿器型椭偏仪；(d) 相位调制型椭偏仪

利用矩阵光学的方法，可以使计算过程相对简洁。分析图 4.22(a) 所示的系统，利用琼斯矩阵，可将输出光信号写作

$$\boldsymbol{L}_{\text{out}} = \boldsymbol{A}\boldsymbol{R}(\theta_{\text{A}})\boldsymbol{S}\boldsymbol{R}(-\theta_{\text{C}})\boldsymbol{C}\boldsymbol{R}(\theta_{\text{C}})\boldsymbol{R}(-\theta_{\text{P}})\boldsymbol{P}\boldsymbol{L}_{\text{in}} \tag{4.16}$$

其中，$\boldsymbol{L}_{\text{out}}$ 和 $\boldsymbol{L}_{\text{in}}$ 分别为输出光和输入光的琼斯矢量；$\boldsymbol{A}$、$\boldsymbol{S}$、$\boldsymbol{C}$ 和 $\boldsymbol{P}$ 分别为

检偏器、样品、补偿器和起偏器的琼斯矩阵；θ_{A}、θ_{C}、θ_{P} 分别为检偏器、补偿器和起偏器的角度；$\boldsymbol{R}(\theta_{\mathrm{A}})$、$\boldsymbol{R}(-\theta_{\mathrm{C}})$、$\boldsymbol{R}(\theta_{\mathrm{C}})$ 和 $\boldsymbol{R}(-\theta_{\mathrm{P}})$ 则是为使各元件的坐标系保持一致所引入的旋转矩阵。将θ_{C}=45° 和光强为零的条件代入，可直接求解出椭偏参量：

$$\psi = -\theta_{\mathrm{A}}(-\theta_{\mathrm{A}} > 0), \quad \Delta = -2\theta_{\mathrm{P}} + 90^\circ \tag{4.17}$$

$$\psi = \theta_{\mathrm{A}}(\theta_{\mathrm{A}} > 0), \quad \Delta = -2\theta_{\mathrm{P}} - 90^\circ \tag{4.18}$$

因此，只需读出消光时起偏器和检偏器所处的角度，即可直接写出椭偏参量 (ψ, Δ)。

消光式椭偏仪的精度主要取决于偏振器件的定位精度，系统误差因素较少。但偏振器件的角度调整降低了测量速度，因此目前工业上广泛应用的是光度式椭偏仪。

2. 光度式椭偏仪

光度式椭偏仪是对探测器接收到的光强进行傅里叶分析，从而获得椭偏参量。包括旋转偏振器件型和调制器件型椭偏仪。以如图 4.22(b) 所示的旋转检偏器型椭偏仪 (rotating-analyzer ellipsometry, RAE) 为例，保持起偏器方位角不变，使检偏器以一定的角速度ω 旋转，探测器探测到变化的光强。通过系统的琼斯矩阵得到光强的表达式，包含了 $\cos(2\theta_{\mathrm{A}})$ 和 $\sin(2\theta_{\mathrm{A}})$ 项，其归一化系数α 和β 包含了椭偏参量 (ψ, Δ) 的信息。通过傅里叶分析找到傅里叶系数α 和β，即可解出椭偏参量。旋转检偏器型椭偏仪的优点是其构造简单，没有色差，但存在的缺点是 Δ 的测量范围受限于 0° ~180°，因此椭偏旋向无法确定，而且在 Δ 接近 0° 或 180° 时，测量误差较大。旋转起偏器型椭偏仪 (rotating-polarizer ellipsometer, RPE) 与 RAE 系统具有完全类似的特点。

使用如图 4.22(c) 所示的旋转补偿器型椭偏仪 (rotating-compensator ellipsometry, RCE) 可以解决上述问题。保持起偏器和检偏器的方位角不变，使位于样品和检偏器之间的补偿器以恒定的角速度ω 旋转。利用矩阵光学的方法，可以写出探测器探测到的光强的表达式。类似地，利用傅里叶分析得到归一化系数，并解出椭偏参量。这种方法可以消除 RAE 和 RPE 系统中椭偏旋向不确定的问题，同时 Δ 可以在 0° ~360° 全范围内测量，测量准确度具有一致性。但是由于补偿器具有波长选择性，RCE 系统是具有色差的，测量时需要进行校准。

旋转元件会造成系统不稳定，相位调制型椭偏仪 (phase-modulation ellipsometry, PME) 则规避了这一问题。在图 4.22(d) 所示的 PME 系统中，起偏器和检偏器的方位角不变，采用调制器对偏振态进行调制。由于调制频率可以高达几十千赫兹，所以测量速度快，适用于在线监测和实时测量等工业应用领域。但相位调制型椭偏仪同样具有色差，并且在某些区域，测量误差也会增大。

3. 其他椭偏仪

除上述分类方法之外，还可根据功能特点的不同对椭偏仪作进一步细分，比如单波长激光椭偏仪、光谱型椭偏仪和红外光谱椭偏仪等。此外，还发展了可用于二维表面细节信息测量的成像椭偏仪 (imaging ellipsometer) 和用于各向异性测量的广义椭偏仪 [24]。

如图 4.23(a) 所示为光谱型椭偏仪的结构示意图 [17]。利用氙灯等宽谱光源和单色仪，进行多组椭偏参量的测量，从而满足多层膜的测试需求，并且提高了测量精度。此外，光谱型椭偏仪还具有测量光学常数随光波长变化规律的能力。图 4.23(b) 给出的是成像椭偏仪的结构示意图 [25]。成像椭偏仪把传统椭偏仪和成像系统结合，利用 CCD 探测器采集的椭偏图像，获取样品表面三维形貌和薄膜厚度分布，提高了空间分辨率，能够提供样品的细节信息。

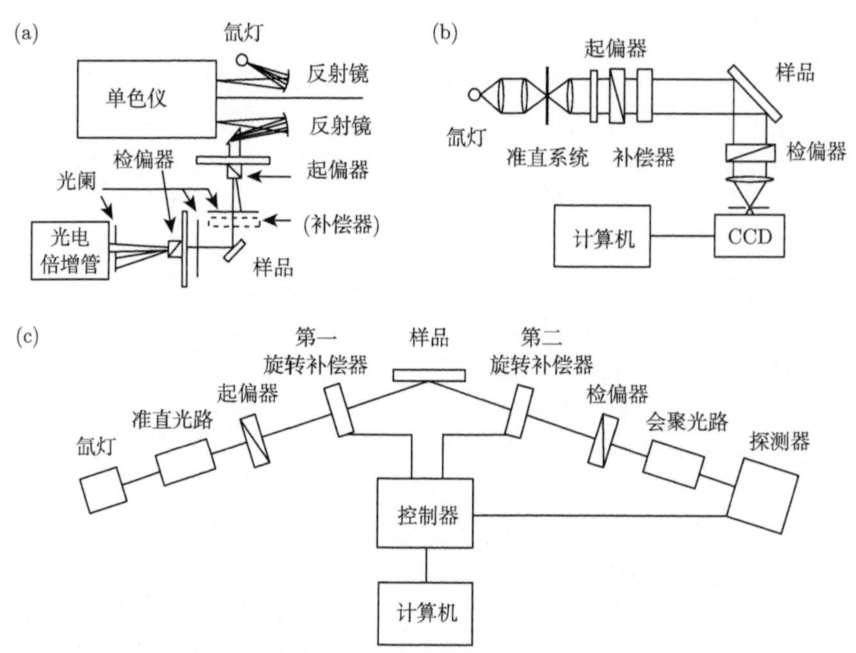

图 4.23　其他椭偏仪典型结构示意图。(a) 光谱型椭偏仪 [17]；(b) 成像椭偏仪 [25]；(c) 广义椭偏仪 [26]

广义椭偏仪又称作穆勒矩阵椭偏仪 (Mueller matrix ellipsometry)，能够测量各向异性的样品。图 4.23(c) 给出了广义椭偏仪的一种实现形式 [26]。在起偏器之后和检偏器之前各放置一个补偿器，并以不同的角速度旋转。这样，偏振器件和旋转补偿器的组合可以遍历全部偏振空间，因此可以实现样品的全穆勒矩阵测量。

4.4.4 椭偏测量术的典型应用

椭偏测量术是研究材料的结构和光学特性的重要方法。我们从光电材料表征、有机/生物材料表征、微纳结构测量和在线监测等几个方面分别进行介绍。

1. 光电材料表征

利用椭偏测量术可以对各种光电材料进行表征，比如电介质、金属、铝镓氮、氧化锌和硅材料等。在上述材料中，硅是一种间接带隙半导体材料，发光效率很低。提高硅的发光效率对实现硅基光电集成十分重要。镶嵌在二氧化硅基质中的硅纳米晶是实现硅发光的一条重要途径，受到人们的广泛关注。硅纳米晶的能带结构与其尺寸之间的关系十分重要。利用椭偏测量术可以对硅纳米晶的能带结构进行研究，如图 4.24 所示 [27]。

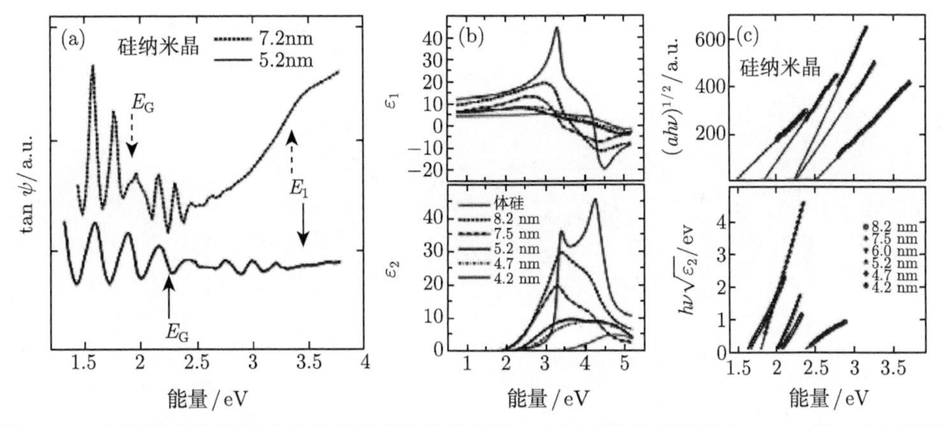

图 4.24 利用椭偏仪进行硅纳米晶能带结构的研究。(a) 两种硅纳米晶的 tanψ 谱；(b) 不同尺寸硅纳米晶的介电函数；(c) 通过透射光谱 (上图) 和椭偏光谱 (下图) 得到的硅纳米晶的光吸收特性 [27]

图 4.24(a) 给出了椭偏测量的原始数据图，在能量较低时，我们可以观察到由干涉效应产生的振荡，这是由于在此波段，样品是透明的。振幅的突降表明产生了吸收。随着纳米晶尺寸的减小，带边发生显著的蓝移。

通过建立包含空气、粗糙表面层、由二氧化硅基质和硅纳米晶组成的有效介质层以及衬底共 4 层的光学模型，对椭偏参量进行拟合，比较拟合结果与测量结果，并不断调整优化，可以反推出纳米晶的光学特性。其介电函数如图 4.24(b) 所示，可以发现当尺寸大于 5 nm 时，纳米晶的介电函数保留了体材料的特征，而当尺寸小于 5 nm 时，E_1 跃迁变宽、变弱直至消失。通过透射光谱和椭偏光谱分别得到的硅纳米晶的光吸收特性定性一致，如图 4.24(c) 所示。曲线呈线性，表明其间接带隙特性，与横轴的截距表明随着尺寸的减小，纳米晶的基本带隙向高能方向移动。另外，通过分析所获得的介电函数，发现能量更高的带隙具有同样的移动规律。这些结论为研究量子限域效应对硅纳米晶带间光学跃迁的影响提供了重要依据。

2. 有机/生物材料表征

利用椭偏测量术可以对有机材料和生物材料进行表征。比如，可以对表面增强荧光效应研究中的有机隔离层进行厚度和均匀性的测量，从而为效应的物理机制研究和实际性能优化提供依据 [28]。还可以对 DNA 的链长和折射率进行测定 [29]。在硅基二氧化硅衬底上修饰连接分子 (linker)，然后固定单链 DNA。在固定 DNA 前，采用单波长消光式椭偏仪进行测量。硅衬底、二氧化硅层的光学常数采用已有报道的数值，由此可以获得连接分子的厚度和折射率。固定 DNA 后，将连接分子的折射率作为已知量，再次进行椭偏测量，即可获得 DNA 的厚度和折射率。采用这种方法，可以对 DNA 芯片的处理过程进行研究。非常类似地，通过测量相位差 Δ 的值，还可以实现对抗体的免疫吸附过程进行实时监控，如图 4.25 所示 [30]。

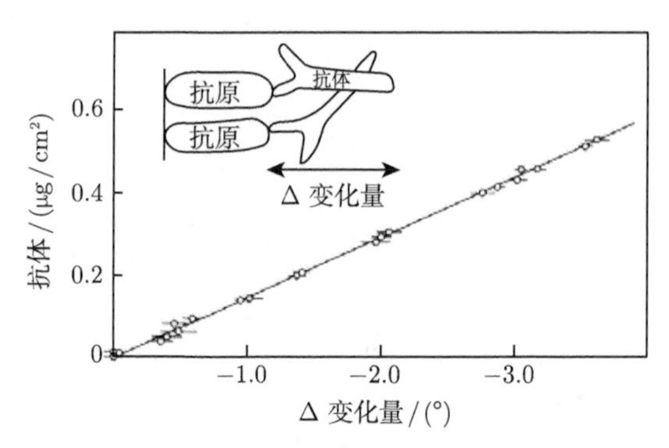

图 4.25　抗体吸附量与 Δ 变化量之间的关系 [30]

3. 微纳结构测量

利用椭偏测量术可以对纳米结构进行快速、低成本、非破坏性的测量，如光刻掩模光栅结构、纳米压印结构、刻蚀深沟槽结构等周期性纳米结构。比如，采用传统光谱型椭偏仪，测量待测结构零级衍射光偏振态的变化，通过与光学特性模型计算出的椭偏参量相比较，进而反演并提取出待测纳米结构的关键尺寸等参数。这种方法通过改变光波长和入射角两个测量条件，每组测量条件下获得两个参数，即振幅比和相位差。

还可以采用广义椭偏仪，即穆勒矩阵椭偏仪进行测量，可以改变光波长、入射角和方位角三个测量条件，每组测量条件下都可以获得一个 4×4 穆勒矩阵共

16 个参数，从而可以获得更为丰富的测量信息。

图 4.26(a) 展示了一种双旋转补偿器型穆勒矩阵成像椭偏仪 [31]。一方面能够获得全光谱成像穆勒矩阵测量数据，比传统光谱型椭偏仪测量的信息更加丰富，另一方面与成像技术结合，可以准确实时地重构整个视场区域内的三维显微形貌。利用该椭偏仪，可以实现对待测纳米结构几何参数的大面积测量。待测的硅基光栅模板及其断面的扫描电镜 (SEM) 图如图 4.26(b) 所示，这也是光学特性建模中采用的几何模型。图中长度 p_1，p_2 和角度 p_3 是需要测量的参数。对于这一结构，

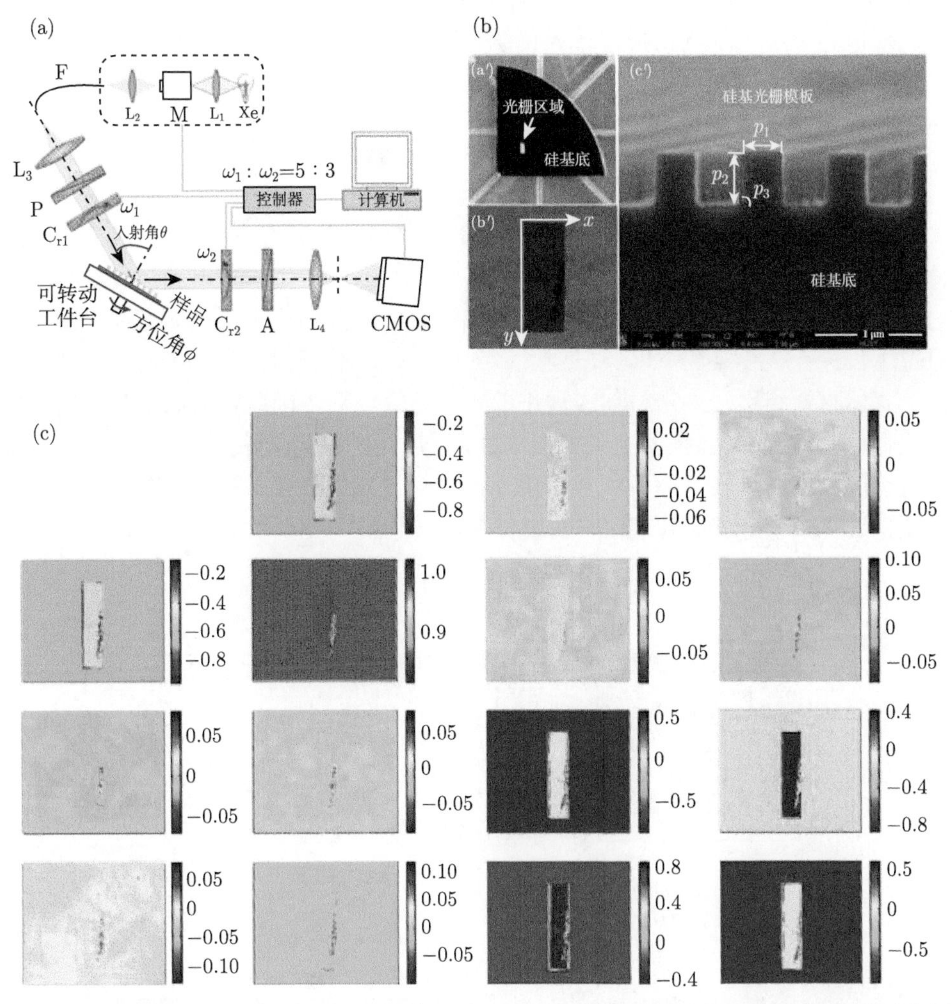

图 4.26 基于穆勒矩阵椭偏仪的纳米结构测量。(a) 一种基于双旋转补偿器型穆勒矩阵成像椭偏仪；(b) 待测硅基光栅模板的光学照片及其断面的扫描电镜图；(c) 硅基光栅模板在波长 500 nm 下测得的成像穆勒矩阵，其中矩形区域对应硅基光栅模板样品的光栅区域 [31]

采用严格耦合波分析方法 (rigorous coupled wave analysis, RCWA) 进行建模求解。根据所求得的零级衍射波的振幅系数计算出待测样品的琼斯矩阵，忽略退偏效应时可以转化为穆勒矩阵，进而从探测器每个像素点测得的穆勒矩阵光谱中反演并提取出结构参数。

图 4.26(c) 给出了波长 500 nm 时测得的成像穆勒矩阵，可以识别出硅基底上的光栅区域。由此可以选择分析区域，通过对该区域所有像素进行参数提取，重构三维显微形貌。

挑取 3 个像素点，将测得的顶部线宽 p_1、线高 p_2、侧壁角 p_3 等几何参数的测量值和不确定度与扫描电镜和传统穆勒矩阵椭偏仪的测量结果相比较，发现结果一致性很高。这说明采用本方法可以实现对大面积区域内的纳米结构进行快速、准确的测量。

4. 在线监测

原子层沉积 (atomic layer deposition, ALD) 在大规模集成电路、新型能源、催化剂、储能材料等方面具有重要的应用前景。薄膜的生长速率和厚度粒径分布对工艺控制和性能有极大影响。利用椭偏仪可以对沉积过程，比如金属钯薄膜的原位生长进行在线监测 [32]。

与体材料相比，纳米材料表现出的光学特性不同，因此需要确定合适的光学方程。为此，首先制备钯薄膜的标准样品，采用四探针测量法获得电阻率，利用透射电镜确认厚度，利用椭偏测试结果反推材料的光学方程。再利用光学方程对标样薄膜进行拟合，比较拟合的厚度值与电镜测量值。优化的模型参数如图 4.27(b) 所示。

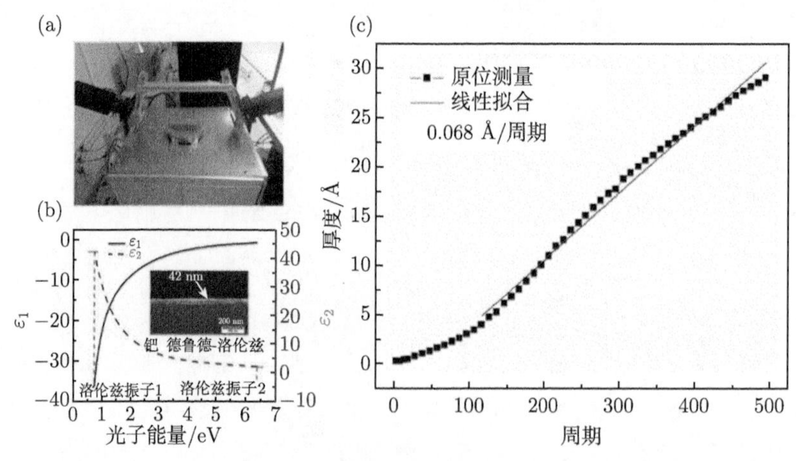

图 4.27　利用椭偏仪对 ALD 薄膜生长过程进行在线监测。(a) 实验装置；(b) 模型参数的具体组成；(c) 原位测得的薄膜厚度生长曲线 [32]

获得了理想的模型之后，对原位生长的薄膜进行椭偏测量。实验采用的装置如图 4.27(a) 所示，椭偏仪和腔体相结合，保证在薄膜反应腔体密闭的情况下，椭偏仪光路无障碍地通过，从而保证了原位测量的实现。利用优化的模型进行原位分析，可以获得如图 4.27(c) 所示的钯薄膜生长曲线，从而实现了对薄膜生长过程的实时监测。

4.5 受激发射损耗显微术

普通的远场光学显微镜受到光学衍射极限的限制。根据阿贝定律，分辨率仅能达到可见光波长的一半左右，一般在 200~300 nm。然而，为了监测很多重要的生理活动，我们往往需要几十纳米甚至更高的分辨率。比如，病毒一般在 100 nm 量级，蛋白质分子一般在 10 nm 量级，而一些小分子则往往在 1 nm 量级。为了实现对这些微小物质的观测，人们发展了多种技术，包括电子显微镜、近场光学显微镜等。然而这些技术存在各种局限性，比如对样品的破坏性较大，只能进行表面观测等，难以满足生物样品，特别是活体样品的观测需要。人们急需找到一种超越衍射极限的远场光学显微技术。

2014 年，三位科学家因在超分辨率荧光显微镜的发展中做出的贡献而被授予了诺贝尔化学奖，其中斯特凡•赫尔 (stefan Hell) 发明了受激发射损耗 (stimulated emission depletion, STED) 显微术。

4.5.1 受激发射损耗显微术的基本原理

远场光学显微技术受到衍射极限的限制，为了实现超分辨成像，面临的问题可以形象地表达为：如果你有一支粗笔，如何用它来画细线？

斯特凡 • 赫尔给出一个巧妙的答案：先画一条粗线，再用橡皮擦掉两边多余的部分。这就是 STED 显微术采用的基本原理。

普通的远场荧光显微镜使用聚焦的远场光束照射荧光分子。由于衍射效应的存在，样品上形成一个有限尺寸的光斑，光斑之内的荧光分子全部被激发并发出荧光。因此光斑内样品的细节特征无法被分辨。激发光斑的尺寸难以改变，但如果可以使光斑内周围区域的荧光分子处于某种暗态而不发光，那么探测器就只能检测到光斑中心附近处于亮态的荧光分子，这样就减小了样品的有效发光面积，从而突破了衍射极限的限制。

图 4.28 给出了荧光分子的雅布隆斯基 (Jablonski) 能级图，其中 S_0 代表电子基态，S_1 代表第一电子激发态。荧光分子吸收光子 (图中蓝线) 后，需要在激发态进行自发辐射发出荧光 (图中绿线)，因此激发态是亮态。在 STED 技术中，采用荧光分子的基态作为暗态，而强制荧光分子处于暗态的机制采用了受激发射。

当激发光光斑内的荧光分子吸收了激发光，处于激发态后，用另一束损耗光，也就是 STED 光束照射样品，使损耗光斑范围内的分子以受激发射的方式回到基态 (图中红线)，从而失去发出荧光的能力，即荧光猝灭 (fluorescence quenching)。这个过程就叫作受激发射损耗。只有损耗光强为零或较低的区域内的荧光分子，能够以自发发射的形式回到基态，发出荧光。这样就实现了有效发光面积的减小。

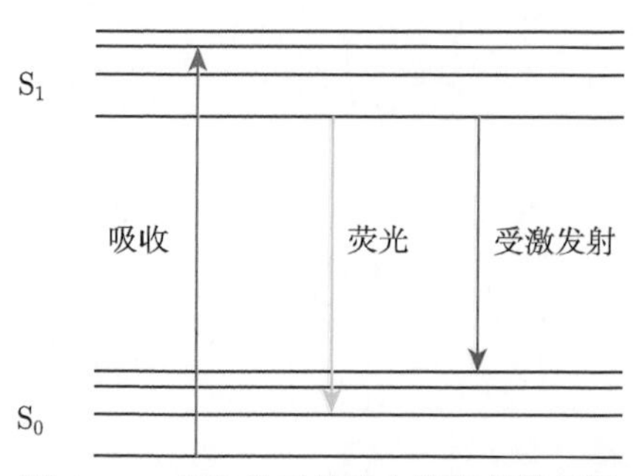

图 4.28　荧光分子的雅布隆斯基能级图

为了达到上述目的，损耗光聚焦后的光斑需要满足边缘光强较大而中心趋于零的条件。一般采用的是环形的空心光斑。如图 4.29(a) 所示，在绿色的衍射极限限制的激发光斑上，叠加一个红色所示的空心 STED 光斑，使边缘部分的荧光分子发生猝灭，最终能够发出荧光的分子只局限在光斑中心的位置，使有效发光面积减小 [33]。

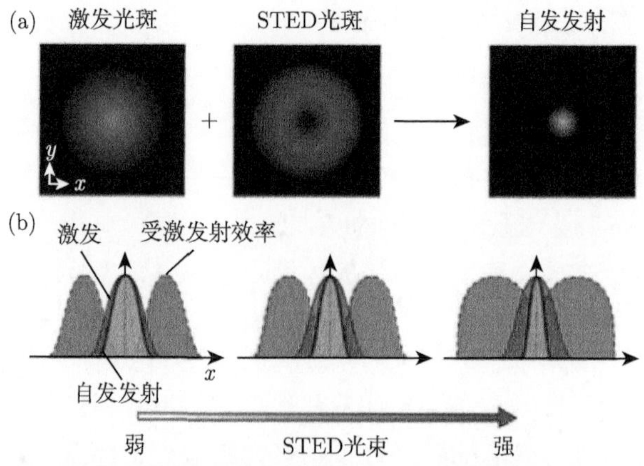

图 4.29　(a)STED 显微术的超分辨原理；(b) 受激发射的饱和效应使自发发射区域的面积减小 [33]

当 STED 光强超过某一阈值时，受激发射过程达到饱和，此时绝大多数处于激发态的荧光分子发生受激发射，而通过自发辐射产生的荧光可以忽略。从图 4.29(b) 我们可以看到，随着 STED 光束的增强，能够发生自发辐射的空心区域面积越来越小，因此通过增加 STED 光束的强度，理论上可以使分辨率无限提高。然而，在实际中，过高的 STED 光强会使荧光信噪比显著下降，还会带来严重的光漂白问题，这一问题我们将在后面继续讨论。

图 4.30(a) 形象地展示了传统光学扫描显微术和 STED 显微术在物平面、像平面上形成的光斑以及最终成像效果的区别 [34]。

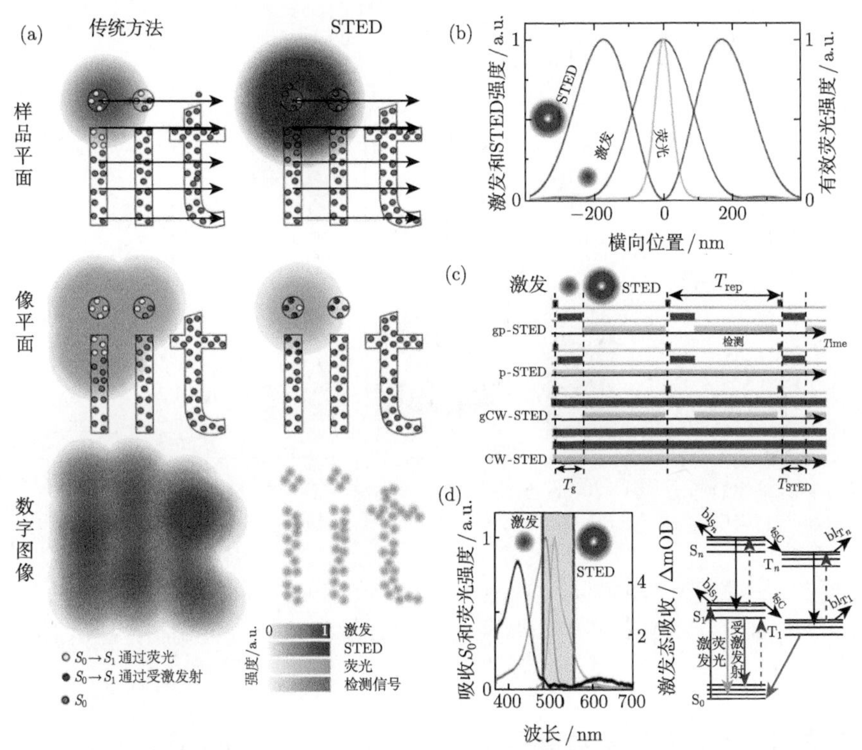

图 4.30　STED 显微术的原理。(a) 传统光学扫描显微术 (左列) 与 STED 显微术 (右列) 的比较；(b) 空间条件：激发光斑与 STED 光斑重合；(c) 时域条件：荧光分子处于第一电子激发单重态时施加 STED 光束，并在受激发射之后收集荧光信号。这里给出了门控脉冲 STED(gp-STED)、脉冲 STED(p-STED)、门控连续 STED(gCW-STED)、连续 STED(CW-STED) 四种模式的工作时序；(d) 光谱条件：STED 光束应促进受激发射而避免被吸收。左图给出了 eGFP 的基态吸收、激发态吸收和荧光光谱，右图是雅布隆斯基能级图，给出了 STED 显微术相关的跃迁 [34]

4.5.2　受激发射损耗显微术的关键问题

1. 空间条件——STED 光斑的产生

STED 显微术首先需要满足空间条件，即激发光斑的中心需要与另一个 STED 光斑的中心重合，如图 4.30(b) 所示。这里的一个关键问题是 STED 光斑的产生。

人们发现，使用图 4.31(a) 所示中心区域镀有氟化镁薄膜的 0/π 相位板对光束进行调制，可以使聚焦后的光斑呈现轴向中空的形式，从而实现轴向超分辨成像。采用类似的思路，用如图 4.31(b) 所示的 0/π 相位板对线偏振光进行调制，可以获得在横向上中空的光斑，采用两个相位分割线相互垂直的相位板对两束线偏振光进行调制，然后进行合成，可以获得横向二维超分辨成像。为了进一步简化结构，可以采用图 4.31(c) 所示 0~2π 涡旋相位板对圆偏振光进行调制，这样可以获得横向环形空心光斑。这种方法在目前获得了广泛的应用 [35]。

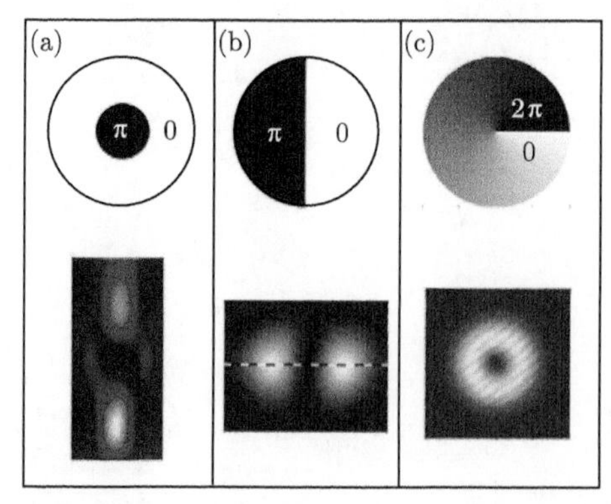

图 4.31　轴向和横向 STED 光斑。(a)0/π 相位板及其产生的轴向中空光斑；(b)0/π 相位板及其产生的横向中空光斑；(c)0~2π 涡旋相位板及其产生的横向环形空心光斑 [35]

当需要三维超分辨成像时，需要一个三维的空心光斑。如图 4.32 所示，把损耗光分成两路，分别用 0/π 相位板和 0~2π 涡旋相位板进行调制，然后进行非相

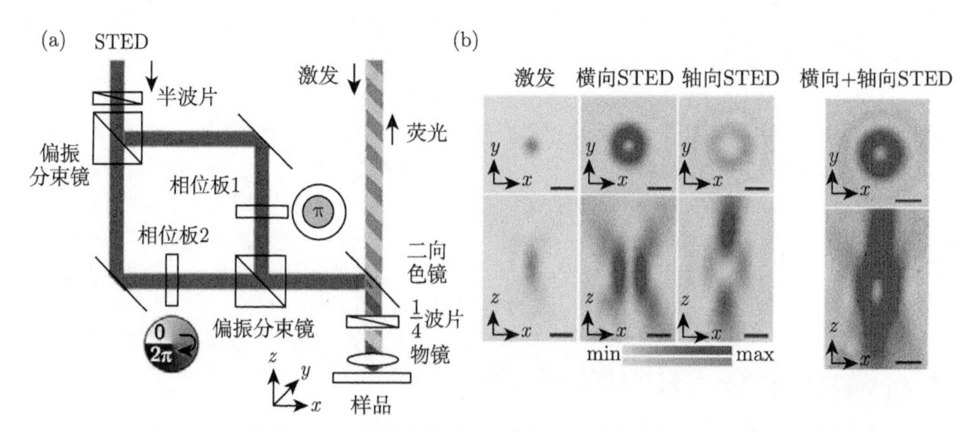

图 4.32　三维 STED 显微术。(a) 实验装置示意图；(b) 激发光束和 STED 光束的光斑强度分布的测量结果，标尺为 500 nm[36]

干叠加，即可获得三维的空心光斑[36]。这种方法比较简单，易于校准。另外，也可借助 4Pi 显微镜的架构来实现，获得更高的轴向分辨率，但结构较为复杂，成本较高。

2. 时域条件——工作时序

STED 显微术需要施加激发光束和 STED 光束，还需要荧光信号的探测，这三者之间工作时序的确定构成了 STED 的第二个关键问题。为了充分优化荧光猝灭的效果，需要在荧光发射之前使激发态分子发生受激发射，因此 STED 光束应该紧随在激发脉冲之后。STED 光束可以选择脉冲激光或者连续激光。图 4.30(c) 中的 p-STED 模式选择的是脉冲激光，早期常用钛蓝宝石脉冲激光器，后来也常用成本更低的光纤激光器等。通过将 STED 光束与激发光束进行时间同步和对准，可以获得很高的空间分辨率。

相对于脉冲激光，连续激光成本更低，无需同步和对准操作，并且能够覆盖更大的波长范围。但是连续激光的平均功率较低，在作用到样品上一段时间内，仍有一定数量的荧光分子发出荧光，导致分辨率降低。一般采用门控探测技术来解决这一问题。如图 4.30(c) 中的 gCW-STED 所示，在激发光作用一段时间 T_g 之后再采集荧光信号，确保 STED 光斑内的激发态分子都已通过受激发射的过程回到基态。这样，无须增加 STED 光强，只需延长 T_g，理论上即可无限提高分辨率，然而在实际当中，这一操作会使信号强度减弱，降低信噪比。一般将时延 T_g 设置为激发态寿命的一半。

时间门控技术也可以与脉冲 STED 激光结合使用，如图 4.30(c) 中的 gp-STED 所示。采用长脉冲 STED 激光，在脉冲结束之后即开始荧光的采集，可以避免高强度短脉冲 STED 激光对荧光分子或样品本身造成的损伤。

3. 光谱条件——波长的选择

STED 显微术的第三个关键问题是激发光与 STED 光波长的选择。如图 4.30(d) 所示，为了实现最佳的荧光激发，激发波长一般选择在荧光分子激发光谱的峰值波长附近。而如果将 STED 光波长也选择在激发光谱的峰值波长附近，STED 光束对荧光分子的重激发十分严重，导致猝灭效率降低。因此，一般将 STED 光波长选择在荧光分子发射光谱的长波拖尾处，从而降低重激发的概率，这是当前 STED 显微系统广泛采用的方案。

4. 光漂白的降低

光漂白是 STED 技术的一个重要限制因素。为了降低光漂白，采取了很多方案。我们前面已经提到了采用时间门控探测技术，结合长脉冲 STED 光束甚至连续 STED 光束，降低峰值强度以抑制光漂白；通过调整 STED 波长也可以抑制光漂白；还可以选择具有短三重态寿命的荧光分子以减小光漂白的发生概率。另外，还可以采用 RESCue-STED 和 Protected-STED 等技术，如图 4.33 所示。

图 4.33 给出了常规 STED、RESCue-STED 和 Protected-STED 三者的比较。在 RESCue-STED 技术中，对于每一个像素，首先确认在该区域是否存在荧光分子，如果不存在则停止成像，从而减少了无用的激发，降低了光漂白。Protected-STED 技术则首先使即将被高强度 STED 光照射的荧光分子提前处于另一个暗态，从而使其免于光漂白。通过在相同时间下所成的像可以看出，相对于常规 STED，RESCue-STED 和 Protected-STED 技术有效降低了光漂白。

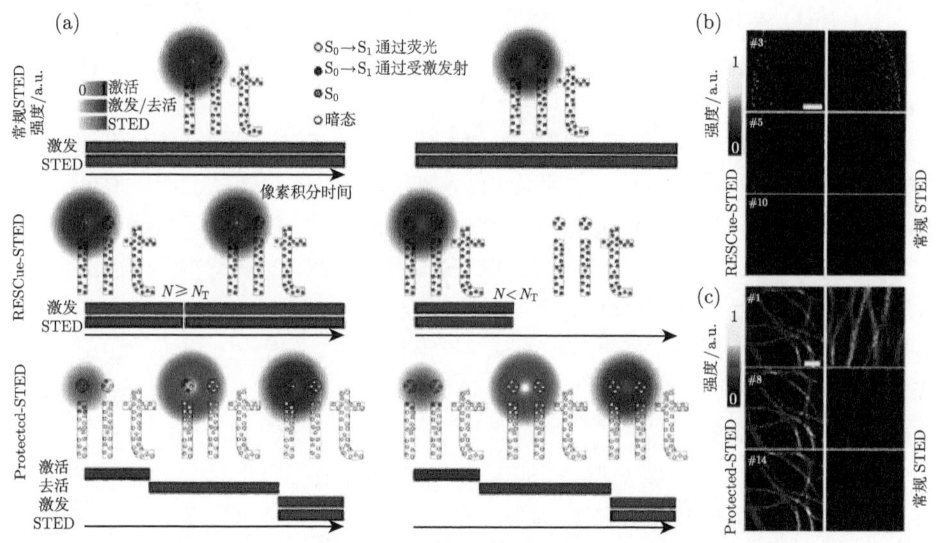

图 4.33　三种 STED 显微术的工作原理和成像比较。(a) 常规 STED(上图)、RESCue-STED(中图) 和 Protected-STED(下图) 的工作原理示意图。在 RESCue-STED 中，首先使用一小部分像素积分时间确定该亚衍射区域确实含有荧光分子，即在该小段时间内所收集的光子数 N 高于某阈值 N_T，否则在剩余时间内切断激光束。在 Protected-STED 中，首先使用一小部分像素积分时间驱动位于 STED 光斑区域内的荧光分子提前进入另一个暗态，使其脱离激发/退激发周期。(b)Vero 细胞中经免疫标记的核孔复合物亚基在常规 STED 和 RESCue-STED 显微术下的成像序列。(c) 活细胞在常规 STED 和 Protected-STED 显微术下的成像序列 [34]

4.5.3　受激发射损耗显微镜的系统组成

图 4.34 给出了 STED 显微成像系统的组成 [37]。典型的点扫描式 STED 系统一般由光源、光束耦合单元、扫描单元与成像单元等部分组成。在图 4.34 中，激光器 1 产生激发光束；激光器 2 产生 STED 光束，并经涡旋相位板调制产生环形光斑。利用二向色镜使激发光束和 STED 光束重合，然后通过扫描单元使光斑

在样品上扫描，从而实现成像。图 4.35 所示为一个 STED 显微成像系统实物图。

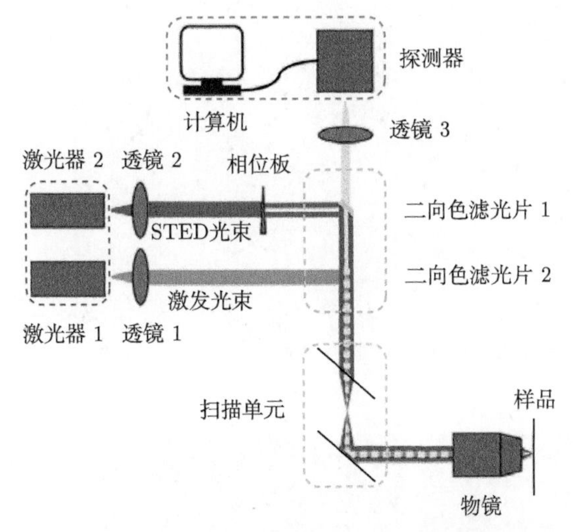

图 4.34 STED 显微成像系统组成示意图 [37]

图 4.35 STED 显微成像系统 (Leica TCS SP8 STED 3X) 实物图

4.5.4 受激发射损耗显微术的典型应用

经过二十多年的发展，STED 显微术以其超分辨显微成像的能力在多个领域中得到应用，包括细胞生物学、神经生物学、微生物学等。而除成像之外，受激发射损耗的思想还在一些其他领域得到创新的应用。下面分别进行简单介绍。

很多微小的亚细胞结构，如微管、线粒体、肌动蛋白等，以及细胞膜上某些微小区域，用常规的共聚焦荧光显微镜难以清晰地分辨，此时 STED 显微镜能够发挥重要作用。

比如，图 4.36(a) 所示为人结肠腺癌细胞 Caco2 顶端膜上的 f-肌动蛋白，左图是荧光共聚焦显微镜所成的像，右图是 STED 显微镜所成的像 [38]。我们可以

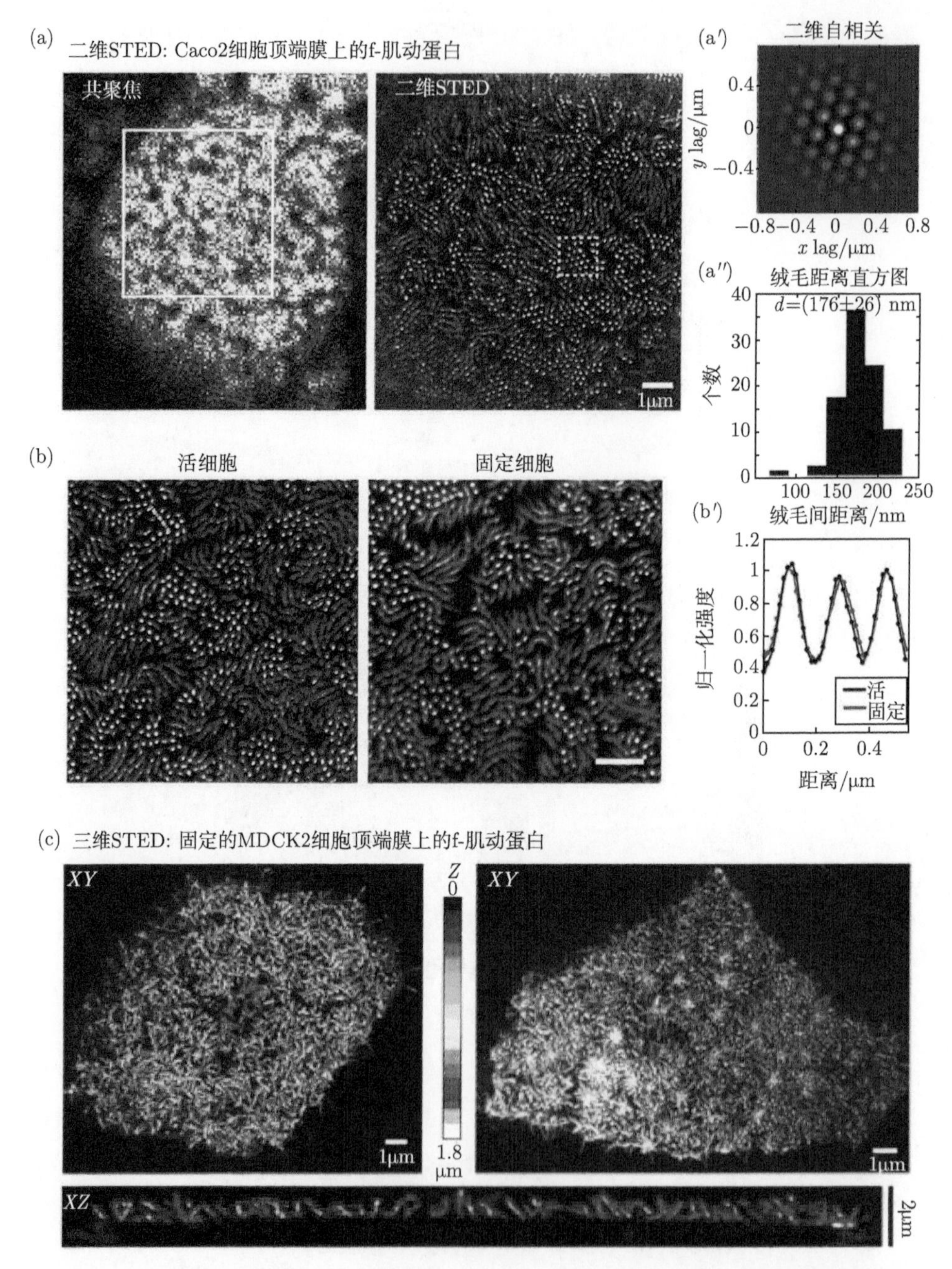

图 4.36　基于 STED 显微术的细胞膜成像。(a)Caco2 细胞单层的共聚焦和二维 STED 显微成像，(a′) 和 (a″) 表明 STED 显微术分辨出微绒毛的六边形堆积，平均绒毛间距约为 176 nm；(b) 在 STED 显微术下，活细胞与固定细胞的比较，(b′) 显示出 (b) 中绿线所标记区域的绒毛间距没有明显区别；(c) 固定的 MDCK2 细胞单层的三维 STED 显微成像，单个绒毛在三个维度上都得以良好分辨 [38]

明显地看到，在 STED 显微术所成的像中，膜上绒毛的肌动蛋白束清晰可见。绒毛堆积成岛状，彼此间有通道状空隙。可以看到在每个岛内部，绒毛组成有序的六边形阵列，并可以将绒毛的平均间距确定为 176 nm 左右。由于绒毛的紧密堆积，在共聚焦荧光显微镜所成的像中，上述细节信息是无法分辨的。由图 4.36(b)，我们可以看到活细胞和死细胞的微绒毛没有明显区别。

将沿横向和轴向的两个 STED 光斑结合起来，可以得到一个近似各向同性的超分辨检测点，从而实现三维超分辨成像。图 4.36(c) 给出了犬肾细胞 MDCK2 细胞的三维 STED 显微图像。我们可以看到在三个维度上，微绒毛都得以清晰地分辨。

脑科学技术研究是 21 世纪人类所面临的重大挑战。为了理解大脑的工作机制，需要对活体大脑的内部结构进行观察。图 4.37(b) 是利用 STED 显微术对活体小鼠脑组织进行观测的结果 [39]。通过记录不同时刻的超分辨显微图像，可以观察到树突棘形态的改变，如图 4.37(c) 所示。

图 4.37(e) 和 (f) 是对活体小鼠的神经突触进行观察。其中洋红色的部分是突触后膜支架蛋白 PSD-95。由图 4.37(g) 可知，STED 显微术的分辨率明显高于共聚焦显微术，因此，在 STED 显微镜下，我们可以看到在共聚焦荧光显微镜下所无法分辨的结构细节。

STED 显微术为微生物的成像提供了理想的途径。比如，病毒的尺寸一般在 30～150 nm，用 STED 显微术可以帮助我们研究病毒粒子上的细节信息 [40]。在图 4.38(b) 中，绿色部分显示的是 HIV 病毒粒子，橙色部分则是病毒包膜蛋白 Env。我们发现使用 STED 显微术，可以观察到 Env 蛋白在 HIV 病毒粒子上的分布情况，而用共聚焦荧光显微术则无法做到，如图 4.38(a) 所示。图 4.38(e) 则展示了 Env 蛋白在 HIV 病毒粒子上的不同分布形式，揭示了 HIV 病毒成熟程度和 Env 蛋白分布之间的关系：在成熟的 HIV 病毒中，Env 蛋白倾向于集中分布，这可能使病毒更容易感染其他细胞。

STED 显微术的思想还可以扩展到其他领域。比如，在半导体器件制造领域，如图 4.39(a) 所示的电子束光刻 (EBL) 技术以其纳米量级的分辨率广泛应用于高精度掩模版的制作。然而对于任意三维结构的制备，EBL 技术难以胜任。利用如图 4.39(b) 所示的聚焦激光光束有利于进行三维光刻，但存在远场衍射光斑尺寸受限的问题。这一问题可以借助 STED 显微术的思想来解决，如图 4.39(c) 所示 [41]。对合适的光敏树脂材料，进行双光束光刻。其中的刻写光束使材料发生光固化，这相当于 STED 显微术中的激发光束，而另一束中空的抑制光束用来破坏材料的光固化，这相当于 STED 显微术中的 STED 光束。这样，只有空心区域的材料发生了光固化，从而使光刻突破了远场光学衍射极限。

这一技术的关键在于所采用的光敏树脂材料。理想的材料应该具有大的双光子吸收截面、高机械强度和足够的光抑制效应。华中科技大学的甘棕松教授团队发明了满足上述要求的光敏树脂材料，他们借此演示了三维深亚衍射极限的光学光刻，其特征尺寸达 9 nm，双线分辨率为 52 nm。这一技术所展示的加工精度已可媲美电子束光刻，未来有望应用于集成电路的制造。

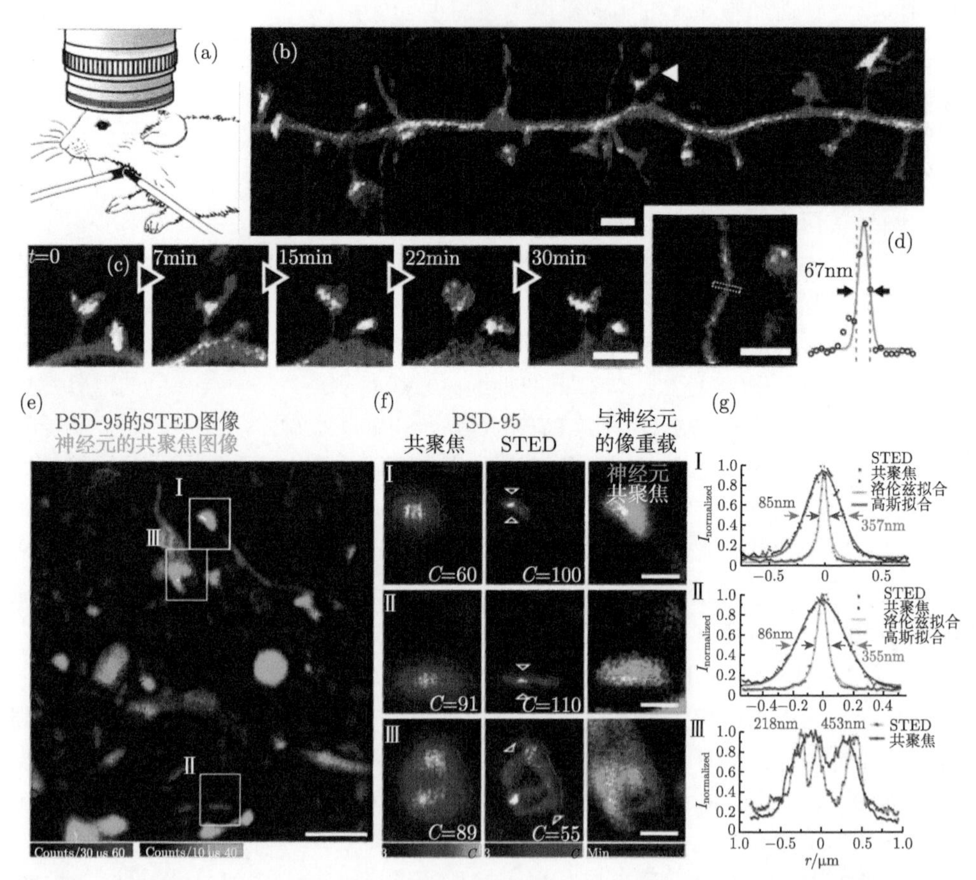

图 4.37　基于 STED 显微术的活体神经突触结构成像。(a) 活体 STED 成像装置示意图：使用高数值孔径的油浸物镜透过玻璃颅窗对皮质表面神经元进行成像，气管导管起到麻醉和通气的作用；(b)YFP 标记的皮层神经元树突部分的活体 STED 显微成像；(c) 延时图像序列描述了树突棘形态的动态变化过程；(d) 超分辨细胞结构的放大图像及尺寸表征；(e)PSD-95 的活体 STED 显微成像和神经元形态的互补共聚焦图像，紫色代表 PSD-95，绿色代表神经元，标尺为 2 μm；(f) 是 (e) 中方框放大后的图像，STED 图像能够揭示共聚焦图像中无法分辨的细节，标尺为 500 nm；(g) 为 (f) 中箭头所示结构半高全宽的比较，表明共聚焦显微术不足以分辨 PSD-95 集合体的结构细节 [39]

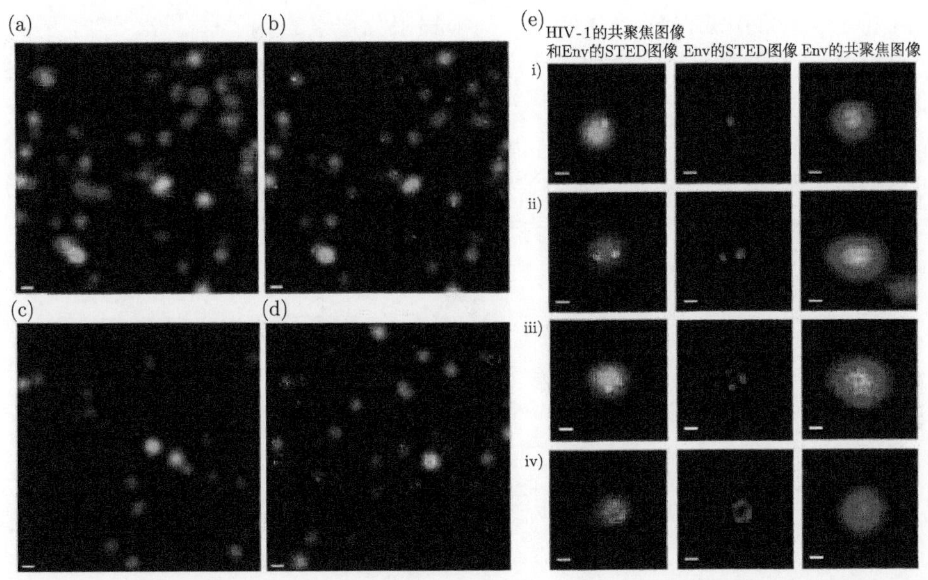

图 4.38 (a)~(d)HIV 病毒粒子及其包膜蛋白共定位，绿色代表病毒粒子的共聚焦成像，橙色代表病毒包膜蛋白 Env：(a) 成熟病毒粒子，其包膜蛋白信号用共聚焦模式采集；(b) 与 (a) 的视场相同，但包膜蛋白信号用 STED 模式采集；(c) 包膜蛋白阴性对照样本，其包膜蛋白信号用 STED 模式采集；(d) 未成熟病毒粒子，其包膜蛋白信号用 STED 模式采集。(e)HIV 病毒粒子上包膜蛋白的不同分布形式：每个粒子上包含的包膜蛋白数量由上至下依次为 1 个、2 个、3 个及多个 [40]

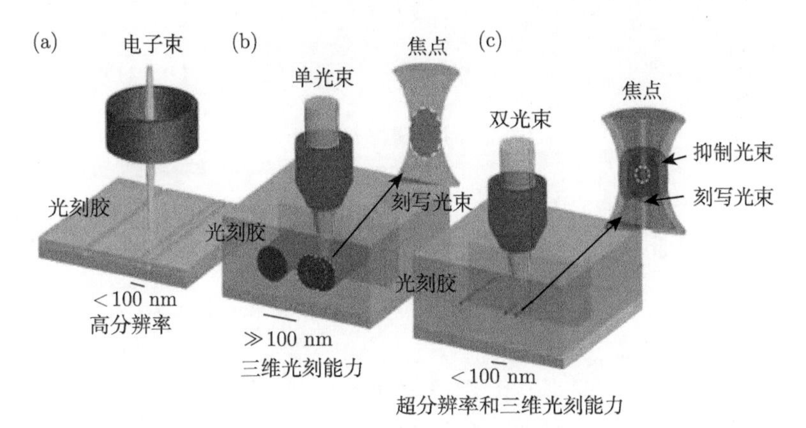

图 4.39 不同光刻技术的比较。(a) 电子束光刻可以实现 10~20 nm 的高分辨率，但无法用于三维制造；(b) 单光束光刻可以用于三维制造，但分辨率受到衍射极限的限制；(c) 双光束光刻兼具超分辨率和三维光刻的能力，插图所示为刻写光束和抑制光束的焦点 [41]

STED 显微术的思想也可以应用于高密度光存储领域 [42]。图 4.40 展示了利用一种称为可逆饱和光学荧光跃迁 (reversible saturable optical fluorescence transition, RESOLFT) 的方法实现亚衍射极限分辨率的光读写过程。这种方法的工作原理与 STED 显微术类似，用特定波长的激发光束和空心光束获得突破衍射极限的光斑，照射一种可以在开态和关态间来回切换上千次的绿色荧光蛋白，使光斑中的荧光蛋白处于开态，然后再用特定波长的高功率激光将这些处于开态的荧光蛋白永久漂白，从而实现亚衍射极限的写入。读取数据也采用相似的方式。与常规聚焦方式相比，该方法的读写密度提高了 4 倍。

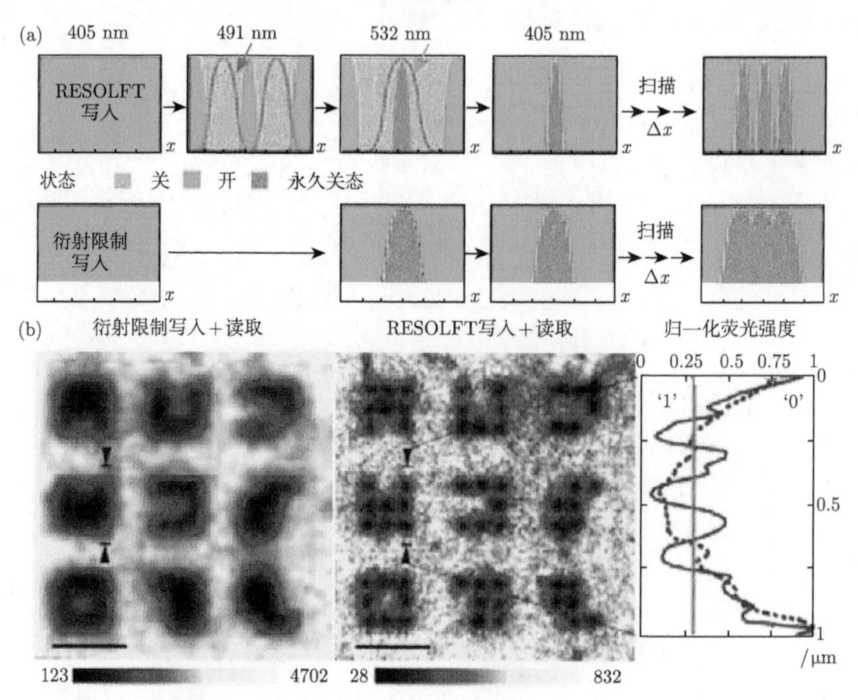

图 4.40 基于可逆饱和荧光跃迁方法的亚衍射极限分辨率的光学读写。(a) 上图是基于可逆饱和荧光跃迁方法的写入原理：用 491 nm 的空心光束将照射区域内的绿色荧光蛋白置于关态，只留下中心区域处于开态，接着用 532 nm 的光照射令开态分子发生光漂白，将其置于永久关态，再用 405 nm 的光将关态分子切换至开态，以进行下次写入。下图是基于传统衍射限制方法的写入原理。(b) 对一层固定的绿色荧光蛋白分子应用基于传统方法 (左图) 和可逆饱和荧光跃迁方法 (中图) 的读写结果，两个漂白点之间的距离均为 250 nm，其中箭头所示区域的归一化荧光信号在右图中给出，红色实线代表可逆饱和荧光跃迁方法，蓝色虚线代表传统共聚焦方法 [42]

4.6 总结与展望

本章我们学习了共聚焦显微术、白光干涉术、椭偏测量术和受激发射损耗显微术等几种常见的远场光学表征技术，对于每一种技术，分别从发展历程、基本原理、系统组成和典型应用等方面进行介绍。以下简要总结本章 4.2~4.5 节的内容。

4.2 节介绍了共聚焦显微术。从共轭针孔的基本结构出发，介绍了其空间滤波特性，并由此说明了其三维重建的独特能力。最后介绍了该技术的典型应用。

4.3 节介绍了白光干涉术。为了深入理解测量原理，介绍了光场的时间相干性和空间相干性，然后通过回顾单色光干涉引出了白光干涉现象，并说明了其条纹局域化的重要特征。最后介绍了利用白光干涉进行表面形貌测量的方法以及其他典型应用。

4.4 节介绍了椭偏测量术。从电磁场理论中的反射模型出发，介绍了椭偏测量的基本原理，接着从基本结构、椭偏参量获取方法和优缺点等方面对椭偏仪进行了分类介绍，最后介绍了椭偏测量术的典型应用。

4.5 节介绍了受激发射损耗显微术。从基本原理出发，介绍了受激发射损耗显微术中的空间条件、时间条件、光谱条件、光漂白的降低方法等几个关键问题，并举例说明了其典型应用，特别是在光刻、光存储等其他领域中，STED 思想的运用极具启发性。

与近场光学以及其他表征技术相比，远场光学表征技术具有工作距离远、非接触及无损检测等优点，在多个领域中具有广泛的应用。同时，远场光学表征技术也可与其他技术联用以取得更好的效果，比如将 STED 显微术与 X 射线扫描衍射 [43]、AFM[44,45] 等技术相结合，有助于提升成像质量，探究生物样品内不同结构之间的联系。掌握远场光学表征技术的基本原理，并了解其常见应用，可为后续章节的学习以及未来的科学研究提供技术基础。

习　题

4.1　简述共聚焦显微术提高信噪比的原理。

4.2　简述利用荧光漂白恢复效应测量活细胞动力学参数的原理。

4.3　简述白光干涉仪中几种常用显微物镜的结构特点和优缺点。

4.4　什么是时间相干性和空间相干性？如何理解它们的本质？

4.5　在白光干涉测量中，当扫描步长接近相干包络宽度时，采样数据将不可用。你将如何解决这一问题？

4.6　请根据图 4.22(b)，推导三层模型中的总反射系数 r_{012}(式 (4.14))。

4.7　在消光式椭偏仪中，如果起偏器方位角$\theta_{\mathrm{P}}=90^\circ$，补偿器方位角$\theta_{\mathrm{C}}=45^\circ$，样品的椭偏参量为 $(45^\circ, 90^\circ)$，计算发生消光时，检偏器方位角θ_{A} 的值。

4.8　简述利用测量得到的椭偏参量求解薄膜参数的方法。

4.9　简述受激发射损耗显微术的基本原理。

4.10　简述受激发射损耗显微术中为降低光漂白现象可以采用的方法。

参 考 文 献

[1] Shotton D M. Confocal scanning optical microscopy and its applications for biological specimens[J]. Journal of Cell Sciences, 1989, 94: 175-206.

[2] Claxton N S, Fellers T J, Davidson M W. Laser scanning confocal microscopy[J]. Encyclopedia of Medical Devices and Instrumentation, 2006, 21(1): 1-37.

[3] Zong S, Chen C, Zhang Y, et al. An innovative strategy to obtain extraordinary specificity in immunofluorescent labeling and optical super resolution imaging of microtubules[J]. RSC Advances, 2017, 7(63): 39977-39988.

[4] Li J, Zong S, Wang Z, Cui Y. "Blinking" silica nanoparticles for optical super resolution imaging of cancer cells[J]. RSC Advances, 2017, 7(63): 48738-48744.

[5] Everall N J. Confocal Raman microscopy: performance, pitfalls, and best practice[J]. Applied Spectroscopy, 2009, 63(9): 245A-262A.

[6] Haefele T F, Paulus K. Confocal Raman microscopy in pharmaceutical development[M] //Confocal Raman Microscopy. Berlin: Springer, 2010: 165-202.

[7] Maxwell J C. A Treatise on Electricity and Magnetism[M]. Oxford: Clarendon Press, 1873.

[8] Balsuramanian N. Optical system for surface topography measurement. U.S. Patent No. 4340306, 1980.

[9] Kino G S, Chim S S. Mirau correlation microscope[J]. Applied Optics, 1990, 29(26): 3775-3783.

[10] Ida N, Meyendorf N. Handbook of Advanced Nondestructive Evaluation[M]. Cham, Switzerland: Springer International Publishing, 2019.

[11] Baryshev S V, Zinovev A V, Tripa C E, et al. White light interferometry for quantitative surface characterization in ion sputtering experiments[J]. Applied Surface Science, 2012, 258(18): 6963-6968.

[12] Giraldez M J, García-Resúa C, Lira M, et al. White light interferometry to characterize the hydrogel contact lens surface[J]. Ophthalmic and Physiological Optics, 2010, 30(3): 289-297.

[13] Thouvenin O, Apelian C, Nahas A, et al. Full-field optical coherence tomography as a diagnosis tool: Recent progress with multimodal imaging[J]. Applied Sciences, 2017, 7(3): 236.

[14] Drude P. Ueber die Gesetze der Reflexion und Brechung des Lichtes an der Grenze absorbirender Krystalle[J]. Annalen der Physik, 1887, 268(12): 584-625.

[15] Drude P. Bestimmung der optischen Constanten der Metalle[J]. Annalen der Physik, 1890, 275(4): 481-554.

[16] Rothen A. The ellipsometer, an apparatus to measure thicknesses of thin surface films[J]. Review of Scientific Instruments, 1945, 16(2): 26-30.

[17] Aspnes D E, Studna A A. High precision scanning ellipsometer[J]. Applied Optics, 1975, 14(1): 220-228.

[18] Beaglehole D. Performance of a microscopic imaging ellipsometer[J]. Review of Scientific Instruments, 1988, 59(12): 2557-2559.

[19] Schubert M, Rheinländer B, Woollam J A, et al. Extension of rotating-analyzer ellipsometry to generalized ellipsometry: determination of the dielectric function tensor from uniaxial TiO_2[J]. Journal of the Optical Society of America A, 1996, 13(4): 875-883.

[20] 肖国辉. 多波长消光式椭偏测量技术研究 [D]. 广州: 华南师范大学, 2009.

[21] 孟永宏, 靳刚. 椭偏光学显微成像系统中的图像采集及处理技术 [J]. 光学精密工程, 2000, 8(4): 316-320.

[22] 李伟奇. 高精度宽光谱穆勒矩阵椭偏仪研制与应用研究 [D]. 武汉: 华中科技大学, 2016.

[23] Fujiwara H. Spectroscopic Ellipsometry: Principles and Applications[M]. New York: John Wiley & Sons, 2007.

[24] 朱绪丹, 张荣君, 郑玉祥, 等. 椭圆偏振光谱测量技术及其在薄膜材料研究中的应用 [J]. 中国光学, 2019, 12(6): 1195-1234.

[25] Jin G, Jansson R, Arwin H. Imaging ellipsometry revisited: developments for visualization of thin transparent layers on silicon substrates[J]. Review of Scientific Instruments, 1996, 67(8): 2930-2936.

[26] 宋国志. 宽光谱椭偏仪在集成电路中的研究与应用 [D]. 成都: 电子科技大学, 2014.

[27] Alonso M I, Marcus I C, Garriga M, et al. Evidence of quantum confinement effects on interband optical transitions in Si nanocrystals[J]. Physical Review B, 2010, 82(4): 045302.

[28] Zhang R, Jin Z, Tian Z, et al. A straightforward and sensitive "ON–OFF" fluorescence immunoassay based on silicon-assisted surface enhanced fluorescence[J]. RSC Advances, 2021, 11(13): 7723-7731.

[29] Gray D E, Case-Green S C, Fell T S, et al. Ellipsometric and interferometric characterization of DNA probes immobilized on a combinatorial array[J]. Langmuir, 1997, 13(10): 2833-2842.

[30] Jönsson U, Malmqvist M, Ronnberg I. Adsorption of immunoglobulin G, protein A, and fibronectin in the submonolayer region evaluated by a combined study of ellipsometry and radiotracer techniques[J]. Journal of Colloid and Interface Science, 1985, 103(2): 360-372.

[31] 陈修国, 袁奎, 杜卫超, 等. 基于 Mueller 矩阵成像椭偏仪的纳米结构几何参数大面积测量 [J]. 物理学报, 2016, 65(7): 070703.

[32] 周雪琪. 原子层沉积薄膜的椭偏仪模型研究 [D]. 武汉: 华中科技大学, 2015.

[33] Yamanaka M, Smith N I, Fujita K. Introduction to super-resolution microscopy[J]. Microscopy, 2014, 63(3): 177-192.

[34] Vicidomini G, Bianchini P, Diaspro A. STED super-resolved microscopy[J]. Nature Methods, 2018, 15(3): 173-182.

[35] 李帅, 匡翠方, 丁志华, 等. 受激发射损耗显微术 (STED) 的机理及进展研究 [J]. 激光生物学报, 2013, 2: 103-113.

[36] Harke B, Ullal C K, Keller J, et al. Three-dimensional nanoscopy of colloidal crystals[J]. Nano Letters, 2008, 8(5): 1309-1313.

[37] 王佳林, 严伟, 张佳, 等. 受激辐射损耗超分辨显微成像系统研究的新进展 [J]. 物理学报, 2020, 69(10): 108702.

[38] Maraspini R, Wang C H, Honigmann A. Optimization of 2D and 3D cell culture to study membrane organization with STED microscopy[J]. Journal of Physics D: Applied Physics, 2019, 53(1): 014001.

[39] Calovi S, Soria F N, Tønnesen J. Super-resolution STED microscopy in live brain tissue[J]. Neurobiology of Disease, 2021, 156: 105420.

[40] Chojnacki J, Staudt T, Glass B, et al. Maturation-dependent HIV-1 surface protein redistribution revealed by fluorescence nanoscopy[J]. Science, 2012, 338(6106): 524-528.

[41] Gan Z, Cao Y, Evans R A, et al. Three-dimensional deep sub-diffraction optical beam lithography with 9 nm feature size[J]. Nature Communications, 2013, 4(1): 1-7.

[42] Grotjohann T, Testa I, Leutenegger M, et al. Diffraction-unlimited all-optical imaging and writing with a photochromic GFP[J]. Nature, 2011, 478(7368): 204-208.

[43] Bernhardt M, Nicolas J D, Osterhoff M, et al. Correlative microscopy approach for biology using X-ray holography, X-ray scanning diffraction and STED microscopy[J]. Nature Communications, 2018, 9: 3641.

[44] Harke B, Chacko J V, Haschke H, et al. A novel nanoscopic tool by combining AFM with STED microscopy[J]. Optical Nanoscopy, 2012, 1: 3.

[45] Chacko J V, Canale C, Harke B, et al. Sub-diffraction nano manipulation using STED AFM[J]. PloS One, 2013, 8(6): e66608.

第 5 章　等离激元光学

本章将介绍近几十年来快速发展的现代光学前沿——等离激元光学。依赖于共振结构中光与物质相互作用所产生的表面电磁模式，可以将电磁场局域在亚波长尺度内，因此在信息传输、光学传感、光电探测、显示等领域有着广泛的应用。

5.1　背景介绍

作为纳米光子学的重要组成部分，等离激元光学提供了一种将电磁场限制在亚波长尺度的方法，并由于金属界面或金属纳米结构中电磁辐射与传导电子之间的相互作用而产生增强的光学近场。作为等离激元光学的重要组成部分，表面等离极化激元 (surface plasmon polariton) 和局域表面等离激元 (localized surface plasmon) 的身影早在 20 世纪就引起了研究者们的关注。索末菲 (Sommerfeld) 和泽内克 (Zenneck) 在研究导体界面无线电波的传播时，建立了表面波的数学模型 [1,2]。1902 年，Wood 在观测可见光在金属光栅上的反射光谱时发现了光谱强度的异常下降。1968 年，克雷茨曼和 Raether 利用棱镜耦合装置实现了基于可见光的索末菲表面波 (Sommerfeld surface wave) 的激发，并利用表面等离极化激元的概念对实验现象进行了解释 [3]。局域表面等离激元的历史则可以追溯到古罗马时期，当时的艺术家已经掌握用金属纳米颗粒给玻璃染色的方法，而其颜色生成的机理则与颗粒上局域表面等离激元的激发密不可分。本章将针对可见光波段中的表面等离极化激元和局域等离激元的物理概念和激励方式进行介绍，并探讨等离激元光学在增强透射、表面增强拉曼散射 (surface enhanced Raman scattering) 和传感等领域的应用。

5.2　金属/绝缘体界面的表面等离极化激元

表面等离极化激元是一种在介质和导体之间的界面上传播的电磁激励，其本质是一种由导体中电子振荡产生的等离子体与电磁场之间耦合生成的电磁表面波，并在与传播方向垂直的方向上呈现倏逝波特性。本节将从波动方程 (wave equation) 出发，对单一界面和多层体系中表面等离极化激元的基本原理进行介绍。

5.2.1　波动方程

考虑导体与介质之间的平坦界面，当外部电荷、电流密度和介电常量在波长量级上随距离的变化均可以忽略时，由麦克斯韦方程可推导出亥姆霍兹方程

$$\nabla^2 \boldsymbol{E} + k_0^2 \varepsilon \boldsymbol{E} = 0 \tag{5.1}$$

其中，$k_0=\omega/c$ 是真空中的波矢，这里ω 为角频率，c 为光速；ε 为介电常量。对于最简单的一维情况，假设光场沿着笛卡儿坐标系的 x 方向传播，且在与传播方向垂直的 y 方向无空间变化，则有$\varepsilon = \varepsilon(z)$。此时，界面处 $(z = 0)$ 的传播场可写为 $\boldsymbol{E}(x, y, z) = \boldsymbol{E}(z)\mathrm{e}^{\mathrm{i}\zeta x}$，其中复数$\zeta = k_x$ 为传播常数 (propagation constant)，对应于波矢在传播方向上的分量。将传播场的表达式代入 (5.1) 式可得波动方程

$$\frac{\partial^2 \boldsymbol{E}(z)}{\partial z^2} + \left(k_0^2 \varepsilon - \zeta^2\right) \boldsymbol{E} = 0 \tag{5.2}$$

由于磁场 $\boldsymbol{H}$ 也存在类似的方程，利用谐波的时间依赖性，可得耦合方程

$$\begin{cases} \dfrac{\partial E_z}{\partial y} - \dfrac{\partial E_y}{\partial z} = \mathrm{i}\omega\mu_0 H_x \\ \dfrac{\partial E_x}{\partial z} - \dfrac{\partial E_z}{\partial x} = \mathrm{i}\omega\mu_0 H_y \\ \dfrac{\partial E_y}{\partial x} - \dfrac{\partial E_x}{\partial y} = \mathrm{i}\omega\mu_0 H_z \\ \dfrac{\partial H_z}{\partial y} - \dfrac{\partial H_y}{\partial z} = -\mathrm{i}\omega\varepsilon_0\varepsilon E_x \\ \dfrac{\partial H_x}{\partial z} - \dfrac{\partial H_z}{\partial x} = -\mathrm{i}\omega\varepsilon_0\varepsilon E_y \\ \dfrac{\partial H_y}{\partial x} - \dfrac{\partial H_x}{\partial y} = -\mathrm{i}\omega\varepsilon_0\varepsilon E_z \end{cases} \tag{5.3}$$

对于沿 x 方向传播且在 y 方向保持同性的电磁波，上述方程可简化为

$$\begin{cases} \dfrac{\partial E_y}{\partial z} = -\mathrm{i}\omega\mu_0 H_x \\ \dfrac{\partial E_x}{\partial z} - \mathrm{i}\zeta E_z = \mathrm{i}\omega\mu_0 H_y \\ \mathrm{i}\zeta E_y = \mathrm{i}\omega\mu_0 H_z \\ \dfrac{\partial H_y}{\partial z} = \mathrm{i}\omega\varepsilon_0\varepsilon E_x \\ \dfrac{\partial H_x}{\partial z} - \mathrm{i}\zeta H_z = -\mathrm{i}\omega\varepsilon_0\varepsilon E_y \\ \mathrm{i}\zeta H_y = -\mathrm{i}\omega\varepsilon_0\varepsilon E_z \end{cases} \tag{5.4}$$

由此可见，该物理体系中存在两种不同偏振态的传播场，即横磁模式 (电场有 x 和 z 分量，而磁场只存在 y 分量) 和横电模式 ((transverse electric mode, TE mode) 电场只存在 y 分量，而磁场则有 x 和 z 分量)。

对于横磁模式，(5.4) 式可简化为

$$\begin{cases} E_x = -\mathrm{i}\dfrac{1}{\omega\varepsilon_0\varepsilon}\dfrac{\partial H_y}{\partial z} \\ E_z = -\dfrac{\zeta}{\omega\varepsilon_0\varepsilon}H_y \end{cases} \tag{5.5}$$

横磁模式的波动方程为

$$\frac{\partial^2 H_y}{\partial z^2} + \left(k_0^2\varepsilon - \zeta^2\right) H_y = 0 \tag{5.6}$$

对于横电模式则有

$$\begin{cases} H_x = \mathrm{i}\dfrac{1}{\omega\mu_0}\dfrac{\partial E_y}{\partial z} \\ H_z = \dfrac{\zeta}{\omega\mu_0}E_y \end{cases} \tag{5.7}$$

其波动方程为

$$\frac{\partial^2 E_y}{\partial z^2} + \left(k_0^2\varepsilon - \zeta^2\right) E_y = 0 \tag{5.8}$$

5.2.2 单一界面的表面等离极化激元

图 5.1(a) 为支持表面等离极化激元传播的最简单结构，即非吸收型介质 (介电常量 ε_2) 半空间 ($z > 0$) 与相邻导体 (介电常量 $\varepsilon_1(\omega)$) 半空间 ($z < 0$) 之间的平面界面。考虑横磁模式，由 (5.5) 式可得 $z > 0$ 半空间内的电场和磁场为

$$\begin{cases} H_y(z) = A_2\mathrm{e}^{\mathrm{i}\zeta x}\mathrm{e}^{-k_2 z} \\ E_x(z) = -\mathrm{i}A_2\dfrac{1}{\omega\varepsilon_0\varepsilon_2}k_2\mathrm{e}^{\mathrm{i}\zeta x}\mathrm{e}^{-k_2 z} \\ E_z(z) = -A_1\dfrac{\zeta}{\omega\varepsilon_0\varepsilon_2}\mathrm{e}^{\mathrm{i}\zeta x}\mathrm{e}^{-k_2 z} \end{cases} \tag{5.9}$$

而 $z < 0$ 半空间内的电场和磁场为

$$\begin{cases} H_y(z) = A_1\mathrm{e}^{\mathrm{i}\zeta x}\mathrm{e}^{k_1 z} \\ E_x(z) = -\mathrm{i}A_1\dfrac{1}{\omega\varepsilon_0\varepsilon_1}\mathrm{e}^{\mathrm{i}\zeta x}\mathrm{e}^{k_1 z} \\ E_z(z) = -A_1\dfrac{\zeta}{\omega\varepsilon_0\varepsilon_1}\mathrm{e}^{\mathrm{i}\zeta x}\mathrm{e}^{k_1 z} \end{cases} \tag{5.10}$$

其中，$k_i = k_{z,i}$ $(i = 1, 2)$ 为表面等离极化激元在不同媒介中垂直于界面的波矢分量，其倒数值 $(1/|k_z|)$ 可用来对局域场的约束性进行量化，即局域场在垂直于界面方向上的衰减长度。

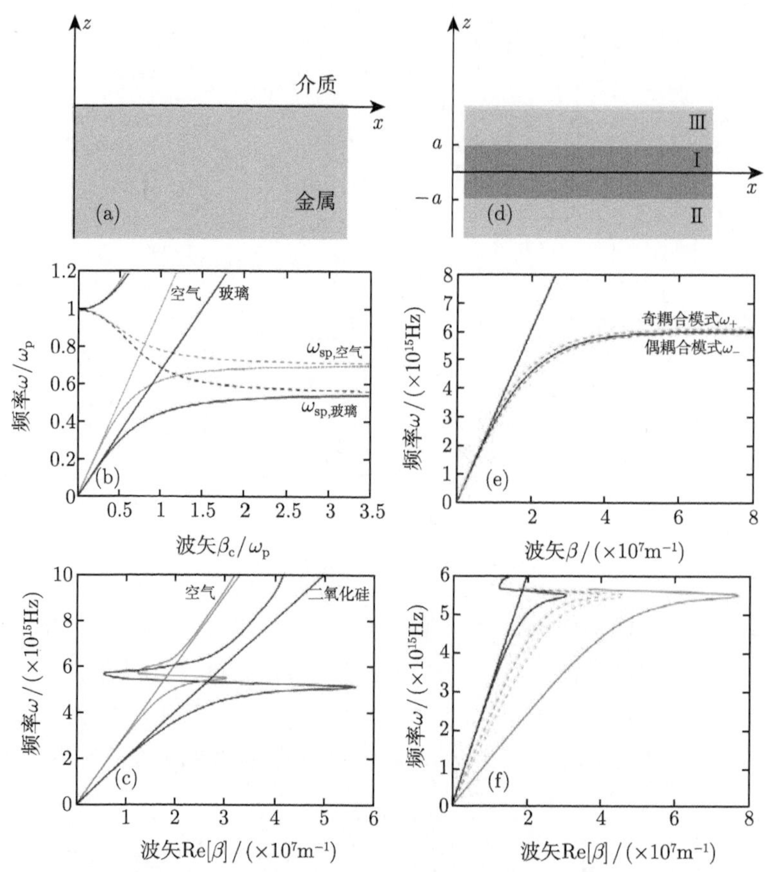

图 5.1　(a) 金属/介质界面上传播的表面等离极化激元的结构示意图；(b) 理想金属/空气和理想金属/二氧化硅界面处表面等离极化激元的色散关系；(c) 银/空气和银/二氧化硅界面处表面等离极化激元的色散关系；(d) 多层体系中的表面等离极化激元，由两个无限半空间 (II 和 III) 和中间薄层 (I) 所组成的三层体系；(e) 空气/银/空气多层体系中耦合表面等离极化激元模式的色散关系，包含了 50 nm(绿色折线) 两种不同厚度的银芯层，并给出了单一银/空气界面上表面等离极化激元的色散关系 (红色曲线) 和空气中光子的色散关系 (红色直线)；(注：忽略了银的损耗。)(f) 银/空气/银多层体系中耦合表面等离极化激元模式的色散关系，包含了 100 nm(绿色折线)、50 nm(橘色折线) 和 25 nm(蓝色曲线) 厚度的空气芯层，并给出了单一银/空气界面上表面等离极化激元的色散关系 (红色曲线) 和空气中光子的色散关系 (红色直线)

根据 H_y 和 $\varepsilon_i E_z$ 在界面处的连续性，可得 $A_1 = A_2$，$k_2/k_1 = -\varepsilon_2/\varepsilon_1$。根据

(5.9) 式中指数部分符号的使用惯例，对于 $\varepsilon_2 > 0$ 的介质材料，模式的局域性则要求 $\mathrm{Re}[\varepsilon_1] < 0$。因此，表面波仅存在于介电常量实部符号相反的两种材料之间的界面，即导体和绝缘体之间的界面。此外，H_y 还必须满足波动方程 (5.6)，可得

$$\begin{cases} k_1^2 = \zeta^2 - k_0^2\varepsilon_1 \\ k_2^2 = \zeta^2 - k_0^2\varepsilon_2 \end{cases} \tag{5.11}$$

由此，可以得到传播界面上传播的表面等离极化激元的色散关系 (dispersion relation)

$$\zeta = k_0\sqrt{\frac{\varepsilon_1\varepsilon_2}{\varepsilon_1 + \varepsilon_2}} \tag{5.12}$$

需要注意的是，该色散关系对无衰减和有衰减的导体材料均适用。

我们可以用类似的方法去分析横电偏振的表面波模式。基于 (5.7) 式和 (5.8) 式，$z > 0$ 半空间的场分量可表示为

$$\begin{cases} E_y(z) = A_2 \mathrm{e}^{\mathrm{i}\zeta x}\mathrm{e}^{-k_2 z} \\ H_x(z) = -\mathrm{i}A_2 \dfrac{1}{\omega\mu_0} k_2 \mathrm{e}^{\mathrm{i}\zeta x}\mathrm{e}^{-k_2 z} \\ H_z(z) = A_2 \dfrac{\zeta}{\omega\mu_0} \mathrm{e}^{\mathrm{i}\zeta x}\mathrm{e}^{-k_2 z} \end{cases} \tag{5.13}$$

而 $z < 0$ 半空间内的电场和磁场为

$$\begin{cases} E_y(z) = A_1 \mathrm{e}^{\mathrm{i}\zeta x}\mathrm{e}^{k_1 z} \\ H_x(z) = \mathrm{i}A_1 \dfrac{1}{\omega\mu_0} k_1 \mathrm{e}^{\mathrm{i}\zeta x}\mathrm{e}^{k_1 z} \\ H_z(z) = A_1 \dfrac{\zeta}{\omega\mu_0} \mathrm{e}^{\mathrm{i}\zeta x}\mathrm{e}^{k_1 z} \end{cases} \tag{5.14}$$

根据界面处 E_y 和 H_x 的连续性，可得 $A_1(k_1 + k_2) = 0$。由于表面模式的局域性需要 $\mathrm{Re}[k_1] > 0$ 和 $\mathrm{Re}[k_2] > 0$，可见只有当 $A_1 = 0$ 时才能够满足该条件，并可得 $A_2 = A_1 = 0$。因此，横电偏振不会支持表面模式。换句话说，表面等离极化激元仅存在于横磁偏振。

接下来，我们将通过表面等离极化激元的色散关系去进一步揭示它们的性质。考虑无损耗的理想金属与空气 ($\varepsilon_2 = 1$) 和二氧化硅 ($\varepsilon_2 = 2.25$) 之间的界面，图 5.1(b) 给出了相应的表面等离极化激元的色散关系。图中纵坐标的频率ω 对等离子体频率ω_p 进行了归一化，而传播常数ζ 的实部和虚部用连续曲线和断裂曲线

分别表示。值得注意的是，图 5.1(b) 中灰色和黑色的直线分别为空气和二氧化硅中光子的色散关系，而由曲线所表示的表面等离极化激元的色散曲线始终位于相应媒介中光子色散曲线的右侧。由于光子与表面等离极化激元之间存在相位失配，所以无法用三维光场直接激发平面界面上的表面等离极化激元。此外，除了束缚的表面模式之外，$\omega > \omega_p$ 的透明区域还存在着向金属区域的辐射模式。在束缚模式与辐射模式之间的间隙区域，该频率范围内的传播常数ζ 为纯虚数，意味着模式无法传播。在低频 (中红外或者更低) 区域，表面等离极化激元的传播常数与光子的波矢 k_0 非常接近，因此它在介质中的扩散深度将达到波长的数倍，此时的表面等离极化激元具有类似于索末菲–泽内克波 (Sommerfeld-Zenneck wave) 的性质 [4]。在高频区域，表面等离极化激元的频率趋近于表面等离激元频率 (ω_{sp})。若忽略导带电子的振荡衰减，此时传播常数ζ 将趋于无穷大，而群速度则趋于 0。这种具有静电场特性的模式称为表面等离激元。因此，表面等离激元是表面等离极化激元在传播常数趋于无穷大时的极限情况。

对于真实的金属而言，材料中导带电子的激发将受到自由电子和带间阻尼的影响，因此介电常量 $\varepsilon_1(\omega)$ 和表面等离极化激元的传播常数都将为复数，此时表面等离极化激元在可见光波段内的传播距离 ($L = [2\mathrm{Im}(\zeta)]^{-1}$) 一般在 10~100 μm。图 5.1(c) 给出了银/空气界面和银/二氧化硅界面的表面等离极化激元的色散关系。不同于图 5.1(b) 中给出的无损耗表面等离极化激元的色散关系，此时束缚模式的表面等离极化激元在表面等离激元频率ω_{sp} 处波矢将达到峰值。因此，这也对表面等离极化激元波长和模式在垂直于界面方向上的局域性起到了限制作用。当表面等离极化激元的频率接近等离子体频率ω_{sp} 时，场的局域性将增强，且传播距离也将随模式损耗的增加而变小。除此之外，从色散关系还可以看出此时存在频率 ω_p 和ω_{sp} 之间的泄漏模式，这称为准束缚模式。值得注意的是，在接近频率ω_{sp} 时介质中场的约束尺度将小于衍射极限，这也为光子的高度局域提供了新的技术手段。

5.2.3　多层体系

本节中，我们将研究由导体和介质薄膜交替组成的多层体系中的表面等离极化激元。由于每层界面都支持束缚态表面等离极化激元模式，所以当相邻界面之间的距离相当于或小于模式的衰减长度时，界面之间的表面等离极化激元会发生相互作用并产生耦合模式。为了不失一般性，如图 5.1(d) 所示，我们将重点讨论两种三层体系中的耦合表面等离极化激元：绝缘体/金属/绝缘体异质结构和金属/绝缘体/金属异质结构。

若只考虑低阶的束缚模式，则可以基于 (5.5) 式和 (5.6) 式推导出垂直于界面方向上横磁模式的一般形式。对于 $z > a$ 的区域，电场和磁场分量为

$$\begin{cases} H_y = A\mathrm{e}^{\mathrm{i}\zeta x}\mathrm{e}^{-k_3 z} \\ E_x = -\mathrm{i}A_2\dfrac{1}{\omega\varepsilon_0\varepsilon_3}k_3\mathrm{e}^{\mathrm{i}\zeta x}\mathrm{e}^{-k_3 z} \\ E_z = -A\dfrac{\zeta}{\omega\varepsilon_0\varepsilon_3}\mathrm{e}^{\mathrm{i}\zeta x}\mathrm{e}^{-k_3 z} \end{cases} \tag{5.15}$$

对于 $z < a$ 的区域，则有

$$\begin{cases} H_y = B\mathrm{e}^{\mathrm{i}\zeta x}\mathrm{e}^{k_2 z} \\ E_x = -\mathrm{i}B\dfrac{1}{\omega\varepsilon_0\varepsilon_2}k_2\mathrm{e}^{\mathrm{i}\zeta x}\mathrm{e}^{k_2 z} \\ E_z = -B\dfrac{\zeta}{\omega\varepsilon_0\varepsilon_2}\mathrm{e}^{\mathrm{i}\zeta x}\mathrm{e}^{k_2 z} \end{cases} \tag{5.16}$$

其中，$k_{i,z,}(i = 1, 2, 3)$ 为垂直于界面的波矢分量。可见，包层 Ⅱ 和包层 Ⅲ 中场的强度将随传播距离发生指数式衰减。

在 $-a < z < a$ 的中间区域，顶部和底部界面的局域模式会发生耦合：

$$\begin{cases} H_y = C\mathrm{e}^{\mathrm{i}\zeta x}\mathrm{e}^{k_1 z} + D\mathrm{e}^{\mathrm{i}\zeta x}\mathrm{e}^{-k_1 z} \\ E_x = -\mathrm{i}C\dfrac{1}{\omega\varepsilon_0\varepsilon_1}k_1\mathrm{e}^{\mathrm{i}\zeta x}\mathrm{e}^{k_1 z} + \mathrm{i}D\dfrac{1}{\omega\varepsilon_0\varepsilon_1}\mathrm{e}^{\mathrm{i}\zeta x}\mathrm{e}^{-k_1 z} \\ E_z = C\dfrac{\zeta}{\omega\varepsilon_0\varepsilon_1}\mathrm{e}^{\mathrm{i}\zeta x}\mathrm{e}^{k_1 z} + D\dfrac{\zeta}{\omega\varepsilon_0\varepsilon_1}\mathrm{e}^{\mathrm{i}\zeta x}\mathrm{e}^{-k_1 z} \end{cases} \tag{5.17}$$

根据 H_y 和 E_x 的连续性要求，在 $z = a$ 顶部界面需满足：

$$\begin{cases} A\mathrm{e}^{-k_3 a} = C\mathrm{e}^{k_1 a} + D\mathrm{e}^{-k_1 a} \\ \dfrac{A}{\varepsilon_3}k_3\mathrm{e}^{-k_3 a} = -\dfrac{C}{\varepsilon_1}k_1\mathrm{e}^{k_1 a} + \dfrac{D}{\varepsilon_1}k_1\mathrm{e}^{-k_1 a} \end{cases} \tag{5.18}$$

在 $z = -a$ 底部界面需满足：

$$\begin{cases} B\mathrm{e}^{-k_2 a} = C\mathrm{e}^{-k_1 a} + D\mathrm{e}^{k_1 a} \\ \dfrac{A}{\varepsilon_3}k_3\mathrm{e}^{-k_3 a} = -\dfrac{C}{\varepsilon_1}k_1\mathrm{e}^{k_1 a} + \dfrac{D}{\varepsilon_1}k_1\mathrm{e}^{-k_1 a} \end{cases} \tag{5.19}$$

此外，H_y 还需满足三个区域内的波动方程，根据 (5.6) 式可得

$$k_i^2 = \zeta^2 - k_0^2\varepsilon_i, \quad i = 1, 2, 3 \tag{5.20}$$

通过求解上述线性方程组，可以得到ζ 和ω 之间的色散关系

$$\mathrm{e}^{-4k_1a}=\frac{k_1/\varepsilon_1+k_2/\varepsilon_2}{k_1/\varepsilon_1-k_2/\varepsilon_2}\frac{k_1/\varepsilon_1+k_3/\varepsilon_3}{k_1/\varepsilon_1-k_3/\varepsilon_3} \tag{5.21}$$

当厚度 a 趋于无穷大时，(5.21) 式将退化为 $k_2/k_1=-\varepsilon_2/\varepsilon_1$ 的形式，即两个非耦合表面等离极化激元在各自界面处的方程。

若衬底 (Ⅱ) 和覆层 (Ⅲ) 的介电常量相同 ($\varepsilon_2=\varepsilon_3$)，则有 $k_2=k_3$。此时，(5.21) 式中的色散关系可以拆解为一对方程：

$$\tanh k_1a=-\frac{k_2\varepsilon_1}{k_1\varepsilon_2} \tag{5.22}$$

$$\tanh k_1a=-\frac{k_1\varepsilon_2}{k_2\varepsilon_1} \tag{5.23}$$

其中，(5.22) 式描述了奇矢量对称模式 ($E_x(z)$ 为奇函数，$H_y(z)$ 和 $E_z(z)$ 为偶函数)，而 (5.23) 式描述的是偶矢量对称模式 ($E_x(z)$ 为偶函数，$H_y(z)$ 和 $E_z(z)$ 为奇函数)。

接下来，我们将研究绝缘体/金属/绝缘体异质结构和金属/绝缘体/金属异质结构中耦合表面等离极化激元的模式特性。对于绝缘体/金属/绝缘体结构，考虑厚度为 $2a$ 的金属薄膜 (介电常量 $\varepsilon_1(\omega)$) 夹在两个无限大的绝缘体 (介电常量 ε_2) 之间。图 5.1(e) 中展示了两种不同银膜厚度的空气/银/空气结构中奇模式和偶模式的色散关系。出于简单考虑，此时忽略了银的损耗，即表面等离极化激元的传播常数虚部为零。由色散关系可知，奇模式的频率ω_+ 和偶模式的频率ω_- 分别高于和低于单一界面表面等离极化激元的相应频率。此外，当传播常数ζ 很大时，存在极限频率：

$$\begin{cases}\omega_+=\dfrac{\omega_\mathrm{p}}{\sqrt{1+\varepsilon_2}}\sqrt{1+\dfrac{2\varepsilon_2\mathrm{e}^{-2\zeta a}}{1+\varepsilon_2}}\\[2ex]\omega_-=\dfrac{\omega_\mathrm{p}}{\sqrt{1+\varepsilon_2}}\sqrt{1-\dfrac{2\varepsilon_2\mathrm{e}^{-2\zeta a}}{1+\varepsilon_2}}\end{cases} \tag{5.24}$$

对于奇模式而言，当金属膜的厚度减小时，耦合表面等离极化激元对金属膜的约束程度会降低，模式也将逐渐演变为均匀介质环境所支持的平面波，这意味着表面等离极化激元的传播长度将大幅增加。与之相反，偶模式对金属膜的约束程度将随着金属膜厚度的减小而增加，从而导致传播长度的降低。

对于金属/绝缘体/金属结构，图 5.1(f) 给出了银/空气/银异质结构的色散关系。由于此时考虑了银的真实损耗，所以传播常数ζ 不会在接近ω_{sp} 时趋于无穷

大，而是会折回并穿过光子的色散曲线。此外，即使对于远低于$\omega_{\rm sp}$ 的激发光场频率，通过减小介质芯层厚度的方式也可以获得较大的传播常数ζ 和较小的金属层穿透长度。

5.3 平坦界面上表面等离极化激元的激发

在导体和介质之间的平坦界面上传播的表面等离极化激元本质上是一种二维的电磁波。由于表面等离极化激元的传播常数大于介质中的波矢，所以表面等离极化激元具有局域性，即沿着垂直于界面两侧传播时场强将发生指数式衰减。由于表面等离极化激元的色散曲线位于介质中光子色散曲线的右侧，所以必须使用特殊的相位匹配 (phase matching) 技术才能实现表面等离极化激元的激发。本节中，我们将介绍常用的表面等离极化激元激发方式，包括棱镜耦合、光栅耦合、近场激发等相位匹配技术。

5.3.1 棱镜耦合

由表面等离极化激元的色散关系可知，在相同频率的条件下表面等离极化激元的波矢总是大于介质中的光子波矢，这种波矢失配会使得入射的光子不会直接耦合入金属/介质平坦界面的表面等离极化激元。为了实现表面等离极化激元的共振激发，必须满足入射光子和表面等离极化激元的波矢匹配条件。

利用简单的三层系统就可以实现表面等离极化激元的相位匹配。如图 5.2(a) 所示，一层金属薄膜被镀在棱镜 (折射率为 n_0) 的表面，激发光场穿过棱镜入射到棱镜/金属界面处。相比于外界的空气，棱镜属于光密介质，因此棱镜中光子的波矢将会增大。在特定的入射角度下，棱镜内光子波矢的面内分量会与空气/金属界面处的表面等离极化激元波矢相等 ($\zeta = n_0 k\sin\theta$)，此时共振的光子将由于隧穿效应而穿越金属薄膜并耦合入金属/空气界面的表面等离极化激元。这种装置称为克雷茨曼结构 [3]，通过选择合适的激发角度即可激发传播常数位于空气和高折射率介质中色散曲线之间的表面等离极化激元 (图 5.2(b))。棱镜界面的反射能量会随入射光的角度发生变化，并在共振角附近获得最低的反射率，这意味着入射光子被高效地耦合入表面等离极化激元。当金属膜的厚度增加时，表面等离极化激元的激发效率也会随着隧穿距离的增大而降低。

在克雷茨曼结构中，只可能在空气/金属界面激发表面等离极化激元，而无法在棱镜/金属界面处产生，这是因为棱镜中光子的波矢始终小于棱镜/金属界面处表面等离极化激元的波矢。若要在金属层的下界面激发表面等离极化激元，需要在棱镜表面和金属膜之间镀上一层折射率低于棱镜的介质层，这就构成了双层克雷茨曼结构。如图 5.2(b) 所示，通过调整入射光的角度，能够在金属膜的上下两个界面处激发两种不同的表面等离极化激元模式。

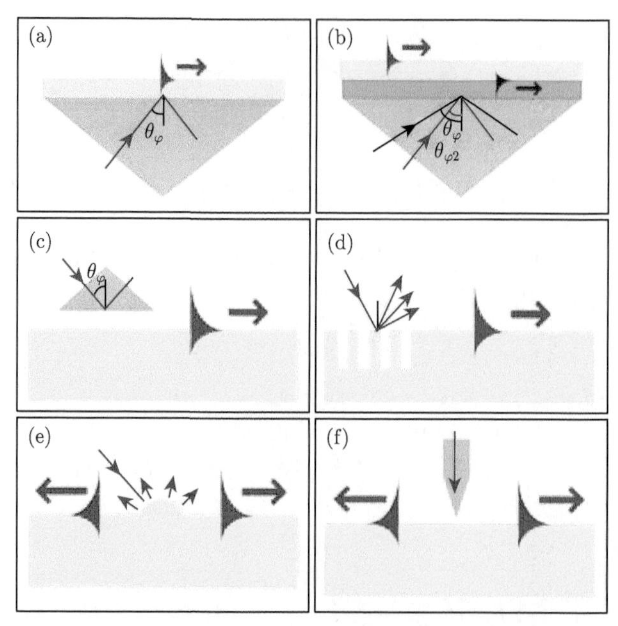

图 5.2　表面等离极化激元的激发方式。(a) 克雷茨曼结构；(b) 双层克雷茨曼结构；(c) 奥托结构；(d) 光栅耦合；(e) 表面结构散射；(f) 近场激发

当金属膜的厚度很大时，由于入射光子无法隧穿至金属表面，此时克雷茨曼结构就不再适用，可以改用奥托结构 [5]。如图 5.2(c) 所示，棱镜与金属之间存在空气间隙。当入射光在棱镜/空气界面处发生全反射时，光子将隧穿空气间隙，并在金属/空气界面处激发表面等离极化激元，其共振条件与克雷茨曼结构类似。在奥托结构中，由于光子不需要隧穿金属膜，所以对金属膜的厚度没有特别的要求。

在以上的例子中，通过相位匹配条件$\zeta = n_0 k\sin\theta$ 激发的表面等离极化激元本质上是一种泄漏场，能量耗散不仅来自于金属内部的固有吸收，还包括往棱镜的泄漏辐射，这是因为表面等离极化激元的传播常数位于棱镜的光锥之内。此时，泄漏辐射和反射光之间会发生干涉，通过优化金属薄膜的厚度，泄漏辐射和反射光之间会发生相干相消，使得反射光束的强度为零，从而无法在反射端检测到泄漏辐射。

5.3.2　光栅耦合

除了棱镜耦合装置以外，还可以通过在带有周期性槽或孔的金属光栅实现表面等离极化激元的相位补偿。如图 5.2(d) 所示，一束光斜入射到周期为 a 的一维槽光栅表面，当满足$\zeta = k\sin\theta \pm vg$ $(v = 1, 2, 3,\cdots)$ 条件时将满足相位匹配条件，其中 $g = 2\pi/a$ 为光栅的倒格矢。与棱镜耦合类似，当表面等离极化激元被激发时反射光的强度为最小值。

值得注意的是，传播在光栅表面的表面等离极化激元也能够以相反的过程耦合并辐射至自由空间。此外，通过对光栅的形貌进行特殊设计，还可以改变表面等离极化激元的空间相位分布，从而改变表面等离极化激元的传播方向，甚至将其进一步聚焦。图 5.3(a) 给出了一个利用光栅实现表面等离极化激元耦合和解耦合的例子 [6]。金属表面上刻蚀了两套不同周期的亚波长圆孔阵列，其中右侧的小周期阵列用于表面等离极化激元的激发，而左侧的大周期阵列则用于将传播的表面等离极化激元解耦合至辐射场。由透射谱可知，波长 815 nm 处的透射峰对应的是金属/空气界面的表面等离极化激元激发。通过近场光学图像，可以清晰地看到传播的表面等离极化激元被光栅解耦合后强度发生的迅速衰减。

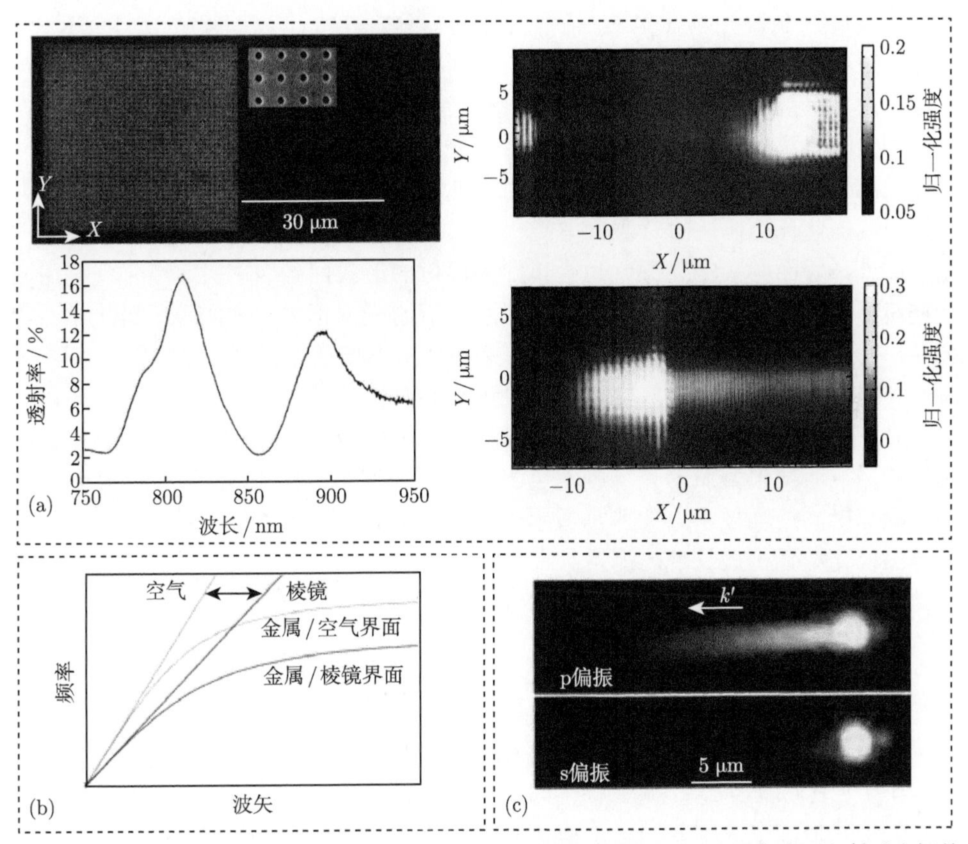

图 5.3 (a) 两组不同周期圆孔阵列光栅的扫描电子显微镜图像 (左上) 及白光正入射时光栅的透射谱 (左下)，波长 800 nm 的线偏振光激发光栅结构所产生的表面等离极化激元的近场光学图像 (右)[6]；(b) 基于棱镜耦合的表面等离极化激元的色散关系；(c) 横磁和横电偏振白光激发表面等离极化激元的泄漏辐射强度分布 [7]

需要注意的是，当光栅的沟槽过深时，它对光场的调制作用不能够再被视为是施加在平坦界面上的微扰，因此表面等离极化激元的色散关系也会发生显著的变化。例如，20 nm 沟槽深度的金属光栅已经能够给色散关系引入带隙结构。除了规则化的光栅之外，当一束光照射到表面带有随机粗糙或小颗粒的金属薄膜时，散射效应也会起到补偿波矢的作用，从而实现表面等离极化激元的激发 (图 5.2(e))。然而，由于解耦合的影响，这种随机粗糙的表面也会给表面等离极化激元的传输带来额外的衰减。

5.3.3 紧聚焦光束激发

作为棱镜耦合装置的一种变形，高数值孔径的显微镜物镜也可用于表面等离极化激元的激发。利用油浸物镜与玻璃 (折射率为 n_0) 衬底相接触，高数值孔径物镜能够确保激发光场在聚焦后有着较大的会聚角度，其中也包括大于玻璃/空气界面全内反射临界角的入射角度。当入射角度满足 $\sin\theta = \zeta\ /(n_0 k_0)$ 时，实现了金属/空气界面的表面等离极化激元相位匹配。需要注意的是，由于激发光场在进入物镜时是离轴的，所以强度分布将围绕着表面等离极化激元的激发角度，从而有效地阻止了光场的直接透射和反射。此外，紧聚焦的光束也使得能够在衍射极限尺度的焦斑范围内进行表面等离极化激元的局域激发。

此外，表面等离极化激元也会以泄漏辐射的形式回到玻璃衬底中去，利用同一物镜可对其进行有效的收集。由于泄漏辐射的强度正比于表面等离极化激元的强度，所以这也提供了一种追踪表面等离极化激元传播路径的方法。图 5.3(c) 中展示了白光激发表面等离极化激元时采集到的泄漏辐射图像 [7]，其中白色亮斑为激发光斑的位置。当激发光场为横磁偏振时，可以清晰地观察到表面等离极化激元的传播，而横电偏振的光场则不会激发表面等离极化激元，因此观察不到相应的泄漏辐射。这种技术方案非常适用于不同频率的表面等离极化激元的激发和表面等离极化激元传播长度的测量。

5.3.4 近场激发

受激发光斑大小的影响，棱镜和光栅耦合的装置只能够在较大尺度内激发表面等离极化激元，而近场光学扫描显微镜则提供了一种在远小于激发波长的尺度内实现表面等离极化激元局域激发的方法。如图 5.2(f) 所示，当利用一个孔径尺寸远小于波长的光学探针在金属膜的近场区域照射时，探针尖端所发出的光场波矢将大于传播常数，因此满足了激发表面等离极化激元所需的相位匹配条件。由于近场光学扫描显微镜能够很方便地改变探针的横向位置，从而能够在金属表面的不同位置激发表面等离极化激元。

在此基础上，可利用显微镜物镜收集衬底中的泄漏辐射，从而对表面等离极化激元的传播进行实时成像。利用这种局域激发装置，能够在高空间分辨率下研究表面缺陷对表面等离极化激元传播和衍射的影响，或是对单一金属纳米结构中局域表面等离激元模式的激发和频谱进行分析。

5.4 表面等离极化激元的传播成像

观测表面等离极化激元的传播行为具有重要的现实意义，因此可以由此测定表面等离极化激元的局域程度和传播长度。本节中，我们将介绍三种常用的表面等离极化激元成像方法：近场光学显微术、基于荧光和泄漏辐射探测的成像。

5.4.1 近场光学显微术

当近场光学显微镜工作在收集模式下时，能够在亚波长量级分辨率下研究表面等离极化激元的传播行为，这种技术也称为光子扫描隧穿显微术。类似于扫描隧穿显微术，使用时需将探针尖端靠近样品的近场区域，并利用反馈技术精确控制探针与样品之间的距离。不同之处在于，扫描隧穿显微术测量的是电流，而光子扫描隧穿显微术则是利用近场光学探针对光子进行收集。样品表面的倏逝场将耦合入探针的传导模式，进而被显微镜所收集。光学探针的制备通常是对光纤锥进行拉伸或刻蚀，并在光纤尾端镀上一层很薄的金属膜，以此降低探针对散射光的耦合。该技术的分辨率取决于探针尖端的孔径尺寸，通常可以达到小于 50 nm 的分辨率。除了金属镀膜的探针之外，非镀膜型的探针有着更高的收集效率，并且可以对电磁场的不同分量进行成像 [8]。有关近场光学显微术详见本书第 3 章的介绍。

为了研究表面等离极化激元的传播及局域特性，需要严格控制探针与表面之间的距离在衰减长度内，以使得探针尖端能够直接与倏逝场发生相互作用。利用合适的反馈技术，例如剪切力反馈和光场强度反馈等，能够获得 100 nm 以内的精度。为了避免与探测装置发生干扰，通常采用棱镜耦合装置激发表面等离极化激元，或是利用油浸物镜从衬底底部激发表面等离极化激元。

除了研究表面等离极化激元的面外分量，还可以将近场收集与光栅扫描技术相结合，实现对表面等离极化激元传播的直接成像。图 5.4(a) 展示了波长 633 nm 的激光照射镀膜和非镀膜棱镜时的近场光学图像 [9]。当棱镜没有镀膜时，只能观测到激发光斑，并未观察到表面等离极化激元的产生。对于有镀膜的棱镜，可以清晰地看到向右侧传播的光场，并且在面内和面外都呈现出倏逝特性，因此能够直接证明表面等离极化激元的产生。通过对表面等离极化激元在传播方向上强度变化进行拟合，即可测算出表面等离极化激元的传播长度。

5.4.2 荧光成像

通过在表面等离极化激元场中直接放置量子点或荧光分子等辐射体的方式，也能对表面等离极化激元的传播进行成像。当表面等离极化激元的频率位于辐射体的吸收带内时，就会激发出强度正比局域场强度的荧光。因此，通过在金属/空气界面上铺设一层掺杂辐射体的介质薄膜，就可以在远场观察到表面等离极化激元的传播行为。对于很薄且折射率很低的介质薄膜来说 (例如聚合物中掺杂量子点或单层的荧光分子)，它们对于表面等离极化激元色散关系的影响可以忽略不计。需要注意的是，当非辐射猝灭被抵消时，放置在表面等离极化激元近场区域的荧光分子将会表现出荧光增强。通过在金属薄膜和荧光分子之间插入几纳米厚的间隔层，做能够有效组织非辐射的能量转移。

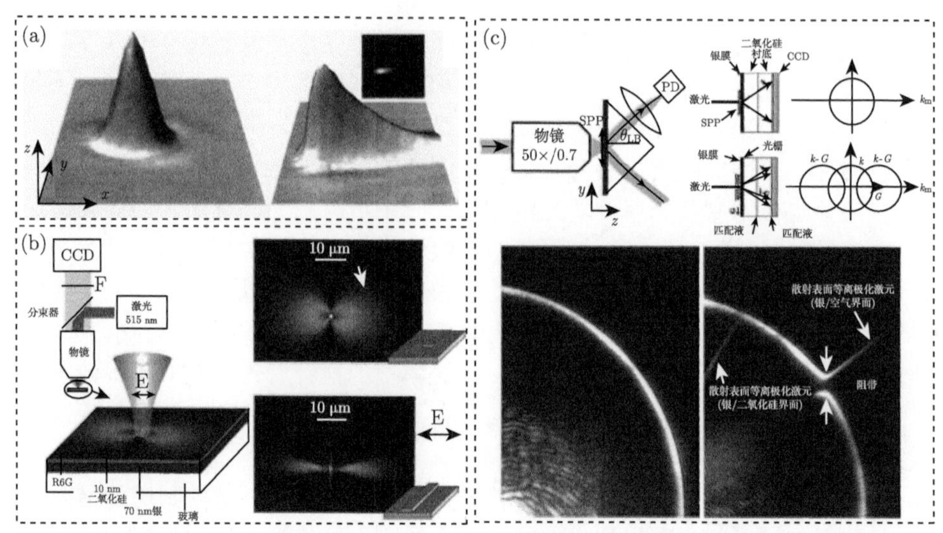

图 5.4　(a) 波长 633 nm 的激光以大于临界角的角度入射到未镀膜的棱镜表面 (左) 和镀有 53 nm 厚银膜的棱镜表面 (右) 上的近场光学图像 [9]；(b) 表面等离极化激元的荧光成像装置 (左)，银纳米颗粒 (右上) 和银纳米线 (右下) 所激发的表面等离极化激元的荧光图像 [10]；(c) 表面等离极化激元泄漏辐射成像的实验装置 (左上) 及其所测定的平坦银表面和银光栅表面的等离极化激元色散关系 (右上)，由 CCD 所采集的 k 空间锥形泄漏辐射图像和 k 空间中两个锥相交处的断带成像 (下)[11,12]

我们来看一个实例。如图 5.4(b) 所示，利用波长 514 nm 的激光照射带有纳米颗粒 (直径 200 nm，高度 60 nm) 和纳米线 (宽度 200 nm，高度 60 nm，长度 20 μm) 表面缺陷的银膜 [10]。为了确定表面等离极化激元场的空间结构，厚度 70 nm 的银膜上包裹了一层亚单层的罗丹明分子。此外，为了降低由分子间相互作用和非辐射转移所引发的猝灭，罗丹明分子的密度非常小，并且在银膜衬底和分子膜之间还加入了厚度为 10 nm 的二氧化硅间隔层。因此，在远场利用一台 CCD 相机就可以观察到表面等离极化激元的传播路径。此外，还可以在衍射极限量级的分辨率内对表面等离极化激元的横向空间局域性、传播距离和干涉效应进行观测。在定量分析中，需要特别小心场强很大的局部区域所引发的漂白效应。

5.4.3　泄漏辐射成像

对于金属/空气界面激发的表面等离极化激元来说，由于色散曲线位于空气中光子色散曲线的右侧，所以该模式没有对空气区域的辐射损耗。然而，如图 5.3(b) 所示，当传播常数处于空气中和衬底 (折射率 n_0) 中波矢之间的位置时，即 $k_0 < \zeta < n_0k_0$，会发生辐射泄漏至衬底的额外损耗通道。当使用棱镜激发表面等离极化激元时，泄漏辐射会伴随着反射光一起回到棱镜界面。然而，只有在临界耦合的条件下才会发生零反射。换句话说，当吸收损耗等于辐射损耗时，所有的能量才会被金属薄膜所吸收。图 5.4(c) 中给出了一种常用的泄漏辐射收集装置 [11]，采用一束紧聚焦的激光照射光栅结构以激发表面等离极化激元，并利用光电二极管对泄漏至棱镜的辐射能量进行收集。通过改变样品相对于激发光的位置，能够对强度的空间分布进行采集，而泄漏辐射的强度则可用来对表面等离极化激元的耦合效率进行量化。

泄漏辐射成像 (leakage radiation imaging) 还可以用来直接观测表面等离极化激元的色散关系。图 5.4(c) 所示 [12]，通过将聚焦光束照射在厚度为 50 nm 的银膜表面以激发表面等离极化激元，并利用一台 CCD 相机收集泄漏至硅衬底的辐射场。对于平坦的银膜来说，泄漏辐射场呈圆锥形分布，其锥角对应于激发表面等离子极化激元的角度，因此在 CCD 上采集到的是圆环形的强度分布，从而可用来确认表面等离极化激元的色散关系。当银膜表面刻有规则的一维光栅结构时，CCD 所采集到的泄漏辐射强度分布为三个相接的圆环，其中中央光锥对应于垂直激发所导致的零阶散射，而相邻的两个光锥是由表面等离极化激元散射所导致的，其波矢取决于光栅的倒格矢和激发的光波矢。从泄漏辐射成像中能够清晰地观察到，表面等离极化激元在相邻光锥相交处传播时会导致带隙的形成。此外，泄漏辐射中喷射状的直线条纹代表了表面等离极化激元向空气和衬底一侧的散射光。

5.5　局域表面等离激元

5.4 节我们学习了表面等离极化激元，本节将介绍等离激元的第二种基本形式：局域表面等离激元。不同于表面等离极化激元，局域表面等离激元是金属纳米结构中的传导电子耦合至电磁场的非传播激发，模式的本质是亚波长金属纳米颗粒在振荡电磁场中的散射。由于颗粒的弯曲表面能够对被驱动的电子施加有效的回复力，所以会导致共振态的出现，并在颗粒的内部和外部近场区域产生场增强效应，这种共振称为局域表面等离激元。由于颗粒的弯曲表面，局域表面等离激元的激发无需相位匹配技术，利用光场直接照射的方式即可满足相位匹配条件。我们将介绍金属纳米颗粒与电磁波相互作用的物理过程，探讨实现局域表面等离激元的共振条件。此外，我们将介绍不同形状和尺寸颗粒的等离激元共振和粒子间的相互作用。

5.5.1 亚波长金属颗粒的标准模式

当粒子的尺寸远小于环境媒介中的光波长时，可以用准静态近似去分析粒子与电磁场之间的相互作用。此时，可以忽略时谐电磁场在粒子内部的相位变化，从而在静电场的条件下计算场的空间分布。如图 5.5(a) 所示，假设一个半径为 a，介电常量为 $\varepsilon(\omega)$ 的各向同性球形粒子位于均匀静电场的原点位置, 环境媒介为各向同性且没有吸收的介质 (介电常量为 ε_{m})。利用边界条件，可以推导出小球内部和外部的电势分布：

$$\begin{cases}\varPhi_{\mathrm{in}}=-\dfrac{3\varepsilon_{\mathrm{m}}}{\varepsilon+2\varepsilon_{\mathrm{m}}}E_0 r\cos\theta\\[2ex]\varPhi_{\mathrm{out}}=-E_0 r\cos\theta+\dfrac{\varepsilon-\varepsilon_{\mathrm{m}}}{\varepsilon+2\varepsilon_{\mathrm{m}}}E_0 a^3\dfrac{\cos\theta}{r^2}\end{cases}\tag{5.25}$$

可见外部电势分布的是激发场与位于粒子中心处偶极子辐射场的叠加。通过引入电偶极矩 $\boldsymbol{p}$，可将 $\varPhi_{\mathrm{out}}$ 改写为

$$\begin{cases}\varPhi_{\mathrm{out}}=-E_0 r\cos\theta+\dfrac{\boldsymbol{p}\cdot\boldsymbol{r}}{4\pi\varepsilon_0\varepsilon_{\mathrm{m}}r^3}\\[2ex]\boldsymbol{p}=4\pi\varepsilon_0\varepsilon_{\mathrm{m}}a^3\dfrac{\varepsilon-\varepsilon_{\mathrm{m}}}{\varepsilon+2\varepsilon_{\mathrm{m}}}\boldsymbol{E}_0\end{cases}\tag{5.26}$$

可见所施加的电场在粒子内部会诱导产生强度正比于 $|\boldsymbol{E}_0|$ 的偶极矩。根据偶极矩与极化率之间的关系 $\boldsymbol{p}=\varepsilon_0\varepsilon_{\mathrm{m}}\alpha\boldsymbol{E}_0$，小球极化率可表示为

$$\alpha=4\pi a^3\frac{\varepsilon-\varepsilon_{\mathrm{m}}}{\varepsilon+2\varepsilon_{\mathrm{m}}}\tag{5.27}$$

图 5.5(b) 中给出了银纳米颗粒极化率的绝对值和相位与光场频率之间的关系，当 (5.27) 式中分母 $|\varepsilon+\varepsilon_{\mathrm{m}}|$ 为最小值时，极化率将发生共振增强。如果粒子介电常量的虚部在共振峰附近很小或变化很慢，共振条件则能够简化为

$$\mathrm{Re}\left[\varepsilon\left(\omega\right)\right]=-2\varepsilon_{\mathrm{m}}\tag{5.28}$$

这也就是所谓的弗勒利希条件 (Fröhlich condition)，此时的模式也称为金属纳米颗粒的偶极表面等离激元。利用电势与电场之间的关系，相应的电场可表示为

$$\begin{cases}\boldsymbol{E}_{\mathrm{in}}=\dfrac{3\varepsilon_{\mathrm{m}}}{\varepsilon+2\varepsilon_{\mathrm{m}}}\boldsymbol{E}_0\\[2ex]\boldsymbol{E}_{\mathrm{out}}=\boldsymbol{E}_0+\dfrac{3\boldsymbol{n}\left(\boldsymbol{n}\cdot\boldsymbol{p}\right)-\boldsymbol{p}}{4\pi\varepsilon_0\varepsilon_{\mathrm{m}}}\dfrac{1}{r^3}\end{cases}\tag{5.29}$$

由此可见，极化率的共振会引发内部场和偶极场的共振增强，这也是许多基于金属纳米颗粒的光学器件的工作原理。

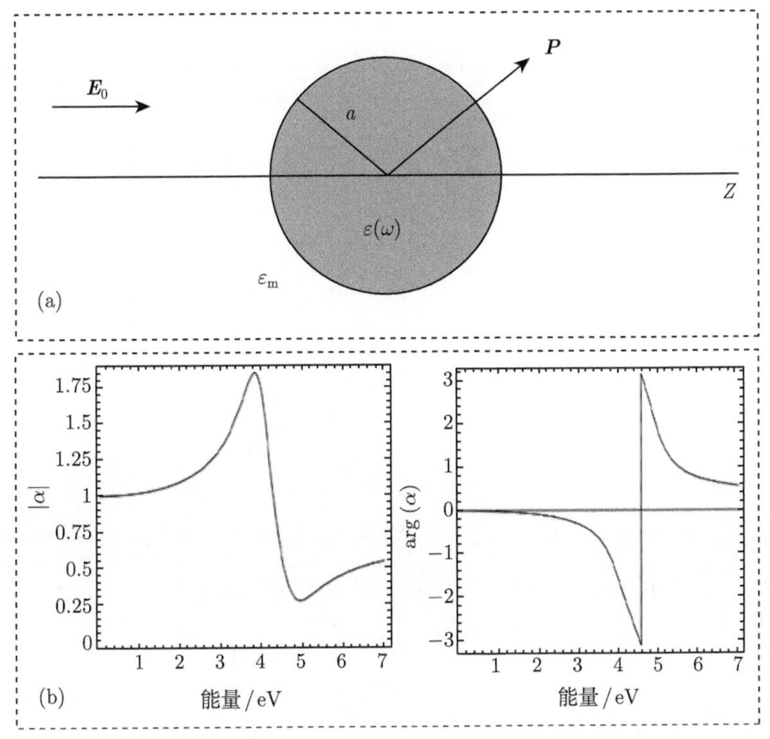

图 5.5 (a) 处于静电场中的各向同性粒子；(b) 亚波长金属纳米颗粒极化率的绝对值和相位与光场频率的关系

接下来，我们将讨论粒子在其等离激元共振下辐射的电磁场。当球形颗粒的尺寸远小于激发波长时，可以在准静态区域将粒子视为理想的偶极子。在平面波 $\boldsymbol{E}(\boldsymbol{r},t)=\boldsymbol{E}_0\mathrm{e}^{-\mathrm{i}\omega t}$ 的照射下,会诱导产生振荡偶极矩 $\boldsymbol{p}(t)=\varepsilon_0\varepsilon_{\mathrm{m}}\alpha\boldsymbol{E}_0\mathrm{e}^{-\mathrm{i}\omega t}$。偶极子的辐射将导致颗粒对平面波的散射,并能表示为点偶极子的辐射。极化率的共振增强会伴随着金属粒子对光散射和光吸收的效率增强，相应的散射截面 (scattering cross section)C_{sca} 和吸收截面 (absorption cross section)C_{abs} 可表示为 [13]

$$\begin{cases} C_{\mathrm{sca}}=\dfrac{k^4}{6\pi}|\alpha|^2=\dfrac{8\pi}{3}k^4a^6\left|\dfrac{\varepsilon-\varepsilon_{\mathrm{m}}}{\varepsilon+2\varepsilon_{\mathrm{m}}}\right|^2 \\ C_{\mathrm{abs}}=k\mathrm{Im}[\alpha]=4\pi ka^3\mathrm{Im}\left[\dfrac{\varepsilon-\varepsilon_{\mathrm{m}}}{\varepsilon+2\varepsilon_{\mathrm{m}}}\right] \end{cases} \tag{5.30}$$

由于吸收截面和散射截面分别正比于粒子尺寸的 3 次方和 6 次方，所以尺寸远小于波长的粒子有着更大的吸收效率，从而很难从大散射体的背景中发现小物体。对于体积为 V 且介电常量 $\varepsilon = \varepsilon_1 + \mathrm{i}\varepsilon_2$ 的球形颗粒，消光截面 (extinction cross section)$C_{\mathrm{ext}} = C_{\mathrm{sca}} + C_{\mathrm{abs}}$ 可表示为

$$C_{\mathrm{ext}} = 9\frac{\omega}{c}\varepsilon_{\mathrm{m}}^{3/2}V\frac{\varepsilon_2}{\left(\varepsilon_1 + 2\varepsilon_{\mathrm{m}}\right)^2 + \varepsilon_2^2} \tag{5.31}$$

如果粒子的形状是椭球形，其极化率会有着不同的表达形式：

$$\alpha_i = 4\pi a_1 a_2 a_3 \frac{\varepsilon(\omega) - \varepsilon_{\mathrm{m}}}{3\varepsilon_{\mathrm{m}} + 3L_i\left[\varepsilon(\omega) - \varepsilon_{\mathrm{m}}\right]} \tag{5.32}$$

其中，a_1, a_2, a_3 代表椭球的三个半轴长度；L_i 为几何因子：

$$L_i = \frac{a_1 a_2 a_3}{2}\int_0^{\infty}\frac{\mathrm{d}q}{\left(a_i^2 + q\right)f(q)} \tag{5.33}$$

这里，几何因子满足 $\sum L_i = 1$，对于球形颗粒有 $L_1 = L_2 = L_3 = 1/3$。

利用相同的分析方法，球形核壳粒子的极化率可表示为

$$\alpha = 4\pi a_2^3 \frac{\left(\varepsilon_2 - \varepsilon_{\mathrm{m}}\right)\left(\varepsilon_1 + 2\varepsilon_2\right) + f\left(\varepsilon_1 - \varepsilon_2\right)\left(\varepsilon_{\mathrm{m}} + 2\varepsilon_2\right)}{\left(\varepsilon_2 + 2\varepsilon_{\mathrm{m}}\right)\left(\varepsilon_1 + 2\varepsilon_{\mathrm{m}}\right) + f\left(2\varepsilon_2 - 2\varepsilon_{\mathrm{m}}\right)\left(\varepsilon_1 - \varepsilon_2\right)} \tag{5.34}$$

其中，a_1 和 $\varepsilon_1(\omega)$ 分别为内核的半径和介电常量；a_2 和 $\varepsilon_2(\omega)$ 分别为外壳的半径和介电常量；f 代表填充因子。由此可见，粒子的几何形貌将对共振频率产生直接影响。

5.5.2 局域表面等离激元的观测

对于可见光激发下的胶体或金属纳米结构，远场消光显微术非常适用于观测局域表面等离激元共振。为了获得足够大信噪比的消光谱，需要使用阵列结构的亚波长粒子，并确保粒子的间距足以消除彼此偶极耦合的相互作用。图 5.6(a) 中给出了展示一组不同长度金纳米线的消光谱 [14]，其中纳米线是采用电子束刻蚀工艺制备，并且按照格点进行规则排列。由于纳米线的长度达到波长量级，从而能够从消光谱观察到由高阶振荡模式所造成的多个共振峰。

不同于远场消光显微术，远场暗场光学显微术和近场光学消光显微术能够对单一颗粒的等离激元共振进行观测。在暗场光学显微术中，暗场聚光镜将阻挡直接透射光，因此只有被结构散射的光场才能够被收集，从而可以对衬底上稀疏分散的单一颗粒进行研究。图 5.6(b) 中展示了不同形状胶体银颗粒的偶极等离激元

散射光谱 [15]，该技术非常适合于生物传感，当单粒子发生结合时，共振峰就会出现相应的偏移。

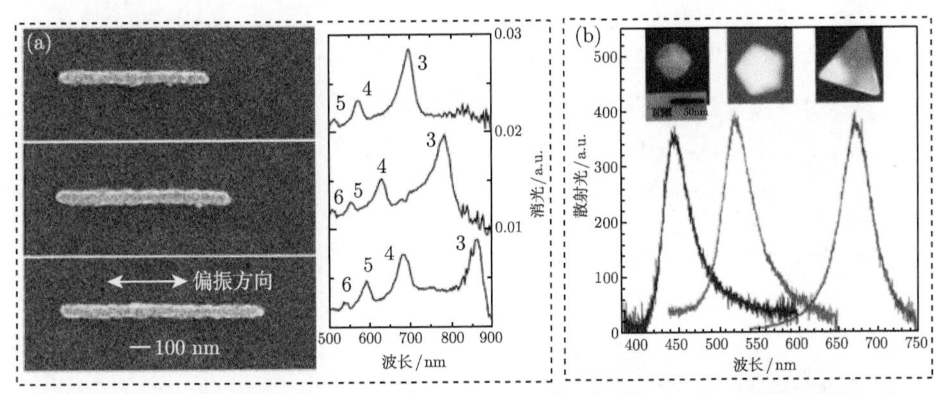

图 5.6 (a) 长度为 790 nm、940 nm 和 1090 nm 的金纳米线扫描电子显微镜图像和相应的消光谱，激发光场的偏振方向沿着纳米线长轴 [14]；(b) 暗场装置中不同形状单个银纳米颗粒的散射光谱 [15]

5.5.3 局域表面等离激元的耦合

当单个金属纳米粒子的形状和尺寸改变时，粒子的共振频率也会发生移动。对于多粒子的系统来说，由于局域模式之间会发生电磁相互作用，从而共振峰也会发生相应的移动。对于小粒子来说，这些相互作用本质上具有偶极性，因此可将其近似为一系列相互作用的偶极子。

考虑一组由金属纳米粒子所构成的阵列结构，当粒子的尺寸远小于相邻粒子间的距离时，近场相互作用与粒子间距的负三次方有关，因此该粒子阵列可以视为以近场形式发生相互作用的点偶极子阵列。此时，由于近场耦合效应所激发的等离激元模式会压制远场散射，从而在粒子间的纳米尺度间隙内产生强烈的局域效场应。图 5.7(a) 中给出了单个金纳米粒子和一维金纳米粒子链的近场光学图像 [16]，可以清晰地看出粒子链中的场被高度局域，因此获得了一系列场增强的热点。粒子间耦合与等离激元共振峰之间的关系可如下描述，当激发光场的偏振方向改变时，在相邻粒子的影响下，作用在粒子振荡电子上的回复力有可能增强或变弱，导致共振峰向着不同方向移动：共振峰会因横向和纵向模式的激发而分别发生蓝移和红移。实验中，研究者们利用远场消光显微术测量了不同周期金纳米颗粒一维阵列结构的共振峰位置，并给出了纵向和横向偏振激发时共振峰与粒子间距之间的关系 (图 5.7(b))[17]。随着间距的增大，粒子间的相互作用会发生迅速衰减，当间距大于 150 nm 时结构本身又恢复到了孤立粒子的情形。当粒子间的距离更大时，远场的偶极耦合会占据主导，而此种效应是与粒子间距的负一次方成正比。

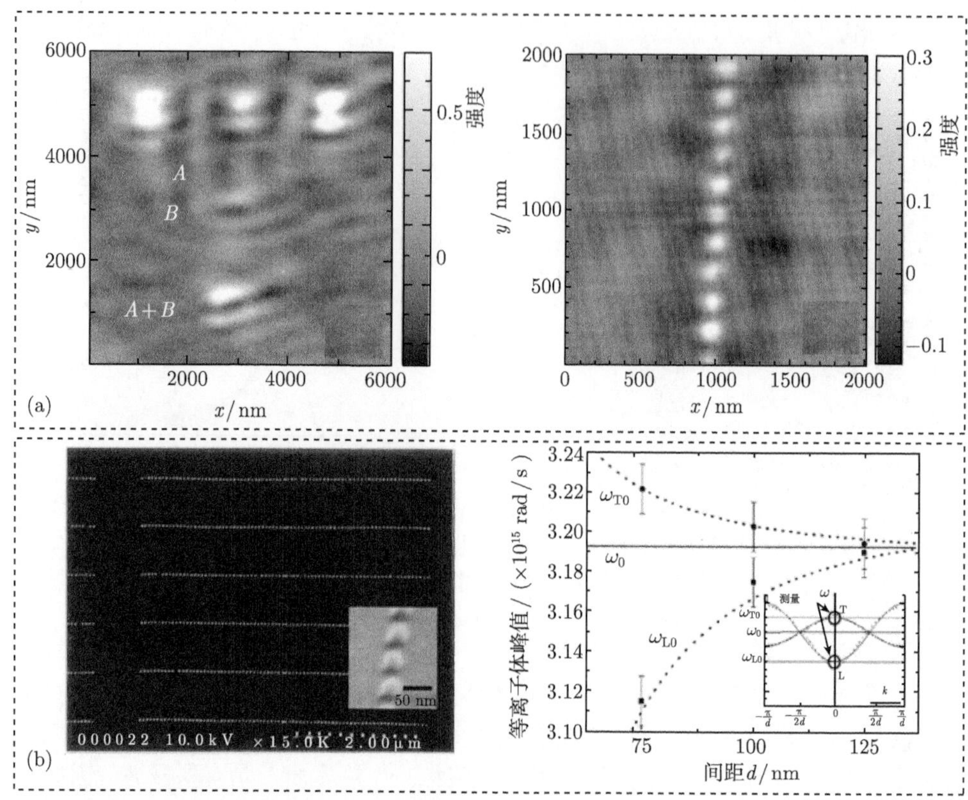

图 5.7　(a) 疏排/密排金颗粒的近场光学强度分布，两种偏振激发下金属纳米颗粒的近场耦合示意图 [16]；(b) 金纳米颗粒间距对偶极等离激元共振峰的影响 [17]

5.6　等离激元光学的应用

5.6.1　表面等离激元波导

本节中，我们将介绍如何利用波导去控制表面等离极化激元的传播。由于表面等离极化激元的局域性和损耗之间相互制约，所以需要根据所需要的传播距离去对波导的几何结构进行合理设计。例如，近红外频率的表面等离极化激元能够在均匀介质中的金属条形波导中传播数厘米的距离，然而在垂直于传播方向上的场局域性却非常弱。与之相反的是，金属纳米线或纳米球形波导有着小于衍射极限的横向模式局域性，但过大的损耗也使得表面等离极化激元的传播距离只在微米量级。

平面界面上的缺陷结构 (纳米颗粒和纳米孔等) 会对表面等离极化激元的色散产生局域调控，从而影响表面等离极化激元在界面上的传输。利用电子束光刻 (electron beam lithography) 和化学气相沉积，研究者在玻璃衬底上制备了银膜包裹的二氧化硅纳米颗粒，并利用一层掺有荧光分子的聚合物薄膜观察表面等离极化激元的传播行为。图 5.8(a) 展示了由颗粒阵列 (直径 140 nm) 组成的布拉格反射器 [18]。当表面等离极化激元以 60° 的入射角进入反射器时，350 nm 的颗粒间距恰好满足布拉格条件，因此会对表面等离极化激元波形成反射。实验中采集的荧光图像也验证了这一点，该反射器的效率可达 90%，剩余 10%的能量被散射至远场辐射。这项工作证实了可以利用简单的平面被动光学元件对表面等离极化激元的传播实现有效的控制。

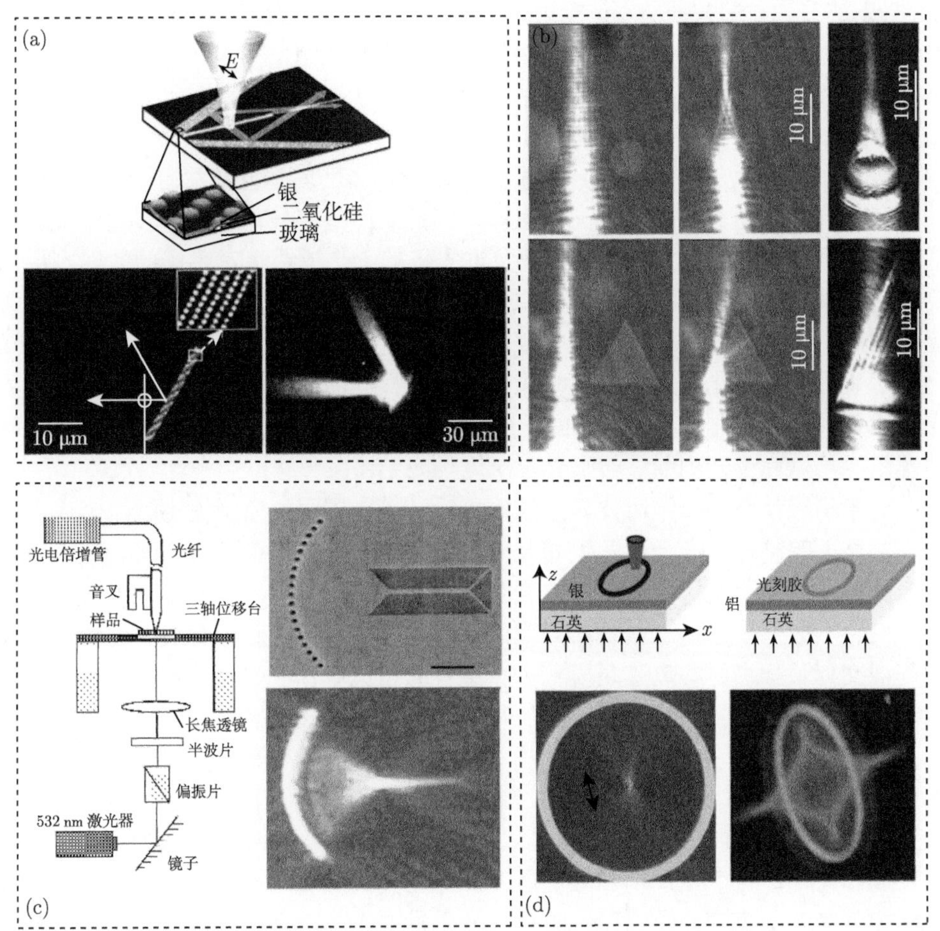

图 5.8 (a) 表面等离极化激元布拉格反射器 [18]；(b) 银膜表面制备圆柱和三角形介质结构以实现表面等离极化激元的聚焦和反射 [19]；(c) 基于多孔金属薄膜的表面等离极化激元聚焦 [20]；(d) 金属薄膜刻蚀圆形 (左) 和椭圆形 (右) 沟槽以实现表面等离极化激元的产生和聚焦 [21]

另一种控制表面等离极化激元传播的有效方式是利用薄膜上的介质纳米结构对表面等离极化激元的色散关系及相速度实现空间调控。例如，对于玻璃/金属/介质的三层结构，介质折射率的增大会导致表面等离极化激元波矢的增大，同时也意味着相速度的降低。通过改变介质的几何结构，就可以在局域区域实现对相速度的控制，从而影响表面等离极化激元的传播。图 5.8(b) 中展示了利用圆柱和三角形颗粒实现表面等离极化激元聚焦和反射的功能，可以从泄漏辐射成像和近场光学成像中直观观察到介质结构对表面等离极化激元传播行为的改变 [19]。

除了介质纳米结构之外，还可以利用刻蚀在金属膜上的孔或者凹槽实现表面等离极化激元的聚焦。如图 5.9(c) 所示，在 50 nm 厚的银膜上刻蚀了 19 个 200 nm 的圆孔，并按照 5 μm 半径排列为 1/4 圆 [20]。当光场垂直激发圆孔结构时，相邻圆孔之间所产生的表面等离极化激元会发生相干干涉，最终在圆心处形成了聚焦光斑。此外，如果在焦点区域放置一个条形波导，还可以实现聚焦场至波导的有效耦合。刻蚀在金属薄膜上的圆形或椭圆形亚波长沟槽也可以实现表面等离极化激元的激发和聚焦。如图 5.8(d) 所示，当光场垂直激发沟槽时，沟槽的边缘可以视为表面等离极化激元的点源，因此表面等离极化激元能够被激发并向着圆心位置传播并聚焦 [21]。这种激发方式依赖于沟槽边缘对光场的散射，因此是一种非共振的激发机制，适合于在不同波长的可见光波段激发表面等离极化激元。通过近场光学显微术采集近场强度，可以看到在电场偏振垂直于沟槽的区域激发了表面等离极化激元。此时如果采用非偏振的激发光场，就能够在整个圆周上产生表面等离极化激元，采用的结构是刻入 70 nm 厚铝膜的一个椭圆，在这种情况下，可以通过光刻胶层的曝光记录近场光学图案。

对于绝缘体/金属/绝缘体异质结构来说，当金属层的厚度很小时，金属上下界面的表面等离极化激元会发生相互作用，从而导致耦合模式的出现。随着金属厚度的减小，对称结构的奇模式的衰减也会发生大幅下降。假设波导的宽度远大于厚度 (亚波长尺度)，当金属条被嵌入均匀的介质环境中时，有限宽度的金属波导同样支持长程表面等离激元模式。除了有着相反对称性的两种基模之外，该结构还支持多种高阶的束缚模式。举例来说，当宽度 1 μm 的银条嵌入在折射率为 2 的环境媒介中时，图 5.9(a) 中给出了波长 633 nm 光场激发不同厚度银条时的模式色散关系，图中同时也给出了该结构在无限宽度条件下模式 s_b 和 a_b 的色散关系 [22]。可以看到，银条的束缚模式基模与无限宽对称结构的奇束缚模式 s_b 非常接近。此外，这个模式没有截止厚度，并且模式的衰减系数会随着厚度的减小而迅速下降，即金属条的长程表面等离激元模式。薄膜厚度的减小不仅会带来模式衰减的降低，同样也会导致模式约束性的减弱，最终将会转化为介质中的横电磁模式。此外，金属条的厚度对局域场的空间分布有着很大影响。图 5.9(b) 给出了厚度为 100 nm 和 40 nm 银条的坡印亭矢量的模式分布。当金属条的厚度较大时，能量都集中在金属条边缘；而当厚度减小时，长程模式的空间场分布呈现类高斯的横向分布，因此可以通过空间模式匹配的方式进行高效的尾端耦合。

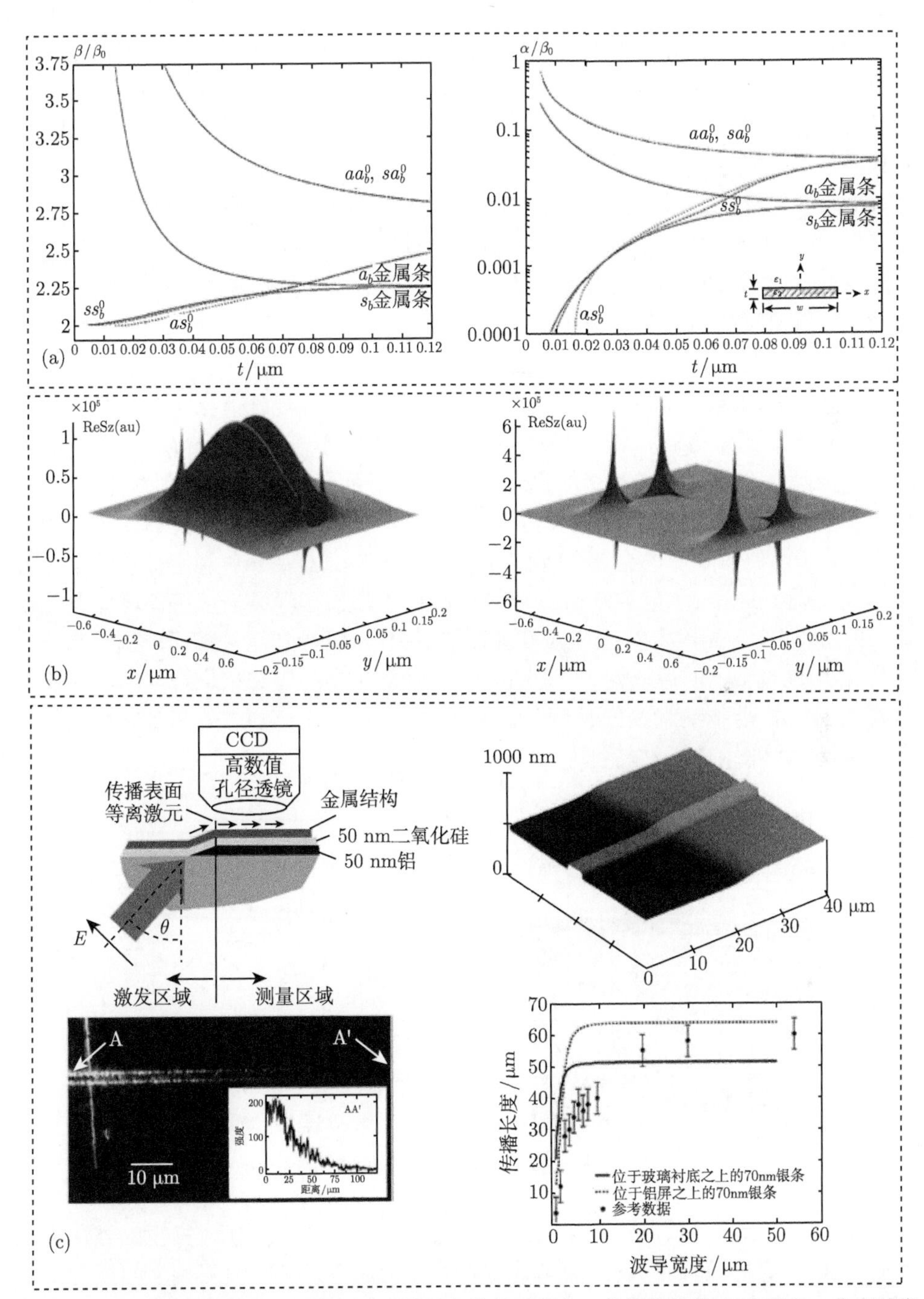

图 5.9 (a) 对称环境媒介中银条形波导模式色散关系的归一化相位常数 (左) 和归一化衰减常数 (右)；(b) 波长 633 nm 激发 100 nm(左) 和 40 nm(右) 厚度银条长程模式的坡印亭矢量的模式分布 [22]；(c) 研究非对称环境金属条形波导上表面等离极化激元传播行为的实验装置及其对表面等离极化激元散射场的成像，表面等离极化激元传播长度与波导宽度的关系 [23]

如果金属条形波导两侧的环境媒介不同，如分别为介质衬底和空气，由于底层和上层材料的折射率存在较大的差别，所以长程模式不再存在。为了研究非对称环境下金属条形波导的宽度对表面等离极化激元传播的影响，研究者搭建了一套耦合系统 (图 5.9(c))，其中装置左侧的棱镜耦合用于在金属/空气界面激发表面等离极化激元，装置右侧的显微镜用来观察表面等离极化激元在粗糙表面的散射 [23]。图 5.9(c) 中也给出了不同波导宽度时表面等离极化激元的传播长度 [24]。当波导的宽度与激发波长相近时，宽度的减小会造成传播距离的迅速衰减。此外，由于表面等离极化激元条形波导的横向尺度需要遵循衍射极限的限制，进而降低了波导的集成度。

由于波矢的横向分量与横向空间坐标之间存在不确定性，当金属波导的横截面积小于波长的平方时，横向模式的约束性就能够小于环境媒介中的衍射极限。此外，当考虑金属本身的模式能量时，有效模式面积也将低于衍射极限。然而，当金属波导的横截面达到亚波长时，结构自身不一定能够支持如此高约束性的模式。以处于介质衬底上的金属条状波导为例，如图 5.10 所示，利用棱镜耦合装置在纳米线 (长 20 μm，宽 200 μm，厚 50 nm) 上激发了泄漏表面等离极化激元模式，并用近场光学显微术对近场强度进行了采集，可以看到能量都局域在纳米线附近 [25]。通过对轴上的近场强度进行拟合，可计算出表面等离极化激元的传播长度约为 4.5 μm。若把纳米线的长度缩短为 8 μm，就会观察到由表面等离极化激元在尾端反射所形成的驻波特征。

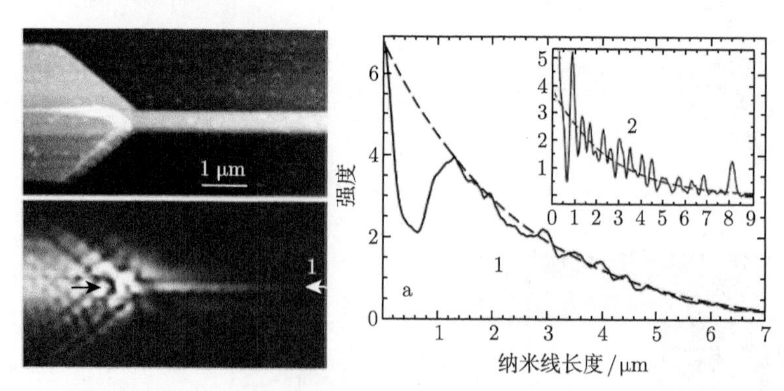

图 5.10 金纳米线波导上传播的表面等离极化激元 [25]

除了在纳米线上激发泄漏模式之外，还可以采用高数值孔径物镜的方法激发束缚模式，而传播距离也会因束缚模式不存在泄漏辐射损耗而得到大幅提升。例如，在宽度 120 nm、长度 18.6 μm 的纳米线上，束缚模式的传播长度可以达到 10 μm。因此，纳米线有着很好的横向模式约束性和较大的传播距离，非常适合用于可见光频段中光子回路的电磁能量传递。

如果把纳米线做成锥形，就有可能通过绝热的方式进一步提升横向模式的约束性。例如，在锥角为 6° 的二氧化硅锥形光纤的表面镀上一层厚度为 40 nm 的银膜，因此光纤中的能量能够传递至表面等离极化激元模式。当表面等离极化激元沿着锥形纳米线的表面传输时，纳米线半径的变小会导致表面等离极化激元波长的变短，从而在尖端附近的纳米尺度内产生了聚焦场和极大的场增强效应。

5.6.2 孔径的辐射传输

本节中，我们将讨论电磁场穿过金属薄膜时在垂直方向上的透射现象，重点探讨金属薄膜上孔径的近场效应及其对辐射传输的影响。

当一束光穿过不透明薄膜上的一个小孔时，通常伴随着衍射现象的出现。当在厚度无限小的完美导体上刻蚀一个半径为 r(远小于波长) 的圆孔，不考虑光场的偏振效应时，相应的衍射场可以采用惠更斯–菲涅耳原理和基尔霍夫标量衍射理论计算。对于垂直入射的平面波，在远场单位角内的透射强度可以表示为艾里分布：

$$I(\theta) \cong I_0 \frac{k^2 r^2}{4\pi} \left| \frac{2\mathrm{J}_1(kr\sin\theta)}{kr\sin\theta} \right|^2 \tag{5.35}$$

其中，I_0 是孔径面积内的总入射强度；θ 是孔径法线方向和辐射方向之间的夹角，强度分布呈中央实心亮斑、外侧强度递减的同心圆环。当孔径尺寸远大于波长时，透射率趋近于 1。

对于尺寸远小于波长的孔径，它不会支持任何传播模式，因此结构的光学响应将由近场效应占据主导。当一束平面波垂直入射时，孔径可以被视为一个位于孔径平面内的磁偶极子，因此透射率可以表示为

$$T = \frac{64}{27\pi^2}(kr)^4 \propto \left(\frac{r}{\lambda_0}\right)^4 \tag{5.36}$$

由上式可知，透射率同孔径尺寸与波长比值的四次方成正比，这也意味着亚波长孔径的透射率非常低。如果入射光与孔径法线之间存在一定角度，研究透射问题时需要额外考虑垂直方向上的电偶极子，此时横磁模式的透射率要高于横电模式 [26]。

需要着重强调的是，以上的讨论依赖于薄膜厚度无限小和完美导体这两个重要的假设。随着金属薄膜厚度的增大，透射率将呈指数型下降。若孔径支持传播模式，则上述理论不再适用，而透射率也将因为孔径波导效应的出现而显著增大。此外，由于真实金属薄膜的电导率是有限的，所以结构本身不会是完全不透明。只有当薄膜的厚度超过几个趋肤深度时，才可以视为不透明。

当一束光通过金属薄膜上一个不支持传播模式的圆形或方形孔径时，如果在孔径的周围制备周期性的规则结构，就能够大幅度提升结构的整体透射率。此时，表面光栅会耦合激发表面等离极化激元，造成孔径入射端一侧光场的增强。隧穿

孔径之后，表面等离极化激元的能量将被散射到结构另一侧的远场区域。根据光栅的透射峰所对应的波长是光栅表面等离极化激元的激发波长，由于照射在金属薄膜上的光也会通过表面等离极化激元的传播而穿过孔径，所以透过孔径的能量要大于入射到孔径上的能量，这种透射率大于 1 的现象称为异常透射 (extraordinary transmission)。1998 年时，Ebbesen 在 200 nm 厚度的银膜表面制备了直径 150 nm、周期 900 nm 的圆孔阵列 [27]。当利用激光垂直激发时，由透射光谱 (图 5.11(a)) 可见，除了紫外波段的尖锐透射峰之外，谱线有着好几个相对较宽的透射峰，其中有两个峰所对应的波长都大于光栅常数。由于观察到了异常透射现象，这意味着透射过程与周期孔径上激发的表面等离极化激元有关。此时，照射在孔径之间不透明区域的光场也会随着表面等离极化激元传播至结构的另一侧。

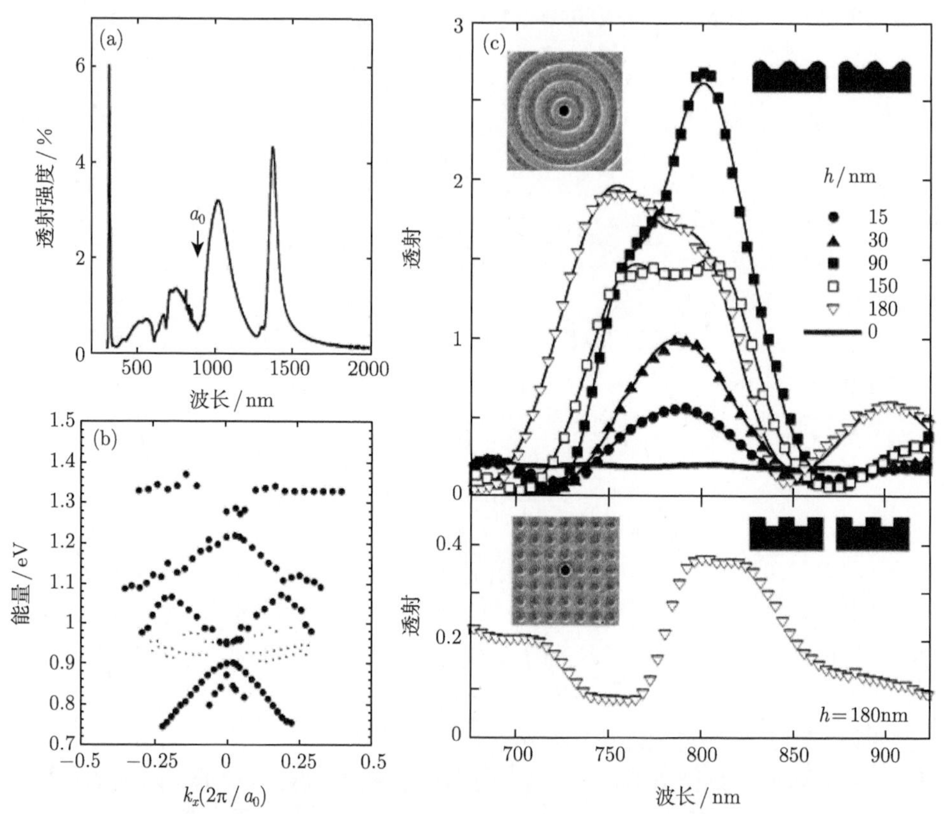

图 5.11 (a) 垂直激发圆孔阵列时的透射谱 [27]；(b) 不同角度激发时表面等离极化激元的色散关系 [27]；(c) 单个孔径周围刻蚀同心环形和二维光栅的透射谱 [28]

透射过程中的色散关系可由峰值位置与入射角度之间的关系得知。图 5.11(b) 给出了光栅耦合装置中表面等离极化激元的色散关系，其中色散曲线与 k_x= 0 的一系列交点决定了垂直激发时的相位匹配，同时也对应着图 5.11(a) 中的透射峰位置。观察到的透射谱结构可以用下式进行解释：

$$\zeta = k_x \pm nG_x \pm mG_y = k_0 \sin\theta \pm (n+m)\frac{2\pi}{a_0} \tag{5.37}$$

由此可见，在基于表面等离极化激元隧穿的透射增强效应中，入射场与表面等离极化激元之间的相位匹配条件起到了至关重要的作用。如图 5.11(c) 所示，当在直径 440 nm 的单个孔周围制备不透明的周期表面结构时 (如环形沟槽和二维光栅)，结构的透射率会得到大幅增强，其中环形沟槽的牛眼结构在相位匹配条件下还获得了大于 1 的透射率 [28]。此外，由于表面结构的高度 (h) 会影响表面等离极化激元的耦合效率，所以这一几何参数对透射增强也起着决定性作用。

对于真实的金属膜而言，即使由于厚度增加而变得不透明，在分析孔径的透射特性时也必须考虑金属有限的电导率，而此前介绍的理论模型中全部基于了理想金属的假设。由于光场在金属内存在趋肤深度，所以会在孔径的边缘处激发局域表面等离激元。此外，如果把孔径视为平坦金属表面的微扰，则传播表面等离极化激元同样也会被激发。

局域表面等离激元会给单个亚波长孔径带来两方面的影响。首先，由于局域场在孔径边缘存在有限的穿透性，则孔径的有效尺寸将大于实际尺寸，从而导致波导基模截止波长的增大。其次，局域表面等离激元模式的光谱位置依赖于孔径的尺寸和形状，在局域模式的激发波长下孔径边缘将出现显著的场增强效应，从而造成透射率的提升。图 5.12(a) 中给出了不同厚度银膜上刻蚀亚波长孔径的透射谱 [29]。当薄膜的厚度很小时，局域模式的激发会使得隧穿过孔径的能量增大，因此在透射谱上将出现一个明显的透射峰。

若孔径的形状为矩形时，其长宽比对透射场有着很大的影响。如图 5.12(b) 所示，随着矩形孔长宽比的增加，孔径透射场的峰值强度也会增大 [30]。通过研究共振波长下的电场分布，人们发现这种增强与共振存在密不可分的关系。因此，通过加强薄膜入射端和出射端两侧界面上的耦合，隧穿过单一孔径的场会由于表面等离极化激元的介入而显著增强 (图 5.12(c))。

5.6.3 表面增强拉曼散射

表面增强拉曼散射是一种利用金属结构的局域场去增强分子的自发拉曼散射的技术。利用粗糙的银表面可以记录下单分子的拉曼散射，其中散射界面的增强能达到 10^{14} [31]。机理上，大部分的拉曼增强信号被认为源自于金属颗粒上局域表面等离激元共振所产生的场增强效应，而这些被称为热点的局域场同样也可以用于增强荧光发射。

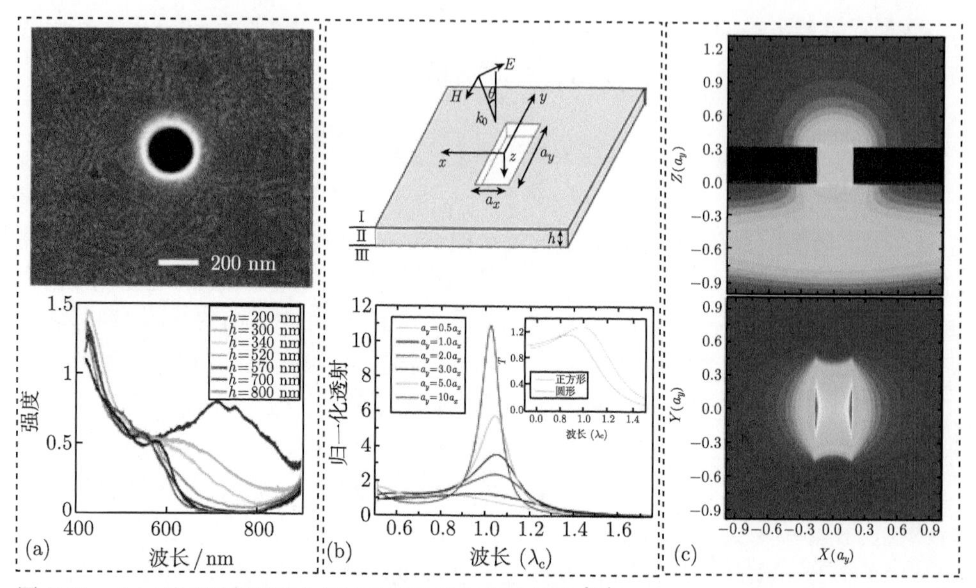

图 5.12 (a) 不同厚度银膜上刻蚀亚波长孔径的透射谱 [29]；(b) 矩形孔径长宽比 (a_y/a_x) 对透射谱的影响 [30]；(c) 共振波长激发下矩形孔径的增强电场模分布 [30]

拉曼效应描述了光子与分子之间的非弹性散射过程，而分子又受到振动模式和转动模式的影响。如图 5.13(a) 所示，由于散射体之间的能量交换，入射光子的能量发生了变换，改变量为特征振动能 $h\nu_{\mathrm{M}}$。这种变化可以是双向的，取决于分子是处于基态还是处于激发态。如果是基态，光子将由于振动模式的激发而损失能量，这种过程称为斯托克斯散射。如果是激发态，光子将由于模式的去激发而获得额外的能量，这种过程称为反斯托克斯散射。这两种情况下相应的拉曼带的频率为

$$\begin{cases} \nu_{\mathrm{S}} = \nu_{\mathrm{L}} - \nu_{\mathrm{M}} \\ \nu_{\mathrm{aS}} = \nu_{\mathrm{L}} + \nu_{\mathrm{M}} \end{cases} \tag{5.38}$$

图 5.13(b) 和 (c) 中也比较了典型的荧光谱和拉曼谱。由于向激发态下边缘的非弹性电子弛豫，荧光谱通常很宽。相比之下，拉曼跃迁会尖锐得多，因此可以用来对分子进行具体的分析。总体来说，拉曼跃迁中的光子并不与分子发生共振，而激发也只是通过虚能级发生，过程中没有光子的吸收或发射，跃迁为完全的散射过程。即便当入射的光子与电子跃迁之间发生共振，这个结论依然成立。此时的共振拉曼散射要强于普通的拉曼散射，但是它的效率要远低于荧光跃迁。通常来说拉曼散射的截面比荧光过程小 10 个数量级，具体在 10^{-31} ~10^{-29}，取决于散射为共振还是非共振。

由于拉曼散射是自发散射的线性过程，所以非弹性散射光的总强度与入射的

激发光的功率呈线性变换关系。散射光的能量可以表示为

$$P_{\mathrm{S}}\left(\nu_{\mathrm{S}}\right)=N\sigma_{\mathrm{RS}}I\left(\nu_{\mathrm{L}}\right) \tag{5.39}$$

其中，N 表示激发光斑内的斯托克斯活性散射体的数目；σ_{RS} 是散射截面；I 是激发光场的强度。

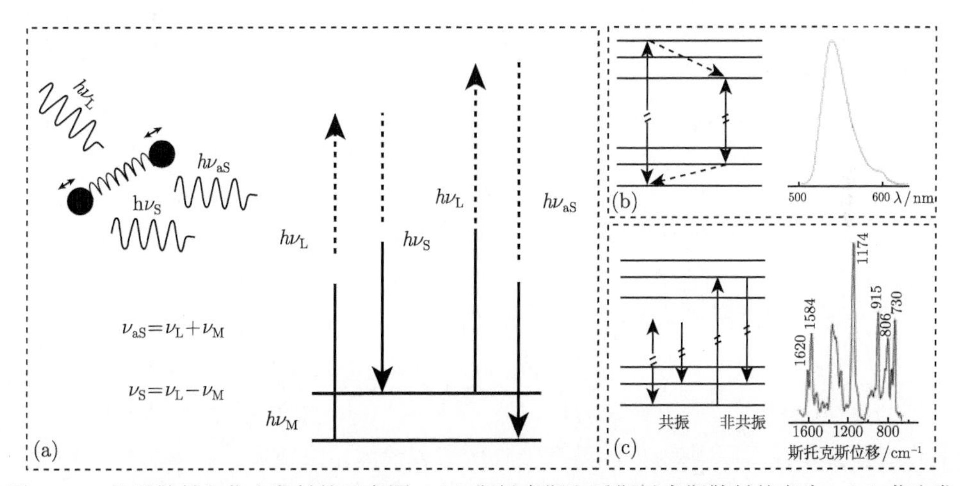

图 5.13 拉曼散射和荧光发射的示意图。(a) 斯托克斯和反斯托克斯散射的产生；(b) 荧光发射和 (c) 拉曼散射的能级图和相应的光谱

表面增强拉曼散射描述了斯托克斯过程的增强，而这种增强可以归因于两种效应。首先，由于分子环境发生了变化，表面增强拉曼的散射截面将大于拉曼的散射截面 ($\sigma_{\mathrm{SERS}}>\sigma_{\mathrm{RS}}$)，这通常称为拉曼增强的化学贡献或电子贡献。其次，造成散射强度增大的更为重要的因素是金属界面上局域表面等离激元的激发和避雷针效应所带来的电磁场增强。电磁场的增强因子可以表示为拉曼活性区域的局域场振幅与入射振幅之比：$L(\nu)=|\boldsymbol{E}_{\mathrm{loc}}(\nu)|/|\boldsymbol{E}_0|$。在表面增强拉曼散射条件下，斯托克斯光场的总强度可以表示为

$$P_{\mathrm{S}}\left(\nu_{\mathrm{S}}\right)=N\sigma_{\mathrm{SERS}}L\left(\nu_{\mathrm{L}}\right)^2 I\left(\nu_{\mathrm{S}}\right)^2 I\left(\nu_{\mathrm{L}}\right) \tag{5.40}$$

由于入射光子频率ν_{L} 和散射光子频率ν_{S} 之间的差别远小于局域表面等离激元模式的线宽，所以可近似认为这两种频率下电磁场增强因子有着相同的模。由此可得，电磁场对于表面增强拉曼散射增强的贡献正比于场增强因子的四次方，即

$$R=\frac{|\boldsymbol{E}_{\mathrm{loc}}|^4}{|\boldsymbol{E}_0|^4} \tag{5.41}$$

局域表面等离激元共振具有强烈的频率依赖性，而避雷针效应是由于几何现象所造成的电场线在尖锐金属结构附近聚集所带来的增强。因此，电磁场增强因子可

以改写为 $L(\nu) = L_{\mathrm{SP}}(\nu)L_{\mathrm{LR}}$，该描述对于金属纳米结构附近产生的拉曼增强，共振拉曼增强和荧光增强都是适用的。

当分子与腔的电磁模式发生相互作用时，可以从另一种角度去描述表面增强拉曼散射的增强过程。假设有两个靠得很近的纳米粒子，粒子间的中间区域即构成腔，在该热点区域可以观察到单分子的表面增强拉曼散射信号。腔中电磁场的增强可以用品质因子 Q 或有效模式体积 V_{eff} 去表示，分别描述了光谱模式和空间模式的能量密度。

基于波导和腔的耦合概念，自发拉曼散射的过程可以描述为：一束频率 ω_0 的光场激发了腔中的拉曼活性分子，通过散射过程释放出频率为 ω 的斯托克斯光子。假设激发光场和斯托克斯光场都与腔发生共振且受到同等程度的增强，可以认为在入射和出射频率下的品质因子和有效模式体积都相等，即 $Q(\omega_0) = Q(\omega) = Q$，$V_{\mathrm{eff}}(\omega_0) = V_{\mathrm{eff}}(\omega) = V_{\mathrm{eff}}$。

稳态时，共振模式的振幅可以表示为

$$u = \frac{\sqrt{2\gamma_{\mathrm{rad}}A_{\mathrm{c}}/A_{\mathrm{i}}}\,|s_+|}{\gamma_{\mathrm{rad}} + \gamma_{\mathrm{abs}}} = \frac{\sqrt{\gamma_{\mathrm{rad}}A_{\mathrm{c}}}\,|\boldsymbol{E}_{\mathrm{i}}|}{\sqrt{\eta}\left(\gamma_{\mathrm{rad}} + \gamma_{\mathrm{abs}}\right)} \tag{5.42}$$

其中，γ_{rad} 和 γ_{abs} 分别为由辐射和吸收所造成的能量衰减率；A_{i} 和 A_{c} 分别是入射光截面和共振腔模的有效辐射截面。由于辐射阻尼和吸收阻尼的贡献不同，从而可以将介质腔与金属腔区分开来。对于介质腔来说，辐射阻尼远大于吸收阻尼，因此共振模式振幅与品质因子的开方成正比。对于金属腔来说，吸收阻尼远大于辐射阻尼，因此模式振幅正比于品质因子，这也说明介质和金属共振器中的场增强有着不同的标度律。

由于有效模式体积与腔中总电场能量的局域场直接相关，所以共振模式振幅也可以用有效模式体积表示。金属腔中入射场的增强为

$$\sqrt{R} = \frac{\left|\boldsymbol{E}_{\mathrm{loc}}\right|^2}{\left|\boldsymbol{E}_{\mathrm{i}}\right|^2} = \frac{\gamma_{\mathrm{rad}}A_{\mathrm{c}}}{4\pi^2c^2\eta\varepsilon_0\lambda_0}\frac{Q^2}{\overline{V}_{\mathrm{eff}}} \tag{5.43}$$

由此，就可以对金属纳米颗粒所构成的纳米尺度间隙中表面增强拉曼散射的增强进行估算。

为了增大局域场的增强效应，需要设计支持局域等离激元的微纳结构。此外，金属的介电常量也需要在特定频段内支持共振模式的存在。研究表明，粗糙的银表面可以获得 10^{14} 的表面增强拉曼散射，其中由电磁效应带来了 10^{12} 的增强，即热点的场增强因子达到了 10^3 倍。基于相似的概念，若在平坦表面上制备密排的半圆柱体阵列 (图 5.14(a))，最高可获得 10^8 的表面增强拉曼散射 [32]。由于相邻金属表面之间存在局域等离激元模式，传导电子在相邻圆柱之间的运动使得相邻表面上形成了相反的电荷密度分布，从而在间隙内形成了高度局域的增强场。

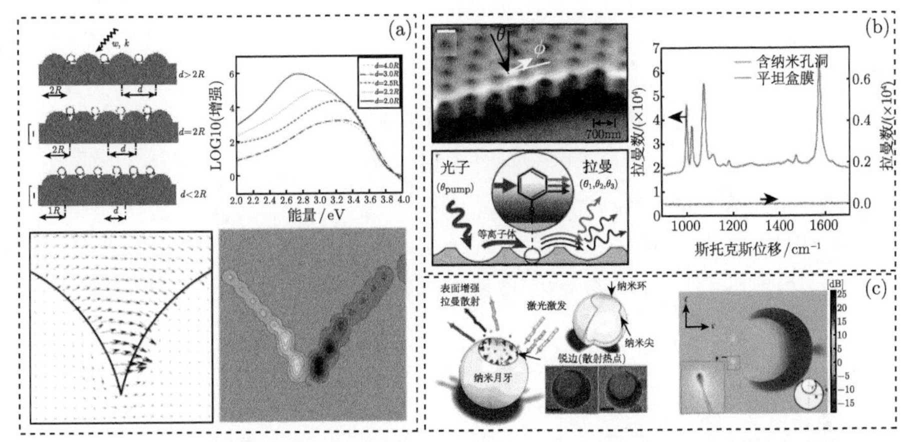

图 5.14 (a) 一系列银半圆柱组成的粗糙表面和不同间隙尺寸时的间隙中的局域场增强 (左)，相邻半圆柱间的电场分布和梯度分布 (右)[32]；(b) 金属纳米孔洞阵列的表面增强拉曼散射光谱 [33]；(c) 金属月牙形结构的电场分布 [34]

由于局域等离激元对于金属表面分子的拉曼增强具有至关重要的作用，人们开展了大量的关于表面增强拉曼散射基底的研究，例如，密排的纳米颗粒、特殊形状的纳米结构或纳米孔都被证实是有效的表面增强拉曼散射基底。如图 5.14(b) 所示，刻蚀在平坦金属表面的纳米孔洞阵列支持局域等离激元共振，并且满足激发表面等离极化激元的相位匹配条件 [33]。为了使得该基底的电磁场增强因子达到单分子拉曼探测的水平，必须将间隙做到纳米量级。如图 5.14(c) 所示，纳米球制备成月牙的形状后在尖端处能够获得 100 倍的场增强，因此斯托克斯增强能够达到 10^{10}[34]。

在许多应用中，需要利用拉曼散射去研究半导体和具有吸收特性的薄膜样品，因此需要对薄膜上激发光的位置进行扫描，进而获得具有空间分辨率的拉曼光谱。为此，人们发展了尖端增强拉曼散射技术。在反馈装置的辅助下，将尖锐的金属针尖在样品表面上方扫描。利用聚焦激光从外侧照射针尖，从而在尖端处产生局域共振和避雷针效应，由此获得极大的场增强。当锥形针尖包裹一层金属时，场增强不仅来源于尖端处的局域模式，同样也来自于圆锥结构的表面模式。

在局域等离激元共振和传播表面等离极化激元的共同贡献下，金属表面的局域电磁场增强效应同样也能够增强近场的荧光分子辐射。当荧光分子放置在亚波长尺度的金颗粒附近时，由于金颗粒的局域等离激元共振，入射光场将被增强，继而分子所发出的辐射荧光也会被增强，具体数值取决于辐射衰减与非辐射衰减过程之间的竞争。由于在分子与颗粒之间很小的距离内粒子会接收到非辐射能量转移，尽管消光率会因近场效应而增大，但辐射概率则会被降低。在弱激发的条件下，荧光发射率γ_{em} 与激发率γ_{ext} 和总衰减率 ($\gamma=\gamma_{\mathrm{r}}+\gamma_{\mathrm{nr}}$) 有关：

$$\gamma_{\text{em}} = \gamma_{\text{ext}} \frac{\gamma_{\text{r}}}{\gamma} \tag{5.44}$$

其中，γ_{r} 和γ_{nr} 分别为辐射衰减率和非辐射衰减率。辐射概率 $q_{\text{a}} = \gamma_{\text{r}}/\gamma$，也称为辐射过程的量子产率。金颗粒的引入对电磁环境的改变可利用格林函数的方法描述，因此荧光过程能够用分子跃迁的二能级模型去分析。图 5.15(a) 中给出了波长 650 nm 激光激发不同尺寸的金球所产生的量子产率、归一化激发率和荧光辐射率随分子与颗粒之间距离的变化关系 [35]。由于非辐射衰减率正比于欧姆热量，

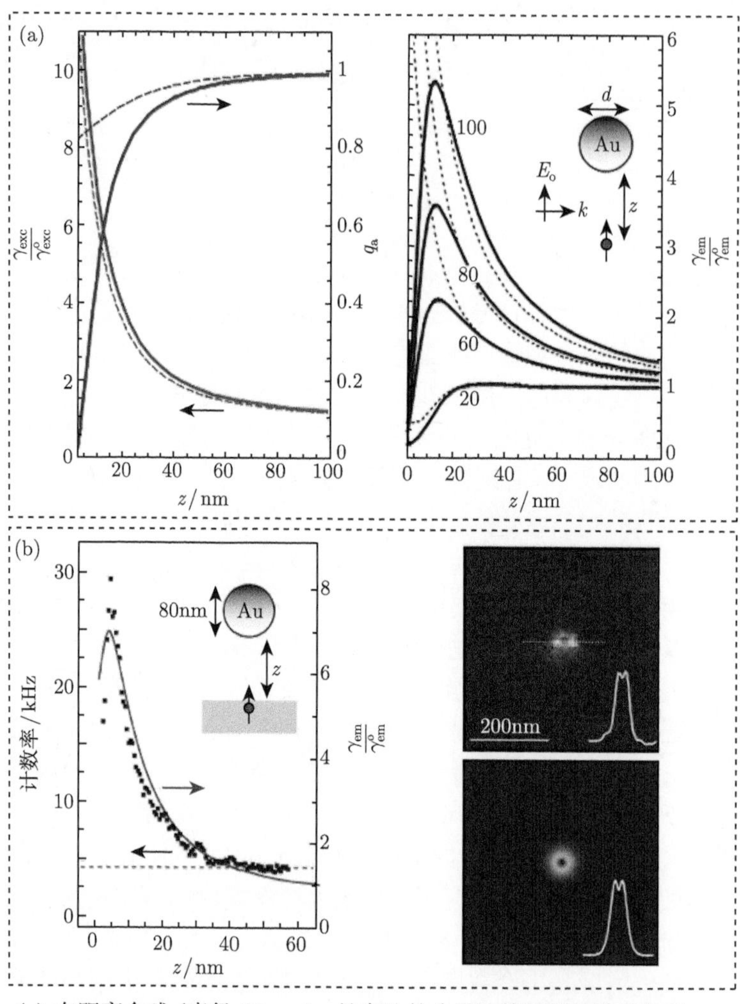

图 5.15 (a) 在距离金球 (直径 80 nm)z 长度处单分子计算得到的量子产率 q_{a}、荧光激发率γ_{exc} 和荧光发射率γ_{em}[35]；(b) 金球附近的单分子实验得到的荧光发射率与理论曲线的比较，以及近场比较图，发射强度理论计算图 [35]

从而荧光增强的峰值位置无须在等离激元共振被激发的频率上。实验中，通过将金颗粒吸附在近场光学显微镜的扫描探针上，就能够精确地调整分子与样品表面之间的距离，测得的单分子辐射速率与位置之间的函数依赖关系如图 5.15(b) 所示。由于量子产率的降低并不仅仅由于非辐射衰减率的增大，所以当分子与颗粒之间的距离很小时，相位所导致的辐射衰减率的降低同样也起到了一定的作用。

5.6.4 光谱学与传感

粒子的共振波长取决于电磁近场内的介质环境，这也是基于等离激元光学的传感技术的基本思想。当生物分子吸附在功能性金属表面时，等离激元模式的光谱会发生变化。由于表面等离激元具有局域性和场增强效应，即便单层分子也会造成光谱产生可观测的改变。在过去的几十年里，表面等离激元传感已经发展为一项非常成熟的分析传感技术。

远场消光显微术可以对规则的粒子阵列的共振模式频率进行探测。当共振发生时，单一粒子的消光截面也会产生共振增强。若粒子的间距足够大，整体结构的消光峰位置就会和单一粒子的局域等离激元频率完全重合。然而，由于不同粒子的形状存在略微的差别，所以消光谱的线型会出现非均匀的展宽。对于球形的亚波长粒子，它的共振频率与环境媒介的介电常量直接相关。因此，当环境发生变化时，例如单层分子吸附在粒子表面，粒子的偶极共振频率就会发生变化。通过检测粒子的光谱，也就检测到了环境的改变。本节中，我们将介绍几种常用的单颗粒光谱技术。

1. 全内反射光谱技术

如图 5.16(a) 所示，在棱镜的上表面制备金属纳米结构，并使用全内反射条件进行激发表面制备金属纳米结构的棱镜时，棱镜上方的倏逝场将作为局域激发源激发表面模式，从而导致散射场的共振增强 [36]。当使用白光照明时，通过在远场收集棱镜上方的散射场，就能够测定出金属纳米颗粒中空间约束模式的频率。由图中给出的单个金颗粒的等离激元谱可以看出，当颗粒所处的环境媒介折射率增大时，偶极等离激元模式的共振峰会发生红移。

2. 近场光学显微术

如图 5.16(b) 所示，把一个开孔的光纤探针放置于粒子的近场区域，当粒子被白光激发时，通过在远场收集辐射强度的空间分布，可以测得光谱信息 [37]。通过这种方式，能够获得单个粒子的共振频率和均匀的等离激元模式线型。

3. 暗场光学显微术

虽然近场光学显微术提供了非常高空间分辨率的局域光谱，但是将光学探针放置在粒子近场区域这一操作为实际的传感应用带来了一定的困难。例如，该方案不适用于细胞体内的金属纳米颗粒的原位测量。暗场光学显微术只收集被纳米颗粒散射的远场光线，在暗场图像中金属颗粒以亮斑的形式出现，即由其散射截面的共振频率所确定。图 5.16(c) 中给出了单个金属纳米颗粒的暗场图像 [38]，由于聚焦的照明光场受到衍射极限的限制，所以只有当粒子间距很大时才能实现单粒子的灵敏度。

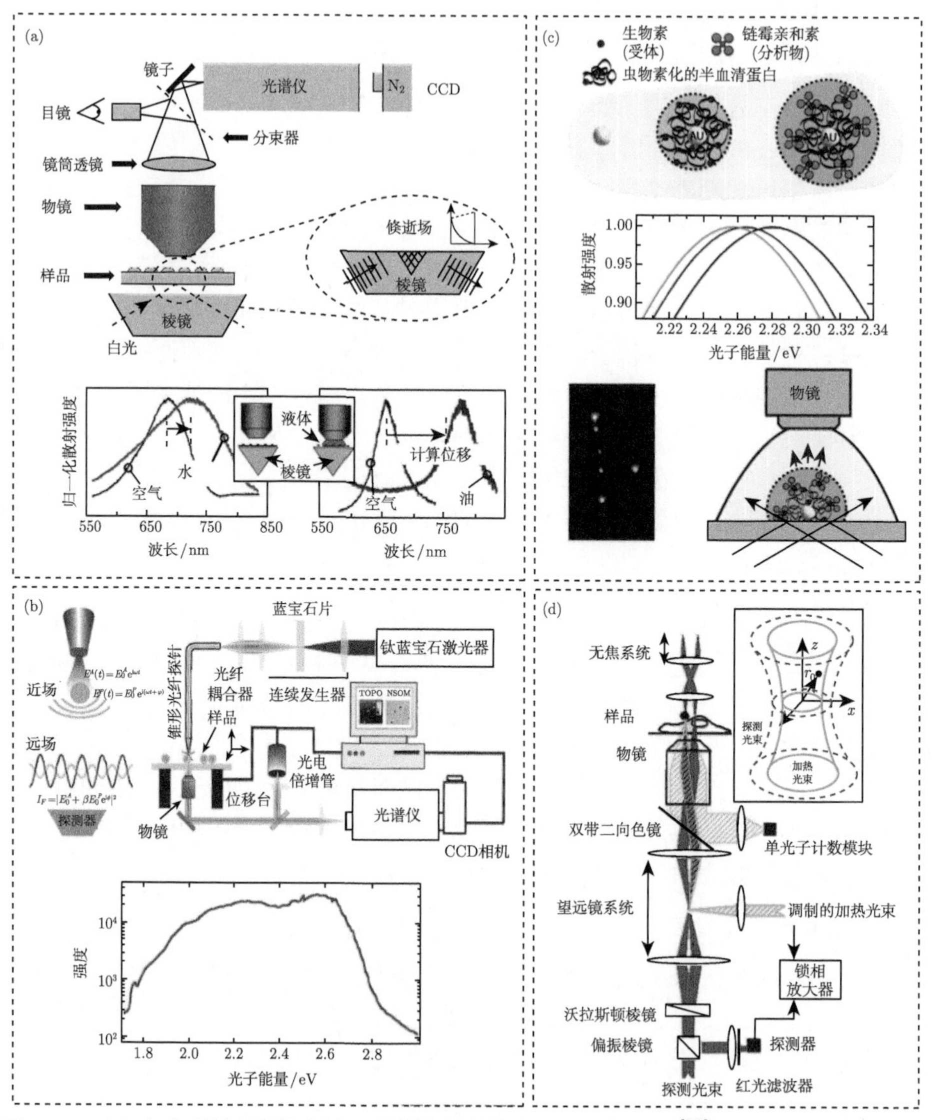

图 5.16　(a) 全内反射光谱技术用于颗粒等离子体共振移动的测定 [36]；(b) 近场光学显微术用于白光照明下对颗粒等离子体共振的高灵敏度探测 [37]；(c) 暗场光学显微术用于单颗粒的分子吸附监测 [38]；(d) 光热成像术用于纳米颗粒的成像 [39]

4. 光热成像术

当直径小于 40 nm 的金属纳米颗粒混在了其他散射体 (例如生物细胞) 的背景中时，由于散射截面与粒子直径呈六次方的关系 ((5.30) 式)，所以小颗粒的散射信号会被其他大散射体所掩盖，此时暗场显微术和其他依赖于散射光探测的成像技术将不再适用。为了解决这一问题，人们发明了光热成像术。这种技术依赖的是颗粒的吸收，而吸收截面与粒子尺寸呈三次方的关系 ((5.30) 式)，因此能够从大散射体的背景中识别出 10 nm 的粒子。如图 5.16(d) 所示，该装置由加热光束和另一束较弱的探测光束组成，其中探测光束用于检测吸收所导致的，即粒子吸收光场所导致的金属纳米粒子附近出现的热变化 [39]。红色的探测光束被分为两列正交偏振的光场并聚焦在样品上，形成两个距离 1 μm 的光斑。加热光束只与其中一个探测光束的位置重叠，使其偏振方向上产生由热量引起的变化。当把两束探测光场重新合并时，就会出现强度调制，利用扫描系统就可以构建出样品的图像。相比于散射成像和荧光成像 (fluorescence imaging)，光热成像术由于能够对单粒子进行探测，从而有着更好的空间分辨率。

除了基于粒子等离激元共振的光谱技术之外，金属/空气界面传播的表面等离极化激元也能够用于传感。当金属上方环境的折射率改变时，表面等离极化激元的色散关系就会发生变化。因此，当有其他物质吸附在金属表面时，就需要调整激发波长或角度，以重新达到激发表面等离极化激元的相位匹配条件。

从检测方式来看，表面等离极化激元传感器可分为角度检测、波长检测、强度检测和相位检测四种。对于固定的激发波长，表面等离极化激元只会在特定角度被激发，反映到反射谱上就是很弱的反射强度。对于固定的激发角度，某些波长恰巧会激发表面等离极化激元。角度检测的基本原理是固定入射光波长，通过扫描入射角度，追踪共振角 (反射强度的最小值所对应入射角) 随外界折射率的变化。商用仪器大多采用发散角较大的可见或近红外 LED 作为光源，接收端用线阵 CCD 采集不同入射角度的反射光强，这样可以避免采用较为笨重的角度转动装置。波长检测的基本原理是固定入射角度，以宽带光源入射，探测反射或者透射光谱的变化，获得共振波长随待测物折射率变化的关系。波长检测方式易于实现传感器的小型化和集成化，常应用于光纤传感器及测量局域表面等离激元共振消光谱。强度检测的基本原理是固定入射光波长及入射角度 (共振角附近)，检测反射光强随外界折射率的变化。这种方法的优点是系统结构比较简单，测量算法简便，实时性好，空间分辨率也高；但缺点是测量精度低，折射率测量范围较小，线性度不好，容易受到噪声影响。相位检测的基本原理是固定入射光波长和角度，探测横磁波在棱镜底面反射前后相位的变化。与其他检测方式相比，相位检测技术可以使传感器的灵敏度提高 1~2 个数量级。

通常来说，当表面等离极化激元的场约束性增大时，基于表面等离极化激元的传感灵敏度也会随之增大。对于棱镜耦合装置来说，反射光场的相位会随着表面等离极化激元激发的相位匹配条件而变化。如果使用横磁和横电偏振的光源作为激发场，可以实现对折射率的高灵敏度检测，灵敏度可达 2×10^{-7}。如图 5.17(a) 所示，通过对入射光进行偏振混合，实现了对偏振椭圆变化的差分检测 [40]。当上层材料的折射率变化时，入射光中恒磁分量的相位发生改变，从而造成反射光的偏振发生变化。

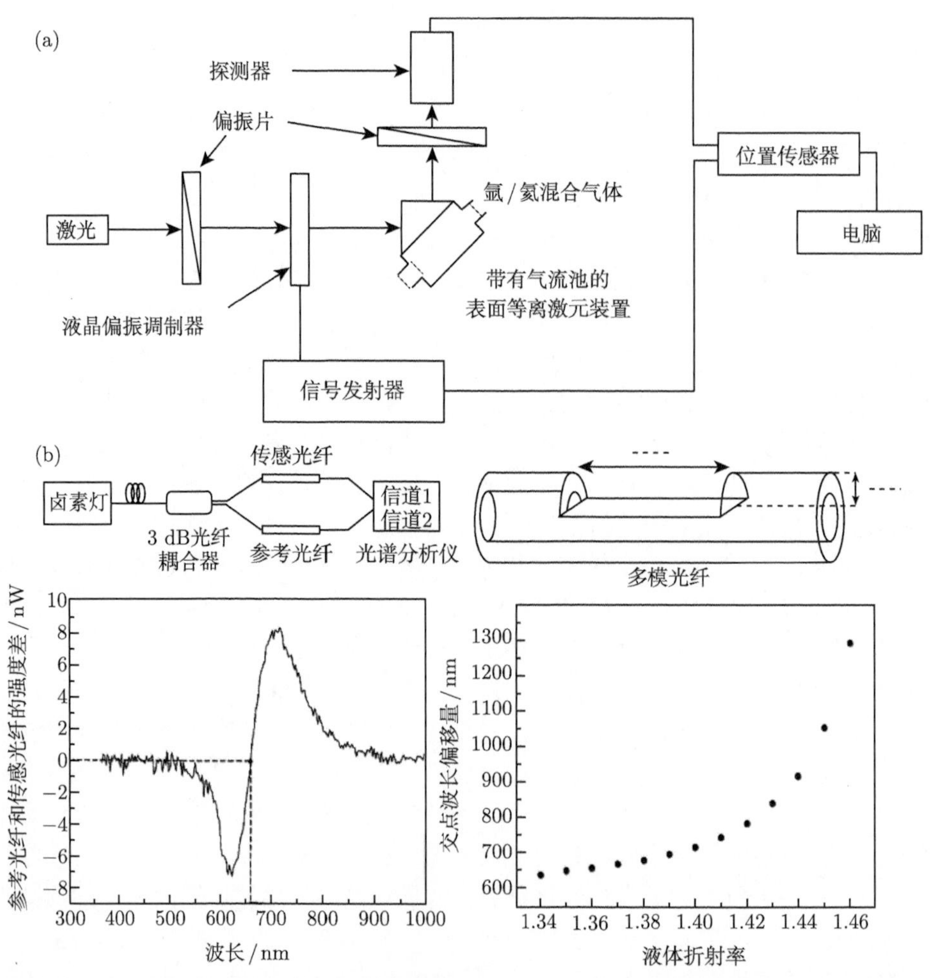

图 5.17　(a) 利用棱镜耦合激发的金属膜表面等离极化激元进行微分椭偏检测折射率变化的实验装置 [40]；(b) 基于多模式光纤的表面等离极化激元传感器 (上)，传感器与参考臂之间光强与波长的关系 (左下) 及两个表面等离极化激元光谱交叉点波长随折射率变化的实验结果 (右下)[35]

光纤表面等离极化激元共振传感器是另一种常用的传感装置。经过特殊的处理后，光纤的一侧将纤芯暴露，并在该区域镀上一层金属薄膜，使得表面等离极化激元可以通过纤芯导模的形式被激发 (图 5.17(b))[41]。为了进一步提高检测灵敏度，可以采用传感光纤和参考光纤的组合进行干涉探测或是差异信号分析。例如，将参考光纤浸没在蒸馏水中，而传感光纤放在不同折射率的液体里。通过记录下不同干涉臂中的表面等离极化激元谱以及随波长变化的光强差异，其中差异为 0 的地方代表着两条表面等离极化激元曲线的交点，它对于折射率差异有很强的依赖关系，能够获得 10^{-6} 的折射率传感灵敏度。

5.6.5 成像与光刻

低对比度样品的成像一直以来都具有很大的挑战性，尤其是还需要保持很高的横向分辨率的时候。2009 年，研究者基于棱镜结构发明了一种新的显微技术，叫作表面等离极化激元显微术，能够提供超高的对比度且不会损失空间分辨率 (图 5.18(a))[42]。归其原因，是因为使用表面等离极化激元代替了原有的光源。这种电磁模式在穿越金属–介质表面时行为模式是束缚和非辐射的，并且振幅在垂直界面方向上迅速衰减。尽管光子能够被耦合到表面等离极化激元中，但是这种光的表现完全不同于传统的平面电磁波，最终可获得 3 μm 的分辨率。

由于表面等离极化激元的传播特性，表面等离极化激元显微术很难获得较好的远场横向分辨率。为解决这一问题，研究者发展了液浸装置 [43]。如图 5.18(b) 所示，由于油浸透镜的匹配液折射率大于空气，所以可以满足波矢匹配条件，实现表面等离极化激元的激发。同时，该透镜还可以用来接收反射的以及再次辐射的表面等离极化激元。由于采用了离焦的激发方式，一部分满足匹配条件的光将激发表面等离极化激元并在表面传输。由于互易定理，随着表面等离极化激元的传播，能量会一直持续地泄漏到匹配油中，并通过路径 B 返回显微镜。虽然 A 和 B 路径的相位差会由于离焦激发而变化，但由于位置不同而不会直接干涉。利用一套干涉系统，可以让 A 和 B 路径的光与一束参考光干涉，那么总的干涉信号强度将随着路径 A 和 B 相位的改变而发生振荡。对于不同的样品，比如铬–金，和铬–金–介质层来说，在焦点时输出信号的对比度很低，但是随着离焦的距离增大，这两种不同材料的对比度开始增大，若持续增大的话还会出现对比度的反转。因此，类似光栅的结构就会形成很好的对比度。

由于衍射极限的影响，传统光学只能够传递从一个点源发射出的传播分量，而倏逝波所携带的亚波长信息会在媒介中衰减，还没传播到成像面就丢失了。为了避免倏逝场的衰减，研究者提出了多种亚波长成像的技术。例如，通过提高透镜的折射率，浸没型透镜能够显著提高成像分辨率，但同时也受限于高折射率材料的稀缺。近场光学显微镜使用的是点对点的方式扫描，而不是一次得到一整幅

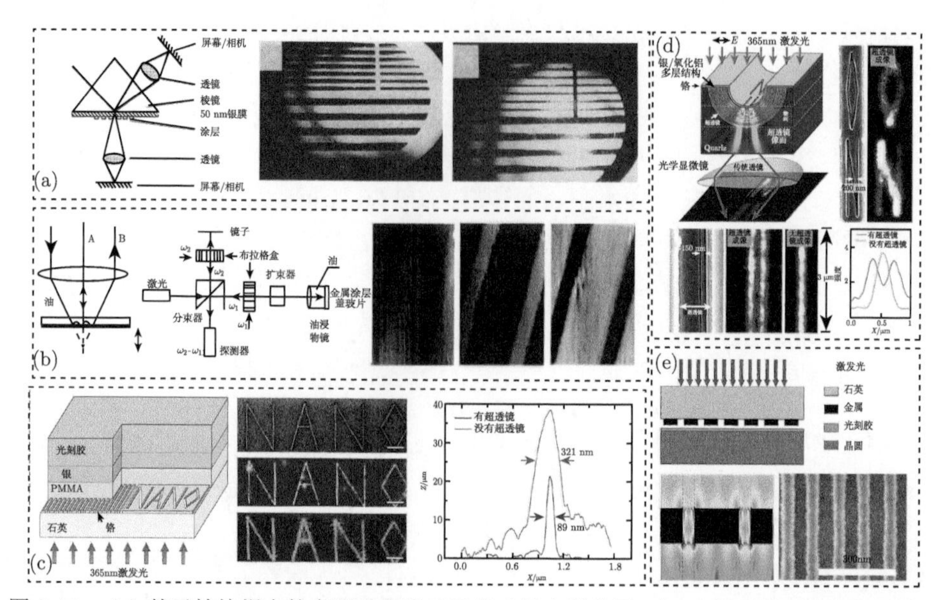

图 5.18　(a) 基于棱镜耦合的表面等离激元显微术的光学装置 (左)，表面刻有结构的银膜成像图，其中黑色代表结构中银 (中) 和 LB 薄膜 (右) 上表面等离极化激元的共振激发 [42]；(b) 基于液浸装置的表面等离激元显微术，样品离焦时的光路示意图 (左)，外差干涉测量的装置图 (中)，聚焦、离焦 1.5 μm 和 −1.85 μm 时样品的表面等离激元显微图像 (右)[43]；(c) 平面型超透镜的示意图 (左)，微结构 Nano 的聚焦离子束图、超透镜成像图和银条被 PMMA 替代后的成像图 (中)，超透镜成像和控制实验成像的横向线宽对比 (右)[44]；(d) 弯曲型超透镜的示意图 (左上)，线宽 35 nm、间距 150 nm 的两个物体的扫描电镜图、超透镜成像图和对照实验成像图 (左下) 及强度线扫描图 (右下)，线宽 40 nm 的微结构 ON 的超透镜成像图 (右上)[45]；(e) 表面等离极化激元光刻的装置示意图 (上)，对称掩模的近场强度分布 (左下) 和光刻结构电镜图像 (右下)[46]

图像。干涉法普遍不被认为是一种成像技术，因为它缺乏一种物体与像之间的对应关系。与此相反的是，超透镜被预言能够有效地增强倏逝波，从而补偿在超透镜之外的倏逝损失，实现衍射极限之下的图像重建。这种不寻常的透镜通常是一个薄片，具有负的介电常量或磁导率，或者二者同时为负。虽然超材料和光子晶体被证实可以在微波波段实现这一要求，但由于天然材料的磁化率太小，所以在光学频率中的实现非常困难。在结构近场区域，由于电场和磁场的响应是解耦合的，所以对于横磁偏振的光波来说只有介电常量是需要考虑的，这就使得银一类有着负介电常量的贵金属成为天然的超透镜材料。如图 5.18(c) 所示，该超透镜的设计由银条和其他一些介质层组成 [44]，银条能够产生表面极化激元并显著增强局域场的振幅，从而满足了超透镜的一个重要要求，即对倏逝场的增强。利用该超透镜可对纳米结构进行成像，所得到的分辨率都是超越衍射极限的，可以重现图像上的原有的细节，并且在所有方向上都有很好的保真度。作为对比实验，如果将银条换成聚甲基丙烯酸甲酯 (PMMA)，可以明显地看到图像线宽发生了明显的展宽。

除了这种可以在近场获得亚波长成像分辨率的平面型超透镜之外，具有放大效应的远场超透镜也被证实可以在远场获得放大的亚波长特性。如图 5.18(d) 所示，该超透镜由一系列加工在石英表面的弯曲的银层和三氧化二铝层组成 [45]，结构内侧的表面镀了 50 nm 厚的铬层并加工了亚波长结构。该超透镜呈现出各向异性的特征，具体表现为径向和切向的介电常量有着不同的符号。当光场从上方照射时，从亚波长结构上散射的倏逝场分量会进入各向异性介质并且沿着径向方向传播。由于角动量守恒，在波向外传播的过程当中切向的波矢会被逐渐地压缩，导致在超透镜的外部边界产生放大了的像。如果这个放大后的像的细节部分尺寸大于衍射极限，那我们就可以用一个普通的光学显微镜来观测。例如，35 nm 宽、相隔 150 nm 的两条纳米线结构放大之后的间距为 350 nm，利用数值孔径为 1.4 的显微镜即可观测，证实了亚波长成像的放大并且投影到远场的过程。

表面等离极化激元在光刻中也有着重要的应用。为了提高光刻的分辨率，需要使用波长更小的光源。由于表面等离极化激元的短波长特性，所以可以进一步提高光刻图案的分辨率。如图 5.18(e) 所示，2 mm 厚的石英表面加工了银的掩模 [46]，光场从上方激发时会以表面等离极化激元的形式隧穿掩模并且辐射至光刻胶中。传统意义上，衍射极限限制了能获得的分辨率不会超过半波长。然而，金属表面上表面波的共振激发则避开了这个限制。在这个例子中，使用了波长为 436 nm 的激发光源，该波长为所用光刻胶最为敏感的波段。从模拟的电场强度图可知 (图 5.18(e))，掩模上下方的表面等离极化激元场的波长明显不同。此外，大部分透射的光场并不只是局限在孔中，而是在金属表面上，近场增强的分布主要集中在金属/介质界面上，并且在临近的狭缝间可以很明显地看到表面等离极化激元之间的干涉。实际上，从孔中和从金属表面上发出的光场存在着明显的差异性，从孔中辐射的场会随着传播迅速衰减，而金属表面的光场决定了远场辐射，这其中包括了倏逝分量和非倏逝分量。表面等离极化激元之间的干涉能够产生具有高度指向性的高强度区域，也导致了曝光场存在有限的深度，如果将光刻胶放置在距离掩模版很近的地方，就可以得到宽度在 100 nm 以下的直线状干涉条纹。目前世界上最先进的光刻机是荷兰阿斯麦尔 (ASML) 公司的极紫外光刻机，可满足 5 nm 芯片工艺的生产。目前中国具备独立制造光刻机的实力，光刻机企业包括上海微电子装备 (集团) 股份有限公司、合肥芯硕半导体有限公司等，可满足集成电路 (IC) 制造部分关键层和非关键层的光刻工艺需求，然而距离阿斯麦尔光刻机来说尚有不小的差距。芯片短缺已经不仅仅是中国的问题，也是世界性的问题。长远来看，我国已然开始重视半导体产业，在“十四五”规划和 2035 远景目标纲要中，提到了要“增强集成电路产业自主创新能力，推动先进工艺等重大项目尽早达产”等战略目标。在摩尔定律放缓的今天，只要我们稳扎稳打，就一定能缩小与世界先进工艺的差距，甚至在未来迎头赶上。

5.7　总结与展望

本章我们回顾了等离激元光学的基本概念和物理特性，包括单一界面/多层体系中的表面等离极化激元和纳米结构中的局域表面等离激元，讨论了相应的相位匹配技术和激发/观测装置。此外，我们还介绍了等离激元光学在波导、增强透射、表面增强拉曼散射、传感、成像和光刻等领域的应用。

表面等离激元是沿着导体表面传播的波。当改变金属的表面结构时, 表面等离激元的性质、色散关系、激发模式和耦合效应等都将产生重大的变化。通过表面等离激元与光场之间的相互作用，能够实现对光传播的主动操控。等离激元光学已成为一门新兴的学科，可用于制造各种表面等离激元元器件、光子回路、纳米波导、光子芯片、耦合器、调制器和开关等，并应用于亚波长光学数据存储、新型光源、突破衍射极限的超分辨成像、纳米光刻蚀术和生物光子学领域。随着纳米光刻技术的发展，有望实现电子学和光子学元件在纳米尺度的完美融合，为新一代的光电技术发展开创崭新的平台。

习　题

5.1　简述表面等离极化激元的特性及其与表面等离激元之间的区别。

5.2　请列举几种激发表面等离极化激元的常用装置，并说明其特点和用法。

5.3　如何观察表面等离极化激元的传播，请列举几种常用的方法。

5.4　拉曼散射光谱和荧光光谱存在哪些区别？

5.5　如何减小表面等离极化激元的波长，请提出几种解决方案。

5.6　考虑玻璃/金/空气的三层体系，假设金膜的厚度为 50 nm，当光场分别从玻璃和空气一侧照射时，反射率与入射角度的关系如何？若金膜上方或下方镀了一层 5 nm 厚的钛薄膜，该薄层对于反射谱有何影响？

5.7　试编写代码，计算银/空气界面表面等离极化激元的色散关系。

5.8　假设光场的波长为 532 nm，则金/空气界面的表面等离极化激元的波长为多少？若将空气更换为折射率为 2.26 的 ZnS，则表面等离极化激元的波长为多少？

5.9　考虑金/空气/金的三层体系，若金/空气界面的表面等离极化激元的波长与上题中 ZnS/空气界面的表面等离极化激元的波长相等，则空气层的厚度为多少？

参 考 文 献

[1] Sommerfeld A. Über die Fortpflanzung electrodynamischer Wellen längs eines Drahtes[J]. Annalen Der Physik, 1899, 303(2): 233-290.

[2] Zenneck J. Über die Fortpflanzung ebener elektromagnetischer Wellen längs einer ebenen Leiterfläche und ihre Beziehung zur drahtlosen Telegraphie[J]. Annalen Der Physik, 1907, 328(10): 846-866.

[3] Kretschm E, Raether H. Radiative decay of non radiative surface plasmons excited by light[J]. Zeitschrift Fur Naturforschung Part a-Astrophysik Physik Und Physikalische Chemie, 1968, A 23(12): 2135-2136.

[4] Goubau G. Surface waves and their application to transmission lines[J]. Journal of Applied Physics, 1950, 21(11): 1119-1128.

[5] Otto A. Excitation of nonradiative surface plasma waves in silver by method of frustrated total reflection[J]. Zeitschrift Fur Physik, 1968, 216(4): 398-410.

[6] Devaux E, Ebbesen T W, Weeber J C, et al. Launching and decoupling surface plasmons via micro-gratings[J]. Applied Physics Letters, 2003, 83(24): 4936-4938.

[7] Bouhelier A, Wiederrecht G P. Surface plasmon rainbow jets[J]. Optics Letters, 2005, 30(8): 884-886.

[8] Dereux A, Devaux E, Weeber J C, et al. Direct interpretation of near-field optical images[J]. Journal of Microscopy-Oxford, 2001, 202: 320-331.

[9] Dawson P, Defornel F, Goudonnet J P. Imaging of surface-plasmon propagation and edge interaction using a photon scanning tunneling microscope[J]. Physical Review Letters, 1994, 72(18): 2927-2930.

[10] Ditlbacher H, Krenn J R, Felidj N, et al. Fluorescence imaging of surface plasmon fields[J]. Applied Physics Letters, 2002, 80(3): 404-406.

[11] Ditlbacher H, Krenn J R, Hohenau A, et al. Efficiency of local light-plasmon coupling[J]. Applied Physics Letters, 2003, 83(18): 3665-3667.

[12] Giannattasio A, Barnes W L. Direct observation of surface plasmon-polariton dispersion[J]. Optics Express, 2005, 13(2): 428-434.

[13] Bohren C F, Huffman D R. Absorption and Scattering of Light by Small Particles[M]. New York: John Wiley & Sons Inc, 1983.

[14] Krenn J R, Schider G, Rechberger W, et al. Design of multipolar plasmon excitations in silver nanoparticles[J]. Applied Physics Letters, 2000, 77(21): 3379-3381.

[15] Mock J J, Barbic M, Smith D R, et al. Shape effects in plasmon resonance of individual colloidal silver nanoparticles[J]. Journal of Chemical Physics, 2002, 116(15): 6755-6759.

[16] Krenn J R, Salerno M, Felidj N, et al. Light field propagation by metal micro- and nanostructures[J]. Journal of Microscopy-Oxford, 2001, 202: 122-128.

[17] Maier S A, Brongersma M L, Kik P G, et al. Observation of near-field coupling in metal nanoparticle chains using far-field polarization spectroscopy[J]. Physical Review B, 2002, 65(19).

[18] Ditlbacher H, Krenn J R, Schider G, et al. Two-dimensional optics with surface plasmon polaritons[J]. Applied Physics Letters, 2002, 81(10): 1762-1764.

[19] Hohenau A, Krenn J R, Stepanov A L, et al. Dielectric optical elements for surface plasmons[J]. Optics Letters, 2005, 30(8): 893-895.

[20] Yin L L, Vlasko-Vlasov V K, Pearson J, et al. Subwavelength focusing and guiding of surface plasmons[J]. Nano Letters, 2005, 5(7): 1399-1402.

[21] Liu Z W, Steele J M, Srituravanich W, et al. Focusing surface plasmons with a plasmonic lens[J]. Nano Letters, 2005, 5(9): 1726-1729.

[22] Berini P. Plasmon-polariton modes guided by a metal film of finite width[J]. Optics Letters, 1999, 24(15): 1011-1013.

[23] Lamprecht B, Krenn J R, Schider G, et al. Surface plasmon propagation in microscale metal stripes[J]. Applied Physics Letters, 2001, 79(1): 51-53.

[24] Zia R, Selker M D, Brongersma M L. Leaky and bound modes of surface plasmon waveguides[J]. Physical Review B, 2005, 71(16): 165431.

[25] Krenn J R, Lamprecht B, Ditlbacher H, et al. Non diffraction-limited light transport by gold nanowires[J]. Europhysics Letters, 2002, 60(5): 663-669.

[26] Bethe H A. Theory of diffraction by small holes[J]. Physical Review, 1944, 66(7/8): 163-182.

[27] Ebbesen T W, Lezec H J, Ghaemi H F, et al. Extraordinary optical transmission through sub-wavelength hole arrays[J]. Nature, 1998, 391(6668): 667-669.

[28] Thio T, Pellerin K M, Linke R A, et al. Enhanced light transmission through a single subwavelength aperture[J]. Optics Letters, 2001, 26(24): 1972-1974.

[29] Degiron A, Lezec H J, Yamamoto N, et al. Optical transmission properties of a single subwavelength aperture in a real metal[J]. Optics Communications, 2004, 239(1-3): 61-66.

[30] Garcia-Vidal F J, Moreno E, Porto J A, et al. Transmission of light through a single rectangular hole[J]. Physical Review Letters, 2005, 95(10): 195414.

[31] Kneipp K, Wang Y, Kneipp H, et al. Single molecule detection using surface-enhanced Raman scattering (SERS)[J]. Physical Review Letters, 1997, 78(9): 1667-1670.

[32] Garciavidal F J, Pendry J B. Collective theory for surface enhanced Raman scattering[J]. Physical Review Letters, 1996, 77(6): 1163-1166.

[33] Baumberg J J, Kelf T A, Sugawara Y, et al. Angle-resolved surface-enhanced Raman scattering on metallic nanostructured plasmonic crystals[J]. Nano Letters, 2005, 5(11): 2262-2267.

[34] Lu Y, Liu G L, Kim J, et al. Nanophotonic crescent moon structures with sharp edge for ultrasensitive biomolecular detection by local electromagnetic field enhancement effect[J]. Nano Letters, 2005, 5(1): 119-124.

[35] Anger P, Bharadwaj P, Novotny L. Enhancement and quenching of single-molecule fluorescence[J]. Physical Review Letters, 2006, 96(11): 113002.

[36] Sonnichsen C, Geier S, Hecker N E, et al. Spectroscopy of single metallic nanoparticles using total internal reflection microscopy[J]. Applied Physics Letters, 2000, 77(19): 2949-2951.

[37] Mikhailovsky A A, Petruska M A, Stockman M I, et al. Broadband near-field interference spectroscopy of metal nanoparticles using a femtosecond white-light continuum[J].

Optics Letters, 2003, 28(18): 1686-1688.

[38] Raschke G, Kowarik S, Franzl T, et al. Biomolecular recognition based on single gold nanoparticle light scattering[J]. Nano Letters, 2003, 3(7): 935-938.

[39] Cognet L, Tardin C, Boyer D, et al. Single metallic nanoparticle imaging for protein detection in cells[J]. Proceedings of the National Academy of Sciences of the United States of America, 2003, 100(20): 11350-11355.

[40] Hooper I R, Sambles J R. Differential ellipsometric surface plasmon resonance sensors with liquid crystal polarization modulators[J]. Applied Physics Letters, 2004, 85(15): 3017-3019.

[41] Tsai W H, Tsao Y C, Lin H Y, et al. Cross-point analysis for a multimode fiber sensor based on surface plasmon resonance[J]. Optics Letters, 2005, 30(17): 2209-2211.

[42] Rothenhausler B, Knoll W. Surface-plasmon microscopy[J]. Nature, 1988, 332(6165): 615-617.

[43] Somekh M G, Liu S G, Velinov T S, et al. Optical $V(z)$ for high-resolution 2π surface plasmon microscopy[J]. Optics Letters, 2000, 25(11): 823-825.

[44] Fang N, Lee H, Sun C, et al. Sub-diffraction-limited optical imaging with a silver superlens[J]. Science, 2005, 308(5721): 534-537.

[45] Liu Z, Lee H, Xiong Y, et al. Far-field optical hyperlens magnifying sub-diffraction-limited objects[J]. Science, 2007, 315(5819): 1686.

[46] Luo X G, Ishihara T. Surface plasmon resonant interference nanolithography technique[J]. Applied Physics Letters, 2004, 84(23): 4780-4782.

第 6 章　光场的偏振态调控

本章将介绍近十几年来快速发展的现代光学前沿领域——光场的偏振态调控技术及其应用。重点讲述光场截面上偏振态非均匀分布的矢量光场，首先介绍几种光场偏振态的表示方法，然后介绍多种类型的矢量光场及实验生成方法，其次是学习矢量光场的紧聚焦特性，最后了解矢量光场的应用。

6.1　背 景 介 绍

光是一种横波，具有偏振特性。光的矢量性质及其与物质的相互作用使许多光学设备和光学系统的设计成为可能。一般情况下，研究人员主要关注偏振态均匀分布的标量光场，如线偏振光、圆偏振光和椭圆偏振光。此时，偏振态与光束横截面的空间位置无关。与之相对的是波阵面上偏振态非均匀分布的光场，称为矢量光场 (vectorial light field)。矢量光场及其与物质的相互作用在光学检测和计量、焦场工程、光信息存储、谐波生成、光学微操控、高分辨显微成像、大容量光通信和光学微纳加工等领域具有广阔的应用前景。

纵观矢量光场的发展历程，其理论起源可以追溯到 1961 年 Snitzer[1] 提出的柱对称电介质波导模式；1972 年，Pohl[2] 与 Mushiake 等 [3] 分别在实验上获得了角向偏振光和径向偏振光；1996 年，Hall[4] 理论上报道了柱矢量光场是全矢量电磁波方程的轴对称光束解。特别是 2000 年，Brown 小组 [5] 研究了柱矢量光场的紧聚焦特性，发现紧聚焦的径向偏振光产生了很强的纵向电场分量。由于光场空间特殊偏振态分布所导致的独特性质无法在标量光场中实现，所以矢量光场开始受到较多关注。2003 年，Quabis 小组利用径向偏振光实验上获得了 $0.16\lambda^2$ 的聚焦斑，远小于相同条件下的 $0.26\lambda^2$ 线偏振入射场聚焦斑，更小聚焦斑具有的应用前景使得这一实验结果引起了研究者的广泛兴趣 [6]。2009 年，詹其文教授对矢量光场从数学概念到应用进行了全面的综述 [7]。至此，矢量光场及其应用进入了快速发展阶段。人们实验生成了各种新型矢量光场，研究了其焦场和传播特性，开发了其在众多领域的应用。

6.2　光场的偏振态表述

为了能够较直观地理解矢量光场及其偏振态的实验测量，以便熟练地分析各种类型矢量光场的偏振态分布特点，本节将介绍几种光场的偏振态表述。

6.2.1 偏振椭圆

基于晶体中光传播行为的研究工作，惠更斯首先提出了光具有矢量性质，即偏振态。在自由空间中沿着 z 方向传播的光场可以写成

$$E_x(t) = E_{0x}\cos(\omega t - kz + \delta_x) \tag{6.1}$$

$$E_y(t) = E_{0y}\cos(\omega t - kz + \delta_y) \tag{6.2}$$

消去因子 $(\omega t - kz)$ 后，得到

$$\frac{E_x^2(t)}{E_{0x}^2} + \frac{E_y^2(t)}{E_{0y}^2} - 2\frac{E_x(t)}{E_{0x}}\frac{E_y(t)}{E_{0y}}\cos\delta = \sin^2\delta \tag{6.3}$$

其中，$\delta = \delta_y - \delta_x$ 是 y 分量和 x 分量之间的相位差。(6.3) 式即为偏振椭圆 (polarization ellipse)。如图 6.1 所示，偏振椭圆有两个特征参量：椭偏角 $\chi \in [-45°, 45°]$ 和椭圆长轴的方位角 $\psi \in [0°, 180°]$。相应地，椭偏率 $\beta = \tan\chi = E_{0y}/E_{0x}$。其中 $\beta = 0$ 表示线偏振态；$\beta = 1$ 表示右旋圆偏振态；$\beta = -1$ 表示左旋圆偏振态；当 $0 < \beta < 1$ 时，表示右旋椭圆偏振态；当 $-1 < \beta < 0$ 时，表示左旋椭圆偏振态。

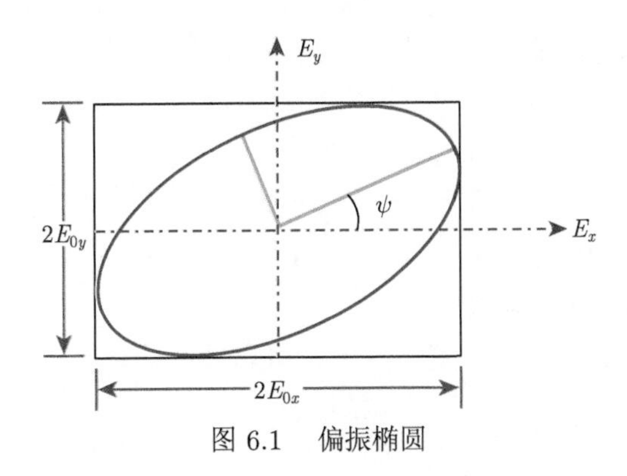

图 6.1 偏振椭圆

尽管偏振椭圆能够利用一个方程式 (6.3) 来描述光场的各种不同偏振态，但这种描述具有其局限性。光场矢量随着时间演化扫过的轨迹形成了偏振椭圆，这是一种非常直观的认识。事实上，光场振动周期非常短，其量级为 10^{-15} s，现有观察手段无法达到如此之高的时间分辨率，所以人们无法直接观察到偏振椭圆。另一方面，偏振椭圆无法描述自然光和部分偏振光。因此，需要寻找更为直观的偏振态表述。

6.2.2　琼斯矢量

如果将光场 (6.1) 式和 (6.2) 式用复数形式表示，略去公因子 $e^{i(\omega t-kz)}$，得

$$E_x = E_{0x}e^{i\delta_x} \tag{6.4}$$

$$E_y = E_{0y}e^{i\delta_y} \tag{6.5}$$

正如普通二维矢量可用由它的两直角分量构成的一个列矩阵表示一样，任意偏振光可以由它的光矢量的两个分量构成的一个列矩阵来表示，这个列矩阵称为琼斯矢量 (Jones vector)，它是美国物理学家琼斯 (Jones) 在 1941 年首先提出的，记为

$$\boldsymbol{E} = \begin{pmatrix} E_x \\ E_y \end{pmatrix} = \begin{pmatrix} E_{0x}e^{i\delta_x} \\ E_{0y}e^{i\delta_y} \end{pmatrix} \tag{6.6}$$

这束偏振光的强度为 $I = |E_x|^2 + |E_y|^2 = E_xE_x^* + E_yE_y^* = E_{0x}^2 + E_{0y}^2$。因为通常讨论的是光的相对强度，所以可以将 (6.6) 式除以 $(E_{0x}^2 + E_{0y}^2)^{1/2}$，得到琼斯矢量的归一化形式，即

$$\boldsymbol{E} = \frac{1}{(E_{0x}^2 + E_{0y}^2)^{1/2}} \begin{pmatrix} E_{0x}e^{i\delta_x} \\ E_{0y}e^{i\delta_y} \end{pmatrix} \tag{6.7}$$

因为我们感兴趣的是相位差和振幅比，从而还可以将 (6.7) 式中所有的公共因子提出来，得到更简洁的表示式

$$\boldsymbol{J} = E_{0x}e^{i\delta_x} \begin{pmatrix} 1 \\ E_0e^{i\delta} \end{pmatrix} \tag{6.8}$$

式中，$E_0 = E_{0y}/E_{0x}$，$\delta = \delta_y - \delta_x$。略去公因子 $e^{i\delta_x}$，可得琼斯矢量。表 6.1 列出了几种典型偏振态的琼斯矢量。

琼斯矢量将偏振态用矩阵形式表示，可以使某些繁复的光学问题 (如几何光学计算、薄膜干涉和偏振态) 变得简洁明了，便于利用计算机来进行计算。例如，两个旋转方向相反、振幅相等的圆偏振光合成后是一个线偏振光，其琼斯矢量运算过程为

$$\boldsymbol{J} = \begin{pmatrix} 1 \\ -i \end{pmatrix} + \begin{pmatrix} 1 \\ i \end{pmatrix} = 2\begin{pmatrix} 1 \\ 0 \end{pmatrix} \tag{6.9}$$

结果表明，合成光是线偏振光，其振动方向沿着 x 轴，振幅是圆偏振光的两倍。需要注意的是，琼斯矢量只能用来表述完全偏振光，不能表述自然光或部分偏振光。

表 6.1 几种典型偏振态的偏振椭圆、琼斯矢量和斯托克斯参量表述

偏振态	相量表示	偏振椭圆	琼斯矢量	斯托克斯参量
光矢量沿着 x 轴	$E_{0x}\boldsymbol{e}_x$	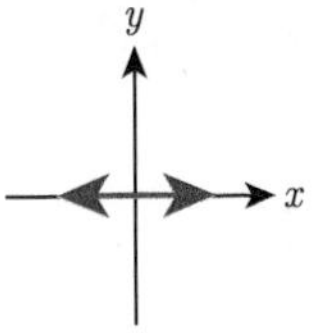	$\begin{pmatrix}1\\0\end{pmatrix}$	$\begin{pmatrix}1\\1\\0\\0\end{pmatrix}$
光矢量沿着 y 轴	$E_{0y}\boldsymbol{e}_y$	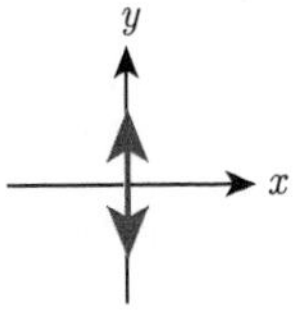	$\begin{pmatrix}0\\1\end{pmatrix}$	$\begin{pmatrix}1\\-1\\0\\0\end{pmatrix}$
光矢量与 x 轴成 45°	$E_0\boldsymbol{e}_x+E_0\boldsymbol{e}_y$	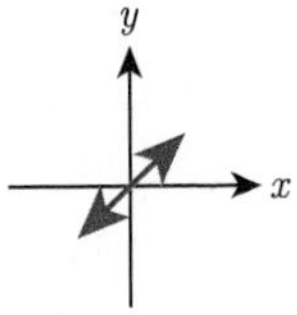	$\dfrac{1}{\sqrt{2}}\begin{pmatrix}1\\1\end{pmatrix}$	$\begin{pmatrix}1\\0\\1\\0\end{pmatrix}$
左旋圆偏振光	$E_0\boldsymbol{e}_x+E_0\mathrm{e}^{\mathrm{i}\pi/2}\boldsymbol{e}_y$	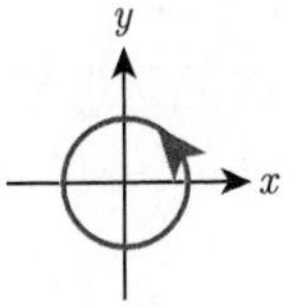	$\dfrac{1}{\sqrt{2}}\begin{pmatrix}1\\\mathrm{i}\end{pmatrix}$	$\begin{pmatrix}1\\0\\0\\-1\end{pmatrix}$
右旋圆偏振光	$E_0\boldsymbol{e}_x+E_0\mathrm{e}^{-\mathrm{i}\pi/2}\boldsymbol{e}_y$	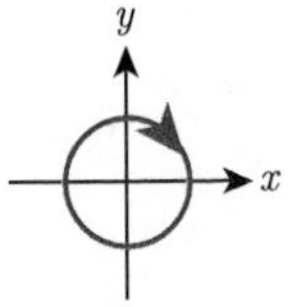	$\dfrac{1}{\sqrt{2}}\begin{pmatrix}1\\-\mathrm{i}\end{pmatrix}$	$\begin{pmatrix}1\\0\\0\\1\end{pmatrix}$

6.2.3 斯托克斯参量

将 (6.3) 式取时间平均，就可得到可观测量

$$\frac{\langle E_x^2(t)\rangle}{E_{0x}^2}+\frac{\langle E_y^2(t)\rangle}{E_{0y}^2}-2\frac{\langle E_x(t)E_y(t)\rangle}{E_{0x}E_{0y}}\cos\delta=\sin^2\delta \tag{6.10}$$

其中，$\langle E_i(t)E_j(t)\rangle=\lim\limits_{T\to\infty}\dfrac{1}{T}\displaystyle\int_0^T E_i(t)E_j(t)\mathrm{d}t\ (i,j=x,y)$。这样可得 $\langle E_x^2(t)\rangle=\dfrac{1}{2}E_{0x}^2$，$\langle E_y^2(t)\rangle=\dfrac{1}{2}E_{0y}^2$ 和 $\langle E_x(t)E_y(t)\rangle=\dfrac{1}{2}E_{0x}E_{0y}\cos\delta$。

将 (6.10) 式两边同乘以 $4E_{0x}^2E_{0y}^2$，得

$$2E_{0x}^2E_{0y}^2+2E_{0x}^2E_{0y}^2-(2E_{0x}E_{0y}\cos\delta)^2=(2E_{0x}E_{0y}\sin\delta)^2 \tag{6.11}$$

在 (6.11) 式左边同时加和减 $E_{0x}^4 + E_{0y}^4$，可得

$$(E_{0x}^2 + E_{0y}^2)^2 = (E_{0x}^2 - E_{0y}^2)^2 + (2E_{0x}E_{0y}\cos\delta)^2 + (2E_{0x}E_{0y}\sin\delta)^2 \tag{6.12}$$

定义

$$S_0 = E_{0x}^2 + E_{0y}^2 \tag{6.13}$$

$$S_1 = E_{0x}^2 - E_{0y}^2 \tag{6.14}$$

$$S_2 = 2E_{0x}E_{0y}\cos\delta \tag{6.15}$$

$$S_3 = 2E_{0x}E_{0y}\sin\delta \tag{6.16}$$

1852 年，斯托克斯 (Stokes) 发现光场的偏振态可以用四个可观测量来表述，即如 (6.13) 式 ~(6.16) 式所示的斯托克斯参量 (Stokes parameter)。式中 S_0 表示光场强度，S_1、S_2 和 S_3 表述光场的偏振态。通过坐标变换，可知 S_1 是沿 x 方向的光强与 y 方向的光强之差，S_2 是 45° 方向的光强与 135° 方向的光强之差，S_3 是右旋圆偏振光强与左旋圆偏振光强之差。实验上，通过测量不同情况下的光强，就可以得到斯托克斯参量，进而测量出任意光场的偏振态。

如果将光场 (6.4) 式和 (6.5) 式用复数形式表示，则斯托克斯参量可改写成

$$S_0 = E_x E_x^* + E_y E_y^* \tag{6.17}$$

$$S_1 = E_x E_x^* - E_y E_y^* \tag{6.18}$$

$$S_2 = E_x E_y^* + E_y E_x^* \tag{6.19}$$

$$S_3 = \mathrm{i}(E_x E_y^* - E_y E_x^*) \tag{6.20}$$

对于偏振光，斯托克斯参量满足

$$S_0^2 = S_1^2 + S_2^2 + S_3^2 \tag{6.21}$$

对于部分偏振光，则有

$$S_0^2 > S_1^2 + S_2^2 + S_3^2 \tag{6.22}$$

基于斯托克斯参量，我们可以定义光场的偏振度 (degree of polarization, DOP) 为

$$\mathrm{DOP} = \frac{(S_1^2 + S_2^2 + S_3^2)^{1/2}}{S_0} \tag{6.23}$$

当 DOP=1 时，对应于完全偏振光；DOP=0 对应于自然光；0<DOP<1 对应于部分偏振光。

定义归一化的斯托克斯矢量为

$$\tilde{\boldsymbol{S}} = \frac{1}{S_0}\begin{pmatrix} S_0 \\ S_1 \\ S_2 \\ S_3 \end{pmatrix} = \begin{pmatrix} s_0 \\ s_1 \\ s_2 \\ s_3 \end{pmatrix} \tag{6.24}$$

表 6.1 列出了几种典型偏振光的斯托克斯矢量。斯托克斯矢量是一组物理量纲完全相同的可观测量，它可以用来表示包括完全偏振光、部分偏振光以及自然光等偏振态形式。实验上测得了斯托克斯矢量，就可以推算出光的偏振态。

6.2.4 庞加莱球

对于偏振光，利用偏振椭圆的两个参量，即椭偏率 $\beta=\tan\chi$ 和偏振椭圆的长轴方位角 ψ，来改写斯托克斯参量 (6.13) 式 ~(6.16) 式，得

$$S_1 = S_0\cos(2\chi)\cos(2\psi) \tag{6.25}$$

$$S_2 = S_0\cos(2\chi)\sin(2\psi) \tag{6.26}$$

$$S_3 = S_0\sin(2\chi) \tag{6.27}$$

这些表达式与直角坐标到球坐标转换的表达式 (6.28)~(6.30) 具有类似的形式：

$$x = r\sin\theta\cos\varphi \tag{6.28}$$

$$y = r\sin\theta\sin\varphi \tag{6.29}$$

$$z = r\cos\theta \tag{6.30}$$

对照斯托克斯参量表达式和坐标转换表达式，令

$$\theta = \pi/2 - 2\chi \tag{6.31}$$

$$\varphi = 2\psi \tag{6.32}$$

则斯托克斯参量可以表述在一个球上。这种表述方式最早由庞加莱 (Poincaré) 在 1892 年提出。他发现偏振椭圆可以在一个复杂的平面上表示。此外，他还发现，这个平面可以以与赤平面投影完全相同的方式投影到球体上。

对于偏振光，利用偏振椭圆的两个参量，椭偏率和长轴方位角，来改写斯托克斯参量，将斯托克斯参量表述在一个球上，这就是光场偏振态的庞加莱球 (Poincaré sphere) 表述。

类似于地球，对于地球上的某一位置，我们可以用两个参数，经度和纬度唯一地确定。如图 6.2 所示，庞加莱球的经度为 2ψ，纬度为 2χ。庞加莱球体有一个单位半径，因为我们对光场的强度不感兴趣。其中 s_1、s_2 和 s_3 表示笛卡儿坐标系中球面上一点的斯托克斯参数，满足 $s_1^2+s_2^2+s_3^2=1$。庞加莱球上的任何一点都可以用 $(2\psi,2\chi)$ 来表示，其中因子 2 保证了庞加莱球上任意点表示的偏振态都是唯一的，即实现了光场偏振态与庞加莱球的一一对应。如图 6.2(b) 所示，在庞加莱球上直观表示了光场的偏振态。例如，庞加莱球上的北极点纬度为 $2\chi=90°$，即 $\chi=45°$，椭偏率 $\beta=1$，对应于右旋圆偏振态；南极点纬度为 $2\chi=-90°$，即 $\chi=-45°$，椭偏率 $\beta=-1$，对应于左旋圆偏振态；赤道上纬度为 $2\chi=0°$，即 $\chi=0°$，椭偏率 $\beta=0$，对应于线偏振态。

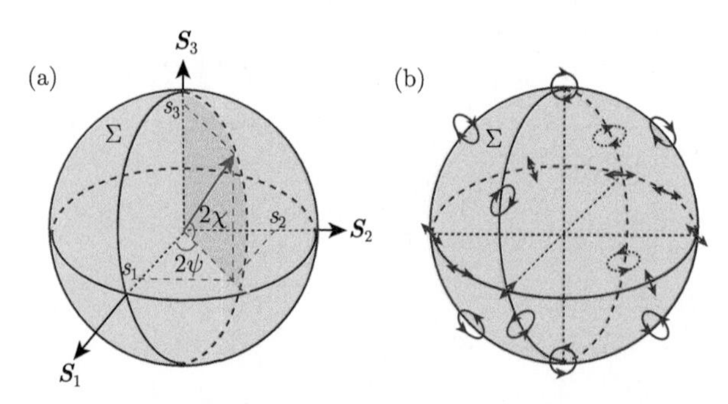

图 6.2　偏振态的庞加莱球表述。(a) 庞加莱球和 (b) 不同偏振态在庞加莱球上的表示

本节我们学习了四种偏振态表述，即偏振椭圆、琼斯矢量、斯托克斯参量和庞加莱球。现在对这四种偏振态表述作如下简单评述。偏振椭圆是基本的偏振态表述。琼斯矢量的表达式很简洁，但琼斯矢量只能用来描述完全偏振光，不能描述自然光和部分偏振光。斯托克斯参量用解析式描述了光场的偏振态，但缺乏直观性。庞加莱球从几何角度描述了光场的偏振态。与上述三种方法相比，这种图形表示方法直观。通常测量和表示矢量光场的偏振态，用斯托克斯参量法实验测量偏振态，用庞加莱球直观表示偏振态。

6.3　矢量光场

矢量光场是指同一时刻同一波振面上不同位置具有不同偏振态分布的光场，也称之为非均匀偏振光场或空变偏振光场等。这一概念是相对于标量光场提出的，通常研究的诸如线偏振、椭圆偏振和圆偏振光场都属于标量光场，这类光场有着空间均匀的偏振态分布，即波阵面上任意位置具有相同的偏振态。但对于矢量光场而言，其偏振态分布是空间变化的，这种独特性质导致矢量光场具有新颖的传输和聚焦特性，在众多科学领域有着重要的学术意义和广泛的应用价值。

6.3.1 柱矢量光场

柱矢量光场是麦克斯韦方程组的矢量光束解，其振幅和相位均服从轴对称 [4]。典型的柱矢量光场有径向偏振光和角向偏振光。本小节我们将通过求解全矢量电磁波方程来推导柱矢量光场的数学描述。将给出柱矢量光场的图形表示，以说明其横截面内偏振态分布的特征。

1. 数学描述

从经典电磁学出发，在空间中稳定传播的矢量光场必将满足麦克斯韦方程组，将磁场分量替换后可以得到关于电场 $\boldsymbol{E}$ 的全矢量亥姆霍兹方程 (Helmholtz equation)

$$\nabla \times \nabla \times \boldsymbol{E} - k^2 \boldsymbol{E} = 0 \tag{6.33}$$

式中，$k = 2\pi/\lambda$ 表示波矢大小。电场沿角向方向的轴对称类光束矢量解应具有以下形式：

$$\boldsymbol{E}(r, z) = u(r, z) \exp[\mathrm{i}(kz - \omega t)] \boldsymbol{e}_\phi \tag{6.34}$$

式中，$\boldsymbol{e}_\phi$ 是角向 (旋向) 方向的单位矢量。运用缓变包络近似

$$\frac{\partial^2 u}{\partial z^2} \ll k^2 u, \quad \frac{\partial^2 u}{\partial z^2} \ll k \frac{\partial u}{\partial z} \tag{6.35}$$

和傍轴近似，$u(r, z)$ 满足以下方程：

$$\frac{1}{r}\frac{\partial}{\partial r}\left(r\frac{\partial u}{\partial r}\right) - \frac{u}{r^2} + 2\mathrm{i}k\frac{\partial u}{\partial r} = 0 \tag{6.36}$$

服从角向偏振对称性的试探解为 [4]

$$\begin{aligned} u(r, z) = {} & E_0 \frac{w_0}{w(z)} \mathrm{J}_1\left(\frac{\zeta r}{1 + \mathrm{i}z/z_0}\right) \\ & \times \exp\left[-\frac{kr^2}{2(z + \mathrm{i}z_0)} - \frac{\mathrm{i}\zeta^2 z}{2k(1 + \mathrm{i}z/z_0)} - \mathrm{i}\arctan\left(\frac{z}{z_0}\right)\right] \end{aligned} \tag{6.37}$$

式中，E_0 是电场振幅常数；w_0 为高斯光束束腰；$w^2(z) = w_0^2(1 + z^2/z_0^2)$ 为光束半径；$z_0 = kw_0^2/2$ 表示光束的瑞利长度；$\mathrm{J}_1(x)$ 是第一类一阶贝塞尔函数；ζ 为传播常数。(6.37) 式是角向偏振矢量贝塞尔–高斯光束解。同样，横向磁场解可以写成

$$\begin{aligned} \boldsymbol{H}(r, z) = {} & -H_0 \frac{w_0}{w(z)} \mathrm{J}_1\left(\frac{\zeta r}{1 + \mathrm{i}z/z_0}\right) \exp[\mathrm{i}(kz - \omega t)] \\ & \times \exp\left[-\frac{kr^2}{2(z + \mathrm{i}z_0)} - \frac{\mathrm{i}\zeta^2 z}{2k(1 + \mathrm{i}z/z_0)} - \mathrm{i}\arctan\left(\frac{z}{z_0}\right)\right] \boldsymbol{e}_\phi \end{aligned} \tag{6.38}$$

式中，H_0 是磁场振幅常数。对于这个角向磁场解，横平面中相应的电场沿径向方向。因此，(6.38) 式表示电场沿径向偏振。显然，电场也应该有一个 z 分量。然而，这个分量很弱，在傍轴条件下可以忽略。

2. 图示描述

在许多应用中，常常用简化了的分布来描述柱矢量光场的振幅分布，尤其是对于大截面柱矢量光场。对于非常小的 ζ，束腰处的矢量贝塞尔–高斯光束可以近似为

$$\boldsymbol{E}(r,z)=E_0 r\exp\left(-\frac{r^2}{w^2}\right)\boldsymbol{e}_j,\quad j=r,\phi \tag{6.39}$$

振幅截面正好是没有涡旋相位项 $\exp(\mathrm{i}\phi)$ 的拉盖尔–高斯模 LG_{01}。如图 6.3 所示，柱矢量光场可以表示为正交偏振厄米–高斯模 (Hermite-Gaussian mode)HG_{01} 和 HG_{10} 模的线性叠加 [7]：

$$\boldsymbol{E}_r(r,z)=\mathrm{HG}_{10}\boldsymbol{e}_x+\mathrm{HG}_{01}\boldsymbol{e}_y \tag{6.40}$$

$$\boldsymbol{E}_\phi(r,z)=\mathrm{HG}_{01}\boldsymbol{e}_x+\mathrm{HG}_{10}\boldsymbol{e}_y \tag{6.41}$$

式中，$\boldsymbol{E}_r$ 和 $\boldsymbol{E}_\phi$ 分别表示径向和角向偏振光。这种线性叠加原理已经被用于通过干涉法生成柱矢量光场，详见本章的 6.4 节。

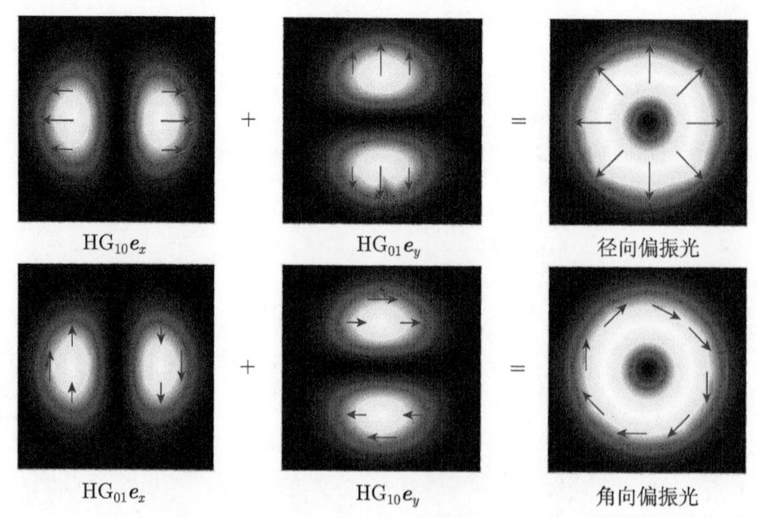

图 6.3　用正交偏振厄米–高斯模式的线性叠加形成径向和角向偏振光 [7]

在某些情况，尤其是在高数值孔径物镜聚焦柱矢量光场的应用中，常常使用中心被不透明光阑阻挡的环形光场分布。在瞳平面的场为

$$\boldsymbol{E}(r)=P(r)\boldsymbol{e}_j,\quad j=r,\phi \tag{6.42}$$

式中，$P(r)$ 是轴对称光束的振幅分布。例如，对于均匀环形照明，$P(r)$ 可以写成

$$P(r)=\begin{cases}1, & r_1<r<r_2\\0, & 0<r<r_1\end{cases} \tag{6.43}$$

相应地，瞳切趾函数 $P(\theta)$ 详见 2.8.2 节。

利用 (6.39) 式可得径向偏振光和角向偏振光的强度分布。如图 6.4 所示，第一列图示了径向和角向偏振光的瞬时电场矢量空间分布 (图中蓝色箭头)，以说明这两种柱矢量模式的空间偏振态分布特征。对于径向偏振光，其波阵面上任意位置的电矢量振动都沿着矢径方向；而对于角向偏振光，其波阵面上各点的电矢量振动都是沿着方位角方向，即垂直于矢径方向。由于柱矢量光场中心存在偏振奇异点，所以其中心处强度为零。

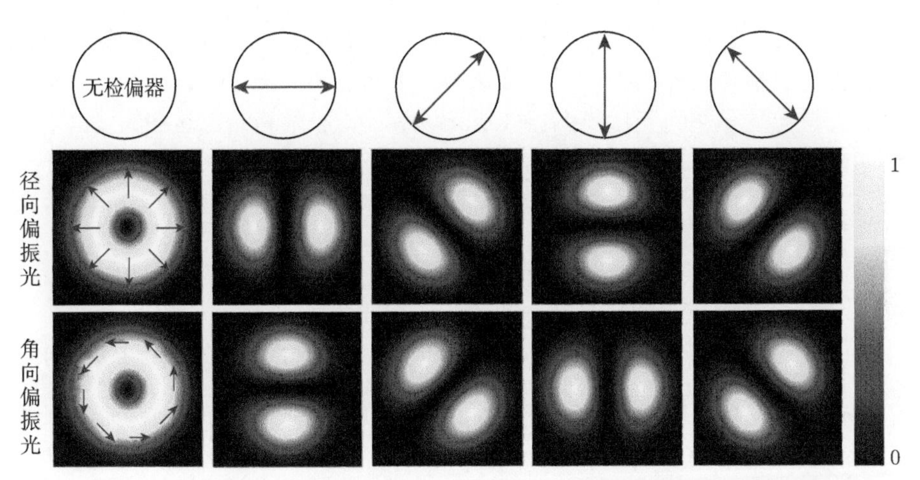

图 6.4 径向偏振光和角向偏振光的偏振态分布和透过检偏器后的强度分布

矢量光场这种空间非均匀分布的偏振态，可以利用不同透振方向的检偏器来检测其独特的偏振特性。当使用检偏器时，由于光场截面上的柱对称偏振态分布，强度分布出现了扇形消光图样，这可用马吕斯定律 (Malus' law) 进行定量解释。如图 6.4 所示，径向偏振光与角向偏振光在经过同一检偏器之后形成互补的强度分布。例如，经过水平透振方向的检偏器后，径向偏振光的消光方向在 90°，而角向偏振光的则为 0°。这种现象是其空间同一位置相互正交的偏振态分布所致。

柱矢量光场的非均匀偏振态分布也反映在其斯托克斯参量分布上。图 6.5 是径向偏振光和角向偏振光的斯托克斯参量分布图。由于柱矢量光场是局域线偏振的矢量光场，描述其椭偏率的 s_3 都为零，而 s_1 和 s_2 呈互补状态。实验上，可以通过测量矢量光场的斯托克斯参量分布，进而获得其偏振态分布，这就是矢量光场的实验测量。偏振态的实验检测原理见本章习题 6.4。

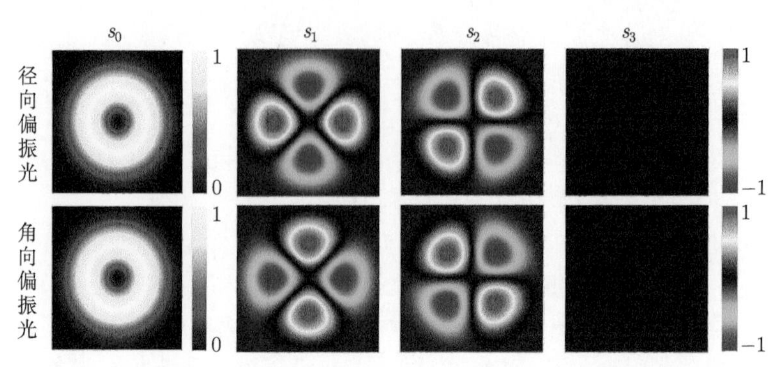

图 6.5　径向偏振光和角向偏振光的偏振态分布和斯托克斯参量分布

6.3.2　线偏振矢量光场

线偏振矢量光场是指这类矢量光场的非均匀偏振态分布为局域线偏振。线偏振矢量光场包括角向变化线偏振矢量光场、幂指数角向变化矢量光场、径向变化线偏振矢量光场和空间变化线偏振矢量光场等。本小节将给出这些矢量光场的数学描述，图示其偏振态分布。

1. 角向变化线偏振矢量光场

角向变化线偏振矢量光场的表达式为 [8]

$$\boldsymbol{E} = P(r)[\cos(m\varphi + \varphi_0)\boldsymbol{e}_x + \sin(m\varphi + \varphi_0)\boldsymbol{e}_y] \tag{6.44}$$

式中，m 是角向拓扑荷数 (即角向变化 2π 对应偏振态变化的次数)；φ_0 是初始相位。当 $m=1$ 时，$\varphi_0=0°$ 和 $90°$ 分别对应于径向偏振光和角向偏振光；$m>1$ 的情况对应高阶柱矢量光场；m 为非整数时对应分数阶矢量光场。

由于生成高阶柱矢量光场的一种方法是将具有相反拓扑荷数的左右旋圆偏振高阶拉盖尔–高斯光束干涉叠加 (其实验原理见 6.4.1 节的图 6.14(a2)) [9]，高阶矢量光场的振幅 $P(r)$ 通常采用拉盖尔–高斯型分布：

$$P(r) = E_0\left(\frac{\sqrt{2}r}{w}\right)^{|m|}\mathrm{L}_q^m\left(\frac{2r^2}{w^2}\right)\exp\left(-\frac{r^2}{w^2}\right) \tag{6.45}$$

式中，$\mathrm{L}_q^m(x)$ 是缔合拉盖尔多项式；m 是拓扑荷数；q 是径向系数。在矢量光场研究中，通常取 q=0。当 m=1 和 q=0 时，(6.45) 式变为最低阶拉盖尔–高斯光束，即径向偏振本征高斯光束。另一种广泛采用的振幅分布是均匀强度照明：

$$P(r) = E_0\mathrm{circ}(r/r_0) \tag{6.46}$$

式中，circ(·) 是圆域函数；r_0 是矢量光场的半径。对于紧聚焦矢量光场，振幅函数 (6.45) 式和 (6.46) 式的瞳切趾函数 $P(\theta)$ 分别为第 2 章的 (2.146) 式和 (2.149) 式。

图 6.6 给出了几种典型的线偏振矢量光场透过水平检偏器之后的强度图样和偏振态分布，其中振幅分布为均匀强度照明。如图 6.6(a) 所示，广义柱矢量光场的强度分布出现了扇形消光图样。如图 6.6(b) 所示，高阶柱矢量光场的消光方向的数目等于 $2m$，并且随着 m 的增加而增加。对于分数阶矢量光场，非整数 m 引起的对称性破缺导致了偏振态和强度分布的柱状不对称。在 m 为非整数的情况下，矢量光场从中心开始沿 $+x$ 方向出现暗条纹，而不是中心暗点。暗条纹的存在源于 $+x$ 方向偏振态的不确定性。这种矢量光场透过检偏器后，如图 6.6(c) 所示，m=1.5 的分数阶矢量光场出现三个消光方向。

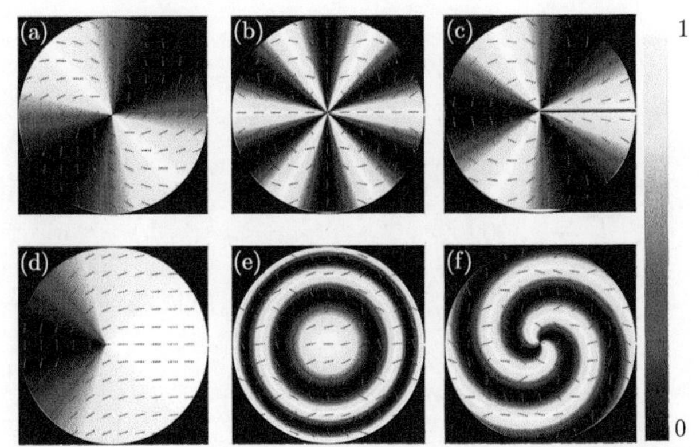

图 6.6 几种典型的线偏振矢量光场透过水平检偏器之后的强度图样和偏振态分布。(a) 广义柱矢量光场 ($m = 1$ 和 $\varphi_0 = 45°$)；(b) 高阶柱矢量光场 ($m = 3$ 和 $\varphi_0 = 0°$)；(c) 分数阶矢量光场 ($m = 1.5$ 和 $\varphi_0 = 0°$)；(d) 幂指数角向变化矢量光场 ($m = 1$，$p = 2$ 和 $\varphi_0 = 0$)；(e) 径向变化线偏振矢量光场 ($n = 1$，$p = 2$ 和 $\varphi_0 = 0$)；(f) 空间变化线偏振矢量光场 ($m = 1$，$n = 1$，p=1 和 $\varphi_0 = 0$)

2. 幂指数角向变化矢量光场

幂指数角向变化矢量光场，其偏振态分布为非柱对称分布的局域线偏振态，它的电场可表示为 [10]

$$\boldsymbol{E} = P(r)\left\{\cos\left[2m\pi\left(\frac{\varphi}{2\pi}\right)^p + \varphi_0\right]\boldsymbol{e}_x + \sin\left[2m\pi\left(\frac{\varphi}{2\pi}\right)^p + \varphi_0\right]\boldsymbol{e}_y\right\} \qquad (6.47)$$

式中，p 是幂指数。当 $p = 1$ 时，(6.47) 式退化成描述角向变化线偏振矢量光场的 (6.44) 式；而当 p 不为 1 时，这种矢量光场的偏振态分布就不再具有柱对称性了。如图 6.6(d) 所示，幂指数角向变化矢量光场中心位置的偏振态是可确定的，也就是说光场中心不存在偏振奇点了，因此不再有光强暗点。虽然其场强分布仍然为柱对称分布，但偏振态分布则不再具有柱对称性。

3. 径向变化线偏振矢量光场

径向变化线偏振矢量光场，其偏振态的空间分布只与径向矢量 r 有关，而与方位角 φ 无关。这种类型的矢量光场可表示为 [10]

$$\boldsymbol{E}=P(r)\left\{\cos\left[2n\pi\left(\frac{r}{r_0}\right)^p+\varphi_0\right]\boldsymbol{e}_x+\sin\left[2n\pi\left(\frac{r}{r_0}\right)^p+\varphi_0\right]\boldsymbol{e}_y\right\} \tag{6.48}$$

式中，n 是径向系数。如图 6.6(e) 所示，与沿角向变化矢量光场不同，径向变化矢量光场中心处没有出现由偏振奇点导致的暗点。这种光场经过透振方向沿水平方向的检偏器后，光强分布出现 $2n$ 个同心的消光环。

4. 空间变化线偏振矢量光场

如果局域线偏振态同时沿着角向和径向变化，则称之为空间变化线偏振矢量光场，其光场可表示为 [11]

$$\boldsymbol{E}=P(r)\left[\cos\delta(r,\varphi)\boldsymbol{e}_x+\sin\delta(r,\varphi)\boldsymbol{e}_y\right] \tag{6.49}$$

式中，空变相位 $\delta(r,\varphi)$ 是 r 和 φ 的函数。通常，可以将 $\delta(r,\varphi)$ 写成

$$\delta(r,\varphi)=m\varphi+2n\pi\left(\frac{r}{r_0}\right)^p+\varphi_0 \tag{6.50}$$

如图 6.6(f) 所示，空间变化线偏振矢量光场经过水平放置的检偏器后，消光线呈现为阿基米德螺旋线 (Archimedes spiral) 形状，消光臂数为 $2|m|$ 个，仅与拓扑荷数 m 相关，而与径向系数 n 无关。消光线存在手性，取决于 mn 的符号，当 $mn<0$ 时，消光线为右手螺旋性，当 $mn>0$ 时，消光线为左手螺旋性。如图 6.6(f) 所示，此类矢量光场的偏振态分布也更为复杂。

6.3.3 杂化偏振矢量光场

上述介绍的局域线偏振矢量光场，即波振面上各点的偏振态都是线偏振。现在介绍杂化偏振矢量光场，即波振面上同时存在线偏振、圆偏振和椭圆偏振的偏振态分布。基于一对具有相反涡旋相位的正交线偏振基矢叠加，可以生成这种杂化偏振矢量光场 (实验原理见 6.4.1 节的图 6.14(a3))，其电场表达式为 [11,12]

$$\boldsymbol{E}=P(r)\left[\cos\delta(r,\varphi)\boldsymbol{e}_x+\mathrm{i}\sin\delta(r,\varphi)\boldsymbol{e}_y\right] \tag{6.51}$$

式中，空变相位 $\delta(r,\varphi)$ 可取 (6.50) 式。

类似于 6.3.2 节介绍的线偏振矢量光场，当 n=0 和 m=0 时，(6.51) 式分别描述了角向变化的杂化偏振矢量光场和径向变化的杂化偏振矢量光场。当 $m \neq 0$ 和 $n \neq 0$ 时，(6.51) 式描述的是空间变化的杂化偏振矢量光场。图 6.7(a)~(c) 给出了这三种杂化偏振矢量光场透过水平线检偏器之后的强度图样和偏振态分布，其中振幅分布为均匀强度照明。

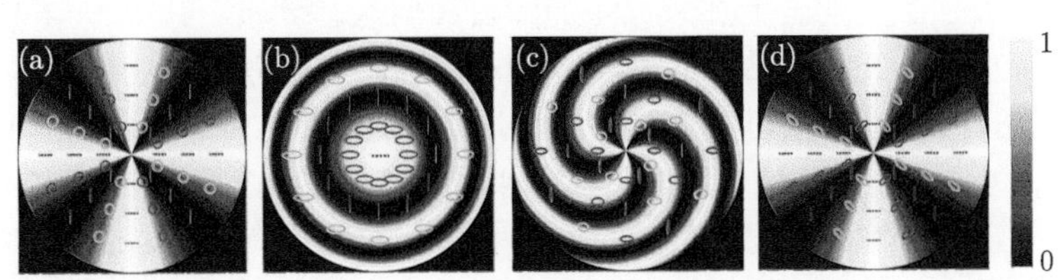

图 6.7 杂化偏振矢量光场的偏振态分布和通过水平线检偏器后的光强图。(a) 角向变化的杂化偏振矢量光场 ($m=2$，$n=0$)；(b) 径向变化的杂化偏振矢量光场 ($m=0$，$n=1$，$p=2$)；(c) 空间变化的杂化偏振矢量光场 ($m=2$，$n=1$，$p=2$)；(d) 杂化椭圆偏振矢量光场 ($\chi=\pi/8$，$\delta(r,\varphi)=2\varphi$)

类似于杂化偏振矢量光场，基于庞加莱球上一对具有相反涡旋相位的正交椭圆偏振基矢的相干叠加，可以生成任意杂化偏振矢量光场 (实验原理见 6.4.1 节的图 6.14(a4))，称为杂化椭圆偏振矢量光场 [12]。该光场可以表示为

$$\boldsymbol{E}=P(r)\left[\mathrm{e}^{\mathrm{i}\chi}\cos\delta(r,\varphi)\boldsymbol{e}_x+\mathrm{i}\mathrm{e}^{-\mathrm{i}\chi}\sin\delta(r,\varphi)\boldsymbol{e}_y\right] \tag{6.52}$$

式中，2χ 是图 6.2 中庞加莱球的纬度；$\delta(r,\varphi)$ 是空变相位。

原则上，可以通过调节 χ 和 $\delta(r,\varphi)$ 这两个参数实现对任意矢量光场的调控。当 $\chi=0$ 时，(6.52) 式可以化简为 (6.51) 式。当 $\chi=\pi/4$ 时，(6.52) 式可推导出描述线偏振矢量光场的 (6.49) 式。当 χ 为其他值时，(6.52) 式描述了杂化椭圆偏振矢量光场。图 6.7(d) 是当 $\chi=\pi/8$ 和 $\delta(r,\varphi)=2\varphi$ 时杂化椭圆偏振矢量光场的偏振态分布和通过检偏器后的强度图。与杂化偏振矢量光场相比，杂化椭圆偏振矢量光场的波振面上只同时存在线偏振和椭圆偏振的偏振态分布。

6.3.4 庞加莱光束

在 6.2.4 节，介绍了利用斯托克斯参量绘制的庞加莱球面可以直观地展示光场的偏振态。通过相互正交的高斯光束与最低阶的拉盖尔–高斯光束进行叠加，可得到一种新型的光束 [13]。由于这种光束的偏振态遍历整个庞加莱球，所以称之为全庞加莱光束。这种庞加莱光束可表示为

$$\boldsymbol{E}(r,\varphi)=E_0\exp\left(-\frac{r^2}{w^2}\right)\left[\cos\xi\boldsymbol{e}_1+\sin\xi\frac{\sqrt{2}r}{w}\mathrm{e}^{\mathrm{i}l\varphi}\boldsymbol{e}_2\right] \tag{6.53}$$

式中，$\boldsymbol{e}_1$ 和 $\boldsymbol{e}_2$ 分别为相互正交的单位基矢；参量 ξ 是用来调控全庞加莱光束两正交分量的占比；E_0 为光束的振幅；w 为光束的束腰半径；l 为轨道角动量拓扑荷。

由 (6.53) 式可知，全庞加莱光束由三个参数决定：正交基矢的选择、参量 ξ 的大小、轨道角动量拓扑荷 l 的取值。相互正交的单位基矢 $\boldsymbol{e}_1$ 和 $\boldsymbol{e}_2$，既可以为笛卡儿坐标系下的基矢 $\boldsymbol{e}_x$ 和 $\boldsymbol{e}_y$，也可以是左右旋正交基矢 $\boldsymbol{e}_{\mathrm{L}}$ 和 $\boldsymbol{e}_{\mathrm{R}}$。图 6.8 给出了不同基矢下产生的全庞加莱光束的强度和偏振态分布，其中 $\xi=45°$。在以 $\boldsymbol{e}_x$ 和 $\boldsymbol{e}_y$ 为正交基矢时，如图 6.8(a) 和 (b) 所示，偏振态分布沿着竖直方向自上而下从左旋过渡到线偏振再过渡到右旋，并且沿着水平方向，偏振态的变化很小。有趣的是，轨道角动量拓扑荷从 $l=-1$ 变化为 1 时，左右旋的偏振态沿着线偏振两侧出现镜像互换，这种互换仅仅是左右旋之间的互换，局域偏振态的取向并未发生任何变化。在以 $\boldsymbol{e}_{\mathrm{L}}$ 和 $\boldsymbol{e}_{\mathrm{R}}$ 为正交基矢时，如图 6.8(c) 和 (d) 所示，偏振态是从中心到边缘依次从左旋过渡到线偏振再过渡到右旋。有趣的是，轨道拓扑荷从 $l=-1$ 变化为 1 时，虽然椭偏率并没有因此而改变，但是，每个局域椭圆的取向角呈现水平方向镜像对称结构。在这种情况下，$l=-1$ 对应星型庞加莱光束 (图 6.8(c))，$l=1$ 对应柠檬型庞加莱光束 (图 6.8(d))。

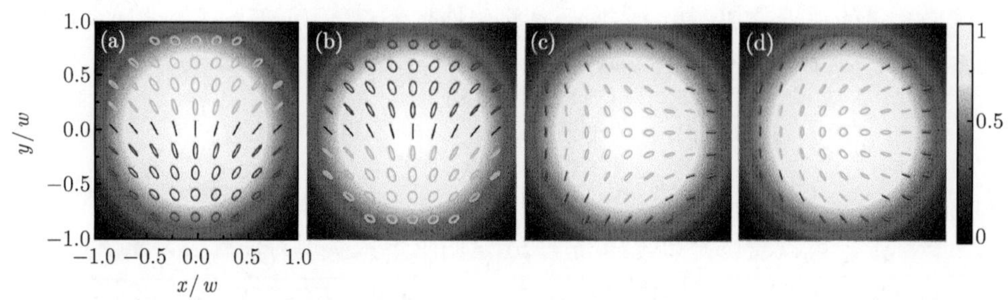

图 6.8　全庞加莱光束的强度和偏振态分布。(a) 基矢为 $\boldsymbol{e}_x$ 和 $\boldsymbol{e}_y$，$l=-1$；(b) 基矢为 $\boldsymbol{e}_x$ 和 $\boldsymbol{e}_y$，$l=1$；(c) 基矢为 $\boldsymbol{e}_{\mathrm{L}}$ 和 $\boldsymbol{e}_{\mathrm{R}}$，$l=-1$；(d) 基矢为 $\boldsymbol{e}_{\mathrm{L}}$ 和 $\boldsymbol{e}_{\mathrm{R}}$，$l=1$。图中黑色、蓝色、绿色，分别对应线偏振、右旋偏振、左旋偏振

除了拉盖尔–高斯光束，其他携带轨道角动量的光束叠加也可以实现庞加莱光束。例如，基于贝塞尔光束可产生贝塞尔–庞加莱光束 (Bessel-Poincaré beam)[14]：

$$\boldsymbol{E}(r,\varphi)=A\mathrm{J}_{|l_1|}(k_r r)\mathrm{e}^{\mathrm{i}l_1\varphi}\boldsymbol{e}_{\mathrm{L}}+B\mathrm{J}_{|l_2|}(k_r r)\mathrm{e}^{\mathrm{i}l_2\varphi}\boldsymbol{e}_{\mathrm{R}} \tag{6.54}$$

式中，A 和 B 为光场轮廓参数；$\mathrm{J}_{|l|}(\cdot)$ 为第一类 l 阶贝塞尔函数；k_r 是波矢 $\boldsymbol{k}$ 的径向分量。

6.3.5　复杂矢量光场

光场通常具有非均匀的振幅、相位和偏振分布。广义的矢量光场在数学上可以分解为两个正交分量，在笛卡儿坐标系中单色光沿 $+z$ 轴传播时电场矢量可以

表示为

$$\boldsymbol{E}(x,y)=A(x,y)\mathrm{e}^{\mathrm{i}\phi(x,y)}\begin{pmatrix}E_x(x,y)\\E_y(x,y)\mathrm{e}^{\mathrm{i}\delta(x,y)}\end{pmatrix}\mathrm{e}^{\mathrm{i}(\omega t-kz)} \tag{6.55}$$

式中，$A(x,y)$ 为振幅分布；$\phi(x,y)$ 为 x 分量和 y 分量的共同相位。琼斯矢量包含了矢量光场的偏振信息。$E_x(x,y)$ 和 $E_y(x,y)$ 为归一化的振幅分量，满足 $E_x^2(x,y)+E_y^2(x,y)=1$。$\delta(x,y)$ 为两个分量的相位差。ω 和 k 分别是光波的频率和波矢。

从 (6.55) 式可以看出光场的空域调控有四个自由度，分别是振幅、相位、偏振的椭偏率和取向角。通过调控光场的偏振态、振幅和相位，可以生成复杂矢量光场。例如，同时操控光场的相位和偏振，可以获得矢量涡旋光场，其电场表达式为

$$\boldsymbol{E}(r,\varphi)=E_0(r,\varphi)\mathrm{e}^{\mathrm{i}l\varphi}\begin{pmatrix}\cos(m\varphi)\\\sin(m\varphi)\end{pmatrix} \tag{6.56}$$

图 6.9 列举了四种复杂矢量光场。图 6.9(a) 给出了由两个级联超表面产生的

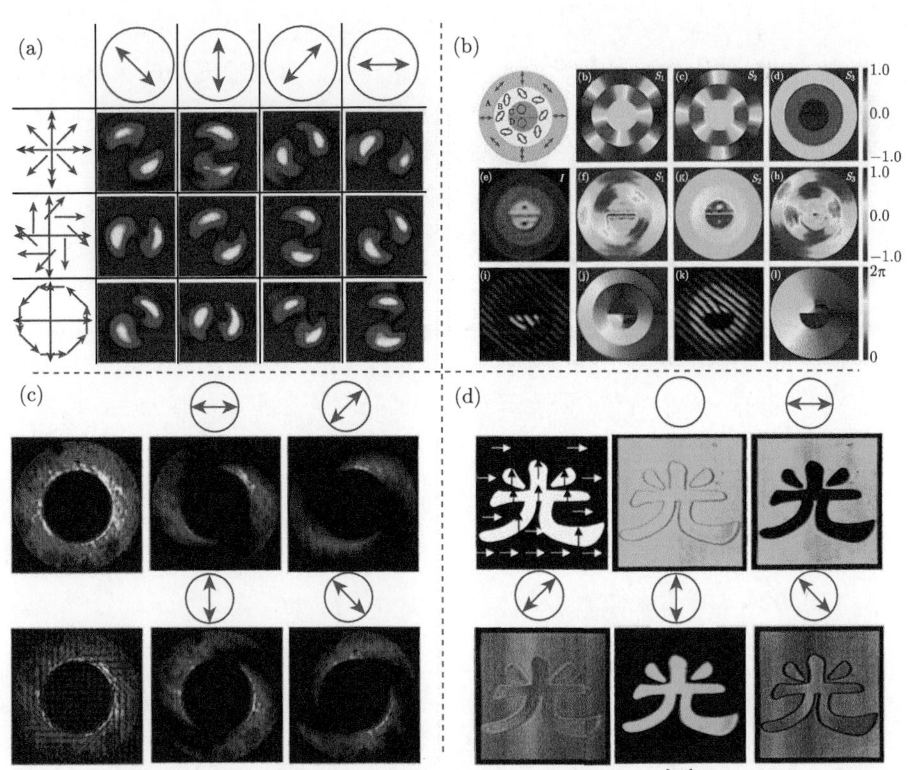

图 6.9 复杂矢量光场的强度和偏振态分布。(a) 矢量涡旋光场 [15]；(b) 高阶庞加莱球光束 [16]；(c) 环形矢量光场 [17]；(d) 二元汉字 “光” 图案的矢量光场

柱矢量涡旋光场 [15]。第一行给出了检偏器的透振方向。第一列是输出的矢量涡旋光场偏振态分布示意图。接下来的三列给出了三种光束通过不同透振方向检偏器后的强度分布。图 6.9(b) 所示的复杂矢量光场是高阶庞加莱球光束 [16]。通过斯托克参量的测量来检验生成光场的偏振态分布，并与数值模拟进行了比较，如图 6.9(b) 中的第一行和第二行所示。图 6.9(b) 中第三行描绘了嵌入在光场的基矢量中的相位结构，并通过其干涉图样进行了实验验证。结果表明，该方法不仅可以实现振幅和相位的调控，而且可以实现任意偏振态的同时调控。图 6.9(c) 是环形矢量光场 [17]。随着半径的增加，局域偏振态从角向向径向连续变化。很明显，该图显示了局域偏振态从角向向径向的逐渐变化。除了可以生成数学表达形式确定的矢量光场外，还可以构造具有复杂图案的矢量光场。如图 6.9(d) 所示，生成的二元汉字 “光” 图案矢量光场，黑色背景为水平偏振，白色部分为竖直偏振，分界处光强为其他地方的一半，可以理解为干涉。

6.4　矢量光场的生成技术

依据是否有增益介质的参与，可将矢量光场的生成技术分为主动生成和被动生成两大类。主动生成是通过设计激光器的谐振腔，直接输出矢量光场激光，是一种谐振腔内的光场调控手段；被动生成是在激光谐振腔外，采用特殊设计的光学元件或者特殊的光学方法，将常规激光束转化为矢量光场。

主动生成技术最大的优点是可以获得很高效率的矢量光场，其缺点是缺乏灵活性，一旦设计好激光谐振腔，矢量光场的种类就已经确定，若要获得另外种类的矢量光场，必须重新设计激光谐振腔。被动生成技术具有很强的灵活性，往往在调好的光路中简单替换一两个光学元件便可获得新的矢量光场，光路调节相对灵活方便。特别是借助于空间光调制器，被动生成技术的灵活性更是大大加强。

在实验室的研究中，为了研究矢量光场的物理特性和开发其应用，通常需要用到各种各样的矢量光场，因此被动生成技术更为实用。本节首先介绍矢量光场的主动生成技术，之后重点介绍矢量光场的被动生成技术。

6.4.1　主动生成技术

1. 腔内模式选择生成矢量光场

矢量光场主动生成技术的核心是矢量光场模式选择。着眼于激光谐振腔的设计，通过在腔内放置特定光学元件来抑制基模，使得谐振腔内的振荡模式为矢量光场模式。

如图 6.10(a1) 所示的实验装置，通过双折射来实现选模，将双折射晶体方解石放置在由凸透镜和凹透镜组成的望远镜系统中，其晶轴方向与谐振腔内的光轴方向平行[2]。整个系统的柱对称性保证了振荡模式具有柱状偏振对称性。由于双折射的存在，e 光和 o 光有着不同的传播轨迹，利用一个环形光阑只允许其中的 o 光通过，而抑制另一偏振的 e 光，从而实现了对特定偏振振荡模式的选择。用该装置直接生成了角向偏振光。

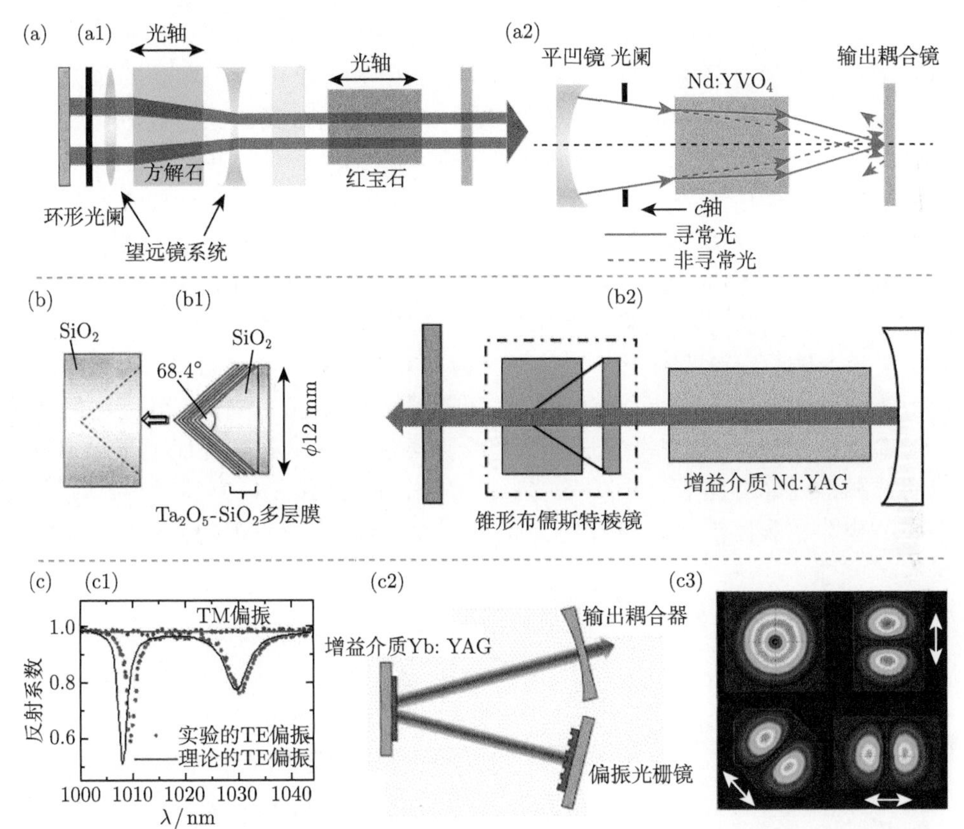

图 6.10 腔内模式选择生成矢量光场。(a) 双折射选模：(a1) 红宝石激光器生成角向偏振光的谐振腔设计装置图[2]，方解石晶体、望远镜系统以及环形光阑组合，实现了对角向偏振光振荡模式的选择；(a2) 径向偏振光激光谐振腔设计装置图[18]。(b) 二向色性选模[19]：(b1) 锥形布儒斯特棱镜结构图；(b2) 使用由布儒斯特棱镜产生轴向二向色性生成柱矢量光场的 Nd:YAG 激光器。(c) 多层膜偏振光栅选模[20]：(c1) 波长依赖的多层膜反射系数；(c2) 用于生成径向偏振光的 Yb:YAG 薄盘激光器谐振腔；(c3) 测量的径向偏振光的强度分布

图 6.10(a1) 所示的激光器虽然可以生成矢量光场，但是谐振器的结构相对复杂。可以简化谐振腔的结构，将原先的双折射晶体和激光晶体合用一块 Nd:YVO_4 晶体，设计了如图 6.10(a2) 所示的非常简单的径向偏振矢量光场激光谐振器[18]。由于晶体的双折射，e 光和 o 光的传播轨迹不同，图 6.10(a2) 中实线表示 e 光轨

迹，虚线表示 o 光轨迹，用一个小孔光阑遮挡 o 光，仅让 e 光起振，然后调节两个谐振腔的距离，使得 e 光能够稳定振荡，这样便可以输出径向偏振光。十分简单的结构是这个谐振腔的最大特点，这一优点保证了即使是在低功率输出的情况下，也能实现激光器的稳定工作。

另一种偏振模式选择是基于光的二向色性。基于光的二向色性，薄膜对于相互正交的两种偏振光有着不同的透射率，将薄膜设计成锥形，则对于径向偏振光和角向偏振光具有不同的透射率。图 6.10(b1) 给出了一种新的布儒斯特 (Brewster) 光学元件，由圆锥形凸出 SiO_2 玻璃作为衬底在上面镀电介质多层膜以增强偏振选择性，其中圆锥的顶角满足布儒斯特条件，用匹配的凹形 SiO_2 玻璃补齐圆锥体使之成为长方形，防止引入激光扩散 [19]。将这种锥形多层膜结构放置在如图 6.10(b2) 所示的激光谐振腔中可以用于生成径向偏振光。

随着微纳加工技术的发展，制备具有微结构的光学元件成为可能，这些微结构可以导致新的光学效应，例如多层结构的偏振光栅反射镜 [20]。如图 6.10 (c1) 所示，这种反射镜对于不同偏振光的反射率差别很大。比如，在 1030 nm 反射镜 TM 模的反射率为 99.6%，而 TE 模的则为 76%，于是可以利用这种反射率特性实现对 TM 模的选择。整个谐振腔是柱对称结构保证了对 TM_{01} 模的选择，正好对应于径向偏振光。如图 6.10(c2) 所示，具体设计的激光谐振腔结构非常紧凑，这种设计特点保证了激光器兼有小型和高效率两个显著优点。

2. 腔内模式叠加生成矢量光场

除了利用腔内轴向双折射或二向色性来提供必要的模式选择外，还可以利用基于线性叠加原理的折叠镜或棱镜的腔内模式叠加法来主动生成矢量光场。这种模式合成的数学描述见 (6.40) 式和 (6.41) 式，其原理如图 6.3 所示。

利用图 6.3 所示的模式叠加原理，可以设计如图 6.11(a) 所示的生成径向和角向偏振激光束的谐振腔 [21]。在图 6.11(a) 中，阶跃相位板引入 0 和 π 相位差，从而生成 HG_{10} 模和 HG_{01} 模，利用双折射光束偏移器将 HG_{10} 模和 HG_{01} 模起偏为正交偏振光并且共路，在其中一路放置相位板补偿光程差，这样便可输出径向偏振光或角向偏振光。

类似的模式叠加还可以利用激光谐振腔内放置插有道威棱镜 (Dove prism) 的萨尼亚克干涉仪 (Sagnac interferometer) 输出矢量光场激光 [22]。如图 6.11(b) 所示，通过放置在谐振腔中心的细线获得了线偏振的 HG_{01} 模。道威棱镜提供了生成正交偏振的 HG_{10} 模和 HG_{01} 模的旋转。萨尼亚克干涉仪合成两模式，进而输出了矢量光场。

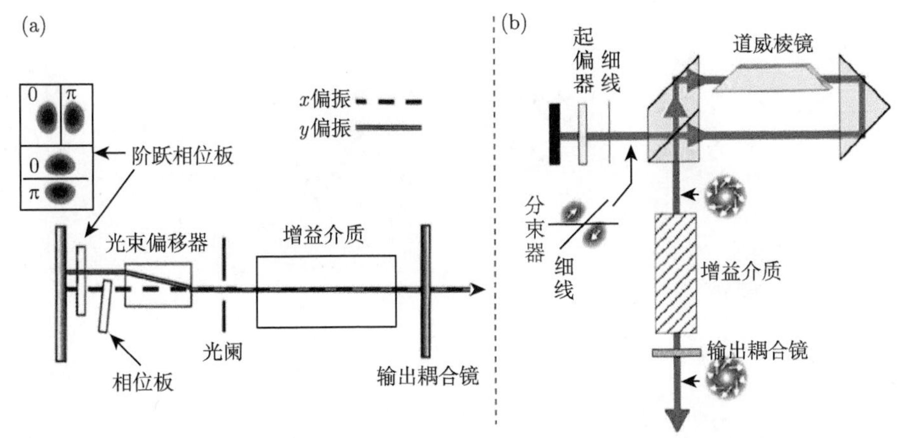

图 6.11 腔内模式叠加生成矢量光场。(a) 利用模式叠加方法生成径向和角向偏振光的激光谐振腔设计示意图 [21]，其中阶跃相位板引入 0 和 π 相位差，从而生成 HG_{10} 模和 HG_{01} 模；(b) 基于萨尼亚克干涉仪的矢量光场激光谐振腔示意图 [22]

6.4.2 被动生成技术

1. 利用偏振转换器直接生成矢量光场

除了上述设计激光谐振腔输出矢量光场的方法外，也可以在谐振腔外用特殊设计的光学元件将普通激光器输出的基模高斯光束转化为矢量光场。类似于标量光场中利用线偏振片产生线偏振光的方法，很容易想到制作空间变化的线偏振器来生成矢量光场。这样的偏振器可以利用双折射、二向色性、径向偏振器、液晶偏振转换器、空变相位延迟器 (space-variant phase retarder) 和空变亚波长光栅等来实现。

空变偏振器可以利用双折射或者二向色性材料来实现。由于这种偏振器空间存在非均匀性，所以线偏振光经过偏振器之后会出现光强的空间非均匀，此时需选用圆偏振光照射。以径向偏振器为例，如图 6.12(a) 所示，当左旋圆偏振光经过径向偏振器时，透射光各点的电场振动向径向投影。对于入射的左旋圆偏振光而言，其电场可以表示为

$$\boldsymbol{E}_{\text{in}} = E_0(\boldsymbol{e}_x + \mathrm{i}\boldsymbol{e}_y) = E_0\mathrm{e}^{\mathrm{i}\varphi}(\boldsymbol{e}_r + \mathrm{i}\boldsymbol{e}_\varphi) \tag{6.57}$$

式中，$\boldsymbol{e}_r$ 和 $\boldsymbol{e}_\varphi$ 是柱坐标系中的单位矢量。透过径向偏振器之后，输出电场为

$$\boldsymbol{E}_{\text{out}} = E_0\mathrm{e}^{\mathrm{i}\varphi}\boldsymbol{e}_r \tag{6.58}$$

此时的径向偏振光带有螺旋相位因子，需要通过另外一个螺旋相位板 (spiral phase plate) 消除这一相位便可得到径向偏振光 [7]。如图 6.12(a) 所示，用 2 个 1/2 波片可调节需要的偏振分布，如角向偏振光，其原理的证明读者可完成本章习题 6.2。

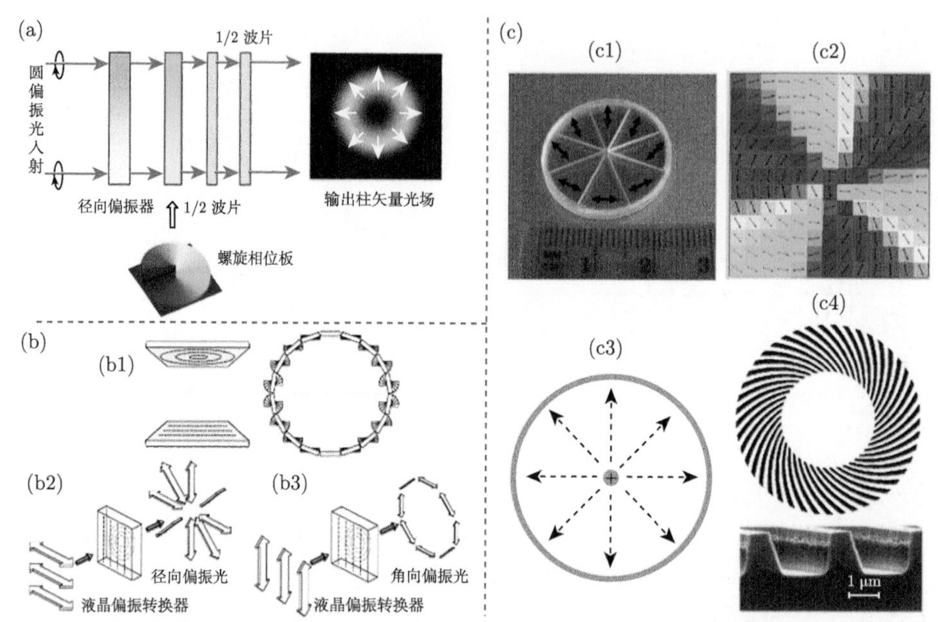

图 6.12　利用偏振转换器直接生成矢量光场。(a) 利用径向偏振器和螺旋相位板生成径向偏振光 [7]。(b) 利用液晶偏振转换器生成矢量光场 [23]：(b1) 液晶偏振转换器结构示意图及液晶取向俯视图；用液晶偏振转换器生成 (b2) 径向偏振光和 (b3) 角向偏振光示意图。(c) 利用空变相位延迟器生成矢量光场：(c1)1/2 波片组合的相位延迟器 [24]；(c2) 液晶聚合物空变相位延迟器 [25]；(c3) 光电陶瓷空变相位延迟器 [26]；(c4) 空变亚波长光栅 [27]

图 6.12(b) 是利用液晶偏振转换器将入射的线偏振光转换成柱矢量光场 [23]。对于液晶而言，可以设计成如图 6.12(b1) 所示的三明治结构，顶层为与矢量光场电矢量一致的相列液晶排列，底层是与入射光电矢量平行或垂直的液晶排列，中间利用液晶分子导向实现偏振态的转换。线偏振光入射，通过电压调节使得相列液晶排列与矢量光场电矢量一致。如图 6.12(b2) 和 (b3) 所示，利用液晶分子导向实现入射线偏振光转换成径向偏振光或者角向偏振光。但由于存在容错线等问题，一般获得的效果不是很理想。

如图 6.12(c) 所示，利用空变相位延迟器可以将线偏振光转换为矢量光场。空变相位延迟器可用八个 1/8 圆的 1/2 波片组合而成 [24]。如图 6.12(c1) 所示，由于各个不同扇形区域的 1/2 波片快轴方向都特定排列，所以线偏振光通过不同区域的偏振旋转角度也不同，基于这一原理来生成矢量光场。但用这种方法生成的矢量光场偏振态在不同区域是突变的，所以光场模式不纯，可以用模式选择器来提纯。如果空变相位延迟器的快轴连续变化，则可以省去模式选择器。如图 6.12(c2) 所示，就是利用液晶聚合物制作成这样的相位延迟器 [25]。光电功能透明陶瓷也可以用作空变相位延迟器 [26]。如图 6.12(c3) 所示，利用电压生成快轴沿着半径方向

的 $\lambda/4$ 的延迟。基于光电陶瓷，这种延迟器有两个优点，一是可以快速开关，二是在很宽的光谱范围内生成矢量光场。还有一类非常重要的空变相位延迟器是空变亚波长光栅 [27]。利用微纳加工技术可以制备亚波长光栅，而在亚波长尺度下，光栅会对光场的偏振态产生响应。于是可利用人工微结构引入双折射，进而制备出空变相位延迟器，并且这类延迟器可实现空间偏振态的连续转换。如图 6.12(c4) 所示，亚波长光栅形成的双折射提供 $\lambda/4$ 的延迟，并且其局域取向通过光刻图案连续变化。当圆偏振光入射至这种空变亚波长光栅后，便可生成径向或角向偏振光。然而，由于亚波长周期的要求和加工技术的限制，利用亚波长光栅生成可见或紫外波长的矢量光场是比较困难的。

2. 激发光纤中特定模式生成矢量光场

在激光谐振腔外，利用少模光纤来生成矢量光场是一项值得注意的技术 [7]。如图 6.13(a1) 所示，多模阶跃折射率光纤可以支持具有柱偏振对称性的 TE_{01} 和 TM_{01} 环形模，其中 TE_{01} 模是角向偏振，TM_{01} 模为径向偏振 [2]。在弱引导近似下，这些模具有相同的截止参数，比除 HE_{11} 基模之外的所有其他模的都低。

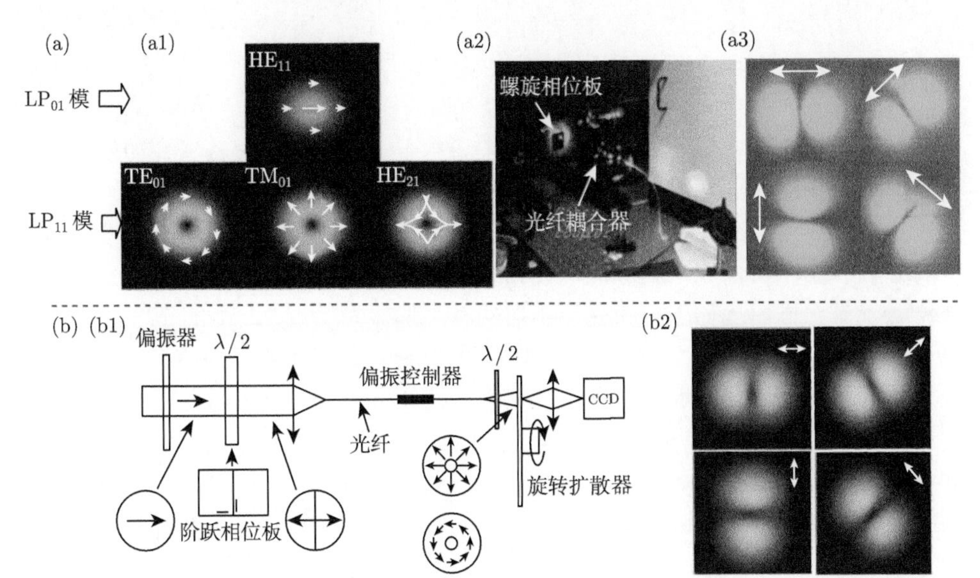

图 6.13 激发光纤中特定模式生成矢量光场。(a) 光纤中柱矢量光场模式及矢量光场生成实验 [7]：(a1) 光纤中 LP_{01} 和 LP_{11} 模的强度图样及偏振态分布；(a2) 使用少模光纤生成柱矢量光场的实验装置；(a3) 通过线检偏器后，用这种装置生成的径向偏振光的强度图样。(b) 利用厄米–高斯模激发光纤中的 TM_{01} 或 TE_{01} 模 [28]：(b1) 生成径向偏振光或角向偏振光的实验光路示意图；(b2) 实验生成的径向偏振光通过检偏器后强度图样

一般来说，如果不激发基模 HE_{11}，就很难在光纤中激发这些 LP_{11} 模。强的

基模 HE_{11} 的存在会破坏柱状偏振的纯度。光纤中的柱矢量模激励可以通过单模和多模光纤之间小心地失调来实现。然而，这种方法的转换效率很低。通过相位或偏振预处理入射偏振，可以提高转换效率。使用螺旋相位板 $(l=1)$ 的柱矢量模激励的实验室照片如图 6.13(a2) 所示。准直激光束通过螺旋相位板，然后将其耦合到精心选择的光纤中，使其仅支持基模和二阶模。光纤充当空间滤波器和偏振模式选择器。如图 6.13(a3) 所示，偏振对称性通过在光纤输出端和观察平面之间插入线检偏器来确认。如图 6.13(b) 所示，当用厄米–高斯模 [28] 激发光纤时，矢量光场的转换效率也会提高。总之，利用光纤作为模式选择器，可以生成柱矢量光场。

3. 利用干涉法生成矢量光场

庞加莱球上偏振态 $\boldsymbol{S}(2\psi,2\chi)$ 和 $\boldsymbol{S}(2\psi+\pi,-2\chi)$ 是一对正交的偏振基矢。图 6.14(a1) 给出了庞加莱球上典型的三对正交偏振基矢。原理上，基于一对携带有相反拓扑荷数的正交偏振基矢的叠加，就可以生成任意矢量光场 [12]

$$\boldsymbol{E}(r,\varphi)=E_0(r)[\mathrm{e}^{-\mathrm{i}\delta(r,\varphi)}\boldsymbol{S}(2\psi,2\chi)+\mathrm{e}^{\mathrm{i}\delta(r,\varphi)}\boldsymbol{S}(2\psi+\pi,-2\chi)] \tag{6.59}$$

式中，$E_0(r)$ 表示轴对称的振幅分布；空变相位 $\delta(r,\varphi)$ 是一个关于 r 和 φ 的函数；相位因子 $\mathrm{e}^{-\mathrm{i}\delta(r,\varphi)}$ 和 $\mathrm{e}^{\mathrm{i}\delta(r,\varphi)}$ 携带相反的拓扑荷数。图 6.14(a2)~(a4) 举例给出了三种类型的矢量光场生成原理图。关于基于一对正交偏振基矢叠加的任意矢量光场生成理论的推导过程，读者可完成本章习题 6.3。

基于如图 6.14(a) 所示的原理，可以采用干涉法生成矢量光场，其核心是光束的分解、操作和合成三大步骤。图 6.14(b) 所示为一种用于生成矢量光场的干涉仪 [9]，其工作原理如下：激光器出射的水平偏振光经过 22.5° 的 1/2 波片转化成 45° 的线偏振光，经分束器反射到达沃拉斯顿棱镜 (Wollaston prism) 后等幅分为两路，分别对应于水平偏振和垂直偏振；经过一透镜组之后入射至空间光调制器，其中垂直偏振的一路再经过一个 45° 放置的 1/2 波片，转为水平偏振；因此到达空间光调制器的两路光均为水平偏振，从空间光调制器获得拓扑荷相反的螺旋相位调制之后原路返回至沃拉斯顿棱镜处合成，经分束器入射到达 45° 放置的 1/4 波片，原先的水平和垂直方向的偏振光分别转为左旋和右旋圆偏振光，又携带有拓扑荷相反的螺旋相位，其原理如图 6.14(a2) 所示，于是生成了矢量光场。此外，还可以利用马赫–曾德尔干涉仪 (Mach-Zehnder interferometer) 和萨尼亚克干涉仪等来生成矢量光场。

图 6.14(c) 是基于 4f 系统利用普通干涉光路的任意矢量光场生成技术 [8]。从激光器出射的基模高斯光束首先扩束准直得到高光束质量的线偏振平行光。准直光入射至由两个等焦距透镜组成的 4f 系统中，其中前焦面放置透射式液晶空间光

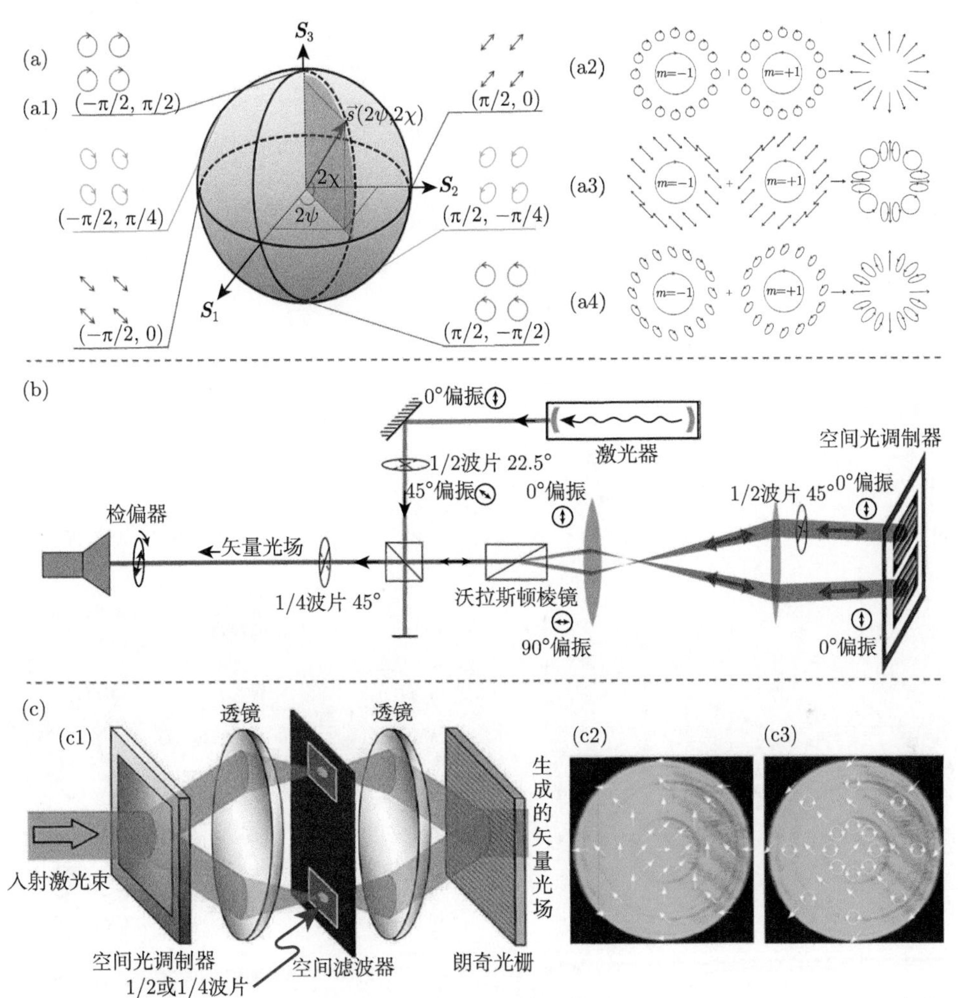

图 6.14 利用干涉法生成矢量光场。(a) 基于一对正交偏振基矢合成矢量光场的原理图 [12]：(a1) 庞加莱球上的三对正交偏振基矢；(a2) 由正交左旋和右旋圆偏振涡旋光叠加的局域线偏振矢量光场；(a3) 由正交线偏振涡旋光叠加的杂化偏振矢量光场；(a4) 由正交左旋和右旋椭圆偏振涡旋光叠加的杂化椭圆偏振矢量光场。(b) 基于空间光调制器的圆偏振涡旋光合成生成矢量光场的干涉仪实验装置图 [9]。(c) 基于 4f 系统利用普通干涉光路生成任意矢量光场 [8]：(c1) 实验装置示意图；(c2) 生成的局域线偏振矢量光场和 (c3) 杂化偏振矢量光场

调制器；傅里叶频谱面上放置有两个小孔的空间滤波器以及紧贴小孔的两个 1/4 波片，后焦面上放置龙基光栅 (Ronchi grating)。预设的计算全息图投影到空间光调制器上形成全息光栅，准直的线偏振光入射到空间光调制器上，衍射为不同级次，经过第一个透镜之后对应于傅里叶频谱面上的不同位置，携带不同的相位信息，该相位信息由设计的全息图决定。利用空间滤波将正负一级取出，经过 1/4 波片后分别转换成左旋和右旋圆偏振光。左右旋圆偏振光经过第二个透镜后入射

至龙基光栅时变成了准直的平行光，但是传播方向不同，利用龙基光栅将两路光合成。全息光栅的周期应与龙基光栅的周期尽可能匹配，以提高生成矢量光场的质量。光路中使用两个 1/4 波片，将线偏振光转换成左右旋偏振基矢，合成的是局域线偏振矢量光场；如果使用两个 1/2 波片，则将线偏振光转换成正交的线偏振基矢，合成的是杂化偏振矢量光场；如果用其他波片 (比如 1/3 波片)，则将线偏振光转换成正交的椭圆偏振基矢，合成的是杂化椭圆偏振矢量光场 [12]。

4. 多参数联合调控生成矢量光场

从 (6.55) 式可知，为完全描述一个矢量光场，通常需要用到四个自由度，即振幅、相位以及偏振的椭偏率和取向角。因此，为了生成任意的复杂矢量光场，需要多参数联合调控并独立控制这四个参量。

通过同时调控光场的振幅、相位和任意偏振态分布，可以生成全矢量光场 [16]。如图 6.15(a1) 所示，光场中的一个采样点 $A_{mn}\exp(\mathrm{i}\phi_{mn})$ 由四个子像素来编码，

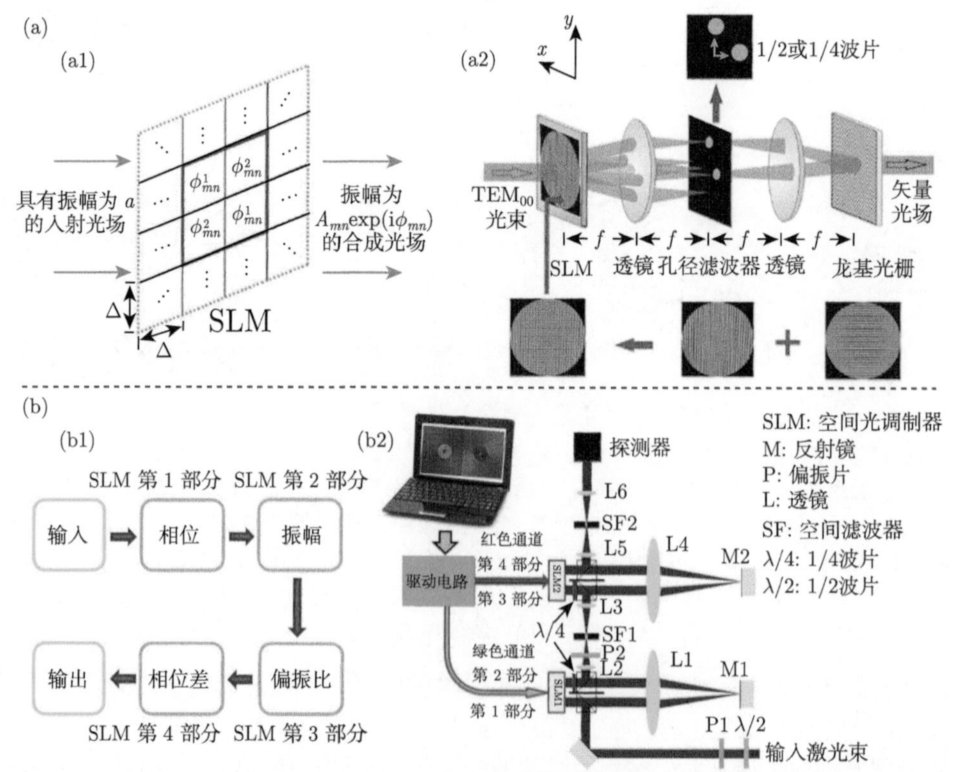

图 6.15　多参数联合调控生成矢量光场。(a) 矢量光场的完全调控 [16]：(a1) 振幅均匀的平面波通过宏像素编码的全息图以后就会变成振幅和相位同时被调制的光场；(a2) 全矢量光场产生的实验光路图。(b) 用于产生任意复杂场的矢量光场生成器 [17]：(b1) 矢量光场生成器的流程图，所有自由度的调制在空间光调制器的四个部分中实现；(b2) 矢量光场生成器的实验装置示意图

这四个子像素构成一个宏像素。在宏像素中的主对角线和副对角线位置分别排布 ϕ_{mn}^1 和 ϕ_{mn}^2。对 $A(x,y)\exp(\mathrm{i}\phi_{mn}(x,y))$ 中的每一个采样点都进行类似编码，就实现了用纯相位型的全息图同时实现对振幅和相位的编码。如图 6.15(a2) 所示，基于包含空间光调制器的 4f 系统，用计算全息图产生了作为基矢的两正交偏振光束。用相位型空间光调制器设计宏像素掩模技术实现正交分量的复振幅。共轴叠加两基矢光束生成矢量光场。该技术仅用一个空间光调制器就可以设计具有任意结构的振幅、相位和偏振的光场。

如图 6.15(b) 所示，可以利用高分辨反射式相位型液晶空间光调制器来独立控制相位、振幅和偏振，进而生成任意复杂光场 [17]。在如图 6.15(b2) 所示的矢量光场生成器中，每块空间光调制器均被分成两部分，每部分对应一个自由度，即第 1~4 部分分别对应相位、振幅、振幅比及两个分量的相位差。总之，基于两个反射式相位型液晶空间光调制器，该生成器能够在像素水平上控制光场空间分布的所有参数，包括相位、振幅、偏振的椭偏率和取向角。

6.5 矢量光场的紧聚焦特性

矢量光场受到了广泛关注，主要原因之一源于矢量光场新颖的聚焦场特性。特别是径向偏振光紧聚焦后产生了很强的纵向电场分量 [5]。通过调控光场的偏振态分布，可以获得多种新颖的三维焦场。本节将简要介绍柱矢量光场的紧聚焦场，重点关注纵向电场，最后举例介绍几种类型的三维焦场。

6.5.1 柱矢量光场的紧聚焦场

在本书的第 2.8 节我们详细介绍了理查德–沃尔夫矢量衍射理论。这是一种基于矢量德拜理论提出的分析方法，广泛应用于矢量光场的紧聚焦特性研究。

假设入射光场 $\boldsymbol{E}^{(0)}(r,\varphi)$ 经过消球差物镜聚焦，按照理查德–沃尔夫矢量衍射理论，可得三维聚焦场表达式 (即 (2.142) 式)

$$\begin{pmatrix} e_\rho^{(s)} \\ e_\varphi^{(s)} \\ e_z^{(s)} \end{pmatrix} = \frac{fl_0}{\mathrm{i}\lambda}\int_0^{\alpha_{\max}} \sin\theta\sqrt{\cos\theta}P(\theta)\mathrm{e}^{\mathrm{i}kz_s\cos\theta}\mathrm{d}\theta \times \int_0^{2\pi}\begin{bmatrix} E_r^{(0)}\cos\theta\cos(\varphi-\varphi_s)\boldsymbol{e}_\rho \\ E_\varphi^{(0)}\cos(\varphi-\varphi_s)\boldsymbol{e}_\varphi \\ E_r^{(0)}\sin\theta\boldsymbol{e}_z \end{bmatrix}\mathrm{e}^{\mathrm{i}k\rho_s\sin\theta\cos(\varphi-\varphi_s)}\mathrm{d}\varphi \tag{6.60}$$

式中，$k=2\pi/\lambda$ 是波矢；f 是物镜的焦距；$P(\theta)$ 是瞳切趾函数；$\alpha_{\max}=\arcsin(\mathrm{NA}/n_1)$ 是数值孔径为 NA 的物镜的最大张角；n_1 是像空间的折射率。典型的

瞳切趾函数 $P(\theta)$ 见 2.8.2 节的介绍。

如果入射光是径向偏振光，即 $\boldsymbol{E}^{(0)}(r,\varphi)=E_0\boldsymbol{e}_r$，其紧聚焦电场为

$$\begin{pmatrix} e_\rho^{(s)} \\ e_\varphi^{(s)} \\ e_z^{(s)} \end{pmatrix} = kfl_0\int_0^{\alpha_{\max}} \sin\theta\sqrt{\cos\theta}P(\theta)\begin{pmatrix} \cos\theta \mathrm{J}_1(k\rho_s\sin\theta)\boldsymbol{e}_\rho \\ 0\boldsymbol{e}_\varphi \\ -\mathrm{i}\sin\theta \mathrm{J}_0(k\rho_s\sin\theta)\boldsymbol{e}_z \end{pmatrix}\mathrm{e}^{\mathrm{i}kz_s\cos\theta}\mathrm{d}\theta \tag{6.61}$$

其中，$\mathrm{J}_m(\cdot)$ 是第一类 m 阶贝塞尔函数。(6.61) 式的推导过程详见 2.8.3 节。由此可知，径向偏振光紧聚焦后，在焦场处只存在径向电场分量 E_ρ 和纵向电场分量 E_z，而角向电场分量 E_φ 为 0。值得注意的是，E_ρ 和 E_z 之间的相位差为 $\pi/2$，表明紧聚焦的径向偏振光携带有纯的横向自旋角动量。这是因为两正交的电场分量之间的相位差为 $\pi/2$ 时合成的光是正椭圆偏振光，其拥有垂直于偏振椭圆方向的自旋角动量。

对于角向偏振光，即 $\boldsymbol{E}^{(0)}(r,\varphi)=E_0\boldsymbol{e}_\varphi$，其紧聚焦电场为

$$\begin{pmatrix} e_\rho^{(s)} \\ e_\varphi^{(s)} \\ e_z^{(s)} \end{pmatrix} = kfl_0\int_0^{\alpha_{\max}} \sin\theta\sqrt{\cos\theta}P(\theta)\begin{pmatrix} 0\boldsymbol{e}_\rho \\ \mathrm{J}_1(k\rho_s\sin\theta)\boldsymbol{e}_\varphi \\ 0\boldsymbol{e}_z \end{pmatrix}\mathrm{e}^{\mathrm{i}kz_s\cos\theta}\mathrm{d}\theta \tag{6.62}$$

可以看出紧聚焦的角向偏振光仅具有角向电场分量 E_φ。

假设贝塞尔–高斯光束入射，瞳切趾函数 $P(\theta)$ 采用 (2.145) 式，取 $\mathrm{NA}=0.8$ 和 $\beta_0=1.5$，利用 (6.61) 式和 (6.62) 式，分别模拟了紧聚焦径向偏振光和角向偏振光的焦场分布。如图 6.16 所示，对于径向偏振光入射，焦场由一个径向分量和

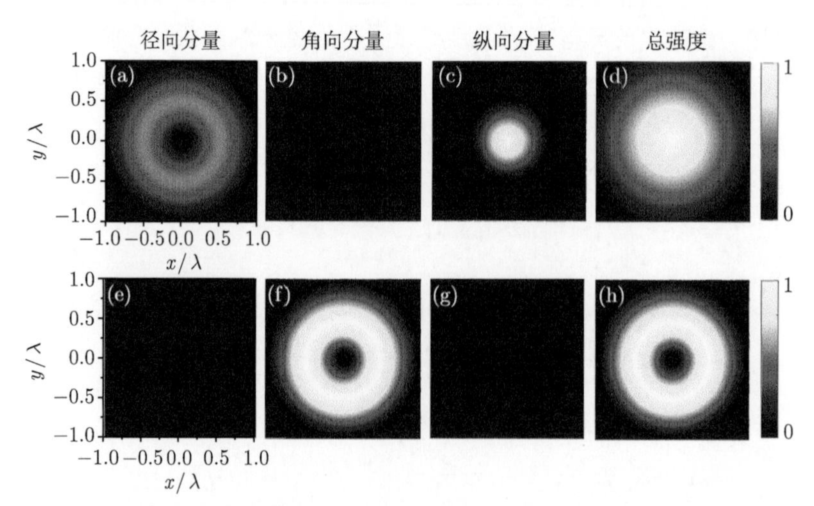

图 6.16　(第一行) 径向偏振光和 (第二行) 角向偏振光在焦平面的强度分布

一个强而窄的纵向分量组成。径向分量在光轴上有一个零振幅的圆环形状，而纵向分量在光轴上有其峰值，这种情况下没有角向分量。紧聚焦的角向偏振光仅具有角向电场分量，其焦平面的强度为甜甜圈型分布。

6.5.2 纵向电场的特征

紧聚焦径向偏振光和角向偏振光的一个显著区别是，角向偏振光不产生纵向电场分量，而径向偏振光的紧聚焦场是由甜甜圈型横向场和在轴实心纵向场组成。选取和图 6.16 相同的参数，图 6.17 给出了紧聚焦径向偏振光在过焦点的纵向平面上的强度分布。如图 6.17 所示，总光强分布是一个由纵向电场分量主导的实心光斑，旁瓣被径向电场分量增强。

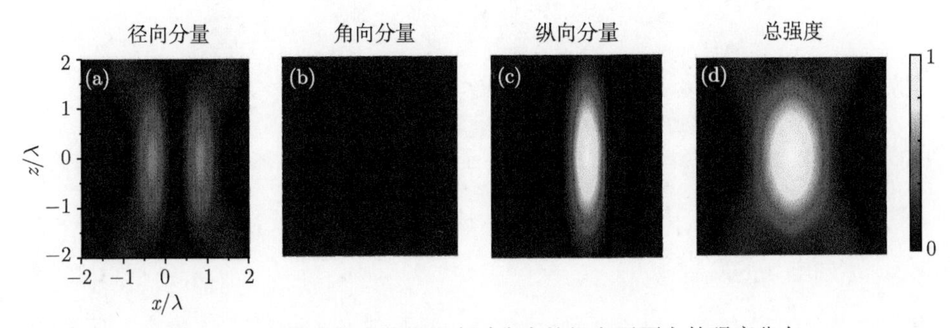

图 6.17 紧聚焦径向偏振光在过焦点的纵向平面上的强度分布

图 6.18 给出了纵向电场分量最大值与径向分量最大值之比随物镜最大张角 $\alpha_{\max}$ 的变化曲线，用来描述纵向电场分量与物镜数值孔径的关系 [5]。随着数值孔径的增大，纵向场分量不断增强。当聚焦角 $\alpha_{\max} > 0.9$ (也就是在空气中 NA 大约是 0.8) 时，纵向场强度最大值大于横向场强度最大值。由此可知，紧聚焦径向偏振光可获得很强的纵向电场。

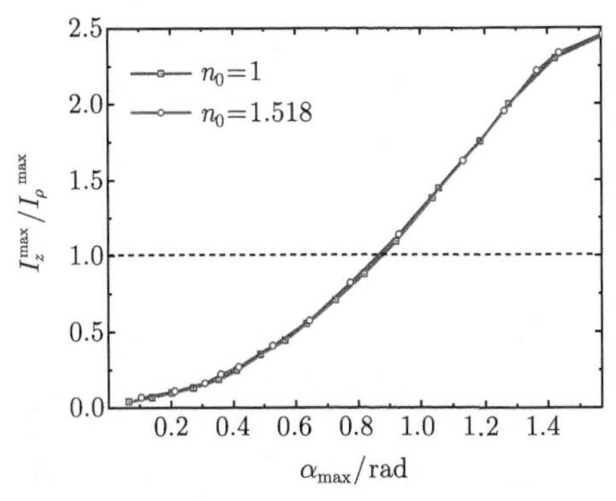

图 6.18 纵向场分量最大值与径向场分量最大值之比随物镜最大张角 $\alpha_{\max}$ 的变化曲线 [5]

纵向场的显著特点是其非传播特性。如图 6.19 所示，光强集中在光斑中心的纵向场分量处，光强最大处由纵向场分量决定；但在焦场中心，对应的能流为零。界面的存在扭曲了光强分布，但对能流没有太大影响，能流集中在横向分量上。总之，径向偏振光紧聚焦后，在焦场处产出了非传播的纵向电场，这是因为磁场为零，纵向电场的坡印廷矢量为零。

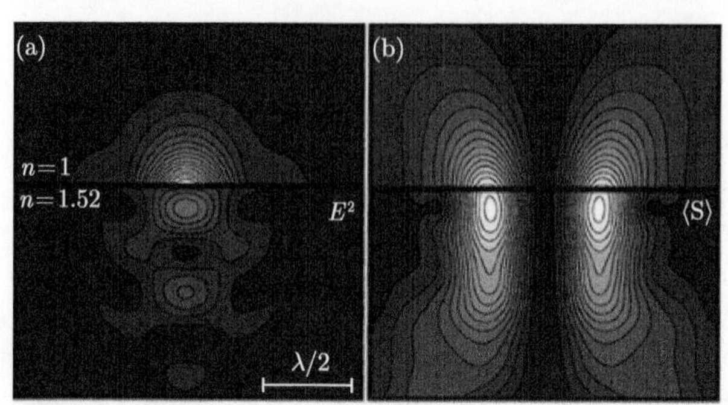

图 6.19 纵向电场的非传播特性 [29]。(a) 界面两侧光强 E^2 分布图和 (b) 界面两侧的能流 $\langle S\rangle$ 分布图

6.5.3 纵向电场的解释

归功于存在强的纵向电场，紧聚焦径向偏振光可产生较小的焦斑，使得柱矢量光场在激光微加工和光学成像等领域应用广泛。本小节将从电偶极子辐射和几何光学角度解释这种纵向电场，介绍两种从线偏振光获得纵向电场的方法。

1. 偶极辐射解释

如图 6.20 所示，考虑位于高数值孔径消球差物镜焦点处的垂直电偶极子。电偶极子沿着透镜的光轴振荡。用图中所示的局域偏振说明电偶极子辐射的角辐射图样。高数值孔径物镜将偶极子辐射收集到上半空间，并对辐射进行准直。很明显，我们可以看到透镜瞳平面上的偏振图样将沿径向对齐。如果光路与瞳平面处的径向偏振模式相反，即瞳平面的径向偏振经物镜聚焦，则相应的焦场应恢复上半平面中的传播分量。如果在下半空间 (4π 设置) 中也使用相同的物镜，则电偶极子的场可以恢复到所有传播分量。电偶极子可以看作是最小的可用点源。从这个角度来看，定性地说，与其他偏振分布相比，径向偏振应该提供最佳聚焦。

2. 几何光学解释

图 6.21(a) 和 (b) 给出了纵向场的几何解释。在聚焦透镜之前，y-z 截面上线偏振光的电场矢量 (用蓝色箭头表示) 是均匀分布的，均沿 $+y$ 轴方向，而径向偏振光的电矢量分别沿着 $+y$ 和 $-y$ 方向。通过高数值孔径物镜后，光线大角度弯

曲，导致电场矢量方向在焦点处合成。对于线偏振光紧聚焦，总电场 (图中绿色箭头表示) 在横向 (沿 y 方向) 上，而径向偏振光经过聚焦后，其合成的电场在纵向 (z 方向) 上。这样就直观了解了为什么径向偏振光紧聚焦后产生了很强的纵向电场。当然采用光线光学分析仅仅是直观解释了纵向电场。

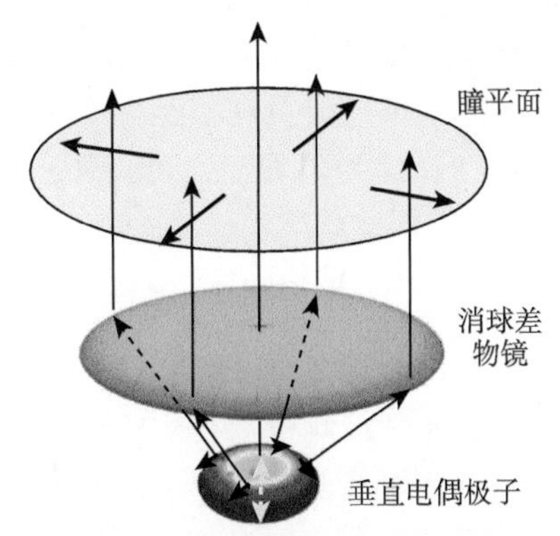

图 6.20　高数值孔径物镜收集的垂直电偶极子辐射在瞳平面的偏振图样示意图 [7]

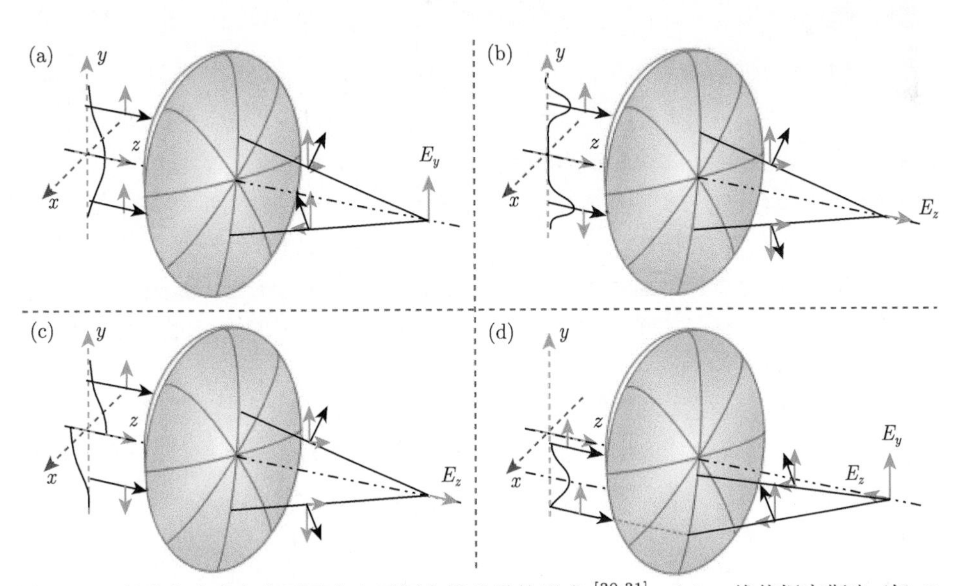

图 6.21　紧聚焦光束在焦平面中心不同电场分量的形成 [30,31]。(a) y 线偏振高斯光 (仅 E_y 存在，$E_z = 0$)；(b) 径向偏振光 (仅 E_z 存在，$E_y = 0$)；(c) y 线偏振高斯光束，其下半部分加上 π 相移 (仅 E_z 存在，$E_y = 0$)；(d) y 线偏振高斯光束向下移动，类似于遮挡住光束的上半部分 (在光轴上同时存在 E_y 和 E_z)

利用纵向场的几何光学解释，很容易想到，将一半的线偏振光电矢量方向与另一半反向，然后将其紧聚焦，就可以获得纵向电场。通过对入射光束的一半施加半波片，即 π 相移，如图 6.21(c) 所示，线偏振光束在焦点处中产生轴上纵向电场分量 E_z，这是 π 相移引起受影响半光束轴上电场投影方向改变的结果 [30]。可以合理地推断，如果图 6.21(a) 中 y 线偏振光束的上半部分被遮挡，或者等效地，向下移动入射光束，则下半部分的纵向电场分量不会被遮挡上半部分的反向投影抵消。如图 6.21(d) 所示，这将导致主要来自透镜高数值孔径区域的纵向分量和源自低数值孔径透镜区域的横向分量在焦点中心共存，这两个电场分量均源自透镜的同一侧 [31]。从图 6.21(d) 可以看出，光束离透镜中心越远，焦点中心处纵向电场分量 E_z 的相对贡献就越大。

6.5.4　纵向电场的探测

在高数值孔径物镜聚焦下，焦场的纵向电场分量可以控制整个焦场的分布，从而减小焦斑的大小。直接测量和间接测量都在实验上证实了这种强纵向电场分量的存在。本小节将举例介绍直接测量法探测纵向电场，如用刀口法直接测量“近场”、用扫描近场光学显微术测量焦场、用光刻胶记录紧聚焦光场和用纵向电场分量烧蚀材料。对于间接测量纵向场，我们将介绍用单分子荧光成像和二次谐波产生来探测纵向电场。

1. 直接探测纵向电场

首先介绍用刀口法探测近场 [6]。图 6.22(a) 是通过使用焦平面刀口技术对紧聚焦 (NA = 0.9) 的径向偏振光和角向偏振光进行实验测量的焦场复原图。径向偏振光和角向偏振光的实际焦场强度分布是通过层析重建获得的。对于径向偏振光入射，如图 6.22(a1) 所示，焦场由一个强而窄的纵向分量和一个径向分量组成。在焦平面的光轴上，光强达到最大值。而对于角向偏振光入射，如图 6.22(a2) 所示，焦平面附近只存在一个圆环状的角向电场分量。该实验通过测量焦场直接证明了纵向场的存在。

用扫描近场光学显微镜可以直接测量三维焦场分布 [32]。在线偏振光和径向偏振光照射下，图 6.22(b) 给出了 NA = 1.65 的物镜焦点区域场强分布的理论预测截面和测量截面。显然，理论预测与实测结果是一致的，直接证明了紧聚焦径向偏振光比线偏振光的焦斑要小。

现在介绍用光刻胶直接记录焦场图样，测量出光束焦点附近的光强分布 [33]。实验上利用 NA = 0.8 的显微物镜将生成的矢量光场聚焦在光刻胶涂层板上。为了帮助建立合适的焦点，用一个刀口测试来测量焦点误差和定位合适的焦平面。图 6.22(c1) 给出了径向偏振光焦点附近的光强理论曲线和实验结果。它们彼此吻合。光强的非零中心由电场 z 分量贡献。从图中可以看出，z 分量与周围的横向电场分量相当。为了比较，图 6.22(c2) 还记录了拓扑荷为 $m = 2$ 的柱矢量光场的焦斑图。此时，包含电场 z 分量在内的总光强在焦点中心为零。由此可知，尽管电场 z 分量是非传播的，但它被准确地记录在光刻胶中。总之，图 6.22(c) 报道了用传统的光刻胶记录径向偏振光焦点处的光强图样，来直接观察焦场的电场 z 分量。该方法具有易于实现的优点，直接关系到高数值孔径下的聚焦和光束整形应用，如光记录和微光刻。

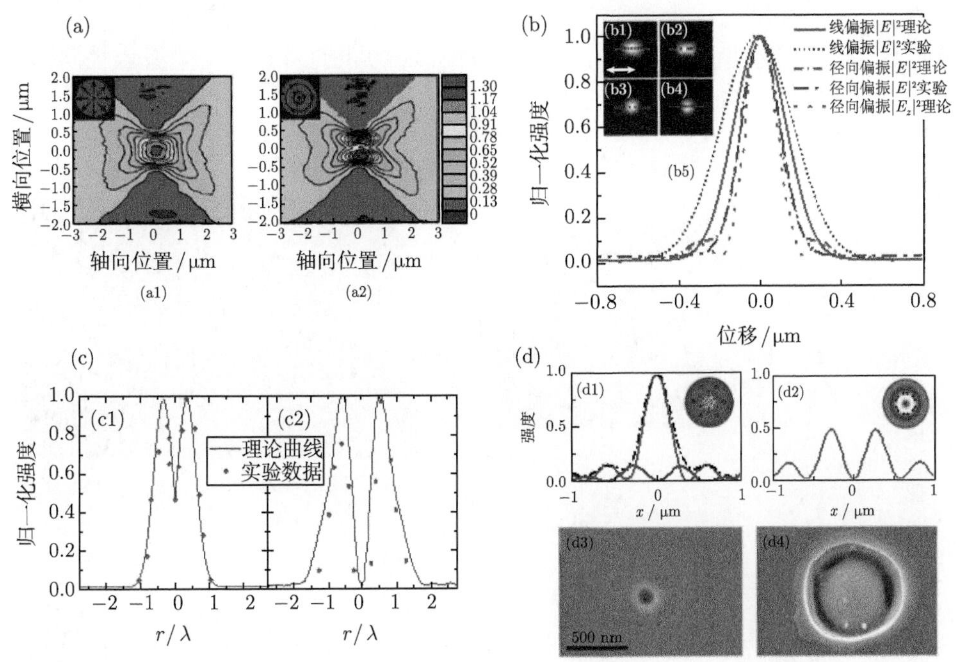

图 6.22 直接探测纵向电场。(a) 刀口法直接测量“近场”[6]；(b) 用扫描近场光学显微术测量焦场 [32]；(c) 用光刻胶记录紧聚焦光场 [33]；(d) 用纵向电场分量烧蚀材料 [34]

此外，还可以用飞秒脉冲纵向电场来烧蚀材料 [34]。将飞秒脉冲矢量光场准直后用显微物镜聚焦在融熔石英上进行激光烧蚀。图 6.22(d) 给出了用 NA = 0.9 的物镜聚焦径向偏振和角向偏振的飞秒脉冲，熔融石英对单个飞秒脉冲响应的显著特征。紧聚焦的径向偏振光存在很强的纵向电场分量，这个纵向场烧蚀材料，在焦点处留下尺寸小于 100 nm 宽的烧蚀坑 (图 6.22(d3))。值得注意的是，紧聚焦径向偏振光的横向电场分量在轴点处为零，因此只可能是通过纵向电场分量的作用产生了烧蚀坑。该结果首次论证了用矢量电场的纵向分量可以对材料进行烧蚀。从这个烧蚀坑也就直接证实了纵向电场分量的存在。另一方面，单个飞秒脉冲的角向偏振光烧蚀材料只产生了环形烧蚀信号，如图 6.22(d4) 所示，中心没有任何特征。这些结果证实，在单脉冲辐照模式下，材料对焦点处的光强作出响应，随后的材料改性没有关于光偏振态的信息。

2. 间接探测纵向电场

可以用分子取向成像方法探测单个分子的纵向场模式 [29]。图 6.23(a) 给出了对应于不同分子取向时的预测荧光发射图样。相应的实验结果如图 6.23(b) 所示。当被聚焦径向偏振的纵向场分量激发时，根据分子的空间取向，荧光发射图样是不同的。对于一个平行于纵向场的分子，也就是 $\theta = 0^\circ$ 时，预计会有一个对称的荧光发射图样。当分子向这个方向倾斜时，荧光发射图样就会扭曲和不对称。测量出这个不对称性就可以推断出分子的取向。该实验间接证实了紧聚焦径向偏振光时存在着强的纵向电场。

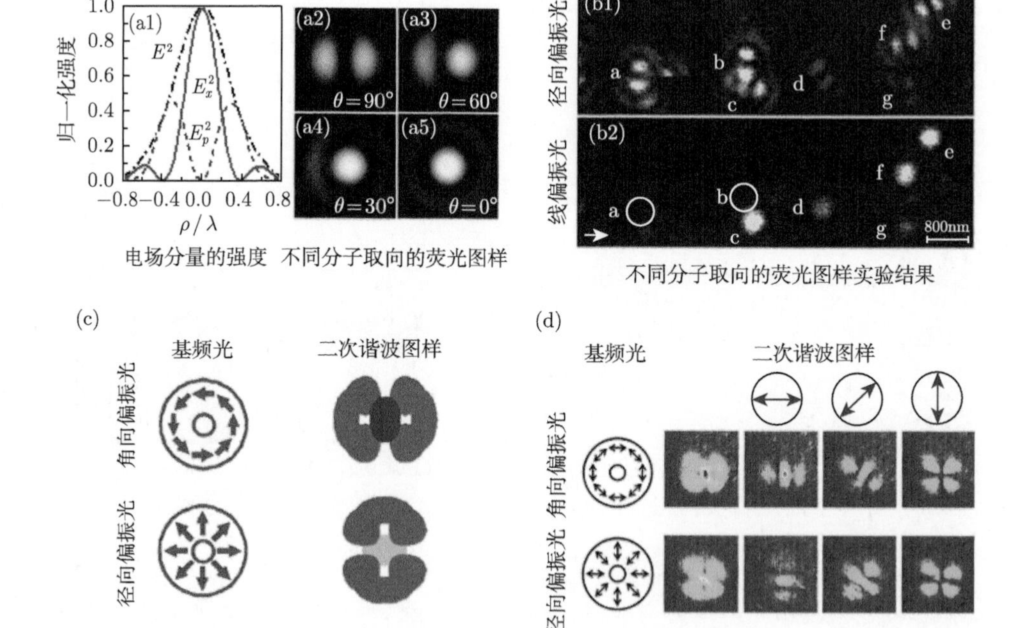

图 6.23　间接探测纵向电场。(a) 理论预测和 (b) 实验测量的单分子荧光成像 [29]；(c) 理论预测和 (d) 实验测量的二次谐波图样 [35]

此外，还可以通过二次谐波产生，对聚焦激光束纵向场进行间接观测 [35]。图 6.23(c) 给出了角向偏振光和径向偏振光的基频光和二次谐波的强度图样。明显地，角向偏振光和径向偏振光的二次谐波信号有很大的不同。图 6.23(d) 是相应的实验结果。显然，由径向偏振光产生的纵向电场通过强度分布的变化得到了证实。

6.5.5 焦场工程

借助于衍射光学元件和/或操控光场的偏振态，可以获得形如“光针”、“光笼”、“光链”等形状的焦场，其新颖的聚焦特性赋予矢量光场更灵活和更广阔的应用潜能。

1. 光针场

借助于二元衍射光学元件,紧聚焦径向偏振光可以获得纵向偏振的“光针”[36]。如图 6.24(a1) 所示，在入瞳处放置优化设计的二元环带相位板，利用显微物镜紧聚焦径向偏振光，可获得纵向偏振的针形电场。使用具有五个同心环的二元衍射光学元件，其透射函数定义为

$$T(\theta)=\begin{cases}1, & 0\leqslant\theta<\theta_1,\theta_2\leqslant\theta<\theta_3,\theta_4\leqslant\theta<\arcsin(\mathrm{NA})\\ -1, & \theta_1\leqslant\theta<\theta_2,\theta_3\leqslant\theta\leqslant\theta_4\end{cases}\tag{6.63}$$

参数 θ_i 对应于二元衍射光学元件的过渡边在像空间中的角度。选用的入射光束为径向偏振的拉盖尔–高斯光。物镜的 $\mathrm{NA}=0.95$，焦场可以计算为

$$E_r(r,\varphi,z)=2A\cos\varphi_0\int_0^{\theta_{\max}}P(\theta)T(\theta)\sin\theta\cos\theta\mathrm{J}_1(kr\sin\theta)\mathrm{e}^{\mathrm{i}kz\cos\theta}\mathrm{d}\theta\tag{6.64}$$

$$E_z(r,\varphi,z)=2\mathrm{i}A\cos\varphi_0\int_0^{\theta_{\max}}P(\theta)T(\theta)\sin^2\theta\mathrm{J}_0(kr\sin\theta)\mathrm{e}^{\mathrm{i}kz\cos\theta}\mathrm{d}\theta\tag{6.65}$$

在本例中，二元衍射光学元件执行着一种特殊的偏振滤波功能，该功能使径向场分量偏离聚焦中心的程度大于纵向场分量，从而使光束在焦场区域基本上处于纵向偏振状态。当 $\theta_1=4.96^\circ$，$\theta_2=21.79^\circ$，$\theta_3=34.25^\circ$ 和 $\theta_4=46.87^\circ$ 时，图 6.24 (a2)~(a4) 分别给出了焦场区域 y-z 平面内径向电场、纵向电场和总电场强度分布。采用这种方法，可以获得尺寸为 $0.15\lambda^2$ 的超衍射极限光斑，同时焦深长达约 4λ。这种方法除得到更小聚焦光斑和长焦深之外，还有一个显著的特点是光轴方向上的电场，其偏振方向如图 6.24(a5) 所示，几乎沿着纵向方向。这种纵向偏振的光针在粒子加速、荧光成像、二次谐波产生和拉曼光谱学等领域中具有潜在的应用前景。

图 6.24(b) 给出了一种在高数值孔径物镜聚焦区域产生高纯度、长焦距、纵向偏振光场的新方法 [37]。如图 6.24(b1) 所示，通过反转位于高数值孔径透镜焦点附近的电偶极子阵列的辐射场，可以找到产生超长光针场所需的瞳平面的入射场分布。如图 6.24(b2) 所示，从离散电偶极子阵列的天线图样综合方法出发，可以计算高数值孔径物镜在其瞳平面上采集的偶极子阵列的辐射图样。虽然无限小

偶极子阵列 (偶极子长度远小于波长) 在光波长上不太实用，但它的辐射图样可以指导我们找到瞳平面的入射场，从而设计出焦场区域的光场特性。通过全局优化参数，例如，如图 6.24(b3) 所示，可以获得焦深达 8λ 的光针场。在整个焦深范围内，该光针场保持了超衍射限制的横向光斑尺寸 (<0.43λ)，具有较高的纵向偏振纯度。这种特殊设计的光针焦场在光学显微、光学操控、光学微加工和光刻等方面具有重要的应用价值。

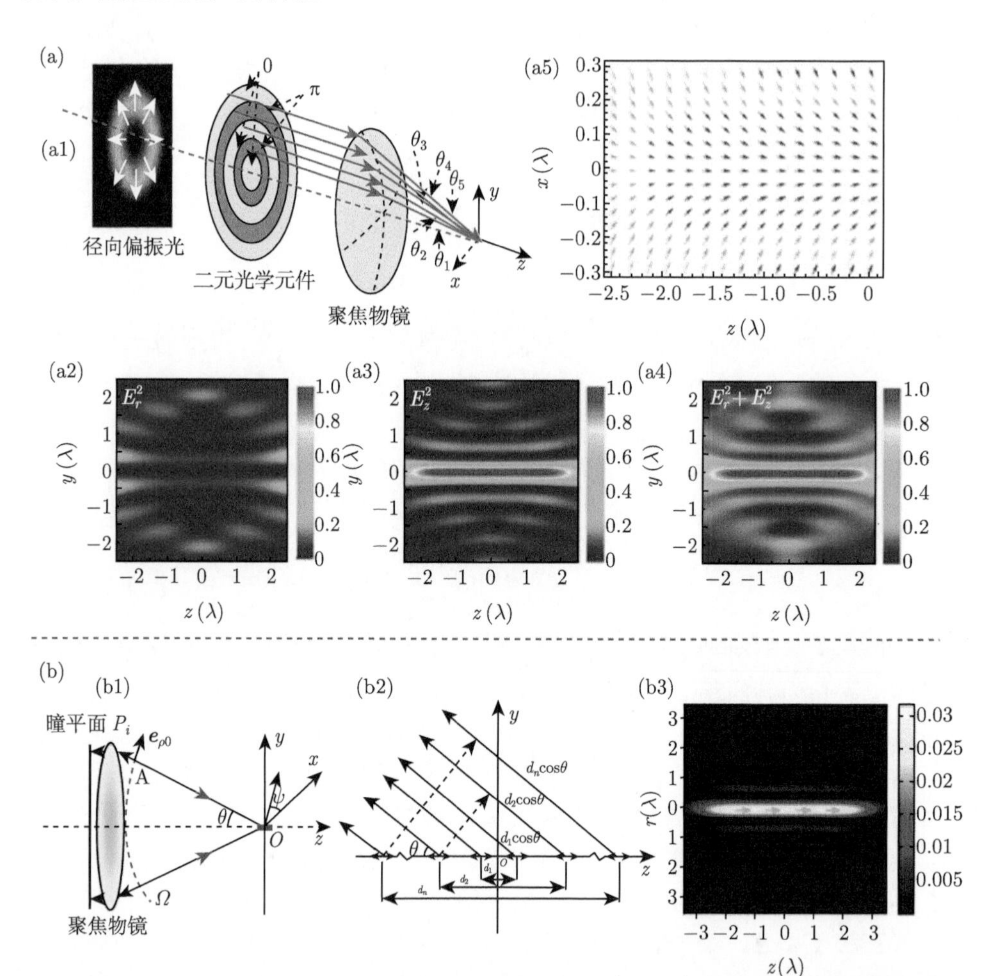

图 6.24　光针场。(a) 用二元光学元件获得纵向光针场 [36]：(a1) 利用二元环带相位板紧聚焦 (NA = 0.95) 径向偏振光实现纵向偏振光针场示意图；焦场区域 y-z 平面内 (a2) 径向电场、(a3) 纵向电场和 (a4) 总电场强度分布；(a5) 在 x-z 截面上电场的偏振分布。(b) 反转电偶极子阵列辐射获得超长光针场 [37]：(b1) 瞳平面场合成方法示意图；(b2) 通过设计电偶极子阵列的辐射图样获得特定的焦场分布；(b3) 采用离散复瞳滤波器的焦场光强分布

2. 针形场

除了纵向偏振的针形光场外，还可以获得横向偏振的针形场 [38]。通过角向偏振光透射多环带螺旋相位全息图，如图 6.25(a1) 所示，然后通过高数值孔径物镜聚焦，获得了无衍射的横向偏振光场。如图 6.25(a2)~(a5) 所示，通过优化结构参数，获得了相对较长的焦深 (DOF~ 4.84λ)，电场只有径向和角向电场分量。这种具有横向偏振的无衍射光场在使用仅对横向电场有响应的光学材料或仪器时可能会有应用。

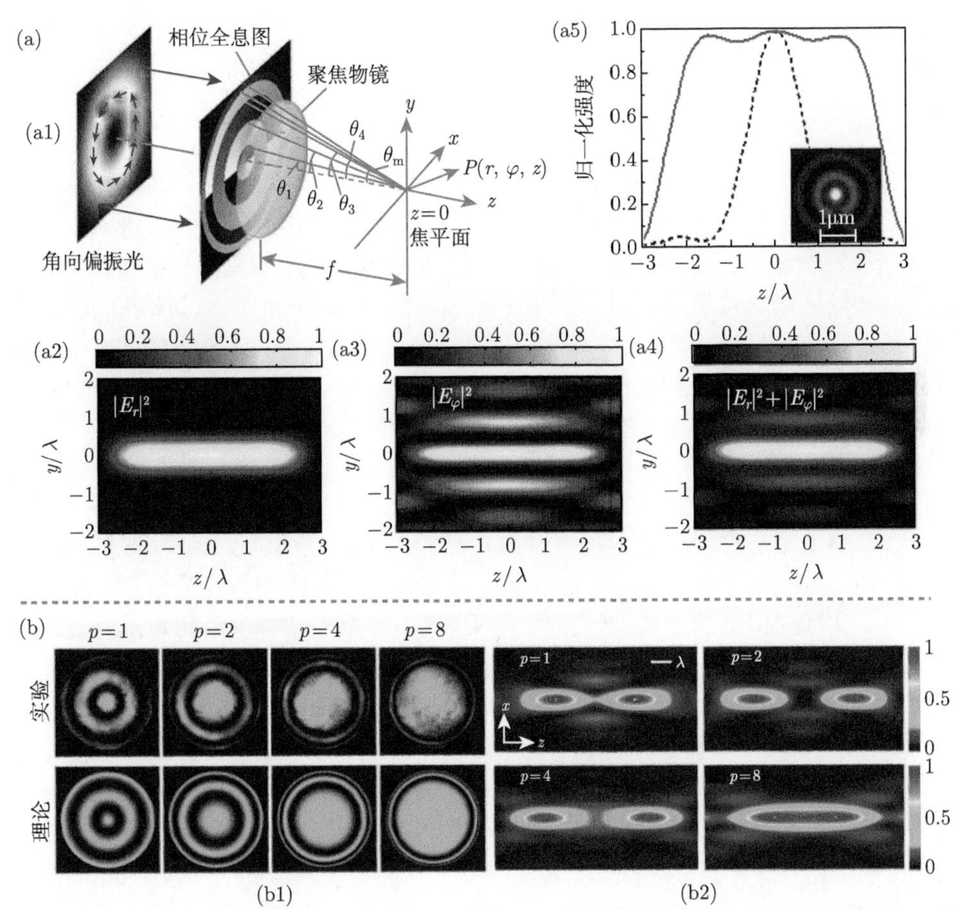

图 6.25 针形场。(a) 无衍射横向偏振光场 [38]：(a1) 角向偏振贝塞尔–高斯光束通过多环带螺旋相位全息图，然后被高数值孔径物镜聚焦；用五个环带螺旋相位全息图进行相位调制后在 y-z 平面上 (a2) 径向强度、(a3) 角向强度和 (a4) 总强度分布；(a5) 具有多带相位全息图 (实心红色曲线) 和普通相位全息图 (黑色虚线曲线) 时的归一化轴向强度。(b) 偏振态径向变化获得针形场 [39]：(b1) 具有不同幂指数 p 的径向变化矢量光场通过水平线偏振器后的强度图；(b2) 紧聚焦不同幂指数 p 的径向变化矢量光场在 x-z 截面上的强度分布图

利用 (6.48) 式所描述的径向变化矢量光场 ($n=1$)，可以获得针形光场 [39]。幂指数径向变化的线偏振矢量光场的强度图样与幂指数 p 值无关。如图 6.25(b1) 所示，当通过检偏器后，强度图样具有同心消光环的柱对称性，这表明生成的矢量光场的偏振态确实是径向变化的。紧聚焦 ($\mathrm{NA}=0.8$) 不同幂指数 p 的径向变化矢量光场，获得如图 6.25(b2) 所示的在 x-z 平面上的光强分布图。可以看出，沿着光轴方向形成了夹在透镜几何焦点暗区中的几乎是孪生的双焦点。有趣的是，当幂指数 $p=8$ 时，归功于多焦点的叠加，出现了近似均匀强度非衍射光场。这种针形光场具有可以忽略的旁瓣光强。不借助于任何光学元件，仅通过调控光场偏振态的径向分布就获得了聚焦区域的针形光场。这种无衍射横向偏振光场，可以增强光与物质相互作用的距离和强度，在光学微加工和非线性光学等方面具有潜在应用。

3. 纵向磁针

前面我们学习了光针场，它由一个几乎纯的纵向电场组成，通过使用具有几个同心区域的衍射光学元件来产生。此外，人们用不同的方法获得了纯的纵向磁化场，称为磁针。借助于衍射光学元件，将调控的入射光场经高数值孔径物镜聚焦，在焦场区域放置磁光材料，利用逆法拉第效应 (inverse Faraday effect) 获得磁化场，实现全光磁记录。其中，逆法拉第效应是指通过改变圆偏振光的手性，在磁光材料中诱导出与入射光传播方向相同或相反的稳定光致磁化场。基于逆法拉第效应，输入光场紧聚焦后与磁性材料相互作用所诱导出的磁化场为

$$\boldsymbol{M}=\mathrm{i}\varUpsilon\boldsymbol{E}\times\boldsymbol{E}^{*} \tag{6.66}$$

式中，$\varUpsilon$ 是一个与材料相关的耦合系数；$\boldsymbol{E}$ 是聚焦的电场强度；$\boldsymbol{E}^{*}$ 是共轭场。

如图 6.26(a) 所示，通过环形旋涡二元滤光片将角向偏振光紧聚焦，获得了一个具有纯横向偏振的超长光针 [40]。结果表明，这种纯横向光针可以通过逆法拉第效应产生亚波长横向尺寸 (0.38λ) 和超长焦深 (DOF=7.48λ) 的纯纵向磁化场。相应的针宽比为 20，是电子束光刻纵向磁针长宽比的两倍。

此外，还可以用紧聚焦相位调制的角向偏振光产生超长纵向磁针 [41]。如图 6.26 (b) 所示，针形磁化场在纵向和横向的半高全宽分别为 28λ 和 0.27λ。相应的针宽比是 103，其值比电子束光刻制作的磁针大 10 倍以上。高纵横比的纵向磁化针在高密度磁数据存储、自旋波操作、原子俘获和铁磁半导体器件中具有重要作用。

4. 平顶焦场

应该注意到，柱矢量光场焦场的纵向和横向分量在空间上是分离的 (图 6.16)。如果光场的偏振方向与径向方向的夹角 φ_0 是可调的广义柱矢量光场，则横向 (径向和角向) 分量和纵向分量的相对强度是可以连续调节的。对于给定的显微物镜数值孔径 NA，通过调节合适的旋向角 φ_0，可以获得横向上是平顶型强度分布的焦场 [42]。

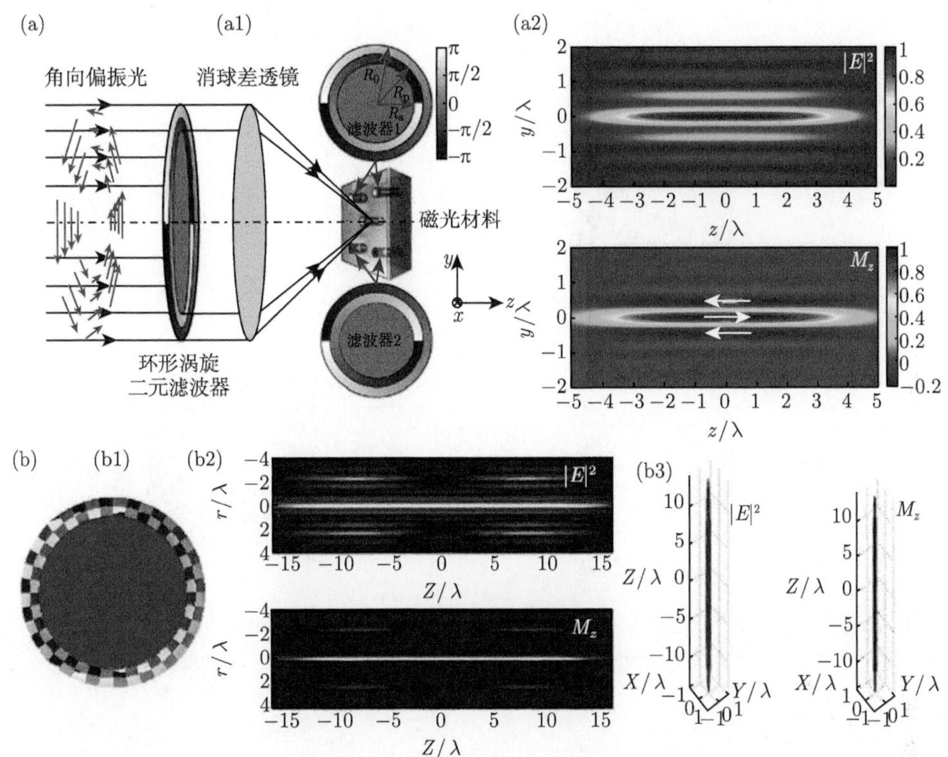

图 6.26 纵向磁针。(a) 环形涡旋二元光学诱导超长纯纵向磁针 [40]：(a1) 产生纯纵向磁针的配置示意图；(a2) 在轴平面上电场强度和磁化场分布。(b) 紧聚焦相位调制的角向偏振光产生超长纵向磁针 [41]：(b1) 具有额外相位的角向分裂式环形涡旋滤波器；(b2) 在轴平面上电场强度和磁化场的二维分布；(b3) 在焦场区域的电场强度和磁化场的三维分布

图 6.27(a) 是这种焦场整形光路图。两个 1/2 波片偏振旋转器将入射的柱矢量光场转换为具有预设旋向角 φ_0 的广义柱矢量光场。高数值孔径物镜聚焦广义柱矢量光场，在焦平面可获得平顶焦场。图 6.27(b) 和 (c) 是产生平顶焦场的一个例子，所用物镜的 NA $= 0.8$，旋向角是 $\varphi_0 = 24°$。该技术在极高数值孔径下提供平顶焦场，而使用衍射或折射光学元件的传统光束整形技术很难实现这一点。平顶焦场在诸如光学捕获和操控、改善印刷填充因子、提高材料加工和微光刻的均匀性和质量等方面具有有趣的应用价值。

5. 中空聚焦光场

中空聚焦光场在光学微操纵、原子囚禁和光学成像等领域有应用价值，受到了普遍的关注。矢量光场可以用来生成中空聚焦光场，并可实现对聚焦场偏振态的调控。根据对中空区域不同维度的包围，可以将中空焦场分为二维中空焦场和三维中空焦场 (光学围栏)。二维中空焦场的光强分布像一根管子，中空区域被二

维包围，光轴处光强始终为零；三维中空焦场则像一个光学球壳 (光学围栏)，中空区域被三维包围。

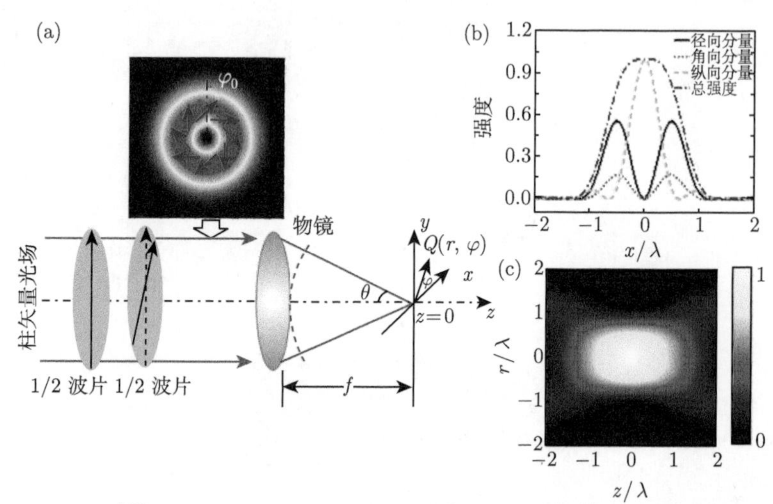

图 6.27　平顶焦场 [42]。(a) 两个 1/2 波片组成的偏振旋转器将入射的柱矢量光场转换为广义柱矢量光场，以便在物镜焦平面产生平顶轮廓；(b) 线扫描焦平面的场分布；(c) 在焦场区域 r-z 平面上的二维场分布

如图 6.16 所示，利用角向偏振光聚焦可以实现二维中空聚焦场。除了角向偏振光，高阶柱矢量光场 ((6.44) 式) 也可以生成中空焦场，见本章习题 6.4。

通过紧聚焦双环型角向偏振光，可获得无衍射长聚焦深度的“暗通道”[43]。如图 6.28(a) 所示，模拟表明，在焦点附近形成了焦深达 DOF$\sim 26\lambda$、横向尺寸 $\sim 0.5\lambda$ 的亚波长焦孔。这种无衍射的焦孔称为暗通道，在诸如原子透镜、原子捕获和原子开关之类原子光学实验中有着广泛的应用。

生成三维中空焦场的核心思想基于焦点处光场的相干相消，通过合理设计入射光场，使得到达焦点处的光相干相消，可在 z 方向形成光学围栏，再结合二维中空焦场，便形成了三维光学围栏，围栏长度表示沿着某一方向的光强最大值。

可以采用双环的矢量光场，例如采用图 6.28(b) 所示的双环径向偏振光 [44]，来生成光学围栏。在高数值孔径 (NA = 1.2) 物镜聚焦下，光学围栏的光强分布如图 6.28(b3) 所示，此时围栏最短方向 (径向) 能量峰值约为围栏最长方向 (纵向) 的 0.47。

采用双模矢量光场也可以生成均匀三维光学围栏 [45]。如图 6.28(c) 所示，采用如图 6.28(c1) 所示的入射光场偏振态分布，在紧聚焦下 (NA = 0.9)，其焦场处 r-z 平面内的图 6.28(c2) 均匀三维光学围栏和形貌图图 6.28(c3)。这种光学围栏具有旋转椭球对称的结构。

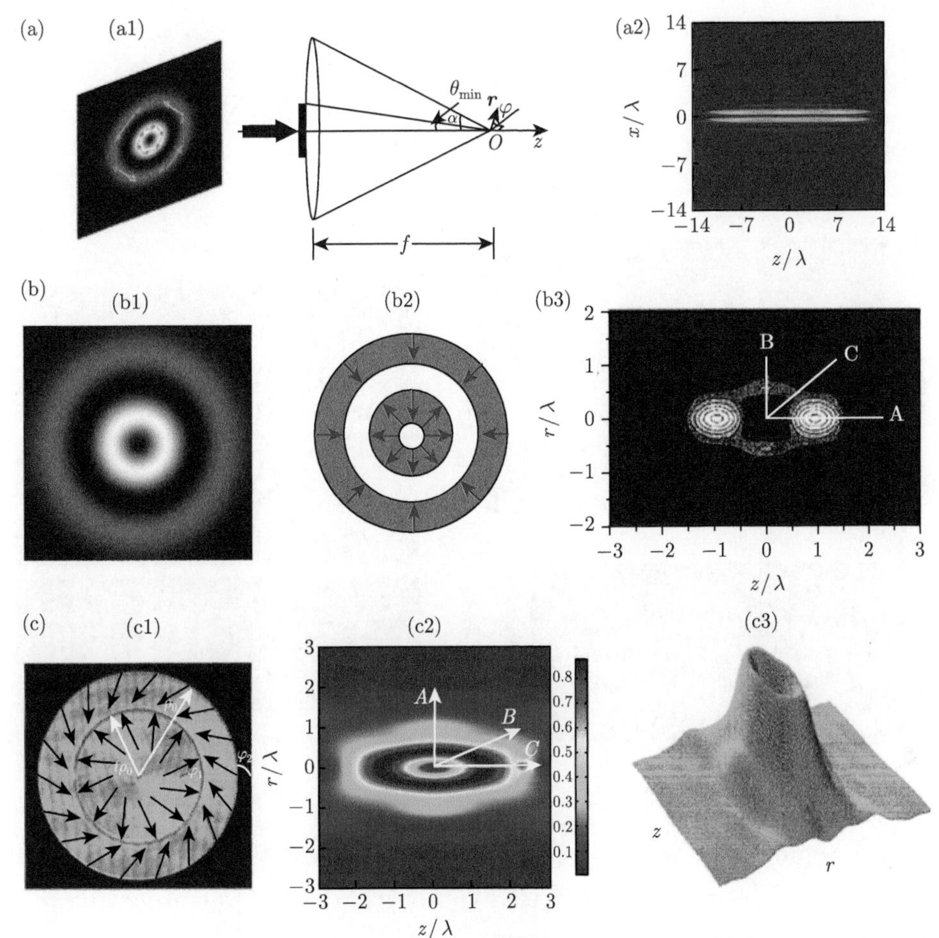

图 6.28 中空聚焦光场。(a) 紧聚焦双环型角向偏振光获得无衍射长聚焦深度的“暗通道”[43]：(a1) 环形高数值孔径物镜聚焦双环形角向偏振光示意图；(a2) 环形透镜 (NA=0.6) 聚焦双环型角向偏振光后在近焦点处聚焦场的光强分布。(b) 不同环带的径向偏振光在焦点处相干相消生成光学围栏 [44]：入射的双环矢量光场的 (b1) 强度和 (b2) 偏振态分布；(b3) 利用不同环带的径向偏振光生成的光学围栏光强分布图，其中直线 A 表示传播方向，B 是径向方向，C 是光学围栏强度最弱的方向。(c) 双模矢量光场紧聚焦生成均匀的三维光学围栏 [45]：(c1) 入射光场偏振态分布；(c2) 焦场处 r-z 平面内的均匀的三维光学围栏；(c3) 光学围栏形貌图

6. 纵向双聚焦

聚焦径向变化矢量光场可以在焦场区域沿着光轴方向上出现两个焦点 [46]。设 (6.48) 式中 $p = 2$ 和 $\varphi_0=0$，光场的振幅采用 (6.46) 式所描述的均匀强度，如图 6.29(a) 所示，径向变化矢量光场的偏振态按照半径的平方分布。不同径向系数 n 下的径向变化矢量光场的光强分布是均匀的和不可区分的。通过检偏器之

后，光强图样展示出柱状对称性的同心消光环。这种径向变化矢量光场的紧聚焦 (NA = 0.8) 光场如图 6.29(b) 所示，聚焦场沿着光轴方向出现了两个焦点，而且两个真实焦点的强度分布几乎是孪生的亮点。图 6.29(c) 给出了这种矢量光场在弱聚焦情况下的焦场分布。理论预测被实验测量所证实。

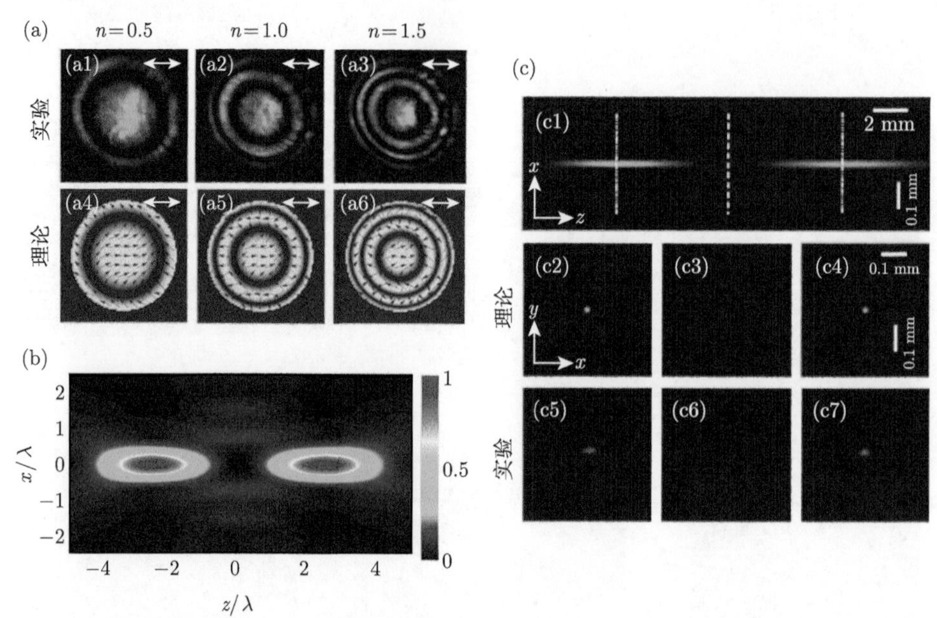

图 6.29　纵向双聚焦 [46]。(a) 不同径向系数 n 下的径向变化矢量光场的偏振态分布和通过水平检偏器后的强度分布；(b) 紧聚焦径向变化矢量光场在 x-z 平面的强度分布；(c) 径向变化矢量光场在弱聚焦下的焦场强度分布 ($n=1$，$r_0=1.9$ mm，$f=150$ mm)

径向变化矢量光场聚焦场出现纵向双焦点可以用傅里叶光学基础知识来解释。透镜的傅里叶变换告诉我们，透镜聚焦光束就是给光束加上了一个二次相位因子 $\exp[-\mathrm{i}kr^2/(2f)]$，其中 f 是透镜的焦距。现在径向变化矢量光场 ($p=2$ 和 $\varphi_0=0$) 经透镜聚焦，从 (6.48) 式可得聚焦入射场的复指数形式可写成

$$t(r)\propto\exp\left[-\mathrm{i}\left(\frac{k}{2f}\pm\frac{2n\pi}{r_0^2}\right)r^2\right]\tag{6.67}$$

将该式与透镜二次相位因子作类比，可以看出薄透镜聚焦径向变化矢量光场等效成具有不同焦距的两透镜聚焦光束：

$$f'=f\left(1\pm\frac{2nf\lambda}{r_0^2}\right)^{-1}\simeq f\left(1\mp\frac{2nf\lambda}{r_0^2}\right)\tag{6.68}$$

沿着纵向方向双焦点的间距为 $\Delta z_f = 4nf^2\lambda/r_0^2$。对于固定的 r_0 和 f，双焦点的间距随 n 值是线性增加的函数。这种纵向双聚焦在诸如移动被捕获的粒子、控制非球形分子的取向、加速电子以及纵向扫描样品等方面具有潜在应用。

7. 三维任意移动的多焦点

具有相同强度分布的双焦点或多焦点在激光直写和多粒子捕获方面有潜在的应用，尤其是在提高效率方面更显优势。通过多种方法能够产生多焦点。例如，Wang 等 [47] 提出了一种简单而灵活的方法，在不移动透镜或激光束的情况下，产生具有三维任意位移的多个相同焦点。

生成该多焦点的原理如图 6.30(a) 所示，入射的柱矢量光场经预先设计的相位和振幅调制叠加后，由一个透镜紧聚焦。为了验证多个焦点的产生和三维移动的可行性，对几个焦点数目进行了数值分析。例如，选择了两个焦点来说明多个焦点的产生。相位调制和振幅调制强烈地依赖于焦点的数量和位置，变得复杂并且具有独特的结构分布。如图 6.30(b) 所示，通过使用相应的相位和振幅调制，两个焦点已经精确地移动到预定位置，而且产生的两个焦点具有相同的光强分布和偏振态分布。

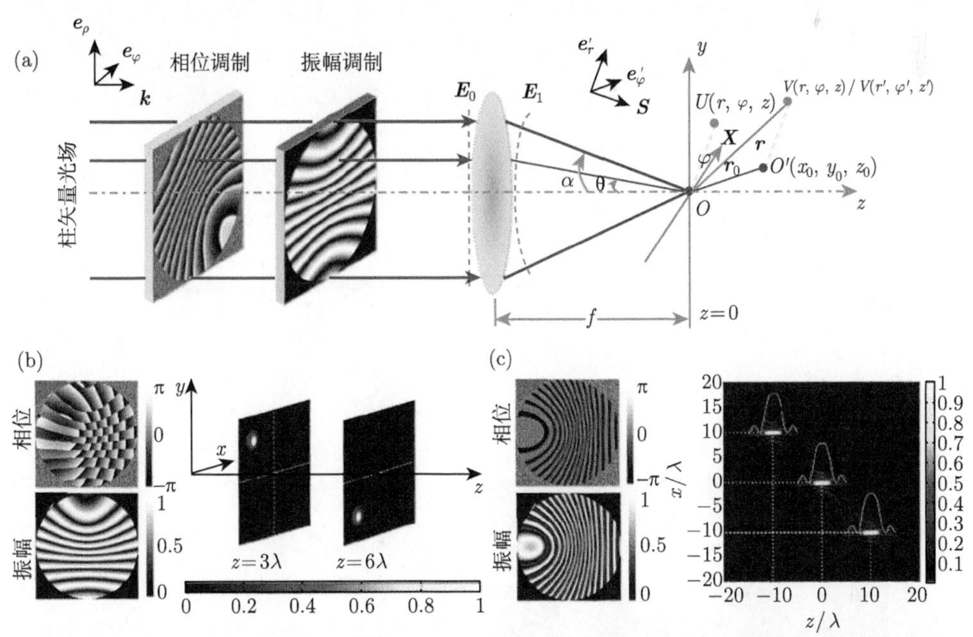

图 6.30 三维任意移动的多焦点 [47]。(a) 柱矢量光场上加载相位调制和振幅调制，实现焦点移动示意图；(b) 实现两个焦点时的相位调制、振幅调制和两个焦点的焦平面位置以及焦点截面上的强度分布；(c) 实现三个焦点以相同平顶图样移动时的相位调制、振幅调制和过焦点的强度分布

在不影响其他光学元件调节的情况下，该方法可以产生具有三维位移的多个相同焦点。此外，该方法也适用于独特的焦场产生系统，如平顶焦场和光学围栏等。例如，图 6.30(c) 以平顶聚焦为例演示了所产生的多个焦点的光强图样。衍射光学元件与相位调制和振幅调制一起被用于综合调制入射的柱状矢量光场。紧聚焦的焦场如图 6.30(c) 所示，产生的三个焦点位于预定位置并且在焦点附近具有相同的平顶图样。

8. 任意三维弯曲焦场

以上介绍了基于光场的偏振态调控和衍射光学元件，获得了多种新颖的二维焦场分布。这些技术也可以拓展到三维焦场分布 [48]。三维结构中光强和相位的整形是成像、激光微加工和光学捕获等相关研究领域中的一个热点问题。特别是，产生具有一定强度和相位梯度的三维光束是光学捕获中的一个重要问题。

生成任意三维弯曲光场的光路示意图如图 6.31(a) 所示，编码光束振幅和相位的纯相位全息图被寻址到空间光调制器中，准直激光束照明全息图，然后产生的光束用透镜聚焦。为了证明这种技术的实验性能，列举了四种不同的二维曲线形状：环形曲线、阿基米德螺旋、三叶结和星形曲线 [48]。图 6.31(b) 给出了相应的四种二维曲线投射在焦平面上的光强分布。显然，实验结果与理论结果很好地一致，并且清楚地显示出沿目标曲线的高光强梯度轮廓。图 6.31(c) 给出了实验测得的沿三维曲线设计的四种光强分布，分别为倾斜环、维维亚尼曲线 (Viviani's

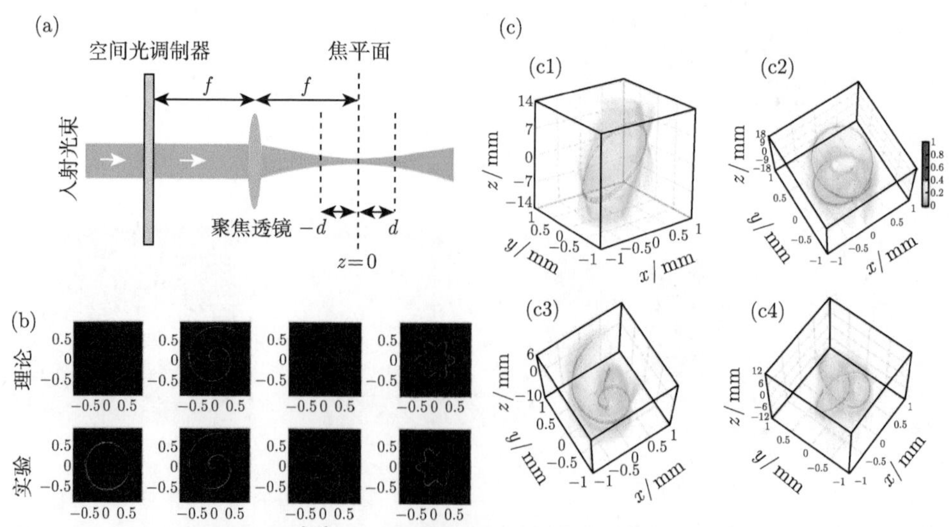

图 6.31 任意三维弯曲焦场 [48]。(a) 在聚焦透镜的焦场区域投射曲线光束的装置图；(b) 投射在焦平面上的二维曲线光强分布；(c) 实验测得的沿三维曲线设计的光强分布：(c1) 倾斜环、(c2) 维维亚尼曲线、(c3) 阿基米德螺旋线和 (c4) 三叶打结曲线

curve)、阿基米德螺旋线和三叶打结曲线。这些结果证明了所开发技术的多功能性，即使在诸如打结光束之类复杂的几何结构中，也可用于产生三维曲线形状的高光强梯度光束。

6.6 矢量光场的应用

随着科学技术的快速发展，各种新型光电子器件的出现丰富了矢量光场的生成技术。通过调控光场的偏振态分布，发现了新颖的焦场特性。丰富的生成技术和独特的焦场性质使得矢量光场在光学微加工、光学捕获与操纵、显微成像、非线性光学和表面等离激元等领域发挥着不可替代且日益广泛的巨大作用。

6.6.1 光学微加工

控制三维聚焦光强形貌和三维偏振在激光加工中具有非常重要的应用价值。激光加工是工业生产中发展最快的工艺之一，广泛应用于金属加工、切割和焊接等领域。与传统的工具相比，激光加工在产出率、加工精度、零件质量、材料利用率和灵活性方面具有显著的优势。在激光加工过程中，聚焦激光束的能量被材料吸收，转化为热能，以便去除材料。聚焦成一个平顶光斑的激光光束可以快速、高质量地完成激光切割，并且有更好的切割均匀性和更低的操作成本。更重要的是，金属的激光加工效率强烈地取决于光束的偏振。研究表明，在激光加工应用中，线偏振和圆偏振等空间均匀偏振光存在较大的不足。本小节我们将学习矢量光场在材料表面烧蚀和光学微钻孔方面的应用。

1. *材料表面烧蚀*

利用紧聚焦超短激光脉冲与透明介质的相互作用，可以在焦场区域刻印光场的局域偏振信息 [34]。特别是用飞秒脉冲的纵向电场进行材料烧蚀，详见图 6.22(d) 和本章 6.5.4 节的相关介绍。

原则上，激光烧蚀技术允许任何矢量光场焦场图样被刻印在材料内部。比如，图 6.32(a) 给出了在熔融石英上用混合偏振飞秒脉冲压印的电场结构 [34]。这里的图 6.32(a1) 和 (a2) 是通过光束转换器之后的模拟电场图。图中的黄线表示了纳米裂纹的预期方向。图 6.32(a3) 和 (a4) 是用有效数值孔径为 NA = 0.3 (中等数值孔径) 的物镜聚焦，200 nJ 多脉冲辐照下产生的印迹。可以看出，光感应的裂纹在微米尺寸聚焦范围内精确地遵循了电场结构的细微变化。图 6.32(a5) 和 (a6) 是紧聚焦 (NA = 0.9) 时的印迹。在这种情况下，即使只有三条印迹产生，仍然可以用纳米裂纹来观察场的结构。

图 6.32(b) 给出了用径向和角向偏振的飞秒脉冲激发下在熔融石英内部产生的偏振灵敏的微光学结构 [34]。在这种情况下，用数值孔径 NA=0.3 的显微物镜在熔融

石英样品上产生的裂纹结构。图 6.32(b1) 和 (b2) 是在接近损伤阈值脉冲能量情况下产生的图样，而图 6.32(b3) 和 (b4) 是脉冲能量增加后出现了明显的材料烧蚀。

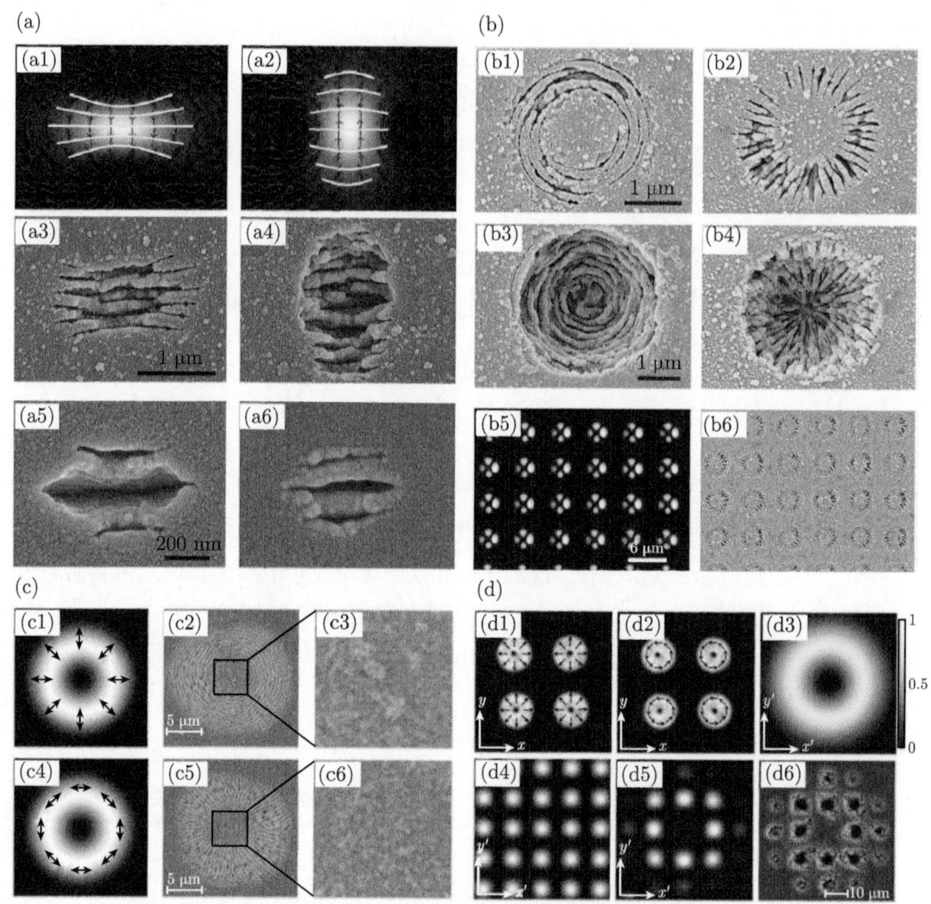

图 6.32 矢量光场烧蚀材料表面。(a) 在熔融石英上压印混合偏振飞秒脉冲的电场结构 [34]：(a1) 和 (a2) 为模拟的电场矢量图，图中黄线表示预期的纳米条纹取向；(a3) 和 (a4) 是多脉冲在 NA = 0.3 的物镜聚焦下产生的印迹；(a5) 和 (a6) 是多脉冲在 NA=0.9 的物镜聚焦下产生的印迹。(b) 用径向偏振 (第一列) 和角向偏振 (第二列) 飞秒脉冲在熔融石英衬底内部产生偏振灵敏的微光学结构 [34]：(b1) 和 (b2) 是 300 nJ 多脉冲在 NA = 0.3 的物镜聚焦下产生的印迹；(b3) 和 (b4) 是 500 nJ 多脉冲在 NA = 0.3 的物镜聚焦下产生的印迹；(b5) 是 (b6) 交叉偏振光所描绘的二维印迹阵列的光学特征。(c) 飞秒矢量光场诱导硅片表面上的亚波长微结构 [49]：聚焦的飞秒 (c1) 径向偏振光和 (c4) 角向偏振光的强度和偏振态分布；(c2) 和 (c5) 是相应矢量光场诱导微结构的扫描电子显微镜图像。(d) 利用四个相同柱矢量光场组成的飞秒图形化矢量光场在硅片上制备的多个微孔 [50]：(d1) 和 (d2) 分别是四个相同径向偏振光和角向偏振光组成的两类图形化矢量光场；(d3) 是模拟的弱聚焦单个柱矢量光场的焦环；(d4) 是四个独立矢量光场组成的四方晶格的模式干涉图样；(d5) 是聚焦图形化矢量光场的模拟图样；(d6) 实验上飞秒图形化矢量光场诱导的多个微孔的扫描电子显微镜图像

烧蚀坑的形貌提供了对纳米裂纹图样的三维结构认识，进而洞察了光束偏振态。注意到完全可见的角向和径向纳米裂痕图样，见图 6.32(b3) 和图 6.32(b4)，分别反映了电场的径向和角向偏振特征。当嵌入在体材料中时，由于纳米图样形成强烈的双折射，如图 6.32(b5) 所示，这些偏振印迹可以很容易地用正交偏振光来观察和分析。这种纳米结构在偏振微光学元件和光束整形器的制备，偏振编码多层光学数据存储和手性材料的合成等得到应用。

此外，也可以用飞秒矢量光场在硅片表面上诱导出二维微结构 [49]。图 6.32(c) 给出了具有不同拓扑荷的飞秒矢量光场诱导的亚波长微结构，以及矢量光场诱导的微结构的扫描电子显微镜图像。有趣的是，纳米刻纹总是垂直于局域线偏振的方向。飞秒矢量光场的可设计空间偏振结构可用于操控所制备的微结构。进一步地，还利用图形化矢量光场进行飞秒激光加工 [50]。图 6.32(d) 给出了由四个相同柱矢量光场组成的飞秒图形化矢量光场在硅片上制备的多个微孔。

2. 光学微钻孔

与激光加工应用相比，激光钻深孔的情况大不相同，也更为复杂。在这种情况下，侧壁的多次反射、波导效应以及孔底对辐射的吸收都对材料去除效率起着重要的作用。

图 6.33 给出了利用具有径向和角向偏振的超短脉冲激光束在钢材中进行微钻孔的研究结果 [51]。图 6.33 (a) 是实验记录的无检偏器和有检偏器时皮秒脉冲径向偏振光和角向偏振光的强度分布。图 6.33 (b) 给出了用径向和角向偏振光在 1 mm 厚的钢材上钻取的两个微孔的横截面。图 6.33 (c) 比较了钻孔入口和出口的扫描电子显微镜图像，从而能够对所钻孔的质量方面进行详细分析。如你所见，在孔的加工质量方面，用径向偏振光和用角向偏振光制造的钻孔之间没有显著的差异。这意味着，在皮秒时域脉冲下，在无芯的螺旋钻孔中，平行和垂直入射到孔壁的辐射可以达到相当的钻孔质量。

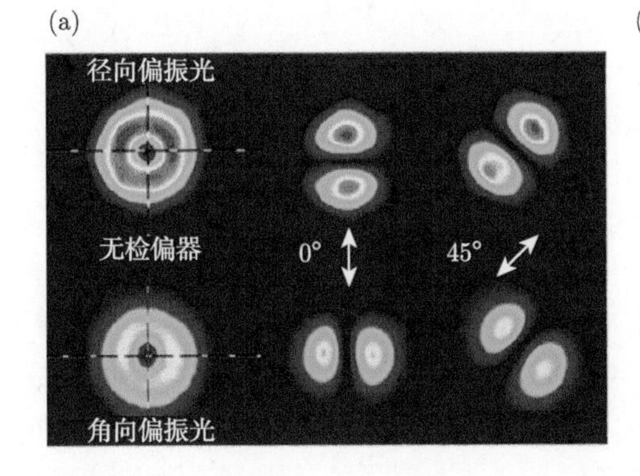

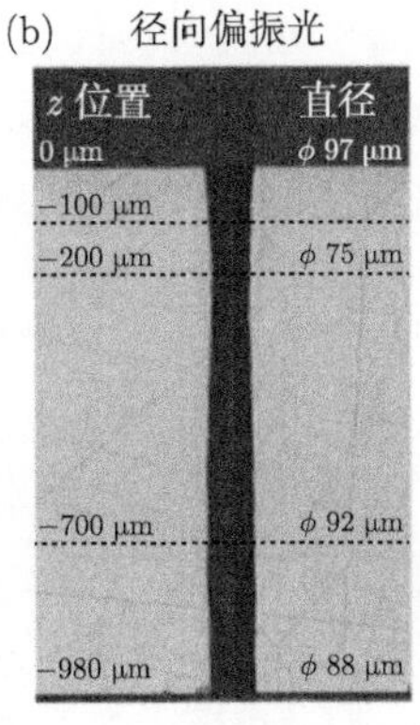

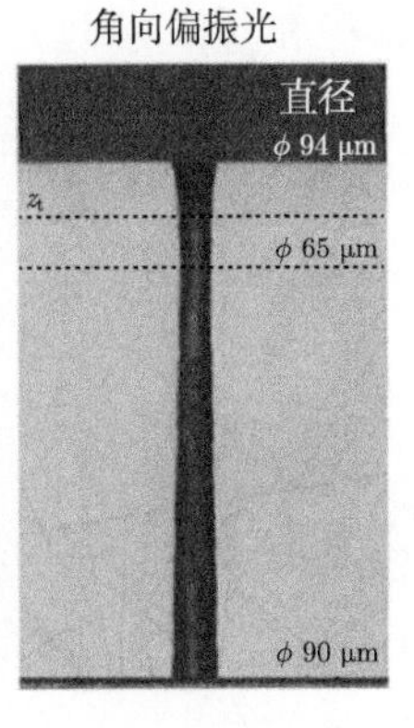

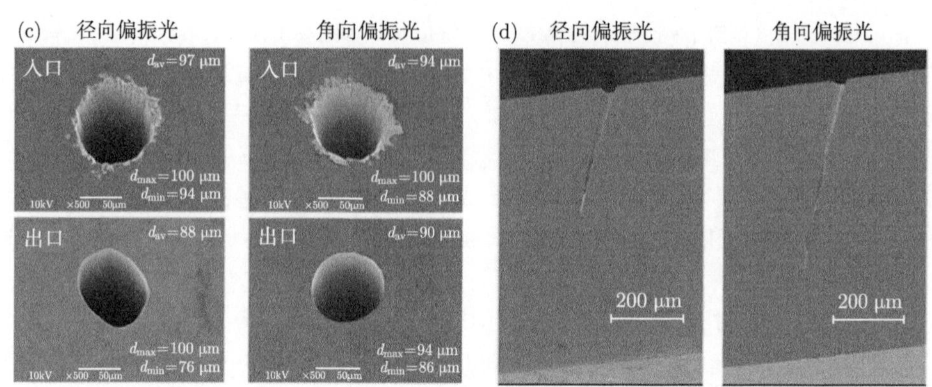

图 6.33　用柱矢量光场微钻孔 [51]。(a) 实验生成的皮秒脉冲径向偏振光和角向偏振光；(b) 用径向和角向偏振光在 1 mm 钢材上钻取的微孔截面图；(c) 用径向和角向偏振光在 1 mm 钢上钻取的微孔入口和出口；(d) 采用径向和角向偏振光冲击钻孔工艺，用 10^5 个激光脉冲在 1 mm 钢材上形成盲孔的几何形状

图 6.33(d) 给出了分别采用径向和角向偏振光冲击钻孔工艺，用 10^5 个激光脉冲在 1 mm 厚的钢材上形成盲孔的几何形状。可以看出，在相同条件下，用径向偏振光钻的孔比用角向偏振光的孔要浅些。这是因为与角向偏振光相比，径向偏振光在细管的上部区域和位于薄板中心的瓶颈处吸收了更多的光强。相反，在钻孔尖端处观察到角向偏振光的显著吸收，从而预测到用角向偏振光会有更窄和更深的钻孔。

6.6.2　光学捕获与微操纵

1960 年激光的出现开创了许多重要的研究领域，其中之一就是 1986 年 A. Ashkin 发明的光镊技术 [52]。光镊，又称为光学捕获与光学微操控，是一种利用紧聚焦的激光束产生的光学势阱来操控微米、纳米，甚至原子尺寸物体的技术。在激光束的作用下，光镊技术实现了对微纳粒子的固定、移动、旋转、悬停、筛选、挤压和拉伸等光学操作。由于具有光束与微粒之间无机械接触和对操控的微粒无机械损伤等优点，光镊技术在物理学、生物学、化学和材料学等学科领域上有着重要而广泛的应用。2018 年度诺贝尔物理学奖授予了 A. Ashkin (发明光镊) 及 G. Mourou 和 D. Strickland (产生超短激光脉冲)。

图 6.34 给出了光镊的直观工作原理示意图。如图 6.34(a) 所示，类似于弹簧振子模型，电介质粒子被激光束焦点所吸引。图 6.34(b) 更详细地说明了光束捕获是如何工作的，即紧聚焦光束产生了作用在粒子上的梯度力，使得粒子受力始终指向焦点处。光镊背后的基本原理是与弯曲光相关的动量转移。光携带的动量与它的能量成正比，沿着光的传播方向。通过反射或者折射，光束方向的任何改变都会改变光的动量。如果一个物体弯曲光线，改变它的动量，动量守恒就要

求物体必须经历一个相等的和反向的动量变化。这就产生了作用于物体上的力。图 6.34(c) 是通常的光镊实验光路图。首先，准直的激光束被扩束，以填满显微镜物镜的后孔径。二向色镜将激光束反射到高数值孔径物镜，该物镜将光束聚焦到样品室内的一个聚焦衍射受限点，以便捕获。为了通过二向色镜在 CCD 相机上成像捕获的粒子，通常使用发光二极管白光光源照亮样品。聚光透镜收集捕获粒子的前向散射光，并使用后焦平面干涉术将图像投影到四象限光电探测器上。四象限光电探测器提供的平衡光电探测允许精确测量捕获粒子的运动。轴向位置 z 可以通过四个象限的强度之和来测量。

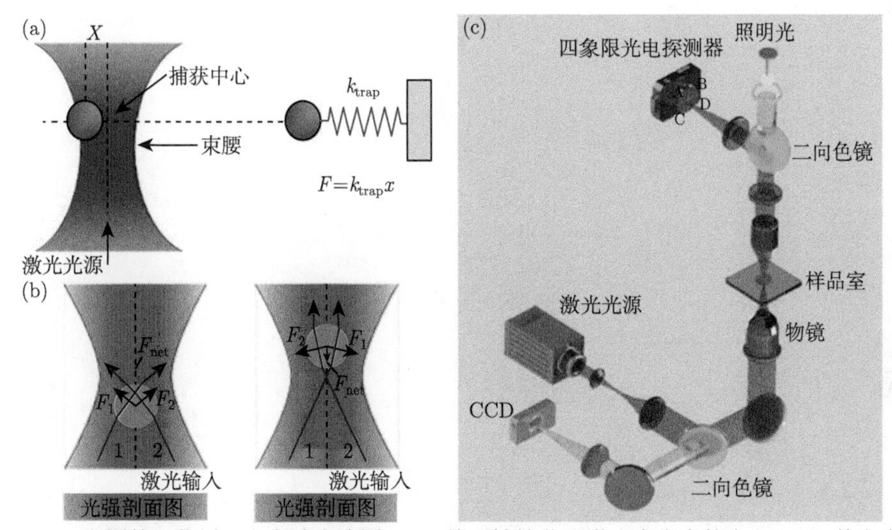

图 6.34 光镊的工作原理和实验光路图。(a) 粒子被捕获到激光束焦点的中心；(b) 单光束梯度力光阱；(c) 光镊的实验光路图

1. 捕获金属纳米粒子

作用在瑞利粒子 (即粒子的尺寸 $R \ll \lambda$) 上的光力可以分成两部分：梯度力和辐射压力或散射力。梯度力正比于光强的梯度，驱动粒子向平衡点移动。这里我们仅考虑粒子的折射率高于周围环境的折射率，相应地，焦场区域具有高光强。相反，辐射力与光场坡印廷矢量的轨道部分成正比，它通常将粒子推离焦点而使捕获不稳定。

由于强散射力的存在，在大多数情况下，用标量光场稳定地捕获金属粒子比较困难。借助于对光场的偏振态调控，可以实现对金属粒子的三维稳定捕获。图 6.35(a) 理论预测了用径向偏振光稳定地实现金属粒子的三维捕获 [53]。这是因为紧聚焦径向偏振光产生了极强的纵向电场分量，提供了大的梯度力。同时，这种强轴向场分量并不贡献沿光轴方向的坡印廷矢量。因此，并不产生在轴散射力。

归功于梯度力和散射力的空间分离，实现了金属粒子的稳定三维光学捕获。

图 6.35(b) 是实验上用柱矢量光场捕获金纳米粒子的光路图和实验结果 [54]。如图 6.35(b2) 所示，通过测量金纳米粒子的横向光学捕获刚度，研究发现，相比于角向偏振光和线偏振高斯光束，径向偏振光束具有更高的捕获刚度。实验上实现了用柱矢量光场对金纳米粒子的三维稳定捕获。

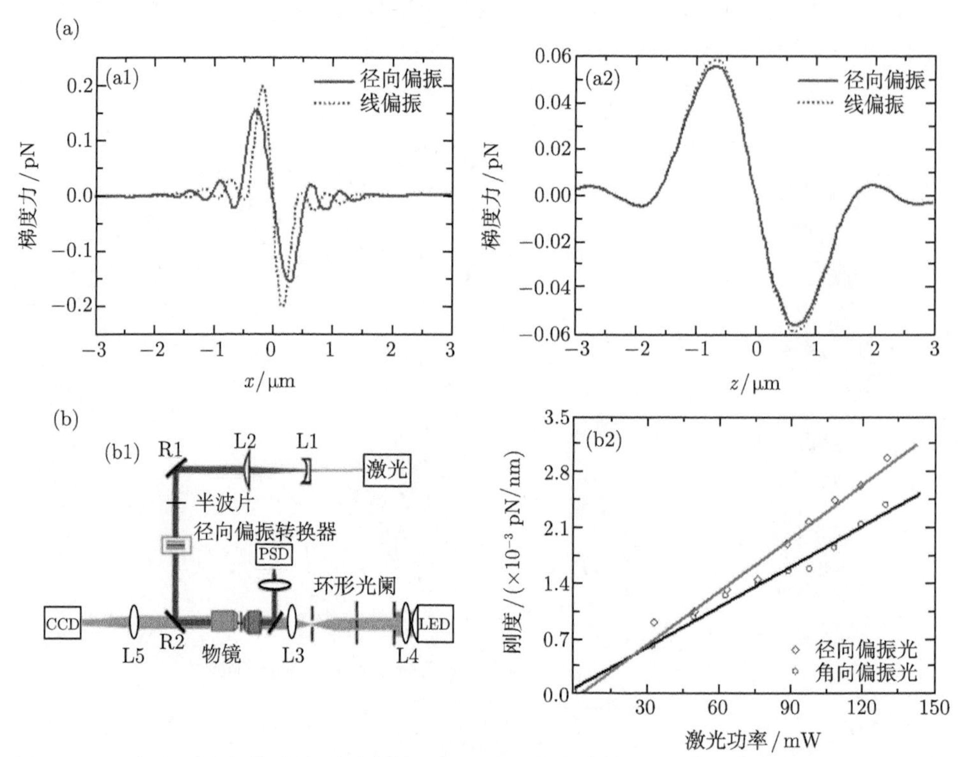

图 6.35　用柱矢量光场捕获金属纳米粒子的理论和实验结果。(a) 作用在金粒子上的 (a1) 横向和 (a2) 轴向梯度力 [53]；(b1) 柱矢量光场的光学捕获实验示意图；(b2) 用径向和角向偏振光分别捕获金粒子时，功率依赖的横向捕获刚度 [54]

2. 光学微操控

光场可以携带自旋角动量和轨道角动量。作为光场的固有属性部分，自旋角动量和圆偏振相关，具有两种可能的量化值 $\pm\hbar$。正如 1992 年 Allen 等预测的，具有螺旋相位的标量涡旋光束携带的光学轨道角动量为 $l\hbar$。光携带的角动量可以传递给粒子，使得粒子具有力矩，推动粒子发生旋转。

用径向变化矢量光场来光学操控各向同性微球，可以验证源自偏振旋度的轨道角动量 [55]。如图 6.36(a) 所示，利用聚焦的径向变化线偏振矢量光场 (即 (6.48) 式中 $p=1$ 和不同径向系数 n，见图 6.14(c2)) 捕获粒子的实验结果。由于入射的径向变化线偏振矢量光场的径向系数 n 连续可调，可以形成半径连续变化的聚焦环，所以在焦环上可捕获到任意数目的粒子。需要注意的是，在聚焦环上捕获到的粒子并不沿着环做圆周运动，说明没有轨道角动量，这与理论分析的局域线偏振光场不携带光学轨道角动量的结论相吻合。

现在选择径向变化杂化偏振矢量光场 (即 (6.51) 式中 $p=1$ 和径向系数 $n=10$，见图 6.14(c3)) 作为入射光来操控粒子。如图 6.36(b) 所示，捕获在焦环上的粒子沿着环做顺时针圆周运动，说明聚焦环为粒子提供了光力矩，这种力矩是由偏振旋度所致的光学轨道角动量产生的。因此，具有杂化偏振的径向变化矢量光场可以携带与偏振旋度相关的光学轨道角动量，而这一轨道角动量与相位无关。该工作实验证实了一类与相位无关，仅与偏振旋度相关的新型光学轨道角动量。

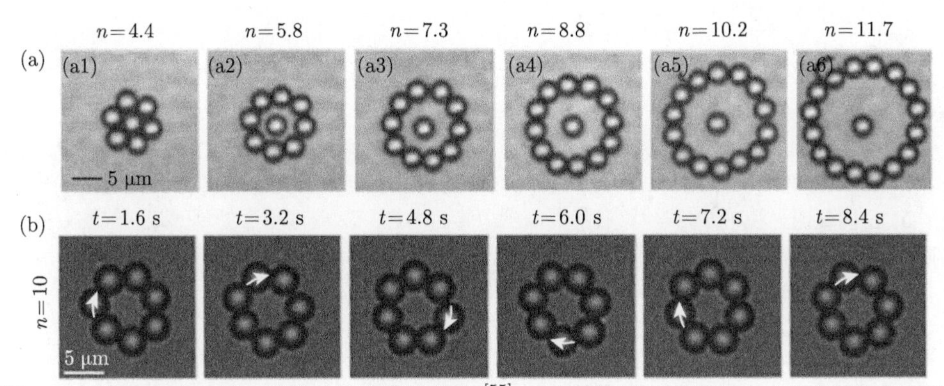

图 6.36 径向变化矢量光场的光学微操纵实验 [55]。(a) 利用聚焦的沿径向变化线偏振矢量光场捕获粒子的实验结果，从 (a1) 到 (a6) 分别在环上捕获了 6、8、10、12、14 和 16 个粒子；(b) 利用聚焦的沿径向变化杂化偏振矢量光场驱动粒子在聚焦环上绕环中心转动的实验结果，验证了源自偏振旋度的轨道角动量

3. 捕获碳纳米管

借助于光场调控技术，人们用各种类型的矢量光场研究了诸如电介质球形粒子、椭球形粒子、生物微粒、吸收型粒子、双折射粒子、金属粒子、核壳结构粒子、手性纳米粒子和非线性克尔粒子的光学捕获特性。这里举例介绍使用径向偏振光和角向偏振光来光学捕获碳纳米管 [56]。

图 6.37(a) 给出了自由浮动的单壁碳纳米管束的图像，以及纳米管被线偏振光、径向偏振光和角向偏振光捕获后的图像。图 6.37(b) 给出了在线偏振、径向偏振和角向偏振下测得的弹簧系数与激光功率的函数关系。图 6.37(c) 显示了在线偏振 (正方形)、径向偏振 (圆形) 和角向偏振 (三角形) 下，偏振不对称性和捕获纵横比随功率的变化关系。这项工作的意义在于：这使得偏振态的使用能够根

据粒子的几何形状来形成光学势阱，并且为基于纳米探针的光力显微镜铺平了道路，与标准的线偏振光配置相比，其性能得到了提高。

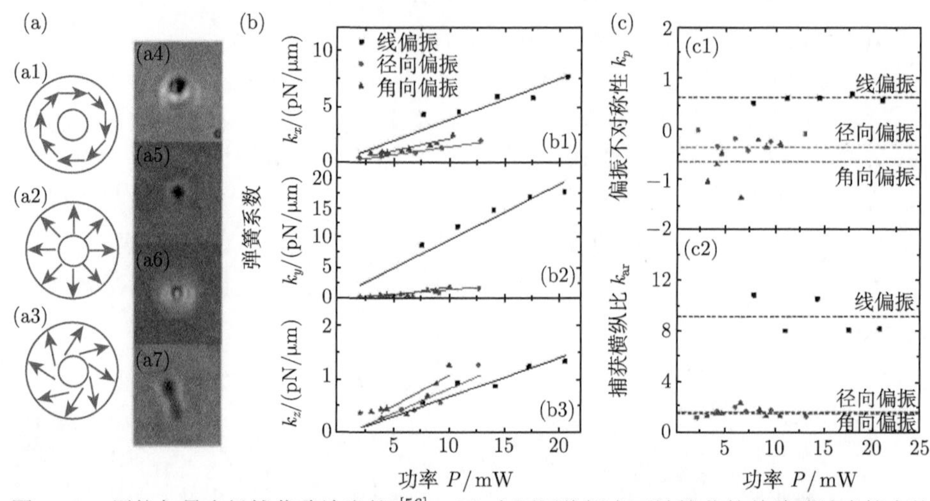

图 6.37　用柱矢量光场捕获碳纳米管 [56]。(a) 在不同偏振态下被捕获的单壁碳纳米管束的图像：(a1) 角向偏振光、(a2) 径向偏振光和 (a3) 广义柱矢量光场；用 (a4) 角向偏振光、(a5) 径向偏振光和 (a6) 线偏振光捕获碳纳米管的图像；(a7) 自由浮动单壁碳纳米管束的图像。(b) 线偏振光、径向偏振光和角向偏振光下捕获的碳纳米管的光力常数与样品处激光功率的函数关系；(c) 在不同偏振态下功率依赖的 (c1) 偏振不对称性 k_p 和 (c2) 捕获纵横比 k_{ar}

4. 聚焦等离激元捕获金属粒子

下面介绍用聚焦等离激元捕获金属粒子。什么是表面等离激元？简单来说，表面等离激元是沿着金属–电介质或者金属–空气界面传播的红外或可见光频段电磁波。关于表面等离激元的详细描述见本书的第 5 章。

前面刚刚提到过，聚焦光场中的散射力会推动金属粒子远离焦点。因此用传统光镊捕获金属粒子，尤其是米氏 (Mie) 粒子，是非常困难的。图 6.38 给出了聚焦等离激元捕获金属粒子 [57]。图 6.38(a) 是用表面等离激元虚拟探针捕获金属粒子的示意图 (其虚拟探针的原理类似于 3.6.5 节的介绍和图 3.62(a))。在高数值孔径显微物镜中聚焦径向偏振光，激发表面等离激元，实现等离激元光镊捕获金属粒子。

图 6.38(b) 是用 CCD 相机记录的聚焦等离激元光镊捕获金粒子的一系列照片。黑箭头表示粒子运动的方向，黑十字叉是表面等离激元虚拟探针的位置。研究发现用等离激元光镊的捕获不是由于梯度力平衡了相反方向的散射力，而是由于金属粒子与高聚焦等离激元场的强耦合，建立了沿同一方向的梯度力和散射力的合成。

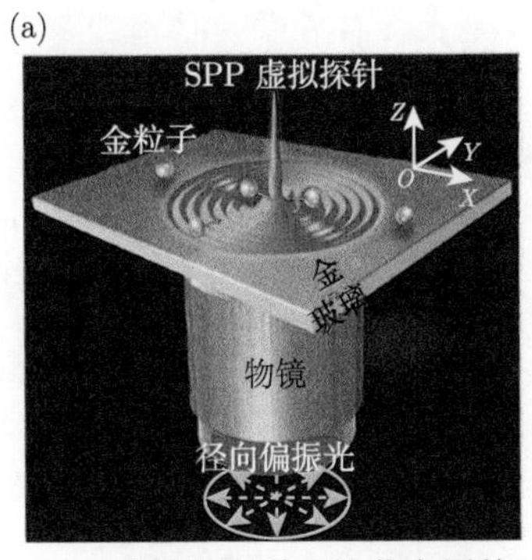

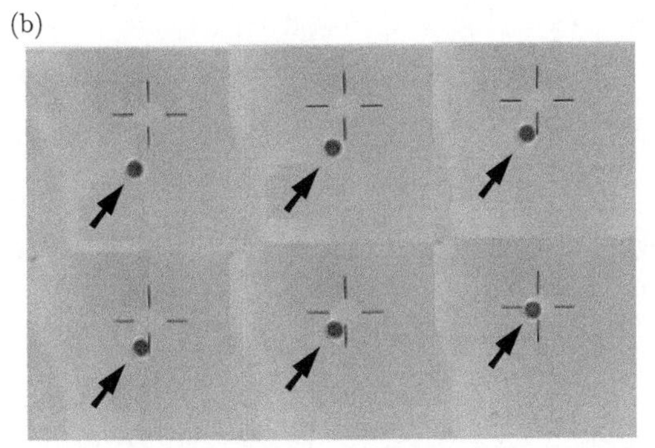

图 6.38 聚焦等离激元捕获金属粒子 [57]。(a) 表面等离极化激元虚拟探针捕获金属粒子的示意图；(b) 用 CCD 相机记录聚焦等离激元光镊来捕获金粒子的连续图像

6.6.3 显微成像

光学超分辨成像是当前科学技术领域的一个热点问题。在本书的第 3 章，我们已经学习了近场光学显微术，知道了诸如固体浸没显微术、表面等离激元显微术和近场扫描光学显微术等可以实现超分辨光学成像。这些近场光学显微术通常用于直接检测微纳结构形貌。第 4 章我们学习了远场光学表征技术，了解了共聚焦显微术、白光干涉术和椭偏测量术等。本小节我们来学习矢量光场在线性和非线性光学显微成像中的应用。

1. 突破衍射极限聚焦

正如 6.5 节所描述的，由于存在一个强的局域纵向电场分量，通过使用径向偏振光可以获得更小的焦斑。这种更小的焦斑可以直接应用于光学成像。

可以将径向偏振光通过环形光阑后紧聚焦，然后直接测量其焦斑。图 6.39(a)

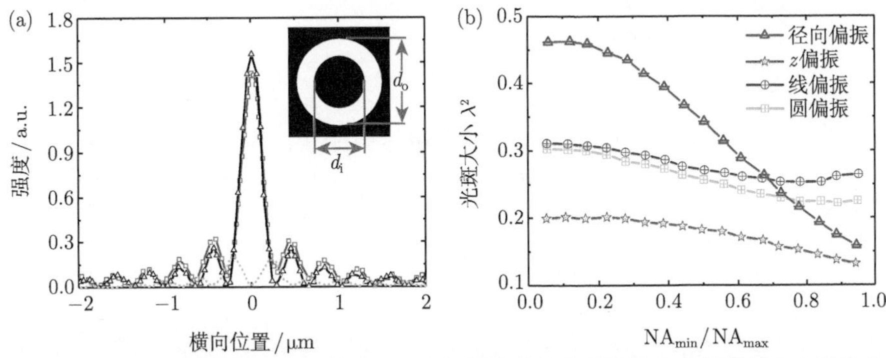

图 6.39 突破衍射极限聚焦。(a) 使用环形光阑的聚焦径向偏振输入光场的重建光强分布 [6]，插图为环形光阑，其内外直径分别为 d_i 和 d_o，对应的内外数值孔径为 $\mathrm{NA_{min}}$ 和 $\mathrm{NA_{max}}$；(b) 光斑尺寸随着 $\mathrm{NA_{min}/NA_{max}}$ 变化的曲线 [58]

给出了使用环形光阑的聚焦径向偏振输入光场的重建光强分布 [6]。在相同条件下，当 $\mathrm{NA}=0.9$ 时，纵向场的焦斑尺寸只有 $0.14\lambda^2$，径向偏振光的焦斑为 $0.17\lambda^2$，而在同等条件下线偏振光聚焦的焦斑为 $0.26\lambda^2$，圆偏振光的焦斑为 $0.22\lambda^2$。

对于这种利用环形光阑遮挡中心光强实现超衍射聚焦的方法，中心光强遮挡越多，对应的内径孔径角越大，即如图 6.39(b) 所示的 $\mathrm{NA_{min}}$ 越大，纵向光场占总光场的比值便越大 [58]。此时，利用径向偏振光可以获得更小的超衍射极限聚焦。但对于线偏振和圆偏振光而言，当 $\mathrm{NA_{min}}/\mathrm{NA_{max}} > 0.8$ 时，光斑尺寸随之变大，这是线偏振和圆偏振光的紧聚焦场中的纵向场分量是空心的而非实心分布造成的。

2. 超分辨成像

在激光扫描显微镜中，提高空间分辨率的一种方法是通过操纵光束本身的偏振态来产生比传统激光束更小的焦斑。聚焦径向偏振光的纵向电场被用于此目的，因为它可以在紧聚焦条件下产生较小的焦斑。在这种情况下，具有无限薄的环形空间的径向偏振光可以产生尽可能小的焦斑。

例如，将径向偏振光与超振荡概念相结合，可以产生更小的焦斑，进而实现超分辨成像 [59]。模拟结果表明，高阶径向偏振拉盖尔–高斯光束本身具有超振荡特性，可以产生一个小得多的可见光焦斑，其尺寸接近 100 nm，旁瓣强度适中，超过了无限薄环形径向偏振光束的下限。

为了实现超振荡聚焦，采用图 6.40(a) 所示的光路示意图，构建了共聚焦激光显微镜，实验上测量了相应的焦场分布，并与数值模拟结果进行了比较。

图 6.40(b) 是测量的超振荡线偏振光和径向偏振光的点扩散函数结果，以及通过线偏振光和径向偏振光获得的直径为 170 nm 的荧光珠簇的图像。该实验证明了用径向偏振光进行超振荡聚焦，在使用超振荡点的荧光样品共聚焦成像中获得了显著的空间分辨率改进。

3. 二次谐波成像

以上我们学习了基于线性光学的超分辨显微成像。现在我们来了解基于非线性光学过程的显微成像。非线性光学过程的使用在分辨率方面具有优势，并且多光子相互作用提供了额外的对比度源。此外，这些多光子过程甚至可能被金属纳米物体附近产生的强局域场放大。这些技术已经在双光子激发发光、非线性四波混频和谐波产生中得到了论证。

在远场非线性光学技术中，二次谐波产生是一种最简单、最常见的方法，它是将频率为 ω 的入射光场转换为频率为 2ω 的二次谐波。二次谐波产生的主要优点在于它对由非线性相互作用引起的局域基频场灵敏、对结构对称性灵敏。

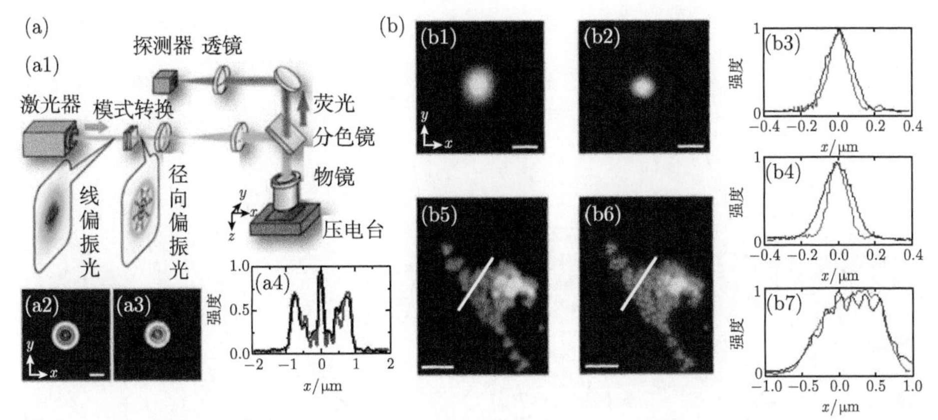

图 6.40 超分辨成像 [59]。(a) 实验光路图和光强分布：(a1) 实验光路图；(a2) 计算的和 (a3) 测量的超振荡焦平面的强度分布；(a4) 计算的 (黑线) 和测量的 (红线) 焦点沿 x 轴的强度分布。(b) 超分辨成像实验结果：测量的 (b1) 线偏振光和 (b2) 超振荡径向偏振光的点扩散函数；测得的沿 (b3) x 轴和 (b4) y 轴点扩散函数的强度分布；通过 (b5) 线偏振光和 (b6) 超振荡径向偏振光束获得的荧光珠簇的图像；(b7) 是沿 (b5) 和 (b6) 中虚线的强度剖面图；图 (b3)、(b4) 和 (b7) 中黑线和红线分别对应线偏振和径向偏振光束的结果

例如，可以基于柱矢量光场产生二次谐波，对金属纳米结构进行非线性光学成像 [60]。二次谐波成像技术对金属纳米物体的三维取向和纳米尺度形貌极为敏感。如图 6.41(a) 所示，在实验上，利用聚焦的角向偏振光、径向偏振光和线偏振光成像了单个亚波长尺寸的金纳米凸点和纳米锥的二次谐波光强分布。为了理解实验测得的二次谐波图像，理论上给出了基于频域边界元方法的二次谐波场计算。可以看出，使用三种不同光束的同一个金纳米凸点的二次谐波信号完全不同。用柱矢量光场而不是线偏振光就可以推断出纳米结构的形貌。总之，这种技术为线性光学技术或常规偏振态无法区分的结构特性提供了对比度。

一般来说，二次谐波显微术仅限于二维横向扫描，即沿感兴趣的焦平面扫描或者使用诸如单分子和纳米粒子等点状物体扫描。由于二次谐波响应主要由沿纳米线轴线方向的纵向电场驱动，则通过对垂直排列的半导体纳米线的二次谐波信号进行三维图像扫描，可以实现对纳米物体的三维成像。

例如，可以用柱矢量光场对纳米结构进行三维成像 [61]。该技术基于点扫描二次谐波显微术，采用径向和角向偏振光激励的非线性光学显微镜方案。在三维成像实验中，研究了如图 6.41(b) 所示的两种不同的半导体纳米线样品，它们分别是由 GaAs 衬底上垂直排列的随机的和周期性排列的 GaAs 纳米线组成的。

图 6.41(c) 给出了使用径向偏振光在 GaAs 衬底上随机生长的垂直取向 GaAs 纳米线的实验二次谐波三维强度图。垂直排列的纳米线在横向平面上呈现出不同的点扩散状二次谐波强度分布。更重要的是，在固定横向位置的单个纵向二次谐

波扫描清楚地揭示了沿 z 轴具有不同空间长度的若干针状强度分布。此外，在二次谐波纵向扫描中产生的针状强度分布的任何偏差都可能表明纳米线中存在缺陷。总之，图 6.41(c) 所示的结果展示了矢量光场可用于纳米结构的二次谐波三维成像。

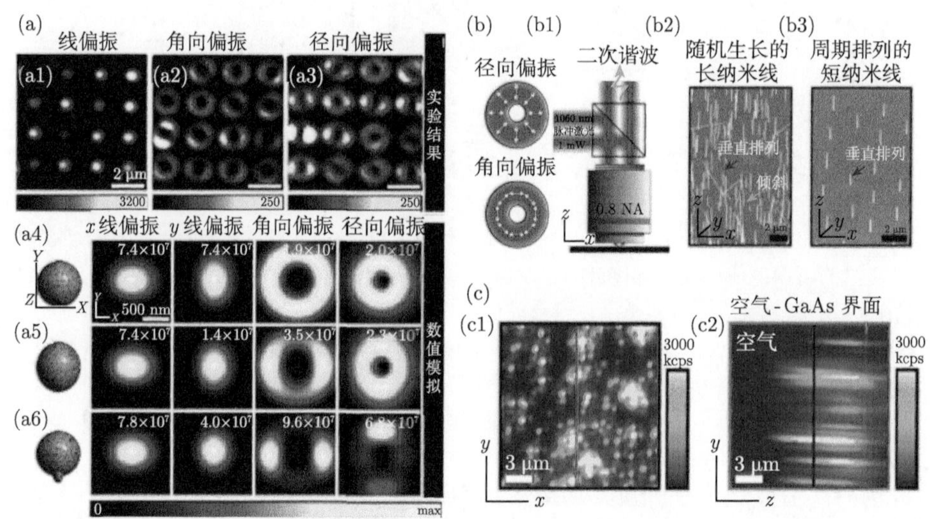

图 6.41　矢量光场激发的二次谐波成像。(a) 用聚焦的 (a1) 线偏振、(a2) 角向偏振和 (a3) 径向偏振光激发金纳米凸点的二次谐波实验图像 [60]：计算的 (a4) 理想纳米凸点、(a5) 非对称的纳米凸点和 (a6) 结构凸点缺陷在聚焦的 x 方向线偏振、y 方向线偏振、角向偏振和径向偏振光下的远场二次谐波图像。(b) 非线性显微实验示意图和样品 [61]：(b1) 采用径向和角向偏振光激励的非线性光学显微术方案；GaAs 衬底上垂直排列的具有 (b2) 随机和 (b3) 周期性排列的 GaAs 纳米线的扫描电子显微照片。(c) 在 GaAs 衬底上随机生长的垂直取向 GaAs 纳米线的实验二次谐波三维强度图 [61]：(c1) 在高于衬底 6 μm 的横平面和 (c2) 纵向平面上用径向偏振光激发的二次谐波三维强度图

6.6.4　非线性光学

作为现代光学的一个分支，非线性光学描述了在非线性介质中光的行为，也就是，介质的电极化率 $\boldsymbol{P}$ 非线性地响应于电场 $\boldsymbol{E}$。具有偏振结构的矢量光场与各向同性/各向异性三阶非线性光学介质相互作用，导致了多种新颖的效应和应用。本小节我们将了解矢量光场在三阶非线性光学中的应用。

1. 非线性偏振旋转

非线性偏振旋转效应是指椭圆偏振光与各向同性非线性克尔介质相互作用，使得偏振椭圆的取向角发生旋转，旋转角度与非线性光学效应有关。利用非线性椭圆旋转效应可以判别光学非线性的来源、表征三阶非线性极化率张量、开发非

线性偏振开关等。

大多数关于非线性偏振旋转的研究都是由均匀偏振的标量光场激发的。利用椭圆偏振矢量光场激发各向同性克尔非线性，实现了径向变化的非线性偏振旋转效应，其原理示意图如图 6.42(a1) 所示 [62]。光学克尔非线性引起的远场光强分布图样呈现出多个同心环结构，这是由光学非线性感应空间折射率变化引起的。另一方面，偏振态分布也呈现出圆对称的同心环结构。在光场横截面固定半径处，不同取向的局域偏振椭圆具有相同的椭偏率。

这种径向变化的偏振旋转效应可以作如下解释。聚焦的椭圆偏振矢量光场具有圆对称的强度分布。介质通过各向同性非线性光学效应产生了一个圆对称的附加相移 Φ_0。这个额外的相移影响了光场本身的传播行为。由此产生的现象反映了圆对称远场衍射图样的变化。应该强调的是，椭圆偏振矢量光场的圆对称性不仅在各向同性非线性介质中，而且在任何传播位置都保持不变。由于椭圆偏振矢量光场与各向同性非线性介质的相互作用，远场观测平面上光场横截面上的偏振态分布呈现多个圆形对称的同心环结构，导致远场平面上的径向变化的偏振旋转分布。相应地，与偏振相关的自旋角动量也是径向分布的。

2. 光束整形

通过调控光场的偏振态分布来整形光场，在光学领域取得了多项重要进展。例如，利用自聚焦非线性介质，实现控制非线性传播的偏振整形 [63]。图 6.42(b1) 为柠檬型和星型庞加莱光束通过自聚焦非线性介质后的光强和偏振态分布。不同于拉盖尔–高斯和其他快速经历不稳定性的光束，这两种庞加莱光束的传输不以光束破裂为标志，同时仍表现出非线性约束和自聚焦等特性。结果表明，通过调整偏振的空间结构，可以有效地控制非线性传播的影响。这些发现为高功率光束在非线性光学介质中的传输提供了一种新的途径，使其空间结构和偏振特性具有可控的畸变。

此外，利用各向异性双光子吸收效应，可以将高斯型光强分布的矢量光场整形为平顶光束 [64]。各向异性双光子吸收系数强烈地依赖于晶体取向角和光场的椭偏率，如图 6.42(b2) 所示，通过同时调控矢量光场的偏振取向角和椭偏率，用这种偏振态分布的矢量光场激发各向异性双光子吸收效应，就可以将高斯型光强分布的矢量光场整形为平顶型光强分布。这种各向异性双光子吸收为操控偏振结构光场的光强分布提供了一条新途径，在光束整形、光限幅和光探测等领域有着广阔的应用前景。

3. 光场坍缩

当输入功率超过一定临界功率时，强光束会在自聚焦介质中发生坍缩。随着坍缩的加剧，高光强会引起其他的非线性光学效应，从而抵消自聚焦效应，最终导致光束成丝。光束成丝是一个有趣而重要的课题，因为它在物理学的许多分支中具有潜在的物理和实际意义。通常，由随机噪声引起的克尔感应调制不稳定性，使得光场坍缩和后续成丝难以控制。

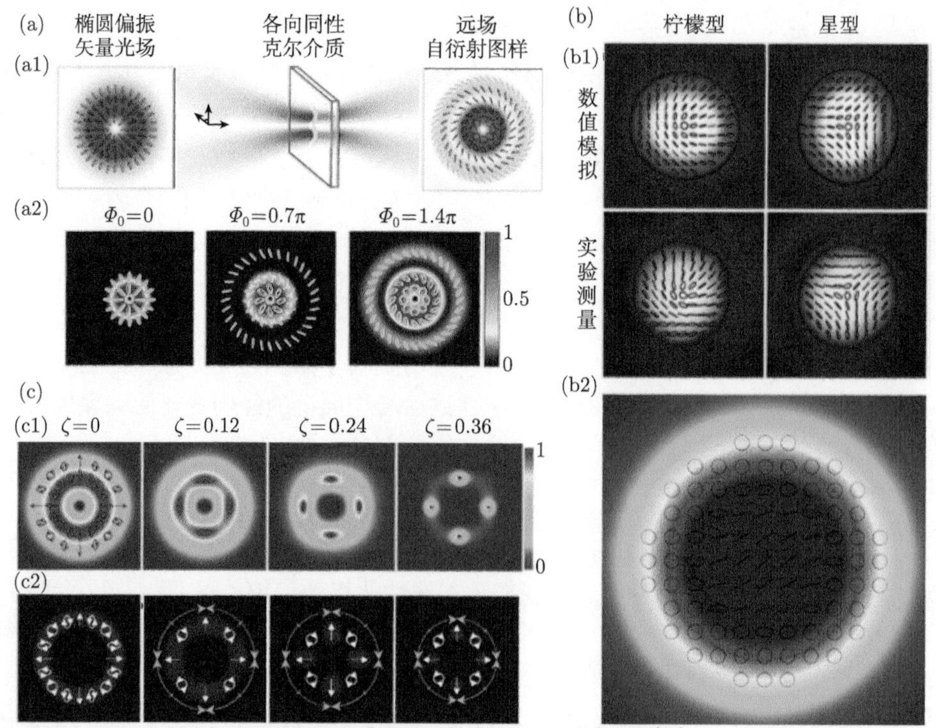

图 6.42 矢量光场在非线性光学中的应用。(a) 非线性偏振旋转 [62]：(a1) 径向变化的非线性偏振旋转效应示意图；(a2) 椭圆偏振矢量光场在不同非线性相移 Φ_0 下，远场强度和偏振态分布。(b) 光束整形：(b1) 柠檬型和星型庞加莱光束通过自聚焦样品后的强度和偏振态分布 [63]；(b2) 具有高斯型强度分布的矢量光场 (其偏振态分布叠加在光强上) 通过各向异性双光子吸收体后的平顶型强度分布 [64]。(c) 光场坍缩 [65]：(c1) 角向变化杂化偏振矢量光场在自聚焦介质中的非线性传播；(c2) 随着传输距离的增加，坍缩成丝的光强及偏振态分布

通过调控光场的偏振态分布，人们报道了各种矢量光场在各向同性克尔介质中的光场坍缩与成丝动力学。例如，旋向变化杂化偏振矢量光场经过自聚焦介质后，由于非线性折射率空间分布的轴对称性破缺，从而可实现光场的坍塌可控 [65]。并且在存在随机噪声的情况下，旋向变化杂化偏振矢量光场相对于径向偏振光成丝更稳定。如图 6.42(c1) 所示，光场坍塌成丝的数量是角向拓扑荷数 m 的 4 倍，并且坍塌的位置随初始相位 φ_0 的改变而变化。由于三阶非线性折射率的改变量 $\Delta n_{\rm lin} > \Delta n_{\rm ell} > \Delta n_{\rm cir}$(其中 $\Delta n_{\rm lin}$、$\Delta n_{\rm ell}$ 和 $\Delta n_{\rm cir}$ 分别是线偏振、椭圆偏振和圆偏振光诱导的折射率改变量)，导致坍塌成丝过程中成丝的位置并非随机的，而是

发生在光束截面上局域线偏振位置处，随着传输距离的增加，光场坍塌成丝的光强以及偏振态分布如图 6.42(c2) 所示。总之，通过设计杂化偏振态分布，论证了矢量光场的坍缩成丝是可控和可设计的。

6.6.5 等离激元光学

第 5 章我们已经学习了等离激元光学。现在简要介绍矢量光场在等离激元光学中的应用。例如，在可见光范围内用光轴方向无孔、双面同心褶皱的银膜可实现聚焦径向偏振光的现象 [66]。图 6.43 数值仿真了用具有双面同心纳米褶皱的无孔银薄膜聚焦径向偏振光。图 6.43(a) 是具有拉盖尔–高斯强度分布和纯径向偏振的光束沿 z 轴照明无孔银膜的示意图。

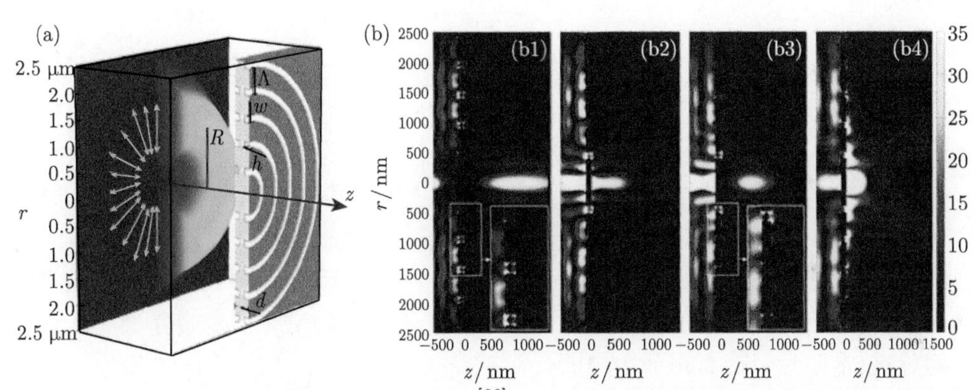

图 6.43 无孔同心褶皱银膜聚焦径向偏振光 [66]。(a) 银纳米薄膜聚焦径向偏振光场具有拉盖尔–高斯强度分布和纯径向偏振 (由黄色箭头表示) 的光束沿 z 轴照射无孔银膜；(b) 波长为 (b1) 410 nm、(b2) 460 nm、(b3) 500 nm 和 (b4) 600 nm 下纳米透镜附近的归一化电场能量密度分布

图 6.43(b) 呈现的是在波长为 (b1) 410 nm、(b2) 460 nm、(b3) 500 nm 和 (b4) 600 nm 下的总电场能量密度分布。图 (b1) 表示在纳米棱镜两面上等离激元共振导致的光转移。在图 (b2) 中，没有聚焦现象，光仅集中在近场区域。在图 (b3) 中，焦距和焦场区域相比于图 (b1) 均变小。由图 (b4) 可知发生了高透射和非聚焦现象。在图 (b2) 和图 (b4) 中，棱镜背面的等离激元沿系统轴的径向方向传播，在轴向光阑处相干相消，限制了孔径，破坏了聚焦。

6.7 总结与展望

本章我们回顾了矢量光场的最新研究进展，包括光场的偏振态表述，矢量光场的生成技术、聚焦和应用。以下简要总结本章各节的内容。

6.1 节简要回顾了矢量光场的发展历史。

6.2 节介绍了偏振态的四种表述，即偏振椭圆、琼斯矢量、斯托克斯参量和庞加莱球。

6.3 节介绍了诸如柱矢量光场、线偏振矢量光场和杂化偏振矢量光场多种类型的矢量光场，图示了其偏振态分布。

6.4 节介绍了矢量光场的主动和被动生成技术，学习了腔内模式选择和腔内模式叠加生成矢量光场，了解了利用偏振转换器直接生成矢量光场、激发光纤中特定模式生成矢量光场和利用干涉法生成矢量光场等矢量光场被动生成技术。

6.5 节简要介绍了柱矢量光场的紧聚焦焦场，重点关注了纵向电场，最后举例介绍了几种类型的三维焦场。

6.6 节介绍了矢量光场在光学微加工、光学捕获与微操纵、显微成像、非线性光学和等离激元光学方面的应用。

尽管本章重点介绍了柱矢量光场的聚焦特性及其相应的应用，但对复杂矢量光场的研究兴趣更为广泛。人们提出并实验论证了同时调控光场的振幅、相位和偏振态，以及具有相位奇异性和/或偏振奇异性的空间结构光场。最近的研究也将柱矢量光场与奇异光学的研究联系了起来。在这些领域，更多的研究可能会揭示轨道角动量和光子自旋之间的关联性，这可能会对量子光学产生潜在的影响。此外，矢量光场，特别是纵向电场与微纳结构材料的相互作用，将会产生新的现象、效应和应用。可以肯定的是，随着高效而简便矢量光场生成技术的普及，基于光场调控技术的光与物质相互作用的传输、检测和应用将会得到长足的发展。

本章仅仅介绍了光场调控技术中的偏振态调控。事实上，光场调控研究一般分为空域、时域以及时空域联合调控三个方面：空域调控主要研究光场的振幅、偏振态、相位、空间相干结构等空间分布的调控机制与方法，以实现具有特殊空间分布的新型光场；时域调控主要研究激光脉冲形状、脉宽、啁啾以及相干特性的调控，以产生极短极强激光。将光场的空域和时域相结合的时空域联合调控将是今后一段时间发展的主要方向，必然导致许多新颖的光物理效应和奇特的应用。

习 题

6.1 作为一种相位调制元件，涡旋半波片 (vortex half-wave plate) 的快轴取向角 θ 与方位角 φ 之间的关系为 $\theta(\varphi)=m\varphi/2+\varphi_0$，其中 m 是阶数，φ_0 是当 $\varphi=0$ 时的快轴方向。证明：①该涡旋半波片的琼斯矩阵可写为 $\boldsymbol{J}=\begin{bmatrix}\cos 2\theta & \sin 2\theta\\ \sin 2\theta & -\cos 2\theta\end{bmatrix}$；②取 $m=1$ 和 $\varphi_0=0$ 时，水平线偏振光经过涡旋半波片之后生成径向偏振光。

6.2 证明柱矢量光场 $\boldsymbol{E}=P(r)[\cos(\varphi+\varphi_0)\boldsymbol{e}_x+\sin(\varphi+\varphi_0)\boldsymbol{e}_y]$ 经过偏振转换器后变成广义柱矢量光场 $\boldsymbol{E}=P(r)[\cos(\varphi+\varphi_0+\vartheta)\boldsymbol{e}_x+\sin(\varphi+\varphi_0+\vartheta)\boldsymbol{e}_y]$。偏振转换器由两个级联的 1/2 波片组成，两波片快轴之间的夹角为 $\vartheta/2$。

6.3 在如图 6.2 所示的庞加莱球上取任意两正交的椭圆偏振基矢，这两个基矢携带有相反符号的空变相位 (参考 (6.59) 式)，证明这对正交基矢叠加可生成任意椭圆偏振矢量光场。

6.4 采用延迟偏振器法，即使用 1/4 波片、线偏振片和探测器 CCD 可实验测量出任意矢量光场的偏振态分布。简述该实验方法的原理，并以径向偏振光为例，说明实验测量该光场偏振态分布的实验步骤。

6.5 利用 (6.44) 式和 (6.45) 式，采用理查德–沃尔夫矢量衍射理论，推导高阶柱矢量光场的焦场表达式，并图示不同拓扑荷数下的焦平面强度分布 (设 NA = 0.8，$\lambda = 1$)，讨论这种中空型焦场的特点。

6.6 分数阶矢量光场可以看成是整数阶矢量光场的叠加。利用表达式 $\exp(\mathrm{i}\alpha\varphi) = \dfrac{\exp(\mathrm{i}\pi\alpha)\sin(\pi\alpha)}{\pi}\sum_{n=-\infty}^{+\infty}\dfrac{\exp(\mathrm{i}n\varphi)}{\alpha-n}$，推导出分数阶柱矢量光场 $\boldsymbol{E} = P(r)[\cos(\alpha\varphi)\boldsymbol{e}_x+\sin(\alpha\varphi)\boldsymbol{e}_y]$ 的紧聚焦场表达式，数值模拟其焦平面的强度分布 (设 NA = 0.8，$\lambda = 1$，$\alpha = 0.5$)。

6.7 简述为什么用紧聚焦的径向偏振光可以三维稳定地捕获金属纳米粒子？

6.8 为什么用杂化偏振矢量光场能实现在各向同性非线性克尔介质中的可控光场坍缩成丝？

参 考 文 献

[1] Snitzer E. Cylindrical dielectric waveguide modes[J]. Journal of the Optical Society of America A-Optics, Image Science, and Vision, 1961, 51(5): 491-498.

[2] Pohl D. Operation of a ruby laser in the purely transverse electric mode TE_{01}[J]. Applied Physics Letters, 1972, 20(7): 266-267.

[3] Mushiake Y, Matsumura K, Nakajima N. Generation of radially polarized optical beam mode by laser oscillation[J]. Proceedings of the IEEE, 1972, 60(9): 1107-1109.

[4] Hall D G. Vector-beam solutions of Maxwell's wave equation[J]. Optics Letters, 1996, 21(1): 9-11.

[5] Youngworth K S, Brown T G. Focusing of high numerical aperture cylindrical-vector beams[J]. Optics Express, 2000, 7(2): 77-87.

[6] Dorn R, Quabis S, Leuchs G. Sharper focus for a radially polarized light beam [J]. Physical Review Letters, 2003, 91(23): 233901.

[7] Zhan Q W. Cylindrical vector beams: from mathematical concepts to applications[J]. Advances in Optics and Photonics, 2009, 1(1): 1-57.

[8] Wang X L, Ding J P, Ni W J, et al. Generation of arbitrary vector beams with a spatial light modulator and a common path interferometric arrangement[J]. Optics Letters, 2007, 32(24): 3549-3551.

[9] Maurer C, Jesacher A, Fürhapter S, et al. Tailoring of arbitrary optical vector beams[J]. New Journal of Physics, 2007, 9(3): 78.

[10] Zhang Y, Xue Y, Zhu Z, et al. Theoretical investigation on asymmetrical spinning and orbiting motions of particles in a tightly focused power-exponent azimuthal-variant vector field[J]. Optics Express, 2018, 26(4): 4318-4329.

[11] Zhan Q. Vectorial Optical Fields: Fundationals and Applications[M]. Singapore: World Scientific, 2014.

[12] Xu D, Gu B, Rui G, et al. Generation of arbitrary vector fields based on a pair of orthogonal elliptically polarized base vectors[J]. Optics Express, 2016, 24(4): 4177-4186.

[13] Beckley A M, Brown T G, Alonso M A. Full Poincaré beams[J]. Optics Express, 2010, 18(10): 10777-10785.

[14] Shvedov V, Karpinski P, Sheng Y, et al. Visualizing polarization singularities in Bessel Poincaré beams[J]. Optics Express, 2015, 23(9): 12444-12453.

[15] Yi X, Ling X, Zhang Z, et al. Generation of cylindrical vector vortex beams by two cascaded metasurfaces[J]. Optics Express, 2014, 22(14): 17207-17215.

[16] Chen Z, Zeng T, Qian B, et al. Complete shaping of optical vector beams[J]. Optics Express, 2015, 23(14): 17701-17710.

[17] Han W, Yang Y, Cheng W, et al. Vectorial optical field generator for the creation of arbitrary complex fields[J]. Optics Express, 2013, 21(18): 20692-20706.

[18] Yonezawa K, Kozawa Y, Sato S. Generation of a radially polarized laser beam by use of the birefringence of a c-cut Nd:YVO_4 crystal[J]. Optics Letters, 2006, 31(14): 2151-2153.

[19] Kozawa Y, Sato S. Generation of a radially polarized laser beam by use of a conical Brewster prism[J]. Optics Letters, 2005, 30(22): 3063-3065.

[20] Abdou M A, Voss A, Vogel M M, et al. Multilayer polarizing grating mirror used for the generation of radial polarization in Yb:YAG thin-disk lasers[J]. Optics Letters, 2007, 32(22): 3272-3274.

[21] Oron R, Blit S, Davidson N, et al. The formation of laser beams with pure azimuthal or radial polarization[J]. Applied Physics Letters, 2000, 77(21): 3322-3324.

[22] Niziev V G, Chang R S, Nesterov A V. Generation of inhomogeneously polarized laser beams by use of a Sagnac interferometer[J]. Applied Optics, 2006, 45(33): 8393-8399.

[23] Stalder M, Schadt M. Linearly polarized light with axial symmetry generated by liquid-crystal polarization converters[J]. Optics Letters, 1996, 21(23): 1948-1950.

[24] Machavariani G, Lumer Y, Moshe I, et al. Spatially-variable retardation plate for efficient generation of radially- and azimuthally-polarized beams[J]. Optics Communications, 2008, 281(4): 732-738.

[25] McEldowney S C, Shemo D M, Chipman R A. Vortex retarders produced from photo-aligned liquid crystal polymers[J]. Optics Express, 2008, 16(10): 7295-7308.

[26] Lim B C, Phua P B, Lai W J, et al. Fast switchable electro-optic radial polarization retarder[J]. Optics Letters, 2008, 33(9): 950-952.

[27] Bomzon Z, Biener G, Kleiner V, et al. Radially and azimuthally polarized beams generated by space-variant dielectric subwavelength gratings[J]. Optics Letters, 2002, 27(5): 285-287.

[28] Grosjean T, Suarez M, Sabac A. Generation of polychromatic radially and azimuthally polarized beams[J]. Applied Physics Letters, 2008, 93(23): 231106.

[29] Novotny L, Beversluis M R, Youngworth K S, et al. Longitudinal field modes probed by single molecules[J]. Physical Review Letters, 2001, 86(23): 5251-5254.

[30] Khonina S N, Golub I. Optimization of focusing of linearly polarized light[J]. Optics Letters, 2011, 36(3): 352-354.

[31] Khonina S N, Golub I. Breaking the symmetry to structure light[J]. Optics Letters, 2021, 46(11): 2605-2608.

[32] Jia B, Gan X, Gu M. Direct measurement of a radially polarized focused evanescent field facilitated by a single LCD[J]. Optics Express, 2005, 13(18): 6821-6827.

[33] Hao B, Leger J. Experimental measurement of longitudinal component in the vicinity of focused radially polarized beam[J]. Optics Express, 2007, 15(6): 3550-3556.

[34] Hnatovsky C, Shvedov V, Krolikowski W, et al. Revealing local field structure of focused ultrafast pulses[J]. Physical Review Letters, 2011, 106(12): 123901.

[35] Kozawa Y, Sato S. Observation of the longitudinal field of a focused laser beam by second-harmonic generation[J]. Journal of the Optical Society of America B-Optical Physics, 2008, 25(2): 175-179.

[36] Wang H, Shi L, B. Lukyanchuk B, et al. Creation of a needle of longitudinally polarized light in vacuum using binary optics[J]. Nature Photonics, 2008, 2(8): 501-505.

[37] Wang J, Chen W, Zhan Q. Engineering of high purity ultra-long optical needle field through reversing the electric dipole array radiation[J]. Optics Express, 2010, 18(21): 21965-21972.

[38] Yuan G H, Wei S B, Yuan X C. Nondiffracting transversally polarized beam[J]. Optics Letters, 2011, 36(17): 3479-3481.

[39] Gu B, Wu J L, Pan Y, et al. Achievement of needle-like focus by engineering radial-variant vector fields[J]. Optics Express, 2013, 21(25): 30444-30452.

[40] Wang S, Li X, Zhou J, et al. Ultralong pure longitudinal magnetization needle induced by annular vortex binary optics[J]. Optics Letters, 2014, 39(17): 5022-5025.

[41] Ma W, Zhang D, Zhu L, et al. Super-long longitudinal magnetization needle generated by focusing an azimuthally polarized and phase-modulated beam[J]. Chinese Optics Letters, 2015, 13(5): 052101.

[42] Zhan Q, Leger J. Focus shaping using cylindrical vector beams[J]. Optics Express, 2002, 10(7): 324-331.

[43] Tian B, Pu J. Tight focusing of a double-ring-shaped, azimuthally polarized beam[J]. Optics Letters, 2011, 36(11): 2014-2016.

[44] Kozawa Y, Sato S. Focusing property of a double-ring-shaped radially polarized beam[J]. Optics Letters, 2006, 31(6): 820-822.

[45] Wang X L, Ding J, Qin J Q, et al. Configurable three-dimensional optical cage generated from cylindrical vector beams[J]. Optics Communications, 2009, 282(17): 3421-3425.

[46] Gu B, Pan Y, Wu J L, et al. Manipulation of radial-variant polarization for creating tunable bi-focusing spots[J]. Journal of Optical Society of American A-Optics, Image Science, and Vision, 2014, 31(2): 253-257.

[47] Wang X, Gong L, Zhu Z, et al. Creation of identical multiple focal spots with three-dimensional arbitrary shifting[J]. Optics Express, 2017, 25(15): 17737-17745.

[48] Rodrigo J A, Alieva T, Abramochkin E, et al. Shaping of light beams along curves in three dimensions[J]. Optics Express, 2013, 21(18): 20544-20555.

[49] Lou K, Qian S X, Wang X L, et al. Two-dimensional microstructures induced by femtosecond vector light fields on silicon[J]. Optics Express, 2012, 20(1): 120-127.

[50] Lou K, Qian S X, Ren Z C, et al. Femtosecond laser processing by using patterned vector optical fields[J]. Scientific Reports, 2013, 3: 2281.

[51] Kraus M, Ahmed M A, Michalowski A, et al. Microdrilling in steel using ultrashort pulsed laser beams with radial and azimuthal polarization[J]. Optics Express, 2010, 18(21): 22305-22313.

[52] Ashkin A, Dziedzic J M, Bjorkholm J E, et al. Observation of a single-beam gradient force optical trap for dielectric particles[J]. Optics Letters, 1986, 11(5): 288-290.

[53] Zhan Q. Trapping metallic Rayleigh particles with radial polarization[J]. Optics Express, 2004, 12(15): 3377-3382.

[54] Huang L, Guo H, Li J, et al. Optical trapping of gold nanoparticles by cylindrical vector beam[J]. Optics Letters, 2012, 37(10): 1694-1696.

[55] Wang X L, Chen J, Li Y, et al. Optical orbital angular momentum from the curl of polarization[J]. Physical Review Letters, 2010, 105(25): 253602.

[56] Donato M G, Vasi S, Sayed R, et al. Optical trapping of nanotubes with cylindrical vector beams[J]. Optics Letters, 2012, 37(16): 3381-3383.

[57] Min C, Shen J, Zhang Y, et al. Focused plasmonic trapping of metallic particles[J]. Nature Communications, 2013, 4: 2891.

[58] Lerman G M, Levy U. Effect of radial polarization and apodization on spot size under tight focusing conditions[J]. Optics Express, 2008, 16(7): 4567-4581.

[59] Kozawa Y, Matsunaga D, Sato S. Superresolution imaging via superoscillation focusing of a radially polarized beam[J]. Optica, 2018, 5(2): 86-92.

[60] Bautista G, Huttunen M J, Mäkitalo J, et al. Second-harmonic generation imaging of metal nano-objects with cylindrical vector beams[J]. Nano Letters, 2012, 12(6): 3207-3212.

[61] Bautista G, Kakko J P, Dhaka V, et al. Nonlinear microscopy using cylindrical vector beams: applications to three-dimensional imaging of nanostructures[J]. Optics Express, 2017, 25(11): 12463-12468.

[62] Wen B, Xue Y, Gu B, et al. Radial-variant nonlinear ellipse rotation[J]. Optics Letters, 2017, 42(19): 3988-3991.

[63] Bouchard F, Larocque H, Yao A M, et al. Polarization shaping for control of nonlinear propagation[J]. Physical Review Letters, 2016, 117(23): 233903.

[64] Hu Y, Gu B, Wen B, et al. Anisotropic two-photon absorbers measured by the Z-scan technique and its application in laser beam shaping[J]. Journal of Optical Society of American B-Optical Physics, 2020, 37(3): 756-761.

[65] Li S M, Li Y, Wang X L, et al. Taming the collapse of optical fields[J]. Scientific Reports, 2012, 2: 1007.

[66] Wróbel P, Pniewski J, Antosiewicz T J, et al. Focusing radially polarized light by a concentrically corrugated silver film without a hole[J]. Physical Review Letters, 2009, 102(18): 183902.

第 7 章　微纳光子器件

微纳光学是研究极小空间尺度光场的产生及其与物质相互作用新物理与新应用的重要平台。21 世纪以来，得益于微细加工技术和材料科学技术的蓬勃发展，人们可以在微米和纳米尺度下对材料结构形貌进行有序设计和精准加工，由此实现对其光学响应的高自由度控制，进而获得小型化、集成化和动态可调的光学器件。微纳光学器件集合了材料本征的光学特性和微纳结构的尺寸效应，能够在空间域和时间域同时实现对光场振幅、相位和偏振态等多个维度的有效控制。一方面，可对光场实现高自由度调控的微纳光学结构，为光子与声子、分子等的相互作用提供了一种全新、高效的方式，是构建集成光电系统和光声系统的理想平台，相关研究为光电转化、生物监测和波场联合调控等领域的发展提供了新的可能。另一方面，研究微纳结构与光场相互作用的非线性过程和量子效应等动力学过程，也为新型极端光场的构筑和研究提供了新的机遇。本章将介绍多个应用领域中常用的微纳光子器件。

7.1　光 学 天 线

与无线电和微波天线类似，微纳光子器件的目的之一是使得能量在自由传播辐射场和局域能量之间实现高效的转换，因此也称为光学天线 (optical antenna)。在光学频率下，金属纳米结构通常具有表面等离激元共振特性，因此光学天线的性能表现出对表面等离激元共振的强烈依赖性。光学天线的出现为在亚波长尺度操控光子提供了一种有效的方法。微纳光子结构的改变产生了许多奇特的光学现象，并为对光子的整体控制提供可能。

7.1.1　光学天线的发展历史

传统的光学技术中人们常使用透镜、反光镜和衍射光学元件去改变传播辐射场的波前，从而起到控制光束的作用。光场是一种电磁波，由于衍射效应的影响，上述元件无法在亚波长尺度下控制光场。与之相反的是，在无线电和微波技术中可以利用亚波长尺度的天线实现对电磁场的调控。射频天线技术的发展已然非常成熟，通过改变天线的结构就可以在不同环境下使得能量在传播辐射场和局域场之间实现高效的转换。

现代社会中，天线已经作为一项关键技术在无线电和微波频段得到了广泛的应用，从卫星通信到日常生活使用的手机、电视机等，天线都扮演着极其重要的角色。相比之下，光学频段中却没有一种有着类似天线功能的器件在科技应用中占得一席之地。为了寻求一种能够在亚波长尺度操纵和控制光场的新技术，人们提出了“光学天线”这一物理光学中的新概念 [1]。为了能够高效地操纵光场，必须设计出一种能够与光场发生强相互作用的光学器件，而它的特征尺度也必须在光波长量级。这个苛刻的条件要求光学器件的加工精度要优于 10 nm，这对于早期的样品制备工艺来说是很难实现的。随着纳米科技在近几十年内的蓬勃发展，通过自上而下的纳米加工技术，如聚焦离子束刻蚀 (focused ion beam milling)[2,3] 和电子束曝光 (electron-beam exposure)[4]，或是自下而上的自组装方法 [5] 都可以实现所需的加工精度要求，极大地促进了微纳光子器件的发展。

与传统天线类似，光学天线的设计目标是优化局域源或接收体与自由辐射场之间的能量传递。然而，光学天线的含义更为宽泛，超越了传统天线的一般定义。对于光学天线来说，它已不再是一个简单的共振体或强散射体，而是自由辐射场和局域能量之间的变换器，它的效率由局域化的程度和所变换能量的量级所决定。在解决了器件的加工问题之后，光学天线仍旧面临着材料问题的挑战。在光学频段中金属不再是完美导体，而是一种可以自由电子气 (free electron gas) 来描述的强关联等离子体 (strongly correlated plasma)，因此电磁场在金属中的趋肤深度不能忽略。同时，光学频段中电磁场的响应特性是由金属表面存在的表面等离激元共振效应决定的。因此，在设计光学天线时不能只是将传统射频天线的尺度按照光学波长等比例缩小，而是必须仔细考虑金属纳米结构中表面模式对其性质的影响。正是由于表面等离激元共振效应，光学天线的特性对于天线的形状和所用材料都具有依赖性，因此光学天线的结构也有着更多的变化。

光学天线的概念来自于近场光学。1928 年，在给爱因斯坦 (Einstein) 的一封信中，辛格 (Synge) 提出了一种新的显微镜技术的设想。在他的描述中，可以利用胶体金属颗粒的散射场作为照射样品表面的局域光源，从而获得分辨率超越衍射极限的光学成像 [6]。在这个系统中，金属颗粒将自由传播的光辐射场转化为局域场，并与样品表面发生相互作用。如果将样品的表面看作一种接收体，金属颗粒就发挥着光学天线的作用。1985 年时，Wessel 在他的一篇论文中写到：“粒子接收了入射的电磁场，起到了天线的作用 [7]”。这是首次在公开发表的论文中明确地将局域性的微观尺度上的光源类比于经典天线。为了深刻理解表面增强拉曼散射现象内在的物理原因，人们对激光照射下金属颗粒附近出现的电磁场增强效应进行了很多理论研究，这个时代可称为现代纳米等离激元光学发展的初期。1988 年，Pohl 和 Fischer 在实验中对 Synge 的设想进行了验证 [8]，他们对一块有着 320 nm 圆孔的金属膜成像，获得了 50 nm 的空间分辨率，首次在实验中证实 Synge 提出的近场扫描光学显微技术是可行的。十年后，金属针尖也被作为一种光学天线探针运用在近场显微镜和光学捕获中。之后，又有许多天线结构被陆续提出。

7.1.2　光学天线的物理特性

一般来说，天线的通用问题可以用图 7.1(a) 来表示 [9]。理想情况下，接收体 (发射体) 为基本的量子吸收体 (发射体)，例如原子、分子、离子、量子点，或固体中的缺陷中心。光学天线增强了辐射体 (吸收体) 与光场之间的相互作用，也为在单量子系统中操控光与物质相互作用提供了可能。同时，接收体 (发射体) 的存在也影响着天线自身的性质，因此它们之间必须当作一个耦合系统来看待。

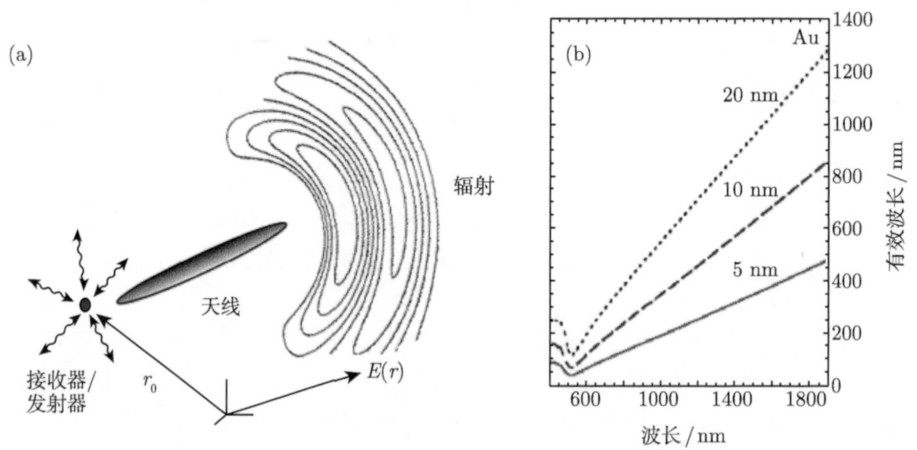

图 7.1　(a) 辐射体或发射体通过光学天线与自由光辐射场发生相互作用；(b) 不同半径 (5 nm, 10 nm, 20 nm) 的金纳米棒的有效波长 [1]

光学天线能够增强辐射体至接收体的传输效率。这种增强是通过增加辐射体所释放的辐射总量来实现的，因此天线效率是评价光学天线性能的重要指标。天线效率的定义为

$$\varepsilon_{\text{rad}} = \frac{P_{\text{rad}}}{P} = \frac{P_{\text{rad}}}{P_{\text{rad}} + P_{\text{loss}}} \tag{7.1}$$

其中，P 为天线耗散的总功率；P_{rad} 为辐射功率；而 P_{loss} 为以其他方式耗散掉的功率，例如被天线所吸收。然而，通过控制辐射体的辐射方向，传输效率同样能够得到提升。这种过程的效率可以用方向性来表示：

$$D(\theta, \varphi) = \frac{4\pi}{P_{\text{rad}}} p(\theta, \varphi) \tag{7.2}$$

其中，角度 θ 和 φ 代表观察点的方向；$p(\theta, \varphi)$ 为角功率密度。如果没有特别指出观察点的方向，一般是指最大方向性所对应的方向。

天线增益的定义与方向性类似，不同的是，方向性是针对辐射功率 P_{rad} 进行归一化，而天线增益则是针对总功率进行归一化。天线增益的定义为天线效率和方向性的组合：

$$G = \frac{4\pi}{P} p(\theta, \varphi) = \varepsilon_{\mathrm{rad}} D \tag{7.3}$$

根据天线理论中的互易原理 (principle of reciprocity)，源和场的位置可以互换，因此好的发射型天线同样也是好的接收型天线。对于一个双态量子发射体，发射体的激发速率 Γ_{exc} 和自发辐射速率 Γ_{rad} 的关系为

$$\frac{\Gamma_{\mathrm{exc},\theta}(\theta, \varphi)}{\Gamma^{\mathrm{o}}_{\mathrm{exc},\theta}(\theta, \varphi)} = \frac{\Gamma_{\mathrm{rad}}}{\Gamma^{\mathrm{o}}_{\mathrm{rad}}} \frac{D_\theta(\theta, \varphi)}{D^{\mathrm{o}}_\theta(\theta, \varphi)} \tag{7.4}$$

其中，上标 o 代表没有天线时的情形；下标 θ 代表着偏振态，电场矢量沿着 θ 单位矢量的方向。这意味着天线所带来的激发速率增加与自发辐射速率的增加成正比。

天线孔径是天线的另一个重要参数，形式上它等同于吸收截面 σ。对于一个类似于偶极子的接收体，假设当没有与天线发生耦合时截面为 σ_{o}。吸收偶极矩方向上的单位矢量用 $\boldsymbol{n}_{\mathrm{p}}$ 来表示，在接收体位置上的入射场为 $\boldsymbol{E}_{\mathrm{o}}$。当接收体与天线发生耦合时，接收体处的场会增大到 $\boldsymbol{E}$，此时的天线孔径 (吸收截面) 会变为

$$\sigma = \sigma_{\mathrm{o}} \left|\boldsymbol{n}_{\mathrm{p}} \cdot \boldsymbol{E}\right|^2 / \left|\boldsymbol{n}_{\mathrm{p}} \cdot \boldsymbol{E}_{\mathrm{o}}\right|^2 \tag{7.5}$$

由此可见，光学天线的孔径由局域场强度增强因子决定。

对于微波天线来说，它的设计准则是与入射辐射场的波长 λ 紧密相关的。例如，半波天线的长度 L 为 $\lambda/2$，八木–有田天线 (Yagi-Uda antenna) 中各元件之间的距离也是以激发波长 λ 为考量的。因此，在微波天线中只需要按比例相应地调整天线结构尺寸，就可以满足不同频率的要求。然而，这种简单的缩放处理对于光学天线却不适用。在无线电频率中，金属有着非常大的电导率，因此它们大多数是完美反射体。同时，电磁场渗入金属的趋肤深度远小于天线的尺寸，因此是可以忽略的。然而，在光学频率中，金属中电子的惰性较大，因此驱动场和电子响应之间存在延时，无法做到立即响应。并且，趋肤深度一般约为几十纳米，与天线的尺寸相当。因此，金属中的电子不再与入射辐射场的波长 λ 相关联，而是与有效波长 λ_{eff} 有关。有效波长与激发波长之间存在线性关系 [10]：

$$\lambda_{\mathrm{eff}} = n_1 + n_2 \left(\frac{\lambda}{\lambda_{\mathrm{spp}}}\right) \tag{7.6}$$

其中，λ_{spp} 为表面等离极化激元波长；n_1 和 n_2 为取决于天线形状和介电常数的几何参数。对于常用的金属 (如金、银、铝) 来说，λ_{eff} 要比 λ 小 $\frac{1}{6} \sim \frac{1}{2}$。利用

有效波长的概念，可以将经典天线的设计理念和设计准则推广到光学频段。例如，半波天线的长度应修正为 $\lambda_{\mathrm{eff}}/2$。对于一个金纳米棒来说，它的有效波长 λ_{eff} 约为 $\lambda/5.3$ (图 7.1(b))。由此可见，在光学频段中半波天线的长度非常短，只有约 $\lambda/10.6$。

当天线元件的直径小于 5 nm 时，金属的电导率会严重下降，在这种情况下金属就不再是天线材料的最佳选择。相比之下，碳纳米管是一种比金属更好的导体。因此，在这种小尺度下，碳材料例如石墨烯和纳米管都可能成为光学天线的基础材料。

7.1.3 光学天线的应用

光学天线领域的研究是由实际应用中对高的场增强效应、强的局域场，以及大吸收截面的需求推动的。这些应用包括高分辨率显微技术、光谱技术、光电探测、光生伏特以及光发射等。光学天线能够使得光与物质相互作用过程更高效，所收集信息的特异性更多。

光学天线有着在纳米尺度上调制光场的能力，这一特性使得光学天线在纳米尺度成像的应用中获得了广泛的关注。在成像过程中，人们使用近场光学探针与未知样品表面的近场光场发生相互作用，此时光学探针可视为一种光学天线。为了获得一幅近场的光学图像，光学探针需要在贴近样品表面的平面内扫描并探测所产生的光学信号 (如散射、荧光等)，通过收集每一个像素的信息，最终获得高分辨率的近场光学图像。在某些情况下，可以用一系列的相互作用级次来表示天线与样品之间的相互作用，因此只需考虑相互作用中占决定性因素的单个项。例如，在基于散射的近场显微技术中，天线的存在类似于局域的微扰，使得样品表面的场发生散射。因此，天线和样品之间的相互作用可以在很大程度上被忽略。另一个极端情况，在针尖增强的近场光学显微技术中，针尖天线的附近会产生极强的局域场，相互作用也是主要发生于样品与该局域场之间，因此这种情况下外部的激发源可以被忽略。在针尖附近的近场区域内，光学天线扮演着纳米尺度光源的角色，因此可以在局域光谱学等领域发挥重要作用。

当使用光束照射样品时，样品表面附近的光场由两部分组成，即传播分量和倏逝分量。普通的成像装置无法收集倏逝场的信息，因此大大限制了成像的分辨率。为了能够探测到倏逝场，继而提高光学成像的分辨率，人们提出了一种基于散射的近场显微技术。这种技术的基本原理是利用一个散射探针将倏逝场转变为传播辐射场，从而能够被成像装置所探测。相关的实验工作在 20 世纪 90 年代初期完成，实验中采用了尖锐的金属针尖探针 [11]。在基于散射的显微技术中，需要样品能够与入射的激光发生强烈的耦合。因此，迄今为止大多数的研究都是基于可见光或近红外光源激发下的金属纳米结构 [12]，或是中红外激发下的半导体结

构 [13]。为了能够高效地将所需信号从大背景场中提取出来，Knoll 和 Keilmann 提出将探针在垂直方向以频率 Ω 进行调制，并将信号在高频 $n\Omega$ 进行解调 [14]。此后，人们将这项技术与外差装置相结合，用来从散射光中抽取光学振幅和相位信息 [15]。

一个高效的光学天线能够与入射辐射场发生强烈的相互作用，并产生高度局域的场。在一些局域光谱技术的实验中，例如荧光、红外吸收以及拉曼散射等，该局域场可以作为激发源来使用。

激光激发荧光是一项被广泛使用的分析工具。相对于激发光，荧光的波长会出现非常明显的红移，因此在实验中收集到的信号中没有背景光。单个发射体的荧光速率 Γ_{fl} 是由激发速率 Γ_{exc} 和发射体的固有量子产率 η_{i} 决定的。固有量子产率的定义为

$$\eta_{\mathrm{i}}=\frac{\Gamma_{\mathrm{rad}}^{\mathrm{o}}}{\Gamma_{\mathrm{rad}}^{\mathrm{o}}+\Gamma_{\mathrm{nr}}^{\mathrm{o}}} \tag{7.7}$$

其中，$\Gamma_{\mathrm{rad}}^{\mathrm{o}}$ 和 $\Gamma_{\mathrm{nr}}^{\mathrm{o}}$ 分别对应固有辐射速率和非辐射弛豫速率。在没有天线和荧光信号未饱和的情况下 (弱激发)，荧光速率可以表示为

$$\Gamma_{\mathrm{fl}}=\Gamma_{\mathrm{exc}}^{\mathrm{o}}\cdot\eta_{\mathrm{i}}=\Gamma_{\mathrm{exc}}\frac{\Gamma_{\mathrm{rad}}^{\mathrm{o}}}{\Gamma_{\mathrm{rad}}^{\mathrm{o}}+\Gamma_{\mathrm{nr}}^{\mathrm{o}}} \tag{7.8}$$

当加入光学天线后，由于局域场增强效应带来局域态密度的增大，Γ_{exc} 也随之会增大。根据互易原理，Γ_{rad} 也会相应增大。然而，由于非辐射能量会从受激分子转移到光学天线，所以天线的加入同样也会增大 Γ_{nr}。对于一个强辐射体来说，η_{i} 约等于 1，因而无法被光学天线进一步增大。因此，在荧光系统中，由光学天线引起的荧光增强主要归功于 Γ_{exc} 的增大。另一方面，对于一个弱辐射体来说，它的 η_{i} 远远小于 1 (即 $\Gamma_{\mathrm{nr}}^{\mathrm{o}}$ 远远大于 $\Gamma_{\mathrm{rad}}^{\mathrm{o}}$)。在这种情形下，天线能够增强激发速率和效率，使得净荧光增强效应比强辐射体更高。Hartschuh 使用尖锐的金针尖作为光学天线，研究了单壁碳纳米管的光致发光效应，在实验中获得了 100 左右的光致发光增强 [16]。Tam 等在近红外区域利用单硅–金核壳颗粒对所吸附的低 η_{i} 分子实现了表面等离激元的荧光增强 [17]。Atwater 和 Polman 利用低固有量子产率的硅量子点，在银纳米颗粒附近实现了光致发光增强效应 [18,19]。

设计一种应用于荧光增强的高效天线的关键在于削弱金属中的非辐射损耗(淬火)。对于具有延展性的结构，例如尖锐的金属针尖，由于受激辐射体会弛豫为表面等离极化激元并沿着针尖表面传播，因此会产生更高的损耗。相比之下，具有限制性的纳米结构能够在高场增强和低损耗之间找到平衡点，因此是荧光应用中理想的天线结构，例如贵金属纳米颗粒。据报道，在单个荧光团中使用金和银纳米颗粒，可以获得 20 倍的荧光场增强 [20]。

除了胶质纳米颗粒之外，另一种方法是在纳米探针孔径的顶端用聚焦离子束刻蚀加工一个接地的单极天线 (图 7.2(a)) [21]。这种结构的好处是能够降低困扰其他天线结构的背景共焦激发。Guckenberger 等制作了这种生长在探针孔径上的针尖结构，并使用其对染料标记的 DNA 链进行成像，实验中获得了 10 nm 的空间分辨率 [22]。

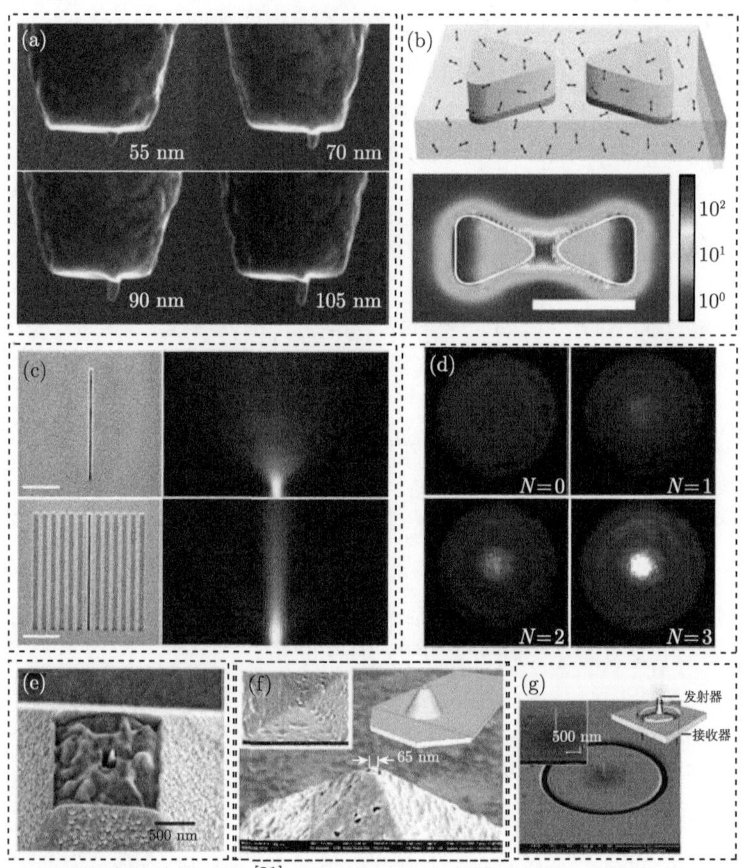

图 7.2　(a) 不同长度的单极天线 [21]；(b) 蝶形纳米天线的结构示意图及其局域电场强度增强 [23]；(c) 狭缝和狭缝/光栅复合结构的 SEM 图及其量子点辐射场的共焦扫描图像 [25]；(d) 高数值孔径透镜后焦面收集的荧光强度分布 [26]；(e) C 型孔径复合锥形金属针尖的探针结构的 SEM 图 [29]；(f) 轴型扫描探针的 SEM 图 [30]；(g) 串联式牛眼表面等离极化激元透镜–锥形针尖天线的 SEM 图 [32]

作为间隙型光学天线的一个代表，蝶形天线中心的微小间隙处会产生极强的局域增强场。当蝶形光学天线发生共振时，间隙处的发光分子的辐射强度会得到极大的提升 (图 7.2(b))。利用蝶形天线，Kinkhabwala 等在实验中观察到了高达

1340 倍的单分子荧光增强 [23]，同时辐射衰变时间仅为 10 ps，证明了蝶形天线在实现高辐射率、室温的单光子源上的潜力。

在增强荧光强度的同时，人们期望对荧光分子辐射场的方向实现操控，特别是针对那些对光场方向性要求非常高的应用，荧光方向性的控制尤为重要。当受激荧光分子与金属光学天线相互作用时，辐射光子的特性会受到表面等离激元结构的影响，这其中就包括辐射的方向性。Ming 等在实验中证实，荧光团的辐射场所携带的方向以及偏振等特性本质上是由纳米棒天线的表面等离激元效应所决定的 [24]。因此，对光学天线共振特性的调整能够影响到附近纳米尺度辐射体的发光性质。Jun 等在实验中利用一维金属光栅结构，实现了对中心狭缝内发光量子点辐射场方向的有效调制 [25] (图 7.2(c))。与单狭缝的结果相比，周期性光栅所产生的相干干涉使得辐射荧光场的方向性大大改善。Aouani 等将这种光栅结构拓展到二维，利用牛眼天线 (bull's eye antenna) 在实验中得到了类似的调制效果 [26]。图 7.2(d) 为透镜后焦面收集到的荧光强度分布图样，其中 N 代表牛眼天线中环形光栅的数目，$N = 0$ 为只有中心圆孔的情况。可以很明显地看出，随着环形光栅圈数的增多，荧光场在强度增加的同时，辐射方向也开始向中心压缩。

尽管这种纳米颗粒的聚合体能够带来非常高的场增强，但是在分子的可控性和重复性上仍旧面临着很大的挑战。因此人们又提出了一种更加灵活和可控的方法，利用金属针尖类型的光学天线获得点对点的拉曼光谱，这项技术也就是通常所说的尖端增强拉曼散射 [27]。在针尖处可获得的拉曼增强一般在 $10^4 \sim 10^8$ 的范围，对应着 10~100 倍的场增强。Hartschuh 等利用尖端增强拉曼散射技术系统地研究了碳纳米管的结构和电子特性 [28]。Cheng 等将 C 型纳米孔径结构与锥形针尖相结合，设计了一种可实现高强度、无背景噪声和超高分辨率 ($\lambda/60$) 的光学探针 (图 7.2(e))，实验中获得了 16.1 nm 的近场光学分辨率 [29]。大多数尖端增强拉曼散射中成像系统都基于间隙模式，尖锐的金属针尖需要被控制在高于金属衬底表面 1 nm 左右，待测样品被放置在间隙中，这意味着只有非常薄的样品才适用于这套系统。为了突破这一限制，Weber-Bargioni 等采取直接在针尖上开孔的办法，设计了一种基于介质底座的共轴型光学天线探针 (图 7.2(f))，这种结构避免了间隙模式所带来的局限性，实验中获得了 20 nm 的空间分辨率 [30]。

在针尖形光学天线的应用中，人们期望在针尖处获得更高的场增强，因此需要寻找到更为高效地激发表面等离极化激元的方法。对于通常采用的偏振激发光源，如线偏振和圆偏振等，很难设计出高效的表面等离极化激元天线结构。近年来，随着径向偏振光的兴起，这种偏振在横截面上呈径向轴对称分布的特殊光场被认为是轴对称表面等离极化激元天线的天然激发源，因此也给了人们设计出同样轴对称的基于径向偏振光激发的针尖天线的灵感。Chen 首次将径向偏振光引入无孔型近场光学扫描显微镜探针的设计中。轴对称的银膜包裹锥形光纤结构的探针能够充分地将入射光耦合入表面等离极化激元，并在尖端处获得干涉增强的表面等离极化激元聚焦场，场增强高达 320 倍 [31]。另外，也可以采用串联的方式设计针尖型光学天线。如图 7.2(g) 所示，Ginzburg 等加工了一种由牛眼表面等离极化激元透镜和锥形针尖相串联的天线结构 [32]。轴对称的牛眼透镜所聚焦的表面等离极化激元能够被中心处的锥形针尖进一步局域在尖端，从而获得非常高的场增强效应。

7.2　增强局域光场的微纳光子器件

光学天线是自由辐射场与局域能量之间的转换器。根据能量传递的方向，光学天线可分为两大类：接收型光学天线 (receiving optical antenna) 和发射型光学天线 (emitting optical antenna)。接收型天线的功能是在某种共振的条件下将入射的电磁场能量高效地收集，并将其转换为增强的局域场。在光频中，天线的性能与表面等离极化激元密不可分，因此接收型光学天线也称为表面等离极化激元透镜。接收型光学天线能够提供高强度的局域场和大的吸收截面，在许多领域都有着非常广泛的应用，例如传感、亚波长/非线性光学、纳米尺度成像、光谱学和光生伏特等。由于表面等离极化激元会受到金属结构的影响，因此接收型天线的性能特点也会因结构的不同而发生改变。本节中，我们将介绍几种用于增强局域光场的微纳光子器件。

7.2.1　牛眼式接收型光学天线

作为一种波动现象，表面等离极化激元能够被表面等离极化激元透镜聚焦。Liu 等设计了一种环形狭缝结构的表面等离极化激元透镜 [33]，也称为牛眼式接收型光学天线。当线偏振光垂直照射牛眼天线时，表面等离极化激元会在狭缝上被激发并在牛眼天线中心形成聚焦场。然而，由于表面等离极化激元只能被 TM 偏振所激发，牛眼天线中只有小部分的结构会与入射光子发生相互作用并将其耦合入表面等离极化激元，所以激发效率很低。同时，在线偏振光激发下，中心焦场为双瓣分布，这对于许多应用来说是非常不利的。随着径向偏振光的提出，这种径向的轴对称偏振分布与同样轴对称的牛眼结构完美匹配。当径向偏振光作为牛眼天线的激发源时，表面等离极化激元能够获得高效的激发，并在焦点处形成均匀且实心的纳米尺度焦斑。同时，通过调整和改变牛眼天线的结构，例如在环形狭缝周围加上周期性光栅，或是变为多圈狭缝结构，可以使得焦斑尺度更小，强度更高。

为了提高显微技术、传感以及光学存储等应用的分辨率，往往需要亚波长尺度的光斑大小。在此需求的推动下，如何将表面等离极化激元强聚焦并将其限制在纳米尺度，成为有待解决的重要问题。显微镜技术和传感中，更小的光斑会带来更好的分辨率，从而使得能够观察到更小的细节和分析物。对于光学存储，更小的光斑会允许写出更小的比特，从而能够实现更高的存储密度，甚至超越现有的蓝光技术。因此，人们设计了许多结构装置去聚焦并限制表面等离极化激元。牛眼式表面等离极化激元透镜的基本结构是在金属层中刻蚀一圈环形的亚波长狭缝。通过光子在狭缝上的散射，入射光场能够耦合入表面等离极化激元并穿过狭缝。狭缝内的表面等离极化激元将耦合入天线另一侧金属/介质界面传播的表面等离极化激元模式，并在牛眼天线对称轴的位置形成一个聚焦光斑。通过改变入射角的大小，还可以对聚焦光斑的位置进行调整。在表面等离极化激元透镜的设计方面，当前面临的主要挑战是如何提高表面等离极化激元的耦合效率以及增大聚焦场的强度。作为光的重要特性之一，偏振对于达成此目标起着极其重要的作用。对于轴对称的牛眼结构来说，当一束径向偏振光垂直激发时，整个光场对于环形狭缝而言都是 TM 偏振的。表面等离极化激元在整个角向方向都会被激发。因此，径向偏振光也被认为是牛眼表面等离极化激元透镜的天然激发源。

Yanai 等率先在实验中对于牛眼接收型天线的聚焦效应进行了验证 [34]。实验中所用的牛眼天线的加工是利用聚焦离子束在 150 nm 厚的银膜上刻蚀的环形狭缝。银膜的衬底为玻璃，圆环的直径为 15 μm，宽度为 250 nm，采用的光源为波长 1064 nm 的 Nd:YAG 激光器。狭缝的宽度相当于 $0.23\lambda_0$，这个宽度被认为是狭缝边缘高效激发表面等离极化激元的最优值，并且相应的光子耦合入辐射模式的效率很低。对于牛眼透镜结构，径向偏振光是比线偏振光更合适的激发源，原因如下所述。

(1) 相对于牛眼结构的环形狭缝，径向偏振光是整体 TM 偏振的。然而线偏振光中的 TM 分量只有 $\cos\theta$，其中 θ 为偏振方向与狭缝法向方向的夹角。因为只有 TM 偏振能激发表面等离极化激元，所以径向偏振光的表面等离极化激元耦合效率更高，并且在焦点处可获得更高的场增强。

(2) 本质上来说，牛眼透镜为共轴结构。对于实验中所用的尺度和波长，结构只支持径向偏振的 TEM_{00} 基模模式，而其他模式都超出了截止频率。因此线偏振穿过亚波长狭缝的传输效率非常低。

(3) 相比于线偏振光，当使用径向偏振光激发时，焦点处光斑的尺寸更小。这一特点可以直观地从场分量来解释。如图 7.3(a) 所示，对于径向偏振光，由于相消干涉，面内电场分量 (E_R) 在焦点处为零。对于面外分量 E_z(相对于聚焦平面为纵向方向)，由于狭缝圆周上产生的表面等离极化激元传播至焦点处时，它们的纵向场分量都指向相同的 z 方向，所以在焦点处会发生相干干涉，形成实心的焦点光斑。当采用线偏振光激发时，情况会截然不同：E_R 分量在焦点处相长干涉，E_z 分量在焦点处相消干涉。因此，在径向偏振激发下，电能密度会被强聚焦；而对于线偏振光，焦点中心处的电能密度为零，整体光场分布为中心对称的两瓣。

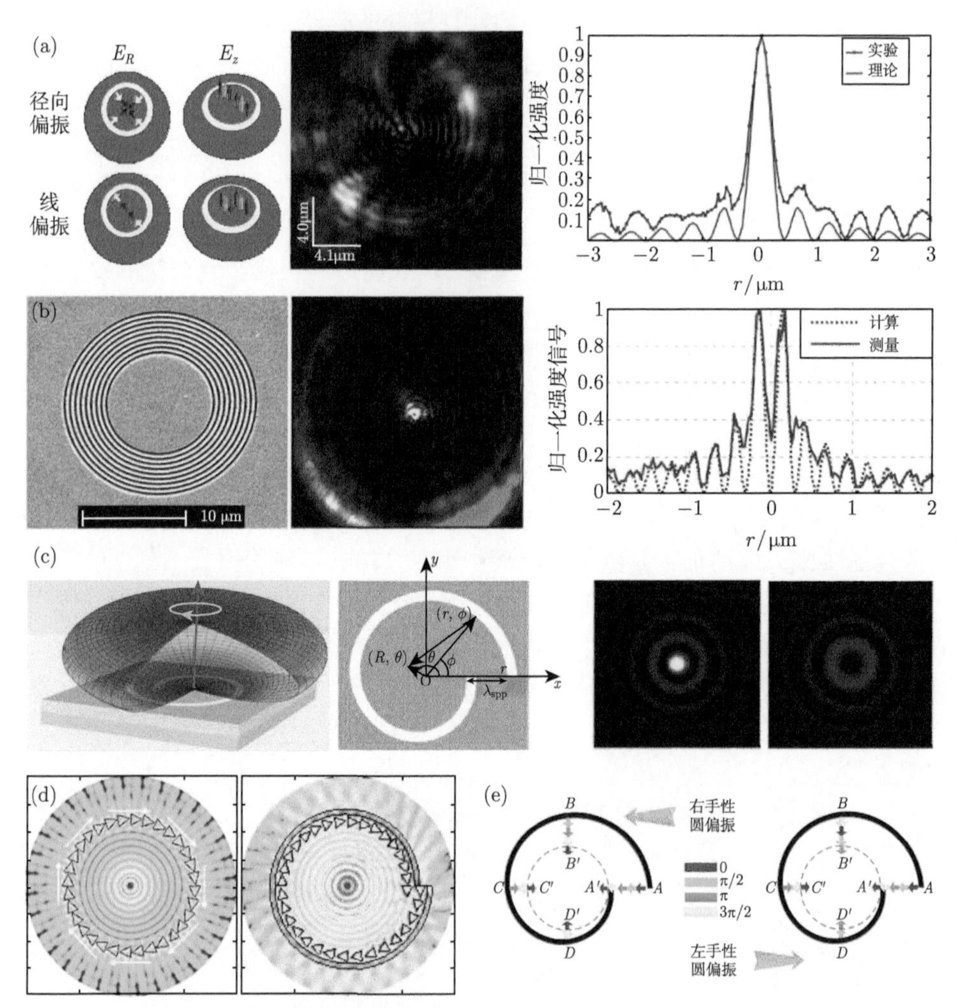

图 7.3　(a) 径向偏振光和线偏振光激发单圈牛眼天线时不同电场分量的示意图 (左)，径向偏振光激发单圈牛眼天线时近场的二维强度分布 (中) 和通过聚焦光斑中心的强度线扫描 (右)[34]；(b) 径向偏振光激发多圈牛眼天线 (电镜图 (左)) 时近场的二维强度分布 (中) 和通过聚焦光斑中心的强度线扫描 (右)[35]；(c) 阿基米德螺旋天线的辐射场的偏振及强度分布 (左 1)，左手性单圈阿基米德螺旋天线的结构示意图 (左 2)，右旋 (右 2) 和左旋 (右 1) 圆偏振光激发左手性螺旋天线时的近场强度分布 (右)[36]；(d) 角向偏振光激发三角形孔径阵列时近场的对数电能密度分布 (左)，右旋圆偏振光激发左手性混合型螺旋天线时近场的对数电能密度分布 (右)[37]；(e) 左手性螺旋形光学接收天线中表面等离极化激元波会聚的角谱示意图

实验中，使用近场光学扫描显微镜对样品进行了光栅式扫描。普通的近场光

学扫描显微镜探针对于电场的纵向分量的耦合效率较低，探测到的主要是横向电场分量。因此在利用近场光学扫描显微镜探针对表面等离极化激元成像时，总是不能获得最直接的强度分布，这是因为表面等离极化激元的偏振主要沿着纵向方向。增大探针对纵向电场耦合效率的一个方法是使用大孔径的探针，正如这个实验中所采用的直径为 300 nm 的近场光学扫描显微镜探针，这使得探测信号中纵向分量占主导地位，因此从图 7.3(a) 中的近场光学图像和相应的强度线扫描图中可以观察到表面等离极化激元焦场中心的亮点。为了避免探针对银膜的破坏，测量中近场扫描光学显微镜探针保持在样品上方 2 μm 处。与预期结果相同，表面等离极化激元在环形狭缝的圆周方向都被激发，形成了一系列同相位的同心圆环，并向着牛眼天线中心传播至焦点处，形成尖锐的聚焦。测量出的光斑大小约为 410 nm，略大于 380 nm 的理论值，这种轻微的差异可能是由于表面等离极化激元场与探针有限大小的孔径之间的相互作用，同时测量中 E_R 分量的存在也必须加以考虑。

出于实际应用的考量，人们希望表面等离极化激元透镜能够提供更高的透射和更大的场增强。为了满足这些要求，Chen 等设计了多圈结构的牛眼透镜 [35]。作为对单圈牛眼透镜的一种改进，多圈结构有着多个同心的环形狭缝，目的是增大天线对入射光子的吸收面积，从而促进表面等离极化激元的产生。为了能够在牛眼透镜的中心获得均匀分布的增强局域场，同心圆环的周期需要等于表面等离极化激元的波长。在这种情况下，多圈的牛眼结构中不同狭缝处产生的表面等离极化激元存在着相位差 $2\pi n(n=1,2,3,\cdots)$，因此表面等离极化激元波的相位相同，在向牛眼透镜几何中心传播的过程中相互之间发生相干叠加，最终形成比单圈结构更强的局域聚焦场。

多圈结构牛眼天线的聚焦特性在实验中也得到了验证。利用电子束蒸镀，200 nm 厚的银膜被沉积在玻璃衬底上，该厚度能够避免激光对银膜的远场直接透射。接着，利用聚焦离子束刻蚀在银膜上加工了 9 圈的牛眼结构，相应的扫描电镜图如图 7.3(b) 所示。最内部的圆环直径为 9.2 μm，狭缝的宽度为 135 nm，周期为 500 nm，符合相应的表面等离极化激元波长。波长为 532 nm 的径向偏振光由衬底一侧垂直照射牛眼天线。为了满足相位匹配的要求，径向偏振光的中心奇点需要与牛眼结构的几何中心重合。收集模式的近场扫描光学显微镜被用来探测牛眼天线中心附近银/空气界面的表面等离极化激元强度分布，所用的探针为金属包裹的光纤探针，孔径尺寸为标准的 50~80 nm。

对于单圈的牛眼天线，图 7.3(b) 给出了相应的在牛眼结构中心附近测得的二维强度分布。可以看出，狭缝的整个圆周上都有表面等离极化激元激发，它们向着中心传播并形成了很强的局域场。在越靠近中心的地方，表面等离极化激元干涉条纹的强度越高，体现了聚焦效应。在这个实验中，所使用的探针的孔径尺

寸更小，并且扫描时探针离样品的距离更近，因此实验中测得的近场扫描光学显微镜信号主要为横向电场分量。此时的近场扫描光学显微镜信号正比于 $|\nabla_{\perp} E_z|^2$，因此实验中测得的焦点中心为暗点。从通过聚焦光斑中心的强度线扫描可以看出，两个峰值之间的距离为 294 nm，相应的光斑半峰全宽为 184.4 nm，这与理论计算所得的 255 nm 的表面等离极化激元干涉条纹周期非常相符。

由此可见，单圈牛眼天线的场增强是由角向方向产生的表面等离极化激元之间的相干干涉造成的。因此，通过在牛眼结构中适当地加入更多的同心环形狭缝，就可以进一步地增大焦点的场强。当额外的狭缝位置符合表面等离极化激元波长的圆形布拉格条件时，中心处表面等离极化激元焦点的峰值强度会更高，并且焦点的大小能够保持不变。

7.2.2 阿基米德螺旋线式接收型光学天线

在微波系统中，阿基米德螺旋线式天线是一种基本的射频天线，通常由两个或更多个臂组成。螺旋天线属于非频变天线的一种，相对带宽可高达 30∶1。也就是说，如果最低的频率为 1 GHz，那么天线在 1~30 GHz 的任何频率上都可以正常工作。在宽波段中，螺旋天线的偏振、辐射图样以及阻抗都不会发生改变。众所周知，螺旋天线的辐射模式为圆偏振，圆偏振的手性 (chirality) 取决于螺旋的手性。本节中，我们会将经典理论中的螺旋天线概念引入光学频段。研究表明，螺旋线式的光学接收天线依旧保留了圆偏振敏感性的特质，对于不同手性的圆偏振光激发有着不同的响应。这种天线在近场光学成像以及传感中都有着应用前景。

在天线设计理论中，为了优化接收天线的接收信号效率，激励源的偏振模式需要与该天线作为发射天线时的出射偏振模式相匹配，这也就是天线的模式匹配理论。

由 7.2.1 节所介绍的内容可知，径向偏振光是牛眼型接收天线最为合适的激发源。当时我们是从表面等离极化激元激发效率的观点来看待这种最优的组合。由于径向偏振光的特殊偏振分布，它对于整个圆环狭缝的牛眼结构都为 TM 偏振，所以表面等离极化激元在整个角向方向都有产生。如果我们从天线的模式匹配理论出发，会得出相同的结论。对于牛眼结构，当它作为发射天线时，辐射场的偏振模式为径向偏振。因此，当牛眼结构作为接收天线时，它对于径向偏振的激励源也有着最高的接收效率。

我们可以用同样的方法来分析阿基米德螺旋线式天线。图 7.3(c) 给出了刻蚀在完美导体表面的阿基米德螺旋沟槽天线的辐射图样以及相应的偏振态，该辐射场为圆偏振，圆偏振的手性由螺旋天线的手性决定。因此当使用与辐射场手性相同的圆偏振光去激发螺旋形接收天线时，会获得最好的接收效率。

Yang 等首次在光学频段研究了螺旋式接收天线的聚焦性质 [36]。对于单圈的阿基米德螺旋式天线，由于其结构相对简单，可以推导出相应几何中心附近的电磁场的表达式。如图 7.3(c) 中给出的单圈螺旋天线的俯视图所示，一个左手性的单圈阿基米德螺旋沟槽被刻蚀在薄的金属膜上，衬底为玻璃。圆偏振光由衬底方向垂直照射天线结构。在柱坐标系中，左手性螺旋结构可被描述为

$$r = r_0 - \frac{\Lambda}{2\pi}\phi \tag{7.9}$$

其中，r_0 为常数；Λ 为螺旋的螺距，这里取为表面等离极化激元的波长 λ_{spp}。在柱坐标系中，左旋圆偏振光可以表示为

$$\boldsymbol{E}_{\text{RHC}} = \frac{1}{\sqrt{2}}\mathrm{e}^{\mathrm{i}\phi}\left(\boldsymbol{e}_r + \mathrm{i}\boldsymbol{e}_\phi\right) \tag{7.10}$$

其中，$\mathrm{e}^{\mathrm{i}\phi}$ 为几何相位。当狭缝的宽度足够窄时，径向分量会耦合并激发表面等离极化激元。由于螺旋沟槽的结构特点，表面等离极化激元在全部的角向方向都有激发。若只考虑螺旋沟槽的一小段，它对螺旋天线几何中心附近观察点 (R, θ) 的电磁场的贡献为

$$\mathrm{d}\boldsymbol{E}_{\text{spp}} = \boldsymbol{e}_z E_{0z}\mathrm{e}^{\mathrm{i}\phi}\mathrm{e}^{-k_z z}\mathrm{e}^{\mathrm{i}k_r\cdot(Re_R - re_r)}r\mathrm{d}\phi \tag{7.11}$$

把螺旋结构每一小段都看作表面等离极化激元的次波源，因此观察点上的总表面等离极化激元场可以通过积分表示为

$$\begin{aligned}\boldsymbol{E}_{\text{spp}}(R,\theta) = \int \mathrm{d}E_{\text{spp}} =& \boldsymbol{e}_z E_{0z}\mathrm{e}^{-k_z z}\int \mathrm{e}^{\mathrm{i}\phi}\mathrm{e}^{\mathrm{i}Rk_r\cdot e_R}\mathrm{e}^{-\mathrm{i}[r_0-\phi\Lambda/(2\pi)]k_r\cdot e_r}\\ &\times\left(r_0 - \frac{\Lambda}{2\pi}\phi\right)\mathrm{d}\phi\end{aligned} \tag{7.12}$$

假设结构的尺寸远大于 λ_{spp}，并忽略表面等离极化激元的传输损耗时，上式可写为

$$\begin{aligned}\boldsymbol{E}_{\text{spp}}(R,\theta) &= \boldsymbol{e}_z E_{0z}\mathrm{e}^{-k_z z}\mathrm{e}^{\mathrm{i}k_r r_0}\int \mathrm{e}^{\mathrm{i}R\boldsymbol{k}_r\cdot\boldsymbol{e}_r}\left(r_0 - \frac{\Lambda}{2\pi}\phi\right)\mathrm{d}\phi\\ &\approx \boldsymbol{e}_z E_{0z}\mathrm{e}^{-k_z z}\mathrm{e}^{\mathrm{i}k_r r_0}\int \mathrm{e}^{\mathrm{i}Rk_r\cos(\theta-\phi)}r_0\mathrm{d}\phi\\ &= \boldsymbol{e}_z 2\pi E_{0z}r_0\mathrm{e}^{-k_z z}\mathrm{e}^{\mathrm{i}k_r r_0}\mathrm{J}_0(k_r R)\end{aligned} \tag{7.13}$$

由此可见，左手性螺旋接收天线将入射的右旋圆偏振聚焦为零阶的贝塞尔光束，因此中心为峰值。此外，当天线的尺寸 r_0 增大时，焦点处的场强也会增加。但在实际应用中，天线的大小还受到表面等离极化激元传输损耗的制约，因此不能够做得过大。

与之类似，当左旋圆偏振光激发时，天线几何中心附近的表面等离极化激元场可表示为

$$\boldsymbol{E}_{\mathrm{spp}}(R,\theta)=\boldsymbol{e}_z 2\pi E_{0z} r_0 \mathrm{e}^{-k_z z}\mathrm{e}^{\mathrm{i}k_r r_0}\mathrm{J}_0(k_r R) \tag{7.14}$$

与右旋圆偏振光激发时不同，左手性螺旋天线会将左旋圆偏振聚焦为二阶的贝塞尔光束，中心为暗点，拓扑荷数为 2。

图 7.3(c) 中给出了不同自旋的圆偏振光激发左手性螺旋天线时的场分布。很明显，右旋和左旋圆偏振激发所对应的聚焦场分布在中心附近是空间分离的。如果将一个圆形的探测器放在中心，通过比较探测到的信号的强弱就可以分辨出入射光的自旋。因此，螺旋接收天线是一种微型的圆偏振检偏器。与牛眼结构不同，螺旋天线的聚焦效应不需要将螺旋的几何中心与激发光的中心奇点准直，因此可做成大面积阵列而用于平行近场成像和传感。

由于圆偏振态可线性分解为同振幅的径向和角向偏振的分量，当圆偏振光激发螺旋形沟槽时，只有径向偏振的分量能被耦合入表面等离极化激元，而角向分量则被浪费，因此理论上所能达到的最高效率仅为 50%。为了改善螺旋天线的耦合效率，Chen 等提出了一种混合型螺旋表面等离极化激元天线的设计 [37]。如图 7.3(d) 所示，当等腰三角形的亚波长孔径在空间中按照圆周非对称地排列时，由于几何相位的效应，入射的角向偏振光能够在三角形孔径处耦合入表面等离极化激元并在圆周的中心形成很强的实心聚焦光斑 [38]。同样，若将等腰三角形孔径按照螺旋线排列，其聚焦特性与普通的螺旋沟槽型天线相同，只是此时仅有圆偏振光中的角向分量被耦合入表面等离极化激元。因此，若将螺旋沟槽天线与螺旋三角形亚波长孔径天线组合起来，可以构成一种混合型的螺旋天线。该天线的聚焦场分布依然取决于入射光子的自旋，同时，入射圆偏振光的耦合效率可以提高到 94%。

在介绍了螺旋天线的自旋取向聚焦特性之后，我们将探讨其背后的物理机制。由 (7.13) 式和 (7.14) 式可知，圆偏振光激发下螺旋天线中心附近产生的表面等离极化激元场为涡旋的倏逝贝塞尔光束，拓扑荷为 l，其中 l 取决于入射光子的自旋和螺旋天线的手性。

首先考虑一个简单的情况。当牛眼天线被不同自旋的圆偏振光激发时，中心焦场处都会呈现中空的甜甜圈型场分布，但表面等离极化激元场的拓扑荷 $l=-\sigma_\pm$，其中 $\sigma_\pm=\pm1$ 分别表示右旋和左旋圆偏振光的自旋角动量 (spin angular momentum)，这种效应可以用几何相位来解释。在牛眼结构的等离子系统中，表面等离极化激元只会被 TM 偏振所激发，而入射的圆偏振光的偏振方向是空间变化的。牛眼结构可视为一个空间旋转的光栅结构，因此表面等离极化激元的激发会在偏振空间和方向空间同时引发调制，也就是发生自旋与轨道相互作用。这种

相互作用会造成几何相位的出现，该相位与方位角成正比并以螺旋态围绕在结构的中心，从而形成了一个相位奇点，拓扑荷为 $l=-\sigma_{\pm}$。对于螺旋结构来说，除了几何相位之外，由于其结构存在空间变化的路程差，所以还将出现一个动态的相位，该相位是由螺旋结构的螺距引起的。因此，在螺旋系统中，总相位为几何相位和动态相位之和，表面等离极化激元涡旋的总拓扑荷为 $l=-(\sigma_{\pm}+m_{\pm})$，其中 $m_{\pm}$ 分别对应右手性和左手性螺旋结构在以 $\lambda_{\rm spp}$ 为单位下的螺距。从这个观点出发，当右旋圆偏振光 ($\sigma=1$) 激发螺距为 $\lambda_{\rm spp}$ 的左手性螺旋天线 ($m=-1$) 时，拓扑荷 $l=0$，对于右手性的螺旋天线 ($m=1$)，则有拓扑荷 $l=2$，该结论与之前的理论推导完全吻合。

除此之外，我们还可以从螺旋天线的表面等离极化激元波角谱中直观地得出焦点处表面等离极化激元光场强度分布的自旋依赖性。由于圆偏振光的径向分量将与螺旋狭缝发生相互作用并产生表面等离极化激元，所以狭缝处产生的表面等离极化激元的相位将随着方位角的不同而发生改变。图 7.3(e) 的左图中展示了右旋圆偏振激发左手性螺旋天线时表面等离极化激元的角谱，其中螺旋天线的螺距为 $\lambda_{\rm spp}$。由于在狭缝每一无穷小段处产生的表面等离极化激元波的方向都垂直于狭缝，所以 B、C、D 点上所产生的表面等离极化激元的初始相位分别落后 A 点 $\pi/2$、π 和 $3\pi/2$。在表面等离极化激元波离开狭缝向中心传播的过程中，相位延迟正比于狭缝到中心的距离，因此在虚线圆的圆周上，A'、B'、C' 和 D' 四点同相位。这说明中心处表面等离极化激元场不存在螺旋相位分布，拓扑荷 $l=0$。对于左旋圆偏振光，在 B、C、D 点上的表面等离极化激元初始相位分别落后 A 点 $3\pi/2$、π 和 $\pi/2$，而在虚线圆周上，B' 与 D' 点落后 A' 与 C' 点 $\pi/2$，因此几何中心处的表面等离极化激元场存在螺旋相位分布 $\exp(\mathrm{i}2\varphi)$，拓扑荷 $l=2$。由此，我们利用表面等离极化激元的角谱示意图得出了相同的结论。

7.3 调控纳米发光体辐射场的微纳光子器件

7.2 节中我们介绍了微纳光子器件处于接收模式时的特性，它能够将自由传播的辐射场转化为高强度的局域场。然而，微纳光子器件还对纳米发光体的辐射场具有调控能力，辐射场的强度、方向性以及偏振等特性都能够得到很好的控制。在这种功能模式下工作的微纳光子器件称为发射型天线，发射型光学天线的设计目标与接收型天线恰好相反，它是将局域能量高效地转换为自由空间传播的光辐射场。通过控制纳米发光体附近的光学共振，能够对出射光子的特性进行调制。源于一些应用中对于光场的高角灵敏度的需求，例如光发射器件、分子传感以及荧光分子源等，发射型光学天线受到了越来越多的关注。

7.3.1 八木发射型光学天线

作为微波天线中的一种经典结构，八木–有田天线由金属棒构成的线性阵列组成，分别充当有源振子 (馈入元件)、反射器和引向器 [39]。有源振子作为天线系统的馈入，反射器处于有源振子的一侧，起着削弱从这个方向传来的电磁场或是从天线发射出去的电磁场的作用，引向器位于有源振子的另一侧，能够增强从这一侧方向传来的或是向这个方向发射出去的电磁场。引向器可以有多个，数量越多，方向越尖锐，增益越高。然而，在实际应用中，引向器过多所带来的好处就不太明显了，而体积大、自重增加、对材料强度要求提高、成本加大等问题却逐渐突出。在微波天线技术中，八木–有田天线有着高度的方向性。从馈入元件发出的电磁波会在天线阵列的其他被动元件中诱发电流，引起各元件的相干发射。在光学频率下，八木–有田天线的辐射场被证明同样有着很好的方向性，通过将一个纳米尺度的发光体放置在馈入元件附近，出射荧光的方向性会由于八木–有田天线的调制而大大改善。

Kosako 等首次在光学频段中证明了八木–有田天线对馈入元件位置的光辐射场方向性的调制能力 [40]。图 7.4(a) 为典型的八木–有田天线几何结构示意图。由于共振的元件会引发反射，所以位于馈入元件前方的引向器会产生电容失谐，导致其共振波长小于发射波长 λ。而馈入元件后方的反射器的共振波长会因电感失谐而大于 λ。馈入元件与反射器之间的距离约为 0.25λ，馈入元件与最靠近的引向器的距离，以及引向器之间的距离都约为 0.3λ。

八木–有田天线的各元件都是金属材料，在微波领域中，金属棒的共振波长约为长度的两倍。而对于光学频率来说，由于此时金属的介电常量为复数，所以必须考虑金属的电磁响应。研究表明，金属纳米棒的基本特性是与体积、形状以及纳米棒材料相对于环境介质的介电常量相关的。出于实际的考虑，一般都会保持纳米棒的横截面不变，而仅仅改变它们的长度。因此，失谐与纳米棒长度之间的关系与微波频率时相同：长度短 (长) 的纳米棒对应着短 (长) 的共振波长。

实验中，在玻璃衬底上制作了厚度为 50 nm 的金纳米棒阵列。图 7.4(a) 展示了八木–有田天线阵列中所使用的三种不同长度纳米棒的透射谱。对于长度为 75 nm(引向器)、106 nm(馈入元件) 和 125 nm(引向器) 的纳米棒，共振波长分别为 610 nm、655 nm 和 770 nm。因此，在馈入元件的共振波长下，反射器和引向器将分别产生电感失谐和电容失谐。

利用纳米棒对外部驱动场响应的偏振相关性，可以模拟出经由馈入点发出的局域辐射场。从实验装置图可知，馈入元件的长轴方向与 X 轴之间夹角为 45°。当驱动场的偏振方向垂直于 X 轴时，馈入元件会将部分驱动光场的偏振方向转化为沿着被动元件主轴 (Y) 方向。经实验证明，在被动元件所发射的光场中，只有很少一部分光的偏振方向垂直于驱动场。可以得出这样的结论：几乎所有 Y 偏振的光都是源自馈入元件上的表面等离极化激元振荡。因此，实验中测出的 Y 偏振的辐射图样，都是经其他天线元件被动响应调制之后的馈入元件辐射图样。

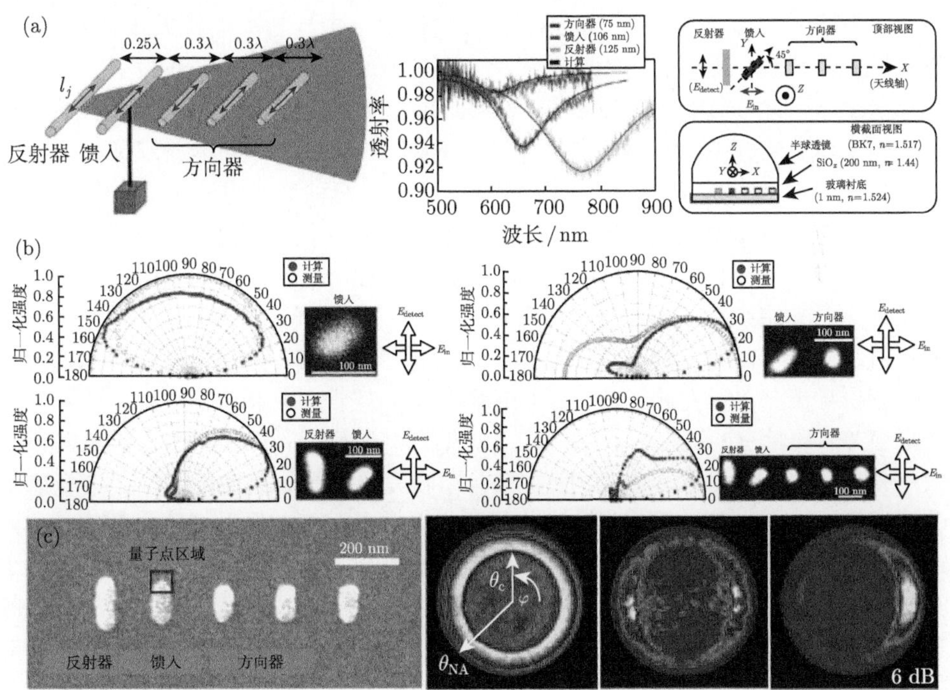

图 7.4 (a) 五元件八木–有田天线的典型几何结构 (左)，八木–有田天线阵列中三种不同长度的纳米棒的透射谱 (中)，实验装置的俯视图和截面图 (右)[40]；(b) 馈入元件 (左上)、馈入元件–反射器天线 (左下)、馈入元件–引向器天线 (右上) 和五元件八木–有田天线 (右下) 的辐射图样，插图中给出了相应天线结构的 SEM 图 [40]；(c) 五元件八木–有田天线的 SEM 图 (左 1)，量子点被安置在馈入元件的一端，量子点与正方形结构 (左 2)、半波偶极天线结构 (右 2) 和五元件八木–有田天线 (右 1) 结构发生耦合时的远场辐射图 [41]

实验中使用波长为 662 nm 的线偏振激光去驱动馈入元件。当天线系统中只存在馈入元件，而没有任何的反射器或引向器时，辐射图样如图 7.4(b) 所示。与单个偶极子的辐射分布类似，此时的辐射场几乎是中心对称的，因此方向性非常差。为了研究反射器和引向器元件对于优化辐射场方向性的贡献，他们分别探测了馈入元件–单反射器和单引向器–馈入元件的天线阵列的辐射图样，可见馈入元件后方的反射器强有力地压制了后向辐射，而单个引向器也明显地将后方馈入元件发出的辐射场的宽度压窄。通过引入更多的引向器，前向辐射场的角宽度会变得更窄。因此，他们制备了由五个元件组成的完整八木–有田天线，从 SEM 图中可以看出，这个天线阵列由一个馈入元件、一个反射体和三个引向器组成。与不存在被动元件时的情况相比，由于八木–有田天线的调制，辐射场的方向性得到了很大的改善，在 $0° \sim 20°$ 的范围内获得了较好的光束会聚。

2010 年，Curto 等设计了一个精巧的实验，通过将量子点与八木–有田天线相耦合，可以获得方向性更好的单向发射荧光场 [41]。为了使得近场耦合更为强烈，需要将量子点放置在具有高电能模式密度的位置，对于八木–有田天线来说，就是馈入元件的顶端。图 7.4(c) 为实验中所加工的八木–有田天线的 SEM 图，天线阵列由一个馈入元件、一个反射器和三个引向器组成，其中量子点的放置位置如红色方框所示。实验中，圆偏振的氦氖激光 (波长 633 nm) 被用来激发样品。

除了八木–有田天线之外，他们还加工了另外两种不同的纳米结构作为对比，分别为边长 60 nm 的金正方形，以及半波偶极天线。正方形结构用于对比出光学天线对于辐射场方向性的调制，而半波偶极天线就相当于八木–有田天线中的馈入元件，它是用来对照出八木–有田天线中其他被动元件的作用。如图 7.4(c) 中的辐射图样所示，对于金正方形结构，由于量子点有着不同的取向，而金正方形并不会诱导出一个优先的方向，所以辐射场的方向性非常差。需要说明的是，对于极角 θ，动量空间图像包含了两个分离的圆。其中外部的圆代表着透镜的最大收集角度，内侧的圆代表玻璃/空气界面的临界角。靠近界面的偶极子会将大部分的能量辐射至光密介质，因此在临界角上有着非常窄的辐射峰值强度分布。因此，在这种情况下，量子点的辐射图样在方位角 φ 上是接近各向同性的。当量子点与半波偶极子共振天线发生耦合时，辐射图样类似于线性偶极子靠近界面时的情形。而当将量子点放于八木–有田天线系统中的半波馈入元件的顶端时，此时的辐射图样显示为单瓣分布。通过这一系列对比试验，证明了八木–有田天线对量子点辐射场的调制作用，调制后的荧光场有着高度的方向性。

八木–有田天线的方向性可以用前后比进行定量分析，前后比定义为有着最高辐射强度的点与辐射图样上直径对称的点之间的强度比值。对于正方形和偶极天线结构，由于其辐射图样的对称性，所以前后比都为 0。而八木–有田天线的前后比为 6 dB。辐射场以 $\theta = 49.4°$ 为中心，在 θ 和 φ 上的半高全宽分别为 12.5° 和 37.0°。由此，通过将单个量子点与八木–有田天线的馈入元件发生近场耦合，可以在远场获得单向发射的荧光辐射场。

通过这些实验，八木–有田天线在光学频率中的单向发射性能得到了很好的证明。更为重要的是，它表明微波天线设计中的基本原理在光学领域中同样适用，这将为新兴的光学天线的发展提供强大的理论基础。

7.3.2 牛眼式发射型光学天线

Aouani 等首次研究了牛眼式光学天线处于发射模式时的性能，证明了其对于纳米发光体辐射场的调控能力 [42]。研究表明，通过将量子点耦合入金属牛眼结构，荧光辐射场的强度将会增大，辐射场的方向性也得到极大改善。实验中所用的牛眼天线结构如图 7.5(a) 所示，在很厚的金膜上开了一个纳米尺度的圆孔，圆孔的周围刻蚀了周期性的环形光栅。圆孔的直径为 135 nm，研究表明该直径能产生最大的荧光增强。环形光栅结构的周期为 440 nm，宽度为 200 nm，深度为 64 nm，上下共有 5 个周期。这种周期性的沟槽结构能够为远场辐射与表面电磁波之间的匹配提供所需的动量补偿。实验中采用的荧光分子为 Alexa Fluor 647(A647)，它的吸收/发射峰位于 650 nm/672 nm。由结构示意图可见，A647 分布于中央的纳米圆孔和上方的光栅结构中。波长为 633 nm 的线偏振光由样品下方垂直入射，经一数值孔径为 1.2 的水浸透镜聚焦至样品表面，聚焦光斑直径约为 1.5 μm，能够

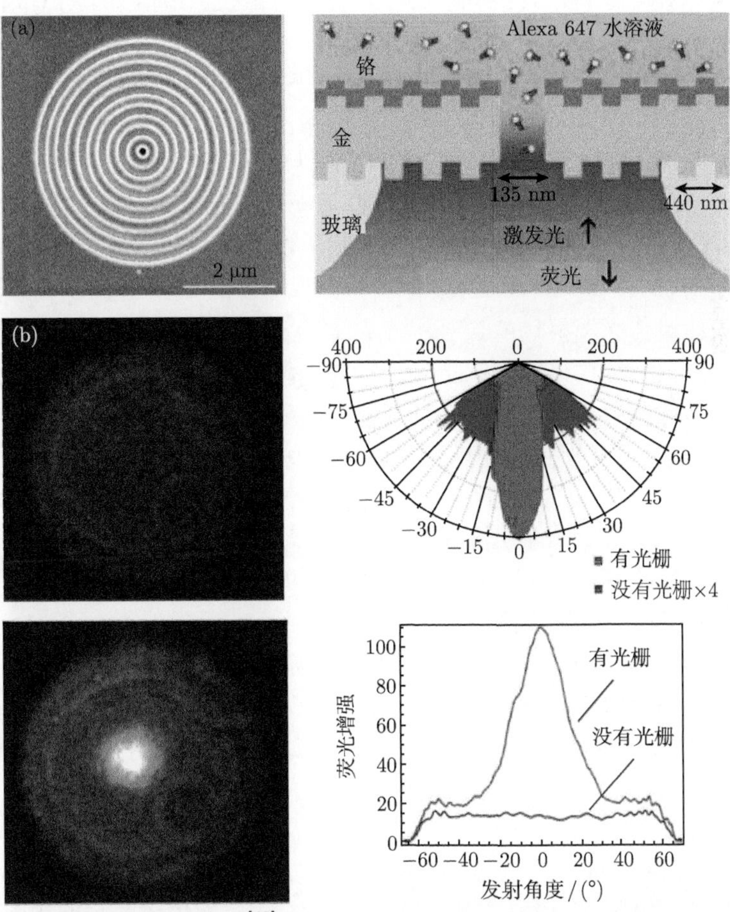

图 7.5 基于牛眼天线的单向辐射 [42]。(a) 牛眼天线的 SEM 图 (左)，由圆孔和上下环绕的五周期环形光栅组成，实验结构的示意图 (右)，荧光分子 A647 分布于中央孔径和光栅上方；(b) 圆孔周围无周期光栅 (左上) 和有周期光栅 (左下) 时，透镜后焦面收集到的荧光辐射图样，荧光辐射场在极坐标下的分布 (右上)，荧光增强与发射角度的关系 (右下)

覆盖前三个环形光栅。出射的荧光由同一透镜从下方收集。虽然样品表面的周期结构被证明能够提高中央圆孔内的局域激发强度，同时能够增加定向辐射的计数率，但这种双面的光栅结构会使得分布于光栅上方的荧光分子所发出的荧光也能够被下方的透镜所收集，从而会给实验结果带来干扰。为此，他们在银膜上覆盖了一层 45 nm 厚的铬膜，铬的高吸收损耗会抑制样品上方的荧光直接透射。

在有关天线的设计中，方向性是天线性能的一个重要指标，它代表着在最强出射方向上的辐射功率密度与一个辐射总能量相同的完美各向同性的辐射体的功率密度的比值。为了证明周期性环形光栅结构在荧光场调制上所起的重要作用，他们对只有中央圆孔的纳米结构进行了相同的探测。图 7.5(b) 给出了在透镜后焦面收集到的荧光强度分布，其中外部圆半径对应着由收集透镜数值孔径所决定的最大收集角度 (64°)。当没有周期结构时，辐射场的强度较弱，并且方向性非常差，辐射场在空间内几乎是均匀分布的。当加入周期性环形光栅结构后，在垂直于天线表面的方向上会出现明显的辐射峰。需要指出的是，实验中激发天线系统的激光强度保持不变，恒定为 120 μW。由于周期性环形光栅的引入，荧光辐射场的峰值强度增大了 110 倍，辐射场的半高全宽约为 30°，方向性为 9.7 dB。从辐射图样的极坐标图中可以更为直观地看出周期性光栅结构对于调制荧光场强度和方向性的重要作用。

牛眼天线对荧光辐射场的调制实质为一种干涉的过程。与表面波发生耦合的荧光会被环形狭缝结构再次辐射至远场，并与由中央孔径直接辐射的荧光之间产生干涉，干涉的程度会直接影响远场辐射场的分布。在周期性光栅的结构参数不变的前提下，干涉过程将由最内层环形狭缝与纳米圆孔之间的距离 a 决定。研究表明，当 a 为 λ_{spp} 的整数倍时，中央孔径发出的辐射场与表面狭缝散射的辐射场之间为同相位，而当 a 为半波长的奇数倍时，它们之间的相位相反。当发生相长干涉时，辐射场的峰值将位于垂直于天线表面的方向；而对于相消干涉，垂直方向上的辐射强度则会大幅下降。

Aouani 等在实验中证实了这一荧光辐射场空间分离的现象 [43]。为了研究距离 a 对于荧光辐射方向的影响，他们加工了三种基于中央圆孔结构和荧光分子 A647 的不同样品，其中包括：无环形光栅，有环形光栅且沟槽与中心距离 a 为 440 nm(约等于 λ_{spp})，以及沟槽距离中心及距离 a 为 220 nm(约等于 $\lambda_{\text{spp}}/2$)。装置图和样品图如图 7.6(a) 所示，中央圆孔的孔径直径为 140 nm，环形沟槽的宽度为 200 nm，深度为 65 nm，共 2 个周期。实验中激发的功率固定为 220 μW。图 7.6(b) 给出了在数值孔径 1.2 的透镜后焦面分别收集的这三种结构的荧光发射图样。对于单一的圆孔结构，辐射场是近乎各向同性的，方向性只有 3.4 dB。而当环形狭缝与中心的距离 $a \approx \lambda_{\text{spp}}$ 时，出射荧光场被会聚在垂直于样品表面的方向，半高全宽约为 28°，方向性为 7.5 dB。而当 $a \approx \lambda_{\text{spp}}/2$ 时，荧光场从中间劈裂开来，形成了 ±30° 的双峰分布，中心垂直方向上的强度最弱，此时光场的方向性为 5.0 dB。由此可见，实验中所观察到的现象与理论预期完全吻合，证明了干涉效应对于辐射场的影响。

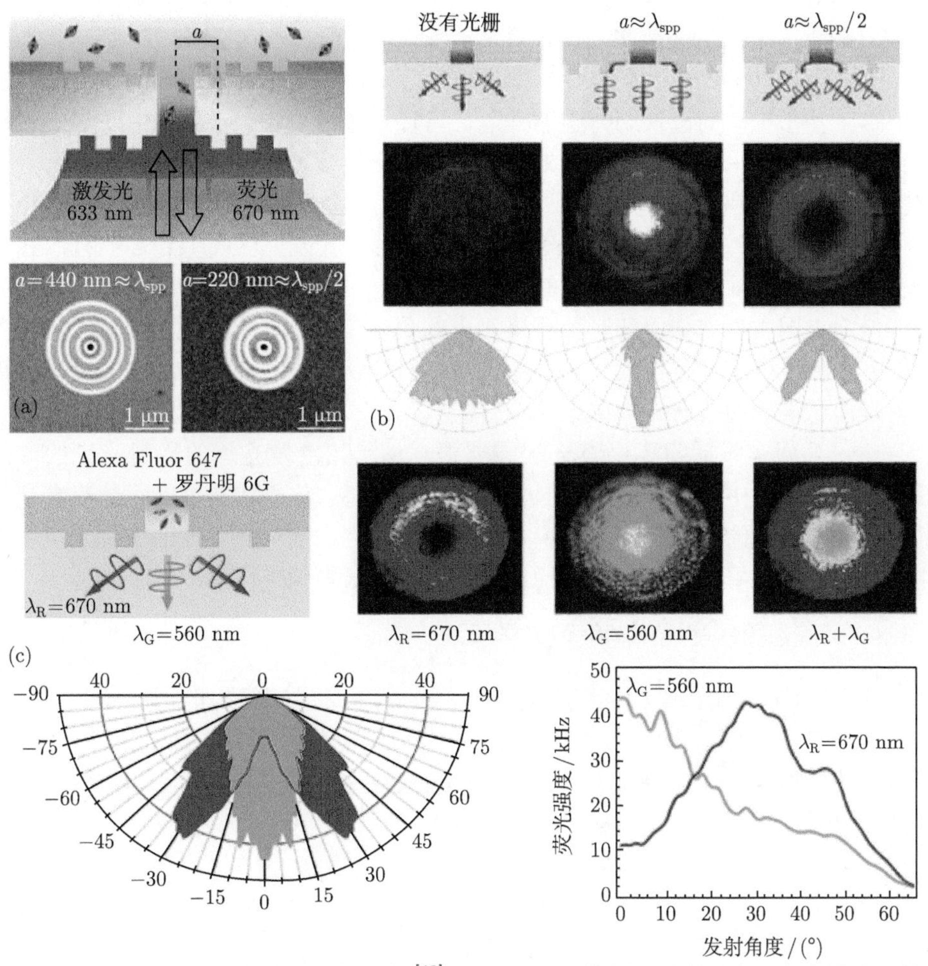

图 7.6 基于牛眼天线的辐射场空间分离 [43]。(a) 通过调整光栅–孔径距离 a 控制荧光出射方向的实验结构示意图 (上)，两种不同光栅–孔径距离的牛眼结构的 SEM 图 (下)；(b) 沟槽–孔径距离 a 对 A647 分子荧光辐射图样和增强因子的影响，其中不同的列分别对应着无沟槽结构、沟槽–孔径距离 $a = 440\ \text{nm} \approx \lambda_{\text{spp}}$ 和沟槽–孔径距离 $a = 220\ \text{nm} \approx \lambda_{\text{spp}}/2$ 时在透镜后焦面收集到的荧光强度分布；(c) 牛眼天线在空间中分离不同波长的光子的能力。实验结构示意图 (左上)，中央圆孔中存在 A647 和罗丹明 6G 两种不同辐射波长的荧光分子，透镜后焦面所探测到的荧光辐射中心波长为 670 nm、560 nm 和二者叠加的辐射图样 (右上)，极坐标下荧光辐射场的分布 (左下)，荧光强度与发射角度的关系 (右下)

值得说明的是，虽然只有很少一部分的总辐射场被表面狭缝散射，然而，它对于最终的辐射场分布却起着关键的作用。可以从以下几方面来理解：首先，荧光分子为一种纳米尺度的辐射体，它的辐射场能够有效地耦合入表面波；其次，由于观察到的光束是干涉过程的最终结果，参与过程的光波有着不同的强度，但依然有可能成为干涉交叉项中的决定因素；最后，当 $a \approx \lambda_{\mathrm{spp}}$ 时，在 $\theta = 23^\circ$ 和 38° 时会发生干涉相消，这有利于在辐射场主瓣的方向上获得更好的方向性。

这种基于干涉的机理同时也意味着，可以通过改变辐射波长的方法对辐射场进行调制。当 $a = 220$ nm 时，对于 A647 分子有 $a \approx \lambda_{\mathrm{spp}}/1.8$，而对于罗丹明 6G (R6G) 分子 (吸收/发射峰为 525 nm/550 nm) 则有 $a \approx \lambda_{\mathrm{spp}}/1.4$。他们在实验中测出了这两种荧光分子与牛眼天线耦合后的荧光发射图样 (图 7.6(c))。A647 的辐射峰指向 $\pm 30^\circ$，而罗丹明 6G 的辐射场峰值则出现于 $\theta = 0^\circ$。可以看出，牛眼天线将不同发射波长的荧光分子所发出的荧光在空间中分离至不同的方向。辐射的方向遵循处于接收模式时牛眼结构的透射场特性：短波长的透射光沿着光轴方向，而长波长的透射光则偏离光轴方向。

这一系列实验证明了牛眼天线能够提高纳米尺度发光体的辐射光场的方向性，并能在空间中将不同辐射波长的出射光子分离。这种沟槽型的天线有着高度的可调性，而且能在相对广的频率范围内工作，因此它将在新型的生物光子应用中发挥重要的作用，例如多分子探针的多色定向增强荧光传感。

7.3.3 阿基米德螺旋线式发射型光学天线

八木–有田天线和牛眼天线都可对点源的辐射场进行很好的调制，并获得增强的定向远场辐射。然而，这些都只是对辐射场强度和方向性的调制。除此之外，辐射场的偏振也是一个重要的性质。在微波天线中，螺旋天线的一个重要性质就是其辐射场的偏振态为圆偏振，并且圆偏振的手性取决于螺旋自身的手性。这为光学频段中实现对辐射场偏振态的调控提供了一种可能的方法，那就是利用螺旋光学天线去控制辐射场的特性。在这一节中，我们将深入研究螺旋结构用于发射型天线时的性能。理论和实验的结果都表明，螺旋型发射天线对于纳米尺度辐射体的出射光场有着广泛的调制能力，通过将纳米尺度的发光体与螺旋发射天线耦合，能够对出射光子的方向性、出射方向、偏振和轨道角动量 (orbital angular momentum) 进行有效的控制。

对于一个表面等离极化激元系统来说，当表面等离极化激元激发所需的线性动量选择规则得到满足时，会产生共振激发。然而，随着自旋光子学的快速发展，一条与角动量相关的选择规则引起了人们的关注，这条规则是由封闭物理系统中的总角动量守恒引起的。光束的总角动量可分为自旋角动量和轨道角动量。固有的自旋角动量与偏振的螺旋性相关，$\sigma_{\pm} = \pm 1$ 分别对应右旋和左旋圆偏振光。而轨道角动量是由光场的空间结构引起的，其拓扑荷数可取任意整数 ($l=0,1,2,\cdots$)。圆偏振的手性为表面等离极化激元系统提供了一个额外的自由度。当入射的光子与有着各向异性和不均匀边界的金属结构发生相互作用时，表面等离极化激元场会呈现出依赖于自旋的特性。这种现象的出现是由于几何相位所引起的自旋–角动量相互作用。作为一种被自旋–角动量相互作用所预测的现象，光学自旋–霍尔效应也在实验中被发现 [44]。作为自旋–轨道相互作用的另一个证明，阿基米德螺旋结构的表面等离极化激元透镜能够将不同手性的圆偏振光聚焦为空间分离的表面等离极化激元聚焦光场 [45]。根据天线理论的互易原理，一个处于发射模式的螺旋表面等离极化激元结构同样能够将点源的辐射场耦合至具有高度方向性的圆偏振远场辐射。本小节中，我们将从阿基米德螺旋形发射天线的理论模型出发，深入研究螺旋结构参数对于出射光子角动量的影响。

图 7.7(a) 给出了螺旋发射型天线结构以及理论计算所用的坐标 [46]。一个右手性的阿基米德螺旋狭缝被刻蚀在薄的金膜上，衬底为玻璃。在此物理模型中，我们用电偶极子来模拟激发天线系统的点源，例如荧光分子或量子点。单个电偶极子被放置在螺旋结构几何中心的上方，其振动方向垂直于螺旋表面。在柱坐标系下，右手性螺旋结构可表示为

$$r=r_0+\frac{m\lambda_{\mathrm{spp}}}{2\pi}\theta \tag{7.15}$$

其中，r_0 为常数；λ_{spp} 为金属/空气界面上的表面等离极化激元波长；θ 为方位角；m 可取任意的整数。z 方向振动的电偶极子辐射出的光场将照射螺旋结构，对于螺旋狭缝而言其局域电场是 TM 偏振的。因此螺旋狭缝的锐边将光场耦合入表面等离极化激元，产生的表面等离极化激元会通过狭缝开口传播到金属膜的另一侧，然后再次辐射至自由空间。由于狭缝开口的波导效应，狭缝出口处的电场大部分是横向偏振的。考虑到电偶极子的取向，对于一个尺寸远大于表面等离极化激元波长的螺旋结构而言，这个电场的偏振可近似为沿着径向方向 $\boldsymbol{e}_{\mathrm{r}}$。因此，在天线结构的另一侧，位于狭缝开口的点 $(r,\,\theta)$ 处的电场可表示为 $g(r,\theta)=\boldsymbol{e}_{\mathrm{r}}E_0\mathrm{e}^{\mathrm{i}\boldsymbol{k}_r\cdot\boldsymbol{r}}$，其中 E_0 为常数，$\boldsymbol{k}_r$ 为表面等离极化激元的波矢。在远处辐射的计算中，亚波长尺度的狭缝可被视为空间排列为螺旋形的表面等离极化激元二次波源阵列。因此，在夫琅禾费衍射区域，远场处观察点 $(z,\,\rho,\,\phi)$ 的电场可以表示为

$$\begin{aligned}\boldsymbol{E}(z,\rho,\phi)=&\frac{\exp\left[\mathrm{i}k_0\left(z+\dfrac{\rho^2}{2z}\right)\right]}{\mathrm{i}\lambda_0 z}\\&\times\int_0^{\infty}\int_0^{2\pi}g(r,\theta)\exp\left[-\mathrm{i}\frac{2\pi}{\lambda_0 z}r\rho\cos(\theta-\phi)\right]r\boldsymbol{e}_{\mathrm{r}}\mathrm{d}\theta\mathrm{d}r\end{aligned} \tag{7.16}$$

其中，λ_0 为电偶极子的辐射波长；k_0 为其在空气中的波矢。为了研究远场辐射的偏振特性，我们将总电场在笛卡儿坐标系内分解为相互正交的分量。电场的 x 分量为

$$
\begin{aligned}
E_x(z,\rho,\phi) =& \boldsymbol{e}_x \frac{\exp\left[\mathrm{i}k_0\left(z+\dfrac{\rho^2}{2z}\right)\right]}{\mathrm{i}\lambda_0 z} E_0 \Delta r \\
& \times \int_0^{2\pi} \cos\theta \cdot r \mathrm{e}^{\mathrm{i}\boldsymbol{k}_r\cdot\boldsymbol{r}} \exp\left[-\mathrm{i}\frac{2\pi}{\lambda_0 z}\left(r_0+\frac{m\lambda_{\mathrm{spp}}}{2\pi}\theta\right)\rho\cos(\theta-\phi)\right]\mathrm{d}\theta
\end{aligned} \tag{7.17}
$$

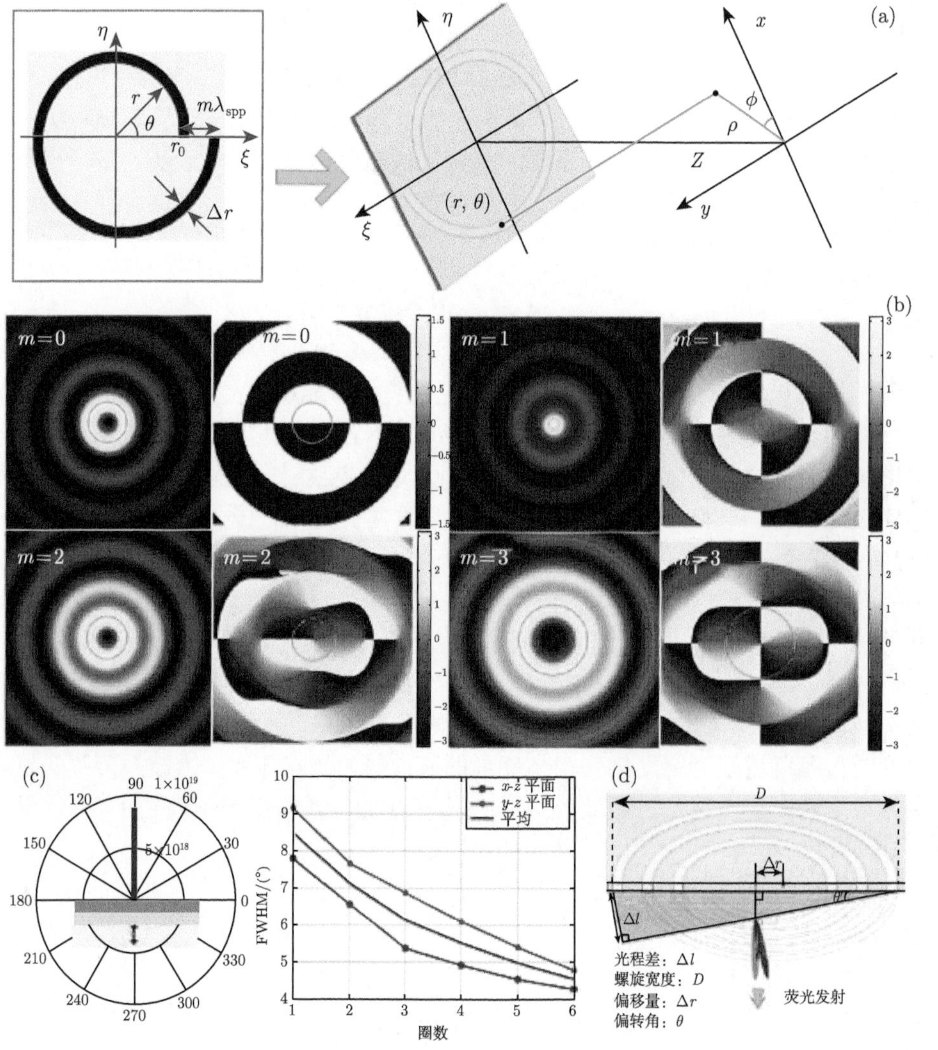

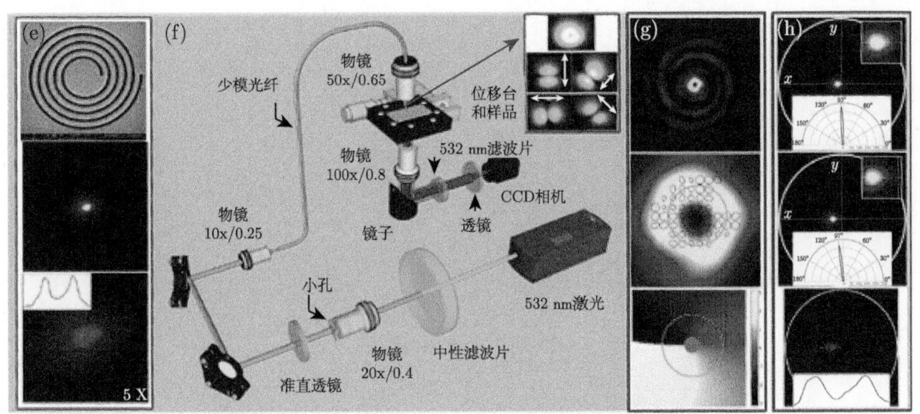

图 7.7 (a) 右手性螺旋天线结构示意图；(b) 点源耦合不同螺旋结构时的辐射强度分布和电场相位分布 [46]；(c) 点源耦合 6 圈螺旋天线的角辐射图 (左)，辐射场半高全宽与螺旋圈数的关系 (右)；(d) 光束偏转效应的示意图；(e) 螺旋天线 ($m=1$) 的 SEM 图 (上)，量子点耦合螺旋天线后的荧光强度分布 (中)，荧光场通过左旋圆偏振检偏器后的强度分布 (下)；(f) 螺旋天线调制量子点辐射的实验装置；(g) 螺旋天线 ($m=2$) 辐射场的强度 (上)、偏振 (中) 和相位 (下) 分布；(h) 当馈入点位置偏移螺旋天线 ($m=1$) 中心 200 nm (上) 和 500 nm (中) 时的荧光强度分布，以及荧光场通过左旋圆偏振检偏器后的强度分布 (下)

式中，狭缝宽度 Δr 用于将表达式简化为一重积分。为了简化推导过程，我们忽略表面等离极化激元的传播损耗，即 $\mathrm{Im}(k_r)=0$，因此有 $\boldsymbol{k}_r\cdot\boldsymbol{r}=\boldsymbol{e}_r 2\pi r/\lambda_{\mathrm{spp}}$。另外，我们假设螺旋结构的尺寸远大于 λ_{spp}，因此不处于相位项的 r 可以近似为 r_0。通过这些简化和假设，(7.17) 式可以被改写为

$$
\begin{aligned}
E_x(z,\rho,\phi) &= \boldsymbol{e}_x\frac{\exp\left[\mathrm{i}k_0\left(z+\dfrac{\rho^2}{2z}\right)\right]}{\mathrm{i}\lambda_0 z}E_0\Delta r \\
&\quad\times\int_0^{2\pi} r_0\cos\theta\cdot\mathrm{e}^{\mathrm{i}\frac{2\pi}{\lambda_{\mathrm{spp}}}\left(r_0+\frac{m\lambda_{\mathrm{spp}}}{2\pi}\theta\right)} \\
&\quad\times\exp\left[-\mathrm{i}\frac{2\pi}{\lambda_0 z}\left(r_0+\frac{m\lambda_{\mathrm{spp}}}{2\pi}\theta\right)\rho\cos(\theta-\phi)\right]\mathrm{d}\theta \qquad (7.18)\\
&= \boldsymbol{e}_x r_0\frac{\exp\left[\mathrm{i}k_0\left(z+\dfrac{\rho^2}{2z}\right)\right]}{\mathrm{i}\lambda_0 z}E_0\Delta r\mathrm{e}^{\mathrm{i}\frac{2\pi r_0}{\lambda_{\mathrm{spp}}}} \\
&\quad\times\int_0^{2\pi}\cos\theta\cdot\mathrm{e}^{-\mathrm{i}\frac{2\pi r_0\rho}{\lambda_0 z}\cos(\theta-\phi)}\mathrm{e}^{\mathrm{i}m\theta\left[1-\frac{\lambda_{\mathrm{spp}}}{\lambda_0}\frac{\rho}{z}\cos(\theta-\phi)\right]}\mathrm{d}\theta
\end{aligned}
$$

对于夫琅禾费衍射，有 $z\gg\rho$，所以 $\exp\left\{\mathrm{i}m\theta\left[1-\dfrac{\lambda_{\mathrm{spp}}}{\lambda_0}\cdot\rho\cos(\theta-\phi)/z\right]\right\}$

可以被近似为 $\exp(\mathrm{i}m\theta)$。因此，

$$E_x(z,\rho,\phi) = \boldsymbol{e}_x r_0 \frac{\exp\left[\mathrm{i}k_0\left(z+\frac{\rho^2}{2z}\right)\right]}{\mathrm{i}\lambda_0 z} E_0 \Delta r \mathrm{e}^{\mathrm{i}\frac{2\pi r_0}{\lambda_{\mathrm{spp}}}} \int_0^{2\pi} \cos\theta \cdot \mathrm{e}^{-\mathrm{i}\frac{2\pi r_0 \rho}{\lambda_0 z}\cos(\theta-\phi)} \mathrm{e}^{\mathrm{i}m\theta} \mathrm{d}\theta$$

$$= \boldsymbol{e}_x \pi r_0 \frac{\exp\left[\mathrm{i}k_0\left(z+\frac{\rho^2}{2z}\right)\right]}{\mathrm{i}\lambda_0 z} E_0 \Delta r \mathrm{e}^{\mathrm{i}\frac{2\pi r_0}{\lambda_{\mathrm{spp}}}}$$

$$\times \left[\mathrm{i}^{m+1} \mathrm{J}_{m+1}\left(-\frac{2\pi r_0 \rho}{\lambda_0 z}\right) \mathrm{e}^{\mathrm{i}(m+1)\phi} + \mathrm{i}^{m-1} \mathrm{J}_{m-1}\left(-\frac{2\pi r_0 \rho}{\lambda_0 z}\right) \mathrm{e}^{\mathrm{i}(m-1)\phi}\right] \tag{7.19}$$

通过类似方法，可推导出远场区域电场的 y 分量表达式为

$$E_y(z,\rho,\phi) = -\boldsymbol{e}_y \mathrm{i}\pi r_0 \frac{\exp\left[\mathrm{i}k_0\left(z+\frac{\rho^2}{2z}\right)\right]}{\mathrm{i}\lambda_0 z} E_0 \Delta r \mathrm{e}^{\mathrm{i}\frac{2\pi r_0}{\lambda_{\mathrm{spp}}}}$$

$$\times \left[\mathrm{i}^{m+1} \mathrm{J}_{m+1}\left(-\frac{2\pi r_0 \rho}{\lambda_0 z}\right) \mathrm{e}^{\mathrm{i}(m+1)\phi} - \mathrm{i}^{m-1} \mathrm{J}_{m-1}\left(-\frac{2\pi r_0 \rho}{\lambda_0 z}\right) \mathrm{e}^{\mathrm{i}(m-1)\phi}\right] \tag{7.20}$$

利用上述理论模型所推导出的解析表达式，可以深入地了解光场与螺旋天线之间的耦合过程，并能对调制后光场的分布及特性进行快速的分析和判断。从 (7.19) 式和 (7.20) 式中可以看出，远场电场的 x 和 y 分量都由两项构成。当 $m \neq 0$ 时，总电场是两种不同的分别正比于 $m-1$ 阶和 $m+1$ 阶的贝塞尔函数的叠加。当 $m=0$ 时，(7.15) 式所描述的结构退化为一个圆环。对于圆环结构，远场辐射为径向偏振的一阶贝塞尔光束。对于 $m>0$ 的螺旋结构，构成其远场辐射场的两种模式都同时拥有自旋角动量和轨道角动量，但是各自有着相反的自旋态和不同的拓扑荷数。图 7.7(b) 给出了利用解析表达式计算的 $m=0,1,2,3$ 时天线辐射场的强度和相位分布。通过观察主瓣内闭合圆周上的相位变化周期，可以得出所对应的拓扑荷数。由于低阶 $(m-1)$ 和高阶 $(m+1)$ 的贝塞尔函数有着不同的横向分布，所以辐射场的主瓣主要是由具有左旋圆偏振以及轨道角动量为 $m-1$ 的模式决定的。然而，在远离主瓣的地方，两种模式之间会发生严重的重叠，很难将具有右旋圆偏振和轨道角动量为 $m+1$ 的模式从总场中分离，因此旁瓣处的场是两种模式的叠加，偏振和相位分布都极其复杂。

此外，基于 (7.19) 式和 (7.20) 式，还能够通过计算主瓣的辐射角宽度的方法来预估辐射的方向性。若主瓣可以用零阶贝塞尔函数来描述，则角宽度被定义为光束的半高全宽。当主瓣是由高阶贝塞尔函数表示时，角宽度则定义为两峰值强度之间的角间距。由 (7.19) 式和 (7.20) 式可知，通过这种计算方法得出的 ρ/z 的

值是与 r_0/λ_0 相关的。因此，天线的尺寸将决定辐射场的方向性，大的 r_0 可以提供更高的方向性和更窄的角宽度。对于 $\lambda_0 = 633$ nm，金/空气界面处的 λ_{spp} 为 598.8 nm，当螺旋器件的 $r_0 = 2\lambda_{\text{spp}}$ 时，$m = 0, 1, 2, 3$ 计算得出的角宽度分别为 17.59°, 14.57°, 17.59° 和 28.68°。如果将天线的尺寸扩大一倍，有 $r_0 = 4\lambda_{\text{spp}}$，则 $m = 0$，1，2 和 3 时辐射场主瓣的角宽度分别减小为 8.85°，5.44°，8.85° 和 14.57°。

虽然上述的理论模型能够帮助我们洞察偶极子与表面等离极化激元螺旋天线耦合之后的辐射特性，但其只适用于结构尺寸远大于 λ_{spp} 的单圈螺旋结构，并且表面等离极化激元的传输损耗是被忽略的。除了将 r_0 增大之外，增加螺旋结构的圈数同样能够使得辐射场的方向性更好，强度更高，然而这种现象无法利用上述解析方法来分析。为了将所有的效应考虑其中，可建立三维有限元的模型对螺旋型光学发射天线的特性进行数值模拟。考虑 4 圈结构的螺旋天线，狭缝宽度 200 nm，螺距为 $m \cdot \lambda_{\text{spp}}$。螺旋狭缝被刻蚀在以玻璃为衬底的 150 nm 厚的金膜上。如图 7.7(c) 所示，一个电偶极子被放置在螺旋结构几何中心上方 5 nm 处。研究表明，这个距离对于辐射场的远场强度有着重要的影响，而对于出射场的方向性及角动量的影响则可以忽略。电偶极子振动的方向垂直于天线表面，电流偶极矩为 1 m·A，辐射波长为 633 nm。在这个波长下，金的折射率为 0.197 + 3.0908i，相应的 λ_{spp} 为 598.8 nm。

由于主瓣在辐射场的总能量中占有绝对优势，所以只需研究辐射场主瓣的特性，模拟结果如图 7.7(g) 所示。在角动量转换方面，数值模拟与理论预期的吻合性很好。当 $m = 1$ 时，螺旋的螺距为 λ_{spp}，辐射场的方向性非常好，在 x-z 平面和 y-z 平面的半高全宽分别为 4.9° 和 6.1°。主瓣上各点的偏振态可以通过比较电场的 x 分量和 y 分量的振幅和相位来判断。对于这种螺旋结构，主瓣峰值附近电场的 x 分量和 y 分量的振幅近似相等 (差异在 2%之内)，相位差约为 $\pi/2$，因此出射辐射场为左旋圆偏振光。中心光场为峰值，代表出射光子不携带轨道角动量信息，即拓扑荷数为 0，这也在相位分布中得以证实。当 $m = 2$ 时，由于螺旋天线的手性转移为出射光子所携带的自旋，所以远场的辐射场主瓣依然保持着右旋圆偏振特性。此外，主瓣内的光场演变为甜甜圈分布的一阶贝塞尔涡旋光束。此时中心暗点的产生原因与牛眼结构不同，此时是出射光子携带了轨道角动量的缘故。当 m 值继续增大时，远场辐射场在保持左旋圆偏振的特性不变的基础上，拓扑荷数逐渐增大。例如，当 $m = 3$ 时，主瓣内出射光子的自旋角动量为 1，轨道角动量为 2。

在螺旋型光学天线系统中，电偶极子发出的辐射场被螺旋狭缝耦合入表面等离极化激元，同时引起了一个动态的与螺距相关的螺旋相位。该相位使得远场中形成两种辐射模式，它们的总轨道角动量可分别表示为 $l = m - \sigma_{\pm}$。因此，在这个简单的表面等离极化激元系统中存在着两种角动量选择规则。螺旋结构的手性被转化为出射光子的自旋角动量，而螺旋结构中多余的拓扑荷数将被转化为出射光子的轨道角动量。然而，根据理论模型所得出的解析表达式可知，如果只关注主瓣，那么只需考虑一种角动量选择规则。也就是说，主瓣内出射光子将具有与螺旋结构手性相反的圆偏振特性。

为了在实验中证实螺旋发射天线对于纳米尺度发光体辐射场的调制效应，可以采用峰值发射波长为 625 nm 的量子点作为螺旋天线的激励源。根据理论模型和数值模拟的计算结果，电偶极子的振动方向对于远场辐射场的偏振态有着决定性的影响。如果要获得圆偏振的出射光子，需要电偶极子沿着垂直于螺旋天线表面的方向振动。因此，实验中需要纵向电场 (垂直于螺旋表面) 去激发量子点。此外，用于激发量子点的光斑的尺寸要尽量小。光斑的尺寸越大，螺旋几何中心周围就会有越多的量子点被激发，从而使得辐射场的角宽度变大，背景噪声变强，不利于获得高纯度高方向性的出射场。基于这些要求，实验中采用径向偏振光作为量子点的激发光源。在强聚焦下，径向偏振光有着比一般偏振光更小的聚焦光斑，并且纵向分量在总场强中占绝对优势。相应的实验装置图如图 7.7(f) 所示。径向偏振光是通过 532 nm 的激光耦合至少模光纤的方法产生，其中光纤起到了空间滤波器和偏振模式选择器的作用。通过数值孔径为 0.65 的透镜，少模光纤出射端发出的径向偏振光聚焦在螺旋结构的金/空气界面上的量子点溶液中。实验中收集到的荧光信号如图 7.7(e) 所示。当没有螺旋天线时，荧光的辐射场在全角度范围内几乎是均匀的，其中最外圈的半径代表着由倒置透镜的数值孔径决定的最大收集角度 (53°)。当受激量子点与螺旋结构发生耦合后，荧光辐射场开始向中心聚焦，并且随着螺旋圈数的增多，荧光场的光斑越小，中心强度越高。图 7.7(e) 也给出了通过圆偏振检偏器之后的荧光辐射图样。当出射荧光通过左旋圆偏振检偏器时，辐射场的中央出现了暗点，而对于右旋圆偏振检偏器，透射荧光的中心仍为峰值，因此证明了荧光辐射场的右旋圆偏振性质。对于 5 圈的右手性螺旋天线，在辐射场中心处可获得接近 10 的消光比。从通过中心的圆偏振消光比的线扫描可以看出，远场辐射场的主瓣保持着较好的左旋圆偏振特性。

当螺旋天线被一个点源激发时，如果只考虑螺旋结构的一个切面，所产生的表面等离极化激元会在金属/空气界面上分成两束并向着相反的方向传播。当点源的位置处于螺旋结构的几何中心时，这两束表面等离极化激元波之间的光程差几乎为零，因此远场辐射场在几何中心处发生相长干涉，形成了峰值垂直于天线表面的单向发射。如果将点源的位置从几何中心处移开，此时的光程差将不再为零，因此辐射场峰值的位置会从垂直方向偏离。通过一个简单的计算，可以推算出峰值的偏移角度。如图 7.7(d) 所示，我们将点源放置在距离几何中心 Δr 的位置，根据三角关系可知，偏移角度 $\theta = \arctan(\Delta l/D)$，其中 D 为螺旋的宽度，光

程差 $\Delta l = 2\Delta r \times k_{\rm spp}/k_0$，$k_{\rm spp}$ 和 k_0 分别为金属/空气界面的表面等离极化激元和自由空间中辐射场的波矢。由此可见，辐射场峰值的偏移角度与点源偏移几何中心的距离 Δr 呈线性递增的关系。考虑一个 5 圈的螺旋天线，螺距为 $\lambda_{\rm spp}$，r_0 为 3 μm，当偏移距离 Δr 为 200 nm 和 500 nm 时，利用上述公式计算出的偏转角分别为 2.7° 和 6.7°。

为了验证这个简化的解析模型的正确性，实验中在保持激发光束位置不变的情况下，通过移动平移台上的样品，即可实现螺旋天线的偏心激发，所收集到的红色荧光场分布如图 7.7(h) 所示。当处于螺旋几何中心处的量子点被激发时，荧光的峰值方向垂直于天线表面，辐射场在 x-z 平面和 y-z 平面上的半高全宽分别为 6.4° 和 5°。当样品在 x 和 y 方向分别移动了 200 nm 和 500 nm 时，荧光辐射场的分布并没有发生太大的变化，只是峰值的位置会出现相应的偏移，出射荧光偏转角度分别为 3° 和 6°。当样品沿着 y 轴移动相同的距离时，荧光偏转角分别为 3° 和 7°。当样品在 x 和 y 方向都偏移 200 nm 时，辐射峰的方向也会偏移至第三象限。由此，证实了出射荧光的偏转角度会随着受激点源偏离螺旋几何中心距离的增加而增大。

7.4 检测手性物质的微纳光子器件

手性描述的是一种物质与其镜像之间无法通过旋转和平移等对称性操作而重合的结构特性 [47]。拥有此种特性的一组结构互称为对映体 (enantiomer)，它们通常有着不同的构型。相比于维持物质分子的对称性，这种特殊的几何性质更容易被破坏，因此手性体普遍存在于各种宏观和微观结构中。不同构型的手性分子通常会表现出不同的化学特性。若生物分子的原始手性发生变化，它可能会转变为非活性甚至产生细胞毒性，从而导致许多疾病的产生。因此，物质手性的高灵敏度检测与表征在药理学、毒理学和生命科学诸多领域都具有非常重要的意义。

除了物质之外，光场同样也拥有手性特征。作为最常见的一种手性光场，圆偏振光的电矢量在垂直于传播方向的平面内以逆时针或顺时针旋转，从而产生左手性或右手性的光学自旋角动量。当手性分子与光场相互作用时，分子的光学响应表现出明显的光场手性依赖性，因此光学的分析技术非常适合于物质的手性传感。手性物质通常都具有光学活性，即对映体对于偏振光的响应不同，而手性传感则通常利用了二色性和双折射等光学活性现象。本质上来说，光学活性现象的出现是由于手性物质折射率的修正是与圆偏振手性相关的，即 $n^{\pm} = n_r \pm \kappa$，其中 n_r 和 κ 分别为物质的折射率和手性参数，$\pm$ 分别代表左旋和右旋圆偏振光 [48,49]。由于线偏振光等价于相同振幅左旋和右旋圆偏振光的叠加，当穿过手性物质时光场的左旋和右旋分量有着不同的传播速度，所以透射光场的左旋和右旋分量的相位变化不同，从而造成线偏振态的旋转，这种效应被称为圆双折射 (circular birefringence)。此外，手性分子对于不同手性的圆偏振光场还存在着吸收差异，这种效应被称为圆二色性 (circular dichroism)。

由于手性分子的结构远小于激发光的波长，所以分子自身的圆二色信号通常很弱，实验中往往需要大量的手性分子才能获得足够的信噪比 [50,51]。此外，多数手性分子的吸收峰位于紫外波段，这也给光学元件提出了更高的要求 [52]。近十几年来，快速发展的纳米制造工艺极大地推动了人们对纳米光子学的研究，也为基于微纳光子器件的手性检测技术提供了新的思路。

7.4.1 等离子体耦合圆二色性

在外界光场的激发下，金属纳米颗粒上的自由电子会发生相干振荡，从而在可见或近红外波段产生局域表面等离激元共振 [53]。当手性分子处于颗粒附近时，由于分子和颗粒之间的库仑相互作用，会在局域表面等离激元共振波长诱导产生比分子自身更强的圆二色信号，这种增强机制称为等离子耦合圆二色性。对于由手性分子和非手性金属颗粒所构成的耦合系统，可以使用偶极子间的相互作用模型去描述准静态近似下的等离子耦合圆二色性效应。耦合系统的总圆二色信号可视为分子圆二色性和纳米颗粒圆二色性的叠加，其共振峰分别位于手性过渡波长和局域等离子体共振波长。利用该方法，Govorov 等 [54] 给出了手性分子/金属纳米颗粒耦合系统圆二色谱的方程，并给出了等离子耦合圆二色性的三种产生机制：近场偶极相互作用，轨道杂化和远场电磁耦合。当吸附在等离子体颗粒上的手性分子浓度较低时，等离子耦合圆二色性的产生机制主要依赖于近场相互作用。此时，分子的手性偶极子将在纳米颗粒内诱导形成手性电荷运动，从而使得耦合结构在局域等离子体共振波长处产生诱导圆二色信号。

在非手性等离子体颗粒和手性分子所构成的耦合系统中，等离子耦合圆二色性现象已经得到实验证实，包括蛋白质、多肽、DNA、染料和超分子结构等 [55−59]。通过多肽与纳米粒子之间的相互作用，Slocik 等 [60] 利用不同二级结构的多肽制备了具有光学活性现象的手性金纳米颗粒 (图 7.8(a))，并在金颗粒的局域表面等离极化激元共振波长处测量到了圆二色信号。Maoz 等 [61] 发现当玻璃衬底上蒸镀的金颗粒阵列与手性核黄素分子结合时会在可见光波段产生明显的圆二色响应 (图 7.8(b))。由于该诱导圆二色性的起因主要是近场 (偶极或多极) 机制，所以信号会在距离金颗粒表面 10 nm 的范围内迅速衰减，这也为少量手性分子的检测提供了一种简便且可重复使用的方案。然而，该等离子体结构所诱导的圆二色信号强度与天然手性分子的响应相比并未获得较高的提升。为增大基于等离子耦合圆二色性的手性传感灵敏度，Lu 等 [62] 将 DNA 分子吸附在非手性的金/银核壳的纳米立方体，在可见光波段获得了 2 个数量级的圆二色性增强。

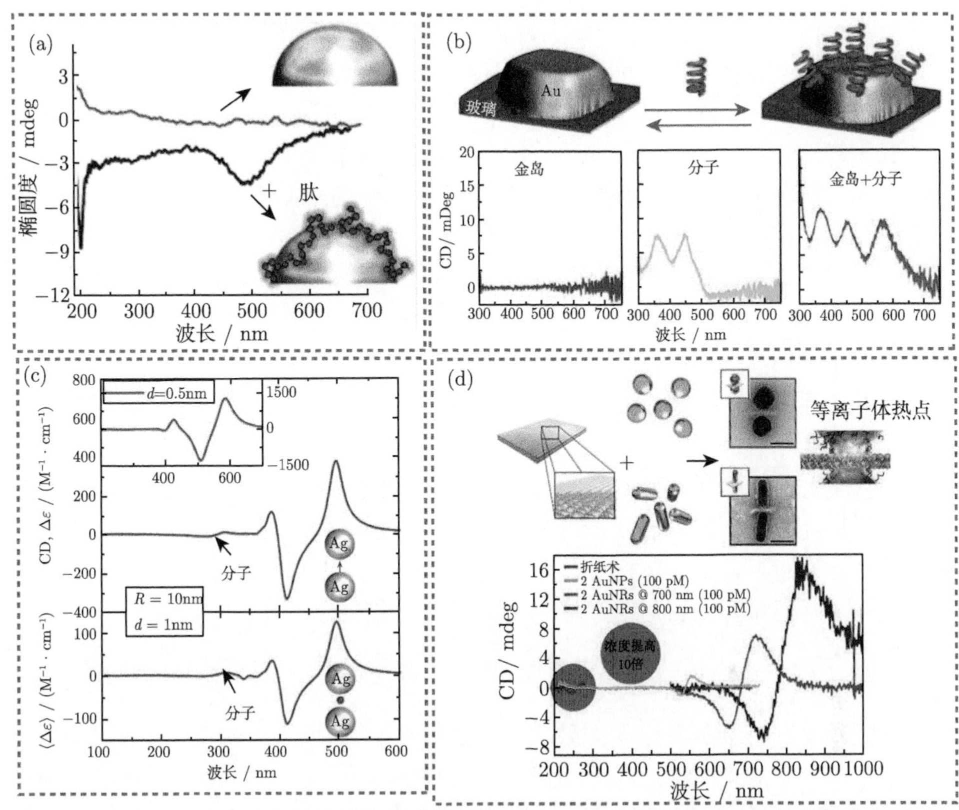

图 7.8 等离子耦合圆二色性在手性传感领域的应用。(a) 金纳米粒子及多肽吸附于表面时的椭圆度谱线 [60]；(b) 金颗粒与手性核黄素分子的结合以及对应的圆二色信号谱线 [61]；(c) 不同取向的手性分子与间隙 d 为 1nm 的银二聚体耦合系统的圆二色信号谱线，插图表示对应间隙 d 为 0.5nm 时的谱线 [63]；(d) 利用 DNA 折纸技术组装而成的手性分子–金属结构耦合系统以及从紫外波段转移至可见光波段的圆二色信号谱线 [65]

当多个等离子体纳米颗粒之间的距离很近时，会在颗粒间隙之间形成具有强烈近场增强效应的等离子体热点，有助于进一步增强等离子耦合圆二色性的检测灵敏度。Zhang 和 Govorov[63] 理论研究了金属球形颗粒二聚体系统中的等离子体热点对等离子耦合圆二色性的增强效应，并对分子取向于圆二色信号的影响进行了系统研究。当手性分子放置于热点中时，会因分子与热点中等离子体模式之间的库仑相互作用而在可见光波段产生诱导圆二色性。由于分子/纳米颗粒耦合系统中的库仑相互作用表现出高度的各向异性，所以只有当分子取向与二聚体的中轴平行时才能获得最大的等离子体增强。对于间隙仅为 0.5 nm 的银二聚体，最大的圆二色性增强因子可达 150 (图 7.8(c))。Nesterov 等 [64] 利用有限元算法研究了金纳米线二聚体结构对等离子耦合圆二色性的影响，发现入射电场与热点电矢量之间的相对取向起到了关键的作用。当这些场分量彼此平行时，可获得最高 3 个量级的圆二色性增强。因此，标准的平面间隙型二聚体要优于单根纳米线或手性的 Born-Kuhn 型二聚体。Kneer 等 [65] 利用 DNA 折纸术组装的金纳米颗粒二聚体对热点增强的等离子耦合圆二色性进行了实验验证 (图 7.8(d))。DNA 折纸术有助于将手性待测物精确放置在等离子体热点的位置。当手性分子在与等离子体颗粒吸收相重合的可见光波段有着非零旋光色散时，分子在紫外光谱区域的圆二色信号将被转移至等离子体共振的频率。金纳米球二聚体结构可将圆二色信号放大 30 倍，而金纳米棒二聚体则能实现 300 倍的信号增强，达到浓度低于 100 pmol/L 的手性样品检测。

需要注意的是，等离子耦合圆二色性的机理是手性分子在纳米结构的等离子体共振峰附近产生诱导圆二色性，特别是在热点增强的情况下，能够表现出比分子圆二色性更强的信号。然而，等离子耦合圆二色性所产生的信号并不会反映分子在紫外波段中的全部信息。诱导圆二色性的大小和符号往往取决于一些与分子固有手性无关的因素，例如手性分子偶极子的取向和激发电场的取向等。因此，需要进一步发展相关理论去对等离子耦合圆二色性信号进行更好的解释。

7.4.2 基于超手性近场的圆二色性增强

由于局域表面等离极化激元效应，等离子体结构的局域场通常有着较强的电场强度 [66]。然而，其较低的磁极化率限制了磁场的增强，也制约了手性密度的提升 [67]。因此，在设计等离子体结构时，需充分考虑环流电荷的影响，以便在结构近场区域产生诱导的增强磁场，从而实现超手性场的激发 [68]。对于手性等离子体结构来说，由于其结构自身带有固有手性，因此通常有着较强的光学手性密度。Schäferlingde 等 [68] 对平面和三维的等离子体纳米结构的手性光学近场响应进行了研究。对于不同的等离子体结构，其光学手性增强的特点也存在差异，因此需要根据具体的应用需求去设计合适的纳米结构。例如，三维的金属螺旋线支持手性的本征模式。针对不同尺寸的螺旋结构，需要合理地选择螺距才能实现激发场与螺旋偶极矩的高效耦合。如图 7.9(a) 所示，四螺旋的近场区域获得了 2 个数量级的手性增强光学近场 [69]。相较而言，平面型纳米螺旋结构能够提供更大的超手性区域，而由金纳米盘所构成的手性低聚体则有着更大的光学手性差异。Hendry 等 [70] 利用“万”字形的等离子体平面手性超材料激发了超手性光场，并证明了其在手性超分子结构的高灵敏度探测中的应用。在圆偏振光场的激发下，金“万”字形结构的近场区域有着较强的局域电场和光学手性密度 (图 7.9(b))。当手性样品吸附在结构表面时，所产生的有效折射率差是旋光法测量的 10^6 倍 (图 7.9(b))，这使得皮克量级的分子表征成为可能。此外，电偶极子–磁偶极子 (双级) 和电偶极子–电四极子 (四级) 之间的相互作用都被证实对圆二色信号的非对称性有贡献。

该项技术能够实现蛋白质在纳米流体中的动态检测，也能对分子结构 (如 α 螺旋和 β 折叠) 等进行测定。这项工作的主要机理是通过测量手性分子和超表面相互作用而导致的远场光谱位移，同样的机制也被扩展至其他手性分子 [71–73]。然而，由于最终测量的光谱通常也结合了超表面的背景圆二色谱，所以这种基于光谱位移的检测技术的灵敏度很难得到进一步的提升。此外，将分子引入等离子体结构的近场中时，也会由于折射率的变化而产生与分子手性无关的光谱位移，这使得从低浓度分子的微弱信号中难以直接检测到分子的手性。

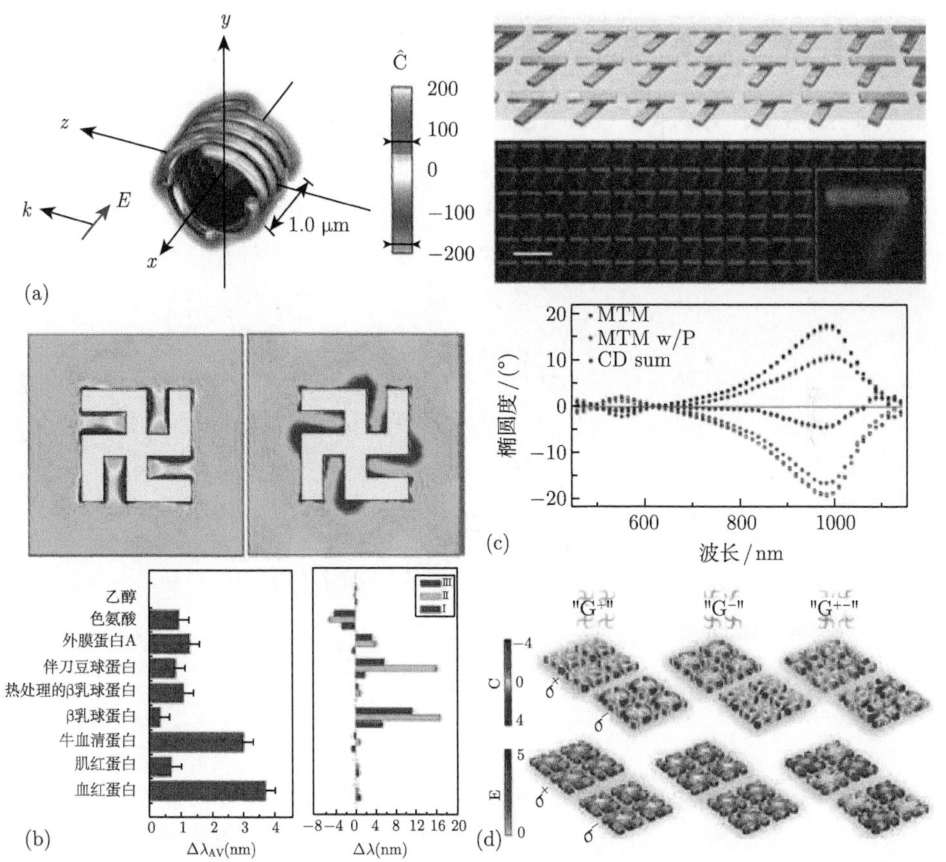

图 7.9 手性金属结构中的手性传感。(a) 三维螺旋结构及其内部增强的光学手性场 [69]；(b)“万”字形结构的电场、局域光学手性增强分布以及吸附于结构上乙醇、色氨酸、外膜蛋白 A 和六种蛋白质所对应的 $\Delta\lambda_{AV}$ 和 $\Delta\lambda$ 值 [70]；(c) 双层扭曲超材料的结构示意图、电镜图，以及利用该结构所测得的刀豆蛋白 A 圆二色信号谱线 [74]；(d) 右手性、左手性以及外消旋“万”字形结构的光学手性密度分布及其电场强度分布图 [75]

为了克服上述探测机制所造成的限制，Zhao 等 [74] 提出了一种可用于高精度手性检测的扭曲型超材料结构，如图 7.9(c) 所示。该结构由两层非手性的金纳米棒阵列组成，层与层之间的纳米棒彼此错开了一定角度，从而破坏了超材料的整体对称性并为其赋予手性。在圆偏振光场的激发下，纳米棒会显著增强光与分子的局域相互作用，而超材料则将会表现出巨大的手性响应，有助于增强手性分子的圆二色信号。在实际应用中，通过将待测分子置于相反手性的超材料基底上，即可通过数据后处理的方式抵消结构所产生的背景圆二色信号，实现分子光学手性响应的有效分离和低浓度手性分子的高精度测量。该研究对丙二醇分子、刀豆蛋白 A 以及手性抗癌药物盐酸伊立替康进行了实验验证，实现了低至 μmol (10^{-21}mol) 级分子的有效测量。Garcia-guirado 等 [75] 提出了另一种消除背景圆二色信号的方法。他们将超表面设计为由不同手性的 "卍" 字形金纳米结构所组成的外消旋混合阵列 (图 7.9(d))，超表面中的每个单元结构都具有较强的近场增强效应和光学手性密度，而器件自身的圆二色信号则被大幅抑制。当手性分子位于超表面上时，能够获得最大 2 个数量级的圆二色性增强。该方案的工作机理是一种构型的分子会与超表面中的特定构型的单元结构发生更强的相互作用，所以整体系统的圆二色性平衡将被打破，从而产生可探测的信号。由于实验中所用到的苯基丙氨酸的吸收峰和圆二色共振峰都处于紫外波段，所以系统的圆二色信号主要源自于超表面中单元结构的圆二色性和手性光学密度等因素。

手性等离子体结构虽然能够提供显著的手性密度增强，但由于其结构的复杂性，通常需要二步光刻法、激光直写或掠射角沉积等特殊的沉积技术 [75]。此外，由于结构本身就有着较强的圆二色信号，可能会对待测样品较弱的圆二色信号产生干扰，所以需要额外的控制实验去从系统的总信号中提取出分子的圆二色信号 [75]，然而这只适用于简单的分子，对于大多数的蛋白质都是无效的。相较之下，非手性的等离子体纳米结构不存在几何手性所产生的背景圆二色性，并且也能够在缺少显著磁场增强的条件下产生超手性近场 (superchiral near field)，因此在近年来引发了人们的关注。

Horrer 等 [76] 证实了高度对称性的等离子体低聚物所具有的光学手性。当三个相同尺寸的金纳米圆柱按照等边三角形排列时，圆偏振光场激发下三聚体的成键模式和反成键模式之间会发生近场干涉，并在结构中心获得 3 倍的局域光学手性密度增强 (图 7.10(a))。由于杂化模式之间的干涉效应，三聚体在可见光波段的近场光学响应表现出强烈的手性依赖特性。与之相反的是，由于系统为非手性结构，所以三聚体的远场光谱与激发光场的手性无关。为了在更大的空间区域内产生超手性近场，Petronijevic 等 [77] 提出了一种铝纳米锥阵列的非手性等离子体结构 (图 7.10(b))。利用周期结构中的多极表面晶格共振，能够在可见光谱的短波波段获得复杂的近场分布，并产生增强且异相的电场与磁场分量，从而不需要结构几何手性即可产生各向同性且均匀的增强近场手性光学响应。由于表面晶格共振非局域的特点，超手性近场的分布将遍布整个单元结构，波长 520 nm 圆偏振光场

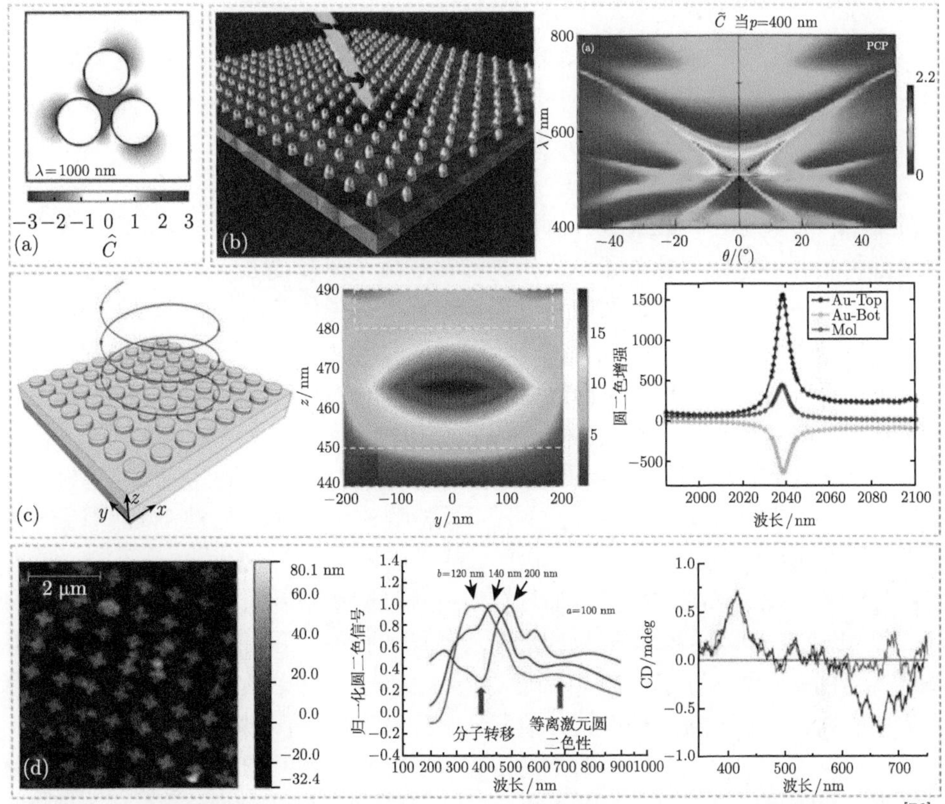

图 7.10 非手性金属结构中的手性传感。(a) 金三聚体结构的光学手性密度增强分布图 [76]；(b) 铝纳米粒子阵列结构示意图以及光学手性密度增强谱线与入射角度的关系 [77]；(c) 金薄膜/氟化镁/金纳米圆盘多层阵列结构示意图、纵向剖面上的磁场分布以及来自不同部分的圆二色信号增强谱线 [78]；(d) 金十字结构的电子显微镜图以及与黄素单核苷酸结合后耦合系统的归一化圆二色信号谱线 [79]

激发能获得 2.2 倍的平均光学手性密度增强。Rui 等 [78] 研究了非手性纳米结构阵列的周期对于手性光学效应的影响 (图 7.10(c))。利用金薄膜/氟化镁层/金纳米圆盘阵列的三层结构，窄波段的入射光场在阻抗匹配机制的作用下能够被高效耦合入周期超表面结构中的磁共振模式，形成模式的完美吸收。由于这种圆形纳米结构阵列存在对称性，所以该超材料系统中没有任何圆二色性响应，且入射圆偏振光中的电场和磁场能够被耦合并局域在纳米结构中的不同位置，而这种电场和磁场的空间分离效应是产生超手性电磁场的关键。若缩小周期超表面单元之间的横向距离，磁共振模式的共振波长将发生红移，且局域手性场的光学手性密度将进一步增大。当单元间隙从 248 nm 缩减为 10 nm 时，结构的共振峰从 1550 nm 移动至 2040 nm，在满足相位匹配的条件下局域热点的体平均光学手性密度增强因子将从 12 倍提升至 80 倍。当共振手性分子处于结构中的超手性局域场时，该耦合系统的圆二色信号能够被显著增强 1300 倍，且圆二色信号的提升主要是由金圆盘的诱导圆二色性响应和手性材料层的固有圆二色响应造成。实验方面，Abdulrahman 等 [79] 制备了金十字架阵列与黄素单核苷酸复合的非手性等离子体结构 (图 7.10(d))，并证实诱导圆二色信号的强度在等离子体共振波长处得到了 3 个数量级的提升。由于金十字架在可见光波段表现出强烈的等离子体共振，而黄素单核苷酸是一种在近紫外释放手性光学信号的生物分子，该系统中的圆二色增强机制并不源自手性分子偶极矩与结构等离子体模式之间的近场耦合，而是由于非吸收型各向同性手性材料与强吸收金属等离子体共振之间的辐射电磁相互作用，所以手性分子与周围几百纳米范围内的金属纳米结构发生远场耦合。

不同于等离子体结构，高折射率的介电材料 (如硅、二氧化钛、硒等) 具有弱吸收和强散射等特点，会显著降低由吸收和热效应所带来的光学损耗 [80]。此外，介电纳米结构支持电和磁的米氏共振在相近频率同时激发，因此在手性检测平台领域具有极大的吸引力 [81]。为了提升手性检测的灵敏度，人们常依靠降低电场强度的方式去增大电磁场的非对称因子，然而这种手段会限制手性分子的总吸收，从而限制了此类技术的实用性。通过激发同相且频率相近的电和磁的高阶米氏共振，Ho 等 [82] 在硅纳米球表面的近场区域实现了光学手性密度的均匀增强，获得了 7 倍的非对称因子和 170 倍的圆二色信号增强。通过改变纳米球的尺寸，米氏共振的波长可以覆盖红外到紫外波段。由于非对称因子的峰值在磁共振峰附近，所以在获得光学手性增强的同时电场依然能够保持与入射场相近的强度，从而确保了分子的吸收和光分离过程的效率。Vestler 等 [83] 利用硒纳米球也观察到手性硫化汞纳米晶的增强圆二色信号。基于可见光波段的米氏共振，获得了 (4.7 ± 1.5) 倍的平均圆二性增强因子和峰值超过 10 倍的局域增强 (图 7.11(a))。除了球形介电颗粒之外，介电纳米柱也同样支持磁偶极子共振下的磁场增强效应。Mun 等 [84] 研究了手性材料包裹硅纳米柱的复合结构，在可见光波段同时获得了电/磁偶极子模式的共振峰。此时，纳米柱和手性材料之间的高阶多级辐射耦合导致了表面增强手性响应，最终获得 15 倍的手性密度局域增强和 5 倍的全局增强。

对于单介电颗粒而言，手性增强只会发生在某些局域空间区域，且颗粒表面的不同位置存在着手性的正增强和负增强，这会显著降低平均的圆二色信号。对于手性传感的实际应用来说，需要产生大面积且符号均匀的手性密度增强。为此，Solomon 等 [85] 设计了一种由硅圆柱阵列所构成的超表面 (图 7.11(b))。通过改变圆柱的半径与高度之间的比例，能够对圆柱电模式和磁模式进行独立调节。当波长 1219 nm 的圆偏振光激发时，圆柱半径为 230 nm 的超表面满足第一 Kerker 条件 (即透射率趋于 100% ，无光场被散射回激发光一侧)，此时入射光的手性将被保留。因此，光谱重叠的电模式和磁模式有着最大的场强且彼此之间具有 $\pi/2$ 相位差，从而实现了光学手性密度 (局域 138 倍，体平均 30 倍) 和非对称

因子 (局域 15 倍，体平均 4.2 倍) 在较大空间内的均匀增强。实验上，Garcia-Guirado 等 [86] 利用非手性硅纳米柱所构成的探测器阵列实现了手性敏感分子的检测 (图 7.11 (c))。苯丙氨酸在紫外波段有着手性响应，当将一层致密的苯丙氨酸薄膜作为待分析物涂在超表面上时，硅阵列在可见–近红外光谱表现出强烈的圆二色信号，这归因于苯丙氨酸分子的超手性增强。此外，硅圆柱的尺寸会影响超材料的电/磁偶极子模式，从而造成圆二色谱的移动。

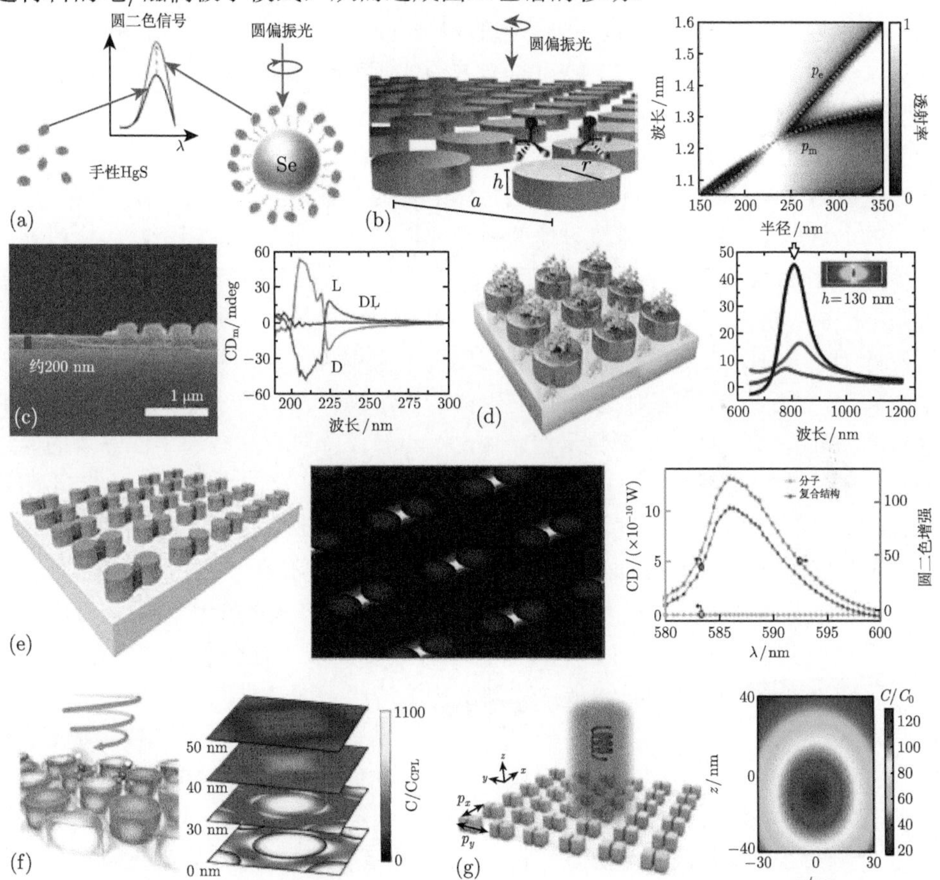

图 7.11 超手性热点在介电结构中的应用研究。(a) 手性硫化汞分子与硒粒子结合后增强的圆二色信号谱线 [83]；(b) 圆偏振光激发硅纳米盘超表面示意图以及纳米盘取不同半径时所对应的透射谱线 [85]；(c) 苯丙氨酸覆盖在硅纳米柱超表面上时的纵向电镜图及不同手性苯丙氨酸所对应的圆二色信号谱线 [86]；(d) 开孔硅圆柱超表面示意图以及一定高度下所对应的电场 (粉色)、磁场 (蓝色) 和光学手性密度 (黑色) 增强曲线 [89]；(e) 非对称金刚石纳米柱超表面结构示意图及不同高度上的光学手性密度增强分布图 [90]；(f) TiO_2 纳米柱二聚体超表面以及间隙中心纵向剖面上的光学手性密度分布图 [91]；(g) 硅圆柱二聚体超表面示意图、在线偏振光激发下所获得的横向剖面上超手性热点分布图以及手性分子放置于热点处产生的圆二色信号增强谱线 [92]

为了克服介电纳米结构电场增强效应较弱的缺点，Yao 和 Liu [87] 设计了一种具有均匀手性热点的二聚体结构。该二聚体由一对边长 100 nm 的硅纳米立方体组成，当入射的电场 (磁场) 平行于二聚体轴时，能够激发电 (磁) 偶极子并在二聚体 10 nm 的间隙中生成电 (磁) 热点。因此，在圆偏振光场的激发下，间隙中局域磁场和电场强度呈互补分布，且平行分量之间的相位差为 $\pi/2$，从而产生分布均匀的手性热点，平均手性密度增强可达 15 倍。当热点中含有手性分子时，圆二色信号在可见光波段可获得 8 倍的增强。与之类似，Zhao 和 Reinhard [88] 证实了硅纳米柱二聚体同样支持可见光波段的超手性热点。当入射电场的偏振方向与二聚体的中轴呈 45° 时，环绕在纳米柱周围的诱导磁场有着平行于二聚体中轴的分量，因此两个纳米柱上的偶极子共振能够耦合并在间隙处产生增强的磁场。此外，入射的电场同样有着平行于二聚体中轴的分量，导致间隙中也将同时存在增强的局域电场。由于电场和磁场的平行分量之间存在非零的相位差，所以在二聚体间隙中生成了峰值手性密度增强 20 倍的热点，且手性可通过入射场的偏振方向 (±45°) 进行调节。此外，Mohammadi 等 [89] 提出了一种开孔硅圆柱的超表面设计 (图 7.11(d))，基于 Kerker 效应实现了电偶极子和磁偶极子在开孔纳米柱中的共存，从而实现了超手性热点的生成。当手性待测物位于热点处时，其透射信号的差异能够被增强 1 个数量级。Rui 等设计了一种可生成超手性热点的硅纳米柱二聚体阵列超表面 (图 7.11(e))，利用相邻谐振单元之间的共振模式的耦合，实现 180 倍的光学手性密度增强和 120 倍的分子固有圆二色信号增强 [90]。

虽然人们提出了很多在可见波段和红外波段实现光学手性密度增强的方法，但是许多小分子的手性吸收特性都位于紫外波段。由于硅在紫外的损耗过大，所以必须选用其他高折射率的介电材料去增强紫外波段手性分子的圆二色性。Hu 等 [91] 设计了一种由金刚石纳米柱阵列所构成的超表面。借助于金刚石纳米结构在紫外波段的米氏共振，能够使得电偶极子和磁偶极子模式在光谱上重叠并满足 Kerker 条件，从而在近场保持入射圆偏振极化的同时也获得了共振增强。通过在超表面的晶格中引入两个直径不同的纳米柱，利用相邻圆柱中偶极子模式的异相振荡，实现了几何不对称性对共振与自由空间相互作用的抑制，从而获得了更长的共振寿命和更高的模式品质因子。当超表面晶格中相邻圆盘的直径差为 10%时，紫外波段光场手性密度的局部增强可超过 1000 倍 (图 7.11(f))。Yao 和 Zheng [92] 研究了基于二氧化钛纳米立方体二聚体阵列的近紫外波长手性分子圆二色性增强技术 (图 7.11(g))。由于单个非晶态二氧化钛纳米立方二聚体可以在磁偶极共振波长处产生手性热点，通过相邻晶格结构之间的集体相互作用，手性热点的强度得到了进一步提升，于紫外波段可在二聚体间隙中获得 2 个数量级的局域手性增强。当手性分子吸附在纳米立方体上时，其圆二色信号将被增强 50 倍。由于超表面自身没有损耗且不具有手性，所以完全消除了背景信号和衬底吸收，所以增强的圆二色谱完全反映了手性分子的信息。

7.5 生成结构色的微纳光子器件

在传统的色彩生成技术中，人类最常用的是具有不同色彩的染料，其原理在于染料的化学成分能够选择性地吸收照明光中特定频段的光，并反射其余频段的光，从而形成不同的颜色。由于染料具有易褪色和污染环境等缺点，近年来人们开始关注诸如结构色 (structural color) 在内的新型色彩生成技术。结构色的生色原理与传统的染料颜色依赖的色素无关，是可见光照射在微纳结构后与其表面产生干涉、散射等作用导致了对可见光不同波段的选择性吸收和反射而产生的颜色。与传统色彩相比，结构色具有不褪色和环保节能等优点，在显示技术、色彩印刷、防伪应用、装饰应用等方面具有广阔的应用前景。

在自然界中广泛存在着结构色的案例，例如，许多蝴蝶和昆虫的翅膀或外壳上都有着微纳尺度的鳞片或多层膜结构，在自然光的照射下将产生色彩斑斓的视觉效果。早在人类意识到使用微纳结构可以用于操纵光与物质的相互作用之前，许多工艺品的制作中就已经应用了结构色技术，其中最著名的例子是古罗马的莱克格斯杯 (Lycurgus cup)。当光源分别从杯子外部和内部照射时，杯子分别显示出翠绿色和酒红色 (图 7.12(a))。莱克格斯杯二向色性背后的物理原因是玻璃中掺有许多纳米尺度的金银粒子，当金属粒子的局域等离激元被照明光激发时，透射谱和反射谱造成了内外颜色的差异。

随着现代纳米加工技术的不断发展，科研人员在人工制备结构色器件的领域进行了长足的探索，多层膜谐振结构、金属光栅和超表面等多种类型的微纳光子器件都证实有望获得超过衍射极限的超高色彩分辨率。这些新兴的结构色器件将有望在未来的柔性显示薄膜、可穿戴设备中发挥重要作用。

7.5.1 基于薄膜干涉的结构色器件

基于薄膜干涉原理的结构色器件主要由多层金属或者介质薄膜构成，通过干涉效应在薄膜的上下表面分别形成了反射颜色和透射颜色。例如，法布里–珀罗腔由两层高损耗薄膜以及中间的介质薄膜组成，入射光在法布里–珀罗腔的两层高损耗薄膜之间反复发生反射，最终满足共振条件的光将透射或反射出来。因此法布里–珀罗腔具有极强的窄带频率选择作用，可以用来产生饱和度较高的颜色。

由于法布里–珀罗共振波长对薄膜的厚度和折射率较为敏感，所以可以通过改变介质层的厚度来调控所产生的结构色。法布里–珀罗腔的共振峰偏移量 $\Delta\lambda$ 与入射角度 θ 的依赖关系如 (7.21) 式所示 [93]：

$$\left|\frac{\Delta\lambda}{\Delta\theta}\right| \approx \frac{2d\cdot\sin\theta\cdot\cos\theta}{\sqrt{n^2\sin^2\theta}} \tag{7.21}$$

由此可见，介质层的折射率越高，法布里–珀罗腔对入射角度就越不敏感，因此在很多基于法布里–珀罗腔的结构色器件中都会用高折射率的介质层以降低结构色的角度敏感性。例如，Zheng 等通过调整 ZnS/Ag 叠层结构 (图 7.12(b)) 的厚度实现了丰富的透射式结构色 [94]，透射光谱与激发光场的入射角度和偏振态的关系如图 7.12(b) 所示，可以在偏振无关和大范围入射角度的条件下依然呈现出稳定的颜色。

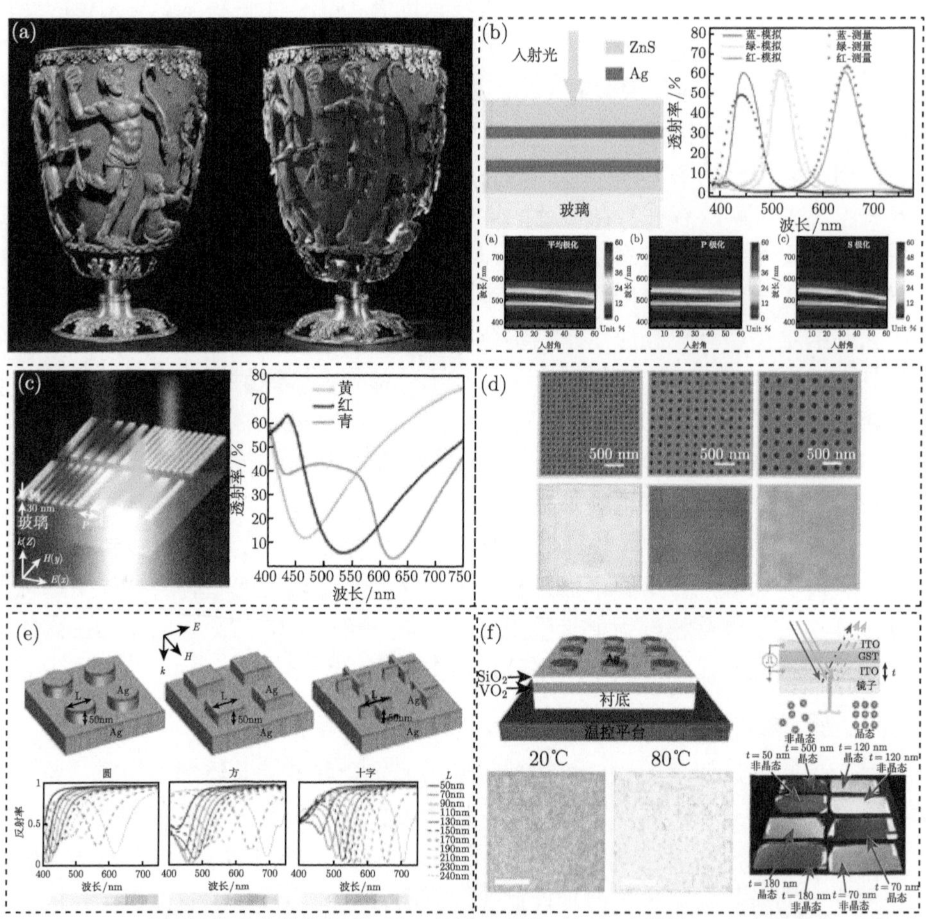

图 7.12　(a) 古罗马的莱克格斯杯从 (左) 外部照射和 (右) 内部照射时产生的色彩；(b) 由 ZnS/Ag 叠层组成的透射式结构色器件示意图 (左上)，产生红绿蓝色彩时的透射光谱 (右上)，当入射角度变化时不同偏振态的入射光照射在结构色器件上产生的透射谱 (下)[94]；(c) 具有亚波长周期的超薄银光栅以及生成的透射结构色 [95]；(d) 银薄膜上不同尺寸的纳米孔阵列及产生的结构色 [97]；(e) 不同形状的银纳米天线阵列及它们产生的反射谱和结构色 [98]；(f) 用加热平台控制二氧化钒相变调控色彩 (左)[103]，ITO/GST/ITO 薄膜的电致变色原理图及产生的结构色 (右)[104]

7.5.2 基于表面等离极化激元的结构色器件

基于表面等离极化激元的结构色器件包括金属光栅、金属纳米孔阵列和金属纳米天线阵列等不同的结构。具有亚波长尺度的金属光栅能有效地激发表面等离极化激元模式，图 7.12(c) 中分别展示了具有亚波长周期的超薄银光栅及其生成的透射光谱和结构色。在该结构中，局域表面等离激元与传播表面等离极化激元的耦合产生了极低透射效应 [95]，导致透射谱中产生了明显的透射谷。通过调节光栅周期可以改变表面等离极化激元的激发波长，从而产生不同的色彩。此外，Sun 等则通过调节纳米孔阵列的周期产生了丰富的透射式结构色 [96]。此外，纳米孔阵列的排布方式被证实对结构色有着较大的影响。如图 7.12(d) 所示，正方形或三角形排列的纳米孔阵列有着不同的传播表面等离极化激元模式的激发波长，因此将产生不同的结构色 [97]。三角形排列的纳米孔阵列所产生的不同阶次的传播表面等离极化激元的透射峰波长间隔较大，这也使得该排列方式能够减少颜色串扰，从而产生色彩纯度更高的结构色。

不同于周期性纳米孔阵列，亚波长的周期性纳米天线阵列除了可以激发传播表面等离激元，还可以激发局域表面等离激元。局域表面等离激元激发时入射电场在纳米天线处强烈耦合，对入射光产生了强吸收效应。由于局域表面等离激元效应，许多种具有不同形状的金属纳米天线阵列被用于产生结构色，Ng 等用银制成了周期性的纳米圆盘、纳米方块和十字形纳米天线结构，利用局域表面等离激元效应产生了丰富的结构色，在图 7.12(e) 中展示了纳米天线阵列的反射谱及生成的色彩 [98]。由于这些纳米天线结构的吸收峰是局域表面等离激元引起的，所以可以通过天线阵列的尺寸和形状调控结构色。

纳米天线阵列的吸收截面比起物理截面有更大的范围，因此可以通过组合不同尺寸的纳米天线阵列来实现色彩混合。Rezaei 等通过组合不同尺寸的铝纳米圆盘产生的色彩混合效应 [99]。由于不同尺寸的铝纳米圆盘的局域表面等离激元共振波长不同，所以不同波段的入射光被具有不同尺寸的铝纳米圆盘分别吸收，产生了混合色彩，极大地扩展了结构色的色域。

7.5.3 结构色的动态调控

由于结构色器件产生的色彩取决于其几何特性和材料的光学性质，所以一旦结构色器件被制造出来就很难让其色彩产生变化。色彩单一的结构色器件很难满足现代的显示技术及色彩印刷技术对色彩的动态重构能力的要求，因此研究结构色的动态重构能力显得尤为重要。目前研究人员提出的色彩重构方案主要有几种：机械形变、可逆化学反应和可调谐材料。

机械形变方式一般是通过在结构色器件中引入可拉伸材料，在外力作用下可拉伸材料会发生形变，这将破坏结构色器件的共振条件，因此产生的色彩也会发

生相应的变化 [100,101]。可逆化学反应的方式则是借助诸如氧化还原、氢化还原等可逆反应对结构色器件中的部分材料的性质进行动态调整。Duan 等利用镁纳米粒子在氢化过程中产生的从金属到介质的变化的特性，通过氢化过程逐渐抹除了镁纳米粒子产生的等离子体结构色 [102]，借助氧化脱氢反应又能将氢化镁再次转化为镁，得以恢复器件原本的鲜艳色彩。

用机械形变方式调控结构色一般需要施加外力或者集成微机电系统，增加了系统的复杂性和成本。基于可逆化学反应的结构色重构方式则具有有限的重构次数以及较慢的切换速度等缺点。在过去几年里可调谐材料被广泛应用于结构色的动态重构中，其中相变材料 (phase change material) 以其优异的调谐性能占据了这一方向的主导地位。如图 7.12(f) 所示，Shu 等将银纳米粒子阵列与相变材料二氧化钒 (VO_2) 薄膜相结合，利用加热平台控制 VO_2 薄膜的温度，使其在金属和介质状态之间转换，实现了对结构色的温度调谐 [103]。此外，相比于 VO_2，硫系相变材料 $Ge_2Sb_2Te_5$ (GST) 具有更优越的相变切换性能和相态保持能力。Hossenni 等将 GST 与导电玻璃 ITO (indium tin oxides) 相结合，制造了通过电压驱动控制的可调谐结构色器件 [104]。

为了进一步扩大可调谐结构色的色域范围，Rui 等提出了基于 GST 超吸收体的可重构结构色器件 [105]。如图 7.13(a) 所示，该可重构结构色器件由铝纳米盘阵列、GST 层、二氧化硅薄膜和铝衬底组成。通过将金属/介质/金属超材料与可调谐的 GST 层相结合，实现了对器件生成的结构色的动态调控。超吸收体产生的颜色是由反射光谱决定的，而反射光谱与 GST 超吸收体产生的等离子激元共振相关。因此，通过调整铝纳米盘的几何形状可以调整超吸收体产生的结构色。以 GST 层处于晶态的情况为例，假设纳米盘的周期为 360 nm，当纳米盘的半径从 50 nm 增加到 100 nm 时，每条反射谱都具有两个反射波峰和三个波谷 (图 7.13(b))。随着半径的增大，480 nm 的共振峰逐渐移动至 570 nm，超吸收体产生的色彩呈现出由蓝紫色向黄色方向转变的趋势。图 7.13(b) 中给出了 GST 层处于晶态和非晶态时超吸收体产生的结构色的 CIE(国际照明委员会，International Commission on illumination) 色度坐标。当半径小于 70 nm 时，GST 的相变会产生大于 30 的色差。随着半径的继续增加，GST 相变引起的颜色变化则变得不明显。这种现象归因于结构的光学特征，即结构反射光谱的主峰随着铝纳米盘填充系数的变大而变得越来越宽，因此大部分的入射光会在顶部铝纳米盘处被反射。此时，由于能到达 GST 薄膜层的入射光越来越少，所以 GST 的相变在整个复合结构中产生的作用就变少，这导致通过 GST 相变产生的色彩调节能力变差。超吸收体的光学响应受到了局域表面等离激元、传播表面等离极化激元、伍德异常和标准法布里–珀罗模式的共同作用，利用这些模式可以精确控制超吸收体产生的结构色。如图 7.13(d) 所示，无论 GST 层处于晶态还是非晶态，D65 (标准光源中最常用的人工日光，其色温为 6500K) 光照下超吸收体产生色彩的色调和饱和度都会随着纳米盘半径和周期的变化而发生显著改变。从色差灰度图中可以看出，当纳米圆盘半径相对较小时，超吸收体的颜色会随着 GST 的相变而发生显著变化。图 7.13(d) 中在 CIE XYZ 色度图中标出了所有颜色的色度坐标，其中白色和蓝色三角区分别表示 sRGB (色彩空间，standard red green blue) 和 CMY(K) (用于印刷的四分色：cyan 青、magenta 品红、yellow 黄和 black 黑) 的色彩范围。由此可见，基于 GST 超吸收体的可重构结构色的色彩范围非常适合显示和印刷的应用，超吸收体产生的色域占了 74%的 sRGB 空间和 94%的 CMY(K) 空间。

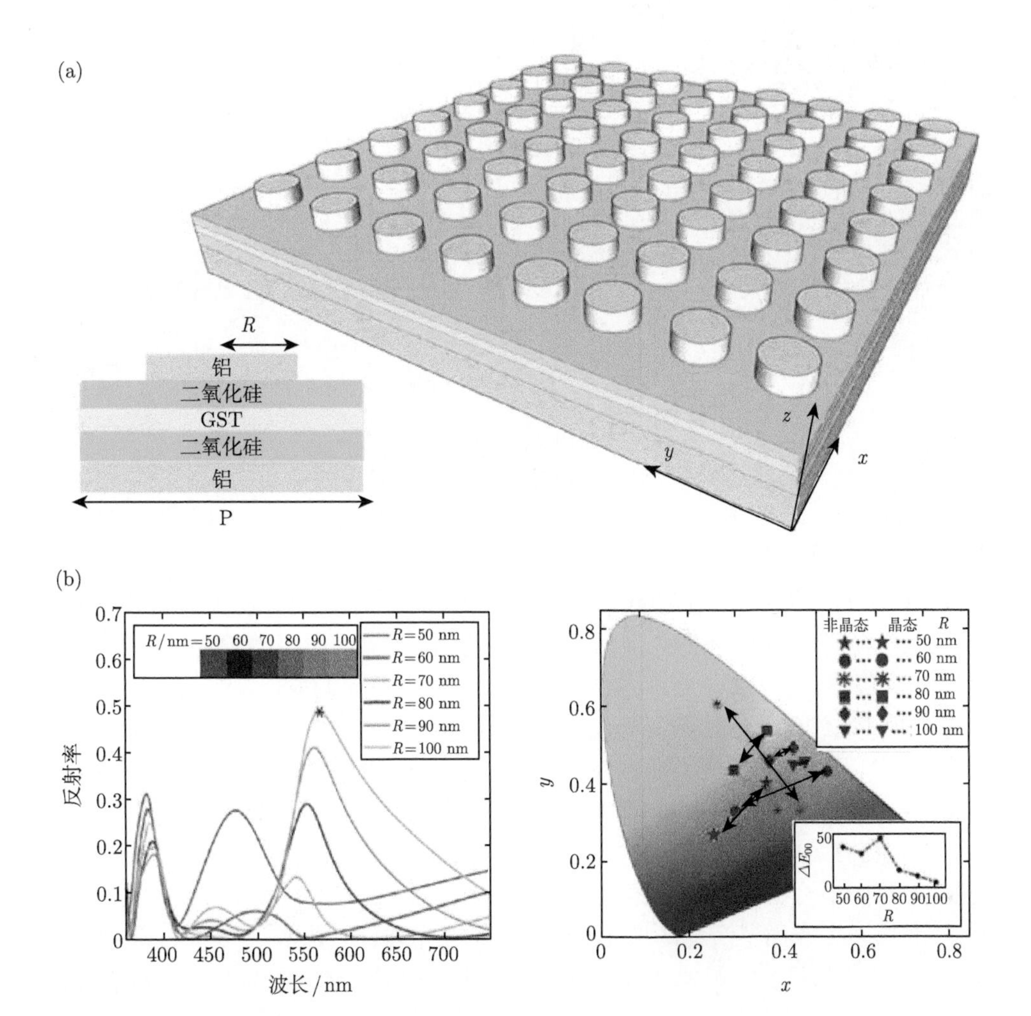

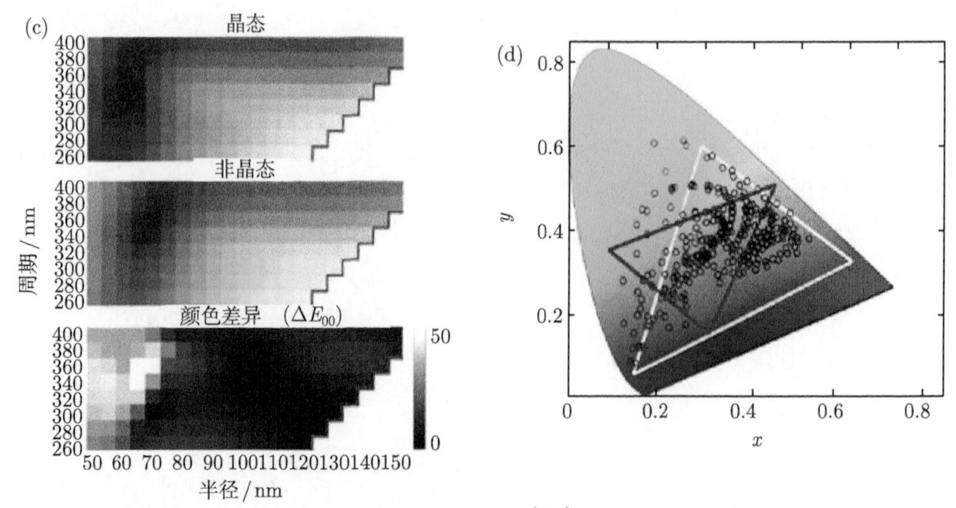

图 7.13　基于 GST 超吸收体的可重构结构色器件 [105]。(a) 结构示意图; (b)GST 处于晶态时随铝纳米盘半径变化的反射谱，GST 处于晶态和非晶态时随着铝纳米盘半径增大而变化的 CIE 色度坐标; (c)GST 为晶体态和非晶态时不同尺寸的超吸收体产生的色彩图，两者对应的色差用灰度图表示; (d) GST 为晶体态和非晶态时，超吸收体在 CIE XYZ 色度图上产生的色域，其中白色三角为 sRGB 色彩范围，蓝色三角为 CMY(K) 色彩范围

7.6　总结与展望

本章从光学天线的概念出发，重点介绍了微纳光子器件在增强局域光场、调控点源辐射场、检测物质手性和生成结构色等四个领域的应用。以下简要总结本章 7.2~7.5 节的内容。

7.2 节介绍了两种常见的接收型微纳光子器件：牛眼式天线和阿基米德螺旋式天线。接收型天线的目的是将自由空间中传播的辐射场转化为高强度的局域场。接收型牛眼天线由于其轴对称的结构，能高效接收径向偏振光并在焦点处产生高强度的局域场。阿基米德螺旋天线由于其结构的特殊空间分布，聚焦场呈现出依赖于入射光子自旋的特性。研究表明，固定手性的螺旋天线能够将与其手性不同的圆偏振光聚焦为实心亮斑，而将有着相同手性的圆偏振光聚焦为中空的光斑。在螺旋天线的聚焦下，不同手性入射光的聚焦光场在空间中是分离的，因此螺旋天线可作为一种微型化的圆偏振检偏器来使用。

7.3 节首先介绍了两种常见的发射型微纳光子器件：八木–有田天线和牛眼天线。通过将纳米尺度的点源与八木–有田天线或牛眼天线耦合，能够获得高度方向性的远场辐射场。其次，对阿基米德螺旋式发射型光学天线作了系统深入的介绍，展示了阿基米德螺旋式发射天线对于纳米尺度发光体辐射场的强大调控能力。通过改变螺旋的手性、螺距以及受激点源的位置，就可以对出射光子的出射方向、自旋角动量、轨道角动量以及方向性进行控制，从而获得定向发射的圆偏振涡旋光场。我们相信这种纳米尺度的光子源在量子信息处理、单分子传感以及集成光子电路中都有着广泛的应用前景。

7.4 节回顾了基于光学手性现象的传感机制，介绍了基于微纳光子器件的手性检测方法及最新进展。讨论了等离子体纳米颗粒的等离子体耦合圆二色性理论，并介绍了热点增强等离子体耦合圆二色性在生物传感中的应用。此外，回顾了手性/非手性等离子体微纳结构、介电微纳结构在增强生物分子圆二色信号中的应用。基于微纳光子器件手性传感技术的进一步发展在加深人们对生物分子结构的理解和开发大规模手性传感平台方面有着广阔的前景。

7.5 节介绍了结构色的概念，并对近年来结构色器件的研究现状进行了总结，探讨了实现结构色重构的方法，重点探讨了 GST 材料的多级相变对超吸收体结构色的动态重构能力。

总之，微纳光子学主要研究在微纳尺度下光与物质相互作用的规律及其光的产生、传输、调控、探测和传感等方面的应用。作为一门新兴的研究领域，微纳光学器件主要依赖于微纳结构中光与物质的相互作用，具有尺寸小、速度快和克服传统衍射极限等特点，有望实现电子学和光子学在微纳尺度上的完美联姻，有效提高了光子集成度，并为新一代的光电技术开创新的平台。

习　题

7.1　表面等离激元器件的偏振响应由哪些因素决定？如何利用矢量光场提升器件的表面等离激元耦合效率？

7.2　金属微纳结构和介质微纳结构都被证实能用于圆二色性的增强。若设计一种金属和介质材料混合的微纳器件，是否可能获得更强的圆二色信号？其物理机理和结构的设计要点有哪些？

7.3　牛眼结构和螺旋结构都可作为发射型天线使用，将局域场转化为自由辐射场。两者的功能差异有哪些，这些差异与结构的模式特性有何联系？

7.4　在结构色的应用中，实现颜色的动态可调具有极其重要的意义。有哪些方式可实现结构色的重构，其优缺点分别有哪些？

7.5　如何从角动量守恒的角度解释螺旋型光学天线的自旋依赖特性？

7.6　在基于螺旋天线的光束偏转应用中，偏转灵敏度由哪些因素决定？你能否给出一种进一步增大光束偏转角对于馈入点偏移量的灵敏度的方法？

7.7　具有手性的金属微纳结构在检测分子手性时难免会引入由结构自身带来的背景噪声，有哪些手段能够消除或削弱这些噪声？

7.8　假设将手性材料放置于非手性金属微纳结构的超手性近场中，则手性分子的增强圆二色信号中是否有来源于金属材料的信号？请简述其原因。

参 考 文 献

[1] Novotny L, Hecht B. Principles of Nano-optics[M]. 2nd ed. United Kingdom: Cambridge University Press, 2012.

[2] Ghenuche P, Cherukulappurath S, Taminiau T H, et al. Spectroscopic mode mapping of resonant plasmon nanoantennas[J]. Physical Review Letters, 2008, 101(11): 116805.

[3] Kinkhabwala A, Yu Z, Fan S, et al. Large single-molecule fluorescence enhancements produced by a bowtie nanoantenna[J]. Nature Photonics, 2009, 3(11): 654-657.

[4] Kalkbrenner T, Håkanson U, Schädle A, et al. Optical microscopy via spectral modifications of a nano-antenna[J]. Physical Review Letters, 2005, 95(20): 200801.

[5] Anger P, Bharadwaj P, Novotny L. Enhancement and quenching of single-molecule fluorescence[J]. Physical Review Letters, 2006, 96(11): 113002.

[6] Novotny L. The history of near-field Optics[J]. Progress in Optics, 2007, 50: 137-184.

[7] Wessel J. Surface-enhanced optical microscopy[J]. Journal of the Optical Society of America B-Optical Physics, 1985, 2(9): 1538-1541.

[8] Fischer U C, Pohl D W. Observation of single-particle plasmons by near-field optical microscopy[J]. Physical Review Letters, 1989, 62(4): 458-461.

[9] Bharadwaj P, Deutsch B, Novotny L. Optical antennas[J]. Advances in Optics & Photonics, 2009, 1(3): 438-482.

[10] Bryant G W, Abajo F J G, Aizpurua J. Mapping the plasmon resonances of metallic nanoantennas[J]. Nano Letters, 2008, 8(2): 631-636.

[11] Bachelot R, Gleyzes P, Boccara A C. Apertureless near field optical microscopy by local perturbation of a diffraction spot[J]. Ultramicroscopy, 1995, 61(1): 111-116.

[12] Deutsch B, Hillenbrand R, Novotny L. High numerical aperture vectorial imaging in coherent optical microscopes[J]. Optics Express, 2008, 16(2): 507-523.

[13] Cvitkovic A, Ocelic N, Aizpurua J, et al. Infrared imaging of single nanoparticles via strong field enhancement in a scanning nanogap[J]. Physical Review Letters, 2006, 97(6): 060801.

[14] Knoll B, Keilmann F. Enhanced dielectric contrast in scattering-type scanning near-field optical microscopy[J]. Optics Communications, 2000, 182(4): 321-328.

[15] Hillenbrand R, Keilmann F. Complex optical constants on a subwavelength scale[J]. Physical Review Letters, 2000, 85(14): 3029-3032.

[16] Hartschuh A, Qian H, Meixner A, et al. Nanoscale optical imaging of excitons in single-walled carbon nanotubes[J]. Nano Letters, 2005, 5(11): 2310-2313.

[17] Tam F, Goodrich G , Johnson B R, et al. Plasmonic enhancement of molecular fluorescence[J]. Nano Letters, 2007, 7(2): 496-501.

[18] Biteen J S, Lewis N S, Atwater H A. Spectral tuning of plasmon-enhanced silicon quantum dot luminescence[J]. Applied Physics Letters, 2006, 88(13): 131109.

[19] Mertens H, Biteen J S, Atwater H A, et al. Polarization-selective plasmon-enhanced silicon quantum-dot luminescence[J]. Nano Letters, 2006, 6(11): 2622-2625.

[20] Anger P, Bharadwaj P, Novotny L. Enhancement and quenching of single-molecule fluorescence[J]. Physical Review Letters, 2006, 96(11): 113002.

[21] Taminiau T H, Moerland R J, Segerink F B, et al. $\lambda/4$ resonance of an optical monopole antenna probed by single molecule fluorescence[J]. Nano Letters, 2007, 7(1): 28-33.

[22] Frey H G, Witt S, Felderer K, et al. High-resolution imaging of single fluorescent molecules with the optical near-field of a metal tip[J]. Physical Review Letters, 2004, 93(20): 200801.

[23] Kinkhabwala A, Yu Z, Fan S, et al. Large single-molecule fluorescence enhancements produced by a bowtie nanoantenna[J]. Nature Photonics, 2009, 3(11): 654-657.

[24] Ming T, Zhao L, Chen H, et al. Experimental evidence of plasmophores: plasmon-directed polarized emission from gold nanorod-fluorophore hybrid nanostructures[J]. Nano Letters, 2011, 11(6): 2296-2303.

[25] Jun Y C, Huang K, Brongersma M L. Plasmonic beaming and active control over fluorescent emission[J]. Nature Communications, 2011, 2: 283.

[26] Aouani H, Mahboub O, Devaux E, et al. Large molecular fluorescence enhancement by a nanoaperture with plasmonic corrugations[J]. Optics Express, 2011, 19(14): 13056-13062.

[27] Hartschuh A, Sánchez E, Xie X, et al. High-resolution near-field Raman microscopy of single-walled carbon nanotubes[J]. Physical Review Letters, 2003, 90(9): 095503.

[28] Anderson N, Hartschuh A, Novotny L. Chirality changes in carbon nanotubes studied with near-field Raman spectroscopy[J]. Nano Letters, 2007, 7(3): 577-582.

[29] Cheng Y T, Takashima Y, Yuen Y, et al. Ultra-high resolution resonant C-shaped aperture nano-tip[J]. Optics Express, 2011, 19(6): 5077-5085.

[30] Weber-Bargioni A, Schwartzberg A, Cornaglia M, et al. Hyperspectral nanoscale imaging on dielectric substrates with coaxial optical antenna scan probes[J]. Nano Letters, 2011, 11(3): 1201-1207.

[31] Chen W, Zhan Q. Numerical study of an apertureless near field scanning optical microscope probe under radial polarization illumination[J]. Optics Express, 2007, 15(7): 4106-4111.

[32] Ginzburg P, Nevet A, Berkovitch N, et al. Plasmonic resonance effects for tandem receiving-transmitting nanoantennas[J]. Nano Letters, 2011, 11(1): 220-224.

[33] Liu Z, Steele J M, Srituravanich W, et al. Focusing surface plasmons with a plasmonic lens[J]. Nano Letters, 2005, 5(9): 1726-1729.

[34] Lerman G M, Yanai A, Levy U. Demonstration of nanofocusing by the use of plasmonic lens illuminated with radially polarized light[J]. Nano Letters, 2009, 9(5): 2139-2143.

[35] Chen W, Abeysinghe D C, Nelson R L, et al. Plasmonic lens made of multiple concentric metallic rings under radially polarized illumination[J]. Nano Letters, 2009, 9(12): 4320-4325.

[36] Yang S, Chen W, Nelson R L, et al. Miniature circular polarization analyzer with spiral plasmonic lens[J]. Optics Letters, 2009, 34(20): 3047-3049.

[37] Chen W, Nelson R L, Zhan Q. Efficient miniature circular polarization analyzer design using hybrid spiral plasmonic lens[J]. Optics Letters, 2012, 37(9): 1442-1444.

[38] Chen W, Nelson R L, Zhan Q. Geometrical phase and surface plasmon focusing with azimuthal polarization[J]. Optics Letters, 2012, 37(4): 581-583.

[39] Kraus D, Marhefka R J. Antennas: for All Applications[M]. 3rd ed. New York: McGraw-Hill, 2003.

[40] Kosako T, Kadoya Y, Hofmann H F. Directional control of light by a nano-optical Yagi-Uda antenna[J]. Nature Photonics, 2010, 4(5): 312-315.

[41] Curto A G, Volpe G, Taminiau T H, et al. Unidirectional emission of a quantum dot coupled to a nanoantenna[J]. Science, 2010, 329(5994): 930-933.

[42] Aouani H, Mahboub O, Bonod N, et al. Bright unidirectional fluorescence emission of molecules in a nanoaperture with plasmonic corrugations[J]. Nano Letters, 2011, 11(2): 637-644.

[43] Aouani H, Mahboub O, Devaux E, et al. Bright unidirectional fluorescence emission of molecules in a nanoaperture with plasmonic corrugations[J]. Nano Letters, 2011, 11(2): 2400-2406.

[44] Shitrit N, Bretner L, Gorodetski Y, et al. Optical spin hall effects in plasmonic chains[J]. Nano Letters, 2011, 11(5): 2038-2042.

[45] Chen W, Abeysinghe D C, Nelson R L, et al. Experimental confirmation of miniature spiral plasmonic lens as a circular polarization analyzer[J]. Nano Letters, 2010, 10(6): 2075-2079.

[46] Rui G, Nelson R L, Zhan Q. Beaming photons with spin and orbital angular momentum via a dipole-coupled plasmonic spiral antenna[J]. Optics Express, 2012, 20(17): 18819-18826.

[47] Hayat A, Mueller J P B, Capasso F. Lateral chirality-sorting optical forces[J]. Proceedings of the National Academy of Sciences of the United States of America, 2015, 112(43): 13190-13194.

[48] Qiu M, Zhang L, Tang Z, et al. 3D metaphotonic nanostructures with intrinsic chirality[J]. Advanced Functional Materials, 2018, 28(45): 1803147.

[49] Mun J, Kim M, Yang Y, et al. Electromagnetic chirality: from fundamentals to nontraditional chiroptical phenomena[J]. Light: Science & Applications, 2020, 9(139): 1-18.

[50] Solomon M L, Saleh A A E, Poulikakos L V, et al. Nanophotonic platforms for chiral sensing and separation[J]. Accounts of Chemical Research, 2020, 53(3): 588-598.

[51] Kumar J, Liz-Marzan L M. Recent advances in chiral plasmonics towards biomedical applications[J]. Bulletin of the Chemical Society of Japan, 2019, 92(1): 30-37.

[52] Tang P, Tai C. Plasmonically enhanced enantioselective nanocolorimetry[J]. ACS Sensors, 2020, 5(3): 637-644.

[53] Link S, El-Sayed M A. Spectral properties and relaxation dynamics of surface plasmon electronic oscillations in gold and silver nanodots and nanorods[J]. The Journal of Physical Chemistry B: Biophysics, Biomaterials, Liquids, and Soft Matter, 1999, 103(40):

8410-8426.

[54] Govorov A O, Fan Z, Hernandez P, et al. Theory of circular dichroism of nanomaterials comprising chiral molecules and nanocrystals: plasmon enhancement, dipole interactions, and dielectric effects[J]. Nano Letter, 2010, 10(4): 1374-1382.

[55] Maoz B M, Weegen R V D, Fan Z, et al. Plasmonic chiroptical response of silver nanoparticles interacting with chiral supramolecular assemblies[J]. Journal of the American Chemical Society, 2012, 134(42): 17807-17813.

[56] Hou S, Zhang H, Yan J, et al. Plasmonic circular dichroism in side-by-side oligomers of gold nanorods: the influence of chiral molecule location and interparticle distance[J]. Physical Chemistry Chemical Physics, 2015, 17(12): 8187-8193.

[57] Gerard V A, Gunko Y K, Defrancq E, et al. Plasmon-inducedcd response of oligonucleotide-conjugated metal nanoparticles[J]. Chemical Communications, 2011, 47(26): 7383-7385.

[58] Shen X, Zhan P, Kuzyk A, et al. 3D plasmonic chiral colloids[J]. Nanoscale, 2014, 6(4): 2077-2081.

[59] Lan X, Zhou X, Mccarthy L A, et al. DNA-enabled chiral gold nanoparticle-chromophore hybrid structure with resonant plasmon-exciton coupling gives unusual and strong circular dichroism[J]. Journal of the American Chemical Society, 2019, 141(49): 19336-19341.

[60] Slocik J M, Govorov A O, Naik R P. Plasmonic circular dichroism of peptide-functionalized gold nanoparticles[J]. Nano Letters, 2011, 11(2): 701-705.

[61] Maoz B M, Chaikin Y, Tesler A B, et al. Amplification of chiroptical activity of chiral biomolecules by surface plasmons[J]. Nano Letters, 2013, 13(3): 1203-1209.

[62] Lu F, Tian Y, Liu M, et al. Discrete nanocubes as plasmonic reporters of molecular chirality[J]. Nano Letters, 2013, 13(7): 3145-3151.

[63] Zhang H, Govorov A O. Giant circular dichroism of a molecule in a region of strong plasmon resonances between two neighboring gold nanocrystals[J]. Physical Review B, 2013, 87(7): 075410.

[64] Nesterov M L, Yin X, Schäferling M, et al. The role of plasmon-generated near fields for enhanced circular dichroism spectroscopy[J]. ACS Photonics, 2016, 3(4): 578-583.

[65] Kneer L M, Roller E M, Besteiro L V, et al. Circular dichroism of chiral molecules in DNA-assembled plasmonic hotspots[J]. ACS Nano, 2018, 12(9): 9110-9115.

[66] Biagioni P, Huang J S, Hecht B. Nanoantennas for visible and infrared radiation[J]. Reports on Progress Physics, 2012, 75(2): 024402.

[67] Amendola V, Pilot R, Frasconi M, et al. Surface plasmon resonance in gold nanoparticles: a review[J]. Journal of Physics-Condensed Matter, 2017, 29(20): 203002.

[68] Schäferlingde M, Dregely D, Hentschel M, et al. Tailoring enhanced optical chirality: design principles for chiral plasmonic nanostructures[J]. Physical Review X, 2012, 2(3): 031010.

[69] Schäferlingde M, Yin X, Engheta N, et al. Helical plasmonic nanostructures as prototypical chiral near-field sources[J]. ACS Photonics, 2014, 1(6): 530-537.

[70] Hendry E, Carpy T, Johnston J, et al. Ultrasensitive detection and characterization of biomolecules using superchiral fields[J]. Nature Nanotechnology, 2010, 5(11): 783-787.

[71] Tullius R, Karimullah A S, Rodier M, et al. "Superchiral" spectroscopy: detection of protein higher order hierarchical structure with chiral plasmonic nanostructures[J]. Journal of American Chemical Society, 2015, 137(26): 8380-8383.

[72] Karimullah A S, Jack C, Tullius R, et al. Disposable plasmonics: plastic templated plasmonic metamaterials with tunable chirality[J]. Advanced Materials, 2015, 27(37): 5610-5616.

[73] Jack C, Karimullah A S, Leyman R, et al. Biomacromolecular stereostructure mediates mode hybridization in chiral plasmonic nanostructures[J]. Nano Letters, 2016, 16(9): 5806-5814.

[74] Zhao Y, Askarpour A N, Sun L, et al. Chirality detection of enantiomers using twisted optical metamaterials[J]. Nature Communications, 2017, 8: 14180.

[75] Garcia-Guirado J, Svedendahl M, Puigdollers J, et al. Enantiomer-selective molecular sensing using racemic nanoplasmonic arrays[J]. Nano Letters, 2018, 18(10): 6279-6285.

[76] Horrer A, Zhang Y, Gerard D, et al. Local optical chirality induced by near-field mode interference in achiral plasmonic metamolecules[J]. Nano Letters, 2019, 20(1): 509-516.

[77] Petronijevic E, Sandoval E M, Ramezani M, et al. Extended chiro-optical near-field response of achiral plasmonic lattices[J]. Journal of Physical Chemistry C: Energy, Materials, and Catalysis, 2019, 123(38): 23620-23627.

[78] Rui G, Hu H, Singer M, et al. Symmetric meta-absorber-induced superchirality[J]. Advanced Optical Materials, 2019, 7(21): 1901038.

[79] Abdulrahman N A, Fan Z, Tonooka T, et al. Induced chirality through electromagnetic coupling between chiral molecular layers and plasmonic nanostructures[J]. Nano Letters, 2012, 12(2): 977-983.

[80] Terakawa M, Takeda S, Tanaka Y, et al. Enhanced localized near field and scattered far field for surface nanophotonics applications[J]. Progress in Quantum Electronics, 2012, 36(1): 194-271.

[81] Solomon M L, Saleh A A E, Poulikakos L V, et al. Nanophotonic platforms for chiral sensing and separation[J]. Accounts of Chemical Research, 2020, 53(3): 588-598.

[82] Ho C S, Garcia-Etxarri A, Zhao Y, et al. Enhancing enantioselective absorption using dielectric nanospheres[J]. ACS Photonics, 2017, 4(2): 197-203.

[83] Vestler D, Assaf B M, Markovich G. Enhancement of circular dichroism of a chiral material by dielectric nanospheres[J]. Journal of Physical Chemistry C: Energy, Materials, and Catalysis, 2019, 123(8): 5017-5022.

[84] Mun J, Rho J. Surface-enhanced circular dichroism by multipolar radiative coupling[J]. Optics Letters, 2018, 43(12): 2856-2859.

[85] Solomon M L, Hu J, Lawrence M, et al. Enantiospecific optical enhancement of chiral sensing and separation with dielectric metasurfaces[J]. ACS Photonics, 2019, 6(1): 43-49.

[86] Garcia-Guirado J, Svedendahl M, Puigdollers G, et al. Enhanced chiral sensing with dielectric nanoresonators [J]. Nano Letters, 2020, 20(1): 585-591.

[87] Yao K, Liu Y M. Enhancing circular dichroism by chiral hotspots in silicon nanocube dimers[J]. Nanoscale, 2018, 10(18): 8779-8786.

[88] Zhao X, Reinhard B M. Switchable chiroptical hot-spots in silicon nanodisk dimers[J]. ACS Photonics, 2019, 6(8): 1981-1989.

[89] Mohammadi E, Tavakoli A, Dehkhoda P, et al. Accessible superchiral near-fields driven by tailored electric and magnetic resonances in all-dielectric nanostructures[J]. ACS Photonics, 2019, 6(8): 1939-1946.

[90] Rui G, Zou S, Gu B, et al. Surface-enhanced circular dichroism by localized superchiral hotspots in dielectric dimer array metasurface[J]. Journal of Physical Chemistry C: Energy, Materials, and Catalysis, 2022, 126(4): 2199-2206.

[91] Hu J, Lawence M, Dionne J A. High quality factor dielectric metasurfaces for ultraviolet circular dichroism spectroscopy[J]. ACS Photonics, 2020, 7(1): 36-42.

[92] Yao K, Zheng Y. Near-Ultraviolet dielectric metasurfaces: From surface-enhanced circular dichroism spectroscopy to polarization-preserving mirrors[J]. Journal of Physical Chemistry C: Energy, Materials, and Catalysis, 2019, 123(18): 11814-11822.

[93] Ji C, Lee K, Xu T, et al. Engineering light at the nanoscale: structural color filters and broadband perfect absorbers [J]. Advanced Optical Materials, 2017, 5(20): 1700368.

[94] Zheng X W, Yang C Y, Zhao K, et al. High-color-purity transmissive colors with high angular tolerance based on metal/dielectric stacks[J]. Optics Communications, 2019, 434: 70-74.

[95] Gu Y H, Zhang L, Yang J K W, et al. Color generation via subwavelength plasmonic nanostructures[J]. Nanoscale, 2015, 7(15): 6409-6419.

[96] Sun L B, Hu X L, Wu Q J, et al. Influence of structural parameters to polarization-independent color-filter behavior in ultrathin Ag films[J]. Optics Communications, 2014, 333(24): 16-21.

[97] Sun L, Hu X L, Zeng B, et al. Effect of relative nanohole position on colour purity of ultrathin plasmonic subtractive colour filters[J]. Nanotechnology, 2015, 26(30): 305204.

[98] Ng R J H, Goh X M, Yang J K W. All-metal nanostructured substrates as subtractive color reflectors with near-perfect absorptance[J]. Optics Express, 2015, 26(30): 305204.

[99] Rezaei S D, Ho J, Ng R J H, et al. On the correlation of absorption cross-section with plasmonic color generation[J]. Optics Express, 2017, 25(22): 27652-27664.

[100] Song S, Ma X, Pu M, et al. Actively Tunable structural color rendering with tensile substrate[J]. Advanced Optical Materials, 2017, 5(9): 1600829.

[101] Tseng M L, Yang J, Semmlinger M, et al. Two-dimensional active tuning of an aluminum plasmonic array for Full-Spectrum response[J]. Nano Letters, 2017, 17(10): 6034-6039.

[102] Duan X, Kamin S, Liu N. Dynamic plasmonic colour display [J]. Nature Communications, 2017, 8: 14606.

[103] Shu F, Yu F, Peng R, et al. Dynamic plasmonic color generation based on phase

transition of vanadium dioxide[J]. Advanced Optical Materials, 2018, 6(7): 1700939.
[104] Hosseini P, Wright C D, Bhaskaran H. An optoelectronic framework enabled by low-dimensional phase-change films[J]. Nature, 2014, 511(7508): 206-211.
[105] Rui G, Ding C, Gu B, et al. Symmetric $Ge_2Sb_2Te_5$ based metamaterial absorber induced dynamic wide-gamut structural color [J]. Journal of Optics, 2020, 22(8): 085003.

汉英对照术语表

A

阿基米德螺旋线 Archimedes spiral
艾里斑 Airy disk
艾里图样 Airy pattern
奥托配置 Otto configuration

B

八木–有田天线 Yagi-Uda antenna
白光干涉术 white light interferometry
傍轴近似 paraxial approximation
贝塞尔–高斯光束 Bessel-Gaussian beam
贝塞尔恒等式 Bessel identity
贝塞尔–庞加莱光束 Bessel-Poincaré beam
表面等离激元 surface plasmons, SP
表面等离激元波 surface plasmon wave, SPW
表面等离激元共振 surface plasmon resonance, SPR
表面等离激元显微术 surface plasmon microscopy
表面等离极化激元 surface plasmon polariton
表面增强拉曼散射 surface enhanced Raman scattering
波动方程 wave equation
布拉格反射器 Bragg reflector
布拉格盒 Bragg cell

C

超手性近场 superchiral near field
陈数 Chern number
成像椭偏仪 imaging ellipsometer
传播常数 propagation constant

D

道威棱镜 Dove prism
德拜成像理论 Debye imaging theory
德拜积分 Debye integral
缔合拉盖尔多项式 associated Laguerre polynomial
点扩散函数 point spread function
电荷耦合器件 charge coupled device, CCD
电子束光刻 electron beam lithography
电子束曝光 electron-beam exposure
对映体 enantiomer

E

俄歇电子能谱 Auger electron spectroscopy
厄米–高斯模 Hermite-Gaussian mode
二次谐波产生 second-harmonic generation

F

发光二极管 light emitting diode, LED
发射型光学天线 emitting optical antenna
法布里–珀罗腔 Fabry-Perot cavity
菲涅耳衍射 Fresnel diffraction
夫琅禾费衍射 Fraunhoffer diffraction
弗勒利希条件 Fröhlich condition
傅里叶变换 Fourier transform

G

高数值孔径物镜 high numerical aperture objective
共聚焦拉曼显微术 confocal Raman microscopy
固体浸没纳米椭偏仪 solid immersion nano-ellipsometer
固体浸没式隧道椭偏仪 solid-immersion tunneling ellipsometer
固体浸没透镜 solid immersion lens
固体浸没显微镜 solid immersion microscopy
光度式椭偏仪 photometric ellipsometer
光漂白 photobleaching
光学超构表面 optical metasurface
光学天线 optical antenna

光学相干断层扫描术 optical coherence tomography, OCT
光预算 light budget
光载射频 radio over fiber, ROF
光子隧道效应 photon tunneling effect
轨道角动量 orbital angular momentum
过渡金属硫化物 transition metal dichalcogenide, TMDC

H

亥姆霍兹方程 Helmholtz equation
亥姆霍兹条件 Helmholtz condition
汉克尔变换 Hankel transform
赫歇尔条件 Herschel condition
横磁波 transverse magnetic wave, TM wave
横电模式 transverse electric mode, TE mode
互易原理 principle of reciprocity
惠更斯–菲涅耳原理 Huygens-Fresnel principle

J

基尔霍夫边界条件 Kirchhoff boundary conditions
激光扫描共聚焦显微术 laser scanning confocal microscopy
焦深 depth of focus, DOF
角向偏振光 azimuthally polarized beam
接收型光学天线 receiving optical antenna
结构色 structural color
近场扫描光学显微术 near-field scanning optical microscopy
径向偏振贝塞尔光束 radially polarized Bessel beam
径向偏振光 radially polarized beam
局域表面等离激元 localized surface plasmon
聚焦离子束刻蚀 focused ion beam milling

K

柯西模型 Cauchy model
科勒照明 Kohler illumination
可逆饱和荧光跃迁 reversible saturable optical (fluorescence) transition, RESOLFT
克雷茨曼配置 Kretschmann configuration
空变相位延迟器 space-variant phase retarder
空间相干性 spatial coherence

L

拉盖尔–高斯光束 Laguerre-Gaussian beam
拉格朗日条件 Lagrange condition
莱克格斯杯 Lycurgus cup
理查德–沃尔夫矢量衍射理论 Richards-Wolf vectorial diffraction theory
龙基光栅 Ronchi grating
螺旋相位板 spiral phase plate
洛伦兹模型 Lorentz model
洛默尔函数 Lommel function

M

马赫–曾德尔干涉仪 Mach-Zehnder interferometer
马吕斯定律 Malus law
迈克耳孙干涉仪 Michelson interferometer
穆勒矩阵椭偏仪 Mueller matrix ellipsometry

N

奈奎斯特条件 Nyquist condition
能量色散 X 射线光谱 energy dispersive X-ray spectroscopy, EDS
逆法拉第效应 inverse Faraday effect
牛眼天线 bull's eye antenna

O

耦合分束器对 coupled beamsplitter pair

P

庞加莱球 Poincaré sphere
偏振度 degree of polarization, DOP
偏振态 state of polarization
偏振椭圆 polarization ellipse

Q

强关联等离子体 strongly correlated plasma
切趾函数 apodization function
琼斯矢量 Jones vector
全庞加莱光束 full Poincaré beam

R

入瞳函数 pupil function

S

萨尼亚克干涉仪 Sagnac interferometer
塞耳迈耶尔模型 Sellmeier model
三次谐波产生 third-harmonic generation
散射截面 scattering cross section
散射仪 scattero-meter
扫描等离激元近场显微术 scanning plasmon near-field microscope
扫描电子显微镜 scanning electron microscope, SEM
扫描干涉无孔显微术 scanning interferometric apertureless microscope
扫描近场光学显微镜 scanning near-field optical microscopy
扫描近场椭偏显微术 scanning near-field ellipsometric microscope
扫描隧道显微镜 scanning tunneling microscope
色散关系 dispersion relation
生物光子学 biophotonics
时间相干性 temporal coherence
矢量光场 vectorial light field
手性 chirality
受挫全内反射 frustrated total internal reflection
受激发射损耗 stimulated emission depletion, STED
倏逝场 evanescent field
数值孔径增加透镜 numerical aperture increasing lens
斯托克斯参量 Stokes parameter
索末菲表面波 Sommerfeld surface wave
索末菲–泽内克波 sommerfeld-Zenneck wave

T

瞳切趾函数 pupil apodization function
透射电子显微镜 transmission electron microscope, TEM
退偏效应 depolarization effect
托克–洛伦兹模型 Tauc-Lorentz model
椭偏测量术 ellipsometry
椭偏仪 ellipsometer
拓扑光子学 topological photonics

W

微波光子学 microwave photonics
微机电系统 micro-electromechanical system, MEMS
微纳光子学 micro/nano-photonics
微椭偏仪 micro-ellipsometer
维纳–欣钦定理 Wiener-Khinchin theorem
维维亚尼曲线 Viviani’s curve
涡旋半波片 vortex half-wave plate
沃拉斯顿棱镜 Wollaston prism
无孔近场扫描光学显微术 apertureless near-field scanning optical microscope
无衍射贝塞尔光束 non-diffracting Bessel beam

X

吸收分光光度法 absorption spectrophotometry
吸收截面 absorption cross section
相变材料 phase change material
相干包络 coherence envelope
相干时间 coherence time
相位匹配 phase matching
相位调制型椭偏仪 phase-modulation ellipsometry, PME
消光截面 extinction cross section
消光式椭偏仪 null ellipsometer
消球差透镜 aplanatic lens
泄漏辐射成像 leakage radiation imaging

虚拟探针 virtual tip

旋转补偿器型椭偏仪 rotating-compensator ellipsometry, RCE

旋转检偏器型椭偏仪 rotating-analyzer ellipsometry, RAE

旋转起偏器型椭偏仪 rotating-polarizer ellipsometry, RPE

Y

严格耦合波分析方法 rigorous coupled wave analysis, RCWA

移相算法 phase-shifting algorithm

异常透射 extraordinary transmission

荧光成像 fluorescence imaging

荧光猝灭 fluorescence quenching

荧光共振能量转移 fluorescence resonance energy transfer, FRET

荧光漂白恢复 fluorescence recovery after photobleaching, FRAP

荧光相关光谱 fluorescence correlation spectroscopy, FCS

原子层沉积 atomic layer deposition, ALD

原子力显微镜 atomic force microscope

圆二色性 circular dichroism

圆双折射 circular birefringence

Z

杂化偏振矢量光场 hybridly polarized vector field

针孔 pinhole

正弦条件 sine condition

柱矢量光场 cylindrical vector field

自旋角动量 spin angular momentum

自由电子气 free electron gas

其他

X 射线衍射 X-ray diffraction, XRD